第七届全国 BIM 学术会议论文集

Proceedings of the 7th National BIM Conference

马智亮　主　编

林佳瑞　胡振中　汪　洋　陈晓虎　副主编

中国建筑工业出版社

图书在版编目(CIP)数据

第七届全国 BIM 学术会议论文集 = Proceedings of the 7th National BIM Conference / 马智亮主编. —北京：中国建筑工业出版社，2021.11

ISBN 978-7-112-26684-5

Ⅰ.①第… Ⅱ.①马… Ⅲ.①建筑设计—计算机辅助设计—应用软件—文集 Ⅳ.①TU201.4—53

中国版本图书馆 CIP 数据核字（2021）第 208454 号

随着国家政策的推进，BIM 技术已迈入快速发展及深度应用阶段，并在越来越多的工程项目中落地实践，其巨大的效应已经显现。中国图学学会建筑信息模型（BIM）专业委员会是中国图学学会所属分支机构，致力于促进 BIM 技术创新、普及应用和人才培养，提升行业科技水平，推动 BIM 及相关学科的发展。为实现上述目标，在中国图学学会的指导下，建筑信息模型（BIM）专业委员会分别于 2015—2020 年在北京、广州、上海、合肥、长沙和太原成功举办了六届全国 BIM 学术会议。第七届全国 BIM 学术会议在重庆市召开，本书收录了大会的 104 篇优秀论文。

本书可供建筑信息模型（BIM）从业者学习参考。

责任编辑：李天虹
责任校对：李欣慰

第七届全国 BIM 学术会议论文集

Proceedings of the 7th National BIM Conference

马智亮　主　编

林佳瑞　胡振中　汪　洋　陈晓虎　副主编

*

中国建筑工业出版社出版、发行(北京海淀三里河路 9 号)

各地新华书店、建筑书店经销

北京红光制版公司制版

北京建筑工业印刷厂印刷

*

开本：880 毫米×1230 毫米　1/16　印张：34½　字数：1112 千字

2021 年 11 月第一版　2021 年 11 月第一次印刷

定价：**126.00** 元

ISBN 978-7-112-26684-5

(38535)

前　言

建筑信息模型（BIM）技术是20世纪以来对建筑行业影响最大的技术之一。“十二五”以来，我国政府建设主管部门在制定的行业政策中一直将BIM技术作为重点推广和应用技术，发布了系列相关政策。目前，有关部门和地方政府正在大力落实相关政策，BIM应用工作正在如火如荼地开展，并不断向纵深发展。

中国图学学会建筑信息模型（BIM）专业委员会（以下简称“BIM专委会”）是中国图学学会所属的分支机构，致力于促进BIM技术创新、普及应用和人才培养，推动BIM及相关学科的建设和发展。为实现上述目标，在中国图学学会的指导下，BIM专委会于2015—2020年，分别在北京、广州、上海、合肥、长沙和太原成功举办了第一至第六届全国BIM学术会议，其论文集共收录学术论文超过450篇，参会总人数超过2800人。

第七届全国BIM学术会议将在重庆市举办，由林同棪国际工程咨询（中国）有限公司和同炎数智科技（重庆）有限公司联合承办。本届会议已被中国知网纳入全国重要学术会议名录，论文集由中国建筑工业出版社正式出版，共收录了104篇论文，内容涵盖基础研究、技术创新、系统研发、工程实践与拓展应用等，在BIM技术方面进一步挖掘价值，拓展应用的广度和深度。

值此《第七届全国BIM学术会议论文集》出版之际，希望行业相关技术管理人员共同努力，加大对BIM技术的研究与运用力度，确保BIM技术能够在今后被更好地应用到建筑行业中，为BIM技术成为建筑领域实现创新、转型升级的突破口奠定基础。衷心感谢国内外专家学者的大力支持！

中国图学学会建筑信息模型（BIM）专业委员会马智亮主任委员

目　　录

BIM 技术在深基坑项目中的应用研究
——以某综合服务中心办公大楼为例

刘　锟

（中铁十四局集团第五工程有限公司，山东 济宁 272100）

【摘　要】 在现代化工程建设中，基础阶段施工可以说对整体建筑的质量和施工起到了决定性的作用，其自身也比较容易受到施工条件、地质环境、专业技术掌握水平等方面的影响，如果在深基坑的设计和施工过程中有所忽视，就容易造成对建筑质量的损害。深基坑的传统施工模式在施工前对过程中的控制存在盲区，其要点控制待实施后才可应对，对不可预见的工况无法模拟。BIM 技术对实际工况、平面布置情况进行实况模拟，能够在深基坑工程的施工和管理中起到很大的帮助作用，而这项技术的应用推广就成了新的难点，本文是在某办公大楼中对 BIM 技术在其深基坑工程阶段的应用进行的分析。

【关键词】 建筑信息模型；深基坑；桩基础；项目管理

1　引言

近年来，住房和城乡建设部等政府部门对推进建筑信息模型技术的应用都做出行动，住房和城乡建设部印发《关于推进建筑信息模型应用的指导意见》，BIM 技术应用范围不仅仅是设计单位，作为施工单位更应该在建设项目的全寿命中深入开展应用，同时 BIM 为建筑行业带来的效益价值也日渐凸显，实现全国范围普及和向专业化领域扩展延伸将是其未来的发展趋势。

在一般项目中，其深基坑工程在技术、安全、施工组织以及质量要求等方面是整个项目顺利开展的核心，随着目前城市建设发展进度，房屋建筑往更高更深的方向发展。作为施工单位，在深基坑施工工艺上也需要往更先进更现代化的方向发展，需要先进技术的辅助指导。BIM 技术的出现为解决深基坑施工难题提供了有效途径，实现了深基坑施工的精细化管理，有助于提高施工效益和保证项目工期。鉴于此，本文以某综合办公大楼为例，将 BIM 在其深基坑施工过程中的应用情况展开深入分析。

2　项目背景

中铁十四局集团兖州国际陆港物流园项目位于兖州区大安镇，项目规划主要有煤炭作业区、海关监管兼集装箱作业区、综合服务区和综合仓储区相关工程及配套设施。建设主要范围为：吉安路以南、中御桥路（金谷路）以东、铁路桥以西、矿山线以北。本次应用分析的项目为中铁十四局兖州国际陆港物流园综合服务中心办公大楼单位工程，该工程基本建筑信息如下：

（1）结构类型：框架结构

（2）基础类型：桩基础

（3）建筑层数：11 层

（4）建筑面积：10513.81m^2

（5）建筑总高度：41.85m

该办公大楼位于物流园西北角临街布置，建筑体量呈矩形，主楼 41.85m 高，地上 11 层，地下 1 层，裙房 2 层 7.8m 高，主要功能为办公、商业；地下主要功能为停车场及人防设备用房；基础形式采用桩基

【作者简介】 刘锟（1996—），男，助理工程师。主要研究方向为房建及市政专业 BIM 应用。E-mail：1468271593@qq.com

础，施工工艺为桩端桩侧复式注浆灌注桩，单桩竖向承载力特征值1800kN，水平承载力特征值150kN，有效桩长24.5m；深基坑周长285.3m，地下室基础开挖深7.4m，坑中坑最大开挖深度10.9m，基坑安全等级二级。

3 BIM技术概述

BIM（Building Information Modeling）技术即建筑信息模型，主要是指通过三维数字技术的指导而进行对数字模型的建立，并且在数字模型的基础上展开对一个项目工程的指导工作。另外，BIM技术的应用具有以下几点特征：

首先，BIM技术具有工作的协同性。在这项技术的应用中对平台的建立还是比较重视的，其主要是能够为参与工程建筑和与工程相关的施工单位、监理单位和设计单位等部门和个体提供信息沟通和交流，这样对整体的施工效率和质量都会起到积极的促进作用。同时，BIM技术还具备检查碰撞的功能，它能够对系统管线等是否存在碰撞的现象进行分析，这样就能在具备有效沟通的情况下有效促进设计的科学合理性。

其次，BIM技术具备对信息的集成功能，其在技术的应用上主要强调对三维数字模型的建立和应用，这就同二维设计的方法有所区别，BIM技术在信息模型的构建上也能够为技术人员提供更大的帮助。

最后，BIM技术具有一定的工作关联性。主要体现在这项技术需要通过模型来作为基础，在具体的信息内容上也具备一定的关联，一旦建筑内容上发生变更就能够通过模型上的信息来进行相关的工作，在信息的查找和对比中提供了更大的便利，所以说在BIM技术的应用中，对建筑工程的质量带来了保证，对于成本的控制也是有效的参考。

4 应用过程分析

4.1 基础模型建立

针对基坑工程难点和环境条件，利用BIM技术对基础工程过程建模模拟，能提前预知施工过程中可能遇到的问题。BIM模型根据所针对的不同需求，有相应不等的建模要求标准，在该项目应用中，主要面向施工过程中的方案模拟及过程优化等方面。需要协同建模的专业，例如水电暖通等设备专业，需要在项目组启动之前，共同约定精准复测后的项目基点位置，便于后期直接对原点链接总包BIM模型协同建模。

在软件采用方面，目前国内BIM应用软件种类繁多，各个平台之间模型的原始文件转换较为困难，因此在项目组成立之时就必须根据实际需求确定软件的选择与配合。在该项目应用中主要以Autodesk公司的Revit产品为核心，搭配SketchUp及Navisworks、广联达、斯维尔平台作为辅助应用。在Revit使用中配合国产结构及装饰部分插件，更多地利用标准模型及参数构件，能大大减少模型组建模的工作量。

图1　海关综合服务中心效果图

根据设计单位提供CAD设计图纸，利用Autodesk Revit软件进行信息模型建立，首先将建筑轴网标高体系、桩位布置等链接至Revit中，创建桩基族、承台族，利用梁单元建立承台梁模型，对各个单元构建独立族文件，并同时进行参数化定义。

临时建筑也是必不可少的，在项目开工之前，临建规划就应该已经在同步进行，深基坑开挖后，在兼顾实用和经济性的同时满足现场办公及生活需求，利用BIM模型对办公区、生活区进行综合布置，并对现场使用的临时围挡进行模拟排版（图1）。

4.2 土方作业模拟优化

项目位于金谷路临街位置，基坑开挖周围距离既有建筑较近，场地内缺少环场道路，土方作业较为紧张，通过 BIM 模型，再导入 BIM5D 中进行实况模拟，建立基坑开挖过程工况模拟，规划土方外运车辆调度，明确开挖过程思路，这在普通二维图纸中很难体现施工过程规划，大大减少对未知内容的评估风险。

基坑从开挖开始，土方外运与支护就需要密切配合，土方作业必须辅助支护施工，首先满足支护作业工序要求，这就要求必须做好土方开挖与运输的组织设计。基坑土方开挖应严格按设计要求进行，不得超挖，基坑周围堆载不得超过设计规定，土方作业完成后应立即进行封闭，防止暴露和浸水，及时进行地下结构施工。根据工程实际对土方开挖进行建模，利用 Revit 内建土方模型，导入 BIM5D 中，根据施工进度划分流水段并进行施工模拟[1]。在 BIM5D 中可以制作施工动画，再搭配 Project 编制施工进度计划，同步导入 BIM5D 与流水段关联，生成全过程施工动画，优化施工进度。

4.3 施工进度管控

在建筑工程进度管理中，零标高以下的施工进度就决定了整个工期的长短。在该项目 BIM 应用中，将进度计划 Project 导入 Navisworks 并与模型关联，可以进行动态进度模拟，从而找出关键工序、关键路线，分析深基坑工程总控计划的合理性[2]。同时，在现场实际施工中，将实际进度情况录入模型，就可以进行计划与实际形象进度的可视化对比，分析出现偏差的原因，并分析人材机供需比例，对整个项目管控提供有利基础。

在建筑信息化应用中，BIM5D 也应用越来越广泛，在 BIM5D 平台可以突破单独三维模型的限制，达到与时间、成本的挂钩，重新拓展视角，让使用者可以根据时间的推移来随时分析控制成本。在移动端应用可以实时录入深基坑施工过程中的安全质量问题，并在线通过即时通信平台发送任务到责任人，云端进行远程跟踪管控，实现闭环管理。基于 BIM5D 平台，移动端实时录入现场照片并同步云端，云端实现远程进度信息记录，将深基坑施工阶段物资总控计划、实际进场量以及资金计划于建筑信息模型挂钩，根据施工流水实时录入，客户端同步云端，云端即可远程查看现场物资、人员、资金的投入情况[3]。

5 结束语

BIM 技术的应用发展是建筑业往高端技术化发展的催化剂，在规划、设计、施工以及运营管理中均发挥着不可替代的作用。该项目深基坑工程的 BIM 技术应用，顺利解决了三维场地布置[4]、土方作业方案、支护方案、5D 信息化进度管理等等许多方面，增强了项目管理的科技水平，为项目施工阶段带来了增值效益。

参考文献

[1] 李西禄，王亮，王亦农，等.BIM 技术在基坑工程施工中的应用[J]. 施工技术，2018，47(S4)：898-901.
[2] 朱健，李静，邬科，等. 深基坑工程 BIM 信息化施工技术研究[J]. 施工技术，2016，45(S2)：592-595.
[3] 朱健. 城市狭窄空间复杂条件下的深基坑施工技术研究[J]. 建筑施工，2018，40(10)：1723-1725.
[4] 王文渊，程淑珍，杨猛，等.BIM 技术在昆明景成大厦深基坑工程中的应用[J]. 施工技术，2018，47(11)：70-73.

BIM 桥梁参数化编程建模技术

杨轶彬

（北京道桥碧目新技术有限公司，北京 100013）

【摘　要】智能交通是结合信息技术、物联网技术、人工智能等科学技术，有效地加强车、路、人三者之间的联系，是未来交通领域发展的重要方向之一。要实现智能交通，首先要开展基础数据建设工作。现阶段基础数据建设存在的人力投入大、建模时间长、代码录入量庞大等情况必须要解决。本文以 BIM 及 Python 编程技术作为基础，重点讨论如何快速创建满足智能交通系统使用的三维模型。

【关键词】Python；BIM；桥梁建模技术；基础数据

1　引言

计算机硬件性能的飞速发展，互联网性能的飞速提升，各种编程语言的广泛应用，使得基础数据建设，即参数化建模得以实现。建筑信息模型（Building Information Modeling，以下简称：BIM）技术的应用正是解决参数化建模问题的一种最佳方法。随着中国对 BIM 技术的应用越发广泛严格，近几年 BIM 技术的应用已经逐步从优化工程设计、提高建设工程信息化水平等逐步向周边领域延伸，提倡基于 BIM 技术的智能化、参数化等。因此国家各部委对 BIM 技术给予了高度重视，2016 年 8 月住房和城乡建设部印发的发展纲要[1]，以及 2017 年 1 月交通运输部印发的发展行动计划[2]中都指出 BIM 技术的重要性及发展方向。

笔者为响应国家号召，积极研究 BIM 技术在应用过程中的基础数据建设的问题，通过各类建模软件将参数化族库、表格统计数据再结合 Python 编程技术进一步提高建模效率，从而实现在建设工程初期迅速地给工程各参与方提供 BIM 模型的目的。

2　参数化编程建模原理

以 Autodesk Revit 建模软件创建桥梁模型为例，现阶段交通领域比较先进的建模方法为参数化建模方法。以长方形为例，原理是通过给长方形添加“长”“宽”尺寸标注，在长方形属性界面中添加“长”“宽”两个字段（即参数），将尺寸标注与字段运用软件功能生成关联关系，就可以实现更改界面中的长宽数值使得长方形的尺寸进行相应调整。再采用表格汇总设计数据，编写程序读取表格并驱动参数化构件，在建模软件中创建三维模型的方式实现智能化参数建模（图 1、图 2）。

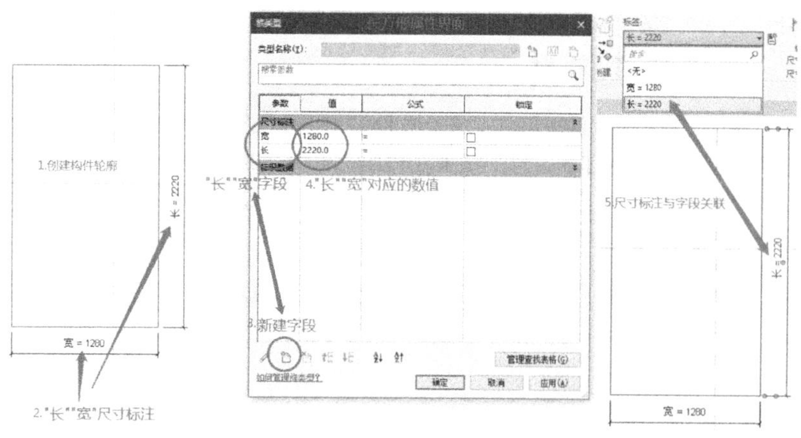

图 1　参数化原理演示

【作者简介】杨轶彬（1990—），男，工程师。主要研究方向为建设工程全寿命周期 BIM 技术应用。E-mail：yyb1101071990@126.com

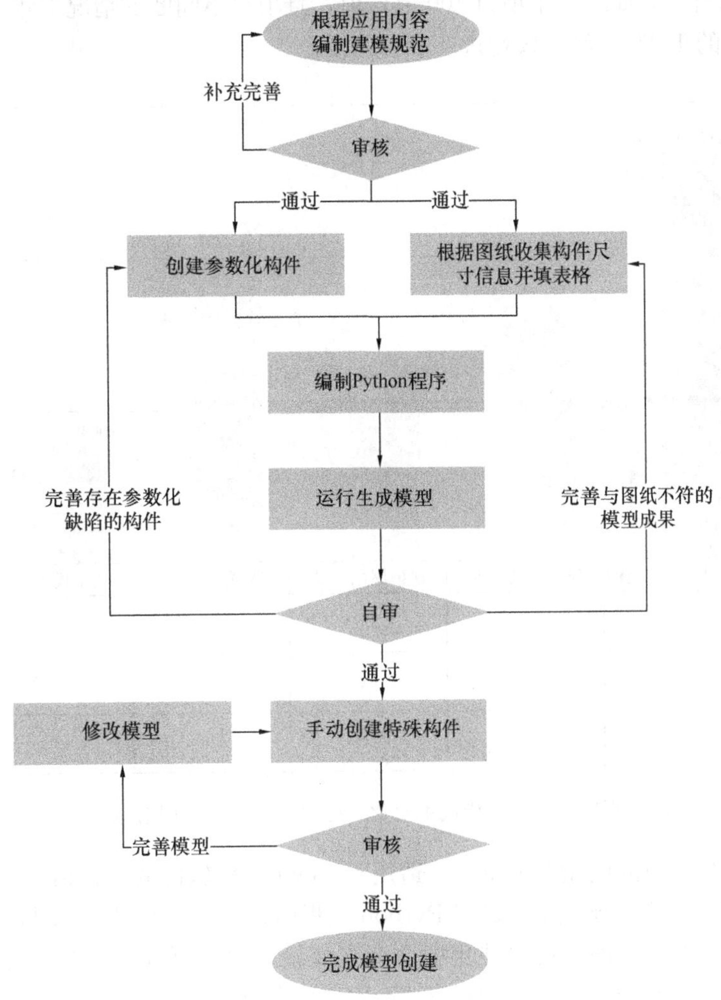

图 2　运用 Python 技术时的建模流程

3　参数化编程建模价值

交通领域涉及的专业非常多，本文无法全部举例说明，仅以预制 T 形梁桥结构模型市场最高建模标准为例，构件拆分为桩基、承台、台帽、台背、耳墙、墩柱、盖梁、支座垫石、各类支座、各类预制梁等 20 多种，每个构件又含有 5～30 个参数，例如桩基包含构件名称、XY 坐标、桩底高程、桩长、桩径、混凝土等级（也称结构材质）等参数，建模及参数录入工作量巨大，用程序批量放置优势在于：

（1）节约大量人力，从而减少建模成本；

（2）增加建模效率节约时间，模型能够更快投入应用工作产生价值；

（3）减少人为错误，CAD 表格可以导出电子表格用于程序读取，PDF 或图片用识别软件导出电子表格用于程序读取，全自动化操作避免了人为错误，增加建模正确率。

图 3 以三个实际高速公路为例详细对比了建模工作量相近、投入人力相近的三个项目分别采用纯手动建模、可视化编程建模（Dynamo 可视化编程软件）、编程建模（Python 编程语言）的成本数据。通过数据对比可以直观地看到运用程序解决重复性工作（建模及参数录入）所带来的价值，建模周期降为手动建模的 43%，由于工作效率的大幅提高，导致了一系列连锁反应，比如人均产值增加 57%，人力投入成本、办公用地成本、人员宿舍成本等均相对降低。建模效率的提升还使得用模的智慧城市平台、智能交通平台等大型综合性平台及基础应用能够更早地获取基础模型数据，更早地投入使用，提高了经济效益及社会效益。

换个角度按照产值计算，如果每个项目100万产值，且项目不间断的情况下年产值将增长为手动建模的233%，可视化编程的173%，经济效益进一步得到提升。

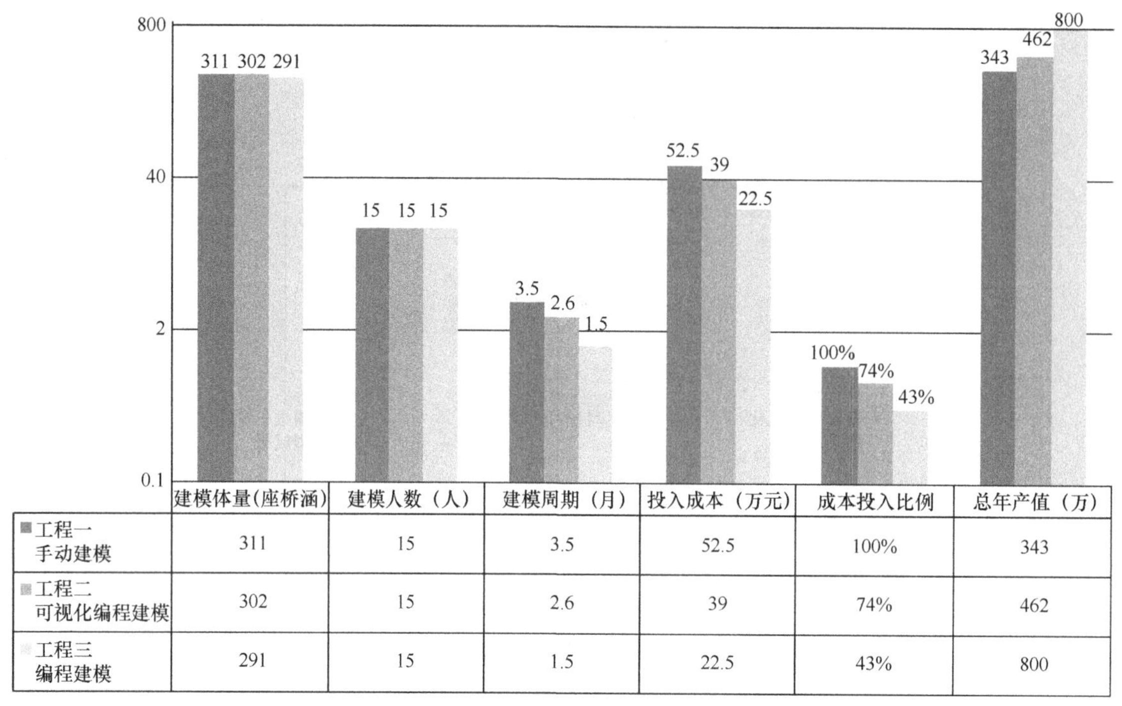

	建模体量(座桥涵)	建模人数（人）	建模周期（月）	投入成本（万元）	成本投入比例	总年产值（万）
工程一 手动建模	311	15	3.5	52.5	100%	343
工程二 可视化编程建模	302	15	2.6	39	74%	462
工程三 编程建模	291	15	1.5	22.5	43%	800

图3　程序与手动建模成本对比（柱状图纵坐标采用对数分布）

因此编程技术在建模阶段的应用尤为重要，适用于Revit建模软件的编程语言一共四种，常用的有两种C#和Python，对于工程人员比较推荐的是Python编程语言，与C#相比Python语法更加简单，学习时间更短，对英语的要求更低，而且可以使用中文命名变量，程序可读性更强，无需研究庞大的英文版SDK包（SDK包中记录了Revit全部能被外部程序引用的功能包及使用方法）。基于完善的导师带徒机制，新人能够在一周的学习之后开展编程工作，自学也仅需要三周时间就能开展编程工作。

4　软硬件准备及搭建编程环境

开始编程或者开始建模之前要准备好电脑，并在电脑中安装相应的软件。电脑硬件性能过低会导致比如卡顿、软件崩溃、文件处理时间过长等。

硬件方面：大部分工程人员不太懂电脑配置，认为越贵的电脑就越好，这实际上是个误区，对于建模和编程来说只需要购买高于表1配置的电脑就能够完成常规的桥梁建模及编程工作。

台式机硬件配置　　**表1**

台式机配件名称	规格型号	单位	数量
CPU	INTEL I7-7700K	件	1
显卡	NVIDIA GTX1060 6G	件	1
内存	DDR4 8G	件	1
硬盘	2TB	件	1

建模软件推荐选择具备价格合理、学习难度低、软件接口完善、开发难度低等特点的建模软件。符合上述特点的软件在项目实施过程中任何一方都能相对容易地开展BIM工作，实现BIM技术落地应用。

Microsoft Visual Studio Code编译器（以下简称VS Cod），适用多种程序语言开展编程工作，配合“Python”“Python Extension Pack”等插件，能够帮助编程人员自动识别语法错误、函数定义错误、接口调用错误、补全代码、功能查询等。

虽然在安装 Revit 的过程中已经自动安装了 IronPython 版本的编程语言，但是为了实现在 VS Cod 上自动补全代码等功能，方便编程人员更好地编制程序，还是推荐安装 Python3.5.0 以上版本。

使用适合配置的电脑，安装配套软件，安装编程语言、编译器及配套插件就完成了搭建编程环境的工作。

5　编制建模规范的原则和建议

建模规范的主要作用是明确项目需求，规划项目实施步骤，并规范各步骤实施过程中的各类行为及步骤之间的工作交接方式和成果传递方式。

建模规范主要规定以下几项：

（1）项目应用标准：是所有工作的根本性指导文件，要在项目策划阶段就明确项目实施目标，明确规划实施步骤及各步骤的原则和注意事项。

（2）模型格式标准：模型格式标准要规定的是数据格式的转换方法。

（3）模型精度标准：取决于项目策划阶段所制定的目标，目标越宏大模型精度越高。

（4）构件拆分标准：取决于项目策划阶段所制定的目标，目标越宏大模型拆分越精细。

（5）模型材质标准：材质标准主要规定模型颜色编码。

（6）表格编制标准：表格的作用是统计设计数据，并用程序读取表格中的数值。

（7）属性添加标准：构件属性主要用于在平台中给构件分类。

（8）贴图添加标准：为了节约建模时间，交通标志面板的建模通常采用贴图的方式。

（9）成果交付标准：基础数据建设阶段的成果是由大量不同软件创建出来的，想要查看这些数据需要安装大量的软件及插件，为了降低电脑硬件的需求，节约安装各类软件的时间，降低资料管理人员学习及操作各类软件的学习成本，成果格式应尽量统一。

6　创建用于 Python 驱动的参数化构件

参数化构件的创建方法类似于第 2 节里面举的长方形的例子，通过数值来控制形体，这里就不再赘述。Python 要驱动的参数化构件和普通参数化有以下几个区别：

（1）添加位置参数：以桩基构件为例，程序通过读取桩基坐标参数，在建模空间自动放置构件。相比传统的参数化构件是通过手动调整参数，然后手动在建模空间内定位，程序运行的效率更高。

（2）构建命名要求：构建命名要唯一，且可以出现中文。例如一个桥墩有两根桩基，这两根桩基要单独命名“某某大桥-下部结构-桩基-1＃墩-0”“某某大桥-下部结构-桩基-1＃墩-1”且桩基编号要和图纸编号一致。这样做可以方便程序在软件中读取特定名字的构件添加或修改其参数。由于编程采用的是 Revit＋Dynamo＋Python 的方法创建模型，所以构件和属性的命名可以使用中文。

（3）构件参数可通过共用的参数控制。以下部结构为例，墩柱、盖梁、支座垫石、支座、挡块等构件的定位均是通过路线中心线生成的三维曲线数据结合数学运算得出位置，所以需要反复调用的数据，通过编程的方式，工程人员只需在桩基表格中填写一次数据即可。这样既避免了同一数据多次填写，又避免了表格数据过于庞大容易出错检查困难等问题（图 4）。

7　编制规范的数据表格

现阶段比较新的技术是采用类似 Dynamo 这种可视化编程的软件实现自动放置构件，Python 编代码的优势在于表格数据处理非常灵活，可以实现跨工作表读取表格、跨行读取表格、“弓”字形读取表格、奇数行偶数行读取表格等根据一定规律抓取表格数据。这就可以实现直接导出 CAD 原始表格不经处理直接用于程序，并且程序内部进行数学计算十分方便，这就使得反复使用的一些数据只需要录入一次即可，减小了表格中数据处理的工作量，同时也减小了表格的体量，方便检查和修改（图 5）。

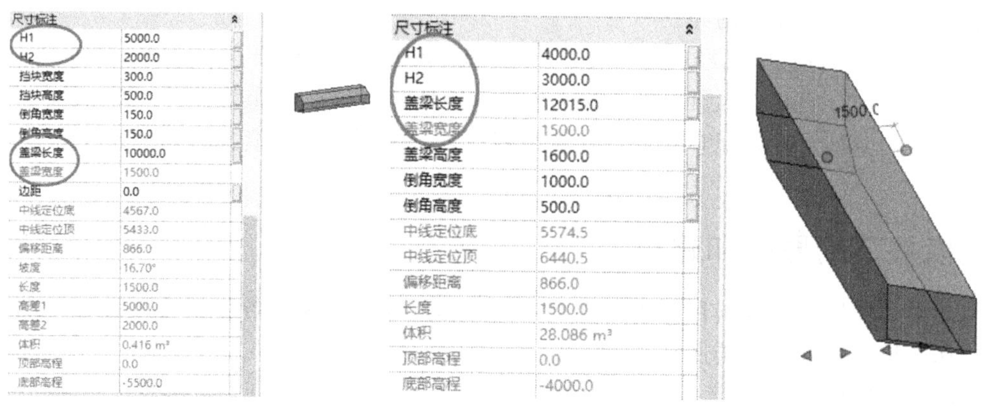

图 4　同一数据多次调用（左为盖梁、挡块及参数，右为盖梁及参数）

	A	B	C	D	E	F	G	H
1	族名称	桩基	2	3	4	5	6	7
2	1	构件名称	X坐标	Y坐标	底部标高	桩基直径	桩基长度	结构材质
3	2	某某大桥-下部结构-桩基-0a#台-0#	3931200625	474557388	4700	1500	36000	C50
4	3	某某大桥-下部结构-桩基-0a#台-1#	3931197539	474549829	4700	1500	36000	C50
5	4	某某大桥-下部结构-桩基-0a#台-2#	3931194891	474543342	4700	1500	36000	C50
6	5	某某大桥-下部结构-桩基-0a#台-3#	3931191805	474535783	4700	1500	36000	C50
7	6	某某大桥-下部结构-桩基-0b#台-0#	3931196922	474558900	4700	1500	36000	C50
8	7	某某大桥-下部结构-桩基-0b#台-1#	3931193836	474551341	4700	1500	36000	C50
9	8	某某大桥-下部结构-桩基-0b#台-2#	3931191188	474544854	4700	1500	36000	C50
10	9	某某大桥-下部结构-桩基-0b#台-3#	3931188101	474537295	4700	1500	36000	C50

图 5　桩基数据标准表格

8　编写 Python 程序

Python 编写程序主要分为以下几个步骤：

（1）导入功能模块→（2）读取表格数据→（3）解锁 Revit 项目文件→（4）从 Revit 项目文件抓取特定构件→（5）坐标获取及归零→（6）从内存调用表格数据→（7）复制构件并从内存调用构件名称数据将其重命名→（8）将第 6 步表格数据录入构件→（9）在 Revit 中放置构件。

（1）导入功能模块：程序不能直接操控建模软件，需要通过建模软件中具备特定功能的代码块（软件接口 REST API[3]）来实现。

（2）读取表格数据：通过代码读取表格全部数据储存在内存中，以便后续代码调用。

（3）解锁 Revit 项目文件：建模软件中的建模空间类似一个房子，大门是上锁的，输入特定的代码才能解锁，从而进入空间内部进行后面的操作。

（4）从 Revit 项目文件抓取特定构件：放置构件之前首先要获取一个样品供程序使用，所以要通过代码从 Revit 中获取一个已经载入的构件族。

（5）坐标获取及归零：Revit 建模空间不是无限大的，而坐标的数值非常大，需要先将坐标归零，使得周边构件的坐标在合理的数值范围内才能放置构件。程序运行后将模型坐标设置为设计坐标，即可完成项目定位。

（6）从内存调用表格数据：从内存中调取全部表格数据，并将各类数据归类存储到变量中，方便后续步骤使用。

（7）复制构件并从内存调用构件名称数据将其重命名：通过此步骤实现复制构件，并按照表格的构件名称将其命名，使得后续程序能够准确地将特定属性赋值给特定构件。在 BIM 平台应用过程中，如果需要批量添加属性时，可通过程序批量添加和修改。

（8）将第 6 步表格数据录入构件：通过参数录入代码块[4]，将第 6 步变量中的数据赋值给特定构件。

（9）在 Revit 中放置构件：程序每经过上述 8 个步骤的循环就会新建一个构件，并将其以数据的形式储存在一个列表中，所有循环结束后，将这个储存着构件数据的列表输出到 Revit 建模空间中，以图像的形式显示出来，就形成了屏幕上看到的模型。

9　构件补全完成单体模型

程序的作用是代替人工去完成大量重复性的工作，比如放置五千根桩基、两千根预制梁。除此之外有一些构件比如桥台，具有数量少（每座桥只有两个桥台）、结构变化较多等特点，编程反而浪费人力、浪费时间，通过参数化的族仅需几分钟即可手动放置完成（图 6）。

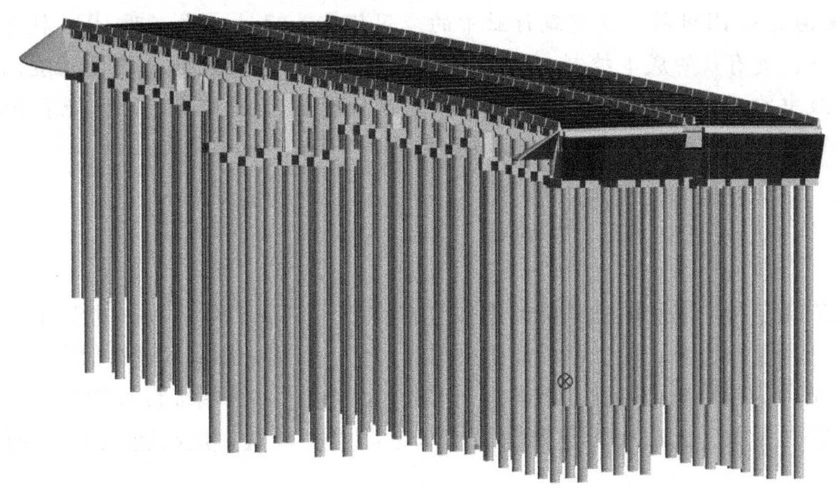

图 6　BIM 桥梁模型

10　结论

综上所述，通过将建模软件的参数化族库与表格统计的图纸数据，通过编程语言将二者结合起来，实现 BIM 桥梁参数建模可大幅提高建模效率，使人均产值得到飞跃提升，并且必须使用编程技术才能从根本上解决重复性的建模工作，从而解放人力；还解决了可视化编程软件（Dynamo 软件）数据读取不灵活、无法利用图纸原始表格建模、数据重复利用以及属性一对一录入困难等问题。

参考文献

［1］ 中华人民共和国住房和城乡建设部．住房城乡建设部关于印发 2016—2020 年建筑业信息化发展纲要的通知[EB/OL]．[2019-9-7]. http：//www. mohurd. gov. cn/wjfb/201609/t20160918 _ 228929. html.

［2］ 交通运输部办公厅．推进智慧交通发展行动计划 2017—2020 年[EB/OL]. [2019-9-7]. http：//xxgk. mot. gov. cn/jigou/zhghs/201702/t20170213 _ 2976478. html.

［3］ AUTODESK Knowledge Network. 有效公式语法和缩写[EB/OL]. [2019-9-7]. http：//help. autodesk. com/view/RVT/2015/CHS/? guid=GUID-B37EA687-2BDF-4712-9951-2088B2A8E523.

［4］ Dynamo. The Dynamo Dictionary[EB/OL]. [2019-9-7]. https：//dictionary. dynamobim. com/＃/.

BIM在建筑行业中的应用现状及前景分析

雒炯岗，丁　坤，张梦涵

（中建七局安装工程有限公司，陕西　西安　710000）

【摘　要】本文通过对BIM技术在建筑行业中的应用研究，通过实践证明BIM技术在行业中可以提供更好的沟通和协作、更有效的成本控制、施工前项目可视化、合理规划并降低风险以及运营与维护的方便性，并将在实践中的一些困惑和缺点进行了分享，最后对BIM的应用前景进行了个人的分析。

【关键词】BIM应用；使用优势；困惑和缺点；前景

1　引言

建筑业是一项传统产业，也是国民经济的重要支柱产业和富民产业，同时也是推动经济社会发展的重要力量。随着信息时代的到来，各个领域都在强调信息化，目前，BIM（建筑信息模型）正成为建筑业的主流发展趋势。BIM为建筑行业创造了技术协作的平台，通过三维集成设计模型，可直观获取各设计信息和专业视图。它强大的功能将引领建筑信息技术走向更高层次，提高建筑工程的信息化管理程度，提高管理效率。

对于任何一项工程而言，从前期准备到实施，每一步都包含了方方面面的工作。一个项目的完成就像拼成一个巨大的拼图一样，需要先分清每一个区块的内容，再将做好的区块拼接，从而形成一个完整的拼图。同样的，对于项目则包含了前期人员配置、物资准备到具体的实施、后期的运营，而BIM在其中起到的则是一个衔接贯穿的作用。很多人会误解，BIM只是一个将2D平面设计图转换为3D立体模型的技术，但其实这样的概括并不全面，尽管BIM的核心确实是3D设计和建筑模型的设计，但实际上，BIM是一个用于创建和管理有关项目的所有信息的过程，它所输出的建筑模型包含对项目各个方面的数字化描述。也就是说BIM是一种以数字方式表示建筑的功能和物理特征的过程。BIM不仅实现了建筑平面设计图的可视化，它还提供了一种共享信息的方法，可以使不同时期的工作人员都可以在项目的整个生命周期（从构思到拆除）中参与并进行决策。而且创建专用BIM模型可以实现多个不同的目标，它们的重点、范围、复杂性、细节级别和添加到3D模型中的信息深度都会有所不同。

2　BIM在建筑行业中的应用

BIM在一个项目中覆盖面可以非常广泛，在项目前期准备阶段便可以模拟建筑实施，以便在建筑开始之前对建筑特征及其功能进行电子设计和试验。通常情况下CAD（计算机辅助设计）用于为建筑项目草拟一组拥有多个不同视图模型的静态设计。通过在单个设计中对结构元素之间的关系进行建模，BIM则超越了简单的绘图。工程师、业主和其他人员可以从内到外从多个角度查看模型，在项目实际建造之前可以花费少量的时间或金钱，相对快速、高效、低成本地进行设计变更试验，以寻求达到设计理念与实施过程的高度契合。

除了提供三维视图之外，BIM还允许以其他方式（例如时间或成本）评估设计。使用与项目的设计和施工有关的数据对用于此类建模的虚拟建筑构建进行设计。此类数据可能包括构建的成本、所含材料的回收成分的百分比、相关的保修信息等[1]。这些信息可用于评估整个项目或优化单个建筑参数，以最大限度地满足项目要求。

【作者简介】雒炯岗（1991—），男，工程师。主要研究方向为机电BIM应用管理。E-mail：181696626@qq.com

其次，BIM可以用来服务于整个项目，精确地预测构件选择，承重合理，进度安排，从而尽可能高效率地完成施工项目，甚至有可能缩短工期，提前完成建设工作，节约成本，实现利益最大化。随着移动技术以及移动设备的出现，BIM的使用已从专业人士的圈子中突围而出，使用者也不仅限于专业人士：客户、建筑物所有者和运营商，越来越多的人通过其移动设备可以轻松地访问BIM模型，甚至无需先安装BIM应用程序。这一转变使得BIM的应用更上一层楼，因而BIM的实际应用变得越来越广泛，也越来越方便。

那么会有质疑的声音出现：与CAD和传统图纸相比较而言有什么区别呢？首先BIM和CAD代表了两种根本不同的建筑设计和文档编制方法。CAD（计算机辅助设计）应用程序模仿了传统的“纸和笔”过程，因为它是根据2D图形元素（例如线条、阴影线和文本等）创建二维电子图纸的。CAD图纸类似于传统的纸质图纸，彼此独立创建，因此需要跟进设计更改并在每个CAD工程图上手动实施。BIM（建筑信息模型）应用程序模仿了实际的建筑过程。建筑物不是从2D线图中创建图纸，而是从真实的建筑元素（例如墙、窗户、楼板和屋顶等）虚拟地建模。这允许建筑师以与建造建筑物类似的方式设计建筑物。由于所有数据都存储在中央虚拟建筑模型中，因此设计更改将自动跟进从模型生成的各个工程图。通过这种集成的模型方法，BIM不仅可以显著提高生产率，而且还可以作为更好协调设计和基于计算机模型的构建过程的基础。从CAD到BIM的转换已被设计阶段所获得的收益证明是合理的，BIM在建筑物的建造和运营中提供了更多的收益。

3　BIM在建筑行业中的使用优势

3.1　更好的沟通与协作

BIM模型可以实现设计图纸无法共享、协作和版本控制的功能。借助Autodesk等基于云的工具，BIM协作可以在项目中的所有科目之间无缝地进行。团队可以共享项目模型并协调计划，在现场以及在其移动设备上查看工程图和模型，以确保所有相关人员都能洞悉项目，随时可以访问最新的项目信息，将办公室带到现场。

通过对BIM的操作使用可以更好地协调设计者与施工方之间的各种交流，在开始施工之前检测任何内部或外部矛盾。电线导管是否会与钢梁发生碰撞？门道是否有足够的空间？借助Autodesk的软件，可以实现自动冲突检测从额头避免冲突，减少任何给定作业所需的返工量。使用BIM，还可以在现场构建之前对其进行计划，跨学科地进行审查和评论来避免最后的更改和无法预料的问题[2]。

3.2　更有效的成本控制

很多建筑行业的公司都意识到，在计划阶段的早期做成本估计可以使建筑成本估算更加有效，这就体现出基于模型的成本估算的必要性。使用Autodesk的Revit等BIM工具可以自动完成耗时的量化和应用成本任务，使估算人员可以专注于更高价值的因素，例如识别建筑装配和风险因素。

利用BIM可以从多个层面节约成本，通过与承包商的更紧密合作可以降低投标风险溢价，降低保险成本，减少总体差异并减少索赔机会。在开始之前更好地了解项目，并进行更多的预制，同时减少未使用材料的浪费。预制构件可以很容易地用螺栓固定到位，而不是在现场创建。与此同时还减少了在文档工作和误传上花费的人工成本。许多建筑行业公司正在使用BIM和建筑技术来降低成本和降低风险。对于大型项目而言，随着使用项目数据的团队成员的数量不断增加，实时协作和单个文档存储库提高了信息的及时更新速率，降低了任何公司使用过时信息的风险，确保在正确的时间提供正确的信息对于项目的高质量完成至关重要。

3.3　施工前项目可视化

通过使用BIM来实现项目成果的可视化，使得施工团队可以在开工之前计划安排整个项目。空间上使用模拟和3D可视化也可以使客户体验空间的外观，并能够在施工开始之前进行更改。因而对于一个项目而言从一开始就拥有更全面的概述，可以最大限度地减少以后的昂贵且费时的更改，更有助于最优化的构建。协调模型可靠性的提高直接影响了建筑质量。通过共享通用的BIM工具，经验丰富的施工团队可以在项目的所有阶段与构建者一起工作，从而更好地围绕设计控制技术决策的执行。还可以在项目的早期阶段测试和选择构建项目的最佳方法，在构建之前识别出结构缺陷。通过使用可视化，可以轻松地选择更好的设计，例如对自然光进入建筑物的建模，将人性化设计最优化。在施工过程中，还可以使用现实捕获技术来提高准确性。

3.4 合理规划并降低风险

优质且合理的调度与节约成本一样可以促进项目高效完成，施工人员可以通过减少项目周期和消除施工进度的失误来节省时间。BIM 允许同时完成设计和文档编制，并且可以轻松更改文档以适应新的信息，例如现场条件。可以更准确地计划进度表并准确地进行沟通，改进协调性有助于项目按时或尽早完成。

同样的，更高的生产率和预制度，可用 BIM 数据即时生成用于制造目的的生产图纸或数据库，从而允许更多地使用预制件和模块化施工技术。通过在受控环境中进行异地设计、详细设计和建造，可以减少浪费，提高效率并减少人工和材料成本。

BIM 对建筑工地的安全问题也有极大的帮助，可以通过在危险发生之前进行查明来帮助提高建筑安全性，并通过提前可视化和规划现场物流来避免物理风险。视觉风险分析和安全评估有助于确保项目执行过程中的安全性。

3.5 运营与维护的方便性

如今，许多组织机构都已经在使用 BIM 软件来计划、设计和构建从商业到医疗保健，教育到工业的各种设施，通过使用 BIM 软件来生成和管理设施上的数据和信息。设施的设计团队使用 BIM 创建设施的虚拟模型，所有者最终对其进行审查，并在最终确定后移交给承包商和分包商进行施工。理论上来说 BIM 模型甚至可以超出建造范围，而可以移交给该设施的运营商，由他们进行日常维护和运营。这些参与者中的每一个都可以将特定于其科目的数据添加到 BIM 模型中，从而减少了新团队拥有结构所有权时经常发生的信息丢失。

4 BIM 在实践中的困惑和缺点

就目前来看，BIM 在一个完整的项目中的使用情况还是有一定局限性，仅仅在前期的设计阶段中体现，通常情况为施工方用来向甲方展示效果图，从三维的角度更立体化地呈现出项目的施工情况和最终成果展示。从施工阶段开始，BIM 的使用就开始弱化，甚至于无。对于很多项目而言，比起投入更多人力在电脑上建模，模拟实际操控，探索可能存在的问题，项目更倾向于通过人工实际操作，利用他们的经验来判断可实施性，往往丰富的施工经验来得更为实际。

其次 BIM 的后期运维也无法投入合理的人力安排，毕竟一个建筑的使用年限非常长，在这之中出现的问题并没有办法通过简单的 BIM 人员的维护而达到排除危险的效果，相反现状是在施工方开始施工后 BIM 工作就面临结束了，因此 BIM 的使用率并不算高。

再次 BIM 的规范化有待稳定。在一个建模环境中，不同人的建模习惯方式不同，族的创立、构件的命名也不同，差距之大使得不同人的建模难以迅速整合。目前 BIM 使用的软件是 Revit，而利用 CAD 工作的工程师们更依赖于天正软件的辅助，两种软件是完全不同的思维模式。除去软件，不同版本之间差别过大，具体涉及的族和模型尺寸需要一定量的积累才可以大范围覆盖，对于小规模项目适用性较低。比如一个构件的不同尺寸光是添加就容易耗时很久，而且大部分构件却无法重复使用，对于小规模项目而言建模人工成本过高而且数据没有积累的价值，团队的不稳定性也会有较大的影响，很有可能下一个项目就会更换新的团队，又是一套不同的工作模式，时间投入成本非常大，因而小规模项目使用 BIM 建模的可能性非常低。

5 解决 BIM 技术应用障碍的对策

5.1 加大政府扶持力度

为有效清除 BIM 技术应用障碍，政府应首先在政策及经济上大力扶持，为施工企业 BIM 技术发展提供良好的外部环境：①要尽快与相关部门完善有关BIM技术的法律制度、技术标准等指导文件，建立统一的数据传输标准、信息分类体系及争议处理机制，制定政策保护BIM模型的知识产权；②要规范BIM技术技能证书及资格考试市场，并出台相关管理办法，肯定BIM技术发展的必要性；③要在经济上对市政施工企业给予扶持。可以通过减免或优惠部分税收，设立BIM技术企业评选、给予BIM技术应用专用款项、采用科研院所与企业进行“产研结合”的合作等形式积极引导、鼓励企业大力推行、使用BIM技术。

5.2 多元化方式培养人才

企业要想有效发展BIM技术应用，就必须把人才培养放在首位。采用多元化的人才培养方式，有利于快速、稳定地推行BIM技术应用的普及。首先，可采用与高校合作的形式，签订定向培养协议，通过理论知识的培养及定期现场实习，有针对性地为企业输送BIM技术人才；其次，招收具备BIM软件使用技能的新员工，签订固定年限的劳动合同。制定特定的BIM技术培训计划，培养成为企业的专业BIM技术高端人才，逐渐建立“传帮带”模式，充盈企业BIM技术人才梯队，提升企业BIM发展能力；再次，制定BIM专属企业福利，吸引老员工及应届毕业生积极加入，招揽并留住BIM技术应用方面的贤人志士。

6 BIM应用案例

6.1 BIM技术在兰州众邦国贸中心项目的应用

众邦国贸中心项目（图1）建筑高度为239.275m，结构形式为型钢混凝土框架-型钢混凝土核心筒，施工场地狭小，钢构件加工，施工难度大。节点钢筋密集，钢筋与钢柱连接处难度大，预留孔洞位置和尺寸要求精度高。项目集甲级办公楼、超五星级酒店为一体，近50个独立运行的机电系统，管线错综复杂，综合排布难，需进行设计深化。基于该工程体量大、专业多、协同难的特点，生产、技术、质量、总承包管理都需要BIM技术。

在公司支持下，项目建立BIM小组，配备合理的软硬件设施，提前进行BIM策划，统筹各参与方共同开展BIM应用。

图1　众邦国贸中心项目

（1）投标过程中利用BIM技术进行方案编制，在投标中，技术标排名第一，顺利中标，按不同阶段对施工场地布置进行动态调整，优化布局，专门成立深化设计部，进行钢筋翻样、钢结构、机电等各专业深化设计，并进行碰撞检查、净高检查等；基于BIM技术可视化性，模拟铝膜顶板预留套管固定以及钢结构安装的施工过程。对混凝土浇筑、钢结构吊装、爬架提升、布料机提升等过程进行模拟；提高了效率，确保施工安全，基于BIM模型，对主要节点进行预防管控（图2、图3）。

（2）在项目管理中，坚持“总包主导，统筹分包，辐射相关方”的BIM管理理念，协同统筹各方参与BIM会议，形成优化手册及会议纪要并出具施工图纸。钢筋与钢结构节点是本项目的难点，利用Tekla，进行钢筋与钢柱的节点深化设计，保证一次安装到位，专题会议结束之后出具蓝图。而对于锚栓支架、高支模的受力分析，结合BIM软件与传统受力验算，确保结构合理、安全、经济。积极响应国家政策，拓展BIM＋装配化化应用，利用PKPM软件与厂家联合深化铝合金模板，对爬架进行提前优化。与预制加工厂联合，通过参数化设计、模块化分割，做到集成机房，形成数字化档案（图4、图5）。

（3）在创新方面，不局限于BIM技术的基础应用，通过BIM模型及漫游，建立虚拟环境，沉浸感让内容“活”起来，通过AR质量样板、辅以270、3D打印、降低成本，重复利用的同时，丰富了BIM应用。采用BIM技术与QC的结合，共获得QC成果12项，将工程质量管理提升到一个更高的水平；通过上述BIM技术的应用，进行可量化统计，节约施工成本490万元，缩短工期60天（图6）。

图 2　钢筋节点优化

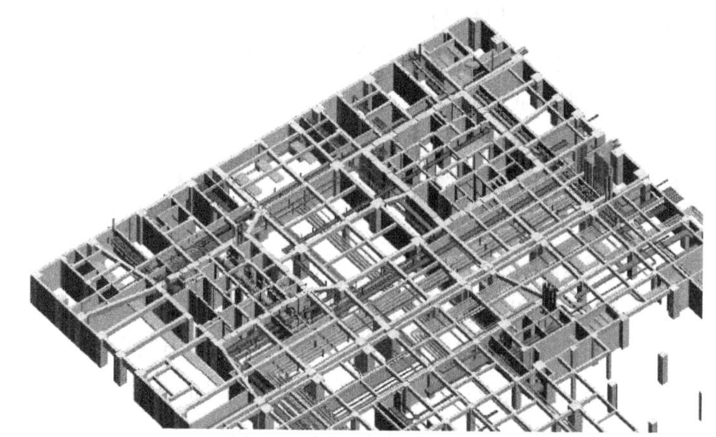

图 3　管线综合排布

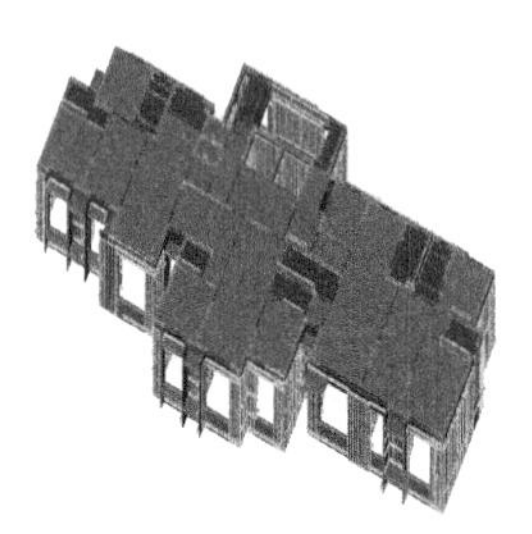

图 4　铝模深化

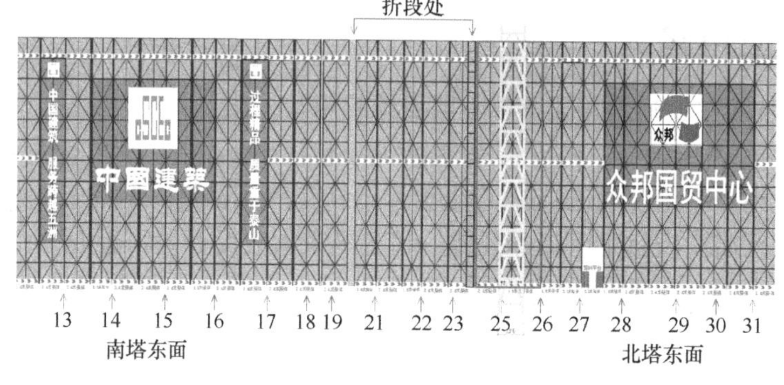

图 5　爬架设计

图 6　3D 打印模型

6.2　项目应用总结

不同于传统二维设计，BIM 不论是从施工图设计、出图，还是与工人的配合等对于我们来说都还处于全新的认识阶段，很难有现成的模式供我们参考，设计师只有不断创新才能摸索出适合自己的道路。在施工图的绘制过程中，看似简单的添加标注都成了我们极大的阻力，克服困难发挥设计师的主观能动性成为我们推进的力量。寻找新思路、新方法，取 BIM 之精华不断应用于实际项目中，一定会使建筑设计技术更上一层楼。

7　BIM 的应用前景

对于建筑行业而言，BIM 的真正含义是，让所有建筑的设计人员真正地在三维，甚至于第四维——时间上，设计建筑，而非原来的“纸上谈兵”。无论是前期设计还是施工过程，BIM 都有很大的需求空间，在未来 BIM 的系统化使用会为项目的投入节约不少成本，提供更加规范化的管理，全面覆盖整个项目。但是与之相应的行业现状也将产生巨大改变才行，首先施工过程中 BIM 应用的方式必然要与现在的方式大不相同，BIM 将不仅仅作为翻模工具使用，而是把它作为整个项目信息综合体，使用贯穿整个项目[3]。第二在应用过程中图纸设计将不会有大的变动，这就要求初始设计必须非常合理，对图纸设计也是巨大的考验。第三硬件配置的要求也非常高，高配置硬件设施对工作交流以及工作效率大有益处。BIM建模将会实现数字化描述项目的方方面面，真正体现出信息化管理的优势所在。

8　总结

BIM作为一种工具为建筑业带来了很多好处，利用BIM的项目在项目生命周期的每个阶段以及以后的每个阶段都有更大的成功机会，并且可以最大限度地提高效率。BIM软件的使用，对于建筑物的整个生命周期的设施管理和翻新者来说都是有价值的。BIM在建筑行业中已经成为不可或缺的一部分。

参考文献

[1]　吴润泽.BIM技术在建筑工程造价上的应用析谈[J].居舍，2019(16)：81.

[2]　林佳铭.大型施工总承包企业区域公司BIM工作机制及展望[J].施工技术，2021，50(6)：80-83.

[3]　窦存杰，董锦坤，贾君.BIM技术国内外研究现状综述[J].辽宁工业大学学报(自然科学版)，2021(04)：38-42.

基于 Revit+Dynamo 的海底隧道钢筋建模方法及应用研究

姜南岸，唐　瑜

（中交一航局第三工程有限公司，辽宁 大连 116001）

【摘　要】 对于结构复杂的海底隧道建设工程，很少涉及结构钢筋的建模和应用，通过创建钢筋模型辅助施工生产，对项目应用发展和 BIM 深化应用都有重要意义。以大连湾海底隧道暗埋段结构钢筋为研究对象，利用 Revit 软件搭配 Dynamo 可视化编程手段，研究钢筋模型创建的方法和流程，实现碰撞检查、钢筋量统计、下料优化等应用。实践证明，该建模方法方便有效，建模快速精确，使用难度低，便于推广。统计优化结果准确可靠，大幅节约原材料成本，可为后续 BIM 深化应用提供借鉴依据。

【关键词】 海底隧道；钢筋建模；Revit；Dynamo

1　引言

目前 BIM 技术已经广泛应用于建筑业施工生产管理过程中，通过建立结构模型实现施工预建造，可进行工程量提取、碰撞检查、工艺模拟等多项应用[1]。但在三维环境下创建钢筋模型一直是 BIM 技术后续深化应用的困难点。目前对钢筋建模的研究与应用较少，主要受限因素包括：钢筋体量庞大对软件性能要求高，钢筋结构复杂模型缺少有效的展示手段，以及软件空间建模能力受限。现阶段较为成熟的钢筋建模方案多集中于结构相对简单的房建领域，对于结构复杂的工程项目基本无法有效开展，因此针对复杂结构钢筋建模研究与应用是很有必要的。

Revit 是现阶段普及范围最广，学习难度较低，功能完善程度较好的一款 BIM 软件。故选择 Revit 作为研究工作环境。为解决 Revit 软件功能上的局限性需采用编程手段进行二次开发，Dynamo 作为一种可视化编程手段简单易用，方便修改调试，与 Revit 契合度好，极大加强了 Revit 的建模能力[2]，基本解决钢筋建模过程中遇到的各类问题，操作简单具有一定的推广价值。

2　工程概况

本次选择的研究对象为大连湾海底隧道建设工程南岸工程，为整条海底隧道南端登陆口位置，主要施工内容包括南岸暗埋段为 1192m，敞开段长 200m。下穿地道互通式立交，地道暗埋段长 166m、敞开段长 259m。道路等级为城市快速路，双向六车道，隧道进出口 6 道，结构断面形式复杂多变。主体混凝土达到 192000m^3，结构钢筋 46000t，体量庞大。

主体结构为登陆形式，路线呈三维空间曲线形式。根据施工条件、结构形式的不同，主体结构分为港池和陆域两部分，以港池部分结构为例，配合施工生产管理需求将主体结构划分为 55 个施工段，不同结构段具有钢筋尺寸随结构断面及路线变化、纵筋多呈现弧线放样的结构形式、各结构段预埋件复杂位置不同意等特点，钢筋制作及绑扎施工难度较大。

3　结构钢筋建模方法

因南岸钢筋施工的难度较大，预先建立钢筋模型指导施工有很大的必要性，考虑到 Revit 软件创建钢

【作者简介】 姜南岸（1989—），男，工程师。主要研究方向为 BIM 及信息化技术。E-mail：jna119911@qq.com

筋功能的局限性，利用 Dynamo 进行可视化编程，研究了一种适用于该项目的快速钢筋建模方法，建模流程图见图 1。

3.1 创建有参数驱动的钢筋轮廓族

利用 Revit 自建族功能，创建代表钢筋轮廓的模型线，模型线创建过程中。在立面视图中绘制参照线或参照平面，对绘制的参照进行参数约束。在验证参照线可以借助参数驱动调整后，拾取参照创建模型线并锁定在参照物上，完成参数化钢筋轮廓族[3]的创建，示例见图 2。

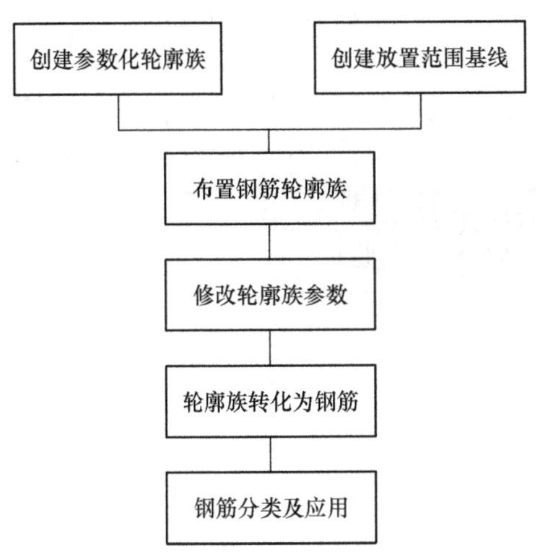

图 1　基于 Revit+Dynamo 钢筋建模工作流程

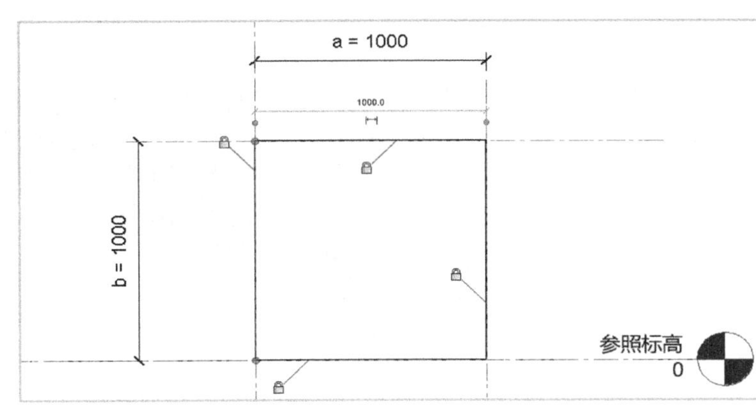

图 2　使用 Revit 创建的钢筋轮廓族

3.2 创建钢筋放置范围基线

通过分析钢筋排布的规律，发现相同型号的钢筋绝大多数都是按照特定的方向等间距进行布置的。因此创建一条模型线作为钢筋阵列放置的基准线，是解决钢筋快速建模的关键。通常情况下 Revit 创建模型线功能基本可以满足绘制要求，但涉及三维空间曲线 Revit 就难以满足要求了。钢筋设计过程中钢筋形状与结构外轮廓有很大关联性，借助 Dynamo 中“ModelCurve. ByCurve”节点拾取模型中有代表性的边将其转化为模型线即可满足大部分创建需求。在通过设置钢筋相对表面的保护层距离将创建的模型线移动至准确的空间位置就可以作为钢筋的放置范围基线使用了，示例见图 3。

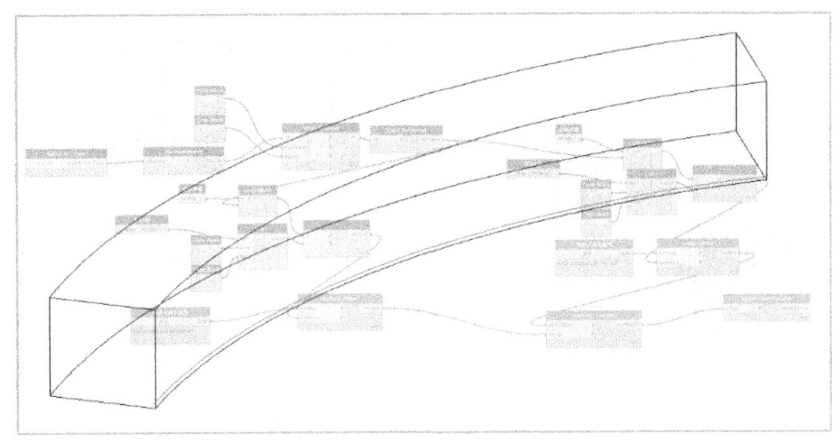

图 3　利用 Dynamo 创建的钢筋放置范围基线

3.3 将钢筋轮廓族排列在钢筋放置基线上

在完成钢筋轮廓族和范围线绘制后，需将轮廓族放置在范围线的特定位置以达到按照线放置实例的目的。首先将范围基线按照端头保护层厚度进行修剪，之后按照钢筋个数将修剪后的范围线等分得到线上的等分点。借助Dynamo中"FamilyInstance.ByPoint"节点将创建的钢筋轮廓族依次放置在等分点上。此时钢筋轮廓虽然按照规则排布于范围基线的等分点上，但排布的方向并不符合实际情况（由于并未设置族实例的旋转角度，所以钢筋族此时指向默认正方向）。创建一条代表钢筋放置方向的"方向特征线"，使其与正确的钢筋方向垂直。计算求得特征线法线与默认正方向的夹角，使用"FamilyInstance.SetRotation"节点将轮廓族实例旋转至钢筋放置方向线垂直[4]，示例见图4。多数情况下钢筋的范围基线与方向特征线为同一条曲线（直线），但为适应某些特殊情况特将放置族实例和调整族方向分成两部操作增加代码的适用性。

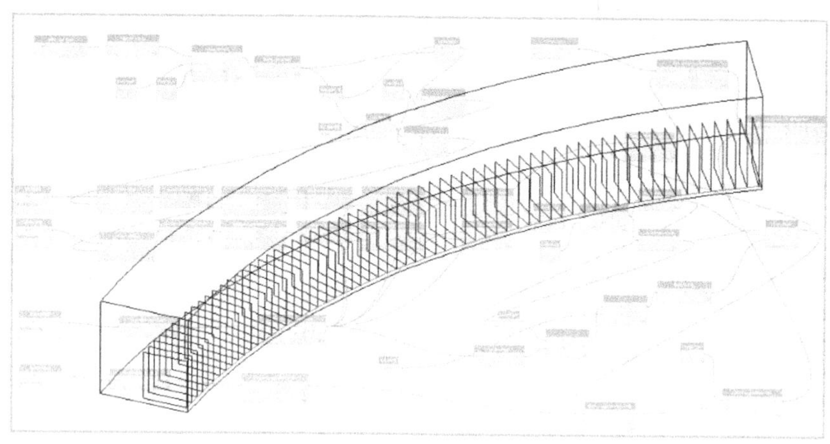

图4　利用Dynamo排列钢筋轮廓族

3.4　修改轮廓族参数使其符合实际放样

完成上述操作后，对于结构样式简单的钢筋我们可以直接在Revit中修改轮廓族的实例参数至正确尺寸。但对于变截面构件中的钢筋往往其形状是根据截面尺寸产生变化的，分析这种变化规律发现，对于基础设施行业涉及的混凝土构件尺寸多是规则的线性渐变（若存在突变，可将构件按照突变位置分为多段分开求解），对于这种变化我们借助Dynamo中"Range"节点创建指定变化范围的一系列线性数组。手动输入或通过拾取特征线读取长度设置变化的最大值、最小值。最后将得到的数组利用"Element.SetParameterByName"节点批量修改族参数，示例见图5。

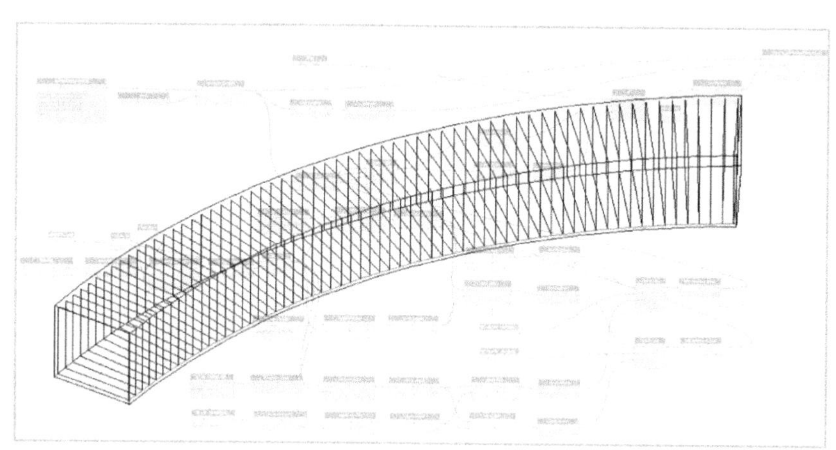

图5　修改钢筋轮廓族尺寸参数

3.5　收集钢筋轮廓线将其转化为结构钢筋

为方便后续计算和应用，需将钢筋轮廓族转化为Revit中的结构钢筋。选中所有需要转化的钢筋轮廓族实例，从中提取线元素，调用Dynamo软件包"Rebar for Dynamo"将提取到的模型线元素转化为结构钢筋的钢筋草图线，完成钢筋的转化。转化钢筋后还需要设置在三维视图中的查看方式，一般设置为在三维视图精细显示模型条件下作为实体查看，示例见图6。

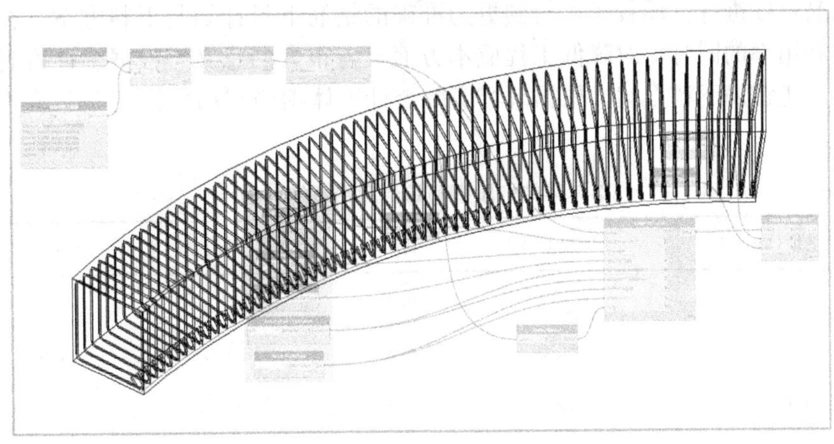

图6　将轮廓族转化为结构钢筋

为了增强整套方案的实用性，对形状随构件形状变化且难以通过参数约束达到尺寸变化的，可采用直接绘制模型线并通过Dynamo将模型线直接转化为结构钢筋的钢筋草图线完成钢筋结构布置。

3.6　对结构钢筋进行筛选和分类

利用Revit过滤器功能对所建钢筋进行筛选和颜色区分，在项目中添加过滤器，在过滤类别中勾选结构钢筋，设置好需要过滤掉的钢筋类型，新建过滤器后，就可以根据需要过滤掉指定的钢筋模型。同样也可为不同类型的钢筋设置不同的颜色进行区分增加钢筋的辨识度。Revit过滤器功能价值在实际使用时往往被忽略，通过过滤器的设置我们可以轻松地将钢筋按照分层、型号等进行分类并通过颜色精准定位方便查看钢筋的空间位置，利于查找碰撞。同样使用过滤器调整钢筋显示样式也是解决钢筋模型轻量化的一种方式。

4　钢筋建模应用与总结

4.1　钢筋模型的应用

（1）钢筋结构的碰撞检查和节点优化

主体结构钢筋的种类多样，数量十分庞大，钢筋纵横布置相互连接组成钢筋体系。传统方式采用二维图纸平法标注，识图难度大。采用三维建模后不仅识图难度大大降低，更是直接从三维空间观察每一根钢筋的位置及可能存在的碰撞、保护层控制等问题。通过提前进行钢筋模型搭建，找到碰撞的钢筋，设计避让方案。利用钢筋模型放样可将钢筋制作成固定的网片整体吊装，有效地提升了钢筋安装效率。另外，本工程主体结构设置大量预埋件，预埋件的安装势必与钢筋产生碰撞，提前在相应位置创建预埋件模型与钢筋模型进行校核，制定避让方案，单独调整问题钢筋或预埋件位置，提前排除安装困难点，有效减少安装过程中的返工和破坏性加工，提高安装质量与效率。

（2）自动钢筋布置钢筋接头

对于大体积混凝土结构，单根钢筋原料往往无法满足长度要求，需要进行钢筋连接。不同的钢筋连接方式将对钢筋实际尺寸产生相应的改变，使用Revit创建钢筋接头可根据其连接方式直接将连接的钢筋端部进行处理，其创建钢筋接头在实际应用过程中也具有一定的应用价值，对于钢筋接头采用机械连接方式的通过统计接头的数量和型号可以得到准确的钢筋接头套筒需用量，对于搭接或焊接等钢筋连接方式可以自动调整钢筋下料长度并统计得到准确的钢筋下料计划表，借助Dynamo程序输入钢筋分段原则和钢筋连接方式，自动筛选需要添加接头的位置批量地为钢筋布置接头提高布置效率。

（3）统计钢筋工程量优化钢筋下料

在现场施工过程中需要合理地计算出钢筋的下料长度。如果下料长度计算错误，会导致钢筋切割错误，造成钢筋、人工和机械设备的浪费。影响钢筋下料长度的因素有很多，包括钢筋连接方式、弯钩形式、甚至钢筋下料加工方式等。在创建钢筋模型后通过软件生成明细表功能直接统计钢筋长度，结合现场实验对统计的钢筋长度进行自动校正，得到更为准确的钢筋下料计划与下料方案，在有效地避免钢筋浪费、提高钢筋的利用率的同时，对降低工程成本方面有着很大的意义。根据统计得到的钢筋下料表借助运筹学算法求得最优钢筋下料方案。根据现场实际统计整体钢筋利用率达到99%左右，某结构段钢筋利用率见表1。

南岸某结构段钢筋综合利用率统计表　　**表1**

规格	理论重量(kg/m)	原材长度	利用率	下料长度	总重(t)	余重(t)
40	9.87	24288	0.984	23899.4	239.72	235.89
32	6.31	18240	0.996	18167.0	115.09	114.63
28	4.83	1020	0.98	999.6	4.93	4.83
25	3.85	19041	0.992	18888.7	73.31	72.72
20	2.47	3720	0.997	3708.8	9.19	9.16
合计					442.24	437.23
利用率					98.9%	

4.2 钢筋建模方案的应用价值

对于复杂混凝土结构工程，该钢筋建模方案具有很大的技术优势，无论从操作难度、实现功能、工作效率及后期应用效果方面相较于Revit自带的钢筋建模程序都有显著提升[5]。基于Revit+Dynamo钢筋建模方案优势对比见表2。

基于Revit+Dynamo的钢筋建模方案优势对比　　**表2**

	Revit自带钢筋建模	Dynamo钢筋建模	注释
工作原理	通过软件自带的钢筋建模系统建模	通过Dynamo可视化编程快速创建钢筋模型	研究的内容是基于Revit软件钢筋建模功能进行的深化开发
操作难度	操作难度较低，掌握软件基本操作即可建模	需要一定的Dynamo和Revit建模基础	相较于一般的二次开发语言学习难度较小
实现功能	适合建筑类梁板柱钢筋创建，对于水工结构适用性较低几乎无法操作	基本适应所有结构的钢筋搭建，可直接针对单根钢筋进行保护层和位置调整	简便性和通用性有时是一个相悖的特点，过于追求操作简便势必造成通用性不足
工作效率	适用于常规的建筑梁板柱模型，效率较高，但复杂结构难以创建	通过固定的模式和流程实现模型搭建，相较简单，模型生成钢筋效率略低	
下料优化	通过软件输出明细表形成下料单，倒入线材优化下料软件进行优化	可进行钢筋分段，接头处理自动校正下料长度，统计的下料单更为准确	通过搭建模型反推实际钢筋工程量，较设计估算量精确

5　结语

通过使用Revit+Dynamo方案，实现了对于复杂大体量混凝土结构钢筋模型的创建。在暗埋段主体结构钢筋模型的搭建过程中，利用钢筋模型解决了很多传统方法难以解决的问题，有效地服务于现场技术准备和施工生产。同时也应意识到目前钢筋模型的应用还处于探索阶段，后续还有大量应用点需要研究。受限于软件功能局限，优化钢筋模型的存储与显示，都需要研究人员继续探索与研究。本文以创建沉管隧道主体结构钢筋模型及其应用为契机，探索Revit、Dynamo等BIM建模软件在工程中的应用实践，将为工程后续的BIM应用开展提供经验。

参考文献

[1] 刘建，姜南岸.BIM技术在干坞施工中的应用实践[J].中国港湾建设，2018，38(12)：15-20，30.

[2] 李强．基于BIM技术的房建工程结构构件参数化钢筋建模研究[C]//中国图学学会 BIM 专业委员会．第六届全国BIM学术会议论文集．北京：中国建筑工业出版社，2020：4.

[3] 李瑛．水利工程复杂结构钢筋可视化编程建模及应用研究[J]. 铁道建筑技术，2019(09)：6-10.

[4] 蒋帅．基于Dynamo可视化编程建模的 BIM 应用[J]. 科学技术创新，2020(29)：75-77.

[5] 李海峰．基于 Revit 参数化设计在实际项目中的应用[D]. 南昌：南昌大学，2019.

基于 Tekla 的 BIM 建模及设计优化

宋林虎，柳长江

（潍坊学院，山东 潍坊 261061）

【摘　要】 随着我国建筑行业信息化的飞速发展以及相关政策及规范的不断完善，建筑信息模型（BIM）这一概念正在被越来越多的人所知晓，BIM技术也被越来越多的企业应用于各大工程之中。本文将使用Tekla Structures等一系列BIM软件对华都工业园B1厂房进行三维建模、碰撞检测、工程计量、效果图渲染等工作，并完成节点优化以及施工图深化，在操作过程中及时发现问题和解决问题，降低施工过程中出现错误的概率，使施工过程更加简便，从而大大提升工程施工的效率。

【关键词】 BIM；Tekla Structures；钢结构；建模优化；高效施工

1　引言

在科学技术飞速发展的今天，建筑信息模型（BIM）技术正被越来越多的工程项目所采用，BIM技术现在已经趋向成熟，无论是在设计还是施工上，它所带给我们的效果都是显而易见的。运用BIM技术，我们可以将原本枯燥不直观的二维CAD图纸转化为形象生动的三维立体模型，并且能够在模型中任意切换视角去观察各个细节，我们可以很直观地发现工程中存在的一些问题以便及时调整。本文利用Tekla Structures软件对华都工业园B1厂房进行钢结构三维建模，并且应用Revit、Navisworks等软件对三维模型进行处理，以生成更加形象生动的三维建筑模型，并输出建筑效果渲染图。利用Tekla软件我们可以对整个华都工业园B1厂房钢结构进行工程量的统计和钢结构零构件加工图的深化，可以大致预估出整个钢结构的重量以及生成每一个零构件的加工图，然后再根据施工图纸进行现场组装和焊接，显著降低施工难度，提高了施工效率。

2　BIM概述

2.1　BIM发展现状

BIM在早2011年就已经被列入我国“十二五”规划，2012年，中国建筑科学研究院成立了多单元BIM开发联盟，积极制定我国相关BIM的技术标准与相关规范，并且着手开发相关的软件平台。如今国家标准和地方标准也越来越完善，很多地区都推出了结合自身地区的标准。国内应用BIM技术的工程越来越多，一些相对较小的工程应用BIM技术的比重也在逐步增加，所以就应用形式来看，我国的BIM技术将有很大的发展空间。

BIM并不是一个特定的软件，它是多个软件一起协同工作的总称。BIM的适用领域十分广泛，包括建筑、公路、铁路、桥梁以及电信网络等，它能够提供三维动画、日照分析、报表制作以及碰撞检测等强大功能，BIM技术的发展让施工更加简便，管理起来也更加灵活。

2.2　BIM面临的挑战

目前，BIM发展遇到的最大问题就是落地难。在传统的住宅类项目中，工程形式较为单一，BIM的运用点并不多，这类工程要运用BIM的话，投入了资源并不一定能带来很可观的效益，一并加大投入甚至会造成亏损。然而对于酒店、商场等大型商业建筑而言，BIM的应用点较为广泛。这就涉及BIM面临的第二个挑战，对专业人员的技能要求较高，在建模过程中需要协同多专业进行整合，建模人员需要熟

【作者简介】 宋林虎（1997—），男，在读学生。主要研究方向为土木工程/BIM方向。E-mail：slh@xiaoxiaobai.cn

练掌握各个专业的基本知识以及相关规范条例。最后就是国内的BIM规范标准的推广并不是十分理想，据调查大部分公司建立了适用于本公司的BIM标准，而各个公司之间的标准并不互通，所以急需推广统一使用一套完整的BIM规范标准。

2.3 初步认识 Tekla

Tekla是Tekla Structures的简称，初期又叫Xsteel，它是由芬兰Tekla公司开发的一款主要用于钢结构深化设计的软件，广泛应用于全球60多个国家和地区，其用户量非常之多，软件安装简单，并且对电脑的配置要求也不算太高，一般的电脑也能流畅处理一些小规模的模型，整个安装过程也十分快速，软件的使用也是十分便捷，在建立三维模型的基础上可以快速创建工程报表及导出详细的工程量统计，在软件中就可以进行施工图的深化，Tekla还提供了多种格式的接口，对所创建的模型能够进行一些常用格式的导出，例如DWG、IFC等的格式，可以用其他BIM软件进行查看和后期处理，十分便捷。

3 BIM建模

3.1 工程概况

本工程为华都工业园B1厂房，建筑地点位于南通市黄海路南侧和永兴路西侧，建筑总面积9960.0m²，总高度10.45m，工程采用门式钢架结构，室内外高差0.150m，场地类别为Ⅲ类中软土，抗震设防烈度为6度，型钢强度等级为Q235，建筑物设计合理使用年限为50年，钢架如图1所示。

3.2 创建轴线

根据华都工业园B1厂房的CAD图不难看出X方向是数字1～10轴、Y方向是字母A～G轴，一共需要创建三个标高，分别为－0.2m、±0m以及＋8.6m，仔细观察XY方向中部轴线间距的变化，避免建模出错。在Tekla中双击默认的轴线会弹出相应的修改窗口，输入数据后点击修改即完成了工程轴线的创建。

3.3 建立结构主体

创建轴线后接着创建结构主体，本工程的边柱是一个变截面的钢柱，在Tekla中应用梁命令创建，使用创建梁命令创建如图2所示边柱，在命令框中输入相应的零件前缀、构件前缀、名称、材质、等级以及选择相应的截面型材。工程使用的是变截面柱，在Tekla中选用通用的变截面类型柱，输入腹板厚度、翼缘厚度、高度、宽度等信息。

中柱的创建和边柱类似，此工程中柱为H型钢非变截面柱，所以在截面型材中直接选择对应的截面即可，检查零件前缀、构件前缀、名称等信息是否输入正确，这里可以给中柱输入一个和边柱不同的等级号，可以方便区分便于观察，中柱如图2所示。

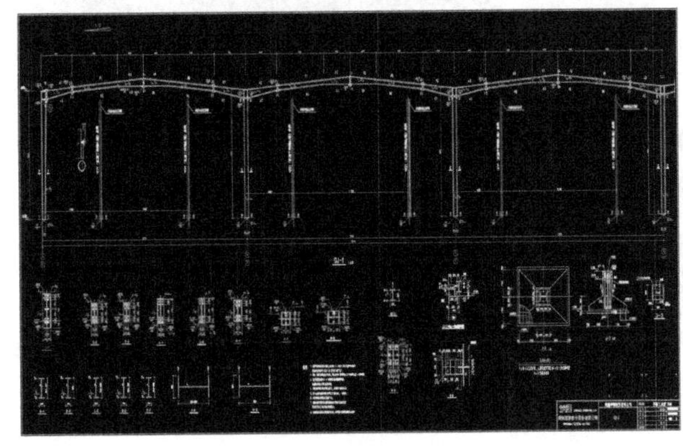

图1　工程概况

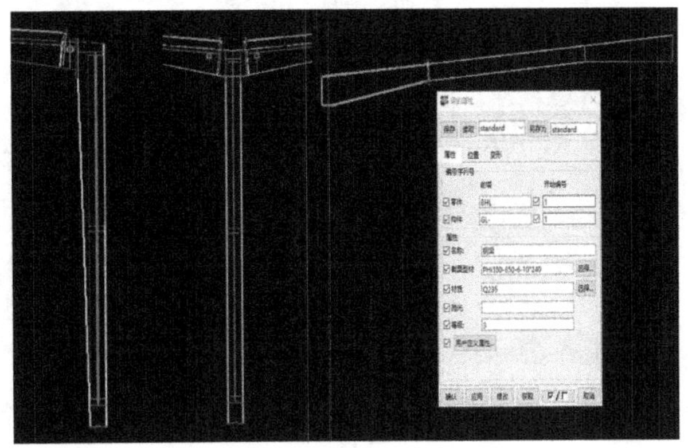

图2　边柱、中柱、钢梁

钢梁的创建使用同边柱中柱一样的梁命令，在本工程中钢梁是变截面组合梁，两端为变截面梁中间为直梁，在Tekla中需要分开绘制，创建步骤和边柱类似，在截面型材里面选择通用的变截面H型钢，赋予一个新的等级号以便于区分，修改构件零件前缀和名称以及材质，画出指定长度的变截面段即可，中间段只需修改截面型材以及等级即可，钢梁如图2所示。

抗风柱的创建需要旋转90°，基本使用中柱的绘制方法即可完成，需要注意在命令卡中的位置-旋转处需要调整，这个选项的作用是调整抗风柱的旋转位置关系，必须按照图纸需求进行调整，由于本工程的抗风柱在同一跨是对称的，故绘制其中一个直接运用镜像命令即可完成另一个。

最后根据图纸绘制出檩条、隅撑、水平支撑、柱间支撑等内容即可完成结构主体的大致创建。本工程采用C形檩条，其具有较高的强度；隅撑采用L形钢并用螺栓固定；水平支撑采用圆钢，在保证强度的同时也具有良好的稳定性，水平支撑中段连接采用花篮螺栓连接。

3.4　连接节点的创建

主体结构创建完毕后接着进行连接节点的创建，Tekla中内置了大部分的节点，我们可以直接在搜索里面进行搜索使用，节点大致有以下几种节点：

柱底板节点，本工程可以直接使用Tekla内置的1047号美国底板节点，直接在搜索框搜索1047，双击节点即可使用，输入相关参数并选择边柱最后选择需要创建的方向即可完成柱底板节点的创建，对不满要求的节点可以适当修改节点，修改结点之前需要对节点进行炸开处理。

梁柱节点和梁梁连接节点需要根据图纸进行手动绘制，先绘制两块一定厚度的连接板，在相应位置创建螺栓进行连接，需要注意两块连接板需要焊接到对应的梁柱上。螺栓采用HS10.9级高强螺栓。

本工程中抗风柱的柔性节点处理起来比较复杂，在Tekla中没有相关的节点可以使用，在仔细识图读图后进行手动绘制；檩托板和隅撑可以直接才用Tekla自带的内置节点进行绘制，输入和调整要求的参数即可满足正常要求。

水平支撑采用花篮螺栓节点，花篮螺栓节点的绘制采用内置节点进行绘制，系杆连接节点也是如此，各个节点图如图3所示。

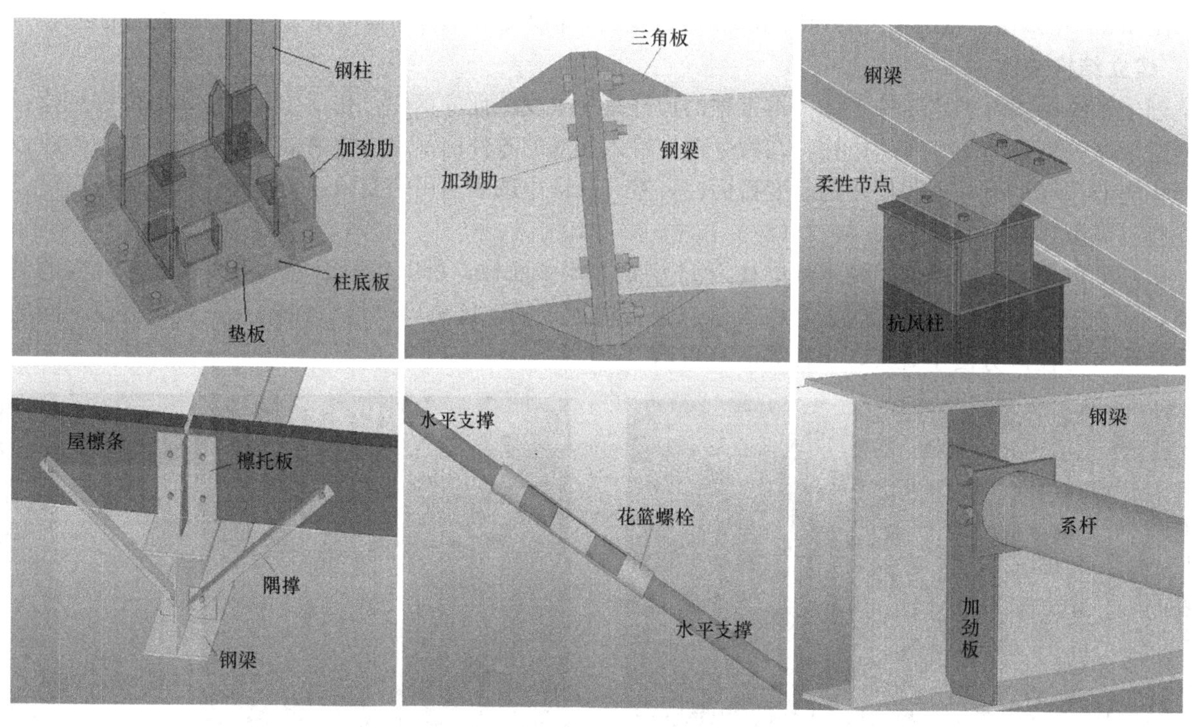

图3　各连接节点

4　模型优化

4.1　碰撞检测

利用Tekla我们可以对模型进行碰撞检测，选择需要检查碰撞的内容，如选中屋檩条和檩条之间的拉条，可以一次性选择多个零件进行碰撞检测，如图4所示，右击选择碰撞校验，软件会自动对所选构件运行碰撞检查，选择构件的多少决定了检查的速度，检查完成会弹出碰撞校核管理器，在这里可以看到碰

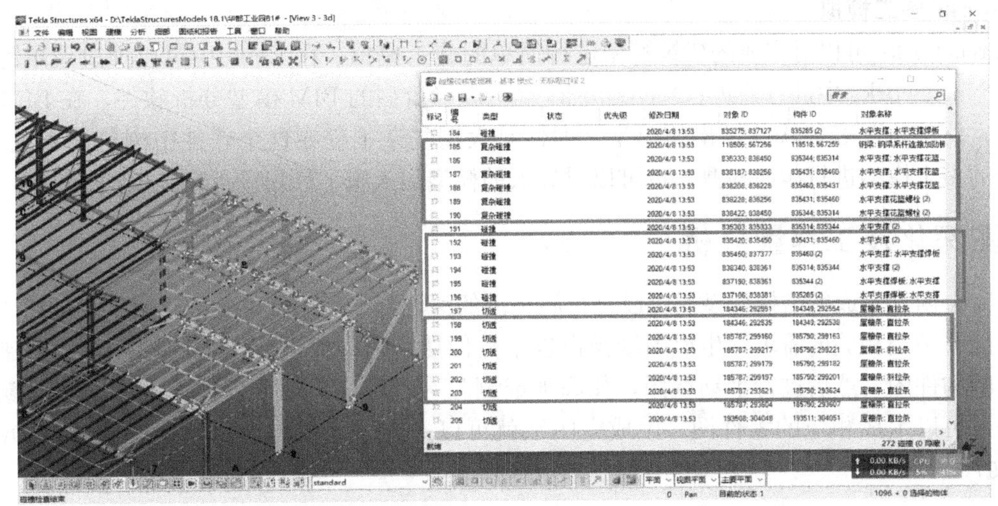

图 4　碰撞检测

撞的构件信息以及碰撞类型，单击碰撞编号会在当前视图自动定位并且高亮显示碰撞的构件，建议在三维中仔细查看碰撞的原因再进行调整，调整完成点击碰撞校核管理器菜单栏的小箭头可以进行二次检查，确认碰撞是否消除。

4.2　Revit 建筑优化

本工程中除了钢结构以外，还有四周的钢筋混凝土墙，需要把这些内容完成才能渲染出更加真实的效果图。在 Tekla 中完成钢结构建模后，有两种方式可以将模型导入 Revit 中进行处理，第一种是在 Tekla 中导出 IFC 格式，第二种是安装 Tekla To Revit 的插件，这里为了方便起见推荐使用第一种方式，导出模型使用 Revit 打开 IFC 格式的模型即可添加墙、门窗、雨棚梁、坡道等建筑专业的内容，操作起来十分简便。

4.3　建筑效果图渲染

使用 Revit 完善模型后，我们可以在 Revit 中直接渲染图片，但是为了得到更加真实的效果图，这里推荐采用 Enscape 插件配合 Revit 进行渲染，Enscape 是一款轻量级的渲染插件，配合 Revit 进行实时的效果预览，功能十分强大，它能够同步 Revit 中的视图快速导出图片，也可以自己切换适当的角度进行图片渲染和自定义路径导出建筑漫游动画，如图 5 所示。

图 5　建筑效果图

4.4 Navisworks 施工模拟

使用 Navisworks 可以对完成的建筑模型进行简单的施工模拟，在 Revit 中可以通过菜单栏导出命令直接导出到 Navisworks 中进行处理，Navisworks 是一款轻量型的 BIM 模型分析软件，在 BIM 系统中处于中心地位，能够整合多种软件导出的模型，即使是大型复杂工程在这个软件中浏览起来也十分流畅，可以对整合的多个模型进行碰撞检测，也可以对导入的模型加入施工计划进行施工模拟。

5 施工图深化及工程量分析

在 Tekla 中创建完成钢结构模型后可以进行施工图的深化，如利用软件生成钢梁钢柱的施工图，经过手动调图后能够满足相关的需求，生成图纸操作也十分便捷，选中要生成图纸的构件右击创建构件图即可生成默认的构件图，然后进行手动调图，如添加或删除一些标注，更改字体大小字号以及颜色等，使用同样方法也可以生成相应的零件图，生成完图纸就可以进行图纸导出，得到如图 6 所示 Dwg 格式的 CAD 图纸文件。

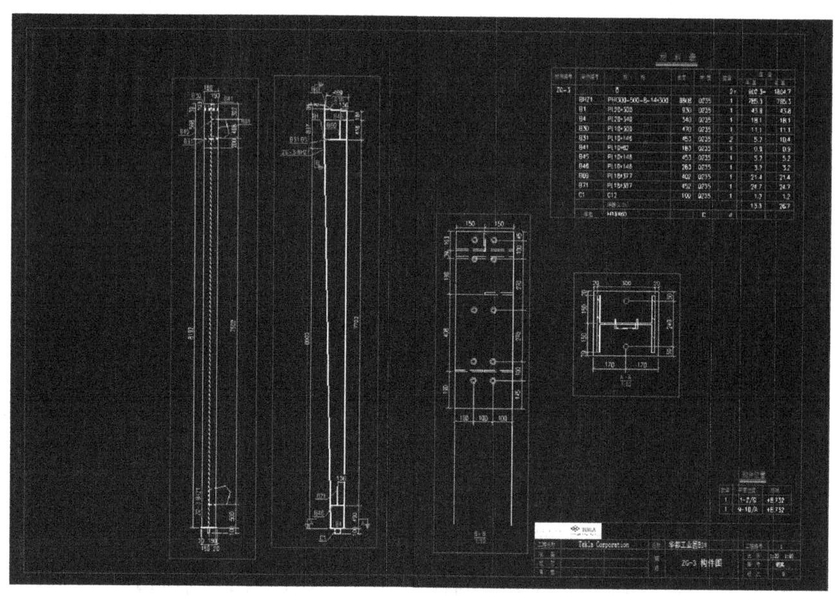

图 6　钢梁施工图

使用 Tekla 可以对整个钢结构工程量进行统计，如每个构件的规格、尺寸、材质以及整个工程使用的螺栓大小、数量、等级，点击菜单栏中的报表选择适宜的报表模板，也可以自定义制作报表模板，然后点击“从全部的…中创建”即可生成相应的报表，生成的报表文件位于模型文件夹中的 Report 文件夹中，修改为 Excel 格式的后缀名即可用 Excel 打开，对打开的表格文件进行拆分、添加边框、调整行高列宽、修改字体大小颜色等操作后就能够得到一份比较美观的报表，如图 7 所示。

备料汇总清单

工程名称:	华都工业园B1#		工程编号: 1		
发出部门:				日期:	2020.4.8
型材规格	长度(mm)	净重(kg)	毛重(kg)	材质	备注
PL10*240	534655	10072.9	10072.9	Q235	B
PL12*300	209151	5910.6	5910.6	Q235	B
PL14*300	407789	13444.8	13444.8	Q235	B
PL10*240	534655	10072.9	10072.9	Q235	B
PL12*300	209151	5910.6	5910.6	Q235	B
PL14*300	407789	13444.8	13444.8	Q235	B
PL6*326	209151	3211.4	3211.4	Q235	B
PL6*330	534655	8310.1	8310.1	Q235	B
PL8*372	407789	9526.6	9526.6	Q235	B
C12	9400	113.4	113.4	Q235	U
CC300-2.5-20-80	8894881	85508.2	85535.4	Q235	C/U
D12	3646971	2915.1	2915.1	Q235	RU
PL20*340	29800	1607.0	1537.3	Q235	B
PL20*500	14160	1111.6	1111.6	Q235	B
PL300*100	7920	185.5	1865.2	Q235	B
合计:		293161.7	297669.1		

注：B表示板、RO表示圆管、L表示角钢、M表示方管或矩形管或箱形构件、I表示H型钢。

页码：第1页　　共1页

图 7　工程量清单表示意

6　结束语

BIM技术在工程中的应用逐渐趋于成熟，从一开始的设计到后续的施工以及管理各个方面，BIM技术贯穿着整个项目，使用BIM技术使得项目的进行更加顺利、更加便捷。再加上国家的大力推动，BIM技术必将走向繁荣。

Tekla是钢结构详图设计的典范软件，无论从建模过程、生成图纸，还是生成报表等方面看，Tekla在同等软件中都具有无法比拟的优势，通过Tekla的可视化建模，我们可以对整的工程大致情况具有一个很直观的了解；通过Tekla的碰撞检测，我们可以很快发现工程中的不足之处；通过Tekla生成的工程报表，我们对整的工程的工程量有一个大致的认识。通过应用BIM技术，可以大大节省工程的工期，还能及时发现一些工程中存在的问题，提高工程建设的总体效率。

目前Tekla的局限性表现在：创建大型曲面钢屋顶较为困难，只能通过直线段模拟曲线，操作起来较为复杂；软件内置规范不足，施工图出图习惯需要按照自身要求进行自定义修改；软件内置节点不足，且内置节点大多不常用，对于大型复杂节点也需要按照自身要求进行创建。尽管Tekla有以上不足，但是它作为一个工具辅助施工来讲终究给人们提供了极大的便利，让施工有了更多可能。

参考文献

[1]　尹兰宁，余汪洋．Tekla BIM sight在钢结构工程的应用[J]．工业建筑，2014(8)：171-174.

[2]　王珺，张人友．BIM3维与4维建模实例[J]．工业建筑，2012，42(7)：179-182.

[3]　陈晓蓉，兰晶晶．Tekla Structures软件功能分析及应用实例介绍[J]．江苏建筑，2015 (1)：62-64，74.

[4]　蔡刚洪，李标，匡也．Tekla Structure建模应用及实例[J]．山西建筑，2014(29)：287-288.

[5]　于海艳，吴聚龙，李光耀．TeklaStructure在钢结构设计中的应用[J]．浙江建筑，2014(12)：14-17.

[6]　张勤．BIM技术推动建筑行业变革[J]．福建建筑，2011(6)：119-120.

BIM 技术在北京新机场四标段项目中的深度应用

赵宇鹏

（北京优比智成建筑科技有限公司，北京 100000）

【摘　要】 文章总结了北京新机场高速公路四标段项目如何采用 BIM 技术的各项应用点来保障项目的顺利实施。项目采用 Revit+Dynamo+Civil 3D 参数化建模的方式创建本工程的 BIM 模型，利用 BIM 模型辅助施工场地平面部署优化、复杂施工工艺模拟、物料跟踪及质量安全管理等应用。通过 BIM 技术的综合应用保障了“三线四桥”同时转体施工，为项目取得了良好的经济效益和社会效益。

【关键词】 参数化建模；方案论证；三线四桥

1　引言

北京新机场高速公路项目作为国内首例“三线四桥”同时转体的工程，跨越京沪高铁、京沪铁路，且需要在 90 分钟的施工窗口期内完成四座桥梁的转体施工，施工工期短、难度大、社会影响广、经济影响大（直接影响京沪高铁通行），因此项目采用 BIM 技术贯穿施工全过程，减少施工成本，提高施工质量，进而保障“三线四桥”同时转体施工的顺利实施。本文根据 BIM 技术对工程产生的效益以及重难点的解决方案进行探讨。

2　项目概况

北京新机场高速公路四标段项目位于北京市南五环后大营路，新机场高速公路上跨京沪铁路，下穿京沪高铁转体桥施工为左、右线各一座，位于线路右侧分别有规划团河路及新机场轨道交通线各一处转体桥，转体施工需在 90 分钟内完成 4 座桥同时转体（图 1）。本项目建成后将促进新机场临空经济区发展，完善京津冀区域综合交通运输体系，推动京津冀协同发展。

北京新机场高速公路四标段项目的 M 线（左幅）在京沪铁路 K40+057.17 处采用 47m+46m 钢箱梁 T 形刚构上跨通过，交角为 72.4°；在京沪高铁里程 K25+238.09（墩号 D519＃～D520＃）处采用一联 29m+32.7m+29m 现浇混凝土连续箱梁下穿通过，交角为 64.4°；N 线（右幅）在京沪铁路 K40+030.04 处采用 46m+46m 钢箱梁 T 形刚构上跨通过，交角为 72.9°；在京沪高铁 K25+206.71（墩号 D518＃～D519＃）处采用 24m+32.7m+24m+23m 现浇混凝土连续箱梁下穿通过，交角为 64.8°。

3　项目实施重难点

由于本项目是“三线四桥”同时转体，在国内属于罕见的现象，施工难度极大，需在规定的时间内完成四座桥的转体，延误京沪线运营 1 分钟需赔偿 1.6 万元。项目现浇箱梁和 T 构钢箱梁施工均采用支架法施工，施工安全风险高，此外项目位于大兴区，周边环境影响施工的因素较多，且施工现场作业面狭窄。

因此采用 BIM 技术保障项目的顺利实施，由于“三线四桥”同时转体的施工难度极大，所以项目将

【作者简介】 赵宇鹏（1994—），男，助理工程师。主要研究方向为建筑工程相关的 BIM 技术应用。E-mail：1257467578@qq.com

图1　项目效果图

充分发挥BIM可视化、信息化、协同性的优势，全方位利用BIM技术辅助策划方案的编制，将转体施工以可视化的方式展示，验证施工方案的合理性，检查方案的不足，协助施工人员充分理解和执行方案的要求。

4　BIM应用内容

4.1　参数化与编程辅助BIM模型建立

由于Revit在异形桥梁中建模难度大，因此使用Dynamo来弥补Revit在道桥建模中的不足，将图纸的设计参数和意图通过参数化编程的方式进行编写，利用对构件对象、参数与逻辑的控制，自动建立BIM模型，提高建模精度及工作效率（图2）。

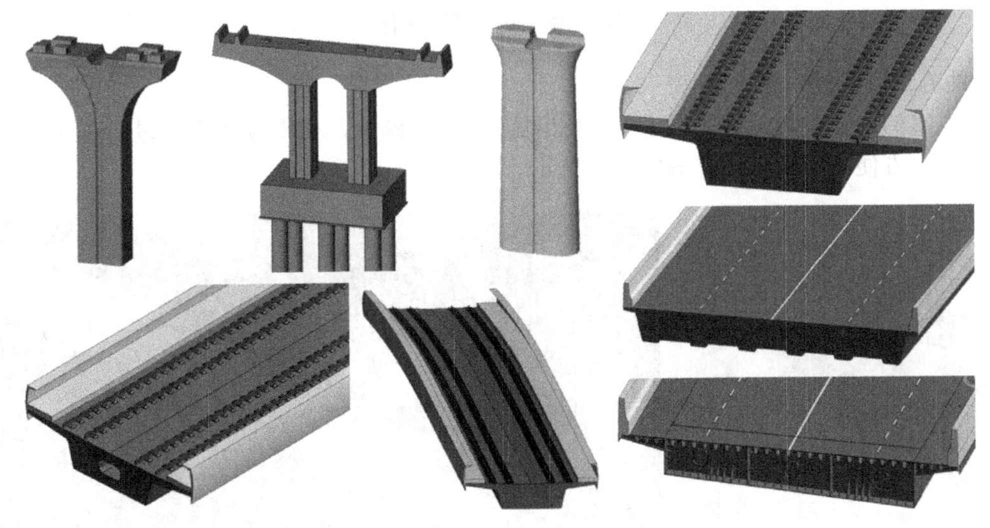

图2　BIM模型建立

通过Dynamo生成高速模型，并调整高速精细构件，通过将Dynamo的逻辑节点和精细的Revit族文件进行保存，形成相关族库与节点库，后期同类项目可直接通过更改参数进行建模，极大地提升了工作效率（图3）。

4.2　BIM辅助场地平面部署优化

通过标准化的族库辅助场地平面部署，并对平面布置的各类族添加相应参数信息，利用对数据的统计、参数的可视化显示，对平面布置的合理性进行验证（图4）。

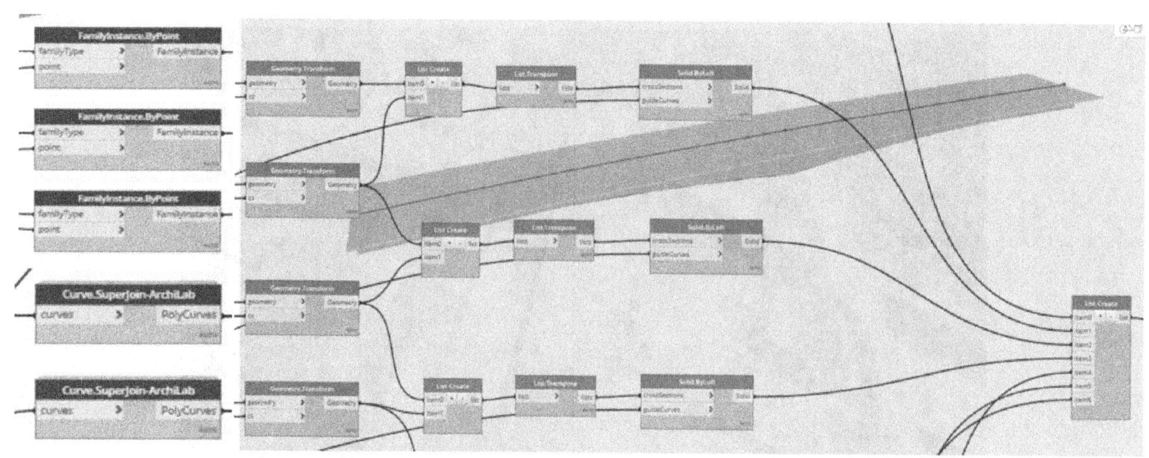

图3　Dynamo＋Revit参数化与编程辅助BIM模型建立

图4　施工场地部署优化

4.3　BIM辅助施工方案编制与论证

根据施工方案的内容及相关资料，建立施工措施的BIM模型，利用方案模型进行施工方案的模拟与三维可视化交底，方便施工人员理解与执行（图5）。

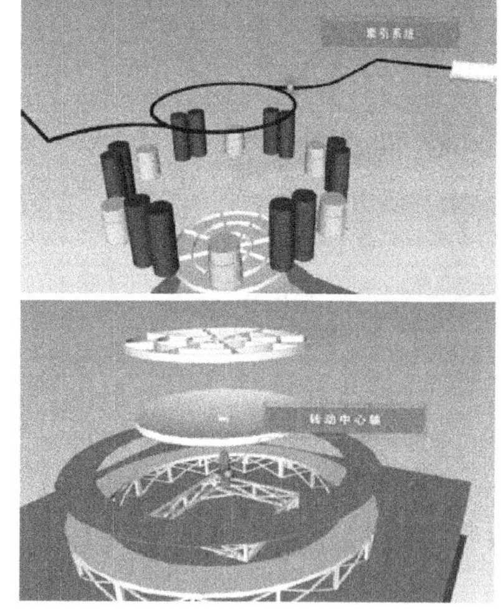

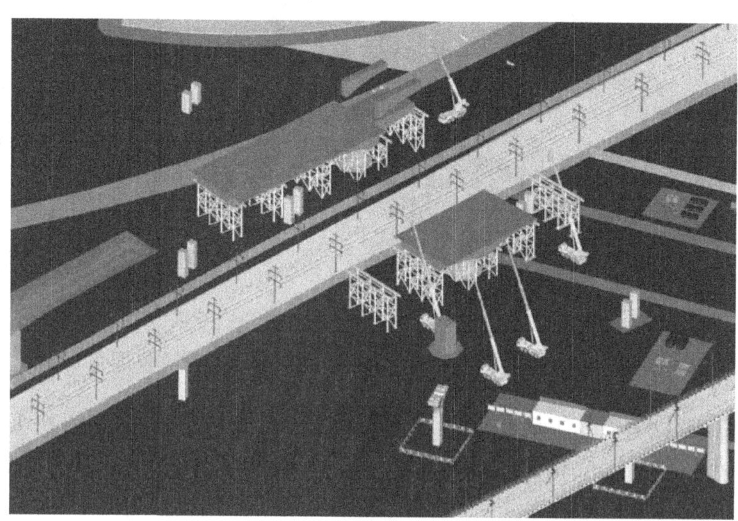

图5　施工方案模拟

由于本项目在转体过程中会与现有接触网产生碰撞，因此利用BIM技术进行转体桥梁的施工模拟，提前发现碰撞点，并制定合理化的解决方案（图6）。

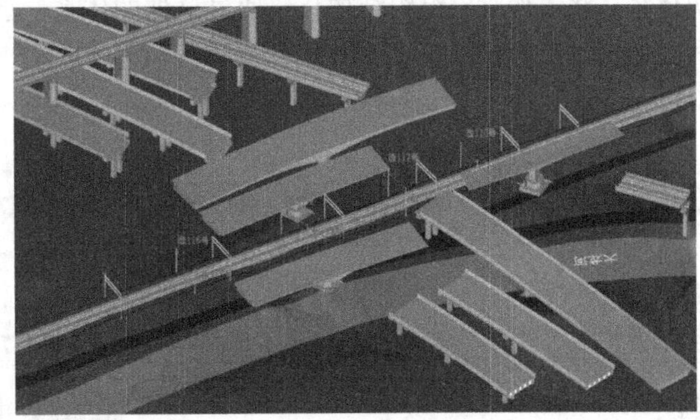

图 6　BIM 辅助接触网改造方案论证及转体前风险分析

通过现场踏勘辅助 BIM 模型的精确搭建，准确地反映了场地周边实际情况，由于本项目转体角度要求极其精准，所以通过 BIM 技术还原现场实际情况，提前发现并解决碰撞问题，进而保障了“三线四桥”顺利转体完成。

4.4　基于 BIM 技术的物料追踪管理

利用 BIM 技术，基于各道工序的时间与成本信息，形成资源需求的曲线分析，辅助现场物资和采购计划管理。采用二维码对物料进行跟踪管理，并将验收资料报表录入至平台，辅助物料从深化设计到采购、生产、验收的全过程管控与信息传递（图 7）。

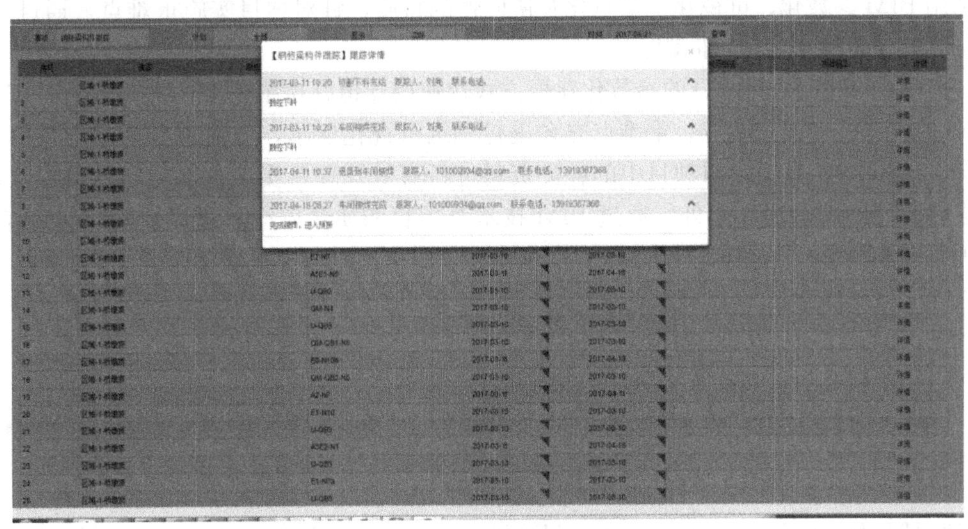

图 7　物料跟踪管理

4.5　基于 BIM 技术的质量安全管理

基于 BIM 平台在质量安全管理中的应用，现场人员通过手机 APP 对质量、安全问题进行记录与跟踪，形成闭环的管理。通过平台设定整改时限自动提醒落实人及时整改，整改完成后生成问题整改回复单。

项目领导层通过质量、安全问题分部趋势图、待整改问题负责人分布图、安全问题曲线图、分布图等了解不同时间、不同部位的质量安全问题的集中发生点，对产生问题进行分析，为项目决策提供数据支撑，实现有效决策和精细管理。

4.6　基于 BIM 平台的项目和企业知识库建设

在 BIM 实施过程中，结合协同平台的使用，将工作对象组织结构化，作为每项任务的信息记录的载体，使项目管理过程中积累的项目管理及控制的知识与经验以显性的方式保存下来，这些资料以后会辅助竣工模型和竣工资料的交付，方便业主使用，以及后期运维管理。

通过编码体系，将工作对象组织结构化，通过这样的体系，承载记录项目实施过程中的信息，待项目实施完成后，协同平台将自动转化为项目的知识库（图 8）。

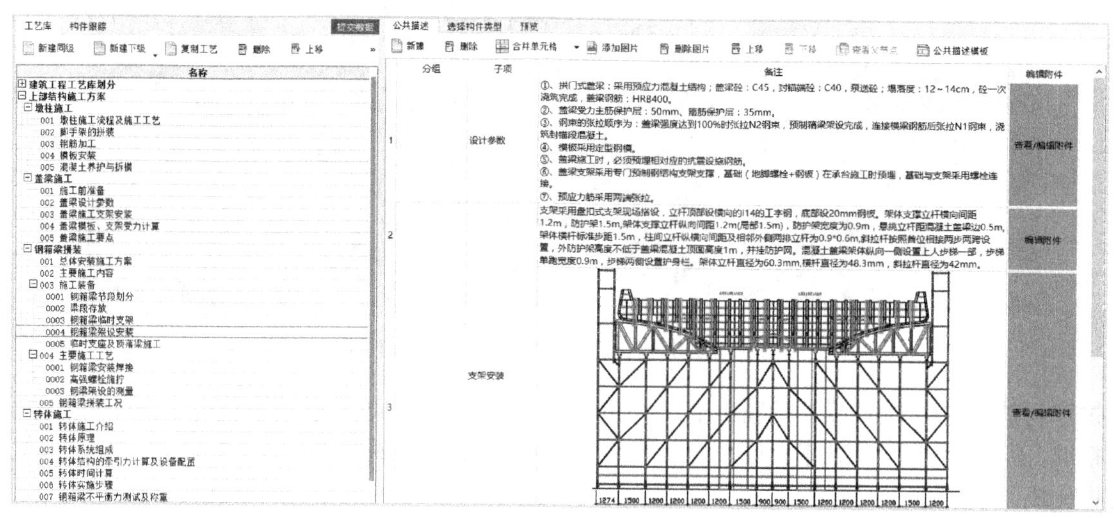

图 8　企业知识库建设

5　总结

本项目利用 BIM 参数化、可视化、信息化及协同性的特质，针对项目实施重难点，通过不同 BIM 应用点的组合，有效地解决项目施工问题。

利用 Revit＋Dynamo＋Civil 3D 的参数化建模方式快速搭建道路桥梁模型，提高效率并节省时间；利用 BIM 可视化的优势，对复杂节点、重难点方案进行三维可视化展示，方便现场人员的理解与实施；利用 BIM 信息化与协同性的优势，对项目中的各类资料进行有效管理，实现各部门间的数据互通，消除数据孤岛，加强各部门间的沟通。此外，通过 BIM 技术对项目的质量安全、进度成本等进行信息化管理，有效保证了项目顺利实施。

参考文献

[1] 张建平，李丁，林佳瑞，等 . BIM 在工程施工中的应用[J]. 施工技术，2012 (16)：10-17.

[2] 段正国 . 北京新机场高速公路大跨度桥梁集群式同步转体施工技术研究[R]. 山西省，中铁十二局集团有限公司，2019-07-24.

[3] 王同华 . 大令公跨京哈铁路特大桥转体施工研究[J]. 石家庄铁路职业技术学院学报，2015(03)：25-31.

[4] GOLDBERG H E. Design data for construction：AEC industryprogresses by evaluation construction costs and project-management using BIM[J]. Cadalyst，2006 (10)：45-47.

[5] WU R R. Research on the Cost Control of Construction Engineering Based on BIM 5D[J]. Construction Economy，2017.

广州市第七资源热力电厂二期工程及配套设施BIM设计应用

曹　佳，程星海，沈美琳，褚　钰

（维尔利环保科技集团股份有限公司，江苏 常州 213125）

【摘　要】 近几年BIM技术作为信息管理的新技术，正广泛应用于各大领域。本文以广州市第七资源热力电厂二期工程及配套设施为例，探索BIM在环保项目设计阶段的应用。结果表明，EPC模式下的环保工程使用BIM正向化设计可以有效地缩短设计周期，提高模型与图纸质量，对同类型项目具有一定的借鉴意义。

【关键词】 BIM技术；渗滤液；正向设计；协同管理

1　项目概况

1.1　工程概况

广州市第七资源热力电厂二期工程及配套设施位于广州市从化区，占地面积约为12500m²（图1）。

图1　项目效果图

本项目采用工程总承包（EPC）模式，渗滤液处理站建设设计规模为900m³/d（其中渗滤液720m³/d，低浓度生产废水180m³/d），设计采用工艺为“预处理＋厌氧＋外置MBR（二级A/O）＋NF＋RO”。其中NF浓缩液采用两级物料膜处理工艺，RO浓缩液采用化学除硬＋管式软化膜＋高压膜处理工艺。项目建成后，将进一步提高从化区生活垃圾减量化、资源化、无害化水平。

【作者简介】 曹佳（1985—），男，BIM工程师。主要研究方向为BIM技术应用与研究。E-mail：caojia@wellegroup.com

1.2　项目特点

（1）项目涉及的工艺设备种类多，数量多，并且工艺管道错综复杂，对管线综合设计的要求较高。

（2）深化设计涵盖的专业包括建筑、结构、工艺、电气等，各专业内深化设计以及专业间协调工作量大，周期紧，设计过程中如何保证质量及协调能力，避免后期返工尤为重要。

2　BIM 实施环境

2.1　团队组织

设置符合项目需求的团队架构，对项目 BIM 实施落地至关重要。为了更好地开展正向化设计，满足 BIM 施工管理以及应用需求，在项目初期就成立了 BIM 中心，其下设立工艺、建筑、结构、电气、数字化部门，各部门配置专业的工程师，依托协同管理平台同步开展工作（图 2）。

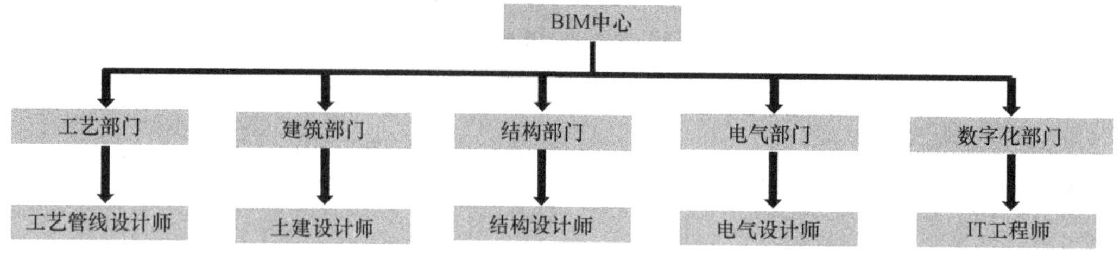

图 2　BIM 应用组织架构图

2.2　软硬件配置

在硬件配置上，配备了专业绘图工作站，各项性能都需要符合设计阶段以及后续漫游动画的需求。

在软件配置上，针对 BIM 不同的应用内容，项目以 Autodesk 解决方案为主，搭配协同管理平台以及模型应用软件（图 3）。

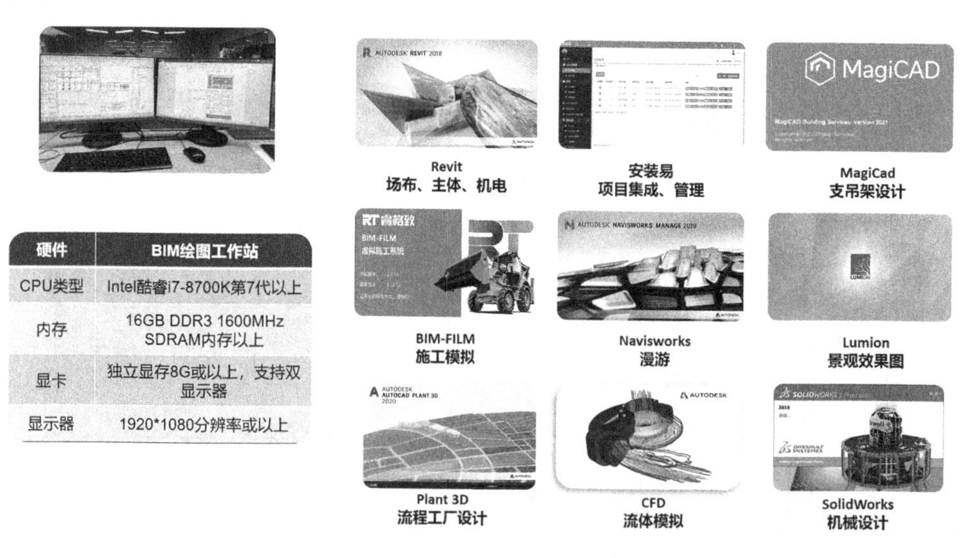

硬件	BIM绘图工作站
CPU类型	Intel酷睿i7-8700K第7代以上
内存	16GB DDR3 1600MHz SDRAM内存以上
显卡	独立显存8G或以上，支持双显示器
显示器	1920*1080分辨率或以上

图 3　软硬件配置图

3　方案设计阶段 BIM 应用

3.1　模块化设计

首先通过以前大量的项目数据，对使用的工艺和设备进行标准化设计及采购，然后通过 BIM 进行模块化组装，积累更多的数据模型，例如超滤膜处理成套设备可以提前在车间组装完成后运送到项目现场（图 4），避免了无拼装场地的同时也提高了模型搭建的效率。

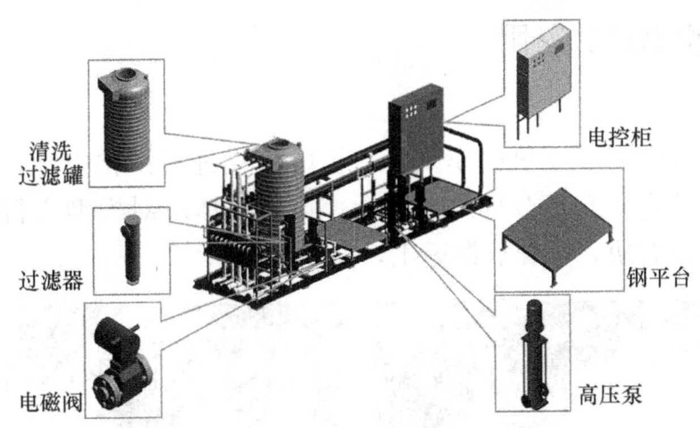

图4　超滤膜处理成套设备

3.2　三维可视化方案

利用之前积累的大量数据模型，以及不同的工艺方案和模块化组合来快速制定BIM三维可视化的技术方案，如图5所示，可以让业主更快更直接地看到整个项目方案。这样既降低了方案沟通中对业主专业素养的要求，也可以提升设计信息传递的效率和质量。

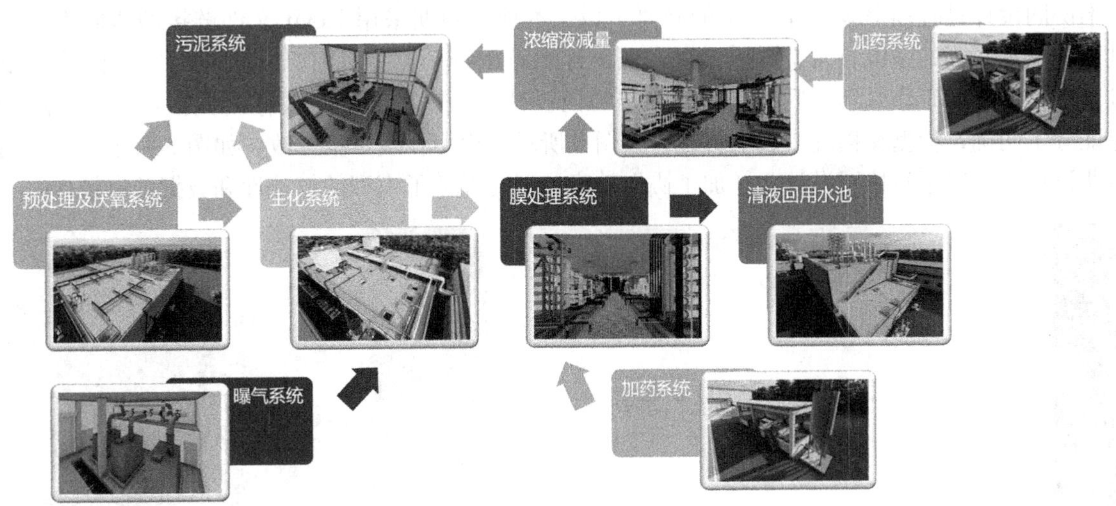

图5　方案组合图

3.3　流体仿真模拟

方案设计阶段需要事先对工艺设备及构筑物中的流体进行CFD模拟、理论优化设备结构、确定各水处理构筑物设计参数，随后进行设备及构筑物的优化，优化后继续进行CFD模拟，模拟图包括截面气水相体积云图、速度云图、压力云图、湍流动能/耗散率云图及喷射流场模拟等，如图6所示，反复对比优化前后的CFD模拟结果，最终确定设计方案及图纸。

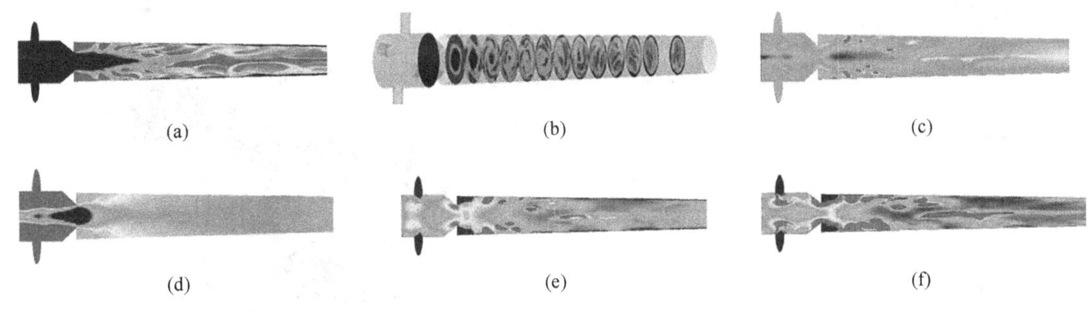

图6　流体仿真模拟图

(a) 气水相云图1；(b) 气水相云图2；(c) 速度云图；(d) 压力云图；(e) 湍流动能云图；(f) 湍流耗散率云图

4 施工图设计阶段的BIM应用

4.1 机电模型深化

根据施工原则和现场实际情况建立机电模型，对机电管线进行深化设计，合理布置管线走向，确保管线之间无碰撞。明确管线综合排布不合理的地方后，再根据情况对模型进行优化调整，并进行问题汇总，提前与相关设计人员沟通解决，避免后期返工，如图7所示。

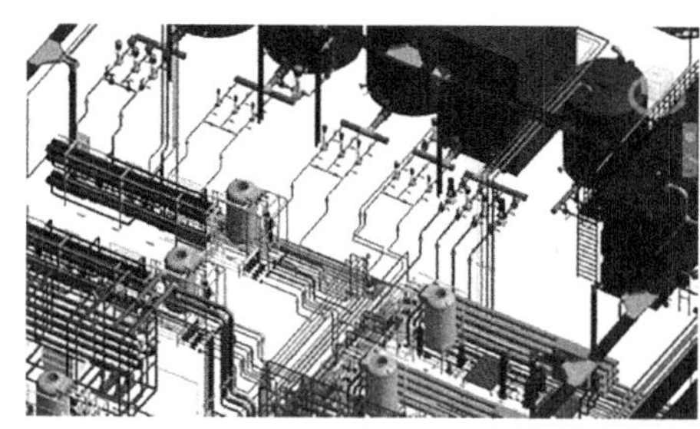
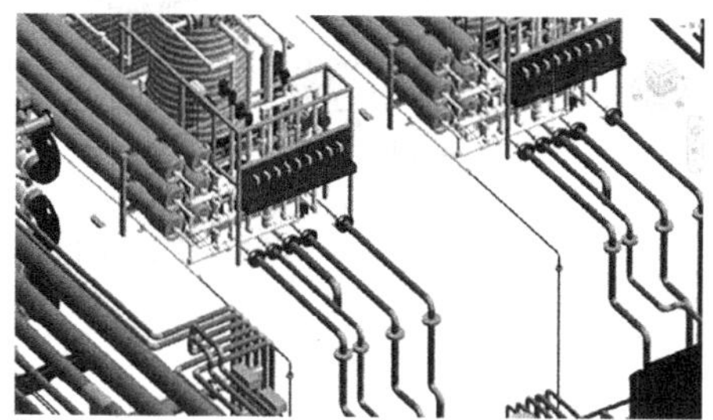

图7 工艺管线排布图

4.2 三维协同设计

三维协同设计是提高BIM设计效率的必要手段。本项目初期采用Revit文件链接的协同方式，但是操作过程中发现不同的系统单元、材质设置、视图样式难以统一，并且有新的提资时需要修改后重新手动链接，极大影响了工作效率。后期统一使用了协同设计平台，平台的主要作用包括：成员权限管理机制，保证分工明确；模型文档统一线上管理，如图8所示；模型在线审批修改，如图9所示。平台的使用让各专业设计师可以进行协同设计，增加了协作效率，同时保证了模型的权威性和数据的有效性。

图8 协同平台

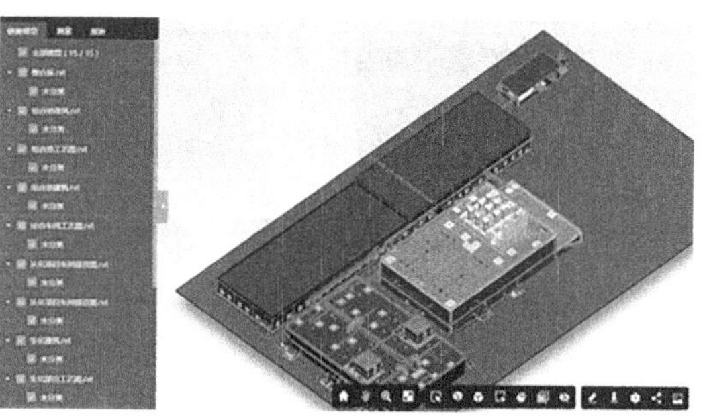

图9 模型在线审批

4.3 模型出图

模型建立完毕后，根据已设置好的出图样板，由三维模型直接联动生成二维图纸，包括平、立、剖面图，大样图，轴测图等，如图10所示。利用已完成的标注族对图纸进行快速标注。由三维模型联动生

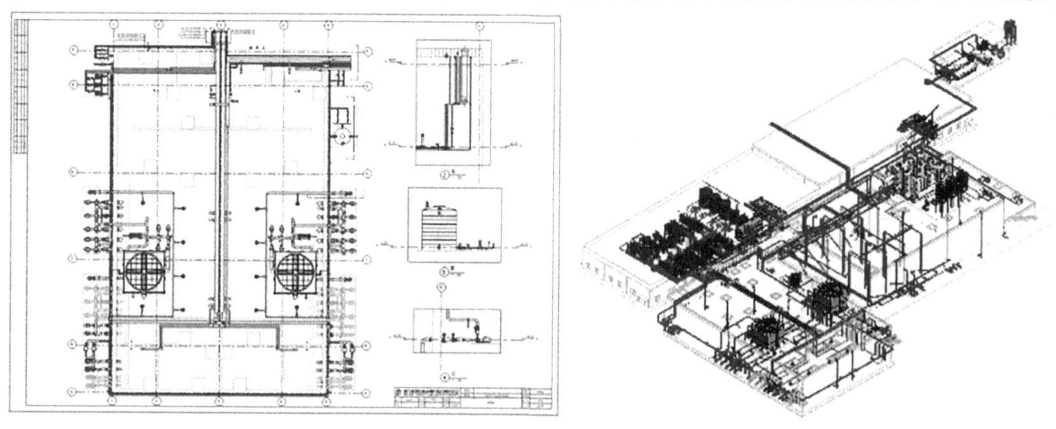

图10 模型出图

成二维图纸，一方面可以确保图模的一致性，另一方面也可以实现便捷的联动修改，大量节约了制图时间，避免了设计调整带来的重复工作。

5 结语

本项目为EPC工程总承包模式，BIM应用在设计阶段带来的优势有以下几点：

(1) 正向化设计的方式是先建模后出图，确保了图模的一致性，通过BIM应用减少了施工图的错漏碰缺，对于提高设计质量有很大的帮助。

(2) 三维协同设计减少专业间冲突，实现了各专业之间的高度协调，提高了专业间的设计会签效率，更有效地帮助把控项目的设计进度。

(3) 基于BIM技术的可视化和模拟化，设计内容应该包括项目的每一处细节，提升模型的完整度和精细度，完整精细的模型可以用于指导后期施工，这也是BIM设计的目的。

参考文献

[1] 王树臣，刘文峰．BIM+GIS的集成应用与发展[J]. 工程建设，2017(10)：16-21.
[2] 高兴华，张洪伟，杨鹏飞，等．基于BIM的协同化设计研究[J]. 中国勘察设计，2015(1)：77-82.
[3] 蒋力俭．地下式污水处理厂建设BIM技术应用[J]. 特种结构，2020，37(1)：112-116.
[4] 郭书宁，王小虎，叶巡安，等．EPC模式下的BIM设计管理[J]. 建设科技，2017，23(019)：64-65.
[5] 陶桂林，马文玉，唐克强．BIM正向设计存在的问题和思考[J]. 图学学报，2020，41(4)：614-621.
[6] 安玉侠．BIM技术在工程项目协同管理中的应用研究[J]. 价值工程，2018(31)：34-36.

基于"BIM+"的水利工程运维管理系统的应用研究

张　清，周峥华，钟　声

（重庆市建标工程技术有限公司，重庆 401120）

【摘　要】 随着软件和硬件的日益成熟，智能化的运维管理时代即将到来。国外的软件本地化、国产软件的崛起、互联网 5G 时代、人工智能云计算都促使着更加智能高效的运维管理方式变成行业的迫切需求。BIM 技术现阶段普遍应用于施工阶段，这断不能实现其核心价值，只有运维阶段才是 BIM 技术核心价值的体现。基于"BIM+"的水利工程运维管理系统，是可以实现管理数据协同化、管理工作高效化、管理运维智能化的新型运维管理模式。

【关键词】 BIM+；BIM 技术核心价值；新型运维管理模式

1　引言

当前 BIM 技术广泛用以各行业施工阶段，运维阶段的运用尚且还处于探索过程，而真正能体现其核心价值的恰恰是在运维阶段。现阶段水利工程行业 BIM 技术应用发展同比其他行业更为滞后，施工阶段的 BIM 技术应用日渐成熟且呈现技术应用饱和状态，因此探索 BIM 技术在运维阶段的应用变得迫在眉睫。在不久的将来，BIM+技术定能在运维阶段大放异彩，现阶段对运维阶段应用的探索任重而道远。

本文以某水库基于 BIM 技术的水利工程运行维护管理系统的应用研究为例，结合"BIM+"技术进行相关应用介绍，力求挖掘其在运维过程阶段的核心价值体现。BIM 技术应用于水利工程领域后被业内称为水利工程信息模型（HPIM，Hydropower Project Information Modeling），水利工程具有运行周期长，运维管理难度大，协同效率低等特性[1]。基于"BIM+"的运维管理系统，较传统运维管理方式更为智能、可靠、便捷、高效。

2　研究背景

2020 年，国务院办公厅要求加强信息网络基础设施建设，推进城市信息模型（CIM）基础设施平台建设，支持城市规划和建设管理的多场景应用，促进城市基础设施数字化和城市建设数据汇聚[2]。水利工程信息模型（HPIM）是城市信息模型（CIM）中的紧要组成部分。

水利工程运维范围广，周边环境往往相对较为复杂。传统的运维管理方式已经不能满足多方参与协同高效管理，高速发展的现代技术是行业市场需求的催化剂，具有数据内容复杂、管理效率低、运维难度大等特点的传统运维管理方式逐渐暴露出弊端。

随着软件和硬件的日益成熟，智能化的运维管理时代即将到来。国外的软件本地化、国产软件的崛起、互联网 5G 时代、人工智能云计算都促使着更加智能高效的运维管理方式变成行业的迫切需求。

3　管理应用

3.1　可视化管理

通过"BIM+GIS"展现水利信息模型、周边建筑、道路、水体、岩体、山体及其他基础设施等可视

【作者简介】 张清（1994—），男，BIM 项目经理/工程师。主要研究方向为 BIM 技术运维管理应用。E-mail：1170126960@qq. com

化模型。通过“BIM＋物联网”展现观测设备、监控设备、采集设备、管理设备等可视化信息，从而进一步实现链接可视化，即可视化数据与数据链接、设备与数据链接、模型与数据链接。

数据与数据链接，是将多个物联网硬件设备间汇集的数据进行分析整理，并通过分析将各数据进行关联，实现数据与数据间呈现逻辑关系，以达到多种数据合并分析而得出某参数值。如图 1 所示，是通过水质观测设备采集的酸碱度、温度、浑浊度，通过这三者的逻辑关系呈现的水质数据图从而分析得出水质各时间段的水质情况。

设备与数据链接，是使物联网设备采集的数据信息驱使硬件设备进行联动，从而数据控制管理设备，用以辅助管理人员控制管理设备或自动控制管理设备运行。如图 2 所示，是流量计记录的水流量数据图；图 3 是通过水雨情设备采集的水位、降雨量关系图，图 4 是通过水流量、水位及降雨量关系从而控制水库闸门开启高度的闸门运行数据图，从而控制水库整体安全水位线。

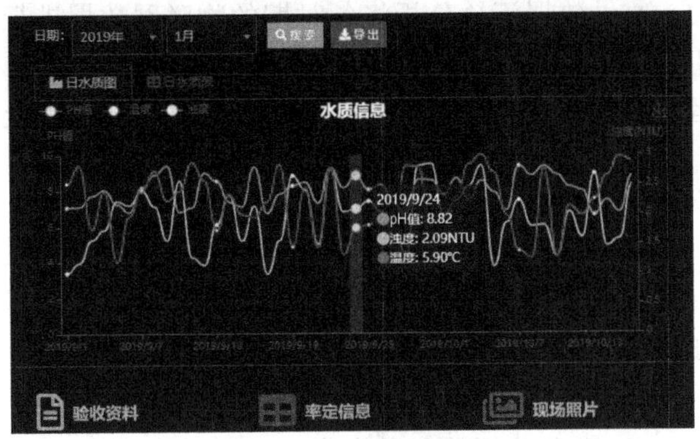

图 1　水质数据图

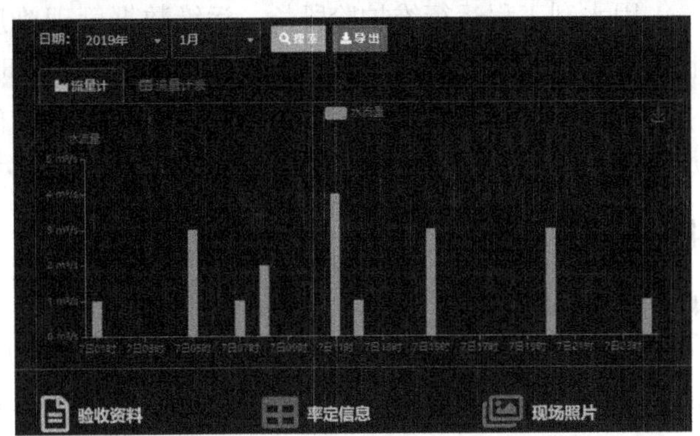

图 2　水流量数据图

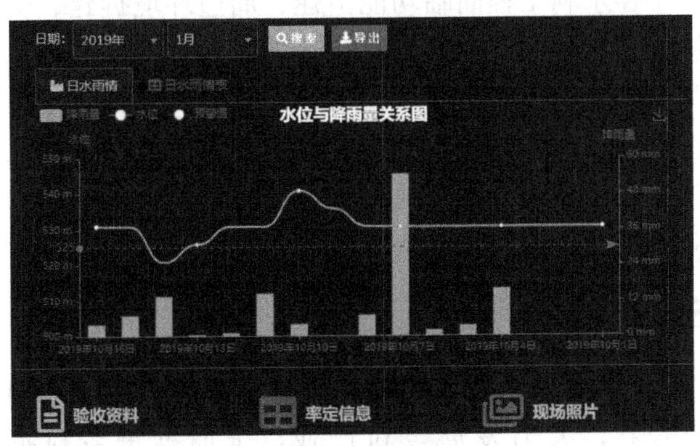

图 3　水位、降雨量关系图

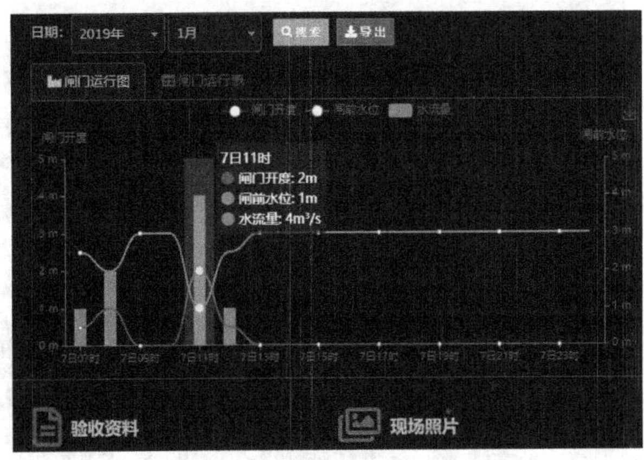

图 4　闸门运行数据图

模型与数据链接，是将物联网采集的数据同信息模型构件实现链接，使前期的设计、施工信息数据与后期运维数据相结合，实现数据控制模型构件，以实现数据的改动驱动模型构件的形态变化，将单一的数据通过可视化模型表达体现，进而清晰明确表达各物联网设备或管理设备的运行数据及状态，方便管理及运维。比如水库闸门通过搭建信息模型构件，建立闸门基础设备信息参数，包括厂家信息、产品型号、备用选型、安装日期、安装职员、验收资料、维护职员、维护记录等，同时将闸门开启数据与信息模型构件进行关联，模型构件的上升位移由闸门开启数据中开启高度控制；同理，风力发电机组模型构件的桨叶转动方向、转动速度甚至是颜色都可以通过物联网数据控制，风向数据控制桨叶方向、风速数据控制桨叶转动速度、运行状态控制发电机组颜色。

可视化管理，即硬件设备、数据信息、信息模型综合管理可视化。是在水利工程信息模型原有的基础设备信息参数的基础上增加实时数据采集参数。原有信息参数是固定数据，增加的采集参数是实时数据，而对运维管理工作更有帮助的正是这部分物联网设备采集实时数据。

3.2 信息化管理

通过“BIM＋云计算”将信息模型的固定数据与物联网设备的实时数据进行有效分析，从而辅助运维管理。

因水利工程意义重大、危险因素较多且一旦发生事故涉及范围广，日常巡检是水利工程运维管理过程中不可获取的一部分工作。通过运维信息管理，系统可以自动生成巡检方案、制定巡检路径、协调多人巡检工作、甚至可以通过人员定位、监控取证实现巡检监督。

将运维管理系统整理的多方数据进行大数据分析，结合天气预报、物联网实时数据，对运维管理状态及环境进行预警信息推送，使相关运维管理人员做到未雨绸缪。比如因流量计实时数据阶段性变化巨大，从而实现水库来水源头增加或集雨面积增加等因素预警。

因水利工程运行维护阶段长，运维数据管理难度大。通过数据汇总分析将各时期的物联网数据进行收集处理，用数据库加以保存，便于筛选查看及同时期参数信息对比，方便制定日、月、年数据报表。

水利工程运维管理涉及部门广、人员多。新型的运维系统管理将会实现数据协同化、高效化。无论是日常运维管理工作进行与监管还是应急方案的制定请示及有效实施都能直接体现其价值。

4 方案应用

4.1 应急方案

通过“BIM＋GIS”将水利工程信息模型与周边环境相结合，如图5所示，是BIM＋GIS电子沙盘，可以进行危险模拟、应急演练、应急指挥等方案模拟，辅助灾害风险预估、逃生路线、居民安置、应急方案制定、在线指挥等专项方案的制定，并能通过系统云计算自动评估各种方案实施风险与潜在风险预警。

图5　BIM＋GIS电子沙盘

4.2 改造方案

在水利工程面临功能扩建、周边环境拆建、受损重建等情况下，通过电子沙盘制定拆建规划、风险评估、可行性报告等，同时可以辅助部分测绘工作进行，比如体积、面积、高度测量统计。通过三维立体化模型与既有地貌环境实现虚实结合，辅助对比优化新增设计方案。

5 创收应用

因水利工程大多数地处于偏远郊区，为相应国家号召，大力发展乡村产业，全面推进乡村振兴[3]。可结合实际情况将现有水利工程打造成旅游景点，创造实际收益，带动地区经济发展，现有的三峡大坝水利工程就是成功地被打造成5A旅游景区。水利工程景区同样需要运维管理，且需要较传统景区更加安全、智能、高效的管理方式，基于“BIM＋”技术的水利运维管理系统同样可以与之实现。如图6所示，是智慧景区应用原理图。

5.1 娱乐设施管理

景区为满足游客玩乐，促进经济消费，必定会配备娱乐设施设备。它们同样可以运用物联网技术进行运维系统管理，基础信息、检修预警、检修记录、运行状态等数据信息可通过运维系统进行收集，并可结合检查维修人员、工作时间进行自动拟定检查维修方案。应对突发紧急情况，结合人员定位，自动分配最近工作人员前往处理，并向管理人员推送应急时间处理方案。

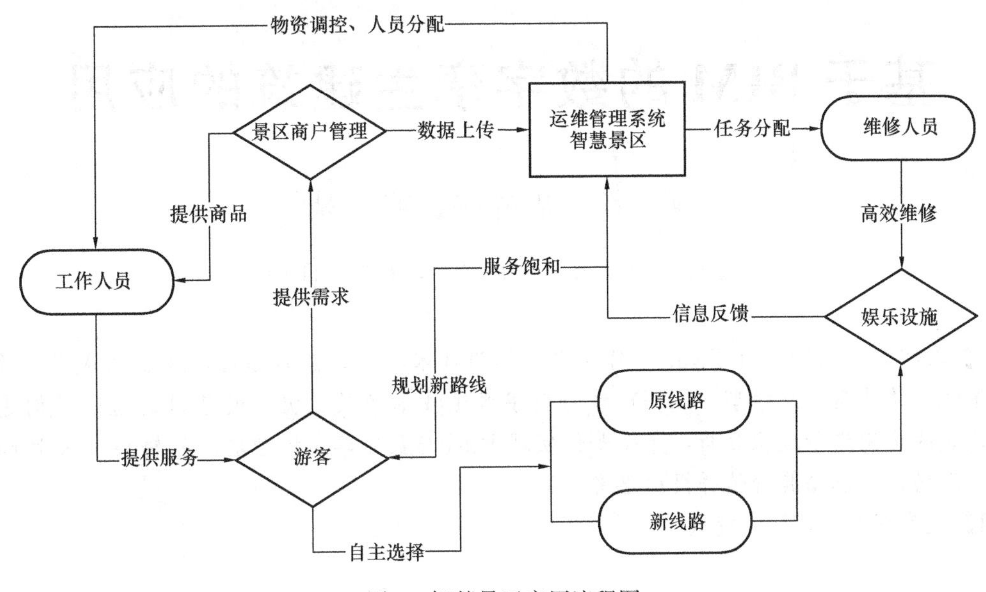

图6　智慧景区应用流程图

5.2　景区商户管理

景区为满足游客基本需求，会有相关营业商户，通过运维系统管理，可实现营业额统计及数据对比、物资调控与分配、人员管理等。例如：可通过景区系统线上下单，通过人员定位系统，自动分配景区观光车及流动工作人员进行实时配送，景区外卖让游客不再为错过的美食重走回头路。

5.3　游客管理

运用“BIM＋VR”技术打造景区虚拟游，游客可通过线上体验，结合景区全景，制定出游攻略，对潜在的消费人群提供虚拟参观体验。针对进入景区的游客，运维系统结合定位系统，通过平台数据分析，实时监测景区游客数量、设备饱和度、商户消费量，为各种时间段的参观游客人数拟定多种游览参观规划线路，实现错峰错点参观。避免游览景点人流量分布不均，提升景点园区的资源利用率，向游客提供优质的服务和极致的游览经历。

6　结语

BIM技术现阶段普遍应用于施工阶段，这断不能实现其核心价值，只有在运维阶段才能表现其核心的价值。基于“BIM＋”的水利工程运行维护管理系统，是可以实现管理数据协同化、管理效率高效化、管理运维智能化的新型运维管理模式。展望未来，BIM技术在运维阶段的应用必将普及至各行业的工程建设与管理，水利工程信息模型（HPIM）将同建筑信息模型（BIM）一起成为城市信息模型（CIM）的重要组成部分。

参考文献

[1]　王明明，姚勇，陈代果．我国水利工程中BIM应用现状及障碍研究[J]．绿色建筑，2017，9(03)：53-55，60.
[2]　以新业态新模式引领新型消费加快发展[N]．人民日报，2020-09-22(006).
[3]　中共中央 国务院印发《乡村振兴战略规划(2018—2022年)》[N]．人民日报，2018-09-27(001).

基于BIM的数字孪生建筑的应用

钟　声，周峥华，张　清

（重庆市建标工程技术有限公司，重庆 401120）

【摘　要】数字孪生（Digital Twins）作为当下热门技术之一，意旨通过收集、集成多源异构数据构成虚拟仿真系统。将建筑信息模型（BIM）作为数字孪生技术底层数据源的基础，通过对构建基于BIM的数字孪生建筑的应用进行现状分析，介绍如何实现BIM与数字孪生模型之间的转换及基于BIM的数字孪生建筑的应用场景，总结其价值并提出思考。

【关键词】数字孪生；BIM；建筑

1　引言

随着21世纪的到来，我国综合技术能力正在不断进步，包括建筑业在内的多个相关行业科技水平也在不断提高，便迎来了革命性的技术“建筑信息模型（BIM）”。它包含一个建筑开发、设计、建筑施工及运维基于建筑信息模型技术的过程和方法[1]，是现阶段全过程建筑信息化的基础。如何实现信息数据的收集与应用是数字孪生的核心，在数字孪生空间中将BIM作为建筑信息数据源，对比使用只包含空间信息的三维模型在确保建筑全过程中信息源的准确性上更具优势，也是达成建筑全过程信息化应用的重要手段之一。

本文通过对如何在数字孪生建筑中应用建筑信息模型（BIM）作为数据源进行了积极探索，如基于BIM的数字孪生建筑应用现状分析、剖析建筑信息模型（BIM）与数字孪生建筑之间的转化的问题、对基于BIM的数字孪生建筑应用场景进行具体论述。

2　分析基于BIM的数字孪生建筑现状

2.1　为什么要发展BIM与数字孪生行业

数字孪生建筑并不是随需求而独立形成的产物。随着国内相关职能部门大力推广信息化与产业，与之对应的建筑信息化建设也在逐步推进。其中数字孪生（Digital Twins）是实现智能建造数字化改革升级，打造自生长、开放式城市信息模型（CIM）平台的核心基础，也是相关职能部门实现数字化城市建设及智慧城市、形成“万物互联”的城市基础设施数字体系的关键性技术之一[2]，而实现这一目的的基础是数字孪生建筑。建筑信息模型（BIM）作为现阶段建筑行业的发展趋势，其能够协同工作、传递反馈信息等优势正符合数字孪生技术中虚拟映射的概念，即理论上运用建筑信息模型（BIM）实现数字孪生建筑是必然趋势，对城市信息模型（CIM）与智慧城市建设有不可预估的影响。

2.2　基于BIM的数字孪生建筑的现状分析

基于BIM的数字孪生建筑应用的推广及应用仍存在大量阻力。在现阶段发展建筑信息化的过程中实行的BIM建筑项目里，仅将BIM应用于某一点上，且对比国际范围内运用程度相对较高的项目，国内深度使用的案例较少，没有较高借鉴价值，即国内BIM行业仍需在纵向技术的方向上探索、发展。基于BIM的数字孪生建筑对BIM有较强依赖，BIM技术的发展迟滞是导致基于BIM的数字孪生建筑的推广受到阻力，固然多家企业采用传统技术代替BIM在数字孪生空间中的使用，但这种方式极大地减少数字孪生建筑在实际应用中的价值。

【作者简介】钟声（1995—），男，BIM技术研发工程师。主要研究方向为数字孪生应用。E-mail：1015535294@qq.com

2.3 基于BIM的数字孪生建筑使用价值

利用BIM的数据资产在数字孪生虚拟空间中构建出还原现实的建筑模型，所携带建筑全生命周期的几何信息与非几何信息是奠定数字孪生空间实现自主演化的基础，其与多源异构数据的动态集成，让数字孪生建筑数据更精准、更智能，数字孪生空间的实时迭代也能为建筑全生命周期BIM的实时更新维护提供有力的数据支撑。

3 BIM与数字孪生建筑之间的转换

3.1 模型转换的差异

现阶段BIM转化为数字孪生建筑模型主要有两个方向，其一是通过使用通用三维模型格式直接导入，例如Autodesk FBX（以下简称FBX）、OBJ等，其二是省略无关冗余数据后将模型对象序列化，使用时通过反序列化生成模型，例如GL Transmission Format 2.0（以下简称GLTF）等。以Revit格式（以下简称.Rvt）为例，分析.Rvt与导出后的FBX、GLTF三者之间差异。

（1）FBX、GLTF与.Rvt的类型不同

.Rvt作为Revit的标准格式，能够被Autodesk BIM平台内的系列工具原生支持或通过内部转码支持；FBX而是Autodesk为旗下众多软件相互进行高精度模型交换传输所提供的二进制通用三维格式；GLTF是一种标准，作为Json描述不能被直接读取，需在使用时重新生成模型。

（2）FBX、GLTF与.Rvt之间的对应关系不同

在每一个FBX中存在一个FBXscence（场景），以类似多叉树按树状结构分为FBXGlobalSetting（全局设置）、FBXNode（节点）等，其子集会细分为FBXMesh（网格体）、FBXLight（灯光）等。一般情况下通过Revit导出FBX与GLTF会生成多个网格体与摄像机等数据，分别对应.Rvt中存在的元素，但FBX与GLTF是对Revit中显示的.Rvt文件进行解析后导出文件，并不是直接对.Rvt格式进行转换。

（3）FBX、GLTF与Revit的建模逻辑不同

Revit生成Geometry（几何体）是先在2D坐标系创建多个Vec3（顶点），再按一定顺序将Vec3通过Line（线段）进行连接并构成对应的闭环的Polygon（多边形），再确定Z轴拉伸距离，将Polygon（多边形）沿Z轴进行拉伸。但在FBX与GLTF中是通过定义顶点再转换为Mesh，不同之处是GLTF较FBX减少了无关冗余数据，并具有一定复用性。

（4）FBX、GLTF与Revit的坐标系不同

在Revit中以竖直正方向作为+Z，XY轴同2D平面坐标系相同，并相切与Z轴；FBX同Revit坐标系类似；GLTF采用右手坐标系。三者坐标系之间存在不同，但相互间均可凭借转换脚本将重新定义轴线，完成不同坐标系之间的转换。

3.2 信息数据转换方式

BIM生命周期伴随建筑设计与应用，现阶段BIM信息的转化主要通过外部导入的方式进行，包括自动匹配和手动匹配。

自动匹配是指在模型导出时运用第三方转换工具将BIM转换为带信息数据的文件，在置入另一个程序时，信息数据会自动匹配模型并自动赋予对应信息数据，以UnrealEngine（以下简称UE）为例处理流程如下：①将场景模型使用DataSmith插件在Revit中导出，生成.udatasmith格式的文件包；②在UE中创建对应模板并开启UE中DataSmith Import插件并导入文件包；③在空间中放置.udatasmith模型（图1）。

手动匹配是指通过导出FBX、GLTF等格式并通过数据转换工具将BIM信息数据转换成XML、SQL、CSV等格式并根据BIM模型生成对应ID，将数据发布至对应平台中，使用时根据ID请求或遍历数据。

3.3 数字孪生建筑利用BIM转换模型及信息的优缺点

限制于现阶段电子信息技术水平，基于BIM的数字孪生建筑中应用的不同格式所储存的数据标准存

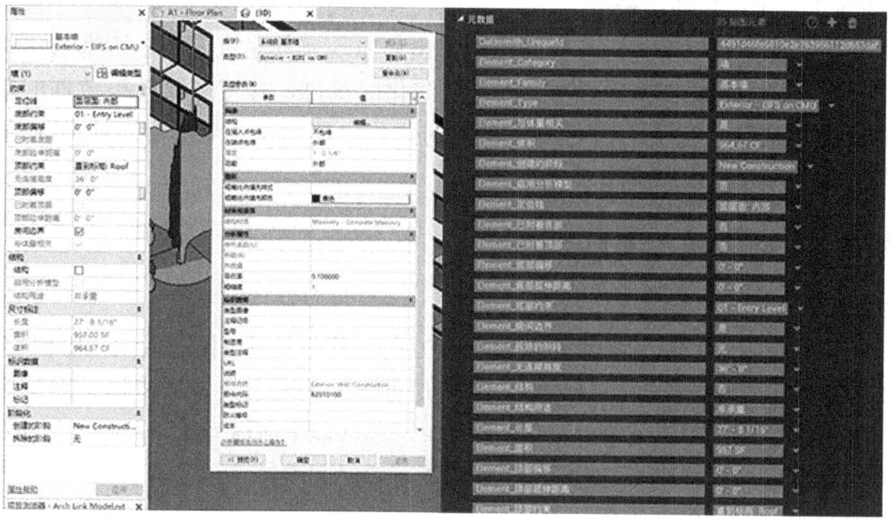

图1　Revit2019SP1范例Arch Link Mpdel墙体信息数据（左）
与入UE4.253中墙体信息数据（右）

在较多差异（表1），且在数字孪生空间中利用转换后的BIM普遍DrawCall较高，本地化设备能够利用较为高端的硬件设施弥补部分性能开销，但仍然不能满足大量BIM的Mesh性能开销，而HTML普遍采用JavaScript或TypeScript语言，语言性质与技术水平决定在现阶段内无法满足建筑项目的应用，均需要通过美术手段减少DrawCall数量、Mesh个数、Texture分辨率等。但在应用中需根据实际项目情况进行判别，例如部署HTML进行Web端交互宜采用GLTF格式交互，数据可通过SQL检索，能够进一步减小性能开销，提高执行效率。

数字孪生中常用三维格式或标准差异性比较　表1

对象描述	.Rvt(Revit)	FBX	GLTF
应用场景	建筑信息模型(BIM)	三维模型传递	三维模型传递
语义表达	建筑实体	模型实体	模型数据
属性表达	物理建造	高精度模型传递	高效率模型传递
建模语言	C♯，C++等	C++	Java
精细程度	LOD0-500	较高精度，具有拓扑和UV	不同等级的精细度
优势	满足建筑全生命周期使用	模型精细的通用三维格式	低数据冗余，易读写
劣势	无法兼容本非本平台软件	体积较为庞大，格式较为封闭	不可编辑性，无着色器

在数字孪生建筑的应用过程中，将BIM作为数字孪生建筑的数据源，凭借技术手段将BIM中的三维几何信息和数据信息剥离，在数字孪生空间中将BIM进行可视化表达，利用技术手段将不同专业、不同阶段的模型进行拓扑关系表达，为建筑项目空间模拟应用提供技术支持；利用BIM信息数据完善建筑项目全生命周期信息化表达，融合GIS等多种多源异构数据，提高数据的复用性，为数据赋能。

4　基于BIM的数字孪生建筑应用的分析

现阶段在BIM建筑应用的基础上引入数字孪生技术，将BIM作为数字孪生建筑的数据源，满足多方的需求，届时凭借BIM信息的应用，完善数字孪生模型内容。为达到以上目的，国内外多个公司、团队进行了系列积极探索。

4.1　南京市江北新区智慧城市指挥中心

南京市江北新区智慧城市指挥中心在建立初期的目标非常明确，将通过数字孪生还原技术，以BIM+

GIS作为核心进行宏观规划，从宏观角度在数字孪生空间中描绘江北新区地域细节、表现态势、推演发展。再依托BIM进行江北新区城市细部精细化雕刻，并通过各类传感设备，结合5G网络、NB-IoT物联网，实现“全域感知、数据共享、交叉指挥、精准反馈”的智慧大屏展示[3]（图2）。

图2　南京星河WORLD智慧园区楼宇运维系统高架桥显示图
（资料来源：51WORLD官网）

（1）智慧城建

基于BIM+GIS构建数字孪生系统，通过导入相关BIM信息这一手段，剖析并展现区域内部功能规划、市政基础和重点项目等，并对交通路线进行还原展示，使城市宏观层面数据及运行状态一目了然，并从微观层面通过实景与BIM相结合的方式展示建筑项目进度管理过程，系统根据项目计划书与项目5G+无人机巡航功能回传的实际进度还原施工进度，确保项目按时按量的施工。同时5G+无人机巡航功能能对交通状况、突发事件、地质情况及违法事件等进行甄别，在智慧大屏中的BIM+GIS基底上实时展现，实现城市建设的精准管控。

（2）智慧城管

立足于BIM，引入监控系统，将虚拟与现实相结合，构建BIM+GIS的数字孪生监控数据集，对城市内市容市貌、交通车辆及停车秩序等进行实时采集，系统将采集的信息自动保存，可作为案件处理依据，同时在安全管理及资产管理上，结合物联网与GNSS等技术实现以BIM作为基础的现实场景实时映射虚拟场景技术，在安全管理及资产管理中一旦出现异常，数字孪生中的BIM信息将实时更新，并在智慧大屏的三维场景中进行警报，及时通知相关办事人员。

4.2　南京星河WORLD智慧园区楼宇运维系统

南京星河WORLD智慧园区楼宇运维系统项目结合BIM与数据打造BIM智慧运维平台，对接原有的多个子系统，高效地体现楼宇运行状态，解决针对设备、设施数量大，管理面积大，专业多、维度多，各个子系统互不关联，形成孤岛这一问题，在基于BIM的数字孪生平台进行数据整合，同时将各类数据指标化，降低数据理解门槛与专业门槛，迅速高效理解数据的意义，对数据进行统计、抽稀、分层等操作，对不同角色根据其需求提供相对应的关键的信息（图3）。

（1）实时记录问题信息并与BIM结合，快速检索问题类型，实现报告的自动输出。

（2）能耗管理模块通过将BIM引入数据中并建立能源模型，通过交叉对比能耗使用计划与实际能耗情况，发现数据异样的点位，并在数字孪生空间中的完成快速定位。

（3）安全管理模块通过BIM与现实结合的方式，实现园区视频监控，门禁管理，停车出入等安全监控网络的互联互通，结合监控系统与工单系统，将园区安全隐患全覆盖，同时在数字孪生空间中实现疏散模拟，为消防应急提供控件指引。

图3　南京星河WORLD智慧园区楼宇运维系统界面图
（资料来源：北京知优科技有限公司）

（4）通过运行管理及维护管理模块，基于BIM对运行及维护数据持续分析反馈预防提示，最终实现构件级别维护管理。

5　结语

随着基于BIM的数字孪生建筑的使用，在建筑的整个生命周期中运用BIM是促进建筑项目实现精细化、信息化、智慧化的重要手段之一，且使用BIM技术的建筑全生命周期信息是数字孪生建筑的重要数据来源之一，这种方式极大增强了数字孪生建筑在实际应用的价值，为实现智能建造提供技术基础。但现阶段数字孪生技术的发展仍处于初级阶段，业内标准不一、技术瓶颈等仍限制数字孪生建筑应用的发展，如何更高效地在数字孪生建筑应用中利用BIM也是一道难题。但基于BIM的数字孪生建筑所具有多源化、高精度是未来发展的趋势，如何实现更进步实现基于BIM的数字孪生建筑也是下一阶段的发展重点。

参考文献

[1]　阮洁，李渊．BIM技术在设计企业的应用与现状[J]．城市建设理论研究(电子版)，2015，29：2145-2146.

[2]　渝建科〔2020〕34号．重庆市住房和城乡建设委员会关于推进智能建造的实施意见[Z].

[3]　南京市江北新区管理委员会．江北新区CBD智慧城市指挥中心正式揭牌[EB/OL]．(2020-06-15)[2021-6-24]．http：//njna. nanjing. gov. cn/xwzx/bmdt/202006/t20200615_1914613. html.

BIM 技术成果交付标准问题及对策研究

张光磊，曾志明

（深圳市残友智建有限公司，广东 深圳 51800）

【摘　要】 BIM 技术是建筑业数字化信息化的重要工具。本文主要针对目前现行 BIM 技术成果交付标准不明确，交付沟通烦琐和交付成果不实用的问题，结合本单位的项实施中成果交付情况进行总结和分析，提出成果交付改进方案，改进方案以项目各阶段的需求为成果交付依据达到了 BIM 技术成果适用项目实施的目的，解决了现行 BIM 成果交付标准难以量化的问题。

【关键词】 BIM 技术；BIM 成果交付；交付标准；建筑工程

1　引言

BIM 是英文 Building Information Modeling 的缩写，中文名称为“建筑信息模型”，是一种基于三维数字化技术的数字信息建筑模型，利用 BIM 技术可以对项目进行设计、建造和运营全生命周期进行管理。建设单位 BIM 技术的应用是一种突破，在国内建筑业发展中，BIM 技术将工程总承包管理工作进一步推进，促使建筑行业整体的信息化程度进一步提升。

目前 BIM 技术处于快速发展阶段，前人对 BIM 技术工程成果交付情况进行了不同深度的研究，张校伟在 2012 年进行了基于 IPD 的协同优化的管理模式对整个项目完整且全过程对 BIM 技术交付标准的相关研究，介绍了项目交付标准原则[1]；周成 2013 年基于 IDM 对数据交付标准进行了研究[2]；陈伟民在 2015 年系统性研究了 BIM 交付标准[3]。这些研究分别基于各自不同的专业领域对 BIM 成果交付进行了实践研究并提出各专业工程中 BIM 模型交付所需的条件。

现行交付标准以建筑工程信息模型精细度为交付标准其规定不明确，难以量化和实际项目 BIM 成果应用脱节。项目设计阶段、施工阶段和运营阶段对 BIM 技术的需求和所需要的成果逐层递进又各不相同。设计阶段对 BIM 成果的需求为图纸遗漏和碰撞检测，以便设计人员在项目实施前尽可能减少设计图错误，保障项目施工图纸的准确性，施工阶段施工方案设计贯彻项目施工始终，而且方案还会根据现场情况不断调整，该阶段主要需求的 BIM 成果为施工方案的验证和碰撞检查，因此现阶段精细度相关的交付标准并不适合项目实施工程，也不能很好地解决现实项目中存在的问题。

2　社会信息化发展推动 BIM 技术的发展和应用

2.1　科学技术推动 BIM 技术的发展

BIM 技术以其计算速度快、协同程度高、共享信息准确、沟通高效、可视化等能力，促进建筑业管理向精细化信息化方向发展，实现各施工单位有序施工，加快施工进度，减少施工中不必要的重复性工作，促进建筑业向工业化和信息化发展。BIM 属于一种多维数字化信息化模型集成技术，理想条件下项目的所有施工单位都可以在模型中操作和更改工程模型，从而实现整建筑项目全生命周期高度集成与共享。

2.2　BIM 技术在建筑施工应用中的现状

BIM 技术可以对建筑施工场景一比一呈现，依据项目的具体施工方案和施工特点去完善相关信息模型。利用 BIM 技术可以对工程各单位施工的顺序、建筑施工位置、构件加工精度、工程施工质量等情况

【作者简介】 张光磊（1992—），男，工程师。主要研究方向为 BIM 技术在工程建筑工程中应用。E-mail：1370825036@qq.com

真实呈现，也可以对某一个具体施工方案进行信息建模。施工单位缺乏相关技术人员，施工人员对模型一知半解，导致在实际施工应用中问题反馈不及时，模型更新效率低，不能充分利用 BIM 技术的功能和优势。

2.3 政府和行业主管部门的政策推动 BIM 技术的发展

深圳市 2019 年开始建立基于 BIM 的工程建设项目智慧审批平台，施工图审查被取消，改为 BIM 审批平台。2019 年 9 月 26 日深圳市人民政府办公厅印发了《深圳市进一步深化工程建设项目审批制度改革工作实施方案》的通知文件，提到：

（1）结合 BIM 技术使建筑业信息化数字化模型数据资料存储、交换、交付等形成统一规范标准，监管部门和施工单位共同使用符合工程建设项目实际应用情况的通过标准，建立健全基于 BIM 技术的“规建管用服”工程建设项目全生命周期数字化智慧审批平台，融合基于 CIM（城市信息模型）的规划设计信息化数字化系统，高效对接投资项目在线审批监管平台，推进建筑行业大数据信息共享。

（2）构建工程建设全生命周期管理信息平台，逐步完善房屋建筑与轨道交通市政基础设施工程“智慧建造、智能监管”综合信息管理平台功能，利用平台对全市建设项目开展联合验收、监督登记，抽查、质量安全监督等全过程监管，与“多规合一”信息平台、投资项目等共同实现对接到在线审批监管平台，构筑建设项目从策划生成、行政审批、工程质量安全监管到工程竣工验收全流程的信息平台。

3 建筑工程 BIM 技术成果交付

3.1 BIM 成果我国现阶段交付标准及验收

我国建筑工程信息模型精细度分为五个等级，见表 1，每个等级适用不同的阶段；规定了各种主要的建筑元素不同等级中的信息粒度，比如：室外装饰信息在 LOD100 被规定为可不具备，然而在 LOD200 中规定为应具备，而在 LOD300 中则被规定为应该具备；另外，对不同模型 LOD 的建模精度标准也进行了明确的规定，理论上通过对阶段需求、建模精度和模型粒度三方面的要求，明确了在不同阶段中模型构件应具备的要素，然而在具体项目或者施工中合同内容规定不明确及项目总承包方要求和建模精度不相关的情况普遍存在。

模型深度等级及项目阶段　　**表 1**

名称	等级	项目阶段
LOD100	100 级精细度	勘察设计阶段
LOD200	200 级精细度	方案设计阶段
LOD300	300 级精细度	施工图设计阶段
LOD400	400 级精细度	建造阶段
LOD500	500 级精细度	竣工阶段

3.2 BIM 成果最终交付流程

建设项目应及时根据当前资料创建及整合竣工模型，竣工交付前要根据实际情况及时更新竣工模型及更新各专业竣工模型，竣工交付环节要依次进行如下工作：

（1）归档施工图纸、模型及设计变更资料并符合规范；

（2）检查施工图纸及施工方案项目模型是否缺漏；

（3）根据现场项目竣工工程情况，检查施工中的模型是否一致，发现问题及时对模型进行更新完善；

（4）整合包括建筑模型、结构模型、机电模型等其他各专业模型，并根据现场情况将遗漏的部分修改更新模型；

（5）形成竣工验收模型，项目验收合格资料、相关资料更新到竣工模型；

（6）整理分类使完成的建筑竣工模型和验收资料可通过信息化数字化方式其进行检索、提取。

3.3 BIM 成果现阶段交付中存在的问题

（1）现行交付标准与实际施工需求不匹配。建筑工程 BIM 技术成果交付以项目阶段和模型精细度为交付标准和实际项目应用中BIM成果交付存在较大差别。我国的《建筑信息模型设计交付标准》意见稿中第521条规定："建筑工程信息模型精细度应由信息粒度和建模精度组成"，并将建筑工程信息模型精细度分为五个等级，然而在施工中模型的精度由设计单位的图纸决定，项目进度并不能给模型精度带来任何变化。现阶段BIM技术主要以施工前碰撞检测为主，结构施工前要检测结构、建筑、机电各专业的碰撞，从而发现设计图纸的错误之处，避免施工错误，造成返工从而加快施工进度。设计图纸变更过程中建筑模型只是根据设计图纸进行变更，施工结束后模型精度最终还是设计图纸决定。

(2) 建设单位未认识到信息化建设的重要性。建筑业信息化的内容之一是建筑施工企业信息化建设，也是企业管理数字转型、升级的关键内容，数字化建设是企业管理的新鲜事物。然而在实际工作中，企业决策者、管理层和作业层的人员对建筑业信息化工作普遍存在认识不足、意识不强、动力欠缺的现象。

(3) 政府和行业主管部门的政策支持较少。2021年深圳市住房和建设局开始对建筑施工企业信息化建设工作进行政策扶持，全国很多地区建设单位所有的资金投入均由企业自行承担，打击了建设企业开展信息化建设的积极性。

4 BIM技术成果交付标准改进方案

4.1 BIM成果交付内容和项目进度紧密相关

现阶段BIM技术逐渐普及，但施工单位对BIM技术认识还比较浅显，BIM成果交付标准信息存在高度不对称等原因难以按照现行的成果标准进行交付及合同阶段款结算，然而在实际项目中根据客户需求和实用性要求，BIM成果交付要和项目进度结合在一起，因此在项目各进度节点前，需要交付的文件即交付成果见表2。

BIM成果交付项目及交付阶段　　**表2**

提交时限	提交子项	格式	成果
基础施工前	地下室全专业BIM	RVT /NWD/PDF/CAD等	结构建筑机电碰撞问题反馈及相关图纸
地下室结构施工结束前	裙楼(裙房商业)全专业BIM	RVT /NWD /PDF/CAD等	结构建筑机电碰撞问题反馈及相关图纸
转换层施工前	塔楼全专业BIM模型	RVT /NWD /PDF/CAD等	结构建筑机电碰撞问题反馈及相关图纸
项目展示	项目样板	JPG/AVI/MP4等	可视化的典型文件
施工过程中	施工技术方案	CAD/JPG/MP4等	模型图纸

4.2 BIM技术成果在实际项目中的需求

(1) 设计阶段对BIM成果的需求并不是模型精度高低，而且实际建模过程中模型精细度和设计图纸密切相关，设计阶段设计单位需要的成果是设计中图纸欠缺内容及碰撞检测，给出欠缺图纸明细及设计问题设计更全面准确。

(2) 由于现在施工项目工期紧，建设单位要求施工进度快，施工中方案设计贯彻项目始终，而且方案还会根据现场情况不断调整，因此以项目阶段和模型精细度作为成果交付节点并不准确，也没有科学依据。施工方案利用BIM技术优化首先要有确定的施工方案，在施工方案交底前要将BIM优化成果交付到相关的施工单位并进行技术交底。

(3) 设计图确认后设计中的结构问题、建筑问题、机电管线碰撞问题以及问题的解决方案确认等都需要在项目施工前解决，从而避免施工错误。项目开工前施工单位需要已优化好的结构和建筑模型，保障主体结构准确合理，结构预留洞与后期管线综合系统一致，避免后期开洞。由于业主、施工单位对BIM技术认识不同，现实项目中施工单位会根据项目需要去获取BIM技术成果，不了解也不会关注项目精细度的情况，从而导致BIM应用达不到施工要求脱离项目进度。

(4) 在BIM技术应用中项目精度是由设计单位的图纸决定的，BIM团队的模型设计是根据项目需求和图纸要求为依据进行建模，竣工阶段项目模型依据设计阶段需要，施工阶段需要和施工方案的需要提前把模型更新到项目最新阶段。因此竣工阶段项目精度BIM团队已经将改动图纸更新到模型中，所以在竣工阶段只需要整理好模型归档即可。

（5）目前对于BIM技术施工单位的应用模式多为外包，未配备专业人员，相应的实际工程经验不足，因此针对BIM团队交接的部门需要定期组织培训，从简单的小项目开始，逐步向大型项目挺进。例如中建三局在的合正方州润园项目中，BIM分包给专业BIM团队去完成，整个项目前期建模效率高，出图速度快，节省大量资源和项目准备成本，使施工各单位更好地做好自己的工作，建模过程中沟通效率高，BIM成果交付顺畅。因此不管是建筑企业还是BIM第三方设计公司需要花费一定时间积累经验以满足施工的需求，甚至BIM成果的交付标准企业自己要总结出一套适合自己的交付方案，同时企业也要加快进行项目落地，合理地组织技术人员的分配，积累技术，从而建立成熟的BIM技术应用团队。

5　结论与展望

基于BIM的工程管理成果的交付直接影响工程进度和施工质量，因此必须注重BIM成果交付的及时性、准确性、完整性。现行交付标准和实际项目需求不匹配，实际施工应用中不协调的问题应及时解决，技术发展中不脱离实际应用才能更好地服务于生产生活。BIM技术目前在我国还是新兴事物，相关的应用才刚刚开始，施工单位或者第三方BIM团队在BIM成果交付中没有统一的标准，开发商、建筑企业包括监管部门缺乏相关人才，项目应用建模过程中的问题和错误只能根据经验判断，这就导致了BIM结果交付过程烦琐的问题，因此建筑行业应加快BIM技术科学合理的交付标准建设。这两年随着国家有关部门的政策扶持和建设企业对BIM技术的不断认识，相信未来BIM技术必将有更加广阔的发展空间，BIM技术的应用必然为建筑行业带来新的方式和新的机遇。

参考文献

[1]　张校伟．基于综合项交付的进度管理优化设计研究[D]．武汉：华中科技大学，2012.
[2]　周成．基于IDM的建筑工程数据交付标准研究[D]．上海：上海交通大学，2013.
[3]　陈伟民．BIM交付标准研究[D]．武汉：华中科技大学，2015.
[4]　陆扬．上海国际旅游度假区基于BIM的工程竣工规划验收创新研究[J]．土木建筑工程信息技术，2018，10(5)：46-52.
[5]　郑开峰，罗兰．建筑装饰工程BIM竣工交付研究[J]．土木建筑工程信息技术，2020，12(05)：26-34.
[6]　朱晶．基于BIM技术的工程验收资料交付标准探讨[J]．绿色建筑，2016，8(6)：21-23.

基于朴素贝叶斯算法的结构设计规范分类方法

张庆森[1]，张吉松[1*]，赵丽华[1]，刘　鑫[2]，任国乾[3]

（1. 大连交通大学土木工程学院，辽宁 大连 116028；2. 大石桥建筑设计院有限公司，辽宁 营口 115100；3. 卡迪夫大学工学院，英国威尔士卡迪夫 CF24 3AA）

【摘　要】 规范转译是BIM模型合规性审查的重要步骤，也是实现设计审查自动化和智能化的技术基础和前提条件。规范转译的第一步是将设计规范自动分类为预定义类别，以便为后续文本分析和规则提取做准备。本研究基于机器学习的文本分类算法，提出一种结构设计规范自动分类方法。过程的实现包括：①数据准备和文本预处理；②特征提取和选择；③分类器的训练、测试和评估。结果表明该分类方法可以有效实现结构设计规范的自动分类，分类器对测试规范的精确率和召回率可达到75%和83%。

【关键词】 结构设计规范；文本分类；自然语言处理；机器学习；合规性审查；朴素贝叶斯

1　引言

基于BIM模型的合规性审查是确保建筑设计质量、保障设计工程建造的关键环节，是建设工程施工图审查的发展趋势[1]。目前，世界范围内能够支持或部分支持BIM合规性审查的系统和软件平台[2]包括：Solibri Model Checker（SMC），EXPRESS Data Manager（EDM），SMARTcodes，DesignCheck，LicA，CORENET和广州的BIM审图系统等。在科研领域，国内外关于BIM自动化审查的科研方法包括：基于决策表[3]，基于对象表示法[4]，基于规则的语言方法[5]，基于逻辑的方法[6]，基于语义规则语言的方法[7]等。Eastman及其团队[4]提出基于BIM的合规性审查大致分为四个阶段：规范转译、模型准备、规则执行和报告生成。其中规范转译是关键环节之一，在实现BIM自动化审查扮演重要角色。

规范转译是指将设计规范中的文本、表格、公式等内容转换为计算机可识别、可处理的特定格式，以便计算机推理。规范转译的第一步是将设计规范自动分类，以便为后续文本转译、规则提取和编码做准备。规范转译的方法有很多，包括基于XML方法[8]、基于形式语言[9]、基于语义网方法[10]、基于自然语言处理（Natural Language Processing，NLP）[11]的方法等。一般情况下，NLP有两种处理方式[12]，一种是基于规则来理解自然语言；一种是基于统计方法的机器学习来理解自然语言。其中基于机器学习的各种算法可以很好地实现文本的自动分类。

目前，国内外采用基于机器学习进行文本分类的研究包括：Hanika等人[13]利用最大熵分类器与朴素贝叶斯分类器相结合，通过对两个分类器的结果进行线性组合的算子来预测查询中的文档类别；朱文峰[14]利用传统的文本特征提取方法和支持向量机（Support Vector Machine，SVM）进行数据挖掘与分析，同时为减少人为因素的影响，在充分考虑文本的语义信息的基础上，利用神经网络学习的特点进行文本分类；Mursitama等人[15]根据提出的量化方法使用Nave-Bayes方法获得的准确度值的结果与其他方法进行比较，以查看所用方法的有效性，从而来描述新闻文本分类机器学习的准确性；Salama[16]提出了一种基于语义的机器学习文本分类算法，将不同的文件和部分文件（如合同条款）用于支持自动化合规检查结构的一般条件分类子句中，将多标签分类问题转化为一组二分类问题。尽管以上算法基本实现了

【基金项目】 辽宁省科技厅博士科研启动基金计划项目（2019-BS-041），辽宁省教育厅青年科技人才育苗项目（JDL2019036），辽宁省教育厅基础研究项目（JDL 2019018）

【作者简介】 张吉松（1983—），男，博士，硕士生导师。主要研究方向为BIM技术。E-mail：13516000013@163.com

文本的自动分类，但是在建筑设计领域中，国内结构设计规范有其自身的特点和复杂性以及存在语料库缺乏的情况。因此，在此方面基于自然语言处理的结构设计规范分类研究较少。

为了实现人工智能化结构设计规范审查，本文基于国内外BIM模型合规性审查的研究现状，结合国内外结构审计规范的实际情况，建立了建筑结构设计领域语料库，采用Python语言对结构设计规范条文分类进行处理，提出了一种基于自然语言处理的设计规范自动分类的方法。本研究的分类目录采用基于IFC（Industry Foundation Classes，工业基础类）实体名称，对《混凝土结构设计规范》[17]（GB 50010—2010（2015年版），以下简称《混规》）与《建筑抗震设计规范》[18]（GB 50011—2010（2016年版），以下简称《抗规》）这两本结构设计规范进行分类。研究过程如下：①数据准备和文本预处理；②特征提取和选择；③分类器的训练、测试和评估。本研究为BIM模型审查中规范转译的自动分类提供了一种参考方法。

2 数据准备与文本处理

IFC是一种非专有的、开放的数据模型技术规范，旨在实现建筑领域中建筑信息建模软件应用程序之间的互操作性，进而实现工程项目中不同信息系统之间的信息共享。IFC最新版本包括大约850多个实体(Entity)，358个属性集和121种数据类型。通过了解国内外BIM合规性审查的研究中发现，Eastman[19]、Kang[20]、Pauwels[21]等人采用的方法都是基于分析IFC或数据结构为基础实现。因此，为了测试设计规范自动分类的可行性，本研究将IFC部分实体的名称作为结构设计规范条文的分类目录，如梁(IfcBeam)、板（IfcSlab)、柱（IfcColumn)、墙（IfcWall）等。同时在模型测试的开发环境中，为了更好地调试Python语言代码和运行，本研究采用Pycharm作为在使用Python语言开发时提高其效率的平台，用Anaconda作为管理Python运行环境和工具包下载的平台。同时，下文所述的文本数据以及代码操作等，都将所有目录存储在计算机的F盘中。

2.1 文本数据收集

本文的数据文本来源于结构设计中最常用的《混规》与《抗规》两本规范，由于目前国内现存的语料库并没有专门针对结构设计领域的语料库。因此，手动将其按照实体进行分类（即将文本按照类别分成多个txt纯文本文档）作为语料库。《混规》与《抗规》按照材料（IfcMaterialList)、钢筋（IfcReinforcingBar）等分成6个相同的实体类别（如图1所示），每个类别包含一个txt文档，文档里面是该分类方面的内容。例如，《混规》11.3.6条第2款，“框架梁梁端截面的底部和顶部纵向受力钢筋截面面积的比值，除按计算确定外，一级抗震等级不应小于0.5；二、三级抗震等级不应小于0.3”，该规范文本分到类别“梁（IfcBeam)”内或分到类别“钢筋”内等。《混规》作为训练集，《抗规》中分类的文本作为测试集。

2.2 中文分词

结构设计规范是由若干个章节构成，章节是由很多款条文组成，条文是由很多个词汇组成的，也就是规范条文的主要信息是词汇。从这个角度来看，用一些关键词来描述文档方式可行，要想提取文档中的关键词，就得先对文档进行分词。分词方式一般有两种：第一种是字符串匹配；第二种是统计和机器学习。分词的精准度，会对文本后续特征提取和选择、训练分类过程有很大的影响。因此选择一种准确、快速的分词算法极其重要。目前，在世界上支持分词的工具中，有jieba、HanLP、Jcseg、Sego、FoolNLTK、NLTY、SpaCy、StanfordcoreNLP等。其中jieba分词库相较于其他分词库在中文分词方面具有更加准确，使用简单等特点。因此本文将2.1小节得到的原始语料文本采用统计和机器学习的分词方式，通过下载jieba分词工具库，导入相应的Python环境，将各个文本内容的文字序列切分成一个个单独的词汇或字，这样才能在词汇的基础上，对文本进行分词。运行python语言，读取语料库中所有txt文本，将6个实体分类的文本分别进行分词，部分核心代码如图1所示。

通过Python语言来获取每个目录（类别）下的所有文件，将原文本多余的空格、空行、回车等无关紧要的字符去掉，变成只有标点符号做间隔的紧凑文本内容。最后通过jieba库对文本内容进行分词，最终得到分词后的语料库。一般情况下，采用常规方式存储效率低，速度慢，因此本研究选择Sklearn中

```
# 获取每个目录（类别）下所有的文件
for mydir in catelist:
    class_path = corpus_path + mydir + "/"  # 分类子目录的路径如: train_corpus/IFCplate/
    seg_dir = seg_path + mydir + "/"  # 分词后存贮的对应目录路径如: train_corpus_seg/IFCplate/
    if not os.path.exists(seg_dir):  # 是否存在分词目录，如果没有则创建该目录
        os.makedirs(seg_dir)
    file_list = os.listdir(class_path)  # 获取未分词语料库中某一类别中的所有文本
    for file_path in file_list:  # 遍历类别目录下的所有文件
        fullname = class_path + file_path  # 拼出文件名全路径如: train_corpus/entity/墙.txt
        content = readfile(fullname)  # 读取文件内容
        content = content.replace("\r\n".encode("utf-8"), "".encode("utf-8")) .strip() # 删除换行
        content = content.replace(" ".encode("utf-8"), "".encode("utf-8")).strip()  # 删除空行、多余的空格
        content_seg = jieba.cut(content)  # 为文件内容分词
        savefile(seg_dir + file_path, " ".join(content_seg).encode("utf-8"))
        #将处理后的文件保存到分词后语料目录
print("语料库分词结束！！！")
```

图 1　文本分词代码

datas 储存数据方式。将分词后的语料库数据集通过创建 Bunch 实例，在 Bunch 对象中创建了四个成员 target-name、label、filenames 和 contents 对文本数据集进行储存。通过代码运行，最终将训练集与测试集进行数据转化分别存储在文件 train _ word _ bag 和 test _ word _ bag 中。

3　特征提取和选择

3.1　构建向量空间模型

一般情况下，文本特征向量化的方法包括（1）词集模型：one-hot 编码向量化；（2）词袋模型和 IDF 结合：TF-IDF 向量化文本；（3）哈希向量化文本。本研究选用了第二种方法即词袋模型和 TF-IDF 结合。用向量空间模式对文本进行表示，所谓词向量空间模型就是将文本表示为标识符向量的代数模型，用来信息过滤、索引以及相关排序的过程。对分词后的训练集文本中的词统一到同一个词向量空间中，为节省空间，首先将训练集中每个文本中一些垃圾词汇去掉，调用相关函数进行去噪，即去掉标点符号和没有意义的符号或数字等。本文采用词作为特征项，对训练集中的各个文本进行归一化和权重赋值等处理，从而转化为所需的词向量模型。

3.2　构建 TF-IDF 模型

TF-IDF（词频-逆文档频率）算法是一种评估字词对语料库中一份文件重要程度的统计方法。字词的重要性随着它在文件中出现的次数成正比增加，但同时会随着它在语料库中出现的频率成反比减少。该算法在数据挖掘、文本处理和信息检索等领域得到了广泛的应用，从文章中找出关键词。它是能过滤掉一些常见的却无关紧要本的词语，同时保留影响整个文本的重要字词。TF 的全称是 Term Frequency，即词频（单词出现的频率），一个单词在文档中出现的次数，次数越多越重要。IDF 的全称是 Inverse Document Frequency，即逆向文档词频，是指一个单词在文档中的区分度。它认为一个单词出现在的文档数越少，这个单词对该文档就越重要，就越能通过这个单词把该文档和其他文档区分开。在规范分类中，一个单词或字的 TF-IDF 实际上就是 TF×IDF。TF-IDF 越大，说明这个名词对这篇文章的区分度就越高，TF-IDF 值较大的几个词，作为特征或关键词。其中公式（2）为了避免分母为 0（有些单词不在文档中出现），所以在分母上加 1。本研究通过 TF-IDF 的方式进行权重矩阵的构建，实现了训练集和测试集的所有文本词向量空间的统一。构建权重矩阵语言编程的部分代码图 2 所示。

4　分类器的训练、测试与评估

4.1　朴素贝叶斯的实现

Sklearn（全称 Scikit-Learn）是基于 Python 语言的机器学习工具，具有简单高效的数据挖掘与分析、在复杂环境中可重复使用等特点。Sklearn 里有六大任务模块，分别是分类、回归、聚类、降维、模型选择和预处理。本研究将用到分类模块进行操作。Sklearn 库中的 naive _ bayes 模块实现了 4 种朴素贝叶斯算法：（1）伯努利朴素贝叶斯（naive _ bayes. BernoulliNB 类）：适用于离散型数据，适合特征变量是布尔

```
def vector_space(stopword_path, bunch_path, space_path, train_tfidf_path=None):
    stpwrdlst = readfile(stopword_path).splitlines()
    bunch = readbunchobj(bunch_path)
    tfidfspace = Bunch(target_name=bunch.target_name, label=bunch.label, filenames=bunch.filenames, tdm=[],
                       vocabulary={})

    if train_tfidf_path is not None:
        trainbunch = readbunchobj(train_tfidf_path)
        tfidfspace.vocabulary = trainbunch.vocabulary
        vectorizer = TfidfVectorizer(stop_words=stpwrdlst, sublinear_tf=True, max_df=0.6,
                                     vocabulary=trainbunch.vocabulary)
        tfidfspace.tdm = vectorizer.fit_transform(bunch.contents)

    else:
        vectorizer = TfidfVectorizer(stop_words=stpwrdlst, sublinear_tf=True, max_df=0.6)
        tfidfspace.tdm = vectorizer.fit_transform(bunch.contents)
        tfidfspace.vocabulary = vectorizer.vocabulary_

    writebunchobj(space_path, tfidfspace)
    print("成功创建if-idf词向量空间实例")
```

图 2　TF-IDF 词向量空间构建

变量，符合 0/1 分布，在文档分类中特征是单词是否出现。(2) 高斯朴素贝叶斯（naive _ bayes. GaussianNB 类）：适用于特征变量是连续型数据，符合高斯分布。(3) 多项式朴素贝叶斯（naive _ bayes. MultinomialNB 类）：适用于特征变量是离散型数据，符合多项分布。在文档分类中特征变量体现在一个单词出现的次数，或者是单词的 TF-IDF 值等。(4) 补充朴素贝叶斯（naive _ bayes. ComplementNB 类）：多项式朴素贝叶斯算法的一种改进。

本文结合结构审计规范与 4 种朴素贝叶斯的特点相比较，最终选取多项式朴素贝叶斯函数获取训练集的权重矩阵和标签，进行训练，然后获取测试集的向量化空间，进行预测（给出预测标签）。在朴素贝叶斯应用中，首先导入多项式贝叶斯，然后读取 bunch 对象，导入训练集和测试集，通过在训练分类器中输入词袋向量和分类标签。其中如果一个单词在训练样本中没有出现，这个单词的概率就会是 0。但训练集样本只是整体的抽样情况，不能因为没有观察到，就认为整个事件的概率为 0。为了解决这个问题，需要做平滑处理。在 0<alpha<1 时，使用的是 Lidston 平滑。对于 Lidstone 平滑来说，alpha 越小，迭代次数越多，精度越高。因此引入 alpha 平滑参数，本模型 alpha 设置为 0.01，最后运行得出预测分类结果，其核心代码如图 3 所示。

```
import pickle
from sklearn.naive_bayes import MultinomialNB  # 导入多项式贝叶斯算法
# 读取bunch对象
def readbunchobj(path):
    with open(path, "rb") as file_obj:
        bunch = pickle.load(file_obj)
    return bunch
# 导入训练集
trainpath = "train_word_bag/tfdifspace.dat"
train_set = readbunchobj(trainpath)
# 导入测试集
testpath = "test_word_bag/testspace.dat"
test_set = readbunchobj(testpath)
# 训练分类器：输入词袋向量和分类标签，alpha:0.01 alpha越小，迭代次数越多，精度越高
clf = MultinomialNB(alpha=0.0000001).fit(train_set.tdm, train_set.label)
# 预测分类结果
predicted = clf.predict(test_set.tdm)
```

图 3　朴素贝叶斯计算

4.2　模型的评估和预测

在本研究中，主要用了精确率、召回率、F_1 分数作为实验结果的衡量标准，在下文将会对三个指标进行详细的阐述，其中 TP 是将正类预测为正类数、FP 是将负类预测为正类数（误报）、FN 是将正类预测为负类数（漏报）。

精确率：是针对预测结果，其含义是在被所有预测为正的样本中实际为正样本的概率，表达式如下：

$$精确率 = \frac{TP}{TP + FP}$$

召回率：是针对原样本，其含义是在实际为正的样本中被预测为正样本的概率，表达式如下：

$$召回率 = \frac{TP}{TP + FN}$$

F_1 分数（F1-Score）：同时考虑精确率和召回率，让两者同时达到最高，取得平衡。表达式如下：

$$F_1 分数 = \frac{2 \times 精确率 \times 召回率}{精确率 + 召回率}$$

最终完成前面的所有步骤之后将分类器精度返回，得到分类器预测的结果指标，平均精确率为0.750、平均召回率为0.833、F_1 分数为0.778。本文的试验结果与文献［5］进行对比，发现其精确率和召回率均较高。分析其原因，是因为文献［5］仅有两个分类目录（positive 和 negative），而本文根据IFC的实体目录分为6个类别，其难度更高。同时，由于中文和英文词汇的差异，分词算法的选择和分词结果对于最终的精度会有一定影响。最后，由于中文结构设计领域的语料库缺乏，本研究自建语料库的样本量较小，对于结果会有一定的影响。

发现由于其仅有两个分类目录，因此该文献从该结果得出，本文所研究的结构规范分类方法结果比较理想，但是进一步提升的空间还是很大，例如朴素贝叶斯方法的优化、更加准确的收集数据等。

5 讨论与结论

很多年来，手动进行施工图合规性检查通常耗时、主观易错且耗费资源。BIM技术的出现使得未来实现自动化和智能化合规性检查成为可能。规范转译和规则提取是BIM模型合规性审查的重要步骤，而充分实现规范转译和规则提取的第一步是设计条款的自动分类。由于IFC是目前世界各国普遍采用的BIM交换格式，因此基于IFC的设计规范自动分类是重要的基础工作。

本研究通过jieba分词库对语料库进行分词，利用TF-IDF模型进行空间特征权重矩阵的构建，最后通过朴素贝叶斯分类器对语料库进行分类，从而对模型进行评估与预测。根据测试结果表明，本文基于机器学习的文本分类算法，提出的结构设计规范自动分类方法，在实现结构设计规范文本自动分类的过程中，取得了较好的效果。同时，本研究只是一个初步的尝试，今后还需要进行更深入的研究和完善，主要包括：

（1）由于目前国内现存的语料库并没有结构设计领域的语料库。本文根据IFC实体名称，对结构设计中最常用的《混规》和《抗规》两本规范进行整理，初步建立了建筑结构设计领域的语料库。由于《混规》和《抗规》仅是众多结构设计规范中的两本，在以后的研究中，可以考虑扩展到其余结构设计规范以及规范内容的全面性，例如，图表信息、其他描述性语言等。在大规模的结构设计语料库上进行训练，对训练结果进行综合分析，从而最终实现所有结构设计规范的自动分类。

（2）关于中文分词，是文本分类前的一项关键步骤，对后面分类器的构建起着至关重要的作用。本研究采用的是jieba分词工具。在分词过程中，将“箍筋”经分词后，被分为“箍”和“筋”两个独立的单词，可能是因为分词标准不一致导致的结果。这样会对计算结果造成一定的影响，因此在以后的分词研究中，应提高此方面的分词效果，从而提高算法的准确率。jieba对于未登录词，采用隐马尔科夫（HMM）和Viterbi算法，在今后可以尝试更多方法（例如N-gram）进行词向量训练。同时，特征提取和选择是文本分类最为关键的步骤之一，除了以计数向量和TF-IDF向量作为特征以外，今后可以采用词嵌入作为特征（例如Word2vec，GloVe等）、基于文本的特征和以主体模型作为特征来进行特征识别。

（3）在机器学习中，可以用作本文分类的算法有很多，例如逻辑回归、K-临近（KNN）、支持向量机（SVM）、朴素贝叶斯、决策树等等，本文仅采用了其中一种算法——朴素贝叶斯算法，它是通过统计特征项频率来计算特征项的权重方法，但是它建立在独立条件和独立位置假设的基础上，在现实文本中，这两个假设是不成立的。因此，在以后的测试中，可以加强特征间可能存在的依赖关系，采用bigram或n-gram等模型相结合的方式来削弱朴素贝叶斯的条件独立假设从而进行优化。同时今后更多的算法可以应用到结构设计规范的分类中，以便探寻最优的方法。

（4）从本研究的结果来看，精确率和召回率虽然能够满足一定要求，但仍然有较大提高空间。这个现象的原因是多方面的（例如语料库和算法选择、特征识别等），其中一个重要原因是，机器学习本身的查准率问题。深度学习可以通过自动识别特征来提高查准率，然而，深度学习需要大量的文本数据作为支撑，在未来可以尝试在深度学习中使用迁移学习，以便更适用于专业领域的小样本数据问题（例如结构设计规范分类）。

参考文献

[1] 林佳瑞，郭建锋．基于BIM的合规性自动审查[J]. 清华大学学报(自然科学版)，2020，60(10)：873-879.

[2] 刘洪．基于BIM的结构设计规范审查方法研究[D]. 重庆：重庆大学，2017.

[3] FENVES S J. Tabular decision logic for structural design[J]. Journal of Structural Engineering，1966，92(ST6)：473-490.

[4] EASTMAN C，LEE JM，JEONG Y，et al. Automatic rule-based checking of building designs[J]. Automation in Construction，2009，18(2009)：1011-1033.

[5] SALAMA D M，EL-GOHARY N M. Semantic modeling for automated compliance checking[C]// International Workshop on Computing in Civil Engineering . Miami，USA：ASCE，2011：641-648.

[6] PARK S，LEE H，LEE S，et al. Rule checking method-centered approach to represent building permit requirements [C]// Proceedings of the 32nd International Symposium on Automation and Robotics in Construction，2015.

[7] SIJIE Z，FRANK B，J OCHEN T. Ontology-based semantic modeling of construction safety knowledge：Towards automated safety planning for job hazard analysis(JHA)[J] . Automation in Construction，2015.

[8] ZANNI M A，SOETANTO R ，RUIKAR K . Defining the sustainable building design process：Methods for BIM execution planning in the UK[J]. International Journal of Energy Sector Management，2014，8(4)：562-587.

[9] YURCHYSHYAN A，ZARLI A. An ontology-based approach for formalisation and semantic organisation of conformance requirements in construction[J]. Automation in Construction，2009，18(2009)：1084-1098.

[10] ISMAIL A，STRUG B ，LUSARCZYK G. Building knowledge extraction from BIM/IFC data for analysis in graph databases[M]. Cham：Springer，2018.

[11] LI S，CAI H B，KAMAT V R. Integrating natural language processing and spatial reasoning for utility compliance checking [J]. Journal of Construction Engineering and Management，2016，142(12)：4016074.

[12] TIWARY U S，SIDDIQUI T. Natural language processing and information retrieval[M]. New York：Oxford University Press，2008：3-21.

[13] HANIKA K，BALA B. Combining Naïve Bayes and modified maximum entropy classifiers for text classification[J]. International Journal of Information Technology and Computer Science(IJITCS)，2016，8(9).

[14] 朱文峰．基于支持向量机与神经网络的文本分类算法研究[D]. 南京：南京邮电大学，2019.

[15] YING Y，MURSITAMA T N，S L. Effectiveness of the news text classification test using the Naïve Bayes' classification text mining method[J]. Journal of Physics：Conference SeriesVolume 1764，2021，1：012105.

[16] SALAMA D M，EL-GOHARY N M. Semantic text classification for supporting automated compliance checking in construction[J]. Journal of Computing in Civil Engineering，2013，30(1)：04014106.

[17] 中华人民共和国住房和城乡建设部．混凝土结构设计规范：GB 50010—2010[S]. 北京：中国建筑工业出版社，2010.

[18] 中华人民共和国住房和城乡建设部．建筑抗震设计规范：GB 50011—2010[S]. 北京：中国建筑工业出版社，2010.

[19] PAUWELS P，TERKAJ W. EXPRESS to OWL for construction industry：towards a remommendable and usable ifcOWL ontology[J]. Automation in Construction，2016，63(2016)：100-133.

[20] YOU S J，YANG D. EASTMAN C M. Relational DB implementation of STEP based product model[C]// CIB World Building Congress 2004，2004.

[21] KANG H S，LEE G. Development of an object-relational IFC server[C]// ICCEM/ICCPM，2009.

基于一阶谓词逻辑的结构设计规范表示方法

于泽涵[1]，张吉松[1*]，赵丽华[1]，刘　鑫[2]，任国乾[3]

（1. 大连交通大学土木工程学院，辽宁 大连 116028；2. 大石桥建筑设计院有限公司，辽宁 营口 115100；3. 卡迪夫大学工学院，英国威尔士卡迪夫 CF24 3AA）

【摘　要】 设计规范的知识表示和计算机表达是实现工程设计与审查自动化和智能化的技术基础。在结构设计领域，能够有效支撑知识表示与推理，以及支持设计审查自动化的设计规范表达方法有待开发。一阶谓词逻辑以数理逻辑为基础，擅长精确性知识的表示与推理。本研究基于一阶谓词逻辑，通过转译《混凝土结构设计规范》中的设计条款，提出一种结构设计规范规则表达和推理方法。通过“谓词定义”和“函数定义”转译设计规范中语言类、表格类和计算公式类设计条款。结果表明，一阶谓词逻辑用于表示结构设计条款具有很大潜力，尤其在消除设计条款语言表达模糊性和推理自动化方面。

【关键词】 结构设计规范；知识表示；一阶谓词逻辑；合规性审查；人工智能

1　引言

实现基于计算机的BIM模型自动化和智能化审查，设计规范的知识表示与推理是技术基础之一。目前关于规范转译的方法大致可以分为：基于本体方法、基于规则引擎方法、基于语言开发方法和基于逻辑方法。在基于本体的方法中，ZARLI[1]和WANG[2]分别利用基于语义网的本体技术构建了施工、风险和解决措施等概念类和关系，并基于其建立了一致性检查的安全规则。基于规则引擎方法的研究工作开展也较为广泛，比如SWRL（Semantic Web Rule Language）规则[3]，DING[4]和LU[5]等分别构建了地下风险本体、施工风险本体，利用本体的概念和属性，在本体中使用插件SWRL规则编辑器直接构建检查规则；现有的商业模型质量检查软件中Solibri Model Checker（SMC）和CORENETe-PlanCheck等，同样使用基于规则的方法。基于语言开发的方法较为典型是在2009年，EASTMAN等[6]为了在不同服务器上编辑规则，进而提出开发一种不受平台环境限制的规则翻译语言，如JAVA、SQL等；而后的LEE等人[7-8]开发了建筑环境和分析语言（Building Environment Rule and Analysis，BERA），用于对建筑流通和空间规划进行更复杂的代码编码和代码检查，并提出了基于建筑环境规则扩展语言的自动符合性检查，以确保空间规划要求和可视性得到满足。

一阶谓词逻辑是到目前为止能够表达人类思维活动规律的一种最精准形式语言，其起源可以追溯到古希腊哲学家亚里士多德的三段论。三段论是一种论证，其中只要确定某些论断，某些异于它们的事物便可以必然地从如此确定的论断中推出，而后莱布尼茨将亚里士多德的三段论自动化并创建了一个可计算的模型。到了1990年RASDORF和LAKMAZAHER[9]试用了基于知识的方法来表达检测设计是否符合规范；LAU[10]等人在2004年开发了一个电子规则一致性帮助工具，采用了XML结构来表达逻辑句子和控制元件；2000年HAN and GARRETT[11]提出了使用SUL语言把设计系统连接标准检测过程；之后Khemlani于2005年提出使用基于对象的模型方法来表达建筑设计和建筑规范，并建立集成建筑计划和服务（IBP/IBS）检测系统[12]。一阶谓词逻辑表示根据规范上下文的关系，考虑结构元素之间的联系，可以

【基金项目】 辽宁省科技厅博士科研启动基金计划项目（2019-BS-041），辽宁省教育厅青年科技人才育苗项目（JDL2019036），辽宁省教育厅基础研究项目（JDL 2019018）

【作者简介】 张吉松（1983—），男，博士，硕士生导师。主要研究方向为BIM技术。E-mail：13516000013@163.com

实现嵌套规则表达，并且能够针对某一条规范条款对应某一种审查规则而实现审查目的。虽然基于逻辑的规范转译方法其研究工作时间跨度较大，但是由于前文所述建筑工程领域和结构设计规范领域的特殊性，基于一阶谓词逻辑的结构设计规范表示方面研究工作较少，还有待开发相应的表达方法。

通过总结前人所作研究，并结合结构设计规范的特点，本文基于一阶谓词逻辑提出一种有效支撑设计审查自动化的设计规范表达方法。一阶谓词逻辑由于其在表达自然语言方面的优越性，使其对于我国结构设计规范的转译工作可提供较大帮助，本文将选取《混凝土结构设计规范》中部分条款进行转译以证明其可行性，并对一阶谓词逻辑在中文结构设计规范的相关转译工作中所发现的优势与不足之处进行讨论和总结。

2　一阶谓词逻辑

一阶谓词逻辑表示一条知识是通过将个词体、谓词、量词根据所要表达知识的语义以逻辑联结词相联结，形成谓词公式。由此可见，一阶谓词公式主要由五个部分组成，分别是个体词、谓词、量词、逻辑联结词以及语法符号，如图1所示。需要注意的是，个体词是指所研究对象中可以独立存在客体；谓词是用来刻画个体词性质及个体词之间相互关系的词，例如“张三是一名教师”这句话，张三是个体词，记为a，“……是教师”是谓词，记为Teacher（x），则这句话可以表示为Teacher（a）。同样的，若是表述两者之间关系，例如“张三与李四同岁”，张三与李四是两个个体词，分别记为a、b，“……与……同岁”是谓词，则这句话表示为SameAge（a，b）；量词是用来表示个体词之间数量关系的词；逻辑联结中的合取符号和析取符号联结形成的谓词公式表示事实性知识，蕴涵符号与等值符号联结形成的谓词公式表示规则性知识。

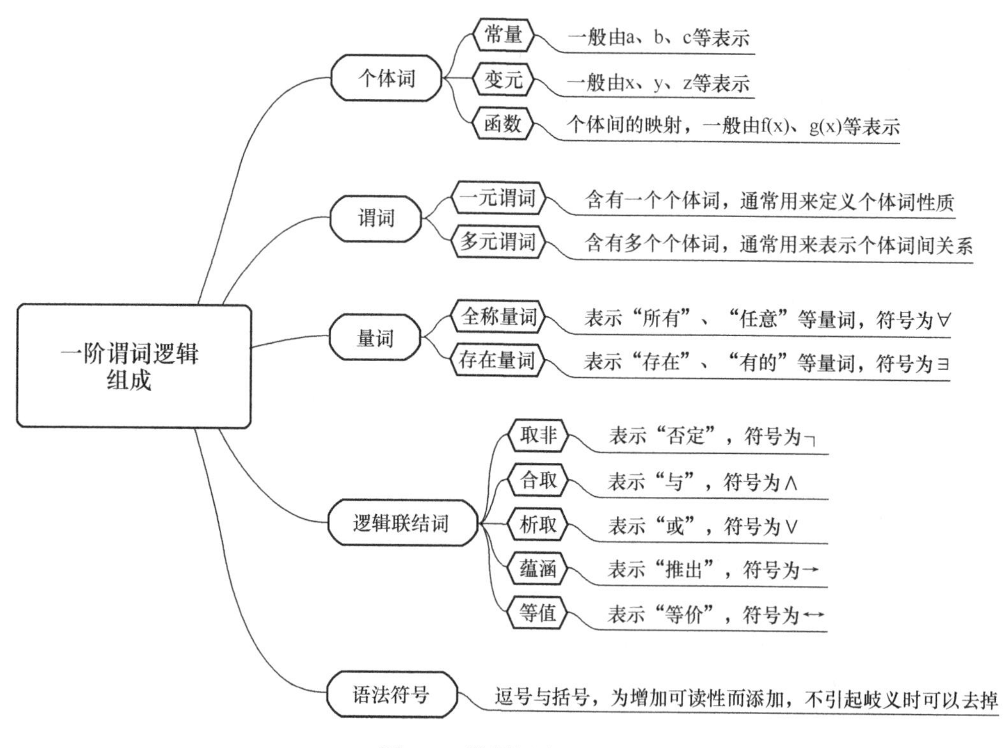

图1　一阶谓词公式组成

正是基于国内外学者所作研究与贡献以及上述特点，并且联系国内结构设计规范实际情况，本文将基于一阶谓词逻辑提出一种结构设计规范规则表达和推理方法，同时将《混凝土结构设计规范》部分条款依据转译复杂程度进行大体分类，并通过一阶谓词逻辑转译《混凝土结构设计规范》各类型部分较具代表性条款。

3 规范转译

3.1 规范条款分类与选择

目前我国混凝土结构设计涉及的设计规范主要包括：《高层建筑混凝土结构技术规程》JGJ 3—2010、《混凝土结构设计规范》GB 50010—2010（2015年版）（以下简称《混规》）[13]、《建筑地基基础设计规范》GB 50007—2011、《建筑结构荷载规范》GB 50009—2012、《建筑抗震设计规范》GB 50011—2010（2016年版）等。在以上规范中所包含的条款种类样式繁多，但是可按照一阶谓词逻辑转译的难易程度分为以下四类：①语言类明确条款，条款由语言叙述，且规定明确，无模糊语言，可直接转译为一阶谓词逻辑公式，例如《混规》第11.3.5条规定，框架梁截面尺寸应符合下列要求：截面宽度不宜小于200mm、截面高度与宽度的比值不宜大于4、净跨与截面高度的比值不宜小于4；②语言类模糊条款，条款由语言叙述，但规定不明确，含有“适当”“不宜”等模糊语言，由于此类条款多作为注释出现，所以可利用一阶谓词逻辑的全部量词和存在量词进行转译；③表格类条款，此类条款需要先转述为语言类条款，再进行转译，例如《混规》第11.3.6条中表11.3.6-1，如表1所示，可将第一格中条款转述为：“一级抗震等级框架梁支座处纵向受拉钢筋配筋率大于0.4与80f_t/f_y中的较大值”，再转译为一阶谓词逻辑公式；④计算公式类条款，此类条款由于包含复杂的计算公式，使得其转译难度大大增加，而在转译的过程中对于公式可以有多种处理方式，本文将列举两种处理本类条款的方法。

《混规》11.3.5条和11.3.7条转译结果　**表1**

条款原文		转译后	所用谓词和对应描述
11.3.5条	1）梁截面宽度不宜小于200mm	∀x(BeamB(x)→More(x, 200))	BeamB(x)：x是框架梁截面宽度 BeamH(y)：y是框架梁截面高度 BeamL(z)：z是框架梁净跨 More(x, y)：x大于y RateLess(x, y, z)/ RateMore(x, y, z)：x与y的比值小于/大于z
	2）梁截面宽度比不宜大于4	∀x∀y(BeamB(x)∧BeamH(y)→RateLess(x, y, 4))	
	3）梁净跨与截面高度比不宜小于4	∀z∀y(BeamL(z)∧BeamH(y)→RateMore(z, y, 4))	
11.3.7条	1）梁端纵向受拉钢筋配筋率不宜大于2.5%	∀x(Beam(x)∧Type(bar))→∃y(AreaRate(y)∧Less(y, 0.025))	Beam(x)：x是框架梁 Type(x)：构件类型是x Site(x)：位置是x SeismicGrade(x)：抗震等级为x AreaRate(y)：面积配筋率是y Count(y)：数量是y Area(z)：截面面积是z More(x, y)：x大于y Less(x, y)：x小于y RateLess(x, y, z)：x与y的比值小于z
	2）沿梁全长顶面和底面至少应各配置两根通长的纵向钢筋	∀x(Beam(x)∧Type(bar)∧(Site(up)∨Site(down)))→∃y(Count(y)∧More(y, 2))	
	3）对一、二级抗震等级，钢筋直径不应小于14mm，且分别不应少于梁两端顶面和底面纵向受力钢筋中较大截面面积的1/4	∀x(Beam(x)∧Type(bar)∧(SeismicGrade(1)∨SeismicGrade(2)))→∃y∃z(((Beam(x)∧Type(bar)∧(Site(up)∨Site(down)∧Area(z))∨D(y))∧More(y, 14)∧RateLess(z, 4, y))	
	4）对三、四级抗震等级，钢筋直径不应小于12mm	∀x(Beam(x)∧Type(bar)∧(SeismicGrade(3)∨SeismicGrade(4)))→∃y(D(y)∧More(y, 12))	

根据上述分类情况，可以把利用一阶谓词公式表示规则条款总结为三个步骤：首先，定义条款中的个体词与谓词，确定每个谓词及个体的确切含义；其次，根据所要表达规则条款，将个体词带入每个谓词中的变量；最后，根据规则条款的具体语义，用适当的联结符号将各个谓词联结起来，形成谓词公式。由此看出，不同谓词定义方式可以展现出不同的规范转译方法，所以在基于一阶谓词逻辑转译结构设计规范时，要灵活选择谓词的定义方式。本文选取《混规》11.3、11.4共计27条规范条款进行转译，其中包含结构设计规范中大部分条款类型，较具有代表性，证明了基于一阶谓词逻辑的结构设计规范表达方

法可行性较高。

3.2 语言类规范条款转译

本文以《混规》第11.3.5条、第11.3.7条为例，提出两种谓词定义方式，第一种以第11.3.5条为例，将限定条件定义为一个整体谓词，这样的定义方式适用于所规定部位较为明确简洁的条款，其优点在于可以减少定义谓词数量，缺点是不便于后续的数据调用；第二种方式以第11.3.7条为例，将限定条件细化分别定义为多个谓词，这样的定义方式适用于定义规定较为复杂的构件，虽然会增加所定义谓词的数量，但是利于后续调用且规定较为明确具体。转译结果如表1所示。

3.3 表格类规范条款转译

由于一阶谓词逻辑与人类思维活动规律及自然语言的贴合性，在转译表格类规范条款时，首先需要针对表格内容将其转述为更易转译的语言类条款，再按照转译语言类条款的方式转译，以《混规》第11.4.16条为例（一、二、三、四级抗震等级的各类结构的框架柱、框支柱，其轴压比不宜大于表11.4.16规定的限值），表中第一条数据可以表述为“在框架结构体系中，一级抗震等级的框架柱轴压比不宜大于0.65”，其余数据以相同的方式进行转述，转译结果选取语言类规范条款的第二种谓词定义方法进行展示。转译结果如表2所示。

《混规》11.4.16条（轴压比）转译结果　表2

条款原文	转译后	所用谓词和对应描述
1）框架结构中一级抗震等级框架柱轴压比不宜大于0.65	∀x(Column(x)∧structure(F)∧SeismicGrade(1))→∃y(Rate(y)∧Less(y，0.65))	Column(x)：x是框架柱 Structure(x)：结构形式为x SeismicGrade(x)：抗震等级为x Rate(y)：轴压比为y Less(x，y)：x小于y
2）框架结构中二级抗震等级框架柱轴压比不宜大于0.75	∀x(Column(x)∧structure(F)∧SeismicGrade(2))→∃y(Rate(y)∧Less(y，0.75))	
3）框架结构中三级抗震等级框架柱轴压比不宜大于0.85	∀x(Column(x)∧Structure(F)∧SeismicGrade(3))→∃y(Rate(y)∧Less(y，0.85))	
4）框架结构中四级抗震等级的框架柱轴压比不宜大于0.90	∀x(Column(x)∧Structure(F)∧SeismicGrade(4))→∃y(Rate(y)∧Less(y，0.9))	

3.4 计算公式类规范条款转译

计算公式类条款中的语言叙述部分仍然与转译语言类条款相同，不同的是计算公式类条款包含复杂的结构计算公式，而能否更准确地转译计算式是决定此类条款转译成功与否的关键，基于一阶谓词表达计算公式可以有多种方法，根据前文一阶谓词公式组成成分——多元谓词及个体函数，本文提出两种不同的转译计算公式的方法：①利用谓词定义计算式，通过定义多元谓词的方式，逐个定义计算公式，将公式中各项变量与常量定义为个体词。②利用函数定义计算式，在一阶谓词逻辑中，函数表示一个个体到另一个个体的映射。本文以《混规》第11.4.6条为例列举两种转译方法，转译结果选取语言类规范条款的第一种谓词定义方法进行展示，转译结果如表3所示。

《混规》11.4.6条（计算公式）转译结果　表3

条款原文	转译后
考虑地震组合的矩形截面框架柱和框支柱，其受剪截面应符合下列条件： 剪跨比λ大于2的框架柱：$V_c \leqslant \frac{1}{\gamma_{RE}}(0.2\beta_c f_c bh_0)$　(11.4.6-1) 框支柱和剪跨比λ不大于2的框架柱：$V_c \leqslant \frac{1}{\gamma_{RE}}(0.15\beta_c f_c bh_0)$　(11.4.6-2)	方法1：∀x∃y(ColumnVc(x)∧Section(R)∧ShearSpanRate(y)∧More(y，2)→F1146(x，0.2，b，c，d，e，f)) ∀x∃y(ColumnVc(x)∧Section(R)∧ShearSpanRate(y)∧Less(y，2)→F1146(x，0.15，b，c，d，e，f)) ∀x(ColumnSupportVc(x)→F1146(x，0.15，b，c，d，e，f))
	方法2：∀x∀y(ColumnVc(x)∧Section(R)∧ShearSpanRate(y)∧More(y，2)→Less(x，F1(x，y))) ∀x∀y(ColumnVc(x)∧Section(R)∧ShearSpanRate(y)∧Less(y，2)→Less(x，F2(x，y))) ∀x(ColumnSupportVc(x)→Less(x，F2(x，y)))

4 分析与讨论

由于一阶谓词逻辑是最贴近人类思维表达的语言，因此被广泛运用到人工智能等领域。基于一阶谓词逻辑表示结构设计规范可以极大发挥一阶谓词逻辑的优点，转译的规范条款较为准确，可应用性较高，但是在转译过程中也遇到一些问题，总结为如下三点：

第一，基于一阶谓词逻辑转译规范条款时，虽然很好地解决了一部分相对模糊的语言，但是都是基于后续注解较为明确的前提，还有部分模糊语言无法实现转译，只能通过精确量化的方式进行转译，这样在转译过程中难免出现误差。在我国人工审查图纸过程中，对于规范条款中的模糊语言处理方式大多是根据审查人员的从业经验来进行主观判断，如果通过精确量化的方式进行模糊条款转译则其结果与主观判断差别不大，无法实现更加精准的规范审查。所以，对于规范条款中模糊语言的处理方法以及结构设计规范的标准化问题还有待进一步的研究。

第二，本文虽然对于包含计算公式类的规范条款提出了两种基于一阶谓词逻辑的转译方式，但两种方式工作量较为繁重且其实现还需研究与考证。一阶谓词逻辑在知识表示中的应用较为广泛，对于计算公式的表示方法层出不穷，其中不乏很多方法可以为规范条款转译提供借鉴与参考，对于公式类条款的转译方式还有很大研究空间。

第三，本文中对于规范条款主体提取的方式只是其中两种，并且这两种方式转译都需提供数据庞大的定义对照表，对于主体的提取还可以选取更加细化的方式，使得转译结果更加简洁。不同的主体提取方式或者基于一阶谓词逻辑的不同转译思路，对规范转译的复杂程度影响很大，如需确定基于一阶谓词逻辑表达规范的最方便、快捷的方法，那么需要做的调查与研究工作还有很多。

本文所转译的规范条款证明了一阶谓词逻辑在结构设计规范的计算机表达中具有可行性，且由于其自身特点，使得一阶谓词逻辑在处理中文规范条款时更加灵活，转译更加精确，是我国在进行规范转译工作时可以采用借鉴的一种方法。但是，总结上述转译过程中出现的问题后，可以看出一阶谓词逻辑同样有一定局限性，这种局限性更多体现在对于模糊语言以及计算公式的处理上，对于消除这种局限性的办法有很多。一方面可以加强我国规范的结构性，减少类似“适量”“不宜”等模糊语言的出现；另一方面一阶谓词逻辑在规范表达领域的研究还可以更加深入，继续研究更多简洁、准确的表达方式与谓词定义方法，也可以与面向对象技术相结合，或利用更高阶的谓词逻辑解决此类问题。总而言之，基于一阶谓词逻辑的结构设计规范表示方法以及我国实现工程设计与审查自动化和智能化还有很大研究空间。

5 结论

采用谓词逻辑转译规范看似简单，实则涉及哲学、数学、数理逻辑、计算机科学、自然语言处理、语义学、结构设计等领域，是一个多学科交叉融合的研究方向。结构设计规范条文的计算机表达对于检验建筑结构合规性的重要程度不言而喻，而随着科技的飞速发展，结构设计的合规性审查被各国愈发重视，想要更好地实现对于建筑结构的自动审查，其关键所在便是准确地转译规范条款，Eastman[14]提出基于 BIM 规则检查的四个步骤（规则解释并在逻辑上进行结构分类、BIM 模型建立和准备、规则执行、生成审查报告），其中首要的便是规范转译。胡振中[15]等认为推理技术中的规则审查作为 BIM 技术中应用的 AI 技术，可以减少设计人员工作强度，提高设计质量，具有很大潜力。本文提出一种基于一阶谓词逻辑的结构设计规范表示方法，将结构设计规范转译为计算机可识别的语言，希望进而为推动建筑结构设计自动化和审查自动化进程提供一种参考方法。

参 考 文 献

[1] ZARLI A, YURCHYSHYNA A, THANH N L, et al. Towards an ontology-based approach for formalizing expert knowledge in the conformity-checking model in construction [M]//eWork and eBusiness in Architecture, Engineering and Construction. London: Taylor & Framcis Group, 2008: 447-456.

[2] WANG H H, BOUKAMP F. Ontology-based representation and reasoning framework for supporting job hazard analysis

[J/OL]. [2018-02-15]. https：// ascelibrary. org/doi/abs/10. 1061/%28ASCE%29CP. 1943-5487. 0000125.

[3] 吴松飞，邓逸川，申琪玉，等 .BIM 支持的施工安全规范合规检查研究综述[J]. 图学学报，2018，39(06)：1156-1164.

[4] DING L Y，ZHONG B T，WU S，et al. Construction risk knowledge management in BIM using ontology and semantic web technology [J]. Safety Science，2016，87：202-213.

[5] LU Y，LI Q M，ZHOU Z P，et al. Ontology-based knowledge modeling for automated construction safety checking [J]. Safety Science，2015，79：11-18.

[6] EASTMAN C，LEE J M，JEONG Y S，et al. Automatic rule-based checking of building designs [J]. Automation in Construction，2009，18(8)：1011-1033.

[7] LEE J K，EASTMAN C M，YONG C L. Implementation of a BIM domain-specific language for the building environment rule and analysis [J]. Journal of Intelligent and Robotic Systems，2015，79(3-4)：507-522.

[8] LEE Y C，EASTMAN C M，LEE J K. Automated rule-based checking for the validation of accessibility and visibility of a building informationmodel[EB/OL]. (2001-06-21) [2019-10-15]. https：//ascelibrary. org/doi/ 10. 1061/9780784479247. 071.

[9] RASDORF W J ，LAKMAZAHERI S . Logic-based approach for modeling organization of design standards[J]. Journal of Computing in Civil Engineering，1990，4(2)：102-123.

[10] LAU H C W. An XML-based real-time quality measurement scheme[J]. Industrial Management & Data Systems，2004，104(6) ：505-512.

[11] HAN K，J H，GARRETT J. Standards Usage Language (SUL)[J]. Journal of Computing in Civil Engineering，2001，15(2) ：118-128.

[12] RUSSELL S，NORVIG P. 人工智能：一种现代的方法[M]. 3 版 . 北京：清华大学出版社，2013.

[13] 中华人民共和国住房和城乡建设部 . 混凝土结构设计规范：GB 50010—2010[S]. 北京：中国建筑工业出版社，2010.

[14] EASTMAN C，LEE J M，JEONG Y S，et al. Automatic rule-based checking of building designs[J]. Automation in Construction，2009，18(2009)：1011-1033.

[15] 冷烁，胡振中 . 基于 BIM 的人工智能方法综述[J]. 图学学报，2018，39(05)：797-805.

英国BIM法律合同应用范本研究

王博文[1]，张吉松[1*]，赵丽华[1]，任国乾[2]，李海江[2]

（1. 大连交通大学土木工程学院，辽宁 大连 116028；2. 卡迪夫大学工学院，英国威尔士卡迪夫 CF24 3AA）

【摘　要】BIM法律合同是指采用BIM模型等相关文件在工程全生命期内进行交付具有法律效力的工程合同。在采用BIM的工程项目中，所有信息和数据交换将采用3D模型并且在通用数据环境下进行协同。因此，围绕BIM模型的信息安全、风险处理、项目各方的权利、角色、责任和交付时间等有待进一步研究。本研究通过调研英国BIM法律合同，对BIM合同应用范本（Protocol）进行研究，为我国制定类似的BIM法律合同提供参考与借鉴。

【关键词】建筑信息模型（BIM）；法律合同；应用范本；英国；Protocol

1 引言

BIM法律合同是指采用BIM模型和相关文件进行交付的具有法律效力的工程合同（设计、施工、运维等）。在采用BIM的工程项目中，所有的信息和数据交换采用一体化3D模型，并且在通用数据环境下工作，所有参与方将接受协作工作，模型的信息采用通用的数据格式等一系列要求。在这样的背景下，基于BIM模型的相关法律合同的出现就显得格外必要。

本文所指的“BIM法律合同”，均指英文单词“Protocol”，也有部分学者将其翻译成“协议”。BIM法律合同背后的基本思想是，它定义了一个合同行为准则，处理风险分配，规定了各方的权利、角色和责任，同时包括了项目数据和模型交付时间表。

从世界的范围看，主要是英国和美国发布了一系列供参考的法律合同和协议。英国BIM法律合同主要有三个，分别是《BIM Protocol》2013版、《BIM Protocol》2018版和《Information Protocol》（图1）。《BIM Protocol》主要指《CIC BIM Protocol》，第一版由英国建筑业理事会（Construction Industry Council，CIC）于2013年发布，第二版（最新版）由2018年发布，编制的依据是英国标准PAS 1192-2。值得注意的是，PAS 1192-2已经在2019年升级为ISO 19650，但最新版的《CIC BIM Protocol》并没有基于最新的ISO标准。因此，2020年6月，英国BIM Framework发布了新的BIM合同范本《Information Protocol》，遵循ISO 19650-2国际标准。美国的BIM应用合同范本主要是美国建造师学会（American Institute of Architects，AIA）发布的三个范本：《AIA Document E203™-2013：Building Information Modeling and Digital Data Exhibit》《AIA Document G201™-2013：Project Digital Data Protocol Form》和《AIA Document G202™-2013：Project Building Information Modeling Protocol Form》。这三个合同范本替代了第一版的《E201™-2007：Digital Data Protocol Exhibit》和《AIA Document E202™-2008：Building Information Modeling Protocol Exhibit》。由于本文主要对英国BIM法律合同应用范本进行研究，因此美国BIM合同不在本文的研究范围之内。

2 英国BIM法律合同

英国的建筑业理事会（Construction Industry Council，CIC）于2013年发布了《BIM Protocol》的第

【基金项目】辽宁省科技厅博士科研启动基金计划项目（2019-BS-041），辽宁省教育厅青年科技人才育苗项目（JDL2019036），辽宁省教育厅基础研究项目（JDL 2019018）

【作者简介】张吉松（1983—），男，博士，硕士生导师。主要研究方向为BIM技术。E-mail：13516000013@163.com

一版，该合同条款可以用于所有英国建设工程的合同，并支持BIM level 2。《BIM Protocol》于2018年发布了第二版（图1）。《BIM Protocol》作为标准化补充法律协议，定义了BIM模型的建立和使用相关的各方具体义务、责任和相关限制。它除了定义了BIM实施过程中可参照的合约条款外，还提供了对应的可直接下载的合同模板，供行业各方使用。

(a)　(b)　(c)

图1　英国BIM应用合同范本

（a）《BIM Protocol》2013版；（b）《BIM Protocol》2018版；（c）《Information Protocol》

《BIM Protocol》的主要目的是在项目不同的阶段产生相应的模型信息，它支持协同工作，要求任命信息经理，并使通用标准或工作实践成为明确的合同要求。《BIM Protocol》为业主和签约方创造了额外的义务和权利，它是基于雇主和供应商之间的直接合同关系。《BIM Protocol》2013版包括指导手册（Guidance）和正文两个部分。指导手册包括以：（1）简介；（2）起草该合同的基本原则；（3）目的、涵盖内容和范围；（4）信息经理（Information Manager）；（5）信息需求；（6）模型制作和交付传递表；正文包括：（1）定义；（2）合同优先权；（3）业主义务；（4）项目团队成员义务；（5）电子数据交换；（6）模型使用；（7）模型责任；（8）终止。《BIM Protocol》2013版有两个附件，附件1是模型精细度（LOD）和模型制作及交付传递表（Model Production and Delivery Table），该表格可以根据项目的具体需求填写每个项目阶段的模型精细度；附件2是信息需求表，根据项目具体情况填写项目各参与方、业主信息需求和项目流程，如图2所示。

Drop 1 Stage 1		Drop 2a Stage 2		Drop 2b Stage 2		Drop 3 Stage 3		Drop 4 Stage 6	
Model Originator	Level of Detail	Model Originator	Level of Detail	Model Originator	Level of Detail	Model Originator	Level of Detail	Model Originator	Level of Detail
Architect	1	Architect	2	Contractor	2	Contractor	3	Contractor	6
Architect	1	Architect	2	Contractor	2	Contractor	3	Contractor	6
						Contractor	3		
		Architect	2	Contractor	2	Contractor	3	Contractor	6
				Contractor	2	Contractor	3	Contractor	6
				Contractor	2	Contractor	3	Contractor	6
		Architect	2	Contractor	2	Contractor	3	Contractor	6
		Architect	2	Contractor	2	Contractor	3	Contractor	6
		Architect	2	Contractor	2	Contractor	3	Contractor	6
		Architect	2	Contractor	2	Contractor	3	Contractor	6
				Contractor	2	Contractor	3	Contractor	6
Architect	1	Architect	2	Contractor	2	Contractor	3		
Architect	1	Str Eng	2	Contractor	2	Contractor	3		
Architect	1	MEP Eng	2	Contractor	2	Contractor	3		
						Contractor	3	Contractor	6
						Contractor	3	Contractor	6
						Contractor	3	Contractor	6
						Contractor	3	Contractor	6
						Contractor	3	Contractor	6
		Architect	2	Contractor	2	Contractor	3	Contractor	6
		MEP Eng	2	Contractor	2	Contractor	3	Contractor	6
				Contractor	2	Contractor	3	Contractor	6
						Contractor	3		
						Contractor	3		
						Contractor	3		
						Contractor	3		
						Contractor	3		
						Contractor	3	Contractor	6

LOD definitions (from PAS 1192)

1 Brief
2 Concept
3 Developed Design
4 Production
5 Installation
6 As constructed
7 In use

Stage definitions (from APM)

0 Strategy
1 Brief
2 Concept
3 Definition
4 Design (proc
5 Build & Commission
6 Handover & Closeout
7 Operation and end of life

Levels of Detail and the Model Production and Delivery Table

The Levels of Detail are as follows:

LOD 1 ______
LOD 2 ______
LOD 3 ______
LOD 4 ______
LOD 5 ______
LOD 6 ______
LOD 7 ______

The Stages are as follows:

STAGE 1 ______
STAGE 2 ______
STAGE 3 ______
STAGE 4 ______
STAGE 5 ______
STAGE 6 ______
STAGE 7 ______

图2　模型制作及交付传递表

《BIM Protocol》2018 版，与英国 BIM 标准 PAS 1192-2 更加保持一致（包括术语保持一致等），同时模型不再是重点，其更关注责任矩阵（Responsibility Matrix）和详细信息（Information Particulars）。与 2013 版相比，《BIM Protocol》2018 版做了如下修改：

（1）新增“责任矩阵”（Responsibility Matrix）。在附录 1 中，将原来的模型制作及交付传递表改为责任矩阵（图 3），该矩阵规定了不同项目阶段（可以是项目的主要节点，也可以按照分部分项工程进行分类）进行信息交换的主要责任人和模型精细度以及格式等相关信息。

（2）新增“详细信息”（Information Particulars）。在附录 2 中，保留了原有的业主信息需求，新增了 BIM 执行计划，同时对于之前为涵盖的信息可以在“项目流程”中写入；在详细信息中需要给出业主信息需求（EIR）、BIM 执行计划、项目的程序（包括协调会、不一致事项、项目采用的标准、方法、流程、模型精细度、资产信息模型、软件、修订和其他信息），如图 4 所示。

ION EXCHANGE #01			INFORMATION EXCHANGE #02				INFORMATION EXCHANGE #03			
BRIEF			DESCRIPTION:	CONCEPT			DESCRIPTION:	DEFINITION		
			STAGE:				STAGE:			
			PROGRAMME REF:				PROGRAMME REF:			
LEVEL OF DEFINITION		COBie	OWNER	LEVEL OF DEFINITION		COBie	OWNER	LEVEL OF DEFINITION		COBie
LOD	LOI			LOD	LOI			LOD	LOI	

图 3　附录 1—责任矩阵

（3）新增了“安全需求”（Security Requirements）。在附录 3 中，新增了敏感信息、项目安全需求、业主政策和程序等内容，如图 5 所示。

Appendix 2 – Information Particulars

1. Employer's Information Requirements

1.1 The Employer's Information Requirements are set out in the following document ____________

2. BIM Execution Plan

2.1 The BIM Execution Plan is the following document ____________ as may be amended following agreement by the Parties.

2.2 If there is any ambiguity, conflict or inconsistency between the BIM Execution Plan and the Employer's Information Requirements it will be resolved in accordance with clause 2.2 of this Protocol.

3. Project Procedures

[Set out the following matters which are referred to in the Protocol, to the extent not covered in the above documents].

3.1 **Co-ordination** – coordination meetings are to take place on the Project (see clause 2.1) as follows ____________

3.2 **Inconsistency** – the process/approach for resolving inconsistency in or between Project Information and information extracted from Project Information (see clause 2.2) is ____________

3.3 **Project standards, methods and procedures** – the applicable standards, methods and procedures (see clause 3.1.2) are ____________

3.4 **Level of Definition** – Level of Information and Level of Model Detail will be defined on the Project (see definition of Permitted Purpose and clause 4.1.2(a)) as ____________

3.5 **Asset Information Model** – the information and assistance required in respect of the Asset Information Model (see clause 4.1.5) is ____________

3.6 **Software** – the agreed approach in respect of different software formats/interoperability is (see clause 5.2) ____________

图 4　附录 2—详细信息

Appendix 3 – Security Requirements

[State "Not Used" or do not include the Security Requirements in the Protocol if the Security Minded Provisions are not to apply]

[If the matters referred to below are included in the Employer's Information Requirements refer to the relevant parts of that document]

1. Sensitive Information

1.1 The following information is Sensitive Information:

____

1.2 The Employer's requirements in respect of the Sensitive Information are as follows:

____

2. Project Specific Security Requirements

2.1 The Built Asset Security Information Requirements applicable to the Project Team Member are as follows:

____

[Refer to the Built Asset Security Information Requirements included in the EIRs. See paragraph 10 PAS 1192.5]

2.2 The Employer's Baseline Security Requirements are:

____

[See PAS 1192–5 (5.6). The contractual obligations under the Agreement in relation to security should be considered carefully (see paragraph 11.4 of PAS 1192:5) and referred to here if necessary]

3. Employer's Policies and Procedures

3.1 Employer's Standards
• PAS1192–5

图 5　附录 3—安全需求

(4) 统一采用 Level of Defination。为与 PAS 1192-2 保持一致，采用 Level of Defination 而非 Level of Detail。Level of Defination 包含了 Level of Information 和 Level of Model Detail 两个部分。

(5) 新增解决不一致的新流程。原来“模型优先”的原则被去掉，如果项目参与方在某些问题无法达成一致的时候，可以举行项目协调会议，同时会议内容可以在附件 3 的第三部分 Employer’ s Policies and Procedures 中记录。

(6) 强调“公共数据环境”。项目组成员分享和发布信息需要在公共数据环境下进行，业主需为项目组成员分享信息提供公共数据环境的平台。

(7) 互操作性和版权。与 2013 版比，关于互操作性和版权的规定都更加灵活。

同时，与 2013 版相比，2018 版将正文调整为 10 个部分：(1) 定义；(2) 协调和冲突解决；(3) 业主义务；(4) 项目团队成员义务；(5) 电子数据交换；(6) 信息使用；(7) 专有材料责任；(8) 补救措施-安全；(9) 终止；(10) 定义术语。

由于英国标准 PAS 1192-2 已经在 2019 年升级为国际标准 ISO 19650，但最新的 2018 版《BIM Protocol》并没有与 ISO 标准同步。因此，英国 BIM Framework 在 2020 年 6 月发布了新的 BIM 合同范本《Information Protocol》，遵循 ISO 19650-2 国际标准。

《Information Protocol》与《BIM Protocol》的第一个区别是，在后者已经将 BIM 一词删除。正如英国 BIM 联盟发布的《THE WINFIELD ROCK》报告表示，每个项目都是不同的，在信息和数据的使用方面会有不同的要求。也就是说，每个项目不必完全遵循 BIM Level 2，因为每个人对 BIM Level 2 的含义都有自己的解释和理解。去掉 BIM 一词的目的，是为了鼓励项目参与方更专注于项目真正的信息需求和协同而非仅仅 BIM 本身。

《Information Protocol》作为推动 ISO 19650 的协议，它只有被纳入到合同中，并且在协议中说明其为“合同补充条款”时，才具有法律效力。它还建议，新的《Information Protocol》应优先于各种合同文件。这样规定的一个原因是为了确保约定各种文件的一致性。《Information Protocol》的约定应贯穿于项目各个参与方，包括业主、承包商、顾问和供应商，要求每个人使用相同的标准和数据。

《Information Protocol》共分为 13 个部分，分别是：(1) 解释；(2) 协调和冲突解决；(3) 委任方义务；(4) 任命方和被任命方义务；(5) 公共数据环境解决方案和工作流程；(6) 信息管理；(7) 不同项目方信息需求；(8) 信息使用；(9) 信息的传递；(10) 责任；(11) 补救措施一安全；(12) 终止；(13) 定义，如图 6 所示。

《Information Protocol》的关键部分是首页，它列出了一些必须填写的信息细节 (Information Particulars)，如图7所示。这些信息包括各方的详细信息，这里称为“任命者”“被任命者”等，遵循ISO 19650

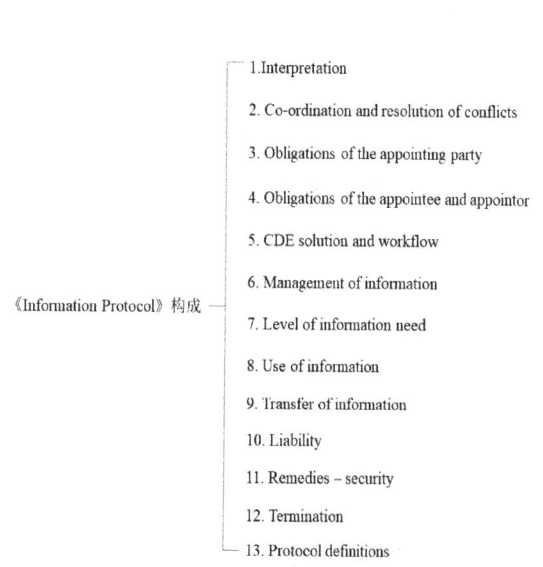

图 6　《Information Protocol》构成

Term	Particulars
Appointment	[Describe appointment and Parties]
Appointing Party	[the Appointer] OR [Appointing Party entity]
Lead Appointed Party	[Party] OR [the Appointer] OR [Appointee]
Appointor	[Party]
Appointee	[Party]
Works	[Describe]
Level of Information Need	[Refer to document/part thereof]
Exchange Information Requirements	[Refer to document/part thereof]
BIM Execution Plan	[Refer to document/part thereof]
Project's Information Production Methods and Procedures	[Refer to document/part thereof]
Project's Information Standard	[Refer to document/part thereof]
Master Information Delivery Plan	[Refer to document/part thereof] OR (if not applicable to Appointee) [N/A]
Task Information Delivery Plan	[Refer to document/part thereof] OR (if not applicable to Appointee) [N/A]
Risk Register	[Refer to document/part thereof]
High Level Responsibility Matrix	[Refer to document/part thereof]
Mobilization Plan	[Refer to document/part thereof]
Security Management Plan	[Refer to document/part thereof]

图 7　《Information Protocol》首页

的术语。它还包括“信息细度等级”、BIM执行计划、交付和安全管理计划以及信息标准的详细信息。首页所列的信息量往往意味着，不完整地填写信息细节可能会削弱信息协议的效力。《Information Protocol》尽可能明确地规定了缔约方交付信息的义务和议定书本身规定的信息管理，以减少合同中的不确定性和模糊性。

《Information Protocol》第3条和第4条规定了各方的义务。第3条规定了任命方的义务，所谓任命方通常是指最终客户或代表客户管理信息的一方。第4条规定了被任命人和被任命人的义务。由于《Information Protocol》起草用于整个供应链，被任命人和任命者的身份将根据其在供应链中的位置而改变。同时各方必须按照BS EN ISO 19650-2管理、准备和提供信息和文件。信息将在Information Particulars中规定时间的产生、共享或发布，但第4.6条承认这种遵守可能导致合同规定的时间延长或产生额外费用，第4.7条中有明确、积极的义务让各方提供Information Particulars所要求的此类信息的援助。

一般认为，遵守BS EN ISO 19650-2将产生大量数据，而且只会随着技术的进步而增加。《Information Protocol》第5条规定建立、实施、配置和支持共同数据环境解决方案和工作流程，关于公共数据环境解决方案的信息将由指定方在信息特定期间安全地存储。《Information Protocol》就各方何如管理、使用和传输信息制定了CIC BIM协议。第6条规定如何管理信息以及由谁管理信息，第7条确认了作为合同交付所需的信息水平，第8条规定了如何使用信息。信息需求水平可能是最重要的。最终，客户应指定它想要多少信息以及具体内容，但过去客户试图定义这种需求水平时遇到了困难，例如客户表示，他们希望为其项目提供BIM level 2。事实证明，BIM level 2对不同项目参与方意味着不同的含义和价值，并且没有标准化的接受级别信息。在此基础上，信息需求水平必须尽可能详细，最好包括一些指标以便各方能够判断其已达到所需水平。为了使双方能够有效地使用信息，第8条规定，如果合同中不包含此类规定应颁发许可证。虽然这是一个有用的条款，但大多数签订的合同内可能包含一些详细使用和共享信息的版权或其他许可证。

《Information Protocol》第10条涉及责任。如果另一方为任何其他合同定义的目的更改或修改模型或相关工作，则信息协议的任何一方均不对另一方承担责任。对于任何想要为项目纳入信息协议或BIM协议的人来说，新的信息协议是理想的起点。值得注意的是，《Information Protocol》是一个项目各方应当建立用来反映项目具体要求的模板。《Information Protocol》在第13条中给出了协议中关于各种术语表述的明确定义，例如什么是Appointee，Appointing Party，BIM Execution Plan，CDE，Responsibility Matrix，Information Model，Level of Information，Sensitive Information，Task Information Delivery Plan等37个术语。

3　讨论与结论

通过上述关于英国合同范本的构成与分析，可以从中得到一些启示应用于我国BIM法律合同建设建议，如下：

（1）可以采用“合同范本+表格协议”的模式。让项目各方在项目开始时，记录他们对数字数据和构建信息模型的总体期望，以及在多大程度上使用和依赖它们，以满足项目各方的需求。设定有关数字数据和构建信息建模的最低期望后，要求项目参与者在协议执行后尽快满足并决定开发和使用数字数据和模型必要和相关协议。一旦达成协议，这些议定书将记录在表格协议中。

（2）合同范本要与我国现行各项BIM标准相协调和匹配。英国BIM合同之所以在短短几年更新几个版本，其中的原因之一是在发布时没有与国家标准PAS系列和国际标准ISO系列中的术语、定义、流程等相匹配。因此，我国在设定BIM合同参考范本时，要充分考虑与国家BIM标准的协调性，在我国BIM标准的框架下进行。

（3）处理好合同签订和履约风险。业主方在合同签订中通常处于强势地位，因此会利用其强势地位，强迫施工方接受更多的风险条款，使得合同存在缺陷，导致施工方在完成进度、质量保证、安全监督等方面存在一定的违约风险；在竣工结算时，各方可能会对合同条款存在争议，引发一系列的索赔和反索赔，最终影响施工进度。如果我们有效控制BIM合同项目中的风险因素，对BIM价值的实现具有很强的推动作用。

（4）加强协同工作，明确各个参与方的责任和权限。在项目协同工作的过程中，难免会出现各方角色的责任权限的交叉重叠，或者是责任权限均未涉及的情况，因此我们要明确并进一步细化各方角色在项目协同工作中责任、权限。例如信息经理的责任是在公共数据环境下，确保可靠的信息交换，并对于信息模型中信息进行集成和协调；项目权限是在公共数据环境下，接受或拒绝信息交换，也可以执行项目的BIM执行计划并且确保提供业主信息需求中规定的信息交付需求。

（5）勿生搬硬套，从国情出发。长期以来，我国工程建设领域已经形成了一套富有中国特色的管理体系。英美合同协议固然先进，但不是完全适用于我国。因此在考虑我国现实情况的基础上，将适合我国的部分予以采纳，将不符合我国发展情况的部分舍弃，以增强合同内容的适用性。例如英美对BIM建设项目中各个阶段的模型精细度（LOD）做出了详细的规定，这对确定BIM应用深度及各方责任起到了巨大的作用。而关于LOD的规定，我国和英美均不相同，需要根据我国的具体情况来进行调整。

参考文献

[1] Construction Industry Council(CIC). Building Information Model(BIM) Protocol [M]. CIC/BIM Pro first edition 2013, CIC and BIM Task Group, London, 2013.

[2] Construction Industry Council(CIC). Building Information Model(BIM) Protocol [M]. CIC/BIM Pro second edition 2018, CIC and BIM Task Group, London, 2018.

[3] ANDREW C, MAY W, SIMON L. UK BIM Framework. Information protocol to support BS EN ISO 19650-2 the delivery phase of assets[M]. UK BIM Framework and Construction Industry Council (CIC), London, 2020.

[4] American Institute of Architects(AIA). AIA Document E203™-2013: Building Information Modeling and Digital Data Exhibit [M]. New York, Washington, 2013.

[5] American Institute of Architects(AIA). AIA Document G201™-2013: Project Digital Data Protocol Form [M]. New York, Washington, 2013.

[6] American Institute ofArchitects(AIA). AIA Document G202™-2013: Project Building Information Modeling Protocol Form [M]. New York, Washington, 2013.

基于BIM技术的土方量计算研究

韩　庆，田　野*，张梦林，卢　亮

（正太集团有限公司，江苏　泰州　225300）

【摘　要】土方量的计算在项目施工过程中占有举足轻重的地位，但受建设工程项目场地复杂多样的影响，传统方式下对于土方工程量挖方或填方的计算无法保证其结果的准确性和工作的高效性。基于BIM技术的土方量计算方法，可以借助有限的场地地形数据信息，通过BIM软件的快速建模及强大计算优势，实现快速提取其中所需的土方工程量。文章列举了三种基于Revit软件平台的地形BIM模型创建思路和两种通用的土方量计算方法，希望可为业内同仁提供参考借鉴。

【关键词】BIM技术；建设工程；土方量；场地地形；计算

1　引言

随着经济快速发展，各地建设工程项目日益增多。在各类建设工程项目建设过程中，经常出现场地平整、基坑回填、地坪填土等土石方工程作业，土方量计算也便成为一项不可或缺的常态化工作。在"信息化变革"热潮愈发高涨的今日，BIM技术应用也逐步得以被重视。凭借其独有的可视化、协调性、模拟性等优势，在建筑工程施工中得到普遍应用。相较于传统的土方量计算方式，基于BIM技术的土方量测算，可以借助有限的数据信息有针对性地进行相应的地形BIM模型创建，并快速提取其中所需的方量。实现工程土方量精准、快速的计算，为工程量预决算、施工组织设计和施工现场安排提供及时、重要的参考和决策依据。

2　前期准备

2.1　资料收集

在进行土方量计算工作前，应先收集现有场地地形数据信息。例如三维等高线图纸、坐标点数据或者由勘察单位出具的地质勘探报告。根据所获取的场地地形数据信息不同，可采取不同的场地模型创建方式，用以计算土方量。

2.2　整体策划

为保证工作的有序性及规范性，特制定完整的BIM工作流程，流程图如图1所示。以确保基于BIM技术的土方量计算工作顺利进行。

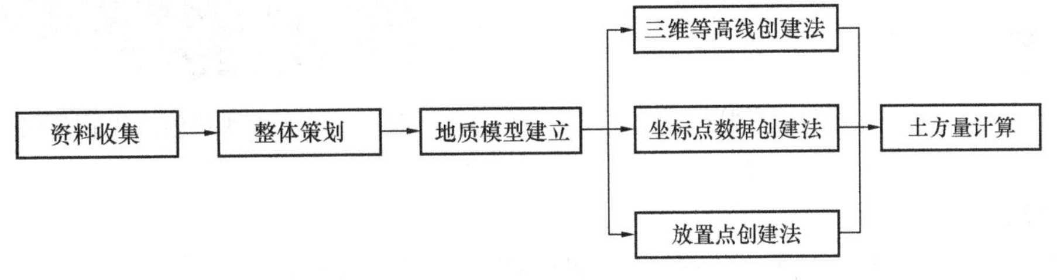

图1　工作流程图

【基金项目】江苏省建设系统科技项目（2021ZD079）

【作者简介】田野（1982—），男，建筑设计院院长。主要研究方向为建筑设计、BIM相关理论与应用。E-mail：276829387@qq.com

3　地形 BIM 模型建立

3.1　三维等高线法

本方法适用于已取得场地三维等高线图纸的情况。在取得该图纸之后，应先检查等高线 CAD 文件中是否包含三维信息。如仅为二维图形，则需先在 CAD 文件中为不同高程的等高线线条分别定义其实际的高程数据。具有三维信息的等高线 CAD 文件应如图 2 所示。

将等高线 CAD 图纸文件导入 Revit 软件平台进行地形 BIM 模型创建时，应在三维视图下进行导入。如在平面视图中导入，应取消勾选"仅当前视图"选项，如图 3 所示，否则无法正常进行后续的地形 BIM 模型建模操作。

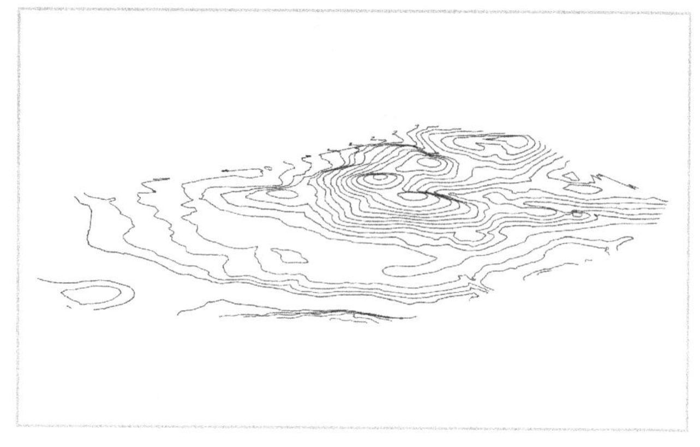

图 2　等高线图纸

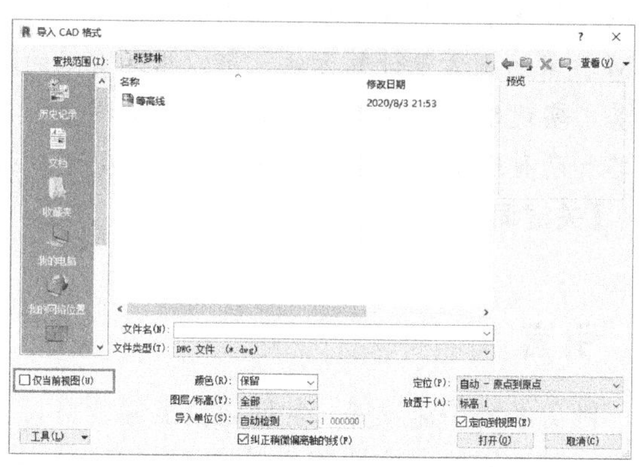

图 3　导入等高线

导入等高线 CAD 文件后，应在三维视图下通过"地形表面"中的"选择导入实例"命令去识别等高线 CAD 图形中的三维信息，并选择相应图层，如图 4 所示，即可完成地形 BIM 模型的建立，完成后的模型效果如图 5 所示。

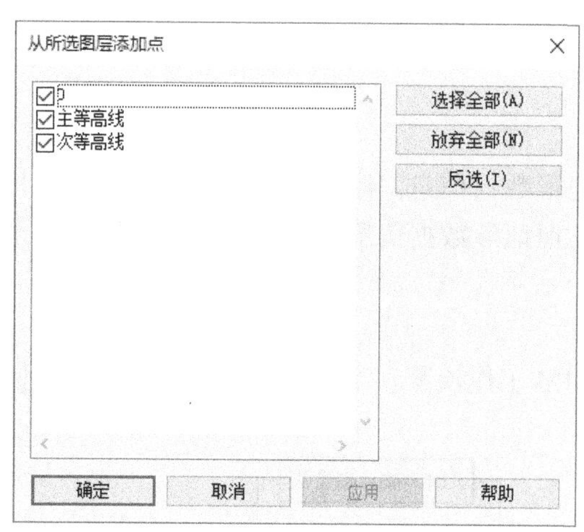

图 4　选择相应图层

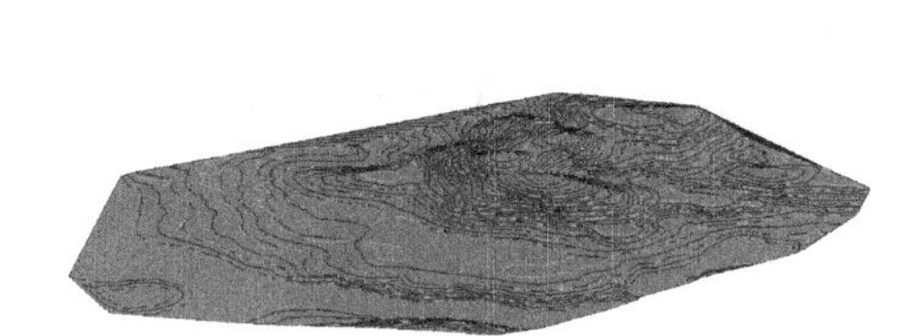

图 5　基于三维等高线法创建的地形 BIM 模型

3.2　坐标点数据法

本方法适用于已获取坐标点信息的情况。在取得建设工程项目地形坐标点数据信息之后，应先检查坐标数据是否完整，即 X、Y、Z 轴数据是否无缺项。点文件格式类型可以是 . txt 或 . csv 格式文件，但点文件必须使用逗号分隔的文件格式。且应注意文件中必须包含 X、Y、Z 坐标值作为文件的第一个数据，点的任何其他数据信息，如点的编号等，必须显示在 X、Y、Z 坐标数值之后，满足要求的坐标点文件数据样式如图 6 所示。

在三维或平面视图下均可通过“地形表面”中的“指定点文件”命令去选择计算机中的点文件，并指定坐标值的单位，如图7所示，即可完成地形BIM模型的建立，完成后模型效果如图8所示。

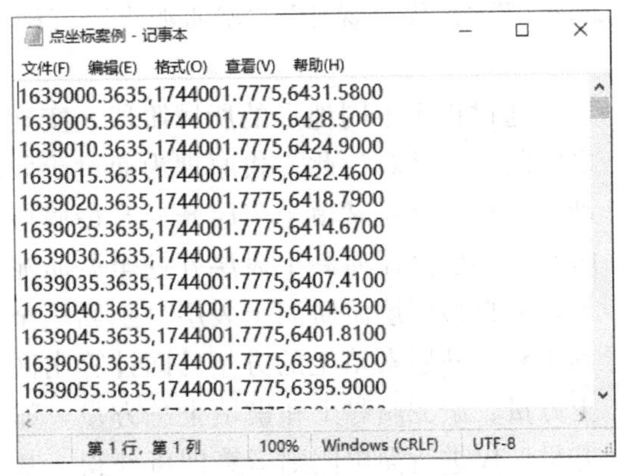

图6　点坐标文件

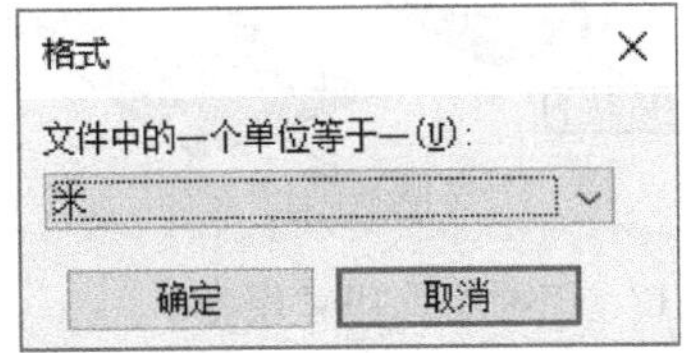

图7　指定坐标值单位

3.3　放置点法

放置点法需要手动设置坐标点的平面位置并手动录入其高程点数据。该方法适用于仅有各坐标点的平面定位图及各坐标点的高程数据信息情况。例如最常见的由勘察单位出具的地质勘察报告。将勘探点平面布置图导入Revit软件平台中，并在场地平面视图中根据勘探点的定位逐一设置点的平面坐标位置和高程信息，即可完成地形BIM模型的建立，完成后模型效果如图9所示。

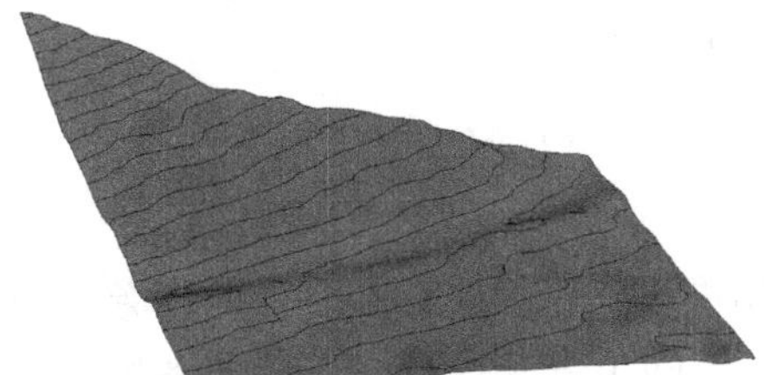

图8　基于坐标点数据法的地形BIM模型

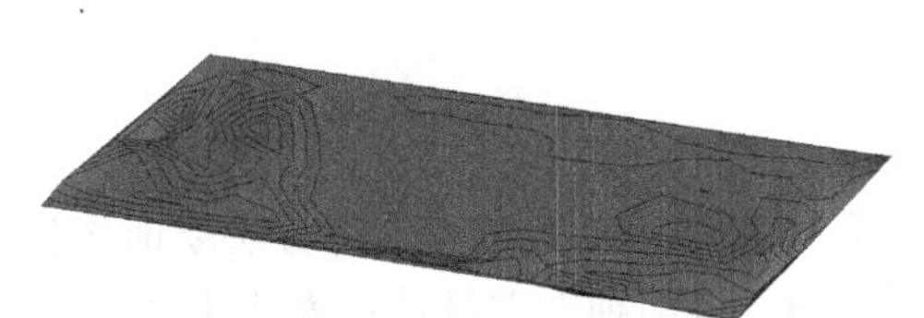

图9　基于放置点法创建的地形BIM模型

4　土方量计算

4.1　常规土方量计算

依据前述三种场地BIM模型建立方法创建完成BIM模型后，可通过“建筑地坪”功能实现对开挖或回填的土方量计算。虽地形BIM模型建立方式不一，但计算方式相同。以放置点法所建立的地形BIM模型为例。需依照土方开挖方案内容对地形BIM模型相应区域定义“建筑地坪”，此建筑地坪即表达土方开挖的边界和深度，如图10所示。

通过指定类别并选择相应“字段”，自动生成“建筑地坪”明细表，此明细表即反映了该土方开挖形体的底面积、周长和体积数值，从而实现了基于BIM技术的土方量计算，如图11所示。

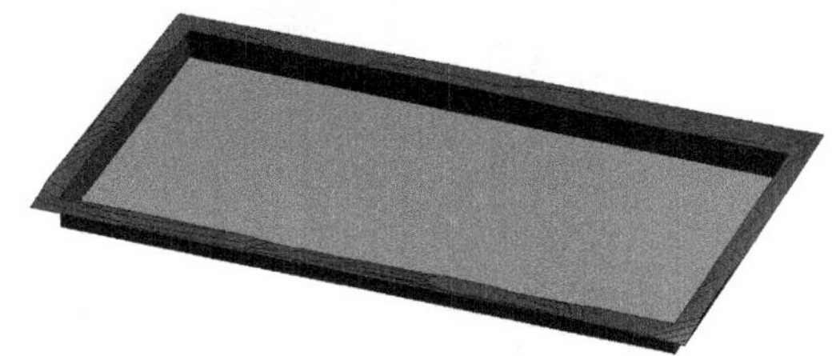

图10　定义“建筑地坪”

<建筑地坪明细表>			
A	B	C	D
族	面积	周长	体积
建筑地坪	32924.37	795697	10035.35m

图11　建筑地坪明细表

4.2 不同土质方量计算

除进行常规土方量计算之外，还可根据需求计算建设区域内不同土质的方量。为便于统计对比，特依据地质勘察报告，采用放置点法进行区域内“素填土”“淤泥质黏土”“淤质泥土”三种地质BIM模型的创建，完成效果如图12所示。

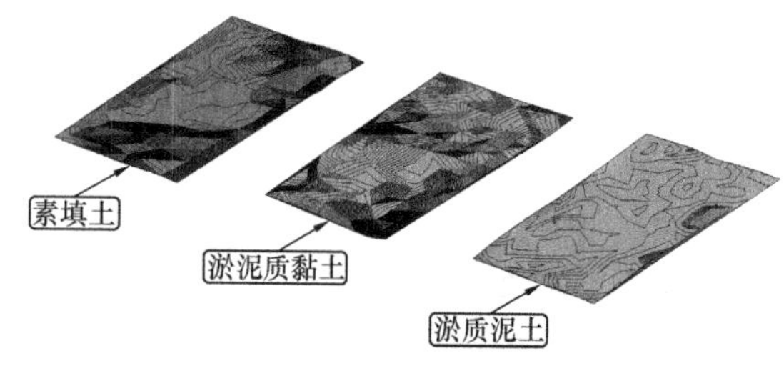

图12　三种地质BIM模型

通过指定不同地形的所属阶段，实现不同地质模型之间的智能计算。此方式原理为通过阶段的定义分别自动计算自最外层素填土表层开挖至最底层淤质泥土表层时和中间层淤泥质黏土表层开挖至淤质泥土表层时的方量，或自最底层淤质泥土表层分别回填至中间层淤泥质黏土和最外层素填土的方量。即计算出区域内淤泥质黏土方量、淤泥质黏土和素填土总方量，如需获取素填土方量，仅进行简单四则运算即可获得。基于生成明细表后的二次编辑，则可更为清晰地展示出该数据，如图13所示。

<地形明细表>

A	B	C	D	E
名称	创建的阶段	挖方	填方	挖填方净值
素填土	阶段三	0.00	331793.49	331793.49
淤泥质黏土	阶段二	0.00	244726.92	244726.92
淤质泥土	阶段一	0.00	0.00	0.00

图13　不同土质方量明细表

5　结语

虽目前基于BIM技术的土方量计算方法受地形模型精度影响，暂时存在一定的误差，但相较于整体方量而言瑕不掩瑜。该两种土方量计算方式更适用于无放坡的土方开挖形式，例如基坑支护形式为“重力式水泥土挡墙”“地下连续墙”等。相信随着BIM技术等现代化技术的发展，基于BIM技术的土方量计算方式的适用范围将更加广泛，其计算过程也将更加智能化和便捷化。

参 考 文 献

[1] 张东阳，姜月菊，姜伟，等．基于BIM技术的土方量计算[J]．施工技术，2018，47：1527-1530.

[2] 袁伟，宁德存．场地平整中土方量计算方法的探讨[J]．四川建筑，2020，194(04)：240-241，244.

[3] 张生喜．基于BIM技术的土石方工程应用[J]．甘肃科技，2020，36(18)：107-108.

[4] 王守钱，刘帮，陈建光，等．BIM技术在场地平整土方计算中的实践应用[J]．黑龙江生态工程职业学院学报，2020.

[5] 张梦林，范品频．BIM技术在张家港茗悦华庭项目辅助商务管理的应用分析[C]//中国图学学会BIM专业委员会．第五届全国BIM学术会议论文集．北京：中国建筑工业出版社，2019：128-131.

企业级BIM应用体系建设研究

卢　亮，田　野，张梦林

（正太集团有限公司，江苏 泰州 225300）

【摘　要】随着建筑信息模型技术在工程建设项目中的逐步深入运用，BIM技术也将进入全新的发展空间。越来越多的施工企业开始在各项目推广BIM技术应用，并逐步尝试建立企业级BIM应用体系。本文从企业的现状分析、存在的问题以及BIM应用体系建设等方面入手，深入探索适合企业自身发展需求的BIM应用体系建设方法和思路，从而提升企业整体BIM技术应用水平。

【关键词】企业级；BIM；应用体系；应用阶段

1　引言

近年来，政府相关部门陆续出台了关于BIM技术应用层面的政策文件，不断推动BIM技术在工程建设领域的深入扩展应用。通过2020年12月17日中国建筑业协会公布的《中国建筑业BIM应用分析报告(2020)》中可以看出，BIM技术已经广泛应用于工程建设行业。随着实践的不断深入和应用价值的不断显现，BIM应用也从单纯的技术管理走向项目管理、企业管理、甚至建设方的全链条应用。BIM技术的应用已经和企业、行业转型密不可分，越来越多的建筑业企业对其应用和推广愈加重视。但传统单一的项目BIM应用已难以满足企业发展转型的需要，因此，构建科学完善的企业级BIM应用体系，积极实现建筑工业化，逐步推动建筑施工企业数字化转型进程，更显得尤为重要。

2　BIM应用体系建设流程

当前建筑施工企业身处行业变革浪潮中，亟须思考如何建立并推行适合企业自身的BIM应用体系，来满足企业BIM技术的持续发展创新、规范应用落地、扩大效益增收的需求，并逐步实现企业数字化转型发展的战略目标。在BIM应用体系建设前期，应对当前国内整体的发展现状进行科学调研，并分析企业自身目前存在的问题，以建立符合企业自身发展的BIM应用体系。具体流程详见图1。

3　企业BIM应用体系发展现状

近年来，由于国家及地方政府陆续出台BIM相关的引导政策，以及建筑信息模型技术革命的价值体现，BIM技术应用在建筑行业俨然已成为热门话题，以至于施工企业对于BIM技术应用的积极性很高。总体而言，由于各施工企业的自身情况不同，BIM应用的起点落差较大，导致BIM技术应用水平的差距已经逐渐拉开。部分施工企业对于BIM技术的了解还不够深刻，仍对BIM技术的价值秉持怀疑态度，未予以重视，使企业自身处于被动状态；也有部分施工企业紧跟建筑行业信息化技术革命的浪潮，将BIM技术应用列为企业的发展战略，并积极投入相应的人员和时间成本。通过大量的工程项目试点，现已获取较多的应用成果。但由于国内对于BIM应用暂时没有完善的标准及规范约束，BIM技术选型、实施方法依旧不太成熟，使得一些企业在推行BIM技术应用的过程中遇到较大阻力，停滞不前或是放弃，导致目前真正实现项目级、企业级成功落地应用的还在少数。

从BIM技术应用的广度来看，目前绝大部分央企、国企及一些大型民营施工企业都在进行BIM技术

【基金项目】2021年度江苏省建设系统科技项目（指导类）（2021ZD79）

【作者简介】卢亮（1995—），男，BIM工程师。主要研究方向为BIM相关理论、技术与方法。E-mail：15261812513@163.com

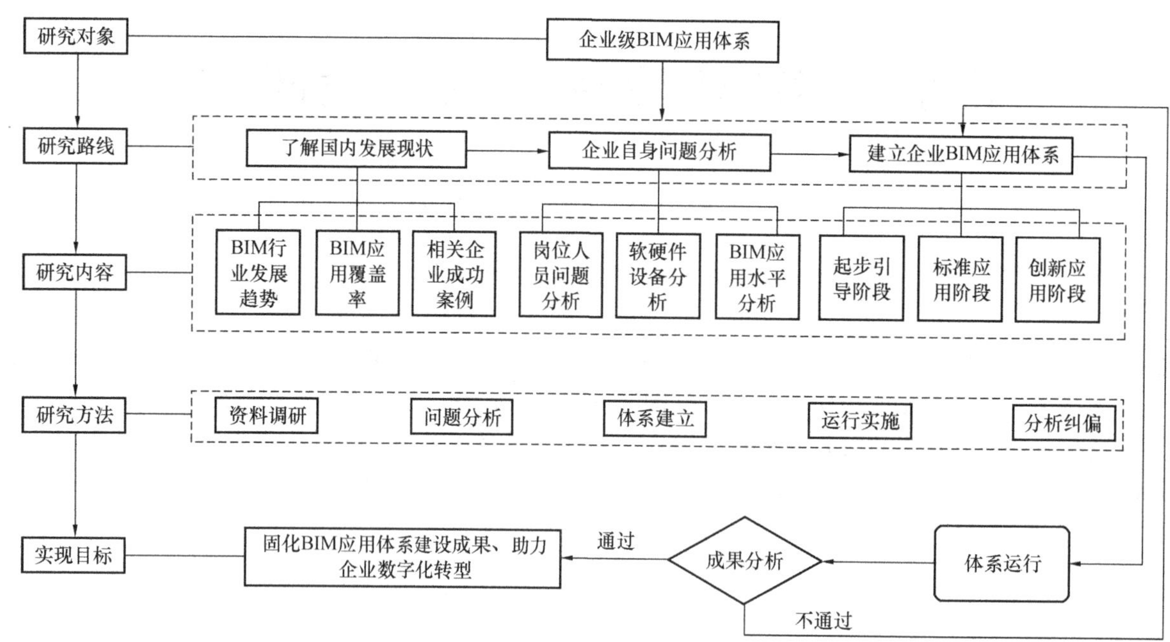

图 1　企业级 BIM 应用体系建设路线图

应用推广，少部分企业对于 BIM 技术应用体系的建设已基本成熟，如中建集团、湖南建工集团等。其他大部分企业基本上还处于项目试点阶段，试点项目与在建项目的占比较少。从 BIM 技术应用的深度来看，开展全生命周期应用的项目少之又少，基于现阶段管理人员对 BIM 的了解和短期需求，大部分项目 BIM 应用主要集中在个别的应用点，如 BIM 模型创建、辅助图纸会审等。应用点较为分散，应用体系也还尚处于摸索阶段。

4　企业 BIM 应用体系现有问题分析

在深入了解 BIM 行业发展现状后，还应对企业现阶段 BIM 技术应用情况进行分析总结，了解目前存在的问题与不足。知己知彼，才能找到适合企业自身发展的 BIM 应用体系建设之路。

4.1　BIM 岗位人员分析

通过对企业 BIM 岗位人员的现状分析发现，BIM 人员的不足主要体现在两个层面：一是建模人员的数量明显不足，二是高水平 BIM 技术应用人员的缺乏。无法满足后续 BIM 应用体系建设工作所需要的人员要求。养兵千日，用兵一时，目前大部分施工企业都会从自身经济成本考虑，选择项目施工员兼职 BIM 技术员，或将 BIM 建模工作直接外包给 BIM 咨询机构。其次由于施工企业工作环境以及薪资水平参差不齐的影响，企业人员的流动性较大，人才流失严重，缺乏对 BIM 专业人才的规范化管理制度。对于需要创新发展，完成企业转型的公司而言，这种 BIM 岗位人员模式无法满足要求。首先需要考虑采取何种人才培养和管理方式，来解决这个最根本的问题。

4.2　软硬件设备分析

目前大部分施工企业从节约成本的角度考虑，势必会限制 BIM 软件的选型和硬件设备的采购。现阶段企业 BIM 从业人员使用较多的 BIM 软件主要有 Revit 和 Navisworks，这两款软件的使用功能主要为建模和碰撞检测，此类 BIM 软件体系不完善的情况便易导致 BIM 技术的价值无法得以最大化显示。BIM 技术的其他应用价值还需要配以其他辅助软件才能得以实现，如施工安全模拟、场地布局仿真漫游等。

工欲善其事，必先利其器。在遇到体量较大的项目时，BIM 相关软件的运行情况则由硬件设备的配置所决定。即使选择多种 BIM 应用软件，若没有配备相应的高性能硬件设备，也无法实现 BIM 技术应用的功能价值。

4.3　BIM 应用水平分析

BIM 技术能否在企业的项目管理中成功应用，除了配备必需的软硬件系统，最关键的是需要建立专业的 BIM 应用团队、标准的 BIM 技术应用流程以及合理可行的管理制度。现阶段企业普遍因 BIM 应用团队专业人员不齐全、综合技术应用水平较低等问题，导致 BIM 技术应用仍处于单专业应用阶段，未充分发挥 BIM 技术应用的价值。BIM 技术应用的最大化价值需要全专业集成化应用，同时也提高了 BIM 团队人员的技能水平要求。

5 企业 BIM 应用体系建设研究

BIM 人员、软硬件设备及技术应用水平的不足，导致企业 BIM 技术应用体系建设的停滞不前。同时，深刻意识到 BIM 应用体系的建设不能一蹴而就，应确立不同发展阶段的任务目标，逐步完善不足之处，以此实现企业 BIM 应用体系的建设。

5.1 应用阶段及方向分析

从施工企业角度出发，为企业项目提供招投标及施工阶段 BIM 技术服务是 BIM 应用体系的主要目标，并以此作为企业核心竞争力。结合企业发展规划及现状分析，将企业级 BIM 应用体系建设分为三个发展阶段，分别为起步引导阶段、标准应用阶段和创新应用阶段。通过对 BIM 应用体系发展的阶段性划分，分别制定了短期目标、中期目标及远期目标，以此逐步建立合理可行的企业 BIM 应用体系。

5.2 起步引导阶段

起步引导阶段的目标任务是让所有人知道并了解 BIM 技术。以年为周期，为每年的新进员工进行循环往复的普及工作。采取因材施教的方法，让人员根据不同专业范畴来进行 BIM 应用开展，以实现整体认知和应用比例的提升。

（1）BIM 培训。组织符合技术、企业发展的各个层级的全专业 BIM 培训，鼓励员工参加 BIM 等级考试，提升个人为项目服务的能力。

（2）以赛代练。举办企业内部 BIM 技能竞赛、参与国内各级 BIM 大赛，以赛促练、以赛促用。不断提升队伍的 BIM 技术应用能力和创新能力。

（3）学习交流。定期总结 BIM 技术应用成果和经验，参与国内知名 BIM 技术大会，展示 BIM 技术应用成果，并与同行进行交流学习。

5.3 标准应用阶段

企业在完成 BIM 知识全面普及之后，从已有的工作者中培养高水平应用人才，进行跨岗位的技术与管理协同。通过总结 BIM 应用方法，收集沉淀应用成果，成为企业可复制的知识库、方法、流程和制度，据此指导团队工作。

（1）确立组织方式。根据起步引导阶段的成果，结合企业自身实际情况，建立适合自身的 BIM 人员组织方式。采用集中管理模式，实现 BIM 技术的全面推广应用。设立专门组织机构和岗位，进行 BIM 技术研发以满足特定项目的应用需求。

（2）应用标准化。有了体系化的战略思考与规划，还需要标准化的实施落地手段。施工管理方式 BIM 化改造，首先需要明确 BIM 技术应用标准。通过构建企业 BIM 技术标准体系来强化 BIM 工作的管理，包含 BIM 建模标准、BIM 应用指南、BIM 实施标准和单项应用指导书等。针对重点项目实现 BIM 技术应用示范，明确示范内容，形成示范成果。

（3）管理标准化。为进一步提高工作效率，加强交流沟通，建立 BIM 例会制度。根据项目类型及实际情况，对项目 BIM 应用实施内容进行等级划分，包括应用点评价标准表、应用定级表、应用点汇总表及应用情况检查表等。同时建立 BIM 团队考核奖罚机制，针对 BIM 实施团队及实施项目进行考核后予以相应奖罚，推动员工及项目大力开展 BIM 技术应用的积极性。

（4）人才梯队建设。基于目前企业的人员架构，建立健全的人才培养计划。主要包括 BIM 应用人员分类、培训阶段划分、培训安排及考核等内容。以此选拔、激励企业发展所需关键人才，提升员工的技能。

5.4 创新应用阶段

此阶段 BIM 团队需不断探索，攻破技术业务创新。BIM 技术实操者不仅要懂技术，还需了解业务。

将两者融合创新，充分挖掘BIM技术应用潜力，将技术创新固化为产品乃至产业化落地。

(1) 技术创新。随着BIM技术的不断发展，其已从单纯的技术表达工具，发展成为贯穿建筑项目全生命期、为参建各方提供各项精准数据的管理手段。将BIM技术与论文、专利、课题、工法等技术研发相结合，在进行BIM技术应用的同时，深入挖掘BIM技术价值点，充分挖掘BIM技术应用潜力。找到能够逐渐萌发的新兴需求，开拓全新市场，从而将技术创新固化为产品乃至产业化落地。

(2) 管理创新。从企业角度出发，将各项业务数据与BIM数据集成。同时构建统一的数据标准，为多个管理协同平台提供统一的信息入口。打破企业跨部门、跨地区协同的信息孤岛，实现集团、分子公司、项目现场的信息、技术、知识共享、管理联动，真正意义上为企业的高层管理者提供实时且有效的决策依据。

(3) 开放创新。身处数字化时代的潮流中，我们更不能“闭门造车”。在深耕企业BIM应用体系建设的过程中，积极开展与外界BIM软件厂商、高校的战略合作，实现双方的优势互补、信息共享和共赢发展。通过开放的发展手段，提高BIM技术应用的整体水平。同时将BIM技术应用提升到战略协同层面，联合开展BIM技术应用的技术攻关，共享研究成果。

6　结论

本文基于企业BIM的发展现状，以自身BIM技术应用的需求为出发点，综合考虑企业BIM应用体系建设思路。结合企业和项目本身现有的资源环境，对BIM应用体系发展的阶段性划分，以此逐步建立合理可行的企业BIM应用体系，大力推广BIM技术应用落地。在建设企业级BIM应用体系的同时，应不断总结BIM技术应用成果，积累BIM技术应用经验，探索BIM技术应用助力企业高质量发展的成功之路，实现BIM的真正价值。

参考文献

[1] 本书编委会．中国建筑业BIM应用分析报告(2020)[M]．北京：中国建筑工业出版社，2020.

[2] 左小英，李智，董玮，等．施工企业BIM团队建设模式探讨[J]．土木建筑工程信息技术，2013，5(002)：113-118.

[3] 刘满平．BIM技术在施工企业中的应用研究[J]．中文科技期刊数据库(文摘版)工程技术：00231-00232.

[4] 齐建涛．建筑施工项目成本标准化、信息化管理探讨[J]．水利水电施工，2014(1)：104-106.

浅谈公路工程设计 BIM 系统在公路工程中正向设计的应用

黄仁锋

（上海同豪土木工程咨询有限公司，上海 200092）

【摘　要】公路工程设计 BIM 系统是一款设计软件，基于 GIS、BIM 和互联网等技术提供一整套全流程、全专业的数字化、信息化、智能化的公路工程设计与管理的集成式解决方案。本文以某高速公路工程项目为例，基于公路工程设计 BIM 系统平台的总体子系统，将 BIM 技术运用到公路工程正向设计中，对路线总体及互通方案进行了平纵、构造物等设计，利用一键出图功能，将设计成果的图表成册绘制出图，为 BIM 技术在公路工程正向设计中的应用提供了理论和实例依据。

【关键词】公路工程设计；BIM 系统；正向设计；一键出图；实例分析

1　引言

BIM 技术是一种近年来出现的全新信息化技术，由于我国的 BIM 技术发展起步晚，缺乏较成熟的理论支点和相关的软件平台，使得我国的 BIM 技术发展较为滞后。BIM 技术在国内建筑行业工程建设中已广泛应用。虽然 BIM 技术在公路交通行业中也得到了大量应用，但是大多数公路工程运用的 BIM 技术都较为片面。目前大部分的设计单位进行的 BIM 技术运用也只是将设计好的二维图纸进行翻模，转化为三维模型向业主进行设计效果展示，或者是方案的效果展示。因此，要实现 BIM 广泛高效应用，首要解决的是公路工程领域应用软件不足的问题；其次是所有工程应用软件和信息化系统的数据协同与共享工作问题。目前，BIM 应用软件仍以国外软件为主，由于各个领域对 BIM 技术的应用方法和方式不同，所以衍生出各种 BIM 设计软件，各种不同的设计软件的侧重点也有不同，在公路工程设计领域，由于受不同地形与环境的影响，对软件的要求也就不同，甚至大多时候一个公路工程的设计在使用 BIM 进行建模是需要多个 BIM 软件配合才可以实现，而且也做不到正向设计要求。因此，我国迫切需要一套成熟、高效的公路工程设计的 BIM 软件系统，以早日实现 BIM 技术深入地应用于公路工程的正向设计中去。本文以某高速公路工程项目为例，基于公路工程设计 BIM 系统平台的总体子系统，将 BIM 技术运用到公路工程正向设计中，以为今后类似的公路工程设计提供理论和实例依据。

2　公路工程设计 BIM 系统软件介绍

《公路工程设计 BIM 系统》由上海同豪土木工程咨询有限公司与云南省交通规划设计研究院有限公司合作共建的“建筑信息模型（BIM）技术应用交通运输行业研发中心”自主研发，核心技术及开发平台皆拥有完全自主的知识产权。其开发思路是以提高设计效率为核心目标，系统通过集成的 GIS 实景环境，无论是方案决策阶段，还是设计成果阶段，都可以直观地进行工程各专业之间以及工程与环境之间的视觉碰撞，技术方案所见即所得，降低沟通成本的同时，提高沟通效率。系统采用了经验库技术，已经成熟的技术方案及规范可以内置成模板，路线方案设计时根据条件自动布置结构物，路线超规自动预警，平纵横联动设计，使设计效率及成果质量均有明显的提升。互通立交部分实现了自动端部处理、自动匝道接坡，使互通立交的设计效率成倍的提高。路基系统方案布置完毕后，工程量全部自动计算，一键图

【作者简介】黄仁锋（1997—），男，助理工程师。主要研究方向为公路工程设计路线总体方向。E-mail：942104248@qq.com

表成册，省去了很多烦琐的重复工作。

3　BIM 技术正向设计的意义

使用“先建模，后出图”的正向设计 BIM 技术应用方式，保证了图纸和模型的一致性，减少了施工图的错漏碰缺，对于设计质量有很大的提高。而且 BIM 模型的创建，依据的是设计意图，根据设计员的设计理念，设计方案进行 BIM 的建模而非成品或半成品的图纸再进行翻模。BIM 系统的正向设计的应用不仅是设计工具的迭代更新，更是设计理念和思想的创新进步，就如设计技术变革，从手绘图纸到 CAD 绘图；再从 CAD 绘图修图到建模一键出图，解放设计员的双手。

4　实例分析

4.1　项目概况

某高速公路起点位于××镇与某高速相接，路线总体自南向北布线，途经××镇、××村，终于某县处与××至××高速公路相交，终点设置 T 形枢纽互通相接。全线共设置单喇叭互通 1 处，枢纽互通 1 处，T 形枢纽互通 1 处。路线全长 27.757km，采用高速公路建设标准，设计速度为 100km/h，路基宽度 26m，双向四车道。

4.2　利用 BIM 系统进行路线平面的正向设计

首先，将项目 1：2000 地形测绘成果的地形图，利用总体子系统建立数字高程模型（DEM），进而获得三维地形。影像数据主要有低精度卫星影像图（DOM）和高精度倾斜摄影影像。然后将 DEM 及 DOM 数据及各种地物矢量文件等导入系统。构建成三维可视化的设计环境，从而进行公路正向设计。平面设计支持导线法、线元法、积木法等功能，设计人员可根据设计习惯分别采用不同的设计方法完成路线的布设；一般路线设计常采用导线法进行设计，线元法常用于互通设计及复杂线形，例如：C 形曲线、S 形曲线、卵形曲线及回头曲线等设计。平面布线时系统会根据三维数据实时剖切地面线，平纵互联显示，且会智能推送合适的圆曲线半径及满足规范要求的缓和曲线长度。在平面设计过程中，往往需要对路线进行各种方案比选，通过路线可行性，平纵指标、工程量、造价等条件进行比选，以推荐最优方案作为路线最终方案。该项目就利用了总体子系统中的比选分支功能进行了多条方案的设计，且利用指标查询等功能，一键导出方案工程量对比数据，通过方案进行比选从而确定最佳方案，该功能不仅大大减少了很多工程量反复计算工作的时间，还提高了设计员的工作效率（图 1）。

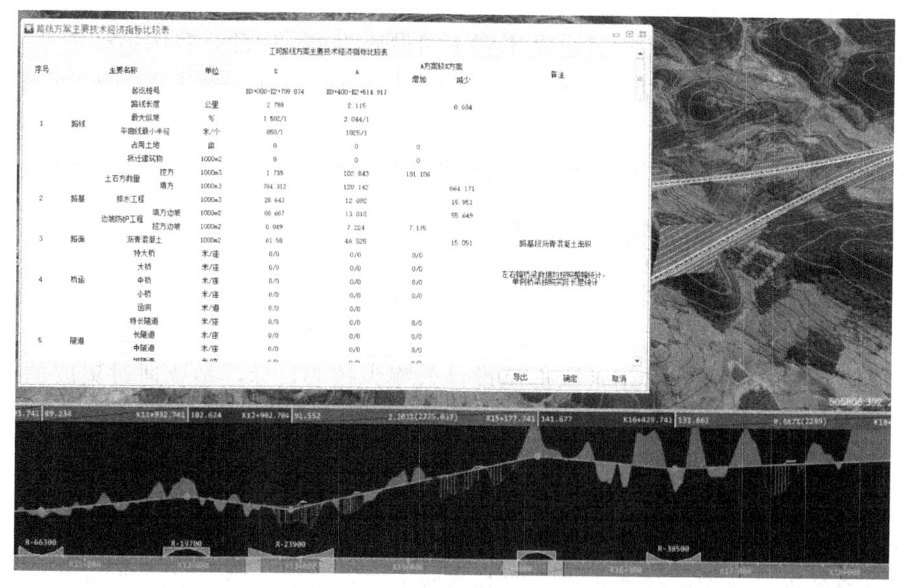

序号	主要名称			单位	K	A	A方案较K方案 增加	A方案较K方案 减少	备注
1	路线	起讫桩号			[illegible]	[illegible]			
		路线长度		公里	2.799	2.115		0.684	
		最大纵坡		%	1.502/1	2.044/1			
		平曲线最小半径		米/个	850/1	1025/1			
		占用土地		亩	0	0	0		
		拆迁建筑物		1000m2	0	0	0		
2	路基	土石方数量	挖方	1000m3	1.738	102.843	101.106		
			填方	1000m3	784.312	120.142		664.171	
		排水工程		1000m3	28.643	12.692		15.951	
		边坡防护工程	填方边坡	1000m2	68.667	13.018		55.649	
			挖方边坡	1000m2	0.049	7.224	7.175		
3	路面	沥青混凝土		1000m2	61.58	46.528		15.051	路基段沥青混凝土面积
4	桥涵	特大桥		米/座	0/0	0/0	0/0		
		大桥		米/座	0/0	0/0	0/0		[illegible]
		中桥		米/座	0/0	0/0	0/0		
		小桥		米/座	0/0	0/0	0/0		
		涵洞		米/道	0/0	0/0			
5	隧道	特长隧道		米/座	0/0	0/0	0/0		
		长隧道		米/座	0/0	0/0	0/0		
		中隧道		米/座	0/0	0/0	0/0		

图 1　路线方案对比表

4.3 利用BIM系统进行纵断面的正向设计

纵断面设计中自动添加、更新控制点，快速创建变坡点并智能设置竖曲线等功能，还搭配了智能的符规检查系统，能够智能检测纵坡坡度、坡长、超高过渡、“平包纵”等是否满足规范要求，不满足规范要求则会红色预警，提示设计人员进行修改或调整。智能接坡、初始化纵断面等功能常用于互通立交设计中。同时，平面方案设计进行修改后，纵断面数据可联动刷新，实时查询横断面等功能实现平纵横多窗口实时联动，给设计人员调整方案时提供更直观的数据效果，从而更快更有效地确定最佳平、纵方案（图2、图3）。

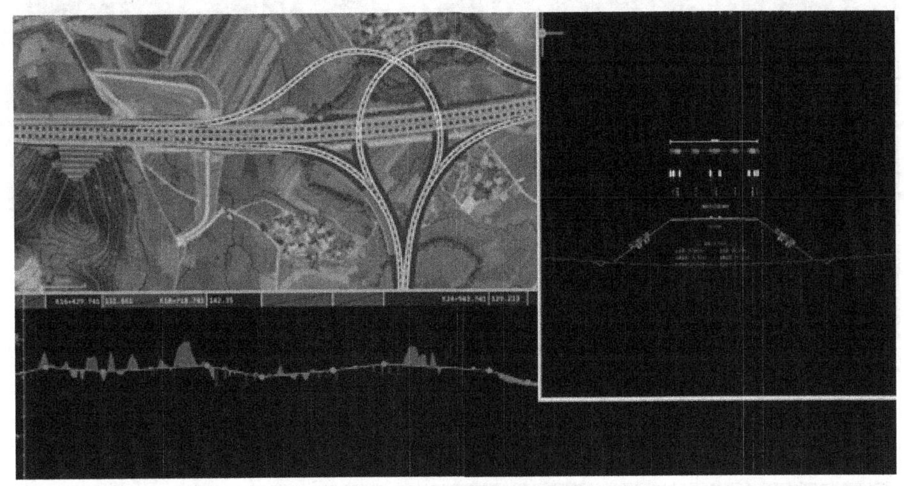

图2　平纵横实时联动

图3　自动添加控制点

4.4 利用BIM系统进行互通及平交的正向设计设计

平交口一键设计，支持变速车道、加宽的设计、交通岛的设计、转角参数设置及分隔岛等设置操作，设计完成后自动建模生成模型，交叉口设计变得简单高效。在以往的互通设计中需要根据匝道及主线的标准断面来推算路线偏移值后再进行加减速车道的接线及匝道的布设。每次断面的调整都需要设计员重新计算重新接线，较为烦琐。而BIM系统在融合了传统立交布线功能的基础上，开创性地实现了智能宽度设计、智能端部设计、自动接坡设计、自动边坡相交设计，快速建模。在立交设计中，智能计算偏移值，快速布设变车道、分合流等。免去了设计员手动计算偏移值的烦琐步骤。布线完成后，匝道分合流端部自动处理，变速车道范围及宽度根据规范自动处理，平面设计完成后，匝道纵断面根据与其关联的控制性纵坡参数自动接坡接顺主线及主匝道坡度，平纵面实时联动。最后一键总体功能还能根据软件内置的模板库及经验库，对整个项目的路线进行初步“戴帽子”从而生成边坡、构造物等三维模型。设计由复杂变简单，有助于设计人员对项目线形的整体把控，使设计方案更合理、设计速率更高效（图4、图5）。

图4　枢纽互通平面图

图5　地方道路的平面交叉设计模型

4.5　一键出图

公路工程设计BIM系统中可以将设计好的路线方案成果通过一键出图功能，一键自动生成dwg格式及对应的PDF版图纸并自动成册。一键出图前，需先进行图纸设置和图册设置，其中图纸设置可根据各个设计院的出图习惯及出图风格进行调整和设置，图册设置是通过图册编辑，完成图纸名称、文件名称、图号等信息的统一管理。在完成通用图纸设置及图册设置后，即可进行图纸的一键出图。图纸一键出图既可以实现所有图册的一次性集中出图，也可实现某条线路的单册图纸出图，且自动成册。若设计方案有调整，可仅对调整部分重新出图，若方案改动较大，也可一键全部重新成册。该功能非常强大，解放设计员烦琐的绘图工作，尤其是部分图纸，以往传统的设计工作中往往需要手动调整修图，如遇方案调整时还需反复手改图纸，非常耗时。运用该软件一键出图功能不仅能解放双手，还大大提高了出图打图的工作效率。将工作重点放在方案的选定及优化中，提升设计质量，缩短设计工作周期达到保质保量地提交设计成果的目的（图6）。

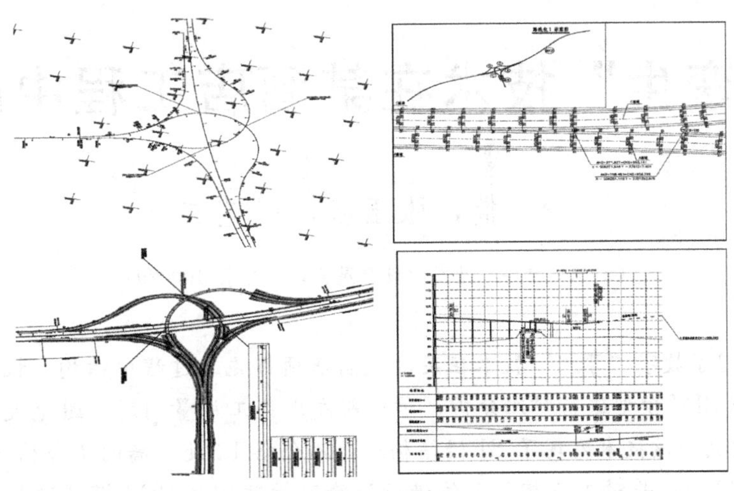

图 6　枢纽互通一键出图成果

4.6　路线漫游

设计完成后，系统可以自动生成从路线起点到路线终点的三维漫游，也可进行在指定桩号间沿路线轨迹进行三维展示，对于互通立交、平面交叉及重点桥梁等重要工点可以设置环绕固定点的 360°展示。漫游时，可灵活设置漫游速度、漫游角度等参数，从而从多角度观察设计成果的正确性和合理性。最后还能将漫游成果导出视频，将视频运用于项目汇报成果时展示，有利于业主及甲方等单位对本项目设计成果的肯定及支持。

5　结论

该项目采用了公路工程设计 BIM 系统的正向设计成功地应用于公路工程设计中，不仅能让设计人员更直观清晰地了解项目沿线情况，高效地形成设计方案，有效降低设计难度，进而提高了设计的整体性能和准确性；还能让业主及甲方等单位对项目建设的必要性和项目决策更有效地判断。最终缩短设计周期，提高了设计质量和效率并降低了设计成本。

该软件在行业内首次提出了公路工程设计 BIM 技术正向设计中，对不同阶段的勘察设计都进行了很详细的设计运用，且软件为纯国产软件，自主研发的底层平台脱离了其他软件的限制，具有完全自主的知识产权。软件成果格式可以灵活地对接国内外各种平台，以及后期的在线审图平台等，软件无论是后期的持续升级研发，还是后期开发的二次开发，都具有较好的兼容性，避免了国外平台软件的各种限制。BIM 技术的广泛应用是未来公路行业发展的必然趋势，相信随着 BIM 技术在公路设计领域的不断实践探索，正向设计的理念将会逐步实现，并在公路设计行业发挥巨大作用。

参 考 文 献

[1]　欧佳佳，戴玮．BIM 技术在公路工程设计阶段中应用研究[J]．土木建筑工程信息技术，2020，12(4)：191-123.

[2]　韩厚正，申俊昕．公路工程设计 BIM 系统的研发和应用[C]．//中国图学学会 BIM 专业委员会．第六届全国 BIM 学术会议论文集．北京：中国建筑工业出版社，2020：127-131.

[3]　李继坤，刘秦昆．基于公路工程设计 BM 系统的高速公路正向设计[J]．建筑设计，2018，城镇建设：254.

数字“孪生”技术在某酒店工程中的应用

沙　楠，张玉菡，张艺文

（北京住总第一开发建设有限公司，北京 100029）

【摘　要】本文介绍了数字“孪生”技术在某度假酒店项目施工过程中结构、机电、装修各阶段的应用。将三维扫描模型与BIM模型进行对比分析，对提前发现施工质量问题，避免大范围拆改，保障施工质量有积极意义。通过利用该技术发现了B1楼结构地面不合格12处、墙面不合格36处，机电拆改部位7处、模型调整部位163处，并对工程相关部位进行返修、拆改，对BIM模型进行了深化调整。提高了项目质量，并在装修阶段做到了零返修、零拆改。

【关键词】三维扫描；BIM技术；建筑工程；数字“孪生”技术

1　引言

BIM技术在我国已经得到了广泛的应用和发展，目前主要集中在设计深化、碰撞检查、施工模拟等单点的应用，其应用深度和广度仍有提高空间，信息化管理也未得到全面应用。三维扫描技术一般多用于工业制造和古建筑物修复，在建筑工程中应用相对较少，将三维扫描与传统测量技术、BIM技术结合并应用到建筑工程中的实践案例更是有限。本文将BIM技术与三维扫描技术结合起来形成数字“孪生”技术，用于某新建度假酒店项目。通过建立数字化技术体积创新应用模式和管理体系，旨在提高工程管理效率和工程质量，实现建设工程的提质增效。

2　工程概况

2.1　项目介绍

某度假酒店项目位于北京市通州区，用地面积13.26万m^2，建筑面积21.33万m^2，地上为酒店，地下为配套餐厅、厨房、商业、物业用房及地下车库，地下1～2层，地上14栋主楼高度为7～9层，最大建筑高度31.4m，其效果图如图1所示。

图1　某度假酒店项目效果图

【作者简介】沙楠（1979—）男，工程师。主要研究方向为建筑工程。E-mail：104976209@qq.com

2.2 风险分析

本项目属于国家重点区域重点工程，是环球影城附属配套用房工程，质量标准要求高、体量大，关注度高、功能用房复杂，且涉及深基坑、高支模、钢结构、机电管综排布等施工作业，工程专业分包多、作业交叉复杂，施工队伍参差不齐，人员、材料、机械等资源调整量大。

为保证项目顺利完工，项目在施工管理和技术工艺上做了多项创新，其中以BIM、三维扫描技术为主的数字“孪生”技术取得了显著效益，主要涉及的软硬件、设备如表1所示。

数字“孪生”技术主要涉及的软硬件、设备信息表　表1

	品牌	型号	像素	光学分辨率	扫描速度
设备	法如	Faro Focus 350	7000万	600＊1200dpi	976000点/苗
	品牌	型号	CPU	内存	硬盘
电脑	戴尔	ALW15C-D3748B	酷睿i7 2.2G	16G	1T+256G固态
	惠普	暗影精灵4代880-190cn	酷睿i7 3.6G	16G	2TB+256固态
	联想	拯救者15-ISK	酷睿i7 2.6G	16G	512G固态
	名称	数量	名称	数量	
软件	Geomagic Studio	1套	Autodesk系列软件	6套	
	SCENE	1套	橄榄山系列软件	4套	

3 技术路线与实施流程

数字“孪生”技术的技术路线如图2所示，主要分为BIM技术人员，三维扫描技术人员。BIM技术应用于整个施工过程，BIM人员在施工节点前20天将深化模型提交至生产施工人员，生产人员按BIM深化模型进行施工，施工过程中，三维扫描人员扫描工程实体并形成点云模型，BIM人员将点云模型与BIM模型对比，若存在不符合要求部位需通知施工人员进行整改，但对机电安装部分对于偏差在允许范围内的，调试模型，确保现场与模型的一致性。施工完成后三维扫描人员对工程实体进行扫描形成点云模型，BIM人员录入设备、构件信息完成竣工模型。

三维扫描技术主要在项目的结构阶段、机电阶段、装修阶段进行应用（表2），在应用三维扫描技术前期编制三维扫描应用标准，确定扫描区域（图3），设计布站图（图4），进而利用三维扫描仪对扫描区域进行扫描，扫描结束后对扫描数据进行处理形成点云模型，进而将点云模型与BIM模型进行对比，得到工程实体与深化BIM模型的偏差，进而对不满足要求部位进行拆改、修整，其中各阶段的数据分析将在后续进行详细分析。

扫描范围、布站数量与扫描面积　表2

扫描阶段	扫描范围	布站数量(站)	扫描面积(m^2)
结构阶段	地下一层、二层、A3楼、A6楼、B1楼、C1楼	2092	11.4万
机电阶段	地下精装区域、机房区域、环廊管廊、A3楼、A6楼、B1楼、C1楼	809	11万
装修阶段	地下一层、二层 A6楼、B1楼、C1楼一层、二层及四层	1708	9万

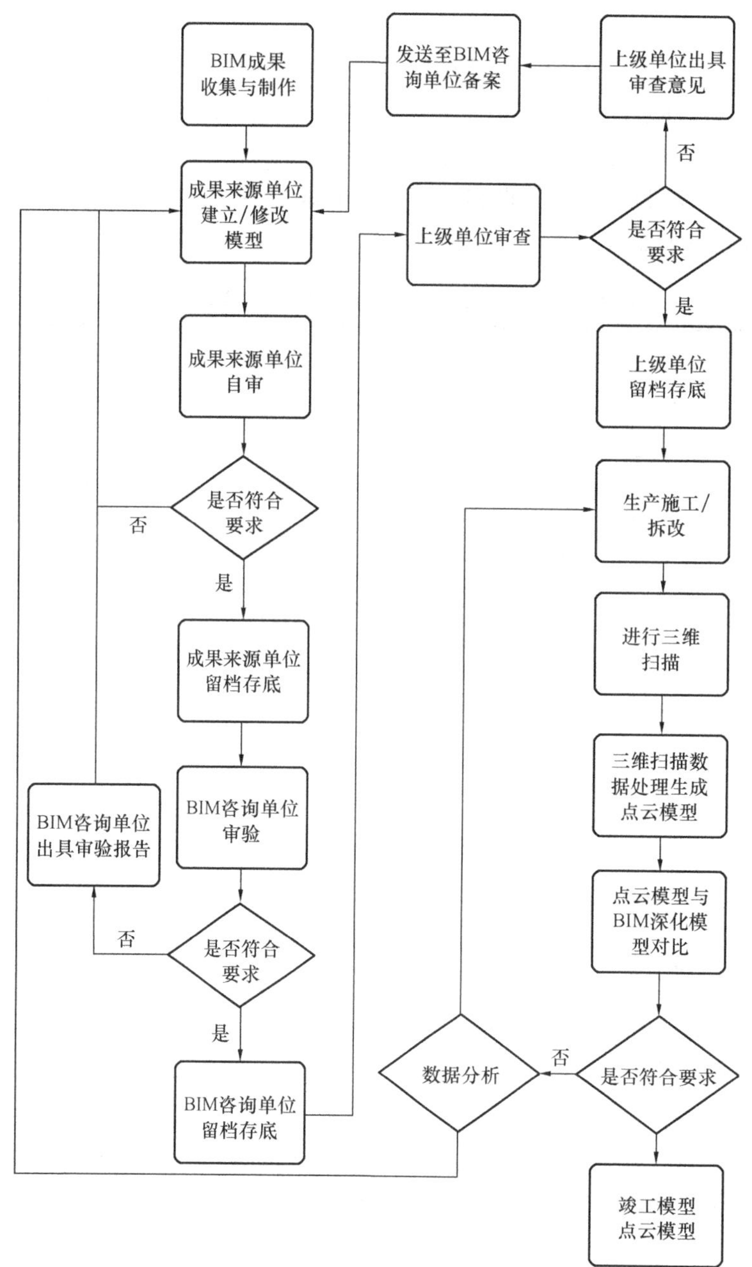

图 2　数字“孪生”技术的技术路线

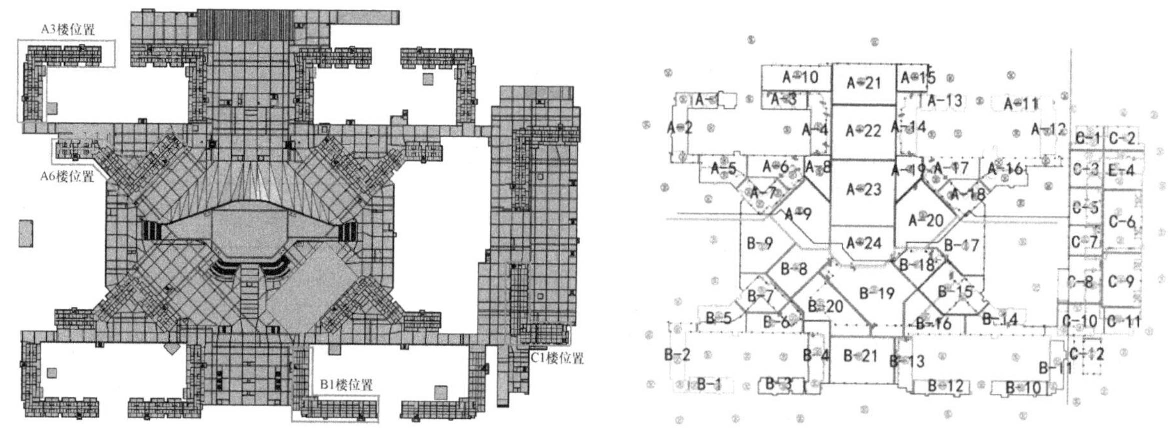

图 3　三维扫描区域　　　　图 4　部分布站图

4 数据处理及分析

由于工程项目体量大，数据信息量繁多，且各单体楼及地下部分处理方法基本一致，本文以B1楼在结构阶段、机电安装阶段以及装修阶段的数据处理及分析为例介绍数字“孪生”技术在应用过程中的数据处理及分析，并在最后汇总各区域的数量分析结果。

4.1 结构阶段

对三维扫描源数据进行处理，提取结构俯视图，范围深度：当层建筑层高至建筑层高3m。将结构图结构轮廓线内偏移10mm，然后将处理后结构轮廓线与俯视图重叠。标注超出轮廓线的墙面。针对异常墙面，利用Geomagic进行三维对比分析。

通过剖面及三维对比出的不合格墙面进行墙面返修，返修后进行复测，地面与墙面与BIM模型进行对比后的数据分析结果如表3、表4所示，从表中可以得到B1楼地面12处不合格，不合格率为3.81%、B1楼墙面36处不合格，不合格率为1.31%。而利用传统实测实量测量在B1楼仅未测出地面不符合部位，测出墙面不符部位4处。可见由于仪器仪表测量误差、测点选择以及人为误差等原因使得传统实测实量对工程实体的质量把控与三维扫描技术相比准确度较低。此外，在非常规区域如地下部位餐厅弧形板、体育馆钢结构等区域进行实测实量时，其测量质量、测量效率远不及三维扫描技术。

B1楼地面三维扫描数据分析结果 **表3**

位置	地面测区	不合格数	是否需要整改	复验结果
B1楼1层	35	0	否	—
B1楼2层	35	0	否	—
B1楼3层	35	0	否	—
B1楼4层	35	3	是	合格
B1楼5层	35	2	是	合格
B1楼6层	35	2	是	合格
B1楼7层	35	2	是	合格
B1楼8层	35	2	是	合格
B1楼9层	35	1	是	合格

B1楼墙面三维扫描数据分析结果 **表4**

位置	墙面测区	不合格数	是否需要整改	复验结果
B1楼1层	144	1	是	合格
B1楼2层	144	0	否	—
B1楼3层	144	8	是	合格
B1楼4层	144	2	是	合格
B1楼5层	144	0	否	—
B1楼6层	144	1	是	合格
B1楼7层	144	2	是	合格
B1楼8层	144	1	是	合格
B1楼9层	144	2	是	合格

4.2 机电阶段

利用 Autodesk Recap 软件对三维扫描源数据进行处理，生成点云模型，导入 Revit 软件中与 BIM 模型进行对比分析。根据该项目机电部分安装要求，在不影响净高的前提下，管道水平方向最大偏差不超过 2cm，垂直方向最大偏差为 1cm，不满足部位需进行拆改；对于水平偏差在 1～2cm 之间以及垂直方向偏差在 0.5～1cm 之间的管线，根据工程实际实施情况，调整 BIM 模型；对于水平偏差小于 1cm，垂直方向小于 0.5cm 的管线，模型与施工实体均无须调整。

以典型部位 B1 楼二层走廊为例，如图 5 所示，该层机电管线在竖直方向上偏差最大的为图中圈内桥架，桥架向下偏移 4.5cm，其余管道偏差均小于 0.5cm，水平方向上偏差最大的为风管，最大偏差为 1.3cm，其余管道偏差在 1cm 以内。根据该项目机电部分安装要求，圈内桥架虽然不影响楼层净高，但竖直方向偏差不满足要求，需拆改；风管其偏差在 1～2cm 之间，管道实体无须调整，但需调整 BIM 深化模型。其他管道满足要求，无须修改。依据此方法对 B1 楼点云模型进行分析，结果如表 5 所示。通过将点云模型于 BIM 模型进行对比可以获得各管段与模型的偏差大小，并对该偏差进行分析，可以确保现场施工质量，保证工程实体与模型基本一致。

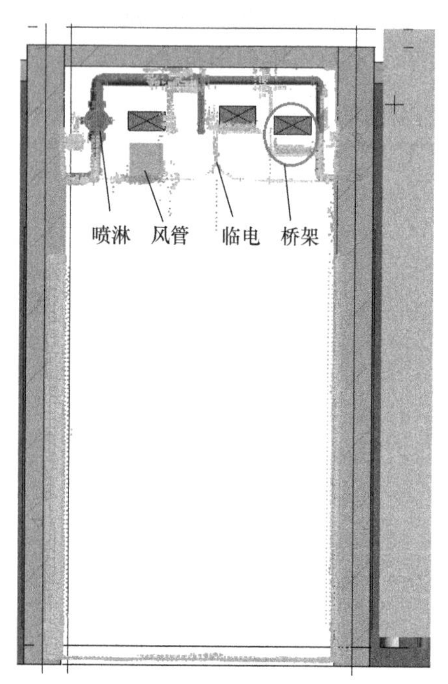

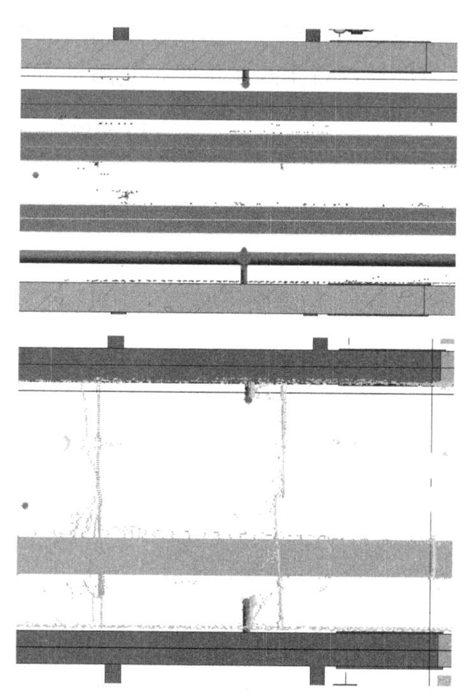

图 5　不同角度点云模型与 BIM 模型对比图

B1 楼三维扫描数据分析结果　　**表 5**

位置	布站数量	管线拆改部位	BIM 模型调整部位	复验结果
B1 楼 1 层	12	1	22	合格
B1 楼 2 层	7	2	25	合格
B1 楼 3 层	7	0	18	—
B1 楼 4 层	12	1	17	合格
B1 楼 5 层	12	2	24	合格
B1 楼 6 层	12	0	15	—
B1 楼 7 层	12	0	10	—
B1 楼 8 层	12	1	21	合格
B1 楼 9 层	10	0	11	—

4.3 装修阶段

对装修阶段扫描数据处理方式参照结构阶段，最终得出的分析结果见表6，从表中可以看出工程的质量有了显著提高。这一结果与结构阶段、机电阶段高质量施工密切相关。

B1楼三维扫描数据分析结果　表6

位置	地面/墙面测区	不合格数	是否需要整改	复验结果
B1楼1层	35/144	0	否	—
B1楼2层	35/144	0	否	—
B1楼4层	35/144	0	否	—

4.4 各区域数据分析结果

其他区域的三维扫描数据处理方法如B1楼各阶段相同，经过对三维扫描数据与BIM模型数据对比分析后，得到的结构阶段的数据分析结果如表7所式，其中地下部分由于区域过大重点分析了餐厅区域及体育馆中的数据；机电阶段数据分析结果如表8所示；装修阶段数据分析结果如表9所示。可以看出装修阶段楼梯的质量有显著提升。因此，在工程装修前保证结构与机电阶段的工程质量，对工程装修阶段的质量保证有积极作用。

结构阶段各区域数据分析结果　表7

位置	地面/墙面测区	不合格数	是否需要整改	复验结果
A3楼	243/1296	10/19	是	合格
A6楼	210/1176	12/24	是	合格
B1楼	315/1296	13/17	是	合格
C1楼	312/1152	11/16	是	合格
餐厅区域	—	5	否	—
体育馆	—	4	否	—

机电阶段各区域数据分析结果　表8

位置	布站数量	源数据	BIM模型调试部位	复验结果
A3楼	77站	17.5G	5	98(处)
A6楼	77站	12.9G	7	135(处)
B1楼	96站	14.6G	7	163(处)
C1楼	74站	12.1G	6	136(处)
精装区域	164站	14.8G	5	56(处)
机房区域	124站	25.1G	2	33(处)
环廊管廊	194站	22.4G	0	6(处)

结构阶段各区域数据分析结果　表9

位置	地面/墙面测区	不合格数	是否需要整改	复验结果
A6楼	90/504	0/0	否	—
B1楼	105/432	0/0	否	—
C1楼	117/432	0/0	否	—

5 结论

在本项目中通过利用数字“孪生”建筑成套技术，提前预警了某些部位的质量安全问题，切实提高了工程实体的质量，获得主要结论有以下几个方面：

（1）传统实测实量与三维扫描相比，三维扫描更能精准的把握工程实体的质量，发现各阶段的问题，尤其在高跨、异形等非常规区域优势更加明显。

（2）通过利用数字“孪生”建筑成套技术可以将建筑实体与BIM模型进行对比，对不满足要求的部位提前预警，避免大范围的拆改，确保工程结构、机电安装及精装修各阶段施工符合要求。

（3）通过对三维扫描各阶段进行分析，在结构阶段发现A3楼的不合格率为1.47%，A6楼不合格率为2.04%，B1楼不合格率为1.31%，C1楼不合格率为1.39%；对机电部位拆改32处，其中地下部分7处，地上部位25处，修改模型637处，其中地下部分95处，地上部位532处。

（4）在确保结构阶段、机电阶段的安装质量后，最终在满足工程质量要求的前提下，确保了装修阶段零返修零拆改。

参考文献

[1] 许忠县，刘斌，李明闯，等.BIM技术在山东新科技馆项目的应用研究[C]//第八届“龙图杯”全国BIM大赛，2019.

[2] 王平.BIM技术在建筑施工管理中的运用策略[J].住宅与房地产，2020(23)：140，147.

[3] 王海龙，牛立舒，阙圣超，等.BIM+三维扫描技术在天津平安泰达金融中心超深基坑施工中的应用[J].施工技术，2020，49(22)：83-86.

[4] 吴波.三维激光扫描和BIM技术在工程测量中的应用分析[J].低碳世界，2020，10(05)：61-62.

BIM+技术在桥梁全生命周期中的应用及案例简析

李莉丹，龚子罕

（兰州交通大学，甘肃 兰州 730070）

【摘　要】对以往传统施工方法的改革迫在眉睫，本文所涉及的案例是北京至霸州某线路段内的铁路桥，全线长 96m，主梁采用简支钢桁箱梁，采用 BIM+技术对其全生命周期进行一体化的设计与管理，结合相关软件，做到决策阶段的高效化、设计阶段的 RLC（Revit+Lumion+CAD）一体化、施工阶段的真实化、运维阶段的智能化。在实现大力倡导的智慧工地的同时，力求做到绿色建筑，环境零污染。

【关键词】BIM+技术；全生命周期；智能化

1　引言

BIM+技术在建筑行业的应用已经深入人心，更有大型的 BIM 工程咨询公司对其创新型的应用有所探究，并在已有的基础上，进行创新发展。相对较熟悉的有 BIM+CIM、BIM+GIS、BIM 的云平台以及 BIM 的智能化发展[1]。BIM 以其可视化、协调化、可模拟的特点正在国内外广泛应用。益毕埃集团是国内领先且具有竞争力的 BIM 生态领军企业。在这快速的发展之下，不免有缺点存在，技术不成熟，前期培训、后期管理的成本较高，目前在我国仍处于发展推广阶段。在这些情况之下，本文所涉及的案例将侧重于 BIM+技术在桥梁全生命周期内有关优势的应用，着眼于 BIM+技术的推广，致力于提高施工质量以及施工效率。

2　BIM+技术在各阶段的创新应用

2.1　决策阶段

为确保项目的实际可行性、经济性以及合理性，通过 3DGIS 技术，采用无人机扫描地形信息，整合外部环境信息，将数字信息导入相应的平台，进行地理环境的建模，对当地的地形地质进行分析。然后，利用纬地 BIM 设计平台，实现 BIM 交互式设计，BIM 同步建模，可自动完成海量 BIM 模型编码模型属性关联，独立性好；使用自主几何计算核心，使后期系统优化维护更加方便，可扩展性更强，使其应用范围更广。纬地 BIM 设计平台进行选线定线，提高了效率，缩短了决策时间（图 1）。

2.2　设计阶段

以 Revit 为主导，建立模型；以 Lumion 为结果，动画渲染；以 CAD 为基础，图纸输出。

BIM 建模的过程中，主要实现模型的参数化，通过 Revit 自带的族库以及开发新的族库[2]，建立相应的族，在批量建模的过程中，只需要修改相应的参数即可。这一创新点的应用，可以实现后期的结构数据的信息共享，降低了技术人员的工作量，节省了大量的时间，提高了工作效率。同时，各专业的人员可并行设计，互相交流，避免后期因为施工图的问题而进行的返工，同时可以检查所配置的钢筋数量和质量是否合理，进行工程的概预算。在相应的 BIM 模型建立完成后，使用 Lumion 动画渲染，模拟在实际的地形条件下，已有模型的效果，若存在不协调的情况，再进行相应的修改，最后，CAD 输出图纸。RLC 一体化设计的理念，对技术要求较高，可直观地体现后期的效果，对项目的招投标有重要的意义。

【作者简介】李莉丹（2000—），女，在读本科生。主修专业为道路桥梁与渡河工程专业。E-mail：1284577628@qq.com

2.3 施工阶段

通过将BIM模型导入3ds Max中，进行相应的施工模拟，对所采用的施工方法准确地定义，动态地施工模拟，选择合理的施工方案，以便及时发现后期可能面临的问题，提高施工质量。利用Navisworks进行碰撞检查，对于不合格的地方，返回给设计人员重新设计。对结构进行有限元分析，利用迈达斯等软件模拟真实荷载，进一步检查配筋的情况，强度是否符合要求，以发现所存在的薄弱点，实时实况地调整设计方案。基于这些前提下，更重要的是保证施工的安全性，通过前期数据信息的共享，建立远程管理系统，进行实时的监控、管理，保障施工质量，保证施工的安全可靠。在大力倡导的绿色工地之下，还可以采用装配式施工的方法，尽量做到环境零污染，在既有线路上进行施工时，相对的干扰会比较小。

2.4 运维阶段

在整个工程完工以后，为了保证达到使用年限，要进行相应的运营维护，借鉴于上海建工四建集团有限公司所开发的基于BIM的公共建筑运维管理系统，在此基础上，设想采用互联网的形式，整合工程结构物的大数据信息，建立BIM云平台运维管理系统[3]，将整个工程的数据信息传入到该平台上，管理者通过这些数据信息，实时关注工程建筑物的动态，预知可能会出现的问题，及时通过手机告知技术人员进行相应的维护管理，实现工程现场实际信息与模型信息的双向传递。设计报警系统，在预知到可靠性不足之前，防止危险的发生，真正实现工程建筑物的可预知性、智能化管理，以及倡导的智慧建筑。

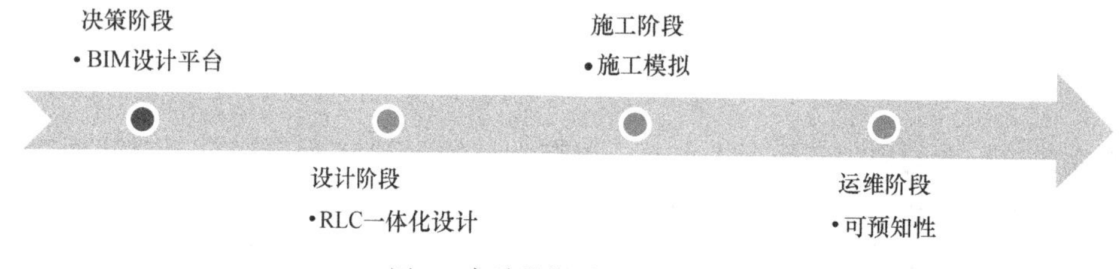

图1　各阶段设计的主要内容

3 案例分析

3.1 工程概况

本工程位于北京大兴区内京沪线与金星路交汇处，改京九线在该处与京沪线并行，铁路与公路夹角约55°。改京沪四线、改京九上行线及改京沪三线、改京九下行线分布在现京沪线两侧，改京沪四线、改京沪三线分布在最外侧。

整个桥梁的建造，可分为制造、运输以及现场安装等阶段。桥梁的整体骨架采用不同截面形式的钢，主要有方钢、工字钢、H型钢、槽钢等（图2）。采用顶推施工的施工方法也是这个桥的一大特色。

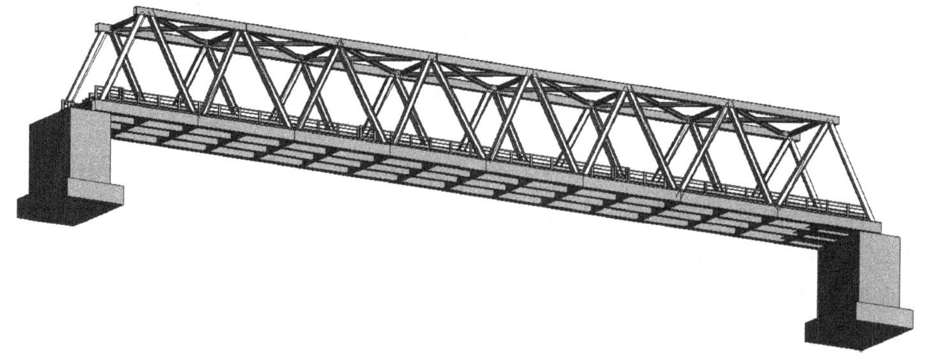

图2　桥梁结构形式三维模型

3.2 BIM+技术应用

3.2.1 决策阶段

首先，基于3DGIS技术，将扫描得到的数字信息模型化（图3）。然后，对项目所处周围的地形地质进行分析可知，桥址无不良地质和特殊地质。最后，决定主梁采用简支钢桁箱梁的形式，单线全长 96m。在三维模型的基础上进行选线定线，提高了决策的效率，节省了大量的时间，同时，可以避免与既有路线发生冲突。

图 3　项目地形模型

3.2.2　设计阶段

采用 RLC 一体化设计的理念，利用 Revit 建立完整的模型。梁桥的整体骨架采用不同截面形式的钢，在建模的过程中，通过 CAD 导入的平面图，生成三维模型，进行参数化的定义，生成族（本项目共 49 个），将其应用到不同的截面，这也是本项目的创新点。建模完成后，将模型导入 Lumion 进行渲染，查看效果图。最后，导出 CAD 平面图。对于模型的细部构造，包括桥面板、人行道及栏杆、避车台、挡砟墙等，可以清楚地体现，大大方便了后期施工人员的施工（图 4、图 5）。

图 4　三维渲染模型

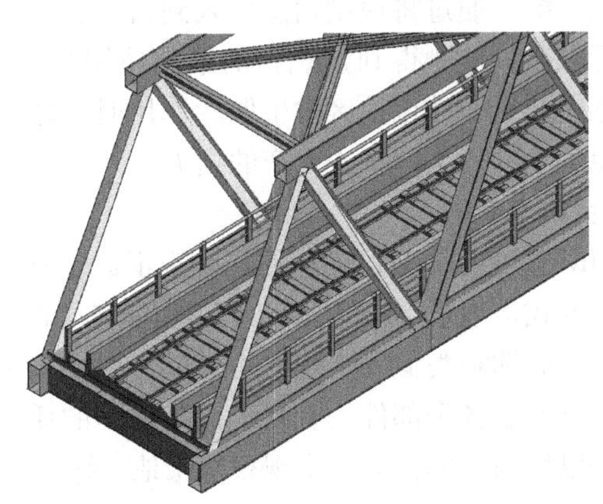

图 5　桥面板细部构造

3.2.3　施工阶段

本项目采用顶推施工的方法，为了满足施工的要求，在顶推施工的过程中，在主道与辅道的两侧及挡墙外，用方钢设置临时墩，并配有连续滑道，在钢桁节点上设置滑块。其次还有导梁（图 6），在顶推施工全部完成后，将其拆除。通过将模型导入 3ds Max 中，进行施工模拟；利用迈达斯分析软件，验算全梁荷载的情况，及时解决存在的问题（图 7）。

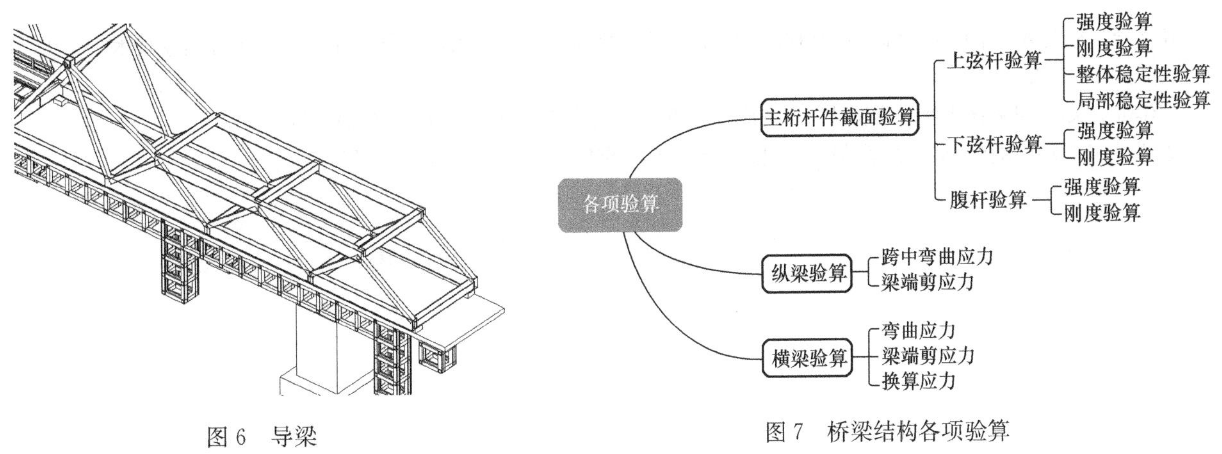

图 6　导梁

图 7　桥梁结构各项验算

为了保障施工的安全，施工现场配置全方位的监控，视频监控中心的人员可随时查看施工状态，及时排查可能存在的危险（图8）。

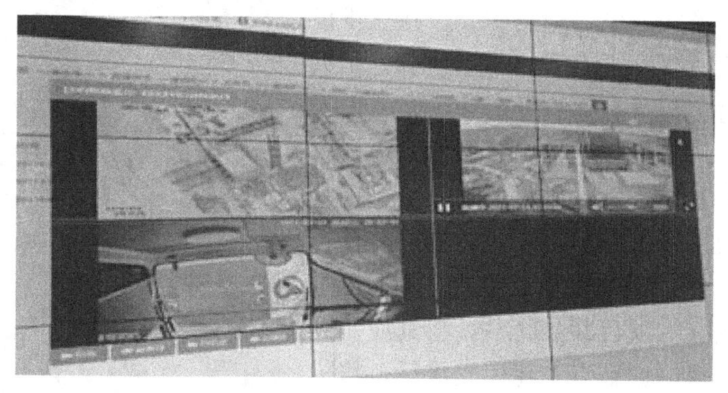

图8　施工现场视频监控系统

3.2.4　运维阶段

基于设计阶段的模型信息，本项目的预期目标是建立“三维模型一实体建筑一管理终端”的BIM运维管理系统，通过将模型信息导入到云平台，实现智能化的管理。开发新的软件，将地形信息与模型信息进行融合，监测得到建筑物的最佳使用状态，寻找在该状态下最佳的地形地质条件。对于实体建筑，利用感应装置，在该地区发生偶然作用时，建筑物可立即做出反应，管理人员在系统终端得到信息，及时避免危险的发生，减少财产的损失。

3.3　新技术突破

BIM技术在各阶段的应用，实现了数字化、信息化、共享性，本工程突破以往以二维图纸为主的传统建造方式，通过BIM模型，可以明确各个阶段的主要任务，对施工人员具有更直观性。模型参数化的设计，在后期相类似的工程中均可以应用，实现其共享性。更大的突破点，便是在大力推广的装配式施工，通过预制各个部件，有利于提高工程的质量与效率，对于桥梁而言，装配式轨道、装配式桥面铺装等，是以后前进的方向，实现智慧工地、绿色建筑。

4　结论

本文以北京至霸州某线路的铁路桥为例，通过各个阶段的介绍，旨在说明BIM+技术在桥梁全生命周期中的应用，以实现BIM+技术的大力推广，同时为以后BIM+技术在工程中的应用提供参考。在BIM+技术逐渐达到成熟后，工程结构物的智能化便可以实现，足不出户，通过BIM管理系统，实时实地监控工程建筑物的各个阶段，无论是建造过程，还是运维管理，智能化建造方面会得到前所未有的发展。

参考文献

[1]　郑文豫，杜艾芳，李玲玉，等．基于BIM技术在桥梁全生命周期的应用探究[J]．土木建筑工程信息技术，2019，11(26)：325-332.

[2]　催学坤．关于BIM技术在桥梁设计阶段的应用分析[J]．黑龙江科技，2019，42(12)：113-114.

[3]　李亚君．BIM技术在桥梁工程运营阶段的应用研究[D]．重庆：重庆交通大学，2015.

BIM 技术在施工质量安全管理中的应用

谢正涛，张　磊，陶自强，黄俊岚，吴　军，刘斯豪

（中国建筑第八工程局有限公司，上海 200112）

【摘　要】鄂州民用机场作为全球第四个、亚洲第一个专业货运枢纽机场，建设体量大，涉及专业多，在质量、安全管理方面面临着极大挑战，为有效提升工程施工质量，保障项目施工安全，项目部引入 BIM 技术及信息化管理平台，通过模拟建造、可视化交底、协同平台信息共享、虚拟安全教育等，对隐患进行排查及预防，实现工程施工过程中的质量安全达标管理。

【关键词】BIM 技术；质量；安全

1　引言

随着社会经济的快速发展，各地建设项目日益增加，而工程施工中的质量及安全问题一直以来都是建设单位及项目其他参与方关注的重点，它关系着项目所有参与人员的生命、财产安全。本文以鄂州民用机场为例，结合传统工程项目在质量安全管理中存在的问题，重点介绍项目管理人员如何利用 BIM 技术，实现质量、安全高效管理。

2　传统工程项目在施工质量安全管理中存在的问题

2.1　传统工程项目在施工质量管理中存在的问题

（1）工人操作水平低

在工程项目施工中，现场一线工人操作水平的高低往往直接决定着工程质量的优劣[1]。目前我国建筑行业工人中农民工占比较大，这些人缺乏相应的技术支持和专业背景，在进入工作岗位后，也没接受系统的专业技能培训，导致参与现场施工的人员专业素质偏低，依靠传统的质量员现场巡查及监督，无法做到及时、准确地发现质量问题。

（2）图纸问题频发造成返工多

工程项目的三大管理目标中，进度目标往往是生产的主线，对于施工总承包项目，图纸出具完成并通过相关部门审核后才能进行招投标工作，间接导致投资方会极大压缩出图时间，造成设计院出图质量的急剧下降，增加现场人员看图难度，即使在工程施工前，项目技术人员已仔细查看二维的 CAD 图纸并做好图纸会审、图纸交底等一系列工作，还是会存在部分图纸问题在正式施工前无法及时发现，一旦施工完成就会造成返工，大大降低施工效率，影响施工质量。

（3）各不同专业间的影响

房屋建设工程，往往涉及专业较多，各专业在施工组织上需要提前策划、合理安排。例如机电与土建专业，在土建及砌筑工程施工前，机电预留预埋图及建筑墙体留洞图需审核完成，并交付给现场人员，避免相关预留预埋被遗漏，而由于机电图的深化是以二维的建筑、结构图纸为基础进行需耗费大量的时间，对于工期紧张的项目，往往会出现因为图纸来不及而漏掉预留洞的现象，造成返工，影响构件整体成型质量。

同时，由于传统的施工图纸各专业内容互相分开，不同专业之间存在的构件碰撞问题难以直观发

【作者简介】谢正涛（1992—），男，助理工程师。主要研究方向为土木工程。E-mail：1085462482@qq.com

现[2]，致使因为图纸的碰撞问题造成返工。

2.2 传统工程项目在施工安全管理中存在的问题

（1）施工人员安全教育不足

随着建筑市场的不断完善，各施工单位在竞标项目的过程中，成本竞争也越来越激烈，一些施工单位为了低价中标从而压低安全管理费用，直接影响到项目上对于安全培训的支出。

目前在我国，大量的农村剩余劳动力涌入城市中从事建筑行业，一方面这些农民工工作经验缺乏、文化水平低、安全意识薄弱，如果岗前没有做好安全培训，工人就很难意识到施工现场存在的危险，甚至少数人会存在侥幸心理，不戴安全帽、不系安全带，在施工过程中很容易因为操作不当而发生安全事故。

另一方面，口头或者书面的安全教育形式，对于农民工而言，没有视觉上的冲击，很难理解何为危险源。

（2）危险源识别不全

危险源随着项目施工进度动态变化，准确识别项目存在的危险源对管理人员的水平要求较高，其次，临边及洞口分布广且没有规律性，依靠传统技术，只能通过每日巡查进行查漏补缺，就会出现安全措施滞后，甚至发生施工作业已经完成，但是安全防范措施还没到位的情形。而在我国，施工单位为了实现业主的工期目标，加班已是常态化，工人在这种超负荷的工作状态下，容易出现体力不支、注意力下降等不适反应，如果不能有效地控制现场危险源，安全事故发生的风险就会大大增加。

（3）安全策划滞后

目前我国工程项目随着土地资源的紧张化，大多数都趋向于高层、超高层建筑，施工难度也随着加大。为了更好地实现安全管理达标，在工程施工前，需要针对已识别的危险源并结合项目整体施工组织安排编制安全策划，提前制定相关安全预防措施。然而要将项目施工组织安排理解透彻，不仅需要丰富的现场施工经验，还要花费大量的时间和精力，容易造成安全策划滞后，增加工程施工过程中的安全隐患。

3 基于BIM技术的施工质量管理

3.1 BIM技术辅助三维交底

项目BIM人员针对复杂的施工节点（图1）或难以通过CAD图纸表达的施工部位，创建BIM模型，将三维模型以图片的形式附加到技术交底的书面资料中，或者将一些主要的施工流程进行演绎，并在演示过程中着重强调施工中存在的难点及质量控制要点，加深工人的理解，从而减少工人由于个人经验而出现的操作失误，提高其施工水平。

3.2 BIM技术辅助样板引路

为有效提高工程施工质量，需做到“样板先行”，基于BIM技术的可视化、参数化等特点，创建BIM虚拟样板(图2)，改变了传统在现场利用大片场地进行工序展示的单一做法，通过在现场显眼的部位放

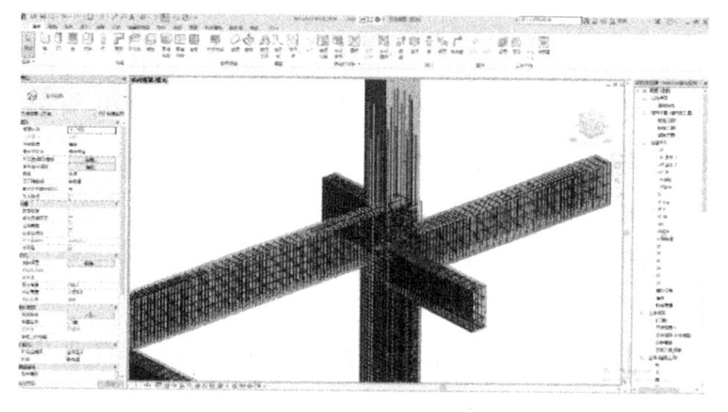

图1　钢筋复杂节点展示

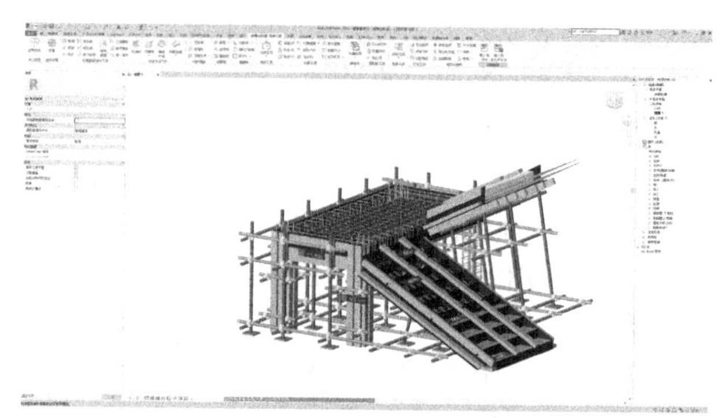

图2　楼梯虚拟样板

置若干个触摸式显示屏，将一些重要施工样板做法例如墙柱、楼梯、二结构等，及相关质量控制要点进行动态展示，既加强管理人员及工人的视觉印象，又符合“五节一环保”中的节材、节地要求。

3.3　BIM技术辅助专业协调管理

管线的碰撞问题一直是工程建设过程中存在的难题，如果这些问题不能提前被发现，容易导致工程拆改，甚至返工，造成成本损失。

基于BIM技术的多专业工程间协同碰撞检查就能很好地解决这个问题[3]，以可视化的三维模型代替传统二维CAD图纸，将各专业模型导入软件中进行整合，自动显示碰撞数量，并给出碰撞构件ID，方便与CAD图纸进行比对，调整图纸，在施工准备阶段就能准确全面地找出施工图纸中的错误、遗漏及碰撞问题，大大减少施工中的返工现象，提高施工质量（图3）。

3.4　BIM技术辅助质量复核

利用轻量化管理平台，将BIM模型导入手机或者IPAD等移动设备端，现场质量管理人员在巡查过程中，通过移动端查看模型，与现场实体进行对比，可以直观快速地发现质量问题，并将发现的问题拍照，上传至质量信息化管理平台，形成整改通知单下发，指定整改人，确保问题处理的及时性，实现施工过程中的质量控制（图4）。

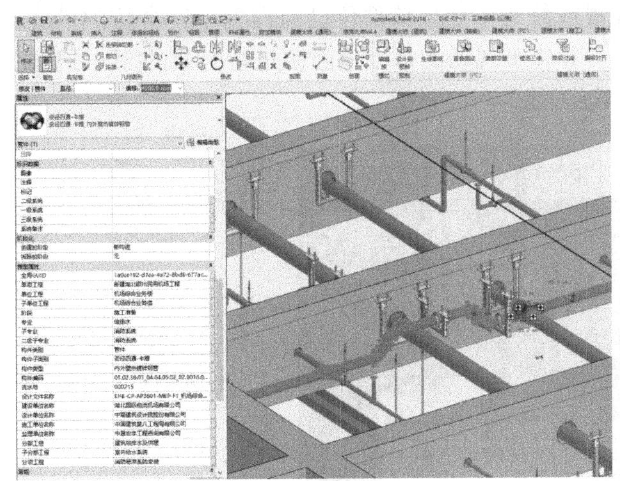

图3　碰撞检查优化后模型

图4　BIM模型辅助检查

4　基于BIM技术的施工安全管理

4.1　BIM技术辅助安全教育

项目施工前，需结合工程实际情况，制定完善的安全教育方案，BIM技术所具有的立体化、可视化特点，使得基于BIM技术的入场安全教育不同于传统模式[4]。

基于BIM模型，将文字版的安全教育翻译成直观的工程场景，以施工动画为载体，将整个施工过程以影像的方式呈现在工人面前，借助VR技术，工人在虚拟的环境中感受危险源、识别危险源，熟悉机具设备操作方法、了解工艺流程。不仅可以提高入场安全教育的效果，还能够显著降低工人在施工过程中存在的安全隐患（图5）。

图5　虚拟环境下的安全教育

4.2　BIM技术辅助危险源识别

危险源辨识是施工现场安全管理中的基础性工作，要对施工人员进行安全教育，首先要使施工人员能够识别危险源。在项目不同的施工阶段，危险源的种类及数量也不相同。

图6　机械碰撞冲突示意图

采用BIM技术，在三维模型中将施工现场所有的生产要素进行表达，结合施工模拟，项目安全管理人员不仅能够更直观地了解项目在施工组织上的安排，而且可以动态辨识和评价各个施工阶段存在的危险源，有利于编制更为完善的安全策划方案（图6）。

4.3　BIM技术辅助安全检查

工程项目最容易发生安全事故的地方就是临边洞口区域，传统的通过查看图纸或者现场巡视，既浪费时间又容易出现疏漏、统计错误等现象，利用BIM技术，可以便捷地在建筑信息模型中找出存在安全隐患的部位并进行标记，并在此基础上创建防止安全坠落的安全防护模型，在施工前的安全教育中，对项目管理人员进行模型和仿真模拟交底，确保现场防护设施的布置与模型一致[5]。

施工过程中，安全管理人员基于交底的安全防护模型对现场的实际检查进行检查，利用IPAD在导入的防护设施模型中，对相应部位的防护设施状态进行设置或修改，如果该部位已经设置了安全防护措施，则勾选“是”，反之则勾选“否”。实现项目安全管理人员对施工现场的每个危险源进行有效的3D可视化监控和管理，降低安全事故发生的可能性，保证工程安全（图7）。

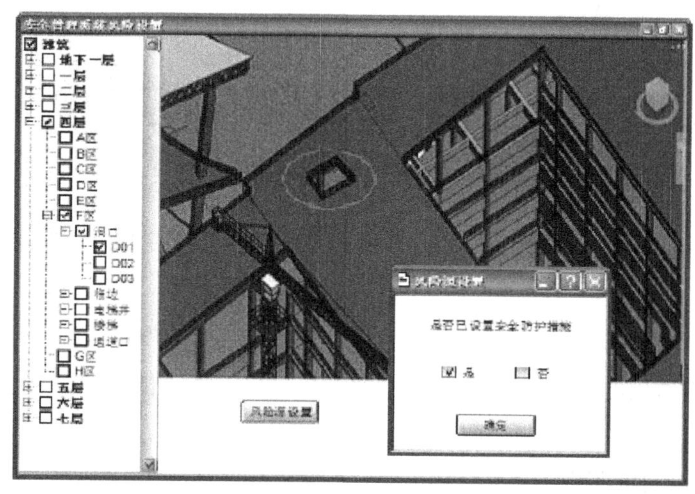

图7　基于BIM模型防护设施检查

4.4　BIM技术辅助安全策划管理

安全策划的基本目的：基于工程项目的概况、周边环境、整体施工规划等因素，识别出项目危险源并给出评价结果。同时，结合相关资源配置，提前针对识别出的危险源进行项目安全管理策划。

基于BIM技术，安全管理人员可以很便捷地在建筑信息模型中对需要进行安全防护的区域进行准确定位，并基于BIM的4D模拟技术，充分了解项目的整体施工组织安排，极大地节约了编制时间，确保在工程施工前，编制完成安全策划方案。有助于提高项目安全管理水平，做到事先预警，防患于未然。

5　结语

本文结合鄂州民用机场项目，对BIM技术在质量安全管理方面的应用进行了研究。在质量管理方面，我们通过事前三维交底、虚拟样板展示，事中各专业协调管理、质量巡查，事后质量复核，使得本工程的质量管理更为全面、具体；在安全管理方面，我们利用BIM技术的可视化特点，结合VR技术，实现安全教育高效化，基于BIM模型和施工模拟，编制可行的安全策划，实现危险源管理（识别+检查）便捷化，做到工程“零伤亡”。

参考文献

[1] 王建华．BIM技术在“NEWWORLD”项目安全、质量、进度管理中的应用研究[D]．西安：西安建筑科技大学，2017.

[2] 沈毅．BIM技术在项目施工管理中的应用研究[D]．湖南：湖南大学，2017.

[3] 董昆．BIM技术在建设工程项目施工质量控制的应用研究[D]．北京：湖南大学，2018.

[4] 李长宁，王伟杰，段仕伟，等．BIM＋VR技术在建筑工程安全和质量管理方面的应用[J]．住宅与房地产，2019，543(21)：121-122，128.

[5] 中建《建筑工程施工BIM应用指南》编委会．建筑工程施工BIM应用指南[M]．北京：中国建筑工业出版社，2014.

BIM正向设计理论与实践

张吕伟

（上海市政工程设计研究总院（集团）有限公司，上海 200092）

【摘　要】本文针对目前BIM正向设计应用现状，总结上海市政总院近10年来开展BIM正向设计实践，结合BIM正向设计基础，提出来了标准化、构件化、平台化、智能化技术路线。在Revit平台上研发SMEDI－3DCAD协同设计平台，内置构件库管理系统，基于智能化参数化装配，实现了这条BIM正向设计技术路线。经过10多项工程实践证明，可以提高初步设计阶段水处理标准构筑物设计效率30%。解决了传统设计各专业间设计不能同步，设计数据不一致性问题，提高了设计质量。

【关键词】BIM正向设计；标准化；构件化；平台化；智能化

1　引言

BIM正向设计是将信息交换技术和三维数字化设计技术有效结合，并应用于工程设计各阶段，实现数据级协同设计，以提高企业核心竞争力，是工程设计必然的发展方向。

目前翻模的技术思路占据着BIM技术领域的大半江山，除管线综合有明显的效益外，BIM技术在设计阶段其他方面的应用并不突出，很多翻模人员并非专业出身，也不具备专业技术知识。设计企业应从"正向设计"的角度去思考BIM技术与设计结合，以提升协同工作效率和设计质量为目标，寻求BIM技术发展的解决方案。

BIM技术与正向设计相结合，产生新的名词"BIM正向设计"。某种意义上"正向"更多是一种象征，是对设计信息流控制应用的一种方式，即通常说的"先建模，后出图"方式。BIM正向设计是对传统项目设计流程的再造，各专业设计人员在三维协同平台上实现工程全过程设计，有别于以往的设计模式。新技术的应用会对原有工程设计模式产生冲击，引发人们对于BIM正向设计方法的思考。

2　BIM正向设计现状

设计阶段BIM应用中，行业的一般做法还停留在后BIM的状态，利用BIM的模型化与可视化特点，还原已经完成的施工图图纸，通过模型的三维特点，查验设计中的空间物理冲突，通过对这些冲突或缺陷的反馈，由设计团队进行弥补。所以当前所谓的BIM正向设计，本质上是一种设计辅助和补充。

当前BIM正向设计发展过程中主要存在如下技术瓶颈问题：BIM标准体系还不完善，模型数据互操作性差，数据的完整性和复用性不强，数据难以集成为有效信息；各方利益不一致，很难建立开放透明、数据有效传递的BIM环境；BIM数据交换问题如果不能得到有效解决，BIM正向设计发展将会难以得到普及应用。

3　BIM正向设计基础

3.1　BIM标准

BIM标准是BIM正向设计的各参与方与异构软件信息系统之间的互操作基础。BIM标准实现不同专业之间、工程建设各阶段之间的数据无缝传递。

【作者简介】张吕伟（1960—），男，教授级高级工程师。主要研究方向为BIM正向设计。E-mail：zhanglvwei@smedi.com

3.2 BIM软件

BIM软件的功能性和成熟度是BIM正向设计成功应用的决定性因素之一。BIM的三维、海量数据、信息共享等特性，决定了没有相关BIM软件就没办法开展BIM正向设计。BIM正向设计的多样性，又决定了不存在能够完成所有BIM任务的BIM软件，BIM软件一定是能够完成各种特定BIM任务的系列软件集合。

3.3 BIM构件

BIM构件作为BIM正向设计过程中积累资源。BIM构件库的系统性和完备性对于BIM模型的创建和应用，以及BIM建模效率起到了非常重要的作用。因此开发和维护完备的BIM构件库管理系统，提升构件库的应用水平和管理水平是影响BIM正向设计的重要因素。

3.4 BIM协同平台

BIM协同平台为BIM正向设计各参与方提供一个集成管理、协同工作环境。BIM协同平台实现BIM软件间的数据交互、工程建设全生命期数据统一标准，使得BIM正向设计具备集成化、协同化功能。

4 BIM正向设计技术路线

4.1 标准化

标准化设计采用标准化的构件，形成标准化的模块，进而组合成标准化的构筑物，在构件、功能模块、功能区等层面上进行不同的组合，形成满足不同需求的构筑物。采用“少规格、多组合”的原则，以少量的构件组合成多样化的产品，满足不同的使用需求。

水处理工程构筑物最大特点构筑物重复利用率高，在每个水处理工程中，同类型构筑物构造基本相同，只是一些局部功能单元组成和大小尺寸不同。对于水处理构筑物单体，正确建立模型的关键在于理解每个功能单元，如图1所示。

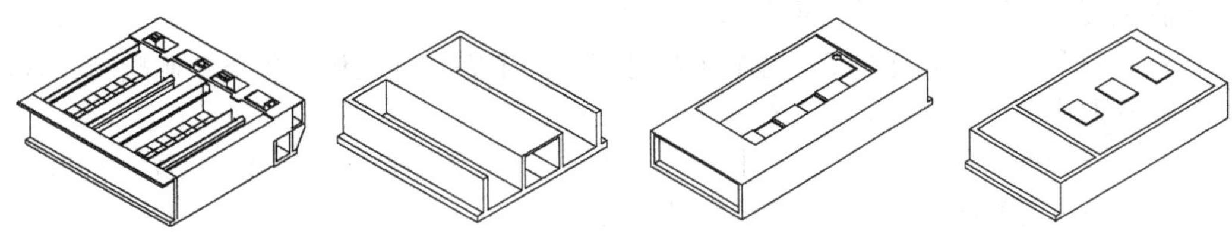

图1　均质滤料滤池功能单元层次构件

4.2 构件化

构件是作为BIM模型中最小粒度的基础数据和基本组成单元，对于相同类型的工程项目，绝大多数构件是可重复利用的，不同类型的工程项目，部分构件也是可以重复利用的。为提高创建三维信息模型的效率与质量，采取面向对象的设计模式，通过把模型拆分成不同的构件，单独去创建BIM构件资源，然后调用构件资源做较少的修改，组合成为三维信息模型，将提高BIM正向设计的效率与质量，并且极大地发挥构件资源的可复用性。

按照构筑物功能单元进行构件开发，在子构件部分兼顾构造单元。均质滤料滤池功能单元进一步将其拆分，分成了中间池壁、边侧池壁、排水渠壁、进水堰区、进水总渠、底板、排水总渠、排水渠底、滤板、滤板隔墙、近管廊侧池壁、进水渠支撑肋等一系列子构件，如图2所示。

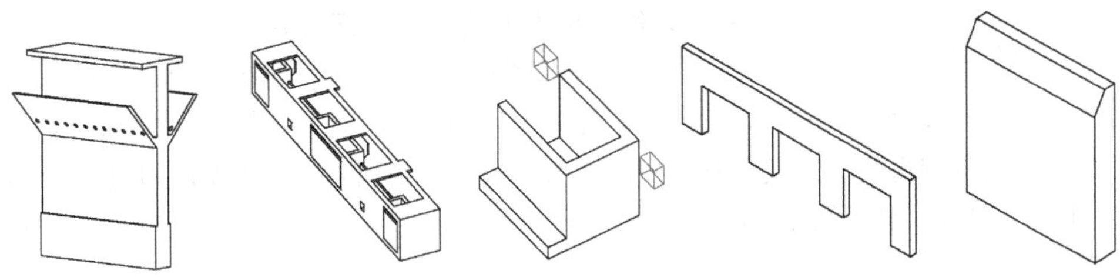

图2　均质滤料滤池构造单元层次构件

4.3 平台化

市政工程不论是CAD或是BIM都是以多部门多专业协同工作为目标。协同设计是协同工作在设计领域的分支，通过建立统一的标准和协同设计平台，实现设计数据及时与准确的共享。通过一定的信息交换和沟通机制，分别完成各自的设计任务，从而共同完成最终的设计目标。

上海市政工程设计研究总院（简称“上海市政总院”）建立了以构筑物参数设计为基础的协同设计平台，设计人员可以从基于图纸设计方式转化为基于数据的设计，通过参数设计协同平台，BIM正向设计时从构件库中挑选合适的构件，稍加修改后，采用“搭积木”式的进行拼装，可以提高工程设计整体效率30%。

4.4 智能化

设计是一个创造性的思维、推理和决策的过程，智能化技术在设计中的成功应用，引起设计领域产生了深刻的变革，由人完成的设计过程，已转变为由人机密切结合共同完成设计过程的智力与智能活动，实现了对设计过程基于符号性知识模型和符号处理的推理工作，用于完成概念设计的有关内容。可以说智能化技术是模拟人脑对知识处理，并拓展了人在设计过程中的智能活动。

市政工程构筑物设计中一个显著特点是表现出较强的重复性，即结构形式比较单一、规正、设计方法、设计过程、节点构造也十分相似，智能化技术是处理这类设计问题一个比较好的方法。基于工程实例智能化设计系统，省略了基于规则的知识工程中，最费时的从设计专家库提取和构筑知识规则的过程。上海市政总院在水池设计中积累了近30多个实例，在输水管桥设计中积累了近20多个工程实例。智能化设计系统在快速方案设计中起着非常大的作用。

5 市政水处理工程BIM正向设计

5.1 构筑物标准化

水处理工程主要有水厂、污水厂、泵站、城市管网。

标准化一：在一个工程中构筑物多，每个构筑物都是一个完整独立体，各个专业配套齐全，在构筑物之间通过厂区管网连接，形成一个大系统；

标准化二：构筑物重复利用率高，每个水厂、污水厂、泵站等构筑物类型基本相同，只是大小不同；

标准化三：设备、管配件、连接件现成族可以利用；

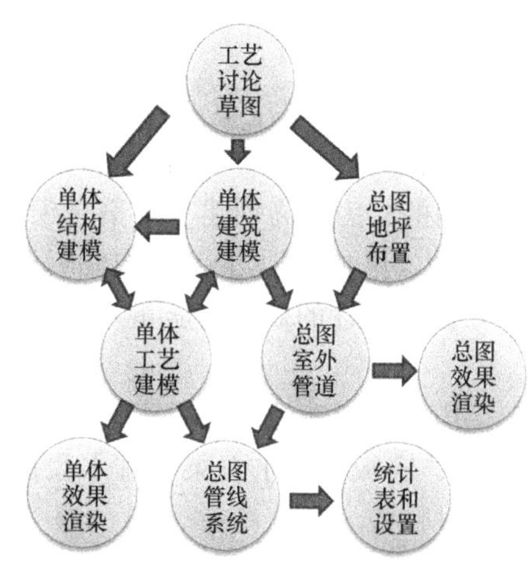

图3　市政水处理工程设计流程

标准化四：工艺专业作为设计主导，所有尺寸由工艺确定；

标准化五：工艺专业不建模型，上部建筑由建筑专业建模，下部构筑物由结构专业建模，工艺专业对模型需要进行反复调整，协同流程，如图3所示。

5.2 构筑物构件库

上海市政总院在多年实施BIM正向设计工作中，积累了大量的BIM构件，这些BIM构件是企业宝贵的知识财富。但由于构件的创建主要以满足当前项目的需要为目标，构件的创建存在一定的随意性，对参数化驱动以便后续项目使用考虑较少。同时，由于缺乏统一的制作规则各生产院制作的构件在分类、命名、表达精度、行为上都各不相同，这就造成尽管都是同一部门交付的模型，组成模型的构件却表现各异。

针对构件管理中存在的这些问题，上海市政总院建立一套企业级的构件库管理系统，收集按照统一规则要求制作的BIM构件，进行结构性存储和管理，以便设计人员能够对上海市政总院范围内的知识成果有全面的了解，共享BIM构件，提高BIM正向设计的效率和设计质量，降低BIM的实施成本，如图4所示。

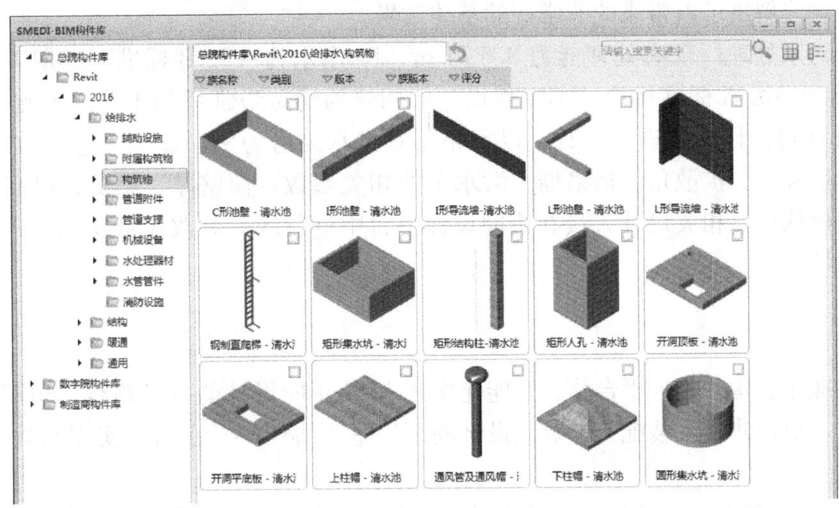

图 4　市政水处理构筑物构件库

5.3　协同设计平台

根据水处理工程特点，即结构形式比较单一、规正、设计方法、设计过程、节点构造也十分相似。上海市政总院在 Revit 软件平台上，开发了水处理构筑物 BIM 正向协同设计平台 SMEDI－3DCAD（简称“协同设计平台”），实现了参数化协同设计功能。结合构件库管理系统（内置在 Revit 软件内），建立水处理构筑物智能装配参数化数据库，让各专业设计人员通过装配参数，快速建立水处理构筑物设计模型，完成整个 BIM 正向设计，包括工艺设计绘图、结构设计绘图、结构计算书及概预算四个方面内容。

5.4　智能出图

在 Revit 建模中，并没有图层的概念，它所采用的是一套类型系统，即按照建筑工程行业的常见组件类别来对图元进行分类，如门、窗、柱、灯、设备等。根据 Revit 提供的类型图层，可以建立一个对应转换文件，此文件根据需要可以不断增加，逐步达到企业出图标准要求。

智能化图形尺寸标注和属性标注，是利用构件信息，根据图形描述中的形状标识，可以实现部分自动标注。在 Revit 软件中，编制尺寸标注的规则库，并根据几何约束关系，如平行、垂直、相切、对称等，通过定义尺寸变量及它们之间在数值上和逻辑上的关系，自动调整有关变量。

5.5　应用实例

案例一：某市自来水厂扩建，三个水厂构筑物主要包括配水井、沉清池、澄清池、滤池、清水池、吸水井和二级泵房、加药间、污泥池和反冲洗回用水池、综合楼等构（建）筑物。沉清池、滤池、清水池，这三构筑物基本都是常规形式，适合构筑物标准化设计。在协同设计平台上，对于同一类型的构筑物，不同尺寸标高的情况，只需修改部分参数数值即可生成三套适用于不同水厂的构筑物参数化模型，提高 BIM 正向设计效率。

案例二：某水厂饮用净水改造工程，设计构筑物主要包括与净水系统相配套的膜处理车间、污泥处理综合池、清水池、配水井及预臭氧池、臭氧车间及制氧站、平流沉淀池、炭砂滤池、冲洗泵房、清水池及泵房配电间，共 10 个构（建）筑物。其中四个构筑物应用标准化设计，包括工艺设计绘图、结构设计绘图、结构计算书及概预算四个方面，在协同设计平台上各专业数据共享，快速交接，便于修改，减少错误，提高设计质量。

案例三：某市区污水管网连接线工程泵站及输送管线工程为重点工程建设项目，污水管道包括市区污水连接总管、区域污水连接支管及 2 根总管连通管，其中市区污水连接总管总长约 34.1km，管径 $D1600 \sim D1800$，连通管总长 9.5km，管径 $DN1200$。共有 33 个构筑物应用标准化设计，出图共 78 张，占总出图量的 69.5%。总的设计周期减少 45%以上，原先一个构筑物需要 2 天左右绘制的图纸，利用协同设计平台，只需半天的时间即可完成，原先一个构筑物的计算书最起码需要半天时间，协同设计平台配套计算书，半小时就能解决了，带来的非常好的整体效果。

案例四：某市污水处理厂现有处理能力 3.5 万 m^3/d，出水为一级 B 标准，三期工程扩建至 8.5 万 m^3/d，出水可达达到一级 A 标准排放。本工程设计的构筑物均是最常用的工艺，因此，在工程设计中，工艺专业率先使用协同设计平台进行设计，以粗格栅及进水泵房为例，输入工艺参数，包括内径尺寸、长宽高、标高、管道标高、扩散角、粗格栅、潜水泵的相关参数；而壁厚、梁宽、梁高等结构专业相关尺寸均由结构专业确认后，相关设计人员在协同设计平台中进行统一修改设计参数，这样确保了设计数据的准确性和专业性。

6　结论

本文提出了标准化、构件化、平台化、智能化实现 BIM 正向设计的技术路线。构筑物标准化设计是关键，结合构件库，快速建立（装配）参数化设计模型，基于协同设计平台，实现水处理构筑物 BIM 正向设计。

“数字化”时代已经到来，BIM 正向设计还是一个全新的概念，相关理论和技术尚不成熟，BIM 正向设计方法研究也很少见，上海市政总院对 BIM 正向设计研究已取得了一些的成果。BIM 正向设计将彻底改变传统设计习惯和工作流程，设计中还需要进一步标准化，未来设计技术将借助于信息技术的发展，由过去基于图纸的设计方式转化为基于数据设计，BIM 正向设计是必然趋势。

参 考 文 献

[1]　张吕伟．市政给水排水工程 BIM 技术[M]. 北京：中国建筑工业出版社，2018：258.

[2]　张吕伟．基于 BIM 技术构筑物三维设计[C]//第十五届全国工程设计计算机应用学术会议论文集．中国黑龙江哈尔滨：中国土木工程学会计算机应用分会，2010：319.

[3]　张吕伟，杨剑．达索 V6 平台在泵站工程结构设计中的应用[J]. 特种结构，2014，31(5)：101-106.

[4]　张吕伟．探索 BIM 理念在给排水工程设计中应用[J]. 土木建筑工程信息技术，2010，2(3)：24-27.

[5]　张吕伟．Revit 脱水机房三维设计中应用探索[J]. 土木建筑工程信息技术，2012，4(2)：95-98.

BIM协同管理平台在房屋建筑施工质量管理中的研究与应用

陆加豪

（上海建工四建集团有限公司，上海 201103）

【摘　要】本文以房屋建筑施工质量管理信息化为主题，针对传统施工过程中质量管理存在的问题，引入BIM协同管理平台的信息化质量管理模式。分析了信息化在房屋施工质量管理中的应用点与应用方式，并结合具体项目进行试点应用。通过BIM协同管理平台实现了工程质量管理的规范化、数据化、精细化，以及项目各参与人员的信息协同工作等手段，加强了质量管理效率与精细度，起到了提升房屋建筑质量的效果。

【关键词】质量管理；信息化；协同平台；建筑施工

1　引言

信息化是当前国家积极推进的企业技术创新与应用的大方向，而针对建筑施工行业的信息化发展，中华人民共和国住房和城乡建设部在《2016—2020年建筑业信息化发展纲要》中提出了要推进“互联网＋”环境下的多参与方协同工作模式、加强信息技术在工程质量管理中应用等任务，利用信息化管理手段来实现建筑施工项目多参与方之间的协同工作，提升效率与工程质量[1]。

房屋建筑的质量受多种因素影响，常见因素包括工程在成本上的投入、施工及监督人员的素质、建筑原材料的质量、是否遵循施工技术规范等[2]。传统的质量管理方式有着多方协调困难、效率低下、追溯难度大等问题，对于房屋质量的管理需要建立健全管理制度、增强施工现场的质量监督与控制[3]。因此需要更加可靠、更加先进的技术，本文就BIM协同管理平台对房屋质量的管理进行探讨。

2　传统质量管理模式的问题

传统的质量管理模式大都通过纸质单据、移动端设备等进行信息的传递。对于项目而言，通常巡检过程发现质量问题或工序报验等验收项，通过电话联系相应单位处理，事后再汇总问题形成纸质的通知单、验收单，上一级别的管理人员往往无法第一时间收到消息，同时不同分工人员的作业地点分散，想要对施工现场的所有人员进行全面的管理难度较大[4]；对于公司而言，通过定期收到项目提交的各类质量检查报表来掌控质量动态情况，这种模式下对质量问题的反应不够及时，也存在项目上报与现场质量管理存在偏差的情况[5]。

在技术方案、施工工艺样板的管理方面，传统的质量管理模式也遇到了瓶颈。一部分施工工艺和技术方案会有配套的影像资料给到施工人员，而纸质资料无法承载视频信息，对于复杂工艺，施工人员遇到困难时难以直观从传统资料中获得解答；在实测实量方面，传统做法是项目人员将测量值抄录在图纸上，事后再转录到电脑中汇总计算，手抄测量数据与数据转录均存在数据丢失与错误的情况。

综上，传统的质量管理模式容易出现记录丢失、问题追踪不到位导致质量问题不封闭、难以实现对项目质量的全方位管理等问题，也缺少质量管理数据的汇总与数据的深度挖掘。

【作者简介】陆加豪（1997—），男，BIM研发员。主要研究方向为BIM信息化。E-mail：lujiah97@163.com

3　BIM 协同管理平台在质量管理的应用分析

3.1　信息化质量管理应用的分析

目前，在建设工程中推广信息化平台的使用存在许多问题，主要有：建筑行业的职业门槛偏低，同时整体年龄偏高，项目人员对信息化的了解程度低、操作不熟练，需要促进信息化在工程管理中的适应性[6]；各责任单位之间信息交流不畅，信息共享不够，影响工程质量的控制和监管，需要信息化来推进协同管理[7]；缺乏规范、标准的质量管理模式，非常依赖从业人员的素质，需要对质量的控制制定合理的指标[3]；缺少对以往发生过的质量问题的回顾与分析，同样的质量问题会重复出现，需要质量管理内容的数据化。

为了在项目上顺利推进信息化协同平台的应用，可以通过几个方面解决以上问题：对各项目管理人员与分包单位进行 BIM 协同管理平台的操作培训；明确质量管理行为的内容，设定质量检查类型与标准；利用信息化协同平台自动进行数据汇总分析。

其中，设定标准与数据分析是信息化管理的核心。标准的设定根据不同的管理行为与公司要求确定，针对性地进行工程质量管理的策划；数据的分析则对实施过程中的数据自动进行汇总统计，管理人员可以根据统计图表有针对性地进行下一阶段管理并改进技术方案，规避屡次出现的质量问题，从而通过信息化实现项目整体质量的提升。

3.2　BIM 协同管理平台的应用场景与目的

BIM 协同管理平台以信息共享为基础，针对施工质量标准化管理行为，为各参与方提供协同管理的工作环境，并自动进行数据的汇总统计，指导现场进行质量控制，提升质量管理的效率与水平，起到确保房屋质量的效果。BIM 协同管理平台的应用流程如图 1 所示。

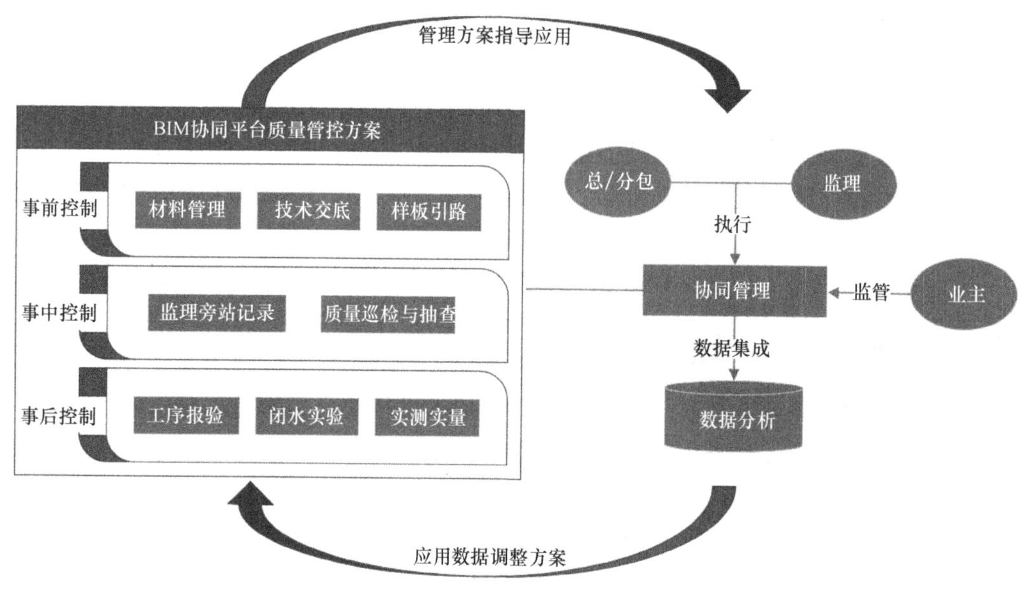

图 1　BIM 协同管理平台的应用流程

(1) 材料管理：原材料是房屋建筑施工的重要一面，相较于传统的纸质材料验收台账的管理模式，BIM 协同管理平台通过线上验收的流程，可使业主更及时了解到进场材料的质量情况。

(2) 技术交底与施工样板：比起传统的质量管理模式，交底资料的内容可以更详细、携带更加便捷。在 BIM 协同管理平台中上传交底资料，有助于施工人员通过移动端设备查看作业方法与质量标准，保证施工成品质量。

(3) 监理旁站记录：在 BIM 协同管理平台中上传旁站记录影像资料并发布公告，可以使项目管理人员及时了解隐蔽验收情况，相较传统纸质验收单留下更可靠的验收痕迹。

(4) 质量巡检与抽查：通过 BIM 协同管理平台进行质量整改的流程，可以有效避免质量问题不封闭，不及时整改等问题。事后分析也比传统通知单、回复单的管理模式更为清晰便捷。

（5）工序报验与闭水实验：在BIM协同管理平台中对一些完工的关键工序进行验收，确保验收通过后才可进行下一阶段的施工，同时，利用平台的自动统计功能，可以清晰把握现场关键工序验收是否有遗漏，加强了关键部位的质量监管力度。

（6）实测实量：相较于传统的实测实量模式，BIM协同管理平台简化了转录与计算汇总的步骤，提升了实测实量的效率与准确度，且提供了基于模型的可视化点位展示，使测量结果的呈现更加清晰、立体。

（7）数据汇总分析：对于管理人员在BIM协同管理平台中进行的质量管理内容，平台将自动归档并生成图表数据直观地展示项目的质量情况，为项目的决策人员提供了更清晰的决策依据，辅助管理人员进行下一阶段的质量管理方案的策划，这是信息化相较于传统质量管理模式的优势所在。

通过BIM协同管理平台，可以有效避免传统管理模式的质量问题的漏报、滞后等隐患，项目管理人员甚至公司层面的管理人员都可以通过平台获得第一手的项目数据，避免传统报表的信息缺失，及时解决施工过程中的质量风险。

4 BIM协同管理平台的应用实践

4.1 项目概况

本项目为住宅项目二期，占地面积约4.2万平方米，总建筑面积约12.3万平方米，工程单体分别为7栋高层住宅，14栋多层叠墅，地下层数均为1层。本项目所有住宅采用装配整体式剪力墙结构，预制率40%，装配式建筑覆盖率100%，其中高层为地上18F，2F至顶层为预制装配，屋顶及其余均现浇；叠墅为地上5F，1F至顶层为预制装配，屋顶现浇。

本项目管理难点为：施工现场的参建方众多，存在交叉作业，管理难度大；高层较多，现场占地面积大，施工现场的人员调动速度慢。

4.2 平台应用

该项目在策划阶段明确了质量管理的各项管理行为的管理内容与标准，并结合BIM协同管理平台的操作培训，敲定了各管理行为的具体内容以及各人员分工，杜绝了责任模糊不清的情况。平台在部署阶段也会将责任人员的信息关联到流程中，避免了人员过多造成的管理混乱。

（1）材料管理：对钢筋、混凝土试块、防水卷材、防水涂料、管材、电线电缆、PC相关材料、砌块、水泥砂浆、石膏砂浆、保温材料、石材进行材料进场管理，要求材料到场后拍摄材料运输车辆与材料特征照片（包含铭牌、批次、生产日期、厂家、合格证明等）上传到BIM协同管理平台中，监理复核通过后材料方可进场，确保原材料的质量符合标准。

（2）技术交底：对防水部位防水、砌筑、抹灰、机电安装、PC施工等关键工序及重点部位，对施工工艺和验收标准进行技术交底，在BIM协同管理平台中上传交底记录与相关技术资料。施工人员可以通过移动端随时回顾交底资料，如图2为精装的施工模拟视频，精装过程中施工人员可以通过手机直接查看工艺的关键点。

图2　移动端精装工艺交底视频查看

（3）施工样板：对砌筑（含反坎及水电点位）、抹灰、卫生间屋面及地下室防水、外门窗安装塞缝及防水等施工工艺进行样板的报审与验收，并在BIM协同管理平台中上传验收记录与相关技术资料，方便项目人员通过移动端回顾交底资料。

（4）监理旁站记录：重要隐蔽工程施工监理应在平台中发起公告通知相关人员，并留下旁站的影像资料。

(5) 质量巡检与抽查：监理质量巡检与总包质量自检在 BIM 协同管理平台中进行质量问题整改的线上流转，平台将自动对质量问题进行汇总统计，如图 3 所示，该项目结构类质量问题较多，管理人员应加强结构施工过程中的质量监督。

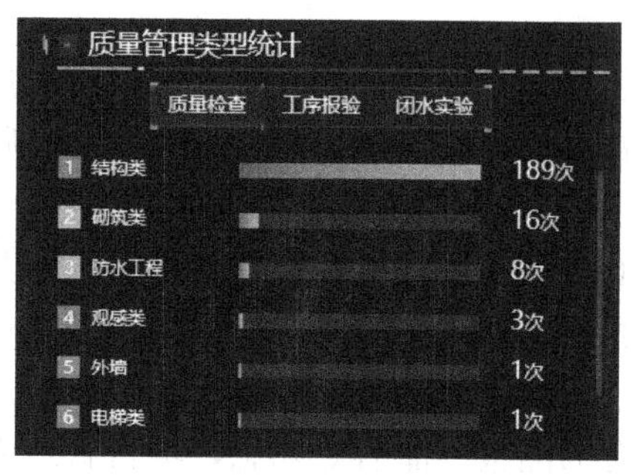

图 3　质量问题类型统计

(6) 工序报验：总包单位必须按要求在关键工序完成后通过 BIM 协同管理平台中进行线上的验收，监理复核通过后才可进行下一道工序的施工，确保关键工序的质量合格。

(7) 闭水实验：当主体结构完成、二次结构完成、卫生间和阳台土建阶段施工完成后，在 BIM 协同管理平台中上传闭水记录，确保房屋不渗漏。

(8) 实测实量：由建模人员预先在模型中划分测量单元并预设测量规则，模型上传平台之后，项目人员通过移动端在现场实时记录测量数据，BIM 协同管理平台将自动归档并计算，加强了数据的真实性并简化了测量人员的工作流程。系统还会对各测量类型的爆点数量进行统计，如图 4 所示，管理人员可以针对多次出现的平整度与垂直度爆点问题加强施工过程中的监督，提升房屋质量。

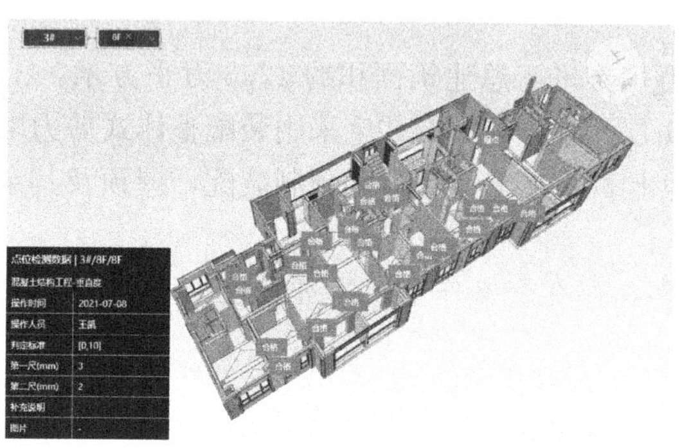

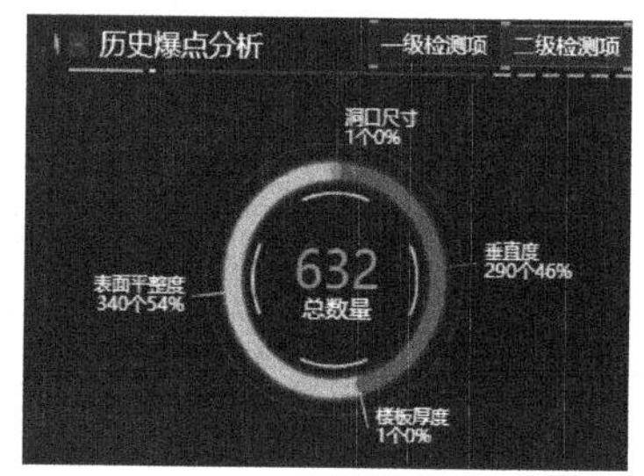

图 4　BIM 协同管理平台实测实量管理

在每周的例会上，管理人员也会通过平台来进行每周的质量管理汇报工作，对未处理的质量问题销项，这种管理手段比传统各单位轮流汇报的方式更加直观、清晰。通过 BIM 协同管理平台进行质量的管理工作，可以极大程度减少质量问题的遗漏，也增强了管理人员对项目整体质量情况的掌控。

4.3　BIM 协同管理平台在质量管理方面的优势

首先，BIM 协同管理平台的优点在于信息的追溯更加方便，如图 5 所示，所有参与方的处理记录将清晰地呈现出来，所有管理痕迹将在线上留存。此外，通过协同平台进行质量管理，不仅结合了纸质单据的规范可靠与微信、电话通知的及时性，还实现了将具体任务准确安排给对应执行人，避免了人员交接混乱的发生。最后，通过信息化可以实现自动统计的功能，流程类的统计结果辅助决策人员更合理地调配下一阶段的管理资源，实测实量则简化了项目人员的工作流程，加快了测量效率。

图 5　工单追溯页面

5　结论

针对传统房屋施工质量管理的不足，本文分析了 BIM 协同管理平台在项目质量管理方面的改进点。结合具体项目试点应用情况的分析，认为将信息化技术和项目质量管理方式进行深度融合，有助于管理人员加强对现场质量的管控水平。利用协同作业的方式实现各参与方的信息共享，加强了沟通效率；通过预先规划好的线上管理行为，规范验收动作，进行有针对性的质量验收；再加以数据汇总分析，辅助管理人员决策，从而起到提升房屋质量的效果。

参 考 文 献

[1] 2016—2020 年建筑业信息化发展纲要[J]. 工程质量，2017，35(03)：89-92.

[2] 金继业 . 房屋建筑现场施工技术质量管理[J]. 施工技术，2017，46(S2)：791-792.

[3] 徐晟 . 房屋建筑工程施工现场进度及质量管理研究运用[J]. 建筑安全，2017，32(10)：74-76.

[4] 苏春富 . 论建筑工程土建施工现场管理的优化策略[J]. 江西建材，2014(04)：292，296.

[5] 谭武，邓小军 . 施工企业工程项目质量管理信息化研究[J]. 中国建设信息，2010(18)：64-67.

[6] 马俊东 . 浅析信息化背景下的建筑工程管理[J]. 江西建材，2017(01)：268，271.

[7] 宋伟，郝建民，赵霄剑，等 . 基于 Android 平台的建设工程施工现场质量管理应用研究[J]. 施工技术，2013，42(18)：96-99.

BIM技术在交通工程设计阶段的应用价值

李　杰

（上海市政工程设计研究总院（集团）有限公司，上海 200092）

【摘　要】 目前BIM技术是交通行业数字化的重要技术之一，国家及地方大力推动BIM技术的普及应用，但应用效果及价值体现没有达到预期。本文针对实际项目案例，探索适用于目前发展现状的BIM工作模式，最大限度发挥BIM技术的价值；总结设计全过程BIM工作范式及内容，编制了可落地的项目级BIM标准，实现设计阶段数字化交付和成果向施工阶段的有效传递，探索出一条适合现阶段的BIM技术应用之路。

【关键词】 BIM协同设计；构件编码；应用价值；数字化交付

1　引言

根据麦肯锡全球研究院发布的《数字时代的中国：打造具有全球竞争力的新经济》报告显示，在中国23个主要行业中，建设工程行业数字化水平排名倒数第一，甚至低于农业与畜牧业的整体数字化水平[1]，已然成为亟待被"数字化改造"的行业。

在工程数字化推进过程中，BIM技术是近几年工程行业的热点技术，国家及地方已颁布多部标准及配套政策推进BIM技术的普及。但由于BIM软件不成熟、观念更新慢、标准配套不完善，导致BIM实际发展缓慢，未实现工程行业期望的价值和目标。本文通过BIM技术的实际应用案例，对BIM实施策划、实施过程及实际发挥的价值进行论述和总结，希望探索出一条适合现阶段BIM技术的应用之路。

2　工程概述

本项目位于深圳市深汕特别合作区西部，包括两部分：通港大道及沿河东路北延段。通港大道路线南起红海大道，北至深汕大道，路线全长11.4km，采用城市主干路标准。沿河东路北延段南起环境产业园区横一路，北至深汕大道，道路全长约0.7km，采用城市次干路标准。

通港大道桥梁工程共包含4处互通立交桥梁、1座主线高架桥、2座跨河桥梁，从南往北依次为望鹏立交、横六路立交、大岭主线高架桥、绿宝路立交、生态路立交、桥陂坑桥、斑鱼湖坑桥。桥梁总长度为4197m。沿河东路北延段未设置桥梁。通港大道项目沿线共设两处隧道，均为穿越山岭的矿山法隧道，南侧1号隧道长约1300m，北侧2号隧道长约300m（图1、图2）。

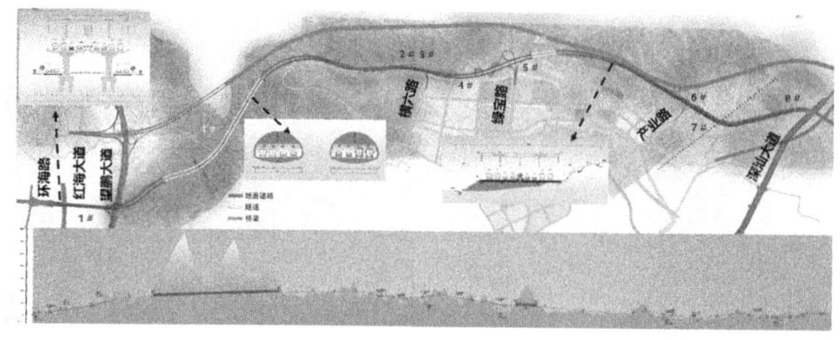

图1　总体方案

【作者简介】 李杰（1988—），男，硕士，中级工程师。主要从事桥梁设计及BIM技术方面的研究与应用工作。E-mail：lijie2@smedi.com

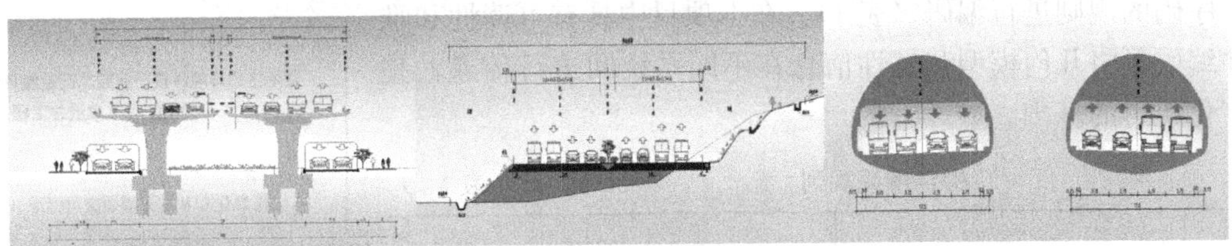

图2　各路段标准断面

3　BIM实施策划

本项目为了成功实施BIM，项目前期梳理项目特点，并结合行业内BIM应用现状，确定BIM团队介入方式，编制可落地可执行的项目级BIM标准，并针对过程中设计关注点确定各阶段高价值的BIM技术应用点。

3.1　BIM参与模式

目前交通工程设计行业越来越重视BIM技术应用，大中型项目已普遍应用BIM技术，小型结构复杂项目应用也较多。目前总结下来BIM技术参与设计的模型有以下几种（图3）：

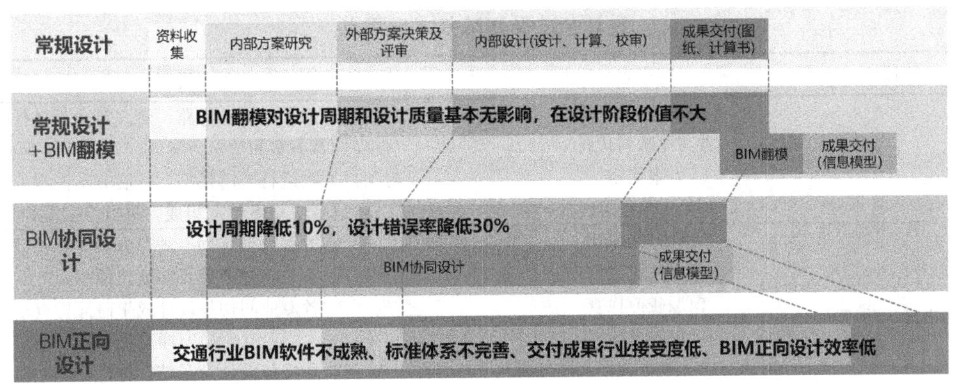

图3　BIM参与模式对比

模式一：常规设计。即传统设计方式，不采用BIM技术，采用二维CAD设计模式。

模式二：常规设计+BIM翻模。即传统设计基本结束后，采用BIM软件对施工图进行翻模，形成数字化成果交付给业主。采用该模式大多数情况是为了应付业主或合同交付要求，基本上不会提高设计成果质量，且会增加交付周期，BIM应用价值基本没有体现。

模式三：BIM协同设计。即在传统设计的全过程（工可、方案、初设、施设），采用BIM技术协同参与设计。利用BIM技术的可视化、优化性、协调性等优点，在不同阶段充分发挥其价值，提高设计成果质量，压缩设计周期。

模式四：BIM正向设计。即直接在三维环境里进行设计，利用三维模型和包含的信息，快速生成所需要的图纸或其他成果，模型、数据、信息完整一致，并可传递至后续施工甚至运维阶段。但目前交通行业BIM标准体系、软件体系、交付体系及行业接受模式均不成熟，目前难以落地。

本项目采用模式三BIM协同设计的方式，即BIM与设计强耦合的工作模式。BIM作为总体中的一个子专业，共同与其他专业协同工作，充分发挥可视化交互提资与专业协调的作用。

3.2　BIM实施标准

根据2021年发布的《深圳市市政交通建设工程信息模型设计交付标准》，并结合本项目设计方案，编写了本项目的项目级BIM实施标准（图4）。本标准对构件编码规则进行了规定，并对构件分类、构件属性信息进行了深化匹配。

构件编码作为信息模型在多参与方、异构系统、多个阶段间传递的唯一识别码，采用空间位置+构件分类＋顺序码的规则进行编码（表 1），在本项目中具有可读性和唯一性。构件编码可将几何模型和属性信息在不同系统间进行传递，是本项目数字化交付的基础。

构件编码规则　　表 1

构件编码规则	空间位置标识				构件分类编码				顺序码
代码类别	项目名称	标段	路线	专业	一类代码	二类代码	三类代码	四类代码	顺序代码
位数	××××	××	××	××	××	××	××	××	×××
示例	构件 ID：TGDD-S1-WP-QL-12.20.20.30-001 含义：通港大道项目 S1 标段 WP 路线 桥梁专业 某一联钢箱组合梁								

深汕生态环境科技产业园基础设施及配套项目
—园区配套市政道路工程

信息化 BIM 设计模型交付标准（2.0）

上海市政工程设计研究总院（集团）有限公司
2021年3月

图 4　项目级 BIM 标准

3.3　应用策划

结合本项目特点及难点，梳理 BIM 技术赋能设计的应用点，具体见表 2。

设计全过程 BIM 技术应用点　　表 2

序号	阶段	应用点	说明
1	方案/工可阶段	场地分析	现状地形、建筑、道路、管线等边界条件分析
2		方案比选与优化	建立推荐方案和比选方案，以供设计及业主决策
3		方案漫游	对项目方案进行漫游模拟，开展方案汇报的等工作
4		BIM＋GIS 方案展示	BIM 模型与 GIS 数据集成，进行方案汇报与展示
5	初步设计阶段	设计方案深化	在方案模型基础上进行方案深化设计
6		节点优化设计	复杂节点深度建模
7		模型碰撞检查	各专业间初步设计成果碰撞检查
8		限界复核	立交净空净高复核
9		现状与设计方案动态对比分析	将现状环境与设计方案结合进行动态对比分析
10		BIM＋GIS 方案展示	BIM 模型与 GIS 数据集成，进行方案汇报与展示
11	施工图设计阶段	图纸复核	在建模过程中对比模型检查图纸中存在的问题
12		专业综合	各专业间施工图设计成果协调性检查
13		主体工程量统计	利用 BIM 模型对主体工程的混凝土方量、土方量等进行统计
14		虚拟仿真漫游	漫游视频、方案展示视频等
15		BIM＋GIS 集成交付	将 BIM 模型与 GIS 数据集成，作为施工管理平台的底层数据

4　BIM 技术应用价值

4.1　BIM＋GIS 数字沙盘

利用 BIM 工具，将现状环境、规划成果、设计方案进行三维建模，形成数字沙盘（PC 端、网页/手机端），对方案重难点、合理性、比选方案进行三维表达（图 5）。价值：辅助方案优化、降低方案沟通门槛、提高沟通效率、加速决策过程。

图 5　BIM＋GIS 数字沙盘

4.2 辅助方案比选

通过与设计强耦合的工作模式，设计人员和BIM人员在环境基础模型基础上进行多方案表达，通过辅助交通流设计和经济性比较，确定最优方案。价值：辅助方案比选、快速确定最优方案。

(1) 望鹏立交方案比选。建立4个可行的立交方案，分别为蝶形全互通立交、T形半互通立交、对角双环全互通立交、单环全互通立交，通过从功能性、占地面积、桥梁面积等方面进行比选，确定单环全互通立交为推荐方案（图6）。

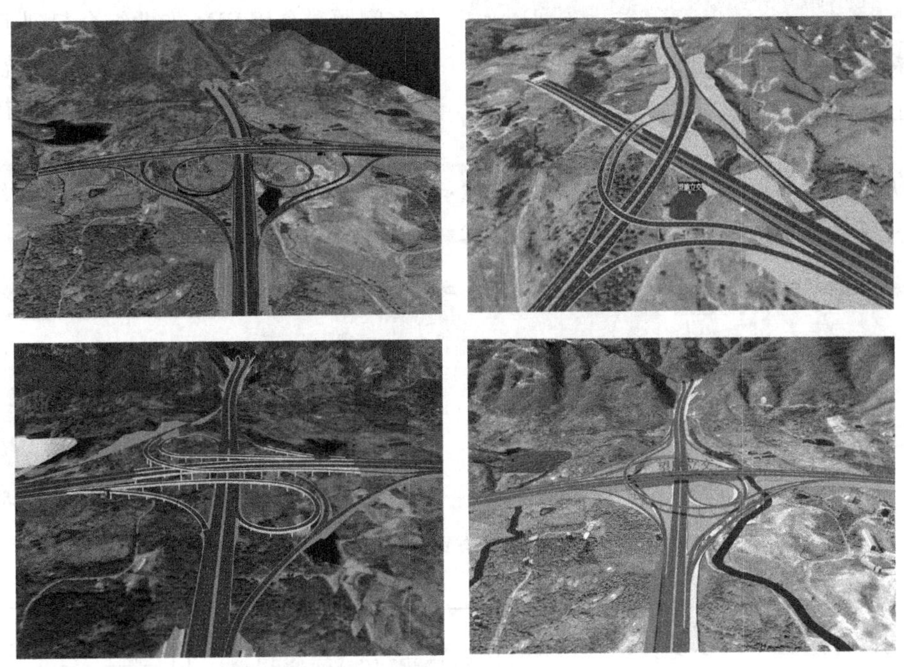

图6　望鹏立交方案比选

(2) 隧道洞口选线比选。本项目隧道选线是设计难点之一，隧道南侧出口位置有左、中、右三个方案，最终选择隧道长度最小的中线作为推荐方案（图7）。

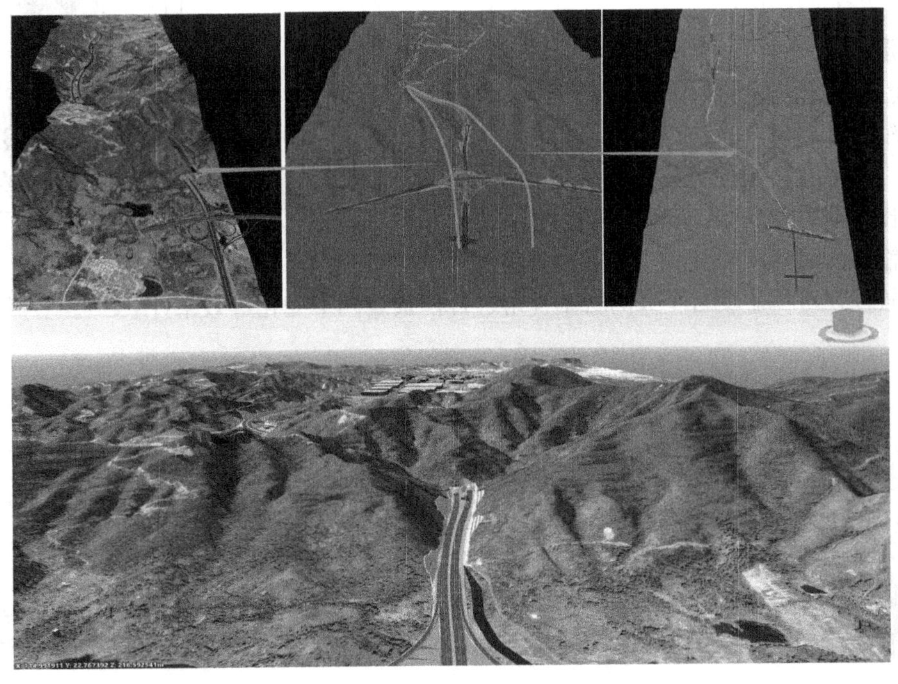

图7　隧道出口位置方案比选

图 8　现状与设计方案动态对比

4.3　现状与设计方案动态对比分析

将现状环境与设计方案结合进行动态对比分析，以清晰地表达设计方案与现状环境的变化情况以及征地拆迁情况等（图 8）。

4.4　专业综合

在传统设计中，专业间提资不全面，可能存在较多问题。利用 BIM 专业综合起到了专业会签验证的作用。采用统一坐标系和标高系统，将各专业设计模型集成到统一的 BIM 平台系统中，检查专业间和专业内的碰撞冲突问题。

对本项目的桥梁及管线专业施工图进行碰撞检查，其中给水管线总长 14871m，雨水管线总长 6461m，检出碰撞 14 处，实际有效碰撞 14 处，复合碰撞 5 处（图 9）。

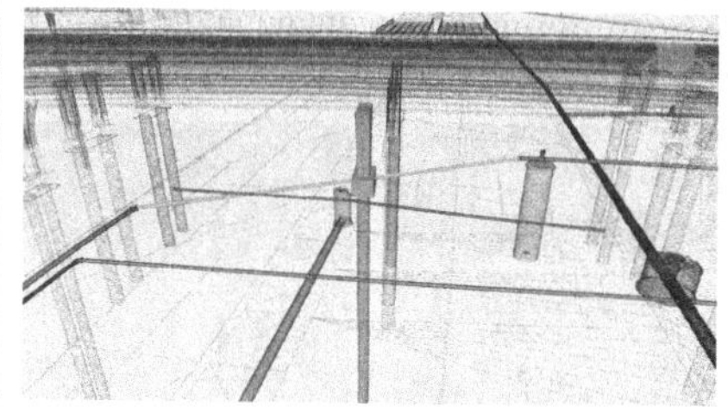

图 9　专业综合

4.5　设计复核

在 BIM 协同设计过程中，以设计图纸为依据进行三维数字化模型建立，通过建立模型过程中发现设计过程中身存在的各类问题（图纸表达错误、图纸表达缺失以及图纸表达冲突），并将问题整理成报告反馈给各专业设计组，从而提高设计成果质量（图 10）。

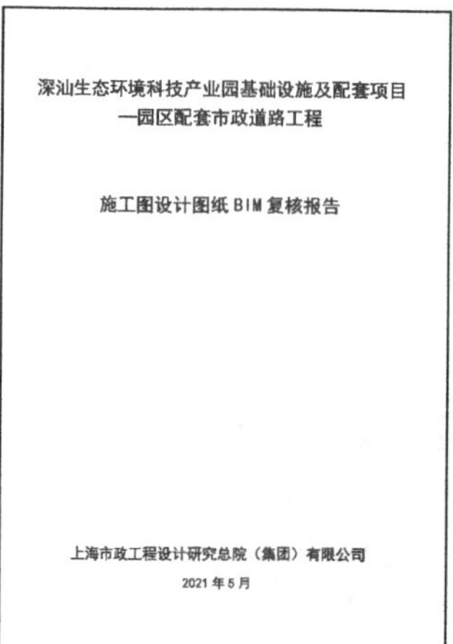

深汕生态环境科技产业园基础设施及配套项目
—园区配套市政道路工程

施工图设计图纸 BIM 复核报告

上海市政工程设计研究总院（集团）有限公司
2021 年 5 月

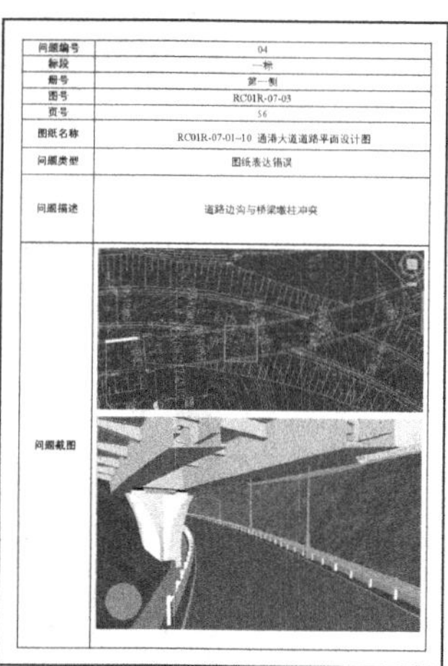

问题编号	04
标段	一标
册号	第一册
图号	RC01R-07-03
页号	56
图纸名称	RC01R-07-01-10 通港大道道路平面设计图
问题类型	图纸表达错误
问题描述	道路边沟与桥梁墩柱冲突
问题截图	

图 10　BIM 复核设计

4.6　虚拟仿真漫游

把周边环境 BIM 模型和设计信息模型导入渲染软件（光辉城市）中，并利用渲染软件中丰富的绿植库，将绿化工程按照设计意图进行 1∶1 表达。相比于常规的效果图和宣传视频，利用 BIM 成果输出的可视化成果更加真实。利用强大的 BIM 软件，可体验项目全线的行车视角、日夜景及四季变化等效果(图 11)。

图 11　仿真漫游

4.7 数字化交付

本项目通过 BIM 协同设计，最终形成数字化交付成果，包括：信息模型、设计成果、其他成果文件等（表 3）。本项目在施工阶段将建立基于 BIM 的建设管理平台，除了交付常规的设计蓝图以外，经验收通过的数字化成果也将传递至 BIM 平台，用于辅助施工管理，如进度、质量、计量、安全等管理条线。

数字化交付清单　　**表 3**

成果	格式要求		内容概要
信息模型	源文件	*3dxml、*dgn、*rvt、*dwg 等	按照项目级 BIM 标准进行交付
	交换格式	*fbx	
	属性信息	*xlsx	
设计成果	图纸	*pdf	设计说明及图纸
其他成果文件	报告文档	*pdf	包括交付标准、应用报告等
	图片	*jpg 等	包括效果图等
	视频	*.mp4、*.avi 等	包括虚拟漫游等

5 结语

根据国内 BIM 技术应用现状，本文总结常见的四种 BIM 参与方式，并分析了各模式优缺点。通过在实际项目中开展 BIM 技术应用，在前期根据项目特点梳理 BIM 高价值应用点，采用 BIM 全过程协同设计的参与方式最大限度发挥 BIM 的应用效果。通过验证，目前 BIM 协同设计是交通行业比较可行的技术路线，既能发挥二维的效率，又能发挥 BIM 三维直观表达、信息统一传递的优势。

参 考 文 献

[1] 华强森，成政珉，王伟，等．数字时代的中国：打造具有全球竞争力的新经济[J]. 麦肯锡全球研究院，2017：3-4.

绿梓大道北段新建工程BIM正向设计应用

周　浪，曾光勇，赵　栋

（林同棪国际工程咨询（中国）有限公司，重庆 401121）

【摘　要】本工程为典型的复杂市政快速路项目，具有路线里程长、涉及专业广、边界条件复杂、协调专项多、施工难度大的特点，需借助BIM技术以解决设计沟通问题，确保成果质量。为彻底解决传统设计模式下信息离散，难于管理的问题，项目采用以Autodesk产品为核心的BIM正向设计技术路线，实现了多专业的三维协同设计，并通过引入BIM+GIS技术、虚拟施工技术、云物联网技术，提升BIM模型的附加值，为BIM技术在同类项目的正向设计应用提供参考。

【关键词】快速路；BIM；正向设计；BIM+GIS技术；云物联网

1　引言

当前，我国市政道路交通领域的信息化水平较低，设计大多采用基于AutoCAD的二维平面设计模式，难以直观全面展示设计对象信息，信息传递与更改效率低，严重制约设计行业的提升发展。加上设计项目越来越复杂，二维设计方式已逐渐无法满足工程设计的需要，而“翻模”为主的三维模式无可持续性[1]，因此亟须引入以模型为中心的三维正向设计模式。本文在此技术背景情况下，基于市政快速路项目实践，对BIM正向设计的技术路径、协同机制、应用价值点等进行了实践探索，提出了针对性的解决方案。

2　依托项目简介

2.1　项目概况

绿梓大道位于深圳市东北部，是深圳市“十横十三纵”干线路网的重要组成部分，对加强特区东西向陆路快速连接具有重要意义。项目全长约8.95km，为城市快速路，设计速度80km/h，道路红线宽28～80m，采用主辅路布置，主路双向6车道，辅路双向4车道。全线设立交3座，隧道3座，桥梁5座，总投资约42.5亿元[2]。项目总体概览如图1所示。

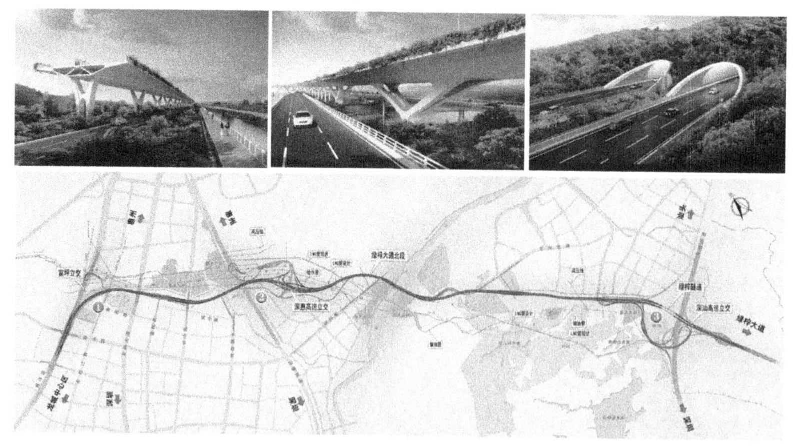

图1　项目概览图

【作者简介】周浪（1987—），男，副主任工程师/高级工程师。主要研究方向为总体设计、道路交通设计、BIM技术研发与应用。E-mail：zhou1987lang@163.com

2.2　项目特征

本项目是典型的复杂市政快速路项目，线路里程长，涵盖专业多，周边环境复杂，线路与多条主供水管、油气能源管道、多档高压电线共走廊，且沿线密布基本农田、村庄建筑、河流水系、墓地等，路线受限因素繁多，选线难度大。此外涉及与中石油、中石化、燃气、供电、水务、高速、地铁、交通等专项协调，专项数量多，协调难度大；工程实施面临沿线重大管线保护、高压铁塔结构稳定、桥梁施工安全、施工期高速公路保通等诸多复杂问题，实施难度大。

为切实保障路线总体方案的合理性，确保施工与运营期间结构与交通安全，提升设计过程中的内部协同与外部协调效率，提升设计成果质量，项目从方案设计初期便开始使用 BIM 技术进行三维正向设计，并引入 BIM+GIS 技术、虚拟建造技术、物联网云交互技术等，以直观高效地展示设计意图，实现 BIM 模型的赋能增值。

3　BIM 正向设计应用

3.1　BIM 应用目标

结合本项目线路长、专业多、边界条件复杂、协调沟通多的特点，确定了依托项目开展 BIM 正向设计的目标，即在三维设计环境中开展设计工作，以三维 BIM 模型为中心，开展方案研究、性能分析、碰撞检查、工程量统计及图纸输出等，实现多专业三维协同设计。同时，为延伸拓展 BIM 模型的价值，通过引入了 BIM+GIS 技术、施工仿真技术、移动端交互技术，以有效提升设计沟通效率，促进科学决策，实现 BIM 模型的附加值[3]。

3.2　正向设计流程

项目在传统设计基本流程上，结合行业[4]、地方[5]、企业[6]正向设计标准及设计协同机制，制定了以模型为中心的三维正向设计流程，如图 2 所示。

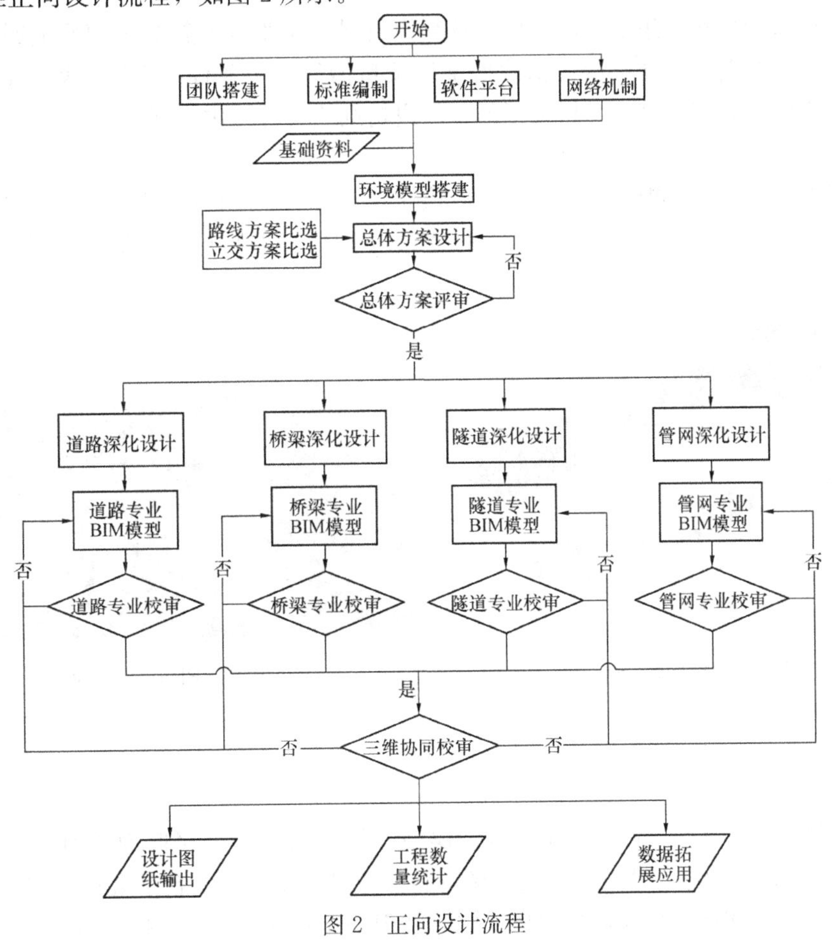

图 2　正向设计流程

3.3 软件平台及协同机制

项目针对道路、桥梁、隧道、管网等主体专业，确定了相应的三维设计协同机制及对应节点的软件平台，如图3所示。

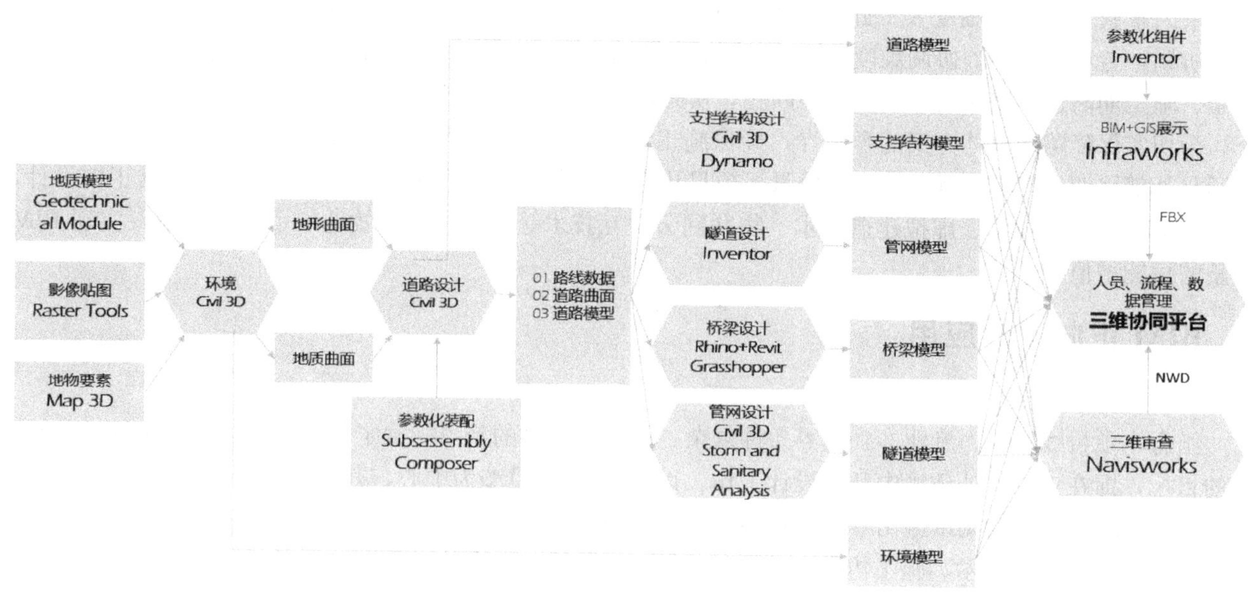

图3　软件平台及协同机制示意图

3.4 BIM正向设计

（1）环境模型构建

项目利用无人机航拍技术采集沿线现场地形及影像数据，处理形成全线三维倾斜摄影模型[7]。依托现场仿真模型，进行虚拟踏勘，以便高效、精确地掌控项目沿线边界条件。提取与处理地质钻探数据，构建地质数字模型，为路基处理、结构、桥梁下部、隧道精细化设计提供基础条件，如图4所示。

（2）总体方案比选

结合项目沿线控制条件，初拟路线总体方案，快速建立各方案BIM模型，基于模型开展总体路线方案及立交节点方案的综合比选；采用BIM＋GIS技术整合BIM模型与GIS模型，进行方案的可视化评审，如图5所示。

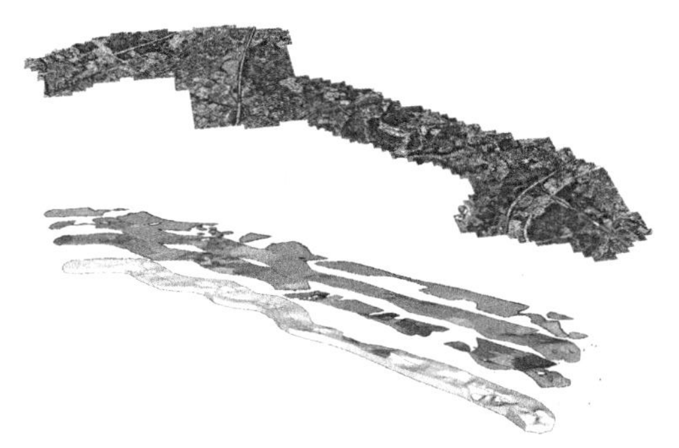

图4　项目环境模型

图5　BIM＋GIS模型

（3）深化设计

① 道路深化设计

建立项目参数化部件库[8-9]，生成参数化道路模型。基于路线及道路曲面进行三维视距验算；运用Dynamo编制路基处理设计程序，实现路基处理图的自动绘制、工程量的自动统计与输出；定制参数化支挡结构部件，实现挡墙主体结构的参数化建模，同时利用Dynamo快速提取挡墙断面参数，实现挡墙模型与结构计算的高效交互，如图 6 所示。

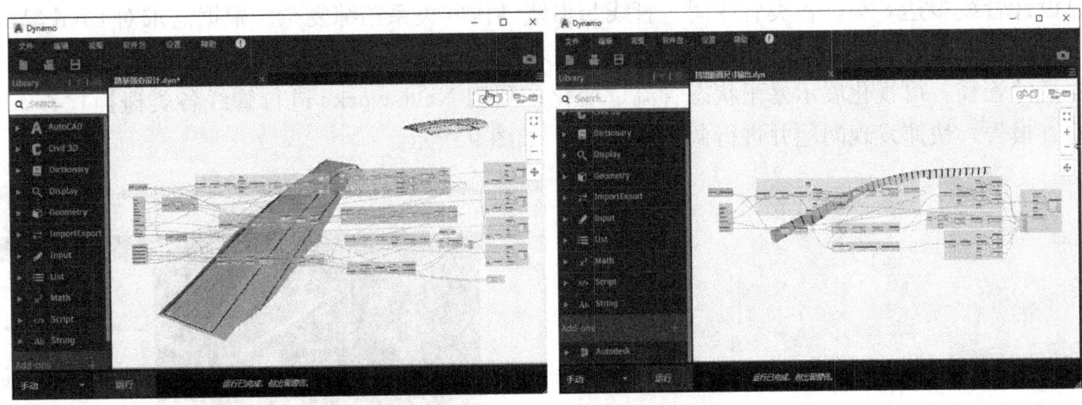

图 6　自动路基处理与挡墙参数化设计

② 桥梁深化设计

桥梁采用 R+GH+R 技术开展参数化设计[3]，快速精确完成桥梁结构模型；针对特殊节点或节段开展精细化设计、碰撞检查；结构计算方面，自主开发有限元分析软件数据接口，实现 BIM 模型与计算分析软件间的无损数据传递及交互；通过定制开发参数模块，一键式精确高效统计工程数量[10]，如图 7 所示。

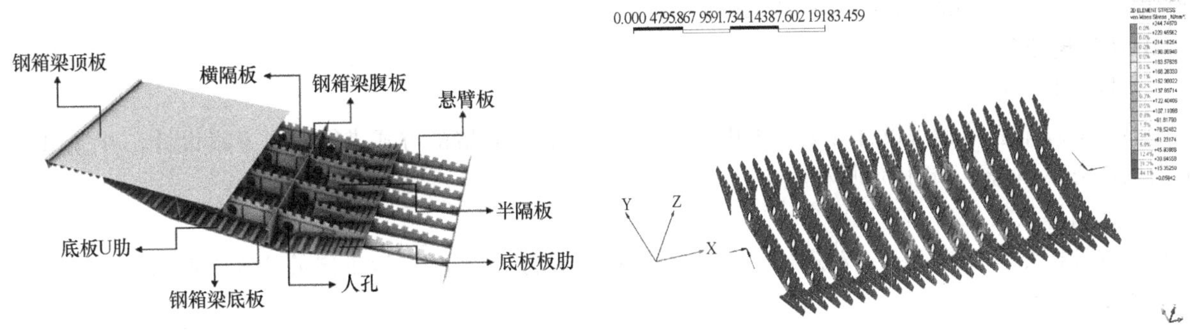

图 7　桥梁参数化设计与力学分析

③ 隧道深化设计

隧道专业基于 Inventor、Revit 及 Dynamo 创建隧道区间，衬砌支护及钢筋模型，结合洞口地形及周边环境，创建洞门模型[1]。基于隧道模型，进行烟气模拟分析，判断设备设置的必要性及参数的合理性，如图 8 所示。

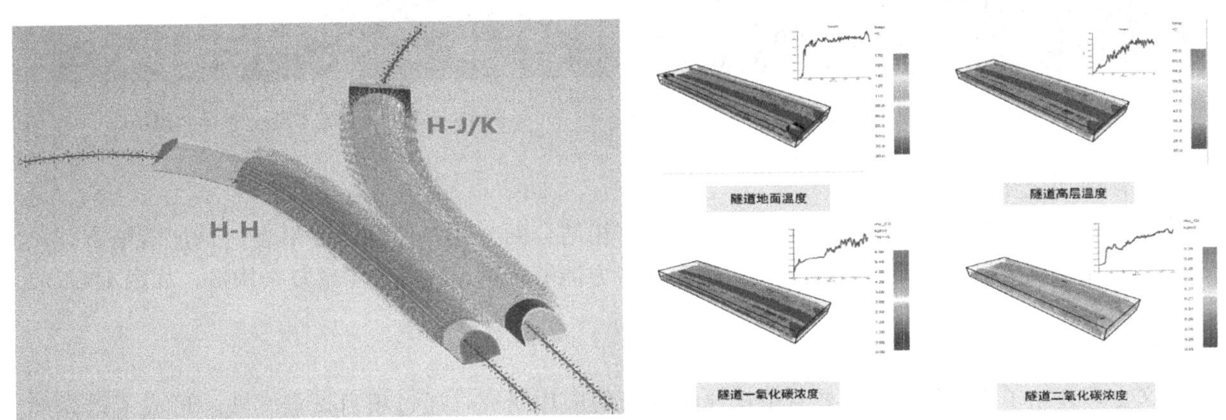

图 8　隧道参数化设计与性能分析

④ 管网深化设计

项目设计管线多达8类，各类管线间、管线与沿线结构间关系错综复杂。根据需求对Civil 3D管线设计功能进行定制开发，以提高设计建模及修改效率；利用Storm and Sanitary Analysis进行水力学动态模拟，复核设计管径，可视化展示暴雨状态管流量变化；利用Navisworks进行管线各类碰撞检查，并输出可视化检查报告，快速发现问题并进行调整优化[11]，如图9所示。

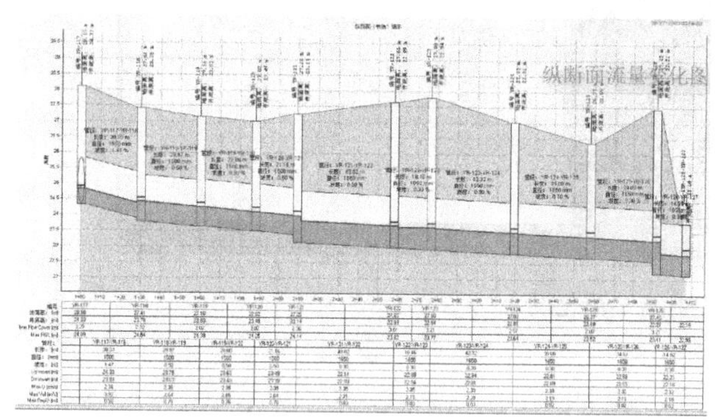
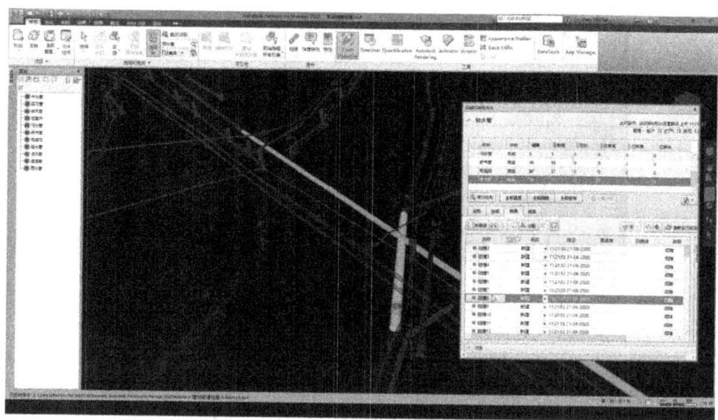

图9　管网流量状态模拟与碰撞检查

(4) 三维协同校审

设计过程中，结合进度情况定期进行多专业合模，实时过程协调，实时复核设计模型、重大管线、高速公路之间的空间关系，根据检查结果进行调整优化。

3.5 BIM拓展应用

(1) 景观艺术审查

为形象清晰地表达景观设计方案，采用BIM+GIS+景观布置的方式进行景观方案设计，并输出游线动画供景观方案审查，如图10所示。

(2) 交通导改模拟

基于设计模型，运用Fuzor对疏解方案各阶段施工内容进行模拟，以确定最佳施工期间导改与建设方案，如图11所示。

图10　景观艺术审查图

图11　深汕立交施工及交通导改模拟

(3) 移动端交互

项目在设计成果的表达上，利用“三维+二维”相结合的方式，使设计成果表达更加清晰直观。通过扫码直接在手机上呈现构件的BIM模型，使参建各方能够快速、准确地了解复杂构造，如图12所示。

4　结论

本文重点介绍了正向设计在大型复杂快速路项目的应用研究，通过项目试点实践，形成了以模型为中心的正向设计技术路线，并通过设计实践探索了多专业的三维协同设计，有效地提升了设计效率与品

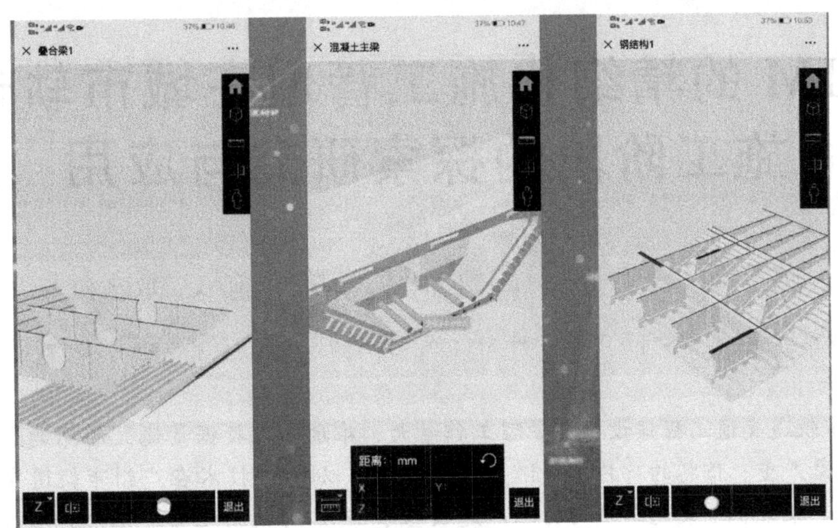

图 12　移动端图模交付

质。项目通过采用 BIM+GIS 技术、虚拟施工技术、云物联网技术等，进一步外延了 BIM 模型的附加价值，有效地达成了项目的应用目标。正向设计是市政设计行业实现数智化转型的必经之路，本项目的成功实践可为类似项目提供有益的参考。

参考文献

[1] 曹建涛. BIM 技术在公路隧道正向设计中的应用[D]. 北京：北京交通大学，2019.

[2] 林同棪国际工程咨询(中国)有限公司. 绿梓大道北段新建工程初步设计[Z]，2020.

[3] 陈家勇，赖亚平，吴后伟，等. 白沙长江大桥 BIM 正向设计应用[J]. 土木建筑工程信息技术，2019，11(6)：19-26.

[4] 市政道路桥梁信息模型应用标准：DG/TJ 08-2204—2016[S]. 上海，2016.

[5] 城市道路工程信息模型分类和编码标准：SJG 88—2021[S]. 深圳，2021.

[6] 市政工程 BIM 正向设计标准：Q/TYLIN J2001—2019[S]. 重庆，2019.

[7] 袁胜强，顾民杰，刘辉，等. 宁波中兴大桥及接线工程 BIM 设计与应用[J]. 土木建筑工程信息技术，2018，10(2)：17-22.

[8] 焦柯，陈少伟，许志坚，等. BIM 正向设计实践中若干关键技术研究[J]. 土木建筑工程信息技术，2019，11(5)：19-27.

[9] 王彦祥，何琴，颜炳魁. 市政综合项目设计阶段 BIM 应用的探索与实践[J]. 中国给水排水，2018，34 (12)：69-73.

[10] 张宜洛，邓展伟，郭创. 基于 BIM 技术的公路工程正向设计应用探究[J]. 公路，2020(9)：176-182.

[11] 蔡志敏，赵亮，潘国瑞. Civil 3D 在市政道路正向设计中的应用[C]//第二届全国岩土工程 BIM 技术研讨会论文集，2017.

基于BIM的精细化施工管理在城市轨道交通施工阶段的探索研究与应用

何　敏[1]，王　玮[2]，魏章俊[1]，陈　前[1]，邹永红[1]

（1. 中铁建华南建设有限公司，广东 广州 511400；2. 广州地铁集团有限公司，广东 广州 510220）

【摘　要】城市轨道交通工程建设存在管理工作量大、难度高、数据量庞大的问题，各参建方管理层级多、信息孤岛现象严重、信息的碎片化普遍存在。本文拟以BIM技术在广州市轨道交通十八和二十二号线的应用为案例，聚焦轨道交通工程的特点，建设基于BIM的精细化管理系统为全过程、全专业、各参建方提供有效的管理工具，实现项目施工阶段全过程数据的汇聚，力求数据的全面性、真实性、有效性、实时性，探索“基于数据的工程项目管理”的新思路及解决方案。

【关键词】轨道交通；BIM；模型；EPC

1　引言

城市轨道交通工程是关系国计民生的市政基础设施，社会关注度高[1]，面对繁重的施工任务和复杂的条件以及严格的要求，基于传统的建设工程的表现形式和管理方式难以满足城市轨道交通施工管理的需求[2]。为此，我们积极探索采用BIM技术作为城市轨道交通精细化施工管理的辅助技术手段，充分发挥BIM技术的优点，开发快速建模工具，提升建模效率和合模效果。建立“基于BIM的项目管理平台”，聚焦于轨道交通工程的特点，为参建各方提供全过程、全范围的有效管理工具，同时结合智慧工地物联网解决方案，使全方位数据汇聚成为可能，减少日常管理中参与方之间信息沟通不及时、不顺畅，上传下达的信息指令衰减等产生的信息不真实、不对称及信息孤岛等现象。

同时，依托于本项目的BIM应用探索，建立轨道交通施工阶段的BIM实施与应用标准体系，为其他项目和后续项目的BIM技术应用提供参考，为EPC总承包模式下的项目管理探索新的解决思路。

2　工程概况

2.1　项目简介

广州市轨道交通十八和二十二号线（以下简称本项目）是设计时速为160km/h的市域快线，也是广州市有史以来规模最大的单个招标项目。本项目连通万顷沙、广州南站、广州东站、白鹅潭四大枢纽，建成后，将实现30分钟从南沙副中心（自贸区、新区）至广州中心城区及东站枢纽的目标，为打造广州成为国家“十三五”规划提出的国际性综合交通枢纽，引领湾区市域快速轨道交通网络形成提供重要支撑。

2.2　工程特点和难点

（1）技术标准新，管理要求高。本项目采用EPC模式，需协调项目管理的各个方面，管理难度大。建设方要求全过程采用BIM技术作为管理手段，协助协调各参与方工作[3]，最终实现数字化移交。

（2）征拆难度大，建设工期紧。本项目首期开通段约65km线路的关门工期为2020年12月底，总工

【基金项目】住房和城乡建设部科技示范项目（S20200010），华南公司2019科研计划项目（19-B-03）

【作者简介】何敏（1987—），本科，BIM中心部员。主要研究方向为工程项目管理、建筑信息模型（BIM）、工程信息化。E-mail：524764024@qq.com

期仅39个月，工期非常紧张。

(3) 地质变化多，施工风险高。本项目所在地是有“地质博物馆”之称的广州，不良地质和地层情况复杂，同时下穿珠江水系、运营的地铁线或铁路及村落密集住宅区。

3　智能设计和快速建模工具应用

现阶段各参建方模型标准不统一，上下游不能基于同一个模型交换信息、数据，施工单位依照图纸重新翻模是常态，这样的现状增加了建模成本，降低了模型应用效益。本项目同样面临着这样的问题，同时本项目涉及的地质条件复杂，施工工艺工法多，工期紧，对于建模效率和模型精度有极高的要求。为此，我们根据自身需要基于常用的Revit、Bentley等建模软件平台进行智能设计和快速建模工具二次开发，开发了盾构管片自动排布及建模、轨行区全专业快速建模、车站出入口快速建模等多款快速建模工具，减少人为操作失误，提升建模效率和模型精度。

3.1　盾构管片自动排布及快速建模

针对盾构区间的三维空间曲线，利用传统的人工建模方式，效率和精度都无法保证。本项目研发了区间全专业半自动建模工具，利用区间线路设计的平纵断面图、区间竣工后的调线调坡数据、限界图纸等输入条件，由计算机在几个小时内完成十几公里的轨行区管片建模任务，比人工建模需要数天完成的效率有了极大的提升，如图1所示。

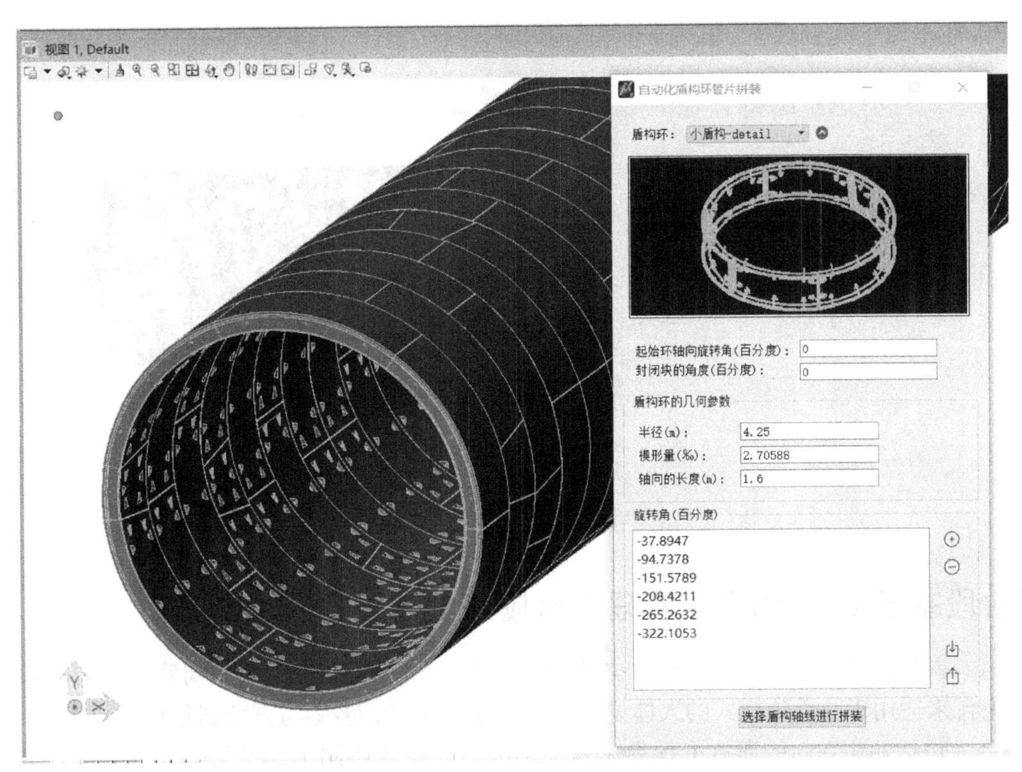

图1　盾构管片快速建模

3.2　轨行区全专业快速建模

轨行区全专业自动建模插件是一款基于Revit软件的快速建模插件，能实现地铁盾构区间管片及机电专业自动建模，提高工作效率。该插件能创建出盾构区间土建、轨道、疏散平台、接触网、给水排水、弱电、环网、低压配电等专业模型，如图2所示。利用此插件，将设计人员、建模人员从繁重而低效的工作任务中解脱出来，提高建模效率，解决了Revit本身不擅长线性空间三维形状建模的难点，实现轨行区全专业的智能化建模，将线路的平纵断面图纸中的控制点、超高等数据输入到Excel表格中作为输入条件，再通过该插件就能快速创建整个区间的管片、轨道、疏散平台、环网、低压配电、接触网、给水排水、弱电全专业模型，同时也能基于模型进行限界检测。

3.3 车站出入口快速建模

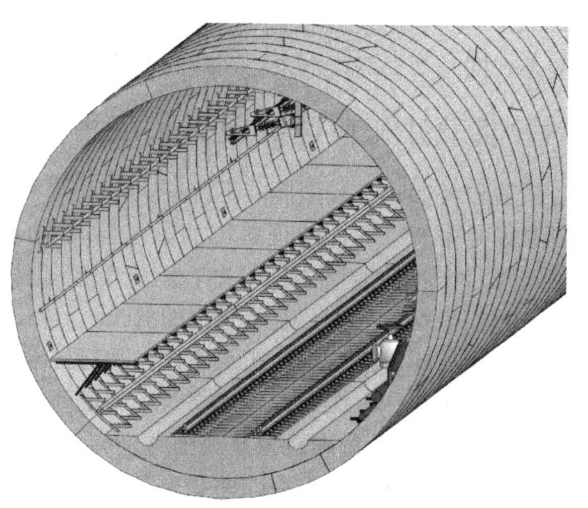

图 2　完成的区间全专业模型

开发车站出入口快速建模工具满足参数化建立和更新车站出入口模型的需要。车站出入口形状较复杂，基于 Revit 的基本建模方法在创建爬坡段折板和异形侧墙等构件时效率较低，且出入口容易受规划变化影响，方案变更频繁，一旦出现变更，利用传统的建模方法需要耗费大量时间修改模型。为了更好地在 BIM 设计和施工过程中快速实现出入口方案的三维可视化，本项目开发了智能化的设计工具实现标准车站出入口的快速建模，如图 3 所示。出入口快速建模工具利用 RevitAPI 中参数生成、扩展和驱动的函数来实现，将常用的各类型出入口做成参数化驱动的族，满足设计师快速准确地修改出入口的布置方案的需要，同时考虑车站出入口标准化设计的要求，帮助快速确定方案合理性。如果方案调整，利用参数化控制能力，输入相应的参数就能自动更新模型。

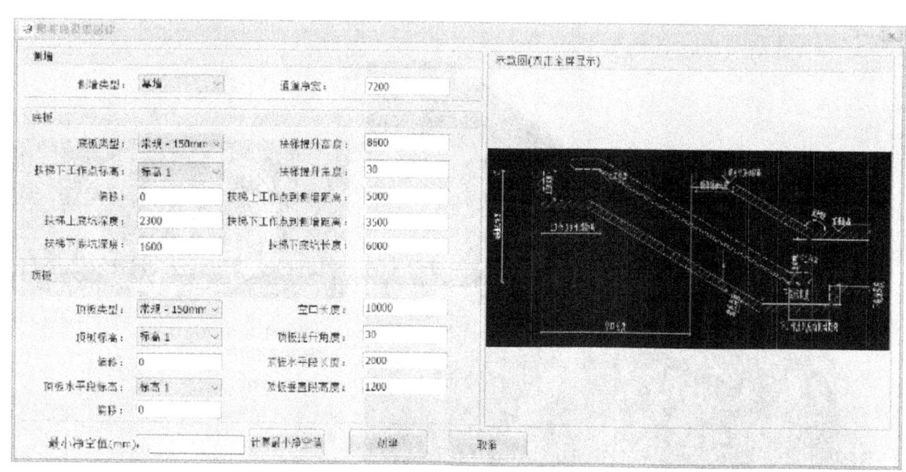

图 3　出入口快速建模工具界面

4 施工阶段基于 BIM 的项目管理平台应用

除了利用多款快速建模工具提升建模效率和模型精度外，本项目在建设初期确定了要建设基于 BIM 的项目管理平台来适用于总承包模式的大体量项目、全专业应用、多参与方数据集成的要求。

BIM 平台为包括业主在内的所有工程参建方提供统一的高效协同工作的管理平台，在继承设计阶段数据的基础上，汇聚了施工阶段的数据。为 EPC 总承包模式下的进度、安全、质量管控，人员实名制和考勤管理，门禁准入制度等提供信息化的精细化管理方案。通过面向施工过程的协同管理，三维可视化以及后期运维服务的工程数字化移交，为数据分析和挖掘提供依据，也为决策管控提供数据支撑。

4.1 模型集成

轨道交通工程具有线性、跨度大、专业多的特点，基于 BIM 的项目管理平台通过识别坐标系，自动定位建筑、结构、机电、装修多阶段、多专业模型，保证基于同一坐标系下的模型在平台上可以完全合模，如图 4 所示。项目管理各阶段和各应用场景对于模型精度要求有所区别，为此，我们对模型轻量化进行研究，在数据存储、模型压缩、模型显示方面进行优化，目前平台可承载 100 万个模型构件，可支持

1.7 亿个三角形，能够覆盖轨道交通全场景的应用需求，模型体量压缩至原体量的 10%。

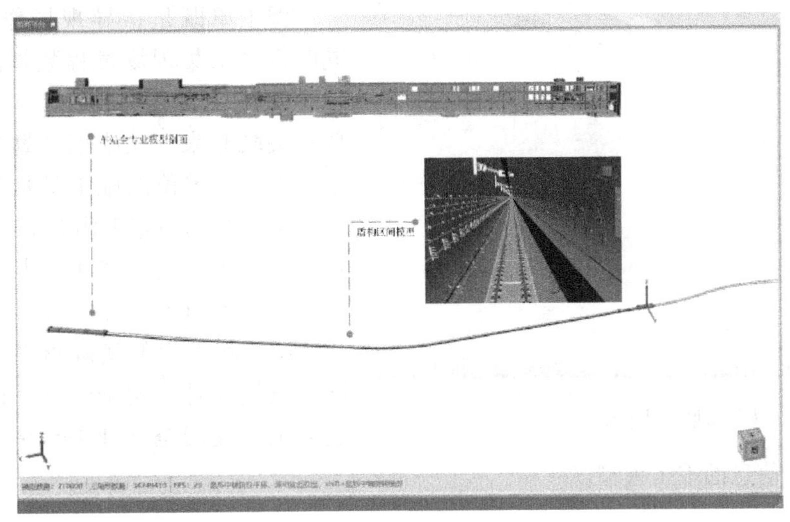

图 4　多专业模型在 BIM 平台集成

4.2　劳务实名制应用

BIM 平台集成门禁系统，结合属地管理规则，形成规范的劳务实名制管理和严格的现场准入制度，保证人员信息透明，门禁管理有效，现场施工安全有序。

通过 BIM 平台下发人员门禁进出权限，强化人员实名制管理，只有基本信息完整，进出权限下发成功的人员才能通过门禁闸机，进入施工现场。同时提供人员进出记录和考勤数据，为工人考勤统计、工资发放提供依据。在施工推进的过程中，平台也将每一名劳务人员的工程行为信息记录下来，包括门禁进入记录、出勤统计信息、参与完成的派工单信息等。形成一个以人员为核心的综合信息展示界面，如图 5 所示。

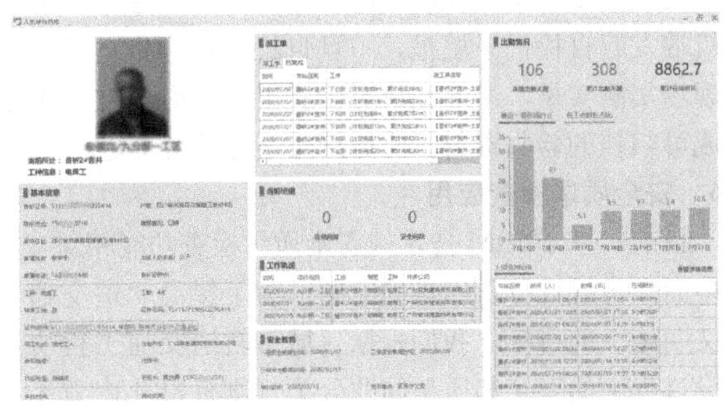

图 5　劳务人员综合信息展示

轨道交通工程施工专业众多，不同阶段对施工场地的属地管理单位会有变化。对此，BIM 平台配备完整的属地管理制度，非属地管理单位需要向属地管理单位提交基础信息完整且完成三级安全教育的人员清单，申请门禁进出权限并获得批准后，才能进出施工现场，属地管理单位也可以根据实际情况撤销相应权限。通过属地管理制度避免了现场管理混乱、责任划分不明等问题。

4.3　计划管控应用

EPC 项目的进度控制是必要且重要的[4]，BIM 平台在进度计划管控方面充分利用 EPC 总承包部模式的特点和优点，同时弱化周计划的时间限制，通过框选模型形成周计划，由模型驱动计划跟踪，解决计划编制和更新麻烦、线上和线下计划无法及时同步、模型计划关联滞后的问题。

本项目通过总承包部控制关键工期，分包细化进度计划，形成计划分级编制、逐级分解细化的管控体系。使细化计划的动态调整更合理，更便捷。各专业按照单位工程、分部工程、分项工程、检验批的质量验收体系进行施工作业分解，得到统一标准 WBS 工序库，结合可扩展的编码标准，形成一套完整的、适合轨道交通项目管理的作业体系。各单位都可以根据自己施工需要，选择所需的 WBS 节点，增加时间维度后，形成可控、可调的施工计划。本项目引入根据模型框选生成周计划的概念，如图 6 所示。对计划的关键节点做重点管控，突破则预警，周计划无法完成可以流转到下周继续完成，最终随着每个层级计划的完成，引发各阶段质量验收，实现多维度管理联动。

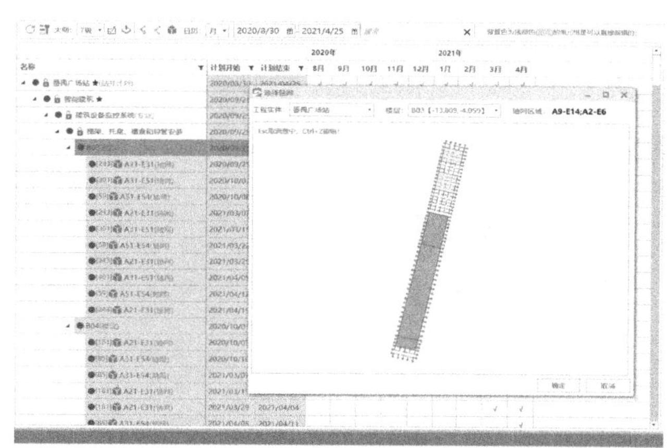

图 6　框选轴网创建周计划

4.4　派工单应用

派工单既是指导现场作业的数字化表达，同时也是采集现场过程数据的容器，它将数字模型与施工计划、人、机、料、法、环等各项要素关联起来。在施工计划与模型关联的前提下，由施工单位的施工员从每周的施工计划中勾选工序级别的施工内容对施工班组进行派单，这样派工单就实现了虚拟与现实的连接。完成施工后，由施工员和监理人员确认派工单的完成情况，将工程的实际材料消耗、进度完成情况、质量问题、安全问题、档案交付等信息通过派工单反馈至管理平台中与模型相关联，最终得到包含完整施工信息的竣工模型。

4.5　质量验收应用

为实现本项目数字化移交的目标，也为解决目前 BIM 技术在质量验收方面应用的诸多制约因素，我们探索通过派工单工作完成自动发起该工序质量验收，同时将质量验收用表结构化分解及快速配置成移动端填写界面的工具，解决施工进度与资料同步的难题。

信息化质量验收的主要管控思路为：如果某个检验批关联的派工单实体完成后，派工单模块自动通知相关人员及时组织验收。施工方质检人员通过工地门禁系统验证进入施工现场，实测实量地完成自检，手机端发起自检记录填报，一旦自检数据合格，系统将推送通知给监理方组织质量验收，监理方进同步在现场实测实量，最终完成对验收工作的审查与文件资料的审核。系统根据后台配置验收资料表单规则，生成可归档的验收资料，为后续数字化移交奠定基础。

4.6　安全质量检查应用

目前，基于 BIM 技术的安全质量检查功能相对成熟，本项目主要是解决施工和运营阶段安全质量问题多而杂、统计分析困难的问题。为了提高轨道交通工程质量安全管理水平，实现质量合格、安全生产和文明施工的目标，我们根据《城市轨道交通工程质量安全检查指南》中的质量和安全检查表，将地铁建设过程中的安全和质量问题分类规则标准化内置于平台，并对每个检查项设定扣分值。做到安全、质量问题可归类，好统计，可分析。同时，为后期安全、质量评比提供依据。

5　总结

BIM 技术能发挥很好的辅助管理能力和数据统计分析决策能力，利用 BIM 充足的数据，实现科学的预知预判功能，使分析预测更为科学有效，从而辅助决策[5]。广州市轨道交通十八和二十二号线利用一系列快速建模工具提高建模效率和精细度，以基于 BIM 的项目管理平台作为数据集成和共享中心，实现了绿色建造的目标，根据平台汇聚的数据，构建和打造了“数字地铁”的管理体系。

基于本项目的 BIM 技术应用，培养了一批专业、成熟的 BIM 技术人员团队，为城市轨道交通工程和 EPC 总承包管理模式的 BIM 技术研究和应用探索了新思路。

参考文献

[1]　吴守荣，李琪，孙槐园，等．BIM 技术在城市轨道交通工程施工管理中的应用与研究[J]．铁道标准设计，2016，60(11)：115-119.

[2]　苏艺，汪国锋，赵雪峰．BIM 技术在北京某地铁站建设中应用研究[C]//中国土木工程学会及其城市轨道交通技术工作委员会，中国工程院土木、水利与建筑工程学部．2013 中国城市轨道交通关键技术论坛文集——高水平地建设城市轨道交通，2013：6.

[3]　孟艳吉，王海斌，张杨．无锡万达室外主题乐园项目设计阶段 BIM 应用[J]．土木建筑工程信息技术，2019，11(02)：

34-40.
[4] 王汉军."设计-采购-施工"总承包模式在轨道交通建设领域的应用[J]. 都市快轨交通，2015，28(01)：47-52.
[5] 陈前，张伟忠，王玮. BIM技术在城市轨道交通建设工程质量与安全管理中的落地应用[C]//中国图学学会BIM专业委员会. 第二届全国BIM学术会议论文集. 北京：中国建筑工业出版社，2016：8.

BIM+GIS在输变电工程建设管理中的研究与应用

陈　斌[1,2]

（1. 国网浙江省电力有限公司建设分公司，浙江 杭州 310016；2. 浙江电力建设工程咨询有限公司，浙江 杭州 310016）

【摘　要】BIM对建筑本体的信息集成能力较强，而GIS在地理信息的表达上更具优势，两者具有极高的互补性。基于输变电工程特点与建设需要，本文提出BIM+GIS融合应用技术路线，通过数据建设、格式转换、功能开发、信息发布等，实现数据转换与集成，构建管理平台，开展融合应用，推进输变电工程精益化建设管理水平提升。

【关键词】BIM；GIS；输变电工程；建设管理

1　引言

建筑信息模型（Building Information Modeling，BIM）是建筑物各类属性信息与模型数据的集成。近些年，随着建筑行业信息化、工程数字化的快速发展，BIM技术在国内外受到广泛关注，其研究和应用取得了较大进展，极大地提高了设计、施工和运维效率，推动了工程数字化进程。但BIM技术对建筑物外部场景表达仍然存在较大问题，对建筑周边地理信息的集成程度较低。而地理信息系统（Geographic Information System，GIS）是一种特定而十分重要的空间信息系统，其主要功能是采集、存贮、管理、分析和描述整个或部分地球表面与空间分布有关的数据。GIS技术能融合大范围空间数据，集成地图视觉效果与地理信息的分析，因此GIS和BIM这两者互补性极高。输变电工程属于公用事业性质工程，是关系到国计民生的重要基础性设施，对质量、安全、进度等目标要求非常之高。基于输变电工程的复杂性、特殊性以及高质量建设目标需要，在输变电工程建设中开展BIM+ GIS技术应用，充分利用两者融合集成的优势，切实提高输变电工程建设管理水平。

2　技术实现路径

BIM和GIS融合应用首先是要解决GIS和BIM数据格式互相转换问题[1]。在此基础上，以BIM+GIS为技术核心，依托ERP和云技术等手段开展功能开发，并进行系统集成和应用集成，将管控管理服务部署在云端，建立适用于输变电工程管控需求的“云平台”。研究与技术实现路径如图1所示。

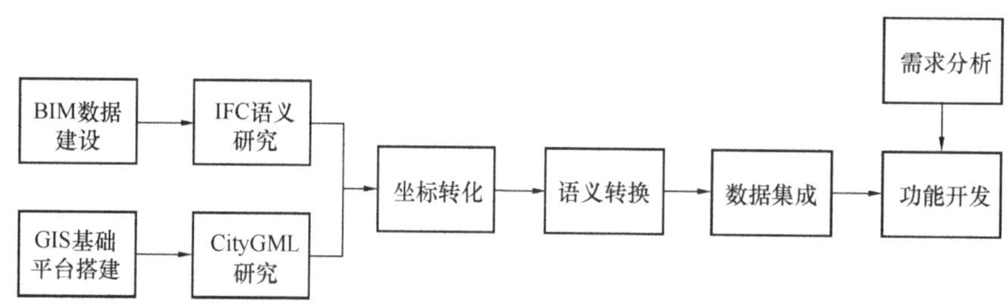

图1　研究与技术实现路径

【作者简介】陈斌（1990—），男，工程师，硕士。主要研究方向为输变电工程建设管理与科技创新。E-mail：cb462868632@qq.com

(1) BIM和GIS坐标转换。BIM通用数据格式为工业基础分类（Industry Foundation Classes，简称IFC）标准格式。GIS主要通用数据格式为地理标记语言（City Geography Markup Language，简称CityGML）格式。IFC到CityGML的几何信息转换包括坐标系的转换，大部分IFC模型都是基于本模型的几何坐标系，需要转换成CityGML中的大地坐标系[2]。

(2) BIM和GIS语义转换。IFC和CityGML通过转换工具进行转换，根据IFC标准与CityGML标准之间的映射关系、细节程度的取舍、几何信息过滤，实现BIM模型向三维GIS模型的转化与融合，保证在数据转换过程中有价值信息的无损传递。CityGML从LOD3才开始有面片是roof还是wall的语义信息[3]。

(3) BIM至GIS的优化发布。模型变更频繁需要及时更新模型，通过BIM信息一键发布更新至GIS平台，且GIS平台具有丰富的版本控制功能，以确保每次更新模型可追溯。基于GIS平台，可以上传不同版本BIM模型，通过选择指定版本BIM模型，进入模型管理界面，在此界面中可对具体的BIM模型进行添加、删除以及更新，同时支持属性查询、分成显示等。

3 工程应用实例

3.1 系统架构

采用GIS技术构建云平台，云平台承载BIM数据，基于BIM+GIS的三维管理平台总体架构如图2所示。在数据层，针对BIM数据、GIS数据、项目数据、业务信息和用户数据建立数据库，将平台信息在网页端、移动端和指挥中心的大屏幕进行展现，可直接实现三维模型与真实场景环境的实时交互比对。

3.2 数据建设

(1) 地理数据采集和环境搭建

利用无人机航拍对工程周边环境进行采集并制作倾斜摄影实景三维模型，如图3所示。倾斜摄影实景三维建模空三计算结合POS系统提供的外方位元素和相机安装位置关系，采取由粗到精的金字塔匹配策略，进行影像同名点自动匹配和自由网光束法平差，得到较好的同名点匹配结果。通过建立连接点和控制点坐标文件，结合GPS/IMU信息，实现多视角影像自检校区域网平差迭代计算，通过多次反复联合解算，最终得到符合精度要求的模型结果，实现对整个工程施工场地环境的信息提取与管控。

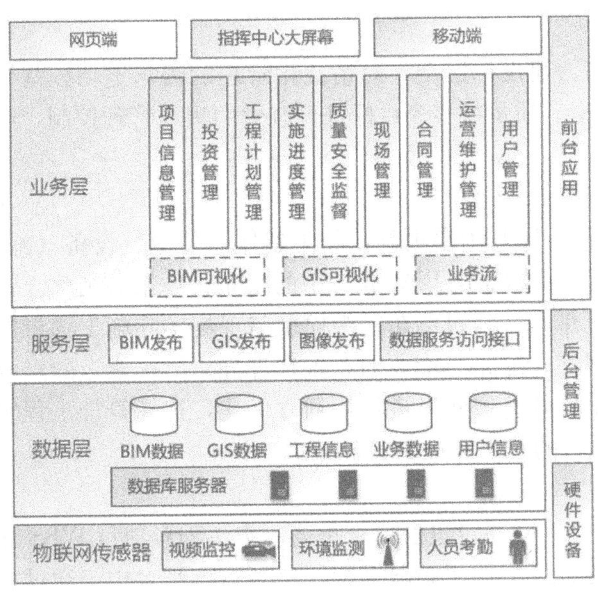

图2　基于BIM+GIS的平台总体架构图

图3　输变电工程场地实景三维模型

(2) BIM标准化族库建立

建立标准化族库是利用GIS+BIM技术进行建设管理的前提工作，是规范输变电工程建设的重要基础，用以保障不同项目之间信息传递过程中的数据共享和信息互通。根据国家、行业和国网公司等的有关规定要求，结合工程实际，对场地布置中各构件的尺寸、色彩、材质等进行固化，建立BIM标准化模块化模型，不同的构件BIM族库根据规则进行组合，形成符合规范的集成模块[4]，包括土建加工区BIM模块、站内道路BIM模块、主变压器BIM模块等，所有的模块都可以在GIS平台上进行展示读取。

3.3 技术准备

（1）BIM和GIS坐标转换。本应用工程为某500千伏变电站工程，地址位于浙江省宁波市。以Revit模型套用的施工图坐标为宁波市2000坐标系，平台使用的坐标系为WGS_84坐标。通过获取项目基点坐标及相对偏移值，利用四参数进行BIM-GIS坐标矩阵转换。由于地理信息坐标转换涉密，在此不详述。

（2）BIM和GIS语义转换。针对CityGML与IFC之间的数据格式转换，市场上已有一些软件平台提供支持，如IFCExplorer、BIMServer、FME等均可实现IFC向CityGML的自动转换[5]。根据语义信息特点将CityGML和IFC的语义信息进行分类，并基于统一资源标识符、WordNet词典等工具实现语义信息匹配。以Revit为例，从BIM到3D GIS平台实现模型无缝对接、属性无损集成，还可以通过FBX、3DS、OSGB/OSG等格式，以关键字段“图元ID”为媒介确保模型与属性一一对应关联。

（3）BIM至GIS的优化发布。为保证平台的数据分发和各专业系统对BIM数据的应用，对BIM模型进行转换和重组。根据模型的LOD规则，先对模型进行分层。再根据模型构件最小包围盒，采用非平衡八叉树剖分算法进行分块，将LOD和分块的索引与构件ID关联后存入属性表[6]。将相同的构件提取，删除冗余的模型，以同一模型进行保存，并最终对数据进行压缩，具体流程如图4所示。

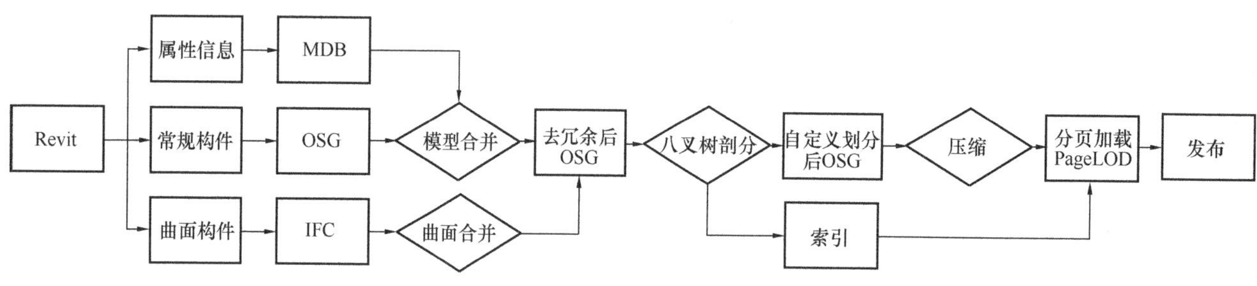

图4　BIM至GIS的优化发布流程

3.4 基于BIM+GIS的建设管理应用

输变电工程建设投入大、电气设备多、施工难度高、建设标准严，对精益化管理的需求迫切。基于BIM+GIS的管理平台可对施工过程中场布、进度、安全、质量等多个目标进行有效的集成管理控制，能够有效提升建设精益化管理水平。

（1）场地布置管理

较常规建筑工程，输变电工程功能区块划分明确，场地利用率更高，除土建作业外电气设备（施）堆放、转运和安装等对场地布置要求也更高。本工程项目将标准化BIM族库中的场布构件按规则建立钢筋加工区、电气加工区等标准模块，并载入集成至GIS平台，通过场布三维模型与现场实际施工场景的融合，形象直观地在场布与环境的协调性、视觉的美观性、道路与堆场的布置合理性、二次搬运的经济性、临时用电和消防的等的布置规范性等方面对场地布置的整体效果进行策划并优化，选择符合工程实际的合理经济、安全文明最佳场布方案。集成于GIS平台的三维场布如图5所示。

（2）施工进度管理

作为基础设施工程，输变电工程的投产目标更为刚性，对建设进度要求更高。本工程对项目WBS任务分解，根据计划进度建立BIM三维施工模型，将其导入至集成了倾斜摄影信息的GIS平台中，通过将反映计划进度的BIM模型与实际进度的GIS信息进行对比，直观呈现工程的施工进度滞后或超前情况，更为有效地感知工程实际环境对施工的影响，对于滞后工序平台进行高亮警告，分析进度状况的原因并辅助决策，实现进度管理的科学预警与动态分析。施工进度管控界面如图6所示。

（3）施工安全管理

输变电工程涉及土建和电气两大专业，风险作业多，安全管理压力较大。借助该管理平台，在GIS

图 5　三维场布 GIS 浏览平台

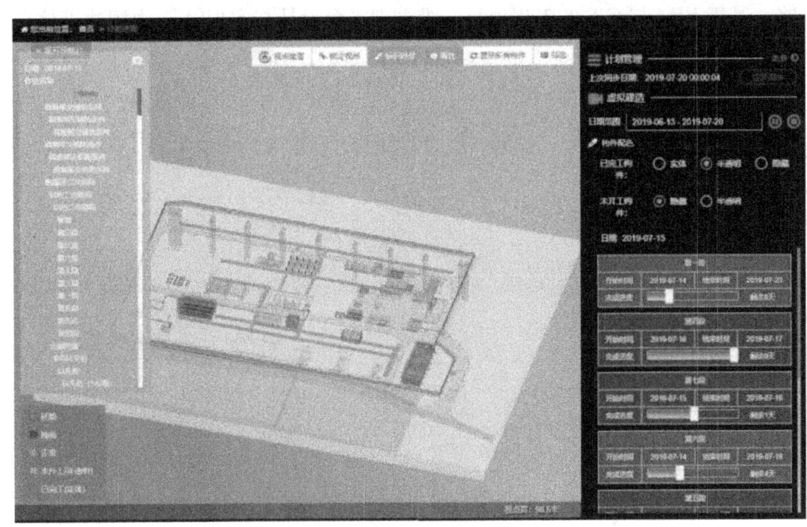

图 6　施工进度管控界面

平台中对深基坑、脚手（高支模）架、主设备安装等安全重点监测的 BIM 模型进行三维可视化表达，对安全重点监测对象布置的所有监测点坐标同 GIS 平台进行虚拟匹配，系统中会出现监测对象上的监测点位分布，现场监测数据实时上传至 GIS 平台，监测数据直接呈现于工程之中。根据规范标准设置阈值，监测数据超过预警值，进行安全预警，实现对工程现场施工安全精细化管控。

（4）施工质量管理

输变电工程关系到国计民生，其建设质量直接决定投产后的运营水平，高质量建设意义重大。本工程研究建立了质量问题检查、整改、闭环的全过程管理体系模块。通过移动端对现场检查的质量问题从空间和时间元素进行实时上报，将相关质量问题建档至 BIM 模型并关联到 GIS 平台。通过在 GIS 平台融入实景扫描结果，形象直观地对建档的质量问题整改情况进行跟踪与比对，强化对整改结果的复核与闭环，有效提升工程质量问题管控的能力。

4　总结

本文研究了 BIM 与 GIS 在输变电工程建设中融合应用的技术实现，通过相互间的数据转换与信息的优化发布，建立基于 BIM+GIS 技术的管控“云平台”，并以浙江宁波某 500 千伏变电站为试点开展了场布、进度、安全、质量管理等探索应用。应用结果反映出 BIM+GIS 的集成，可以进一步拓宽和优化各自的应用价值，既能充分实现 BIM 技术在构件模型及其属性的信息集成能力，又能发挥 GIS 技术在外部环境表达和空间分析的优势，两者的融合应用能够更加形象直观、真实有效地呈现出工程的建设状态，提升输变电工程建设精益化管控水平。在此基础上，后续将在输电线路工程中进一步深化应用 BIM+GIS 技术，充分释放其在长距离线性工程中的巨大的作用与价值。

参考文献

[1] 刘金岩，刘云锋，李浩，等．基于 BIM 和 GIS 的数据集成在水利工程中的应用框架[J]．工程管理学报，2016，30(4)：95-99.

[2] 胡章杰，张艺．BIM 在三维数字城市中的集成与应用研究[J]．测绘通报，2015(S1)：196-198.

[3] 宋学峰．以 GIS 和 BIM 深度集成应用技术为核心的城市地下管网信息管理模式探讨[J]．土木建筑工程信息技术，2016，8(4)：80-84.

[4] 陈斌，林立波，屠月海．基于建筑信息模型的变电站场地安全文明施工应用研究[J]．建筑经济，2020，41(S1)：149-153.

[5] 汤圣君，朱庆，赵君峤．BIM 与 GIS 数据集成：IFC 与 CityGML 建筑几何语义信息互操作技术[J]．土木建筑工程信息技术，2014，6(4)：11-17.

[6] 方磊，王立幼，叶铭．基于 BIM 与 GIS 的工程项目三维管理平台设计与实现[J]．中国建设信息化，2018(16)：70-72.

水利勘察设计院 BIM 建设与应用探讨

代进雄[1]，蒋　奇[1]，赵志峰[2]，李泽敏[1]，吴明哲[1]，张　颖[1]，贾一夫[1]

（1. 北京市水利规划设计研究院，北京 100048；2. 北京清河水利建设集团有限公司，北京 100085）

【摘　要】本文通过调研与分析全国各大水利勘察设计院的 BIM 发展状况，结合本企业 BIM 技术发展实际，提出了水利勘察设计院 BIM 建设与应用发展模式，概括总结了 BIM 标准化建设、BIM 平台本土化定制、三维设计出图管理平台建设的主要内容及流程，可供水利勘察设计院参考。

【关键词】BIM 正向设计；水利工程 ；建模规范

1　引言

BIM 技术正在带来一场建筑业的“二次革命”。不管是交通运输、机场、港口、桥梁、水利、电力等传统基建工程，还是智能装备、新材料研发、智慧城市、3D 打印等新兴产业，都在积极地引进与探索 BIM 新技术。BIM 技术具备的可视化、一体化、参数化、协同、仿真、信息完备等特性，正在极大地促进工程建设的效率。

相比其他工程，水利工程有很强的系统性及综合性，在设计过程中参与专业多，交叉设计联系紧密；除此以外，水利工程一般规模较大，技术复杂，工期较长，投资多，必须按照基本建设程序及有关标准进行[1]，这就意味着水利勘察设计的 BIM 技术应用必须贴近水利工程实际，不能完全照搬其他行业的 BIM 发展模式，也不能完全受限于市面上 BIM 软件的自身功能短板。

基于以上特点，结合本设计院 BIM 项目实际应用状况，同时调研了国内大部分水利勘察设计院的 BIM 应用情况，本文对水利勘察设计院的 BIM 技术的建设与应用发展进行了思考与探讨。

2　水利勘察设计行业 BIM 发展存在的问题

通过调研国内超过半数省级水利设计院及部分典型地市级水利设计院，并结合自身所在企业的 BIM 应用发展情况，总结出水利勘察设计院的 BIM 发展主要有以下三方面问题（图 1）：

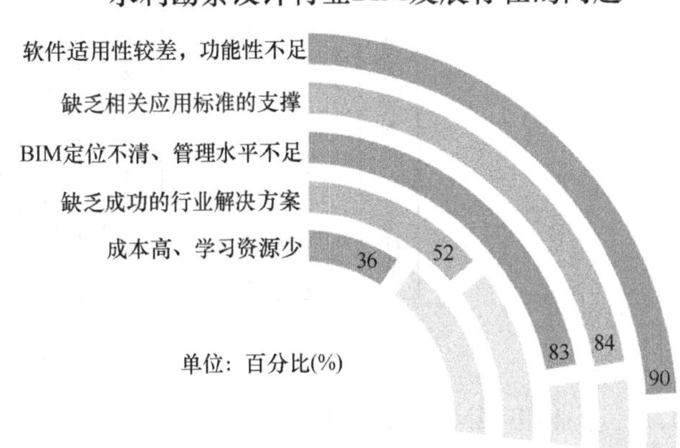

图 1　水利勘察设计行业 BIM 发展存在的问题

（1）软件适用性较差，功能性不足

调研结果显示有 90％的水利勘察设计企业认为现行的 BIM 软件适用性较差，图件无法满足本企业的制图出图标准，出图后还需经过二次加工[2]；除此以外，部分 BIM 软件功能性欠缺，往往需要用多个不同的软件来实现一项功能，使得文件来回流转造成属性信息丢失严重。

（2）缺乏相关应用标准的支撑

调研结果显示，有 84％的企业认为相关企业单位缺乏落地的符合水利行业的标准体系。近几年国家和地方政府发布了许多鼓励 BIM 发展的政策，也相继出台了不少 BIM 标准，但多是从宏观层面做方向性

【作者简介】代进雄（1991—），男，工程师。主要研究方向为水利工程、岩土工程 BIM 技术。E-mail：vincentismax@126.com

指导的框架性文件，缺少面向各层级的可执行基础性标准体系[2]。

(3) BIM 定位不清、管理水平不足

有 83%的企业认为企业 BIM 管理水平不足，BIM 成果在项目中的定位不清楚[2]。此外，BIM 成果图件的校审缺乏标准体系，也没有对应的校审平台来支撑，BIM 成果最终沦为汇报演示材料，失去了正向设计的意义。

3 企业 BIM 应用发展与建设

基于水利行业的特点及前述的水利行业 BIM 应用发展的问题，水利勘察设计院的 BIM 应用发展建设一方面应先从企业整体层面出发，建立宏观的企业 BIM 规范标准；在宏观的企业 BIM 标准框架下，建立各分部门（专业）BIM 标准及操作规范；同时，应着手建立基于 BIM 的三维设计出图管理平台（包括设计、校核、审查），使 BIM 设计不再流于形式，真正地用于工程正向设计。另外，根据企业实际项目特点，需对 BIM 设计软件进行针对性的底层文件配置与二次开发，满足企业工程制图出图要求。

综上所述，企业 BIM 的应用发展应包括 BIM 标准化建设、BIM 设计软件本土化定制、建立基于 BIM 的三维设计出图管理平台三部分。

3.1 BIM 标准化建设

企业 BIM 标准化建设应包含企业级的 BIM 相关标准的建设、各专业建模标准及操作规范以及模型元件（构件）库管理标准三部分内容。相关架构如图 2 所示。

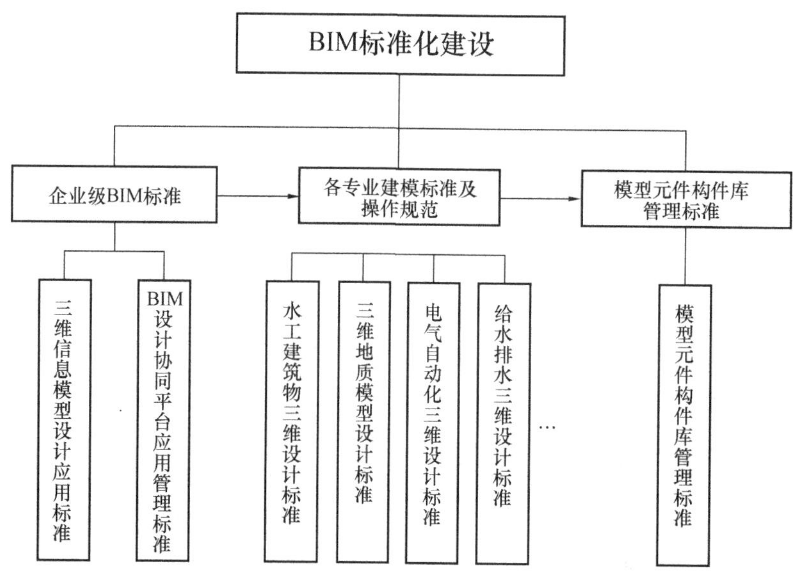

图 2　企业 BIM 标准化建设架构

3.1.1 企业级 BIM 标准建设

企业级 BIM 标准的建设是企业对设计成果质量整体的把控及约束，以形成规范化的设计成果。企业级 BIM 标准应基于现行的国家 BIM 标准及行业 BIM 标准，并结合设计院的企业标准来制定一个严于国标、行标并且符合企业实际的标准规范。

在符合以上原则的条件下，企业级 BIM 标准应规定如下内容：

(1) 设计模型的分类原则[3]；

(2) 分类编码原则[3]；

(3) 信息模型建模范围及深度要求[3]；

(4) 设计信息模型图元属性定义[3]；

(5) 模型文件命名原则；

(6) 模型颜色定义；

（7）BIM三维协同设计平台目录划分；

（8）BIM三维协同设计平台权限管理；

（9）BIM三维协同设计平台文件管理。

3.1.2 各专业BIM设计标准及操作规范建设

基于企业级标准的建设，下一步应着手建设各专业的BIM设计标准及建模操作规范。以各大水利勘察设计院专业配置来看，一般含有水工、地质（地勘）、规划、机电、给水排水、建筑、生态等专业，每个专业应单独建立BIM设计标准及操作规范。以水利设计院的主干专业水工BIM设计为例，操作规范应包含如下内容：

（1）建模环境的选取

目前主流BIM设计软件往往自带有多种设计建模环境，每种环境中往往具有不同的属性配置、设计元素样式、构件类型。正确地选择建模环境，直接关系着设计成果的质量。

（2）模型文件管理规则

包括对全专业模型文件的组装汇总、各专业模型文件的命名管理等内容。其中，对BIM模型文件的规范化的命名，有利于提高文件管理的水平、提升专业之间的沟通效率。本企业对BIM设计文件的命名分为五部分，各部分以英文的下画线“_”为分割符号，如图3所示。

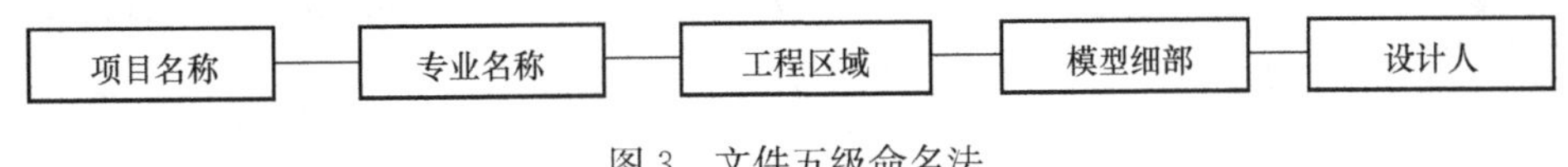

图3 文件五级命名法

（3）建模设计规则

以本企业来说，水工建筑物BIM设计应遵循以下规则：

① 规定建模时用同一种、同一版本软件，并选择正确的建模环境；

② 对于结构复杂的建筑物，建模之前应分析模型结构，建立分块、分区建模方案；

③ 规定在建模中选择合适的图层；

④ 设计样式的正确选择，样式决定了模型在操作界面的外观显示、模型的图纸表达、剖切图案、中心线、渲染特性、工程量输出、图纸标注、材质、结构对象等诸多信息；

⑤ 建模精度，规定建模精度应满足规范、院内要求；

⑥ 建模顺序，遵循从下部到上部、从内部到外部、从整体到细部三条原则。

（4）切图出图规则

包括图框大小、切图模板、切图规则的制定。

综上所述，三维设计建模流程如图4所示。图中出现的BIW_OBD与Workset_BIW是本企业自配置的工作环境；BIW切图种子与BIW标注样式是本企业自身定制的出图配置。

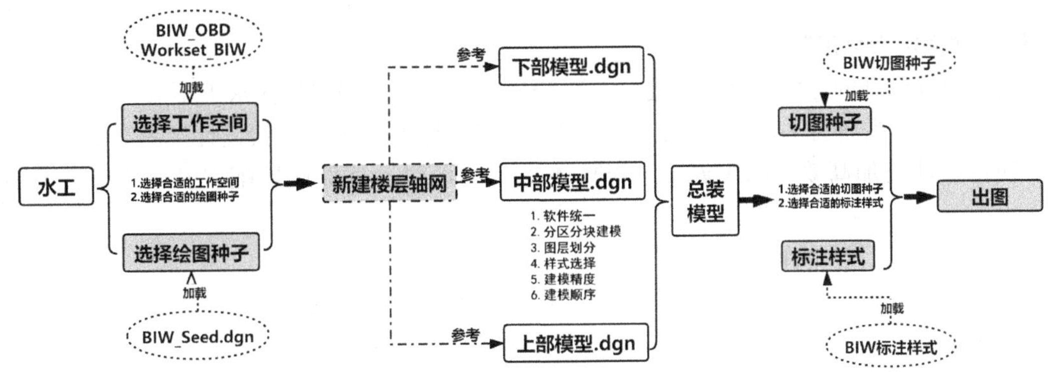

图4 水工建筑物三维正向设计建模流程（基于Bentley平台）

3.1.3　模型元件库管理标准

在设计过程中，会产生大量的元件、构件，对元件库进行分专业、分类别的管理，可以提高设计建模效率，也提高了后期图纸的质量，也便于 BIM 信息的利用。

各部门元件库管理方案应采取逐级细分、分类分项管理的原则来创建。以本企业三维自动化元件库为例，将三维自动化元件库分为监控系、计算机网络系、通信系、视频系等八大类，在这八个大类中继续逐级细分，其中监控系元器件库又可细分为 PLC 控制柜、I/O 接线柜、阀门控制柜、仪表柜等七小类，在每小类中又可按具体型号再细分。具体结构见图 5。

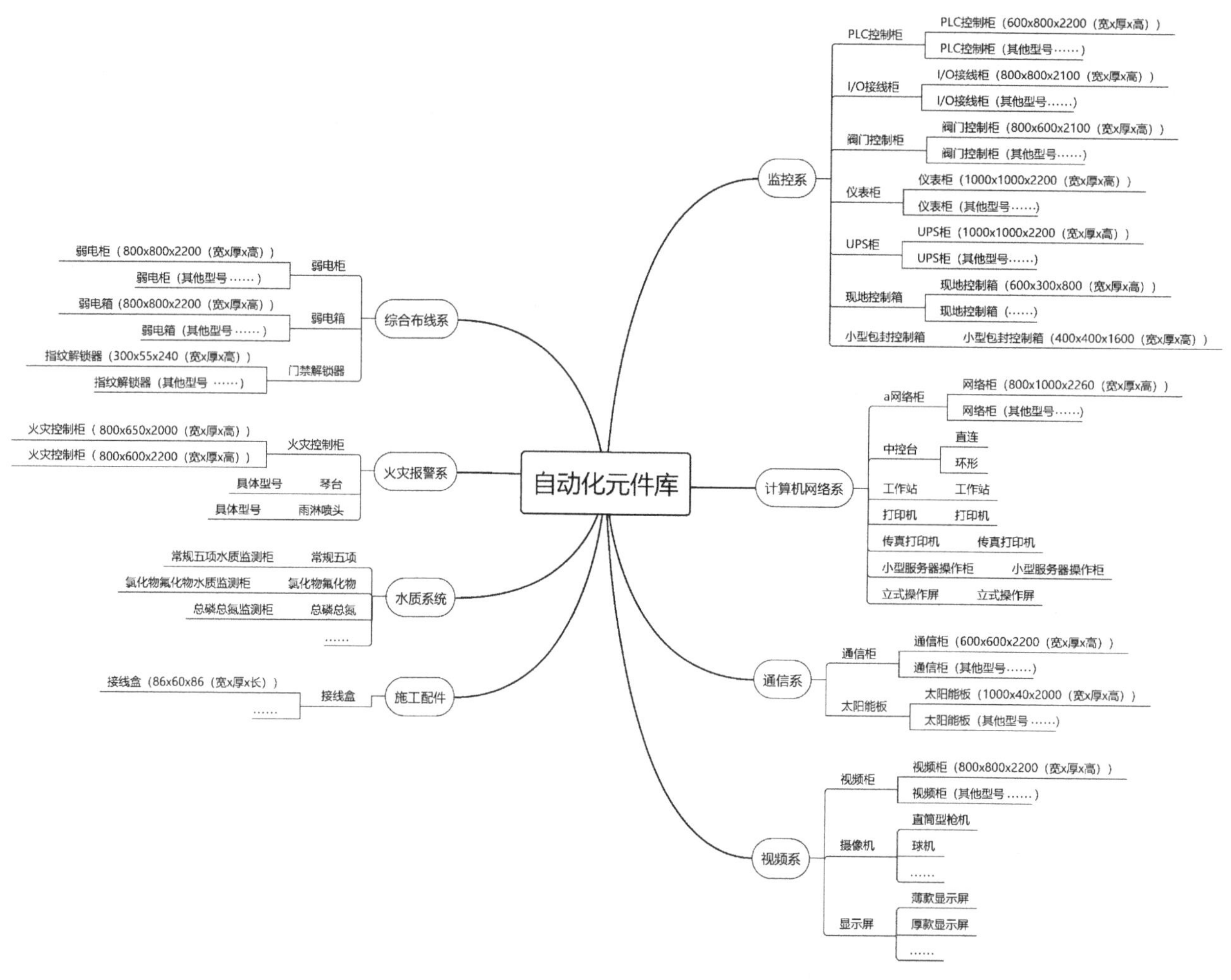

图 5　元件库管理目录（自动化专业）

3.2　BIM 设计软件本土化定制

由于国内外设计标准的差异，目前引进的主流 BIM 设计软件在国内往往水土不服，一些由 BIM 软件原生生成的成果图，需要进行手动二次加工，才能达到审核标准。任何一款设计工具，必须进行本地化定制，才能使得设计更加高效，减少返工。BIM 本地化建设包括软件底层配置及基于软件平台的二次开发。

3.2.1　BIM 设计软件工作环境配置

为了满足不同项目的需要，需要定制特定的工作环境来满足项目的需求。本企业在基于工程实际项目的需求上，制定了 BIW 工作空间，主要在如下几方面进行了配置：

① 重新调整了操作界面，在首页添加常用工具，隐藏了部分不常用工具；

② 新增了门、窗等系统构件型号与类别；

③ 新增了自定义构件及属性；

④ 新增了 298 个标准图层，满足规范要求；

⑤ 新增了 Part 样式，包括渲染特性、剖切图案、图纸表达、工程量输出等；

⑥ 新增了院标准图框；

⑦ 重定义了线型，满足院标准要求；

⑧ 重新定义了标注、文字等样式，满足院标准要求；

⑨ 重新定义了绘图种子，满足院标准要求；

⑩ 重新定义了切图种子，满足院标准要求。

部分配置效果如图 6 所示。

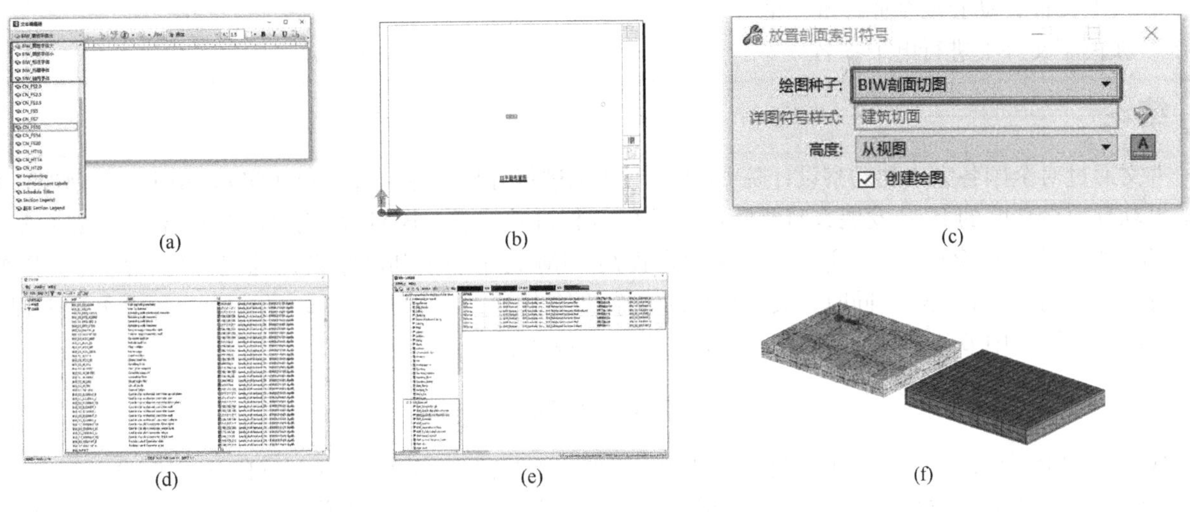

图 6　工作环境本土化配置

（a）标注样式配置；（b）图框定制；（c）切图种子定制；（d）图层定制；（e）模型属性样式定制，包括渲染特性、剖切图案、图纸表达、工程量输出等；（f）自定义钢筋石笼、大理石饰面材质

3.2.2　二次开发

对于无法用配置优化的本地化需求，需要进行二次开发，以解决设计过程中出现的痛点问题。总的来说，二次开发应在以下几方面来考虑，包括参数设计类工具、统计类工具、出图类工具等。本企业在二次开发方面做了大量工作，并取得了丰富成果。部分开发成果见图 7，其中（a）为 U 形槽参数化设计工具，（b）为纵断面设计工具。

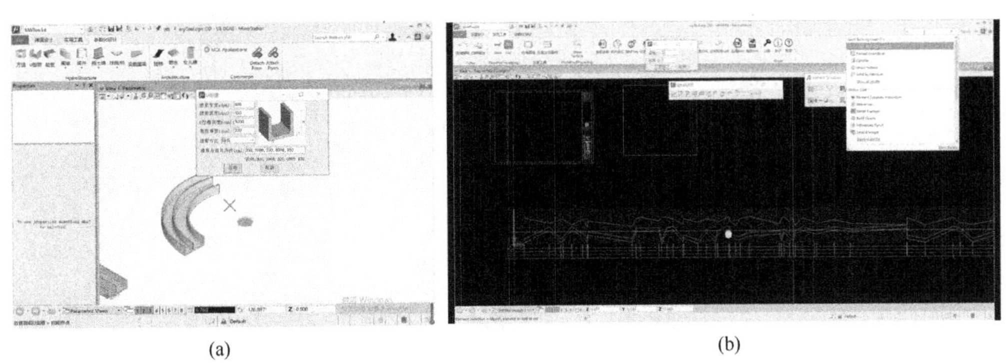

图 7　基于 Bentley 的二次开发

3.3　三维设计出图管理平台建设

现阶段各大设计院均进行了二维 CAD 出图管理系统的引进与改造，电子图档可以实现线上校核、审查、归档、统计、批量出图、版本控制、电子签名、标准化推送等全过程出图管理，实现了规范化的设计文件校审流程及出图标准，而对于 BIM 三维信息模型，只能通过线下流转，来手动进行校核、审查，

BIM模型在不同配置的电脑上来回流转，往往会发生信息的丢失以及误操作，给校审带来极大的不便。

随着BIM技术的深入发展，必然会涉及BIM模型的线上出图管理，实现线上的BIM文件收集、校审、归档、统计，这就需要在BIM设计平台中接入出图管理系统，并进行深度定制，以满足需求。

三维设计出图管理平台应有如下功能点：

① 实现BIM模型文件的复制、粘贴、签入、签出、重命名等基础操作；

② 实现BIM模型的校核、审查，并自动生成校审意见，基于审查意见可快速定位到模型；

③ 实现模型的剖切及图层控制；

④ 实现模型的规范性操作失误预警，对模型文件设计过程中出现违反规范的错误操作进行警告；

⑤ 模型文件自动套取企业标准图框；

⑥ 在模型文件上进行电子签名。

4 结论

本文通过对全国各大水利勘察设计院BIM发展状况进行分析，并结合本企业实际BIM应用情况，总结了水利勘察设计院的BIM发展方向及模式，即BIM标准化建设、BIM设计软件本土化定制、建立基于BIM的三维设计出图管理平台三部分。本文旨在提高BIM技术在水利勘察设计院规范化、高效率发展，具有较强的实用性及启发性；同时，文中提到的本企业的BIM发展应用模式，已成功在各大水利工程中实践，在工程设计中节约了大量的时间成本，创造了可观经济效益。

参考文献

[1] 智研咨询集团．2017—2022年中国水利工程市场分析及发展趋势研究报告[R]．北京：智研咨询集团，2017.

[2] 曹可杰，商黑旦．水利勘察设计行业BIM应用报告(2020—2021年度)[EB/OL]．[2021-04-02]．http://www.zkschina.com.cn/vision/show-269.htm.

[3] 国家市场监督管理总局．建筑信息模型分类和编码标准：GB/T 51269—2017 [S]．北京：中国建筑工业出版社，2017.

基于BIM的绿色园区运营优化平台设计与应用

肖朋林，谢鹏华，王　欣

（上海市建筑科学研究院有限公司，上海 200032）

【摘　要】随着BIM轻量化技术的不断发展，BIM技术越来越多地应用在建筑运维阶段；本文通过调研BIM轻量化展示和微服务架构等关键技术，提出了一种结合BIM技术的绿色园区运营优化平台架构，梳理了绿色园区运营阶段的平台功能需求及与BIM的融合，最后通过实际项目验证了平台设计架构和功能，提升了绿色园区运营管理水平。

【关键词】BIM；绿色园区；BIM轻量化；微服务架构；数据接入

1　引言

目前BIM技术较多应用在设计和施工阶段[1]，但由于BIM模型本身文件较大，无法直接在Web端进行展示，无法满足运营阶段基于B/S架构体系平台应用需求，使得BIM在运营阶段的研究仍处于早期，利用率远落后于设计和施工阶段。BIM轻量化技术的不断发展，为BIM模型在浏览器中的展示应用提供了基础平台和二次开发能力，使得BIM技术越来越多地应用建筑运营阶段[2-3]。

在我国大力发展绿色建筑和绿色园区的方针政策下，未来我国绿色园区将逐步增多。为了更好辅助绿色园区运营管理，将BIM模型引入园区管理中，有助于提高运营管理效率。本文通过研究BIM轻量化、微服务架构等关键技术，设计了一种基于BIM的绿色园区运营优化平台架构，调研梳理了绿色园区运营管理需求，实现了基于该架构的平台应用，解决了BIM模型与业务系统数据集成及运营动态优化问题，提升了绿色园区设施设备精细化管理，降低了园区运行能耗和运营成本，最终实现园区的绿色低碳目标。

2　关键技术

2.1　BIM轻量化技术

BIM模型轻量化技术[4]是指在工程建筑BIM模型建立之后，通过对模型的压缩处理等技术手段，让模型在各类Web浏览器、移动终端上被使用的技术。BIM轻量化引擎是BIM模型轻量化技术的体现，是建筑三维模型展示功能的基础，以“微服务”“云原生”为指导思想，保证服务的高可用性、扩展性。它包含转换引擎、显示引擎和数据引擎三个板块。

2.2　微服务技术

微服务架构是将功能模块按照不同分类拆分成多个小模块服务，各服务独立开发、测试、部署，各服务之间使用轻量级通信规范进行相互通信、数据传递和协作，例如通过Restful风格的API接口、RPC远程过程调用等，极大地降低了服务之间的耦合性[5]。微服务技术栈包含服务功能开发和部署速度快、需求变更影响小且上线快、各微服务技术栈不受限制、易于服务实例的扩展等优点[6]。

【作者简介】肖朋林（1989—），男，工程师。主要研究方向为建筑智慧运营信息化。E-mail：xiaopenglin@163.com

3 运营需求

3.1 总体需求

传统建筑运营思维只考虑当前在建筑内需要做什么以及需要为谁服务，只服务于程序和业主。绿色建筑运营要求我们超出传统的决策方式，将建筑置于更大系统中，为绿色建筑的可持续而运营。根据对国内外绿色建筑和健康建筑相关标准的梳理，以及绿色建筑咨询实践中对建筑绿色化真实需求的理解，梳理出关键指标。其中绿色建筑运营需求的涵盖高频场景（室内外综合管理）、大数据被动式场景（环境、能源、水资源）、低频场景（固定资产管理）和制度设置（绿色制度管理）等方面。

3.2 示范需求

本文以上海建科院莘庄科技绿色园区为实际应用项目，梳理了针对性的绿色园区运营需求。具体的需求见表 1。

实际项目绿色运营需求清单　　**表 1**

大类	功能模块	内容及功能说明
能源与资源管理	能耗管理模块	采集或者录入电耗的分项计量数据和账单数据
	水耗管理模块	采集或者录入所有楼的水耗总量数据
	燃气管理模块	采集或者录入所有楼的燃气总量数据
	可再生能源管理	采集 Onyx 光伏电表
	碳排放管理模块	基于能耗水耗碳排放，设计出碳排放的模块
环境管理	室外气象数据模块	接入公开数据源展示室外气象数据
	10 号楼温热环境管理	能读取所有楼层的温湿度数，能分区控制、单台控制各室内空调机的开启与关闭，以及设定温度（仅限 4F）
	10 号楼空气品质管理	读取 4F 主要功能空间的 CO_2，$PM_{2.5}$和 TVOC 数据 能控制内循环空气净化器的启闭（仅限 4F） 能控制新风空调箱的开启与关闭（仅限 4F） 控制会议室窗户开启，以在人多时改善（仅限 4F 会议室）
	10 号楼光环境管理	读取室外照度数据或辐射数据，转化为相应的室内控制的讯号 会议室根据会议场景进行光环境控制，4F 西侧的南侧窗帘改为可调遮阳及室内照明可与室外照度联动
满意度管理	满意度管理	通过移动端进行温热环境，照度相关的满意度投票，系统根据算法进行在 4F 局部示范

3.3 数据接入需求

绿色园区建筑运营优化平台主要实现建筑运营过程中的能源资源管理、环境空气质量的监控、运营满意度管理，并结合 BIM 进行三维可视化交互展现管理。为实现平台的各项功能，需集成园区用电、室内环境、空调、新风、照明、光伏发电等内部运行数据，园区室外气象、辐照度等外部环境数据，以及用户满意度反馈数据；同时也包含园区、建筑等静态数据信息。平台的主要数据源清单见表 2。

主要数据源清单　　**表 2**

数据类型	数据源	说明
动态数据	电力计量数据	通过监测仪表采集的各用电设备实时用电数据，从用电管理系统中获取
	光伏发电数据	通过采集光伏电表获取实时发电量数据
	空调运行数据	实时空调启停状态、风量、温度等
	新风机运行数据	启停状态、风量
	室内环境数据	温度、湿度、CO_2、$PM_{2.5}$
	空气净化器运行数据	启停状态、运行模式

续表

数据类型	数据源	说明
动态数据	开窗器状态数据	开启关闭状态
	室内照明运行数据	开启状态、运行模式
	室外气象数据	室外温度、天气、空气质量等
	太阳辐照度	辐照度、辐射量信息
	用水数据	月度用水量
	用气数据	月度用气量
	运行数据	报警信息、日志信息等
静态数据	园区整体信息	园区的建成时间、占地面积、建筑面积等
	建筑信息	建筑名称、面积、运行年份、办公人数、机电信息
	设备信息	设备类型、投入使用时间、出厂信息等
	人员信息	人员名称、权限类型、所在位置
	字典信息	各类字典，例如窗体类型、环境参数等

4　平台架构

4.1　总体架构

为实现绿色园区建筑运营优化平台的多数据采集融合、实现数据的集成、存储、处理分析、应用展示，平台架构设计如图 1 所示，包含多数据源、采集传输、数据集成、数据存储、数据处理、接口服务、功能应用七个层级。每个层级在数据融合过程中起到不同的作用，且各个层级之间紧密相连、相互协作、缺一不可。

1. 采集传输层

根据不同的数据源，平台将采用不同的数据集成形式，主要包含数据手工录入、数据实时采集、Restful 数据接口、系统对接等方式。

1）手工录入方式

实现园区整体信息、建筑信息、设备信息、人员信息、字典信息等静态数据的录入，以及用水、用气账单数据的录入，录入数据直接存储到数据库。

2）数据实时采集方式

通过 Modbus、BACNet、RS485、OPC 等协议，实时采集光伏发电数据、空调运行数据、新风机运行数据、室内环境数据、空气净化器运行数据、室内照明运行数据；并通过 MQTT 协议传输到平台，并进行数据后续存储、处理。

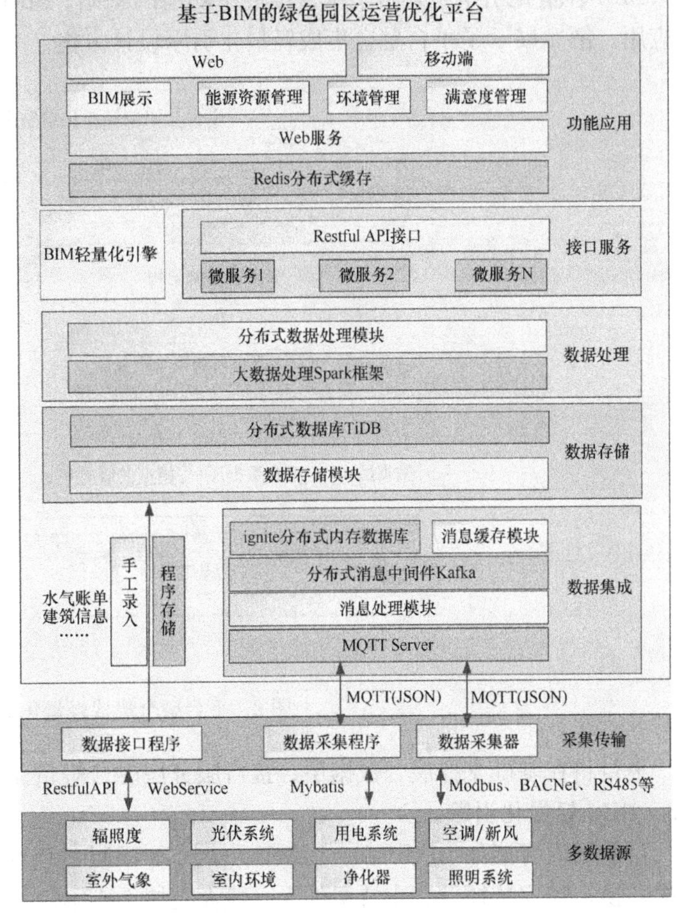

图 1　平台架构

3）Restful 数据接口方式

通过 Restful 数据接口从第三方和气象站平台获取室外气象数据和辐照度数据信息，并将获取数据格式化后存储到平台数据库。

4）系统对接方式

通过编写程序从用电监测系统的数据库中直接获取电表原始数据，并根据数据传输 MQTT 协议将数据传输到平台。

2. 数据集成层

数据集成层实现采集数据的接收及缓存功能。提供物联网协议 MQTT 的方式进行接入，将接入的数据存入消息中间件 Kafka 中，以最大限度地处理接收到的数据，并将 Kafka 中的实时数据缓存到 ignite 分布式缓存数据库，历史数据保存到分布式数据库。

3. 数据存储层

平台数据库采用 TiDB 分布式数据库，提供水平扩展能力。

4. 数据处理层

平台基于大数据处理框架 Spark 对建筑能源和环境进行汇总计算和指标分析。

5. 接口服务层

平台基于微服务架构，通过多个服务配合，采用标准的 Restful API 风格接口为应用提供接口服务。

4.2 轻量化引擎与平台架构融合设计

BIM 轻量化引擎是建筑三维模型展示功能的基础，BIM 轻量化引擎支撑平台基于 BIM 模型的各项功能应用。图 2 展示了平台融合集成轻量化引擎设计方案。

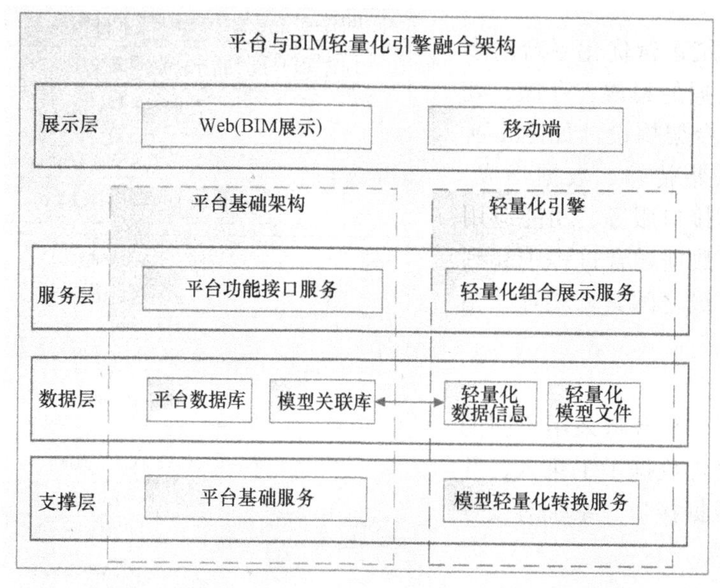

图 2　平台融合集成轻量化引擎设计架构

平台将在基础支撑层、数据层、接口服务层融合轻量化引擎，为 BIM 模型的应用提供基础支撑。

4.3 BIM 轻量化引擎

目前国内有诸如 BIMFace、BIMV、毕加索 BIM 等引擎，根据调研，BIMFace 具有支持文件格式多，云端转换，免安装插件、支持文件大（最大支持 10G 模型、建筑面积超 40 万 m^2）、接口丰富等特点，符合本平台的开发需求。本平台选择 BIMFace 引擎作为轻量化转换和展示平台。

5 平台应用

根据实际示范需求和平台架构设计，平台在上海建科莘庄科技园区项目应用中主要实现了园区 BIM 总览、能源资源管理、环境品质管理及满意度管理等功能。

5.1 园区 BIM 总览

总览页面提供了一图管全局的功能，展示了园区的基本信息，三代绿色建筑信息以及园区的能源运行、环境、碳排放等信息（图 3）。

5.2　能源资源管理

能源资源管理模块包含对能耗、水耗、燃气、可再生等多种能源类型的管理，将各类设备采集后的数据计算汇总后得到的各能源读数、用量，通过数据展示层以可视化形式展示出来，充分反映园区能源管理需求，并进行用能策略和设备实时管理（图 4）。

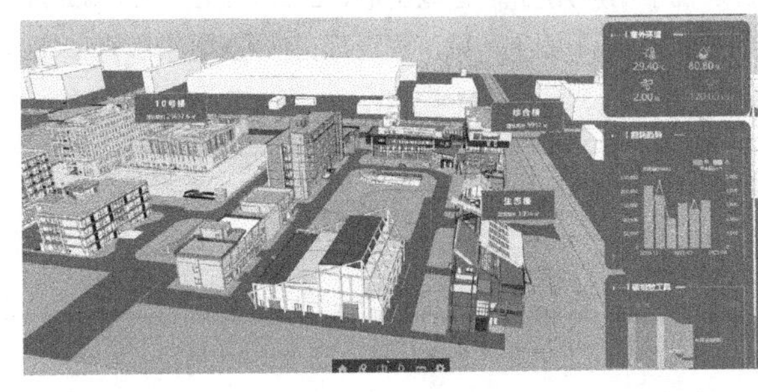

图 3　总览页面

图 4　能源资源管理

5.3　环境品质管理

环境品质管理包括室外气象模块、热湿环境模块、空气质量模块、光环境模块等，实现了对室内外环境的监测分析以及与空调和照明设备的控制联动（图 5）。

5.4　满意度管理

满意度调查系统是提供给用户的移动端应用，在应用端设置关于温热环境、照度、空气等相关的满意度投票选项，供用户提交对于当前环境的个体感受，平台收集相关数据，对应热、湿、声、光以及空气这五类因素进行系统性的汇总评分，通过特定的计算模型，计算出当前区域的用户满意度情况，并根据满意度的影响因素智能联动所示区域的空调、新风、遮阳、照明系统等设备，执行根据算法的优化控制方案（图 6）。

图 5　环境品质管理

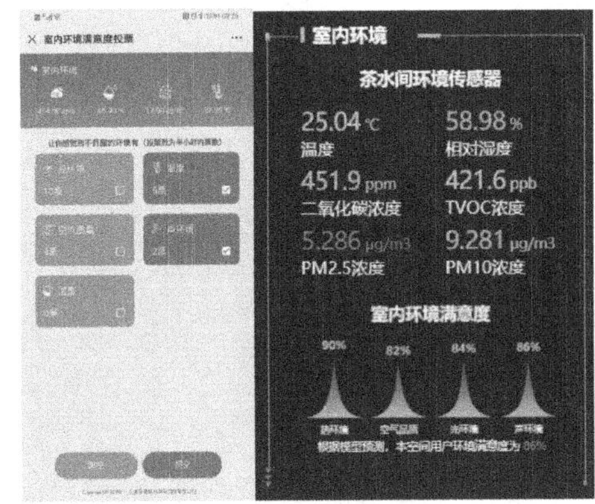

图 6　满意度管理

6　总结

本文研究了基于 BIM 的绿色园区运营优化平台的功能需求、架构体系、BIM 轻量化引擎技术及与平台架构的融合。本文设计平台实现了在上海建科莘庄科技园区项目上的应用，实现了 BIM 模型在园区运维中的深度融合，实现了全生命期 BIM 应用价值最大化；通过平台对项目能源、环境参数的监控与分析，优化了园区的设备设施管理结构，实现园区节能低碳和使用者满意度提示的两大目标，为 BIM 在运维阶段的应用提供了又一实践案例。

参考文献

[1] 杨丝云，王旋，胡珏，等．基于BIM的建筑运营系统设计与实施研究[J]．科技创新与应用，2021，339(11)：9-16.
[2] 黄高琼，戚帅．建筑信息模型(BIM)在项目运维中的综合应用[J]．山西建筑，2021，47(04)：175-177.
[3] 雷静，于长虹，杨晓娟．BIM技术在智慧园区全生命周期平台系统中的应用[J]．智能制造，2020，299(09)：35-38.
[4] 毛旭阳，李晓东，李娜．数字城市三维可视化平台BIM模型轻量化技术研究[J]．城市建设理论研究(电子版)，2020，338(20)：122，128.
[5] LEWIS J，FOWLER M. Microservices：a definition of this new architec-tural term[J/OL]. Mars，2014.
[6] 周立．Spring Cloud与Docker微服务架构实战[M]．北京：电子工业出版社，2017.

基于改进平衡计分卡的保障房 BIM 技术全过程监管评价方法研究与应用

琚　娟

（上海建科工程咨询有限公司，上海 200032）

【摘　要】本文从 BIM 模型、BIM 应用成果、BIM 应用流程、BIM 应用效益 4 个维度，对保障房 BIM 应用全过程监管内容进行了研究，提出基于改进平衡计分卡的保障房 BIM 技术全过程监管评价方法，克服了以往应用单一技术指标评价存在的重结果轻过程、重应用轻效益的缺陷，并结合实际项目验证了可行性，为 BIM 技术应用全过程全方位监管提供了有效的评价思路，具有较好的推广价值。

【关键词】改进平衡计分卡；保障房；BIM 应用评价；全过程监管

1　引言

在新一轮科技创新和产业变革中，信息化与建筑业的融合发展已成为建筑业发展的方向，将对建筑业发展带来战略性和全局性的影响。BIM 技术能够应用于设计、施工准备、预制加工、施工实施及运营维护等各阶段，实现建筑全生命期各参与方数据共享及协同，是实现建筑业转型升级、提高建筑业信息化水平和推进智慧城市建设的基础性技术。

2015 年，国家住房城乡建设部发布《关于推进建筑信息模型应用的指导意见》以来，各地住房和城乡建设行政主管部门陆续出台 BIM 技术发展相关政策标准文件，国内 BIM 技术应用发展进入快车道，新立项项目集成应用 BIM 的比例逐年提升。根据《上海市建筑信息模型技术应用与发展报告（2021）》，2020 年规模以上新建项目 BIM 应用率已达 95.1%。

针对保障房 BIM 技术应用，2016 年上海市发布了《关于本市保障性住房项目实施建筑信息模型技术应用的通知》（沪建建管〔2016〕250 号）和《关于印发〈本市保障性住房项目应用建筑信息模型技术实施要点〉》（沪建建管〔2016〕1124 号）（以下简称“1124 号文”）2 项政策文件，旨在推进 BIM 技术在保障房这一民生领域的应用。文件指出，应用 BIM 技术的保障房项目，实施中需增加的费用，根据应用阶段、内容和规模不同，BIM 应用验收评审通过后，按照一定标准计入成本。

截至目前，已有 40 余个保障房项目通过 BIM 技术应用方案评审，BIM 技术应用验收评审很快将提上日程。按 20 元/m^2、每个项目 15 万 m^3 估计，仅现有 40 余个项目预计财政补贴支出将达 1.2 亿人民币。然而，保障房 BIM 应用过程监管目前尚未出台相关政策，项目过程实际应用 BIM 情况无法及时掌控和跟踪，这可能会导致最终 BIM 验收评审成果质量难以保证，甚至会给保障房回购后的财务审计工作带来一定风险。因此，有必要对保障房 BIM 技术全过程监管评价方法进行研究。

2　BIM 技术全过程监管内容

根据《上海市保障性住房项目 BIM 技术应用验收评审标准》，验收内容包括 BIM 应用项和 BIM 技术应用验收报告两部分，其中 BIM 应用项分为 BIM 模型和 BIM 应用两部分，验收报告包括 5 个部分：

【基金项目】上海市住宅建设发展中心课题“市属保障房 BIM 技术应用全过程监管要点研究”ZX202001，上海市市场管理总站课题“BIM 技术在预制装配式建筑中的应用”，上海市建筑科学研究院（集团）有限公司科研创新项目“全过程工程咨询管理平台预可研”（编号：KY10000249. 20200014）

【作者简介】琚娟（1979—），女，教授级高工。主要研究方向为 BIM 与数字化咨询、全过程工程咨询。E-mail：jujuan@jkec.com.cn

(1) 组织模式和建模方式；(2) BIM实施团队和人员；(3) 应用成果；(4) BIM费用情况；(5) 应用效益。考虑到组织模式和建模方式在项目方案评审时已经确定，且在后续项目执行过程中通常保持不变，本文重新梳理，将保障房BIM技术全过程监管的内容归纳为4个方面：(1) BIM模型；(2) BIM应用成果；(3) BIM应用流程；(4) BIM应用效益。

2.1 BIM模型监管

参考《上海市建筑信息模型技术应用指南（2017版）》和《上海市装配式建筑设计、生产、施工BIM技术指南（2018版）》，建筑项目各阶段主要BIM模型包括方案设计模型、初步设计模型、施工图模型、施工深化模型、竣工模型、运维模型六个阶段模型，模型监管内容包括BIM模型和信息两个方面。

以施工图模型的结构专业为例，BIM模型内容包括：基础深化尺寸、定位信息；混凝土结构主要构件深化尺寸、定位信息；钢结构主要构件深化尺寸、定位信息；空间结构主要构件深化尺寸、定位信息；结构其他构件的基本尺寸、位置；主要预埋件布置；主要设备孔洞准确尺寸、位置；混凝土构件配筋信息；预制构件深化尺寸、定位信息；底部加强区结构布置方案等。BIM信息内容在初步设计模型基础上，增加结构设计说明，结构材料种类、规格、组成等，结构物理力学性能，结构施工或构件制作安装要求，预制构件材料种类、规格、组成，预制构件生产、施工及安装要求，预制构件辅材要求，预制构件堆放、运输要求，现浇节点施工要求等。

2.2 BIM应用成果监管

根据"1124号文"，每个阶段的BIM应用项均包含必选项和可选项，考虑到不同建设单位选择的可选项可能有所不同，本文中应用成果监管的应用项包含所有必选项和可选项，如图1所示。

图1　BIM应用成果全过程监管内容

2.3 BIM应用流程监管

BIM实施团队是BIM技术实施成功与否的主要决定因素。参考《上海市建筑信息模型技术应用试点项目验收实施细则》，BIM应用流程评价内容包括：BIM组织架构、BIM实施团队和BIM机制流程。

2.4 BIM应用效益监管

考虑到合约中关于BIM成果及深度约定、BIM费用等是BIM应用产生价值的有效保障，BIM应用效益监管从BIM合约条款、BIM费用预算、BIM定量化效益等方面进行评价。

3　基于改进平衡计分卡的监管方法

3.1 平衡计分卡基本原理

1990年，卡普兰（Kaplan，哈佛大学教授）和诺顿（Norton，诺朗顿研究院执行长）在对ADI公司绩效考核项目进行研究的过程中，首次提出了平衡计分卡（Balanced Score Card，BSC）的概念，并于

1992年在《哈佛商业评论》上发表了题为《平衡计分卡—驱动绩效指标》的文章，对平衡计分卡的理论进行了阐述，即在企业战略目标的驱动下，通过层层分解，将战略目标转变为财务价值、客户视角、内部流程、学习与发展四个层面，将企业战略管理和绩效管理相结合，全面衡量企业绩效。项目管理的BSC模型首先由Stewart（2001）提出，他强调当项目经理着眼于项目绩效相关的四个层面：财务、组织、顾客关系、培训与创新时，将更容易理解项目成功对于整个组织的影响。

3.2 改进平衡计分卡

尽管平衡计分卡多用于企业管理绩效评价，但是平衡计分卡作为一个全面的框架，改变了以往单一使用财务指标衡量绩效的传统做法，改善了单纯的财务指标环节单一、广度不够、深度不够、远度不够的缺点。本文采用平衡计分卡的基本框架，聚焦保障房BIM应用全过程监管愿景，针对前文提出的保障房BIM技术全过程监管内容，设计平衡计分卡的考核分项。在平衡计分卡“财务价值、客户视角、内部流程、学习与发展”四个层面基础上进行改进，用BIM效益指标体现财务价值，用BIM流程指标体现内部流程，将“客户视角”指标调整为BIM应用的基础和核心内容“BIM模型”，将“学习与发展”调整为考虑BIM解决问题效果的“BIM应用”，以期更适用于保障房BIM技术全过程监管。

基于改进平衡计分卡的保障房BIM应用全过程监管评价模型如图2所示。

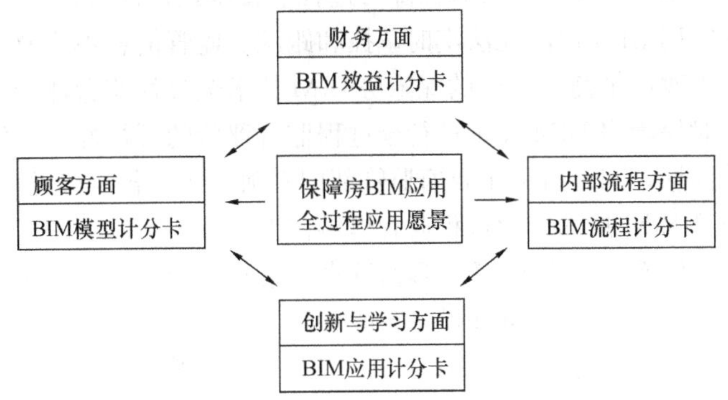

图2　基于改进平衡计分卡的保障房BIM应用全过程监管评价模型

考虑到某些保障房BIM应用阶段包含运维阶段，本文约定运维阶段的评分周期为竣工验收完成并投入运营后1年。

3.3 基于改进平衡计分卡的监管评分方法

监管评分包括1张总评计分卡和4张分项计分卡，4张分项计分卡包括BIM模型、BIM应用、BIM流程和BIM效益计分卡，总评计分卡的总评得分将4张分项计分卡的得分加权平均后获得。

总评计分卡的总评分数满分100分，根据总评分数分为A、B、C三个等级，60分（不含）以下为C级，需要根据监管评审意见整改后重新提交评审；60～85分（含）为B级，根据监管评审意见整改后通过评审；85分（不含）以上为A级，直接通过监管评审。

4 监管应用

下文结合上海市某保障性住房项目进行应用，验证基于改进平衡计分卡的保障房BIM技术全过程监管评价方法的可行性。

4.1 工程概况

项目位于上海市浦东新区某地块，规划总用地面积40764.5m^2，总建筑面积100854.68m^2。包括1幢16层高层住宅、8幢17层高层住宅、1个人防地下车库及其他配套用房。项目为装配式建筑，单体预制率40%。

项目在设计、施工准备、构件预制、施工实施四个阶段采用BIM应用技术。共选取包括碰撞检测、净空优化、预制构件深化建模、设备与材料管理等22个应用点。希望基于BIM可视化、数字化、信息化特点，最终形成一个包含丰富数据的BIM模型，为该项目整个建筑建设过程中提供优化设计、施工指导及配合预制构件数字化生产。目前现场施工已全部完成，等待竣工验收。

4.2 项目应用

根据“基于改进平衡计分卡的保障房BIM技术全过程监管评价方法”，需要对每个阶段进行总评，由于篇幅要求，仅以施工阶段为例进行验证，项目总评得分见表1。

项目施工阶段 BIM 技术总评得分表　　**表 1**

BIM 模型得分	92	BIM 应用得分	67
BIM 流程得分	91	BIM 效益得分	97
总评分	87	等级	A
评语	建模规范，模型细度符合要求；流程合理，能将 BIM 技术融入项目管理过程中，取得了较为明显的经济和社会效益。建议在 BIM 应用方面对照监管标准进一步完善		

5 结语

本文根据上海市属保障房过程监管特点，针对目前保障房 BIM 技术应用过程监管存在空白、项目实际应用 BIM 情况无法实时掌控和跟踪、监管信息不完整、监管方法缺失等现状提出研究问题，研究形成基于改进平衡计分卡的保障房 BIM 技术全过程监管评价方法，并结合案例应用验证了运用改进平衡计分卡对保障房 BIM 技术进行全过程监管评价的可行性，为保障房回购后财务审计中 BIM 专项费用的审计提供依据，同时有助于政府监管部门对项目实施各阶段的 BIM 技术实际应用情况做到全局掌控，为保障房项目 BIM 技术应用过程监管提供依据。

然而，要把 BIM 过程监管真正落到实处，还需要在以下方面攻克技术难点：

（1）施工图 BIM 模型智能审查

基于现有规范和 AI 技术，开发智能审模系统，自动对规范强制性条款、模型信息等进行检查，提高施工图模型审查的质量和效率。

（2）BIM 应用过程监管数字化

将 BIM 技术全过程监管纳入工程建设监管部门的程序监管内容，形成全过程监管数据库，根据阶段考评结果将项目分为不同类别，实行差别化监管，使得有限的监督资源得到充分发挥，保证监管的有效性。

（3）大数据应用

开发政府全过程 BIM 监管平台，形成工程项目数据库、施工方案数据库、重大危险源数据库、关键节点数据库与竣工资料数据库等，基于数据库进行各种后续延伸应用；通过大数据分析应用可为政府部门提供决策支持。

参考文献

[1] 中华人民共和国住房和城乡建设部．关于推进建筑信息模型应用的指导意见(建质函[2015]159号)[Z]，2015.

[2] 上海市住房和城乡建设管理委员会．关于发布《上海市保障性住房项目 BIM 技术应用验收评审标准》的通知(沪建建管〔2018〕299号)[Z]，2018.

[3] 上海市住房和城乡建设管理委员会．关于印发《本市保障性住房项目应用建筑信息模型技术实施要点》的通知(沪建建管〔2016〕1124号)[Z]，2016.

[4] 上海市住房和城乡建设管理委员会．关于本市保障性住房项目实施建筑信息模型技术应用的通知(沪建建管〔2016〕250号)[Z]，2016.

[5] 上海市住房和城乡建设管理委员会．关于进一步加强上海市建筑信息模型技术推广应用的通知(沪建建管联〔2017〕326号)[Z]，2017.

[6] 上海市住房和城乡建设管理委员会．上海市建筑信息模型技术应用指南(2017版)[R]，2017.

[7] 上海市住房和城乡建设管理委员会．上海市装配式建筑设计、生产、施工 BIM 技术指南(2018版)[R]，2018.

[8] 上海市住房和城乡建设管理委员会．上海市建筑信息模型技术应用与发展报告(2021)[R]，2021.

[9] 琚娟．基于投资回报率的项目 BIM 应用效益评估方法研究——基于业主视角[J]．建筑经济，2018(7)：43-46.

[10] 琚娟．基于 VETS 的全过程工程咨询价值评估体系研究[J]．建筑经济，2019(6)：24-29.

设备材料厂商缺席BIM应用的现状、原因分析及改进建议

崔喜莹，杜佐龙，陈奕才，方速昌，韩 杰

（中国建筑第八工程局有限公司，广东 广州 510700）

【摘 要】本文着眼于EPC总包视角，论述设备材料等厂商（后文将简称为“厂商”）缺席BIM应用的现状，分析缺席的原因；尝试通过提出“多方引导、厂商参与”的思路方法，推动BIM技术在更广泛的范围内获得应用，间接促进BIM技术发展的进程，提升工程管理的质量。数字化变革已是箭在弦上，各厂商参与得越早、越深入，也就越能率先享受红利。本文不仅是一纸论述文，亦是一封号召信、一篇倡议书。

【关键词】BIM；EPC；工程管理；正向设计；信息化；数字化

1 引言

BIM技术在我国发展多年，各类应用层出不穷。在以数字化手段切实解决各类工程问题的基础上，为建筑业注入了数字化发展的能量。随着BIM技术深入应用，基础不够夯实，行业实际参与方主要集中在设计、施工两方的问题亦逐渐显现。

BIM技术发展的本意是借助计算机更加精确地为工程建设决策提供依据。但是很显然，在缺少设备材料厂商的情况下，涉及设备、材料的各类数据都存在误差、滞后甚至是错误。在这种情况下，BIM技术的发展未能真正形成产业化，存在微小、但重要的瑕疵。

2020年7月，住房城乡建设部等13部委联合发布建市［2020］60号文，其重点任务中的前四项分别是：加快建筑工业化升级、加强技术创新、提升信息化水平和培育产业化体系。

2021年3月，国务院发布“十四五规划及2035年远景目标”，明确远景目标之一为“基本实现新型工业化、信息化……”。

因而设备材料厂商适当拓展业务范围，延长服务线对社会、对建筑行业以及对厂商自身来讲，都是必要且重要的。对建筑行业来说，缺少厂商参与的工业化、信息化必然不完整；无法参与到工业化、信息化进程的厂商，亦注定缺少竞争优势。

2 缺少厂商参与的BIM应用

在罕有厂商参与BIM应用的情况下，国内BIM技术依然蓬勃发展。但各项应用似乎都“美中不足”。下面将通过简单列举一部分常见BIM应用，指出由于厂商的缺席而存在的瑕疵。

2.1 场地布置与方案模拟

场地布置与方案模拟的BIM应用，理想方向是在必要的情况下，由懂BIM技术的技术体系职工完成[1]。在这个过程中，涉及各种型号塔式起重机、临时消防箱及电箱、施工电梯、物料提升机等机械及板房/集装箱房、脚手架、模板、临时消防箱、电箱等材料设施，根据情况还有可能涉及汽车式起重机、天泵地泵、布料机、“泥头车”、水泥罐车等。在相关BIM应用中，BIM构件数据的准确性在不同程度上影响设备的选型，进而间接或直接影响工程质量与工程进度。如，不同厂家、不同型号的塔式起重机标准

【作者简介】崔喜莹（1992—），男，业务经理/工程师。主要研究方向为工程管理BIM化、数字化。E-mail：cuixiying@vip.qq.com

节长度、汽车类机械长度及转弯半径、脚手架钢管扣件的尺寸等。除了尺寸参数，构件还缺少了必要的使用信息、维保信息、租赁信息等。

在此情况下开展的BIM应用，当工程实体“容错率”较高时，可作为示意使用，同CAD时期应用效果相近。如果想要精确应用，则需要相关人员搜集资料并创建相关模型。此过程往往需要牵扯工程师大量精力，甚至会出现“现场不等人”的情况，最终演变成了PPT式应用。

2.2 机电类管线综合

现阶段机电类管线综合是最广泛、最被认可的一类BIM应用。但同样地，很少有项目会对管线，特别是水管道，进行精确的设置——无论是材质还是尺寸。众所周知，不同材质、不同厂家、不同规格的管道公称直径所对应的内径、外径、壁厚是有细微差别的。差之毫厘，谬以千里。在现代工程建设各类机电管线愈加繁杂，层高限制愈加严苛的情况下，相信不少从业者都遇到过被50mm甚至20mm难倒甚至推倒大部分管综方案重新来过的情况。

2.3 机电类机房深化

机电机房内包含的工序相对繁多，从土建施工完成到机房整体完成具有一定的时间跨度。相对关键的工序涉及土建前期施工、设备基础施工（含接地扁钢）、排水沟及导流槽施工；管线安装；设备安装；地面、墙面的各种处理；灯具、末端的安装等。对于大多数项目，特别是有创优要求的项目来说，每一个工序的处理与衔接均应提前完成策划。

但是实际上的工程建设情况是，绝大多数的工程在施工机房土建工程时，由于多种多样的原因无法完成设备的选型。

在此情况下“强行”对机房开展深化出图，则对相关人员的工作经验有了更高的要求。当先行深化出图后，应会同采购部门加强联动，基于深化结果限定设备的选型与采购。但同样的，这看似简单的内容，在实际工程中也较为难以实现。

所以更多情况是，虽然开展了BIM应用深化，但依然因为缺少准确的参数、缺少体系联动导致设备大小、接口方向、接地点等与预想差异较大，进而造成了基础重做、管线重做、接地重做等返工后果。

2.4 正向设计

“正向设计”在BIM相关领域，始终是一个有争议，但却绕不开的话题。笔者对“正向设计”的态度与理解，与杨荣华先生[2]的观点基本一致，本文不再赘述；仅以当前行业内对“正向设计”的广泛理解为基础，作相关论述。

在CAD设计时期，设计师往往以图块来对各类设备进行示意。而在对精准度要求更高、本意是加强协同与设计图质量的“正向设计”阶段，各专业设计师缺少与工程实际相符的各类设备、材料的BIM构件，甚至连“相似”的构件可能都略显缺乏。在这种情况下，无疑极度消耗设计师的内心，打击设计师开展“正向设计”的积极性；同时，设计质量也难以获得预期的提升。

3 BIM应用缺少厂商参与的原因分析

材料、设备厂商未能开展BIM应用的原因，是多方位、多层次的。本文将从四个方面做分析。

3.1 缺少外部压力

现阶段参与BIM应用的各方基本集中在总承包单位、设计单位、施工单位、专业分包单位、BIM咨询单位。偶有建设单位、劳务单位参与的，无论是从实质参与数量还是参与质量上，都不算高。但更少听闻的，是有材料、设备厂商参与到BIM应用中。

在自2017年开始已连续4年发布的《中国建筑业BIM应用分析报告》中，从未出现过关于材料、设备厂商BIM应用方面的统计。而来自建材企业的王欧阳[3]也表达过类似的观点，“2015年6月16日，住房和城乡建设部印发的《关于印发推进建筑信息模型应用指导意见的通知》中未做出对国内建筑建材企业未来BIM规划的相关指导”。这说明至少在政府层面，暂未对相关厂商有要求。

而受制于当下BIM应用的深度与BIM人员的相关话语权[1]，总承包单位、设计单位、施工单位均很少对厂商提出应用需求。因而，对于大多数厂商来说，亦缺乏获取 BIM 相关信息的有效渠道。

3.2 缺少内部动力

在缺少外部压力的情况下，各类厂商依然可以按照传统模式运营。在不影响既有业绩又缺少外部压力的情况下，大多数企业都难以产生自我升级迭代的动力。

创建符合 BIM 甚至是 CIM 技术，乃至数字运营、智慧城市需求的模型，对于厂商来说，存在一定的泄密风险。特别是当前缺少实质行业精细度标准及 BIM 应用监管，动辄要求 BIM 构件具有 LOD400～LOD500 精度的情况下，各厂商更无法激发热情。

3.3 缺少应用环境

虽然有一些厂商已经开始了 BIM 应用[3]，也有一些厂商通过各种方法创建了一些自己的产品构件库（如格力、四季沐歌）并借助某些平台向市场开放。但在设计院不得指定品牌的现阶段，设计师无法使用此类构件库；由于设计院未指定品牌，参与模型创建的从业人员也不确定是否可以使用此品牌构件库；就算使用了此品牌构件库，采购部门最后采购的仍然不一定就是这个品牌的产品。因此，厂商缺少了必要的应用环境。相信不少从业者已经在相关平台里看见了，有些品牌空有标签，却无构件；有些品牌虽然有构件，但与该品牌实际可选择的产品数量相去甚远；更多的是，品牌构件库，更新频率低得可怜，甚至是从未更新。

3.4 缺少技术能力

相信一些厂商一定拥有自己的三维构件库，但出于保密或所采用的诸如 Vectorworks 等常规机械类软件与建筑业 BIM 软件数据不通等原因，创建符合 BIM 使用需求的构件，对于大多数厂商来说，仍存在一定的技术壁垒。

BIM 技术尚存在一定的风口效益，相当一部分的从业者不愿意下沉到厂商去，因而厂商也难以招聘到合适的人才去为自己创建 BIM 构件库。同时，也缺少一个合适的管理与对外开放的平台——现有平台不利于厂商的自我宣传与推广。

4 改进建议

BIM 技术乃至建筑业信息化技术、工业化技术的推进，从来都需要依靠整个行业齐头并进，缺少任一环，都会导致建筑业信息化、工业化发展的不平衡，也无法显现出其作用。

4.1 政府/行业层面

如果政府或行业监管组织能够发起相应的号召，并为厂商讲解技术的优势，提供一定的政策扶持，相信厂商会表现出一定的积极性。包括但不限于要求厂商产品手册内必须附可查看、可下载构件的二维码，产品合格证应附可查看相关信息的二维码等。

为了帮助各厂商明确应用内容及范围，亦须编写相应标准文件。同时，继续加大推广 EPC 模式的力度。

4.2 设计单位层面

在现有制度下，设计院层面应敢于在一定程度上，在不指定厂家品牌的情况下，使用厂家的构件库。方法包括但不限于要求厂家对构件进行一定的简化，外观不得具备明显特征，但应基本符合外部尺寸并去除相应 LOGO。

但，大破，方能大立。笔者认为在 EPC 模式下的相应项目，已不适宜对设计阶段指定品牌进行限制。无论是真正意义上的 EPC，还是 EPC 联合体模式，施工单位与设计单位只有更早地沟通、更密切地配合才能建造出更高质量的建筑。这种情况下，图纸上是否对品牌进行了限定，已经没有意义。

4.3 施工单位层面

施工单位是现阶段最适宜推动厂商采用 BIM 技术并能最直接获得利益的企业之一。一般来讲，在非设计院作为总承包商的 EPC 项目中或普通施工项目中，施工单位是与各类厂商沟通最为密切的单位，也是各类设备、材料的直接采购单位。因此，施工单位最具备要求厂商提供相应构件库的条件。同时，因为厂商提供了标准构件库供施工单位最终选型，施工单位也可以更好地完成深化设计工作，有利于提升深化设计质量，间接提升工程建造质量。

4.4 厂商自身层面

各类厂商，应充分学习国家关于 BIM 应用、信息化应用、工业化要求的相关政策或其他文件要求。包括但不限于建市［2020］60 号文，甚至于国家《十四五发展规划和 2035 远景目标纲要》。充分了解国家、行业对建筑业的要求，及时调整战略，跟上步伐。

这样也就能了解，参与 BIM 技术应用，甚至是信息化、工业化变革，对于厂商自己亦具有一定的宣传推广意义，而且所产生的费用，要远低于广告与营销成本。对于想要实现弯道超车的厂商来说，这是千载难逢的机遇。

5 结语

设备材料厂商参与 BIM 应用，看似天方夜谭，但实则却是进一步推动 BIM 技术应用、进而推动智慧城市应用的必由之路。

为了达成这个目的，政府/行业协会、设计单位、施工单位乃至于软件研发单位及设备材料厂商自身，均应立足长远，为建筑业全链条推动 BIM 技术或信息化、工业化技术创造条件。

可以预见，这个过程会有诸多质疑，亦有无数阻难。但为了实现工程管理体系和管理能力现代化，进而为国家治理体系和治理能力现代化提供保障，这一变革，则势在必行。

参考文献

[1] 崔喜莹．建筑业企业 BIM 应用现状分析与总承包单位团队发展模式概述[C]// 中国图学学会 BIM 专业委员会．第六届全国 BIM 学术会议论文集．北京：中国建筑工业出版社，2020：5.

[2] 杨荣华．中国式 BIM 悖论——谈谈“正向设计”[J]. 建筑技艺，2020，26(12)：88-93.

[3] 王鸥阳．建材企业在 BIM 发展道路上的重要性——伟星新材 BIM 实施计划[J]. 城市建筑，2021，18(02)：183-186.

基于IoT与BIM技术的进度管理模式在施工总承包项目上的应用探索

王显平，李鸿翔，陈东林，王大永，张之伟

（中国建筑第八工程局有限公司华南分公司，广东 广州 510665）

【摘　要】 针对施工项目中人力资源保障越来越困难及工期日益紧张的问题，通过采用IOT与BIM技术探索项目进度管理新模式，使人力资源配制连续、均衡与有节奏，避免工程项目管理陷入应急式施工项目管理中，有效地减轻项目管理人员的工作压力，并构建项目管理数据资产。

【关键词】 IoT；BIM；数据资产

在面临劳动年龄人口数量下降造成建筑业劳动力供给不足[1]和工程项目建设工期紧张的局面后，工程项目建设迫切地需要找到一种能有效地化解不利局面的管理新模式。经研究和实践应用发现，进度管理成了工程项目管理的重要抓手，成了质量管理、成本管理、安全管理的管控核心。在项目施工过程中，由于工期紧张，承包商往往在不计成本地抢工生产，难以获得最大化的经济效益，更有甚者，要亏本生产。其根源是项目施工生产没有连续、均衡和有节奏地进行，再叠加各项生产要素的制约，尤其是人员流失。在没有施工生产计划或施工生产进度计划不切合实际的情况下，项目施工生产被迫进入应急式的施工生产过程中，带来资源集中供应与组织大量劳务人员生产的问题，给项目管理人员阶段性地造成难以承受的工作压力，致使公司项目管理人员不堪重负而流失严重。

在项目工期紧张、管理人员工作压力大和项目经济效益低下的背景下，旨在综合应用C8BIM（中建八局BIM协同管理平台的简称）平台与物联网IoT（Internet of Things的简称）系统，以连续、均衡和有节奏地施工为原则，制定具有指导性的施工生产计划，高效并实时地监控施工生产要素的配制情况，构建数据资产，减轻项目管理人员的工作压力，从而提高企业施工的进度管控能力。

1　C8BIM

C8BIM平台是施工各方施工生产信息交互的集成平台，具有可视化展示、施工模拟与预警值报警等功能。施工模拟建立在3D模型的基础上，附加时间维度，将整个工程项目的建造过程通过虚拟的方式进行模拟，体现出工程计划的实施过程，便于判断进度计划的合理性及对整个工程项目进度进行动态控制。BIM是一种创新的建筑设计、施工和管理方法，以三维数字技术为基础，集成了建筑工程项目等各种相关信息的工程数据模型，是数字技术在建筑工程中的直接应用[2]。本研究综合集成信息平台C8BIM、BIM与IoT物联网技术，基于建筑信息模型扩展而成的四维信息模型与物联网技术进行信息收集、演示及数据统计，实现了施工管理数字孪生，使管理压力更加连续、均衡与有节奏地进行，进而提高管理的现代化水平。

1.1　基本信息模型

基本信息模型是BIM能够应用的载体，包括了工程项目构件对象的几何信息、技术信息、产品信息、建造信息及维保信息，是四维施工信息模型的核心，其中几何信息便是建筑物空间三维形状，包括实体尺寸、形状、位置与二维表达。

【作者简介】 王显平（1987—），男，技术主管/工程师。主要研究方向为建筑工程BIM应用与管理。E-mail：315864762@qq.com

1.2　四维信息模型

四维信息模型是在基本信息模型的基础上增加了时间维度（工程进度信息）而形成的四维时空模型。四维信息模型主要在施工管理阶段应用，可以支持施工过程的可视化工程施工计划模拟以及施工进度的动态管理和优化。

2　IoT门禁

IoT门禁是基于物联网、人工智能、人脸识别算法等一系列高科技系统，采用全BS架构开发，通过表隔离实现多企业、多机构接入，满足公司工程项目管理需求的大型门禁，可通过部署多个中间件设备，支持无限量设备实时接入，同时是数据采集的智能化硬件，能够管控人员进出现场施工场地并记录原始数据（图1a），同时智能化地计算考核对象的出勤天数（图1b），为政府对农民工管控与项目进度管理提供强大的数据支撑。

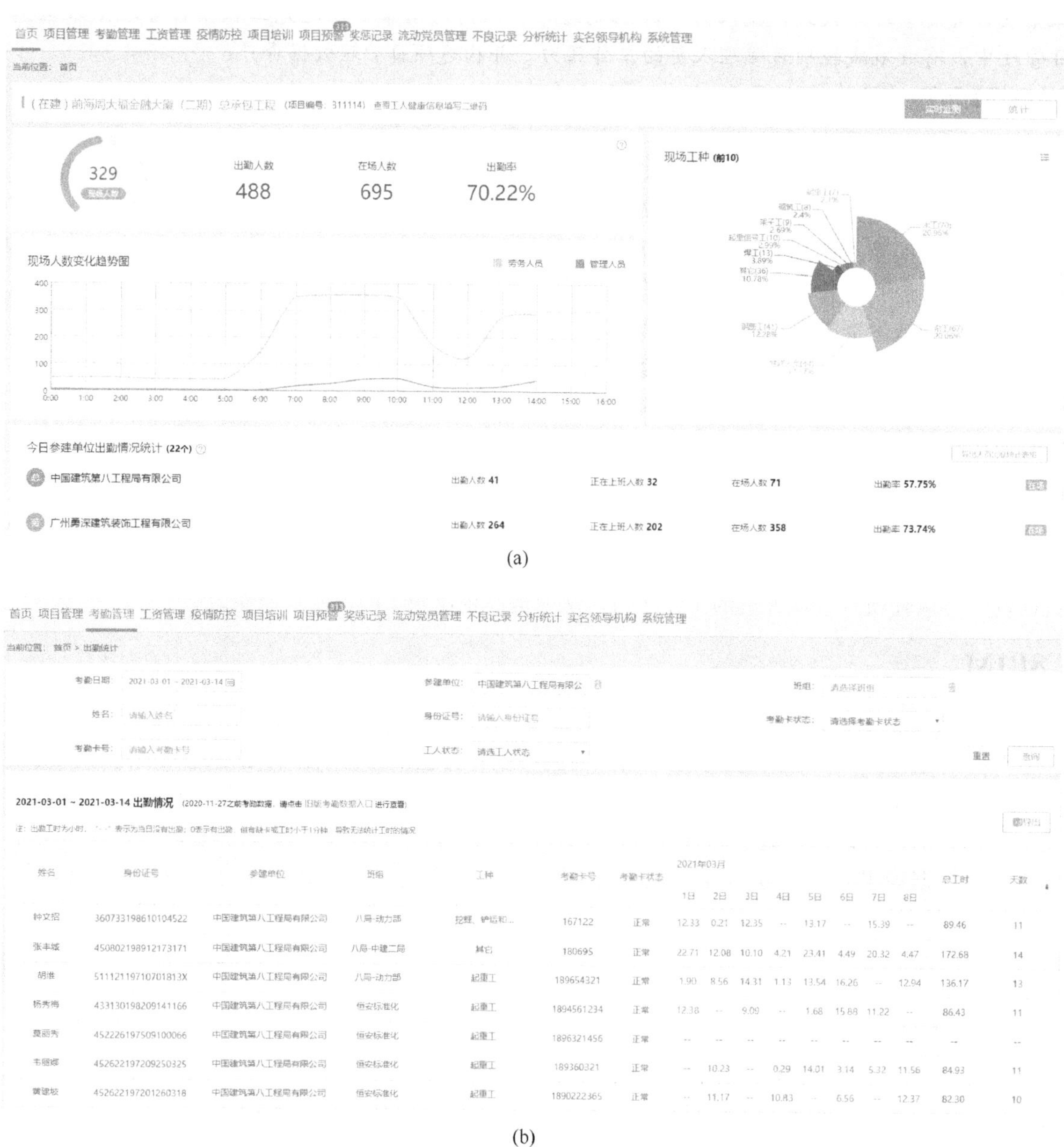

(a)

(b)

图1　基础数据智能化采集

(a) 出勤率统计；(b) 出勤天数统计

3　IoT 与 C8BIM 应用扩展的原理

C8BIM 高效运转需数字化孪生施工管理活动而接入大量孪生数据。以往 C8BIM 接入数据采用的是人工录入，这种方式既滞后又不准确，极大地阻碍平台的高效应用。而 IoT 在数据采集上的优势可以弥补 C8BIM 在数据接入上的短板，从而发挥平台更大效力。

4　基于 IoT 与 BIM 技术的工程项目进度管理新模式

在紧张的项目工期、极为有限的施工场地以及日益严重的人员流失局面下，对工程项目管理进行守正创新，制定切合实际的施工生产计划，着重围绕“人”这一生产要素，把项目进度计划作为工作的重要抓手，使项目进度管理各项工作连续、均衡及有节奏地进行，特别是保证劳务人员数量稳定（保障了劳务人员有足够的出勤天数，才能使劳务人员流动性减小），将工作压力较均衡地“摊铺”在整个工程项目周期上，不出现项目管理人员难以承受的工作压力。

只有动态地进行施工生产计划管控，才能有效化解制约因素的不利影响。通过各方研究探讨，倒排施工生产计划并利用 C8BIM 平台进行模拟演示，发现施工生产计划的问题并修改完善，直至具有指导意义施工生产计划形成。在施工生产计划实施的过程中，通过智能化硬件等设备采集施工生产基础数据，对基础数据进行分析后得出实际施工生产能力及成本等价值信息，采取调整措施使生产计划实施或适当调整施工生产计划。伴随着施工的进行，产生的施工生产基础数据只会越来越多，通过对基础数据的分析研究，能轻易地得出如施工生产成本及施工生产能力等非常有价值的数据，进而积累公司的数据资产，为后续施工生产的顺利实施提供非常有参考价值的历史资料。基于 IoT 与 BIM 技术的工程项目进度管理新模式流程图如图 2 所示。

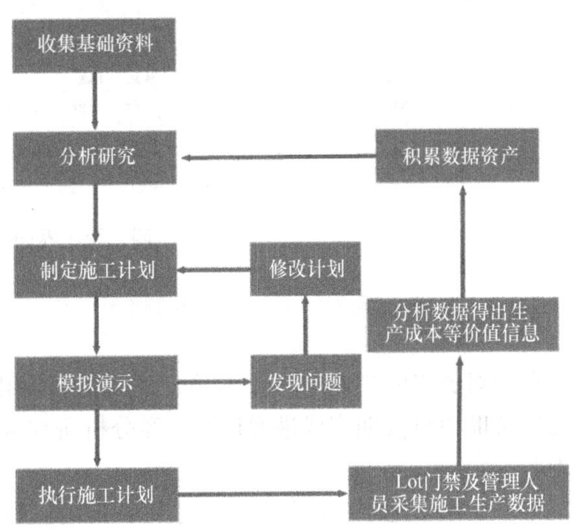

图 2　项目进度管理新模式流程图

5　实际应用成效

5.1　应用项目概况

C8BIM 平台与 IoT 门禁在深圳某工程项目中进行了实际应用，该工程为核心筒结构，地下有 4 层，最深达 21.4m，分为南塔和北塔（其中南塔 25 层，北塔 43 层），建筑高度分别为 124.75m 与 208.65m，总占地面积 18218.36m^2，总建筑面积 245038.01m^2。系统主界面及工程的四维信息模型模拟如图 3 所示。

5.2　项目应用成效

通过对“基于 IoT 与 BIM 技术的工程项目进度管理新模式”的应用，使人力资源配制连续、均衡与有节奏，避免工程项目管理陷入应急式施工项目管理中，有效地减轻项目管理人员的工作压力，并构建项目管理数据资产。

项目施工生产经营成果虽受到疫情等不利因素的影响，但借助 IoT 与 BIM 技术后，通过与以往公司项目历史经营数据相比，可以得到如下项目应用成效：建筑工人人均产值提升约 17%，计划结点完成率提升约 22.5%，钢材损耗率降低约 20%，管理人员离职率降低约 33%。

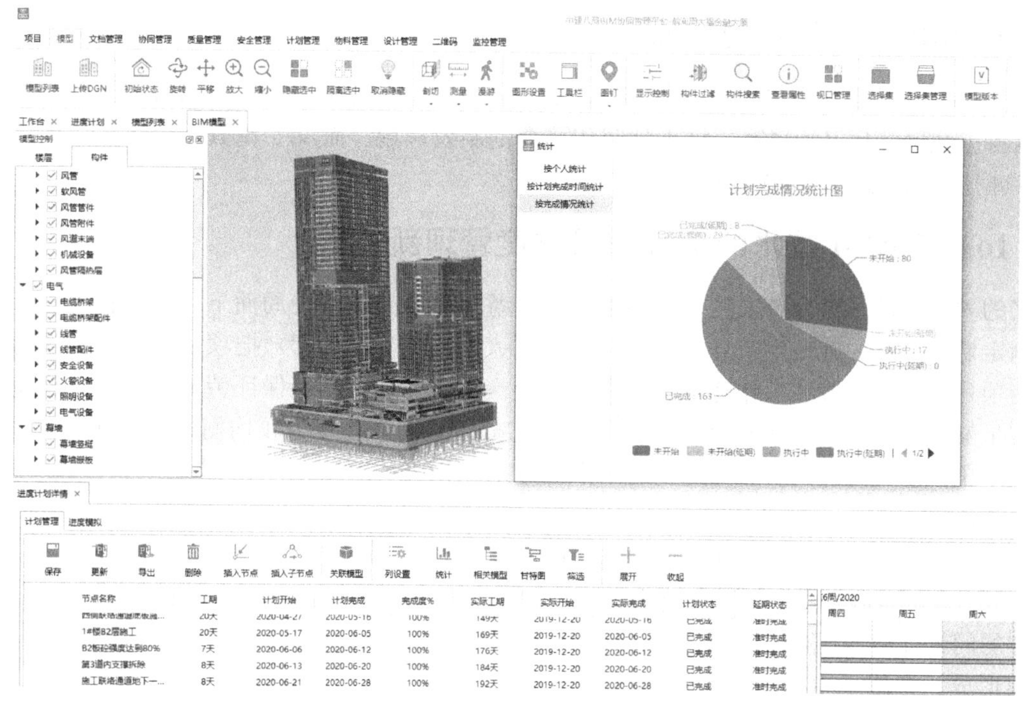

图3　四系统主界面及工程的四维信息模型模拟

6　应用优势

在面对紧张的工期与日益不稳定的人力资源供给压力下，项目通过探索应用新型的进度管理模式，有效地帮助项目按期完成进度目标，经分析研究和实践验证，新型的进度管理模式具有相应优势的原因如下：

第一、明晰施工生产计划，减小协调压力。以往项目管理人员必须要强抓项目进度管理而且进度计划变动性大，各分包方出于对施工进度计划的不明晰或者变动大而引起的资源调动缓慢等原因，往往难以按时完成项目进度管理目标，并使各方项目参与人员承受巨大工作压力。而新型的进度管理模式可以使各方项目管理人员深入研究各方条件并制定切实可行的工程项目施工生产计划。考虑到影响项目的施工生产的众多因素并具有不可预见性，能随着施工的进程进行动态调整。各方项目参与人员会根据共同确认的施工生产计划提前安排相应的施工生产工作，包括相应资源的安排，避免临时调拨资源而引起的工作滞后，使各分包方从"要我完成进度目标"转变成"我要完成进度目标"，减小了管理人员的工作压力。

第二、维持人力资源的稳定。随着劳动力的不断短缺，维持稳定的人力资源的供给稳定变得越来越难，通过连续、均衡和有节奏的划分施工流水段，使施工生产任务变得均衡，避免劳务资源运用波动过大或过小，保障了劳务人员的收入稳定，维持了人力资源的稳定，避免了人力资源对施工生产计划的不利影响。

第三、动态调整计划。项目施工生产计划虽是经过往数据与深入讨论论证而制定的，但仍避免不了在实际执行过程中产生的偏差。对产生的偏差进行分析后，找到产生偏差的原因，采取措施进行调整，可实时微调现场施工进度。在经动态调整修正后，各工序便可按照施工生产计划执行，验证了新型进度管控模式的适用性。

第四、构建数据资产。公司项目在生产过程中产生大量信息，运用C8BIM平台和IoT门禁技术可以实现数字化孪生管理。对收集的大量数据进行分析研究后，不难获取关乎项目赢利的价值信息，如生产成本、管理人员的考勤、各分包队伍的生产效率等等。通过大数据的分析研究，还可以深入挖掘出对于公司生产经营更加有价值的数据，真正做到让数据为公司的生产经营赋能。

7　不足与展望

虽然通过在项目上对新型进度管控模型的探索应用取得了较大成效，但是在应用的过程中也存在着不足。如果能将不足之处得以弥补，将会使新模式更加充满竞争力，具体不足之处，可分为如下两点：

第一、平台的研发速度没有跟上项目管理的应用需求。平台是实现智能化获取信息数据的关键，在没有相应的数据处理模块的情况下，很多原始数据需要人工进行处理，使项目的价值信息更新变得迟缓。如果平台的研发速度能够跟上项目管理对数据收集和处理的需求，会使工程项目进度管理变成更有成效的项目进度管控抓手。

第二、对数据资产价值的重视程度不够。对在项目施工生产的过程中产生的巨量数据，工程公司并没有进行研究分析进而挖掘出数据背后应有的价值，使巨量数据被白白闲置。在数据赋能的时代，充分挖掘数据的价值给很多科技型公司带来了巨大的经济效益。随着数据赋能公司的科学技术不断地向工程建设公司进行推广应用，越来越多工程建设公司被大数据应用赋能。不挖掘应用数据资产价值的公司，必将在竞争日益白热化的市场中面临淘汰危险。

8　结语

实际应用表明，综合应用 C8BIM 平台和 IoT 门禁系统，通过 IoT 门禁智能化采集的数据，再叠加上现场管理人员确认的现场施工进度数据，建立起四维施工资源信息模型，实现对建筑工程施工资源的动态管理和生产资源配置合理化监控，可将施工过程中产生的数据进行大数据分析，取得工程项目各分包方成本的第一手资料，使公司便捷地对工程项目参与对象进行考勤管理，可使工程项目管理连续、均衡与有节奏地进行，减轻项目管理人员的工作压力，维持工程项目管理所需人力资源供给的平稳，有助于提高工程项目管理水平和成本控制能力，构建公司数字资产，为后续工程项目的顺利管理奠定良好的基础。

参 考 文 献

[1]　阴宏敏，郭丽芳．人口红利消失背景下建筑业经济增长模式的转变[J]．建筑经济，2015，36(6)：21-24.

[2]　祝元志．数字技术再掀建筑产业革命？——BIM 在建筑行业的应用、前景与挑战[J]．建筑，2010(3)：8，14-26.

[3]　张建平．基于 4D-BIM 的施工资源动态管理与成本实时监控[J]．施工技术，2011，40(4)：37-40.

[4]　何清华．基于 BIM 的进度管理系统框架构建和流程设计[J]．项目管理技术，2011，9(9)：96-99.

[5]　王青薇．基于 BIM 的工程进度计划编制[J]．商场现代化，2010(632)：220-222.

[6]　胡兰，李涛，仇文革．隧道施工进度及成本动态预测与控制研究[J]．铁道工程学报，2015，32(01)：115-121.

[7]　侯琛，赵千川．一种物联网智能数据采集系统的研究与实现[J]．电子测量技术，2014(05)：102-108.

[8]　段晓晨，代鹏飞，付朝阳，等．交通工程项目建设三维虚拟动态管理技术研究[J]．公路，2015，60(12)：157-163.

[9]　赵媛媛．基于 BIM 技术与“互联网＋”的项目协同管理平台的研究[J]．铁道建筑技术，2018(08)：24-27.

基于放样机器人的电气预留预埋施工技术

张海荣，方速昌，韩　杰，张世宏

（中国建筑第八工程局有限公司华南分公司，广东 广州 510000）

【摘　要】传统电气线盒、线管预留预埋效率较低，具有不及格率和返工率高的施工通病，不但会影响主体结构安全质量，更直接影响到后面机电安装的整体进度和安装成本。利用BIM技术+放样机器人测量技术的配合、线盒快速标记装置、热塑管加热固定线盒及线管的方式等应用，能有效解决传统预埋的弊病，提升线盒预埋品质，提高施工效率，降低安装成本，缩短施工工期。

【关键词】BIM技术；放样机器人；预留预埋；线盒快速标记；热塑管固定

1　引言

建筑主体施工阶段，机电安装的奠基工作就是水电系统管线的预留预埋。随着时代的发展，建筑市场越来越趋向于智能化、大型化、综合化，而相应地导致了建筑电气专业的功能变得更智能和复杂化。电气的预留预埋工作越来越受到重视，其预埋好坏直接影响后面机电的安装工作。而传统的预留预埋基本是靠工人根据施工蓝图用经纬仪或弹线放线，配合卷尺测量进行定位预埋，不但效率低，而且极易出现错位、漏点、漏线的问题，导致后续安装时需要凿墙凿洞，不但增加造价，延误工期，还会影响主体结构的安全质量。

随着我国建筑发展和科学技术的不断进步，BIM技术已经成为建筑业未来的发展方向。而BIM技术和智能放样机器人及其测量施工技术的有效结合，能将三维设计模型的设计数据转换为现场施工的有力指导，弥补传统电气预留预埋的通病。

2　项目概况

2.1　项目简介

广东电网生产调度中心位于广州市海珠区琶洲大道以北，琶洲东轴线绿地以南，东、西两侧为市政规划道路。项目可建设用地面积27571m^2，总建筑面积162342m^2。其中地上共5栋建筑，总建筑面积101540.3m^2，主塔楼共30层，建筑高度为138.8m。副塔楼共15层，建筑高度85.4m。附属综合楼共5层，建筑高度31.1m。后勤服务楼共4层，建筑高度19.2m。地下室共3层，建筑面积共60801.7m^2。项目绿色建筑设计标准为绿建二星（省标）。

2.2　施工环境特点

广东电气预留预埋在主体施工阶段进行，因其在整个机电安装中产值占比较低，出于施工成本考虑，一般仅会安排几个工人配合主体结构进行施工。而预留预埋预留点多，定位难，交叉作业，工期赶等问题势必会导致以传统方式定位预埋效率极低；加上工人专业技能良莠不齐，会导致工人没有足够的时间充分理解图纸的要求就已经进行了管线的预留预埋工作，大大增加后面预埋的不及格率和返工率，增加成本。而基于BIM技术能把图纸设计要求和不合理点前置处理，配合放样机器人使用，将模型数据直接转现场施工指导，有效解决问题。

【作者简介】张海荣（1990—），男，BIM工程师。主要研究方向为建筑机电。E-mail：872929060@qq.com

3 施工实施流程

基于放样机器人的电气预留预埋施工技术施工实施流程如图1所示。

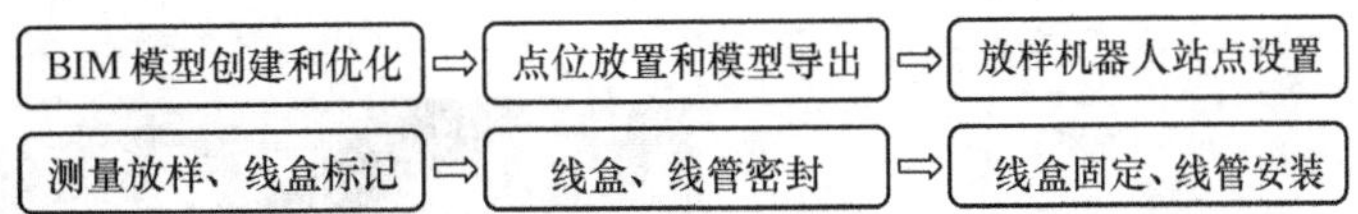

图1 基于放样机器人电气预留预埋施工技术施工实施流程图

4 施工实施具体内容

4.1 BIM模型创建和优化

根据施工建筑、结构和机电蓝图，利用Revit软件建立楼板模板和预留预埋管线、线盒的BIM模型。创建的BIM模型需要确保符合相关建模标准、设计规范和图纸要求，并能保证BIM模型的信息参数、坐标定位、精度等级等能满足放样机器人的使用要求。在BIM模型建立完成后需要对预埋线管的路由和排布进行优化，减少翻弯，降低施工难度。因不同位置线盒需要安装杯梳的方向和数量不一致，需要进行线盒预制。利用BIM算量功能，能快速精准分类导出线盒工程量，为线盒预制提供数据支撑（图2、图3）。

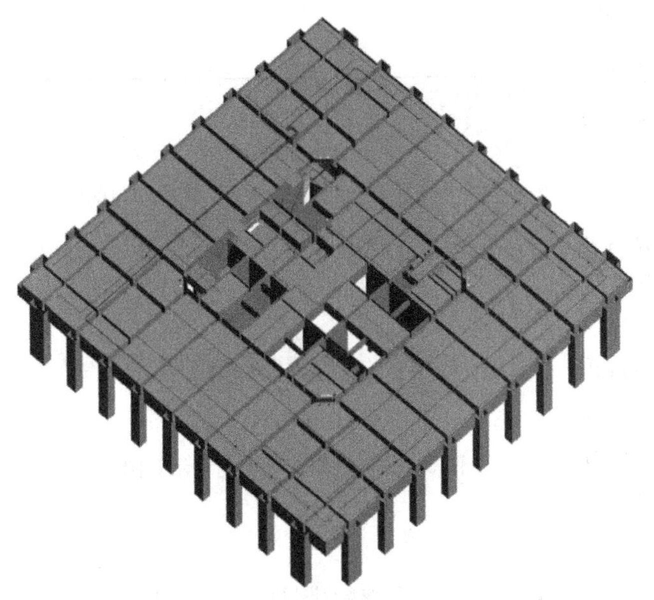

图2 楼板模板和预埋管线、线盒BIM模型

预制线盒分类明细表							
名称	图例	类型	数量	名称	图例	类型	数量
镀锌接线盒		一 型	18	镀锌接线盒		TL 左型	16
镀锌接线盒		L 型	36	镀锌接线盒		TL 右型	21
镀锌接线盒		I 型	47	镀锌接线盒		+L 型	17
镀锌接线盒		T 型	35	镀锌接线盒		II 型	25
镀锌接线盒		+ 型	22	镀锌接线盒		II一 型	14
镀锌接线盒		二 型	5	镀锌接线盒		+I 型	11
镀锌接线盒		Y 型	26	镀锌接线盒		TT 型	15
镀锌接线盒		L一 左型	27	镀锌接线盒		+T 型	6
镀锌接线盒		L一 右型	23	镀锌接线盒		++ 型	1
镀锌接线盒		LL 型	24				

图3 预制线盒分类明细表

4.2 点位放置和模型导出

放样机器人支持BIM模型直接指导放线，包括Revit、Tekla、SketchUp、AutoCAD等主流BIM模型格式。放置点的方式有两种：一是在天宝电脑手簿上操作，从模型上直接点击创建点位放样，简单快捷，缺点是手动创建点坐标捕捉不精准，极易出错。二则是利用TFP插件Trimble Field Points，在电脑模型上进行放点，快速、精准，有效规避了人为干扰因素。点放置完成后就可以将BIM模型转换成放样机器人能识别的RVT格式，并导入放样机器人手簿待用（图4）。

4.3 放样机器人站点设置

放样机器设站一般采用后方交汇法设站法，需要现场设定两个已知固定测量点，在模型导入仪器前需根据现场测量基准点在模型对应位置上设置控制点，用于放样机器人设站。设站时仪器需要在安装牢固后进行水平调平，同时放样机器人机点位置与现场两个定位测量点之间角度需满足45°＜∠APB＜135°，

图4　Revit平台下选取放样点

避免误差过大。因测量面大，需要根据现场放样需求和机器人的放样距离合理设置测量站点数量，避免移站次数过多(图5)。

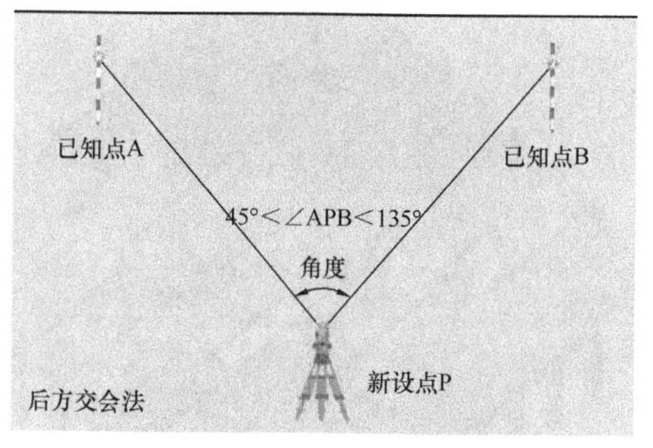

图5　放样机器人设站角度示意图

4.4　测量放样、线盒标记

测量放样需要在底筋布筋前完成，仪器设站完成后就可以使用手簿运行Trimble Field Link软件打开BIM模型，根据现场环境功选择激光放样模式或棱镜放样模式，点击预先设置好的放样点，遥控仪器进行放样。本项目每个线盒设置两个放样点位，分别为线盒对角两点。对线盒两点分别放样后用色号笔标记两点位置，利用线盒快速标记装置按印完成线盒轮廓描绘，然后用色号笔标记线盒信息，完成线盒放样标记工作（图6～图8)。

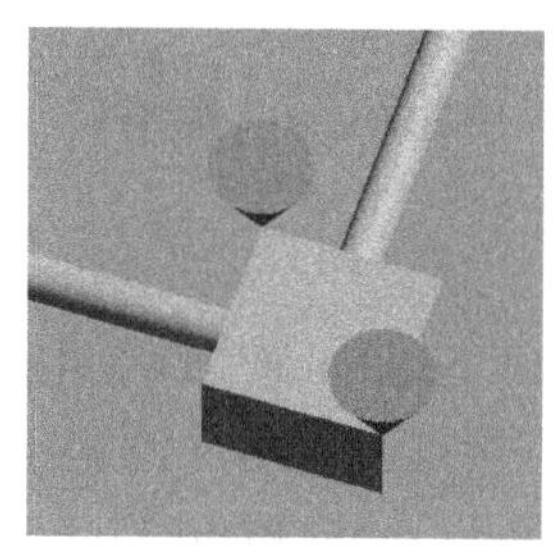

图6　线盒放样点位示意图

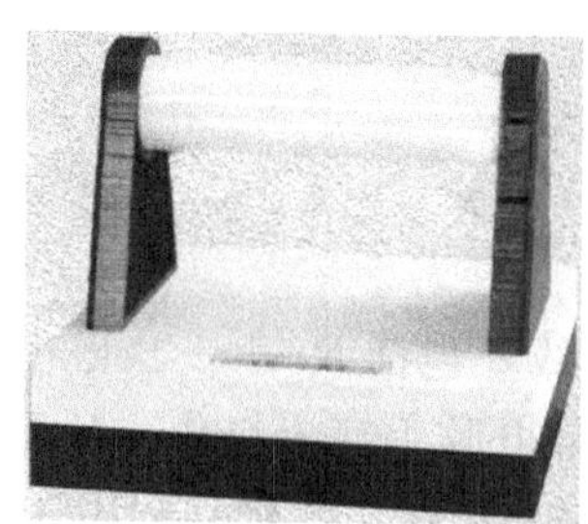

图7　线盒快速标记装置

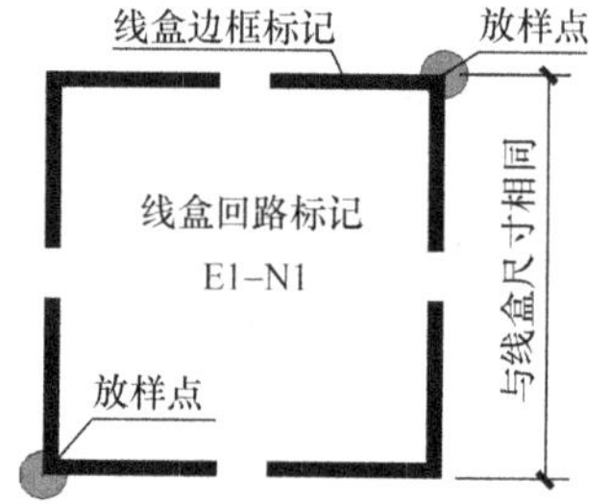

图8　线盒标记效果示意图

4.5　线盒、线管密封

为防止预埋线盒在浇筑时混入混凝土，线盒需要密封保护。线盒预制时需进行线盒的密封工作(图9)。根据线盒预制表安装固紧杯梳后在线盒中填充木屑或泡沫等填充物，再用塑胶带进行线盒盒口严密密封（图10)。杯梳和线管连接处、线管和线管连接处利用热缩管作为密封材料配合热风枪施工。利用其快速收缩的物理性能，不但能紧密贴合，保证密封严密，而且施工简单快捷，能提高效率，缩短工期。

图 9　线盒预制

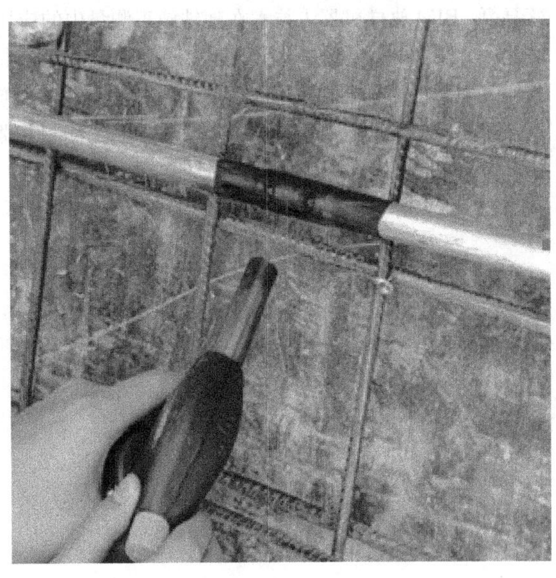

图 10　线管热缩管密封

4.6　线盒固定、线管安装

在主体结构底筋布筋完成后，面筋布筋前完成线管的预埋预留工作。根据楼板面板完成的线盒标记信息，按回路完成线盒、线管的敷设和固定。线盒、线管固定牢靠，盒口端正与结构面板贴合平齐。线盒盒口、线盒与线管连接处密封严密。完成线盒和线管的敷设后，需要按规范和图纸要求完成线盒和线管、线管与线管接驳处的接地。

5　优势分析

以广东电网生产调度中心项目为载体，应用了基于放样机器人的电气预留预埋施工技术。对比传统的根据施工蓝图用经纬仪或弹线放线，配合卷尺测量进行定位预埋人工预留预埋，取得了以下效果：

5.1　线盒预埋精度提高，大大提高合格率

传统的人工预留预埋，由于精度差，定位难，出错高等问题，导致线盒预埋后合格率只有 70%左右。而基于放样机器人的电气预留预埋施工技术利用 BIM 技术，将设计要求和不合理点前置处理，配合放样机器人精准定位，线盒预埋合格率能保证 95%以上，大大提高线盒的预埋质量。

5.2　线盒预制，机器人放样，大大提高施工效率

传统的人工预留预埋，线盒现场制作，人工放线定点。施工内容没有前置处理，都在现场制作，施工效率低。而基于放样机器人的电气预留预埋施工技术的应用，可以在具备施工条件前就可以模型导出线盒分类表进行提前预制。同时在模型上就设置好坐标轴和线盒点位布置，等具备施工条件时只需要利用放样机器人按模型一一放点布置即可，可以大大提高施工效率，缩短工期。

6　结语

BIM 技术在建筑项目尤其是大型综合项目中的应用已经越来越频繁和普及，在这个大前提下，延伸基于 BIM 技术的放样机器人的机电板面预留预埋施工技术的应用就具备了极强的可行性和推广意义。该技术的应用是对传统预留预埋弊病的修复和技术的创新，也是提升机电安装品质水平、施工效率和控制施工成本的一个突破口。虽然现阶段该技术受各种因素在建筑行业应用较少，但随着建筑行业工业化建造、智能建造和绿色建造的大力推行，这项施工技术将在未来大放异彩。

参考文献

[1] 蔡磊磊．BIM放样机器人技术在地铁施工测量中的应用[J]. 城市勘测，2018(05)：125-128.
[2] 宁亿虎．高层建筑电气安装工程预留预埋的施工要点探讨[J]. 居业，2019(12)：123-125.
[3] 张梅，黄凯，戴超，等．基于BIM的放样机器人智能放样及测量施工技术[J]. 中国科技纵横，2019(20)：4.
[4] 黄正凯，钟剑，张振杰，等．基于BIM平台测量机器人在机电管线施工中的应用[J]. 施工技术，2016，45(06)：24-26.

基于BIM的装配式构件全产业链协同管理研究

芮烨豪

（上海市建筑科学研究院有限公司，上海 200030）

【摘　要】基于全产业链与协同机制理论，划分装配式构件全产业链和界定参建主体单位，建立基于BIM的装配式构件（PC）全产业链多主体协同管理框架；对全产业链中各参建单位的协同需求进行分析；运用WBS和RBS技术，构建基于BIM技术的装配式构件全产业链的协同管理机制，提升各参建方协同工作积极性。并结合上海某装配式项目论述该协同管理机制的实现过程，为未来类似项目提供借鉴。

【关键词】装配式构件；BIM；全产业链；协同

以BIM技术为代表的信息化和以装配式建筑为代表的建筑工业化的融合将是未来建筑业发展的必然趋势，也是推动建筑业产业升级和可持续发展的必要途径。随着“两化”不断融合与发展，BIM技术在装配式建筑中的应用案例越来越多。但相对于制造业，BIM在装配式建筑中的应用融合程度较低，变革和价值体现不明显，全产业链中各参建主体缺乏对BIM技术使用的积极性，“两化融合”面临着“外热内冷”的困境。究其原因众多，如全产业链理论概念模糊，缺少统一划分；全产业链中各参与主体间的权责不清和利益冲突；传统建造管理思维禁锢等。归根结底是缺乏基于BIM的多主体的全产业链协同管理的制度保障。

近年来，国内很多学者对该领域进行了研究。王威通过建立协同管理任务机制，借助BIM与信息平台，实现了全产业链的构件追踪和计划管理[1]；张钰璇研究了装配式建筑产业链多主体协同机制，但未有提出基于BIM的协同管理机制[2]；曹新颖等在归纳各参建主体之间的信息基础上，提出了基于BIM技术的装配式建筑全过程信息协同平台模型，但缺少具体机制的深化落地[3]；张家昌探讨了BIM和RFID技术再装配式建筑全生命周期中的应用，但缺少对生产阶段的研究[4]。综上所述，现有研究存在以下一些不足，如：有的研究仅局限于设计或施工单阶段，缺少全产业链的联动；有的提出的全产业链协同机制深度不够，缺少指导性，且缺乏项目实践应用。因此本文将基于全产业链和协同理论，构建装配式构件全产业链多主体协同管理框架。分析基于BIM技术的全产业链各参建单位的协同管理需求，利用WBS和RBS工具，构建基于BIM的装配式构件全产业链协同管理机制，最终结合具体项目验证该协同管理机制，为未来类似项目提供借鉴。

1　装配式建筑全产业链与协同机制理论

1.1　装配式构件全产业链的构成

产业链理论起源于西方产业经济学，最初仅仅关注企业内部分工及管理的问题。后随着理论发展与完善，其应用范围不断扩大，从内部管理转向整个产业链上下游不同参与方之间的协同管理，以提升整个产业链的价值，具有完整性、层次性与指向性的特点[5]。目前，我国装配式建筑理论研究基础薄弱，产业链的概念模糊，尚无明确且完整的定义。因此，本文将以装配式构件（PC）为对象构建其全产业链，其结构如图1所示。全产业链聚焦设计、生产和施工三大阶段，最终细化为：施工图设计—深化设计—生产准备—构件生产—出厂检验—构件运输—现场仓储—现场吊装—质量检验共计9个阶段，形成一个完整而又清晰的流线。产业链的形成有利于装配式构件的产业结构的稳定性和整体效益提升。

【基金项目】上海市科学技术委员会科研计划项目（18DZ1205700）

【作者简介】芮烨豪（1992—），男，助理工程师。主要研究方向为BIM技术应用、建筑工业化。E-mail：ruiyehao@163.com

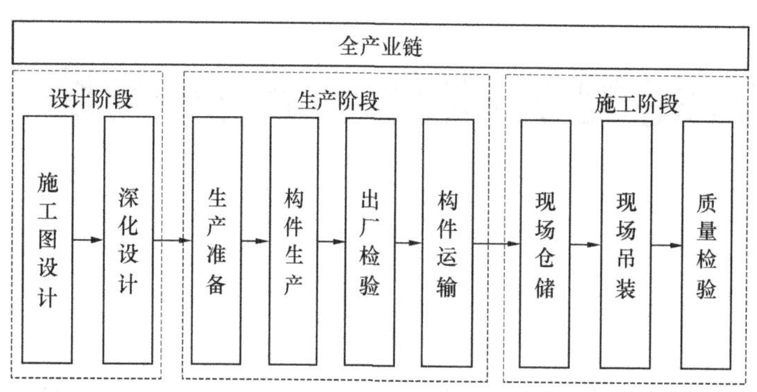

图 1　装配式构件全产业链结构组成

1.2　协同机制理论与参建主体界定

协同机制是一种可以保障系统以一种有序的方式稳定运行的机制，其目的是充分保障体系中各元素高效地竞争与协同合作，形成 1+1>2 的协同效应，从而实现系统的高效运转与整体效益[2]。相比于传统建造模式，装配式构件的存在大大增加了装配式建筑的参与主体，如构件厂商、运输单位等。各参建单位之间既有合作也有冲突，产业链作为以上多个主体组成的复杂系统，需借助协同机制理论建立协同工作机制，以最大限度地保障各参建单位可以在全产业链中有序、动态地协作，保障项目管理的平稳运行。

本文基于 BIM 技术与装配式建筑的建造特点，将全产业链的参建主体归为以下 6 类：建设单位、BIM 咨询单位、设计单位、施工单位、监理单位、构件供应商。其中 BIM 咨询单位并不直接参与项目建设，但是作为业主聘请的 BIM 技术全过程咨询顾问，其扮演着 BIM 技术与项目管理融合落地的重要角色。

1.3　基于 BIM 的装配式构件全产业链多主体协同管理框架

基于上文对装配式构件产业链的定义和参建主体界定，整理基于 BIM 的装配式构件全产业链多主体协同管理框架，如图 2 所示。

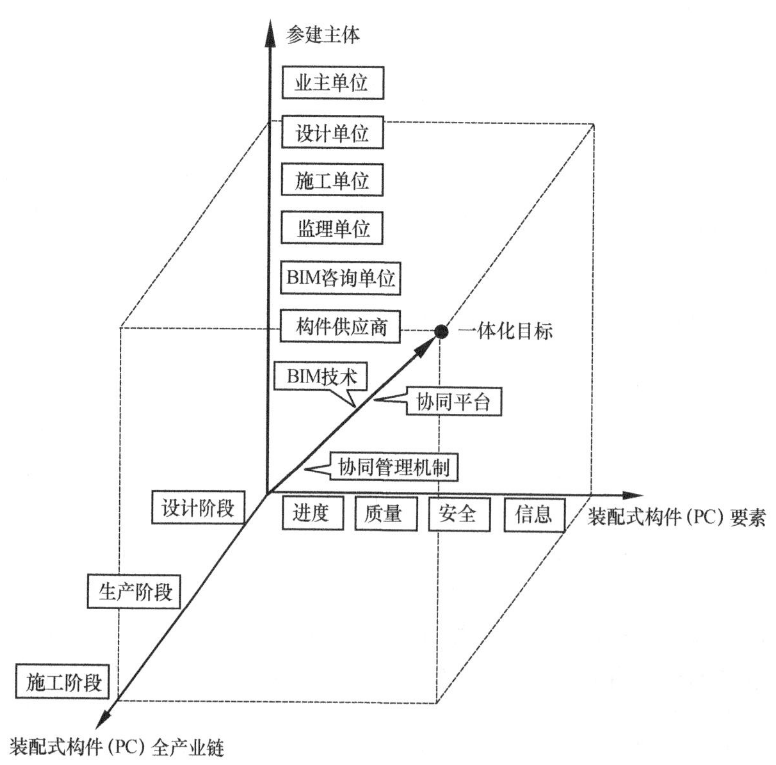

图 2　基于 BIM 的装配式构件全产业链多主体协同管理框架

该管理框架通过集成全产业链各阶段、各参建单位和基于PC的各要素，以BIM技术、协同平台和协同机制作为保障，实现一体化目标，有助于BIM技术与装配式项目管理的深入融合。

2 装配式建筑协同需求分析

2.1 协同驱动因素分析

装配式构件全产业链的协同包括全产业链上下游之间的纵向协同，也包括每个阶段各参建单位之间的横向协同。无论是横向还是纵向，各参建方之间都会存在复杂的合作与竞争。如在纵向协同中，设计单位就需要构件供应商和施工单位的配合深化构件，确保设计能够提前考虑施工受限条件，从而减少返工，这是一种产业链上下游的纵向合作。如在横向协同中，对于部分专业化要求程度较高的构件安装工作往往会需要构件供应商协助，这就会促成构件供应商和施工单位之间的竞争关系。

如此多的协同工作，其背后驱动的因素众多，如外部宏观政策、参建主体间合同关系、BIM技术应用成熟程度及各参建单位自身利益等，其中基于BIM的信息协同是BIM技术应用成熟度的一个重要指标，也是BIM技术与项目管理融合效果能否更进一步的关键。

2.2 全产业链各参建方协同需求分析

全产业链中不同阶段存在不同参建单位之间的协同工作，使得产生的信息错综复杂，极大地增加了信息的交互与沟通协作难度，并且关系到参建单位之间的权责划分和利益博弈。因此，在研究装配式构件全产业链的协同管理机制之前，需对各参建单位的协同需求进行梳理，整理如表1所示。

装配式构件（PC）全产业链各参建单位需求整理 **表1**

参建主体	涵盖阶段	信息需求	信息传递
建设单位	全产业链	PC全产业链的模型、质量、安全、进度、投资等信息	投资、装配率、设计变更
设计单位	设计阶段	业主设计需求任务书、PC生产受限信息、施工安装受限信息	PC施工图和深化设计模型、图纸、设计变更、设计阶段模型应用成果等
施工单位	全产业链	PC施工图和深化设计模型、图纸；业主变更确认函；PC生产计划、运输计划、构件生产质量信息	PC进场、安装计划、施工阶段模型应用成果，构件安装受限信息等
监理单位	生产和施工阶段	PC生产计划、运输计划、PC生产质量信息、构件进场、安装计划、施工阶段模型应用成果	隐蔽验收资料、质量安全检查资料、进场检验资料、构件状态扫码确认等
PC厂商	全产业链	PC施工图和深化设计模型、图纸；构件进场、安装进度计划、构件安装受限信息等	PC生产计划、运输计划、PC生产质量信息，PC生产受限信息

注：BIM咨询单位不参与工程实体建设，主要职责为辅助业主落实BIM协同管理，因此以上表格不列出。

（1）设计阶段信息需求分析

设计单位需要根据业主单位的设计需求，整合构件供应商和施工单位的生产和施工需求和受限，在标准化设计的基础上，尽可能减少设计构件的类别，为后期生产和施工工作减少压力；在PC深化设计时，需充分考虑内部各专业的协同，考虑预埋件及洞口的预留，提升设计精细化水平，减少施工返工，提升管理效率。

（2）生产阶段信息需求分析

在生产阶段，构件供应商需要协同设计方的构件深化图及施工方的施工进度计划，统筹安排生产部署，包括模具准备计划、物资采购计划、人员需求计划、构件堆放计划、生产及运输计划等，同时需基于施工方的施工方案安装吊件，基于监理单位的要求进行构件生产、质量及隐蔽资料的信息录入等。

（3）施工阶段信息需求分析

在施工阶段，需基于自身施工条件受限及施工进度需求，制定吊装方案；充分考虑进度方案与运输计划，与监理单位协同部署进场验收及存储计划；在进场、仓储及吊装的过程中，需协同监理对构件的状态、相关过程资料及验收资料共同完成信息的平台录入。

3　基于BIM技术的装配式构件全产业链协同管理机制研究

基于业主单位为核心，BIM咨询单位辅助的管理模式，运用WBS和RBS工具将基于BIM的装配式构件全产业链的工作任务分解成15项具体任务，并赋予各单位每项具体任务的职责，如表2所示。基于WBS和RBS成果，最终构建基于BIM的装配式构件全产业链协同管理机制，如图3所示。在该管理机制中，崭新亮点包括：在权责划分方面，利用WBS和RBS工具为各参建方的协同工作划分界面提供了依据；在信息传递方面，设计阶段以装配式构件模型为信息的传递媒介，生产及施工阶段则依托协同平台和RFID技术实现信息传递；在动态管理方面，依托RFID和构件编码ID实现构件从生产到施工的实时动态掌控；在协同管理方面，打造以装配式构件模型为基础的全产业链协同管理流程，提升各参建单位的组织管理效率、保障信息的高效流通。

装配式构件全产业链工作任务分解表（WBS）及责任分解表（RBS）　　**表2**

编号		全产业链		任务名称	建设单位	BIM咨询	设计单位	施工单位	监理单位	PC厂家
A	A1	设计阶段	施工图设计阶段	创建PC施工图模型	验收	审核	负责	—	—	—
	A2		深化设计阶段	创建PC深化设计模型	验收	审核	负责	参与	—	参与
	A3			创建PC编码体系	验收	负责	参与	参与	—	参与
	A4			搭建PC族库	验收	审核/提资	负责	了解	—	参与
B	B1	生产阶段	生产准备阶段	确立BIM协同平台	验收/审核	负责	了解	了解	了解	了解
	B2			协同平台PC模型与进度计划挂接	验收	审核/提资	了解	负责	审核	了解
	B3			录入构件编码至RFID芯片	验收	审核/提资	了解	负责	审核	了解
	B4			录入构件编码至装配式构件模型	验收	审核/提资	了解	负责	审核	了解
	B5		构件生产阶段	生产资料平台挂接	验收	审核	了解	审核	审核	负责
	B6			隐蔽资料平台挂接	验收	审核	了解	负责	审核	了解
	B7		出厂检验阶段	出厂资料平台挂接	验收	审核	了解	审核	审核	负责
	B8		构件运输阶段	运输资料平台挂接	验收	审核	了解	参与	审核	负责
	B9		现场仓储阶段	进场资料平台挂接	验收	审核	了解	了解	负责	了解
C	C1	施工阶段	现场吊装阶段	扫码上传吊装完成照片至平台	验收	审核	了解	负责	审核	了解
	C2		质量检验阶段	验收资料平台挂接	验收	审核	了解	参与	负责	了解

4　项目案例

4.1　项目概况

本项目位于上海临港新区。项目由22栋4～12层的研发中心、研发厂房、1栋4层的共享大厅、1栋1层的垃圾房、集中地下1层车库组成。总建筑面积约206320m^2。所有上部结构均采用装配式结构，单位预制装配率到达40%～45%。

4.2　设计阶段协同管理效益分析

装配式构件数量庞大与类型复杂是设计阶段的难点。因此，在PC施工图设计阶段，设计单位满足业主的设计需求的前提下，充分考虑了构件生产的经济型、施工安装的复杂性等受限因素，通过BIM标准化设计将构件类别优化至框架梁、楼层梁等8类，如图4所示，减少了后期各阶段的管理难度，提升了经

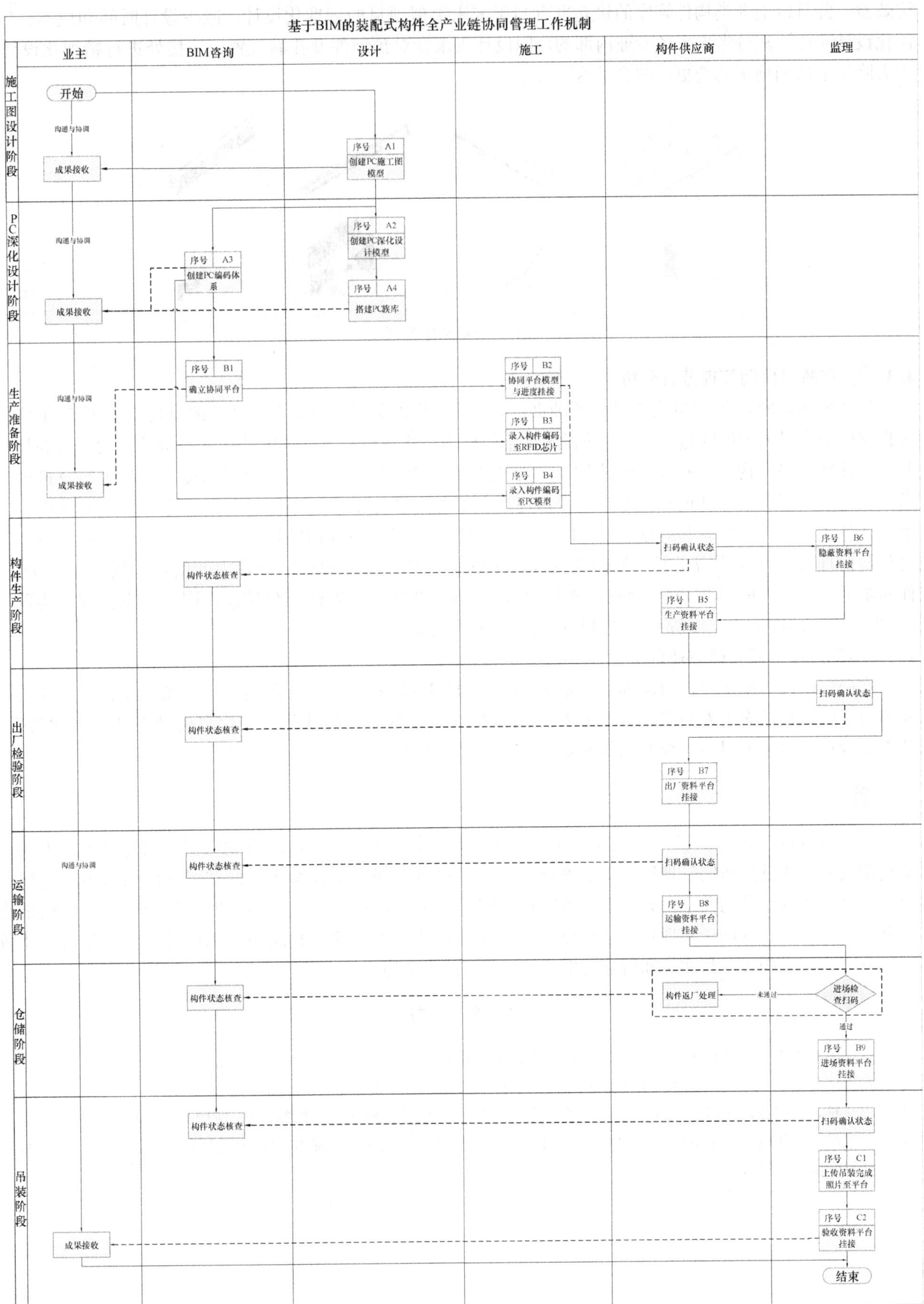

图3　基于BIM的装配式构件全产业链协同管理机制

济效益。并且以上 8 类构件族库的建立也有利于未来类似项目的标准化设计，减少设计时间和成本。PC 深化设计阶段，充分考虑了各专业内部的协同设计需求，对预埋件及孔洞位置、连接处进行精细化设计，大大降低了后期施工的变更，减少了返工成本。

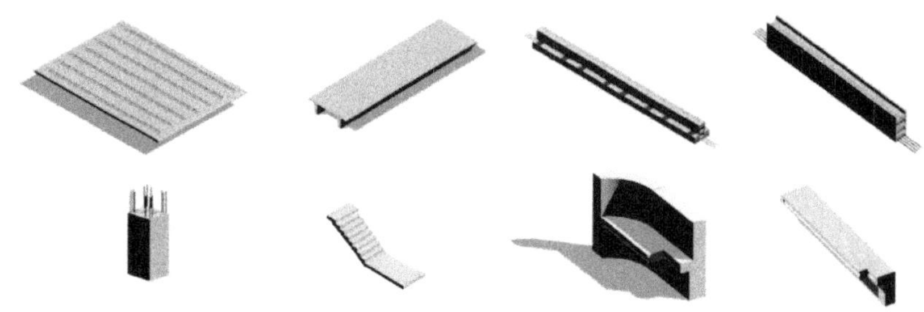

图 4　PC 族库类别

4.3　生产阶段协同管理效益分析

生产准备阶段，在 BIM 咨询单位的辅助下，建立 PC 的编码体系，打造 PC 的身份 ID，施工单位通过将编码分别录入 RFID 芯片和设计阶段传递来的模型，实现模型与实体的挂接，为构件的动态追踪打下基础。在此阶段，构件厂商可以通过 BIM 模型提取生产所需信息，并且充分考虑施工安装工艺及进度需求，制定物资采购、构件模具、生产及运输计划。如考虑到施工安装工艺，需提前为构件增加吊钩等元素。构件生产、出厂检验和运输阶段，PC 供应商通过扫码及时更新构件状态，基于 BIM 的协同平台，为总包与监理提供过程所需资料，如构件的混凝土强度资料等，实现生产过程中的信息协同。综上所述，面对绝对数量巨大的 PC，生产阶段通过 PC 厂商、施工及监理三家的充分信息协同与动态管理，实现了 PC 生产过程的线上化，厘清了生产过程中产生的复杂信息流。

4.4　施工阶段协同管理效益分析

在施工阶段，施工单位与监理单位基于 BIM 与 RFID 技术的协同管理实现了现场仓储、吊装和质量检验阶段的构件动态追踪管理、资料挂接和信息协同，实现了构件质量安装信息的动态和可视化管理，从而减少构件混淆的风险，提升构件的安装效率，缩短工期。

5　结语

本文通过打造基于 BIM 的装配式构件全产业链协同管理机制，为 BIM 和物联网等信息技术深入融合至装配式全产业链的协同管理提供了制度保障。通过项目实践，让各参建单位真切意识到运用信息技术协同有助于实现信息的共享，充分消除各方在协同合作中的信息障碍，最终实现自身管理水平的精细化提升。在整体上，有助于实现各参建单位的实施互动，助力团队朝着共同的目标迈进，实现项目整体效益提升，为未来相关项目实施和行业的发展起到一定的借鉴意义。

参 考 文 献

[1]　王威．基于 BIM 和物联网技术的装配式构件协同管理方法研究[D]．广州：广东工业大学，2018.

[2]　张钰璇．装配式建筑产业链多主体协同机制研究[D]．济南：山东建筑大学，2018.

[3]　曹新颖，晏阳芷，暴颖慧，等．基于 BIM 的装配式建筑信息协同研究[J]．建筑经济，2019，40(09)：85-89.

[4]　张家昌，马从权，刘文山．BIM 和 RFID 技术在装配式建筑全寿命周期管理中的应用探讨[J]．辽宁工业大学学报(社会科学版)，2015，17(02)：39-41.

[5]　张玥，李卫东，刘美霞，等．我国装配式建筑产业链构建和运行机制探讨[J]．住宅产业，2016，192(10)：35-40.

浅谈 BIM 技术沿革以及在科技地产项目的应用

车逸雯

（纽约）

【摘　要】信息化以及万物互联化浪潮正以前所未有的势头改变着各行各业。BIM 技术作为计算机辅助设计 2.0 时代的代表技术，不仅仅可以直接有效地解决实际问题，更应该从根本上改变我们对于传统建筑从业模式的认知，以及引发对于新的设计、施工模式和空间使用的探索。本文试图在重新定义计算机辅助设计的基础上，举例说明 BIM 技术在科技地产公司中的应用，以及它们给建筑领域所带来的高纬度变革。

【关键词】数字孪生；衍生设计；计算机辅助设计；地产；万物互联

1　引言

近年来，信息化以及万物互联化浪潮正以前所未有的势头改变着各行各业。建筑业也不例外。新的科学技术不仅仅可以直接有效地解决实际问题，更应该从根本上改变我们对于传统建筑从业模式的认知，以及引发对于新的设计、施工模式和空间使用的探索。

建筑业内计算机辅助设计早已不是新鲜话题，但迄今为止大多数的技术并未深入到设计施工以及交付使用后地产项目管理等全流程革新的层面。本篇文章将从智能设计以及项目管理的角度浅谈新兴科技地产公司对于 BIM 技术（计算机辅助设计 2.0 时代的主要技术）的创新利用和探索。

2　计算机辅助设计沿革

2.1　建筑生产过程分解

回看例如阿尔伯蒂在《建筑十书》中对于建筑生产过程的理解，我们不难发现长久以来建筑活动都可以被分解成设计过程和施工过程两大部分。显然建筑师主要负责前者，建造者则管控后者。而这其中，建筑师的工作又可以细分为构思与转录两个部分。构思过程要求建筑师根据抽象地数据和信息，例如来自甲方的任务书、来自政府的政策条规，或是来自市场部的设计指导意见等，在脑海中构思出相应的建筑产品。转录的部分则是用二维的图纸或是三维的模型去记录和表达这一产品。这些图纸和模型则将成为蓝本以指导施工团队将设计师的想法付诸最终的产品，如图 1 所示。

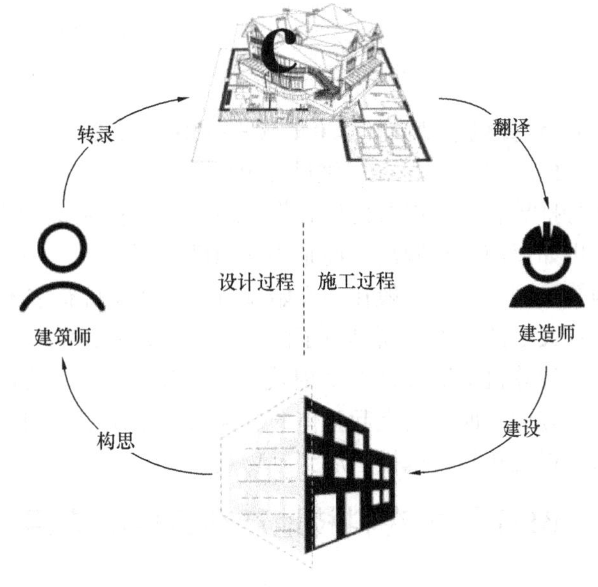

图 1　建筑生产过程

从另一个维度来看，如果我们把建筑物看作是

【作者简介】车逸雯（1989—），女，资深 BIM 项目经理。主要研究方向为 BIM 在建筑设计以及地产项目中的应用。E-mail：che. yeeven@gmail. com

设计活动的结果（Result），而设计的整体流程看作是此活动的过程（Process），科学技术对于此结果（Result）在过去的若干年中已经有了长足的发展。不论是新陈代谢年代对于超级结构以及工业化思维的初探，还是高技派年代对于结构细部的延伸探索，还是当下参数化设计对于传统建筑造型的颠覆性重塑，如今我们看到的新建筑和阿尔伯蒂时代的三段式英雄主义建筑语汇相比早已发生了天翻地覆的变化。然而从设计过程（Process）的角度来讲，计算机辅助设计带来的变革却十分有限。

2.2 计算机辅助设计1.0时代

CAD（Computer Aided Design）可以被看作是计算机辅助设计的初代。Autodesk CAD等绘图软件将建筑师从纸笔绘图模式中解放了出来，却也仅此而已。虽然我们不再需要趴在绘图桌上一笔一画地去描图（图2），然而建筑师还是在禁锢在电脑桌前，一条条线地转录我们脑海中设想的产品。此阶段可以被认作是1.0时代。它更多地改善了转录这一过程，对于构思这一部分则鲜有帮助。

图2　计算机辅助设计问世前的建筑设计方式

（图片来源https：//arquitecturaviva.com/assets/uploads/articulos/42392/av_35039.jpeg？h=15dc4533）

2.3 计算机辅助设计2.0时代——BIM时代

BIM技术往往和三维设计思维联系在一起。设计的构思和转录全过程都将以三维模式为基础出发，进行推导、记录以及协调合作。BIM技术同时也增强了不同工种之间的联系。建筑设计过程和施工过程不再如以前那般脱离，而是相互辅助共同发展。因此在设计的初期我们就可以引入结构、暖通机电、采购等不同工种，一般在一开始就对于整个项目有多维度的掌控。因为BIM时代的设计思维早已跨越了几何意义上的三维，而具备了四维、五维甚至更高维度的应用。

计算机辅助设计2.0时代，即BIM时代，我们不应仅仅将视野局限在用高新技术辅助记录设计成果这一方面。而是建立起整体的建筑信息化模型，用这个虚拟模型作为借口与其他行业进行信息交换，从而使得建筑物可以被扩展到万物互联网中。

3 BIM技术在科技地产项目中的应用

以联合办公项目为例，一个办公室租赁项目往往可以分成项目初期（尽职调查）、设计期、招标期、施工期以及运营使用期。这里主要探讨设计期、施工期和运营期中BIM技术的应用。

3.1 数字孪生技术（Digital Twin）

数字孪生技术是近年来大热的话题。目前行业内尚未有统一且清晰的定义。在此，我们试图如此定义数字孪生技术：即建立一个与实体空间相对应的虚拟模型（数据库）。这个数据库模型可以被视作是实体空间的信息化克隆体。它在拥有物理空间一切三维几何信息的基础上，可以加载更多的抽象信息，并最终以计算机语言能理解和执行的形式成为与其他数据库交流的窗口。数字孪生模型可以被视作建筑信息模型（BIM）的多维形态。

我们可以认为网购电商就是建立每一位用户的数字孪生档案。电商拥有每一位用户的数字档案，有的记录了三维的身体尺寸信息，更多的时候则是记录了购物喜好频次、饮食习惯，甚至环保主义偏好等抽象的信息。这些数据作为一个模拟人用以电商平台总结现有客户群，预测未来发展趋势以便及时推送合适的产品等等。同理，航天业在试飞飞船之前都会建立虚拟模型以测算实际发生升空后的运行情况。数字孪生模型完美地规避了事发后才可以调试的问题，在早期发现问题以便用最少的财力物力人力改善产品。

地产项目也是一样。每一个地产项目应当被看作一个生命体。从还未问世开始，地产业主就需要建立一个动态模型来记录物理空间的信息，以及叠加来自其他产业的数据。数字孪生技术可以帮助我们理解产品的实时状态，模拟并预测未来；同时它也可以帮助我们实现远程监控以抵抗类似于当下的全球大流行疫情的冲击。当一个拥有超过曼哈顿半数以上租赁办公的地产公司建立起了数字孪生模型地图网后，每一个现有的信息模型则有机会反过来推动新项目的设计决策。在 AI 时代来临以后会有本质的飞跃。

地产产业中创建这样的数字孪生模型有以下几步。首先我们需要通过扫描契约所指空间，这一过程也称作 Reality Capture。三维扫描所得的点云模型（Point Cloud）记录了现有空间的几何信息。这一模型可以导入 Revit 之类的 BIM 数据库编辑平台转译成建筑信息模型。

BIM 时代之前是难以获得一个和实体空间误差如此小的设计基准模型的。此信息模型在项目经理和租客以及房东协商租赁合同时将最大程度确保所签即所得。同时由于设计基准准确度的提升，施工时面临因误差造成的现场改设计的状况将大大减少。施工费用以及工期都将控制在最小范围。同时这一模型是可以在整个生命周期中实时更新。BIM 时代之前设计图册和施工图册是分开的，与完工后的建成模型也是脱节的，遑论运营时期的维护信息实用信息的记录。每一阶段孤立的记录载体导致数据不可信、不可延展，甚至直接阻断了数据的传递造成数据缺失。因此很难用数据客观的描述实体空间对应的项目，更别说用已有数据去客观地为未来项目做决策。BIM 技术的出现从根本上改变过去落后的信息管理系统。

3.2 生成式设计（Generative Design）

建筑设计的一大软肋在于生产效率低下。传统的设计流程需要手动尝试每一种可能性，再进一步记录每一种设计方案。例如麦肯锡咨询公司在其 2015 年发表的 *The Construction Productivity Imperative* 一文中所提到的，建造行业 1992 年至 2012 年人均生产值几乎维持不变甚至略有下降，而其余制造业平均来讲得以翻倍[1]。改善这一点需要我们重新定义设计和建造过程（Process）以及最大限度地引入新兴科技应用[2]。因此，解决生产效率的核心关键在于建立标准化设计流程和可重复利用的资料库。这两者也使得建筑设计过程可以适配于生成式设计思路并利用与之相对应的新科技技术。

生成式设计通常需要满足以下几个条件。首先它需要有标准化的工作流程。不同于人脑，计算机只会根据指令执行任务。地产设计项目由于其高度流程化的特点，相较于通常意义上的建筑设计项目来说更容易总结出标准化的工作流程。在确保设计亮点得以充分施展的前提下，公司的 BIM Specialist 会最大限度地优化从拿地到设计以及施工甚至运营的全过程。

再者，生成式设计需要清晰定义的规则。仍以联合办公项目为例。此类公司通常拥有设计部设计师制定的标准化资料库。例如每一个两万平方米的办公项目对应的办公空间、服务空间、交通空间等所占百分比；每一个两人办公室的面积范围以及布局模式种类；可以订购的家具目录等等。这一过程也就是通常意义上的建立算法的过程。BIM 模型的出现使得建立此类智能数据库变得十分便利。Revit 作为主模型的记录中心，常常可以配合 Unifi 或 Avail 等软件轻松建立起与之匹配的家具库或货物库存表等等。

因此设计部分在对可以标准化的流程环节充分地标准化以及建立了算法原则的基础上，将可变量缩小到最小范围内，便可以利用如 Matterlab 等生成式设计软件来进行设计方案初步演算。配合最后的合理化演算流程便可以进行快速成型（Fast Prototyping）计算。建筑师和设计师得以从机械的重复劳动中解放出来去做更多的决策性工作以回应社会上源源不断提出的新的挑战。

4 结语

BIM 技术的到来从本质上改变了建筑行业的思维模式以及和其他行业接轨的方式。在全面信息化和万物互联即将到来的时刻，建筑行业进一步推行 BIM 技术将使其以新的姿态去迎接更多的社会问题的挑战。我们需要针对物理空间建立起与之相对应的数字孪生模型库，是建筑行业得以拥有和其他行业对接的数据库。同时由于生成式设计技术的革新，建筑师们可以提升设计效率以将更多的精力用来思考如何用建筑产品回应和表达更加抽象的社会议题，让建筑脱离仅仅只表达物理几何空间的层面。

参考文献

[1] CHANGALI S , MOHAMMAD A , NIEUWLAND M V . The construction productivity imperative. 2014.
[2] BARBOSA F, JAN M, MATTHEW P. Improving construction productivity. 2017.

新加坡 BIM 技术发展与人才培养概述

王　荣[1,2]，王　淼[3]，任霏霏[1]

（1. 国家建筑信息模型（BIM）产业技术创新战略联盟，北京 100013；2. 中国建筑技术集团有限公司，北京 100013；3. 北京凯谛思工程咨询有限公司，北京 100052）

【摘　要】 新加坡建筑业数字化转型起步较早，政府部门是 BIM 应用的主导机构，在政府部门、行业机构、建筑企业和高等院校共同努力下推动新加坡 BIM 技术发展。本文系统梳理了新加坡推动 BIM 技术发展的相关机构及技术路线图，重点调研了新加坡 BIM 人才教育培养现状和课程内容设置情况，通过深入剖析新加坡 BIM 人才培养的三个突出特点：产学研机构共同参与、多样化人才发展路径、专业人员系统化认证等，提出对推动我国 BIM 发展和人才培养的启示与展望。

【关键词】 新加坡；建筑信息模型（BIM）；技术发展；人才培养

新加坡建筑业数字化转型及 BIM 技术的应用推广起步较早，政府部门对 BIM 应用的起到主导作用，通过制定系列性的政策策略及技术路线指导建筑行业和企业有计划性高效开展 BIM 技术研究和项目落地。由新加坡建设局（BCA）、劳动力局（WSG）与行业协会、培训机构、工会等共同开发了“建筑环境技能框架”，推进新加坡 BIM 人才教育培养。本文通过对新加坡 BIM 技术发展的相关机构、技术路线图，人才教育培养现状及特点的充分调研，提出对我国 BIM 发展的启示与展望。

1　组织机构

1.1　新加坡建设局——BCA

新加坡建设局（Building and Construction Authority，BCA）是负责建筑业管理的国家机构，致力于为新加坡创建安全、优质、可持续性和友好便利的最佳建筑环境，实现更高的居民生活质量。依托下属教育机构 BCAA 提升行业技能和专业知识。新加坡政府机构对信息技术的关注起步较早，在 1982 年，BCA 提出人工智能规划审批（Artificial Intelligence plan checking）；2000—2004 年，发展 CORENET（Construction and Real Estate NETwork）项目，用于电子规划的自动审批和在线提交，是世界首创的自动化审批系统。

1.2　新加坡建筑研究中心——BCAA

新加坡建筑研究中心（Building and Construction Authority Academy，BCAA）作为本国建筑产业/专业技能教育和研究的中心，提供产业项目研究、从业人员商业技能及专业文凭培训培养。其顾问小组成员多为各项产业界精英，长期建立与产业伙伴、研究机构、学术界、政府机关之间技术合作关系，以提升新加坡建筑行业的整体技术能力和水平。

1.3　buildingSMART 新加坡分部——bSS

buildingSMART 新加坡分部——bSS 成立于 1997 年，是建筑行业的非营利联盟。其开展 IT 活动分为六个工作组：设计工作组、采购工作组、措施工作组、建造工作组、设施工作组和 IFC 实施者工作组，联盟成员包括：建筑师、工程师、承包商、建筑业主和设施经理、软件供应商、政府机构和大学。其使命是通过将行业基础类 IFC 指定为通用语言整合 AEC/FM 行业，以改善建筑物在整个设计、建造、运营和维护生命周期中的沟通、生产力、交付时间、成本和质量。

【基金项目】 国家建筑信息模型（BIM）产业技术创新战略联盟科技计划项目：工程建设行业信息化技术发展研究（编号：20171802416161001）

【作者简介】 王荣（1984—），女，助理研究员/副秘书长。主要研究方向为建筑信息模型 BIM、标准化。E-mail：15810005058@126.com

2 技术发展历程

2.1 新加坡CORENET项目

1995年，新加坡国家发展部启动建筑信息化项目CORENET（Construction and Real Estate Network），对建筑工业化流程再造（BPR），以实现建筑质量和生产效率提升；采用先进的信息技术实现各参与方高效、无缝地沟通和信息交流。CORENET系统主要包括三个组成部分：e-Submission、e-plan Check和e-info。其中e-plan Check使用自动化程序对建筑设计成果进行数字化检查，发现其中违反建筑规范要求之处。

为保证CORENET项目（特别是e-plan Check系统）顺利实施，政府联合建设局、城市发展局、土地流转局、新加坡电力、住房发展部等机构共同参与，同时提出了配套要求包括：广泛业界测试和试用以保证系统的运行效果；通过各种形式与业界沟通，加强人才培养；加强与国际组织的合作。

系统采用了国际互可操作联盟（IAI）所制定的IFC 2×2标准作为建筑数据定义的方法和手段。整个系统采用C/S架构，设计人员先通过BIM工具开展设计，提交成果给系统进行在线自动审查。于2010年开始通过CORENET提交建筑、结构和机电BIM图纸，申请建设许可。新加坡BIM指南要求到2013年，所有超过2万m^2的新建项目强制电子提交BIM图纸；到2014年，超过2万m^2的工程或所有新建项目，到2015年，超过5千平方米的所有项目和工程强制电子提交BIM图纸。路线图的制定是基于扩大的BIM应用范围而不是BIM成熟度的具体水平。

2.2 第一版新加坡BIM发展路线规划

2011年，BCA发布了第一版新加坡BIM发展路线规划（BCA's Building Information Modelling Roadmap），规划明确推动整个建筑业在2015年前广泛使用BIM技术。明确了在5个领域采用BIM技术包括：①公共部门牵头，②宣传成功案例，③消除应用障碍，④建设BIM能力，⑤BIM采用者的激励措施（图1）。

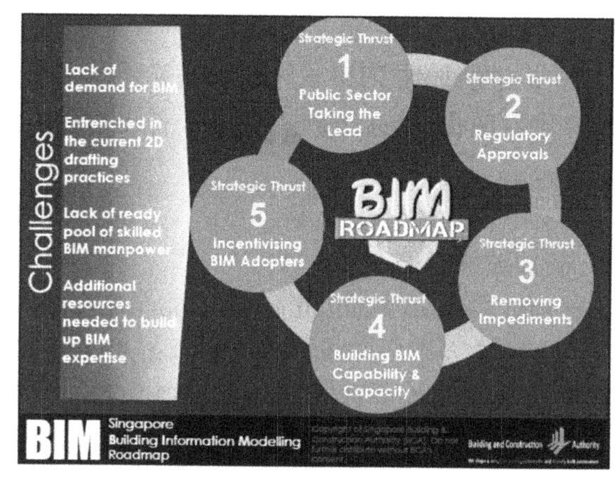

图1 第一版新加坡BIM发展路线规划

为了实现推广目标，BCA分析了面临的挑战，并制定了相关策略，包括制定BIM交付模板以减少从CAD到BIM的转化难度，2010年BCA发布了建筑和结构的模板，2011年4月发布了M&E的模板；另外，与新加坡buildingSMART分会合作，制定了建筑与设计对象库，并明确在2012年以前合作确定发布项目协作指南。到2015年，第一版BIM路线图实现了BIM在业内大多数大型咨询公司和承包商公司的采用。已有102个公共项目采用BIM技术，181个项目满足强制性BIM电子提交要求，2000万新元承诺用于700多家公司，平均效率提高了21.5%，推出了新加坡BIM指南，Essential BIM指南、BIM电子提交指南和特定于软件的模板指南。

2.3 第二版新加坡BIM发展路线规划

2015年，BCA发布第二版BIM路线图，旨在4个领域以综合方式在建筑生命周期内推进BIM的使用包括：①推动整个价值链中的BIM协作、专业承包商的建筑BIM能力、各级的新培训计划和设施（例如精益和虚拟建设中心），②用于制造和装配设计的BIM，③用于设施管理和智能建筑的BIM，④研究和发展。

2017年10月，新加坡推出建筑业转型地图（Industry Transformation Map，ITM），IDD（Integrated Digital Delivery）集成数字交付。集成数字交付旨在通过先进的信息通信（Info-communication，ICT）和智能技术，将整个价值链中的流程和利益相关者完全整合起来，从设计、制造到现场组装以及建筑物的运营和维护。

2018年11月，IDD实施计划启动，鼓励更多建筑环境行业公司走向数字化。该计划的三个重点领域包括：①通过示范项目提高对 IDD 好处的认识；②开发 IDD 生态系统，提供支持的解决方案、平台和标准；③加强行业在 IDD 方面的能力。

3　教育培训情况

3.1　教育培训现状

新加坡 BIM 教育普及率逐年增强，目前已在所有高等研究院（Institutes of Higher Learning，IHL）的建筑环境（Built Environment，BE）课程都设立了 BIM 课程，由此搭建高素质的人才储备体系，为建筑业转型发展提供有力支撑。新加坡已有 11 所高等教育学院提供全职/兼职课程，包括 BIM/VDC（Virtual Design & Construction）虚拟设计与建设/IDD 集成数字交付课程。到目前为止，包括第三方 BIM 软件教育机构在内的人员培训课程，已有近 17200 名学生和专业人员接受了 BIM/VDC/IDD 方面的培训（图 2）。

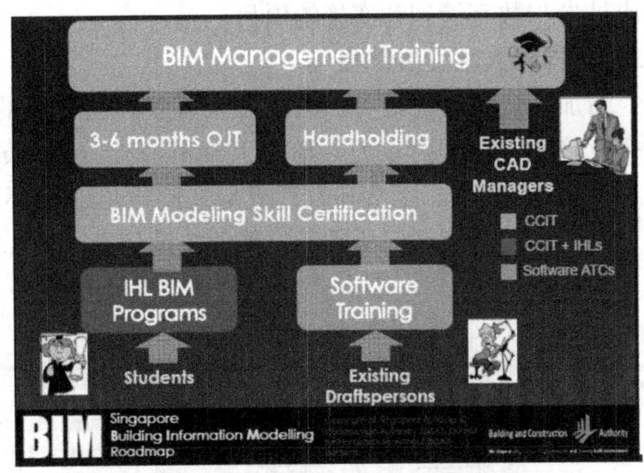

图 2　新加坡 BIM 管理者培训体系

技术教育学院（The Institute of Technical Education/Technical College）在技能资格相关专业包括建筑空间设计、土木和结构工程设计和设施系统设计课程中设置了 BIM 集成应用内容。多数技术机构设立 BIM 技术部门，并在与可持续发展相关的工程项目中充分应用；同时，建筑公司大多制定了有针对性的人才培养方案。大学提供学士和硕士课程的 BIM 方向，南洋理工大学和新加坡国立大学成立 BIM 专业培训中心（Centres of Excellence in BIM）。

3.2　课程培训内容

BCAA 为从业者提供就业前培训（Pre-Employment Training，PET）和继续教育培训（Continuing Education & Training，CET）等与 IDD 相关的各级培训项目，在整个价值链中提升集成数据化交付能力。同时，BIM/VDC/IDD 内容被纳入 BCAA 的全日制文凭课程，涵盖整个建筑价值链的所有学科，BCAA 与新加坡社会科学大学和纽卡斯尔大学（澳大利亚）设立了 BIM 相关的联合学位课程。继续教育集成数字交付课程包括数据分析的全项目周期应用，通过分析数据发现建造过程中存在的问题，以及人工智能技术在建筑中应用等；如：可参考先前设计进行机器学习，并根据开发者的需求进行项目方案的智能优化。随着建筑环境技能框架（Skills Framework，SFw）的发布，个人、公司和培训机构可以利用 SFw 来了解如何规划数字交付管理职业路径，及如何参加建筑环境部门的数字交付课程。

新加坡劳动力机构（Workforce Singapore，WSG）为从业者制定结构化技能转换/安置培训计划，如针对 BIM 专业人员的专业转换计划（Professional Conversion Programme，PCP），建筑信息模型 BIM、建筑与资产管理、综合数字交付/建筑环境等专业文凭。同时，通过 PCP 重新部署为 BIM 建模师提出结构化再培训计划，重新部署现有员工在公司内担任新的工作角色。

2015 年底，BCAA 设立精益和虚拟建设中心（the Centre for Lean and Virtual Construction，CLVC），作为 BIM、VDC 和精益建造的第一个沉浸式和体验式的研究教育机构，鼓励高等教育机构和公司进行技术人员培训和体验学习。BCAA 定期组织研讨会、讲习班和一套 IDD 短期课程，如 BIM 建模、计算 BIM、构建生命周期和 BIM 设施管理以及数据分析为从业者提供培训。

4　人才培养特点

4.1　产学研机构共同参与

BCA 通过 IDD 指导委员会通过贸易协会（Trade Associations and Chambers，TACs）密切合作开展人才培养、教育培训等相关工作。贸易协会在 IDD 培训中提供多项支持，包括吸纳来自上下游不同学科的 BIM/VDC/IDD 专家，将培训业务拓展到协会成员和项目实践。新加坡承包商协会有限公司（Singapore Contractors Association Limited，SCAL）对其成员公司开展 BIM 软件方面培训，共有 900 多名行业专业人员参加了培训项目。新加坡建筑师协会（Singapore Institute of Architects，SIA）举办相关项目让其成员参与数字管理和实施的项目。

4.2 多样化人才发展路径

新加坡建筑环境相关部门联合为从业者创造新的就业机会，及对其提供继续再培训，适应不断变化的行业趋势。2020 年 9 月，BCA、Skills Future Singapore（SSG）和 Workforce Singapore（WSG）与行业贸易协会（TAC）、工会和教育机构共同推出建筑环境技能框架（SFw）。该框架提供了职业道路、工作角色以及建筑环境部门所需新技能的关键信息（图 3）。

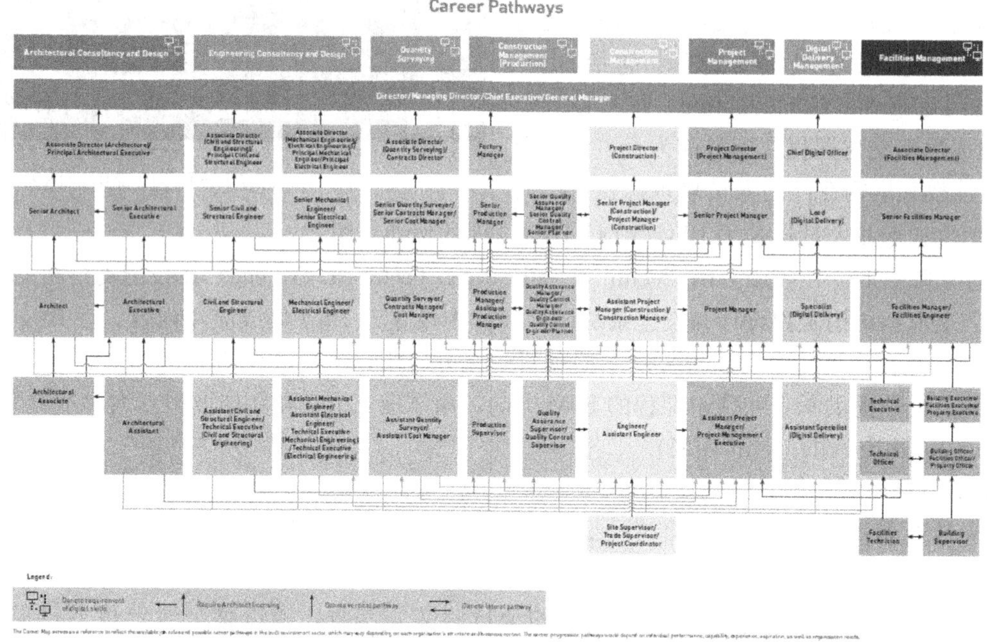

图 3　新加坡 BIM 人才职业发展路径

数字交付管理 DDM 课程涉及采用和实施最新的新兴数字技术，以优化运营和流程、改善协作并提高工作效率。通过培训以提升从业人员数字能力、开发数字解决方案，及重新设计由 3D 建模、混合现实、数据分析和流程再造等能力支持的工作流程。为验证 SFw 中确定的相关 IDD 技能和能力并提升 BE 专业的地位，BCA 还与 bSS 合作，在 2021 年推出 DDM 认证计划，确保公司或项目级别的数字计划由合格的专业人员管理，以交付预期的项目成果。

BCA 举办每年一度的国际建筑环境周（International Built Environment Week，IBEW），为来自全球建筑环境行业技术专业人士提供各国政策及标准解读、商业运营模式及解决方案、技术项目应用经验分享的交流分享平台。

4.3 专业人员系统化认证

新加坡针对 BIM 能力认证分成个人及公司两部分。个人层面分成 BIM 专业培训师、BIM 专业顾问、BIM 专业经理人、BIM 协调人，其资格认定包含 BIM 软件操作能力、认可的相关学位（建筑相关）、相关工作经验及参与 BIM 项目证明等，为维持个人 BIM 认证资格，取得证照后每 2 年接受一次 bSS 年检。在公司层面分成 BIM 企业公司、BIM 顾问公司、BIM 的合格培训机构，其资格认定包含聘任兼执/全职 BIM 专业人员数（需认证）、执行或辅导 BIM 项目相关证明等，且为维持公司 BIM 认证资格，取得证照后每 2 年接受一次 bSS 年检。

5 启示与展望

新加坡较早启动 BIM 技术研究和推进工作，在多年实践中不断调整完善技术路线，同时重视系统化全面性的人才培养方式，形成了较为成熟的 BIM 推广和应用环境。总结和借鉴新加坡 BIM 技术发展和人才培养培养经验，得出对我国 BIM 技术推进发展的启示：首先，在政策推动方面，应形成多部门多行业“联合推动”的合力，营造政府、行业团体、企业、高校、科研机构多方参与共同推进的生态环境。其次，在人才培养方面，为 BIM 人才培养提供多路径多方式的教育途径和选择，针对不同需求的专业人员提供不同的教学内容、教学方式和应用机会。再次，在技术路线方面，坚持核心技术“自主创新”战略和符合中国国情的“本地化”应用落地，加大对我国自主知识产权 BIM 技术软件工具以及标准的研究和开发工作，增强信息安全意识和 BIM 模型数据的监管力度。最后，在产业融合方面，通过我国 BIM 技术基础研究、科研标准、项目实践应用、人才教育培养等方面全面提升，实现我国建筑业信息化可持续创新发展。

参考文献

[1] 张海龙．建筑信息模型的国外研究综述[J]. 化工管理，2018，4(35)：64-65.
[2] 邓铁新，薛小龙．BIM 模式下新加坡总承包项目精益建造管理模式探索[J]. 工程管理年刊，2017，7：126-131.
[3] 晋兆丰，李华东，王艳梅．BIM 国外技术标准综述[J]. 建材与装饰，2017，4(27)：150.
[4] 欧阳东，王春光，曹颖，等．新加坡 BIM 技术应用考察报告[J]. 建筑技艺，2016，4(07)：92-95.
[5] 张泳，付君．从新、美两国经验看我国 BIM 发展战略[J]. 价值工程，2013，32(05)：41-44.
[6] 侯兆新，杜艳飞，杨洋，等．BIM 在新加坡环球影城主题公园项目中的应用[J]. 施工技术，2012，41(22)：68-71，86.

基于Dynamo的BIM编码技术研究

韩慧超[1]，闫　石[1]，姜韶华[2]，薛志佳[3]

(1. 中国二冶集团有限公司BIM技术研究院，内蒙古 包头 014010；
2. 大连理工大学建设工程学部，辽宁 大连 116024；3. 长安大学公路学院，陕西 西安 050011)

【摘　要】随着科学技术的发展，建筑项目的管理已从传统的工程管理转向基于BIM平台的信息管理，平台系统主要依靠构件编码信息来对BIM模型进行识别。BIM模型构件数量巨大，手动编码无法完成，自动编码方案亟待实施。本文基于Dynamo对BIM构件的编码技术进行研究，提出多段构件编码的实施方案和技术，研究成果可为平台全周期信息管理提供基础。

【关键词】编码技术；BIM

目前，建筑信息模型（Building Information Modeling，BIM）技术广泛应用于规划、设计、施工、运营等工程项目生命期中，并将所有涉及的工程信息整合在同一个数据库中，形成了庞大的数据规模[1-4]。随着科学信息技术发展，对建设项目的管理已从传统的工程管理转变成对项目的信息管理[5-8]。项目信息管理主要基于BIM管理平台，而平台系统主要通过构件编码信息识别模型构件。因此，建筑信息模型编码的实施对项目的信息管理起到至关重要的作用。目前，已有很多关于建筑编码信息管理的研究。

王茹和韩婷婷[9]通过对古建筑形制特征及装配规则的研究，分析古建筑构件信息的构成并对其进行分类编码，以信息添加的深度为基础实现构件信息的标准化。叶代成[10]在ISO/12006-2建筑信息分类编码的基础上，根据桥梁结构的构型和受力特性，对桥梁工程BIM模型的实体构件进行拆分，提出了根据构件层级可进行代码扩展的柔性代码结构，从而实现对BIM模型的实体构件进行了各个阶段的唯一编码。石韵等[11]等通过建立BIM与现场监测数据的融合机制实现建设工程的检测信息分享。王忠鑫等[12]针对智慧露天矿工程专业交叉明显、信息化集成水平高、数据体量庞大的特点，研究了与其适配的工程信息分类及编码标准。

我国目前已有统一的BIM统一编码体系[13]，但结构代码种类繁多，能快速高效地实现结构编码是现行编码体系得以实施的基础。结构的构件数量巨大，处理十分麻烦，合理的模型构件编码实施方案十分必要。以某转运中心地下室为例，1000多平的地下结构钢筋多达2679根，数量巨大，手动编码无法完成。因此，本文基于Dynamo对BIM构件的编码技术进行研究，为平台全周期信息管理提供基础。

1　编码规则

本文编码规则根据项目管理要求对建筑、结构、电器、暖通、给水排水专业进行编码，以便模型可以在平台使用，编码工作量巨大，手动无法完成，因此利用Dynamo进行编码。模型构件编码由项目代码组、设计代码组、专业代码组、构件代码组四个代码组构成，如图1所示。每组包含1～4个码段，如表1所示。每个代码组内分类原则如下：

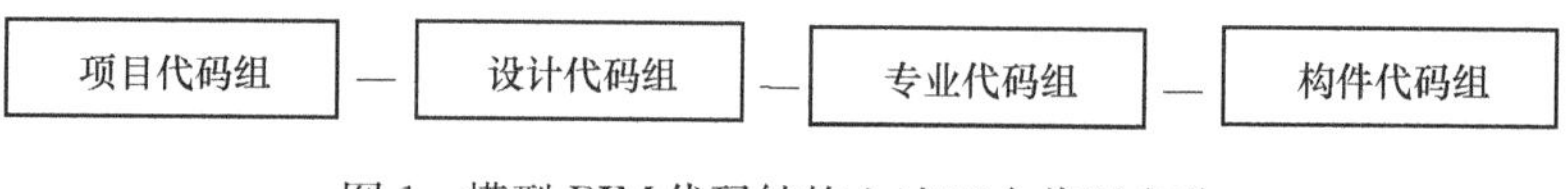

图1　模型BIM代码结构上述四个代码名称

【基金项目】国家自然科学基金青年基金（41902280），海岸和近海工程国家重点实验室开放基金（LP1922）

【作者简介】韩慧超（1986—），男，博士，硕士生导师。主要研究方向为智慧建造。E-mail：82571589@qq.com

模型管理编码示例　　表1

	项目代码组				设计代码组				专业代码组			构件代码组
名称	工程	单项	单位	子单位	设计阶段	专业	子专业	二级子专业	类别	子类别	类型	实例
形式	00	00	00	00	00	00	00	00	00	0000	000000	000000
示例	01	01	02	01	04	03	06	01	01	0001	000007	000001
全	01.01.02.01_04.03.06.01_01.0001.000007_000001											

1)“项目代码组”由工程代码、单项工程代码、单位工程代码、子单位工程代码顺次组成，采用2位数字表示，取值范围“01～99”；

2)“设计代码组”由设计阶段代码、专业代码、子专业代码、二级子专业代码顺次组成，采用2位数字表示，取值范围“01～99”；

3)“专业代码组”由构件类别代码、构件子类别代码、构件类型代码顺次组成，其中专业类别代码采用2位数字表示，构件子类别代码、构件类型代码采用4位数字表示，取值范围“0001～9999”；

4)“构件代码组”由构件实例代码组成，采用6位数字表示，取值范围“000001～999999”。

不同组代码之间用半角下画线“_”连接；同一组代码中，相邻层级代码之间用英文字符“.”隔开。

2　Dynamo全编码设计

Dynamo是基于Revit软件的可视化编程软件，与其他经典编程语言不同，它利用图形化的程序功能框实现程序功能，利用导线链接节点来实现落级关系。与其他经典程序语言相比，Dynamo更加直观，运行更加高效。Dynamo主要分三部分，分别为输入接口、输出接口和计算程序节点，如图2所示。Dynamo内置很多节点功能，包括模型的创建、文件读写、判断等功能，可大大提高BIM的操作效率，实现特殊功能（文字全部使用中文简体字，字母及数字统一用英文字体Times New Roman）。

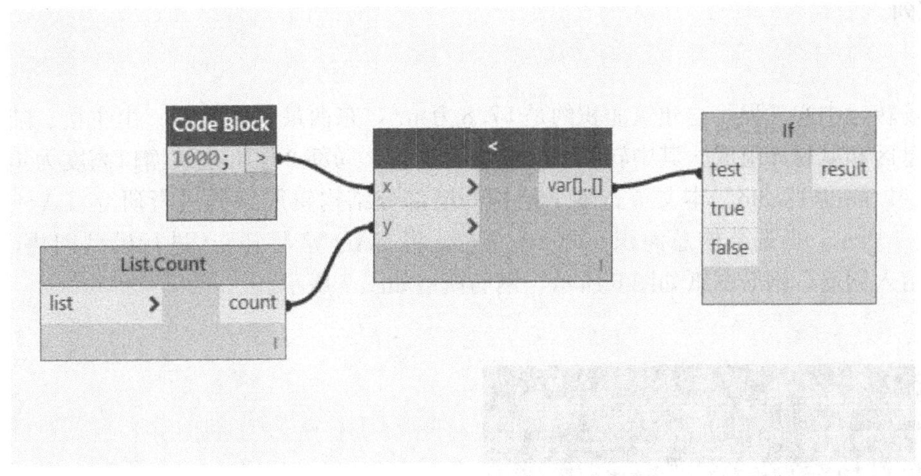

图2　Dynamo编程节点示例

依照编码规则，设计流程如图3所示，具体编码过程为：(1)利用“All Elements of Category”节点获得结构所有钢筋图元，通过“List.UniqueItems”节点提取不同类型，通过“List.AllIndicesOf”节点和“List.GetItemAtIndex”节点将获取的不同类型钢筋图元进行分类，通过输入的结构信息来区分结构位置，利用“String”节点将结构名称输入“子专业”“二级子专业”“分部工程”“分项工程”对应的模型属性。(2)通过“Element.SetParameterValueByName”节点将表1将模型属性输入Dynamo的属性框。(3)通过“Code Black”将参数赋给变量，前9段编码规则相同，编码为1位数时参数形式为“‘00’+‘编号’”，如“01”；编码为2位数时形式为“编码”，如“10”。第10段编码为1位数时为“‘000’+‘编号’”，如“0001”；编码为2位数时为“‘00’+‘编号’”，如“0010”；编码为3位数时为“‘0’+

'编号'"，如"0100"。以此类推，第11段和12段编码与此方法相似。(4) 通过"If"节点判断"编号"的位数，选择 (4) 中的编号形式，按照专业类型读取所有钢筋。(5) 将所有编号叠加成全编码，结构的全编码完成。

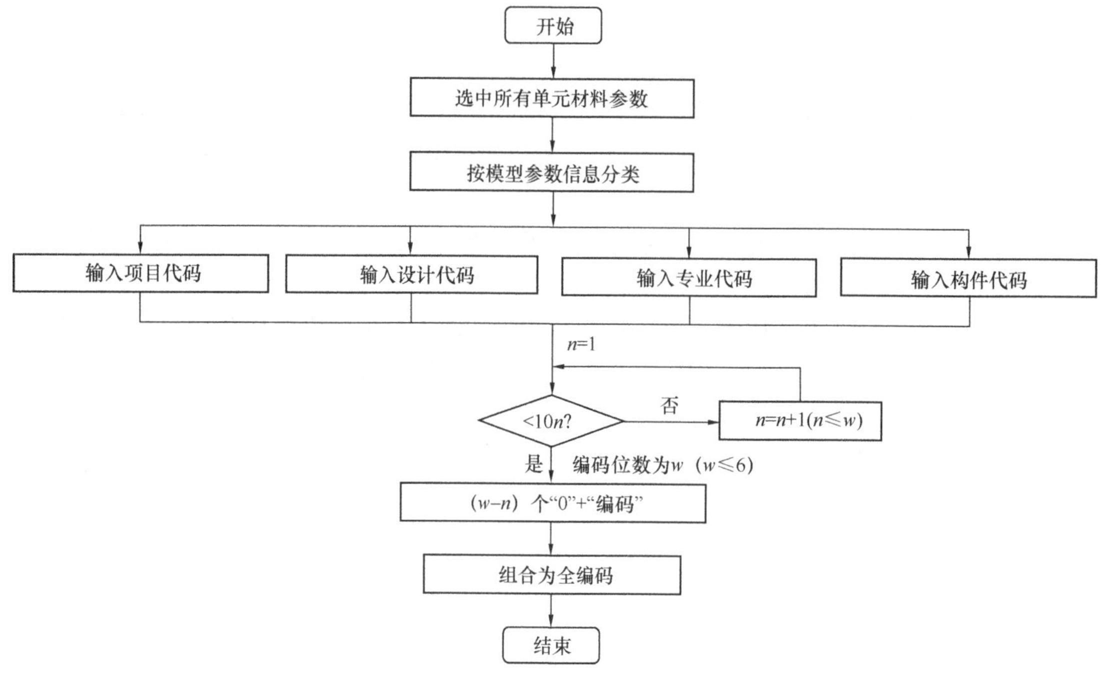

图3　Dynamo编码流程图

3　工程实例

3.1　项目背景

某民用机场转运中心工程，总建筑面积约是57.8万 m^2，东西最长1088m；由主楼、陆侧指廊、空侧指廊、机组休息区和航材库组成。其中转运中心主楼为4层，局部2层，建筑檐口高度为42m。陆侧指廊为1层，建筑檐口高度12.3m。本文节选地下结构一层部分结构钢筋编码进行研究 (A～G轴，12～15线)，图纸如图4所示。所选结构总面积 $1000m^2$ 左右，将CAD导入Revit进行模型创建，如图5所示。并且在结构中植入钢筋，钢筋图纸如图6所示，钢筋模型如图7所示。

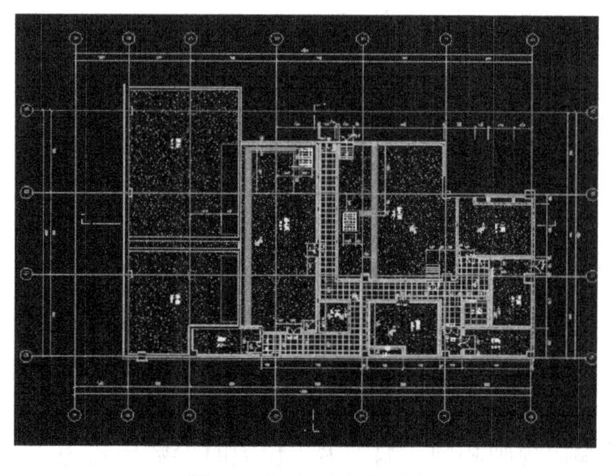

图4　地下二层平面图

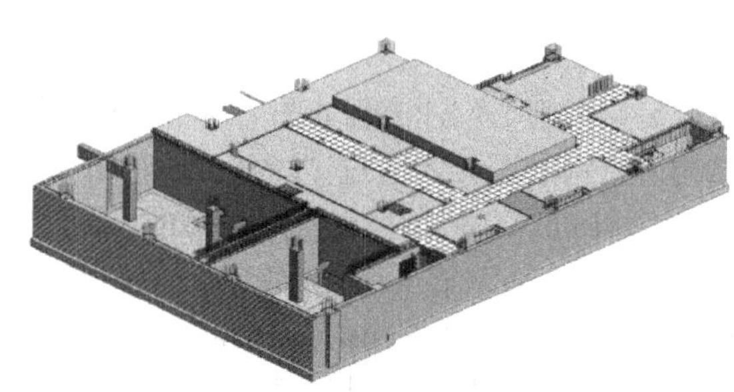

图5　BIM模型

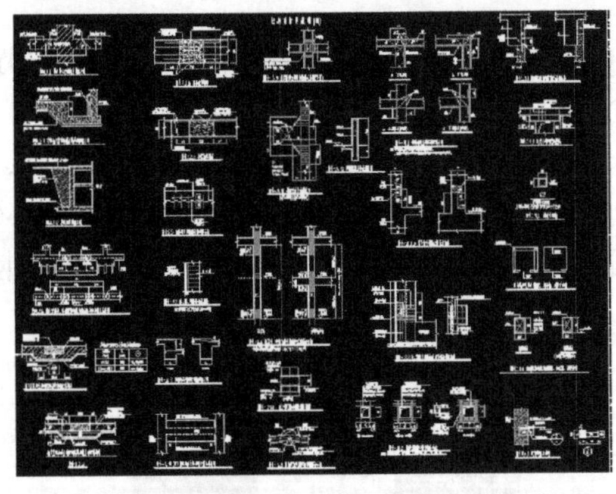

图 6　地下二层钢筋详图

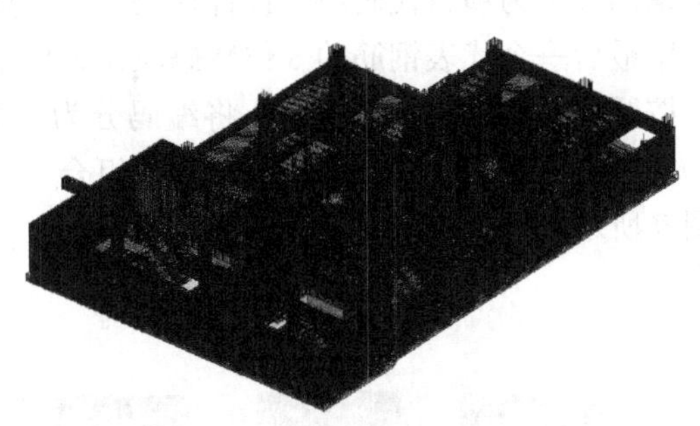

图 7　BIM 钢筋模型

3.2　钢筋参数

本模型共植入钢筋 2679 根，现浇楼板钢筋分布如表 2 所示；阳台、露台以及跨度≥3m 的楼板的钢筋型号和直径如表 3 所示；特殊板高的腰筋型号和直径如表 4 所示；其他钢筋型号和直径参照《混凝土结构施工图平面整体表示方法制图规则和构造详图》16G101-1。

现浇楼板内分布钢筋型号　　**表 2**

板厚（mm）	100～130	140～160	170～200	210～250
分布钢筋（双向板）	Φ 6@200	Φ 8@250	Φ 8@200	Φ 10@250
分布钢筋（单向板）	Φ 8@250	Φ 8@200	Φ 10@250	Φ 10@200

跨度≥3m 楼板钢筋型号　　**表 3**

板厚（mm）	≤140	150～180	190～250
分布钢筋	Φ 6@200	Φ 8@200	Φ 8@200

特殊板高的腰筋型号　　**表 4**

梁宽（mm）	梁腹板高（mm）	单侧腹板配筋
200	450	2 ⏀ 10
	500～650	3 ⏀ 10
	700～900	4 ⏀ 10
	950～110	5 ⏀ 12
250	450	2 ⏀ 10
	500～650	3 ⏀ 10
300	450	2 ⏀ 12
	500～650	3 ⏀ 10
	700～900	4 ⏀ 12
400	450	2 ⏀ 12
	500～650	3 ⏀ 12
	700～900	4 ⏀ 14
350	450	2 ⏀ 12
	500～650	3 ⏀ 12
	700～900	4 ⏀ 14
450	450	3 ⏀ 12
	500～650	3 ⏀ 14
	700～900	4 ⏀ 14
500	450	2 ⏀ 14
	500～650	3 ⏀ 14
	700～900	4 ⏀ 14

3.3 钢筋全编码

首先，读取混凝土结构单元，将"钢筋"输入"子专业""二级子专业""分部工程""分项工程"等。将全编码分解为项目代码组、设计代码组、专业代码组、构件代码组 4 个部分，每个部分有 1～4 个码段。采用最后一个代表钢筋的 6 位数码段作为例子，其他码段与最后一个码段的编码原理相同，本节不再赘述。按照上节的方法进行编码，将编码分为"00001-00009"或"00010-00099"或"000100-000999"或"001000-009999"，然后与其他码段进行组合，部分编码程序如图 8 所示。运行后，可得到钢筋全编码，如图 9 所示，2679 根钢筋全部完成编码。

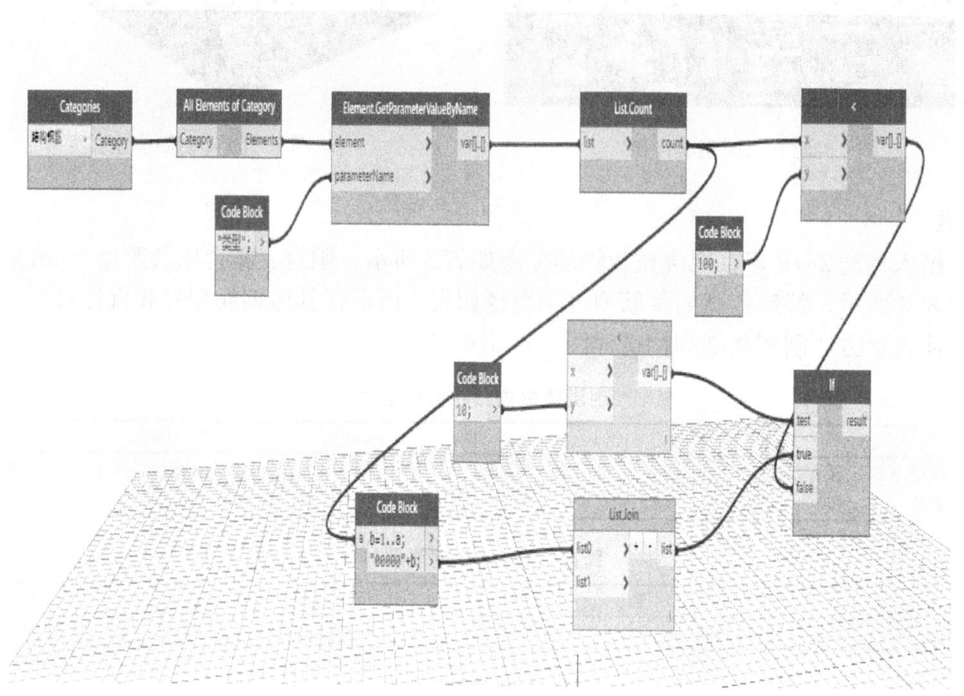

图 8　程序图示

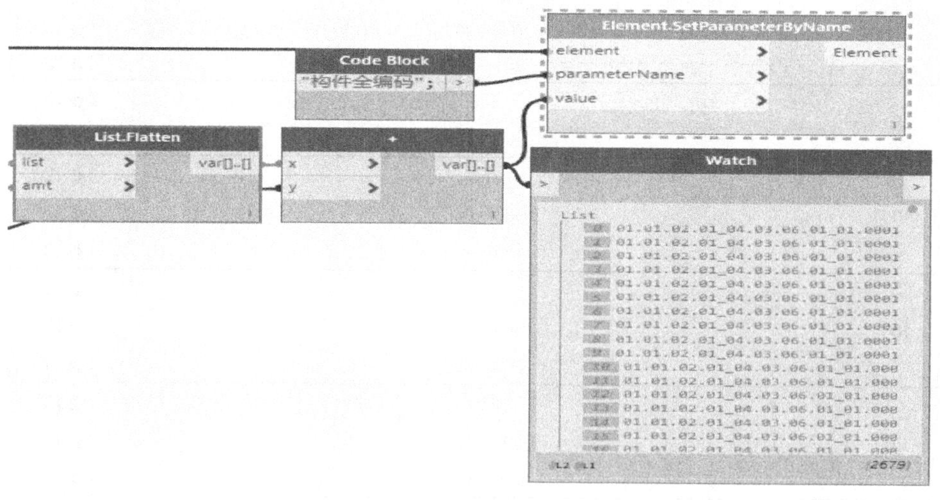

图 9　程序运行结果

4　结论

建筑信息模型包含大量建筑数据信息，实现多专业协同化、信息化的管理主要基于 BIM5D 平台、物联网、云平台等等。这些信息平台需要通过结构的全编码进行管理，《建筑信息模型分类和编码标准》GB/T 51269—2017较为详细地提出了编码要求，规范了信息模型的管理。但建筑结构模型数量巨大，手动无法完成。本文基于Dynamo提供了结构的编码方案，实现了多段数字的编码方案，为结构编码节省大量时间，研究成果可为信息集成化管理的规范化全编码提供解决方案。

参考文献

[1] EASTMAN C M. Building product models：computer environments supporting design and construction[M]. Boca Raton，Fla.：CRC press，1999.

[2] KUMAR S. Interoperability between Building Information Models (BIM) and energy analysis programs[J]. Dissertations & Theses -Gradworks，2008.

[3] BAHAR Y N，PERE C，LANDRIEU J，et al. A thermal simulation tool for building and its interoperability through the Building Information Modeling (BIM) nPlatform[J]. Buildings，2013，3(2)：95-112.

[4] KANG L，PYEON J，MOON H，et al. Development of improved 4D CAD system for horizontal works in civil engineering projects[J]. Journal of Computing in Civil Engineering，2013，27(3)：212-230.

[5] JUNGDAE P. BIM-based parametric design methodology for modernized Korean traditional buildings[J]. Journal of Asian Architecture and Building Engineering，2011，10(2)：327-334.

[6] 姜韶华，吴峥．BIM空间关系数据的云存储与检索方法研究[J]. 图学学报，2018，39(05)：835-842.

[7] 姜韶华，吴峥，王娜，等．OpenBIM综述及其工程应用[J]. 图学学报，2018，39(06)：1139-1147.

[8] 胡可，吴煜．基于BIM网络技术的建筑工程项目管理信息系统设计[J]. 现代电子技术，2021，44(10)：77-81.

[9] 王茹，韩婷婷．基于BIM的古建筑构件信息分类编码标准化管理研究[J]. 施工技术，2015，44(24)：105-109.

[10] 叶代成．桥梁工程BIM模型的实体构件拆分及编码技术[J]. 公路交通技术，2019，35(01)：47-50.

[11] 石韵，韩鹏举，刘军生，等．基于BIM技术的结构健康监测管理系统设计与应用[J]. 建筑钢结构进展，2019，21(02)：107-114.

[12] 王忠鑫，乔鑫，徐自强，等．基于BIM的智慧露天矿工程信息分类与编码标准研究[J]. 煤炭工程，2021，53(04)：23-27.

[13] 中华人民共和国住房和城乡建设部．建筑信息模型分类和编码标准：GB/T 51269—2017[S]. 北京：中国建筑工业出版社，2017.

无人机技术在大型工程施工管理应用研究

潘泽铎，钟　炜

（天津理工大学，天津 300380）

【摘　要】 近年来，随着大型基础设施工程建设步伐的逐步加快，传统施工现场管理难以应对大型基础设施工程建造投入大、施工周期长、多工种交叉作业的高效管理需求，且施工现场细部管理决定项目竣工质量、时间乃至企业形象。利用无人机简便高效的特点，通过整合飞行位姿数据、图像数据，能够降低三维模型建立成本，生成实景模型与工程数据融合，辅助大型工程施工进度、质量等方面管理，扩大施工管理半径，有效提升管理效率。

【关键词】 无人机；倾斜摄影；进度管理；实景模型

1　引言

党的十八以来，我国在关系国计民生和产业命脉的领域，紧握科技重大专项和重大工程抓手，一项项在体量、技术精度和作业难度等方面的“超级工程”的诞生，正成为中国现代化建设高速发展的标志。超级工程所需要的资金投入多、难度高、工序复杂，施工管理的科学性、合理性作为大型项目中的关键环节，直接影响工程进度、成本以及企业形象[1]，国内外施工现场管理主要为“三管三控一协调”，传统的可视化管理依据设计模型或施工流程的可视化，多以图标、看板的形式呈现[2]；就现场而言，若能按照预设的时间节点获取施工现场正射影像和三维逆向模型，不仅可以准确地进行土方、工料的交互计算，而且融合三维地理信息模型和BIM模型，能够直观掌握施工进程情况，打造施工现场的实景可视化管控体系。

针对传统的现场管理模式在应对大型建筑工程略显局促的情况，需要一种新型高效的管理手段辅助现场施工管理，为此本文就雄安新区容西安置房，依托无人机、BIM技术进行大型工程施工管理应用研究。

2　工程概况

2.1　项目简介

容西片区C单元安置房及配套设施项目位于容西片区东北部，大水大街以西，楼堤大街以东，津保高速铁路以南，津保路以北（图1）。C1片区北至津保高速铁路，南至豪丹路，西至楼堤大街，东至龙东大街；总建筑面积约62.21万m^2（不含人防建筑面积），其中地上建筑面积约42.90万m^2，地下建筑面积约19.31万m^2。此项目是雄安新区建设的重要民生工程，旨在打造成为以生活居住功能为主的宜居宜业、人地协调、绿色智能的综合功能区。

2.2　工程特点和难点

（1）工程施工区域大：共分为12个地块，作业面多，施工管理复杂，传统人工巡场管理模式应用于本工程中，对管理人员数量需求大，且人工巡场效率低下，易导致管理空缺和监管力度不够等情况发生。

（2）工期紧凑、交叉作业多：开工日期2020年12月31日，计划竣工日期2022年6月30日，施工期间受雨季影响，施工环境恶劣；建筑幕墙安装与道路、园林等作业交叉施工多，整体施工难度大，安

【基金项目】天津市智能制造专项资金项目（20201195），教育部人文社科规划基金项目（20YJAZH141）

【作者简介】潘泽铎（1997—），男，硕士研究生。主要研究方向为工程管理、三维仿真与应用。E-mail：liam_1111@163.com

图1　容西片区鸟瞰图

置房项目作为重点民生工程，必须准确把握施工进度、工期节点，确保按时交付。

(3) 示范性工程：雄安新区进入大规模建设和承接功能疏解并举的重要时期，全力打造精品工程、标杆工程、廉洁工程、安全工程尤为重要。地面定点拍照、摄像作为传统项目展示方式所带来的视觉冲击逐渐淡化，航拍摄影作为新型拍摄手段，所得到的大比例、高清晰、高现势性影像正被大众所认可。

3　应用技术路线

3.1　设备介绍

影响支撑工作使用两台无人机设备（图2），分别为大疆精灵4 RTK和搭载赛尔PSDK 5目倾斜摄影相机大疆经纬M300 RTK，两台无人机设备均搭载实时动态载波相位差分定位技术（Real-time kinematic）模块（以下简称RTK模块），RTK模块加入使无人机具备抗磁干扰能力与厘米级精准定位能力，显著提升图像元数据的绝对精度。

倾斜摄影影响支撑选用经纬M300 RTK，作为行业级无人机，拥有长达55min飞行时间，最远图传距离15km，可携带2.7kg有效载荷，搭配赛尔102S相机，单架次可实现40ha、1.5cm地面分辨率的航测任务。相较于经纬M300 RTK，精灵4 RTK轻便小巧，低噪且具有高效机动性，适合开展影像摄影、无人机直播工作（表1）。

(a)

(b)

图2　设备介绍

(a) 大疆精灵4 RTK；(b) 大疆经纬M300 RTK

设备部分参数　　表1

<table>
<tr><th>设备型号</th><th>设备参数</th><th>设备型号</th><th>设备参数</th></tr>
<tr><td rowspan="4">精灵4 RTK</td><td>重量：1.3 kg</td><td rowspan="7">赛尔PSDK 102S</td><td rowspan="7">重量：650g
图像分辨率：6000×4000
镜头焦距：35mm定焦
有效像素2430万（总像素1.2亿）</td></tr>
<tr><td>最大飞行时间：30 min</td></tr>
<tr><td>镜头传感器：1英寸CMOS
有效像素2000万（总像素2048万）</td></tr>
<tr><td>图像分辨率：4864×3648（4∶3）</td></tr>
<tr><td rowspan="3">经纬M300 RTK</td><td>重量：6.3kg</td></tr>
<tr><td>最大飞行时间：55min</td></tr>
<tr><td>最大可承受风速：15/s（7级风）</td></tr>
</table>

3.2 应用技术路线

针对本工程施工区域大、交叉作业多、工期紧凑等项目难点，采用无人机航拍现代化管理模式辅助施工管理，旨在实现精细化、数字化、定量化施工管理[3]。利用无人机技术快速获取不同高度、角度全景影像等优势，对采集的测区图像及位姿数据进行降噪、分类、处理，形成实景图、全景图、建筑立面图等成果，结合模型构建、数据处理与融合，将三维点云经纹理映射生成的地形模型与BIM建筑模型融合，实现城市新基建模型的创建[4]，在三维地形模型中融合BIM技术，准确完备地集成了地势、道路、水系等信息，形成拟真的三维立体框架，利于管理者施工指挥调度。应用技术路线如图3所示。

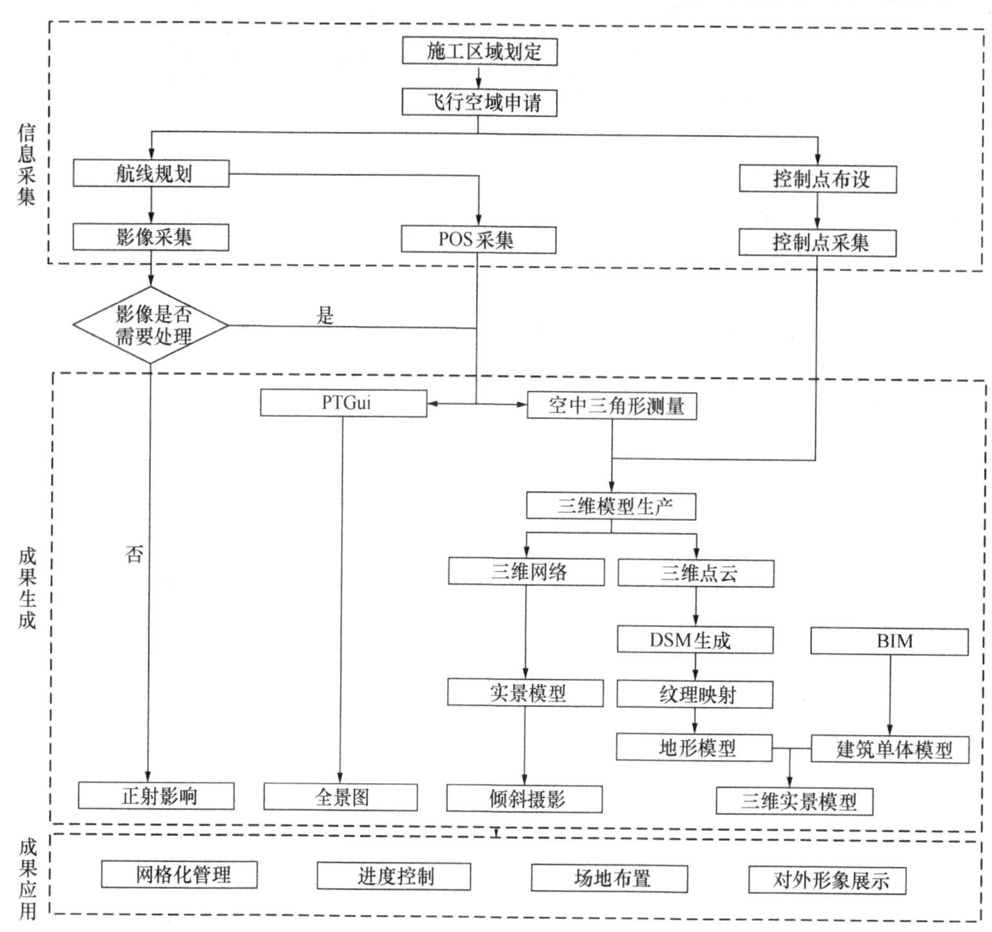

图3　应用技术路线

4　无人机影像成果可视化管理

4.1　正射影像辅助区域网格化管理

本项目施工规模庞大且复杂，传统人工实地踏勘效率低下且难以实时掌握真实情况，作业面众多对于管理人员需求较大，人工巡场易出现空缺，监管信息时滞的情况[5]。正射影像采集难度小，图像直出无须后期处理，操作简单对起降场地要求不高，因此根据施工项目形状和范围，定期收集正射影像。

因此在项目建设全过程使用经纬M300 RTK无人机飞至施工作业面上方，采集现场图像，通过高分辨率正射影像，明确现场作业区域边界和片区管理人，定期更新的现场工程进展影像，数据成果如图4所示，实时呈现施工作业类别和作业活动信息。

网格化管理影像支撑为每周进行无人机航拍工作，摄影时太阳高度角应大于45°，阴影不大于1倍，选取每日10～15时为最佳摄影时间[6]。由于项目各个施工分区实际进度可以在实景照片上直观体现，保证管理信息时效性，辅助横道图、网络图可以极大提高信息反馈和进度监管的自由度。

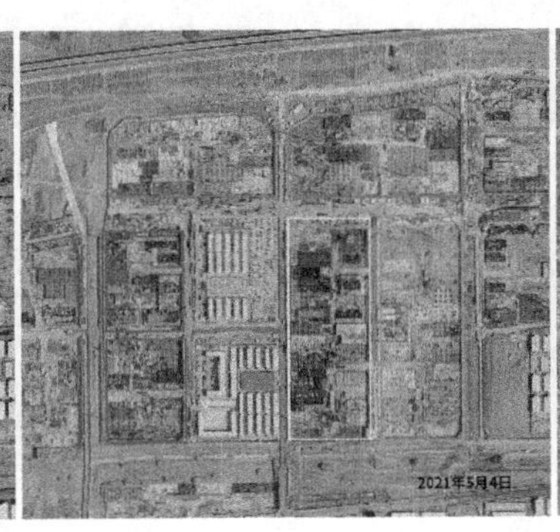

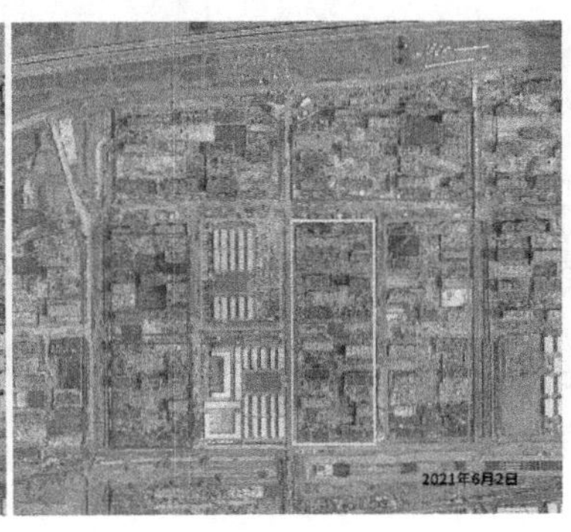

图4　正射影像

4.2　倾斜摄影辅助施工进度控制

对作业区域实行区域化管理后，可分时、分阶段针对不同施工区域进行倾斜摄影。利用ContextCapture软件产出模型精度高、建筑立面真实、贴图纹理细腻等优势，在ContextCapture软件中加载收集的图像数据与POS数据[7]，结合控制点坐标后，激活Engine模块完成空中三角形测量；进行三维重建时，需要手动调整模型边界，去除多余的图像位点，保证输出成果的准确性[8]。

三维实景模型以阶段性控制辅助施工管理为主，本文选取5月与6月现场倾斜摄影结果（图5），使用Acute3D Viewer中线段测距功能，获取在建项目实际高度等信息，与实际进度对比得出与施工计划一致的结论。

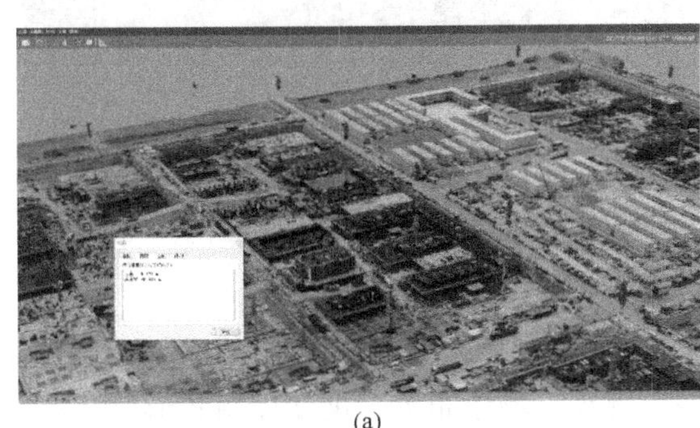
(a)

(b)

图5　倾斜摄影施工进度对比

(a) 5月倾斜摄影模型；(b) 6月倾斜摄影模型

4.3　三维实景模型辅助场地布置管理

三维实景模型需要进行三维地理模型与BIM模型融合，但二者模型数据在语义表达上存在差异，三维地形模型属于城市地理标记语言，用于表达城市地理信息要素；BIM模型数据共享和转换标准格式是IFC[9]，因此为有效避免表面模型与实体模型多格式不兼容的问题，在实体模型导入三维地理模型中，需完成几何、属性以及坐标系统的转换[10]。

利用TerraExplore Pro软件辅助进行三维地理模型与BIM模型融合，生成的三维实景模型充分考虑施工现场作业区内临时设施与建设主体的位置关系，通过搭建三维实景模型，对原施工平面图中的土方、材料堆放区进行调整，并综合考量空间立体相互关系后布设作业塔吊，直接形成施工初期三维施工场地布置方案；经实际应用，该方案短时间内科学合理地对现场进行优化调整，通过三维实景模型的建立，便于管理人员在把控场地空间位置关系在一定程度上降低场地布置的决策难度（图6）。

4.4　全景图助力工程展示、企业形象提升

使用大疆精灵4 RTK进行全景影像拍摄，无人机于150m高度悬停，调整云台分别在水平、下倾22.5°、45°以及垂直90°环绕一周进行拍摄，收集图像保证每张拍摄照片有20%重合度[11]。影像资料导入PTGui中进行拼接合成如图7所示，所得到的全景图通过导入720yun，可以实现在网页端、移动端连续、

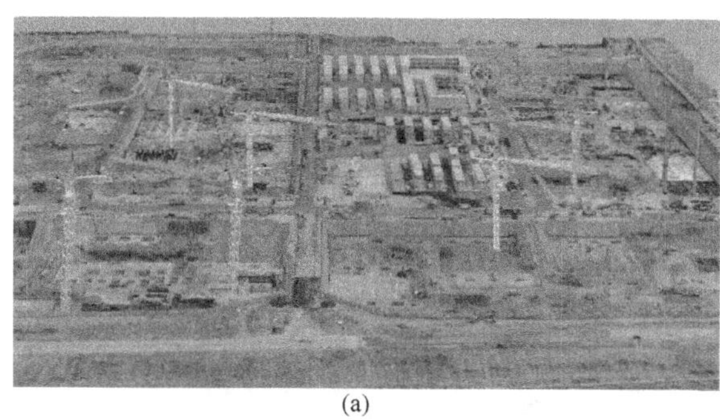
(a)

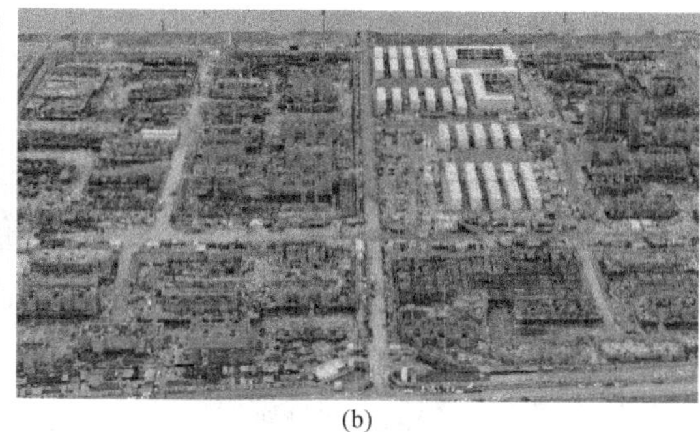
(b)

图6　施工场地布置对比
(a) 场地布置调整模拟；(b) 实际施工场地布置

图7　全景图

多角度灵活查看现场，对于会议成果呈现、对外展示等方面起着重要作用。

5　结论

本文从大型工程施工管理存在问题及需求出发，利用无人机在图像采集、三维模型构建中便捷高效、精准全面的优势，介绍依托无人机技术在大型工程网格化管理、场地布置、进度控制和形象展示的技术路线和成果应用。相较于传统现场管理方式，不仅从管理效率、管理半径上有明显提升，同时将三维实景数据与BIM三维深化模型融合，实现三维可视化现场管理，使用三维数字建筑实景模型为信息基础，承载了建筑物全生命周期的地理环境信息，以实景模型数据为信息载体，集成建筑物全生命周期的动态变化。通过无人机技术在雄安大型工程施工管理的应用，期望为施工管理方案的设计及运用提供借鉴。

参考文献

[1] 漆志军，徐云龙，汪庆明，等．基于BIM+倾斜摄影技术的监控平台在华丽高速公路中的应用[J]. 公路，2021，66(06)：284-287.

[2] 任宝军，张锋，刘建成，等．BIM+无人机辅助管理技术在大型医院室外管网工程中的应用[J]. 安装，2021(04)：15-17.

[3] 王志勇，袁德胜，孙小龙．基于无人机影像技术的施工实景可视化管理[J]. 项目管理技术，2020，18(07)：114-117.

[4] 周增辉，谢作勤，魏见海，等．无人机三维实景建模技术在路堑边坡地质信息提取中的应用[J]. 公路，2020，65(01)：152-156.

[5] 马文安，李雍友，孙辉，等．无人机技术在公路工程建设管理中的应用[J]. 公路，2021，66(05)：213-217.

[6] 周增辉，谢作勤，魏见海，等．无人机三维实景建模技术在路堑边坡地质信息提取中的应用[J]. 公路，2020，65(01)：152-156.

[7] 林国涛，孙增奎，肖斌，等．综合无人机、GIS、BIM技术的道路设计研究[J]. 公路，2021，66(03)：23-26.

[8] 徐华键，向煜，黄志，等．测绘新技术在城市新基建模型构建中的融合应用[J]. 测绘通报，2021(05)：132-

136，166.

[9] 杨云峰，魏天宇，郝晶晶．基于倾斜摄影技术的三种建模软件比较研究——以南京佘村为例[J]. 园林，2020(04)：16-23.

[10] 闻彩焕，王文栋．基于无人机倾斜摄影测量技术的露天矿生态修复研究[J]. 煤炭科学技术，2020，48(10)：212-217.

[11] 闫文娟，王水璋．无人机倾斜摄影航测技术与BIM结合在智慧工地系统中的应用[J]. 电子测量与仪器学报，2019，33(10)：59-65.

BIM 技术在大型钢结构建筑火灾应急疏散中的应用研究

于佳怡，钟　炜，马晋超

（天津理工大学，天津 300384）

【摘　要】大型钢结构建筑中人群密集、发生火灾时疏散困难且易发生拥堵等问题，本研究以优化人群疏散路径为目标，采用 BIM 技术及火灾疏散模拟软件，建立火灾疏散模型，按照火灾场景、人员情况等进行科学配置，对疏散路径进行模拟，并针对模拟结果重新规划疏散路径。结果表明，对火灾疏散路径进行重新规划后疏散用时缩短，采用 BIM 技术的路径优化可以提高火灾应急疏散决策的合理性与科学性。

【关键词】BIM 技术；火灾疏散；路径优化；钢结构建筑

1　引言

随着建筑行业的不断进步，大型钢结构建筑的数量也越来越多，这类建筑大多是公共建筑，建筑承载人数多，空间结构复杂，一旦发生火灾将会对人民群众的财产和生命安全造成不可估量的损失。据统计，2020 年全年全国消防救援队共接报火灾 25.2 万起，死亡 1183 人，其中，超过 70%的火灾发生在民用建筑和公共建筑。

在大型公共建筑中发生火灾等突发危险情况时，人群逃生的速度受到多方面的影响，在人们对建筑中人群分布不了解的情况下，会出现盲从的现象[1]，同时人们往往会选择离自己最近的出口进行逃生，因此在建筑出口或者通道等比较狭窄的区域，易出现人群拥堵的现象[2]，甚至会发生踩踏事件，影响人群的整体疏散速度，这就凸显出了将人群分流以及疏散路径重新规划的重要性[3]，吕伟等提出了运用 EVAC-NET4 建立建筑网络疏散模型[4]，梁江涛等构建了基于改进蚁群算法的人员疏散路径规划模型[5]，Chu J C 等开发了局部搜索程序优化疏散人群拥堵问题[6]。鉴于此，本研究借助 BIM 技术对大型钢结构建筑中人群疏散路径进行模拟，针对模拟结果对拥堵节点进行分析，进行疏散路线优化，验证改进线路的有效性，为大型钢结构建筑火灾疏散提供决策和指挥依据。

2　模型建立

本文以某科创平台大型钢结构学术交流中心为项目依托，对发生火灾时的人员疏散过程进行模拟仿真和路径分析优化，按照项目实际情况建立火灾疏散信息化模型，并通过拥堵节点分析、优化疏散路径等减少疏散所用时间。采用 Revit 软件建立学术交流中心的建筑和结构的信息模型，保证建筑相关参数的完备性和准确性，进而运用 Pathfinder 软件对学术交流中心内的人群进行疏散模拟，并对疏散结果、拥堵节点及相关集成数据进行分析与优化，通过对比优化前后的疏散时间验证本研究的有效性，为大型钢结构建筑的火灾疏散提供具有科学性、可行性、可视化的决策方案，图 1 为火灾疏散模拟研究路线图。

【基金项目】天津市智能制造专项资金项目（20201195），教育部人文社科规划基金项目（20YJAZH141），天津市研究生科研创新项目（2020YJSZXB13）

【作者简介】于佳怡（1997—），女，硕士在读。主要研究方向为工程管理、三维信息仿真及应急安全与管理。E-mail：763819770@qq.com

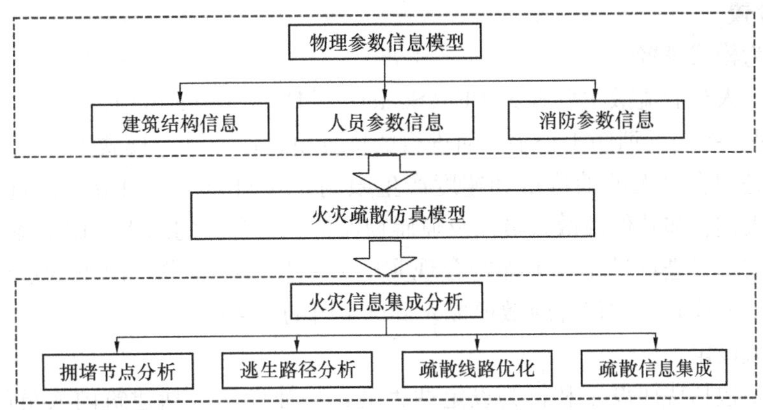

图1　火灾疏散模拟研究路线图

2.1　火灾场景概况

本研究所依托的案例为某大型学术交流中心，采用钢结构装配式建造，建筑共五层，首二层架空，架空层层高为10m，上部共三层，层高4.5m，单体建筑面积为20994.07m^2，建筑高度为24.00m，消防计算高度为24.00m，属于多层建筑，作为重要的公共建筑，耐火等级为一级，建筑首层与室外相通的应急逃生疏散口共7个。

2.2　模型建立

（1）利用Revit对学术交流中心的建筑和结构进行建模，保证模型数据信息的准确性，图2为学术交流中心的Revit模型。

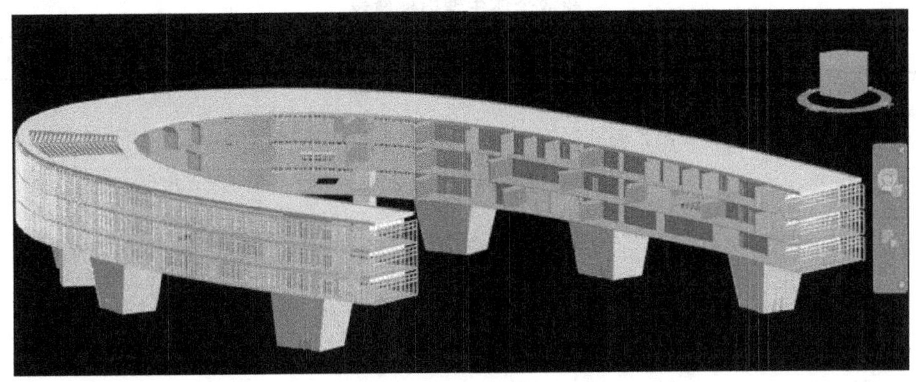

图2　学术交流中心Revit模型

（2）将Revit模型导入Pathfinder，并依据学术交流中心的CAD图纸，提取相应的装饰装修、应急指示等信息，在Pathfinder中完善模型信息。图3为学术交流中心的火灾疏散模型。

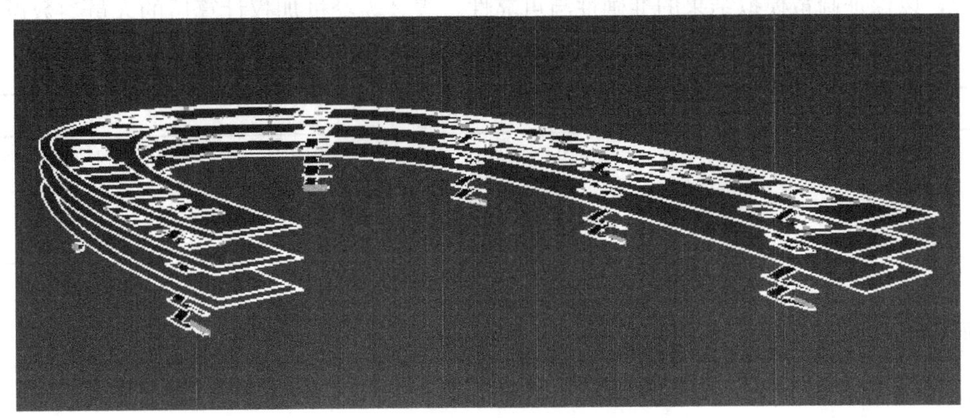

图3　学术交流中心火灾疏散模型

2.3 疏散人员信息设置

（1）疏散人员行为模式设置

在Pathfinder中，人员的疏散主要有SFPE（Society of Fire Protection Engineers）和Steering两种行为模式，SFPE模式是根据美国消防工程手册而进行的仿真模式，在这个模式下，疏散人员之间不会出现互相躲避的行为，但是门会对人群的流量和速度产生限制，人们会根据门流量来选择自己的逃生路线。在Steering模式下，人们会和其他疏散人员以及障碍物保持一个合理的间距，但是疏散人员在选择逃生路径时会选择离自己近的出口进行逃生，更加符合现实中大部分人在紧急情况下的逃生原则，因此，经过综合考虑后选择Steering模式为本研究疏散模拟人群逃生时的决策模式。

（2）疏散人员参数设定

人员参数设置主要包括特征设定和行为设定两大类，特征设定包括建筑内人员的身高、肩宽、行走速度等基本信息，肩宽信息会影响区域的人群密度，行走速度信息会影响整体的疏散速度，人员的行为设定可以对疏散人群使用电梯、疏散路径、等待时间等进行设置，因本研究不考虑使用电梯疏散，因而对此不做设置，并且首次疏散模拟时不对人群疏散路径进行干预，默认建筑内疏散人员自主按就近选择疏散路径，路径优化疏散模拟时根据首次模拟疏散结果设置疏散路径。

疏散人员的身高、肩宽、行进速度等作为影响疏散结果的准确性的重要参数，在设置时应该遵循国家规定的相关要求及标准。本学术交流中心的疏散人数结合《建筑设计防火规范》GB 50016—2014（2018年版）及建筑实际使用情况进行设置，共有2870人，考虑到本建筑主要用途为学术交流及科研配套设施，因此人员年龄设置为20～60周岁，身高、肩宽、行进速度按照《中国成年人人体尺寸》GB 10000—1988进行确定，疏散个体的生理指标如表1所示。

疏散个体生理指标量表　　**表1**

性别	年龄（周岁）	身高（cm）	体重（kg）	肩宽（cm）	行走速度（m/s）	爬行速度（m/s）
男	21～30	1.70	60.00	40.40	1.35	0.30
	31～40	1.70	60.00	40.40	1.22	0.27
	41～50	1.69	60.50	40.10	1.10	0.24
	51～60	1.68	61.00	40.10	1.00	0.22
女	21～30	1.60	52.00	37.20	1.215	0.27
	31～40	1.60	52.00	37.20	1.10	0.24
	41～50	1.60	52.50	37.10	1.00	0.22
	51～60	1.58	53.00	37.10	0.90	0.20

根据学术交流中心的使用特征，分别设置四个年龄段的人数占总人数比例为30%、30%、20%、20%，男性与女性数量按照1∶1进行配置，对人员各项重要身体指标取加权平均数后在Pathfinder中进行相应的设置，以保证疏散模拟结果的准确性与可靠性。表2为经过加权计算后的人员参数设置表。

人员参数设置表　　**表2**

方法	男性	女性
身高	1.7m	1.6m
肩宽	40.28cm	37.16cm
行走速度	1.19m/s	1.07m/s

3 人员疏散研究

3.1 模拟结果分析

经过火灾疏散仿真模拟，交流中心中的2870人疏散共计需要用时约345s，最后一名逃离女性用时约为 345s，最后一名疏散男性用时 342.7s，大约在 50s 时，疏散出现时间拐点，人员疏散效率提高，在大约 180s 的时候，逃生人数大于被困人数，图 4 为疏散人数变化图。

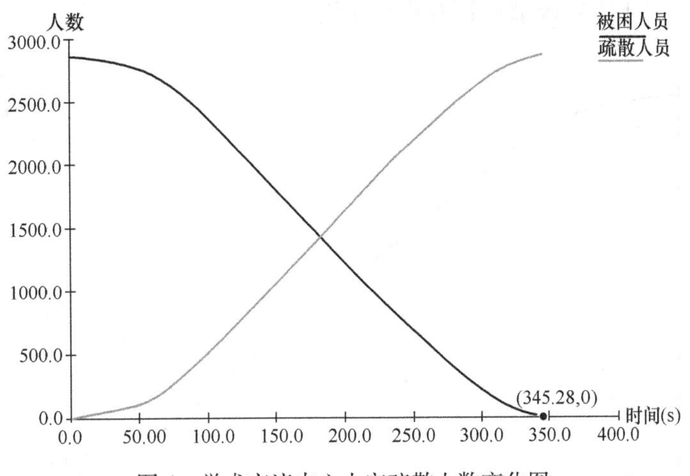

图 4　学术交流中心火灾疏散人数变化图

学术交流中心共设有 7 个安全出口，在进行火灾疏散时每个安全出口的人流量变化反映了这个出口的拥堵情况，进而也就反映了火灾疏散的效率，图 5 是在进行火灾疏散模拟时的各个安全出口人流量变化图，可以看出疏散前期各个安全出口的人流量起伏是比较一致的，随着时间的增加各个安全出口的流量在 120s 左右时到达相对顶峰的位置，同时伴随着小幅度的波动，安全出口 5 在 250s 左右时人群流量快速下降并减至 0 人/s，安全出口 7、2、1、6 也在 300s 至 350s 期间降至 0 人/s。

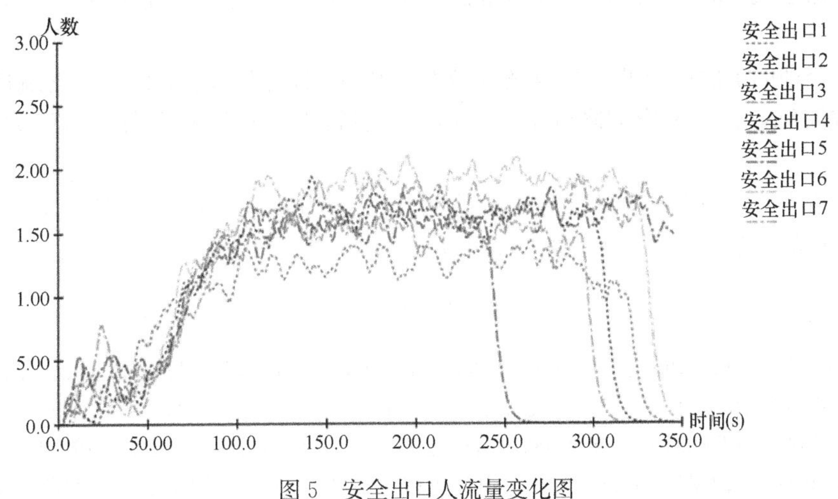

图 5　安全出口人流量变化图

3.2　疏散路线改进与二次模拟

通过对上述模拟结果进行分析，并将拥堵节点在疏散模型上进行标记，可以得出安全出口 4 与安全出口 6 所连接的楼梯较为拥堵，相对于安全出口 5 需要更多的疏散时间，原因在于安全出口 4 所连接的楼梯旁边是食堂，人员密度大，疏散比较困难，而安全出口 6 所连接的楼梯旁为会议室和洽谈室，人群也相对集中，因此安全出口 4 和安全出口 6 所连接楼梯存在拥堵现象。如图 6 所示，在安全出口 5 所连接的楼梯口设置航点，将 5 层食堂与会议室的部分人群分散，使部分人员使用该楼梯逃生，再进行二次模拟。

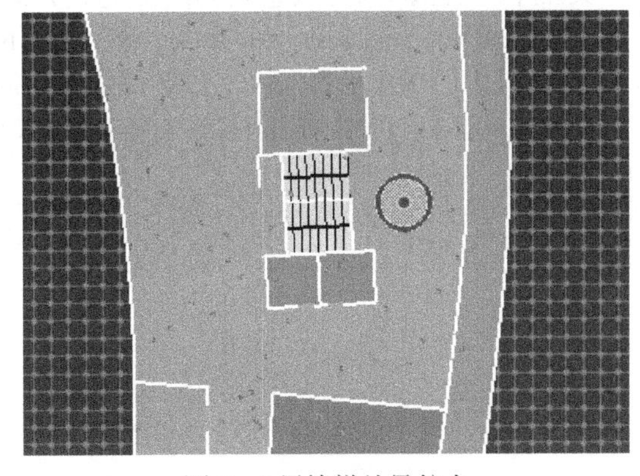

图 6　5 层楼梯处导航点

经过对疏散路径重新规划后，疏散人数变化表如图 7 所示，二次模拟疏散时间为 334s，最后一名逃离建筑的男性用时 330s，最后一名逃离的女性用时 334s，整体相对于线路规划前优化了 3%，验证了重新制定疏散线路的有效性，对于火灾疏散决策有积极作用。

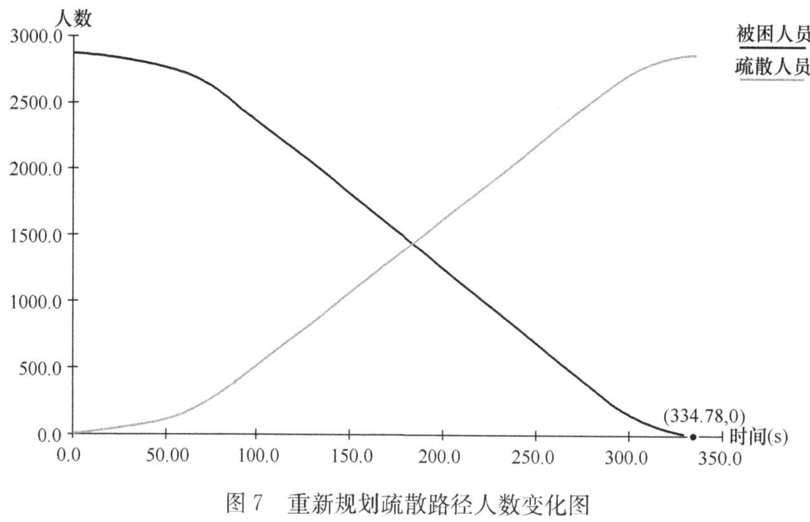

图 7　重新规划疏散路径人数变化图

4　结论

（1）本研究验证了 BIM 技术在大型钢结构建筑火灾应急疏散路径规划中的作用；通过使用火灾动力学软件对大型钢结构建筑疏散路径进行模拟和路径优化，提高大型钢结构建筑应急疏散决策的合理性与科学性。

（2）设置科学合理的疏散路径可以有效减少疏散所用时间，但同时应健全火灾疏散救援应急预案，定期组织火灾疏散演练，将火灾影响降到最低；加大对建筑内各种仪器设备的监管力度，避免火灾的发生。

（3）在实际生活中，影响人员疏散线路决策的因素较多，在后续研究中还需综合考虑人群心理、环境等因素对疏散路径的影响，以提高疏散路径决策的科学性。

参 考 文 献

[1] 钟炜，李志勇，马晋超．基于 BIM 技术的高层火灾应急疏散研究[J]．消防科学与技术，2020，39(06)：790-793.

[2] 谢明峰，鲁义．高校教学楼火灾与人员疏散模拟研究[J]．消防科学与技术，2021，40(01)：85-90.

[3] 周鹏，王慧琴，卢英．基于 BIM 的建筑消防疏散路径规划研究[J]．消防科学与技术，2019，38(04)：489-492.

[4] 吕伟，穆治国，刘丹．大型购物中心人员疏散引导模拟优化研究[J]．中国安全生产科学技术，2019，15(05)：136-141.

[5] 梁江涛，王慧琴．基于改进蚁群算法的建筑火灾疏散路径规划研究[J/OL]．系统仿真学报：1-10[2021-07-13]．http：//kns. cnki. net/kcms/detail/11. 3092. V. 20210409. 1332. 004. html.

[6] CHU J C，CHEN A Y，LIN Y F. Variable guidance for pedestrian evacuation considering congestion，hazard，and compliance behavior[J]. Transportation Research Part C-Emerging Technologies，2017，85：664-683.

BIM技术在大跨度钢结构施工中的风险防范研究

王　旭，钟　炜，马晋超

（天津理工大学管理学院，天津 300384）

【摘　要】随着建筑行业的发展，钢结构以其强度高、抗震性能好、绿色环保等特点，广泛地应用于大跨度建筑中，但在施工时易受到加工、焊接、提升、气候等风险要素的影响；因此，本文从风险防范的视角分析大跨度钢结构在实际施工中存在的风险要素，采用层次分析法对风险进行评价，以BIM技术为工具，进行虚拟分析与数值模拟，以保证钢结构在施工中的质量、进度、成本和安全，为类似大跨度钢结构的施工风险管控措施提供案例研究。

【关键词】BIM技术；大跨度；钢结构；风险防范

1　前言

当前钢结构的建筑规模越来越大，存在的风险因素也越来越多，由于大跨度钢结构施工中往往伴随着重型设备提升、高空作业吊装、交叉施工等施工工艺；在施工中呈现出精细化要求程度高、施工作业危险系数高等难点，除此之外，气候、温度等外在因素也会影响钢结构的施工，以上诸多因素导致钢结构在施工中的风险有逐渐攀升的趋势。因此，提前对工程项目进行风险识别，并利用数值模拟和分析，采取相应的措施和解决办法，能够有效地降低项目管理人员对风险的主观认识，有效避免重大风险事故的发生，保证项目施工的安全[1]。

本文以工程实际案例为背景，从风险防范的角度出发，通过与工程施工管理人员的访谈和查阅类似工程案例等方式识别大跨度钢结构工程在施工过程中存在的风险，运用层次分析法确定项目风险的权重，运用BIM技术结合三维可视化仿真对钢结构施工过程进行可视化模拟，对现场施工人员进行技术交底；对钢结构的提升平台和提升吊具进行数值分析，在一定程度上能够有效避免危险事件的发生，为大跨度钢结构工程施工质量管理及安全生产提供保障。

2　某大跨度钢结构项目施工中的风险识别

2.1　钢结构概况

三亚崖州湾科技城科教城深海科技创新公共平台项目位于海南省三亚市崖州湾科技城。项目学术交流中心采用钢结构装配式建造，下部为混凝土结构，上部为钢结构。整体结构平面为U形，结构形式为核心筒＋大跨度架空双曲面桁架结合钢结构，主体结构采用带斜交网格桁架的钢框架-支撑结构，钢结构模型如图1所示，建筑高度24m，外环长度372m，内环长度294m，内外环最小间距15m，最大跨度48m，总重量为3325t，用钢量约为7600t，含有112个异形对接口的空间双曲面箱形桁架，采用28台提升器同时加载整体提升，作为海南自贸港首个U形钢结构工程一举创下三项“海南省之最”：重量之最、跨度之最、非闭合钢结构之最。

【基金项目】天津市智能制造专项资金项目（20201195），教育部人文社科规划基金项目（20YJAZH141），天津市研究生科研创新项目（2020YJSZXB13）

【作者简介】王旭（1997—），女，硕士。主要研究方向为工程管理、工程系统优化与决策。E-mail：835549937@qq.com

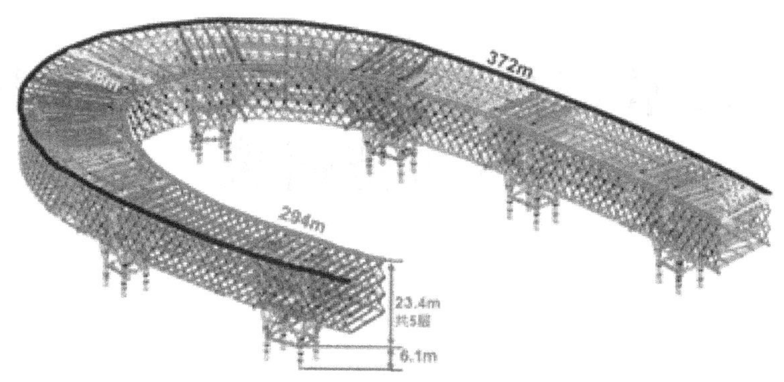

图1　学术交流中心钢结构模型

2.2　大跨度钢结构工程项目风险识别

风险识别是对工程项目进行风险分析与评价的前提性工作，通过对工程信息资料的收集与整理、项目的实地调研，识别该项目中存在的风险因素，并以此为基础建立相应的指标集。运用层次分析法将复杂问题分解成各个组成因素，形成一个有序递阶层次结构，通过两两比较的方式确定层次中诸多影响因素的重要程度，以此来确定风险因素的权重大小。

（1）风险识别依据。该工程项目风险识别主要依据钢结构工作分解流程，同时依据本项目的施工组织设计、设计文件以及对项目的相关人员进行访谈，并查阅关于大跨度钢结构施工的文献资料[2]。

（2）风险分类。本文的研究基于大跨度钢结构工程在施工过程中的风险视角进行BIM仿真模拟及数值分析研究，因此本文的风险识别过程针对项目的总体施工部署，综合考虑大跨度钢结构施工环境，结合相关的风险管理理论，将大跨度钢结构施工过程中所面临的风险分为管理风险与不可抗力风险，其中，管理风险包括钢结构在加工过程中存在的风险、钢结构在焊接过程中存在的风险以及钢结构在提升过程中存在的风险；不可抗力风险主要是指突发台风情况对于钢结构的损害及施工进度的影响。

通过与工程施工管理人员的访谈和文献梳理，确定该大跨度钢结构施工过程中的风险评价指标体系如表1所示。

某大跨度钢结构工程施工风险因素集　　**表1**

目标层	准则层	指标层
大跨度钢结构施工风险 F	钢结构加工过程风险 F_1	施工进度延误风险 F_{11} 施工工艺的正确性风险 F_{12} 钢结构加工过程中的安全风险 F_{13}
	钢结构焊接风险 F_2	焊接质量风险 F_{21} 焊接精度风险 F_{22} 焊接过程中的安全风险 F_{23}
	钢结构提升风险 F_3	提升精度及稳定性风险 F_{31} 提升过程中的安全风险 F_{32}
	不可抗力风险 F_4	台风对钢结构材料的风险 F_{41} 台风对钢结构施工进度的风险 F_{42}

经项目管理人员进行打分，获得准则层与指标层量化矩阵，如下：

$$F=\begin{bmatrix}1 & 2 & 1/5 & 3\\ 1/2 & 1 & 1/5 & 2\\ 5 & 5 & 1 & 4\\ 1/3 & 1/2 & 1/4 & 1\end{bmatrix},F_1=\begin{bmatrix}1 & 1/3 & 2\\ 3 & 1 & 3\\ 1/2 & 1/3 & 1\end{bmatrix},F_2=\begin{bmatrix}1 & 3 & 5\\ 1/3 & 1 & 2\\ 1/5 & 1/2 & 1\end{bmatrix}$$

$$F_3=\begin{bmatrix}1 & 4\\1/4 & 1\end{bmatrix},F_4=\begin{bmatrix}1 & 3\\1/3 & 1\end{bmatrix}$$

对以上判断矩阵分别进行计算[3]，得到结果如表 2 所示。

判断矩阵计算结果　　**表 2**

矩阵	λ_{max}	权重向量	n	CI	RI	CR	一致性通过
F	4.2020	{0.1937，0.1213，0.5991，0.0859}	4	0.0673	0.89	0.0756	通过
F_1	3.0536	{0.2493，0.5936，0.1571}	3	0.0268	0.52	0.0515	通过
F_2	3.0037	{0.6483，0.2297，0.1220}	3	0.0018	0.52	0.0036	通过
F_3	2	{0.8000，0.2000}	2	0	0	0	通过
F_4	2	{0.7500，0.2500}	2	0	0	0	通过

根据表 2 可知，在大跨度钢结构施工中，钢结构提升和钢结构加工的权重较大，在钢结构提升中提升精度及稳定性权重较大，在钢结构加工中施工工艺权重较大，这说明在大跨度钢结构施工的整个过程中，钢结构提升精度及稳定性对于整个工程影响比较大，是整个施工过程中的重点。

3　BIM 技术在大跨度钢结构工程风险防范中的应用

3.1　钢结构加工过程中的风险防控措施

本项目中，大跨度钢结构工程采用的是双曲面桁架结合钢结构，结构平面为不规则曲面，精度控制难度大，高空作业危险系数高，并且侧面斜交网格为双曲面结构形式，导致每个构件、每个节点均具有独特性，对加工制作和现场安装精度控制水平考验极大，在加工过程中面临众多风险。综合以上施工难点考虑，在钢结构加工过程中，存在施工进度延误、施工工艺的正确性、钢结构在加工过程中的安全等风险。因此，在项目开始前期，运用 BIM＋Tekla Structures 对钢结构进行数字化建模，如图 2 所示，及时调整钢结构中的碰撞点，以保证钢结构详图深化设计中构件之间的正确性，准确采购原材料用量。

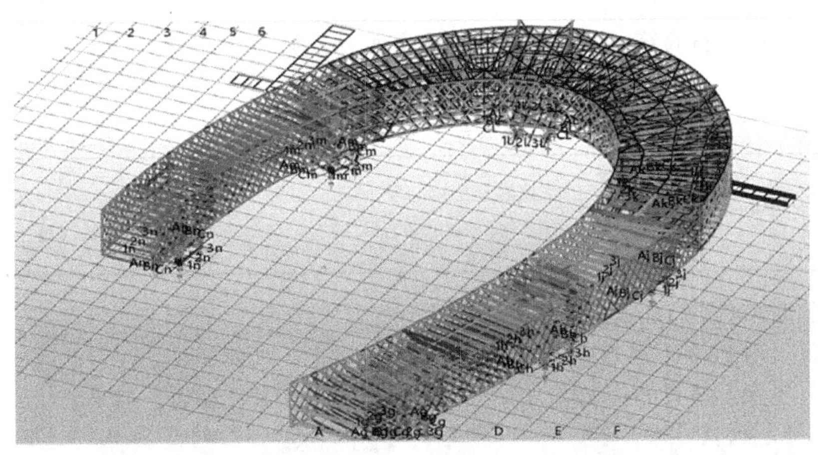

图 2　学术交流中心钢结构深化设计模型

通过 BIM 虚拟仿真技术完成对钢结构施工工艺的模拟，如图 3 所示，实现对施工资源的优化、施工技术交底等关键工作。对钢结构施工过程进行虚拟仿真，能够增强项目管理者对实际工程施工的现场把控能力，避免施工过程中可能出现的“错、漏、碰、缺”问题，提高风险防范意识，在事前采取措施能够有效避免风险发生的概率，从而提高建筑业生产效率和施工管理水平。

3.2　钢结构提升过程中的风险防控措施

本工程采用整体提升法，提升范围为 3F～屋面层之间的桁架以及联系杆件，提升高度约 10m，提升总重量约为 3325t，提升时采用 28 个提升器同时进行液压提升[4]。由于钢结构提升工作是整个钢结构施工中的难点，为了有效进行风险防控措施，利用 BIM 技术搭建三维模型对提升平台和下吊点临时吊具受力薄弱点及变形较大位置进行仿真分析。

图 3　施工模拟动画以指导现场实际施工

（1）对提升平台进行仿真分析

本次计算采用的是 ANSYS 分析软件，对提升平台进行分析[5]，结果如图 4 所示。

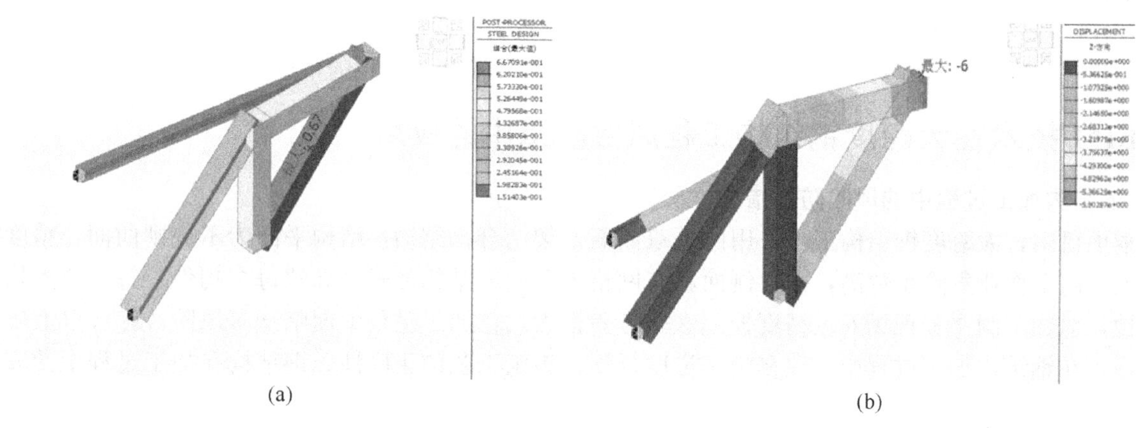

(a)　(b)

图 4　提升平台应力比分布（a）及变形示意图（b）

对提升平台的安全性进行验算，计算分析结果分析如表 3 所示。

提升平台计算结果分析　**表 3**

计算结果	规范要求	是否满足规范要求
最大应力比 0.67	≤1	满足
最大竖向位移 6mm 跨度 2500mm 变形为跨度的 1/417	≤1/200	满足

（2）对下吊点临时吊具进行仿真分析

根据提升的重量，对 285t 下吊点进行分析验算，结果如图 5 所示。

通过计算，285t 下吊具节点的最大应力为 379.81MPa，处于开孔位置，其节点大部分应力在295MPa

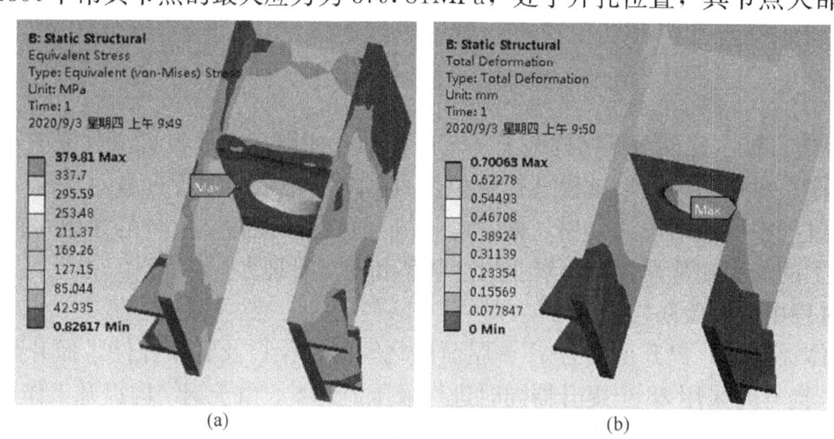

(a)　(b)

图 5　下吊点临时吊具应力图（a）及变形示意图（b）

以下，最大变形为 0.70mm，整个计算模型符合设计要求，能够保障钢结构在提升时的质量和安全[6]。

4 结论

本文的研究基于风险防范的视角，将大跨度钢结构工程施工风险防范作为研究对象，通过系统的方法对风险进行识别，并运用层次分析法对大跨度钢结构施工进行风险分析，最后结合 BIM 技术采用虚拟仿真和数值模拟的方法，为大跨度钢结构在施工中面临的风险提供应对措施，保证施工的安全性和合理性。

（1）大跨度钢结构工程施工风险评价。本文在风险识别的基础上建立了风险评价指标体系，采用层次分析的方法确定各层次风险指标权重，使得对大跨度钢结构工程施工风险的评价更具有准确性和客观性。

（2）BIM 技术与数值分析的应用。本工程中，采用数值模拟的分析方式对钢结构整体提升法提升过程中的受力情况进行分析，验证施工方案的合理性与安全性；同时，对提升过程进行施工可视化模拟，保证施工质量，在一定程度上保证了工程整体施工进度，有助于对成本的把控，为施工中风险的防范提供准确的数据支持。

参考文献

[1] 崔阳，陈勇强，徐冰冰．工程项目风险管理研究现状与前景展望[J]．工程管理学报，2015，29(02)：76-80.

[2] 张友栋．某大型填海造陆工程数值模拟及仿真应用研究：基于风险防范视角[D]．天津：天津理工大学，2019.

[3] 元云丽．基于模糊层次分析法(FAHP)的建设工程项目风险管理研究[D]．重庆：重庆大学，2013.

[4] 张明亮，陈远荣，周鹏，等．整体提升技术在大跨度钢桁架施工中的应用[J]．钢结构，2018，33(07)：94-98.

[5] 张彬彬．大型钢结构施工中基于 BIM 的安全风险分析[D]．上海：上海应用技术大学，2016.

[6] 邓丽珊，邓小鹏，谷甜甜．大型公共工程风险管理研究[J]．工程管理学报，2016，30(04)：45-50.

轻量化 BIM 模型的数据集成和模型交互方法研究

江　凯，余芳强，高　尚，宋天任，彭　阳

（上海建工四建集团有限公司，上海 201103）

【摘　要】目前 BIM 技术在建筑施工和运维等全生命周期广泛应用，为了解决 BIM 模型在应用过程中加载缓慢、模型面片撕裂、交互操作卡顿等问题方法，本文提出了一种将三维 BIM 模型的特定视图转换为二维操作平面的方法，针对二维图片进行模型的交互和功能的开发，在网页端不加载三维模型的情况下，实现了对模型的展示和交互功能，达到了模型轻量化要求，降低了对设备性能的要求。实际应用表明，在一般配置设备上本方法能够在数秒之内初始化完功能所需要的资源。

【关键词】BIM；轻量化；模型信息；模型交互

1　引言

BIM（ Building Information Modeling）从内涵上来说，是建设项目物理和功能特性的数字表达，是一个共享知识资源、分享建设项目信息的载体，能够为项目全生命周期中的决策提供可靠依据的过程。在项目的不同阶段，项目各参与方可在 BIM 中插入、提取、更新和修改信息，完成项目各阶段、各参与方及各专业软件间的信息交流和共享目前行业中[1]。

近年来随着移动设备的发展，对在移动端能够查看模型的需求也越来越大，网页端 BIM 模型渲染的常规方法是使用基于 WebGL 的前端 3D 图形引擎处理，该方法虽然在一定程度上能够在前端显示 3D 模型和工程信息，但是受限于浏览器的性能，对于建筑面积超过 5 万平方米的 BIM 模型实际显示存在模型加载过慢、模型面片撕裂、交互操作卡顿等问题。

BIM 技术应用持续推进，面对大体量的 BIM 模型在存储和传输时具有的诸多不便且需要配合体积庞大、功能复杂的专业软件进行可视化的局面，传统 C/S 架构下的平台逐渐被基于 B/S 架构的系统所取代[2]。因为传统的 BIM 应用程序都基于计算机桌面客户端，并且要求具备较高的计算机配置：高频 CPU、大内存、独立显卡[3]。如若要顺畅地进行 BIM 设计，需要采购高端的图形工作站，成本巨大，对一些小型企业，成本无法接受。为此，为提高 BIM 应用在设计、施工、运维等方面的优势，就需要通过减少模型的体量（包括减少点、面等数量），对模型进行实例化等对 BIM 模型进行轻量化，以保证模型的轻量化程度。但传统的模型减免算法比较复杂，导致目前能够使用的模型减免算法将消耗大量的算力，要实现 BIM 广泛高效应用，首先要解决的是工程领域应用软件（二维或三维软件）不足的问题[4]。本文提出的方法是将 BIM 三维模型转换为二维模型，将三维模型中的一个视角转换为一张二维图片，基于此视角对模型进行操作。二维图片在性能很低的设备上也能够流畅运行，甚至在移动端也能够流畅使用。

2　三维 BIM 模型轻量化方法

2.1　集成 Revit 模型数据

随着建筑模型的不断发展和行业对模型可操作性的诉求，Unity 在建筑信息化中越来越多地被使用，

【基金项目】上海市科技计划项目（20dz1202005），上海市工业互联网创新发展专项（2019-GYHLW-01002）

【作者简介】江凯（1996—），男，BIM 研发员/助理工程师。主要研究方向为 BIM 平台与大数据。E-mail：849433012@qq.com

Unity虽然是游戏开发软件，但是对于处理建筑BIM模型具有很强的功能性。Unity支持多种格式的导入，对于glTF、FBX、Obj等主流建筑模型格式文件Unity能够保留几何信息同时能够保留美术材质。glTF是计算机领域的存储规范，glTF中包含与三维图形相关的图元数据。glTF作为一种连接BIM模型与浏览器端显示模型的中转文件格式，可以完成BIM模型的数据转换[5]。

BIM建模软件Autodesk Revit提供了能够读取模型数据的接口，通过编写.Net Framework类库程序能够在Revit中运行，读取需要的模型数据，将项目模型数据存储与云端数据库中。公共建筑机电设备复杂，涉及的细分子系统已达20多个，各子系统软硬件之间、系统与系统之间以及系统运行与实际管理之间相互分割，形成了一个个"信息孤岛"[6]。实际使用数据来源于BIM模型与国标匹配之后的数据，利用项目匹配数据进行模型的归类，区分建筑、结构、水电、装修模型，将离散的BIM数据进行集成。导入Unity中的模型构件都是按模型进行分类，对于一般情况，按模型分类的构件并不满足按楼层分类的情况，所以首先需要将构件按楼层进行分类，其次，需要将机电系统根据不同的系统进行分类，仅仅依据Unity中的数据很难建立实际构件与数据之间的联系。

为实现二维中模型的交互，最重要的就是模型的几何数据，在Revit中每一个有实体的模型都有BoundingBox，即构件空间立方体包围盒，记录了包围盒的六个顶点坐标，将模型的BoundingBox坐标记录在模型空间几何数据库中，对于每一次点击在二维图片上通过包围盒信息高亮图形外边缘实现模型构件的点选效果。在模型中存在斜管的情况，仅仅使用包围盒不能够直观地反映管道在二维视图中的外边缘信息，所以对于所有的管道首先判断管道是否是圆管，如果是圆管则将圆管的起点坐标、终点坐标和圆管的半径存入模型空间几何数据库，如果是方管，则将方管的起点坐标、终点坐标、方管宽度和高度存入模型空间几何数据库。

2.2　Unity构件与数据库数据的数据中间层建立

Unity中模型构件与数据的联系，一般的做法是在Unity中手工将模型按楼层和系统进行分类，再利用CSV中间格式进行数据对接，手工操作的过程较多，本方法Unity数据层面数据初始化基于云端数据库的匹配数据，通过服务端程序将模型相关数据以Json的形式保留在服务器上，Unity通过读取Json将项目数据在内存中初始化。

Unity的数据来自于Json，编写脚本读取Json，初始化模型数据，包括Element（模型构件信息）、Building（模型所属建筑信息）、Floor（模型所属楼层信息）、Room（房间信息）、MepSystem（机电模型的系统信息）、Type（模型构件类型信息），其中最重要的就是Element信息，所有的模型构件会以字典的数据结构保存，键为每一个构件的ElementId，Unity场景中原本需要手工添加的楼层、系统实体，在本套方案中，均抽象为一个独立实体，根据每一个类继承基类的不同来区分每一个构件的身份。

场景中的构件与后台数据的交互使用〈文件名+ElementId〉的形式进行，由于ElementId不同模型文件存在重复的可能，所以需要加文件名加以区分。根据此方法将场景中的模型数据保存在依据构件Id、建筑、楼层、房间、系统、类型为键的字典中。

2.3　渲染二维BIM模型

Unity作为一个游戏引擎有很强的模型渲染功能，渲染图片采用Unity相机自带的功能，通过调用Unity相机的Render进行模型的图片渲染，通过调整Unity中相机的位置使得渲染的视图和Revit中的主视图一致，通过编写脚本控制模型的显隐，根据显示的不同专业的模型进行图片的渲染，渲染的图片包括单层建筑加结构模型无机电系统、单层建筑加结构模型单机电系统、单层建筑加结构模型全机电系统、全楼无建筑结构模型单机电系统图。为了能够在二维图片上展示不同角度的模型即实现二维模型的旋转效果，目前只是每旋转90°渲染一张二维图片，还有为追求平面图的效果，还会在模型正上方渲染一张图片。Unity的输出资源不仅仅包括图片资源，还有Unity中相机的参数，包括相机的坐标和相机的方向向量。

3　网页端轻量化BIM模型的交互方法

本方案网页端模型的展示基于OpenLayers技术，OpenLayers是一个用于开发WebGIS的JavaScript

包，它支持任何 XYZ 瓦片资源。OpenLayers 本身是用来实现标准格式的发布的地图数据访问功能，它不仅仅支持地图基本的浏览效果，例如放大、缩小、平移等操作，还支持进行选取面、选取线、要素选择、图层叠加等不同的操作。

本方案基于 OpenLayers 技术将二维模型在前端进行显示。将生成的二维模型展示在网页端，二维模型要实现和三维模型一样的操作体验就是对于每一个构件的点选操作。

3.1　二维图片在网页端的展示

本方案前端模型的展示采用网页端地图的展示方式，将三维模型转换而成的二维图片加载到整个网页中，Unity 渲染的每一张图片分辨率为 8192×8192，利用瓦片模型的金字塔模型多分辨率层次模型，将 Unity 渲染出的每张 8192×8192 图片按 6 个精度划分，即 0～5 精度层级，每一个精度将原始图片划分为 2^{2n}（$0 \leqslant n \leqslant 5$）张分辨率 256×256 的图片，根据不同的缩放层级加载不同数量的瓦片图，保持不同缩放比例的清晰度。

3.2　模型的交互方法

本方案最终的效果不仅仅是分专业分系统展示不同的二维模型图片，更重要的是实现二维模型的点选功能交互功能，一般来说三维模型转换为二维模型之后，在模型上会丢失所有的数据，包括最基本的几何数据，所以要实现二维模型的点选功能，所有的数据都要保存在数据库，而且点选功能的实现需要模拟三维的情况。核心的做法如图 1 所示。

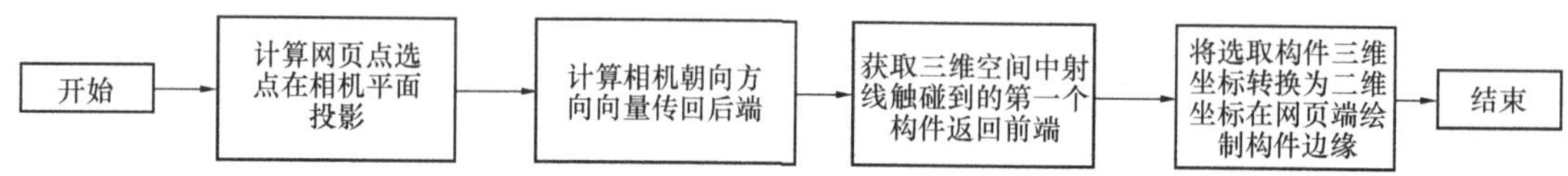

图 1　实现模型点选功能流程

3.3　实现模型交互的算法

网页端的操作，根据选取的楼层 Id、专业 Id、系统 Id，加载不同的二维模型图片资源，利用加载不同图片的方式模拟三维模型中切换不同种类模型的显示。为实现在二维模型图片上实现单一模型构件的点选效果，需要利用以下算法：

（1）首先需要经过坐标体系的转换，将相机拍摄参数坐标系（即 Unity 中 *Camera* 的坐标系）转换为笛卡尔坐标系，变换的公式为：

$$(v_x, v_y, v_z) = (-d_x, -d_z, d_y) \tag{1}$$

将相机坐标进行转换，包括相机坐标 $camP(c_x, c_y, c_z)$，相机的方向向量 $camU(u_x, u_y, u_z)$，$camR(r_x, r_y, r_z)$，和 $Size$。相机坐标为 Unity 中相机的坐标，$camP$ 为 Unity 中相机的坐标，$camR$ 和 $camU$ 用于确认相机的方向向量即计算相机的朝向，$Size$ 即相机视口的范围。

（2）获取当前网页端视图的缩放 Re，当前网页端视图中鼠标点选的位置坐标。计算目标点在相机平面上的投影 *Point*（即传回后端的射线起点），以屏幕左下角为相机平面原点，首先将 $camU$ 和 $camR$ 单位化，然后求相机坐标 $camC(c_x, c_y, c_z)$ 至鼠标点选位置的 x 轴和 y 轴的分量 Px 和 Py，计算公式为：

$$Px = \left(\frac{c_x}{Re} - 0.5\right) * Size * 2 \tag{2}$$

$$Py = \left(\frac{c_y}{Re} - 0.5\right) * Size * 2 \tag{3}$$

将 $camU$ 和 $camR$ 按分量扩大，计算公式为：

$$camUS = camU * Px \tag{4}$$

$$camRS = camR * Py \tag{5}$$

然后计算 $\overrightarrow{camRS} + \overrightarrow{camUS}$，得出转换向量 $\overrightarrow{trans}$，计算：

$$Point = \overrightarrow{camP} + \overrightarrow{trans} \tag{6}$$

得出在相机平面上的投影坐标，计算叉乘：

$$\overrightarrow{direction} = \overrightarrow{camR} \times \overrightarrow{camU} \tag{7}$$

得出网页端相机的方向向量。

（3）将目标投影坐标 *Point* 和相机方向向量 $\overrightarrow{direction}$ 传递至后端，后端查询模型几何数据库，为加快数据的查询速度，将项目数据以｛ProjectId｝+｛BuildingId｝为键保存在 Redis 缓存中，每查询一次就将新的楼层数据保进行缓存，每一次的查询都会从 Redis 中查询如果没有查询到则从 MongoDB 中按项目的楼层查询所有的模型几何数据，之后所有的查询结构均来自于 Redis 缓存。核心方法是在后台模拟出三维的情况如图 2 所示，根据传入后台的系统筛选传入的系统 id，再筛选出符合条件的构件。后台查询的本质是将每一个构件的 BoundingBox 形成空间三维的立体，然后获取所有和射线碰撞的 Element，分别计算 xyz 三个方向的最大值和最小值

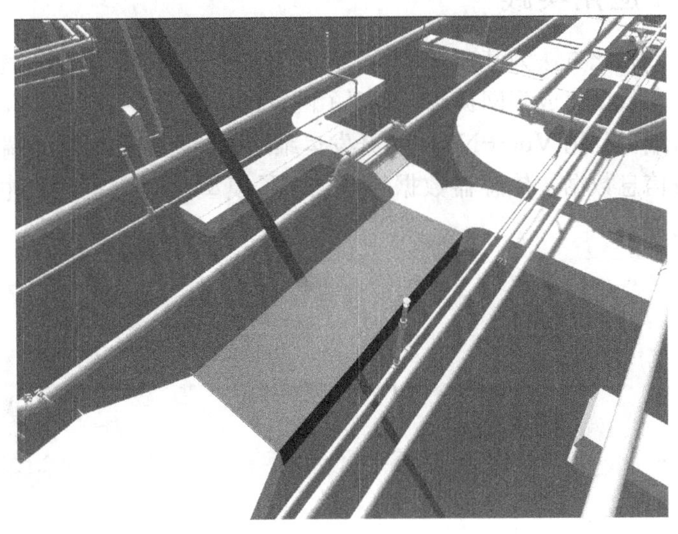

图 2　射线模拟示意图

$$max = \frac{bBox\text{-}camP}{direction} \tag{8}$$

$$min = \frac{bMin\text{-}camP}{direction} \tag{9}$$

判断计算出的 6 个值，如果三对数据均为 $max > min$，则表示射线与此 Element 相交将构件记录，最终计算所有相交的构件中距离 *Point* 最近的构件，返回前端。

（4）前端获取传递过来的三维数据，判断构件是否为管件，如果是管件则判断管件是否为圆柱体，如果是圆柱体则根据管件的起点和终点以及圆柱的半径计算出圆柱体的包围盒的八个顶点坐标，如果是方形管件则获取构件的起点终点以及截面的长和宽计算出方形管件的八个顶点坐标，如果不是管件则根据 BoundingBox 的八个顶点坐标点绘制。前端的绘制算法是将三维坐标向相机平面投影，然后计算网页端的缩放比例和相机视角尺寸的商得到比例即 $r = \frac{Reslution}{Size}$（*Reslution* 为当前客户端网页的缩放值），将比例乘以八个顶点的 x 坐标和 y 坐标，得到转换之后的八个顶点坐标，即为三维坐标在网页端视图上的投影坐标。完成对三维坐标的转化，然后利用 OpenLayers 在网页端根据转换之后的八个顶点坐标绘制构件的边界框。获取到所选择的构件，就能够在此基础上实现更多的功能，比如所点选构件的详细信息显示，实现的效果图如图 3 所示。

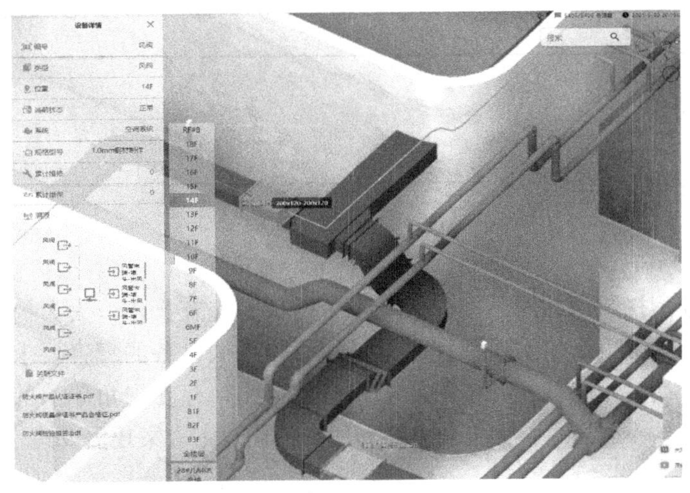

图 3　二维模式中模型构件点选的示意图

4 应用实践

以此方法为基础，目前已经开发了上海市某三甲医院智慧运维平台网页端，成功将所有的模型以及静态数据集成到网页端，实现了网页端运维客户端的应用，如图 4 所示。采用 ASP. NET Core 开发模型后端，利用 Vue+Node. js 开发运维网页端，该运维网页端成功集成了模型空间数据、机电系统数据、设备信息数据、传感器数据等，实现了模型空间管理、机电设备管理、维保工单管理、建筑能耗管理等功能。

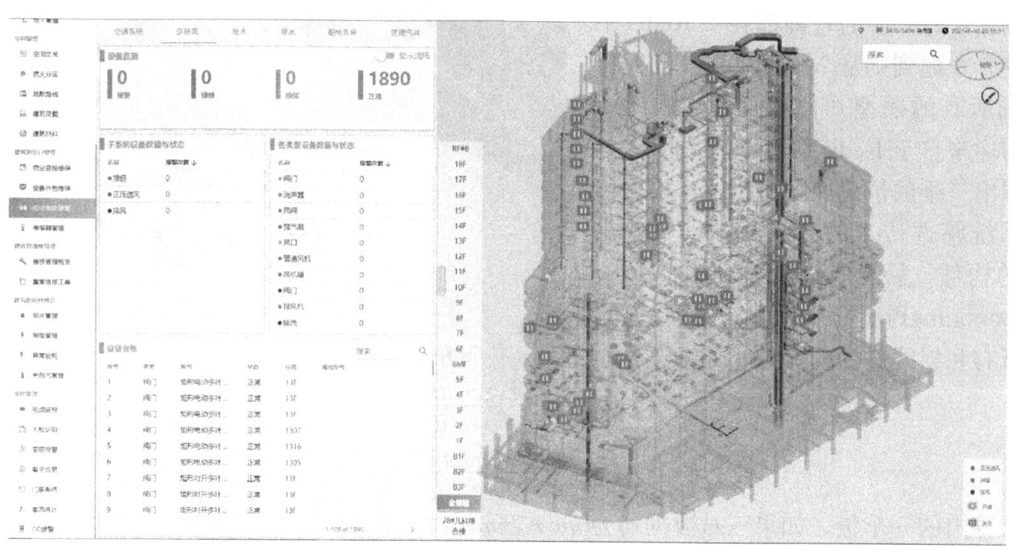

图 4　智慧运维平台网页端

本方案对比通常使用的 WebGL 技术渲染的网页模型具有明显优势，例如一栋 10 层医院建筑，加上建筑结构机电装饰模型，模型体量极大，在一台配置 CPU 为 Xeno W-2135，内存为 16G，显卡为 GTX1060 的图形工作站中测试，加载一层所有专业模型的测试结果见表 1。对于 WebGL 对于通常配置的图形工作站通常需要 5 分钟左右的加载时间，而且在保证所有模型加载完成的情况下，需要牺牲美术渲染效果实现模型的完全加载，而且此时的 GPU 资源占用非常严重，且会出现之前所说的模型破面问题，即使在做了优化的前提下，再要在网页上开发别的功能难度极大。本文所采取的方案，实现了从三维到二维的降维过程，图片资源的加载在 5s 之内完成，且对于 GPU 和 CPU 没有很大的资源消耗，可以在网页上进行逻辑功能的开发。

方法结果比较　　**表 1**

	WebGL	本文方法
加载速度	50s	5s
CPU 使用率	30%	10%
GPU 使用率	50%	5%

5 总结

本文利用渲染三维模型视图的方式，进行固定视角的模型交互操作，大大提高了性能，实现了模型轻量化，对于大体量模型能够很好地实现操作的流畅运行，降低设备的配置要求，对于移动端也能够实现很好的应用。但本方法始终是停留于二维图片上的模型运维，存在视角单一的问题，并不能够像三维模型一样给使用者全方位的模型展示，为实现更好的用户体验，本方案还需要进一步优化。

参考文献

[1] 李明瑞，李希胜，沈琳．基于BIM的建筑信息集成管理系统概念模型[J]．森林工程，2015，031(001)：143-148，155.

[2] 吴学明，梁礼绘，严磊，等．基于WebGL的高速公路BIM模型轻量化方法研究[J]．工程管理学报，2020，34(05)：69-74.

[3] 林志豪．基于Revit的结构信息集成与Web端模型轻量化研究[D]．深圳：深圳大学，2019.

[4] 韩厚正，申俊昕，郭煜，等．公路工程设计BIM系统的研发和应用[C]//中国图学学会BIM专业委员会．第六届全国BIM学术会议论文集．北京：中国建筑工业出版社，2020：5.

[5] 吕婧，金浩然，谭军，等．glTF在BIM模型轻量化中的应用[J]．科技创新与应用，2020(06)：174-176.

[6] 胡振中，彭阳，田佩龙．基于BIM的运维管理研究与应用综述[J]．图学学报，2015，36(05)：802-810.

BIM技术在钢桁架拱桥施工中的应用
——以昆山市景王路跨青阳港大桥项目为例

徐　可，张琪峰，袁　超

（悉地（苏州）勘察设计顾问有限公司，江苏 苏州 215000）

【摘　要】 近年来随着BIM技术的不断推进与普及，BIM技术在复杂的市政工程项目中也有着广泛的应用。本文以昆山市景王路跨青阳港大桥为例，探索BIM技术在钢桁架拱桥项目施工过程中的精细化建模、钢结构算量、风险源分析和可视化交底等应用点，解决关键部位的施工技术难点，优化施工方案，规避潜在风险，在保证施工质量的同时，做到节约成本并缩短工期。

【关键词】 钢桁架拱桥；BIM；施工

1　工程背景与重难点

1.1　项目概况

景王路跨青阳港大桥西起昆山市黑龙江中路交叉口，东至秧浦路交叉口。景王路是昆山市城市次干道之一，本项目作为景王路的重要组成部分，建成后进一步加强开发区与老城区的横向联系，完善昆山市城市路网的布局结构，加密区域路网，对昆山市构建结构合理、层次分明的现代化路网体系具有重要意义（图1）。

图1　项目效果图

1.2　项目重难点

（1）桥梁结构类型复杂：主桥采用钢桁架桥，对精细化算量、施工精度、工艺工法提出了挑战。

（2）项目位于城市核心区：要求尽量减少施工对周边交通和环境影响，工期要求紧、场地布局局促。

（3）主桥施工工艺特殊：工艺复杂，存在较大安全风险。

（4）桥梁维护要求高：要求严格把控施工质量，同时需为后期运维提供符合要求的竣工BIM模型。

1.3　BIM应用目标

（1）BIM施工管理：分类模拟地形地质、精细化建模、工程量核对、构件编码、图纸提前深化、碰撞检查、三维技术交底、场地布局优化、三维出图和市政管线综合优化等；

（2）BIM助理质量安全管理：丰富技术交底方式、有效分析潜在风险源，提高质量安全问题追踪的力度；

（3）BIM进度管理：快速更新计划进度和实际进度，及时提供对比分析结果，供进度把控决策；

（4）BIM成本管理：精确统计工程量，并与进度结合，实现动态计量和物料管控。

【作者简介】 徐可（1992—），男，助理工程师。主要研究方向为市政工程BIM技术应用。E-mail：943951318@qq.com

2　BIM 实施框架

BIM 实施框架如图 2 所示。

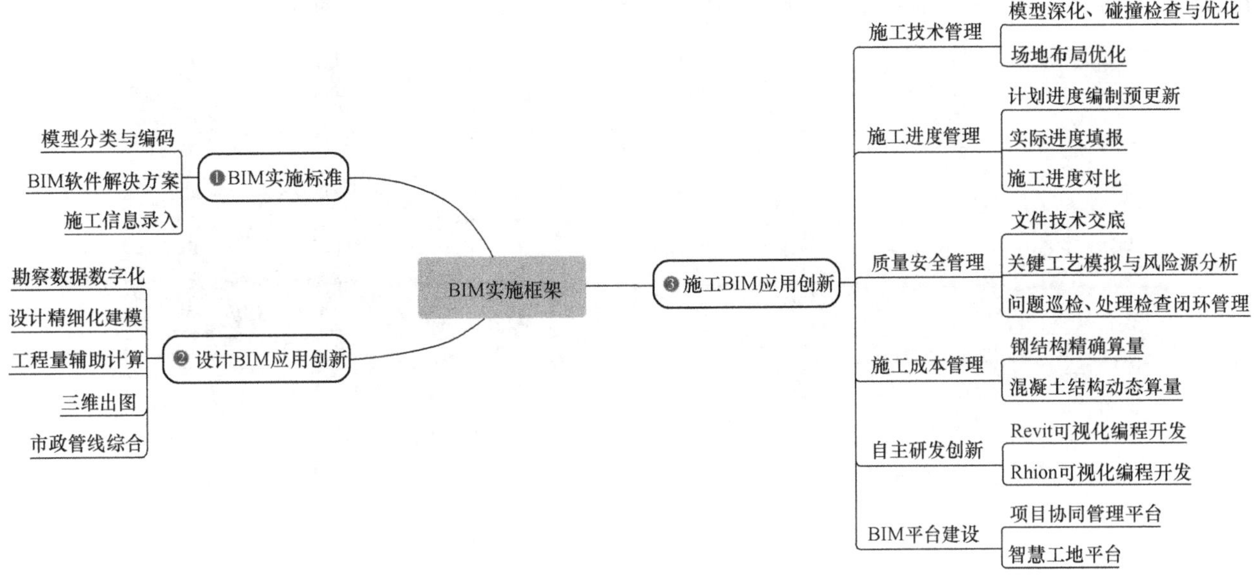

图 2　BIM 实施框架

3　施工 BIM 应用创新

3.1　钢桁架拱桥模型深化

通过 CATIA 软件，采用骨架驱动、文档模板、参数化调节和知识工程阵列的方式对钢桁架拱桥、钢拱桥主梁及桥头堡进行精细化建模（图 3），并深化构件、含洞口的节点板等关键部位。其中骨架作为构件定位所需要的点线面的基本元素，模板就是库模板，在实例化中会用到。参数调节是在实例化之后来驱动零件，知识工程阵列是模板实例化的快速实现方式[1]。

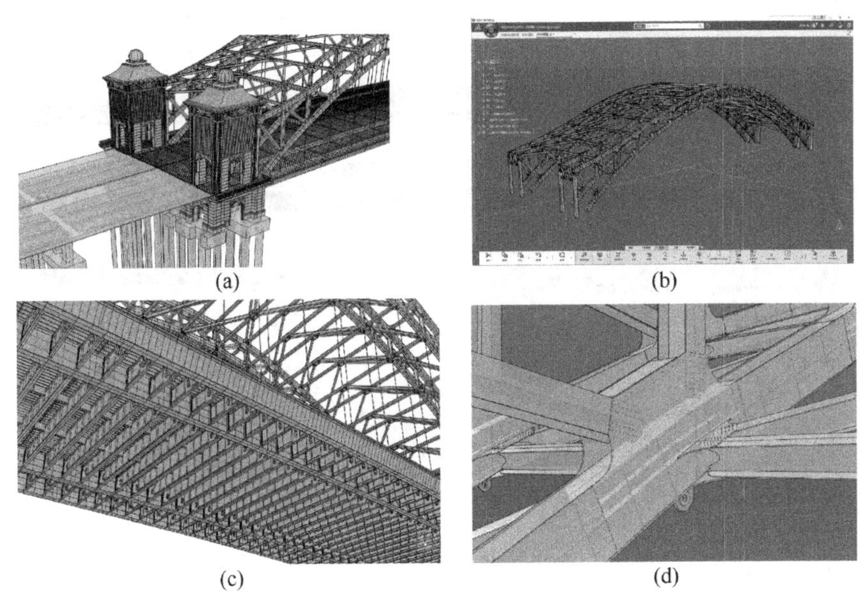

图 3　钢桁架拱桥精细化建模

(a) 桥头堡；(b) 钢桁架；(c) 预制钢箱梁；(d) 节点精细化建模

3.2 钢结构精细化算量

传统的钢结构统计准确性低，材料浪费严重，增加施工成本。本工程通过将CATIA模型导入Rhino，在Rhino中将各种板件展开到平面，通过GrassHopper编程求得最小面积外接矩形，通过程序计算得到符合施工标准的板件下料工程数量，实现一键生成钢箱梁工程数量表（图4～图6）。

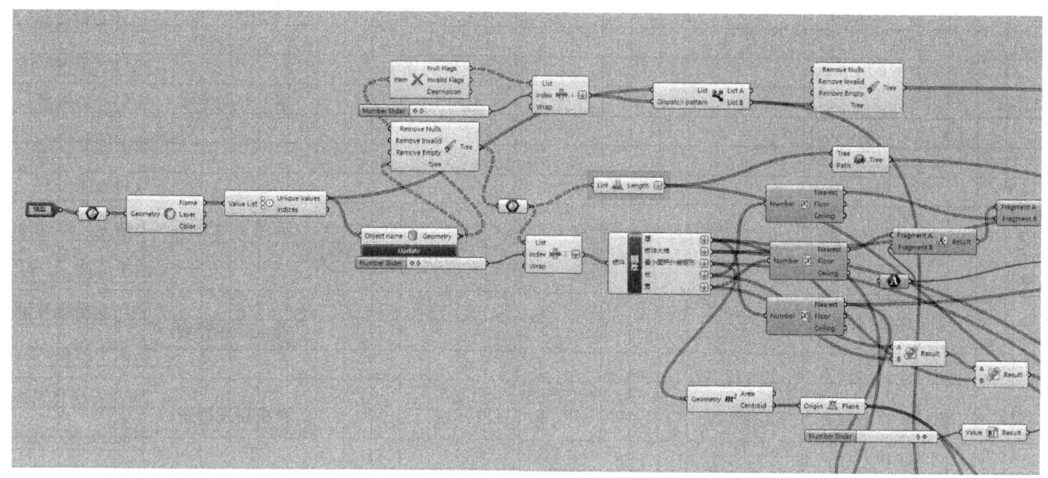

图4　Rhino-GrassHopper编程（钢结构算量）

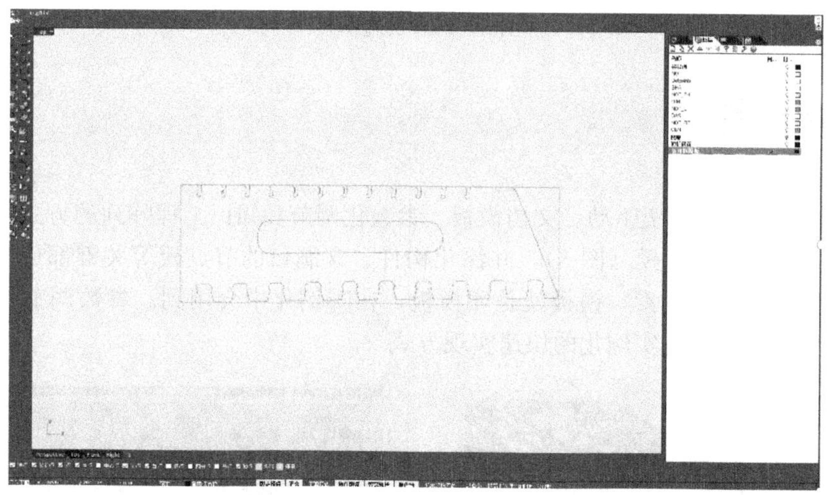

图5　最小面积外接矩形

编号	规格(mm)	单件重(kg)	数量	共重(kg)	材质	规格(mm)	共重(kg)
B0	350×2600×30	220.428	12	2645.136	Q345qC	δ=8	332043.9
B0'	350×2600×30	237.384	12	2848.608		δ=12	136495.2
B0a	200×2600×20	81.64	2	163.28		δ=14	173423
B0a'	200×2600×20	87.92	2	175.84		δ=16	749693.7
B0b	200×365×20	11.461	4	45.844		δ=20	149201.7
B0c	200×1130×20	35.482	8	283.856		δ=22	103307
B0d	200×330×20	10.362	32	331.584		δ=24	117641.6
B0e	200×730×20	22.922	8	183.376		δ=30	17223.86
B0f	200×830×20	26.062	8	208.496		δ=40	25079.72
B0g	200×865×20	27.161	4	108.644	焊缝1.5%		27811.64
B10a	150×1534×12	21.67542	2	43.35084	合计		1881921
B10a'	150×1714×12	24.21882	2	48.43764			
B10b	150×1660×12	23.4558	4	93.8232			
B11a	150×1484×12	20.96892	2	41.93784			
B11a'	150×1664×12	23.51232	2	47.02464			
B11b	150×1610×12	22.7493	4	90.9972			
B12a	150×1449×12	20.47437	2	40.94874			
B12a'	150×1629×12	23.01777	2	46.03554			
B12b	150×1575×12	22.25475	4	89.019			
B13a	150×1428×12	20.17764	2	40.35528			
B13a'	150×1608×12	22.72104	2	45.44208			
B13b	150×1554×12	21.95802	4	87.83208			
B14a	150×1420×12	20.0646	12	240.7752			
B14a'	150×1600×12	22.608	12	271.296			

图6　钢结构工程量表

3.3 施工工艺模拟与风险源分析

工程在施工阶段会遇到许多问题，而施工工艺模拟在其中扮演的角色是可视化以及交互性。对于一些施工难点和复杂的部位，通过视频展示预先演示施工现场的现有条件、施工顺序以及解决方案，分析潜在风险源，提前做好风险源方案措施。

(1) 由于预制钢结构构件种类，数量多，构件预拼装和运输需要场地。通过施工模拟，合理布置构件预拼装场地，规划出运方式（图 7）。

(2) 通过对钢管桩进行静压试验进行模拟，从而得出单桩承载力是否满足设计要求（图 8）。

图 7　优化拼装场地布置

图 8　钢管桩静压试验模拟

(3) 钢桁架拱桥宽度大，构件自重大，对吊装设备的要求也高，通过模拟吊装设备的安装工艺，提高吊装设备的安全性，稳定性（图 9）。

(4) 因为钢结构构件需要现场吊装，对螺栓孔的定位精度控制是关键，通过施工工艺模拟钢结构吊装，优化吊装方案（图 10）。

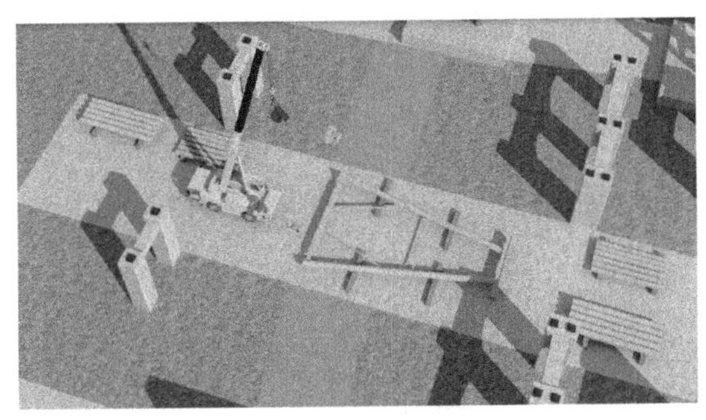

图 9　吊车梁的安装模拟

图 10　钢桁架拱桥吊装模拟

3.4 可视化技术交底

基于 BIM 技术的可视化交底，通过三维模型、图片视频等方式，信息传达更加直观，更容易被现场技术及施工人员所接受，从而降低安全风险，提高施工质量和工作效率（图 11）。

图 11　可视化交底

4 结论

本文以昆山市景王路跨青阳港大桥（特大钢桁架拱桥）为例，探索 BIM 技术在钢桁架拱桥项目在施工过程中的应用点，通过挖掘项目的 BIM 需求，有针对性地提出 BIM 解决方案，解决了施工过程中的多项技术难题，主要成果如下：

（1）通过对钢桁架拱桥进行精细化建模，为后面钢结构算量提供依据，准确的孔位定位为吊装优化方案提供保障，提前解决了图纸深化问题，实现了三维技术交底。

（2）在工程量统计上，针对钢结构应用 Rhino 编程开发，做到了考虑钢材损耗的算量，为物料管控和计价提供了有效依据。

（3）把安全问题放在非常重要的位置，全过程工艺模拟和风险源分析，提前布置好风险防范方案。

参 考 文 献

[1] 赵雪峰，刘占省，杨露，等．基于 CATIA 的钢桁架拱桥建模研究[J]．工业建筑，2016，6：5-6.

BIM在市政工程施工中的应用
——以雄安站枢纽片区市政配套工程为例

黄　杰，张琪峰，袁　超

（悉地（苏州）勘察设计顾问有限公司，江苏 苏州 215123）

【摘　要】 本文以雄安站枢纽片区市政配套工程为依托，在BIM（建筑信息模型）标准、信息传递、专业沟通、工程计量四个方面介绍了BIM技术在此类多专业市政工程施工中的应用，实践证明BIM技术对施工各个阶段有着缩短工期、降低成本等优点，为同类项目BIM应用提供思路。

【关键词】 施工BIM；土方；排水管网；雄安

1　项目概况

1.1　雄安站枢纽片区市政配套工程概况

雄安新区地处北京、天津、保定腹地，区位优势明显，具备高起点高标准开发建设的基本条件。雄安枢纽片区位于雄安新区昝岗组团内，西临大营镇，东接昝岗镇，临新盖房分洪道（环昝岗生态防护堤）。规划用地围绕雄安高铁站周边4.9km^{2}范围。具有疏散北京非首都功能、联系全国的功能。施工内容包括道路、地下环隧、物流通道、管廊、市政排水管网、桥梁等。

1.2　项目施工阶段重难点

（1）结构形式复杂

本项目管廊工程体量巨大，按照使用功能分为上中下三层结构，底层为电力舱、综合舱、能源舱和燃气舱，中间为设备夹层，顶层为预留运输通道地下三层结构，且管廊工程同时与隧道工程存在共构段。施工时基坑深度深、结构多层，同一截面存在高低交叉作业，施工难度大。

（2）BIM及CIM应用

依照雄安地方标准《雄安新区工程建设项目招标投标管理办法（试行）》中第一章第七条："在招标投标活动中，全面推行建筑信息模型（BIM）、城市信息模型（CIM）技术，实现工程建设项目全生命周期管理。"项目需配备充足的专业人员在项目实施过程中加强沟通，确保BIM、CIM全生命周期的精细化管理配合，做好相关材料、模型的配合。

（3）施工工期短

按照雄安基础公司安排整个项目安排仅284个日历天，同时在施工程有道路、市政管网、管廊、隧道等专业，施工环境相对复杂、节点施工困难，对项目施工组织部署及技术先行水平有着很高的要求，容易产生施工质量问题，造成返工，带来工期的延误。

基于以上的施工重难点，利用BIM技术进行深化设计、施工场地规划，大型设备运输路线分析，施工方案模拟，模拟碰撞检查等施工资源管理与优化分析及交底，提高各个工序之间配合，施工图纸三维模型会审，提前发现问题提前解决，避免施工过程中发现问题影响施工进度[1]。

【作者简介】 黄杰（1996—），男，BIM工程师/初级工程师。从事BIM设计研究工作。E-mail：168122994@qq.com

2 项目实施框架

2.1 项目实施流程

项目实施过程中需要BIM团队为项目BIM应用提供技术支持，确保项目BIM工作有效推进。本项目BIM组织流程如图1所示。

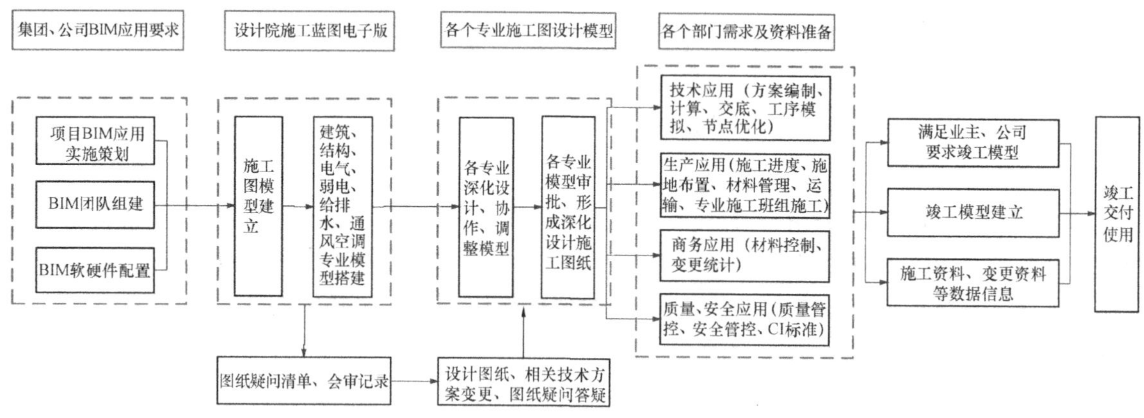

图1　项目BIM组织流程

2.2 BIM应用目标

本文的研究实践是以雄安站枢纽片区市政配套工程为背景，旨在将BIM应用与施工过程紧密结合。以项目重难点为突破口充分发挥BIM的优势，重点减少专业交叉协调工作、模型信息化、保障施工进度的问题。

3 项目数据管理

3.1 构建编码

构件编码的基本格式为：项目代码＋工程代码＋区段代码（工点）＋专业代码＋分部代码＋分项代码＋位置代码＋序号代码

示例：000 _ SNSZ-2 _ N1 _ UT _ S _ WH _ ZK _ 2-WHZ7 _ 01

SNSZ-2、N1、UT、S这4个代码的定义同文件命名相关代码的定义方式；

WH：分部工程，代表围护结构分部工程；

ZK：分项工程，代表钻孔桩分项工程；

WHZ7：位置代码，表示编号为WHZ7的流水段，根据项目实际编号；

01：序号代码，表示某一流水段下面的具体编号，根据项目实际编号。

管廊围护结构BIM模型编码示例如图2所示。

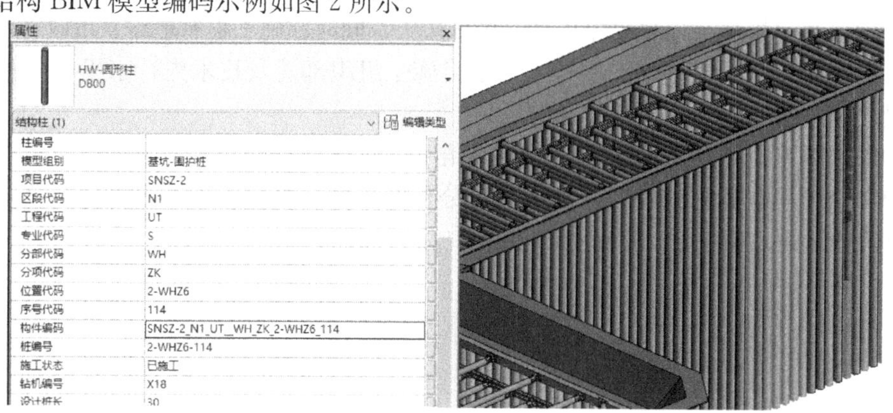

图2　管廊围护结构BIM模型编码示例

3.2 模型数据导入办法

本项目通过严格的模型编码标准，实现 BIM 模型、施工信息和平台信息的联动更新。利用 Dynamo 模块化编程和 Python 节点编程的方式将施工信息导入 BIM 模型中（图 3、图 4）。

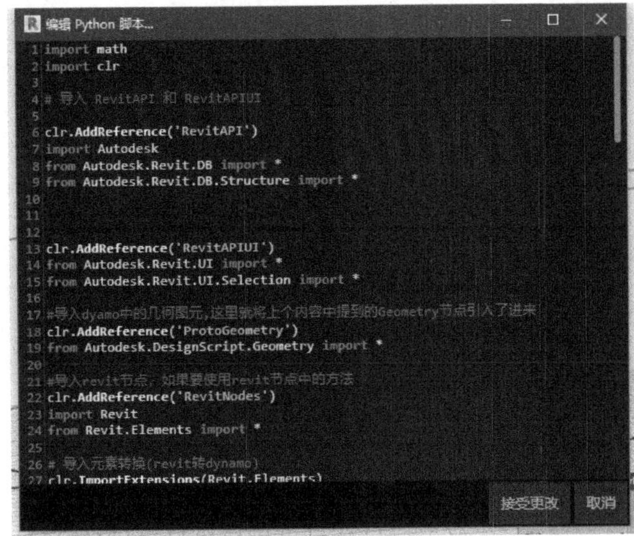

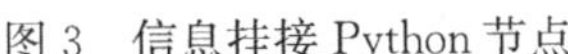
图 3　信息挂接 Python 节点

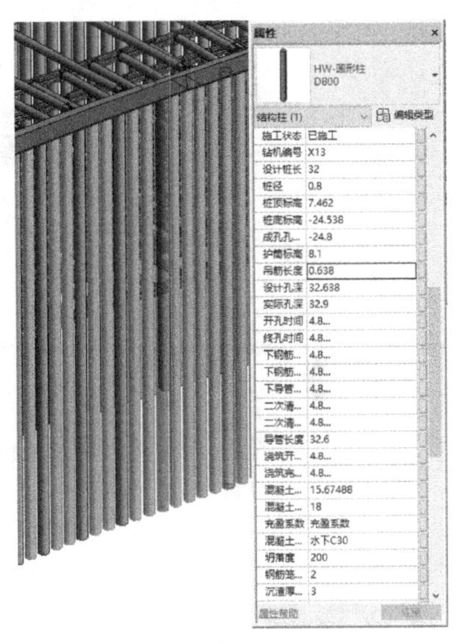

图 4　围护桩信息挂接

4　BIM 技术在市政配套工程中的创新应用

4.1　碰撞检测

由于项目工期紧、图纸更改本过多，因此在各专业常规碰撞之前加入了一次模型检查，以筛选出常规碰撞检查无法识别的部分。将各专业模型复合基点后导入轻量化 GIS 协同平台中，本项目经多方审查全线发现问题点 10 处设计错漏问题，且该 10 处问题点均无法通过常规碰撞检查发现（图 5）。

反馈修改后通过 Navisworks 生成报告，各专业碰撞中管廊与管网碰撞共计 77 处、道路和管廊碰撞共计 577 处（图 6）。后经过人工筛选出重复构建碰撞、无效碰撞等问题，汇总统计管廊与管网有效碰撞剩余 6 处、管廊与道路有效碰撞 15 处。提前规避未来施工中可能出现的变更，避免出现返工的现象保证了工期进程。

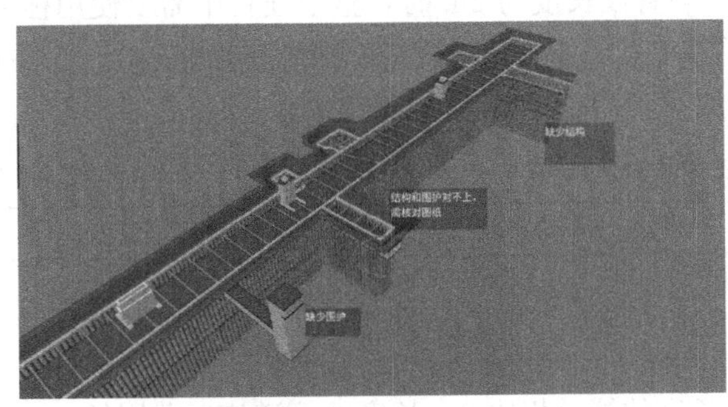

图 5　GIS 平台专业模型碰撞检查

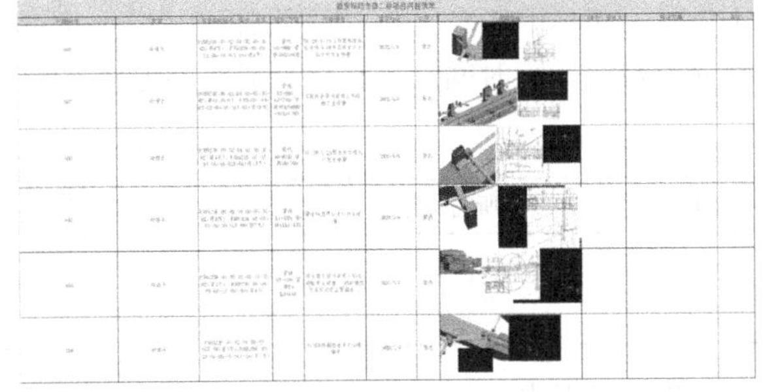

图 6　各专业碰撞清单

4.2　管线排管

本项目首次在市政管网工程中尝试对管道进行排管。将房建中排砖的概念引入到市政项目中，但是不同于排砖的运作方式，本项目将市政管网排管与商务询价、施工进度和施工成本相结合，通过精细化建模排管来将工程量细化。把同一管径下不同管段长度的施工成本、材料成本和施工工期进行统计。

4.2.1　精细化建模

通过 Dynamo 自动深化建模——其中本项目制作的管道族具有参数化、自适应的功能。能够在不同长度的管线中自动调节管段的长度和个数，同时解决了 Revit 中无法绘制弧形管道的问题。而 Dynamo 模块化编程能够满足我们在 Revit 中自动提取原有管线起始点坐标以及高程信息，从而实现自动化建模的过程（图 7～图 9）。

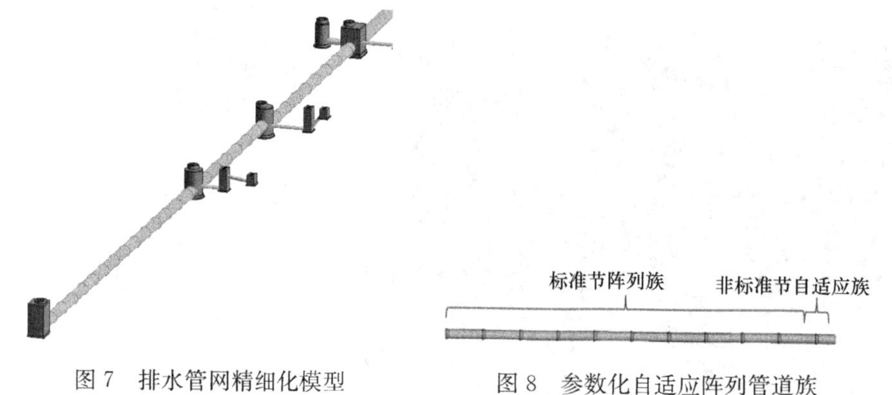

图 7　排水管网精细化模型　　　图 8　参数化自适应阵列管道族

图 9　Dynamo 管网自动建模节点包

4.2.2　管线成本计算

以 *DN*1800 为例，项目中 *DN*1800 管道全长 650m。当管段长度为 2m 时，整个项目中需要使用标准段 310 根、非标准段 20 根；当管段长度为 3m 时整个项目中需要使用标准段 200 根、非标准段 19 根。如此数量的差距带来时间成本和材料成本的差距，如表 1 所示。

***DN*1800 不同管段施工成本对比结果　　　表 1**

标准段长度	项目所需数量	管线成本（个）	人工费（每米）	机械费（每米）	施工时间（天）	费用估算（元）
2m	310＋20	3320	43	70	3	1170180
3m	200＋19	4800	43	70	2	1125441

由此可以得出，*DN*1800 管道长度为 650m 时，3m 长度的管道相比 2m 长度的管道施工费用低 44739 元，施工时间快 1 天。本项目仅市政排水管网一项利用 BIM 技术结余 80 余万元。

4.3　BIM＋GIS

随着 GIS 的深入研究，Civil 3D 已经成为面向岩土勘察行业的 BIM 设计及应用重要解决方案[2]。而本项目这次利用 GIS 模型与 BIM 技术结合，通过 GIS 软件中把项目场地内构筑物、环境、道路、高程等信息内容进行分析，利用不同体系软件之间的信息交互格式，将 GIS 模型转化成曲面模型，分别通过 Civil 3D 和 Revit 对工程土方进行核算对比（图 10～图 13）。

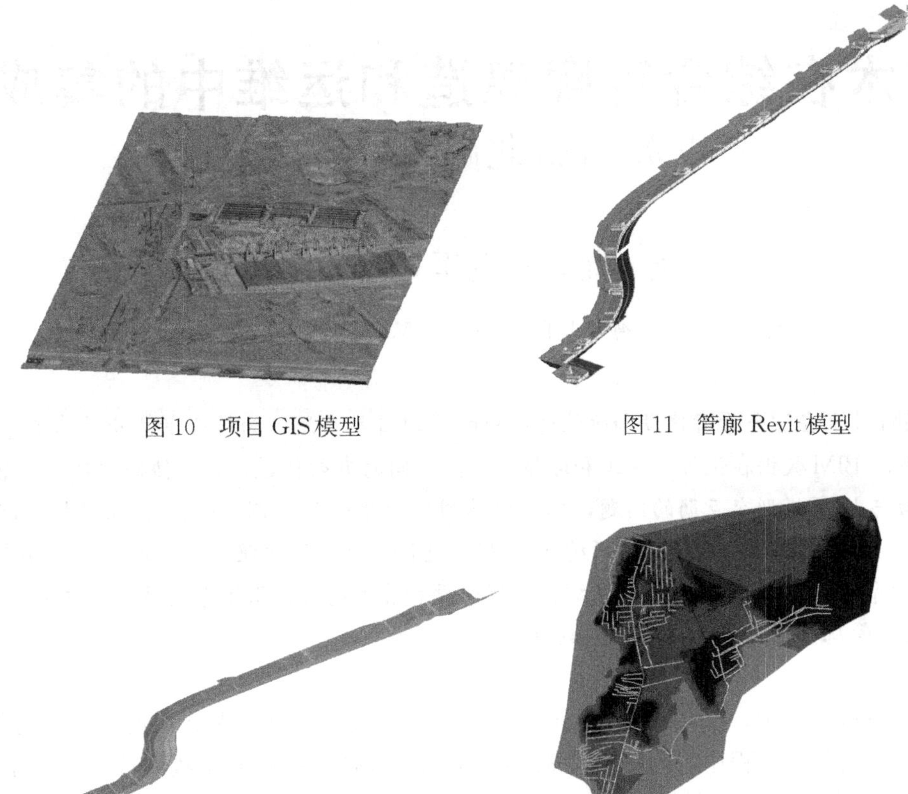

图 10　项目 GIS 模型　　　　图 11　管廊 Revit 模型

图 12　围护基坑模型转化 Civil 3D 曲面模型　　　　图 13　管网沟槽土方计算模型

5　结语

通过深度挖掘项目的 BIM 需求，有针对性地提出 BIM 解决方案，解决了施工过程中的多项技术难题和管理痛点，主要成果有：

（1）基于统一的模型标准，以数据驱动方式高效建模，提前深化图纸，为现场问题的解决提供了有力支撑；

（2）以施工流水段划分为依据，分段统计工程量、分段提供模型二维码，真正做到了模型指导施工；

（3）最大限度发挥倾斜模型价值，实现倾斜模型＋BIM 模型融合，提取原始地形点数据，精确计算土方量；

（4）面对深基坑作业和复杂结构施工，通过基坑开挖模拟、节点钢筋绑扎模拟等工艺仿真，分析潜在风险源，保障施工安全；

（5）用模型编码作为构件识别码，施工过程信息通过编码与构件关联，从而实现施工过程信息的高效、准确录入；

（6）搭建基于 BIM 的项目协同管理平台，以模型编码为基础，在进度管理、质量管理、安全管理等方面，实现 BIM 模型、属性信息、平台数据三者之间的快速联动，保证平台数据更新的及时性和准确性。

参 考 文 献

[1]　张琪峰．BIM 技术在综合管廊设计中的应用——以苏州城北路综合管廊为例[J]．城市道桥与防洪，2018(07)：309-311，336.

[2]　刘莉，牛作鹏．基于 Civil 3D 的三维地质覆盖层建模技术及应用[J]．水运工程，2021(04)：153-157，179.

BIM技术在综合管廊建造和运维中的集成应用
——以苏州城北路综合管廊为例

袁　超，侯兆军，张琪峰

（悉地（苏州）勘察设计顾问有限公司，江苏 苏州 215000）

【摘　要】BIM技术在综合管廊建设和运维过程中的应用日益广泛，为综合管廊全生命期管理提供有力的技术支撑。为解决BIM数据在设计、施工和运维各阶段之间的有效传递、施工协同管理平台落地难和智慧管廊运维管理平台与BIM模型交互弱的问题，本文以苏州城北路管廊为例，研究了BIM技术在综合管廊建造和运维中的集成应用，包括制定组织架构和管理流程，进行管廊建设管理过程中的BIM模拟与应用，搭建智慧管廊BIM运维管理平台，为BIM技术在综合管廊建设和管理过程提供了系统性解决方案。

【关键词】综合管廊；BIM；全生命期；数据传递

目前，在综合管廊工程中，BIM应用日益广泛，并且对管廊工程建造和运维起到了有力的技术支撑。娄建岭等[2]研究了综合管廊工程中，BIM全生命期的应用，分别根据不同工程阶段，提出了各阶段的较为完整的BIM应用方案。徐春雷等[3]、研究了基于Revit、Fuzor等软件，在管廊全生命期，建立了详细BIM信息数据库，进行多维多算比较等成本控制应用。张立新等[4]研究了综合管廊运维阶段中，BIM数据信息的筛选整合，并提供了管廊运维智能化系统及其子系统的整体框架。

现有的研究和应用成果主要针对管廊在各个阶段的单独应用，缺乏对综合管廊全生命期的总体把控。现实情况中，综合管廊BIM实施过程中，设计单位、施工单位和运维单位通常是各自为政，在工程各实施阶段中，各单位创建仅仅适用于本阶段的BIM模型，一方面，重复创建BIM模型，造成资源的浪费；另一方面，BIM模型无法向下游传递，并且伴随着信息的丢失，造成管理上的漏洞。

本文以苏州城北路管廊为例，通过建立BIM实施组织架构和总体流程；展开设计、施工阶段BIM应用；搭建智慧管廊BIM运维管理平台，从而提高工程质量，提升管理效率。

1　项目概况

苏州城北路综合管廊位于苏州市姑苏区，全长11.5km，管廊标准断面为5舱断面，容纳管线种类包括给水、通信、电力、燃气、热力、污水等（图1）。

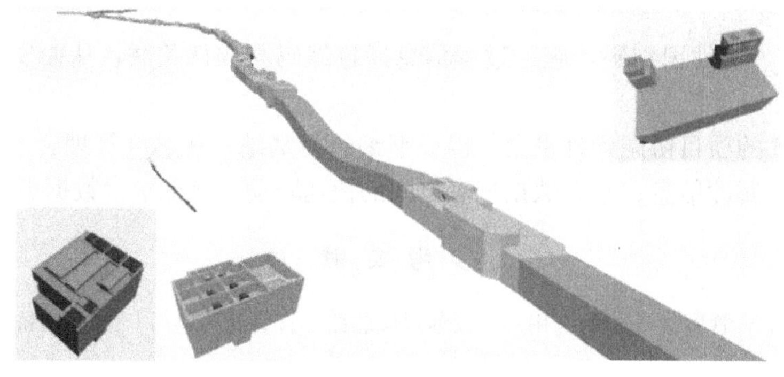

图1　城北路管廊BIM总体模型

【作者简介】袁超（1994—），男，BIM工程师/初级工程师。从事BIM设计研究工作。E-mail：525175341@qq.com

2 全生命期 BIM 实施框架

2.1 BIM 实施组织架构

通过设立 BIM 总咨询，制定整个项目的 BIM 实施流程和规则。首先制定《项目 BIM 实施大纲》，明确项目参与各方责任，然后针对设计单位，施工单位与运维单位分别制定《设计阶段 BIM 实施方案》《施工阶段 BIM 实施方案》《运维阶段 BIM 实施方案》，明确参与各方 BIM 实施标准与应用流程（图 2）。

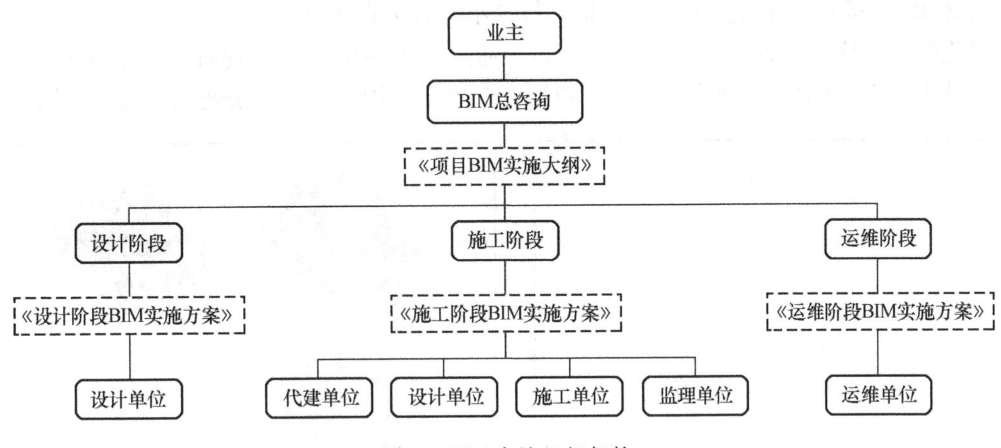

图 2 BIM 实施组织架构

2.2 BIM 实施总体流程

明确项目的 BIM 需求，以国家和行业相关 BIM 标准为基础，制定项目级的 BIM 实施标准。设计方根据总体要求和设计 BIM 要求进行模型创建和应用，然后由 BIM 咨询方审核。审核通过后，模型移交给施工方进行深化，并按规范进行施工 BIM 应用。中间如果出现变更，也要根据变更来更新模型，整个过程都是在 BIM 咨询方与监理方的管理和监督下完成。最后，施工方提交竣工 BIM 模型，经 BIM 咨询方与监理方审核通过，作为归档资料和运维基础模型（图 3）。

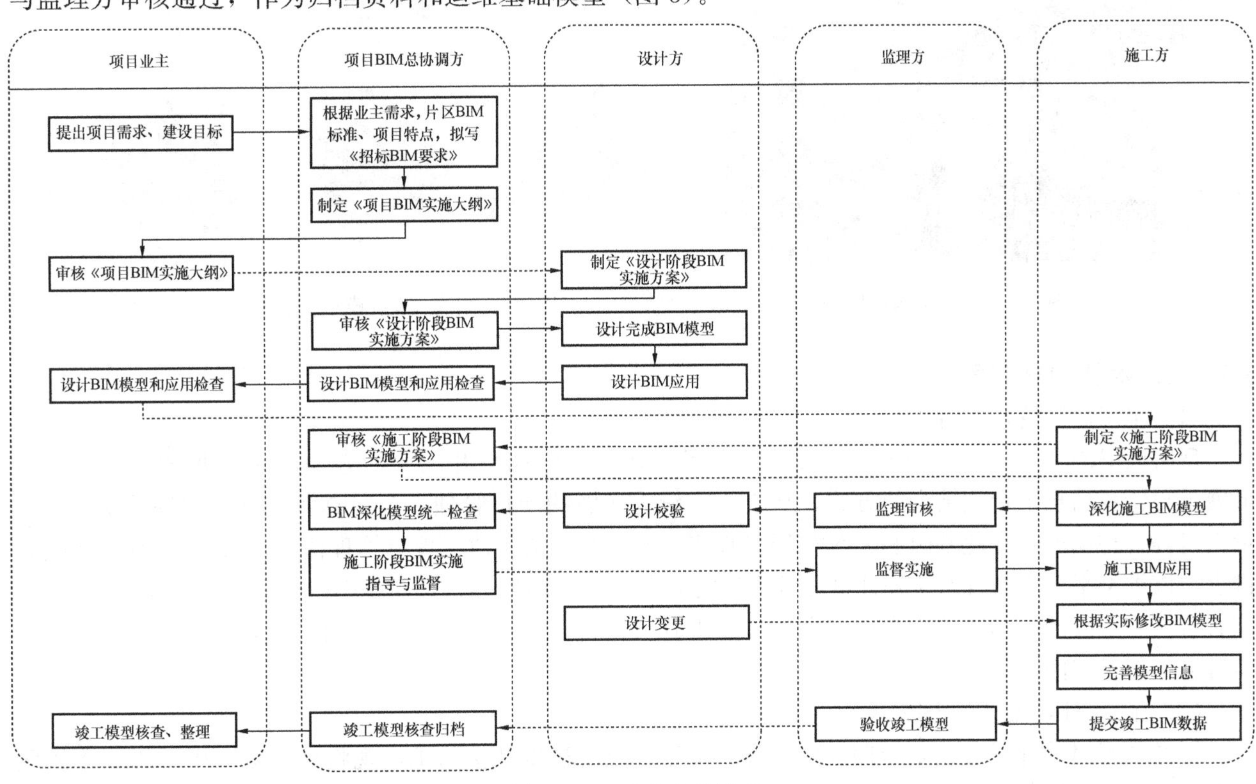

图 3 BIM 实施总体流程

3 BIM 技术应用

3.1 设计阶段 BIM 应用

（1）BIM 辅助出图，使用 Revit 进行建模，Revit 出图对建筑、结构等专业较友好，可直接对该专业模型进行出图（图 4）。

（2）图纸检查与优化设计，二维设计过程中，易存在专业内和专业间的设计问题，通过创建各专业 BIM 模型，总体 BIM 模型，可以直观发现专业内与专业间的矛盾（图 5）。

（3）可视化技术交底，当管廊节点较为复杂时，通过二维图纸难以快速理解节点构造，不利于施工方案的制定。基于 BIM 模型的可视化交底，直观展示节点复杂构造，便于快速制定施工方案（图 6）。

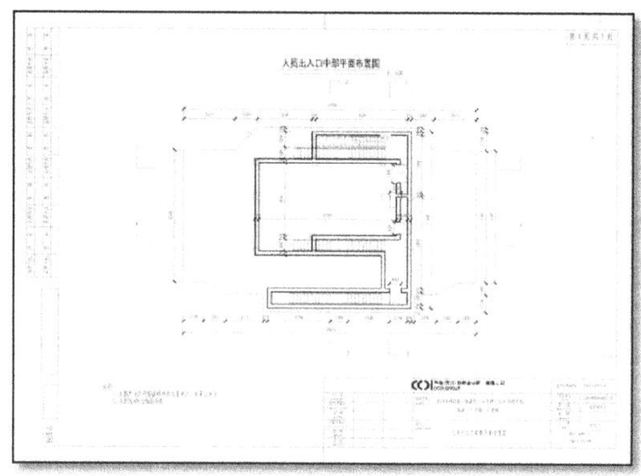

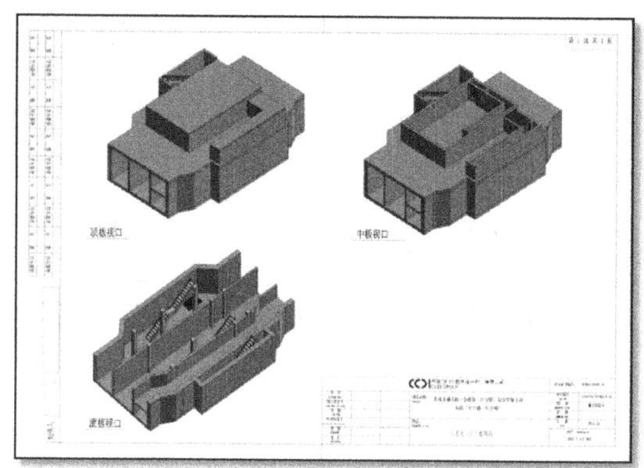

图 4　平面图与轴测图

图 5　管线与结构碰撞

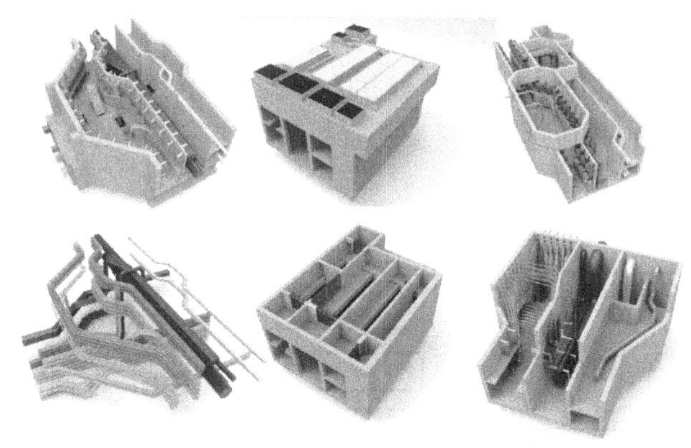

图 6　节点模型交底

3.2 施工阶段 BIM 应用

（1）施工协同管理平台

现阶段 BIM 平台，主要通过现有成熟的项目管理平台与 BIM 相结合的方式，其解决方案是 BIM 图形展示与传统信息平台相结合的方式，基于一个较为成熟的项目管理平台，具备进度、质量、安全、计量支付等各种功能，在此基础上，嵌入 BIM 图形展示平台。既不改变现有管理体系，又能把 BIM 功能放进去。该类型平台主要针对工程计量支付的审核工作，利用 BIM 图形展示平台作为项目的模型展示平台。同时着重于后续的成本管理，将阶段性 BIM 模型作为工程进度阶段核算的一道标准，配合监理、审计核对月度工程量（图 7）。

（2）施工 BIM 模型深化应用

a. 增设墙体水平施工缝，依照混凝土浇筑次序，以及进度挂接需求，现将施工模型中结构墙体依照水平施工缝进行拆分，以确保模型满足施工进度挂接要求。

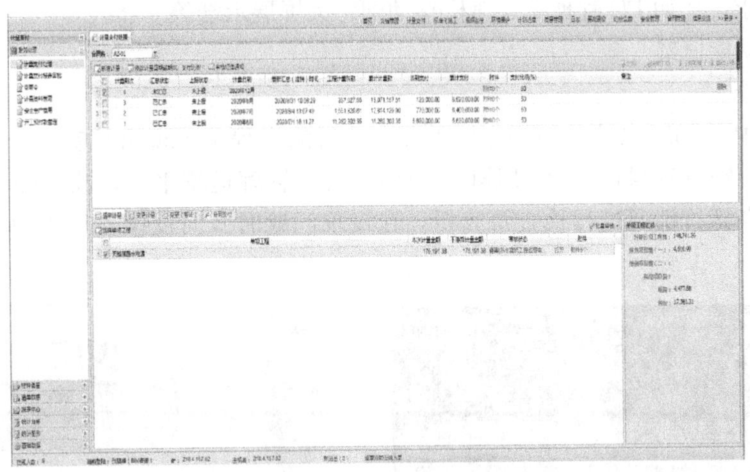

图7　施工协同管理平台

b. 土方计算，创建原始地坪模型与基坑开挖模型，通过Civil 3D计算获得设计挖方地坪数据。待实际现场挖方完成后进行倾斜摄影，计算实际挖方工程量。最终形成设计挖方与实际挖方对照表。把控土方工程量，了解基坑施工情况，提前发现危险源（图8）。

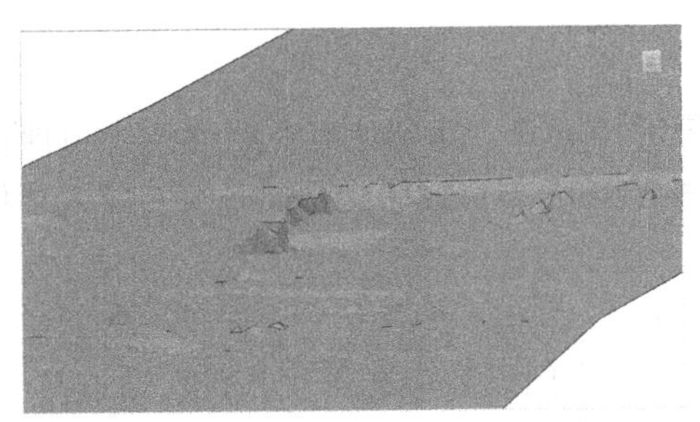

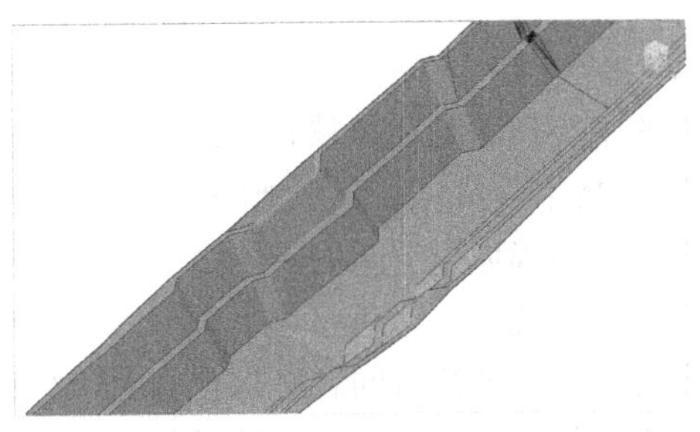

图8　实际地坪与设计挖方模型

c. 实景＋BIM模型融合，将倾斜摄影模型和BIM模型相结合，可真实地反映地物的外观、位置、高度等属性，并使数据具备精准的地理信息，增强了三维数据所带来的真实感，弥补了传统人工模型仿真度低、效率低的缺点（图9）。

图9　实景与BIM模型融合

4　综合管廊智慧运维管理

Unity3D是一个专业游戏引擎，支持大部分3D模型，有着强大的渲染能力并且运行速度快。城市综合管廊工程范围广、体量大，BIM模型数据庞大，对运维平台承载能力、运行速度和显示性能要求较高，本项目采用Unity3D+BIM平台形式搭建综合管理智慧运维管理平台。

4.1　平台架构

智慧管廊BIM运营平台一般由感知层、基础设施层、数据资源层、平台支撑层和展现层5个部分组成（图10）。感知层是由各种现实数据采集设备组成的，这些从现实环境采集的数据，通过基础设施层进行存储、分析，比如云计算、存储、网络安全基础设施，并通过专用网络传输与其他分控中心进行联通。数据资源层是通过基础设施层，全面收集云平台运行状态、网络安全信息、各管廊监控设备的运行状态、报警信息，形成综合管廊大数据。平台支撑层是通过搭建各种管理系统平台，通过采集的数据，进行流程管理，从发现、分析、处置到评估形成闭环管理。最后，展现层搭建适合多种业务场景的多终端跨平台应用来满足管理需求，比如PC管理端、巡检移动端、大屏展示端等。

4.2 运维阶段BIM功能框架

（1）管廊管理系统

管廊管理系统当中对BIM技术的应用主要需要在巡检的过程中体现出其实际效用，技术人员可以发挥BIM技术的可视化及模拟性特点，将BIM模型导入智慧管廊运维平台，让工作人员开展模拟巡检工作，对管廊内部的设备运行情况进行检查及分析，在发现问题时及时反馈，指挥中心根据反馈的问题进行维修（图11）。

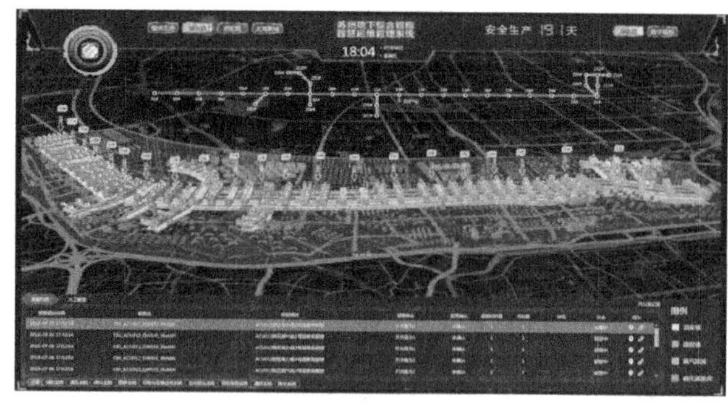

图10　智慧管廊运维平台

图11　管廊管理系统

（2）综合监控系统

监控系统的主要作用是对智慧管廊运维平台的运行进行监管，达到信息关联性及模拟性特点。在利用BIM技术时，技术人员可以获取地图数据使其能够与BIM模型形成联动数据，交互导入到信息数据库当中，让管理人员明确城市空间的具体情况（图12）。

（3）应急管理系统

针对入廊管线的管道泄露问题，综合管廊智慧运维平台专门设置应急管理系统，通过与BIM模型的数据联动，对廊内管道故障点进行快速精确定位。平台可一键启动应急预案，远程调取定位点周边应急资源，实现迅速准确的应急反应（图13）。

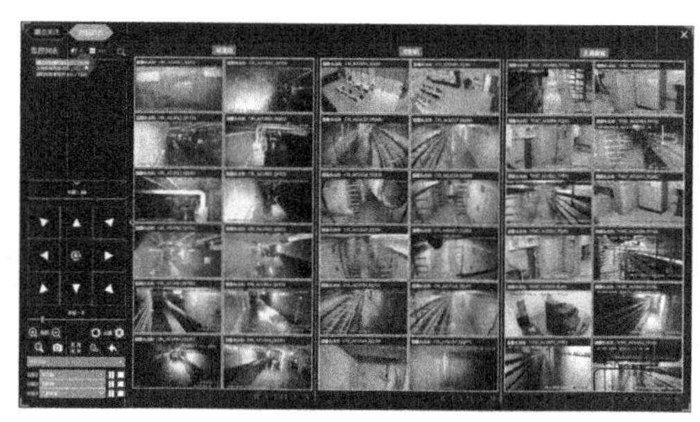

图12　综合监控系统

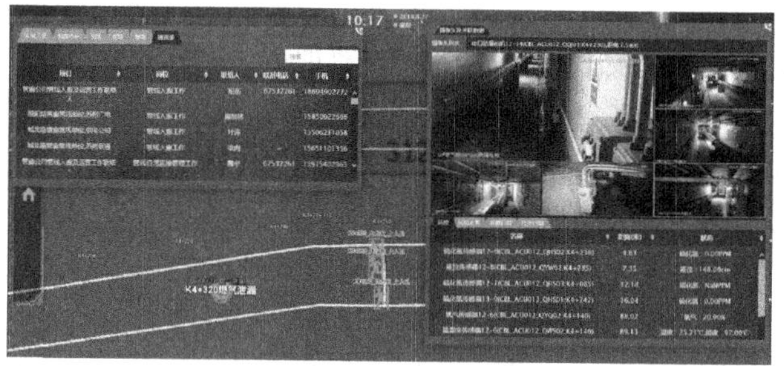

图13　应急管理系统

5　结语

本文以苏州城北路综合管廊项目为例，系统性研究了BIM技术在综合管廊建造和运维中的集成应用。制定了全过程BIM组织架构与总体实施流程，明确各方职责；进行了建设过程BIM技术应用，包括辅助三维出图算量，综合碰撞检查与优化，施工组织和工序模拟，土方算量，可视化交底，提高设计和施工管理的效率和质量；搭建了BIM协同管理平台，在成本、进度、质量和安全等方面实现了BIM物理模型、属性信息、平台数据三者之间的快速联动，保证平台数据更新的及时性和准确性；搭建了智慧运维管理平台，包括管廊智慧管理系统，综合监控系统和应急管理系统，保障管廊运维管理中，对管廊整体态势的把控，辅助决策。

参 考 文 献

[1] 张琪峰.BIM技术在综合管廊设计中的应用——以苏州城北路综合管廊为例[J]. 城市道桥与防洪，2018(07)：309-311，336.

[2] 娄建岭，曹泽明，平晓林，等. BIM在综合管廊全生命周期中的应用[J]. 市政技术，2019，37(01)：157-160.

[3] 徐春雷，阎磊. BIM在综合管廊中的全生命周期应用[J]. 城市建设理论研究(电子版)，2020(11)：55.

[4] 张立新，李宝东.BIM在综合管廊全生命周期智慧管控中的应用研究[J]. 公路，2018，63(11)：210-214.

空间异形网壳 BIM 参数化设计

何志斌，侯兆军，张琪峰

（悉地（苏州）勘察设计顾问有限公司，江苏 苏州 215123）

【摘　要】 为了解决空间异形网壳结构的二维图纸无法准备表达、双曲面造型网格划分难、无法节点空间定位等问题，本文研究了空间异形网壳结构的 BIM 参数化设计方法，首先编写了双曲面网壳结构的 Grasshopper 建模程序，对网壳空间曲面进行模拟和优化，然后将 BIM 模型直接导入 SAP2000 进行数值分析，再根据 BIM 模型输出了各个钢结构杆件的工程量清单和节点坐标，最后将 BIM 数据直接导入钢结构加工系统，进行钢结构杆件的智能加工。

【关键词】 异形网壳；BIM 设计；数值分析；数据传递

1　引言

近年来，随着我国社会经济的快速发展以及城市化建设进程的加快，建筑行业得到了迅速的发展，空间异形网壳结构也伴随建筑业的发展出现在人们视野中，网壳结构因为其整体性好、优美的建筑造型、空间刚度大、自然排水等优点而受到广泛的欢迎。但由于其结构特点，传统二维设计无法充分表达设计成果，图纸难深化、构件碰撞等问题时有发生，导致原材料浪费和工期延误。基于以上原因，通过利用 BIM 的参数化、可视化和可出图性等特点，解决了设计过程中出图难、构件碰撞等诸多难题。

2　网壳 BIM 设计技术路线

本论文结合实际项目进行实践探索，总结钢结构网壳 BIM 三维设计的具体方法和实施流程[1]。技术路线如图 1 所示。

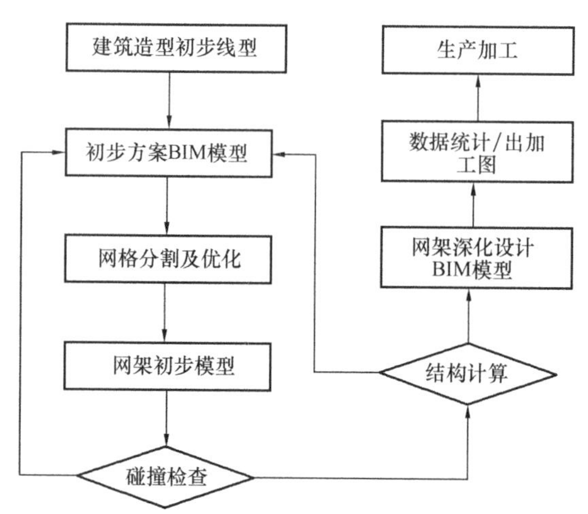

图 1　网壳 BIM 设计技术路线

3　网壳造型设计及优化

3.1　方案造型线形优化

本项目网壳造型以白练飞渡构思，使整座桥犹如一条巨大的白练飞出，跨路而过，俊雅、秀美，如图 2 所示。方案阶段采用 Rhino 内插点（InterpCrv）方式建立 NURBS 曲线，其优点是造型可控，操作简单，但控制点、节点较多。待其方案确定后则通过控制点方式（Curve）建立曲线，目的在于优化曲线结构，减少控制点、节点数量。曲线完成后可利用放样（Loft）完成建模。

异形网壳曲面建模过程汇总：用于放样曲线需要曲线阶数和点数的动态一致，从而每条线节点都能在对应曲线找到节点。放样完成后，本文案例需根据顶视图进行剪切，模型剪切过程中需在对应视图进行，避免出现视角剪切现象。曲面建模完成后，需检查曲面 UV 结构分布及走向，因为后续网格划分分布会参考曲面本身 UV 结构进行拟合投影。

【作者简介】 何志斌（1996—），男，助理工程师。从事 BIM 设计研究工作。E-mail：593561974@qq.com

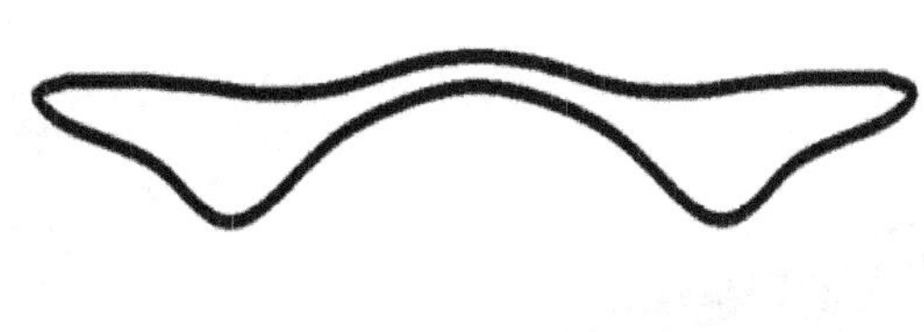

图2　方案构思图

3.2　网格划分优化

本方案网壳结构为双曲面造型且中间部分曲率较大，传统网壳网格分割方式（例如投影和法线投影）很容易发生明显的变形且难以有效控制，如图3所示。为此，设计过程中采用Grasshopper-ShapeMap插件对网壳网格进行参数化划分，在基于Nurbs曲面的3D表面上利用本身就具有的UV走向在表面做定位以实现纹理在表面的贴合，如图4所示，从而使设计成果能实时反馈。

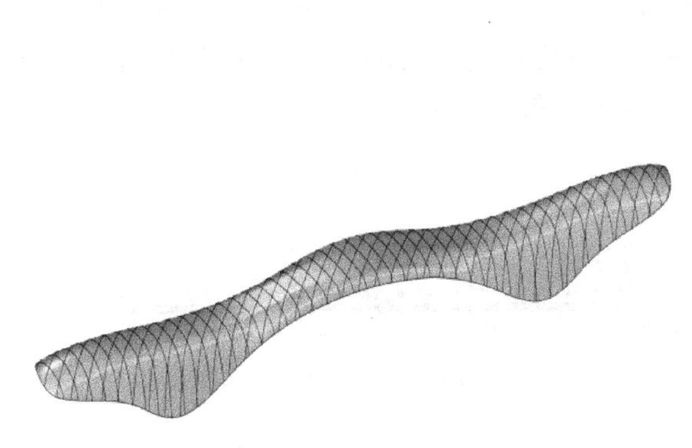

图3　传统投影图

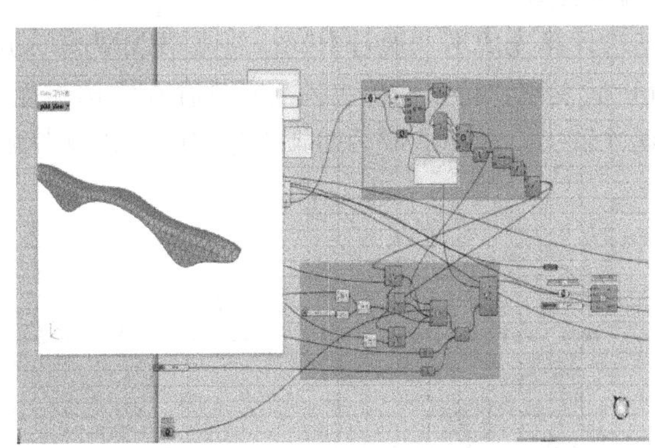

图4　ShapeMap投影图

网壳网格划分遵循方案设计主旨，首先用最简单的构件，采用联方型网壳球面，由左右杆组成菱形网格，两斜杆夹角为90°，如图5所示。经初步结构验算，为增加网壳的刚度和整体稳定性，通过横向增设杆件，使网格成为等腰三角形[2]，如图6所示。

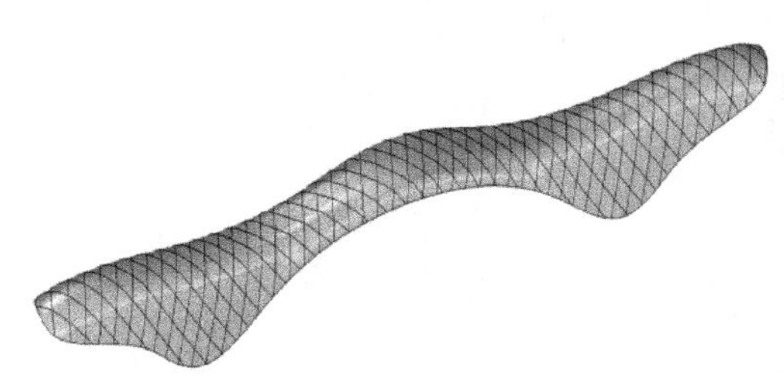

图5　菱形网格

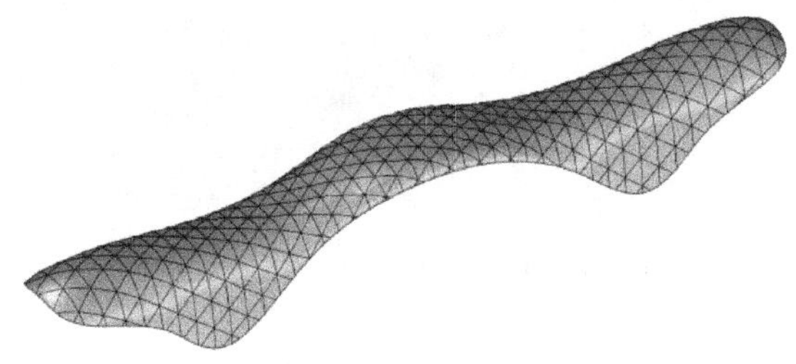

图6　三角形网格

3.3　网格优化

通过对网壳网格线及杆件建模发现，其承重柱与最近节点无法节点耦合。传统方式是以手动调节Grasshopper参数模块，“平移”网壳网格线来实现，但耗时长误差大。为此，通过使用Grasshopper-galapagos遗传算法，如图7所示，进行迭代计算从而让软件自动计算出最优结果，降低人力成本的同时提高了设计效率。

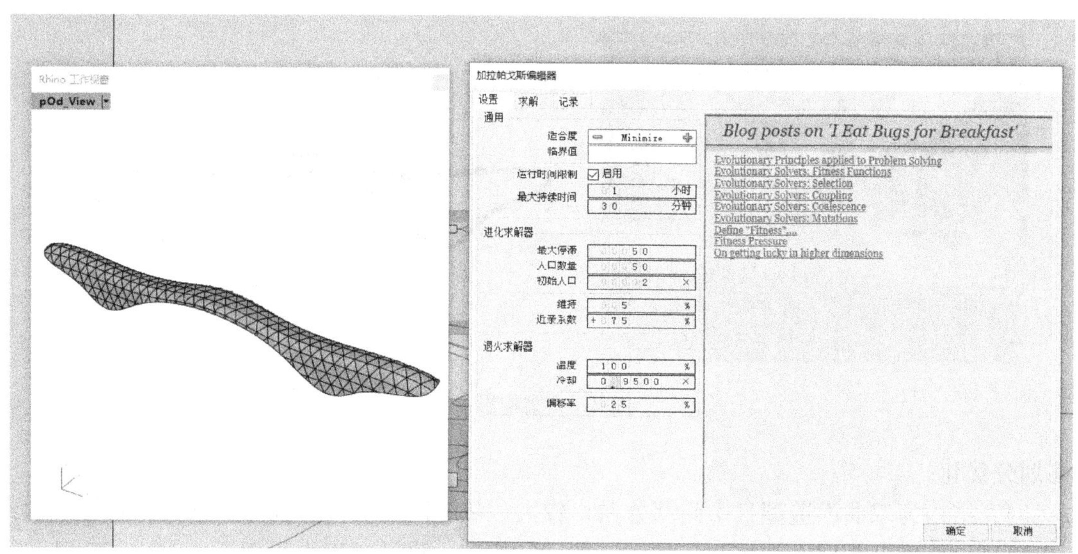

图7　Grasshopper-galapagos遗传算法图

3.4　碰撞检查

结构计算完成后，通过Rhino将方案线型进一步深化建模。在组合各个构件模型后，利用Grasshopper分析后发现，桥梁两侧主拱与杆件存在结构碰撞。随即通过优化曲面局部造型。在设计阶段将碰撞检查发现并解决，避免造成后期施工过程中材料浪费和工期延误（图8）。

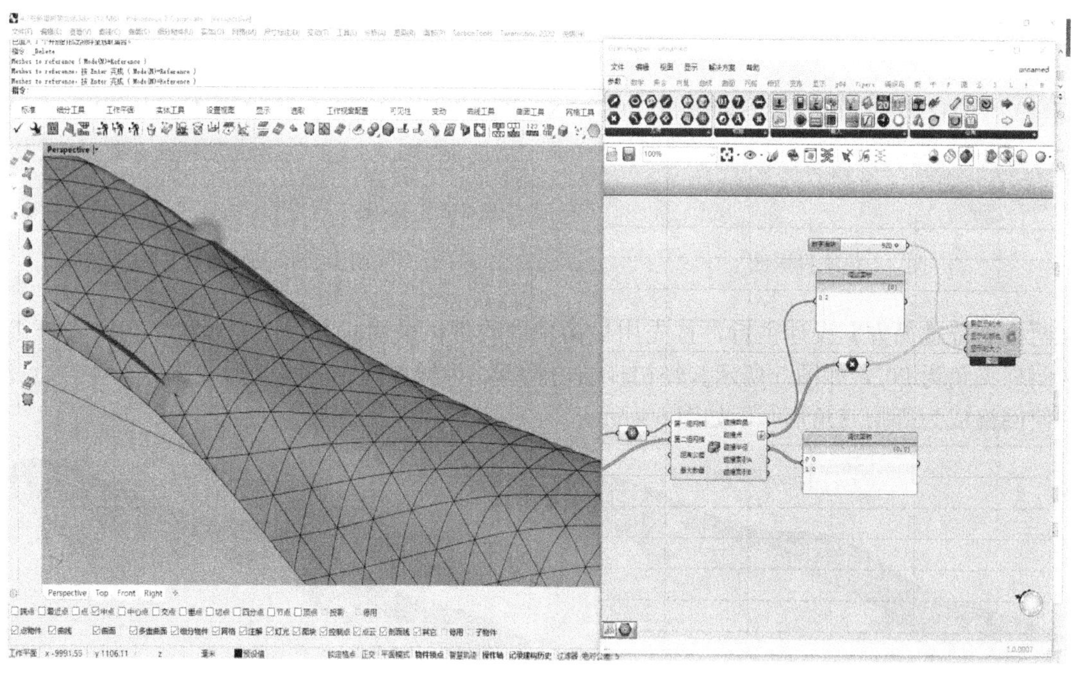

图8　碰撞检查图

4　网壳结构计算

网壳网格造型划分完成后，由Rhino导出三维模型线，通过转换为dxf文件导入SAP2000中，按桁架结构计算。计算建立了结构空间模型，在支座节点施加固定节点约束。

计算内容包括：整体变形及节点侧移（图9）、各单元设计应力值（图10）、屈曲分析（图11）、钢结构防火计算等，结果均满足规范要求。计算过程中，通过dxf数据格式解决了BIM软件与结构数值分析软件直接的数据传递问题。

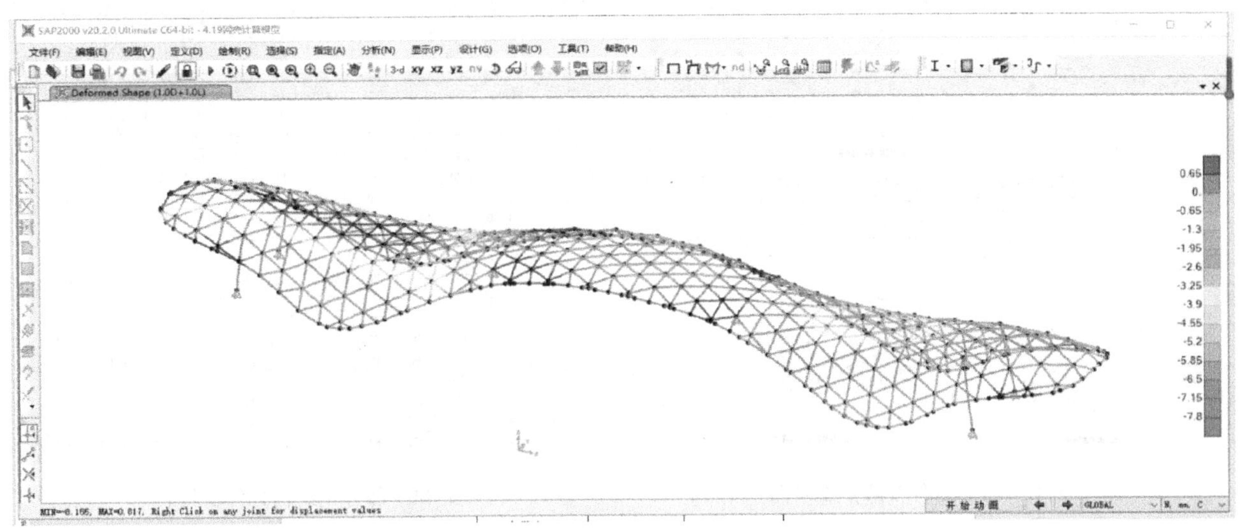

图 9　结构屋盖竖向变形

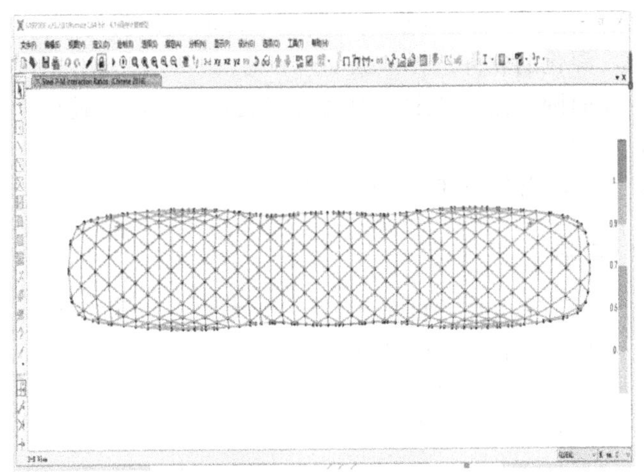

图 10　结构屋盖竖向变形图

表 11.1　钢罩棚结构弹性屈曲分析特征值（前 30 阶）

模态	特征值	模态	特征值
1	-100.631563	16	-149.627756
2	101.021853	17	151.750193
3	-111.253903	18	154.921218
4	117.953473	19	156.043937
5	124.843597	20	156.466372
6	-126.333643	21	-157.213915
7	-128.460057	22	159.234669
8	132.531438	23	160.372431
9	-132.948616	24	-162.601225
10	134.160011	25	164.417229
11	137.595315	26	167.145438
12	-142.411819	27	167.583122
13	-143.987083	28	-171.612515
14	-145.810098	29	-179.914153
15	148.108826	30	181.594303

图 11　杆件应力比云图（整体）

5　空间异形网壳深化设计

5.1　模型深化设计

项目利用 Rhino 软件完成 BIM 模型，通过在空间定位坐标点（X，Y，Z）中选取理论值。设计阶段实现节点图（图 12）、材料表联动，同时也为施工阶段三维定位奠定基础。BIM 技术的应用，将复杂的施工现场和复杂的空间结构有机地结合在一起[3]，通过计算机模拟、调整模型、优化造型，从而满足造型设计和深化加工要求。

图 12　杆件刚接节点三维图

5.2　构件统计及出图

通过在深化的模型基础上，直接通过 BIM 模型出具三维图纸，并结合 Grasshopper 出具钢结构杆件材料统计表和坐标定位表。如图 13、图 14 所示。

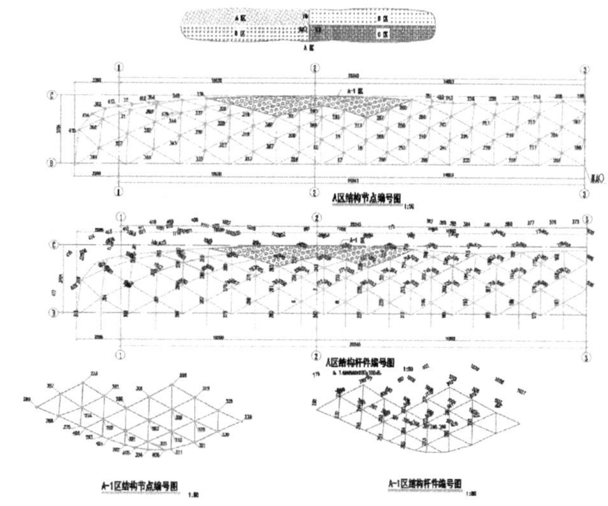

图 13　A 区杆件及节点编号图

[illegible]				[illegible]				[illegible]			
节点编号	X/m	Y/m	Z/m	节点编号	X/m	Y/m	Z/m	节点编号	X/m	Y/m	Z/m
1	3.707	−0.708	1.108	61	19.441	−2.692	3.966	119	11.925	−3.278	2.768
2	3.699	−2.116	5.537	62	19.453	−1.513	4.874	120	11.997	−2.580	3.975
3	−16.754	−0.008	4.842	63	19.469	0.007	5.041	121	12.027	−1.363	4.551
4	−16.745	−1.423	4.686	64	19.454	1.531	4.896	122	12.032	0.008	4.617
5	24.919	3.014	3.831	65	19.440	2.745	4.034	123	12.026	1.380	4.560
6	24.847	3.225	3.386	66	19.426	3.370	2.670	124	11.998	2.622	4.034
7	14.412	2.628	3.957	67	19.411	3.650	1.587	125	11.925	3.344	2.845
8	14.383	3.259	2.700	68	18.148	−2.975	3.276	126	11.850	3.695	1.812
9	−16.743	−3.161	2.623	69	18.146	−2.136	4.467	127	10.663	−3.545	2.513
10	−16.729	−3.476	1.223	70	18.160	−0.735	4.903	128	10.759	−3.017	3.516
11	−14.330	−0.005	4.684	71	18.160	0.752	4.911	129	10.831	−2.022	4.443
12	−14.326	1.371	4.587	72	18.145	2.168	4.514	130	10.844	−0.677	4.637
13	−13.141	0.679	4.615	73	18.146	3.042	3.351	131	10.844	0.693	4.639
14	−13.132	2.020	4.393	74	18.137	3.476	1.944	132	10.831	2.044	4.473
15	−11.963	−0.003	4.618	75	18.121	3.703	0.754	133	10.761	3.067	3.585
16	−11.960	1.353	4.564	76	16.844	−3.639	0.210	134	10.658	3.643	2.515
17	8.466	−2.040	4.712	77	16.861	−3.490	1.153	135	9.484	−3.476	3.107
18	8.482	−0.683	4.886	78	16.880	−3.176	2.577	136	9.612	−2.604	4.186
19	18.140	−3.395	1.866	79	16.882	−2.606	3.903	137	9.662	−1.364	4.711
20	18.127	−3.604	0.757	80	16.884	−1.432	4.693	138	9.662	0.007	4.739
21	−24.614	2.945	3.960	81	16.893	0.009	4.852	139	9.661	1.378	4.718
22	−24.524	3.257	3.310	82	16.884	1.451	4.712	140	9.615	2.639	4.242

图 14　部分钢结构杆件材料表

6　结语

（1）论文总结了双曲面网壳设计阶段建模软件以及网壳的建模流程，并通过软件的介绍为空间异形网壳钢结构的深化、下料加工和施工模拟提供了建模、深化的软件选择依据。

（2）利用 Rhino 软件和 Grasshopper 插件编写双曲面网壳建模工具，其程序结构简单，运行速度快，能实时预览参数化调整效果，提高异形曲面结构的设计效率[4]。

（3）通过 Grasshopper 联动统计节点及杆件数量，并输出各个杆件的坐标信息。

参 考 文 献

[1]　孙建祥．基于 BIM 技术的某超高层项目施工可视化仿真研究[D]．邯郸：河北工程大学，2017.

[2]　王庆．六种典型双层球面网壳参数化建模及形状优化设计[D]．济南：山东建筑大学，2012.

[3]　曹磊．基于 BIM 的桥梁工程设计与施工优化研究[J]．中国房地产业，2018(030)：22-23.

[4]　朱鸣，王春磊．使用犀牛软件及 Grasshopper 插件实现双层网壳结构快速建模[J]．建筑结构，2012，42：424-427.

BIM模型信息的提取与应用

宋万强，钟　炜，马晋超

（天津理工大学，天津 300384）

【摘　要】近年来，随着人工智能算法的快速发展，基于深度学习的目标检测算法越来越多地应用于不同行业当中。传统的管道缺陷检测往往采用人工检测方式进行，存在效率低下且主观性强的问题。针对该问题，提出利用YOLOv5算法实现对管道的缺陷检测，利用Unity等BIM软件对管道进行仿真，实现对管道缺陷的检测和定位，并直观呈现在相应模型当中。实验结果表明，该方法可行性较强，未来可应于实际使用当中。

【关键词】BIM；目标检测；YOLOv5；管道缺陷

1　引言

在城市运作过程中，给水排水发挥着十分重要的作用，城市管道的排水能力往往会直接影响到城市的抗洪抗涝能力。由于受到外界挤压以及自然腐蚀等因素的影响，管道会逐年老化甚至出现破损现象[1]。城市排水管道的损坏，不仅容易造成环境污染、地面塌陷，同时也增加了发生城市内涝的风险。闭路电视检测CCTV（Closed Circuit Television）被广泛应用于国内外管道检测当中，是管道检测里较先进的手段之一[2]。技术人员通过对爬行器采集到的管道视频进行人为分析，判断管道损坏情况。然而，基于人工识别的检测方式不仅效率较下，还存在着识别主观性较强、人力成本较高等问题[3]。

本文采用YOLOv5算法，通过对4397个样本图像进行筛选、分类处理，并对模型进行训练，实现了对裂缝、错位、沉积、障碍物、异物侵入等五种管道常见缺陷问题的多目标检测。通过借助于Unity软件系统模拟的灵活性，将精细建模的BIM模型导入Unity当中，并通过构建相应的数据库实现模型与实体的对应，实现检测过程的可视化。

2　方法设计与实现

2.1　YOLOv5算法介绍

YOLOv5算法是YOLO系列最新的检测算法，该算法有四种不同的结构网络，分别为YOLOv5s6，YOLOv5m6，YOLOv5l6，YOLOv5x6。该算法具有检测速度快、识别精度高的优点[4]，不仅可以检测图片，还能对视频及监控内容进行实时检测，适合利用该算法进行训练。如图1所示，为不同结构的YOLOv5算法与Efficient Det算法对比图。

2.2　算法实现流程

（1）数据集处理

首先需收集管道缺陷图像的数据集，并按照实验需求对图像进行分类处理。接下来对图像数据进行增强处理，通常可采用裁剪、翻转、缩放、添加高斯噪声等方法实现图像数据的增加[5]。最后，利用Labelimg工具对收集到的不同类型缺陷图片进行标注，要能体现出缺陷的类型、大小、位置等信息。标注好后将其保存为txt格式文件，将图片和标签分别保存到不同文件夹中。

【基金项目】天津市智能制造专项资金项目（20201195）

【作者简介】宋万强（1996—），男，研究生。主要研究方向为三维信息仿真。E-mail：807972299@qq.com

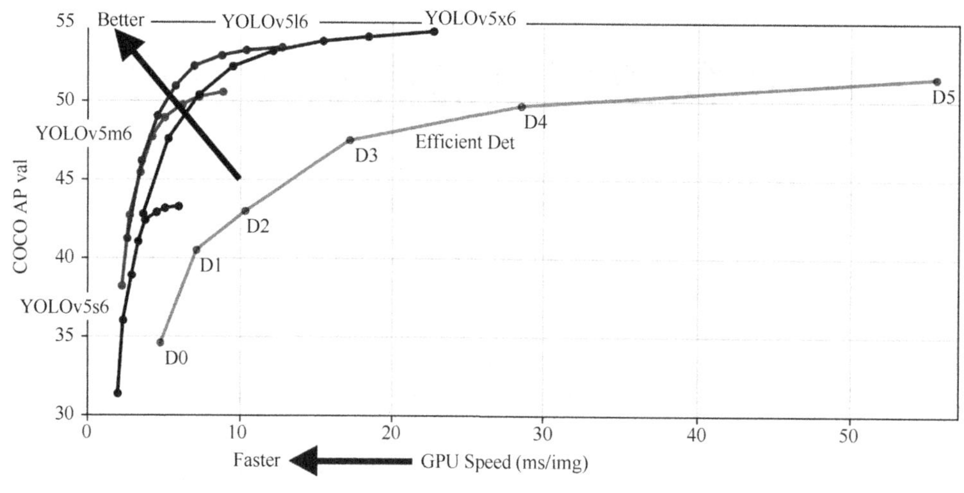

图 1　YOLOv5 算法对比图

（2）模型训练

本文训练所采用的 GPU 配置为 Tesla V100，利用本地服务器进行目标检测训练，在进行训练前还需对相应的训练参数进行设置，具体设置情况如表 1 所示，设置好有关参数后即可开始训练。

模型训练相关参数表　　**表 1**

参数	参数设置	命令行参数	代表含义	参数设置
学习率	0.01	batch	图像输入规模	16
学习率动量	0.753	epochs	训练次数	500
权重衰减	0.005	device	训练设备	GPU
最大迭代次数	20000	weights	权重文件	YOLOv5s6

（3）训练结果分析

训练完成后，通过对 TensorBoard 中提供的 Loss、Precision 等曲线图进行分析，判断训练过程的拟合情况，若图像曲线变化正常且相应数值合理，则代表训练结果良好，可以使用训练得到的权重文件。利用训练得到的权重文件替换原有的权重文件，即可实现对管道缺陷的检测。YOLOv5 算法实现管道缺陷目标检测的流程如图 2 所示。

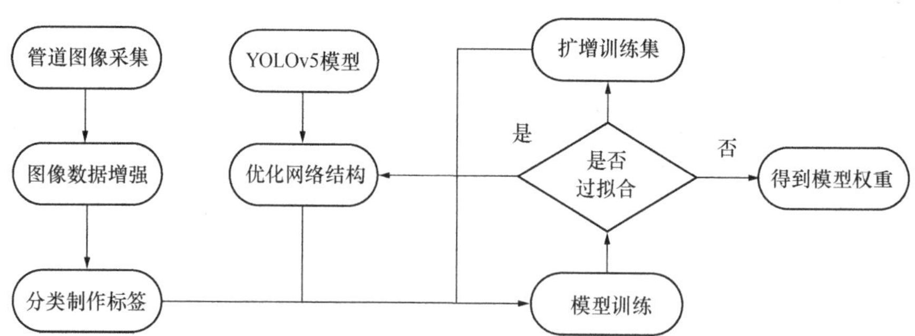

图 2　算法实现流程图

2.3　BIM ＋目标检测技术

BIM 技术对项目进度模拟具有十分重要的作用，可以打破不同软件间的壁垒。该技术搭建的模型具有可视化、参数化、信息化的优点，已较为成功地应用于不同的工程领域当中[6]。通过目标检测技术，可以辅助人们对管道的缺陷进行识别；利用 BIM 技术，能够实现实体管道信息的可交互性。将 BIM 与目标检测技术相结合，在帮助人们实现对管道缺陷位置进行定位的同时，也实现了对缺陷部位的可视化，既方便了人们掌握缺陷的具体种类以及损坏的严重程度，也有利于对缺陷状况进行直观的统计与分析。该部分的主要工作如下：

(1) 首先需要收集相关管道的模型参数，利用 BIM 相关软件对模型进行搭建，待模型建成后，如果模型结构较为复杂，还需要对已建好的模型进行碰撞检测，对模型可能存在的问题进行调整。

(2) Unity 具有拥有良好的可交互性以及模型兼容性，利用该软件读取 BIM 模型信息，实现模型可视化的同时还能设置个性化功能[7]。待模型创建完成后，将其保存为 Unity 可以读取的 .FBX 格式文件，再将其导入 Unity 软件当中。导入完成后还需对模型的场景数量、位置、光照等信息进行设置。

(3) 利用 C++对 QT（应用程序开发框架）进行用户界面的设计，并布置需要的相关功能模块。待界面设计好后将其与数据库进行连接，数据库包含了相应的 BIM 模型信息，以及将闭路电视在检测过程中传递的距离信息。通过模型信息与检测信息的结合，从而实现在模型中的缺陷定位。技术人员还可以对管道的缺陷情况进行分析和评估，并出具相关检测报告。

3　工程实例

3.1　实验数据集获取

本文训练使用的图片数据来源于 Sewer-ML 数据集，该数据集包含一百多万张管道图片，由三家公司的专业员工在 9 年中收集的 75618 段视频中截取，保证了图片来源的真实可靠性。通过对数据集中的图片进行筛选并分类，将其缺陷分为裂缝、错位、沉积、障碍物、异物侵入这五种常见类型。该数据集中的部分图片如图 3 所示。

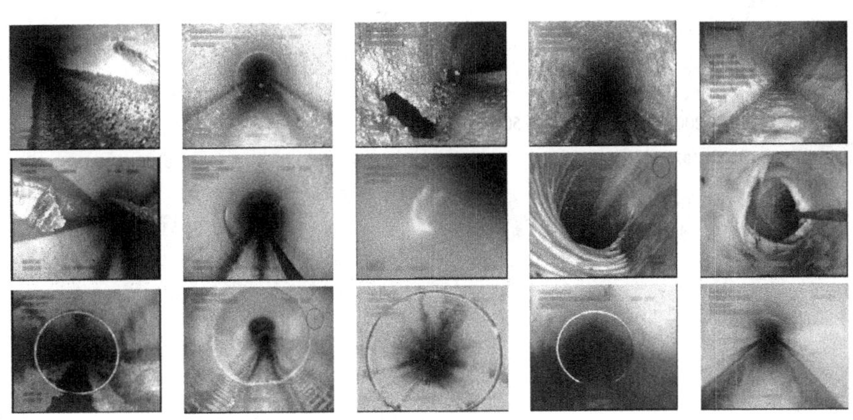

图 3　Sewer-ML 数据集部分图片

3.2　管道缺陷分类

根据管道内部的缺陷情况，将缺陷类型分为结构性缺陷和功能性缺陷。结构性缺陷指管道由于受到外界物理挤压，异物穿入导致的管道结构上的损坏，主要包括裂缝、错位、异物侵入等。功能性缺陷指由于不当使用导致的管道功能缺陷，管道自身并未损坏，包括但不限于管道沉积、障碍物等。通过对数据集中的图像分类筛选，并对部分图片进行数据增强，将图片分为训练集和验证集，其中训练集共 1856 张，验证集合计 341 张，验证集图片合计 217 张，具体情况如表 2 所示。

不同类型缺陷图片数量表　　**表 2**

缺陷种类		训练集	验证集	测试集
结构性缺陷	裂缝	352	67	37
	错位	421	73	46
	异物侵入	297	59	44
功能性缺陷	沉积	329	64	39
	障碍物	457	78	51
总计		1856	341	217

3.3 训练结果分析

本文通过对准确率（Precision）、召回率（Recall）、平均精度均值（MAP）等进行分析，判断训练结果，相关计算公式如式（1）、式（2）所示：

$$\text{Precision} = \frac{\text{TP}}{(\text{TP} + \text{FP})} \tag{1}$$

$$\text{Recall} = \frac{\text{TP}}{(\text{TP} + \text{FN})} \tag{2}$$

其中，TP 表示对象为缺陷，检测对象为该缺陷；TN 表示对象不是缺陷，检测对象不为该缺陷；FN 表示对象不是缺陷，检测对象为该缺陷；FP 表示对象为缺陷，检测不为该缺陷[8]。召回率（Recall）表示在全部缺陷图片中，有多少缺陷被正确检测出，准确率（Precision）表示在缺陷样本中有多少是缺陷。AP 表示平均精确度，MAP@0.5（mean Average Precision），表示给每一类分别计算 AP，然后做 mean 平均。在经过 500 次训练之后，各指标具体情况如图 4 所示。

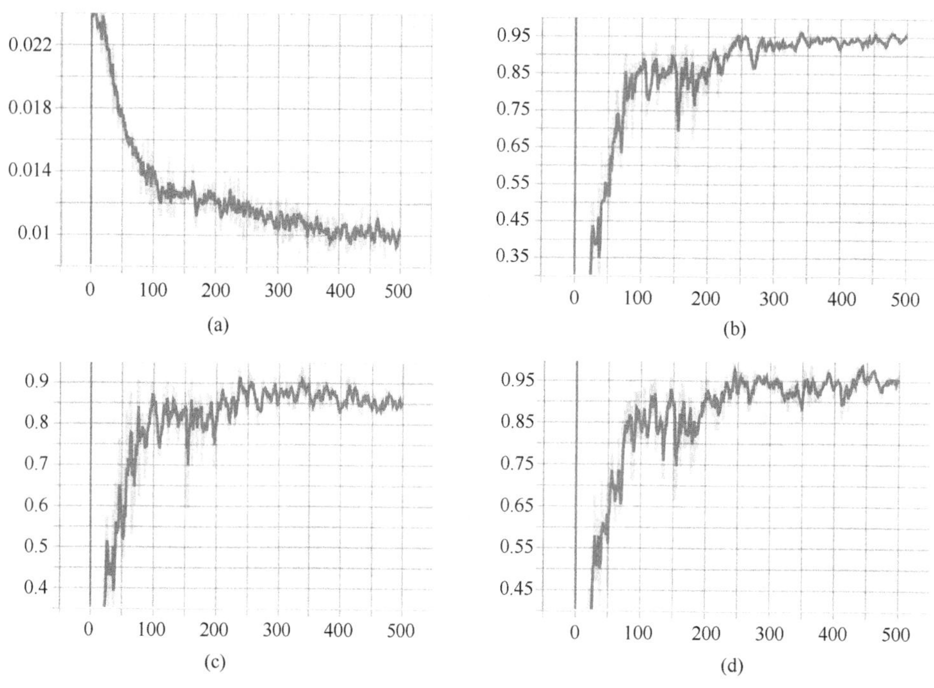

图 4　模型性能图

(a) Loss；(b) MAP@0.5；(c) Precision；(d) Recall

3.4 检测数据与 BIM 模型关联

（1）模型数据与 Unity 3D 的交互通过建立数据库实现。首先在 SQLServer 中创建数据库，将 Revit 模型信息导入数据库中并进行结构的轻量处理。启动 ODBC 数据库命令，并将其链接到 SQLServer 中实现结构化数据库的搭建。

（2）在 Unity 3D 中导入 Json 库，创建 Json 数据并发送到网页端进行整合，结构化数据库 SQLServer 能够实现对 Json 数据的接收和存储。通过该方式即可实现模型与数据库的交互，交互过程主要利用 Unity 3D 的内置 API：Application. External Call 进行实现。

（3）利用 QT 进行相应的 UI 界面设计，并将其连接到数据库当中实现对数据库信息的访问。在用户交互界面，既能呈现管道图像的检测结果，也能看到相对应的管道的位置，实现缺陷的定位以及可视化。此外，通过填写相应的操作语句还可以实现管道的数据查询、数据采集、数据记录等功能，将有利于提升对管道缺陷的统计效率。通过相关设置，最终呈现的部分效果如图 5 所示。

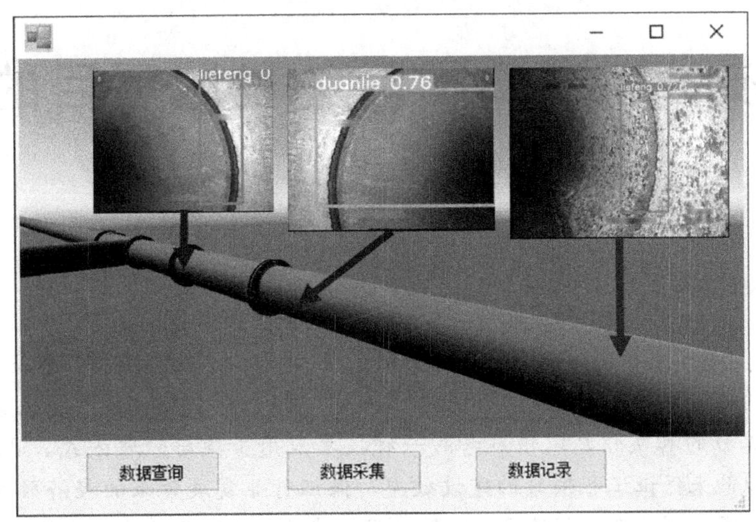

图 5　UI 界面展示

4　结束语

本文针对目前管道缺陷检测大多仍基于人工识别的问题，提出利用 YOLOv5 算法实现对管道的自动检测。借助该算法的高效处理能力，可在闭路电视视频输入的同时输出检测结果，将大大提升管道检测效率。利用 BIM 软件构建管道模型，并通过搭建数据库实现管道与模型的相互对应，既可以实现管道模型缺陷情况的可视化，也便于管道维护人员掌握管道缺陷的具体位置以及损坏情况，同时也有利于后期的管道检测报告的编写。利用图像识别技术对管道进行缺陷检测，将有利于推动该检测行业的高效化、智能化发展，对避免城市地下水污染、城市内涝等问题也有着积极意义。

参 考 文 献

[1]　肖程，涂福泉，幸垚，等．城市排水管道清理机器人变径机构优化设计[J]. 制造业自动化，2021，43(5)：89-92.

[2]　WANG M Z，KUMAR S S，CHENG J C P. Automated sewer pipe defect tracking in CCTV videos based on defect detection and metric learning[J]. Automation in Construction，2021，121：103438.

[3]　CHENG J C P，WANG M Z. Automated detection of sewer pipe defects in closed-circuit television images using deep learning techniques[J]. Automation in Construction，2018，95：155-171.

[4]　张宏群，班勇苗，郭玲玲，等．基于 YOLOv5 的遥感图像舰船的检测方法[J]. 电子测量术，2021，44(08)：87-92.

[5]　谢昊源，黄群星，林晓青，等．基于图像深度学习的垃圾热值预测研究[J]. 化工报，2021，72(05)：2773-2782.

[6]　王婷，池文婷．BIM 技术在 4D 施工进度模拟的应用探讨[J]. 图学学报，2015，36(02)：306-311.

[7]　校颖浩，何越磊，路宏遥，等．基于 BIM＋机器视觉的工务运维图像数据智能化管理方法研究[J]. 土木建筑工程信息技术，2021，6：1-9.

[8]　YIN X F，CHEN Y，CHUI C K. A deep learning-based framework for an automated defect detection system for sewer pipes[J]. Automation in Construction，2019，109：102967.

BIM技术在海口国际免税城项目的应用

周冀伟，羊峰鼎

（中国建筑一局（集团）有限公司北京分公司，北京 100000）

【摘　要】以海口市国际免税城综合体项目为实例背景，将结合BIM技术在建筑工程项目设计、施工与管理过程中所产生的各种数据信息作为技术应用基础，依据信息数据创建三维立体的建筑、结构、机电等模型，模拟建筑工程的真实信息以供参考的一种技术应用手段与管理方式，具有可视化、协调化、立体化等优势。一是以此来保证工程项目的建设效率，保证行业发展带来的经济效益；二是建筑工程项目的管理方面，达到全面控制建筑工程的目的，保证现代建筑工程项目的施工质量。

【关键词】BIM技术；建筑工程；设计阶段；施工阶段；项目管理

1　引言

在当前建筑行业的发展过程中，BIM技术的应用得到了较为理想的运用，尤其是针对像海口市国际免税城这种商业综合体项目。需要满足施工工艺的要求，该工程项目结构复杂、精度方面等要求高。通过传统的管理方法及施工工艺实践，会给工程造成较大的投资风险、技术风险和管理风险。BIM技术的运用不仅仅表现在建筑工程项目实施建设的设计阶段，对于具体施工建设阶段同样也可以运用该技术手段进行有效的优化处理，进而提升海口市国际免税城项目在施工全过程的管理水平和实施的效果。

2　工程概况

海口市国际免税城项目位于海口市秀英区新海港，西至经六街，东侧毗邻海角路，是亚洲最大的免税城，共划分为六个地块，涵盖免税商业、有税商业、写字楼、酒店、人才公寓等。其中地块五为商业综合体，建筑总面积为290000m^2（图1）。地下两层为框架混凝土结构，设有停车库、设备用房以及部分

图1　项目效果

【作者简介】周冀伟（1988—），男，BIM经理。主要研究方向为BIM技术在项目中如何实现全过程服务应用。E-mail：442730293@qq.com

商业店铺，结构高差较多，形式复杂。地上为钢结构和框架结构两种，造型独特，施工难度高。

BIM技术应用分析：

本工程项目涉及钢结构施工管理、屋面造型施工管理、幕墙施工管理、机电深化设计以及机电预制加工管理等。

海口市国际免税城作为一个商业综合体项目，工程复杂，涉及的专业系统多；技术难度大；设计、施工和后期的运营维护复杂，工期紧张；参建单位数量多，包括设计、施工总承包与分包、关键的设备供应厂商及相关专业的咨询单位管理标准和水平差异较为明显，信息传递以及沟通协调等困难；不确定因素多。因此在各专业施工过程中需多个参建单位的配合及协调。

为了确保工程项目的顺利实施，提高建筑工程管理信息化水平及工作效率。保证项目的施工进度、降低项目成本及项目后期运营维护进行全面的管理。项目在实施策划时，采取了BIM技术在本项目的应用要求。BIM技术的应用不仅提供了可视化的思路，还将以往线条式的构件，形成了一种三维立体的实物进行展示。最为重要的是，可以通过BIM的协调性，去帮助处理传统建筑工程项目模式协调性不足以及难以配合的问题。BIM技术的协调性不只是解决各专业的碰撞问题，而是可以协调施工场地、工程项目空间排布利用等多方面的问题。

3　BIM技术在各阶段的应用

传统工程建设项目实施过程各阶段常常存在信息间断。比如设计阶段各个专业在进行设计时产生的错、漏、碰在施工阶段才被发现，这时就需要对原设计进行变更。在其他阶段也同样存在一些问题，导致建筑模型和数据会被多次重复输入甚至重新建模。这也使得整个项目过程产生了大量的高成本的返工。利用BIM技术对钢结构工程项目进行全生命周期的信息化建模，使工程项目各个阶段的相关信息高度集成化，相互之间联系紧密，大大提高了工作的效率并能有效地降低项目运行成本。

3.1　BIM技术辅助施工图纸会审

海口市国际免税城项目包含六个地块，其中地块五为商业综合体，钢结构图纸变更较多，施工管理水平要求较高，且工期紧张。利用BIM在建模时提前发现图纸问题并且进行反馈处理，辅助图纸会审，提高审图效率；每周会审3～4批图纸，共78批图纸。在图纸上最终问题处理完成，利用BIM技术对钢结构进行最后的三维实体建模以及后期的详图深化设计，本质上其实就是实际施工的预演。钢结构BIM模型包含了整个工程的节点、构件、材料等信息。后期算量可以直接导出用钢量、节点用螺栓数等材料清单，使工程造价一目了然。其次，利用三维投影可以自动生成包括构件图、节点图等所有的施工详图（图2）。

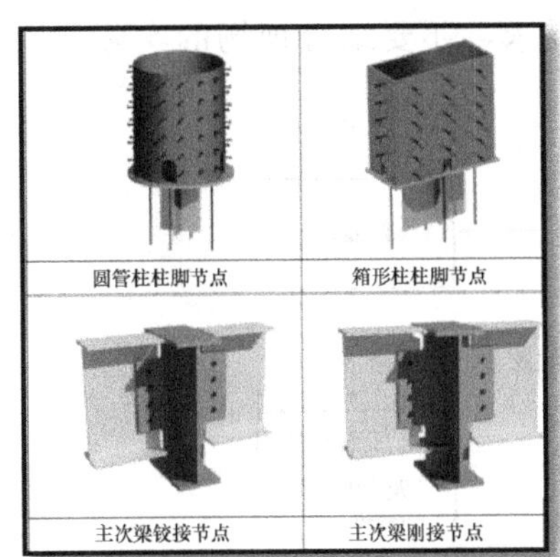

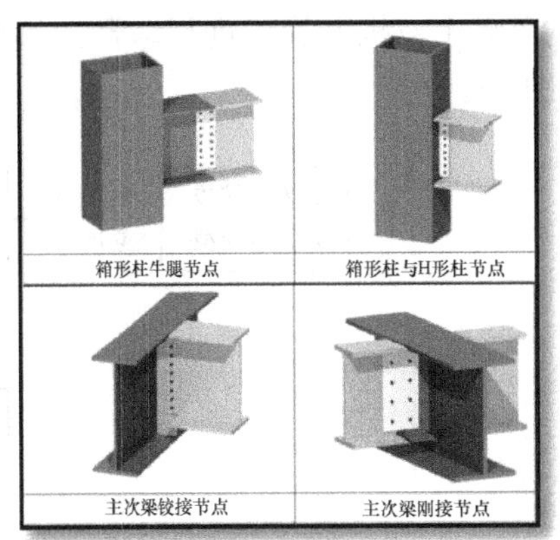

图2　BIM导出构件详图

3.2　BIM技术在施工场地布置方面的应用

海口市国际免税城占地面积比例较高，在项目各施工阶段，根据进度对每座单体基坑开挖。在有限施工场地中合理搭建施工生产必要的临时设施显得尤为重要。利用BIM技术建立临设三维模型，提前模拟临建布置、数量、交通组织是否合理，并辅助项目临建的施工，对办公区、施工区等进行CI布置。在临建布置前期，场地的合理利用及材料的精确把控也至关重要。为了解决现场材料对方的问题，可通过BIM模型对场地进行模块的划分、编号，并在现场中按照模型的划分和编号进行分区，实现材料与场地的精细化管理（图3）。

图3　施工场地布置图

3.3　BIM技术在机电深化设计方面的应用

海口市国际免税城项目机电总造价4亿元，其中地块五地下室共两层，地上共五层。地下室单层建筑面积7万m^2，地上单层建筑面积近4万m^2，挑空区域直至屋面层。项目曲面、弧形的造型更是限制了管道的路由，管线系统多（图5），不同标高区域多，净高控制要求高。整个项目机电数量多，共有198个机房，尤其出机房走道管线复杂，排布的要求高，各复杂区域深化均要与设计对接，协同解决，且工程体量大，工期较短，必然存在大量的交叉施工，对安装的一次性成型要求较高。

BIM技术在机电安装方面具有很强的综合深化优势。由于本项目机电工程体量较大，项目BIM团队人员分别建立了建筑、结构、给水排水、消防、暖通、电气等各专业的模型。并且在模型分别给各构件赋予了与设计图纸相对应的尺寸、材质、阀门设备等附件。然后将各专业的模型进行整合，并在整合后的基础上对机电管线进行综合。管线综合排布不仅要满足相关的规范要求，还要结合现场的实际情况（图4）。

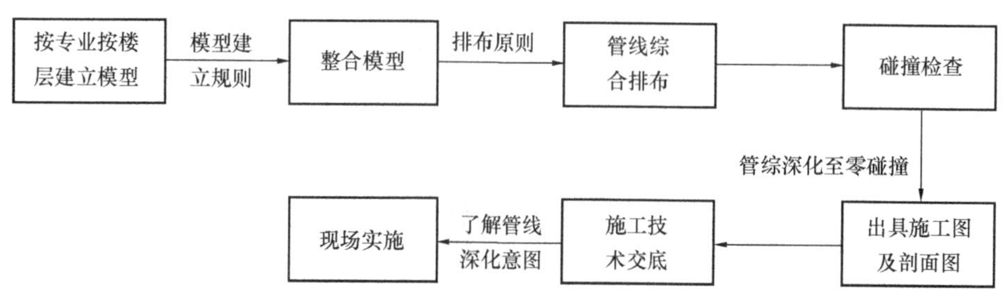

图4　机电管线深化应用流程图

根据项目工程的特点，在机电各专业安装前制定管综方案，事先拟定管线标高，避免各专业标高重合。在管综优化后直至实现零碰撞，满足规范及安装空间净高的要求，报审合格之后利用BIM软件出各专业的施工图以便指导现场施工（图6）。

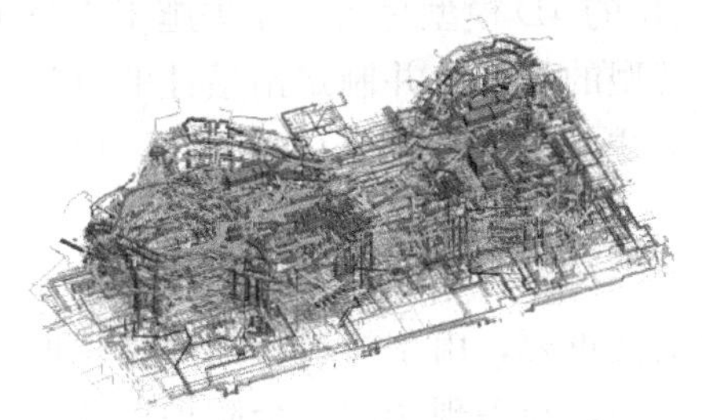

图 5　机电管线图

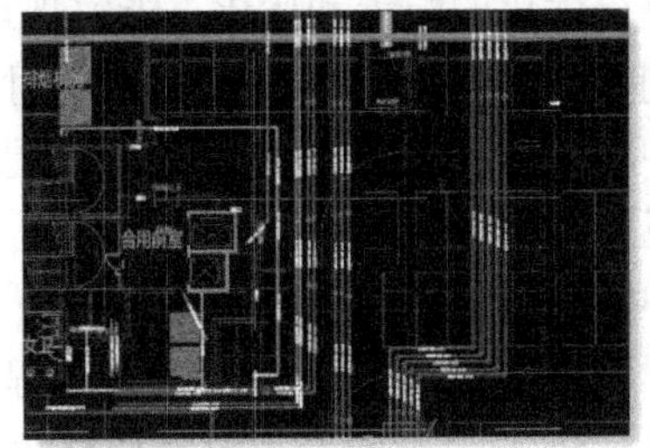

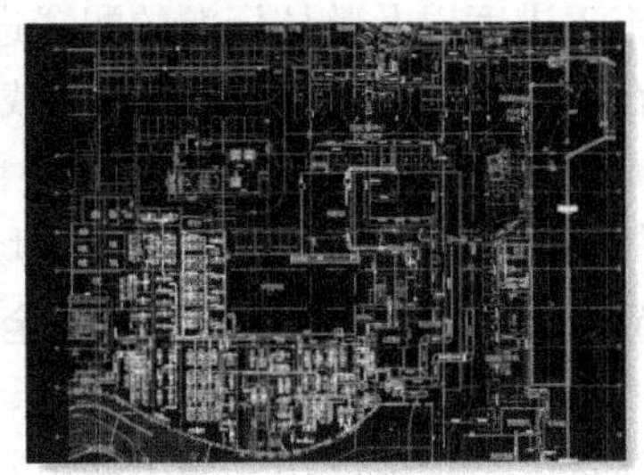

图 6　专业施工图

3.4　BIM 技术在机电预制加工的应用

由于本项目体量大，工期紧，故采用先进的全自动生产线进行本项目的管道工程、支吊架预制加工。海口市国际免税城是一个商业综合体专业众多的项目，要保证生产线出来的产品精准可行。

依据 BIM 模型分解图和材料表的数据信息，得到预制加工图及预制清单，按照质量标准并且依据 BIM 分解出来清单图纸预制构件，尤其各管件的尺寸与模型的族必须一致，否则出现累计误差影响现场施工。管道加工后，经初拼装（包括支管连接、主管配件连接等），分类进行堆放，通常一个防火分区作为一个运输单元，一次将该防火分区的支架、主管、支管进行吊装运输至现场进行安装。

3.5　BIM 技术在施工进度管理中的应用

由于海口市国际免税城项目各项工序施工穿插进行，施工班组较多，工期紧张，施工进度管理是项目管理的一项重要内容。通过 BIM 技术获取出相关分部分项的工程量，结合工程量进行工作任务的分解，制定项目的施工进度计划（图 7）。根据进度计划，进行模拟分析，展示出直观、真实、动态的 4D 模型（图 8）。在施工项目进度管理运用基本的四维模型，主要实现的就是基本功能的发挥和落实，保证对基本

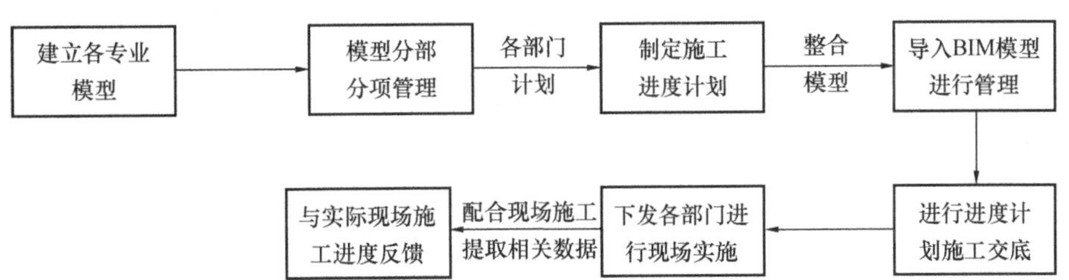

图 7　施工进度管理流程图

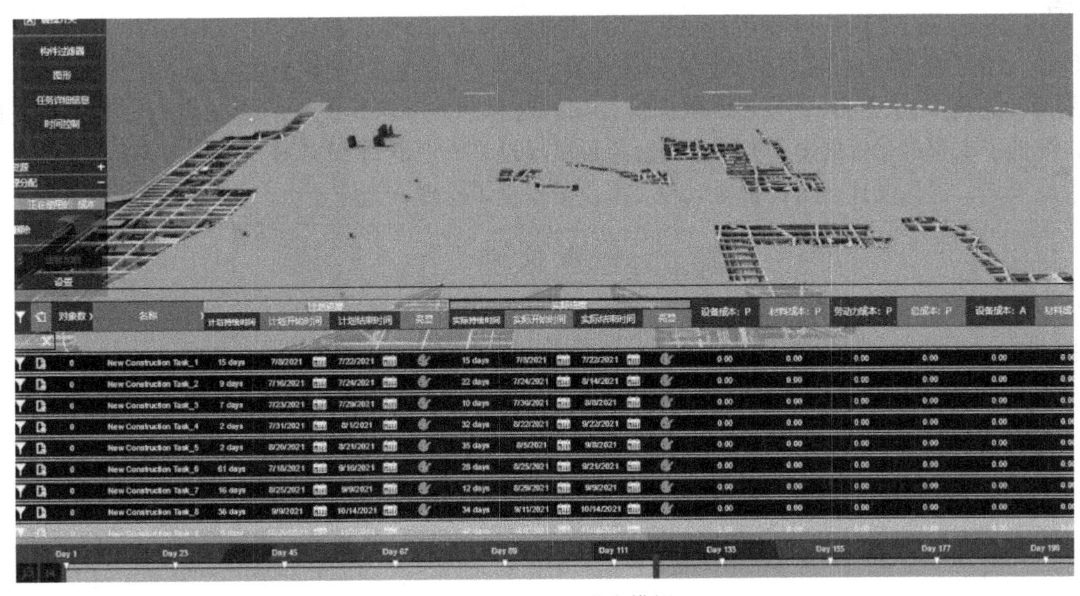

图 8　BIM 施工进度模拟

的施工进度以及整体资源的配置进行优化的配置和优化，能实现最优化的4D模型呈现。相关施工人员可以在动态模型中对整体的项目规划和设计进行有效整改，促进对比模型的建立，并制定出最佳的设计和实施方案。在施工项目进度管理中，运用基本的BIM技术，就是建立更加健全的信息生成模型，以促进整体信息关联度的提升，提高现场施工管理的水平。

3.6 BIM技术在施工质量与安全中的应用

为了减少施工过程中的事故，安全的管理在现场的施工过程中至关重要，由于海口市国际免税城项目体量大，劳务队伍、施工班组数量较多，并且工人的素质修养不统一，施工现场的安全防护以及工程的质量管理要求需逐一加强。传统的管理办法不能够精确地报告出实时现场施工质量与安全的情况。

通过BIM进行质量与安全管理，其重点是数据信息的管理平台。依靠着管理平台进行质量安全管理，采集现场数据信息，建立起质量缺陷、安全风险、文明施工等数据资料，形成可追溯记录（图9）。

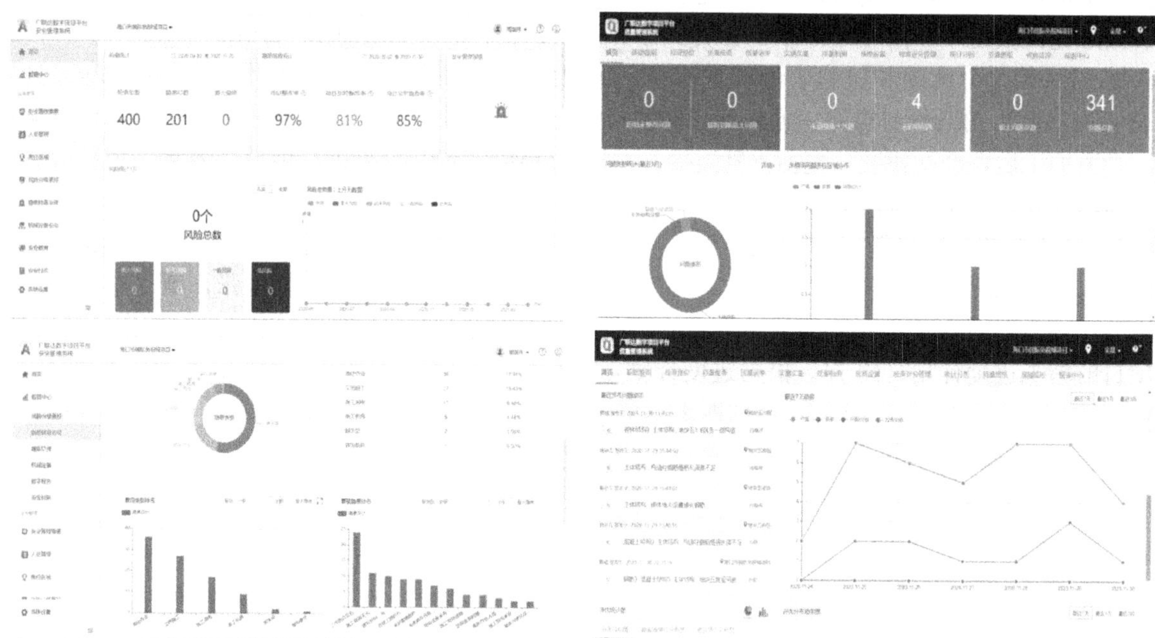

图9　信息管理平台

4 结语

在我国，BIM技术在建筑工程行业中不断发展。BIM技术在工程项目的建设应用中也越来越广泛。BIM技术的动态化发展、可视化发展、数据信息化的发展增强了建设工程的创新能力，加快了工程的建设进度，降低了工程的建设成本。海口市国际免税城项目将大力推动BIM技术，通过BIM技术融入施工部署、进度策划、深化设计、工程量提取和工程质量安全等管理，为施工生产提供有效支持。

参考文献

[1] 周冀伟，费洋洋，李平，等．BIM技术助推施工管理在杭州大悦城项目的应用[J]．施工技术，2019(S1).

[2] 王娟，陈珂琦．基于BIM技术的建筑施工管理应用[J]．建筑发展，2018，002(001)：41-42.

[3] 田伯虎．BIM技术在建筑工程设计与施工阶段中的应用[J]．建筑工程技术与设计，2018(014)：1872.

[4] 余道洪，鲁万卿，陈国清，等．BIM技术在重庆仙桃数据谷项目机电安装工程中的综合应用[J]．施工技术，2018，47(S4)：984-986.

基于 BIM 的建筑运维大数据可视化方法研究与实践

欧金武，余芳强，许璟琳，高　尚

（上海建工四建集团有限公司，上海 201103）

【摘　要】基于 BIM 的建筑运维技术近年来得到越来越多的研究和关注，但目前的应用在运维大数据可视化展示、数据分析等方面缺乏有效推进。为了加强建筑信息模型和大数据技术的集成应用能力，采用大数据可视化技术处理海量异构数据后，在 BIM 的对应空间区域使用标签、分级着色、流线或热力图等方式展示大数据处理结果。成果在某大型三甲医院实际应用，有效提升了设备管理和人员管理水平。

【关键词】BIM；运维；大数据；集成；可视化

1　引言

近年来，国家不断发布政策推动 BIM（Building Information Modeling）技术在工程项目中的应用。借助政策红利，BIM 技术取得了长足发展，重大工程利用 BIM 的三维可视化能力和建筑信息集成能力指导设计和施工已成为常规手段。为了继续提高建筑业信息化水平、数据资源利用水平和信息服务能力，《2016—2020 年建筑业信息化发展纲要》明确指出要增强 BIM 与大数据等新兴技术的集成应用能力[1]。

研究表明，平均一栋建筑在整个生命周期内产生的数据达到了 10TB 的量级[2]，仅靠人工分析难以有效提取数据蕴含的价值。近年来，大数据技术被引进建筑领域用于挖掘建筑数据的价值；其中，大数据可视化是对大数据分析结果的展示方法，是大数据技术的主要研究方向之一。大数据可视化技术既发挥了计算机的强大数据处理能力，又能将人类具备的而计算机并不擅长的认知能力融入分析过程中。研究表明，当大数据以直观的图形形式展示在分析者面前时，分析者能快速获取有用信息并转化为知识及智慧[3]。

然而，大数据可视化技术多用于生成二维图表，这样的表现形式相较于 BIM 少了一个空间维度，导致许多带有三维空间信息的数据在二维图表中不能有很好的展现效果。目前，仅有少量文献[4-5]将数据分析结果依托 BIM 做了可视化展示，针对目前市场的大量需求，需要研究如何将数据的三维空间信息利用起来并发挥其价值。

2　建筑运维大数据可视化技术架构

图 1 所示为本研究提出的基于 BIM 的大数据可视化系统的系统架构图。其包括展现层、应用层、服务层和数据层。该架构支持在不同的服务中展示基于 BIM 的大数据可视化信息。

（1）数据层：工程业务数据库。存储 BIM 信息、工程资料、建筑设施设备监测数据、工单数据等信息。其中，BIM 信息库包含建筑的空间信息和类型信息，以树形结构的形式进行存储。动态数据和静态数据根据其自身属性关联到空间和类型的不同节点，实现建筑运维大数据的多层次融合效果，消除信息子系统的信息孤岛效应。

（2）服务层：用于 BIM 和建筑大数据的处理。BIM 模型原始文件由建筑施工方提供，经过数据提取、构件分类、房间体块划分、机电设备关系识别、模型集成等步骤的处理，形成标准模型用于后续使

【基金项目】上海市科技计划项目（20dz1202005），上海市工业互联网创新发展专项（2019-GYHLW-01002）

【作者简介】欧金武（1997—），男，助理工程师。主要研究 BIM 平台开发、大数据可视化技术。E-mail：ibuildingshanghai@163.com

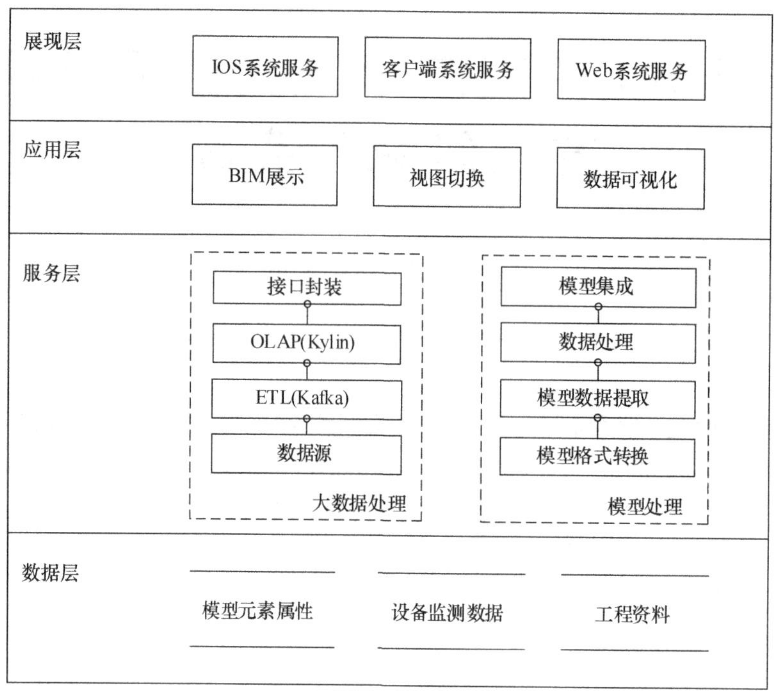

图1　系统架构图

用。大数据处理采用Kappa架构，多源异构数据由Kafka系统进行处理后，通过Kylin引擎将其转化为标准结构数据存储于数据仓库。基于.NetCore架构封装的接口从数据仓库查询数据，运行业务逻辑对数据进行处理向应用层提供处理结果。

（3）应用层：实现BIM展示、视图切换以及数据可视化功能。模型展示分为高质量的Unity模式和对设备性能要求较低的模型轻量化模式，都具备视图切换和数据可视化功能。由于服务层使用了OLAP（Online Analytical Processing，联机分析处理）技术，数据是多维模型多视角多层次的组织形式，根据这一特性，建筑运维数据能够灵活配置数据处理方式，可从时间、空间、类型等维度进行钻取、上卷、切片、切块或旋转操作获取计算结果；再采用不同的可视化形式进行展示，用户能以多个角度多个层面去发现数据的不同特性，更加接近人类看待事物的方式。

（4）展现层：包括IOS系统、客户端系统和Web系统服务。实现了在不同介质上以不同的方式处理、显示模型；实现了在不同操作习惯中的适配。

3　可视化技术研究与实践

3.1　建筑工单数据可视化

依托BIM对维修维保工单数据进行展示，能够提升工单响应速度、工单处理质量和应急决策效率。以实际应用为例：

工作人员通过手机微信报修或设备内置传感器监测到异常数据时，设备状态会被设置为异常，并在BIM模型中被红色标记突出展示，如图2所示。后勤服务中心接收到消息后在模型中可根据红色图标快速定位状态异常的设备，查看其BA监测数据，并根据模型中的绿色流线找到上下游设备，综合分析问题影响半径后制定解决方案，确定维修小组成员，准备维修所需工具、材料，减少维修班组多次往返的时间。在维修人员前往现场的过程中，移动端轻量化模型可用于设备定位。技工依据模型可在大型综合建筑中轻易找到设备的具体位置，避免隐蔽位置的设备始终难以找到的情况出现。在维修过程中，设备的精细化模型结合监测数据可视化的展示方式能让维修人员快速掌握设备内部结构，和各部件当前的健康状况，快速确定维修目标，如图3所示。还能在设备关联文件列表中，找到安装指南、维修指导手册等文件，辅助其维修工作的进行，提高工单处理质量和设备使用寿命。

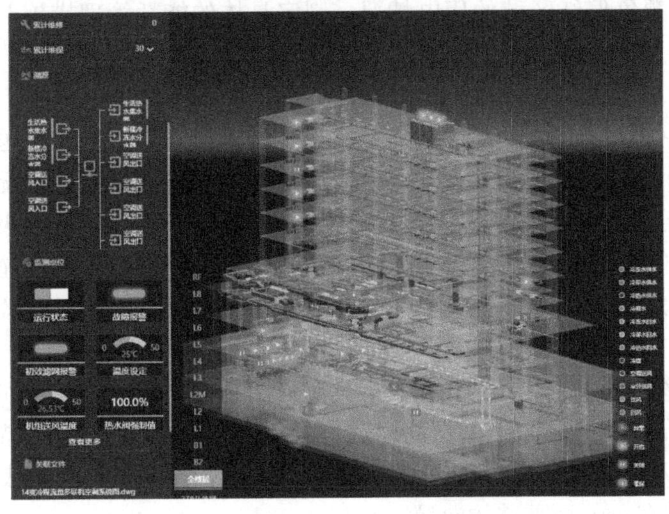

图 2　设备状态和上下游关系三维展示

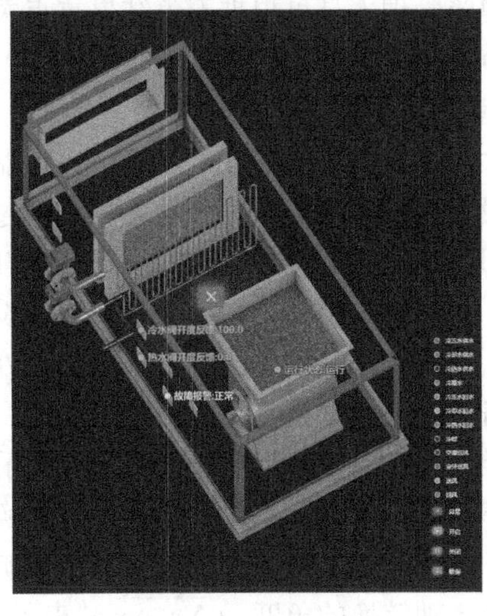

图 3　设备精细模型

3.2　能耗数据可视化

某大型三甲医院借助大数据技术对其能耗数据进行处理后利用二维图表对回路用电数据进行展示，如图 4 所示。该图表能直观显示能耗用量最高的回路的名称和用电量。然而一条回路至少由几十个房间和上百台设备组成，仅凭回路名称和用电总量，用户无法获知用能的空间分布情况。而将回路与构件的关联关系利用起来后，在 BIM 中进行可视化渲染的效果如图 5、图 6 所示。实现步骤如下：

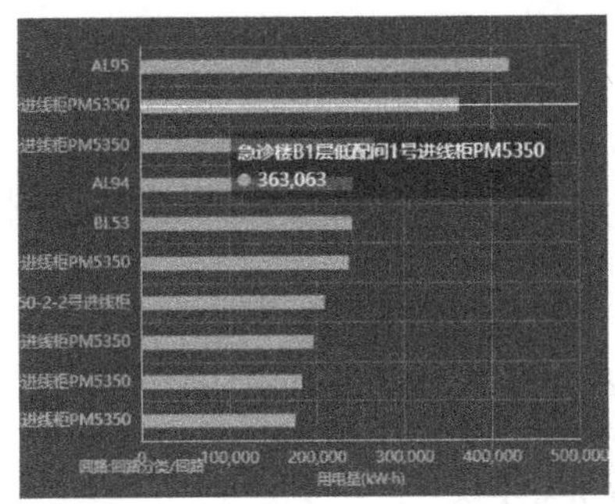

图 4　回路用能二维柱状图

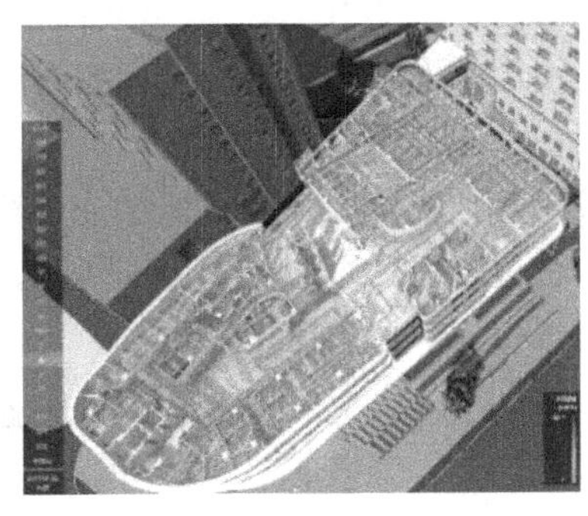

图 5　楼层各房间能耗展示效果图

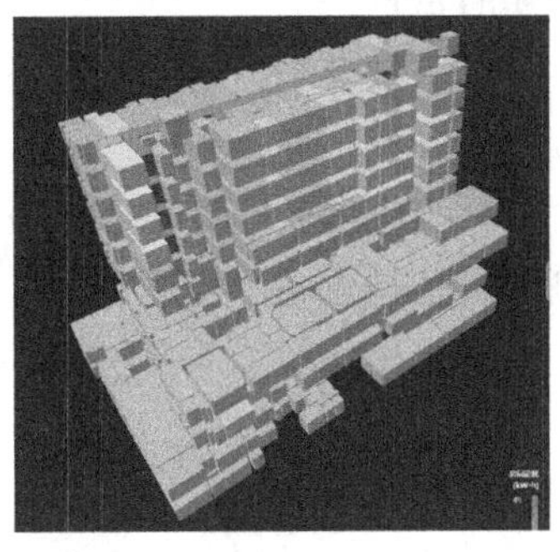

图 6　楼宇各房间能耗展示效果图

（1）数据关联：在数据准备阶段，采集回路静态数据，包括回路基本信息、回路与回路的组成关系、回路与设备的组成关系等。在服务层的模型处理流程中，提取设备信息、空间树形结构以及设备对应的空间节点；数据处理流程中，采用 DB 轮询的方式从 MYSQL 数据库查询最新的回路能耗监测数据，在 ETL 阶段与回路静态数据相关联，OLAP 阶段将异构数据映射为结构化数据写入数据仓库。

（2）接口封装：使用 OLAP 查询接口获取数据仓库目标能耗数据集后，根据回路与设备，设备与房间的关联关系将能耗按比例分配于房间或设备构件，计算构件能耗着色结果。计算公式如公式（1）、（2），其中 u 表示各构件能耗最大值；p_k 表示第 k 个构件的能耗比例系数，根据现场的用电情况进行设置；V 表示回路用能总量；e_k 表示第 k 个构件的颜色矩阵；$[R \quad G \quad B]$ 代表颜色常量矩阵，表示能耗 u 对应的颜色 RGB 值。

$$u = \max\{p_k V\}_{k=1}^{n} \tag{1}$$

$$e_k = \frac{1}{u} p_k V [R \quad G \quad B] \tag{2}$$

（3）可视化效果实现：根据接口返回的构件着色数据集合，配置视觉映射组件并设置各构件的颜色，利用自主研发的可视化渲染程序重新渲染模型构件，形成最终的展示效果。

根据用户使用反馈，此种可视化方法能够让用户快速知晓耗能最高的空间区域和用能设备的所处位置。建筑管理人员可根据着色结果重点关注颜色偏红区域的用电情况，制定具体的能耗管理措施，助力建筑节能的推进。

3.3 资产定位数据可视化

大型三甲医院内存在大量高精尖仪器设备，由于存在设备调整、购买、报废、借入借出、赠送等情况，设备的位置和数量处于动态变化的过程。人工盘点不仅费时费力，还容易出现盘点错漏的情况。采用 RFID（射频识别技术）采集资产的实时定位数据，利用 BIM＋大数据可视化技术，可实现亚秒级一键盘点，盘点结果更精确，还可实现资产设备的定位与追踪管理，实时掌握所有固定和移动设备当前所处位置，提高管理和调度的效率。特别是在紧急救援任务发生时，提高呼吸机、除颤仪、麻醉机等救生医疗设备的调度效率尤为重要。

类似资产定位数据这样需要重点展示三维坐标的数据和 BIM 模型具有天然的适配性。坐标之间的转换能够通过三维坐标系的平移和旋转变换来解决。由于资产的层高固定，因此三维坐标中的 z 轴保持方向不变，进行欧拉角变换时，不涉及 x 轴旋转和 y 轴旋转，可得三维坐标系转换的简化公式如下，θ 表示坐标系统绕 z 轴转换的角度，（$\overrightarrow{\Delta x}, \overrightarrow{\Delta y}$）表示 z 轴在 oxy 面平移的向量：

$$\begin{bmatrix} x' \\ y' \\ z' \end{bmatrix} = \begin{bmatrix} \cos\theta & -\sin\theta & 0 \\ \sin\theta & \cos\theta & 0 \\ 0 & 0 & 1 \end{bmatrix} \begin{bmatrix} x \\ y \\ z \end{bmatrix} + \begin{vmatrix} \Delta x \\ \Delta y \\ 0 \end{vmatrix} \tag{3}$$

除了转换坐标，服务层和应用层提供的功能有且不限于：

（1）从数据仓库获取每个设备的最新坐标，将转换结果返回给前端便能绘制出所有设备的当前位置，实现实时盘点。

（2）获取某个设备的历史坐标，按照密度进行绘制，生成如图 7 所示的轨迹热力图，方便判断设备出现频率较高的区域。

（3）等间隔获取设备历史坐标按时间顺序使用矢量线段相连，绘制出如图 8 所示的设备历史轨迹图，可判断设备是否超出使用范围，设备行进路线是否需要优化等问题。

图 7　设备轨迹热力图展示方式

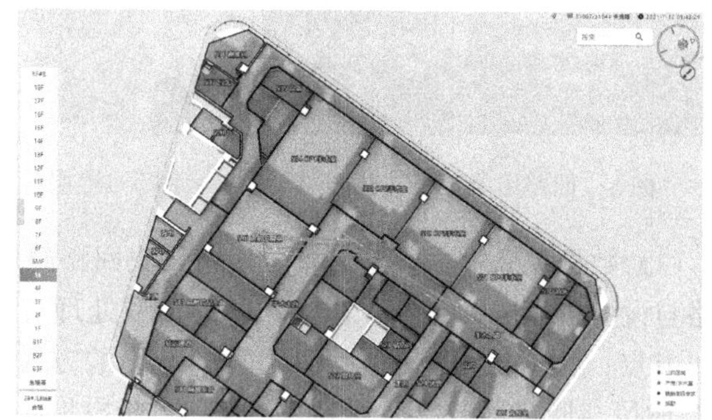

图 8　设备历史轨迹二维曲线展示方式

应用表明，资产定位数据结合 BIM 的可视化展现形式能够帮助院方快速查找设备、合理分配设备资源、优化资源调度路线。有效提高资产管理能力和设备的使用效率。

4 总结

以 BIM 作为载体的大数据可视化形式能将数据的空间特性利用起来，根据业务需求不同，还可对不同维度的数据采用不同形态进行展示，帮助使用人员快速获取目标信息。在研究深度方面，除了上述的能耗分布和资产定位的应用场景，该技术还可用于耗水量展示、设备监测数据可视化、人员密度监测、建筑荷载、建筑防火分区、人员历史轨迹查询等场景，以期在实践中不断优化，提高 BIM＋大数据可视化的集成应用能力。在研究广度方面，未来仍需在此基础上不断加大与智能化、移动通讯、云计算、物联网等信息技术的集成研究程度，结合实际应用需求提供快速数据接入、数据映射、数据分析等功能，以支撑工业互联网下的新兴业态和应用模式，为推动工业转型升级和提质增效做出贡献。

参考文献

[1] 中华人民共和国住房和城乡建设部．2016—2020年建筑业信息化发展纲要[EB/OL].（2016-08-09）[2021-07-02]. http：//www. mohurd. gov. cn/wjfb/201609/t20160918 _ 228929. html.

[2] 熊国华．大数据视域下基于BIM的数据存储框架研究[J]. 电脑知识与技术：学术版，16(18)：2.

[3] 任磊，杜一，马帅，等．大数据可视分析综述[J]. 软件学报，2014(009)：1909-1936.

[4] 许璟琳，彭阳，余芳强．基于k-means聚类和离群点检测算法的医院建筑节能诊断方法[J]. 计算机应用，2021，41(S1)：288-292.

[5] 许璟琳，余芳强，高尚，等．建造运维一体化BIM应用方法研究——以上海市东方医院改扩建工程为例[J]. 土木建筑工程信息技术，2020，12(04)：124-128.

BIM技术在我国道路工程中应用现状

葛红景　何　江

（广西大学土木建筑工程学院，广西 南宁 53000）

【摘　要】近年来BIM技术在建筑与土木工程领域的成功运用，彰显了其强大的生命力。与此相关的文献发表数量也在持续增长，但目前BIM技术在我国道路工程中研究与应用仍处在初级阶段。为此文章基于广泛的文献调研，从应用层面对当前我国道路工程中规划、设计、施工、运维四个阶段BIM技术的应用现状进行相关案例的介绍和研究现状阐述。在总结现状的基础上，找到了当今BIM技术在道路工程应用的瓶颈，如：软件平台兼容度不高、掌握BIM技术人员不足、相关法律法规体系不完善等，同时展望了BIM技术在我国道路工程中的发展方向。

【关键词】道路工程；BIM技术；应用现状；BIM技术发展

1　引言

伴随着第三次工业革命的到来，以电子计算机为核心的产业如雨后春笋一般迅速萌发。作为建筑行业新兴的BIM技术，更是在计算机技术的支撑下发挥了极其强大的功能。但是，BIM是信息的核心，目前呈现出来的3D模型只是信息的一种表达方式，如今该技术已应用于建筑、桥梁等行业，但在道路工程中应用相对较少。

虽然当前国内有不少学者致力于将BIM技术融入道路工程建设当中，并取得了一定的成效，但这些更多关注的是设计或是施工等单一阶段和两者衔接阶段，而道路工程后期运维管理阶段仅做了简单概括，所以仍缺乏对该工程有着较为完整的审查。基于此，本文通过对BIM技术在道路工程各个阶段应用的现状分析，找到目前BIM技术在道路工程应用中可能存在的瓶颈，从而为推动BIM技术在道路工程的应用提供理论指导。

2　BIM技术在道路工程各阶段的应用状况

2.1　规划阶段

道路工程的前期规划当中，以BIM+GIS基于地图点云的规划模式是当今发展的主流，常用的技术方法有矢量驱动建模技术和实景影像与BIM融合的空间工程规划技术。GIS有着强大的空间地理信息分析功能，与BIM进行精确化的专业建模，解决了以往道路规划选线时设计人员常常难以考虑到工程与自然地理条件相结合的因素，这有利于工程项目后期的合理决策。嘉松公路新建工程项目[1]在前期规划时采用无人机倾斜摄影技术得到精确的地理图形，并通过Bentley Context Capture软件对拍摄得到的数据进行处理，生成相关的GIS模型，此后把模型导入Revit软件里，可实现将道路红线、河道蓝线等有关实施线共同整合到一张信息图上的功能。当所有的规划信息集合于一个信息模型时，有关单位便可快速进行方案对比，从而进行高效决策。

虽然BIM+GIS模式在我国已成功运用在一些工程项目，但与国外相比，我国仍处于初级阶段。运用BIM+GIS时，需要提前录入GIS信息至BIM软件之后，方可进行有关设计，尚不能达到实时数据处理传递，这极有可能导致有关模型信息传递失真，或数据传递不兼容的问题。除此之外，有关Revit软件

【作者简介】葛红景（1998—），女，硕士。主要研究方向为道路交通规划设计、BIM技术的应用。E-mail：625799181@qq.com

中出现的问题，只能在 Revit 软件里进行修改，这就会使得规划设计时步骤相对烦琐和费时。因此，BIM＋技术仍然有很大的提升空间供我国 BIM 工程师们进行探索研究。

2.2 设计阶段

目前常用的道路设计 BIM 软件有 Powercivil，它是基于二维 CAD 从道路提取等高线和高程点，通过控制三角网最大长度达到精细化建模[2]。此外还有 Autodesk Infraworks，用以解决坡度、坡向等多种竖向设计分析问题。在上海市闵行紫竹半岛道路工程设计[3]阶段当中，通过 C3D 自定义方式自动创建道路横断面模型，并运用 AIW 中道路放坡模式，对需要放坡的路段进行自动放坡，并且后期仍可自行设定坡度及其他参数；同时在需要设置跨线桥部分将道路拆分，并在样式中加入跨线桥横断面及地面辅道样式，最后进行跨线桥纵断面调整，即可直观形象地展示道路与桥梁关系，为后期的土石方等工程量的计算提供了精确的地面模型。

由此可见，BIM 技术在道路设计建模方面已经得到实现，但仍有很多提升的空间：如模型精细化程度不高，虽然三维模型得以成功建立，但是很多设计细节难以得到数据化的体现，只能呈现取点成线的设计方法；且各设计平台协同合作欠佳，即使当前国内有不少学者致力于研究 C3D 与 AIW 道路设计时协同合作平台，但是只有这两种软件协同合作是远远不够的，还需打造一个多软件信息共享的大数据协同合作平台。

2.3 施工阶段

2.3.1 设计环节的交付

工程项目经规划设计之后便到多方会审的阶段，施工单位可以借助设计模型进行施工前的施工模拟，从而找到施工当中可能遇到的问题，进而进行施工资源合理优化。但是目前由于施工方面 BIM 技术的缺失，设计阶段的 3D 模型在施工阶段并不能得以有效运用，还需施工单位另行建模。此外由于道路工程多成线性分布，空间抽象程度较高，所以即使出现了像 Bentley 公司的 LumenRT 基础设施模拟软件，但模拟效果不佳，且此软件与其他平台兼容度不高，因此 BIM 技术在施工模拟有着很大的开发空间。

2.3.2 施工进度控制

传统施工进度常以横道图、单或者双记号网络计划图来编制施工进度计划，这些施工编制计划由于只能表示简单的逻辑关系，因此在一定程度上导致施工进度主体获得信息量较少，处理效率相对低，对整体的施工进度有着不小的影响。在安徽省某二级公路[5]施工项目当中，通过把 WBS 结构图导入 Project 软件中，按照施工进度计划相关文件编制施工进度计划；并基于 BIM 3D 模型与 Project 软件下编制的施工进度计划共同导入 Navisworks 软件中，同时 Timeliner 软件下进一步附加有关该工程项目施工的信息，形成基于 BIM 4D 模型。这在一定程度上摆脱传统施工图纸的束缚，保证了施工信息传递的时效性和完整性。施工单位还可借此平台对整个工程项目施工进行实时的监控和管理，并且每个施工阶段的信息都可以及时储存在平台当中，给予施工各方一个快速沟通的渠道，实现了围绕一个信息模型全体展开工作，信息高度一体化。但就目前我国施工协作平台来说研发较少，虽然已经出现运用 C＋语言对 Revit API 进行二次开发，可各个软件之间的接口较少，仍然会出现不相容的情况，所以探寻全方位的协同合作平台仍是未来道路 BIM 发展的必然趋势。

2.3.3 施工成本管控

在 BIM 4D 模型基础上融入项目成本，从而形成施工管理当中工程造价管理的 BIM 5D 模型，又使得 BIM 技术进入一个新的维度，常用的 5D 造价软件有鲁班系统、Innovaga、Solibri。BIM 5D 造价管理模型已经成功运用在建筑行业，造价师可对工程量进行精细对比计算，从而对物资成本合理调配，在一定基础上减少废弃工程的出现，并有效地降低工程成本。但是对于道路工程的领域成熟的案例少之又少，运用不如建筑工程行业相对成熟，所以仍需开发一款适合于道路工程的造价管理软件。

2.4 运维阶段

由于道路工程建设项目复杂，通常情况下与地质等附属工程相牵绊，传统的运营模式存在项目周期内联系不强、项目参与方团队利益冲突大及各阶段专业化冲突等问题导致工程信息传递效率低下，直接影响到后期工程项目管理，因此道路工程的运营和维护是一个漫长的过程。虽然当前我国自主研发的鲁班工程基础数据分析系统（LuBan PDS）也是一个基于BIM技术的工程大数据平台，并且在某高速公路沥青混凝土路面[6]项目当中，实现了基于鲁班平台通过mslink与entry number链接，使用Microsoft Access建立BIM数据库，再通过OLEDB和VB编程相结合的方法，做到道路有关信息的合成，从而对道路路面的养护达到了PC端信息化的处理。但是这样的尝试是远远不够的，目前来说平台的实时数据传递、各软件兼容等问题仍旧是阻挠BIM协同合作平台研究的因素，此外仅仅停留在PC端操作尚未研发普及到手机APP，使得整个运维系统的便捷性没有得到较大体现。

3　BIM技术在道路工程发展中的前景及挑战

3.1　BIM在道路工程发展中的前景

3.1.1　BLR模型提出

BLR模型全称是BIM-LCA-ROAD，它是道路工程项目在规划设计时基于3D可视化模型，通过C3D附加程序来实现道路的BIM深化设计。Sweco等人[8]借助C#语言，对C3D进行二次开发，将此模型成功运用于挪威某公路项目当中，做到在Web端提前了解该工程施工时可能会产生的影响环境的因素。但是由于通常数据交流时的缺失、软件之间接口差的原因，BLR模型在运用时范围十分有限，所以还需业界学者不断努力，通过更多的尝试丰富建造过程和运输材料时的排放因子，以此扩展模型，提高模型的鲁棒性。

3.1.2　CDE的产生

CDE即Common Date Environment。由于工程项目实施时数据繁多且人物复杂，通常情况下数据是非结构化的、混乱的、不协调的，并且信息常常处于孤岛上。基于此背景，一个通用的信息环境是目前BIM行业迫切需求的。2013年英国明确了有关BIM在交通设施运用时的关于数据交换的协议[9]，Jan[9]等人运用捷克某公路项目对此协议进行了阐述，但是因为各个国家国情不同，CDE的发展范围仍很受限。因此，各国应正确定义CDE，让CDE适应本国的发展，使它成为一个有弹性的大数据环境，与此同时还要保证CDE信息交互下的信息安全。

3.1.3　BIM与IoT、ITS的集成

（1）BIM与IoT的集成

当前以物联网（IoT）技术为核心的射频识别、无线传感器等人工智能的信息交互是发展的主流[10]。BIM技术与物联网的集成在建筑行业已处于起步阶段，但是在交通设施行业几乎难寻踪迹。由于道路工程作为线性工程的特点，其信息大部分都是孤立且静态的，因此未来可以基于联网技术通过传感器在不同操作阶段获得的实时信息来进行Web端的传递，从而用于生命周期评估的有用数据。但是数据是从多个传感器的时间序列流中收集的，所以很大程度要使用手动接口或连接系统，总而言之，集成仍然需要更多的研究和应用。

（2）BIM与ITS的集成

ITS又称智能交通系统，作为一项道路工程，其最终目的是供车辆或行人使用。目前在交通行业运用先进的科学技术加强车辆、道路和使用者的三者联系是未来大势所趋。虽然在我国出现了如常丽君等人[11]使用BIM和VISSIM对交通交叉口交通组织进行设计优化，但是这只停留在初级应用层面，并未做到两个软件的开发集成。若能与智能交通系统相结合，打造BIM模型与交通信息同一协作平台，实现车辆通信和实时传递数据以及分析城市道路车流等功能，势必会推动智慧城市的发展。

3.2　BIM在道路工程发展中的挑战

3.2.1　技术挑战

BIM在道路工程发展中的技术挑战，可分为技术层面上的挑战和技术人员的挑战。在技术层面上当前虽然有很多成熟的BIM软件，但是这些软件大多只停留在工程的一个或者两个阶段，缺少互操性和信息共享技术。如果不能有效地解决此问题，那么BIM软件在道路工程中的发展将会十分受限。此外，在

我国熟练掌握BIM软件的道路工程师不多，要想大力发展BIM技术在道路工程中的应用，必须培养一批强有力的道路BIM工程师，为我国道路BIM发展奠基。

3.2.2　法律挑战

无论是建筑工程项目还是土建工程项目，通常都是在有关政府的政策下实施建造的，所以各阶段数据传输保密问题及交付物签名等与工程项目利益相关的问题，倘若没有法律的支撑，那么就会失去强大的保护伞。目前英美等国家已经出台了交通基础设施中BIM相关的法律框架，定义了模型所有权、风险分配等问题，所以我国也应该积极制定相关法律法规，并明确创建和使用数据所有方的义务和权力，这是未来道路BIM发展中必不可少的一部分。

3.2.3　政策挑战

自交通运输部提出大力发展BIM技术在交通工程中的应用的口号之后，国内不少专家学者都积极投身于BIM技术的研究当中，其中，BIM技术在地下轨道工程和桥梁工程方面已经得到了成熟的运用，如厦门地铁[12]和长江公路大桥北锚碇施工[13]等案例，都是BIM技术在交通工程方面的突破。较轨道、桥梁工程相比BIM技术在道路工程发展迟缓，所以国家应制定相关政策，大力发展BIM技术在道路工程中的应用。

综上可见，一项技术在某个行业中要想发展，必然是既有挑战又有期望。正是因为有期望所以未来才充满了挑战。实现Open BIM的目标：基于一个统一具有弹性的标准，打造多软件协同工作平台是未来必须实现的。当前协同平台生态链基本形成，横向设备打通，纵向数据交汇，只有这样才能真正让协同落实，这仍需学术界和业界付出更多的努力去定义有关标准的数据，以改善不同利益下各软件之间的互操性，从而丰富BIM这一信息模型库。

4　结语与展望

总结BIM技术在道路工程各个阶段的应用可以发现，目前国内BIM技术在道路工程领域的应用主流是通过C3D及AIW两个软件进行规划设计阶段的初始建模，并借助Navisworks软件进行施工前的碰撞检查，在WBS任务分解器下与Timeliner进行施工进度的宏观调控，最后通过相关的二次开发的平台对工程进行后期的运营和管理。虽然在这条主线上得到了不少成功案例的运用，但也存在不少问题，如道路建模时出现三角网构造异常[14]、立交建模路线软件支持力度不够[15]；建造施工时模型的交互不畅、施工进度不能实时同步；缺少系统化的管理运维数据平台，等等。在这些问题的出现下，我国自主研发的鲁班BIM便是一个有效的解决方案。九绵高速工程项目中[16]初期利用C3D进行路线设计建模，利用Dynamo强大的参数化功能与Revit进行数据交互，进而快速准确地绘制出道路3D模型；借助Lubantrans Revit转化格式成鲁班BIM所需的格式，从而在Luban PDS数据平台下可以实现质量、安全、成本等全方位信息化的管理。此外，iBan智能手机APP端还可给施工管理人员提供实时监控的便利，实现了管理从Web端到APP端的技术突破。即使鲁班BIM的出现给道路BIM全生命周期信息化提供了新的思路，但较为核心的建模部分依旧还要依托于Autodesk公司的相关建模软件，缺少适合我国国情的本土化建模软件，因此这还需我国BIM软件工程开发师们继续努力去填补此空白。

在我国交通运输业飞速发展的背景下，引入BIM技术提高项目工程信息化水平是未来大势所趋。纵观BIM技术在我国道路工程发展中的应用现状可知，无论是在前期规划设计阶段还是施工和运维管理阶段，都出现了BIM技术的身影，它实现了规划设计时模型可视化、项目施工资源高效化、运维管理时信息透明化的目标，但这些目标是远远不够的，未来我们更应该努力探寻生命周期的协同合作平台，把BIM技术贯穿到整个项目的生命周期当中。把BIM技术结合我国道路发展实情，打造本土化的Road BIM软件，走出一条中国的道路BIM之路，推动道路工程行业信息化变革，这就是中国未来道路BIM的方向。

参考文献

[1]　李昊平．信息化技术在市政道路前期规划中的研究[J]. 城市道桥与防洪，2020（05）：31-34，10-11.

[2] 林睿颖，金珊珊 . BIM 技术在道路工程中的应用[J]. 交通世界，2019(16)：7-9.

[3] 郑莹清 . 复杂竖向环境下的道路交通规划 BIM 技术应用[J]. 交通与运输，2020，33(S1)：193-196.

[4] 漆亮，邹云 . BIM+VR 技术在道路设计中的实现方法及应用[J]. 公路交通技术，2019，35(04)：8-13.

[5] 孙梦梦 . BIM 技术在道路工程施工阶段进度管理中的研究与应用[D]. 郑州：华北水利水电大学，2019.

[6] 高旭 . 基于 BIM 技术的路面预防性养护决策方法研究[D]. 西安：长安大学，2019.

[7] DING LY , ZHOU Y , LUO H B , et al. Using nD technology to develop an integrated construction management system for city rail transit construction[J]. Automation in Construction，2011，21 ：64-73.

[8] SLOBODCHIKOV R，BAKKE K L，SVENNEVIG P R，et al. Implementing climate impacts in road infrastructure in the design phase by combining BIM with LCA[J]. IOP Conference Series：Earth and Environmental Science，2019，323 (1) ：012089.

[9] JAN R，JIRI K. Benefits of Implementation of Common Data Environment (CDE) into Construction Projects[J]. IOP Conference Series：Materials Science and Engineering，2019，471(2).

[10] APL A，OM B，NPL A，et al. Opportunities in airport pavement management：Integration of BIM，the IoT and DLT [J]. Journal of Air Transport Management，2021，90.

[11] 常丽君，张梓煜，孙佳斌 . 基于 BIM 和 VISSIM 的信号交叉口交通组织优化设计研究[J]. 科技资讯，2020，18(29)：26-27，30.

[12] 张晖 . BIM 技术在棋盘洲长江公路大桥北锚碇施工中的应用[J]. 世界桥梁，2021，49(01)：89-94.

[13] 许黎明 . 地铁建设“厦门模式”下的 BIM 精细化管理创新及系统研发技术研究[R]. 厦门轨道交通集团有限公司，2019.

[14] 李强，龚翼，陈伟 . Autodesk Civil 3D 在精确地形建模中应用的几点体会[J]. 水利规划与设计，2008(01)：51-53.

[15] 张波 . AutoCAD Civil 3D 与 AutoCAD Infraworks 360 协同设计在 3D 模型方案中的应用[J]. 中国市政工程，2015 (06)：58-60.

[16] 裴非飞 . 基于 BIM 的高速公路全生命周期信息化管理平台建设研究[D]. 西安：长安大学，2017.

关于CIM及其核心技术的介绍

时东方，王凤娇

（青岛理工大学，山东 青岛 266520）

【摘　要】近年来，国家一直在大力支持新基建的建设，建筑行业整体也正朝着信息化、智能化的方向发展；同时，BIM、IoT、云计算、人工智能等新科技也不断地被应用到各处。本文主要研究由BIM、IoT、GIS三种技术共同集成出的CIM技术。首先解析了CIM技术的技术构成，并针对CIM所表示的含义进行了解读；然后阐述了三种核心技术分别在CIM平台中所起的作用以及在CIM平台中各技术彼此之间的关系。

【关键词】CIM；BIM；IoT；3DGIS

随着近年来建筑行业的转型升级，BIM、IoT、云计算等技术在建筑业中的使用已经越来越多，各类建筑软件层出不穷，施工现场也多了许多智能化的设备，种种迹象都在昭示着数字化、智慧化是建筑业未来的发展趋势，而当种种新技术都已运用到建筑行业一段时间之后，多种新技术的结合应用将会成为掀起建筑行业的下一个巨浪，CIM平台就将成为这样一道巨浪。

根据中华人民共和国住房和城乡建设部建市［2020］60号文批示[6]，未来我国要完成供给侧结构性改革，使建筑业更快地迈向数字化、工业化以及智能化，加大建筑领域中智慧建造的应用，使其贯穿建筑全生命周期，完善智慧建造系统，努力提高建筑施工的质量、安全、效益与品质，完成建筑行业的转型升级以及持续健康发展。

其中关于重点任务的批示：

(1) 加快建筑工业化升级；(2) 加强技术创新；(3) 提升信息化水平；(4) 创新行业监管与服务模式。

前三条任务分别提到了加大各类基础信息技术的创新与应用；加快建筑工业化与智慧城市的关键核心技术和基础共性技术的研发，发展各类新型核心技术；建立数字设计基础平台和集成体系。都在预示着BIM、物联网、数字孪生、大数据、智慧城市等技术是未来建筑行业转型升级的一大重要方向。而第四条任务中则更是明确指出了通过各种多源信息的融合，尝试构建CIM平台。所以如何更好地构建CIM平台，成为当下甚至未来建筑行业必须要面临的一大难题。

1　关于CIM的定义

近年来，国内外针对CIM的定义一直众说纷纭，2005年，Wang和Tanyer[1]先后提出了城市信息模型的概念。其认为CIM应将经济、社会、环境等因素与三维城市模型以及时间维度相结合，作为用于数据集成和互操作性的信息框架或基础设施。2007年，Khemlani提出City Information Modeling (CIM)的概念，其希望在城市规划中运用到类似BIM的技术，认为CIM是BIM在城市范围的应用。2012年，日本方面当时认为[13]，BIM对应建筑，而CIM对应楼宇之外的土木工程。2014年，Xu[7]等人提出通过集成BIM和GIS来建立CIM。

2015年，同济的吴志强院士将CIM的概念延伸为City Intelligent Model，他在原有CIM的基础上进一步提出了Intelligent的目标，其内涵在信息模型之上又强调了基于多维模型解决发展过程中的问题。

【作者简介】时东方（1999—），男，本科。主要研究方向为工程管理。E-mail：1090867085@qq.com

2016年，日本的莳苗耕司教授[13]认为CIM是建造信息化模型。2017年，耿丹[10]等将CIM的含义定义为数字化表达城市物理特征以及城市功能特征，认为CIM是一项需要多方一起协同维护的资源以及一个分享城市信息并辅助城市的各项决策的平台，并认为CIM平台的建设与GIS技术、BIM技术以及物联网（IoT）技术关系密切。2018年，包胜[16]等基于CIM技术与智慧城市的含义，发布了一项针对智慧城市管理平台的设计方案，其指出CIM应具有的三重含义，分别是模型含义、平台含义、行为含义。

2018年，张宏[14]等认为CIM主要由BIM、IIM、GIS-M等模型组成。2019年，赵杏英[15]等以Skyline平台、BentleyBIM平台、SuperMap平台为对象，对GIS技术与BIM技术的集成融合做了分析研究，提出解决BIM数据与GIS平台的嵌套问题是建设CIM平台的首要前提。2019年3月，CJJ/T 296—2019标准中认为，CIM要基于城市级的基础地理信息，融合通过BIM建立的各种三维数字模型，表达和管理城市历史、现状、未来的三维空间综合模型，从内涵上来理解，CIM既是模型，也是平台。

2020年，杨滔[8]等认为狭义的CIM既提供了“城市的神经系统或大脑”，又提供了数字化生存的操作系统和工具，广义的CIM就是数字孪生的城市；并指出了在规划设计、建设施工、管理运营三个阶段中CIM分别所发挥的作用。2020年，许镇[7]等认为随着学界对City Information Modeling技术的不断研发与拓展应用，CIM已经逐渐向City Intelligent Model发展，而且将迎来国家“新基建”战略这一重要发展机遇。2020年9月，《城市信息模型（CIM）基础平台技术导则》发布，在术语解释部分对CIM给出了“城市信息模型”和“城市信息模型基础平台”两种定义，将CIM区分为“模型”和“平台”两层含义。

2　关于CIM内涵的解读

针对CIM的定义，一直众说纷纭，不同文献间对于CIM的“称谓”也不一致，大致分为“CIM”和“CIM平台”两种。《城市信息模型（CIM）基础平台技术导则》对这一问题进行了明确，其指出“CIM”和“CIM平台”都是CIM的一部分含义，两者的区别在于定义的角度不同。

2.1　数字孪生城市信息模型

城市的概念牵涉基建、人口、土地等众多要素，“信息模型”的内涵主要是表达CIM对于多模型、大数据的汇聚、融合作用，并对城市实体进行精细化表达。

CIM模型从技术角度观察，其本质为BIM信息、3DGIS信息、IoT信息三方信息的有机融合。

CIM模型从模型角度观察，其主要在空间、时间、感知三个层面进行模型表达。

2.2　城市全生命周期管理平台

“全生命周期管理”的概念最早应用于企业管理。在其理论体系中，所管理的事物是成长的、动态的、有生命的，所以在事物发展的前期、中期、后期都要对事物采取一定的措施，使得事物能够协调高效地发展。

因此，所谓“城市全生命周期管理平台”就是把城市也看成是一个动态、具有生命的事物，在城市的设计、建设、管理等阶段都进行人为干预，多活动、多过程联动，改善城市治理的成效。

CIM平台首先有“信息管理平台”的职能，能够胜任信息的搜集、融合、处理、分配等工作。其次，CIM能够从多维度、多视角带领用户去体验，进行多场景下的定位、浏览与切换，极大地提高用户的感官体验。此时CIM的含义是城市信息基础平台，且可以进行“CIM+”的拓展应用，因此CIM平台是作为城市全生命周期管理基础平台的不二之选。

3　IoT、3DGIS与BIM技术在CIM平台中的作用

CIM平台由于其强大的功能需求，所以必须要借助BIM、IoT、3DGIS等核心技术以及他们的集成技术。IoT技术主要负责数据的采集，3DGIS与BIM则对应数据的存储与应用。

3.1　IoT技术在CIM平台中的作用

庞大的数据与信息是支撑CIM平台的基础，而IoT技术就是CIM平台获取信息与数据的主要渠道；

BIM和3DGIS则是对IoT所采集到的信息与数据进行存贮、分析与应用，所以整体来看，IoT技术是支撑整个CIM平台的根基。

物联网技术除了为CIM平台提供信息与数据之外，还为CIM平台智慧城市应用的建设做出了巨大贡献。物联网通过信息传感技术使各类基础设施智慧化，例如智慧出行、智慧给水排水、智慧园区等。

3.2　3DGIS技术在CIM平台中的作用

GIS是一个信息系统，主要负责处理空间信息和地理信息，GIS可以对二者进行采集、存贮、编辑、分析、管理、表达，其可以应用到城市规划、气象预测、生产管理、数据分析等各个方面。GIS在CIM平台中的作用大致分为两个，一个是担任数字城市模型，一个是城市数据信息承载平台。

从第一个作用的角度来说，CityGML是GIS的通用语言，其特点为：

(1) 使用绝对坐标系。

(2) 采用边界描述的表达方式。即描述物体时，其需要分别描述物体的每个平面。由于GIS只描述平面的信息，所以无法存储物体内部的具体信息。

(3) CityGML语言可以表达物体从LoD0到LoD4五级模型细节（图1）。通俗地讲，放大时，模型可以展示更多细节，缩小时，模型可以实现轻量化运行。此特点极大地满足了CIM平台对于庞大城市信息存储的要求，也确立了GIS在CIM平台中作为基本载体的地位。

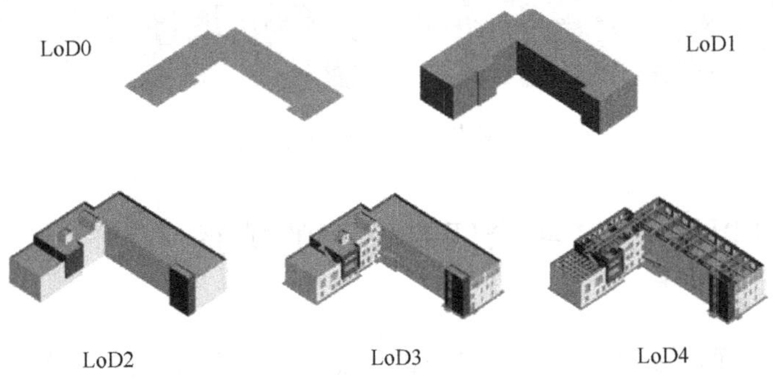

图1　LoD层级含义图示[16]

从第二个作用的角度来说，GIS信息分为几层：地形图、影像图、地下空间、电子地图等（图2）。其中GIS的地理模型由地形图等组成，第二信息层由电子地图等组成，并在CIM平台中得以应用。但仅仅依靠GIS提供的信息模型是不足的，实体城市里，地理空间必须依靠过渡层才能架构信息层，这里就需要BIM技术的参与了。

3.3　BIM技术在CIM平台中的作用

针对BIM的定义大致分为两种，一种是指建筑数字模型，另一种则是指运用数字模型进行建筑全生命周期管理。CIM平台中BIM技术的作用也可以从这两个角度分别来说明：

图2　GIS信息分层图示[16]

(1) 建筑数字模型视角，BIM软件所应用的语义模型是IFC标准，IFC的表达形式有三类：构造实体、边界几何、扫描体。IFC可以储存建筑及其构配件的各类信息，例如修改记录、所有权人、所用造价、开工时间、竣工时间等。IFC在文件的共享与转换方面展现出了它独特的优势：①IFC是几乎所有BIM类软件的公开的文件格式，所有IFC具有较好的兼容性。②当需要长期存储信息或者各种软件协同工作进行信息交换时，如果交换双方不能使用自身的专用数据模型进行交换，IFC就是它们可以选择的方式之一；如果要交换多个软件，则只能选择IFC格式。

（2）建筑全生命周期管理视角，BIM 可以对于 GIS 无法描述的构筑物内部信息做一个很好的补充描述。多数企业在对于建筑的规划设计时就运用 BIM 进行建模，其本质也是 CIM 的建模，可以说 BIM 就是 CIM 的一部分。只要将 GIS 的地理环境信息与 BIM 的 3D 建筑内部信息相互集成，就可以使得 3DBIM 建筑模型处于 GIS 地理环境信息模型之中，然后集成到 CIM 之中，如图 3 所示。

图 3　BIM 与 GIS 模型融合图示[16]

4　BIM、IoT、GIS 以及 CIM 平台四者之间的关系

4.1　BIM 与 GIS 的关系

BIM 和 GIS 区别较大，两种技术各自具有独特的优点。在 BIM 被研发之前，各类城市基建模型几乎都是通过二维或三维图形去表达，自从 BIM 取代二维、三维图形之后，模型内部信息才得以被描述。在现实世界由大到小的对象系统中，构筑物及其内部信息 BIM 进行描述，构筑物之外的信息由 GIS 进行描述，在对城市内的所有实体进行描述时既要集成 BIM 又要集成 GIS 信息，两类信息的集成便使得 CIM 理论得以提出。

4.2　BIM 与 IoT 的关系

在建筑物的建造和运行维护阶段，为了满足业务需要，需要用数据模型来表达建筑物、设备等对象。由于这些对象的状态是实时变化的，BIM 技术已经不能满足这些对象的信息采集和传输。因此，借助物联网技术来完成 BIM 中物理实体的动态变化信息与静态信息的关联。

建筑信息模型技术与物联网技术的融合，可以很好地将建设运营阶段的现实与建筑设计阶段的虚拟联系起来，保证各个建设阶段成果的交互性和一致性。同时，这两种技术的结合将产生更多有价值的应用形式。

4.3　GIS 与 IoT 的关系

GIS 技术作为 IoT 技术各种识别对象的统一载体，IoT 应用的广度与深度直接受 GIS 信息源的数量与质量所影响。在 IoT 技术的搭建初期，基于地理信息系统可以实现传感器科学合理地布设；传感器网络建成后，可以通过地理信息系统实现对传感器的定位、跟踪、查询和控制。最后，将所有通过物联网技术连接起来的对象放置在地理信息系统中。用户可以通过这个平台快速找到需求信息。

GIS 技术可以实现对空间信息的分析、处理、存储、应用等，所以，在“万物互联”的物联网网络中，必须要有相应的地理信息处理平台的支持。在应用范围较大的领域，尽管物联网可以感知到事物的基本特征信息，但只能感知具备传感功能的监测点，因此其传感范围受到限制。地理信息系统已经可以通过现有有限的监控数据来采集范图内的任意连续点的信息。GIS 技术根据已有的感知信息，既可以对对象的变化情况做出判断，又能实现对过去的回溯以及对未来的预判。GIS技术可以使得IoT更加智慧化、有序化、直观化。而IoT也为GIS提供了全新的信息采集方法，使得GIS的管控领域进一步扩展。由此看来，IoT与GIS相互促进、相互交融。

4.4 CIM平台与其他三种技术之间的关系

CIM平台主要由BIM、IoT、GIS三种核心技术组成，并应用一些前沿科技，如云计算、人工智能等。

5 结语

本文主要是针对CIM概念本身及其核心技术的介绍，本文所做主要工作包括：

（1）结合国内外相关文献，梳理出CIM的发展过程，并对CIM的两种含义进行解读，使得学界对于CIM的概念更为明确。

（2）结合国内外相关文献，分别阐述了IoT、3DGIS、BIM三种核心技术在CIM平台中的作用。

（3）结合国内外相关文献，阐述了BIM、IoT、GIS以及CIM平台四者之间的关系，其中对于BIM与GIS的关系、BIM与IoT的关系、GIS与IoT的关系等内容进行了重点阐述。

CIM技术是新兴技术，其距离成熟运用还有一段较长的路要走，较强的应用需求与尚不成熟的研究现状是当前CIM研究领域亟须解决的重要矛盾；但随着越来越多的城市加入构建CIM平台的行列中，我们有理由相信，在不久的将来，CIM可以更多地应用于实际当中，且随着各类技术的研究不断深入，CIM将会集成更多前沿科技。

参考文献

[1] HAMILTON A, WANG H, TANYER A M, et al. Urban information model for city planning[J]. Journal of Information Technology in Construction (ITCon), 2005, 10(6): 55-67.

[2] STOJANOVSKI T. City information modeling (CIM) and urbanism: Blocks, connections, territories, people and situations[C]//Proceedings of the Symposium on Simulation for Architecture & Urban Design. 2013: 1-8.

[3] XU X, DING L, LUO H, et al. From building information modeling to city information modeling[J]. Journal of information technology in construction, 2014, 19: 292-307.

[4] THOMPSON E M, GREENHALGH P, MULDOON-SMITH K, et al. Planners in the future city: Using city information modelling to support planners as market actors[J]. Urban Planning, 2016, 1(1): 79-94.

[5] IRIZARRY J, KARAN E P, JALAEI F. Integrating BIM and GIS to improve the visual monitoring of construction supply chain management[J]. Automation in construction, 2013, 31: 241-254.

[6] 中华人民共和国住房和城乡建设部．住房和城乡建设部等部门关于推动智能建造与建筑工业化协同发展的指导意见：住房和城乡建设部；发展改革委；科技部；工业和信息化部；人力资源社会保障部；生态环境部；交通运输部；水利部；税务总局；市场监管总局；银保监会；铁路局；民航局发[2020]60号[A/OL]. (2020-07-03)[2021-05-02]. http://www.gov.cn/zhengce/zhengceku/2020-07/28/content_5530762.htm.

[7] 许镇，吴莹莹，郝新田，等．CIM研究综述[J]. 土木建筑工程信息技术，2020，12(03)：1-7.

[8] 杨滔，张晔珵，秦潇雨．城市信息模型(CIM)作为“城市数字领土”[J]. 北京规划建设，2020(06)：75-78.

[9] 耿丹．基于城市信息模型(CIM)的智慧园区综合管理平台研究与设计[D]. 北京：北京建筑大学，2017.

[10] 耿丹，李丹彤．智慧城市背景下城市信息模型相关技术发展综述[J]. 中国建设信息化，2017(15)：72-73.

[11] 张鹏程，林鸿．城市信息模型CIM平台设计与功能实现[J]. 工程勘察，2021，49(04)：46-51.

[12] 季珏，汪科，王梓豪，等．赋能智慧城市建设的城市信息模型(CIM)的内涵及关键技术探究[J]. 城市发展研究，2021，28(03)：65-69.

[13] 建筑工程鲁班联盟．随BIM而至的CIM是什么？[DB/OL]. (2020-04-08) [2021-05-02]. https://www.sohu.com/a/386352520_271640.

[14] 张宏，王海宁，刘聪，等．城市信息模型(CIM)技术应用领域拓展与人造环境智慧化[J]. 建设科技，2018(23)：16-18.

[15] 赵杏英，陈沉，杨礼国．BIM与GIS数据融合关键技术研究[J]. 大坝与安全，2019(02)：7-10.

[16] 包胜，杨淏钦，欧阳笛帆．基于城市信息模型的新型智慧城市管理平台[J]．城市发展研究，2018，25(11)：50-57，72.

[17] 韩青，田力男，孙琦，等．青岛市城市信息模型(CIM)平台建设[J]．中国建设信息化，2021(07)：26-29.

[18] 吴掠桅．南京市城市信息模型平台设计与应用[C]//南京市国土资源信息中心，江苏省测绘地理信息学会．南京市国土资源信息中心30周年学术交流会论文集．现代测绘部，2020：5.

[19] 李静．CIM平台架构下的城市规划数据建模与应用研究[C]//南京市国土资源信息中心，江苏省测绘地理信息学会．南京市国土资源信息中心30周年学术交流会论文集．现代测绘部，2020：5.

[20] 陈才，张育雄．加快构建CIM平台，助力数字孪生城市建设[J]．信息通信技术与政策，2020(11)：14-17.

[21] 王明省，邓兴栋，郭亮，等．基于智慧时空信息云的CIM平台搭建及应用[J]．软件，2020，41(05)：83-86.

[22] 住房和城乡建设部办公厅．城市信息模型(CIM)基础平台技术导则(修订版)[EB/OL]．(2021-06-01)[2021-07-14]．http：//www.mohurd.gov.cn/wjfb/202106/t20210609_250420.html.

浅谈 BIM 技术在地铁车站设计过程中的应用
——以苏州轨道交通 7 号线澄湖东路站为例

尤小斌，徐　可，侯兆军

（悉地（苏州）勘察设计顾问有限公司，江苏 苏州 215123）

【摘　要】 地铁工程是建设行业公认的十分复杂而具有系统性的工程，具有涉及专业多、信息处理量大、施工环境复杂、风险大难度高、施工周期长的特点。近年来随着工程建设场景数字化的浪潮，BIM 技术在建筑行业得到迅速的发展及应用。本文从地铁设计的不同阶段分析 BIM 技术的研究及应用，旨在为地铁项目的建设增值赋能。

【关键词】 BIM 技术；地铁设计；研究应用

1　前言

地铁作为一个新兴的交通载体，在我国大中型城市的建设过程中受到越来越多的重视，并得到了广泛的应用。地铁具有快捷舒适、客运量大、综合能耗量小、绿色环保、安全性能高、占用土地资源少等优点。城市地铁建设具有交通、社会、经济三方面的意义，其基本原则：从城市整体交通状况出发，结合周边环境因地制宜，做到“按需设置、经济合理、技术可行、协调发展”。

地铁的建设和运营由很多复杂的工序和环节组成，不同的参与者产生不同的数据信息。传统的管理模式无法实现对这些信息完全的集成与共享。BIM 技术的应用能有效地实现地铁生命周期内信息数据的综合管理，通过构建项目全生命周期的信息化模型，实现项目信息的实时共享（图 1）。

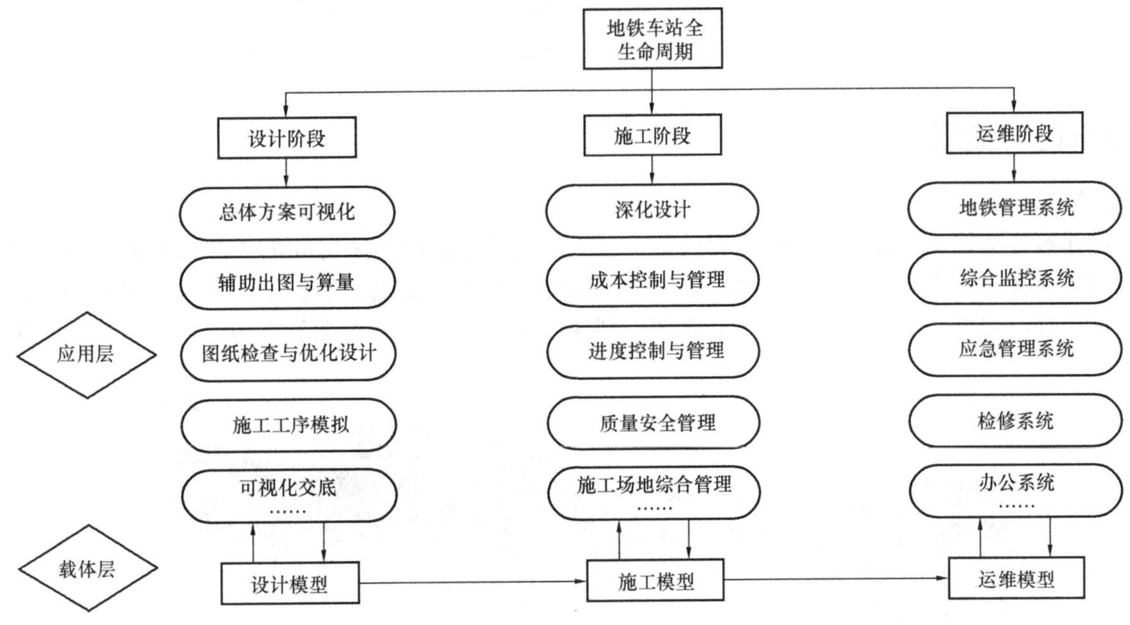

图 1　BIM 技术在地铁全生命周期内应用框架

【作者简介】 尤小斌（1987—），男，结构工程师/BIM 工程师。主要研究方向为城市轨道交通领域。E-mail：615189372@qq.com

设计阶段作为项目建设阶段的重要环节，是项目落地的必要条件。苏州轨道交通 7 号线澄湖东路站在设计过程中充分利用 BIM 技术协同设计，提高车站建设质量，为车站全生命周期 BIM 技术的应用打下坚实的基础。

澄湖东路站是苏州轨道交通 7 号线工程的第 24 座车站，位于吴中区澄湖东路与迎春南路交叉口东侧。车站为地下二层岛式站台车站，长 261.6m，宽 22.7m；有效站台长 120m，宽 14m；车站覆土约 3m，标准段埋深约 17m 。本站设有 4 个出入口及 2 组风亭，预留远期规划 11 号线地下三层换乘节点。

2　概念方案设计阶段

地铁车站站点的选址应考虑车站周围的整体规划（含近远期），具体包含道路、水体、住宅、商业、景观、人口密度等要素。通过 BIM 软件对各个要素进行建模，再将各个要素的模型进行整合，建立车站建成后的场景可视化三维模型（图 2）。模型体现项目的边界（如用地红线、高程、正北向）、地形表面、建筑物、道路河流、人口密度、出行路径等，同时也建立了以上要素的数据库。通过可视化的、可操作化的方式进行方案的直观比较和数据分析比较，使方案的比较、沟通、讨论、决策更直观高效。

图 2　苏州轨道交通 7 号线澄湖东路站周边环境 BIM 模型渲染图

3　初步设计阶段

3.1　车站方案设计

车站建筑方案的设计包含公共区功能设计、客流疏散设计、设备区房间的大小及位置分布、出入口的象限布置设计、风亭布置等。根据设计方案二维图纸及设计数据信息，建立车站整体 BIM 模型。在模型中生成设计中需要的平面图（图 3）、立面图、剖面图（图 4）、三维视图等。为方案的比选及合理性提

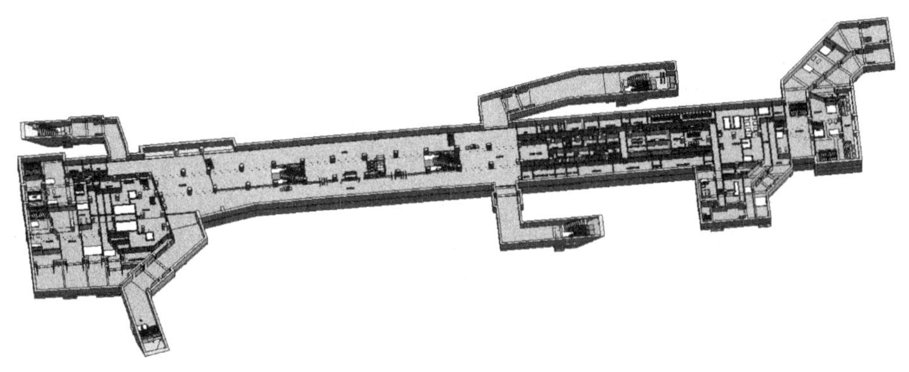

图 3　澄湖东路站站厅层平面图

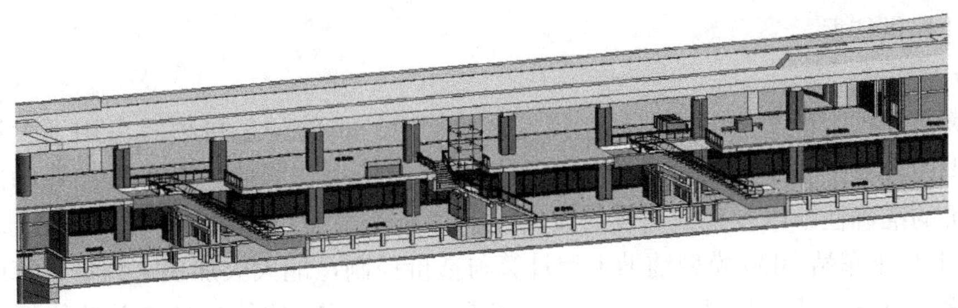

图4　澄湖东路站公共区纵剖面图

供直观可视化的效果。

客流疏散是车站公共区及出入口功能设计最为重要的指标。将车站整体BIM模型导入Pathfinder（人员疏散模拟软件），进行三维仿真模拟（图5）。模拟以参数化的形式输入规定的疏散条件如：疏散人群数量、疏散目标路径、人群走电梯扶梯楼梯的选择、行走参数、电梯移动速度等；以路径规划、指导机制、碰撞处理相结合的方式控制人员运动，如果人之间的距离和最近点的路径超过阈值，可以再生新的路径，对环境适应性更强，更契合实际。

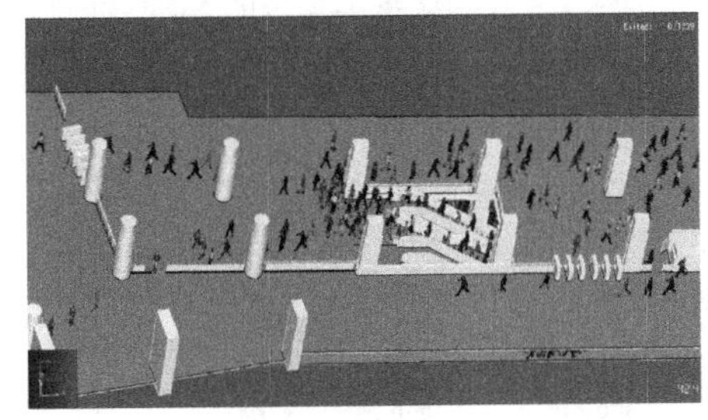

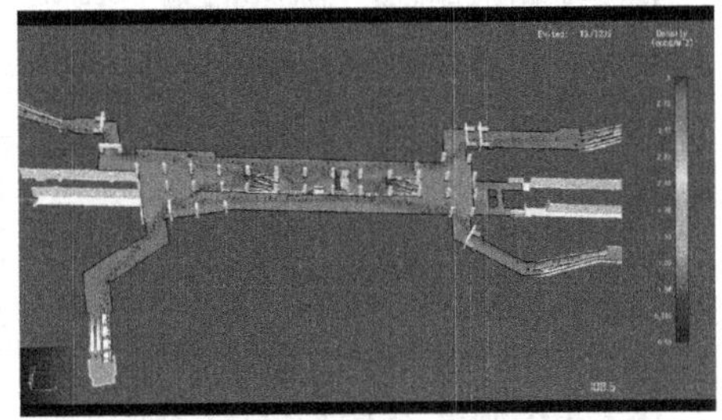

图5　澄湖东路站站厅层客流疏散动态模拟（截图）

模拟以图表化的结果生成疏散设计结论（图6、图7），以便判断方案的合理性与可行性，为出入口布

房间	第一个人进入的时间	最后一个人出去的时间	总疏散人员数量	备注
站台层	0.0	200.0	1239	
站厅	6.2	297.8	1239	
6号口通道	50.5	316.5	309	
1号口通道	44.3	332.6	310	
2号口通道	41.1	306.8	310	
3号口通道	40.8	318.3	310	
6号口地面	93.3	345.2	309	
2号口地面	90.9	330.3	310	
3号口地面	108.0	345.9	310	
1号口地面	100.6	355.9	310	

图6　澄湖东路站各部位疏散时间统计表示意

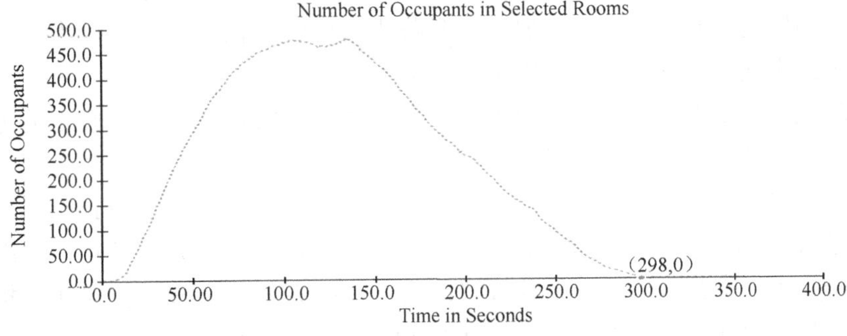

图7　澄湖东路站站厅层疏散时间与人流关系表

置及规模方案设计提供依据。

3.2 工程量统计

工程量的计算是地铁工程造价中最烦琐、最复杂的部分，传统的造价模式占用了大量的人力资源去理解设计、读图识图和算量。车站工程造价以工程量为基本依据，因此，工程量计算的准确与否，直接影响地铁车站造价的准确性，以及地铁建设的投资控制。

利用 BIM 技术基于车站 BIM 模型辅助工程计算与造价控制，能大大加快工程量计算的速度。BIM 技术赋予模型构件附加材质、几何信息、构件属性等参数信息，BIM 软件自带表单功能可以根据需要自动统计出相应材料的工程量（图 8）。

<墙明细表>

A	B	C	D
族与类型	厚度	体积	合计
基本墙: 挡水坎-（素混凝土）-80mm	80	9.49	142
基本墙: 挡水坎-（素混凝土）-100mm	100	4.49	55
基本墙: 挡水坎-（素混凝土）-200mm	200	7.43	53
基本墙: 挡水坎-（素混凝土）-300mm	300	9.97	16
基本墙: 结构内部隔墙-（可拆卸墙体）-200mm	200	27.84	10
基本墙: 结构内部隔墙-（砌体填充墙）-200mm	200	342.95	83
基本墙: 结构内部隔墙-（钢筋混凝土墙）-200mm	200	383.42	62
基本墙: 结构内部隔墙-（钢筋混凝土墙）-300mm	300	77.35	12
基本墙: 结构内部隔墙-（钢筋混凝土墙）-400mm	400	198.15	22
基本墙: 结构内部隔墙-（钢筋混凝土墙）-500mm	500	6.94	2
基本墙: 结构内部隔墙-（钢筋混凝土墙）-600mm	600	276.66	19
基本墙: 结构内部隔墙-（钢筋混凝土墙）-800mm	800	16.49	1
基本墙: 结构内部隔墙-（钢筋混凝土墙）-1000mm	1000	80.44	2
基本墙: 结构内部隔墙-（钢筋混凝土墙）-1200mm	1200	72.05	2
基本墙: 结构内部隔墙-（防火砌体墙）-200mm	200	793.95	197
基本墙: 结构外墙-（钢筋混凝土墙）-100mm	100	0.62	4
基本墙: 结构外墙-（钢筋混凝土墙）-150mm	150	8.48	28
基本墙: 结构外墙-（钢筋混凝土墙）-200mm	200	9.00	4
基本墙: 结构外墙-（钢筋混凝土墙）-300mm	300	92.00	33
基本墙: 结构外墙-（钢筋混凝土墙）-400mm	400	61.41	10
基本墙: 结构外墙-（钢筋混凝土墙）-500mm	500	108.75	15
基本墙: 结构外墙-（钢筋混凝土墙）-600mm	600	1390.26	64
基本墙: 结构外墙-（钢筋混凝土墙）-700mm	700	3985.12	42
基本墙: 结构外墙-（钢筋混凝土墙）-800mm	800	1305.40	23
基本墙: 结构外墙-（钢筋混凝土墙）-1000mm	1000	698.03	4
基本墙: 轨顶风道侧墙-（钢筋混凝土墙）-250mm	250	89.67	2
幕墙: 幕墙		0.00	4
总计: 911		10056.33	911

图 8　澄湖东路站各类墙工程量统计表示意

BIM 技术算量时自动扣除墙板预留孔洞所占的体积。通过 BIM 软件连接剪切命令设置，根据构件类型修正构件位置并通过连接优先顺序扣减实体交接处重复工程量，避免了工程量的虚增和减少。经比对，BIM 出量与设计量误差均在 3%以内，标准构件误差在 1%以内。

4 施工图阶段

4.1 施工场地交通导改及地下管线迁改可视化

交通导改是在项目施工阶段为满足公共基本出行，确保不中断交通，而采取的对施工场地周边道路进行临时疏导的措施。在地铁车站建设期间将结合分阶段建设特点，实施不同阶段的交通组织方案，既保证工程建设，又可以应对交通环境的变化采取不同的交通组织，提高交通组织的针对性和有效性。通过建立不同施工阶段的场地模型，在模型中加入导改路线进行可视化模拟。模拟为交通导改的方案的合理性提供依据，为导改实施的组织部门提供基础数据（图 9）。

车站工程范围的地下管线为满足最基本的生活生产需要，一般在车站主体施工前进行迁改，在主体完工后再进行恢复。城市道路的管线不仅类型繁多，而且走向复杂，各产权单位管理分散。根据地勘资料，通过 BIM 技术建立车站施工影响范围的地下管线模型，赋予管线真实的材质、管径、标高、坐标、产权单位等信息。模型赋予不同管线不同的颜色，从视觉上对管线进行分类排查；可以自动生成各种改迁方案的管线工程量；可以有针对性地就某种管线的改迁实施方案与产权单位对接；指导管线迁改工作的实施；作为产权单位的数据资产，为以后管线的建设和管理提供依据（图 10）。

图 9　车站不同施工阶段交通导改三维模型渲染图

图 10　车站施工范围内管线现状及迁改方案三维模型渲染图

4.2　协同设计

现阶段，我国地铁设计单位在协同设计上仍存在设计分散、简单随意的现状。BIM 技术的协同设计主要是指不同专业（建筑专业、结构专业、机电专业、装修专业等）在同一平台下进行设计工作，并实现项目中心文件的共享。不同专业的设计人员通过与中心文件的链接，同步设计、同步修改、同步模型、同步共享（图 11）。BIM 协同设计有利于合理的协调各专业设计进度，在不断的协同中发现并消化设计过程的一系列问题，提高设计质量和效率，减少施工过程中因设计缺陷造成的影响。

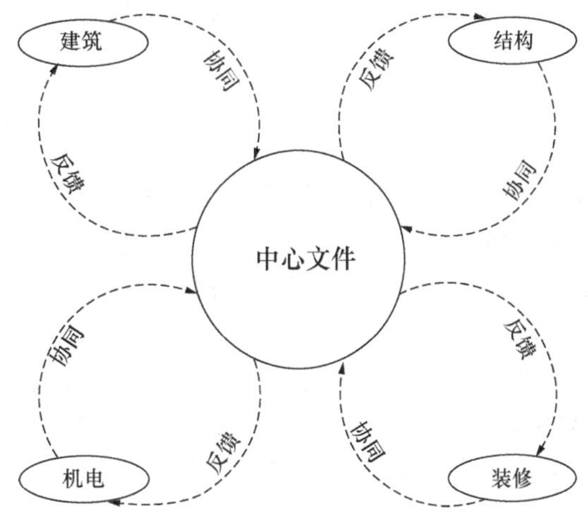

图 11　BIM 协同设计的协同反馈原理

4.3　管线碰撞检测

管线碰撞通常分为两类，一类是管线与主体建筑梁板柱墙的冲突，一类是不同类管线之间的碰撞。传统的地铁建设中，管线碰撞检查比较滞后，需要在各管线专业完成设计图之后才能进行，且二维图纸检查效率低下，容易遗漏，影响工程进度。通过 BIM 协同设计，可以在设计阶段对各专业集成的综合模型进行碰撞检查生成碰撞报告，报告与模型碰撞点联动，根据检查报告及时调整设计，达到快速优化的目的。碰撞检查由 BIM 软件自动完成，相比于传统的二维检查，具有更高的效率和精度（图 12、图 13）。

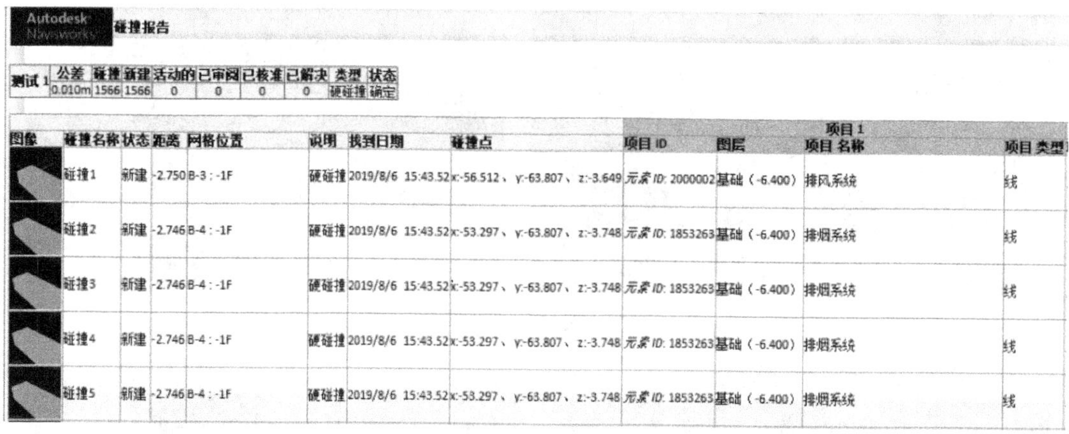

Autodesk Navisworks 碰撞报告

	公差	碰撞	新建	活动的	已审阅	已核准	已解决	类型	状态
测试 1	0.010m	1566	1566	0	0	0	0	硬碰撞	确定

图像	碰撞名称	状态	距离	网格位置	说明	找到日期	碰撞点	项目 1 项目 ID	图层	项目 名称	项目 类型
	碰撞1	新建	-2.750	B-3 : -1F	硬碰撞	2019/8/6 15:43.52	x:-56.512、y:-63.807、z:-3.649	元素 ID: 2000002	基础（-6.400）	排风系统	线
	碰撞2	新建	-2.746	B-4 : -1F	硬碰撞	2019/8/6 15:43.52	x:-53.297、y:-63.807、z:-3.748	元素 ID: 1853263	基础（-6.400）	排烟系统	线
	碰撞3	新建	-2.746	B-4 : -1F	硬碰撞	2019/8/6 15:43.52	x:-53.297、y:-63.807、z:-3.748	元素 ID: 1853263	基础（-6.400）	排烟系统	线
	碰撞4	新建	-2.746	B-4 : -1F	硬碰撞	2019/8/6 15:43.52	x:-53.297、y:-63.807、z:-3.748	元素 ID: 1853263	基础（-6.400）	排烟系统	线
	碰撞5	新建	-2.746	B-4 : -1F	硬碰撞	2019/8/6 15:43.52	x:-53.297、y:-63.807、z:-3.748	元素 ID: 1853263	基础（-6.400）	排烟系统	线

图 12　车站管线碰撞报告

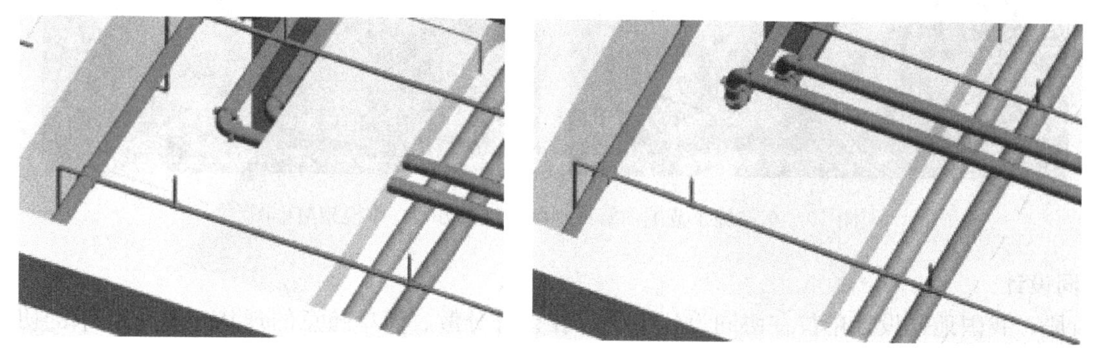

图 13　管线碰撞点及优化调整

4.4　复杂节点的可视化交底

传统的地铁项目设计交底通常以文字描述配合二维图纸为主。口头讲授的交底存在着理解角度的差异，二维的图纸对于复杂节点存在表达不足的缺陷。对于地铁车站中的关键部位及复杂节点建立 BIM 深化模型，利用 BIM 模型的可视化模拟对施工单位进行技术交底。

5　结语

综上所述，BIM 技术在城市地铁设计过程中的应用主要体现为信息综合集成、信息协同纠错、精细化辅助设计，对车站的方案设计、造价控制、设计检错排漏、细化设计有较大的技术优势，为今后 BIM 技术在地铁设计中的应用提供了一系列可靠的程序及技术路线，并为施工阶段及运维阶段 BIM 的应用打下基础。

新技术的引入及推广应由广大地铁参建方与管理方共同努力。建设管理单位应着力推行 BIM 技术标准，参建单位努力提高 BIM 技术水平，管理单位健全基于 BIM 技术开发的管理系统及平台。相信不久的将来 BIM 技术的高效应用会推进我国地铁行业发展上升到新的台阶。

参 考 文 献

[1]　杨洋．分析地铁车站结构设计中 BIM 技术的应用[J]．建材与装饰，2016(27)：105-106.

[2]　石继斌．BIM 技术在轨道交通工程设计中的应用[J]．中国管理信息化，2017(20)：148-149.

[3]　李伟湛，杨先英．基于 Pathfinder 软件平台的轨道交通环境人机交互分析方法[J]．包装工程，2019(40)：167-171.

AI技术和BIM系统结合下的工程应用探索
——小库科技智能设计云平台的研发实践

何宛余，赵　珂

（深圳小库科技有限公司，广东 深圳 518055）

【摘　要】本文介绍了小库采用的基于“数模规”联动的AI技术和BIM系统的结合方式；进一步以小库智能设计云平台产品为例，阐述了目前AI技术在建筑领域工程实践中的主要作用：识别、评估和生成；并说明了为实现AI技术在小库ABC系统架构上的有效结合而使用的其他相关技术。

【关键词】BIM；AI技术；识别；生成；评估

1　引言

随着20世纪70年代CAD技术的成熟，能够处理工程语义信息的参数化实体特征建模技术（Parametric and Feature-based Modeling）在机械工业、汽车制造业等的工业软件中也开始研发和应用。Revit于2002年被欧特克公司（Autodesk）收购后，建筑信息模型（Building Information Modeling，BIM）这个词被创造出来，并开始在建筑行业内传播使用，其实质即是一种参数化实体特征模型。自那以后，BIM在全球范围内的应用已过去了近20年，而BIM在国内的使用也有了10年左右。但回溯来看，这种具有先进理念和技术的软件在我国建筑工程实践中的使用效果在不少项目中不尽人意，并未真正达成BIM的愿景中所描述的——降本和提效。

随着进入21世纪10年代后，由于基于神经网络的深度学习等人工智能（Artificial Intelligence，AI）技术在零售业、汽车制造业等领域的突破性应用进展，建筑领域的学者和专家也开始尝试将各类AI算法应用到本领域[1]，而这种探索的具体方式大多是与BIM系统的结合开始的。AI技术的引入可能会为在我国项目实践中遇到问题的BIM模式提供新的契机。因为BIM系统中保存和集成了大量的建筑信息，这些数据可以为AI技术的应用提供数据基础；而AI技术能够在BIM提供的数据中学习到建筑行业中的规则和知识，尝试为项目前期的投资决策阶段以及建筑设计阶段提供建议和方案。

但就目前而言，AI技术和BIM系统结合的工程应用探索仍处于早期阶段。本文将通过介绍小库采用的结合方式，以及其通过研发商业化的产品而在此领域进行的实践，探讨如何充分发挥AI技术的潜能，以高效地辅助当代复杂性剧增的建设工程项目在规划和设计阶段环节降低成本和提升效率。

2　基于“数模规”联动的结合方式

一个典型的BIM系统架构主要会包含：数据层，模型层和应用层[2-3]。其中，数据层是指存储和管理BIM数据而创建的工程数据库。传统上，BIM的数据库布置在本地服务器中，但目前已可以通过国内外的云提供商的服务实现。在模型层，针对建筑全生命周期不同的阶段，实现相应子信息模型数据的保存和提取等。在应用层，项目各参与方可基于不同的子信息模型获得所需的数据，以支持本层中各面向业务的应用系统的运行。

总结来看，目前学界和工业界中AI技术和BIM技术的结合主要还是集中在应用层：1）独立开发基于AI技术的应用程序，再与现有的BIM系统关联；或者2）直接在现有的BIM系统上进行二次开发。这

【作者简介】何宛余（1983—），女，小库科技创始人、CEO。主要研究方向为建筑学与人工智能结合领域。E-mail：w@xkool.org

两种方式可以直接使用较成熟的BIM系统（例如国外的Revit，国内的4D-BIM等）的模型层和数据层，减少开发量，快速进行工程应用。但是AI技术的应用会受到现有BIM系统的诸多限制和束缚，随着AI技术和BIM系统的深入结合，势必会涉及对BIM系统模型层和数据层的调整和重构。

小库的BIM系统架构定位为：人工智能驱动的云端建筑信息模型（AI-Driven Building Information Model on Cloud，本文后简称ABC）（图1）。这就要需要突破对现有其他成熟BIM系统的依赖，深入到模型层和应用层自行架构新BIM系统，以实现数据在数据层，模型在模型层，以及建筑工程业务相关的标准、规范、知识和经验在应用层能够贯通实现“数模规一体化”的联动。

人工智能驱动的云端建筑信息模型
AI-Driven Building Information Model on Cloud

图1　小库的ABC模式

3　AI技术与BIM系统的结合应用

目前小库团队探索AI技术的应用涉及ABC架构的应用层、模型层和数据层，为典型建设工程项目在规划和设计阶段面临的实际问题，提出创新性的解决方案。总结来看，AI技术当前发挥的主要功能和作用，可以归纳为识别、生成和评估3个方面。

3.1　识别

对于一个BIM系统来说，传统上主要有3种方式获得BIM模型中各构件和功能空间的语义：1）设计师直接在此BIM系统中建模，这样构建出的BIM模型数据天然是结构化且具有语义的；2）此BIM系统有专门设计的与其他特定BIM软件交换数据的接口，可以直接解析到这些格式的BIM模型的数据语义；3）此BIM能够读取IFC中性格式的数据。但是无论上述哪种方式，传统的BIM系统均只能读取到已由人工搭建完成的BIM模型的工程语义。

但在工程实践中，特别是在资金和时间成本受限的民用住宅领域，使用CAD软件绘制图纸仍然是设计成果的主要生产方式，而CAD图纸的数据中几乎没有工程语义。BIM系统如果要接入这样的生产环境中作为必要的一环，则不得不使用人工基于CAD图纸再建模。而AI技术通过学习大量被建筑师打过标签的图纸，可以获得将二维的数字图纸中的各类信息“识别”为具有建筑工程语义信息的构件和功能空间的能力。由此就能实现BIM系统通过AI算法，直接读取CAD图纸以获得工程语义信息。

目前小库的主要产品中使用了识别技术。当用户上传CAD图纸后，设置在应用层的AI算法，将会对特定的构件和功能空间进行识别，实现将其转化为小库格式的结构化的有语义的数据（图2），为后续进一步使用这些数据进行生成、评估等操作做好了前期准备。

3.2　生成

此处的“生成”是指BIM模型的自动化的获得，这是AI技术在BIM系统的模型层中复杂却核心的一个应用。传统上BIM模型均是通过设计师在BIM系统中使用预定义的构件逐渐搭建起来的，这是一个基于项目的各类外部条件，以及设计师自身知识和经验共同工作的设计过程。尽管目前的AI技术还不能让这个从0到1的创造性过程完全自动化，但是却可以在诸多环节提升构建BIM模型的效率。小库在不同尺度和不同业态的建设项目上，均进行了基于AI算法生成建筑信息模型的探索。

在规划尺度上，小库实现住宅项目总图排布方案的生成，主要依赖的是由基于建筑设计业务的特定规则的指令式算法和AI智能算法共同构成生成引擎。目前此引擎能够处理住宅、公寓、商办类建筑和厂

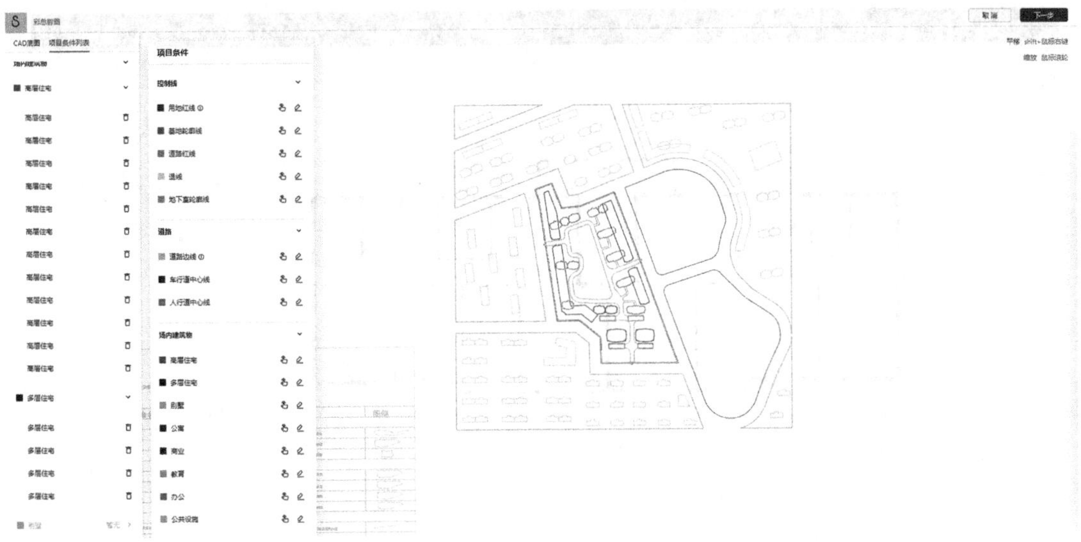

图 2　小库智能设计云平台对 CAD 图纸的自动化识别

房等不同业态建筑的排布（图 3）。在输入的设计条件方面，小库 BIM 系统已经准备好了场地所在位置周围的城市环境中的大数据，用户还需要提供必需的项目信息；在预设对象方面，BIM 系统基于行业中的现有数据预设置了楼型库，用户可以选择楼型作为生成总图排布的基础。当然用户也可以上传 CAD 图纸，前述的识别功能可以识别到图纸上的相关信息作为设计条件和预设对象，例如精确的红线位置和楼型的轮廓位置等。基于确定的设计条件和楼型，AI 生成引擎能够在建筑用地范围内向着多目标排布出最优化的方案。

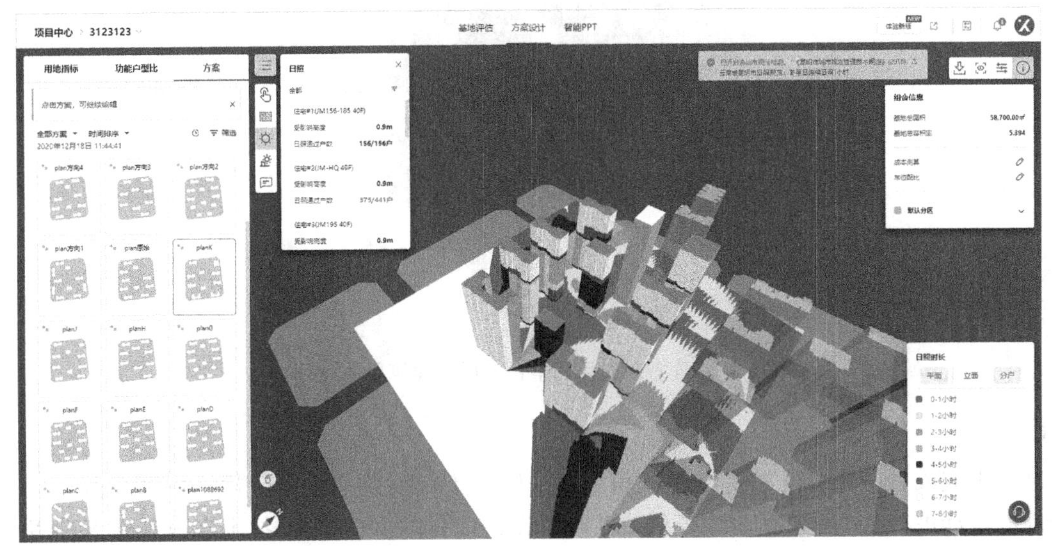

图 3　小库智能设计云平台生成的住宅规划设计

在单体尺度上，同前述规划方案的生成类似，设计条件、户型库和单体生成引擎共同完成了建筑单体方案设计的生成。其中，单体生成引擎中的 AI 智能算法通过基于神经网络的监督学习，对近 10 万张的典型住宅户型平面图进行了学习，以实现能够自动化地生成初步的建筑单体方案深度的平面图（图 4），并配合非智能的指令式算法对生成的平面图进行精确地后处理。

在构件尺度上，小库预设置了基于合作伙伴制造能力的构件部品库，将生成的建筑设计深度延伸到了装配式施工图，实现了包含结构和机电综合管线的生成（图 5）。构件尺度的生成引擎主要采用也是多目标优化排布的智能算法，以确保被选定的标准的构件或者部品可以向设定好的目标进行排布。

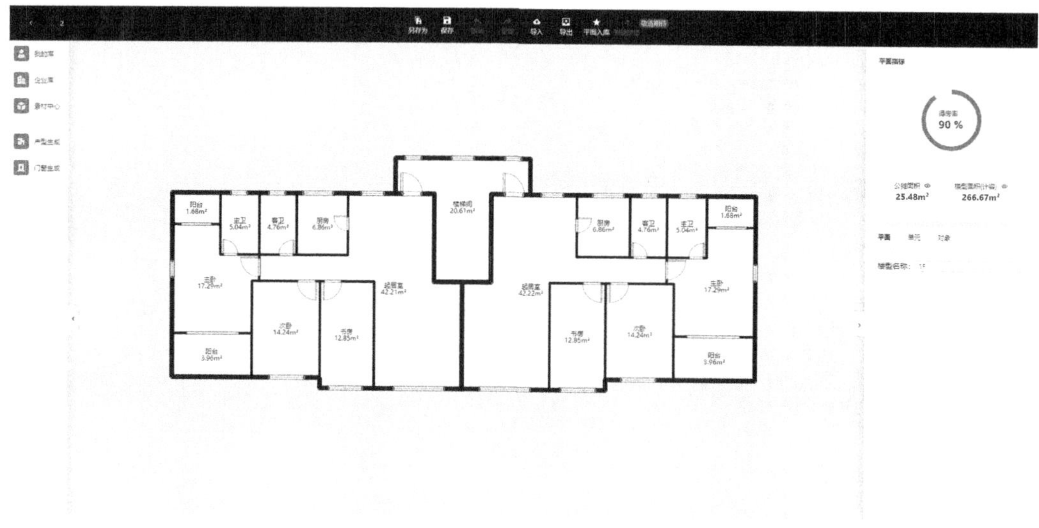

图4　小库智能设计云平台生成的建筑单体设计

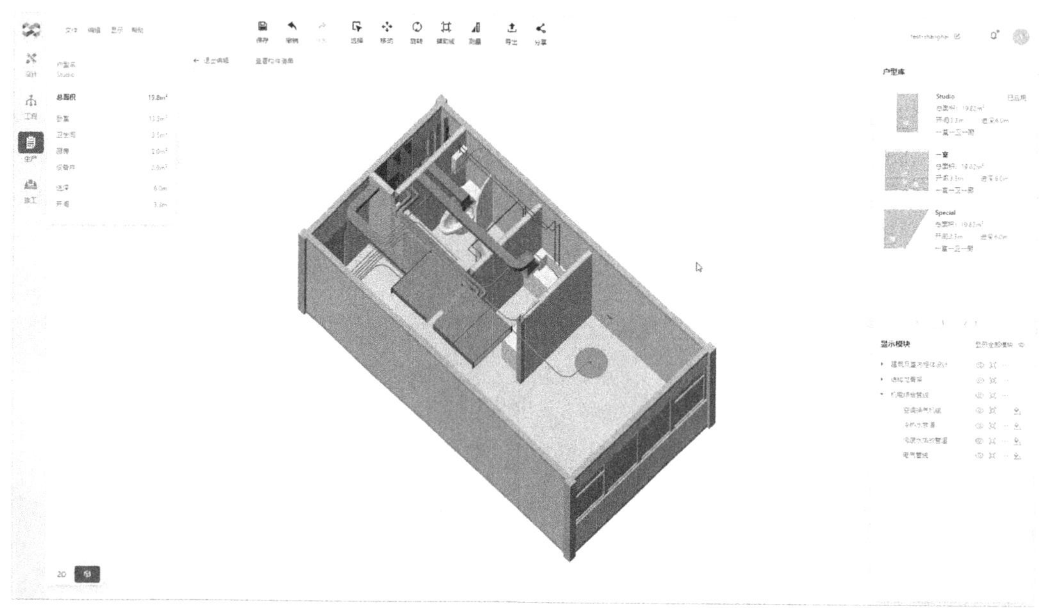

图5　小库智能设计云平台生成的建筑单体设计

3.3　评估

针对已经生成或者用户编辑完成的BIM模型，可以基于规范条文进行合规性评估审查；进一步还可以对已合规的设计进行其他维度的价值评估，以获得设计优化的方向。AI技术在合规性评估以及价值评估中都有能够提升效率的应用点。

在合规性评估方面，通常需要将大量的规范条文整理出机器可以处理的逻辑，例如如何计算某地住宅项目的楼栋的日照间距等。目前小库的业务已涉及全国204个城市的规划标准和357个规范，使用自然语言处理技术（NLP）能够加速对规则条文逻辑处理的过程。

在价值评估方面，主要通过人工神经网络、多代理系统等建立人流分布的模型，对相关人群在不同时间段中的分布情况进行预测，并基于预测结果，评估特定功能空间位置的合理性。像是对新建项目与城市的出入口确定，新建项目的业态分布选择，以及商场内的店铺位置规划等多个维度的设计决策进行评估（图6），及时地对明显与预测结果相背离的设计决策进行相应地调整和更改。例如，对于被预测出人群明显聚集的区域，就最好设计为公共性强的业态，而不是私密度高的业态。如果原设计方案中出现

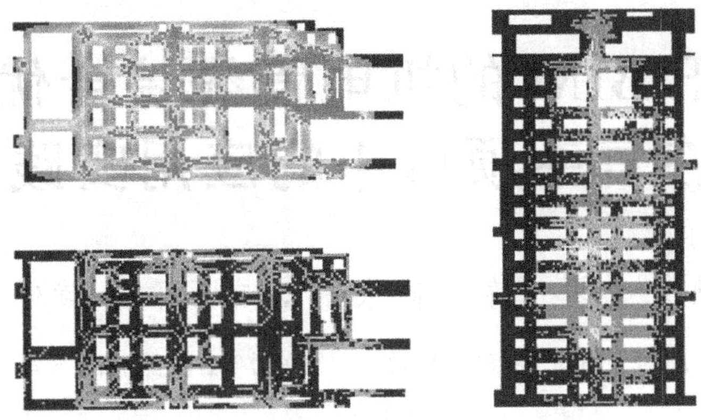

图6　小库基于AI技术评估的人流热力图

了将住宅放置于此区域，就会被给予较低的评价，并被建议进行修改。

4　其他相关技术应用

AI技术和BIM系统的结合，不仅涉及AI技术本身的应用，还进一步传导为相关的思维和技术上的一系列转变。由于小库将BIM系统的数据层布置在云端，且要求BIM模型在云端生成后，编辑和展示都需要在Web端实时进行，这种模式对模型数据的传输速度和质量都提出了较高的要求。特别是模型LOD较高的时候，单位时间需要传输的数据量较大，只有结合实际业务场景来设计子模型需要传输的特定数据，才能确保传输的速度和质量控制在可接受的范围内。例如前述的规划尺度、单体尺度以及构件尺度之间同一模型在不同LOD阶段的联动，需要经过数据和模型的精确对应。而当数据传输到Web之后，支持前述操作的流畅精确的图形引擎就成为了实现基于浏览器提供服务的一个研发重点。

5　总结

AI技术应用到建筑工程领域，需要和BIM结合进行，而早期的这种结合探索通常从应用层开始。此方式能快速使用AI算法解决建筑业务中的实际问题，带来效益提升。但随着研究的深入，会发现依赖成熟的BIM系统提供数据层和模型层，会面临AI技术应用的诸多限制。这也是小库团队选择自行架构ABC系统的原因所在，需要一套数模规联动的系统来支持AI技术的深入使用。目前小库通过设计云平台产品在识别、生成和评估三个方面进行了AI技术的应用探索，在此过程中也对在云端架设BIM数据库，BIM模型的传输，以及在BIM模型在Web端的生成、编辑和展示等相关领域有了实现和积累。当下BIM系统和AI技术的结合仍处于探索阶段，需要行业共同推动以最终实现行业的智能化升级。

参考文献

[1]　冷烁，胡振中．基于BIM的人工智能方法综述[J]．图学学报，2018，39(5)：797-804.

[2]　张志伟，文桥，张云翼，等．基于BIM的水电工程全生命期管理平台架构研究[C]// 中国图学学会BIM专业委员会．第二届全国BIM学术会议论文集．北京：中国建筑工业出版社，2016：190-194.

[3]　LIU Q，GAO T，WANG J P. Study on Building Lifecycle Information Management Platform Based on BIM [J]. Research Journal of Applied Sciences，2014，7(1)：1-8.

基于BIM的机电管线综合优化在复杂项目中的应用实践

胡　威[1]，黄伟文[2]，罗　涛[1]，高来先[2]，完平平[1]，黄建莹[1]，谢志勇[1]

（1. 广东电网有限责任公司，广东 广州 510699；2. 广东创成建设监理咨询有限公司，广东 广州 510075）

【摘　要】 大型楼宇工程机电管线复杂，涉及参建单位繁多，专业间配合工作量大，内含机房等专用设备，管线排布紧张，功能净高要求保障难度大。应用BIM技术集成各专业机电模型，解决跨专业衔接障碍，遵循水上电下等原则排布保障功能合理性，基于BIM净高分析，综合优化满足净高需求，最终基于BIM模型出图指导施工，将BIM成果落地。

【关键词】 BIM技术；排布原则；管线综合

1　项目概况

本文以某大型楼宇建筑工程为研究背景，项目管线布置极其复杂，各设计阶段在配合过程中出现了很多信息传递问题，导致结构主体施工图完成，机电深化和施工安装模拟阶段发现原有设计图纸管线混杂，很多节点空间管线处理不好，甚至有多处安装后净高无法满足商业管理公司对空间的需求。如若按照传统的叠图来进行机电管线优化工作的话，工作量和操作难度都非常大，可能导致项目无法按期完工，带来较大的经济损失。

基于以上情况，本项目采用了BIM技术，利用BIM模型开展图纸审查、碰撞检查、净高检查、进行施工模拟等分析，优化综合管线，提交管线综合成果报告等工作，并针对现场土建已经施工完成等现状进行如实反映，差别化对待每一个具体问题，进行各专业协同设计，并现场协同办公，最大化满足各使用方的需求，尽量使得工程按质、按时完工。

2　项目难点

2.1　设计团队与BIM团队如何协作

项目复杂，不同的参与方在不同阶段参与项目，设计与施工的协调困难导致潜在的变更风险大，造成的项目返工和延误将使建设单位利益受损。

2.2　合作方多、任务量大

本项目规模庞大，涉及的设计、施工、供应商、监理等单位众多，彼此之间的信息传递线路极为复杂、沟通困难。产生的文件和数据数量惊人，图纸、说明书、分析报表、合同、变更单、施工进度表等，信息量大且缺乏有效的管理。如何保证所有资料的高效传递、权限准确、版本一致、历史记录有据可查，成为必须解决的问题。

2.3　系统复杂，设备管线繁杂

本项目机电部分系统复杂，设备管道数量众多，设计协调工作显得尤为重要。应用BIM技术进行机电设计，通过三维设计手段解决了之前二维方式很难解决的管线综合问题，特别是项目中管道设备极其集中复杂的设备层。

【作者简介】 胡威（1985—），男，工程师。主要研究方向为工程建设管理。E-mail：13631867556@139.com

2.4 优化成果表达难

基础资料电子图是由 AutoCAD 设计的，由于图纸是二维平面表达，各配合方一直使用的也是二维图纸，并且相互穿插。如何让二维抽象概念变成具象的三维模型，再将三维模型技术交底给现场施工是核心问题。

3 BIM 管线综合应用

本项目管线排布难度相对较高，完全按照二维施工图进行 BIM 模型搭建遇到诸多问题。根据项目具体情况确定了管线的排布与避让的基本原则，通过确定的避让规则，对管线的走向及管道密集区域的管线排布做了相应修改，提高了车道净高，调整了不满足净高的位置，对地下车库管线做了大量的调整。

3.1 管线排布原则及避让规则

管线综合深化设计原则：

（1）大管优先；

（2）临时管线避让长久管线；

（3）新建管线避让原有管线，避免对原管线造成不利影响；

（4）有压让无压；

（5）电气避热避水；

（6）消防水管避让冷冻水管（同管径），无保温管让保温管；

（7）低压管避让高压管，高压管造价高；

（8）强弱电分离；

（9）附件少的管道避让附件多的管道。

3.2 综合管线的排布方法

3.2.1 强弱电专业排布

（1）主桥架：从电房引出的大桥架（≥400mm 宽）

1）如果是跟热水管上下平行布置，热水管需放在桥架的上方（水蒸气影响），并且水管应做防水措施。所以热水管与桥架尽量不要上下平行布置。

2）大桥架如需翻绕时，应尽量小角度放绕，避免敷设电缆时过度弯折。

（2）母线槽

1）由于母线槽的尺寸受产品限制，在协调时需优先排布母线槽。

2）当情况复杂时，对净高有较高需求时，母线可酌情横向布置。

3.2.2 暖通专业排布

（1）空调水管主管：从空调机房引出的大水管（≥*DN*150mm）

1）从空调机房引出的大水管对水压要求高，尽量减少绕弯。若有绕弯，需要考虑弯头占用空间，若增加弯头较多，需征询暖通专业，是否能满足水压要求。

2）当水管直径≥250mm 时，尽量不考虑绕弯。如有变径、三通都需同圆心相接，否则施工工艺很难做到。

（2）定位排水管（无压管）

排水管为无压管，不能上翻，应满足坡度。一般应将其起点（最高点）尽量贴梁底使其尽可能提高。沿坡度方向计算其沿程关键点的标高直至接入立管处。

（3）定位风管（大管）

因为各类暖通空调的风管尺寸比较大，需要较大的施工空间，所以接下来应定位各类风管的位置。风管上方有排水管的，安装在排水管之下；风管上方没有排水管的，尽量贴梁底安装，以保证天花高度整体的提高。风管有风口时，由于风口下方不允许有遮挡物，所以风管于所有管线底下布置。风管靠墙若有分支形成三通或者接有阀门时，需要与墙体保持至少 300mm 的间距。

（4）管线间距要求

风管边距墙 200mm，水管边距墙 300mm，水管中心与水管中心垂直距离 600mm（管边间大概有 300mm 的距离给支管过），水管与水管水平中心距离 300mm，水管距桥架至少 300mm，风管边与风管边距离 300mm（水平与垂直方向），桥架边水平距墙 200mm，桥架边距桥架边 150mm。

强弱电桥架水平垂直距离 300～400mm，实在不满足的情况下则需要出报告说明添加强弱电隔屏板。高压强电与其他桥架线槽都要分开敷设，与其他桥架线槽水平间距≥400mm，尽量不要上下层平行敷设。且尽量贴近梁底敷设，与人拉开距离。

（5）电气、水管分井布置

一般排布桥架尽量布置在管排最上方，风管尽量底对齐布置，便于综合支吊架的设计布置。

3.2.3　支吊架预留

（1）大桥架（宽度≥400mm），支吊架预留 100mm 高。其余支吊架预留 50mm 高。

（2）风管重量较轻，支吊架可按 50mm 高预留。

（3）大水管注水后重量很重，对支吊架尺寸要求较高。水管≥*DN*250mm，支吊架左右各宽 160mm，高 160mm。单根≥*DN*250mm 的水管支吊架厚度可减少至 100mm。

（4）水管 *DN*100mm～200mm，支吊架左右各 120mm，高 120mm。

（5）水管 *DN*50mm～80mm，支吊架左右各 50mm，高 50mm。如有条件，各按 100mm 预留。

（6）同专业管线垂直上下层排布时，需要考虑支吊架拉杆的空间。

3.3　管线综合敷设的最小净距要求（图 1、表 1）

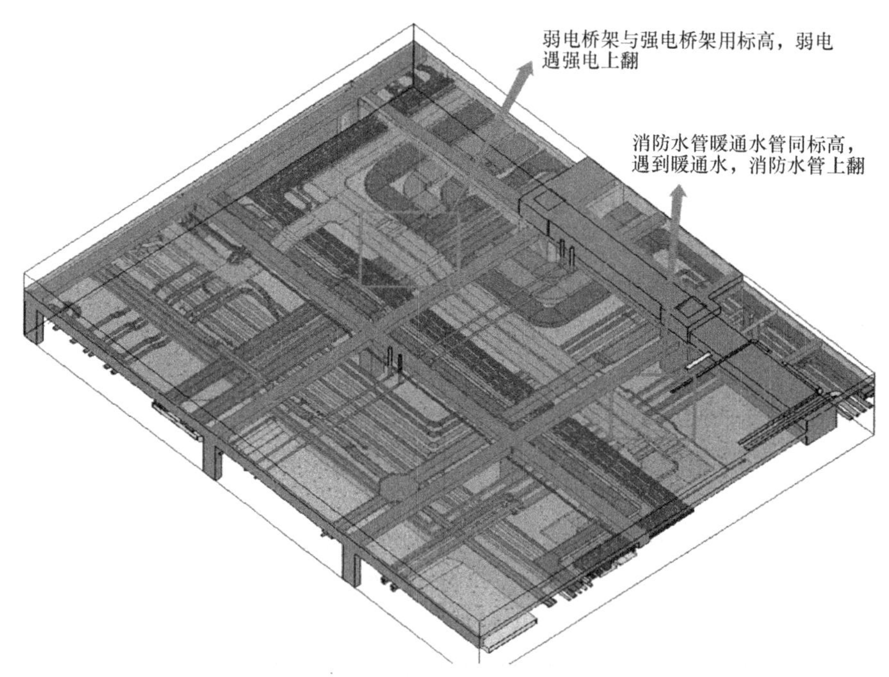

图 1　局部管线综合图

最小净距要求　　**表 1**

		水管		风管		强电桥架		弱电桥架	
		平行	垂直交叉	平行	垂直交叉	平行	垂直交叉	平行	垂直交叉
水管	无阀	100mm	50mm	100mm	50mm	150mm	50mm	150mm	50mm
	有阀	满足检修要求		满足检修要求					

续表

	水管		风管		强电桥架		弱电桥架	
	平行	垂直交叉	平行	垂直交叉	平行	垂直交叉	平行	垂直交叉
风管			100mm		150mm	100mm	100mm	100mm
			当风管或水管有保温层时，应该考虑保温层间距，当平行敷设时，管线间距加50mm					
强电桥架					150mm	50mm	150mm	50mm
弱电桥架							100mm	50mm

3.4 地下车库管线BIM模型整体展示，重点位置管线分析

利用BIM技术，将许多原本需要在施工过程中调整的管线问题，提前到施工前解决。除了提高地下室车库的净高，还减少了在施工过程中的变更，很好地体现了此项目中BIM机电管线在项目中的应用价值。

3.4.1 地下车库管线BIM整体展示

由于设计时各专业之间缺乏沟通，通过BIM集成后发现管线排布相对集中，导致净高过低、管线冲突等问题。本项目以密集区域管线为重点，通过BIM技术调整路由、管线重新排布等方法等进行了优化，调整后管线排布更清晰、管线避让明显减少，净高得到提升并且施工难度也有相应降低（图2）。

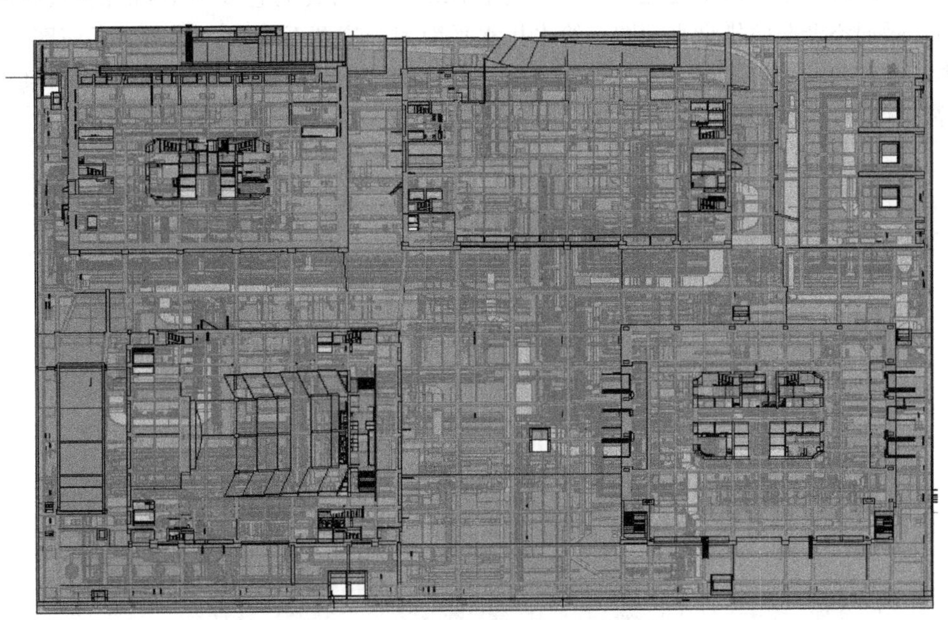

图2　地下车库整体管线综合图

3.4.2 重点位置管线分析

依据针对本项目的管线排布及避让原则，对BIM模型进行了分析和修改。在此过程中，遇到以下问题：

（1）由于多数设备房设置在B1层，导致B1层管线数量庞大，局部超大梁以及降板区域净高严峻，局部位置无法满足净高需求。

（2）B1层母线数量多，由于母线弯头价格昂贵，使得母线在管线中的权重提高，除重力管道外，所有管线都避让母线减少母线翻弯。

（3）B1层大尺寸桥架与管道交叉或顺向并行，由于管线排布过于密集同时又受地下室卷帘门影响，不能满足基本排布规则，导致施工难度增大或净高不足。

（4）B1层风管尺寸过大且不宜改动，风管与其他管线密集交汇处布管复杂，难以保证净高满足需求。

(5) 由于柴油发电机设备房布置在B1层，考虑大型机械进场路线以及以后检修，导致大型设备进场路线净高需求特别高。

3.5 碰撞检测及碰撞报告

使用BIM软件对管线密集、复杂区域进行碰撞检测，是当前行业内公认的BIM热点之一。本项目同样也进行了碰撞检查，通过将列表与三维定位相结合的方式，使工作人员能够快速、精准地找到问题位置，并在施工现场安装之前提前解决。

3.6 明细表统计

明细表是BIM技术的亮点之一，省去了人工统计的麻烦，同时避免了人工统计容易出现错误的问题，使统计的准确率大幅提升。

通过材料明细表对施工用料和成本进行预估及初步控制，并和人工统计进行对比，起到精确用量与损耗的作用，也起到对人工的复核作用。通过使用明细表对各种管线每一段的净高统计分布展示出来，使净高不足的地方暴露无遗，同时能用表格的形式精确掌握各种管线的最低高度。

3.7 BIM出图

BIM出图是保障BIM成果落地的重要环节，是将BIM机电管线综合深化设计的成果用于指导施工的重要闭环。传统的设计蓝图对机电管线只有走向图，且各专业是独立、分割的，施工前往往还需要做二次深化，本项目基于BIM开展机电管综深化设计，优化管综排布，不但能优化空间净高，而且还可避免各专业间管线碰撞，减少现场返工处理。本项目基于BIM模型出具机电BIM管综深化设计图，包括管综平面及剖面图、暖通空调与防排烟平面图、给水排水平面图、喷淋平面图、空调水平面图、电气平面图、智能化平面图、砌体预留洞口图等，施工单位依据BIM管综图纸进行施工，工作效率得到大幅提升，且施工效果非常好，即整洁美观又无打凿痕迹，带来了显著的经济效益（图3）。

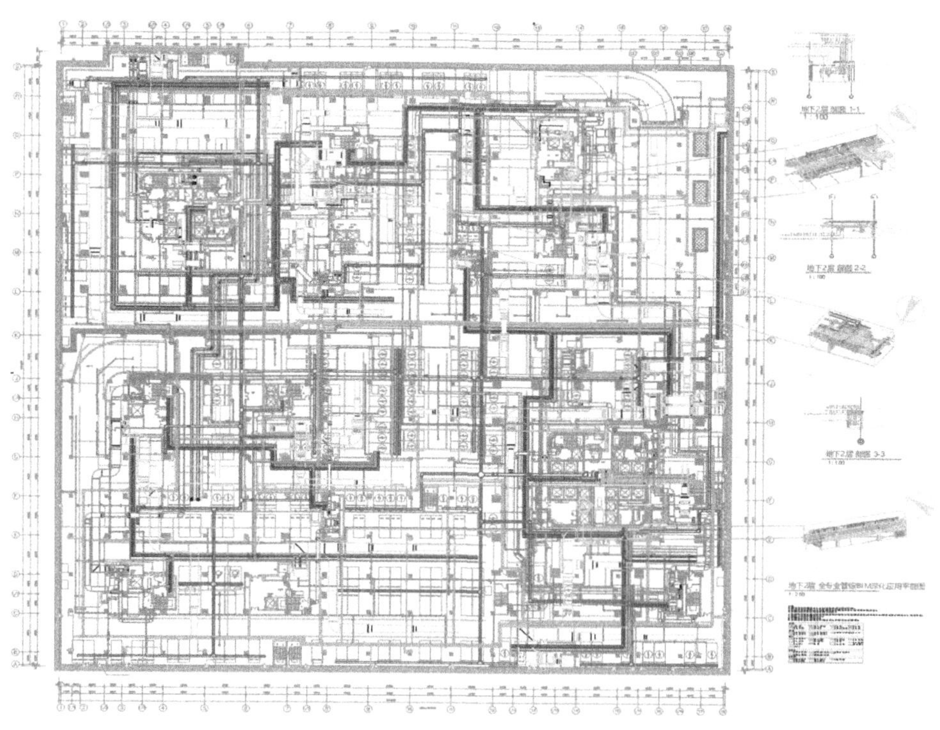

图3　地下负二层BIM全专业管综平面图

4 总结与展望

4.1 总结

本项目使用CAD出图与BIM建模相结合的方法。一是验证设计的可行性和施工图的可靠性；二是利用 BIM 出图对传统施工图进行更详细的补充说明（标注管线高度、剖面图、净高分析图）。在搭建模型的过程中，成功地找出了多处施工难点，确定了样板段的选取；管线综合过程中解决了 CAD 中无法体现的管线避让问题，明确了管线的避让“上翻还是下翻”，将简单避让无法解决的地方做了路由调整，将存在的“错漏碰缺”等问题呈现出来并一一解决；明细表帮助业主精确统计了材料实际用量，在本项目中主要用于施工过程中材料使用及浪费情况的统计与测算；最终出图把所有细节与数据都体现到图纸上，比 CAD 的传统施工图增加了更多的在施工过程中需要的内容，对施工的指导意义更大。

4.2 展望

当前我们所处的时代是一个技术与改革创新并存的信息时代。虽然现今 BIM 技术的发展仍不成熟，但是依然能发挥出相当的价值。近几年在国内 BIM 的发展相当迅速，2017 年 7 月 1 日，国家 BIM 标准《建筑信息模型应用统一标准》正式施行，填补了我国 BIM 技术应用标准的空白。随着 BIM 正向设计的推行，未来可能代替 CAD 成为设计、施工、运维等各个阶段的首选，被行业内越来越多的机构和单位所采用，为工程建设行业带新的活力。

参 考 文 献

[1] 高来先，张永炘，黄伟文，等．基于 BIM 技术的变电站工程项目管理应用实践 [J]．中国建设监理与咨询，2016(11)．

[2] 高来先，张帆，黄伟文，等．基于 BIM 技术的变电站工程建设过程精细化管理[J]．中国建设监理与咨询，2016(12)．

[3] 高来先，张永炘，张建宁，等．关于 BIM 技术在电力工程应用落地的思考[C]//中国图学学会 BIM 专业委员会．第二届全国 BIM 学术会议论文集．北京：中国建筑工业出版社：2016：110-114．

新基建背景下城市基础设施逆向BIM建模研究——以地铁项目为例

丁志坤[1,2]，徐盛取[1,2]，王家远[1,2]，王　展[1,2]，孙梓桓[1,2]

(1. 深圳大学中澳BIM与智慧建造研究中心，广东 深圳 518060；
2. 深圳大学滨海城市韧性基础设施教育部重点实验室，广东 深圳 518060)

【摘　要】 随着“新基建”发展理念的提出，融合数字化技术加快城市基础设施的建设得到日益关注和应用。如何快速准确地构建其BIM竣工模型，便于后期智慧管理，已成为行业实践中的热点与难点。本文基于地铁实际案例，应用Trimble TX8采集点云数据，对其进行精简、配准、去噪等数据预处理，最终重构案例的BIM竣工模型。本文详细阐述了逆向工程技术和既有建筑BIM模型构建相结合的技术流程与经验，对科研和从业人员有效使用逆向工程技术构建BIM模型提供参考。

【关键词】 城市基础设施；逆向工程；BIM技术；竣工模型；激光扫描

1　引言

“新基建”即新型基础设施建设，科技创新驱动、数字化、信息交互是新基建最主要的三个特点[1]。传统地铁项目建设存在竣工交互不完善，信息缺失，查验费事费力，后期运维管理成本大的弊端，制约了我国城市基础设施的发展[2]。为了解决这一问题，提供具备完整竣工阶段信息的竣工BIM模型就显得尤为重要[3]。竣工BIM模型有利于与设计阶段进行对比，从而确定是否满足竣工要求，同时在后期运维出现的问题可以根据竣工模型找到解决方案，实现可持续建造与管理的理念。

本文的主要目标是提供一个基于逆向工程技术的BIM（Building Information Modeling）模型构建流程，对既有建筑逆向BIM建模的工作流程进行了剖析，并系统阐述各流程阶段的注意事项以避免实践中可能存在的问题。最后基于实际案例，应用Trimble TX8进行点云数据采集，使用逆向软件Trimble Realworks进行精简、配准、去噪等数据预处理及初步建模，最终重构案例地铁的竣工BIM三维数字模型。同时在将处理好的点云模型建立成BIM模型的过程中，提出了一个新方法，通过Autodesk ReCap软件将点云模型转换文件格式直接导入BIM软件进行模型绘制，带来了极大的便捷和高效。

2　简介

逆向工程指针对已有产品原型，消化吸收和挖掘蕴含其中的涉及产品设计、制造和管理等方面的一系列分析方法、手段和技术的综合[4]。本文研究特指应用于建筑领域的逆向工程技术。逆向工程主要采用三维激光扫描技术，借助高速激光扫描测量的方法，高分辨率地快速获取空间中构件的尺寸信息和坐标信息，快速重构被测构件的三维模型。

从点云手动创建3D模型是一个耗时且耗时的过程。许多商业软件程序或插件已经开发，以加快这个手动过程。例如，Leica CloudWorx能够基于手动选择的管道自动创建管道中心线，然后可以按照中心线手动创建管道[5]；Autodesk Planet 3D使用户能够手动从管道图像中选择两个点自动定位和建模[6]；

【基金项目】 国家自然科学基金（71974132），广东省自然科学基金（2018A0303130037），深圳市政府自然科学基金（JCYJ20190808115809385）

【作者简介】 丁志坤（1978—），男，深圳大学建设管理与房地产系系主任/教授。主要研究方向为BIM技术与智能建造。Email：ddzk@szu.edu.cn

Kubit Point Sense 可以从 3D 激光扫描仪数据自动生成 2D 建筑平面图[7]；Trimble RealWorks 通过手动分割点云并为每个点云段选择相应的目录来自动创建 3D 模型[8]。上述程序都是半自动化的，大多数程序仅用于工业应用。

从点云到自动建筑建模，以协助建筑设施管理和性能分析，已经做出了一些研究工作。Pu 和 Vosselman[9]提出了一种基于知识的方法，提取建筑物的特征和轮廓，并根据几个假设对建筑物的几何模型进行建模，但是只扫描了街道一侧的立面。Hinks [10]引入了一种基于点的体素化方法，可自动将点云数据转换为实心模型进行计算建模。此方法可以直接将点数据转换为基于体积细分的实体模型，但是，很难准确建模弯曲的形状，综合考虑了实验室现有软件及软件优势，采用 Trimble Realworks 进行本项目的研究。

3　研究方法

基于逆向工程技术的既有建筑 BIM 建模的流程如图 1 所示。

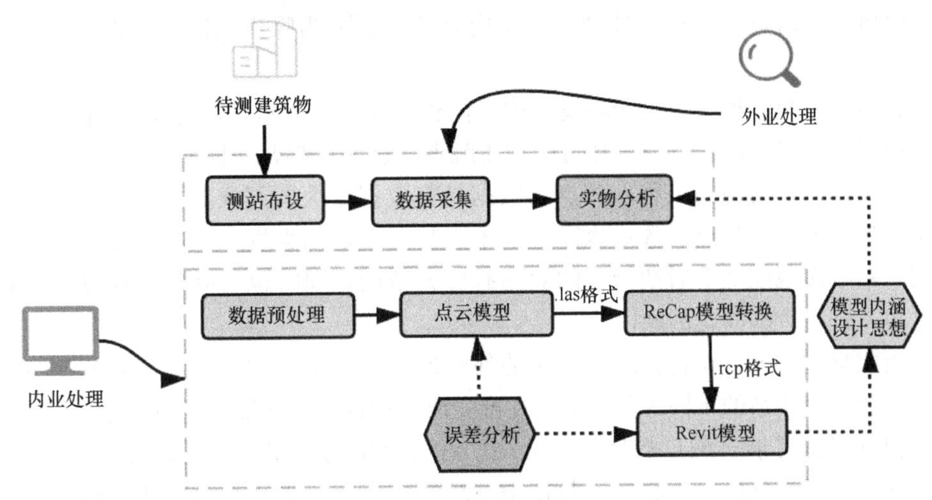

图 1　既有建筑逆向 BIM 建模流程图

对既有建筑采用三维激光扫描设备进行点云数据采集，测量前需对建筑物进行测站布置设计，以较少的测站完成对建筑物的精准扫描，扫描得到点云数据，使用后处理软件对点云数据进行点云拼接配准、数据简化、降噪、抽稀等预处理，将处理好的点云模型通过 ReCap 应用程序，转换模型文件格式，直接输入 Revit 软件中，进而可以在 Revit 中参照点云模型直接进行绘制成 BIM 模型，并根据现场全景照片赋予相应表面材质信息，最终完成既有建筑逆向 BIM 模型构建；弥补了传统的需要建立几何模型再来建立 BIM 模型的低效与缺陷。

3.1　待测建筑物

逆向工程中的待测建筑物这里主要指的是既有建筑，包含建筑图纸信息不完整的城市既有建筑或者古旧建筑物等需要通过技术手段获取其数据信息的建筑。

3.2　测站布设

在测站布设时，地铁项目与一般的民用建筑还不一样，地铁隧道表面特征点较少且不明显，所以在测站布设时要考虑布置标靶球，增加特征点，从而精确地拟合点云模型。另外，在地铁车站的测站布设中，由于车站存在很多结构柱，视野不够通透，在扫描过程中容易出现许多扫描盲区，故在布置测站点时要重点考虑这个问题。可根据实地考察进行布设，比如采用“之”字形路线进行解决。从而有效避免出现扫描盲区，防止影响后期建模内业的有效进行。

3.3　采集数据

既有建筑逆向工程的空间点云数据采集主要使用地面立站式三维激光扫描仪，该类设备行业成熟度较高，操作方便，扫描范围大，精度较高，并且可在项目中根据具体情况调节所需精度，较为灵活。

3.4 实物分析

既有建筑逆向工程的实物分析主要关注建筑物的构件信息，理解实物原型的建筑设计意图及结构设计意图等，并基于测量数据进行设计参数还原，以便后期对模型进行参数化重构，重建与原始设计意图一致的几何模型，从而为BIM参数化建模奠定基础。

进行实物分析时，应注意实物分析过程实际贯穿逆向工程的各个阶段：

① 在前期的测站布设中，应该保证控制点的通视性良好，每个控制点尽量保证三个点以上的通视；

② 在采集数据时，如对测站进行调整，同样应保证获取到满足构件建立所需的几何信息；

③ 在后期模型建立时，如发现构件几何信息不足的情况，应该对相应构件数据重新采集，以保证模型的精度。

3.5 数据预处理

逆向工程点云数据预处理工作通常包括数据平滑、排除噪声数据和异常数据、压缩和归并冗余数据、遗失点补齐、数据分割、多次测量数据及图像的数据定位对齐和对称构件的对称基准重建等。本文结合建筑行业特点，将既有建筑点云数据预处理的工作内容重新划分为噪声去除、数据简化、多视配准、数据分块。

噪声去除：在数据采集过程中，由于环境气候变化和其他人为因素，难免采集到一些噪声点、坏点，同时测量过程中由于人为操作误差等原因还可能产生跳点，这些点都要在模型建立之前进行剔除。

数据简化：对于既有建筑逆向工程，其点云数据具有数据量大、冗余数据较多的特点，在测量中即使采用较低的精度进行扫描，其点云数量也高达几千万甚至上亿的数据点，因此在实际工程中按一定要求抽稀点云数据，对于多视配准等后期操作的效率有极大帮助，同时也可降低相应操作对计算机性能配置等的要求，这也是进行数据简化的原因。

多视配准：所收集的点云数据包含既有建筑的外观外形和内部结构构件形状，测站数目往往高达数十站，在测量中通过多个测站的不同视角扫描及配准完成对构件的表面数据信息采集，这就是多视配准。

数据分块：根据建模需求对测量数据进行分块，可将复杂的数据处理问题简化，提高精度和效率。在数据分块时应注意，通过分块可以将点云数据中整块的噪声点（如采集到的人、树等不需要的点）进行分割去除；也可通过分块将点云切割成平面图或者分割成整栋的建筑物，以便后期根据建模方式选取点云数据块。

3.6 ReCap模型转换

ReCap是Autodesk开发的一个应用程序，它支持多种格式的扫描文件，并将其转换为其他格式的文件，其中包括针对“.las”格式的点云模型文件，在Trimble Realworks中将已处理好的点云模型，以“.las”的格式输出，再导入Autodesk ReCap应用程序中就可以打开进行查看，因为Revit可以插入“.rcp”的点云模型的，所以最后通过Autodesk ReCap的格式转换功能转换成“.rcp”格式，在这其中不需要对点云模型进行处理，也不会在转换中产生数据的缺失、不精确的现象。该方法大大降低了逆向建模的复杂性，给用户带来了简便，高效。

3.7 BIM模型

经过Autodesk ReCap转换后，在Revit中以点云模型的形式直接为Revit模型的建立提供参照，进行BIM模型的构建。再根据实景图片赋予相应的材质信息，最终完成BIM模型的构建。综上所述竣工模型逆向建模的步骤如图2所示。

3.8 误差分析

基于三维激光扫描设备和BIM对既有建筑进行逆向工程建模，很大程度上弥补了一些工程由于缺乏图纸而无法获取建筑信息的缺陷，得到了广泛的研究应用。然而在实际应用过程中难免存在一些误差，无法精确地表达建筑的实际情况。误差产生原因可能来自多方面：如偶然误差、人的操作不规范、建筑特点和环境等等，而且随着误差来源的增多，使得误差逐渐放大。这时需要误差分析，进行总结和反馈，对模型进行调整，从而达到最真实最完整地反映建筑实际模样的目标。

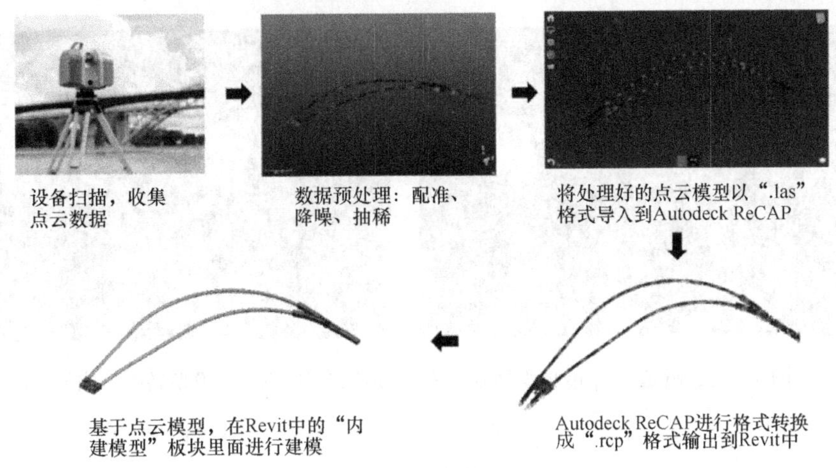

图 2 竣工模型逆向建模步骤

4 实例介绍

本文选取了深圳市城市轨道交通 14 号线（以下简称“地铁 14 号线”）部分竣工隧道和具有 4 条地铁换乘的车站为例研究，展示逆向工程与 BIM 技术的具体结合应用。

4.1 点云模型构建

项目运用 Trimble TX8 进行扫描。由于选取的地铁 14 号线为不规整的弧形面，故扫描中采用了二级精度扫描，对于局部（长廊通道、远距离靶球等）进行二次精扫，精扫速度大致为平面内 15°扫描范围需要 2～3 分钟时间。

所获点云数据在 Trimble Realworks 中可选择基于目标或基于点云的多视配准模式，由于项目外业运用靶球进行测量以保证其精度，故项目主要采用基于目标的配准模式，点云模型如图 3 所示。

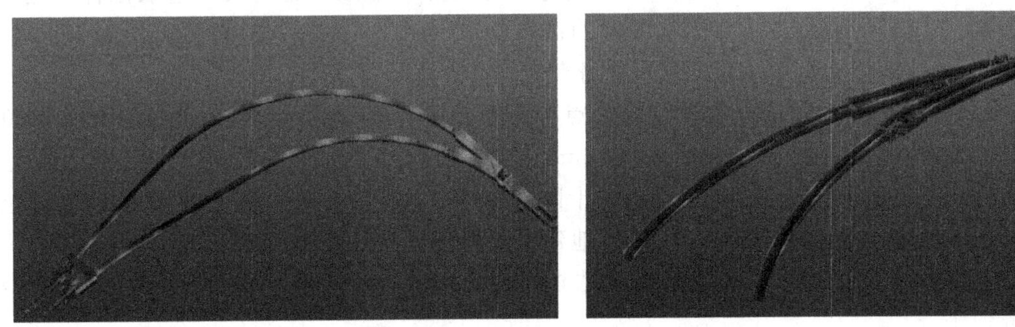

图 3 地铁隧道点云模型图（左）、局部剖面图（右）

4.2 模型转换

在 Trimble Realworks 中处理好的点云模型，以“. las”格式输出文件，再用 ReCap 打开，转换好的点云模型如图 4 所示。最后以 Revit 支持的“. rcp”格式导出点云模型。在这过程中只是进行了文件格式的转换，不存在数据丢失的情况。

4.3 Revit 模型构建

在 Revit 中插入“. rcp”格式的点云模型，插入的点云模型可当作参照进行构建 BIM 模型，Revit 模型的构建流程主要是利用 Revit 中的内建模型功能，由于隧道管片没有可直接使用的族，故需自定义，根据路径，绘制外轮廓并进行隧道管片部分的绘制，其次站台可直接用基本族构建进行建立。地铁隧道和车站的完整 Revit 模型如图 5 所示。

4.4 误差分析研究

通过案例研究也进行了误差分析，其误差来源主要在三个阶段：

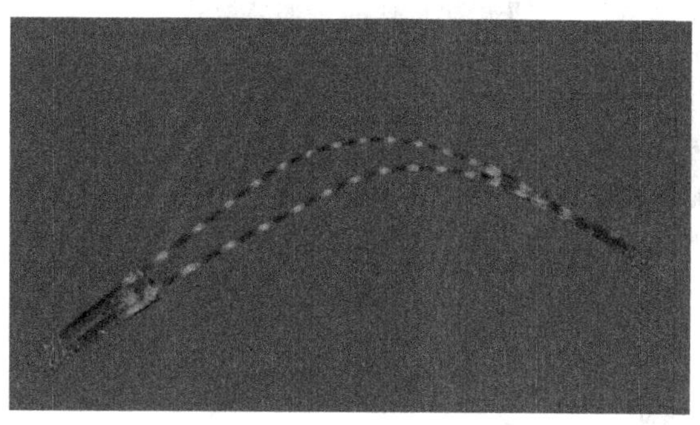
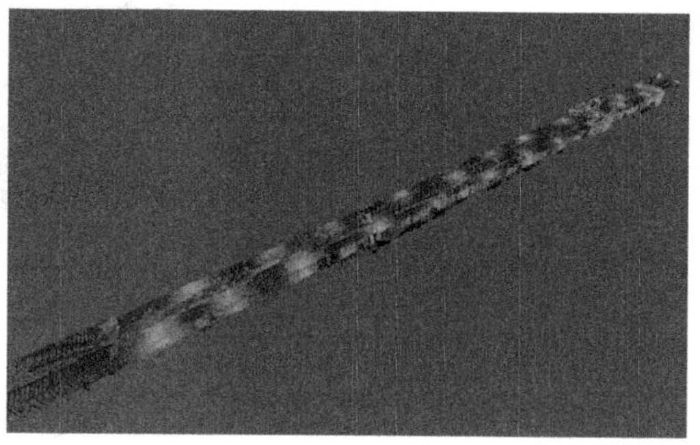

图4　地铁隧道-ReCap模型转换（左）、地铁车站-ReCap模型转换（右）

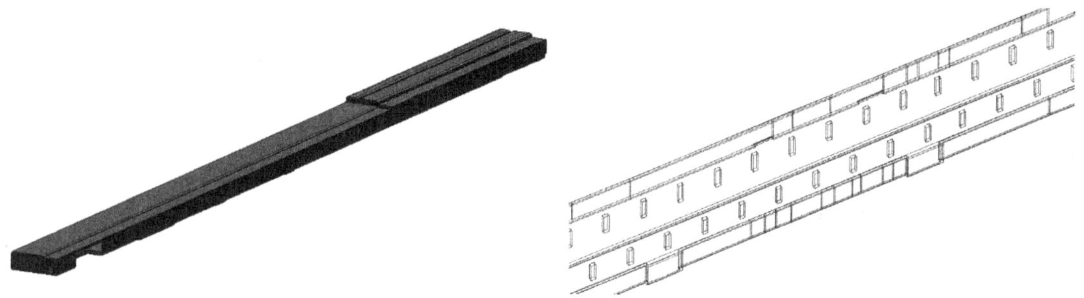

图5　地铁车站模型图（左）、局部透视图（右）

第一在收集点云数据的过程中：建筑本身的特点（如建筑表面结构单一，没有明显的特征点）和外界环境条件会带来收集点云数据过程中的复杂性，以及后期生成点云模型的不确定性。其次人为控制设备由于操作的不规范可能导致数据的不精确，无法获取得到完整的点云数据。

第二在点云数据的处理过程中：对于没有设置标靶球的点云配准，需要人工选取拟合点进行配准，这就可能产生因为人工干预导致拟合点无法精确的选取而带来的误差。其次在降噪部分，由于隧道表面并不都是平整的面，在降噪过程中可能把建筑本身有用的点去掉了。

第三在建模过程中：由于点云模型外轮廓的点分布不集中，较分散，导致与真实建筑有少许偏差。如地铁隧道管片，根据管片规格标准内径是5500mm，但在实际建模中，发现存在1～5mm的误差，是满足竣工验收的允许误差范围的[11]。其次由于地铁十四号线隧道段标高不一致，在建模时无法一次性完整地构建好，这时需要划分成多段，从而一段一段地建模。另外，在地铁车站中有大量的结构柱，点云数据在柱的表面形成了参差不齐的点，在建模中无法根据实际情况进行建模，只能看作平滑的轮廓线进行绘制。

5　讨论与建议

本文运用BIM和逆向建模技术，基于Trimble TX8、Realworks及Revit等专业设备与软件，创新性地提出通过格式转化将点云模型直接导入Revit中构建BIM模型，节省了大量的人力和时间。通过地铁的案例研究验证了该方法的适用性，系统性地阐述了综合BIM与逆向工程技术进行高精度数字建筑模型逆向构建的技术路线及经验，弥补了文献中既有建筑逆向建模相关成果匮乏的不足，可为相关研究人员及业界专业人士提供参考。

利用本文的方法不仅可以对规则的既有建筑结构进行BIM模型逆向构建，对于包含异形曲面的复杂建筑也适用，同时基于构建好的竣工模型，便于竣工查验，后期运维，也有助于地铁车站的装饰装修。但不足之处在于，在逆向建模过程中存在一些误差和人工干预的因素，导致无法客观反映既有建筑的真实情况，还需进一步研究如何提高建模的精度与效率。

参考文献

[1] 刘艳红，黄雪涛，石博涵．中国“新基建”：概念、现状与问题[J]. 北京工业大学学报，2020，20(06)：1-12.

[2] 陈宗胜，朱琳. 中国传统基建设施仍亟需大力投资完善[J]. 国际融资，2020(11)：29-35.

[3] 陈达非，谢明泉，马云飞，等. BIM竣工模型交付应用研究[J]. 建筑技术，2019，50(04)：458-460.

[4] 吕英杰，陈红杰，张威. 基于逆向工程技术的模具型腔设计与制造的研究 [J]. 模具制造，2019，8：62-4.

[5] STEVENS C. Leica CloudWorx 4. 2 and AutoCAD 2012 - digitizing a point cloud in 2D [J]. CAST GeoSpatial Methods & Visualization，2012.

[6] Autodesk debuts new auto CAD plant 3D 2010 software[J]. Cad/cam Update，2009.

[7] BAILEY M P. Cheminnovations 2013 [J]. Chemical Engineering，2013.

[8] 武少丰，杜洪涛. 移动激光扫描技术结合天宝Realworks在公路测设中的应用 [J]. 测绘通报，2018(009)：152-5.

[9] PU S，VOSSELMAN G. Knowledge based reconstruction of building models from terrestrial laser scanning data [J]. Isprs Journal of Photogrammetry & Remote Sensing，2009，64(6)：575-84.

[10] HINKS T. Geometric processing techniques for urban aerial laser scan data [J]. 2011.

[11] 中华人民共和国住房和城乡建设部. 地下铁道工程施工质量验收标准：GB/T 50299—2018[S]. 北京：中国建筑工业出版社，2018.

BIM+AR 技术在地下管网建设中的智慧应用探索

练建沛，朱振凤，欧阳少游

（同炎数智科技（重庆）有限公司，重庆 400000）

【摘　要】本文基于 BIM+AR 技术对地下管网建设中相关的智慧应用进行了研究探索，依次对 BIM 技术、AR 技术、BIM 模型的 AR 化以及 BIM+AR 技术的具体应用方式作了详细介绍。借由 AR 技术完成 BIM 模型的空间信息扩增，使 BIM 模型实时呈现于真实空间中，不仅为地下管网的智建慧管奠定了基础，同时也为其他相似工程提供参考。

【关键词】BIM；AR；地下管网建设

城市地下排水管网系统作为现代化城市的重要基础设施之一，是城市地下空间开发的重要环节。随着城市的现代化进程加快，智慧城市、数字孪生、CIM+等新兴概念的提出，传统的地下管网建设也面临新的升级换代。自 BIM 技术问世以来，在地下管网建设中的应用也开始迎来蓬勃发展。宋学峰[1]以 GIS 和 BIM 的深度集成应用技术为核心探讨了城市地下管网的信息管理模式，致力于打破地下管网建设管理的信息壁垒；冯伟民等人[2]利用 BIM 技术研发地下管网数据一体化处理平台规划地下管网系统的设计与应用，并将地下管网建设各阶段的信息纳入平台一体化运行，对地下管线规划设计的 BIM 应用研究起到了探索和引领的作用。

2016 年至今，BIM 技术开始进入创新融合应用发展阶段，赵彦磊[3]将三维建模与 4D 施工模拟、VR 技术、3D 打印等技术相结合并应用于隧道工程安全管理中，提高了隧道安全管理的操作性和实用性。何志红[4]通过虚拟平台的特性实现 BIM+VR 技术在于统筹规划、资源整合、具象化集成和平台构建的虚拟展示，为使用者提供交互性设计与可视化印象。

本文基于 BIM+AR 技术，通过对地下管网建设过程中的智慧应用进行研究，为城市地下管网建设提供新的应用发展思路，为实现地下管网建设的信息化、智慧化管理奠定基础。

1　地下管网建设现状

目前地下管网的建设主要存在以下三个方面问题[5]：

（1）管道新建、改建、扩建频繁；例如刚完成道路沥青铺设却因电缆未埋，只能再次挖开重复施工，造成巨大资金浪费的事件层出不穷。

（2）管线建设缺乏整体规划，多家施工单位各自为营，自行设计，而不是从整个管网系统出发综合考虑地下空间资源的有效利用与可持续发展，地下空间资源浪费严重。

（3）管道设施老化，运行失稳，资料缺失，故障频出。

针对以上三个问题，亟须推进 BIM 在地下管网建设全生命周期中的应用，而 BIM 和 AR 技术的结合，源于 BIM 模型的一个显著特点即可视化的模型与现实空间的信息是吻合的，因此借由 AR 技术可以将 BIM 模型带到真实空间中，让本“不见天日”的地下管网重见天日，见建筑于未建，见慧管于实景，实现真正的智建慧管应用。

【作者简介】练建沛（1997—），女，助理工程师。主要研究方向为计算机技术。E-mail：lijianpei@tylin.com.cn

2 关键技术简介

2.1 BIM 技术简介

BIM[6]是“Building Information Modeling”的缩写，中文虽直译为“建筑信息模型”，但它却不仅仅是一个可视化的三维建筑模型，其重点在于利用数字化建筑模型里面的“信息”对实体建筑实现建筑物全生命周期过程中的全过程项目管理。通俗易懂地来说 BIM 可以理解为一个包含建筑工程项目中各项相关信息数据的数据库，它通过数字信息的仿真，模拟实体建筑的全生命周期进程，用真实性模拟和建筑可视化的方式来消除参与项目的各个单位由认知差异带来的沟通障碍，以便让项目各方直观形象的了解实时施工进度、工期、成本等项目基本信息。

2.2 AR 技术简介

AR 是“Augmented Reality”的缩写，即“增强现实”。它从 VR（Virtual Reality，虚拟现实）技术发展而来，却有别于虚拟现实，它根据相机的位置和角度，通过程序的计算将相应的辅助图像或者虚拟物体附加到真实的空间场景中，实现虚拟物体与现实空间叠加显示，提升人们的感官体验。

2.3 BIM 模型的 AR 化

BIM 模型的显著特点即可视化的模型与现实空间的信息是吻合的，因此利用 AR 技术可以将虚拟的 BIM 模型带到真实场景中，实现虚实共构的视觉效果，真实场景与 BIM 模型的融合能够辅助使用者获得某些实体物建中包含的隐含信息。借由 AR 技术将 BIM 模型的信息响应到真实场景中，让信息与空间环境、对象有所关联，即可实现 BIM 信息的空间性扩增。

将 BIM 技术和 AR 技术相结合开发移动终端程序，实质上是将现实场景和虚拟场景进行相互交融，通过摄像头进行场景判别以及位置追踪后将虚拟的三维模型通过终端屏幕显现。其具体的开发流程包含三步：

（1）根据管线平面设计图纸与现场物探的信息获取模型所需的基本数据，基于 BIM 软件（以 Revit 平台为例）初步建立三维模型，再完成碰撞检测，实地复核等一系列操作后，输出最终的 BIM 模型[7]。

（2）在地下管网 BIM 模型建立完成之后将其导成 FBX 格式。

（3）在 Unity3D 软件中导入 Vuforia AR 插件，并将导出的 FBX 格式文件导入 Unity3D 软件中，在软件中通过脚本编写与操作，使其生成对应的移动终端程序文件。将文件安装至移动终端，通过摄像头扫描识别图像，使虚拟的建筑信息模型显示在移动终端中，实现 BIM 模型与真实场景的叠加（图 1）。

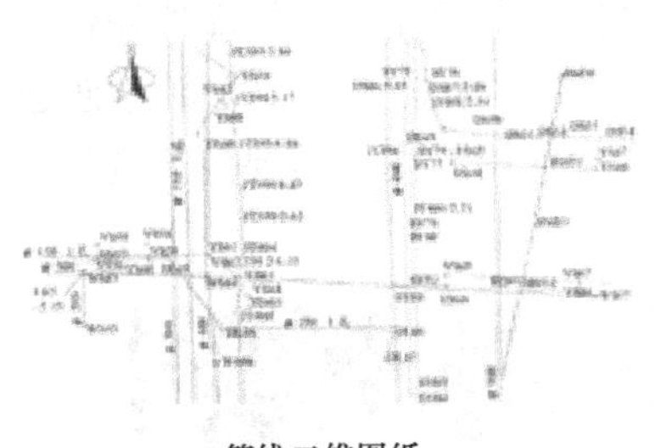

管线二维图纸

BIM自动建模

模型AR呈现

图 1　BIM 模型的 AR 化

3 BIM+AR 的智慧应用研究分析

3.1 BIM+AR 助力工程质量控制

施工前，通过 BIM 模型的 AR 呈现工作人员可实地看到设计图纸在真实场景中的落地，消除由认知差异造成的沟通障碍，减少因设计不合理造成的问题，使事前预检变得可能，避免多次返工（图 2）。

施工中，在真实空间中显示的 BIM 模型可以让施工相关人员更快地理解施工的注意事项，例如帮助施工人员进行管线布局、管道附属物的位置复查等建设工作从而大幅减少安装失误，提高建造效率。从一定程度上来说也降低了建筑工人的专业需求门槛，提升了他们业务反馈与执行的效率（图 3）。

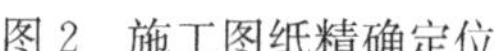

图 2　施工图纸精确定位

图 3　设备位置复查

施工后，也可以利用 AR 技术完成现场的巡检，验证设计重点，把控施工质量。现场人员可直接透过手持移动终端，实时对接平台中存放的被巡检工程与设备的相关信息，将项目的 BIM 模型与信息带到真实施工现场，实现项目过程的可视化把控，提高项目质量（图 4）。

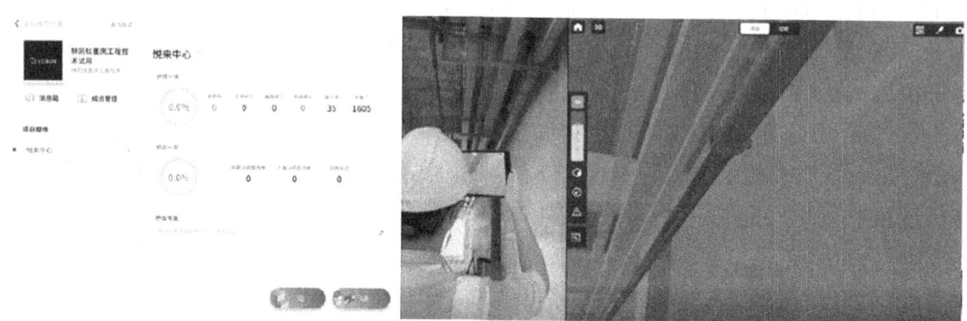

图 4　基于 BIM＋AR 的项目质量巡检应用

3.2　BIM＋AR 指导施工现场操作

在地下管网的施工过程中会有许多复杂的机械拆装操作，其技术难度相对较大，在实施过程中由于施工人员的技术水平有所不同、施工标准有细微差异等原因可能会对现场操作造成一定影响。通过开发 AR 移动终端程序，现场人员在移动端可以通过点击拆装模拟模块预览操作过程并进行虚拟操作，一方面降低了现场人员因技术不过硬而导致施工材料浪费、进度延后等成本不利因素；另一方面也使远程专家指导逐步成为可能，专家可以通过异地共享 AR 视角的方式进行施工操作指导而不需要到达现场，降低了沟通的综合成本（图 5、图 6）。

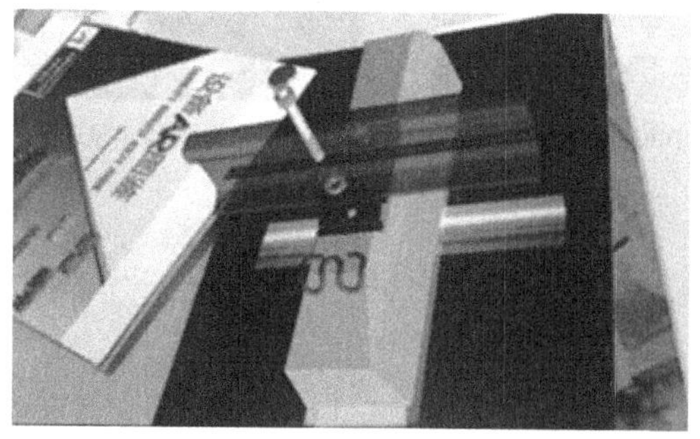

图 5　AR 构建拆解

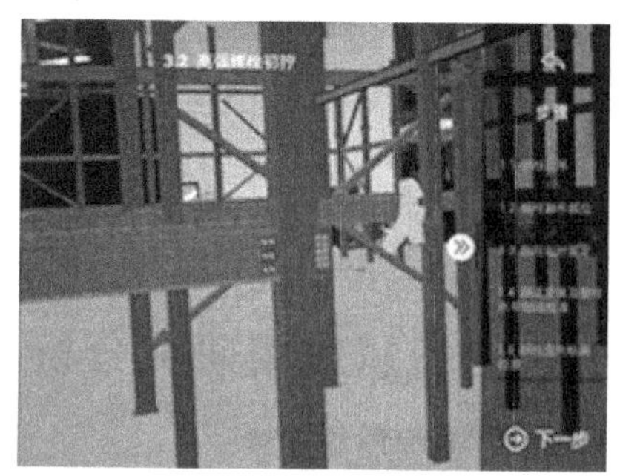

图 6　AR 施工指导

3.3　BIM＋AR 推动智慧运维进程

大多数情况下地下管网一旦建成人员便很难进入，而目前管网的运维方式一般是出现故障且造成不良结果后再安排维修人员到现场进行实勘检修的事后运维。而在 AR 技术的加持下，可以通过电子眼巡视、关键节点设置传感器等方式实现管网故障的感知，利用传感技术自动同步故障点，并将信息反馈给相关人员进行 BIM 模型的更新，进而实现其 AR 呈现的更新。维修人员只需在实地设定位置通过移动终端扫描实体物建，便能“透视”在实体物建下的管网，能够更加清晰直观地看到故障发生的真实空间位置、故障类型等相关信息；相较单一 BIM 应用更具空间信息，实现所见即所得的空间信息应用，推动从管网建设到建成后运营过程的横向打通，实现真正的智建慧管（图 7）。

图 7　管网检修透视效果

4　结语

本文聚焦 BIM＋AR 技术在城市地下管网建设的智慧应用研究，回答了 BIM＋AR 应该应用在什么场景、集成什么业务应用、解决什么痛点、产生了多少价值等问题。不仅仅是针对单点的应用，而是涵盖了地下管网建设的全生命周期，其背后是基于协同管理平台的融合管理。BIM＋AR 创新应用的发展具有广阔的前景，定能在工程实际中创造新的价值。

参 考 文 献

[1] 宋学峰．以 GIS 和 BIM 深度集成应用技术为核心的城市地下管网信息管理模式探讨[J]．土木建筑工程信息技术，2016，8(004)：80-84.

[2] 冯伟民，张敏．地下管网 BIM 数据一体化处理平台研发与应用[J]．地理信息世界，2019，026(005)：123-128.

[3] 赵彦磊，纪淑营，苗传栋．基于 BIM 技术的隧道工程自动算量方法[J]．土木建筑工程信息技术，2020 (05)：24-29.

[4] 何志红，孙会龙，刘贞，等．基于 BIM＋VR 技术的装配式建筑远程协同平台设计[J]．重庆理工大学学报(自然科学)，2019，10.

[5] 杨鑫梅，刘青豪．城市地下管网建设的问题与对策研究[J]．科学与财富，2017(7)：3-3.

[6] 邢来成．建筑信息模型(BIM)综述[J]．科学技术创新，2020(20)：2.

[7] 顾小双，张旭，施文君．城市地下管网 BIM 快速自动化建模方法研究[J]．上海建设科技，2020，238(02)：55-57，65.

BIM技术在安装工程中的应用

加崇曦，丁德军*，黄宇航

（重庆悦瑞文化旅游发展有限公司，重庆 400013；同炎数智科技（重庆）有限公司，重庆 400000）

【摘　要】BIM管道综合在工程中显得尤为重要，在规范安装的前提下，能够准确模拟出现场情况，通过不断推演优化，最大限度地提升安装质量以及节省安装成本，解决了在有限安装空间不能安装或安装设备达不到预期功能的痛点，进一步提升了安装工程的容错率。

【关键词】预留预埋；管道综合；净高分析；综合支吊架；协同管理平台

1　引言

从1975年，“BIM之父”Chuck Eastman教授提出BIM理念，在全球科学家不断研究和完善下，建筑信息模型（Building Information Modeling，简称BIM）技术，因其可视化、模拟性、优化性、可预测性、可控制性等优势成为工程项目全寿命周期管理的重要工具[1]。

我国自引入BIM技术到现在短短十余年发展十分迅速，同时也获得了工程行业的一致认可。BIM管道综合技术在安装工程中的作用尤为突出，例如在净高控制、泵房优化设计和一些安装难度较大的节点中的变现十分亮眼。除了对安装成本控制外，对安装品质严格的项目，也能发挥出巨大的作用。

2　工程概况

悦来会展总部基地位于重庆市渝北区两江新区悦来组团，D分区“11-1/04”号地块。工程规划建设用地面积20904.00m²，总建筑面积约为204287.14m²，由办公、酒店、商业设施、地下车库、设备房组成，其中地下车库为负2层至负6层，1号楼办公+艺术酒店为负6层至43层，2号楼星级酒店为负6层至23层。

本安装工程通过传统二维设计，后通过BIM深化设计，最后在现场实施安装。因涉及五星级、四星级酒店、商业等较为复杂业态，起点高、标准高的特点使得安装难度较大。

3　BIM管线综合与传统管线综合在安装项目中的优势

诚然，在本项目复杂业态及严格的标准下，传统的设计技术是很难达到要求的，同时也暴露出其诸多不足。而BIM管线综合优势是在可视化的三维环境中进行，能最大限度地优化掉不合理或者错误的平面设计，使成本控制、质量控制得得到大幅的提升，增加了本项目的可实施性和容错率。

（1）不易控制成本

传统的安装工程中，多通过二维方式来进行管道综合，多专业合图后图纸杂乱无章，虽然能发现一些碰撞问题，但很多问题依然存在，“做到哪改到哪”的项目数不胜数。这种情况下无论是材料、人工成本严重浪费，工期延误的成本也是巨大的。

（2）安装精度达不到要求，拆改情况严重

传统的机电安装设计精度也是很难达到要求的。在项目的设计过程中，设计人员多是凭借着设计经验在脑中构思，然后用平面表达出来。这种情况下完全依赖的是设计人员自身水平，因技术能力的差异，

【作者简介】丁德军（1989—），男，BIM技术人员。主要研究方向为BIM技术在机电施工中的应用。E-mail：572530388@qq.com

致使多数项目在现场施工中举步维艰，拆改严重，无论对进度控制、质量控制来说都是不利的。

(3) 交叉施工混乱

机电安装工程因其专业多的特点，多数情况需要交叉施工，在此情况下，如何快速、准确地协调现场是现场安装人员是一个重要课题。在很多传统项目中，因不能及时反映各个专业的碰撞问题，致使各个专业协调难度极大，现场施工混乱。

(4) 人力消耗巨大，管理难度大

传统的机电安装项目因其专业的多样性、灵活性、材料种类复杂等特点，使得管理难度较大。如材料统计需要人工计算，数以万计的管件、附件以及上百种的材料要准确、快速地统计出来，只靠人工统计，难度无疑是很大的。

4　BIM 技术在安装工程中的应用

4.1　基于 BIM 的设计优化及施工深化应用

(1) 基于 BIM 模型的预留预埋

不同于普通的深化预留预埋，利用 BIM 技术可以巧妙地运用 Navisworks 的碰撞检查功能，不仅能发现管线与管线的碰撞点，还能利用碰撞报告里管线与墙体、楼板的硬碰撞部位准确的找出需要留洞及预埋套管的部位。

基于 BIM 的预留预埋应用，错留、漏留、乱留的现象得到了有效解决，并可高效辅助深化设计人员出图，提高出图质量，省去大量图纸变更时间，大大提高有效工作率。

(2) 基于 BIM 模型的方案分析

根据现场进度，通过多方参与整合，利用 Revit 模拟出合适的综合管道施工方案。比如在实体工程未开工前组织设计协调会，根据项目的实际情况利用模型编制多种施工方案，分析方案的利弊，综合比选出最优的施工方案，如图 1 所示。

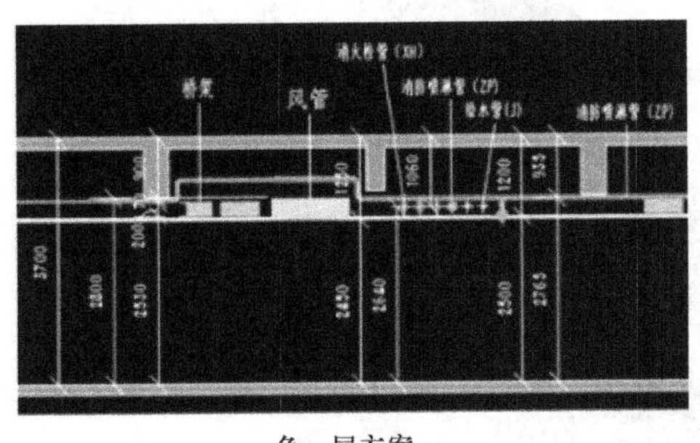

负一层方案一

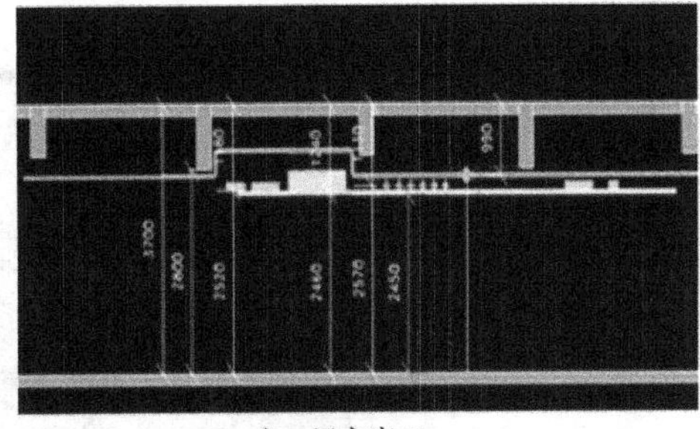

负一层方案二

图 1　车库负一层方案比选

(3) 基于 BIM 模型的管道综合

根据多方确认后的机电安装方案，BIM 技术人员实施完成后，组织会议综合分析重难点部位，达到预期效果后，形成净高分析图表。

BIM 机电管道综合能快速准确地筛查出本工程中潜在的碰撞问题及不合理或不能实现的安装部位，将传统机电安装中不可预见的问题通过模拟施工提前暴露出来，能真正到达“提前预防，提前控制”的目的，提高项目的整体质量。如图 2 所示。

不仅如此，BIM 技术加持下的机电管综能将综合支吊架的使用率提升到最大化，将拟定好的方案在平面上合理布置，将安装工程的成型效果提到最大，将工程项目赋予美感。

(4) 基于 BIM 模型的可视化交底

BIM 模型对比传统的现场技术交底作用和优点是很明显的。通过已经完成的净高分析图，能快速定位到重点、难点区域，通过 Fuzor 等 BIM 软件进行可视化的现场交底。清晰快捷地让施工人员掌握工程的各类信息，如图 3 所示。

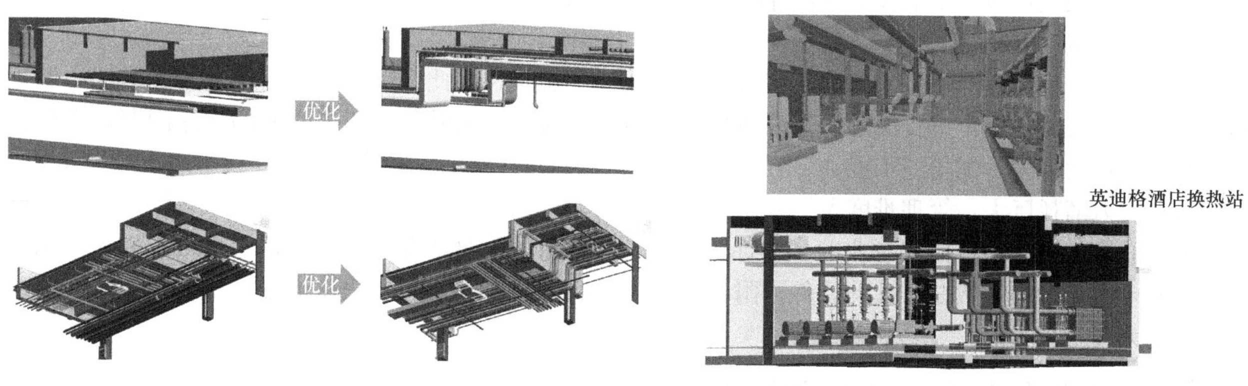

图 2　BIM 管道综合前后对比图　　　　图 3　换热站可视化交底

4.2　基于 BIM 协同管理平台的施工管控

为了更好地将模型与现场相结合，同炎数智自主研发的以 BIM、GIS、AI 和大数据为核心的全过程工程咨询数字化协同管理平台，支持业主与各参与方利用结构化的数据，对项目全生命期实施全过程一体化管控，实现数据驱动管理，技术赋能智慧建设。

4.3　基于 BIM 协同管理平台的模型管理

协同管理平台通过对 Revit 模型的轻量化处理，技术人员可以利用移动设备进行查阅，做到随时随地的对现场质量、进度进行管理。如图 4 所示。

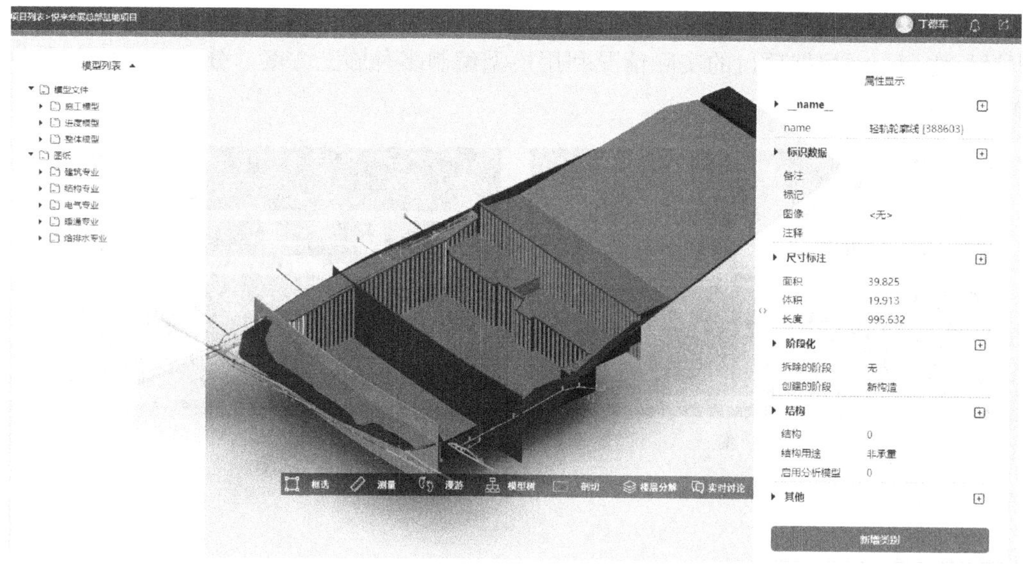

图 4　协同管理平台 _ 模型管理

5　结论

BIM 机电管道综合在安装工程中的作用是巨大的，通过利用各类 BIM 软件，将实体工程数据化，提前预控、预防在传统安装工程可能出现的各类问题。以先进科学的技术手段进行细致的分析，不仅降低了建筑工程的成本，在质量控制方面也有质的提升。

BIM 这一技术手段通过精确的数据分析和施工模拟，快速、高效、准确地掌握当前项目的特点，不再是传统建筑工程中仅凭经验来实施项目。BIM 技术以虚拟施工的方式将以往的施工、设计经验和技术沉淀与当前项目场紧密结合，将工程的品质提升到更高的台阶。BIM 技术的发展与应用无疑是成功的，通过实体建筑数字化的方式与物联网、智慧建设相结合，让建筑工程项目变得更加简单。同时通过同炎数智研发的协同管理平台的结合，真正意义上达到了“指哪打哪”的效果，大大提升了相关技术人员的效率。

目前，虽然 BIM 技术发展很快，但依然存在一些问题，相信在不断的探索下，BIM 技术的应用将会取得更大发展。

参考文献

[1] 陶海波，张远艳. BIM 深化设计项目实验研究[J]. 四川建材，2021，47(06)：56-59.

BIM技术在清水混凝土工程中的综合应用实践

张皓然，陈　冲，张逸飞

（同炎数智科技（重庆）有限公司，重庆 400000）

【摘　要】随着绿色建筑的观念日渐深入人心，应用清水混凝土的工程越来越多，有很广的市场前景。但清水混凝土工艺精度高、容错性低、成本较高、管理难度大，对传统设计、施工和工程管理提出了很高的要求。因此，在清水混凝土工程中引入BIM技术提高设计精度，解决施工痛点，提升管理效率成了一种有效的手段和有益的尝试。

【关键词】BIM；清水混凝土；预留预埋；协同管理平台

1　引言

近年来，建筑信息模型（Building Information Modeling，简称BIM）技术在全球范围因其可视化、模拟性、优化性、可预测性、可控制性等优势成为工程项目全寿命周期管理的重要工具[1]。而我国自2016年以来，随着中央和地方政府相继出台多项政策，大力推动BIM技术的发展，该技术已逐渐应用到建筑工程的各个领域[2]。

与此同时，我国的绿色施工也在高速发展。清水混凝土采用一次浇筑成型的方法制作，表面平整光滑，色泽均匀，天然庄重，减少二次装修污染，有利于环境保护，是名副其实的绿色混凝土，应用前景非常广阔[3]。而我国的BIM技术在现阶段已开始逐步应用于清水混凝土工程项目，为各方单位解决问题，在满足清水工艺混凝土结构功能的基础上，实现装饰效果[4]。饰面清水混凝土的对拉螺栓孔眼、蝉缝、明缝是体现建筑美感的重要手法，但与此同时也是施工过程质量控制的难点[5]。设计的深度、模板工艺的精细度都将直接影响饰面清水混凝土的最终效果。

本文将基于林同棪国际工程咨询（中国）有限公司总部研发基地二期项目（下文简称“本项目”），深入探讨BIM技术及其在清水混凝土工程项目中的应用，同时结合BIM协同管理平台进行施工管控，为项目提升管理效率以及创造更好的经济价值。

2　工程概况

本项目位于重庆市渝北区，总建筑面积约2.7万m^2，其中地上建筑面积约1.3万m^2，地下建筑面积约1.4万m^2，地上16层，地下4层，为一类高层公共建筑。

本项目设计采用“大跨度＋大悬挑＋清水混凝土”的结构形式，地上建筑部分全部采用清水混凝土工艺，品质要求为在亲人尺度上达到“饰面清水混凝土”的建设标准。这对清水混凝土原材料质量把控、大面积分段浇筑颜色控制、钢筋模板施工质量、机电预留预埋、半成品及成品保护等诸多方面均提出了极高的要求。

3　传统方式在清水混凝土项目中的不足

清水混凝土项目具备对施工工艺要求很高，一次成型，不容易修凿、修复的特点，传统的设计、施工和项目管理方式在此类项目中存在以下问题：

【作者简介】张皓然（1984—），男，数智建设项目经理/中级经济师。E-mail：89715040@qq.com

（1）缺少行业标准

目前可依据的清水混凝土行业标准较为稀缺，仅有《建筑工程清水混凝土施工技术规程》，DB11/T 464—2015 等少量几部地方标准。这就导致设计、施工缺乏标准依据和参考，质量难以保障，成本容易失控。

（2）传统设计深度不足

传统设计图纸未充分考虑施工工艺措施，传统施工深化也多为施工单位的自主行为，不一定能深度理解设计和建设单位意图。容易导致执行过程失控，各种埋件的漏埋、偏移现象多，预留预埋管洞后期利用率差，甚至需要后凿，造成清水混凝土整体饰面效果差。

（3）传统施工管理方式精度不足

传统方式施工后会通过精装修覆盖施工缺陷，但钢筋、模板、浇筑、振捣、拆模、半成品保护等任何工序中的失误都会在清水混凝土饰面表层遗留下痕迹，甚至出现龟裂、蜂窝、麻面、冷接缝、表面损伤等问题。传统的施工管理方式难以维持较长周期的高精度管理。

4　本项目中 BIM 清水混凝土专项应用

4.1　基于 BIM 的设计优化及施工深化应用

（1）基于 BIM 模型的模板正向设计

清水混凝土模板的排布对最终成型效果影响很大，需要综合考虑模板排布、对拉螺栓孔、明缝、蝉缝等诸多因素，设计方案需兼顾施工工艺和模板支撑体系，内外墙留孔对应等等。传统二维图纸难以考虑全面，并且很难准确表达。

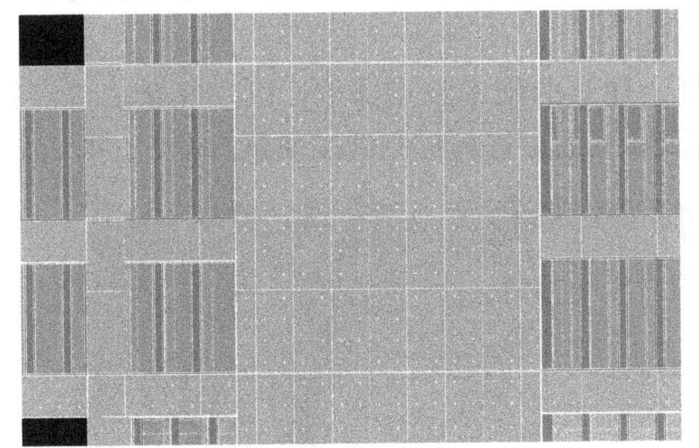

图 1　外立面模板排列（局部）

本项目 BIM 团队与设计团队密切配合，设计确定模板排布大原则，基于 BIM 模型对清水混凝土工艺模板进行排版，不断优化调整模板的布置、对拉螺栓孔的孔距、明缝设置，预留施工措施所需空间，实现了模板精细化正向设计。

基于此精细化设计，提高了下料精度，同时将施工过程中所需的模板尺寸、规格进行统计，分析模板损耗情况，提高清水模板的复用率，节省了项目成本。同时为设备专业精准定位预留预埋件的基础，为后续 BIM 预留预埋应用做出了铺垫（图 1～图 3）。

图 2　室内模板排列（局部）

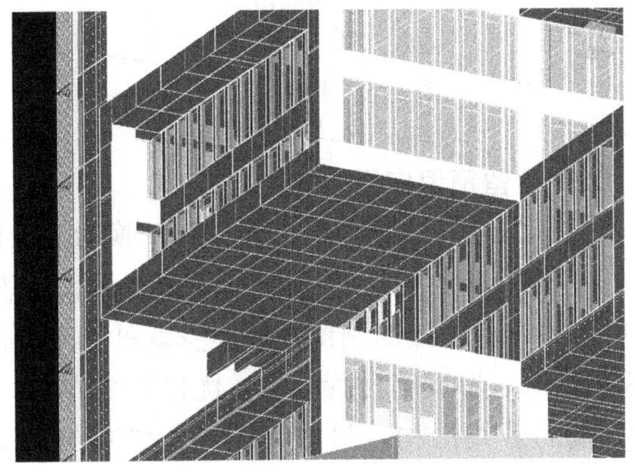

图 3　悬挑底板模板排列（局部）

（2）基于 BIM 的施工方案深化

由于清水混凝土工艺对于对拉螺栓孔、蝉缝、明缝处理的要求极为严格，阴阳角转角处施工限制条件多，精准的施工方案是质量管理、过程管理的重要保障。

本项目采用 BIM 模型的方式还原现场施工措施，在原有模板体系排列的基础上添加施工方案，例如高还原度的支模工艺。在建模过程中严格控制施工细节，例如精密裁板锯切割的角度，阴阳角模板拼接以及明缝条定位。帮助施工人员更加清楚施工工序，避免了不必要的返工。利用Revit三维模型更直观，更快捷地指导现场施工（图4、图5）。

图4　模板主次龙骨

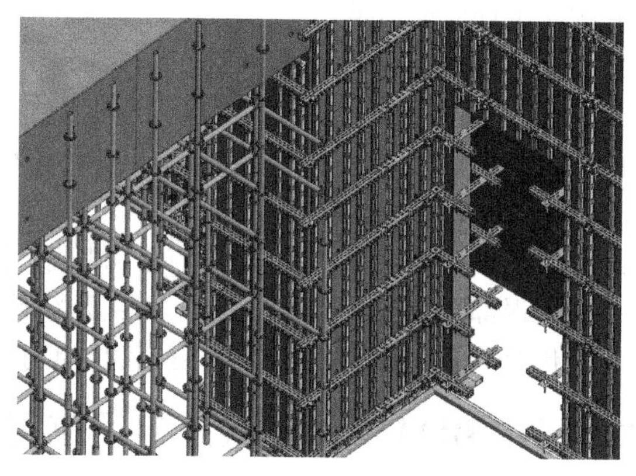

图5　室外阴阳角模板施工

（3）基于BIM的施工可视化交底

与传统的纸质版技术交底相比较，三维施工方案可视化技术交底更加直观，便于发现潜在问题和提前解决问题，在复杂节点上体现更为明显。

本项目采取了三维施工交底的方式针对此饰面清水混凝土建筑的施工难点部位，以及复杂的节点钢筋排列进行了技术交底。使得施工人员能够准确理解设计意图，从而更好地控制施工质量（图6、图7）。

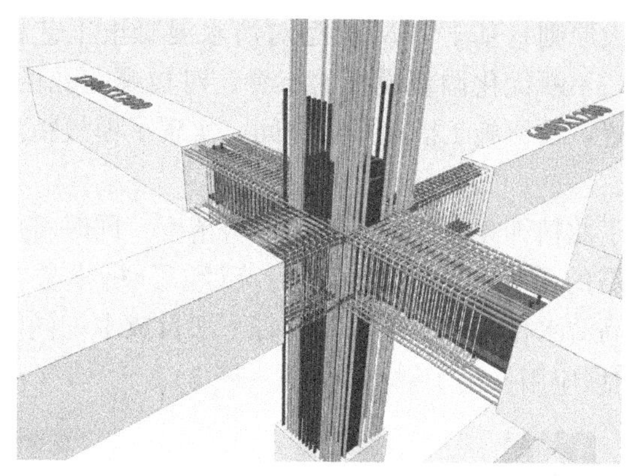

图6　清水专项复杂节点

图7　钢筋施工技术交底

4.2　BIM预留预埋应用

利用BIM技术将传统的二维图纸转换为三维信息模型，可以帮助施工优质高效地完成管线综合调整，提高机电深化设计水平，提高清水混凝土预留预埋的准确性及高效性，为现场机电施工带来切实利益。

一方面，施工蓝图预留预埋本身就可能存在设计错误，在设计交底及图纸会审期间也不易找出，通过BIM技术，形成综合管线图，优化管线布置，通过碰撞检查与设计修改，消除设计错误和设计漏洞之后呈现的管线结构，最终将确定管线综合设计图，从而确定结构预留预埋定位图，提高设计出图质量。

另一方面，传统的施工图预留预埋深度不够，预埋钢套管及电气等设备末端点位往往需要施工过程中现场调整处理。在清水混凝土项目中就会影响到最终成型的美观效果。例如，预留预埋是否与螺杆孔洞位置冲突，与清水混凝土分缝相对位置是否美观等。

本项目通过BIM技术，除了进行碰撞检查和管线综合优化之外，通过在模型中直观反映出机电预埋位置与清水混凝土分缝及螺杆孔洞的位置关系，对机电预埋精确定位。出具经设计和业主审核的预留预埋图册，指导现场预埋精确施工（图8～图11）。

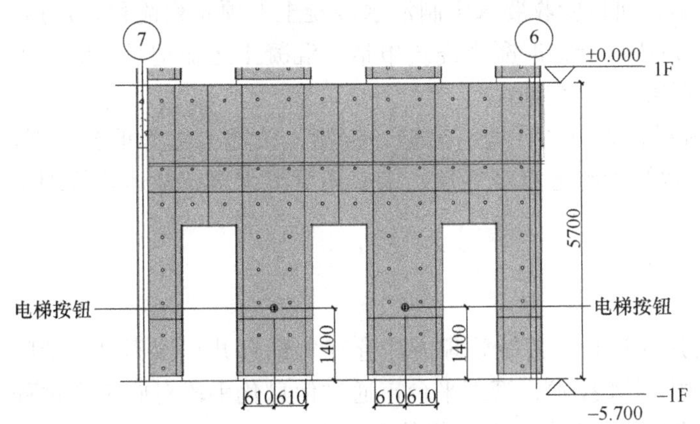

图8　清水混凝土预埋剖面图

图9　清水混凝土预埋三维视角图

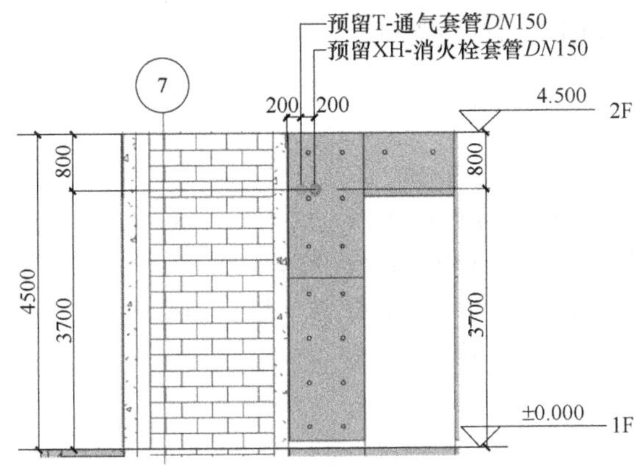

图10　清水混凝土预埋剖面图

图11　清水混凝土预埋三维视角图

根据土建实际进度，在浇筑混凝土前，对其进行预留预埋的验收，相比传统二维图纸，通过BIM模型更直观、高效、准确地核对现场预埋（图12）。

4.3　基于BIM协同管理平台的施工管控

为了将管理措施和技术方案在施工现场落到实处，项目基于同炎数智自主研发的BIM协同管理平台进行项目全生命周期数智化管理。

项目平台针对清水混凝土管理和施工特点进行了定制化研发，将管理要求转化为具体执行的工作内容，有效实现了管理办法落实、方案应用落地、检查实时上传、整改完整记录、分析跟踪考核的PDCA闭环管理。

图12　管线模拟漫游

（1）文档图纸在线审批，现场查阅

各项设计图纸、施工方案、BIM专项应用方案、BIM预留预埋图册均在协同管理平台上进行审批、归档。现场人员可通过移动端APP随时查阅最新图纸、方案，提高工作效率，避免变更导致的信息偏差。

（2）清水混凝土专项巡检及考核流程

根据清水混凝土专项巡检计划，项目管理人员日常巡检过程中均使用移动端APP随时记录上传巡检数据，发现问题及时跟踪整改。基于平台的数据进行综合分析，并对管理人员和施工班组进行奖惩考核。

(3) 清水混凝土专项验收系列流程

依据清水混凝土相关标准、项目相关施工方案、项目验收要求定制清水混凝土专项系列流程，包括：钢筋工程验收单、模板工程验收单、混凝土材料旁站记录、混凝土浇筑申请、混凝土运输记录、混凝土浇筑记录、混凝土拆模记录、混凝土修复记录、混凝土工程验收单。

在上述各项流程流转的过程中，全面采集材料、人员、环境、运输、检测、关键工艺等重要数据，并与BIM模型自动关联，形成有效数字资产，在数智沙盘上直观展现，未来还可继承至智慧运营管理平台，实现“设计、施工、运营数智一体化”的探索。

5 结论

清水混凝土工程管理是一个复杂且综合性很强的过程。传统管理方法存在着信息共享性不足、精度不够等固有缺陷。在清水混凝土工程管理中心使用BIM技术、管理平台，通过信息化手段对施工全过程进行精细化管理，是提高清水混凝土工程管理水平和提升最终成品效果的有效途径。

本项目针对项目特点和高质量要求，发挥BIM技术可视化、高集成的优势，将工程重难点做深、做细、事前模拟推演，并结合BIM协同管理平台与项目管理进行了有效关联，结合管理手段推动BIM技术应用落地并创造价值，是目前清水混凝土工程管理的一次模式创新和有益尝试。

参考文献

[1] 陶海波，张远艳. BIM深化设计项目实验研究[J]. 四川建材，2021，47(06)：56-59.

[2] 汪振双，孙剑书. 中国绿色施工研究现状与趋势[J]. 沈阳大学学报(自然科学版)，2021，33(03)：268-271.

[3] 胥海泉. 清水混凝土装饰元素在室内设计中的应用[J]. 黑龙江科学，2021，12(08)：136-137.

[4] 朱鹏，包铮. 浅谈清水混凝土的施工技术[C]//河南省土木建筑学会. 2010年学术研讨会论文集，2010.

[5] 王庆伟. 清水混凝土模板施工控制难点及预防措施[J]. 建筑技术，2010，41 (01)：38-40.

BIM技术在施工安全管理中的应用

张　敏

（同炎数智科技（重庆）有限公司昆明分公司，云南 昆明 650000）

【摘　要】建筑施工安全管理是项目建设过程中的重中之重，通过利用BIM技术的数字化、可视化、信息化等技术特点，基于BIM协同管理平台，搭建安全管理架构，在项目施工前进行三维交互式建筑施工全过程模拟，针对各类可能会导致安全事故发生的隐患及潜在的危险因素制定相应的安全防范措施，最大程度保障施工阶段的安全性。

【关键词】BIM技术；实时监测；施工安全

1　建筑施工安全管理概述

1.1　施工安全管理内容

施工安全管理是指施工管理者通过结合技术、法律、决策等手段，对施工现场人、料、机、环境等相关管理对象进行科学化、合理化管控，有效规避施工风险，达到安全生产的目的。

1.2　施工安全管理现状分析

目前我国在建设工程方面的安全管理仍然是沿用传统的安全管理办法及手段，各类工程项目存在安全教育不及时、临边防护不规范、安全生产制度不健全、施工工序复杂多样、对重大危险源控制不及时等诸多问题。而随着现代化工业的高速发展，越来越多的项目呈现独特性、复杂性、高难度性等建设特点，因此传统的安全管理办法已不能很好地为施工安全提供强有力的保障，本文将通过介绍基于BIM技术搭建项目安全管理架构、BIM技术在项目中的具体应用，在充分理解施工建设安全管理的传统解决办法的基础上，利用BIM数字化的技术手段，基于BIM协同管理平台等管理方式提供保障项目现场安全文明施工的有效措施。

2　BIM安全管理整体架构

基于BIM技术的应用，以BIM协同管理平台为基底，将各类与项目有关的基础资料收集汇总，通过施工技术方案、安全专项设计等施工设计内容搭建BIM模型，引入项目相关信息，进行BIM虚拟施工，在模拟施工的过程中，通过危险源识别体系的条件筛查，动态识别潜在的危险源及安全隐患，及时划分施工场地危险区域范围，搭建临边防护等安全施工模型。在对现场危险边缘及存在安全隐患的洞口等进行防护处理模拟后，使用BIM协同管理平台的监控装置、移动设备等对施工现场进行实时监测，对施工场地进行合理的施工空间布局，制定安全措施计划，将安全分析评价报告及BIM安全模型等相关文件实时上传至BIM协同管理平台，使各参建单位及时了解项目安全管理的信息，针对存在的安全隐患及时采取安全控制，以此搭建建设工程项目的安全管理架构，解决传统施工安全管理及项目信息安全管理中存在的问题（图1）。

2.1　BIM技术结合施工安全管理

建筑工程项目存在涉及专业多、精细化管理难度大、工期紧、施工工艺复杂、智慧工地实施难度大等项目建设难点。在BIM技术协同的基础上，以BIM模型为载体，通过搭建安全管理架构，基于BIM

【作者简介】张敏（1995—），女，BIM技术人员。主要研究方向为BIM技术全过程应用及数智化BIM。E-mail：2282065815@qq.com

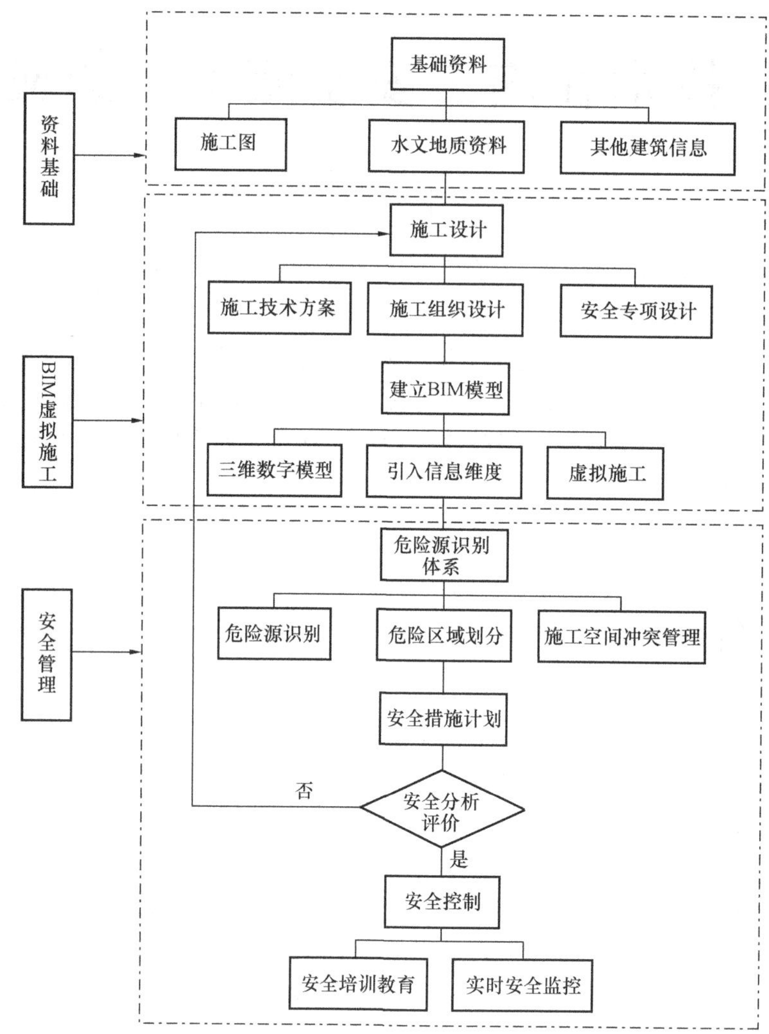

图1　基于BIM的安全管理体系

协同管理平台，创建包含BIM安全模型、施工进度的4D电子施工日志、施工现场实时监控、重难点施工工艺可视化模拟、建筑质量安全控制、塔式起重机监控等BIM施工各阶段安全管理系统，为项目建设的安全管理提供新模式。

2.2　BIM技术结合信息安全管理

建筑安全管理不仅包含施工现场安全管理，同时还包括建设项目资料安全管理。在项目信息安全管理方面，通过BIM协同管理平台对各参建单位上传的相关信息数据进行模块划分，赋予各方不同的管理及应用权限，在减少信息孤岛的同时，有效规避信息泄露的风险。

3　基于BIM协同管理平台的安全管理

3.1　BIM协同管理平台

BIM协同管理平台是以BIM各专业模型数据为载体，WBS分解为核心，以静态数据收集为手段，动态数据管理为目的，通过阶段性录入项目相关信息数据，为项目全生命周期提供数智化、信息化、一体化管理服务，实现项目各类数据结构化、集成化存储，从而实现项目智慧运营。

3.2　BIM协同管理平台对搭建安全管理架构的作用

BIM协同管理平台是基于BIM技术搭建项目安全管理架构的核心组成部分。建设工程项目全生命周期过程中安全管理的数据是动态频繁变化的，而传统的项目管理存在建设各方信息反馈不及时，缺乏实时共享性，全局功能部署断层等缺点，各参建单位有关安全隐患等数据参数无法有效共享，通过搭建

BIM 协同管理平台，在 BIM 安全模型中动态展示项目危险源及危险因素的三维模拟结果。可将施工安全结果导向性管理向预测式管理进行有效推进，监控项目实时动态，剔除项目顺利实施过程中的安全隐患，为项目搭建基于 BIM 技术的安全管理架构提供强有力保障。

3.3 基于 BIM 协同管理平台的安全管理措施

通过建筑施工全过程模拟，BIM 技术人员在搭建的 BIM 各专业的模型中对存在安全隐患的位置进行标注，建立 BIM 安全模型上传至 BIM 平台并及时提醒施工单位对相应位置设置保护措施，对相关施工作业人员进行情况预警，防止安全事故的发生。在后期项目施工的进程中，通过 BIM 协同管理平台的安全问题管理板块，基于安全管理架构，利用云计算、物联网等技术构建智能工地远程监管系统，通过视频监控、塔式起重机监控、二维码扫描器及时更新各方参建单位发现的安全隐患及危险源，有效规避安全事故的发生。

4 BIM 技术在安全管理中的具体应用

4.1 动态识别安全隐患

利用 BIM 技术创建的危险源识别体系，通过 BIM 协同管理平台查询包含施工进度计划的 4D 模型空间信息，基于 RFID 射频技术（图 2），通过在安全帽中安放 RFID 标签，保障施工现场危险区域施工人员人身安全。较传统方法更加准确地辨别施工现场潜在的危险因素，结合 OPDCA 循环式管理思路，对项目施工现场进行全过程监测管控，通过模型及现场监测视频，动态显示现场施工条件和存在的安全隐患，通过移动设备端记录现场安全问题，上传至 BIM 协同管理平台供各参建单位查看，有利于及时调整施工方案。

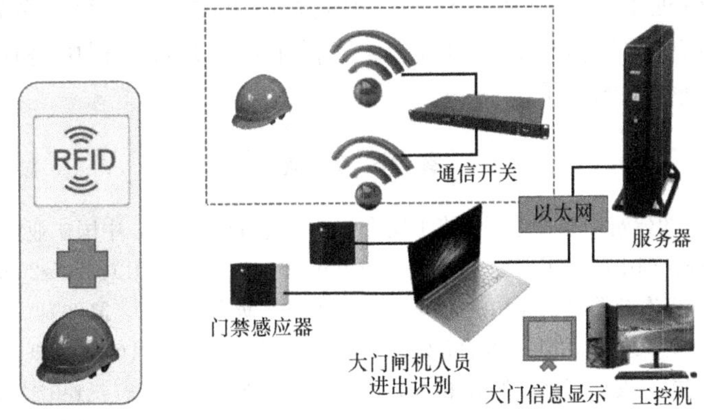

图 2　RFID 技术

4.2 施工空间冲突管理

建筑施工项目涉及专业多，工程复杂，参建单位及下属分包单位涉及工种多，施工现场有限的空间内需要聚集大量施工人员，堆放大量的建设材料，同一时间段施工作业工种多，不同工种经常会发生工作冲突，导致安全事故频频发生。通过 BIM 技术动态模拟不同施工阶段各专业及工序所需的空间范围，制定合理的施工现场空间资源划分计划，将其及时上传至 BIM 协同管理平台为参建单位解决施工空间冲突管理问题。

4.3 临边防护及设施

通过建立 BIM 安全模型，分析存在安全隐患的位置并及时对现场危险边缘及存在安全隐患的洞口等进行防护处理，进行安全标识，及时上传平台，通过三维模型进行可视化交底，进行安全施工方式展示。在现场施工过程中，依据施工方案将安全生产过程中需要的建造构件以三维模型的形式表达，通过模拟施工工艺流程，在各建筑楼栋张贴三维模型二维码链接，帮助现场施工人员直观认识重难点安装工艺流程，对操作不合理的地方及时进行调整，避免安全事故发生。

4.4　移动设备实时监测

采用电脑端与移动智能设备组合的方式，实时监测如塔式起重机、高危设备等危险因素，对重大危险源因素采取严密控制，通过智能视频监控技术集成施工现场监控录像，及时了解施工人员的运动轨迹等分布情况，帮助业主直观迅速了解项目人、料、机分配及现场安全情况。施工现场警示灯和警报器连接BIM平台，当发生施工人员误入危险区域的情况，通过及时报警装置以及三维模型定位系统提供的图像、路径、相关建筑数据，迅速了解有关人员位置情况，及时采取援救措施，提高应急救援效率。

4.5　对接政府相关部门平台

通过BIM平台将施工现场安全管理按模块以链接的方式与有关部门对接，政府相关监管部门可通过链接对现场施工安全性、规范性等进行远程监控，实时进行检查留言批注，对施工现场安全性提供支持的同时也对促进政府有关部门了解项目动态及亮点提供途径。

4.6　线上安全培训

通过BIM平台在线培训模块，实现对各参建单位及施工人员定期安全培训管理，解决传统施工安全措施宣传培训不到位的情况，提高建设队伍对事故预防及处理的能力，极力规避安全事故的发生。通过BIM技术对安全体验区进行建模，加强施工安全教育，提高施工人员作业警惕。

5　结束语

本文以建筑工程项目为对象，对BIM技术在施工安全管理及信息安全管理方面的应用进行了研究，基于BIM技术搭建安全管理架构，通过可视化模拟、实时监测施工现场、及时性信息共享等基于BIM协同管理平台的技术，动态识别并排除施工现场危险源，实现施工过程安全管理及时交底和实时追踪。通过在工程项目建设的安全管理中BIM技术的运用，很大程度上改善了传统安全管理方法中存在的问题，在减少信息孤岛的同时，有效规避信息泄露的风险。降低了项目建设过程中潜在危险因素及安全隐患的风险，极大提高了施工安全管理的质量。

参考文献

[1]　周雪峰．基于BIM和VR的建筑工程关键部位施工安全管理研究[D]．北京：中国矿业大学，2020.
[2]　许肖勇．BIM在建筑工程管理中的应用研究分析[J]．四川建材，2021，47(01)：205-206.
[3]　刘远．BIM技术在建筑施工安全管理中应用的思考[J]．工程技术研究，2020，5(06)：179-180.
[4]　胡锡坚．建筑工程施工安全管理中BIM技术的有效运用[J]．中华建设，2021(05)：40-41.
[5]　谷大志．BIM技术在建筑施工安全管理中的应用[J]．山西建筑，2020，46(09)：186-187.
[6]　曹璐琳．基于BIM的建筑施工现场安全管理研究[D]．南京：南京林业大学，2017.
[7]　刘文平．基于BIM与定位技术的施工事故预警机制研究[D]．北京：清华大学，2015.
[8]　耿琳苑，邓丹．BIM应用：以协同产生高效[J]．中国建设信息化，2020(18)：38-41.
[9]　李枚洁．建筑项目施工阶段的BIM技术管理平台分析[J]．住宅与房地产，2020(36)：152+154.
[10]　赵尤蕾．高层建筑施工安全管理研究[J]．建筑安全，2019，34(08)：48-51.

BIM 技术在项目进度控制中的应用

加崇曦[1]，张　哲[2]

（1. 重庆悦瑞文化旅游发展有限公司，重庆 401122；2. 同炎数智科技（重庆）有限公司，重庆 401120）

【摘　要】利用 BIM 的虚拟建模和信息集成分享优势，可以优化项目进度管理流程，减少人力、物力资源的浪费。施工前通过“4D 模拟”实现对项目进度计划的核查优化，施工中通过“计划-实际进度对比 4D 模拟”实现对项目进度的精准控制，施工后通过对已完工部位进行进度模拟，分析已完工项目的实际用工时间，预测现阶段项目的实际人材机是否满足要求，以便及时进行纠偏，确保整个项目进度处于可控状态。

【关键词】BIM；4D 模拟；进度控制

1　引言

得益于科学技术的发展，近些年 BIM 技术在工程建设行业得到了广泛的应用。作为业主方特别关注的项目进度，为了使项目能够尽早投入使用产生出更大的效益，所以进度控制成了业主方项目管理的重点。但是传统的工程建设进度控制是指在工程项目各建设阶段编制进度计划，将该计划付诸实施，在实施的过程中经常检查实际进度是否按照计划要求进行，如有偏差则分析产生偏差的原因，采取补救措施、修改原计划，直至工程竣工，交付使用。但是这种通过进度计划对项目进度进行控制，导致在项目不同实施阶段，施工时间的分配不合理，特别容易造成项目后期的赶工，在赶工的同时肯定会牺牲工程质量；另外就是在建筑工程的整个生命周期中，从设计、施工到运营，所有参与方不能得到工程的及时信息，导致工程延误乃至多方矛盾[2]。所以这种传统的进度控制手段不再适用于现代化项目的建设，也无法满足业主的具体要求。

针对以上问题，最有效的解决方法就是利用 BIM 技术，通过 BIM 的虚拟建模和信息集成分享，减少人力、物力资源的浪费，优化项目进度管理流程，施工前对项目进度计划的精准核查，施工中对项目进度的精准控制，施工后对项目进度的精准分析。所以 BIM 技术在项目进度控制中的应用值得深入研究，也具有更加现实的意义[6]。

2　项目概况

悦来中心项目是重庆市级重点项目，总用地面积 20904.00m^2，总建筑面积 204204.60m^2，由一栋 23 层的高层塔楼、一栋 43 层的超高层塔楼及裙房组成，总投资 22.4 亿，工期 1170 天。项目延续悦来全域生态、全域智慧的理念，以实现 LEED 金级标准和绿建二星级标准为设计目标。建成后，将成为集会展配套产业、高端艺术商务酒店、5A 级写字楼、高端商业等功能于一体的会展生态综合体，悦来会展城重要的地标性建筑，也将成为绿色建筑、智能建筑的典范工程，力争成为重庆市信息化管理的标杆项目。

由于本项目的重要性，经常接待政府、业主、社会组织及各大媒体的参观交流。所以业主方特别关注项目的进度情况，从项目的招标阶段，积极响应信息化建设模式，改变传统的招标方式并创新采用监理和 BIM 同时进行招标，监理和 BIM 咨询由同一家单位进行咨询服务，即 BIM+监理的咨询模式。这种

【作者简介】加崇曦（1977—），男，重庆悦瑞文化旅游发展有限公司党支部书记、董事长/高级工程师。主要研究方向为建筑工程管理、BIM 工程技术实践与研究。E-mail：14448020@qq.com

服务模式也是重庆市首个创新的服务模式。采用 BIM+监理的咨询模式，可以使得 BIM 在监理“三控三管一协调”的权利约束下，将 BIM 技术真正落地到项目实施过程中。

项目于 2019 年 7 月正式进场，要求 2022 年 9 月竣工。但是一场突如其来的疫情影响，导致工期十分紧张。进度问题更加成为业主关注的重点，所以业主在本项目中科学使用了 BIM 技术对项目进度进行了精细化管理。

3　BIM 技术在项目进度控制中的应用

传统的施工进度管理是通过网络图与横道图等方式，但项目管理者在编制进度计划过程中，大多时候仅凭借自己的经验来完成，这便导致进度计划精确度不高。另一方面，传统的进度偏差分析也往往通过文字、图片或者横道图的方式进行对比分析，导致进度偏差分析不直观、不准确。

基于 BIM 的 4D 进度管理是将 3D 模型赋予时间的维度，将实际进度与计划进度在模型中直观对比展示，形成动态“计划-实际进度对比 4D 模拟”。按照时间进程动态化的演示施工过程，在施工过程中将计划进度与实际进度进行实时对比，高亮显示进度偏差，及时采取赶工措施确保进度可控。

3.1　施工前的进度控制

将 BIM 模型与项目进度计划进行关联，实现项目进度计划的可视化展示，分析不同施工阶段人材机的分配是否合理，从而达到对施工进度计划进行合理优化。

3.1.1　对项目总进度计划的审查优化

在实际施工之前，施工单位将施工总进度计划上报给监理+BIM 咨询单位进行审查，在这个阶段，主要根据施工图纸、施工合同以及工程经验等，对施工计划是否符合工期要求、关键路线是否合理、项目有无漏项、顺序安排是否符合施工工艺等进行经验性审查，通过审查可以将某些关键的较为粗略的计划进行审查，对施工进度总计划的优化有一定的作用。

3.1.2　对项目总进度计划的模拟优化

监理+BIM 单位对施工总进度计划进行审查的同时，对施工单位上报的进度计划进行 4D 施工进度模拟，直观展示不同的施工阶段的施工进度计划是否合理。按照工程项目的施工计划模拟完整的施工过程，在虚拟的环境下检查施工过程中可能存在的问题，同时可针对问题对模型和计划进行调整、修改，不断优化施工计划过程，让工程项目能够按照进度计划准时竣工。具体操作如下：

监理+BIM 团队人员根据施工进度计划的编制逻辑，使用 Revit 将项目的 BIM 模型按照专业进行拆分，用 Revit 打开分离后的模型，再将其他已分离的模型通过“链接 Revit”的方式进行整合，然后通过 Revit 的 Fuzor 插件将模型导入 Fuzor 中，如图 1 所示。

同时将施工单位使用 Project 软件制作的 xml 或者 csv 格式施工进度计划，在 Fuzor 的“4D 模拟”通过“加载”的方式导入，如图 2 所示。

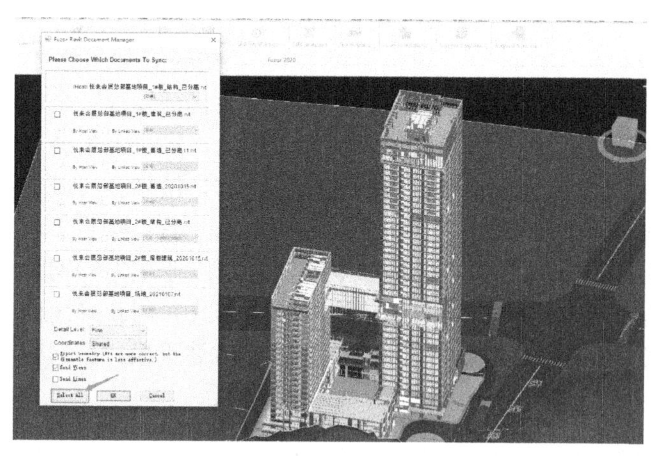

图 1　将 Revit 模型导入 Fuzor

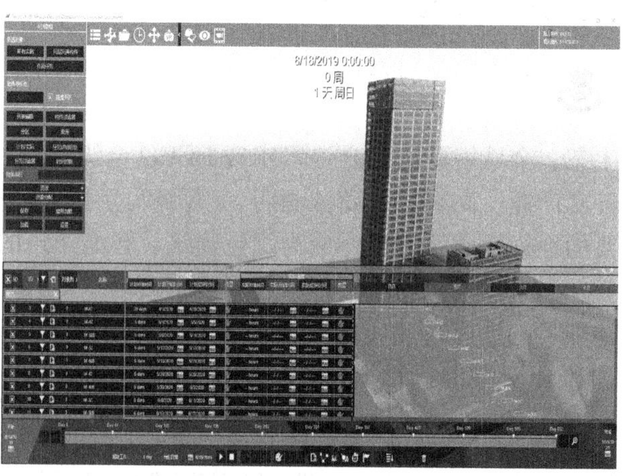

图 2　将 xml 或 csv 格式施工进度计划导入 Fuzor

通过"添加构件"的方法，将总进度计划和各拆分的模型构件对应进行关联，每一个构件的计划开始时间和计划完成时间都进行了准确定位关联，如图 3 所示。

最后通过"4D 模拟"就可以实现项目整个建造阶段的计划进度模拟。通过整个建造阶段的施工模拟，可以较为准确地分析不同施工阶段人材机的投入是否满足进度要求，再对总进度计划进行优化调整，最终形成的总进度计划相比于传统依靠工程经验进行审查的结果更为科学准确。

3.2　施工中的进度控制

监理＋BIM 人员通过现场进度检查，准确掌握项目现场实际进度情况，然后在 Fuzor 软件中将项目实际开始时间、实际完成时间与 BIM 模型的构件进行实时关联，并在整个施工进程中进行实时更新，如图 4 所示，最终形成能够反映整个建造阶段每个工程构件的真实施工进度。

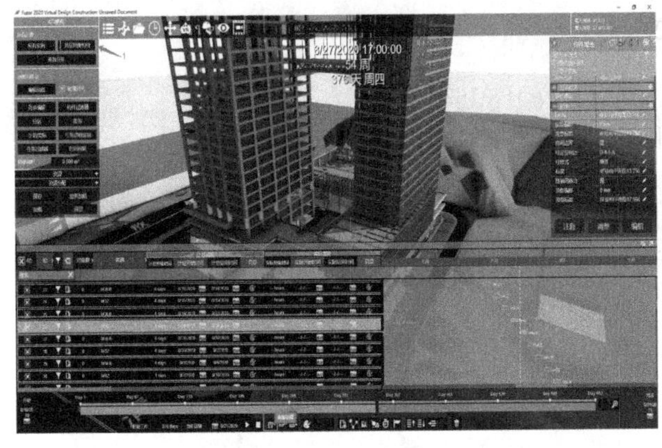

图 3　将总进度计划和 BIM 模型构件对应进行关联

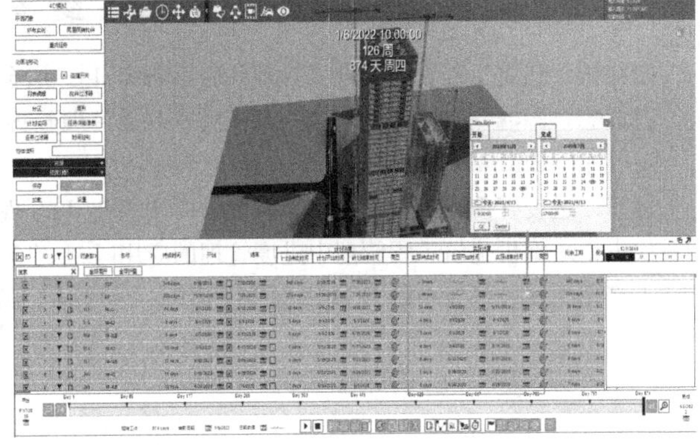

图 4　将实际进度与 BIM 模型构件进行实时关联

通过施工过程中的虚拟建造，第一，可以实现对项目现场的实际进度的真实反映，业主方只需要一部手机或者一台电脑，通过项目协同管理平台的"4D 模拟"模块就可以随时随地地掌握现场真实的施工进度情况，真正意义上实现了项目指挥长在哪里项目就在哪里。

第二，通过项目进度计划与现场实际施工进度的 BIM 可视化对比，如图 5 所示，业主方只需要根据进度对比模型，就可以直观了解项目计划与实际的进度偏差。监理＋BIM 单位在每周监理例会上对进度偏差进行直观展示，并针对进度偏差要求施工单位进行相应的赶工措施，确保施工进度控制在合理偏差范围内。

图 5　计划进度与现场进度的 BIM 可视化对比

第三，通过在项目协同管理平台的"4D 模拟"模块，对已完工部位进行进度模拟，分析已完工项目的实际用工时间，预测现阶段项目的实际人材机是否满足要求，以便及时进行纠偏，确保整个项目的进度时刻处于可控状态。

4 总结

悦来中心项目在施工进场前，创新采用了基于BIM的4D施工进度模拟，按时间节点对施工过程预演，结合施工模拟对关键工序的施工方案进行调整，控制好关键工序的施工进度，最终提交的施工进度计划精确度得到了明显的提高。施工过程中采用了动态化的“计划-实际进度对比4D模拟”，将计划开始时间、计划完工时间、实际开始时间、实际完工时间等时间参数与施工进度计划所使用资源、设备、人力关联起来，将预定施工计划与实际施工进度进行对比，进度偏差在每周例会上进行汇报展示，最终实现施工进度的全程可视化精确监控，真正意义上做到了信息化进度控制。

参考文献

[1] 陆树威．建筑工程管理中进度管理的应用研究[J]．居舍，2019(24)：166-167.
[2] 肖成志，薛鑫磊．BIM技术应用的研究现状及发展趋势[J]．建筑技术，2019，50(7)：798-800.
[3] 王胜军．BIM 4D虚拟建造在施工进度管理中的应用[J]．人民黄河，2019，41(3)：145-149.
[4] 郭菲．进度管理在建设工程施工阶段的应用探究[J]．现代园艺，2018(20)：189.
[5] 侯夫生．剖析建筑工程管理中进度管理的应用[J]．建筑知识，2017，37(9)：98.
[6] 王宏军．绿色建筑中的BIM工程进度管理的应用[J]．现代盐化工，2020(1)：104-105.

BIM技术在医院建筑结构施工中的优化应用
——以湖南三博脑科医院为例

黄　勇，王立红，张　磊

（中国建筑第八工程局有限公司，上海 200120）

【摘　要】 在国内BIM综合管线深化技术已经成为建筑施工必不可少的一项技术[1]，但建筑结构施工的BIM应用似乎还较少，本文以湖南三博脑科医院为例，研究了BIM技术在医院建筑结构施工中的优化应用。包括如何利用BIM技术真正实现高质量的建筑结构BIM三维可视化交底，模板工程的平面布置及排产出图，构造柱的自动化平面布置及砌体排砖优化，屋面铺砖的深化设计。真正意义上从项目实际出发，解决项目施工中的建筑结构技术问题，实现BIM技术落地。

【关键词】 BIM技术；医院；建筑结构；施工

相较于在机电专业施工中应用的日益成熟，BIM技术在建筑结构施工中应用往往只是简单的配合机电深化设计修改完善模型。这种简单的BIM技术运用往往只利用了BIM模型的空间特性，而医院项目由于除了公共建筑所具有的常规机电设备管线，还特有大型精密医疗仪器及医疗专用管线。所以医院项目的施工精准度及误差要求往往要高于其他公共建筑，基于上述两大困境，本文通过对湖南三博脑科医院项目中重难点技术要求分析，以及BIM技术在本项目中建筑结构施工中的应用，探究真正具有落地价值的BIM应用方法，以期为后续类型医疗综合体项目施工中的BIM深化应用研究提供参考。

1　项目概述及施工重难点分析

1.1　项目概述

湖南三博脑科医院位于长沙市长沙县黄兴大道以西、人民东路以北，总建筑面积7万m^2，主要包括医疗综合楼一栋，地下2层，地上12层，建筑高度56m，配套用房一栋。本项目含消防、智能化、医用气体、核辐射保护等多种功能，是一所设施完备的综合性高等脑科医院。

1.2　施工重难点分析

本工程地下室占地面积较大，大型精密设备多数位于地下室，地下室医疗设备机房防水要求高且地下楼板降板区域多而复杂，含有常规机电设备管线及医疗专用设备管线，机电管综深化难度大，含有高大模板支撑系统施工及大体积混凝土施工，砌体及屋面等外观布置要求整齐美观，项目质量要求为国家优质工程奖。

2　建筑结构施工BIM应用方向

2.1　建筑结构BIM三维可视化交底

（1）大体积混凝土的施工BIM模型交底

本医院项目所特有的直线加速器机房墙体最大厚度3.0m，板厚最大为3.0m，属于大体积混凝土，对结构裂缝有严格要求。且直线加速器设计复杂，配筋率高，预埋精度要求高。运用BIM技术将模型以零件模式拆解，以一张图片的形式展示所有的混凝土浇筑顺序及高度（图1），相比较与传统的CAD图纸+文字的形式更加直观清晰，且BIM模型自带体积属性，可以轻松累加并统计分层浇筑各构件的混凝土浇

【作者简介】 黄勇（1993—），男，BIM技术主管/助理工程师。主要研究方向为BIM在项目中的应用。E-mail：804182640@qq.com

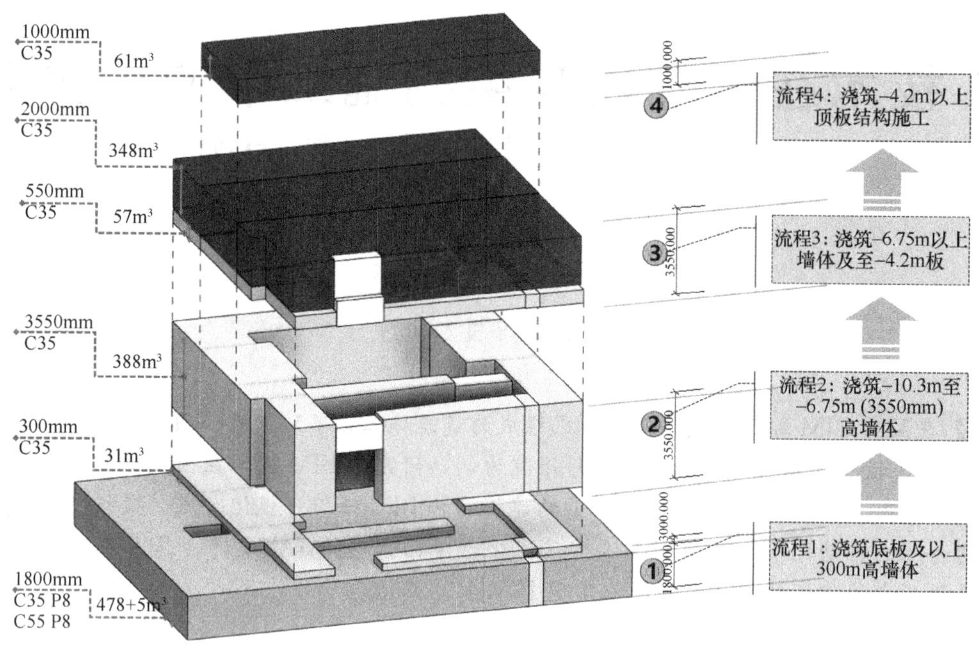

图1　零件化大体积混凝土BIM模型交底

筑方量。

（2）超限梁过滤及标注

本项目的超限梁尺寸大，且分布分散，极难将超限梁一一找出，并有遗漏的风险，通过计算，将超限梁的尺寸限制转换成梁的截面积限值，通过同时读取梁的长和宽两项关键词条并过滤的长与宽的乘积（截面面积）做上标记“1”，将标记为“1”的超限梁以区别于一般梁的颜色形式凸显出来（图2），避免了项目技术人员从CAD图纸中大量的尺寸标注中逐一排除寻找，并手动标注超限梁所花费的大量时间。将本项目统计并标注出图超限梁的预计一周时间转变为一天完成。极大地提高了超限梁的识别效率及准确度。同时也避免了超限梁遗漏，未采取专项固定措施而产生的质量安全问题。

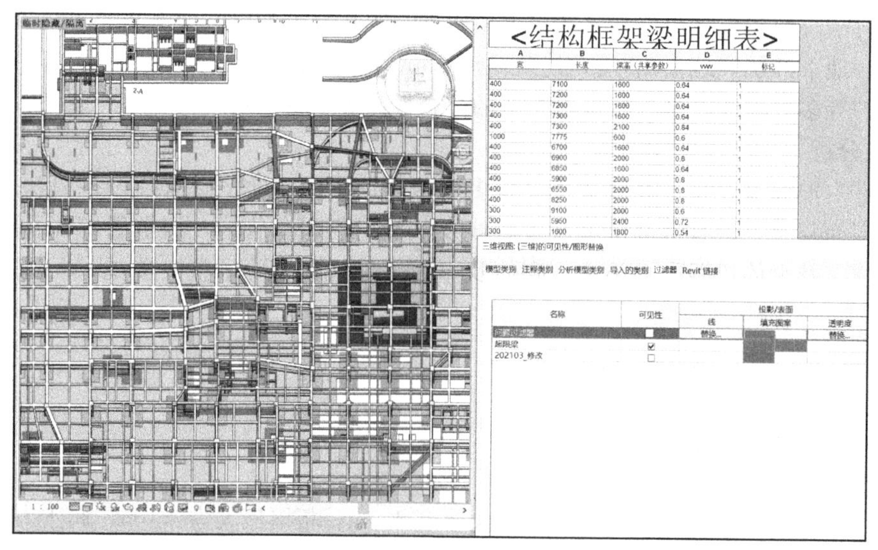

图2　利用明细表及过滤功能查找并标注超限梁

2.2　基于BIM技术的建筑结构施工优化

（1）基于BIM技术的模板工程的平面布置及排产出图

以往项目的柱墙梁板所需的木模板，往往是现场测量、切割并安装，没有经过预先的深化排版。基于 BIM 技术的模板深化即通过将已完善的 BIM 模型导入 BIM 模板工程设计软件进行排布方案设计并输出尺寸及加工图，生成的所需模板总量（图 3），可直接发与物资部门进行确认采购，还可以将此模板总量与分楼层及区域楼板总量作为现场施工限额领料的依据。既可以让工人提前备料，缩短工序工期，又避免了工人胡乱切割导致的模板材料浪费。

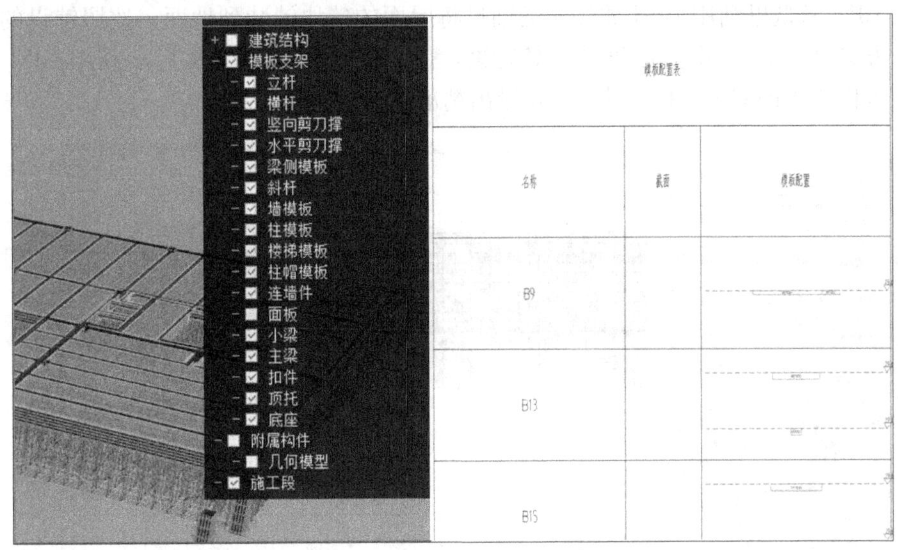

图 3　模板脚手架工程的 BIM 模型演示及图纸输出

（2）基于 BIM 技术的二次砌体结构深化

以本项目地上外墙为例，本项目地上外墙为 200mm 厚 A5.0 级蒸压加气混凝土砌块，规格为 600mm×240mm×200mm，使用 BIM 软件插件按照项目砌体专项方案，设定好对应参数如图 4 所示，基于 BIM 技术的二次砌体结构深化的深化流程：经过机电管线综合深化并留好相应洞口的墙体，利用已建立好的 BIM 墙体模型，直接生成构造柱，并进行砌体墙排砖设计，导出构造柱平面图并生成砌块明细表，若不满意已预设的排砖方案，也可以清晰明了地看到预设方案后的效果，进行修改，BIM 模型也会根据修改内容实时更新，修改至合适的方案后，模型可将最终方案的排布平面图及所需砖块的统计表一起导出来，合理控制材料的进场时间，节约现场的施工场地[1]，同时作为施工工程成本的控制依据。

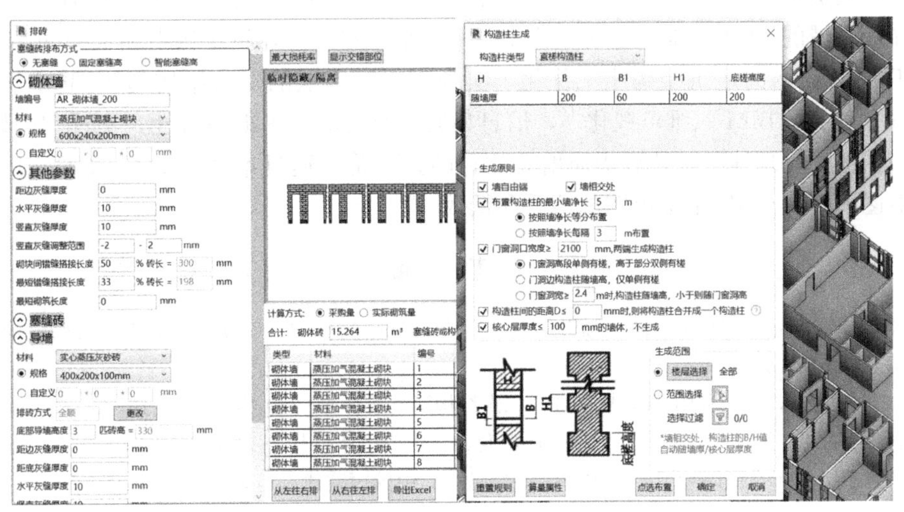

图 4　构造柱自动布置及砌体墙排砖

（3）基于 BIM 技术的屋面铺砖的深化设计

根据图纸及方案要求，本项目采用规格为 300mm×300mm×10mm 的面砖，砖缝为 5mm，灰缝为水泥砂浆，项目屋面有电梯机房，各风机设备及风冷热泵室外机组的基础，排气管道及风道的预留孔洞，而且质量要求为国家优质工程奖，所以把控好最为影响建筑美观的屋面铺砖显得尤为重要，以往屋面 BIM 的应用往往是利用 CAD 绘制二维排砖平面图，经过讨论，不断修改方案和平面图后，形成 CAD 排砖平面终稿，然后通过 CAD 导入成底图，翻模出三维模型，查看较为真实的三维效果并利用三维模型交底。现在可以在 BIM 模型里利用 BIM 插件一键铺排将屋面的砖块铺装到地面，按照铺设的方向不同形成不同的屋面铺砖方案（图 5），并实时开展方案讨论，商议出一致铺设方案后，利用 BIM 模型的可输出性，直接导出为可供施工的 CAD 平面图纸，并导出精准的砖块数量。

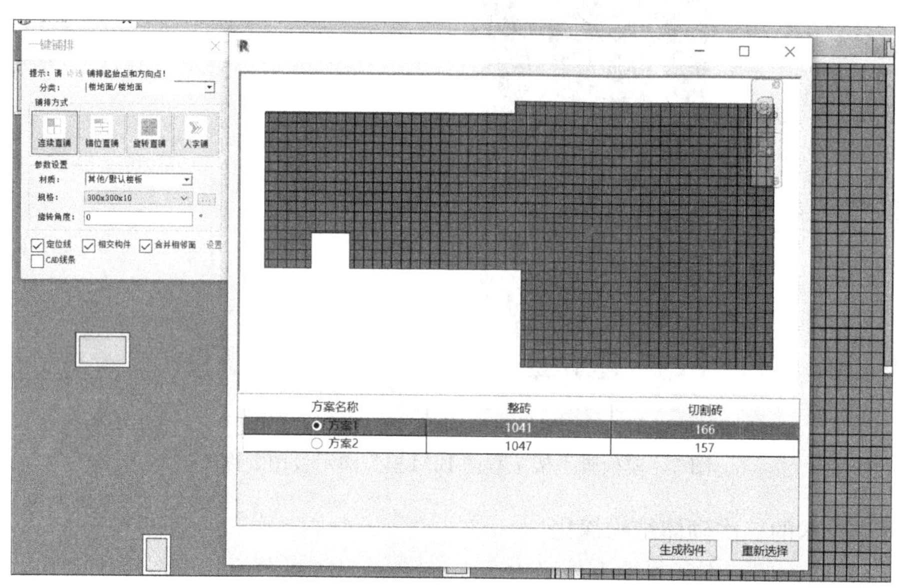

图 5　屋面自动铺装及功能量统计

3　结语

随着 BIM 技术的不断发展迭代，建筑结构专业施工中的 BIM 应用相对于机电专业方向，发展却较为迟缓[3]，本文所研究的三博脑科医院项目属于大型复杂系统的工程项目，同时包含直线加速器、ZAP 设备、高压氧舱等特大贵重精密仪器，由于地下室大量大型设备存在，地下室的楼板降板区域也较多，限于文章篇幅，降板区域的 BIM 三维模型交底就没一一列举，本文过建筑结构中施工中的 BIM 三维交底的应用优化及基于 BIM 技术的建筑结构施工优化，实现真正意义上的建筑结构施工 BIM 落地应用，利用 BIM 技术三个显著优点：BIM 三维可视化[4]，信息集成化及可输出图纸的特性，实现“一模多用”，并完成本医院项目的精细化管理施工，达到提质增效的目的。并希望通过本文的 BIM 技术应用论述，在其他类似项目应用中逐渐替换 CAD 手动出图的落后和低效。

参 考 文 献

[1] 吴京戎，姜金延，熊能超. BIM 技术在医院建筑管线综合设计中的应用——以孙逸仙心血管医院为例. 土木建筑工程信息技术，2021，13(3)：7.

[2] 王志珑，彭飞，梅晓丽，等. 利用 BIM 技术进行二次结构深化设计[J]. 施工技术，2016，3(12)：69-72.

[3] 吴凤英，蔡开发，古杰，等. BIM 技术在屋面排砖深化设计中的应用[J]. 福建建筑，2021，3(02)：90-93.

[4] 邓军，唐泽军 . BIM 技术在医院项目建设中的应用探究[J]. 中国医院建设与装备，2021，22(5)：3.

BIM 技术在桩基工程判岩工作中的应用

梁渡东，汪义锦

（广东国信工程监理集团有限公司，广东 茂名 525000）

【摘　要】本文主要论述 BIM 技术在桩基工程判岩工作中的应用，从某原油商业储备基地工程（二期）项目（以下简称某商储二期项目）、某 LNG 扩建项目（二期）工程两大项目出发，结合 Revit-API 接口的二次开发，探索 BIM 技术在桩基工程中应用的价值和可行性。

【关键词】地质模型；持力层数据推演；动态数据复用；Revit-API 二次开发；企业 APP 接口；自动运算；项目实践应用；工程数据挖掘

为了推进 BIM 技术在桩基工程上的实践应用，作者将企业自主开发的桩基工程 APP 与 Revit-API 接口结合，利用工程现场产出的数据，探索 BIM 二次开发技术结合动态地质模型推演桩基持力层深度的技术模式的可靠性，提出该模式在桩基工程判岩工作中的优势与应用价值。

1　工程概况

1.1　项目详情

在某商储二期项目中，新建 160 万 m^3 的原油罐组，共 16 座储罐，单座储罐 10 万 m^3。项目桩基工程采用振冲碎石桩和长螺旋钻孔灌注桩两种桩型，本次 BIM 技术在 10 台罐中应用。其中罐 T01、T02、T05、T06、T13 桩型为振冲碎石桩，5 台罐合计共有振冲碎石桩 6325 根。罐 T07、T08、T14、T15、T16 桩型为长螺旋钻孔灌注桩，5 台罐合计共有长螺旋钻孔灌注桩 5265 根。

某 LNG 扩建项目（二期）中新增 5 座 27 万 m^3 LNG 储罐，单罐 27 万 m^3 LNG 储罐为全国单罐容量最大的 LNG 储罐。5 座 27 万 m^3 LNG 储罐均采用钻孔旋挖灌注桩，每罐有钻孔旋挖灌注桩 406 根，共有钻孔旋挖灌注桩 2030 根。

1.2　桩基工程施工难点

试点的两个项目中罐体均为大容量储罐，对桩基工程质量要求甚严。其中，在某商储一期项目中已发现该地区地层结构多变，部分区域关键土层缺失，部分地区存在持力层深度大范围突变。详勘报告中地勘孔分布较为分散，跨度大、数量不足，给现场工作人员对桩基的入岩判断带来一定的困难。

在某 LNG 扩建项目（二期）中，项目所在地区为炸山填海区，所填碎石皆为中风化花岗岩，地层持力层高程突变明显，埋深变化大，最深区域位处海边区域，距地面深度接近 43m，埋深浅处仅有 4m，仅有的少数地勘点无法全面反映地层结构和走势，难以有效辅助现场工作人员进行桩基入岩判断。

2　建立地质模型辅助桩基持力层判断工作

在上述应用项目中，我们改进了传统的判岩模式，使用 BIM 技术建立数字动态地质模型，利用计算机快速检索计算的优势，批量生成持力层剖面图和桩位点控制深度，辅助现场判岩工作，提高判岩准确率。

2.1　地质模型建模原理

地层体三维建模一般采用点云建模、面元建模、体元建模或者混合建模四种建模方式，每种建模方

【作者简介】梁渡东（1992—），男，BIM 技术应用与开发/给水排水专业助理工程师。主要研究方向为 BIM 技术开发与应用。Email：553785532@qq.com

式分别具有自己的优缺点。

根据现有的地勘资料特点，在试点项目的地质模型建模工作中，作者采用面元建模的方式建立地质模型。面元建模适合应用于单纯的计算建模中。面元建模因为涉及的模型点数量比较少，具有模型体积小，检索速度快，数据格式简练等优势。利用三点成面建模方法，将每一个地勘孔看作三维模型面的一个点，每一个三维模型面点（地勘点）与附近的三维模型面点（地勘点）交叉成面。通过两个地层面成体，或者设置另外一面深度的方式进行成体，最终形成完整的地质三维模型（图1）。

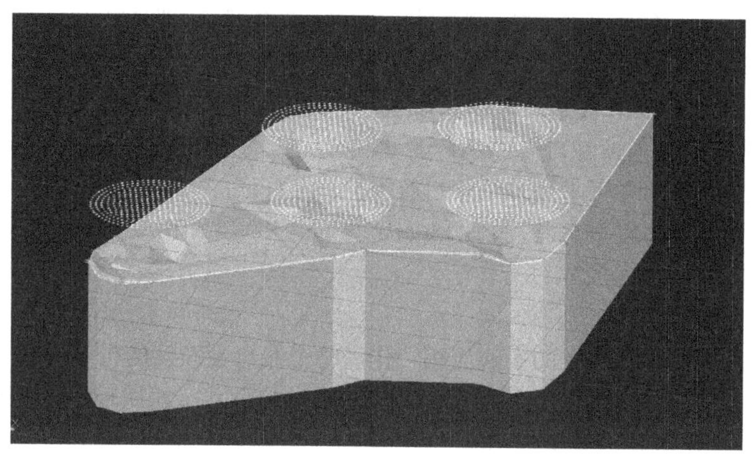

图1　某LNG扩建项目（二期）持力层地质模型

三点成面建模方式，大大提高了地勘孔的利用效率，生成的三维模型支持多角度旋转，多角度剖切，快速检索地层数据等功能，突破了传统连点成线判岩模式的局限性与弊端，为现场监理人员实施桩基判岩工作提供帮助。

此阶段三维地质模型建模数据均采集于地勘报告中的地勘点一次建模而成，仍存在模型精度不足、偏差大等弊端，需要根据不断采集的数据对模型进行动态校核。

2.2　地质模型推演桩孔持力层深度的原理

桩基工程中的每一个桩孔均可视为地质模型上的一个点，通过对此点作向下的垂直射线，射线于地质模型的某个三角面相交于一点，此点的高程便是此桩位点的持力层控制高程。

垂直射线与地质模型面交点的空间X、Y坐标与桩孔点X、Y坐标相同，唯一未知变量是垂直射线与地质模型面交点的空间Z坐标。将此交点与相交面三个顶点进行连线，将已知数据建立数学方程组进行解算，可求得垂直射线与地质模型面的交点的空间的Z的值。

作者使用Autodesk的产品Civil 3D软件，使用Civil 3D中“从曲面获取高程”功能，从桩位点作垂直射线获取地质模型三角面高程，批量获取每桩点持力层高程信息（图2）。

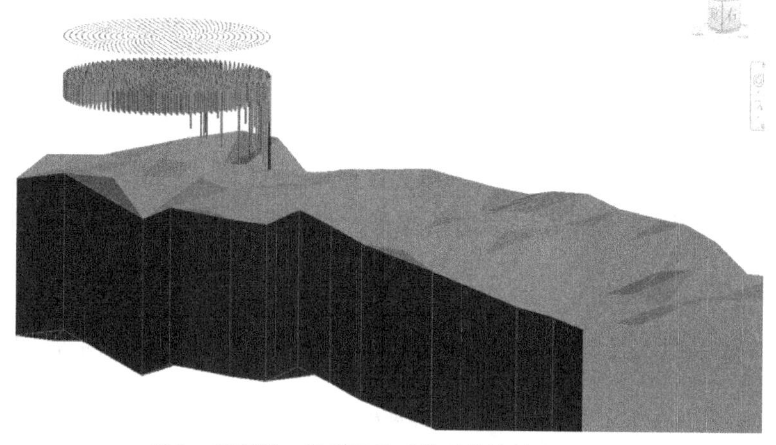

图2　某商储二期项目地质模型推演持力层数据

2.3 数据的导入

根据现场资料，利用CAD数据导出功能和作者使用C♯开发的桩编号与桩孔坐标快速整合工具，从设计图纸和施工图纸中批量提取桩点数据。通过 Civil 3D 点导入工具将提取出来的桩点信息快速导入软件 Civil 3D 中。使用 Civil 3D 中的“从曲面获取高程”功能，批量获得一次建模推演的持力层高程控制数据，导出 Excel 表格。

三维模型与现场工程数据的互动是 BIM 技术应用的核心基础，为了将现场数据与三维地质模型交互，作者采用企业自行开发的数字化桩基工程 APP 数据导出接口，使用 C♯编程语言和 Revit-API 进行二次编程开发，实现快速批量将现场数据导入 BIM 模型功能（图 3）。

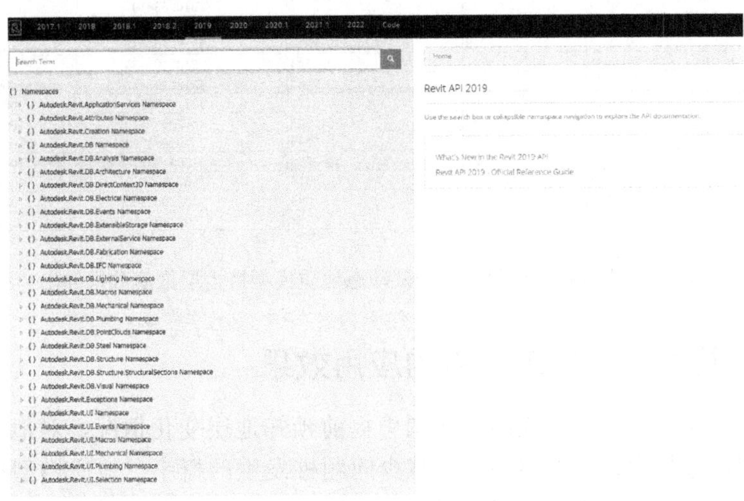

图 3　Revit-API 二次开发接口

2.4 动态修正模型

一次建模而成的地质模型因详勘孔数据不足等原因，存在精度低、偏差大弊病，为了提高地质模型精度，在上述两个试点项目中，均采用桩基工程产出数据来动态修正地质模型精度。

作者采用了 C♯编程语言结合 Revit-API 接口进行持力层数据校核功能开发，收集现场桩位点成孔数据和现场工程师判岩报告中的持力层判定高程导入模型，利用计算机的快速检索的优势，将已打桩孔视为地勘孔，快速校核比对地质模型推演出的持力层高程点。设定修正条件，触发修正条件的比对结果以点云的数据结构导出，反向导入 Civil 3D，以达到动态校核地质模型，修正模型精度的目的。

2.5 数据成果的更新与导出

数据成果以动态持力层剖面图和详细桩孔点控制高程表格形式导出，每进行一次地质模型动态校核，数据成果也随着校核结果进行动态更新（图 4、图 5）。

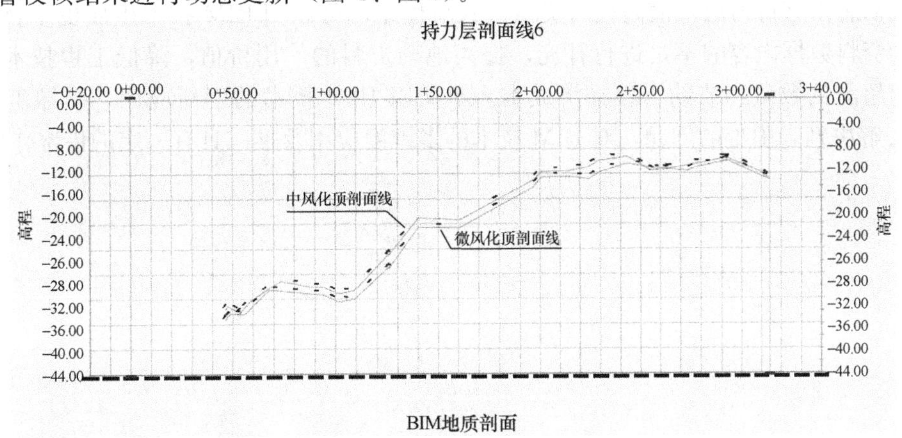

图 4　动态地质模型剖面图

A	B	C	D	E	F
编号	中风化顶标高	微风化顶标高	理论桩孔深	N坐标-施工	E坐标-施工
d-1	-25.6077	-27.4841	34.6077	1264.002748	1121.044799
d-2	-25.1469	-26.9961	34.1469	1268.417526	1120.846199
d-3	-24.6964	-26.5589	33.6964	1272.796436	1120.252037
d-4	-24.2416	-26.1337	33.2416	1277.104621	1119.267897
d-5	-23.7863	-25.7239	32.7863	1281.307624	1117.90242
d-6	-23.3342	-25.3329	32.3342	1285.371053	1116.165286
d-7	-22.8595	-24.9311	31.8595	1289.262018	1114.069888
d-8	-21.848	-23.9474	31.348	1292.949917	1111.635166
d-9	-20.8333	-22.9724	30.3333	1296.404807	1108.879814
d-10	-19.8237	-22.0141	29.3237	1299.598452	1105.825092
d-11	-18.8272	-21.0801	28.3272	1302.505492	1102.496518
d-12	-17.852	-20.178	27.352	1305.102583	1098.920994
d-13	-17.3787	-19.7323	26.8787	1307.36893	1095.12767
d-14	-17.8342	-19.9494	27.3342	1309.285962	1091.145928
d-15	-18.3034	-20.1742	27.8034	1310.838197	1087.008268
d-16	-18.7824	-20.4049	28.2824	1312.01329	1082.748147
d-17	-19.2674	-20.6398	28.7674	1312.801937	1078.40002
d-18	-19.7544	-20.8767	29.2544	1313.197434	1073.998435
d-19	-20.2444	-21.229	29.7444	1313.197127	1069.579628
d-20	-21.1172	-22.08	30.6172	1312.800349	1065.178021
d-21	-22.043	-22.986	31.543	1312.010579	1060.829686
d-22	-23.0144	-23.9399	32.0144	1310.834292	1056.569573
d-23	-24.0233	-24.9337	33.0233	1309.28112	1052.432518
d-24	-25.0618	-25.9596	34.0618	1307.363252	1048.451329
d-25	-25.084	-25.9577	34.084	1305.096408	1044.658561
d-26	-24.8728	-25.7218	33.8728	1302.498159	1041.08287

图 5　某 LNG 扩建项目（二期）动态地质模型持力层推演数据导出

3　BIM 技术在桩基工程判岩工作中的应用效果

现场监理工程师从地质模型批量生成的剖面图中提前预知地层变化情况，对地层存在突变、坡度较大的桩位点与施工方提前进行商议，做出预警，减少问题桩发生的概率。地质模型批量生成的理论桩孔深度、NE 转换坐标等数据，大大减少了现场工作人员资料查阅、数据笔算等重复性工作。

批量生成的持力层剖面图和桩孔持力层控制高程数据结合其他判岩手段，使现场人员的判岩工作得到了有力的保障，利用 BIM 技术建立的动态地质模型辅助桩基持力层判断的技术模式，有效规避了因地质勘察资料不全为桩基入岩判断工作带来的困难和风险。

在某商储二期项目中，经过储罐充水试验证明，所使用的两种桩型都达到了设计要求。通过储罐充水试验的沉降观测表明，单罐平均累计沉降量在 45mm 上下波动，最小平均累计沉降量为 27.7mm，最大平均累计沉降量 69.33mm。振冲碎石桩的施工质量与国内同类储罐工程相比，远远好于其他同类工程。

某 LNG 扩建项目（二期）动态地质模型的应用已经得到了业主方的一致好评，BIM 技术应用被业主列为项目技术创新重点。

4　结语

BIM 技术结合动态地质模型辅助桩基工程判岩工作的技术模式，在试点项目上的应用已取得良好的效果。通过对比动态模型持力层推演高程与实际入岩高程差，可以用 BIM 技术生成更多直观的多维度地层状况，对地勘资料数据内容的不足进行补充，提高地勘资料的使用价值，降低工程技术人员的判岩风险；可减少工程超前钻数量，节约工程经济成本。本文以 BIM 技术的创新应用，引导工程技术人员用 BIM 技术模式去解决判岩困难的问题，对 BIM 技术的多维度应用及推广具有一定的借鉴作用。

BIM 模型优化方向探索

刘　超，李　强，沈　术

（同炎数智科技（重庆）有限公司，重庆　400000）

【摘　要】 伴随着中国计算机网络以及移动网络的发展，BIM 系统的应用场景也即将迎来网络化、移动化的改革。庞大的数据量和准确的模型精度使得 BIM 工程模型通过网络的传输效率大大下降。基于模型轻量化、数据完整性的双重要求，再结合实际工作环境中对 BIM 系统的相关要求，对未来 BIM 模型优化方向进行了探讨。

【关键词】 轻量化；应用场景；优化方式

1　现阶段 BIM 的介绍

BIM（Building Information Modeling，简称 BIM）是建筑学、工程学及土木工程的新工具。BIM 工程模型其本身作为这项新技术的视觉表达方式，在整个 BIM 数智化管理过程中有着举足轻重的作用。

目前的 BIM 工程模型其作为建筑信息模型涵盖了几何学、空间关系、地理信息、各种建筑组件的性质及数量等相当大的数据。正式基于这些数据、计算机系统能够自动计算并给出使用者所需要的准确信息并以可视化的方式展示出来。这种展示方式包括但不仅限于：平面、立面、剖面、详图、三维立体视图、透视图、材料表或者是房间采光、通风以及能耗等。BIM 工程模型的多维度呈现方式为传统电脑辅助设计所使用的适量图形构图表达信息的方式带来了质的飞跃。它为业主、经营者、设计师以及承建单位等构筑了一个新的沟通桥梁。

2　未来 BIM 工程模型应用环境展望

随着 BIM 系统在项目的所有环节：建筑设计、结构设计、建造、价格预估、工期安排及工程生命周期管理等相关领域的广泛应用，其模型所携带的庞大数据量也导致了在许多应用场景中的不便和困难。

伴随着中国计算机网络以及移动网络的发展，BIM 系统的应用场景也即将迎来网络化、移动化的改革。然而面对使用者参差不齐的网络及硬件条件，现有的 BIM 工程模型很难准确地将数据呈现或者展示给身处于不同应用场景中的使用者。庞大的数据量和准确的模型精度使得 BIM 工程模型通过网络的传输效率大大下降。随之相伴的还有在移动设备这种轻量级办公平台上，完整的 BIM 工程模型非常难以顺畅的使用。

然而在万物互联和智能制造的总体发展趋势下，未来 BIM 系统会面临更多类似的挑战。这也对未来 BIM 工程模型提出了更高的要求和挑战。

3　未来应用环境对 BIM 工程模型的提出的挑战

对于当下的 BIM 模型，最先提出的要求就是轻量化。伴随着移动互联网的出现，越来越多的使用场景将要求 BIM 工程模型能够随时随地方便使用查询、修改和上传。然而受限于移动办公设备的计算能力和网络的通畅性，目前庞大的 BIM 模型给设备和网络都带来的巨大的压力。

其次，BIM 工程模型在轻量化的过程中也不能舍弃其完备的数据这一至关重要的优势。优化后的

【作者简介】 刘超（1983—），男，总咨询师/高级工程师。主要研究方向为 BIM 技术在数智化全过程咨询项目中的应用。E-mail：214268014@qq. com

BIM工程模型也要能够向使用者展示他们所想要查看的所有内容。进一步而言，使用者在轻量化的模型中进行的各项修改最终也必须要能够反映到数据库中的BIM工程模型上。

只有同时满足这两项要求的优化和轻量化方案才能够使得BIM系统在未来的发展中继续发挥其带来的价值。

4 BIM工程模型轻量化优化方式方法的探索

基于模型轻量化、数据完整性的双重要求，再结合实际工作环境中对BIM系统的相关要求，BIM工程模型的优化可以从以下几个方面展开。

4.1 视觉优化

这里主要讨论对3D模型的优化，使之能够工作在更多的轻量级平台上，并且增强BIM系统在移动互联网时代的适用性和泛用性。

4.1.1 参照CAD制图对模型的分层处理

分层的概念其实从制图绘图的2D时期就已经广泛深入到每一个设计人员的工作方式当中。而这里我们不妨将分层的概念再次应用到3D模型的展示当中去。根据不同的工作环境和使用者对不同数据的要求，对现有的模型进行层级的标记和划分，然后再在使用的平台上根据具体的工作要求只展示出相应的部分。通过这样的方式，我们可以极大地降低用户端所需要展示的精确模型的数量，降低3D模型展示时对使用者所持有的设备的要求（图1、图2）。

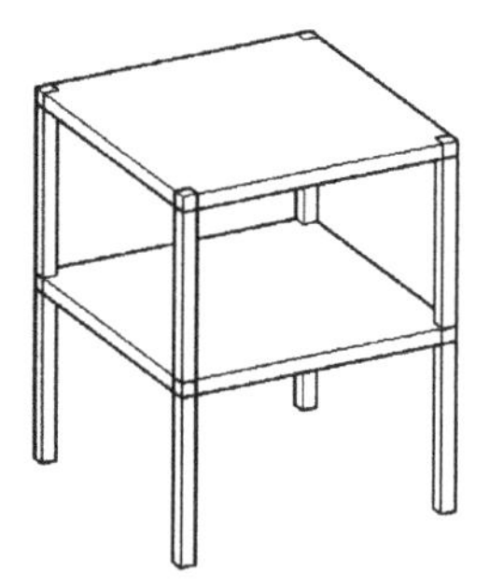

图1　梁、板、柱全模型呈现

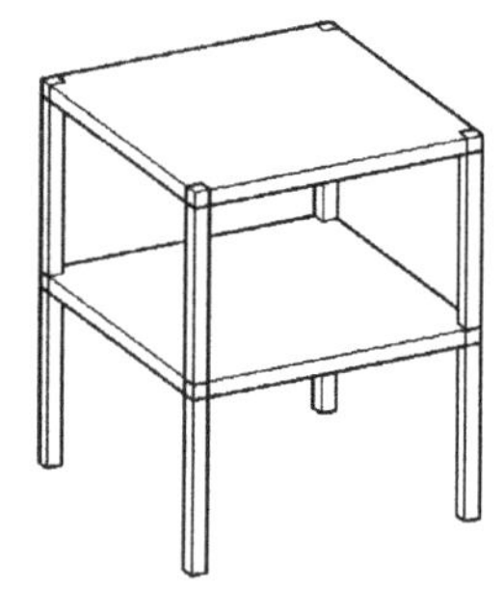

图2　板、柱部分模型呈现

4.1.2 对选定3D模型的轻量化处理

在4.1.1中我们讨论了通过分层显示从而减少对使用者设备的压力。然而对于移动设备而言，单纯地减少显示构件的数量并不能够使BIM工程模型顺利地在这些设备上运行。

相较于传统的3D模型而言，BIM工程模型最大的特点在于其精细度。在BIM工程模型中，每一个构件都是一个单独的三维模型。即使对于一个单纯的结构模型而言，它都包含了数不清的梁、柱以及楼板等重要的结构构件。使用者的设备接收到相应的数据之后，需要先计算出每一个构件的三维模型然后再根据其坐标拼接成完整的结构并呈现出来。在这个过程中，构件与构件之间的交会面虽然不会被使用者观察到，但是却依然要浪费使用者所持有的设备的计算资源。随着项目体量的加大，即使一个层级的模型包含的构件数量也会超出使用者设备或网络传输速率的承载能力。

因此，相较于发送给每一位使用者完整的构件数据，根据不同使用者的工作环境和要求，提前整合模型然后再发送到使用平台可以减少对使用者设备计算资源的占用，也可以减少网络传输所需要的时间（图3～图5）。

4.1.3 大型3D场景的模糊化处理和对模型的中心化处理

这是对4.1.2的补充方案。在多数情况下，BIM系统的使用者并不仅仅需要单个建筑物的展示。在工程领域，建筑物相与周边环境的关系也是BIM使用者常常需要参考的必要因素之一。所以对于周边环境的模糊化处理并展示就被作为模型优化的补充方案提上了桌面。参照大光圈在照相或者摄影时产生的虚化效果，BIM模型优化也可以设计出类似的模糊化处理。对于使用者需求的部分，BIM服务器提供相

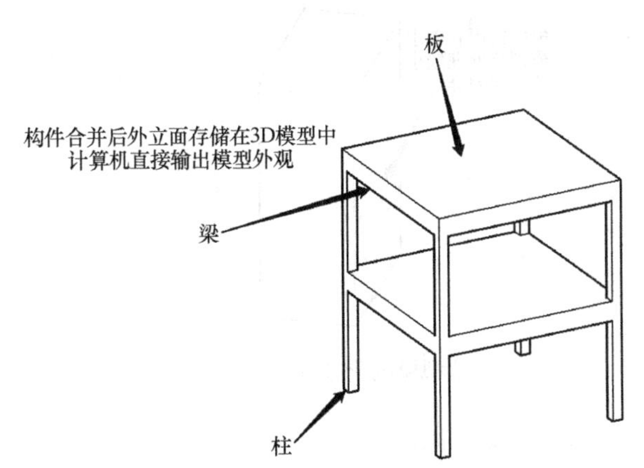

图 3　构件独立时的模型状态

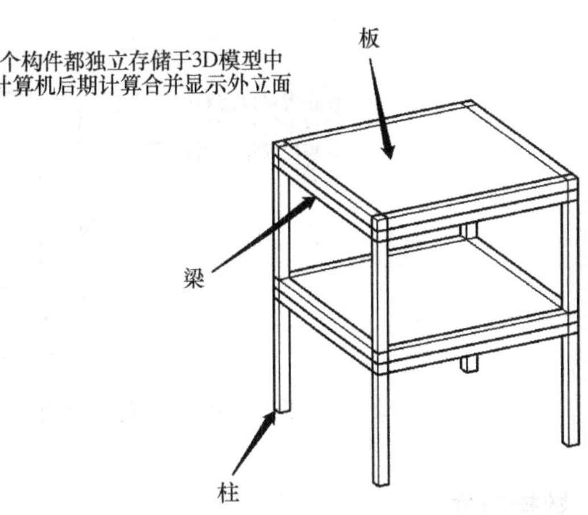

图 4　构件合并后的模型状态

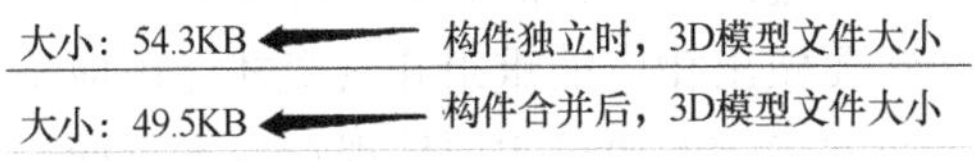

大小：54.3KB ← 构件独立时，3D模型文件大小

大小：49.5KB ← 构件合并后，3D模型文件大小

图 5　构件合并前后模型文件大小对比

应的精细化模型。而对于周边场景，BIM 服务器提供更加模糊的 3D 模型以满足使用者对于相应建筑和环境互动的最低要求即可。

场景模糊化和模型中心化不仅仅旨在突出使用者所关注的模块这一个点，更进一步的是要指定出一个大部分从业者所能接受的模糊标准。

其提出的挑战和问题：

- 是否要舍弃其他建筑物外立面的细节，用一个粗略的体量来代替相邻的建筑?
- 是否要舍弃周边的景观细节，例如数目、花草、公交站台等?
- 对周边低于高程的模糊化处理具体到什么程度才能不影响使用者对当下工作的判断?

对于这些具体的数值，每一项都需要根据使用者不同的要求做出相应的调整。然而 BIM 工程模型庞大的数据量又给这项工作制造了难以逾越的障碍。这里就需要引入人工智能来帮助系统灵活地调整模糊程度从而满足不同从业者的不同工作需求（图 6）。

4.1.4　参照工业制造流程对模型精度的模糊化处理

从 4.1.1～4.1.3，BIM 工程模型在各个方面都精简了 3D 模型在展示上对网络和设备计算能力的需求。然而对于大部分网络平台或者移动平台的使用而言，3D 模型的精度并不是他们考虑的重点。在 BIM 模型的实际使用过程中，常常伴随着高精度建模。然而在大部分统计工作完成之后，如此精确的模型对于网络平台和移动平台用户而言又是一个巨大的负担。在 4.1.2 中，我们探讨了对构件整合输出外立面的方案，那么在此我们可以更进一步地考虑对整合之后的外立面 3D 模型进行深入的优化。

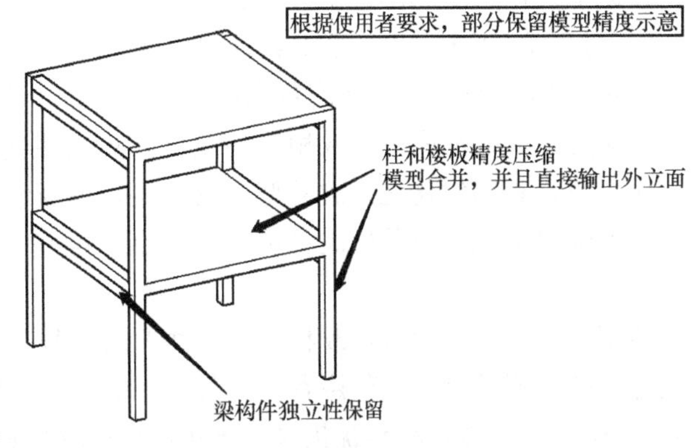

图 6　模型精度部分保留示意

比如，对于建筑外墙而言，往往伴随着极小的勾缝或者细小的构件突起。此时，网络或者移动平台的用户也许并不需要如此微小的细节呈现。在这种情况下，优化整合后的外立面，抹平相应的细节并用不同的材质颜色代替这些细节成为模型进一步优化和缩小体积的实施方法。这里可以借鉴 3D 游戏场景的搭建和 3D 影视动画的表现方式，用不同的贴图或颜色来表达相同的可视化效果，而不是实实在在地用 3D 模型呈现对应的效果。这种方式可以极大地减少外立面模型的三角面数量。

通过这种方式，在网络平台和移动端平台所呈现的可视化模型可以拥有更加顺畅和灵活的应用场景并且适应未来大部分的拓展应用（图 7、图 8）。

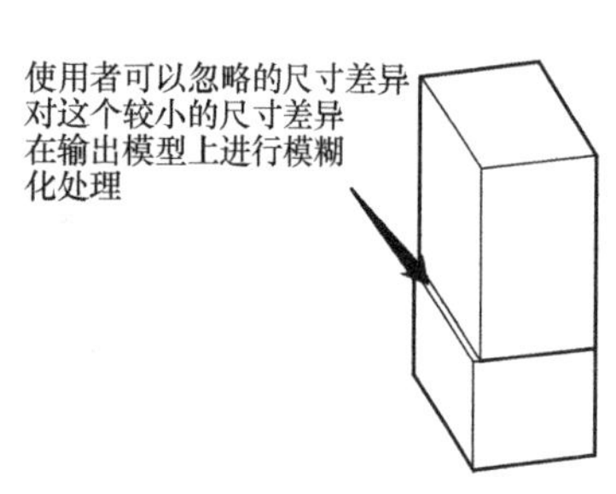

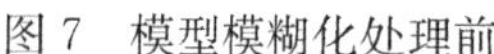

图 7　模型模糊化处理前

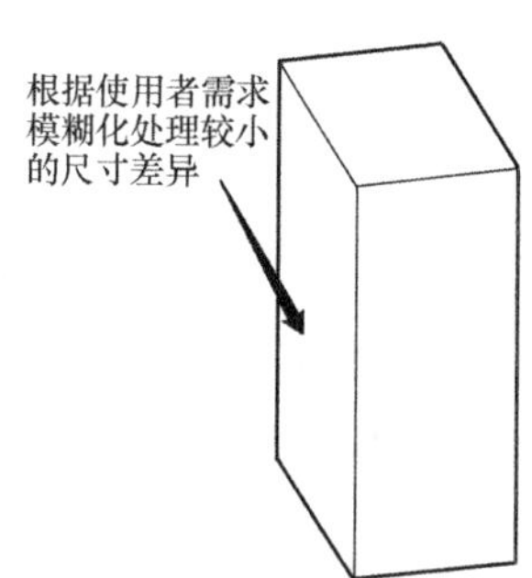

图 8　模型模糊化处理后

4.2　数据方面

BIM 工程模型的优势在于其对于项目整体数据的完整性，这种完整性保证了使用者之间更直观和更有效的交流以及项目的高效管理及运行。然而伴随着 3D 模型的优化和精简，原本包含在构件体系下的数据必然要做出相应的重组和改变才能适应新时代在网络和移动互联网平台下的工作要求。

数据优化的要求主要体现在以下方面：

数据完整性的保留。

数据呈现的灵活性提升。

数据抓取和读写的便捷性及完整性。

因此我们不妨从现有的计算机数据库的建立方式探讨未来 BIM 模型数据的改进和优化。

4.2.1　参照表单数据库的构建方式对模型进行表单化处理

受限于网络和移动互联网平台的局限性，在未来仍旧以构件属性的方式呈现工程数据在网络通畅性，设备兼容性上都会有不小的挑战。因此，深挖现有 BIM 工程模型中数据存贮方式，将之重新编译成更加原始的表单数据库成为后续数据优化的基础。这样的常规数据库也可以通过深化改进的方式，继续链接原有的 BIM 工程模型。从而保证 BIM 工程模型、数据库、平台呈现的数据的统一性和时效性。而这样的统一数据平台也为之后的数据搜索、提取、呈现、修改以及拓展应用奠定了坚实的基础。

4.2.2　对原始 BIM 工程模型中数据的拓展应用

在对 BIM 工程模型进行完数据库改造之后，中心服务器就可以根据各个使用者所在的平台、使用环境和工作要求从数据库中提取相应的项目并且发往使用者的设备上。使用者的客户端程序可以根据相应的工作环境，利用优化之后的模型以及数据，重新组合呈现出各自不同的表达方式以方便使用者在不同的设备上随时随地查看并修改各项关键数据。这些呈现方式包括但不仅限于表格、图表、图片甚至是动画效果。

使用者可以在客户端修改相应数据并返回给服务器，再由服务器同步到 BIM 工程模型中。最终更新优化之后的模型并呈现在使用者的设备上。最终做到现场查看、随时修改、同步上传、即时呈现的效果。

4.3　结合人工智能在模型优化应用上实现全过程自动化

从 4.1、4.2 可以明确地看出，模型的优化、数据的优化和改造都和使用者所处的不同工作环境有着密切的关系。不同使用者对模型的要求，对数据的提取都可能有完全不同的需求。而这又反过来给模型精确的程度、数据提取的范围和速度提出更高的难题。

回望 21 世纪以来，人工智能在各项领域得到了飞速的发展。利用人工智能来解决复杂条件下的最优解是目前可预见的未来内最有效的解决方案。

首先，我们可以通过建立一个以不同使用者工作环境作为相对变量，以最符合使用者需求作为目标的可预测世界模型。然后，将这个状态用数学模型的方式表达出来。并且在大量数据的支持下，通过机器学习的方式确定适用于不同应用场景的模型及数据优化最优解。最后，将这种解决方案预设到相应的应用平台中去。根据不同的应用场景自动提供相应的优化方案并推送到使用者手中。

4.4 BIM工程模型优化及工作方式总流程示意图

BIM工程模型优化及工作方式总流程示意图如图9所示。

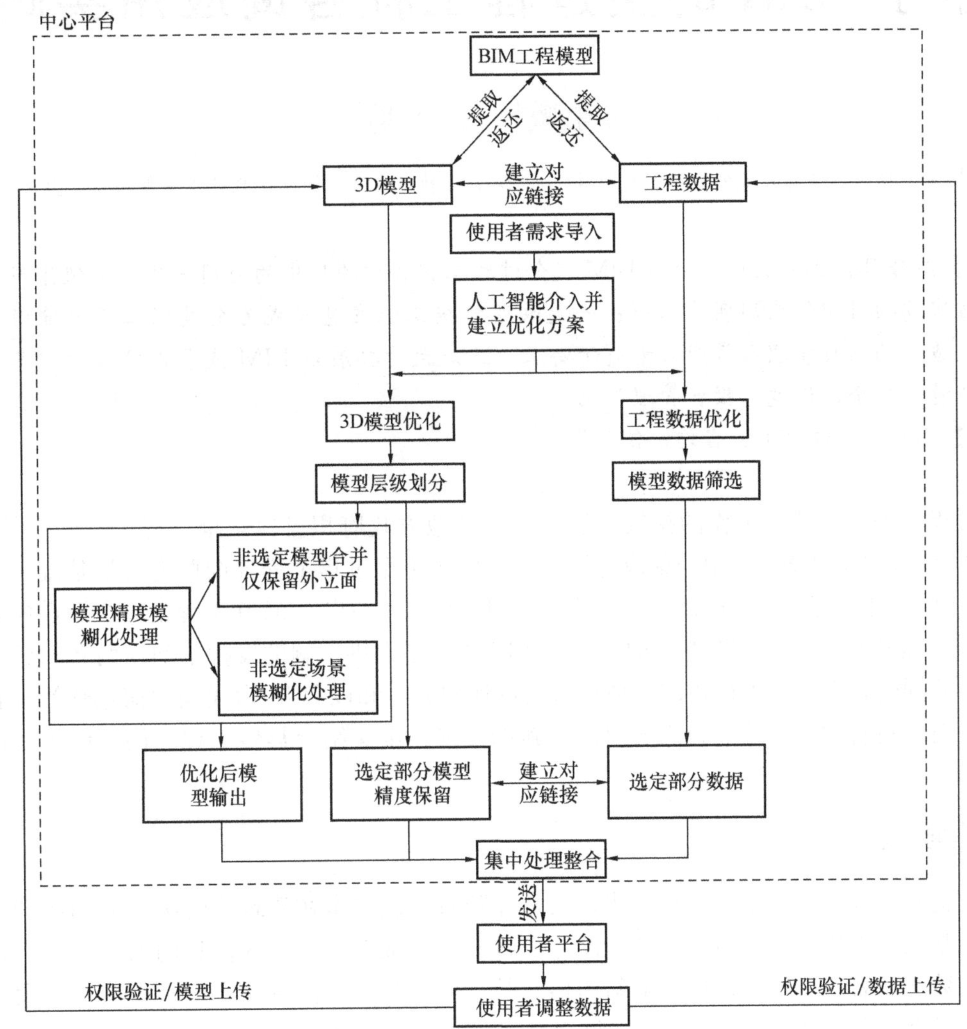

图9　总流程示意图

5　展望BIM工程模型优化的优势和价值

就目前而言，BIM系统的应用还停留在建造阶段。由于其庞大的数据量致使很多后续工程都必须要重新提取数据并建模。每一次需求端的变化都会导致大量人力物力的投入。而BIM模型的优化使得BIM工程模型在后续的拓展应用中有了一席之地，打通了项目从规划、建设、投入使用、展示，以及后期运营的整个链条。提高了项目的可追溯性，提高了数据的连续性和完整性。为未来数智化项目管理、智慧园区以及智慧城市提供了更有利的工具。

参考文献

[1]　胡媛媛．基于虚拟施工的BIM模型优化技术研究[J]．贵阳学院学报(自然科学版)，2020，15(04)．

[2]　柳晴晓龙．基于水利工程BIM模型优化加载与交互技术研究[D]．郑州：华北水利水电大学，2020．

[3]　张爱青，方伟国．建筑工程管理BIM模型优化研究[J]．赤峰学院学报(自然科学版)，2019，35(06)．

[4]　胡启阳．线性规划算法在参数化BIM模型优化中的应用[D]．天津：天津大学，2020．

基于BIM的全过程工程咨询应用实践

加崇曦[1]，张远思[2]

（1. 重庆悦瑞文化旅游发展有限公司，重庆 401120；2. 林同棪（重庆）国际工程技术有限公司，重庆 401120）

【摘　要】 结合具体工程案例，分析BIM在全过程工程咨询项目中的应用方法和价值体现，分享BIM在全过程工程咨询项目中的应用实践心得：一是改变传统工程发包模式为全过程工程咨询模式、二是建立与新模式相适应的项目管理人员能力素质新要求、三是大力拓展以BIM技术为核心的信息化管理新工具，为项目质量、安全、进度、投资管理赋能。

【关键词】 BIM；全过程工程咨询；信息化

随着全过程工程咨询试点工作的持续开展，国家及地方政府积极探索全过程工程咨询的组织模式，加快促进BIM技术在项目全过程中的集成应用，为全面实施全过程工程咨询奠定政策基础。目前行业里应用BIM的项目大部分都只是阶段性、点式地在应用，没有发挥出BIM在工程全生命周期应有的价值潜能，而全过程工程咨询这种项目管理方式刚好能为BIM应用提供广阔的发挥空间，两者构成一种生态互补的关系。与此同时，全过程工程咨询这种新的项目管理方式和以BIM为代表的信息化管理新工具，必然在多个方面对项目管理人员的能力构成提出了新的要求。本文结合具体工程案例，试图对这一课题进行阶段性实践总结。

1　BIM的特点

BIM的概念最早于20世纪70年代提出，它是伴随着信息技术在建筑业的深入运用而产生的，它是以三维模型为基础，集成了建筑项目规划、设计、施工和运维各阶段工程信息的数据模型，是对建筑产品及其过程的数字化表达，目的是通过最新的信息技术的应用——信息化，来实现项目建设过程中多部门、多专业人员在各种各样变更条件下的协同工作，从根本上解决项目各阶段以及应用系统间的信息断层问题，从而实现建筑全生命周期管理。

综合相关资料，可以认为BIM一般应具有以下几个方面的特点：

（1）可视化。所见即所得，提供更形象化的工作方式，提高沟通和决策效率。

（2）全面性。横向上包括业主、设计、施工、监理等各参建方，纵向上自建设项目规划、设计、建造、运维等全生命周期。

（3）模拟性。性能模拟，虚拟建造，开工前竣工，提前发现问题解决问题。

（4）协调性。不同专业之间高效协同，减少信息不对称造成的损失。

（5）智能化。在BIM模型上可集成如VR技术、AI技术、物联网、激光扫描、建筑工业化等前沿科技成果。

2　基于BIM的全过程工程咨询实践案例

2.1　案例概况

该项目位于重庆市悦来片区，由一栋43层的超高层、23层的高层及裙房和地库组成，总建筑面积约

【作者简介】 加崇曦（1977—），男，重庆悦瑞文化旅游发展有限公司党支部书记、董事长/高级工程师。主要研究方向为建筑工程管理、BIM工程技术实践与研究。E-mail：14448020@qq.com

20 万 m^2，总投资额约 22.4 亿元。项目面临工期紧、施工难度大、协调复杂、社会关注度高等多方面的难题，为加强项目团队协作、规避项目风险、推进项目顺利实施，业主方采用 BIM＋全过程咨询的创新管理模式，通过 BIM 协同管理平台等信息化工具，为项目顺利推进保驾护航。

2.1.1　BIM 搭建及信息共享方式

在施工准备阶段，项目团队利用来自设计师的各种不同版本的 2D 图纸，采用 Autodesk 公司的 Revit 软件搭建了项目 BIM 模型，其包含了建筑、结构、设备、幕墙、景观和内部装饰等方面的综合信息。在搭建 BIM 模型的同时，对各专业图纸进行校核并出具校核报告，有效减少了图纸本身不完善带来的施工风险。

BIM 模型完成后项目团队将模型经过轻量化后上传到项目协同管理平台进行信息共享，业主、施工等参建各方都可登录平台浏览模型和相应的文档，这对于那些没有 BIM 能力的项目参与方而言提供了极大的便利。除了上传到协同管理平台，BIM 模型还被上传到手机、平板电脑等移动电子设备上进行信息共享，监理工程师拿着移动电子设备可在项目现场进行模型与工程做法比对，及时发现问题或者给工人提供技术指导。

2.1.2　BIM 的应用和管理

（1）管理创新

本项目是重庆市主城区首个采用 BIM＋全过程咨询的项目，对于培育全过程咨询服务实现服务集成化具有重要示范引领作用。在工作一开始就以 BIM、GIS、AI 和大数据为核心打造全过程工程咨询的数字化协同管理平台，有机结合“小前端＋大后台”的管理模式，支持业主组织各参与方通过可视化数据库，对项目全生命期实施全过程一体化管控，以数据驱动管理，赋能业主智慧建设。在工作机制上，建立了基于 BIM 平台的协同工作机制（图 1），各参建方围绕同一个 BIM 协同平台开展工作。在工作内容上将一切项目问题变成可计算的数据问题，数据从一种处理对象变成一种基础资源，不同维度的数据通过 BIM 协同管理平台进行结构化处理，实现管理问题变成计算问题，把计算问题变成概率问题，辅助决策。

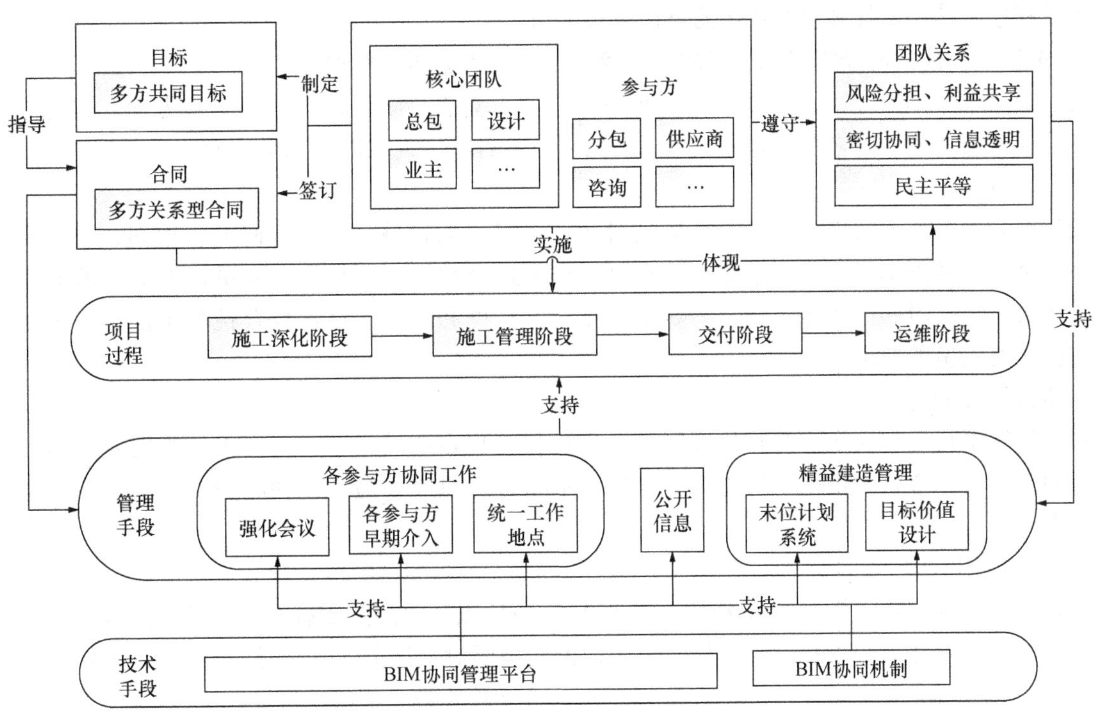

图 1　基于 BIM 平台的协同工作机制

（2）技术创新

目前市场上的 BIM 咨询服务内容主要包括图纸校核、管线综合、净高分析、碰撞检测和施工模拟等内容，大部分都是基于单机版软件的模型应用，而平台端、移动端的BIM应用少之又少，这无形中限制了BIM应用的潜能和价值发挥。本项目除了做好常规BIM应用之外，在平台端、移动端都有大量应用，如采用二维码技术、移动端BIM模型对复杂节点施工、精装修施工进行现场交底、现场指导，真正做到BIM模型应用于施工过程中；通过BIM＋MR技术实现多种材质、多种布局的任意切换，快速呈现不同方案的精装修效果，辅助业主高效决策；采用无人机＋BIM＋GIS技术还原项目周边环境，进行进度、能耗等多项模拟分析。

2.2 BIM应用价值

（1）可看见的效果

基于BIM协同管理平台，截至目前本项目共创建各类流程28类，共归档各类流程2001条，这些流程已全部实现无纸化，只需通过平台打印归档要求所必须的纸质资料，其他资料都已在平台上归档。

（2）可缩短的工期

在多项BIM技术措施的共同作用下，总工期可缩短约5个月。

（3）可计算的经济价值

利用BIM技术进行问题梳理、节点深化、材料管理、工艺变更等多项措施，变为可计算的经济价值共计节约成本约800万元。

3 基于BIM的全过程工程咨询实践心得

3.1 模式创新——采用全过程工程咨询这种新的项目管理模式

与传统工程建设管理模式相比，全过程工程咨询模式的主要差异在于，将传统的工程勘察、监理、投资咨询、施工方与建设方等工程参与各方的责任主体，转变为仅有咨询单位、施工方与建设方的三方实体。实行全过程工程咨询，优势在于可提供自决策、准备、实施、评估到运营闭环式各类工程咨询服务，信息流更为通畅，使得咨询成果具有连贯性、高效性、及时性和全面性，对正在实施和未实施的阶段起到指导和控制作用，提升全产业链的整体把控能力。

3.2 人力创新——建立与新模式相适应的项目管理人员能力素质新要求

采用基于BIM的全过程工程咨询项目管理方式，可以克服传统管理模式在很多方面存在的问题，同时对项目管理人员在能力、素质等方面提出了新的要求，具体表现在以下几个方面：

（1）专业技术能力

工程建设是一个资本密集、劳动力密集同时产业链漫长的领域，从产业研究、规划、设计到建设和运营，每一个环节都离不开专业技术能力的支撑，作为这个领域的项目管理人员，专业技术能力是立身之本，需要大量地学习和广泛地实践，不断拓展专业的深度和广度，培养综合性技术能力，才能适应全过程工程咨询对人员的要求。

（2）项目管理能力

不同于传统平行发包模式下的碎片式管理，全过程工程咨询模式下，管理人员需要具备跨职能、跨专业、跨团队的资源整合和化解矛盾的能力，只有不断有意识地去提高这种能力，才能适应多维度的项目管理要求。

（3）BIM应用能力

项目管理人员首先要清楚BIM的概念，对BIM的应用点和价值点要有充分的认知；其次是要掌握与BIM相关的工具和技术，以便更好地发挥其作用；第三是要对采用BIM后如何重构业务关系以及如何与其他团队或个人进行业务协同有充分的了解，协同是BIM价值最大化的关键。

3.3 工具创新——使用以BIM技术为核心的信息化管理新工具

（1）移动端BIM应用工具

中国社会现在已经进入移动互联网时代，手机、平板电脑等移动电子设备以其便捷性成为人们随身携带的信息化工具。BIM模型想要用于指导现场施工，就绝不能沉睡在工程师的电脑中，一定要能在移动电子设备上随时随地都能打开浏览。相应的，移动电子设备上就要安装这类 APP 应用程序，例如 Autodesk 公司的 BIM 360 GLUE。

（2）平台端 BIM 应用工具

BIM 的一大优势在于其良好的协同性，能协同项目各阶段、项目各参建单位在同一个平台上开展工作，BIM 模型本身无法承担这个重任，我们需要一个数字化的协同平台来加载轻量化的 BIM 模型，项目各参建单位工作人员只需通过账号密码登录平台，就可在平台上浏览模型，在平台上提交、审批各类流程，实现无纸化办公。这类平台端的 BIM 应用工具目前只有极少数项目管理企业在使用，例如林同棪（重庆）国际工程技术有限公司。

（3）其他信息化管理新工具

BIM 在很多语境中不单单是一种技术，很多时候它成为建筑业信息化的代名词，只要能提高项目信息获取时效性、可得性、准确性的技术，都可以称之为 BIM 技术，而非局限于模型本身。例如近些年在项目上方兴未艾的无人机技术，可在高空验收、旁站、巡视检查等传统监理工作中发挥作用，提高了监理高空验收工作的成效，降低了监理工作风险。

4 结语

全过程工程咨询以其高度整合的服务模式，在控制成本、保障工期、提升质量等方面规避了传统风险，这是政策导向也是行业进步的体现，它的全面应用离不开项目管理人员素质的提升，更离不开以 BIM 为代表的信息化管理工具的使用。本文通过具体工程案例的实践，分享了采用新模式、新人力、新工具后取得项目管理新突破的心得体会，希望给业内同行提供有益的借鉴。

参考文献

[1] 汪洋．数智化全过程工程咨询的“林同棪国际创新实践”[J]．中国勘察设计，2019(05)：50-55.

[2] 张泳，张云波．BIM 及其对工程项目管理人员的影响[J]．项目管理技术，2009，7(09)：35-37.

[3] 欧镜锋，曹文艳．BIM 等监理新技术在监理企业向全过程工程咨询转型中的应用探索[J]．建设监理，2020(12)：15-18，30.

[4] 许余津．BIM 技术在建设项目管理中的应用[J]．绿色环保建材，2020(04)：212-213.

BIM在机电优化设计中的应用

张思婷

（同炎数智科技（重庆）有限公司昆明分公司，云南 昆明 650000）

【摘　要】随着科技的发展，人们对BIM技术的研究也更加深入。BIM技术在建筑行业受到越来越多的重视，政府也对此项技术大力推广支持。BIM技术甚至成为建筑行业中一门举足轻重的技术。特别是在机电优化设计方面，BIM技术的作用尤为明显。BIM技术能有效解决机电管线碰撞的问题，指导施工，节约成本，缩短工期，给项目带来实际效益。

【关键词】BIM；机电优化；工程管理

随着科技发展以及生活水平的提高，人们对建筑各方面的要求也越来越高，而相应的工程项目的复杂程度也随之提升。机电管线错综复杂，机电设备种类繁多，在施工过程中经常出现管线碰撞，净高不足，预留预埋定位不准确等问题，造成多次返工，增加成本，影响施工进度。而运用BIM技术可以对机电管线进行综合优化设计，通过碰撞检测及优化提前解决管线碰撞问题，合理优化净空高度，提高施工效率，有效避免后期返工问题。可见BIM技术对机电优化设计的价值不容小觑。

本文主要从管线碰撞检测及优化，净高分析，综合支吊架设计，可视化施工指导，协同管理等几个方面对BIM在机电优化设计中的应用进行了探讨。

1　模型搭建

BIM模型有很多不同的类型，如设计模型、施工模型、算量模型、竣工模型等。在收到设计图纸之后，结合业主要求，以及实际情况进行分析，确定项目的BIM交付要求和交付计划，确定BIM应用的目标。由于不同的建筑项目在不同的阶段对模型的精度要求不同，在进行机电深化设计的施工图设计阶段，模型应达到国家规范的施工图设计深度要求，使之能用于指导施工。最后搭建一个信息共享平台，让所有的项目参与者都可以访问平台，查看模型，对后期指导施工更方便。

2　结合BIM技术的机电优化

优化设计是指结合施工现场的实际情况，与相关设备厂家配合，对业主方提供的由设计院出具的图纸进行进一步优化、补充和完善的过程。优化设计后的图纸，在符合原有设计方案的技术要求的同时，又符合相关地区设计规范和施工规范条文，并且已经审查通过，可以直接指导工人们进行现场的施工。

对施工图进行优化设计，可以检查出原设计单位设计中存在的问题，并且优化设计方案；对各专业的交叉问题，提出合理的建设性意见。在保证使用功能的前提下，使管线布置更加合理，解决碰撞问题，空间更加优化且方便施工。通过对施工图进行优化设计可以协助主体设计单位迅速有效地解决设计问题，使图纸更系统化，加快推进项目建设，并且为企业创造更多利润。

2.1　碰撞检测及优化

碰撞检测是BIM技术突出的优点。机电工程施工中，包含水、暖、电、智能化、通信等各专业管线，各管路走向密集交错，如果在施工过程中发现各专业管线碰撞，可能需要把周围一大片都拆除返工，甚

【作者简介】张思婷（1996—），女，BIM技术人员。主要研究方向为BIM技术在机电施工中的应用。E-mail：2453217214@qq.com

至还需要让设计人员对整个设计方案重新修改，不仅导致浪费材料还会大大延误工期。

因此，在项目施工前，利用BIM技术，针对现场的建筑结构进行实地测量后，将机电各个专业和建筑结构专业整合成统一模型，运用BIM软件进行机电各专业间及与建筑结构专业间的碰撞检查，提前发现施工现场存在的保温层、工作面、检修面等碰撞和冲突，通过提前预知施工过程中这些可能存在的碰撞和冲突，依据BIM碰撞检测报告对存在的问题进行分析，结合实际情况区分对待处理，及时予以整改，解决碰撞问题。利于减少设计变更，大大提高施工现场的生产效率（图1、图2）。

图1　BIM机电模型（优化前）

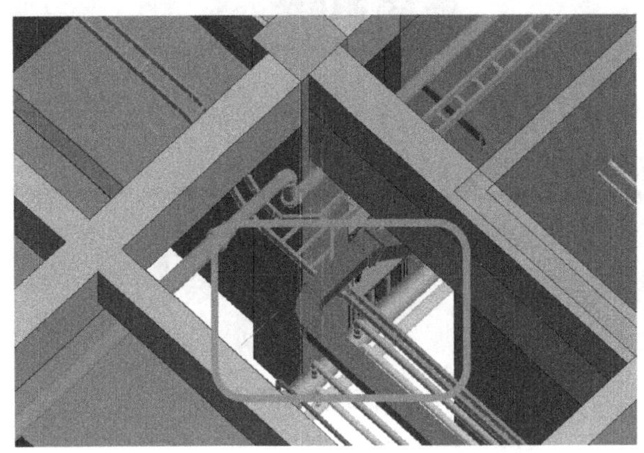

图2　BIM机电模型（优化后）

2.2　净高分析

机电安装工程中，由于机电系统复杂，安装进度高，尤其是综合走廊部分，对净空的高要求使得管线安装施工难度加大。通过各机电专业和建筑结构专业模型整合，进行机电管综优化，根据调整好的综合模型自动筛选出空间净高不符合设计规范的位置，利用Revit剖面图辅助优化，事先解决净高不足问题，避免后期施工完成后因净高问题返工（图3、图4）。

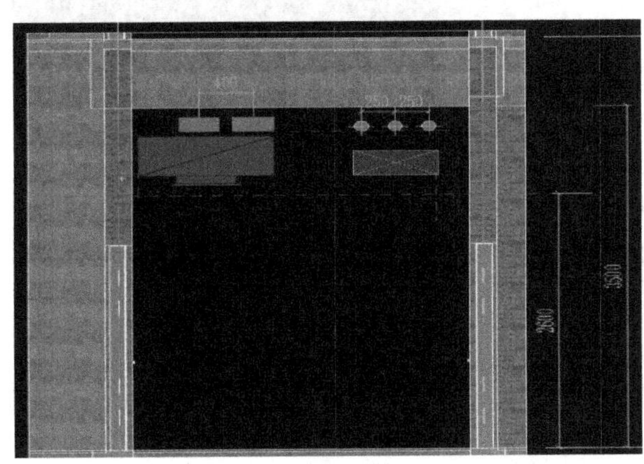

图3　净高优化前

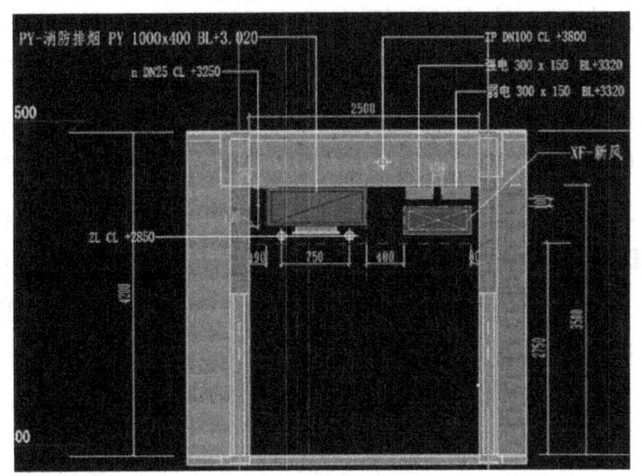

图4　净高优化后

2.3　综合支吊架设计

在完成相应的碰撞检测，并且调整好碰撞问题以及净高优化之后，就可以根据现场实际情况，结合设计图纸，添加支吊架。普通安装方式支吊架分散错乱，并存在很多交叉的地方。利用BIM技术进行综合支吊架排布，不仅可以减少支吊架数量，管线的走向也更加清晰、明确，支吊架排布更整齐，质量也大大提高。在满足了管线布置的前提下，对空间的占用也达到最优。在BIM技术的应用下，可以利用各种管线的参数计算出相应荷载，查看综合支吊架的优化情况，保证支吊架的强度，相对传统的支吊架做法不仅节约经济成本，而且更加安全可靠。

2.4　可视化施工指导

通过BIM模型的搭建、优化，实现了建筑工程向三维可视化的转变。利用BIM动态视频模拟施工，实现可视化技术交底，有效地帮助设计、施工人员直观地了解现场。并且通过三维复杂节点分析，预留预埋三维剖面、三维标准样板等让现场施工人员更直观理解施工工艺，可以提高施工效率，避免后期返工（图5、图6）。BIM模型优化之后，可以为各机电专业的管线施工和设备安装提供准确的尺寸定位和构建信息。最终达到指导施工，缩短工期，降低成本的目的。

图5　预留预埋局部三维模型

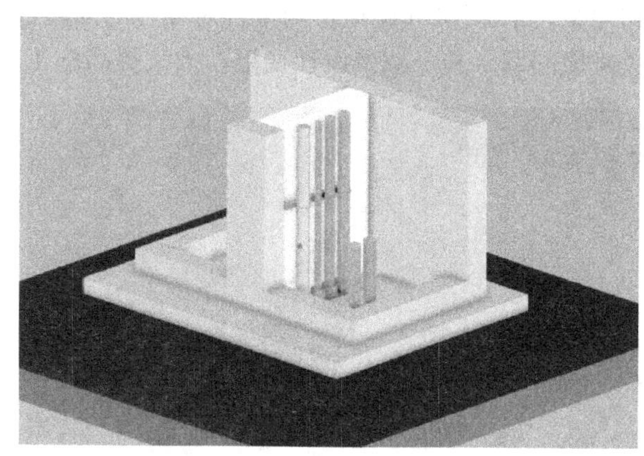

图6　立管布置标准样板

2.5　协同管理

目前我国的施工进度管理模式还停留在二维平面上，对于标段多、工序复杂的建设工程，对施工工现进度的管理难以达到全面、统筹、精细化。采用BIM技术结合施工现场的三维激光扫描和高像素数码相机的全景扫描，将施工现场的空间信息和时间信息集合在一个可视的3D或4D的建筑模型中，对施工现场进度进行形象、具体、直观的模拟，便于合理、科学地制定施工进度计划，直观、精确地掌握施工进度。

通过协同管理平台生成轻量化模型二维码，不论是现场管理人员还是工人都可以通过手机扫描二维码获取模型信息，用于施工指导。协同管理平台支持手机、平板等智能设备的使用，充分发挥手持设备的便捷性，让管理人员随时随地地记录、解决问题。有效的协同共享，可以提高各方的沟通效率，各方根据权限，查看属于自己的问题，并且及时解决（图7）。

图7　现场管线复核

3　结论

BIM软件技术应用不仅仅如此，还有许多应用点等着我们去挖掘，BIM技术将是让机电安装行业获得新生的必由之路，也将成为机电施工企业的核心竞争力之一。利用BIM技术不断实现施工企业各专业的协同工作，有效地降低施工成本和提高施工效率，在施工过程中明显地提高施工精确度，为施工企业节约成本、提高质量、提升工期，不断增强机电施工企业在建筑市场的竞争力。

随着时代的进步，工程技术服务范围不仅仅是设计和施工，而是包含了整个项目的全生命周期活动。BIM建筑信息模型正是用来发展过程生命周期延伸应用的基础信息架构。未来建筑行业，BIM的应用将越来越广泛，BIM的应用将改变建筑工程传统的生产和施工模式，推动工程领域的二次信息革命。

参考文献

[1]　邓雅璇．BIM技术在某医院机电安装工程中的应用研究[D]．邯郸：河北工程大学，2019．

[2]　吴渭涛．BIM技术在机电优化中的应用研究[J]．工程技术研究，2020，57(01)：54-55．

[3] 李明耀．建筑机电安装工程中 BIM 技术的应用研究 [J]. 住宅与房地产，2019 (36)：1.
[4] 乔兵锋，吴世明．建筑机电安装工程中 BIM 技术的应用 [J]. 地产，2019(22)：109.
[5] 黄军才，杜运坡．BIM 技术在公共建筑机电设备安装工程中的应用研究 [J]. 工程建设与设计，2020(02)：263-264.
[6] 王京，章明友. 机电管线综合设计浅谈 [J]. 建筑技艺，2020 (S01)：2.
[7] 王春斌. BIM 在高层建筑机电管线综合深化设计中的应用[J]. 工程技术研究，2019(8)：194-195.
[8] 李晓兰. BIM 技术在机电安装工程中的应用[J]. 机电信息，2020(26)：90-91 .
[9] 沈维莉. BIM 技术在建筑机电安装工程中的应用研究 [J]. 山西建筑，2018(35)：85-86.

BIM 正向设计技术研究

张师定

（上海同豪土木工程咨询有限公司，上海 200092）

【摘　要】基于领域知识与经验，分析了 BIM 正向设计本质，提出 BIM 正向设计过程应包含参数化几何模型创建技术、经验规则库技术、信息模型协同技术、BIM 神经网络与协同管理技术等，为建立 BIM 技术基础理论做了一些探索。

【关键词】BIM 正向设计；参数化几何模型创建；经验规则库；信息模型协同；BIM 神经网络

1 前言

笔者认为，BIM 技术是指以参数化几何模型（BIM）或参数化事务模型（BIM）为共享对象，融合领域专家知识与经验，对行业领域业务进行虚拟、仿真，实现设计、建造、运维过程之数字化、标准化、智能化之计算机技术、工程应用技术等之总称。

关键技术是指在一个系统或者一个环节或一项技术领域中起到重要作用且不可或缺的环节或技术，可以是技术点，也可以是对某个领域起到至关重要作用的知识。笔者依托领域知识与经验、软件技术与经历、结合系统理论等，提出 BIM 关键技术[1]：

（1）领域知识模型化技术；

（2）维度资源装配模型技术；

（3）基于信息模型之图形平台技术；

（4）模型约束求解通用平台技术；

（5）智能模型之经验规则库技术；

（6）模型功能评价与决策技术；

（7）动态模型控制技术；

（8）BIM 软件系统神经网络技术；

（9）基于 BIM 的协同—共享—管理平台技术；

（10）BIM+GIS+AI+IoT 综合技术。

实现 BIM 正向设计，是 BIM 技术的目标之一。分析 BIM 正向设计过程，笔者给 BIM 正向设计下定义：按设计内在规律、遵循设计正常流程，由模型参数（输入参数或软件自动求解得到的参数数值）直接生成 BIM 模型之过程。后续，如果需要的话，可通过 BIM 模型自动而准确地生成所需二维成果图纸。

2 正向设计过程分析与抽象

设计是指考虑既有客观条件，综合构思设计方案，分析、权衡及处理功能与结构间矛盾、设计与建造间矛盾、经济与美观间矛盾等，创造设计产品信息模型或图纸，实现产品功能，如交通、安全、耐久、适用、环保、经济与美观等过程。

如果按纵向来分析设计过程的话，设计过程可以分为两个阶段：第一阶段，设计构思，也就是建立初始模型，如果该模型包含几何图形，则需要创建参数化几何模型，并对参数赋初值；第二阶段，依托

【作者简介】张师定（1965—），男，副总工程师/高级工程师。主要研究方向为路桥设计与施工及 BIM 技术。E-mail：zhangshiding@126.com

该初始模型，创建分析模型，对分析模型进行设计计算与验算，必要时调整和优化模型参数取值。

如果从另一个维度来分析的话，设计过程可以分为（套用）标准设计与特殊设计。标准是指在一定的范围内，为获得最佳秩序及最佳社会效益，基于科学、技术和实践经验的综合成果，而对行为或过程及其结果规定共同的、可重复使用的指导原则、操作细则或特征性文件；而标准设计是按有关法律规定或技术规范的要求，其行为或成果必须作为标准的设计文件或设计过程；套用标准设计所得的信息模型无须接受分析验算。当无标准设计可套用时，应进行特殊设计；特殊设计时，首先需要设计构思，即筹划几何形状及几何参数初始数值，由于其为新设计，需要对该模型进行必要的模型计算与验算，即需要纵向设计第二阶段。

综合以上正向设计过程分类，编制框图见表 1。

设计过程分类　　**表 1**

设计过程分类	设计构思（创建初始模型）	计算与验算（优化模型）
标准设计	✓	—
特殊设计	✓	✓

3　BIM 正向设计综合技术

在正向设计过程分析与抽象的基础上，笔者提出实现 BIM 正向设计应包含的技术：（1）参数化几何模型创建技术；（2）经验规则库技术；（3）信息模型协同技术；（4）BIM 神经网络与协同管理技术。

3.1　参数化几何模型创建技术

笔者认为"参数化模型＋构件组装技术"产生了 IFC 技术。

参数化建模是用专业知识和规则来确定几何参数和约束的一套建模方法。从系统实现的复杂性、操作的易用性、处理速度的可行性、软硬件技术的支持性等方面综合考虑，参数化建模是 BIM 得以真正成为生产力的不可或缺的基础。使用参数化模型，才能提高智能！

参数化模型是由专业知识和规则来确定几何参数与约束的。专业知识和规则决定了 BIM 模型的内部行为与对外反应。因此，参数化模型"固化"专业知识的深度与广度，决定了参数化模型之智能度。

构件组装编程技术是将传统产业的生产模式，即符合标准的零部件（构件）生产以及基于标准零部件的产品组装，抽象到软件开发领域，促使软件开发模拟工业化生产。

用 BIM 模型替换"构件"，就实现了参数化模型与构件组装技术之融合，通过布尔运算创建几何模型之流程如图 1 所示。关于 BIM 模型联动参见文献［2］。

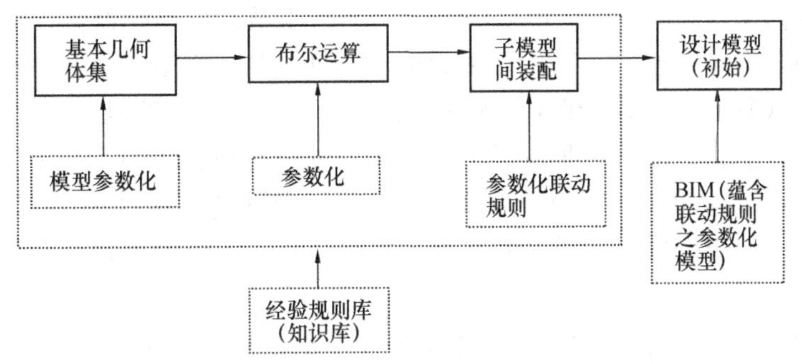

图 1　通过布尔运算创建参数化几何模型之流程

3.2　经验规则库技术

设计构思是创建初始信息模型的过程，其中蕴含丰富的领域知识与经验。将设计构思过程模拟为"控制参数驱动经验规则库"之过程；经验规则库之"后件"关联到"标准模型库"或"模型模板库"，从而实现智能创建初始 BIM 模型。这是在创建参数化几何模型过程中、加入"领域经验规则"之过程，体现了工业软件之特点，称其为经验规则库技术[1]。

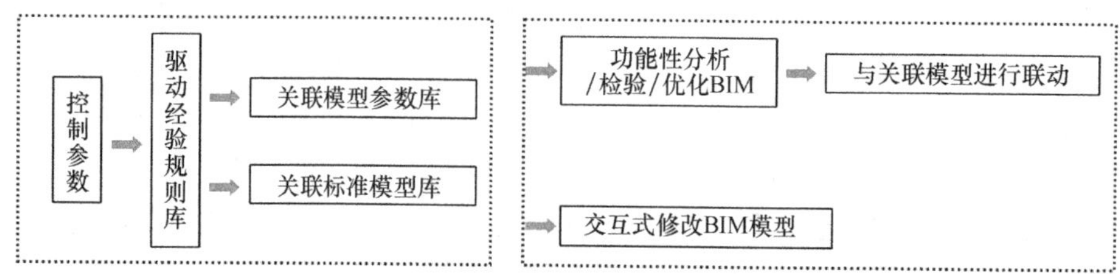

图 2　使用经验规则库实现正向设计之技术路线

使用经验规则库技术，实现正向设计之技术路线如图 2 所示。通过控制参数，驱动经验规则库，然后，关联标准模型（如果套用标准设计），或者关联模型参数库（如果采用特殊设计），从而建立初始信息模型，完成第一阶段的工作。

第二阶段，对于特殊设计的话，需要进行功能性分析、检验、优化，然后，与有关模型进行关联联动，最后，形成所需要的交付 BIM 模型；如果套用标准设计的话，只需采用人一机交互方式，修改想要变更的 BIM 模型参数取值即可。

其中标准模型库：数据格式的标准化是对数据应用和管理的基础。参照 IFC 标准，建设标准资源层、核心层及界面层，建设基础资料的标准库、通用构件的标准库和专业成果的标准库。参数化模型：在标准化数据的基础上，将所有构件参数化，并通过联动机制，使规则明确的相关构件实现自动化组合和调用，提高软件智能度。经验规则知识库：以设计指导书为基础，建立经验库（表 2），将行业内多年来积累的各种经验知识数字化，通过不断扩充的经验库，在数据标准化和构件参数化的基础上，最终实现设计的智能化。

经验规则知识库　　**表 2**

大条件（环境模型）			小条件（设计方法）			规则结果	用户自定义结果
参数 1 （注：数据行）	…	参数 m	参数 1	…	参数 n	目标参数	目标参数

3.3　信息模型协同技术

子模型间几何联动及母模型间几何联动均属于信息模型协同技术。

基于 BIM 之协同包括专业内协同（俗称联动）及专业间协同（俗称横向协同）。“专业内协同”的本质是专业内各子模型间几何联动，即在同一专业软件内，执行（默认）联动规则，智能联动该专业若干子模型，实现几何参数的动态协调，其中模型联动规则应置于被动模型系统内，而当该两个模型互为被动模型时，模型联动规则应同时置于该两模型系统内。“专业间协同”的本质是紧后专业子系统模型与其紧前专业（上游）模型（属于共享输入模型）间之几何联动（执行几何联动规则），即在两个软件间，执行（默认）联动规则，智能联动紧后专业模型，实现几何参数的动态协调；其中，首先判断紧前模型是否发生“微调”或“大调”，从而决定本模型被修改或放弃，判断紧前模型是否发生“微调”或“大调”的关键是模型几何参数值的变化量，当紧前模型起主导作用时，紧后模型执行联动规则，该联动规则应置于紧后模型系统内。

不论共享输入模型还是共享输出模型，均为传递模型，其数据库与联动规则见表 3。

传递模型数据库与联动规则　　**表 3**

传递模型 ID	传递模型名称	几何参数	非几何参数	联动模型 ID	联动模型名称	联动规则
（注：数据行）						联动函数

3.4　BIM 神经网络与协同管理技术

设计过程往往需要面临多专业、多软件、多角色之间的组织与协调，方可实现正向设计，尤其是 3.3 节信息模型协同。笔者依托领域知识与实践经验、软件技术与研发经历，结合系统理论等，于 2020 年正式建立通用 BIM 软件系统神经网络结构[1]。

不失一般性，假设子系统 I 包含软件 A、软件 B 与软件 C，且软件 A 是软件 B 的紧前（上游/前件）工作，软件 A 是软件 C 的紧前（上游/前件）工作，则该子系统之神经网络可按图 3 所示进行组织，这便是智能软件系统之神经网络。

现对该系统进行总体分析：子系统共享平台处在高位（领导），软件 A 的共享输入来自共享平台，其共享输出，如果是最终成果，就可以发送到共享平台；如果其中有半成品者，就没必要发送到共享平台。无论共享输出是成品，还是半成品，都应该共享到需要它，或者其紧后工作中去。软件 B 接到紧前工作软件 A 的共享输出，作为自己的共享输入，执行软件 B 的工作，将其成果共享到共享平台；软件 C 接到紧前工作软件 A 的共享输出，作为自己的共享输入，执行软件 C 的工作，将其成果共享到共享平台。

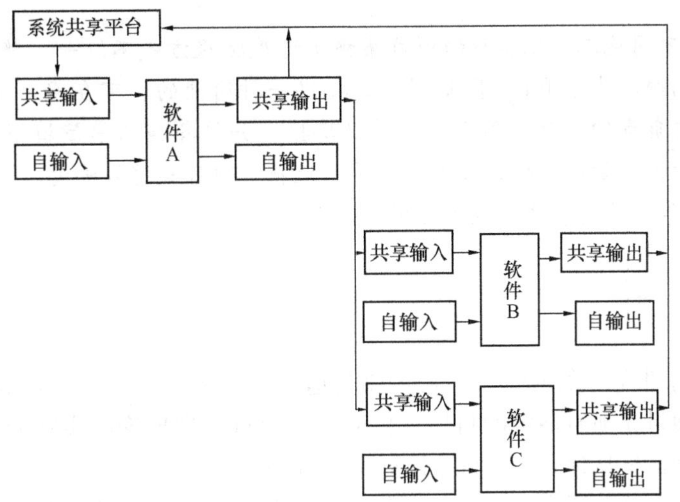

图 3　BIM 神经网络通用架构

其中，协同共享管理平台通过“工作分解一岗位角色”流程库与“模型协同管理表单”库实现对所辖各软件的协同管理，而工作流管理是指在计算机技术的支持下，定义、执行和管理工作流，协调工作流执行过程中工作之间以及群体角色之间的信息交互。

4　结束语

本文笔者依托多年领域实践经验，进行高度概括与抽象，提出了 BIM 正向设计蕴含的多项 BIM 技术，包括参数化几何模型创建技术、经验规则库技术、信息模型协同技术、BIM 神经网络与协同管理技术，并逐一进行分析，期望对建立 BIM 技术基础理论做一些探索。另外，本公司合作研发《公路工程设计 BIM 系统》v1.5 也是在正向设计方面的一次尝试。

参 考 文 献

[1] 张师定. BIM 智能软件系统结构研究[C]//中国公路学会桥梁和结构工程分会. 2020 年全国桥梁学术会议论文集. 北京：人民交通出版社，2020：702-705.

[2] 周宗泽，张师定，申俊昕. BIM 软件系统模型间智能联动机理探究[J]. 中国公路，2020，11：166-167.

基于BIM的多模型显示技术在工程项目集进度可视化中的应用

吴云鹏，刘铭望，黄夜曦

（同炎数智科技（重庆）有限公司，重庆 400000）

【摘 要】为解决有不同施工单位参与的项目集施工进度上报方式不统一、整合统计工作量大、难以进行进一步分析管理的问题，基于forge图形引擎，提供一种简便的、可在网页上操作的进度填报方式。使各施工单位能够在各自负责的单独模型上进行单独填报，并将各施工单位填报的结果整合统一可视化展示。减少了进度管理的工作量，使项目管理人员更好地把握项目集整体进度。

【关键词】工程项目集；进度管理；数据可视化

1 引言

项目管理是以项目为研究对象的学科，它主要是运用科学的理论和方法，对项目进行计划、组织、指挥、控制和协调实现项目立项时确定的目标。目前关于项目管理理论和实践的专著大多是探讨单个项目的管理。这与项目管理最早从建筑工程行业发展中来有关。

但是随着时间的推移，企业通常需要同时进行多个项目，照搬单个项目管理的做法很容易引发各种各样的问题。例如，在采用更新模型的方式进行进度管理时，由于各施工单位上报进度时采用的建模软件不同，在对各个施工单位更新的模型进行整合费时费力，且容易出现各单位之间、软件之间协调困难等情况。

forge是欧特克推出的以数据为中心的云服务平台。forge主要以Restful形式的云服务，为开发者提供模型数据、结构，以及渲染、仿真、机加工、制造、协作等诸多行业需要的数据与功能，并可对接到智慧制造、ERP、PDM、BIM、施工、运维、物联网、智慧城市等领域。

2 进度管理可视化发展现状及局限

2.1 信息可视化技术

可视化技术（visualization technology）是利用计算机图形学和图像处理技术，将数据转换成图形或图像在显示器上显示出来，并能够进行交互处理的理论、方法和技术。它涉及计算机图形学、图形图像处理、计算机视觉、计算机辅助设计等多个领域，已经成为研究数据表示、数据处理、决策分析等一系列问题的综合技术。

信息可视化是将数据信息通过一定的方式转化为能够可视化形式的过程，以此来提高人类对数据获取速度和降低理解难度。通过信息的可视化，能使人们以更为直观的方式对信息进行查看与思考，从而获得对数据信息挖掘与利用的灵感。因此，信息可视化的核心功能与目标就是为人类提供更为直观且便于交流与传递的信息环境，与其他科学计算的可视化方式相比，信息可视化的主要特点为：

1）位置特征。在信息可视化中，可视对象将与地理位置密切相关。

2）直观形象性。为了便于进行信息的分析和查询，可通过直观形象的图像、图形、影像、模型等方式，能够把多种信息展出来。

【作者简介】吴云鹏（1992—），男，开发工程师。主要研究方向为BIM数据可视化。E-mail：wuyunpeng@tylin.com.cn

3）多源数据的采集和集成性。可视化的数据来源可以是多样的，通过不同媒介收集的信息可以通过可视化技术进行合成，从而达到对各个信息的综合利用的效果，在当前的技术水平下，在文字、图像信息的合成方面已经较为成熟。

4）交互探讨性。交互方式对于信息的综合与利用是有利的，尤其在存在大量的可视化信息时，交互方式能够更好地适应人类的视觉思维。在对信息进行探索与分析时，交互方式能够使用户对数据进行灵活的查询，提高对信息的利用水平。在交互情形下，用户可以快速地对可视化变量进行调整（包括对尺寸、颜色、视角、阴影、分辨率等参数的调整）从而获得该信息的不同展现效果，还能够方便地使用交互方式在同一图像中对比及综合分析多源信息，从而更有利于对新的规律的探索。

5）信息的动态性。将时间信息整合入可视化信息中，使其具备动态特性，从而更好地对事物的发展规律与趋势进行判断。当前，随着计算机技术的不断发展及对时间维研究的深入，可视化信息的动态展示与检索已经成为可能。

6）信息载体的多样性。可视化载体的形式随着技术的发展，尤其是多媒体技术的不断更新，已经从原来基本的二维图像、符号等形式，逐渐扩展到图像、影像、三维仿真甚至虚拟现实等形态。

2.2 进度管理与可视化

为了适应现代工程项目进度管理的需求，基于信息技术的虚拟模拟和可视化应运而生。Dawood等基于IT技术提出了一个虚拟的施工现场模型（Virtual Construction Site，VIRCON）为施工进度的制定提供决策支持[1]。

Huang等利用4D模拟生成项目进度计划，一定程度上实现了项目进度的可视化。并且将进度计划中施工活动与对象、位置等信息进行了关联[2]。张建平等基于IFC标准和4D模型对项目管理系统开发进行了一系列的研究，实现了以进度可视化模拟为表现的进度动态管理[3-5]。赵彬等从不同角度分析了进度管理产生问题的原因，针对建筑设计缺陷，进度管理计划编制不合理，施工人员素质不高，参与方之间沟通与衔接不足，施工环境差以及传统进度管理方法的局限性等问题，基于BIM技术的4D虚拟建造技术对进度管理的实施过程进行了探讨，有效地提高了进度管理的信息完整性、可视化、专业之间的协同性，提升了进度管理质量[6]。在构建进度系统与架构方面，基于BIM技术，Tserng等提出了一个进度管理系统ConBIM-SM（Construction BIM-assisted Schedule Management），可以通过浏览器访问更多的进度信息，有效地提高了总承包商对于项目的控制和管理[7]。

2.3 存在的问题和局限

随着大型工程工程项目管理逐渐趋于集成化和系统化，项目集以及项目集管理理念和方法逐渐形成并得到了快速的发展和应用，它被认为是一种进行多项目管理的全新模式。这些负责项目集中不同项目的参建单位在技术、组织、工作方式上很可能会有很大差异，这给项目管理人员统筹管理项目集的整体进度管理造成了很大障碍。

在传统的4D模拟进行项目集的进度可视化中，负责项目集中各个项目的单位分别进行建模，以天或周为周期对模型进行更新，修改模型中各构件的完成情况，更新模型构件属性，更新后的模型再由项目集管理员统一进行整合并更新整个项目集模型，见图1。这种项目集模型可视化方式会引起以下问题：

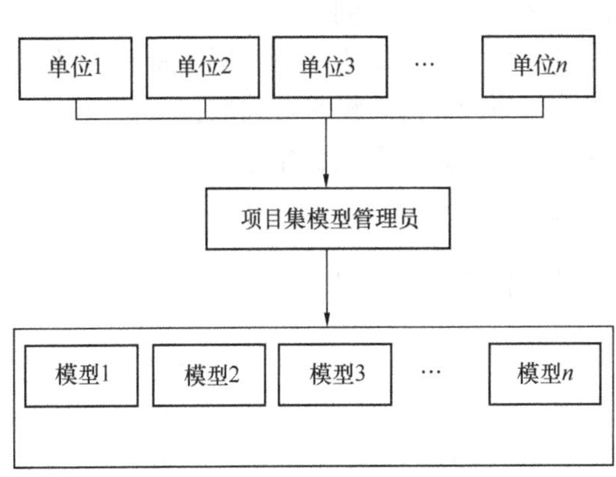

图1　传统的4D模拟进行项目集的进度可视化方式

1）建模软件兼容问题：各项目责任单位使用的建模软件难以完全统一，项目集模型管理员进行模型整合时经常需要对模型进行转换，不仅需要消耗大量的时间，而且经常出现部分信息丢失（例如用来表示构件完成状态的材质属性），影响进度可视化的准确性。

2）项目集整合模型过大问题：由于项目集往往会包含较多项目，项目集整体模型体积一般会很大，经常会超出软件或硬件能够承受的极限，导致项目集整合无法进行。

3）项目集进度更新难以兼顾所有项目：各项目生命期、进度更新频率经常有较大差异，但若想在项目集整体模型上体现某单一项目模型的进度更新情况，就要将项目集整体模型进行重新整合，这一过程需要消耗大量时间，可能会导致项目进度更新不及时，从而进一步影响后续的分析和进度计划调整。

3　采用多模型显示技术在工程项目集进度的可视化方式

3.1　forge图形引擎介绍

forge是欧特克推出的以数据为中心的云服务平台，主要以Restful形式的云服务，为开发者提供模型数据、结构，以及渲染、仿真、机加工、制造、协作等诸多行业需要的数据与功能，并可对接到智慧制造、ERP、PDM、BIM、施工、运维、物联网、智慧城市等领域。

3.2　采用forge的多模型显示技术的项目集可视化方式

为了解决传统的4D模拟进行项目集的进度可视化方式存在的问题，我们将各单位进度上传的方式由定期上传更新的进度模型改为在网页上进行操作，并将进度数据保存至数据库，项目集模型整合方式由项目集模型管理员进行统一收集合并改为直接由图形引擎多次加载，见图2。至此，传统的4D模拟进行项目集的进度可视化存在的以下问题便得到了解决：

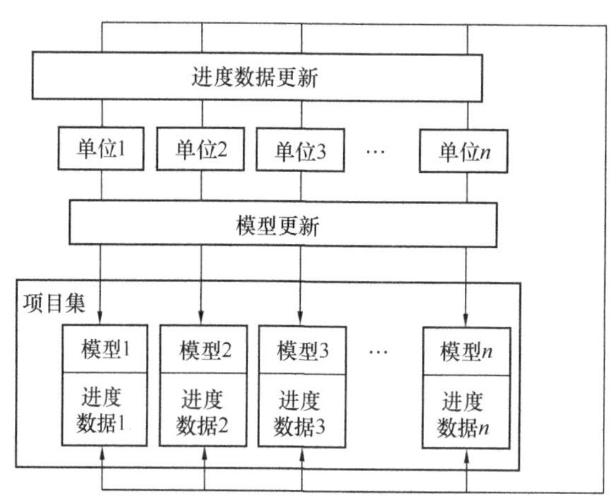

图2　采用forge的多模型显示技术的项目集可视化方式

（1）统一了各项目责任单位上传进度数据的方式，相较于在软件中对模型进行修改的方式，降低了各项目责任单位的操作难度和工作量，推行难度低，可行性较高。由于进度数据从数据库中统一进行读取，避免建模软件兼容问题和模型转换引起的进度数据丢失问题。

（2）项目集中所有项目的进度模型不必同时出现在建模软件中，而是由图形引擎多次加载，避免了项目集整合模型过大问题。

（3）对于项目集中具有不同生命期和不同进度更新频率的项目，其进度在更新时，仅对数据库中的进度数据进行修改，模型几何数据不会受到影响。若某一项目因工程变更导致其模型变动，仅需对该项目模型进行更新，而项目集进度模型中的其他项目不受影响。避免了项目集进度更新难以兼顾所有项目的问题。

4　项目中的应用

某城市更新单元项目在某大酒店和海洋世界的原址上建设新酒店、文化主题商业街区、特色文旅商务空间、滨海居住社区等项目。分别由中建八局、水电八局等单位负责，目前正在施工的项目有文化主题商业街区、新大酒店、新海洋世界。

该项目集进度模型目前由周边地形倾斜摄影模型、文化主题商业街区、特色文旅商务空间、滨海居住社区等项目进度模型组成。目前，文化主题商业街区进度模型、新大酒店进度模型、新海洋世界进度模型分别由不同单位在网页上单独进行进度数据填报，进度数据将保存至服务器数据库，展示进度时，先加载周边地形倾斜摄影模型，再依次顺序加载各进度模型，以达到对项目集中所有项目进行整体管理的效果（图 3）。

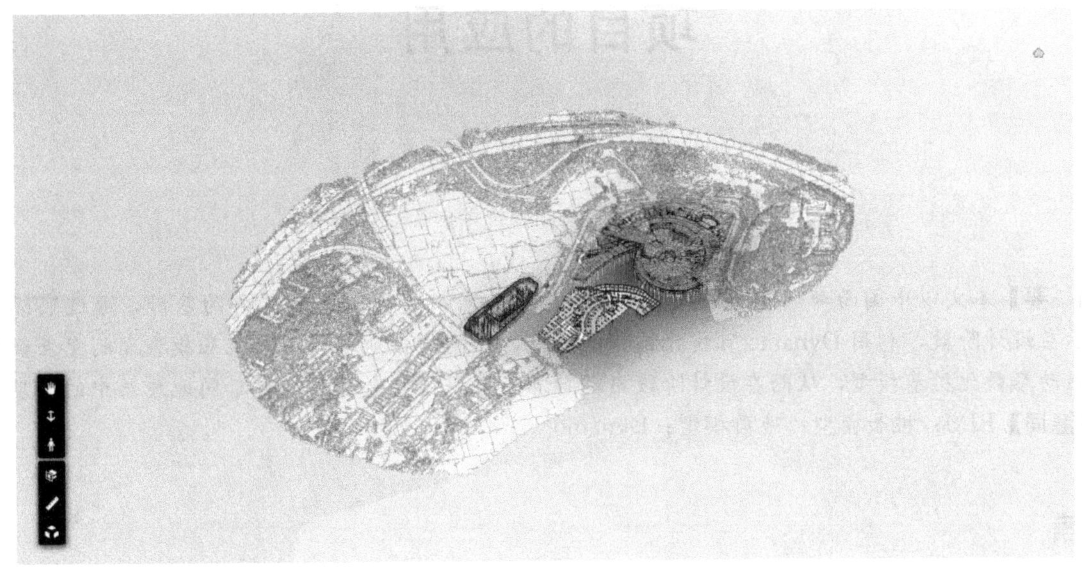

图 3　项目进度整体模型

5　总结

与传统的 4D 模拟进行项目集的进度可视化方式相比，采用 forge 的多模型显示技术的项目集可视化方式有以下优势：

1）进度数据提交难度小，降低了此项技术在各项目责任单位的推行难度和项目集管理单位的沟通成本；

2）统一了进度数据提交方式，避免了模型转换可能引起的信息损失，提高数据准确性；

3）将进度数据与模型几何数据分离，大大减少单次更新的数据量；

4）将不同项目模型几何数据分离，依次加载模型，各项目责任单位可以单独更新模型，提高了模型更新的时效性。

目前，建筑工程行业信息化程度依然较低，因此，经历了长时间的发展后已经较为完善的图形学及数据可视化技术如何更好地在这一领域进行应用这一问题依然有待探索。

参 考 文 献

[1] DAWOOD N, AKINSOLA A, HOBBS B. Development of Automated Communication of System for Managing Site Information Using Internet Technology[J]. Automation in Construction, 2002, 11(5): 557-572.

[2] HUANG D, TORY M, STAUB-FRENCH S, et al. Visualization Techniques for Schedule Comparison[J]. Computer Graphics Forum, 2009, 28(3): 951.

[3] 张建平，曹铭，张洋. 基于 IFC 标准和工程信息模型的建筑施工 4D 管理系统[J]. 工程力学，2005，22(S1)：220-227.

[4] 胡振中，张建平，周毅，等. 青岛海湾大桥 4D 施工管理系统的研究和应用[J]. 施工技术，2008，37(12)：84-87.

[5] 张建平. 基于 BIM 和 4D 技术的建筑施工优化及动态管理[J]. 中国建设信息，2010(2)：18-23.

[6] 赵彬，王友群，牛博生. 基于 BIM 的 4D 虚拟建造技术在工程项目进度管理中的应用[J]. 建筑经济，2011(9)：93-95.

[7] TSERNG H, HO S, JAN S. Developing BIM-Assisted as-Built Schedule Management System for General Contractors [J]. Journal of Civil Engineering and Management, 2014, 20(1): 47-58.

基于 BIM 地质模型的桩长模拟在科学谷项目的应用

李恭豪，黄文思，黄裕斌

（同炎数智科技（重庆）有限公司，重庆 400000）

【摘　要】本文以中国西部（重庆）科学城・科学谷一期新建项目 BIM 工作为基础，通过实际工程案例，展示在设计阶段，利用 Dynamo 可视化编程的手段，探索挖掘地质模型和桩基模型间的交互数据。通过数据驱动参数化桩基模型，从而在设计阶段自动计算出每根桩长数据和桩在不同地质层中的长度。

【关键词】BIM；桩长模型；地质模型；Dynamo

1　引言

中国西部（重庆）科学城・科学谷占地面积约 940 亩，总建筑面积约 140 万 m^2。其中科学谷一期总建筑面积约 61 万 m^2，共分为 6 个地块，包含办公、商业、酒店、配套用房。

本项目桩基础数量多（大约 1300 根桩），地质情况复杂（整体呈现西高东低）。传统方法根据地质勘探报告数据，人为地分析计算，工作量大而且烦琐，数据也容易出现较大的误差。无法在前期对桩基工程量做出准确的预估，导致施工时实际工程量与预估量出现较大的出入。为了解决这种情况，在传统的设计数据之上，借助 BIM 模型和 Dynamo 可视化编程手段，分别建立出地质模型和桩基础模型。以模型的可视化、参数化的形式来进行模型间的自动交互，从而快速、准确地计算出每根桩达到持力层的长度。

2　参数模型的建立

2.1　地质模型的建立

地质模型的建立是通过地勘数据设计资料，从钻孔柱状图中提取出每个钻孔点位处的坐标信息及相应地层的标高值，整理在 Excel 表格中。本项目地层构造由上至下主要为黏土层、强风化泥岩层和中风化泥岩层，并考虑到后续在桩长模拟和计算桩在各地质层的长度需求，这里只需要提取出强风化层和中风化层的顶标高值（图 1、图 2）。

通过提取出来的钻孔孔位平面坐标和各地质层标高值，则可以组合成一个个空间三维点。分别通过各地质层的三维点，进一步生成各地质层的地形曲面模型。

在 Revit 中根据三维数据点一是可以直接通过“体量和场地”工具建立地形表面，二是在 Dynamo 中利用代码块进行地形表面的建立。这里因后续操作都需要在 Dynamo 中，所以此处选择后者操作方法（图 3、图 4）。

在 Revit 模型空间中生成的地形表面还无法在 Dynamo 中直接与其他模型进行交互，这里需要将地形表面进行两次转换，第一次是将地形表面转换成 Mesh 网格，第二次是将 Mesh 网格转换为 PolySurface 曲面（图 5、图 6）。

根据上述步骤可以建立起强风化层曲面模型和中风化层曲面模型，利用上下两个曲面模型则可以拟

【作者简介】李恭豪，男，BIM 咨询总监。主要研究方向为 BIM 数智化全过程工程咨询。E-mail：ligonghao 726@163.com

合生成一个三维的地质实体模型。地质三维实体模型可以任意剖切，对整体的地质环境进行更细微的观察及分析[1]。

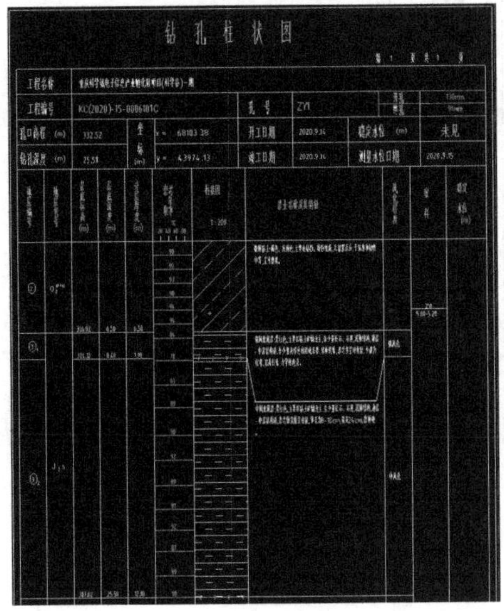

图 1　钻孔柱状图

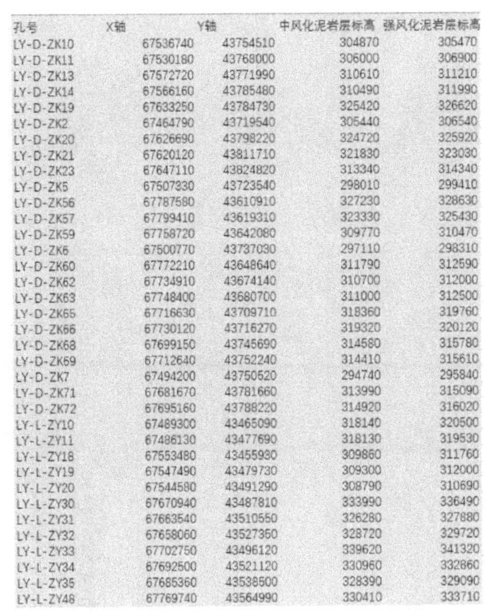

孔号	X轴	Y轴	中风化泥岩层标高	强风化泥岩层标高
LY-D-ZK10	67536740	43754510	304870	305470
LY-D-ZK11	67530180	43768000	306000	306900
LY-D-ZK13	67572720	43771990	310610	311210
LY-D-ZK14	67566160	43785480	310490	311990
LY-D-ZK19	67633250	43784730	325420	326620
LY-D-ZK2	67464790	43719540	305440	306540
LY-D-ZK20	67626690	43798220	324720	325920
LY-D-ZK21	67620120	43811710	321830	323030
LY-D-ZK23	67647110	43824820	313340	314340
LY-D-ZK5	67507330	43723540	298010	299410
LY-D-ZK56	67787580	43610910	327230	328630
LY-D-ZK57	67799410	43619310	323330	325430
LY-D-ZK59	67758720	43642080	309770	310470
LY-D-ZK6	67500770	43737030	297110	298310
LY-D-ZK60	67772210	43648640	311790	312590
LY-D-ZK62	67734910	43674140	310700	312000
LY-D-ZK63	67748400	43680700	311000	312500
LY-D-ZK65	67716630	43709710	318360	319760
LY-D-ZK66	67730120	43716270	319320	320120
LY-D-ZK68	67699150	43745690	314580	315780
LY-D-ZK69	67712640	43752240	314410	315610
LY-D-ZK7	67494200	43750520	294740	295840
LY-D-ZK71	67681670	43781660	313990	315090
LY-D-ZK72	67695160	43788220	314920	316020
LY-L-ZY10	67489300	43465090	318140	320500
LY-L-ZY11	67486130	43477690	318130	319530
LY-L-ZY18	67553480	43455930	309860	311760
LY-L-ZY19	67547490	43479730	309300	312000
LY-L-ZY20	67544580	43491290	308790	310690
LY-L-ZY30	67670940	43487810	333990	336490
LY-L-ZY31	67663540	43510550	326280	327880
LY-L-ZY32	67658060	43527350	328720	329720
LY-L-ZY33	67702750	43496120	339620	341320
LY-L-ZY34	67692500	43521120	330960	332860
LY-L-ZY35	67685360	43538500	328390	329090
LY-L-ZY48	67769740	43564990	330410	333710

图 2　钻孔数据处理

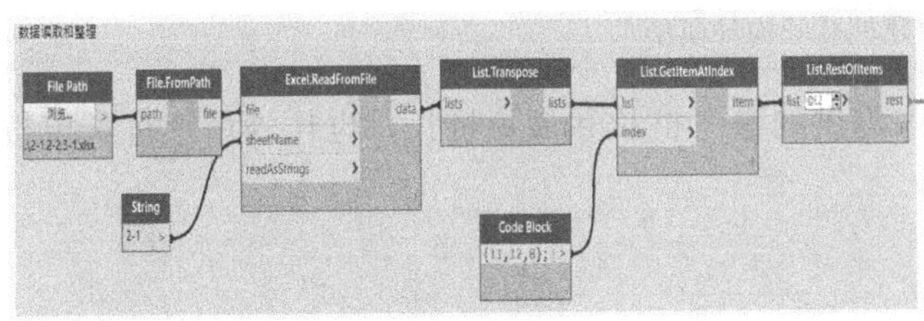

图 3　读取 Excel 表格数据

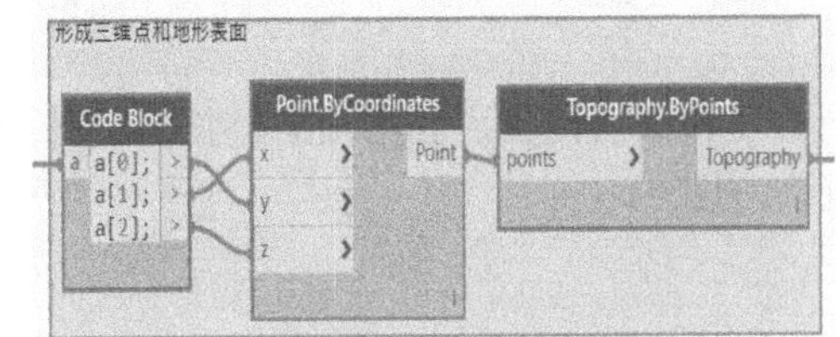

图 4　通过三维点形成地形表面

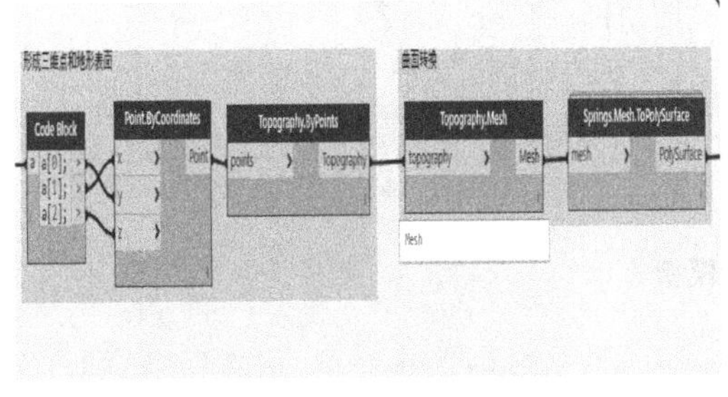

图 5　地形表面转换为曲面

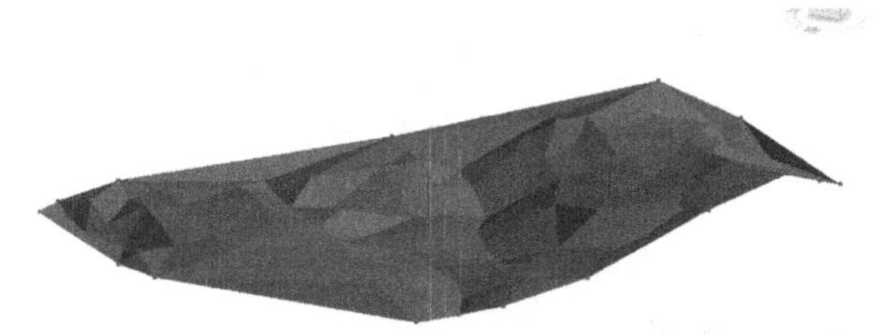

图 6　转换生成的 Poly Surface 曲面模型

在桩长模拟计算中，为了减少模型的大小，在后续 Dynamo 模型交互计算桩基长度应用中，只需要利用到相应地层的曲面模型。

2.2　桩基础模型建立与布置

2.2.1　桩基础参数化构件模型建立

根据桩基础设计图纸，通过设计文件中桩基础各个尺寸间的关系，在 Revit 中建立出本工程通用的桩基础参数化构件。其中的各个参数应为实例参数，便于后续通过 Dynamo 将模型交互计算出的桩长数据逐个反写回模型，以达到数据驱动模型目的（图 7）。

2.2.2　桩基础的布置

根据设计文件中的桩基础布置图，在 Revit 中放置好相应的桩基础构件，并依次调整好桩基础桩顶标

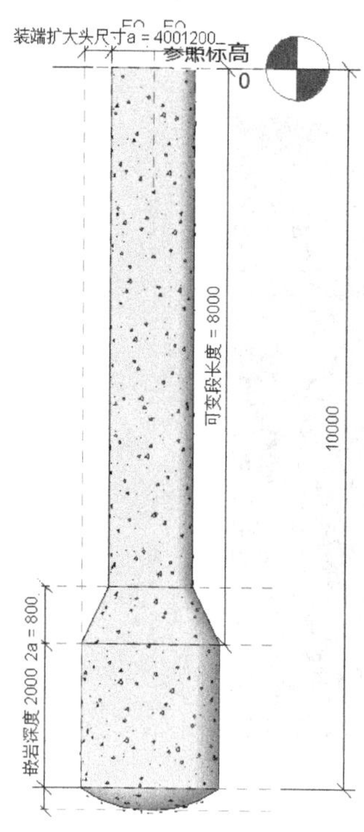

图 7　参数化桩基础构件模型

高、桩径和预估桩长。其中预估桩长为设计图纸中提供的参考桩长和最短桩长，也作为后续桩长模拟的基础值（图 8）。

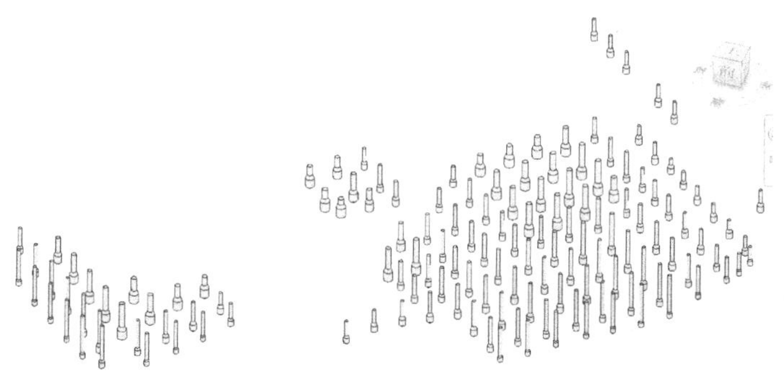

图 8　布置好的桩基础模型

3　桩长模拟

3.1　模拟实施思路

要得到每一根桩基础准确的桩长数据，需要找到每根桩基位置处持力层的标高。此工作若在二维设计状态下需要人为反复校核桩基周边钻孔数据，存在大量的重复性、单一性工作，效率低下且错误率较高。

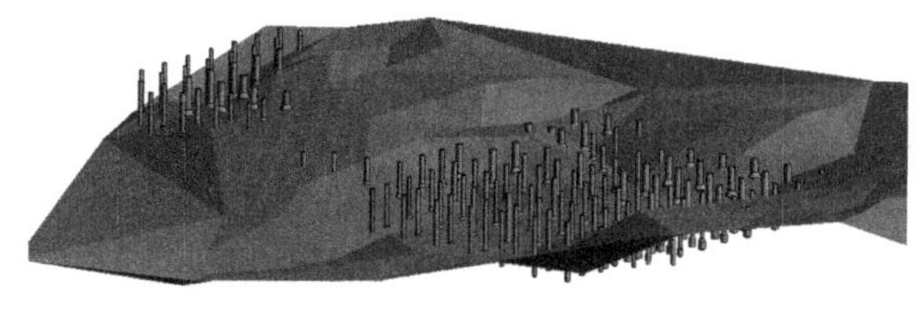

图 9　桩基与地质曲面基础模型整合

将桩基模型逐一与地质模型交互计算的设计思路，通过可视化编程工具 Dynamo 结合三维软件 Revit 来实现，可以利用计算机程序擅长处理重复性工作的优点。

Dynamo 读取 Revit 中布置好的桩基础模型，将其与生成的地质曲面模型进行上下位关系交互（图 9），计算出桩顶到持力层（中风化层）的长度，然后通过对比预估桩长，从而过滤出桩长的有效数据。最后，由 Dynamo 将桩长的有效数据反写回 Revit 中的桩基础参数化模型中，从而逐一更改桩基础模型的长度并输出数据及成果。具体流程图见图 10。

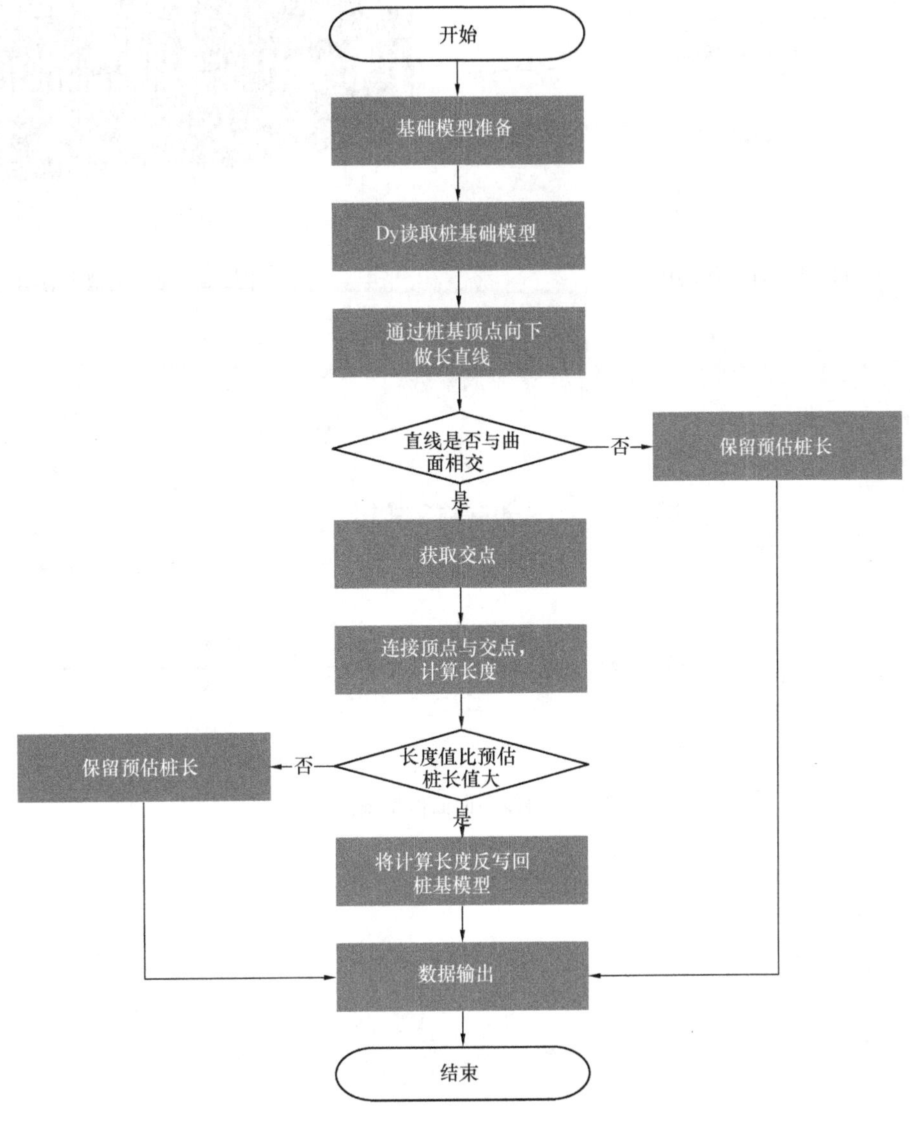

图 10　Dynamo 编写流程图

3.2　模型交互计算

选取全部桩基模型，获取其桩基础的位置点。构件的位置点是与构件在族中建立位置相对应的，就是桩基础族文件（＊.rfa）中原点位置。此处桩基础构件建立时，族文件原点位置位于桩基础构件顶部，所以获取的桩基础位置点即为桩基模型顶点。

获取到每根桩的顶点后，通过顶点垂直向下做一根足够长的直线（此处输入长度为 30m）（图 11、图 12）。

直线与地质曲面模型相交，考虑到存在部分桩基顶部标高位于持力层曲面模型下方，此时则两者无交点。通过“是否相交”判断节点过滤出无交点部分的桩基，保留其余的桩基。利用两个模型的交集得出交点，从而模拟出桩基到达持力层的位置。将顶点和交点相连，得到一条由桩基顶到持力层的直线（图 13）。

计算每条直线的长度，再判断每条直线的长度值与对应的桩基预估桩长值（模型中参数名为：可变段长度）。

若直线长度值小于预估桩长值，代表这部分桩顶标高到持力层的长度小于预估桩长值，则该部分桩基础长度按预估桩长值确定，无须更改。若直线长度值大于预估桩长值，代表这部分桩顶标高到持力层的长度大于预估桩长值。则该部分桩基础长度按直线长度值确定，需要更改模型中桩长值数据（图14）。

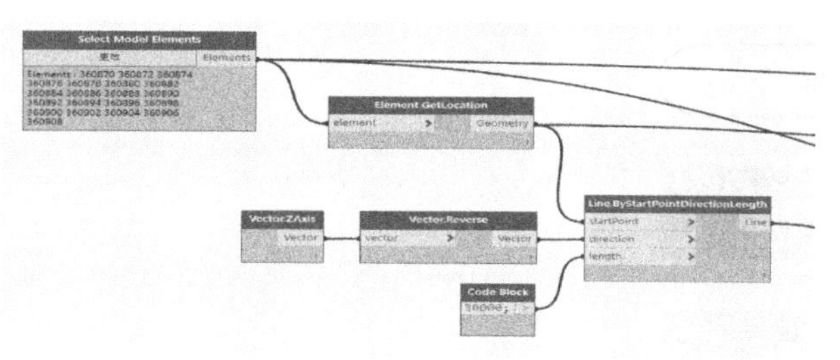

图11　Dynamo代码块

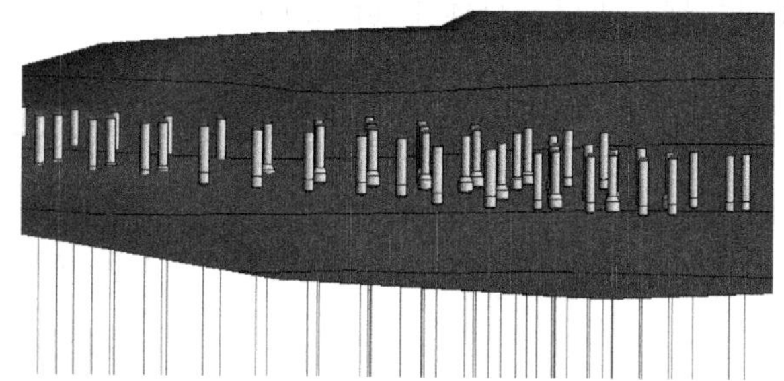

图12　局部模型示意图

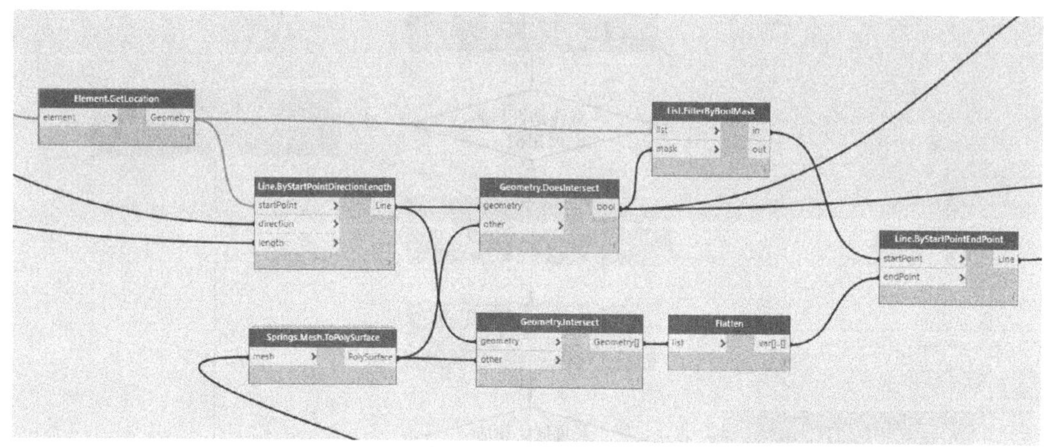

图13　直线与曲面模型做交集

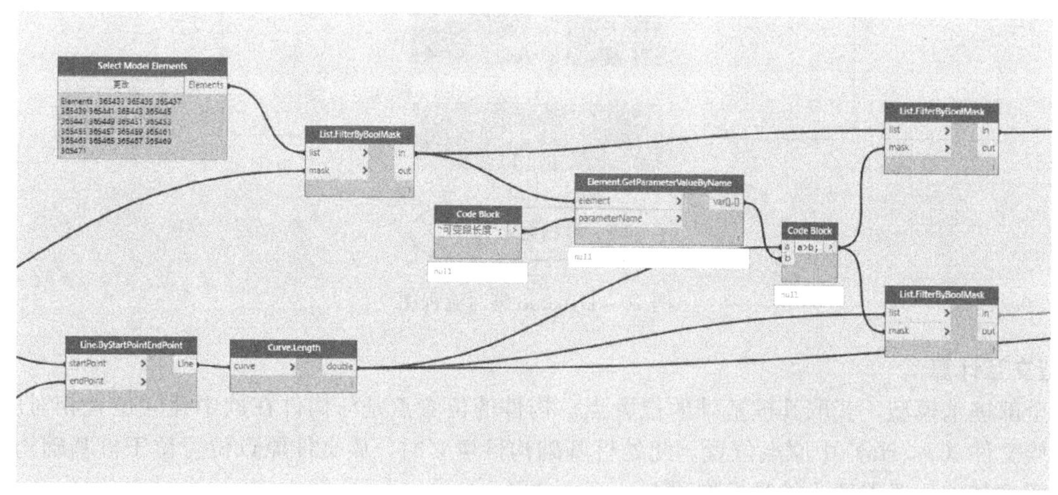

图14　相交直线长度计算和过滤

3.3　数据反写及成果输出

3.3.1　数据反写

最终过滤出来的直线长度数据通过“SetParameter. ByName”节点，将数据批量自动反写回Revit中的桩基础模型，此时就得到了经过数据调整后的桩基础模型。

同时，为了最终成果中便于模型的标识，将每个模型自带的ID号写入模型预留的参数栏内，将模型构件ID由隐性转为显性（图15、图16）。

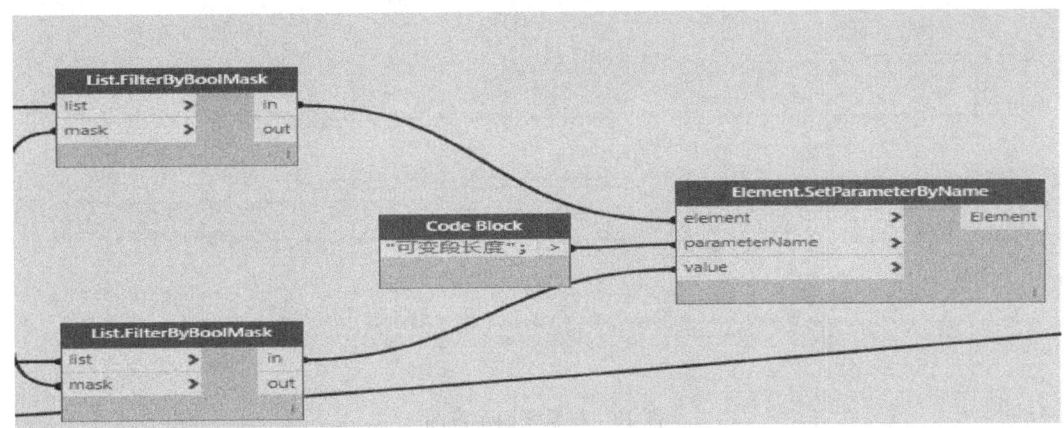

图 15　最终桩长数据反写

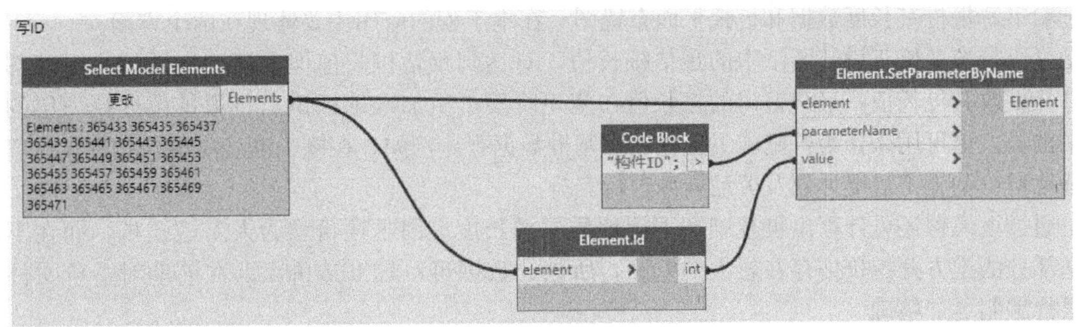

图 16　写入 ID

3.3.2　成果输出

桩基础模拟成果输出分为电子表格数据输出和桩长平面布置示意图两类。

将完成调整后的桩基础模型的各个参数（ID、桩长、顶部高程、可变段长度），通过节点 "Excel. WriteToFile" 依次输出到电子表格里，并整理计算出每根桩到中风化层长度和到强风化层长度（图 17、图 18）。

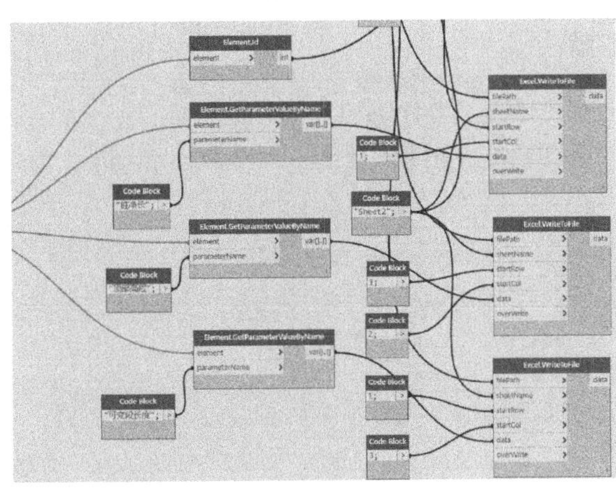

图 17　数据输出到 Excel

ID	桩长	顶部高程	可变段长度	到中风化层长度	到强风化层长度
365435	15000	309850	13500	8120.744479	5183.292828
365437	15000	309850	13500	8828.311991	5978.504578
365439	12000	309850	10500	8088.687458	5919.347197
365441	12000	309850	10500	7432.280077	5599.866996
365443	12000	309850	10000	7426.376942	5089.029563
365445	12000	309850	10400	7349.062925	5860.189816
365447	12000	309850	10400	7178.569646	6393.532885
365449	15000	309850	13400	9086.417318	6906.007984
365451	15000	309850	13500	8607.132755	6242.360842
365453	10000	309850	8500	5543.225378	3746.01551
365455	12000	309850	10500	6663.390908	5023.685497
365457	10000	309850	8500	4487.942702	2841.38578
365459	15000	309850	13500	8838.839113	7205.985213

图 18　数据局部输出示意图

为了便于施工时定位相应的桩基础并快速提取出其桩长数据，在 Revit 中通过标记族，将桩的类型、直径、ID 和桩长标记在桩布置平面布置图上。标记族的建立需要使用桩基础构件的参数名作为字段，为了能在标记族中检索到，所以在桩基础构件族建立时，其参数需要使用共享参数（图 19）。

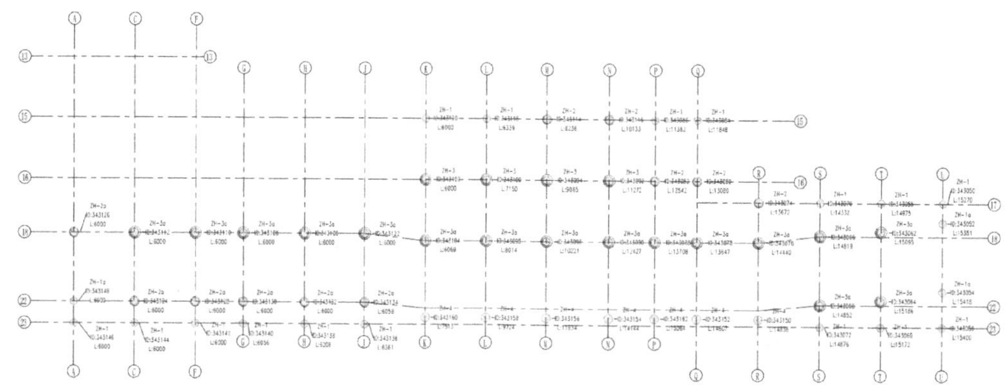

图 19　桩长平面示意图

3.4　成果的应用

通过输出每根桩基长度数据和桩长平面布置图，在本工程的应用主要体现在两个方面。

一是可以校核及修正设计图纸中的预估桩长值，对达到预估桩长值但未达到地质持力层的部分桩基进行计算并更改其桩长值，最终输出的桩长值在施工阶段可更加准确标识出每根桩位处持力层的标高位置和施工桩长。更可用来作为桩基施工管控底层基准数据[2]。例如，在施工准备阶段，辅助工程管理团队更加合理地对桩基施工进度计划及劳动资源进行安排。

二是通过该模拟还可计算出桩基础在不同地质层的长度。因本项目均为人工挖孔桩，而在不同地质层处桩基部分的土方开挖价格存在较大的差距，所以此数据可以辅助造价团队在前期对造价文件中桩基部分的限价编制更加精确。

4　结束语

在本项目现有咨询工作管理流程中，结合 Dynamo 可视化编程工具和 BIM 三维模型，充分挖掘了桩基础模型和地质曲面模型之间的交互数据及应用。通过可视化编程节省了大量时间并解决了人工逐项计算带来的误差，最终完成的 BIM 模型则可以更加直观地体现出工程实际桩基工程的状态。也为本项目后续更进一步探索其他相关联的模型间，如何发挥出更深层次的价值和对工程实际使用的意义起了示范作用。

参 考 文 献

[1]　林孝城. BIM 在岩土工程勘察成果三维可视化中的应用[J]. 福建建筑，2014(6)：111-113.

[2]　寇光辉，苏章，颜虞，等. 基于 BIM 的工程桩施工技术[J]. 施工技术，2014，43(1)：38-40.

基于BIM技术的建筑安全疏散评估研究

郭亚鹏，杨　彪，尹　航，雷　垚

（同炎数智科技（重庆）有限公司，重庆 401329）

【摘　要】为评估建筑的安全疏散能力，依据国内现行规范，并结合现有BIM技术，将建筑信息、人员流线信息和灾害发展过程三者联系起来，分析在设计阶段中影响人员安全疏散的主要因素，在案例研究中针对设计方案提出优化点。结果显示：按规范设置灾害场景，当灾害发生时建筑内部人员疏散所需时间（仿真模拟结果）小于安全疏散时间（建筑规范规定和FDS仿真结果）。通过分析安全疏散评估结果，找到过程中的拥堵点，对建筑设计进行优化。

【关键词】安全疏散；BIM；FDS仿真

1　引言

安全疏散是建筑性能的重要指标，是当建筑物遇到紧急意外灾害时，以最大程度保障人员的生命财产安全的重要措施。建筑安全疏散的能力是非常重要的，表现在当建筑物发生意外不可抗力的失火性灾害时，为了使建筑内人员避免或减少由火灾引发的人员死伤，以最快速度将人员疏散至室外安全空间，最大程度减小损失[1]。如何评估建筑安全疏散能力，并由此提高建筑安全疏散能力至关重要。

在当下国内接二连三发生大量的火灾实例均表明了，由于设计阶段无法有效对建筑安全疏散能力评估，安全疏散设施具有一定程度上的设计缺陷和管理漏洞的问题，导致在紧急火灾发生的情况下，无法满足安全疏散人员，造成了较大的人员伤亡，这方面的教训是非常惨痛的。目前，根据对国内外的建筑火灾实例的统计及计算分析，发现主要由以下几点原因造成：其一，疏散楼梯不封闭、不防烟；其二，各功能区连接主疏散通道出口的数量较少，并且疏散的宽度不够；其三，安全出口设置过近、疏散通道堵塞；其四，火灾事故照明和疏散标志的缺失。以问题和安全疏散模型为导向可推出，建筑防火设计的重点是根据不同的建筑物的类型和性质，设置不同标准的安全疏散的空间，以使建筑物内的人员和财物由室内火灾现场快速移动到室外安全空间中[2]。只有严格以满足国家和地方的相关防火规范为基础设计最低要求进行设计，才能更好地保证发生火灾概率最小，减少人员和财力的损失。

如何对建筑设计方案进行有效的安全疏散能力评估，将设计阶段的BIM技术与相关规范结合起来，最终以得到满足最佳疏散效果的设计方案，是本文研究的目标方向。

2　安全疏散模型理论

人员疏散行为的模型搭建是否准确，是影响评估结果的直接因素。在查阅了相关研究后，本研究采用了由美国的Thunderhead Engineering公司研发的新型的智能人员紧急疏散逃生评估软件Pathfinder[3]。

Pathfinder提供了在SFPE模式下计算人流运动的方式[4]。SFPE模式采用了国际上相关的消防工程手册和消防工程指南。其中消防工程指南是指以“人类行为”为导向，搭建安全出口流量的建模技术。

Pathfinder软件搭建的SFPE计算是一个流量模型，其中定义了通过门和走廊的步行速度和流量。在Pathfinder中，导航几何图形可以分为三种类型的组件：门、房间和楼梯。房间是人员可以上面行走的开放空间，楼梯被定义为专门的房间，其中楼梯的斜坡限制了人流的速度。门则是指连接房间和楼梯的流量控制器。而在Pathfinder中没有如SFPE指南中所述的专用走廊类型，相反，走廊被设置成两端都有门

【作者简介】郭亚鹏（1996—），男，BIM工程师。主要研究方向为现代建筑设计。E-mail：yg829@bath.ac.uk

的房间，通过这种方式，走廊的处理方式与房间相同，流量由门控制[4]。

3 仿真模拟评估方法

在本研究介绍的评估方法中，首先就是将建筑设计中的建筑信息导入安全疏散评估模型内，通过建模并进行仿真模拟来进行安全疏散评估。

掌握 Pathfinder 的中的空间模型搭建原理对本研究极其重要，只有了解其原理，才能更好搭建仿真模型，以取得对安全疏散能力的准确的评估。Pathfinder 使用了一个三维几何模型，其中具有一个二维三角曲面的“导航网格（navigation mesh)”，该导航网格具有连续性[5]。建筑室内人员向室外安全疏散的运动将在该导航网格中运行。导航网格是由相邻三角形表示的不规则单边曲面。所有模型内的人员移动都是在导航网格内进行的，以通过这种方式来简化实际复杂场景，进行模型搭建。

将由设计单位提供的包含建筑空间信息的 LOD300 BIM 模型导出为交互性强的 IFC 格式文件，导入仿真模拟软件中，在仿真模拟软件中搭建建筑的空间信息。图 1 和图 2 显示了案例模型和相应的导航网格。Pathfinder 同时支持从导入的几何图形绘制或自动生成导航网格，包括火灾动态模拟器文件、PyroSim 文件和 DXF 与 DWG 文件（Autodesk)[6]。

图 1　Pathfinder 中模型

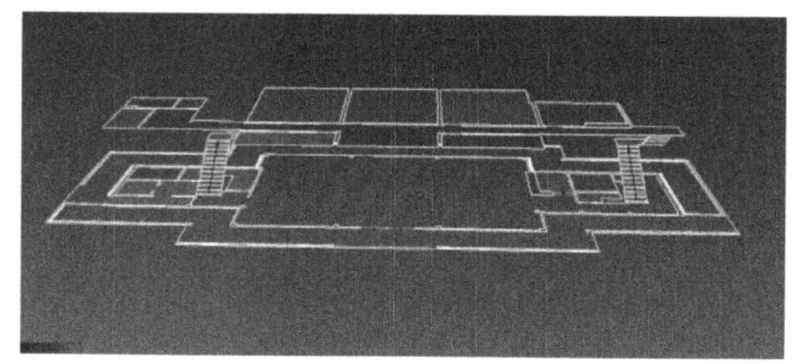

图 2　Pathfinder 中导航网格

4 评估模型的相关参数设置

4.1 疏散评估流程

本研究参考现行国家消防安全工程规范，得出疏散评估流程如图 3 所示，图中的运动时间 ttrav 可根据仿真结果模拟得出，FDS 和消防安全工程的相关规范则对必须疏散时间 tRESET 和可用疏散时间 tASET 进行了规定[7]。最终通过安全裕量 tmarg 来判定建筑是否满足安全疏散需求，如安全裕量 tmarg 无预留或为负值，可采取调整设计来优化，以缩短安全疏散的运动时间，从而达到人员安全疏散的时间和其他条件的要求。建筑设计师可采用优化平面布局，设置防火分区，用材调整，设置疏散引导等多方面手段来提高安全裕量 tmarg。

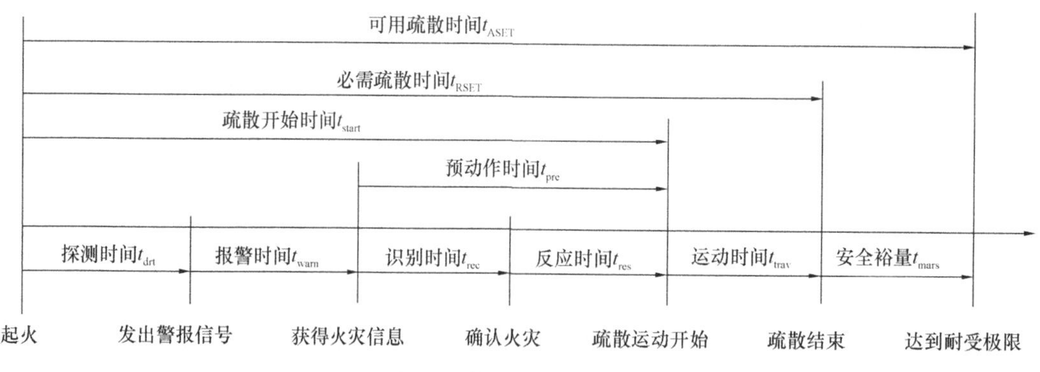

图 3　疏散评估流程示意图

4.2 案例详情介绍

在本研究中采用了广阳岛长江书院项目 1 号楼大观楼为研究对象进行分析，以研究 BIM 技术在安全疏散中的评估应用，并为优化设计提供数据支撑。

研究项目位于重庆主城东部的广阳岛西南岛头。广阳岛是距离重庆主城区最近、面积最大的岛屿，亦是长江上游的第一大江心岛，位于长江的黄金分割点位置，既是沿江进入重庆的首要门户，也是沿江而下出重庆的水口要津之地，具有得天独厚的地理区位优势和重庆绝版的自然景观资源。其中研究项目的单体建筑 1 号楼大观堂：建筑为两层，底层功能为接待大厅、卫生间，二层为办公。其中接待大厅为 10.8m × 16.8m 的无柱大空间，为书院的参会人群和旅游人群提供接待空间。

4.3 灾害模拟设置

为了更好地对灾害发生进行模拟，确定建筑在面对灾害时的真实情况，研究需要对建筑进行火灾仿真模拟。本研究采用了 Pyrosim 软件对建筑进行了火灾仿真模拟。Pyrosim 是用于火灾动态仿真模拟的软件，由美国国家标准和技术研究院开发，全程为 Thunderhead Engineering Pyrosim[8]。本研究根据设计单位提供的防火设计资料，进行模型搭建，最后在 Pyrosim 中，根据不同火灾场景模拟着火位置和着火楼层的出入口处的烟气能见度、顶棚的温度和烟气随着时间和层高变化，通过数据的结论，得出有效合理的安全疏散通道。

4.4 运动时间参数设置

运动时间 ttrav 包含了两个部分：从每个房间到达受保护疏散走道的时间；通过受保护疏散走道，到达建筑室外的时间。通过 Pathfinder 的仿真模拟结果可以看出来在方案 A 中，人员总数为 61 人的场景设置下所有人员的疏散时间为 72 s（ttrav）。其中，人员总数根据现推行的《重庆市大型商业建筑设计防火规范》DBJ 50—054 得出人员的密度为 0.5/m^2，取大观楼的功能区域面积得到最终建筑内需要疏散人员总数为 61 人。

运动时间的影响因素有多种来源，其中在房间至受保护疏散走道的时间受两方面因素影响：主要与在房间内行人行走至所选择的通往疏散走道的房间出口距离和行走速度有关；疏散人员在房间出口处的排队等待时间，此时间与出口通行人数、通行能力以及每人到达房间出口时间有关[9]。

5 数据结果分析

针对案例分别设计两种不同的安全疏散方案，分别得出人员安全疏散的可用安全时间和安全疏散所需要的时间的模拟，得出以下两种方案的比较，见表 1。

通过对比相同灾害下的两种不同的方案设计，人员疏散可用安全时间（120 s）和人员所需要安全疏散时间的模拟，得到人员疏散安全模拟结果的比较，见表 1。

人员疏散安全模拟对比表　　表 1

建筑设计方案	总疏散人数（人）	模拟总疏散时间（s）	FDS 模拟可用安全疏散时间（s）
A 方案	61	72	120
B 方案	61	66	120

在初版设计方案（方案 A）中，各房间的疏散口在相近位置上，同时也未设置疏散导向标志，故根据模拟分析结果可看出，右侧房间人员会先拥堵于右侧通道处后，后续人员才会根据右侧拥堵情况判定走左侧疏散通道，造成图 4 中左侧红色区域为最拥堵点。

在设计方案 B 中对各房间的疏散口进行了优化设计，使各疏散口均布在总疏散通道上，减少了拥堵情况，使得建筑内人员得以更快速度疏散，如图 5 所示。

在 A 方案中，最后一位撤离建筑的用户花费了 72s，其初始位置在二楼右侧的管理用房内，经过了走廊与左侧楼梯，最终从正门安全出口撤离。在优化设计后采用 B 方案，疏散时间缩短了近 9%，极大地提高了建筑疏散能力。

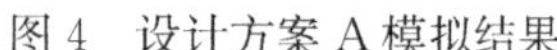

图 4　设计方案 A 模拟结果

图 5　设计方案 B 模拟结果

6　结论

当建筑发生火灾等灾害后，为避免因灾害而导致的各类的伤亡事故，需要尽快地进行安全疏散[10]。依据现有条件总结出一套对建筑进行安全疏散要求的评估流程至关重要。本研究在参考了相关研究成果后形成一套以 Revit＋Pyrosim＋Pathfinder 为技术路径的安全疏散评估方式，评估方案并且对关键点进行优化。流程步骤如图 6 所示。

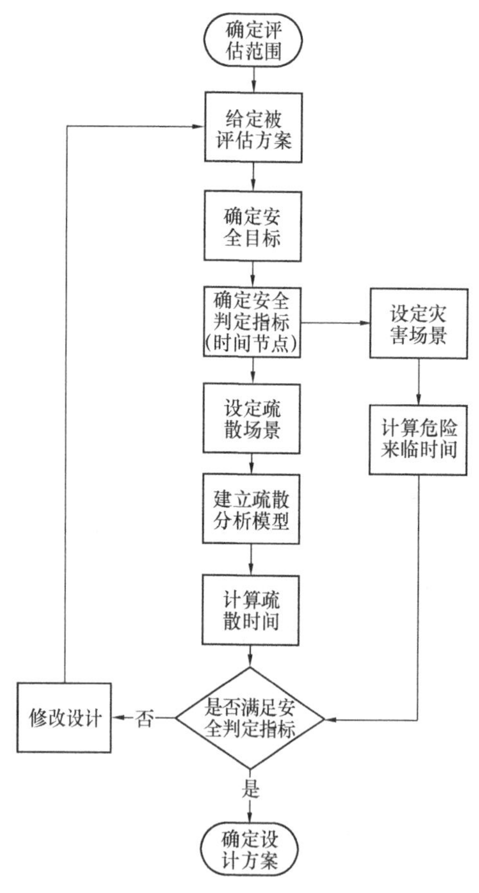

图 6　消防安全疏散评估流程步骤

在本研究中，明确提出了本研究将从建筑设计信息、灾害仿真模拟、人流疏散模拟三个角度结合进行分析，为火灾等建筑灾害下人员安全疏散能力评估提供了理论支撑。

在本研究中通过对案例研究得出结论，通过 BIM 技术可以快速验证建筑的安全疏散性能，从而来调整优化建筑设计，以提高建筑性能。

此研究中的评估方式相比于只采用参考标准进行评定的方式，可以更加准确地进行评估，并且可以结合建筑的实际情况进行特定分析，可视化表达评估的结果，更加直观与生动。但是由于目前相关软件并未完全进行整合，各软件互通性还存在一定程度上的限制，有部分构件的缺失。可以预计的是在未来，仿真模拟将结合BIM技术再度提高建筑领域的信息化。

参考文献

[1] 张志魁. 基于Pyrosim和Pathfinder的建筑火灾数值模拟和安全疏散研究[D]. 天津：天津理工大学，2015.

[2] 李杰，李平，谢启苗，等. 安全疏散研究的科学知识图谱[J]. 中国安全科学学报，2018，1：1-7.

[3] MCGRATTANG K，FORNER G P. Fire dynamics simulator (Version 5), user's guide[M]. Gaithersburg Maryland USA：NIST Special Publication，2008.

[4] HURLEY M J，GOTTUK D T，HALL J R，et al. SFPE handbook of fire protection engineering，fifth edition. Springer New York，2016.

[5] 汤煜，表秀峰，马福生. 基于Pathfinder的商场建筑防火疏散研究[J]. 沈阳建筑大学学报（自然科学版），2019(5)：858-866.

[6] 刘梦洁. 基于FDS和Pathfinder的地铁车站火灾疏散研究[D]. 武汉：华中科技大学，2016.

[7] 梁敏英. 大型商业建筑消防设计相关法规及条文的研究及消防设计策略分析[D]. 广州：华南理工大学，2013.

[8] 邹馨捷，萨木哈尔·波拉提，郝明，等. 基于Pyrosim和Pathfinder的高校学生宿舍火灾人员疏散安全性模拟分析[J]. 安全与环境工程，2020(4)：195-200.

[9] 杨立兵. 建筑火灾人员疏散行为及优化研究[D]. 长沙：中南大学，2012.

[10] 何招娟. 基于BIM的大型公共场馆安全疏散研究[D]. 武汉：华中科技大学，2012.

基于BIM技术的生态设施机电设备设计施工优化研究
——以广阳岛智慧生态设施项目为例

罗萃瑶，尹　航，方　园

（同炎数智科技（重庆）有限公司，重庆 401329）

【摘　要】 随着生态文明建设重要性的不断提高，生态设施项目逐渐在全国范围内容大量开展。其中，机电设备作为工程建设基本组件，是该类项目顺利实施与运营的基础保障。基于BIM技术的三维模型优化了专业管线在设计与施工中的管理与应用，也是提升机电设备设计质量、可施工性等问题重要措施。鉴于此，本研究针对生态设施项目，详细讨论了机电设备的BIM技术关键应用点，以此为类似项目的设计、施工管理提供借鉴。

【关键词】 BIM；生态设施；机电设备；设计深化

1　引言

随着中国新型城镇化进程的加快，在推进城镇化建设的同时两山建设也随之推进，生态设施建设受到的关注也日益增加，随着大批生态设施项目的不断涌现，机电设备在生态设施建造过程中的重要性也得以不断显现。

近年来随着BIM技术在我国机电工程行业中的推广，国内在相关机电设计施工进度质量方面取得了一些成果，并且在一些大型工程中进行了应用，机电设计采用BIM技术已经是大势所趋，BIM技术的出现，是行业的技术革新，是工作流程和工作方式的转换，BIM技术的出现可以在生态设施协同设计上防止冲突，动态管理设计流程，这给传统的设计和管理方式带来了全新的变革，能有效提升工作效率，更好地完成专业间的碰撞检查，避免返工、误工等问题，减少施工成本，在设计工作中能更准确完成设备材料统计，节省设备材料。

在广阳岛生态设施中，市政管网及其他三栋建筑机电是不可或缺的一部分，其BIM机电技术应用必不可少。本文以广阳岛智慧生态设施项目为例，具体阐述基于BIM技术在生态设施中的应用点。

2　项目应用背景

2.1　项目概况

本案位于重庆市南岸区广阳岛区域。广阳岛处于明月山、铜锣山之间，距离机场18km，距离火车站17km，距离南岸区市政府区域11km，全岛面积6.44 km^2，是长江上游的一个沙洲岛。岛内江河景观和自然生态资源丰富，为长江水域中不可多得的生态宝岛，广阳岛全岛建设及广阳湾区域的生态修复建设项目主要包括，广阳岛生态修复二期（含便民配套服务设施）、广阳岛国际会议中心、大河文明馆、长江文化书院、广阳营、清洁能源、固废循环利用、生态化供排水、绿色交通和广阳湾生态修复（含便民配套服务设施）共10个项目。

【作者简介】 罗萃瑶（1992—），BIM机电工程师/工程师。主要研究方向为基于BIM技术的机电设备设计施工优化研究。E-mail：303816104@qq.com

2.2 项目特点

(1) 机电专业复杂

本项目机电子系统繁多，功能齐全，涵盖了电气、给水排水、通风空调、智能建筑、燃气通信、固废、清洁能源等多个系统。

(2) 单体多，难度大

大河文明馆（曲面造型、很多机电管线走在建筑壳体中间）、国际会议中心、清洁能源等多个功能单体，涉及的专业较多，机电综合布线等技术难度，施工方案复杂。

(2) 深化设计要求高

项目专业系统深化、调试流程、协调对接单位多，深化任务重，工期紧，如何统筹好深化设计的进度、深度，保障工程现场施工是重点，EPC总承包方在技术和管理上均面临巨大挑战。

3 BIM技术的应用

3.1 设计表达

采用二维图纸的方式很难将水处理工程中单体的复杂结构清晰表现，这样也会导致出由于图纸信息理解有误出现的各类问题，工程量误差、设计纠错、施工协调等等。通过BIM技术，采用三维信息模型模式，能够更立体直观地向各参建单位表达图纸信息，有效地减少了各种直接的误差情况。

3.2 全面协调

机电BIM深化设计从项目设计准备阶段开始插入，直到项目竣工验收移交院方使用，贯穿了EPC项目的全生命周期。BIM深化设计的介入时间早，为项目的机电施工做了充足的铺垫；BIM深化设计退出时间晚，为后续项目良好的运营打下坚实的基础。

全面协调涉及四阶段的协调，分别是设计准备阶段、深化设计阶段、施工准备阶段及施工应用阶段，具体协调事项如下。

设计准备阶段：方案评审、BIM策划、BIM工作交底。

深化设计阶段：设计问题协调、专题方案讨论。

施工准备阶段：深化出图、深化交底。

施工应用阶段：深化落地、应用分析。

3.3 精细深化

(1) 模型精细化

机电模型管线综合排布时，市政管网生态设施板块新建管网在合理排布的同时需要考虑原始管网的具体标高及施工条件对新建管网重新进行合理的排布，避免后期重复深化的风险（图1）。

(2) 深化精细化

机电管线综合。利用BIM技术对各专业进行参数化建模的基础上，需充分考虑管线排布的原则及进行相关的碰撞调整，在深化过程中，将深化后依然不能满足设计要求的区域反馈给设计，与设计沟通协调，进而进行管线路由及设计优化。

净高分析复核。通过BIM模型进行净高分析，并进行相关区域模拟，检测不满足净高要求的区域，调整排布方案或提交设计师，调整管线，重新深化修正后，出图指导现场施工（图2）。

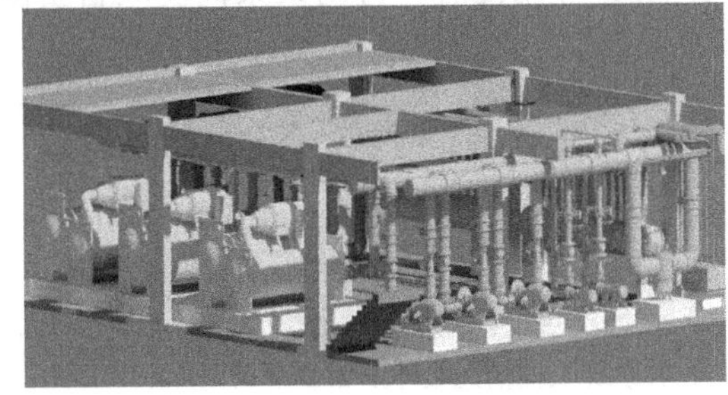

图1　机房深化模型

图2　室内管综净高分析图

预留预埋及洞口的精确定位。机电深化完成后，需对机电管线穿越结构及建筑墙体部分预留洞口，即一次结构预留洞口和二次结构预留洞口。

（3）出图的精细化

审核通过后按照出图样板及标注样式进行出图，包括各专业的单专业图、综合管线图、复杂区域剖面图、设备基础排布图等。将深化设计图纸提交给设计审核确认，设计确认后按照深化设计图指导现场施工。

3.4　工程量统计

工程量统计，由于异性结构较多，工程量的统计难度相对较大，并且设计图中，也可能会出现遗漏的参数标注，导致最终的工程量不准确。利用 BIM 技术，在创建三维模型的时候，就将这些参数一一赋予在各个构件中，在将这些数据参数统一归集，可以有效地复核工程造价的工程量（图 3）。

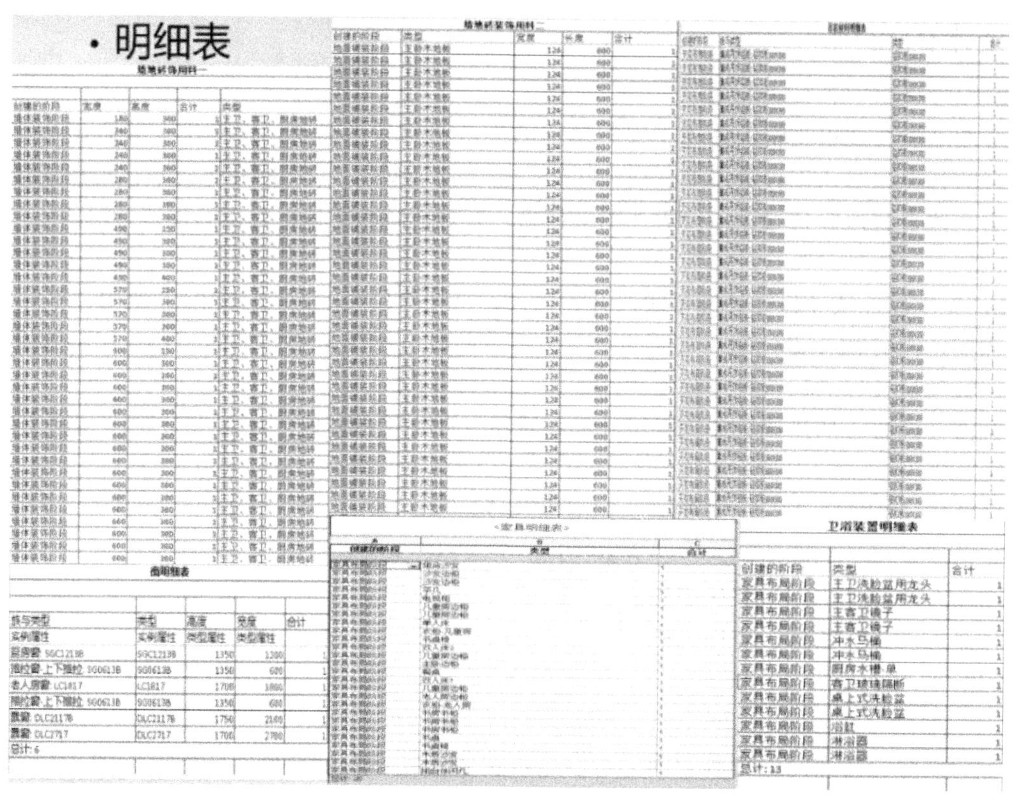

图 3　材料明细表

4　结论

本研究讨论了 BIM 技术在生态设施项目中的全过程应用和管理，讨论了机电安装及机电深化的进度及质量的管理方案，以确保现场实施过程中的质量控制。其中，包括了机电深化设计全过程应用和管理，后期现场实施过程中的控制。本研究讨论的生态设施项目 BIM 应用内容，可为未来同类项目实施提供借鉴。

参 考 文 献

[1]　付光成，马伍山，岳晓东，等. BIM 技术在海绵城市建设中的应用[J]. 住宅与房地产，2021(05)：206-207.

[2]　石振武，吕坤城. 基于 BIM 模型的绿色公路生态重建预评价研究[J]. 科学技术创新，2021(11)：130-135.

[3]　蒋斯粟，何振宇，王多宏. BIM 技术在 OPPO(重庆)智能生态科技园项目工程施工阶段的综合应用[C]// 中国图学学会. 2020 第九届"龙图杯"全国 BIM 大赛获奖工程应用文集. 土木建筑工程信息技术，2020：5.

[4]　刘芳，彭来，黄海波. BIM 技术在广西智慧生态城市建设中的应用研究[J]. 广西城镇建设，2021(01)：65-68.

基于Cesium和BIM的可视化技术研究

李　山，杨　刚，卿丽雅

（同炎数智科技（重庆）有限公司，重庆 400000）

【摘　要】针对现有BIM模型不能展示周边虚拟场景的不足，引入GIS技术与BIM相融合，使得三维虚拟场景既能够表达建筑模型内部细节信息，又能展示BIM与周边环境的交互作用，可为智慧城市提供重要的基础支撑。论文首先探讨了二者融合的关键技术即BIM轻量化，然后借助BimAngle插件把BIM模型转为glTF或3D Tiles格式，再利用Cesium引擎加载glTF或3D Tiles模型，最终实现了BIM和GIS集成的可视化。

【关键词】BIM；Cesium；集成；可视化

1　引言

智慧城市是把多源异构数据进行融合，对城市中的物和人智能感知、分析、计算、控制和服务[1]，最终以虚拟的三维场景进行展示，然而现有的三维地理信息系统GIS还难以表达出更为精细化的三维场景。建筑信息模型BIM集成了工程项目全生命周期的信息，包含丰富三维信息，而Cesium是开源的三维地球引擎。若将Cesium和BIM技术集成，不但能展示建筑物的内部细节，又能分析它与外部虚拟场景的交互作用，可为智慧城市管理提供重要的基础支撑，所以研究BIM和Cesium的可视化技术具有重要意义。

欲实现BIM与Cesium的集成，一方面要对BIM轻量化处理，转为符合Cesium加载的三维格式，另一方面需要把BIM模型的坐标变换为Cesium支持的大地坐标。目前，已有许多学者对BIM模型进行了轻量化处理[2-3]，并应用到网页Web或手机浏览器加载BIM模型。譬如，边根庆教授[4]等通过BIMServer将Revit文件导出IFC格式，然后重构IFC模型文件转为glTF，实现了BIM模型的Web可视化；徐照[5]等通过分析IFC和OBJ两种数据格式，设计了IFC-OBJ数据接口和OBJ-JS交互流程，实现了WebGL渲染BIM模型。但需指出的是，BIM模型在可视化方面仍有一定的局限性：一是BIM轻量化处理的程度是个未知数，不同方法处理的效果难以甄别；二是不能表达建筑物周边的三维场景信息。为此，众多研究者开始引入GIS技术，旨在更为生动形象地表达三维场景。潘飞[6]等通过调用3D WebGIS服务接口和BIM Server接口，实现了BIM数据在GIS环境下的快速、高效集成，并成功地运用到水利工程领域。任晨宇[7]等将BIM模型统一导出.fbx格式，然后利用Autodesk Maya软件把.fbx文件转为.obj格式，最后运用obj2gltf插件将.obj文件转为.glTF格式以供Cesium渲染，此方法虽有效但转换步骤较多。

鉴于此，本文采用BimAngle插件对BIM模型进行轻量化处理，只需一次安装，便可一键式把.rvt文件转为较流行的glTF或3D Tiles三维格式，省去了中间错综复杂的手动转换过程，同时轻量化处理效果也较优良，最后选用Cesium引擎渲染，有机地结合了GIS技术，极大地拓展了BIM应用的广度和深度。

2　BIM与Cesium集成

2.1　集成框架

本研究中BIM与GIS集成的框架如图1所示，首先运用BimAngle插件轻量化处理，将.rvt文件转

【作者简介】李山（1993—），男，研发工程师。主要研究方向为BIM相关软件开发。E-mail：lishan@tylin.com.cn

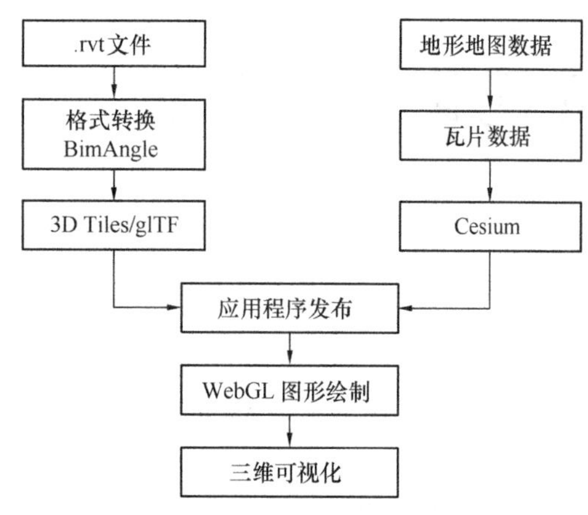

图 1　Cesium 与 BIM 集成框架

为三维格式 3D Tiles 或 glTF，再搭建 Cesium 开发环境，引入被转换后的 BIM 模型，同时调用地形地图服务接口，然后利用 Web 应用服务器发布，最后使用浏览器访问服务，便可查看三维场景。其中，BIM 与 Cesium 集成的核心是把 BIM 模型转为符合 Cesium 要求的三维格式 3D Tiles 或 glTF。

2.2　BIM 轻量化

BIM 技术在工程建设领域应用已经屡见不鲜，但诸多应用需要依赖专业的软件才能打开，且模型文件占用存储空间大，加之不同 BIM 软件对应的文件格式也不尽相同，极大地阻碍了 BIM 的应用效率。为此，BIM 轻量化技术运营而生，它采用特定的软件对 BIM 原始文件进行解析，分离出空间几何信息和属性信息，再运用计算机图形学知识进行空间几何映射、空间索引等操作，把原模型数据重新组织为新的格式，以达到 BIM 模型场景简化、格式兼容、协同提效的目的，最终让 BIM 模型在移动设备里在线化、结构化地呈现。

（1）常用转换方式

目前常用的 BIM 轻量化转换方式如图 2 所示。首先是把 BIM 原文件解析为 IFC 格式，再利用插件把 IFC 格式转为三维 obj 格式，最后再用另外的插件把 obj 格式转为流行的 glTF 格式。

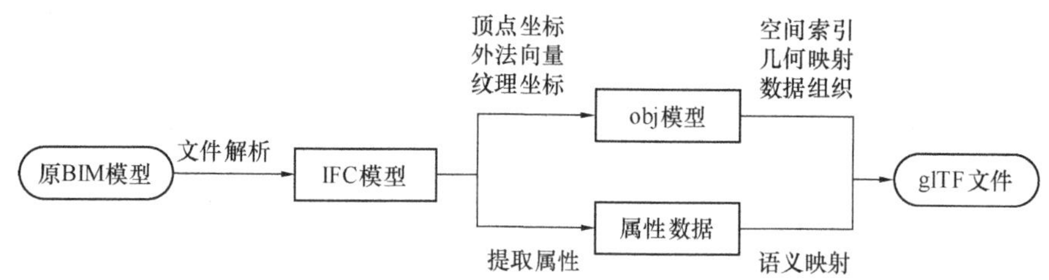

图 2　BIM 轻量化常用转换方式

（2）空间坐标变换

单个 BIM 模型一般采用的是局部坐标系，而 GIS 采用的是世界坐标系，要让 BIM 与 GIS 集成，那么 BIM 轻量化过程中必须对模型进行空间坐标变换，其实就是对坐标系进行平移、缩放以及旋转操作的组合。为易理解，以二维坐标系下对图形变换操作为例进行说明，如图 3 所示。

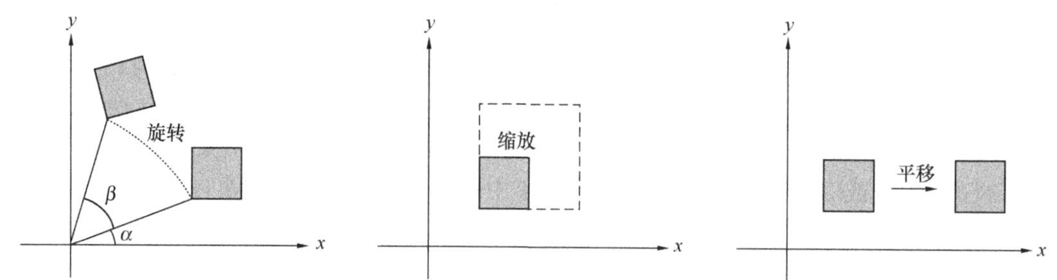

图 3　图形旋转、缩放和平移示意图

同理，可以将二维变换方法推广到三维。在图形学领域中，为方便平移、缩放和旋转的计算，空间坐标系中的任意一点采用四维齐次坐标[8]，若某一点 $(x',y',z',1)$ 变换到新的点 $(x,y,z,1)$，则必须满足下式

$$\begin{bmatrix} x \\ y \\ z \\ 1 \end{bmatrix} = \begin{bmatrix} a & b & c & t_x \\ d & e & f & t_y \\ g & h & i & t_z \\ 0 & 0 & 0 & 1 \end{bmatrix} \begin{bmatrix} x' \\ y' \\ z' \\ 1 \end{bmatrix} \tag{1}$$

式中的变换矩阵是通用写法格式，代表平移矩阵 T、旋转矩阵 R、缩放矩阵 S 以及它们的任何相乘组合矩阵。因此，我们可以把上式中点 $(x',y',z',1)$ 理解为局部坐标中的一点 $V_{\text{local}}(x',y',z',1)$，而新的点 $(x,y,z,1)$ 理解为世界坐标中一点 $V_{\text{global}}(x,y,z,1)$，那么可通过式（2）局部坐标系到世界坐标的空间变换，其表达式为

$$V_{\text{global}} = (T \times R \times S) \times V_{\text{local}} \tag{2}$$

2.3　Cesium 引擎

Cesium 是使用 JavaScript 编写的开源地图引擎[9]，它沿用了 WebGL 的硬件加速渲染以及跨平台的优良特性，支持 3D，2D，2.5D 形式的地图，是最适合的地理空间数据动态可视化工具。Cesium 有两大特性：1）动态加载瓦片数据；2）支持流行的标准三维格式。

2.3.1　瓦片数据结构

瓦片数据结构其实就是空间结构树，采用 JSON 格式存储，运用 LOA 分层技术，将原始地图进行分级分片处理，处于低等级的瓦片数量少且分辨率低，处于高等级的瓦片数据量多但分辨率高（如同金字塔）。常用的分层方式有四叉树、K-d 树和八叉树，下面以四叉树为例，在用户不同视角下的瓦片数据的动态加载过程，如图 4 所示。

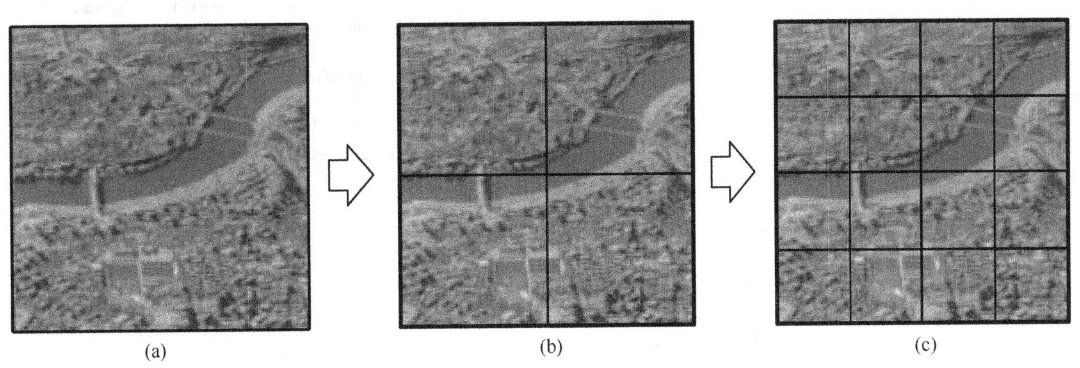

图 4　四叉树划分时瓦片数据加载过程

(a) 1 级瓦片；(b) 2 级瓦片；(c) 3 级瓦片

事实上，Cesium 中的地形地图和三维模型都是采用动态加载瓦片数据方式，不但减轻了服务器压力，而且还让用户可以流畅地查看三维模型。

2.3.2　Cesium 标准三维格式

（1）glTF 格式

glTF 是专门为 WebGL 和 OpenGL 交互而设计的图形语言传输格式，致力于成为 3D 界的 JPEG 通用格式，并串联了三维建模软件和浏览器。glTF 的组织结构如图 5 所示，其最大优点是文件组织结构符合 WebGL 的渲染逻辑，极大地提高了 html5 的渲染能力。

从图 5 可以看出，glTF 通过 json 文件来保存三维场景中的内容，json 文件的结构和 glTF 逻辑层次结构一一对应。其中，glTF 的逻辑层次结构是从顶级节点 scene（场景）出发，引用下一层节点 node，然后 node 节点又引用下层的节点 mesh（网格）、camera（摄像机）和 skin（蒙皮），以此类推，层层引用，逻辑十分紧凑。另外，也可以 glTF 的 json 文件中看出，它把较大的文件二进制数据、图像数据转为存储引用地址，提高了网络传输效率。

（2）3D Tiles 格式

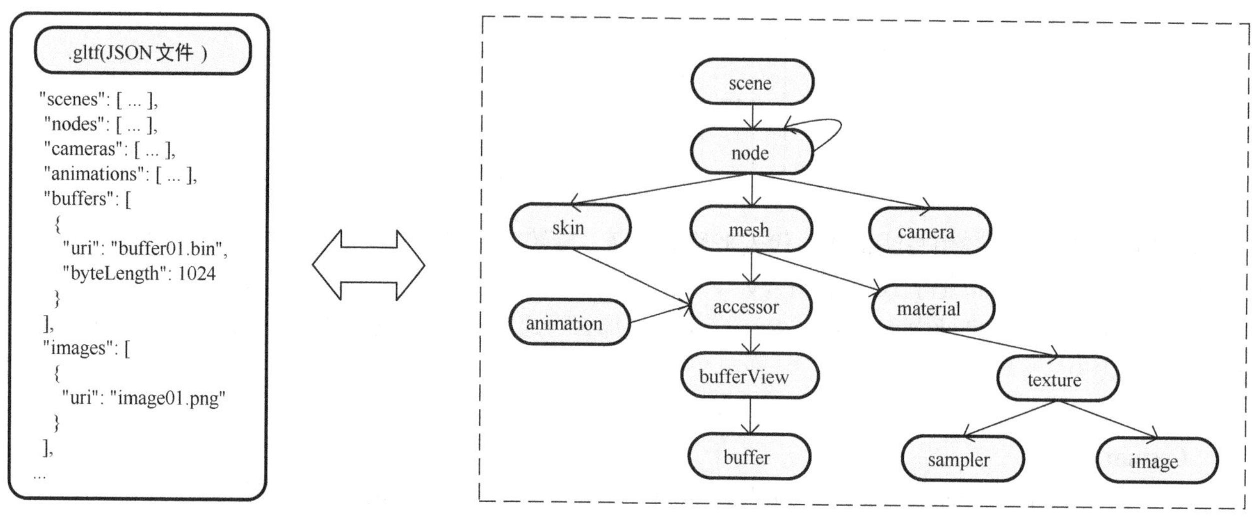

图 5　glTF 格式结构

3D Tiles 继承了 glTF 高性能渲染的优点，并融合了 glTF 和属性数据。事实上，3D Tiles 是一种传输地异构三维地理数据的开发规范，其逻辑结构如图 6 所示。

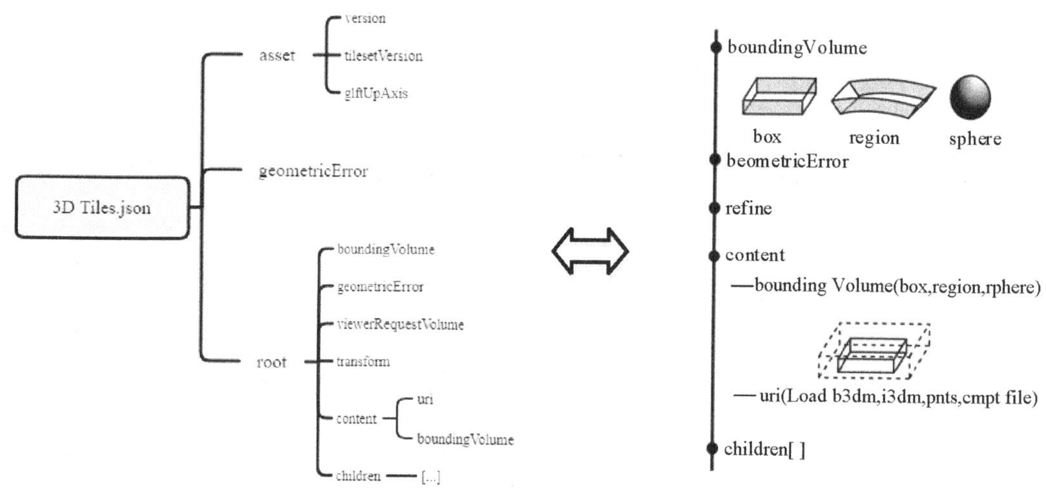

图 6　3D Tiles 格式结构

3D Tiles 定义了两部分文件：tile 文件和 tileset. json 文件。其中 tile 文件存储三维模型数据（b3dm、i3dm、pnt、cmpt），而 tileset. json 存储 tile 的说明以及 tile 的空间组织结构关系。需指出的是选用 3D Tiles 格式更适合于 BIM 和 Cesium 的集成。

2.4　WebGL 渲染

从前面的 BIM 模型轻量化处理，到空间位置的变换，再转为 glTF 或 3D Tiles 格式，然后通过 Cesium 引擎加载，最终渲染任务就交给了 WebGL。其实 WebGL 绘图过程大致如图 7 所示，首先通过顶点着色器，在绘图区域设置顶点的大小、位置、颜色并临时保存，再利用图元装配连接各顶点形成“空心”的图形，接着光栅化形成多个片元素，下一步通过片元着色器上色，最终图形就显示在浏览器中。

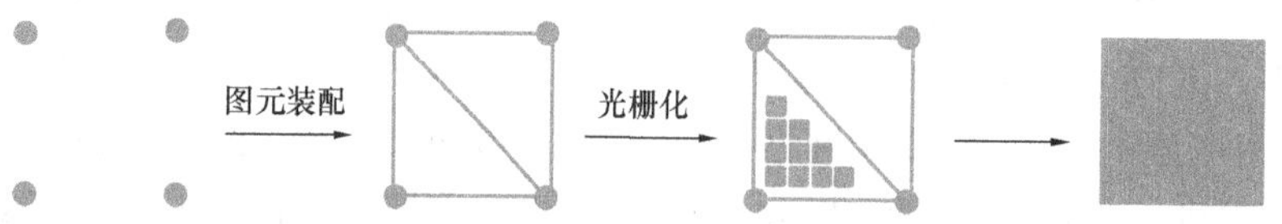

图 7　WebGL 绘制图形过程

3 测试案例

本次试验分两个步骤：第一，选用带地图和不带地图BIM进行对比，事先将BimAngle插件安装到Revit软件中，然后通过Revit软件打开BIM模型，点击BimAngle插件，输入经纬度、高程以及需要转换的格式3D Tiles，就可实现BIM模型的转换；第二，下载Cesium1.75版，选择默认的影像图Bing Maps，然后通过Cesium的Primitives类添加Cesium3DTileset类，编写好应用程序后，采用Nginx发布，最终显示效果如图8所示。

图8　无地图BIM模型和有地图BIM对比

值得一提的是，Cesium官方已提供一个瓦片图和3D地理空间数据的平台Cesium ion，里面包含丰富的地图资源，可作为BIM应用的地形地图数据源。

4 总结

论文探讨了BIM模型在可视化方面的不足，并借助BIM轻量化技术，转换为流行的glTF和3D Tiles格式，再利用Cesium引擎加载可视化，实现了BIM与GIS技术的有机结合，使得BIM在推广使用中，不但能展示自身的内部细节信息，还能表达与周边环境交互作用的效果，有利于工程建设各参与方的沟通协调以及共享，同时也可为智慧城市建设提供基础底座。

参 考 文 献

[1] 李德仁，柳来星. 上下文感知的智慧城市空间信息服务组合[J]. 武汉大学学报(信息科学版)，2016，41(007)：853-860.

[2] 王珩玮，胡振中，林佳瑞，等. 面向Web的BIM三维浏览与信息管理[J]. 土木建筑工程信息技术，2013，5(03)：1-7.

[3] 李敏辉，谭辉煌，邱杰，等. 基于WebGL的BIM可视化方案研究[J]. 施工技术，2018，47(S3)：31-35.

[4] 边根庆，陈蔚韬. 面向Web的建筑三维模型可视化方法研究[J/OL]. http：//kns.cnki.net/kcms/detail/10.1034.T.20210615.1753.002.html.

[5] 徐照，徐夏炎，李启明，等. 基于WebGL与IFC的建筑信息模型可视化分析方法[J]. 东南大学学报：自然科学版，2016.

[6] 潘飞，张社荣. 基于3D WebGIS的土木水利工程BIM集成和管理研究[J]. 计算机应用与软件，2018，35(04)：69-74，136.

[7] 任晨宇，臧永立，刘珍珍. 基于Cesium引擎铁路信号运维平台的可视化研究[J]. 铁道标准设计，2021，65(07)：172-178.

[8] 何援军. 计算机图形学[M]. 2版. 北京：机械工业出版社，2009：180-183.

[9] 范俊甫，胡桃英，何惠馨，等. Cesium框架多源电子地图瓦片数据混搭方案设计[J]. 遥感学报，2019，23(4).

基于PMBOK系统模型和BIM深度的装配式建筑全生命周期管理模型

张　岚[1]，夏　斌[2]，金文昊[1]，李　峰[1]

（1. 生特瑞（上海）工程顾问股份有限公司，上海 200335；2. 上海国际主题乐园有限公司，上海 201200）

【摘　要】BIM技术在设计和施工中已得到了广泛的应用，从整体上看，工业建筑的装配率仍然不高，其中原因之一是现场及场外的管理工作缺乏整体、有效的衔接和融合，致使最终产品质量缺乏可预见性和稳定性。本文从传统项目全生命周期管理模型出发，整体考虑预制、装配包的工作范围，明确管理界面、流程以及针对较大的风险进行重点管控，并基于BIM模型和模型深度，形成装配式建筑全生命周期管理模型，以保证交付质量，为装配式项目的推广提供有效的保证。

【关键词】BIM模型深度；全生命周期管理模型；装配式建设

1　背景介绍

1.1　装配式发展及其局限性

装配式建筑是把传统的建造方式中大量的作业工作转移到工厂进行。在工厂加工制作好建筑用的构配件，运输到施工现场，通过可靠的连接方式在现场装配安装而成的建筑。装配式建筑的概念来源于17世纪美洲移民所建造的木构架拼装的房屋，第二次世界大战后，欧洲国家和日本等国迫切需要解决住宅问题，促进了装配式建筑的发展，到20世纪60年代，装配式建筑在这些国家得到了大量的推广。我国的装配式建筑虽然起步较晚，但规划和布局比较先进。

传统装配式建筑优缺点很明显，简言之，优点是工厂加工，质量好，安装快，现场工作量少；缺点也很明显，就是造价高，模块面积受限，适应范围不广，且全国各省市、各地区发布的标准并不完全一致，各地市场装配式建筑、模块化建筑并没有大规模生产。许多设计单位、施工单位、建设单位各自采取自行生产的方式，可复制性较差，最终产品缺乏稳定性。一般工厂生产的模块化建筑形式较为单一，尺寸受限，难以满足有特殊造型需求的建（构）筑物的建造，也难以满足一些受到场地限制条件下的安装工作。

1.2　BIM对装配式建筑发展的贡献和存在的问题

BIM技术也是我国近年来大力发展的技术。BIM技术具有信息完备性、信息关联性、信息一致性、可视化、协调性、模拟性、优化性和可出图性八大特点。在装配式建筑的设计和施工中，BIM不只是一款软件，而是一种管理手段，是实现建筑业精细化、信息化管理的重要工具。BIM技术将建设单位、设计单位、施工单位、监理单位等项目参与方在同一平台上，共享同一建筑信息模型。利于项目可视化、精细化建造。

2　文献综述

装配式建筑自在国内大力发展以来，得到了诸多学者深度的研究。在政策扶持、发展方向、设计、产业化、施工技术、质量控制等方面出现了很多研究论文。经查阅发现，很多论文旨在解决某个“点”

【作者简介】张岚（1966—），男，常务副总裁。主要从事国际工程管理方面的工作。E-mail：lan.zhang@century3inc.cn

的问题，并未发现系统地解决问题的方法。

住宅产业化学者丁成章先生曾在论文《装配式建筑面临的困难和发展趋势》中提出过我国住宅产业化（预制装配式建筑）面临管理不统一、工厂化监管问题。呼吁国家层面能够进行统一的管理，这需要一定的时间。

学者在《装配式建筑的现状与未来发展趋势》一文中，分析了装配式建筑的结构类型单一、生产运输常见的问题以及容易遗漏预埋管线等问题，提出了“培养专业人才，一体化发展和健全规范体系”等未来发展的解决方法。然而每个企业的实际情况并不相同，实际执行效果可能参差不齐。

苏锦栋在《分析装配式建筑工程施工中存在的问题及解决措施》一文中，从装配式建筑设计、施工、协调、监管等方面进行分析，提出了以“改进设计管理体制，强化人员培训教育，合理分配各参与方的责任”为主的解决方案。体制的改进将会是一个长期的过程，且每个企业情况不一样，改进的效果也会不一致。

运用系统工程的方法，通过整合计划，设计、制作、模块化、预组装和安装阶段的输入、输出内容，结合 BIM 模型 LOD 深度和装配率，建立一个路径模型，规范各阶段的主要工作内容、深度及前后置条件，指导类似项目全过程管理。

3　研究方法

本文从装配式建筑发展存在的困难与挑战分析，得出必须解决的两个学术问题，即技术问题在全生命周期过程各阶段 BIM 模型深度，谁负责维护模型以及在各阶段主要管理的内容和输入输出的模型，在此模型上，不同的干系人，如业主、设计单位、发包单位、装配制造商、运输商、吊装商、总包和监理可以在同一平台上参与装配式建筑全过程管理，并明确各自工作范围、界面以及整体的安排与实施情况。

基于 PMBOK 系统模型，生特瑞公司提炼出全生命周期管理模型，在这些模型上将有关装配率的工作范围加以界定，针对各阶段工作内容尤其是 BIM 模型予以定义模型深度，以形成基于 PMBOK 系统模型和 BIM 深度的装配式建筑管理模型，在案例部分作者进一步展示该模型的应用价值，检验该模型的有效性（图 1）。

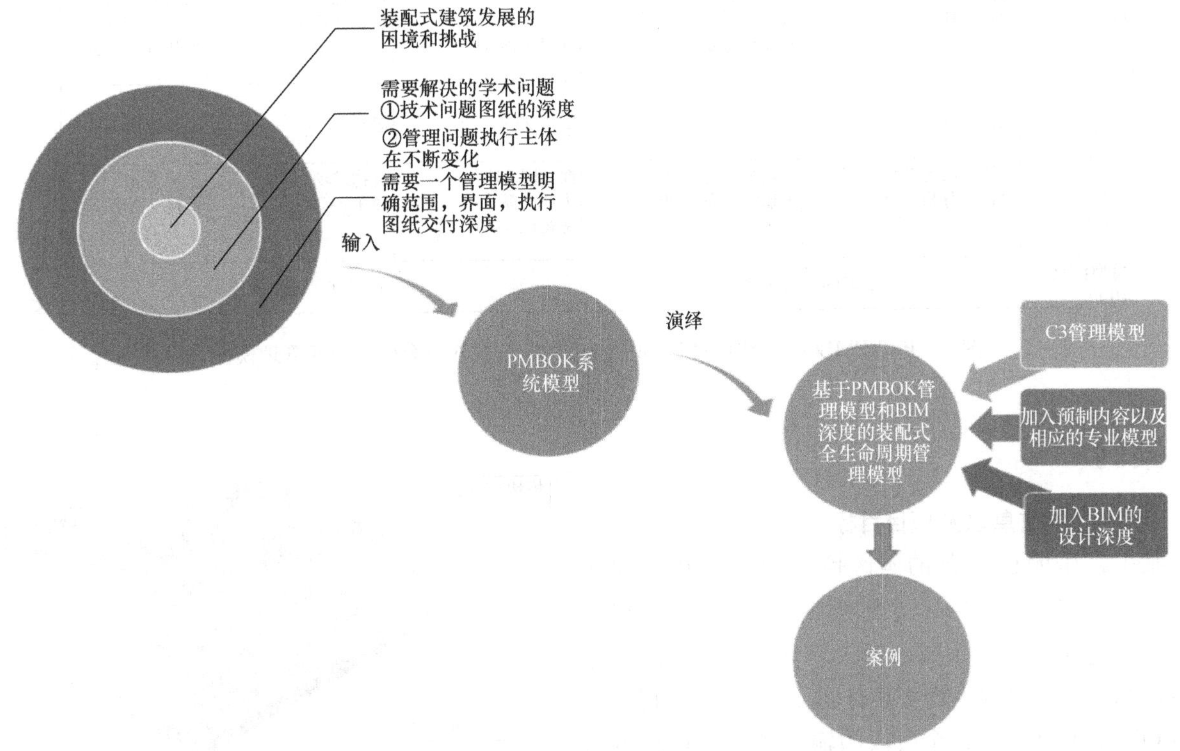

图 1　基于 PMBOK 系统模型的装配式建筑全生命周期管理模型方法

4 模型的形成

基于PMBOK系统模型，生特瑞公司开发的全生命周期项目管理模型（图2），基于装配构件与原有设计的特点，界边模型作如下修改。

4.1 生产阶段（2000）中调整设计阶段和施工阶段

设计阶段中分为两个阶段，即设计（2100）和采购（2200）。

施工阶段分为制造（2300）运输（2400）和安装（2500）三个阶段。

4.2 输入（1000）

基于生产阶段，在设计阶段主要的输入是装配率目标（1110）和现场条件及约束（1120），这些主要条件是设计工作的指导和要求，在采购阶段，有关预制构件、模化的工作内容、图纸、技术规格书（1210）、进度、现场条件（1220）以及其他交付要求（1230）是采购的主要要求。在制造阶段，BIM图纸、生产合同、交付条件是制造生产的依据。在生产过程中，业主方会派人进行产验以保证生产质量，运输阶段的输入主要是路线规划以及装箱单，而在安装阶段的主要输入有预拼方案（1510）、预拼装（1520），以及安装方案（1530）。

4.3 输出（3000）

在设计阶段，输出是模块化包设计、建筑的界面图纸、技术规格书（3100）、可行性分析即装配概念（3120）。在采购阶段的输出是模块化制造商（3210）、运输安装商（3220），在制造过程中集成包生产者出深化图（3310），需经设计审批，生产出的产品（3320）以及装箱单（3330），经运输后，材料货物进场，以备预拼装（3410），安装之后，承包商针对不符合项进行整改（3510）和交付相关的资料（3520）。

4.4 约束条件改为BIM模型深度

在设计及采购阶段，由设计单位出BIM图纸深度为LOD300，而在制造、运输、安装阶段由承包商出BIM深化图深度为LOD500。

经以上四个步骤形成装配式建筑全生命周期管理模型。

输入 1000	装配率目标 1110 现场条件及约束 1120	图纸界面 1210 进度、现场条件 1220 其他交付要求 1230	图纸界面 1310 生产合同 1320 交付条件 1330	路线规划 1410 货物装箱单 1420	预拼方案 1510 预拼装 1520 安装方案 1530
阶段 2000	设计 2100	采购 2200	制造 2300	运输 2400	安装 2500
输出 3000	模块化内容界面 3100 可行性分析 3120	模块制造商 3210 运输安装商 3220	深化图 3310 生产产品 3320 装箱单 3330	货物进场 3410 卸车 3420	屋顶整改 3510 资料交付 3520
模型深度 4000	LOD300 设计维护		LOD500 总包维护		

图2　基于PMBOK系统模型和BIM深度的装配式建筑全生命周期管理模型

5 案例

5.1 项目基本信息以及项目目标

某主题乐园已运营的园区拟增加一座建筑面积120m²，一层层高为12m的商店，商店的装修风格需与乐园主题相符。因乐园已投入运营，需最大限度地减少现场施工，限制现场安装时间48日历天。现按照PMBOK系统模型对各个阶段的输入和输出进行分析和研究（图3）。

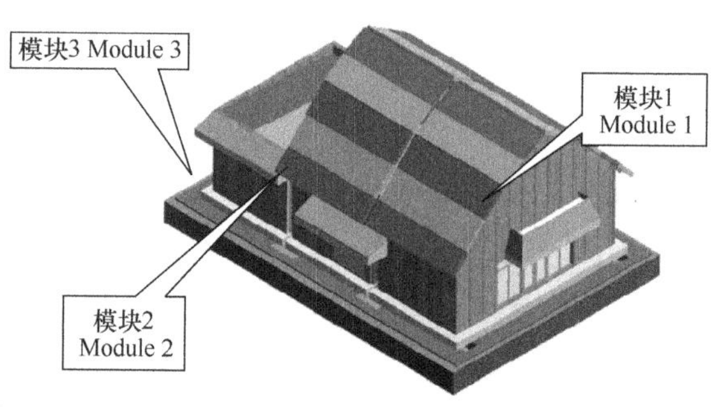

图3　模块化示意LOD100

5.2 模型的介绍

5.2.1 设计

总体采用模块化的设计建造方式，以“构件工厂加工制作，中小型尺度模块集成，大尺度模块场外预组装验证，现场组装总成”为总体要求，以此为主线进行方案设计。初步设计分为三大模块，每个模块由若干个中小型模块集成，所有构件均在加工厂制作运至拼装现场，每个模块安装完成后，各系统进行预拼装（表 1）。最终采取自行式液压平板车运输至现场组装，现场连接各系统。

预制构件表　　**表 1**

竖向结构构件	预制夹心保温非承重墙	本工程通过把保温和装饰线条一体化集成于框架构件之中，实现一体化，避免现场二次作业，表面平整，整体性好
	钢结构框架	预制钢框架受力和传统结构相同，施工周期短，连接方便快速，稳固
横向结构构件	预制钢结构楼板	预制铺装
	预制钢结构屋面	成品楼板将保温，防水集成于屋面上实现一体化，通过扣件连接
外围护构件	预制做旧金属彩钢板	在设计过程中考虑外立面造型，将外立面进行分割设计预制构件上留设预埋件，实现后期和金属彩钢板快速连接，同时满足荷载要求
装修一体化	整体之展柜	工厂化生产，现场一次拼装到位，速度快捷，质量可靠
机电一体化	预埋线盒，套管，管道	楼面板，墙面板构件中机电线盒精确定位，预埋机电管线挂钩，版本将来布线

5.2.2 运输以及安装

考虑交通线路，自行式液压车运输能力及场地限制、施工工序等因素。预拼装场地设置在距离现场 600m 左右乐园后场空地区域，模块由加工厂加工完毕后运至预拼装场地进行组装，现场采取吊装方式对结构、屋面、墙板系统进行安装，详见图 4。

后场区模块到场安装

前场区底座到场安装

图 4　吊装示意

5.2.3 BIM Model

由于结构为框架结构，因此内外墙面均为非承重墙，只考虑承受风荷载、自重以及局部外挂装饰荷载。选型根据上海地区风荷载和 FM 要求且龙骨长度小于 3m，初步估算龙骨宽度采用 150mm 宽，间距 400mm 即可满足要求。轻钢龙骨墙面拆分详见图 5。

5.3 执行结果

该项目依据 PMBOK 模型路径模型在计划、方案、预制、模块化、预组装和安装阶段进行了明确的输入和输出，和传统项目施工需要 187 天工期相比，现场只需要 19 天时间安装，节约了大量的工期。满足了场地限制条件下项目建造的需求。

5.4 预制装配率的计算

按照《上海市装配式建筑单体预制率和装配率计算细则》沪建建材 2016-601 号（以下简称《计算细

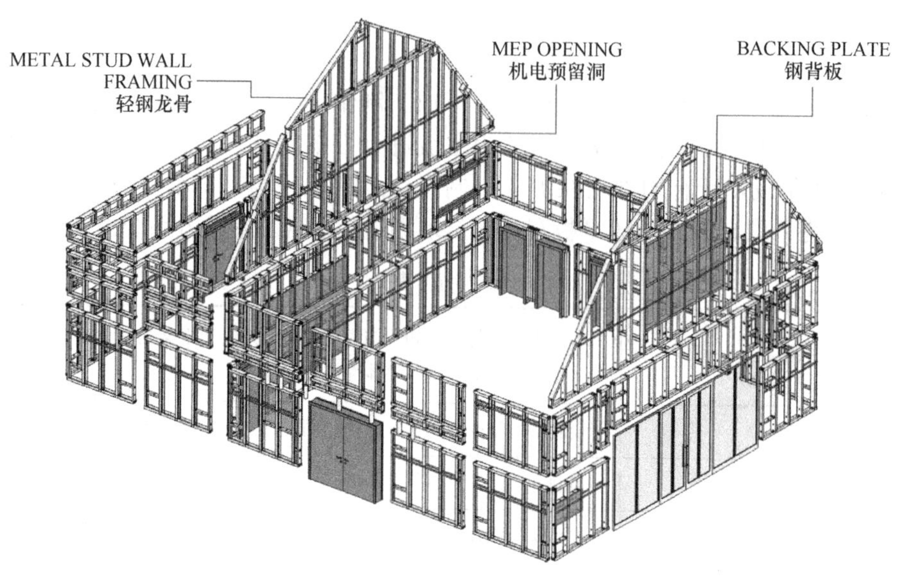

图5　轻钢龙骨墙面拆分-分解示意图

则》）要求，装配式建筑单体预制率不低于40%，装配率不低于60%。

按照《计算细则》要求，本工程单体预制率和装配率计算如下：

1）预制率计算

建筑单体预制率＝∑（构件权重×修正系数×预制构件比例）×100%

式中：预制墙体比例＝建筑单体预制（除内隔墙外）墙体墙线总长度/建筑单体全部墙线总长度

故，本工程单体预制率为∑(0.1×0.9×0.9＋0.22×0.9×0.9＋0.28×0.9×0.9＋0.27×0.95×0.6)×100%＝(0.081＋0.2592＋0.2268＋0.1539）×100%＝72.09%>40%

2）装配率计算

建筑单体装配率＝建筑单体预制率＋部品装配率＋其他

式中：建筑单体预制率计算方式如上，取72.09%

部品装配率＝∑（部品权重×部品比例）×100%

本工程装配率＝72.09%＋15.8%＋4%＝91.89%>80%

6　结语

本文通过装配率建筑发展存在的困难与挑战分析，基于PMBOK系统模型的理论，在设计、采购、制造、运输、安装全生命周期通过输入、输出的分解，同时基于BIM模型的深度，形成了装配式建筑管理全生命周期管理模型，并通过案例分析深入阐述了该模型的应用，得出以下结论：

1）该模型比较好地规范了装配式建筑生产各阶段以及各阶段的主要工作内容、界面以及交付成果。

2）该模型同时建议了各阶段BIM模型的深度全参与方针对各阶段BIM模型目标明确责任方归属清晰，比较好地解决了各阶段参与方各自为政、缺乏整体规划与执行的风险。

3）该模型为装配式建筑管理模型提供了一个基本工具。

由于各行各业装配式建筑千差万别，约束条件也不尽相同，该模型的指导意义大于实践意义，每一具体装配式建筑管理方案仍需视具体项目而作调整，尤其是工业建筑中的综合管道支架，我们在继续进行这方面的研究。

参 考 文 献

[1]　马智亮. 工程项目中的协同工作及信息系统[J]. 中国建设信息，2009，20：22-25.

[2]　王静. 美国工程项目协同工作进展[J]. 土木建筑工程信息技术，2009，2：106-110.

[3] 王静. 美国工程设计与施工的协同工作进展[J]. 土木建筑工程信息技术，2009，001(002)：106-110.
[4] 张杰. 工程项目的协同管理研究[D]. 天津：天津大学，2004.
[5] 刘凯，张英彤，段万国，等. 国内外装配式建筑的现状与趋势[J]. 北方建筑，2021，6(3)：5-9.
[6] 苏锦栋. 分析装配式建筑工程施工中存在的问题及解决措施[J]. 四川水泥，2021，07.
[7] 钟春玲，杨东澎，张梦情，等. 装配式混凝土建筑装配率指标的计算方法研究[J]. 建筑经济，42(3)：6.
[8] 陈丽，张图. 装配式建筑满足装配率要求的设计和研究[J]. 建筑技术，2021，52(1)：5.
[9] 汪磊. 传统建筑企业装配式产业化的模型分析与研究[J]. 山西建筑，2018，44(6)：230-231.
[10] Project Management Institute. PMBOK，2017.

面向水利工程的 BIM+区块链的应用模式与实现

余渐新，郑慨睿

（同炎数智科技（重庆）有限公司，重庆 400050）

【摘　要】 水利工程是基础工程建设的重要组成部分，关系着国民经济和民生安全，项目实施过程中涉及海量的工程数据及档案，只有切实保证水利工程的精益建造和质量溯源，才能确保项目的安全可靠。本研究面向水利工程，提出 BIM 技术和区块链技术的技术融合框架，设计了基于 BIM 技术及区块链技术的水利工程管理系统，通过信息化的技术手段确保工程的建设质量及安全溯源。其中 BIM 为水利工程管理的基础，为系统提供信息依据；区块链则是工程数据溯源的保证，记录水利工程建设过程中的所有数据及操作记录。根据典型工程场景，给出了系统的应用方案，为 BIM 技术与区块链技术在水利工程中的技术融合提供思路。

【关键词】 水利工程；BIM 技术；区块链技术；应用研究

1　引言

水利工程惠及国民经济与民生安全，我国积极投入水利工程建设，不断自主探索研发相关技术。以三峡工程、水调工程为标志，我国已成为在水利工程项目数量、项目规模等方面位列世界前列的水利工程大国。当前，我国水利工程的工作重心为“水利工程补短板，水利行业强监管”[1]。水利工程设计、施工过程复杂，现场环境复杂，涉及多部门、多专业，工程质量难以把控及溯源。建设全过程记录的海量工程数据和档案对项目施工过程的协同管理及质量溯源提出了极高的要求[2]。

当前，云计算、大数据等信息化技术在不同行业中蓬勃发展，在工程行业中尤以 BIM 技术最被关注。BIM 是一种基于 3D 数字技术的信息模型，集成了建筑项目的全寿命周期数据，满足建筑项目各参与方的数据需求[3]。目前工程实际应用中 BIM 技术根据工程阶段和用途不同形成不同的模型，包含设计模型、施工模型等。然而 BIM 技术在工程应用中往往存在版本繁多、协同易错、溯源困难等情况。这些难题可以被区块链技术有效解决。区块链技术，同样作为新兴的信息化技术手段之一，其在数字货币领域初步应用，在金融、供应链、数据管理等领域延伸发展[4]。区块链技术是通过时间链表将包含数据信息的区块相连的技术，具有可验证、可追溯、不可篡改的特点。区块链技术采用了数字加密技术及分布式算法，实现了去中心化的可信任网络，从而有效解决了传统行业业务模块中存在的安全问题、信任问题等。

本文提出一种面向水利工程的 BIM 技术与区块链技术结合的应用模式，其中以 BIM 技术作为协同管理的基础，并通过区块链技术将各参与方对 BIM 模型的操作进行记录存储，对水利工程施工过程的协同管理及质量溯源起到极大作用。

2　BIM 技术与区块链技术在水利工程中的作用

2.1　BIM 技术在水利工程中的作用

BIM 作为一种集成建筑完整数字化信息的三维框架，能够实现水利工程可视化查询和设计的关联修

【作者简介】 余渐新（1993—），男，BIM 项目经理。主要研究方向为项目管理。E-mail：763596201@qq.com

改[5]。水利工程施工技术复杂，施工人员整体素质较低，工程质量难以保证，运用BIM技术对关键节点进行施工放样，能有效指导现场工人科学有序施工，从而提高工程质量，减少返工，缩短工期，便于施工交底和后期的运营管理。再者，水利工程地形条件复杂，在施工前期需要大量的挖、填土方，土方量计算是否精确关系到水利工程最终造价是否准确[6]。运用BIM技术对水利工程进行地形和相关建筑物的建模，实现水工建筑物可视化查询和关键节点质量控制、简化施工总布置优选过程，同时，在此过程中快速精确地计算土方量，使工程管理与信息技术高度融合，对于提高水利工程信息化率，方便后期运行管理具有重要意义[7]。

2.2　区块链技术在水利工程中的作用

区块链技术具有不可篡改性，采用区块链技术进行工程招投标辅助验证可以使水利工程参与人员的身份信息更透明和可信赖，从而可辅助身份验证[8]。区块链技术具有可溯源性，采用区块链技术进行水利工程质量安全事故溯源调查，据区块链信息确定工程节点负责单位及负责人，提高监督及事后追责的效率。基于区块链技术的共识机制和分布式存储特点，采用区块链技术提高建材物流效率并保存物流全程记录，有效保障建材的可靠性，提高物流效率，并也能辅助对建筑废弃物的监督管理[9]。通过区块链的智能合约可以对参与方进行监督，根据共同约定的追责条款，加强合同履约追踪，提高合同争议处理效率。区块链的加密算法更可以实现对工程造价数据的积累与分析，将工程敏感条目信息进行加密，从而提高工程数据的流通，辅以价值工程分析可以有效推动水利工程成本的降低[10]。

3　BIM与区块链技术融合架构

3.1　水利工程参与节点

水利工程项目包含多参与方，如业主、施工单位、设计单位等，每类参与方中更包含众多的企业。对于单个水利工程，多个不同类别的单位参与其中，而各个单位又包含多种角色分工，如项目经理、质量负责人等。在项目实施过程中不同专业、不同单位共同协作完成水利工程建设。随着物联网技术的发展，除了人工填报的数据外，RFID标签、设备运行数据、测绘数据、监控视频等均可作为BIM平台中的区块链数据节点。传统的信息化系统通常采用集中的数据库，对于超级管理员而言，数据可以被轻易篡改，不利于工程项目监管，系统的稳定、计算能力、带宽均依赖于中心服务器的性能。区块链基于P2P技术，打通各参与节点的数据互通。在系统运行过程中，项目参与方负责数据等的生成和审批，并按时生成区块。

3.2　BIM+区块链平台架构

BIM可以为水利工程建设提供一个多方参与的全过程信息协同工具及信息载体。但在实际应用过程中，因参与者众多、过程信息数据繁杂、多样化的信息权限等问题，基于BIM的数据安全问题越来越受到重视。而区块链技术作为一种去中心化的分布式数据库账本技术，具有不可伪造、全程留痕、集体维护等优势[11]。两者的有机融合有望为工程项目的数智化管理增加安全性的保障。

深汕西部水源及供水工程项目自规划阶段便引入BIM全过程咨询单位引领项目全生命周期BIM工作实施，并搭建定制化的项目协同管理平台提升项目整体数智化管控水平。如图1所示，在深圳市智慧水务一期工程监管平台的建设框架下，基于项目协同管理平台，融合区块链底层技术，重点针对输水钢管及碾压混凝土的质量控制，实现可信、可查、可追溯的全流程质量溯源管理。

4　应用案例

深汕西部水源及供水工程位于深汕特别合作区，是合作区水资源供水规划布局“一引、三蓄、二厂”中的第一个蓄水工程，是支撑合作区发展的重要基础设施工程。深汕西部水源及供水工程主要包括水底山水库枢纽工程和水底山水库至西部水厂输水工程。其中水底山水库枢纽工程主要建设内容包括大坝、溢洪道、取水隧洞兼导流洞等；水底山水库至西部水厂输水工程主要建设内容包括输水隧洞、管道等。水底山水库总库容1929.2万m^3，采用碾压混凝土重力坝；输水工程主干线长7.382km。

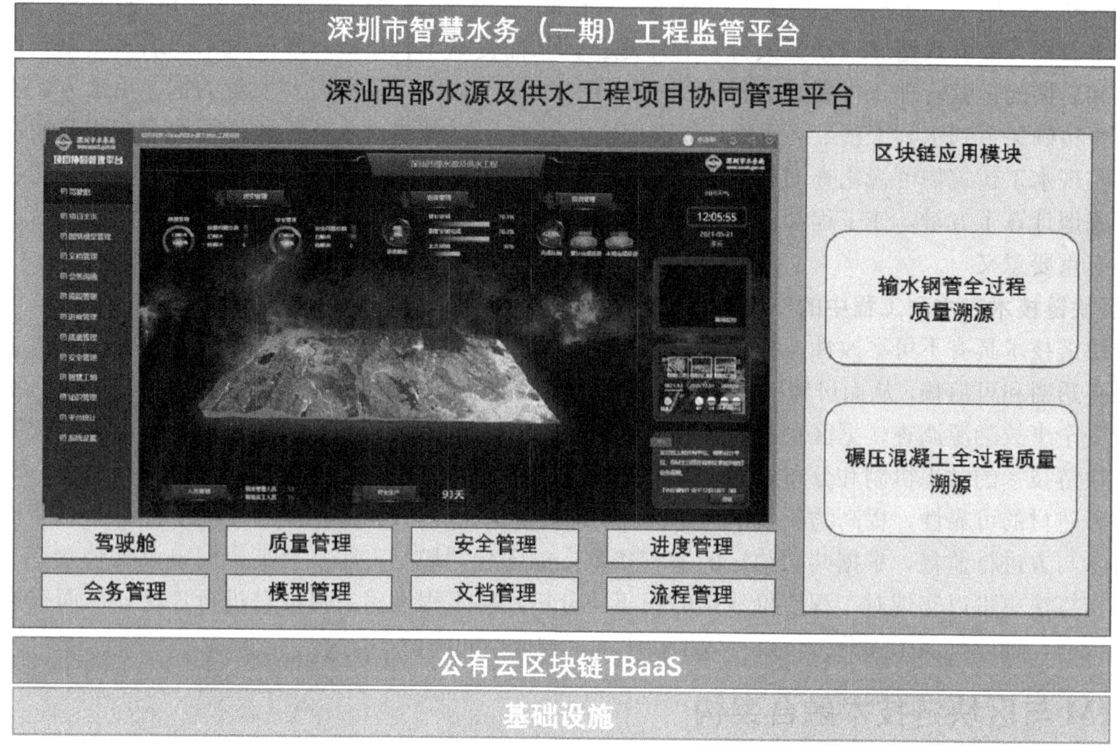

图1　深汕西部水源及供水工程项目 BIM+区块链平台架构

深汕西部水源及供水工程在规划阶段就确定引入 BIM、GIS、区块链等先进技术实现水利工程的数智化建设及管理。深汕西部水源及供水工程自规划阶段开展 BIM 正向设计，并引入 BIM 全过程咨询单位进行项目全生命周期的 BIM 管理。项目更建立了定制化的项目协同管理平台，助力各参建单位高效协同化工作，并不断积累建设期的数据资产。引入区块链技术可有效保障基于 BIM 及平台积累的数据资产真实有效。

4.1　输水钢管全过程质量控制

深汕西部水源及供水工程采用隧洞及管道结合方式布置，总长约 7.3km，管道段全长约 830m。输水钢管作为项目的主要工程材料，其质量直接决定了项目的整体质量。《水利工程施工监理规范》SL 288—2014、《水利工程质量检测技术规程》SL 734—2016、《水利水电工程施工质量检验及评定规程》SL 176—2007、《水利水电建设工程验收规程》SL 223—2008 等各类规范都对输水钢管施工的全流程明确了管控的方法、要求及标准。针对供应商资质审批、材料进场、材料使用、现场施工及质量验收评定共五大阶段，充分记录关键数据并及时上链，如表 1 所示。

项目各阶段关键数据　　**表 1**

阶段	环节	关键数据
供应商遴选	供应商资质审批	供应商名称、供应商资质文件、供应商负责人信息等
材料进场	材料进场报验	原材料名称、原材料来源、原材料规格、原材料数量等
	材料进场检测	送检单位、见证单位、检测单位、检测内容等
	施工单位自检	送检单位、见证单位、检测单位、检测内容等
	建设单位检测	送检单位、见证单位、检测单位、检测内容等
材料使用	材料使用报审	原材料名称、原材料来源、原材料规格、原材料数量等
	焊接工艺规程	工程名称、施工技术方案、专项施工方案、焊接工艺评定

续表

阶段	环节	关键数据
现场施工	管道安装	管节安装质量检查表、安装开工时间
	管道焊接	焊缝开工时间、焊缝质量检查表
	焊缝检查	焊缝质量检查表
	管道防腐	表面防腐安装质量检查表、防腐开工时间
	质量评定	压力钢管单元工程安装质量验收评定表
质量验收	第三方抽检	送检单位、见证单位、检测单位、检测内容等
	功能性试验	单位工程名称、分项工程名称、单元工程名称等

所有关键数据通过项目协同管理平台及特定的物联网设备进行输入。整体应用流程涉及建设单位、监理单位、施工单位等六方用户角色，各节点用户的审批时间（精确至年月日时分秒）、审批意见也同步上链。

针对供应商资质审批、材料进场、材料使用、现场施工、质量验收五大环节，严格遵照项目工程实际的工序及单元工程划分规则，本项目以六米一段的标准化输水钢管段为数据追溯的最小单元，每节管段拥有与施工BIM模型构建代码相对应的唯一身份标识，以帮助各环节的质量管控数据可以关联BIM模型并进行查询，如图2所示。真正实现基于BIM的数据资产存储及基于区块链的数据安全存证的高度融合，实现输水钢管全过程质量控制及溯源。

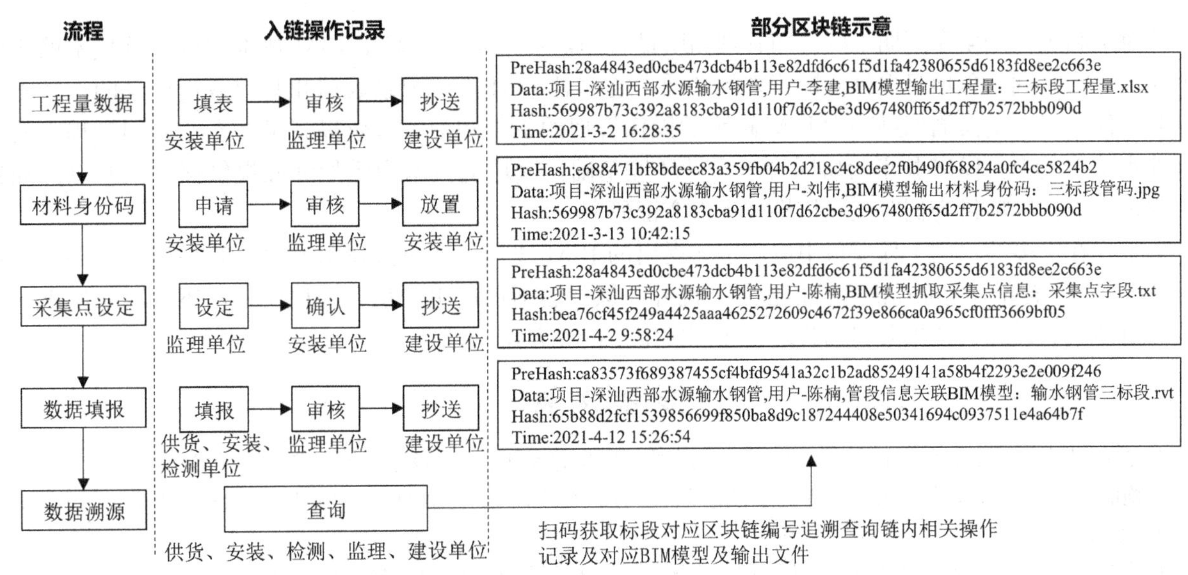

图2　输水钢管BIM与区块链数据关联示意

4.2　碾压混凝土全过程质量控制

碾压混凝土是常见的水利工程材料，在工程中多作为水坝坝体的主要材料，其质量控制是保证水利工程生命周期的关键。在深汕西部水源及供水工程中，采用以单元工程的划分结果为管控和溯源的最小单元，对混凝土的质量进行针对性的信息化升级，对混凝土从开采、加工到验收的各个关键性环节进行了数据记录，由建设单位、监理单位、施工单位、检测单位等各项目参与方对数据进行审批，并自动生成包含数据及参与单位及决策的区块，生成的区块将结合审批人员的手机定位与BIM模型相应位置进行关联，如图3所示。至此，即完成对相应部位的BIM构件与区块链数据上链操作，实现碾压混凝土的全过程质量控制。

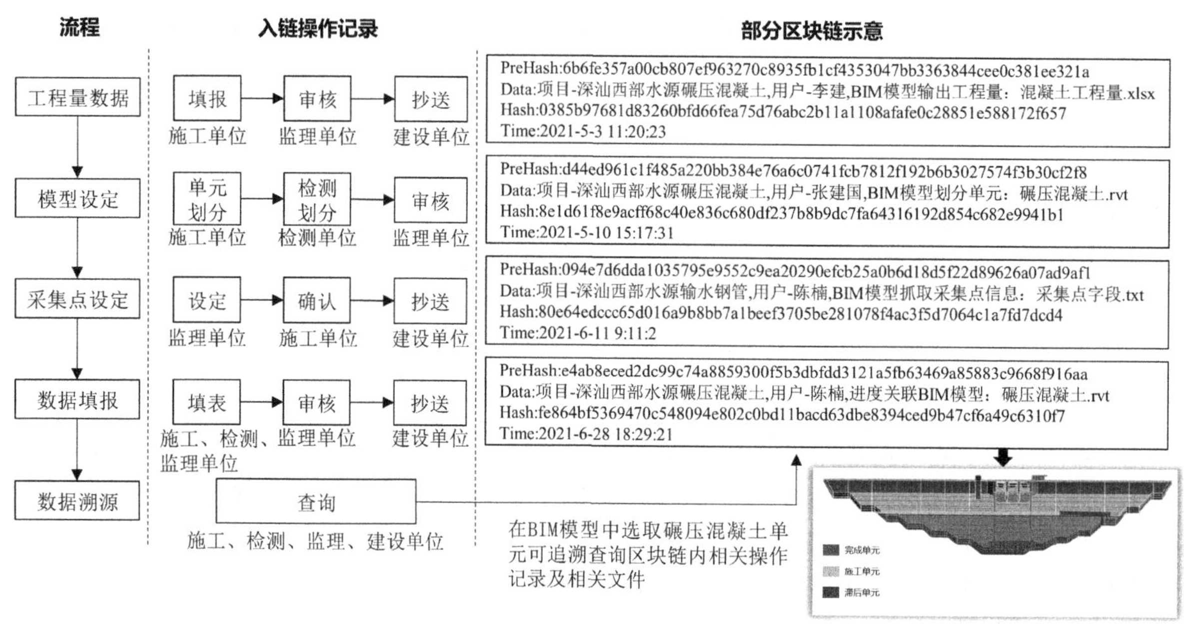

图 3　碾压混凝土 BIM 与区块链数据关联示意

5　结语展望

针对水利工程全生命周期中的协同管理和质量管理，提出了一种基于 BIM 技术和区块链技术的协同管理模式，为水利工程项目提供协同管理的基础，通过对 BIM 操作记录数据和其他数据记录的入链永久性存储，保障了全生命周期过程中 BIM 模型的操作管理的责任溯源，有效提高了多专业协同过程中的安全管理水平。其中，BIM 技术为协同管理提供环境基础，区块链技术为质量溯源提供保障。并以深汕西部水源及供水工程项目为例对该应用模式进行实证研究。

未来将在更多的水利工程项目中应用本文提出的 BIM 技术和区块链技术的协同管理模式，并进一步为形成 BIM 安全管理标准提供有价值参考。此外，该方法不仅适用于水利工程项目，还可以应用于一般建筑项目的协同设计、全生命周期管理、建筑模型归档等方面。

参 考 文 献

[1] 张爱辉，吴钦山，史文文．水利企业强监管防风险的问题与对策[J]．水利经济，2020(5)：42-44.

[2] 李艳丽，张晔，赵礼，等．水利工程质量智慧检测管理系统建设——以浙江省为例[J]．科技管理研究，2020(16)：225-230.

[3] 郑华海，刘匀，李元齐．BIM 技术研究与应用现状[J]．结构工程师，2015(004)：233-241.

[4] 张亮，刘百祥，张如意，等．区块链技术综述[J]．计算机工程，2019，45(5)：1-12.

[5] 张社荣，潘飞，吴越，等．水电工程 BIM-EPC 协作管理平台研究及应用[J]．水力发电学报，2018，37(4)：1-11.

[6] 颜斌，黄道军，文江涛，等．基于 BIM 的智能施工放样施工技术[J]．施工技术，2016(S2)：619-621.

[7] 张东阳，姜月菊，姜伟，等．基于 BIM 技术的土方量计算[J]．施工技术，2018，47(S1)：1527-1530.

[8] 孙建荣．基于区块链技术的建筑市场诚信管理平台构建[J]．建筑经济，2020，41(7)：112-117.

[9] 王元地，李粒，胡谍．区块链研究综述[J]．中国矿业大学学报(社会科学版)，2018，020(003)：74-86.

[10] 朱雅菊．区块链技术在建筑行业的应用场景展望[J]．工程经济，2018，28(06)：45-47.

[11] 姜莹．区块链技术在 BIM 构件管理领域的应用展望[J]．中国勘察设计，2021(04)：80-82.

浅析美国《BIM 项目执行计划指南》

赵　卓

（同炎数智科技（重庆）有限公司，重庆 401123）

【摘　要】通过对美国宾夕法尼亚州立大学《BIM 项目执行计划指南》的分析，从技术层面上明确了 BIM 项目执行计划要依据项目概况、项目特点、BIM 团队的能力以及各个参建方的具体情况综合考虑，并通过一个规范化、系统化的流程设定，最终形成最优的执行方案。

【关键词】BIM 项目执行指南；BIM 执行流程；项目级

1　BIM 执行指南编制背景

1.1　BIM 的定义

建筑信息模型（BIM）是基于建筑项目的数字信息模型开发、使用和传输的一个过程，能够帮助项目设计、施工、运行和设施运营等工作的推进。由于国内对于建筑信息模型的定义尚未统一，这里引用美国国家 BIM 标准（NBIMS）对 BIM 的定义“一个设施（建设项目）物理和功能特性的数字表示”。BIM 是一种共享知识资源，分享某设施信息，为其从建设到拆除的全生命周期中作出决策提供可靠依据的过程。BIM 的一个基本前提是项目生命周期不同阶段的不同利益相关者之间通过协同合作在 BIM 中穿插、提取、更新或修改信息，从而支持和反映该利益相关者的角色”[1]。

1.2　编制团队

本指南由宾夕法尼亚州立大学计算机集成建造（CIC）研究项目的一个团队撰写，其中还包含项目顾问委员会成员，2008 年宾夕法尼亚州立大学 AE 597G BIM 项目执行计划研究生班的学生，2010 年宾夕法尼亚州立大学 AE 597G BIM 项目执行计划研究生班的学生[2]。

1.3　BIM 执行指南的目的

BIM 执行指南是一种非常特别的技术性控制类型文件，它随着 BIM 概念的普及和 BIM 应用的不断被推广应运而生。由于 BIM 技术的兴起，传统设计行业发生了剧变，与项目相关的大量信息需要处理，现有的资料和知识储备不能给这些信息化工作提供帮助和参考，因此建筑师需要一份“指南”来引导 BIM 技术的应用[3]。BIM 工作指南可以清晰地分配各专业的 BIM 工作内容，指导各个参建单位在 BIM 项目实施各个阶段的工作职责，并规范 BIM 工作的流程及不同阶段相衔接的方法。

编写此结构化程序（执行指南）是为了在项目早期阶段推动项目规划方案，激发团队间的直接沟通。除此之外，此执行指南还提供了一个实用手册，项目团队可以使用它来设计 BIM 策略并制定 BIM 项目执行计划。需要强调的是，在执行指南的实施过程中，每个项目都没有单一的 BIM 实施最佳方案，因此每个团队必须通过了解项目目标、项目特征和团队成员的能力等来有效地设计定制的执行策略。

1.4　BIM 执行指南内容简介

本指南共有八个章节，分别为：

1. BIM 项目执行计划程序概述
2. 识别 BIM 使用的方法
3. 为项目设计 BIM 流程的步骤

【作者简介】赵卓（1985—），女，BIM 项目经理/中级工程师。主要研究方向为 BIM 技术在项目中的应用。E-mail：zhaozhuo@ty-lin.com.cn

4. 确认信息交换需求的方法
5. 确认 BIM 实施流程所需基础设施的方法
6. 基于一系列会议和工作得出的团队执行程序结构化方法
7. 基于 BIM 实施的个性化组织发展结构化方法
8. 创建指南的经验基础之上，为实施 BIM 的项目和单位提出的建议和总结

1.5　各个 BIM 执行指南（计划）的对比和分析

不同版本的 BIM 执行（实施）指南存在较大的差异，在内容和目标方面，有的偏向技术应用，有的偏向各个专业之间的协同，有的偏向 BIM 流程的搭建。

由宾夕法尼亚州立大学团队撰写的 BIM 实施计划指南侧重于拟定 BIM 流程的方法性指引，其中包括设计 BIM 流程的步骤，流程中所用表单和模板的搭建及 BIM 实施流程所需基础设施等。美国南加州大学拟定的《建筑信息模型（BIM）指南》却是偏向 BIM 技术在项目实施过程中的应用，它详细描述了在设计、建造及设备运维阶段，南加州大学对 BIM 模型的创建和应用方面的各种要求。相比来说，印第安纳大学拟定的《BIM 实施计划》则是比较偏重描述各个专业、项目各参建单位的协同工作，目标是提供一个标准化框架让业主、建筑师、BIM 工程师、施工经理更好地开展 BIM 工作，高效协同，更好地完成项目的工作。

2　BIM 项目执行计划程序

2.1　BIM 项目执行计划的价值

BIM 项目执行计划（以下简称"BIM 计划"）概述了整体项目愿景以及项目实施需要遵循的细化方案。BIM 计划应在项目的早期阶段制定，随着其他的参与者被添加到项目中而不断发展，并在整个项目实施阶段根据需要进行监控、更新和修订。

该计划应定义项目 BIM 实施的范围，确定 BIM 实施的流程，定义参与方之间的信息交换，并阐述支持 BIM 实施所需的项目和公司基础设施。

通过制定 BIM 计划，项目和项目团队成员可以实现以下价值：

（1）项目各参与方清楚地了解并传达在项目上实施 BIM 的战略目标；

（2）项目参与单位将了解他们在 BIM 实施中的角色和责任；

（3）团队能设计一个非常适用于每位成员业务实践和典型化组织工作流程的执行程序；

（4）为成功实现 BIM 的预期功能，该计划会总结出一些必备条件，如额外资源、专业培训、团队能力要求等；

（5）为未来加入该项目的参与者描述 BIM 实施过程提供基准；

（6）便于采购部门拟定项目合同，以确保所有项目参与者履行其义务；

（7）基准计划为衡量整个项目的进展提供一个目标。

2.2　BIM 计划的详细步骤

制定 BIM 详细计划需要四个步骤，分别为确定适当的 BIM 目标和项目用途，设计 BIM 执行流程，定义 BIM 可交付成果，以及确定成功实施计划的支持基础架构。关于每个步骤的详细信息介绍如下：

（1）确定 BIM 目标和功能

执行计划过程中最重要的步骤之一是通过定义 BIM 实施的总体目标，明确 BIM 对项目和项目团队成员的潜在价值。这些目标可基于项目绩效，包括诸如缩短计划工期，实现更高生产力，提高质量，降低变更订单成本或获取设备的重要运营数据等。目标也可能涉及提升项目团队成员的能力，例如，业主可能希望将项目用作试点项目来展现设计，设计公司可有效利用数字设计的应用获得经验，施工和运营单位之间的信息交换等。一旦团队从项目角度和公司角度定义了可衡量的目标，就可以明确 BIM 在项目中特定的功能。另外，明确项目目标也最大程度精简了 BIM 的工作量[4]。

（2）设计 BIM 执行流程

项目一旦确定了 BIM 的功能，就需要执行用于规划 BIM 实施的流程映射程序。这需要 BIM 项目负责人绘制出一份高级别示意图，图中应明确显示项目中 BIM 主要功能之间的排序和交互。这允许所有团队成员清楚地了解到他们的工作流程如何与其他团队成员执行的流程交互。

在高级别示意图被开发之后，项目中负责 BIM 具体使用的每个团队成员应选择或设计更详细的流程图。例如，高级别示意图将显示 BIM 如何授权，能量模型，成本估算和 4D 建模是如何排序和相互关联的。详细流程图将显示某个团队或（某种情况下的）若干团队的具体执行流程，比如能量模型的具体细节展示。

（3）信息交换的开发

适用于项目的流程图被制定之后，项目参与者之间发生的信息交换情况就会被很清晰地显示出来。对于信息交换过程中的每个成员，特别是对发送者和接收者来说，清楚地理解信息内容是很重要的。如图 1 所示，交换的信息内容可以在信息交换表中定义。

INFORMATION EXCHANGE WORKSHEET

Information	
A	Accurate Size & Location, include materials and object parameters
B	General Size & Location, include parameter data
C	Schematic Size & Location

Responsible Party	
A	Architect
C	Contractor
CV	Civil Engineer
FM	Facility Manager
MEP	MEP Engineer
SE	Structural Engineer
TC	Trade Contractors

Information Exchange Title	Record Modeling			4D Modeling			3D Coordination			Design Authoring		
Time of Exchange (SD, DD, CD, Construction)	Construction			CD			CD			CD		
Model Reciever	FM			C			C, TC			ALL		
Reciever File Format												
Application & Version												
Model Element Breakdown	Info	Resp Party	Additional Information	Info	Resp Party	Notes	Info	Resp Party	Notes	Info	Resp Party	Notes
A SUBSTRUCTURE												
Foundations												
Standard Foundations												
Special Foundations												
Slab on Grade												
Basement Construction												
Basement Excavation												
Basement Walls												
B SHELL												
Superstructure												
Floor Construction												
Roof Construction												
Exterior Enclosure												
Exterior Walls												
Exterior Windows												
Exterior Doors												
Roofing												
Roof Coverings												
Roof Openings												
C INTERIORS												
Interior Construction												
Partitions												
Interior Doors												
Fittings												
Stairs												
Stair Construction												

图 1　信息交换表

（4）定义 BIM 实施配套基础设施

当确定了项目中 BIM 的功能，定制了项目流程图，并定义了 BIM 可交付成果后，团队必须开发项目所需的基础架构，以支持 BIM 的计划流程，包括交付成果的架构，确立沟通程序，定义技术性基础设施，确定质量控制程序以确保高质量信息模型等。

3　BIM 项目执行流程设计

当 BIM 的功能被确认后，了解每个 BIM 功能的实施过程和整个项目的实施过程是很重要的。设计 BIM 项目执行程序的过程也是 BIM 实施流程开发的过程，在开发流程图的步骤中，项目团队的成员可以了解整个 BIM 流程，知晓各参与方之间信息交换的共享，并可以清晰地定义已知 BIM 功能应用的各种流程。

另外，流程映射的应用推动团队有效地执行此流程。流程图还将作为项目中其他重要执行任务的基础，包括合同的架构、BIM 可交付要求、信息技术基础设施等。

关于项目 BIM 流程图的制作，项目团队需要首先开发一个可显示如何执行 BIM 不同功能的总览图。

其次，BIM 详细应用流程图也要随之被开发，以便更详细地定义 BIM 应用。

3.1　BIM 总览图

在建立了用于项目的 BIM 实施流程之后，项目团队应该按顺序排列这些流程。总览图（图 2）的目的之一是确定每个 BIM 功能应用的阶段（例如，规划、设计、构建），并为团队提供实施顺序，为每个流程确定责任方。如果 BIM 功能应用在项目生命周期内被多次执行，那么它可以被添加到总览图中的多个位置。

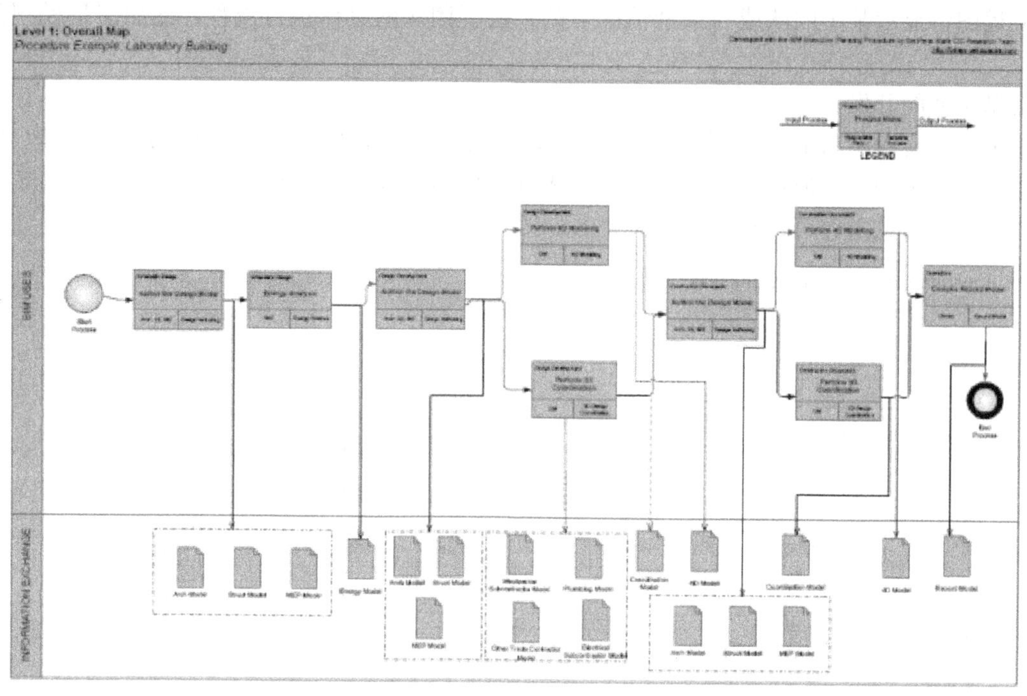

图 2　BIM 总览图

3.2　BIM 应用流程图

总览图被创建后，为已知的 BIM 应用创建的详细 BIM 应用流程图（图 3）用于清楚地定义该 BIM 应用执行流程的顺序。重要的是，BIM 团队可以根据项目特点使用许多潜在方法来实现特定的流程，因此，这些模板流程图需要由项目团队自定义。

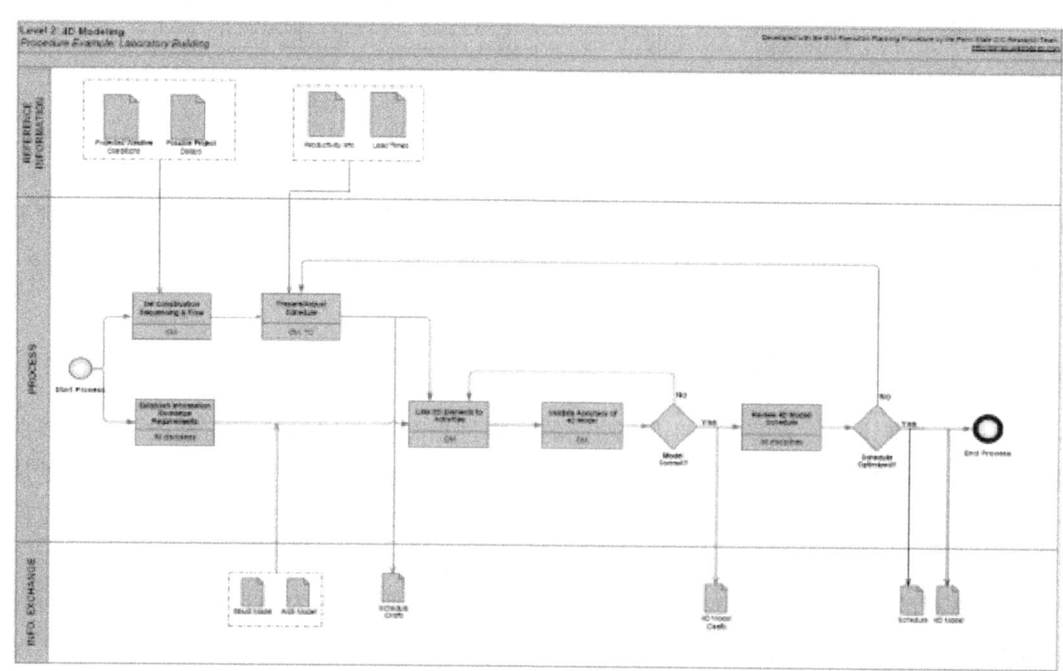

图 3　BIM 应用流程图

详细的 BIM 应用流程图包括三类信息（这些信息在流程图的左侧表示）：

(1) 参考信息：执行 BIM 应用所需的结构化（企业和外部）信息资源；

(2) 流程：构成特定 BIM 应用的逻辑化活动流程；

(3) 信息交换：可能需要作为未来流程资源的某个流程 BIM 可交付成果。

另外，要为 BIM 计划制定流程图，可以使用如图 4 所示的符号。

Element	Description	Notation
Event	An Event is an occurrence in the course of a business process. Three types of Events exist, based on when they affect the flow: Start, Intermediate, and End.	
Process	A Process is represented by a rectangle and is a generic term for work or activity that entity performs.	
Gateway	A Gateway is used to control the divergence and convergence of Sequence Flow. A Gateway can also be seen as equivalent to a decision in conventional flowcharting.	
Sequence Flow	A Sequence Flow is used to show the order (predecessors and successors) that activities will be performed in a Process.	
Association	An Association is used to tie information and processes with Data Objects. An arrowhead on the Association indicates a direction of flow, when appropriate.	
Pool	A Pool acts as a graphical container for partitioning a set of activities from other Pools.	
Lane	A Lane is a sub-partition within a Pool and will extend the entire length of the Pool - either vertically or horizontally. Lanes are used to organize and categorize activities.	
Data Object	A Data Object is a mechanism to show how data is required or produced by activities. They are connected to the activities through Associations.	Name
Group	A group represents a category of information. This type of grouping does not affect the Sequence Flow of the activities within the group. The category name appears on the diagram as the group label. Groups can be used for documentation or analysis purposes.	

图 4　BIM 应用流程图符号

4　支持 BIM 实施的关键因素

4.1　项目相关信息

在制定项目执行计划时，团队应审查并记录可能对 BIM 团队有价值的关键项目信息，包括可能对当前和未来有价值的基本项目信息，如项目业主、项目名称、项目位置和地址、合同类型、交付方法、项目描述、项目编号和项目进度/阶段/里程碑等。这些信息可帮助新成员引入项目，以及帮助其团队成员审查计划，以便更好地熟悉项目。

4.2　项目参建方人员配置

对于每个 BIM 应用的选择，各个参建方必须确定人员配备和执行该应用的责任人，包括完成 BIM 应用所需的人数、预计工时、完成应用的主要位置以及该应用的主要责任人。

4.3　信息交换

BIM 的本质是工程全生命期的信息采集和分享，特别强调项目执行的各阶段使用同一模型[5]。BIM 项目执行计划过程中的重要部分就是信息交换的创建。信息交换应按照专业、详细程度以及对项目重要的特定属性来诠释模型元素。在 BIM 应用流程图被创建后，项目参与者之间的信息交换就被清晰地呈现出来。对于团队成员，特别是每个信息交换的创建者和接收者来说，清楚地理解信息内容是很重要的。

4.4　质量控制

项目团队应仔细研究并制定其模型质量控制的总体战略。为了确保每个项目阶段和信息交换发生之前的模型质量，质量控制程序必须被严格定义并执行。在项目生命周期中创建的每个BIM模型，必须预先计划，考虑模型内容、模型详细程度、模型格式和模型更新责任方，并且，保证各参与方都会有相关模型和数据。参与BIM模型的每一方都应该有一个负责人来协调模型，维持模型和数据实时化。

另外，必须要在BIM项目的每个关键节点前完成可交付成果的质量控制。如果可交付成果不符合团队的标准，可交付成果失败的原因应该被进一步调查，并尽量避免再次发生。可交付成果的标准需要符合业主要求，并经项目团队一致同意。

4.5 技术基础设施

BIM团队需要决定实施BIM需要的硬件、软件平台、软件许可证、空间和网络、建模内容要求等。

4.6 交付方式

BIM项目实施前，项目团队应该明确成果的交付方法和合同方式。理想情况下，项目交付将使用集成的方法，例如设计构建或集成项目交付（IPD），这种方法通常会为项目带来最佳结果。此外，在BIM规划之前，合同类型和交付方法已被选定。如果是这种情况，团队需要考虑到未来的分包商和项目咨询单位，并考虑在各种交付方式下，采取哪些措施来确保成功实施BIM。

5 BIM执行计划的应用

5.1 BIM项目执行计划的会议架构

1. 第一次项目会议：确定BIM目标和应用

第一次会议应侧重于对实施BIM的总体目标的讨论，以及确定BIM的应用。

本次会议的议程草案将包括：介绍和讨论BIM经验（个人和团队），制定BIM目标（参考BIM目标模板文件），确定要使用的BIM应用（参考BIM应用工作表），制定BIM应用的频率和顺序，并确定一个责任方，以开发高水平（一级）BIM总流程图，确定负责制定详细BIM应用流程图的责任方，例如二级流程图，组织未来会议的时间表，未来任务的认同以及负责人，还有第二次会议前的工作安排。

本次参会人员应为高级管理人员和BIM管理人员，所有参建方包括业主、设计师、总承包商和主要分包商等。

2. 第二次会议：设计BIM项目执行流程

项目具体BIM应用流程图应包含详细的流程计划，该计划明确定义要执行的不同工作任务、执行这些任务的人员，以及将来创建和共享的信息等。

本次参会人员应为项目业主、BIM经理和项目经理、合同管理人员。

3. 第三次会议：信息交换的开发以及支持BIM实施基础架构的定义

本次会议应审查最初的BIM目标和BIM应用，以确保项目计划与初始目标保持一致，审查团队成员在第二次会议和第三次会议之间制定的信息交换要求，确定流程和信息交换所需的基础设施以及未来任务的认同以及负责人的确认。

BIM经理应参加本次会议。

4. 第四次会议：最终BIM项目执行计划审查

本次会议的议程将包括：审查BIM项目执行计划草案；制定项目控制系统，以确保遵循计划，并确保计划是实施更新的；正式采用BIM项目执行计划和监测过程的程序概述；未来任务的认同以及负责人确定。

所有业主、BIM经理以及负责BIM应用的所有参与方都应参加此次会议。

5.2 项目各参建方BIM执行计划

各团队应制定内部标准，以定义他们如何在公司（团队）层面上使用BIM。通过团队计划流程的完善，每个项目相关者将有一个计划的起点，并能够修改现有的（实施流程）标准，而不是创建全新的流程。此外，这些标准可以在团队内共享，以传授特有的执行手段和方法。

5.3 BIM执行的推动和监管

业主可以带头推动BIM在项目上的实施。业主的参与和他对执行计划的依赖，可鼓励项目团队成员积极开发有利于整个项目的最佳实施方案，业主应考虑将BIM项目执行计划写入其合同文件中，以确保规划流程的执行达到符合其期望的详细程度。

一旦BIM执行计划被制定，整个项目团队应设置合适的审查表，保证BIM应用按照计划节点实施，在项目实施过程中，如果存在任何偏差，应对原始目标和任务进行重新评估，并由此节点任务的相关负责人决定是否调整以及如何调整原始目标，从而保证整个BIM执行计划的有效实施。

6 总结与感悟

回望2019年，BIM技术已经经历了一场某种程度上的“变革”，建筑行业内人士对于建筑信息模型的认识和理解有了非常大的进展，很多企业在尝试运用BIM手段解决他们遇到的问题，开展了许多关于BIM的合作。2020年，BIM领域的发展呈现出更加乐观的势态，从国家BIM政策性文件的不断出台到地方性BIM实施指南的不断推广，建筑信息模型概念已经成为建筑业的“网红”词汇。各个行业内部也在尝试搭建其特有的BIM应用的标准及建筑信息模型协作格式等。

现如今，在BIM技术依赖性日趋增长的建筑领域，建筑信息模型（BIM）技术还处于不断发展和逐步完善的阶段，业界需要设计更加全面的、标准化的BIM执行指南指导BIM技术在项目中的实施和应用，更好地辅助BIM项目负责人建立标准化实施方案，搭建合理化BIM执行流程等。

拟定BIM执行计划指南的技术路径远不止于上述《BIM项目执行计划指南》中的这几条。但无论哪种技术路径，都只是一个方法性的指导方案，我们永远无法孤立地去评估一个BIM实施（执行）计划指南是否匹配特定企业团队的工作方法或者是否适合具体项目。借助上述框架性方法的指引，各个项目BIM负责人应充分、敏锐地研究和梳理自己团队的能力及项目的特点。随后，根据具体项目信息，结合BIM执行指南的某些方法和实施路径，定制化项目级别的BIM执行（实施）指南，真正实现基于BIM技术高效地进行设计，建设以及运维的工作。

参考文献

[1] NBIMS [EB/OL]. (2007-04-25)[2021-07-08]. http://www.wbdg.org/pdfs/NBIMSv1_p1.pdf.

[2] The Computer Integrated Construction Research Program. BIM Project Execution Planning Guide [EB/OL]. (2011-05-25)[2021-07-09]. https://www.bim.psu.edu/bim_pep_guide/.

[3] National Institute of Building Sciences (NIBS) Buildingsmart Alliance. National BIM Standard-United States Version 3 [S/OL]. https://www.nationalbimstandard.org/nbims-us.

[4] 吴润榕，张翼. BIM实施指南——企业级与项目级的BIM方法[J]. 建筑技艺，2020，26(11)：100-105.

[5] 张辉. 我国工程项目管理中BIM技术应用的价值、难点与发展模式[J]. 建筑技术，2013，44(10)：870-873.

面向公路BIM设计的地质勘查资料管理系统的研发与实践

韩天柱，朱泽谦，韩厚正

（上海同豪土木工程咨询有限公司，上海 200092）

【摘　要】公路BIM地质勘查管理系统是基于互联网、云计算等技术的“互联网+”云数据管理平台，为地质勘察设计等行业提供专业、易用的云服务平台。系统平台旨在提高环境地质调查和工程地质勘查及后续数据管理的工作效率和质量，同时还可以与公路工程BIM设计系统无缝对接，为公路设计阶段提供精准的设计基础资料，针对地质勘查内外业工作可实现全程电子化、数字化，信息实时共享，调查成果自动整理成册，提高协同工作的效率。

【关键词】地质勘查；环境地质调查；外业调查；地调；数据采集

1　概述

公路设计地质勘查一般包含地质调绘和地质勘探，其中地质调绘是通过现场观察、测量和描述对工程建设场地的工程地质条件进行调查研究，并将有关的地质要素以图例、符号表示在地形图上的勘查方法，地质调绘亦有地质测绘、地质填图之称。地质勘探是为查明工程地质条件而进行的钻探、物探和挖探等工作。

现有的公路工程勘查方式比较原始，地质调绘基本采用以手工填写各种记录表格、在纸质地形图上标绘为主、配合相关的测量仪器以及拍照录像设备的工作方式。而地质勘查主要为技术人员对工程钻机现场所采取的岩芯信息进行分类采集后，以纸质记录的方式记录岩芯描述、原位测试情况、采样信息、地下水位等数据，采用电子设备拍摄岩芯照片存档，并填写纸质版送样单，将岩土样品送检完成土工实验。然后整理数据记录表、土工实验成果表、绘制勘查图表和编写勘查报告等工作。

外业勘察监管难度大、监管不到位，勘察工作自动化、信息化程度差，是勘察行业普遍存在的问题。笔者团队在研发“公路工程设计BIM系统”时，发现获取相关地质信息非常困难，因此结合勘查行业存在的问题和公路BIM设计的特点，研发了面向公路工程BIM设计的公路BIM地质勘查资料管理系统。

传统的地质勘查主要存在以下问题：

（1）标准、流程不统一。主要体现在记录表格式老旧，记录资料的质量参差不齐。

（2）内业整理工作量大。在每天野外勘查完成后，需要花费大量的时间对勘测数据进行整理，手动匹配图片、音频、视频等多媒体数据。

（3）勘查数据无法实现数字化、电子化。极端情况下，纸质记录本很容易造成破损、丢失，也不利于存档查阅。

目前市场上一些云勘查数字平台也存在以下问题：

（1）大部分针对房建项目，缺少专业的公路勘查软件，无法将基础的路线等数据充分数字化，大部分系统仅仅是图形化显示，不支持调查时向关联性的计算。

（2）不包含环境地质调查功能。

【作者简介】韩天柱（1989—），男，工程师。主要研究方向为交通BIM技术研发。E-mail：307650425@qq.com

（3）调查成果专业化利用不足，生成的调查成果单一，无法满足各种情况下的需要，尤其无法与相关的 BIM 设计进行数据对接。

目前，BIM 技术在建筑行业或土木工程行业的应用越来越广泛，笔者团队在开发“公路工程设计 BIM 系统”时，结合地质资料获取困难，没有数字化等痛点，充分考虑了地质勘查和公路全专业 BIM 正向设计的密切融合、协同工作，研发了面向公路工程 BIM 正向设计的公路 BIM 地质勘查资料管理系统。

2　公路 BIM 地质勘查资料管理系统的架构及功能特点

2.1　系统架构

系统基于“互联网+”、云平台打造，数据采集全过程采用加密传输，保证了数据在传输过程中的安全性。数据存储过程采用高可用（HA）、多备份的方式保证数据存储的安全性。系统内部不同机构、不同用户之间采集数据实施隔离，保证数据访问的安全性。系统采用前后端分离方式开发，移动端采用 C/S 架构，PC 端采用 B/S 方式架构，更好地将数据采集和具体业务分离。系统采用 ArcGIS 绘制数据、文件、电子表格、经地理标记的照片和视频、KML、CAD 等数据，使得勘查数据能够实时定位，调查成果更准确。具体如图 1 所示。

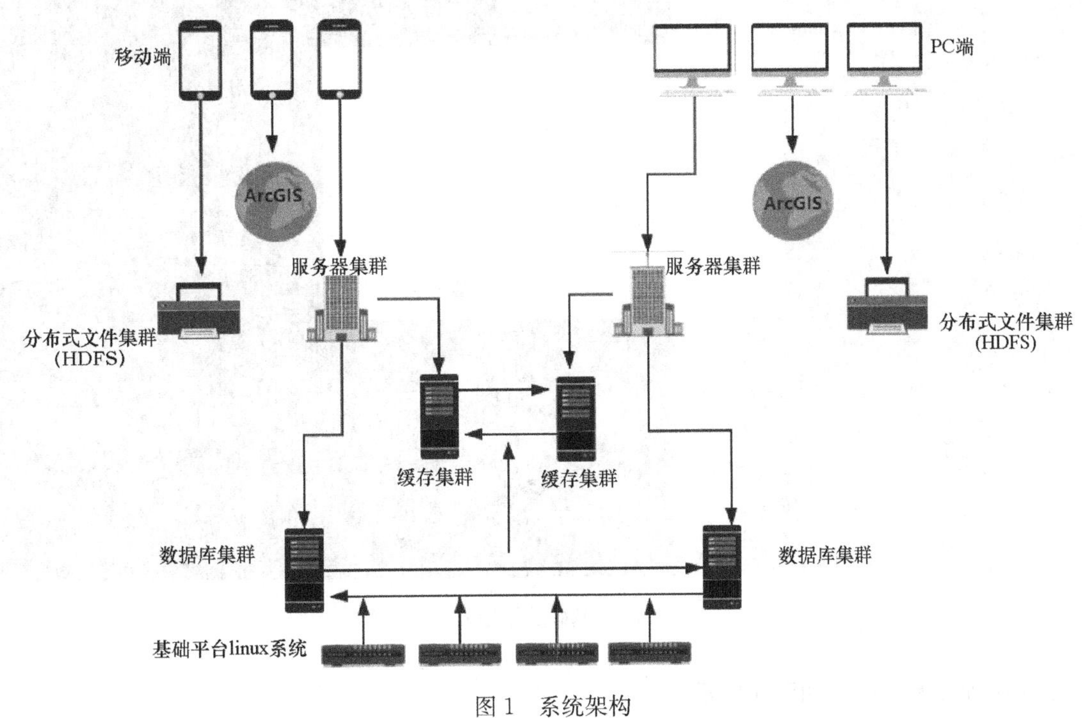

图 1　系统架构

2.2　功能模块

系统包括：项目管理模块、数据采集与管理模块、成果管理模块。其中数据采集模块包括平板端、手机端两种环境下的采集功能，数据管理模块主要实现后台数据库的管理，调查基础资料的导入及转换，专业对象的调查数据管理等功能，成果输出模块主要负责调查数据的专业化成果输出并与其他系统（如：公路工程 BIM 设计系统）的数据共享，如图 2 所示。

2.3　功能特点

（1）数字化基础资料无缝对接。可快速导入路线、总体图、地形图等调查所需的基础资料，支持纬地、公路工程 BIM 设计系统等主流路线设计软件成果的一键导入，无须手动配准，同时导入的数据能进行桩号、距离、交角等相关数据的关联计算，如图 3 所示。

（2）支持可视化界面的数据采集，记录格式丰富多样。调查数据支持文字、语音、手绘图、截图、视频等形式的录入，现场自动计算桩号、角度、距离、长度、面积等专业化数据，支持电子罗盘，使得

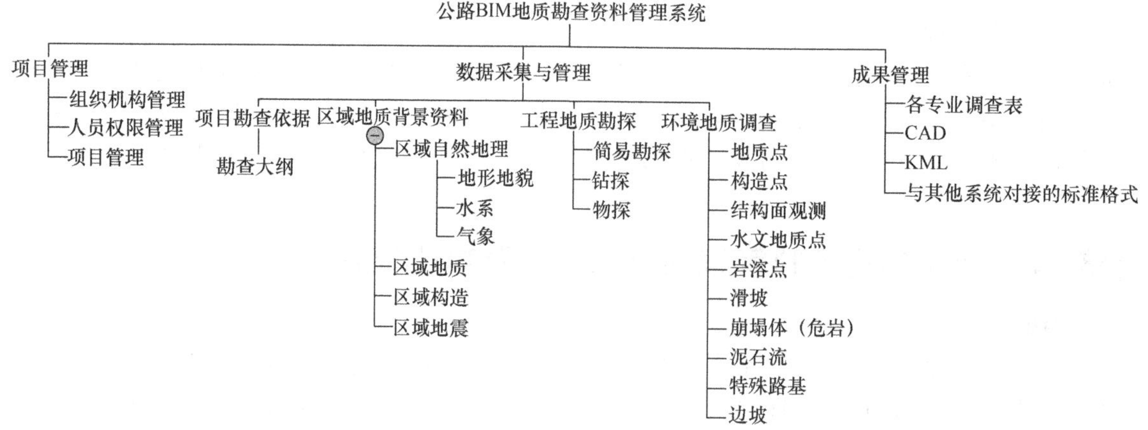

图 2　系统功能模块

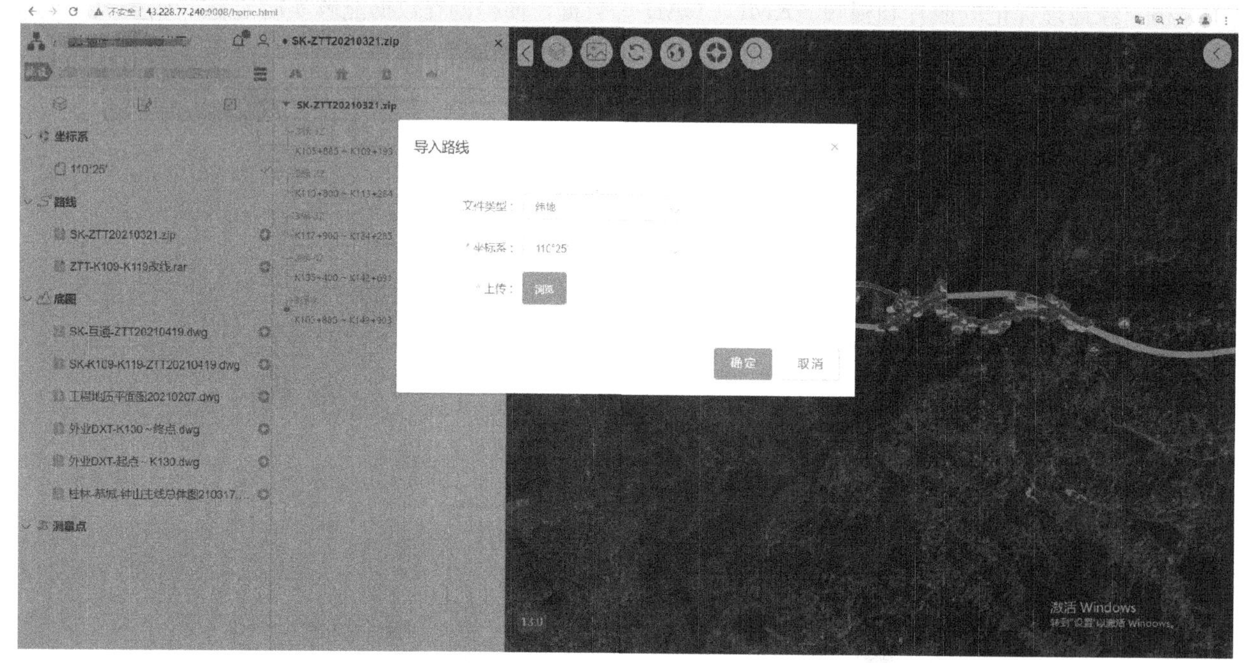

图 3　基础数据导入

现场调查工作更加便利高效。如图 4 所示。

（3）调查数据便利的查看和管理。调查数据在页面上分类归纳、图形化的展示更为直观。如图 5 所示。

（4）专业化的成果导出。一键导出专业的成果表格、统计表格、CAD 和 KML 格式文件。如图 6、图 7 所示。

（5）图形化的钻探数据录入。支持在柱状图上进行钻孔的回次编录和地层编录，对钻孔的施工、变更、取样、原位测试和实验过程进行全面管理。如图 8、图 9 所示。

（6）与其他子系统进行数据共享协同。为笔者团队开发的“公路设计 BIM 系统”中各专业子系统提供设计的基础数据，尤其是与地质子系统（主要用于钻孔设计、地质连层、生成地勘图纸、地勘报告、三维地质图等功能）进行数据的协同共享，如图 10 所示，同时提供开放的数据格式供其他软件系统使用。

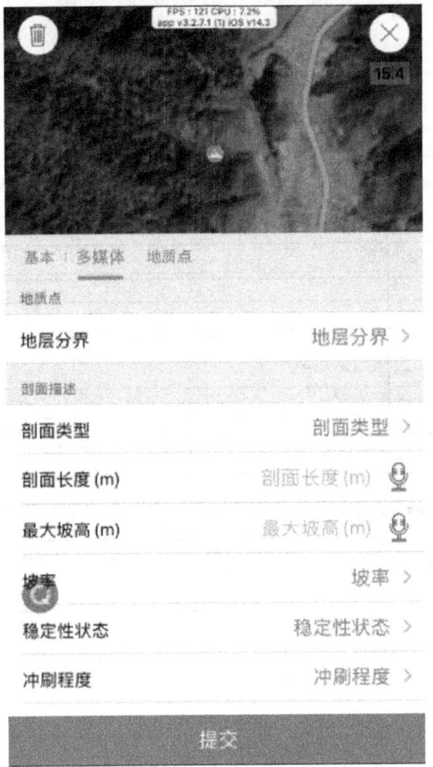

图 4　手机端数据录入

图 5　调查数据管理

3　工程应用效果

本系统在桂林-恭城-贺州公路（桂林至钟山段）、凤岭北路（五合）至伶俐那樟互通公路、桂林龙胜（湘桂界）至峒中公路（上思至峒中段）、北流至化州宝圩高速公路等十余条高速公路项目中投入应用，工程设计人员使用本系统大大提高了工作效率，原本需要整理至少三次的数据只需要在系统中录入一次即可生成所有图表成果。并且数据的可视化展示、能与 BIM 设计系统和其他设计软件进行对接，在后续的设计过程中继续发挥了重要的作用。

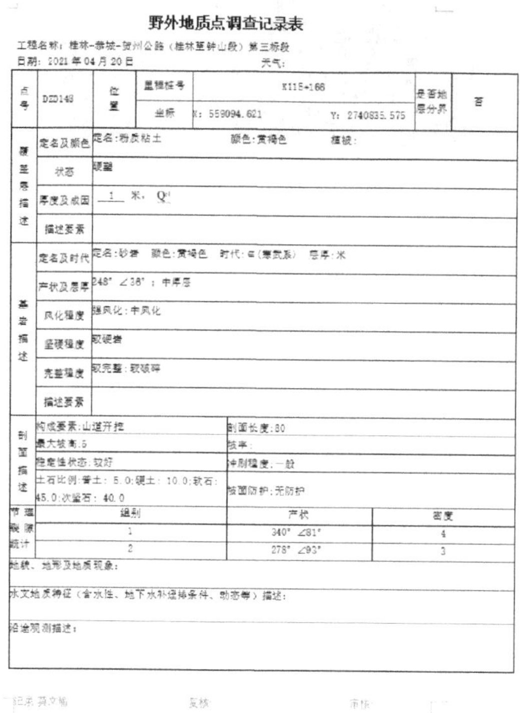

野外地质点调查记录表

工程名称：桂林-恭城-贺州公路（桂林至钟山段）第三标段

日期：2021 年 04 月 20 日　　天气：

<table>
<tr><td rowspan="2">点号</td><td rowspan="2">DZD148</td><td rowspan="2">位置</td><td>里程桩号</td><td colspan="2">K115+166</td><td rowspan="2">是否地层分界</td><td rowspan="2">否</td></tr>
<tr><td>坐标</td><td>X：559094.621</td><td>Y：2740835.575</td></tr>
<tr><td rowspan="4">覆盖层描述</td><td>定名及颜色</td><td colspan="6">定名：粉质粘土　颜色：黄褐色　植被：</td></tr>
<tr><td>状态</td><td colspan="6">硬塑</td></tr>
<tr><td>厚度及成因</td><td colspan="6">1 米，Q</td></tr>
<tr><td>描述要素</td><td colspan="6"></td></tr>
<tr><td rowspan="6">基岩描述</td><td>定名及时代</td><td colspan="6">定名：砂岩　颜色：黄褐色　时代：∈(寒武系)　层厚：米</td></tr>
<tr><td>产状及层厚</td><td colspan="6">248° ∠38°；中厚层</td></tr>
<tr><td>风化程度</td><td colspan="6">强风化：中风化</td></tr>
<tr><td>坚硬程度</td><td colspan="6">较硬岩</td></tr>
<tr><td>完整程度</td><td colspan="6">较完整：较破碎</td></tr>
<tr><td>描述要素</td><td colspan="6"></td></tr>
<tr><td rowspan="4">剖面描述</td><td colspan="3">构成要素：山道开挖</td><td colspan="4">剖面长度：80</td></tr>
<tr><td colspan="3">最大坡高：5</td><td colspan="4">坡率：</td></tr>
<tr><td colspan="3">稳定性状态：较好</td><td colspan="4">冲刷程度：一般</td></tr>
<tr><td colspan="3">土石比例：普土：5.0；硬土：10.0；软石：45.0；次坚石：40.0</td><td colspan="4">坡面防护：无防护</td></tr>
<tr><td rowspan="3">节理裂隙统计</td><td colspan="3">组别</td><td colspan="2">产状</td><td colspan="2">密度</td></tr>
<tr><td colspan="3">1</td><td colspan="2">340° ∠81°</td><td colspan="2">4</td></tr>
<tr><td colspan="3">2</td><td colspan="2">278° ∠93°</td><td colspan="2">3</td></tr>
<tr><td colspan="8">地貌、地形及地质现象：</td></tr>
<tr><td colspan="8">水文地质特征（含水性、地下水补径排条件、动态等）描述：</td></tr>
<tr><td colspan="8">沿途观测描述：</td></tr>
</table>

记录：　　复核：　　审核：

图 6　导出专业的成果表格

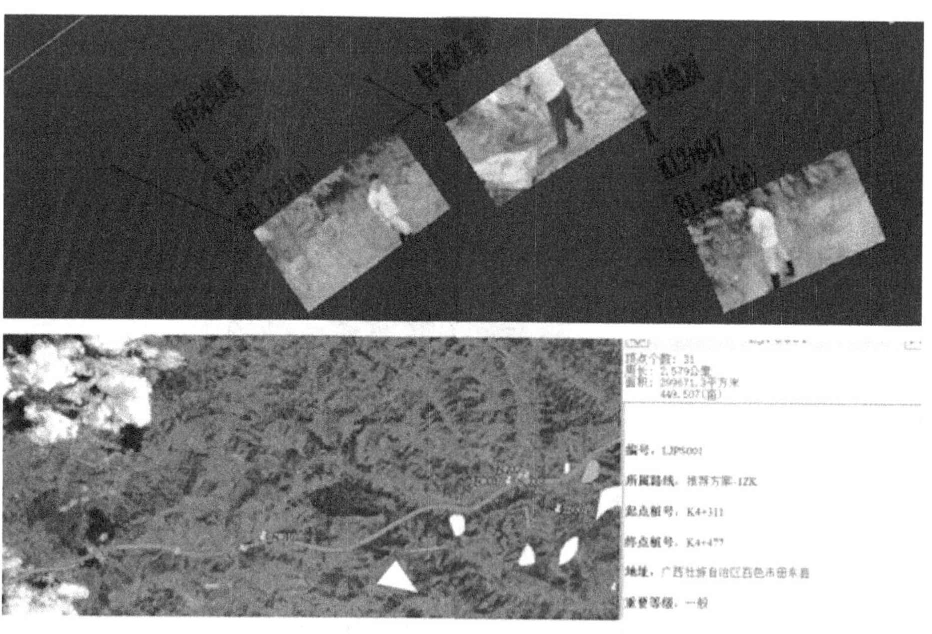

图 7　导出 CAD 和 KML

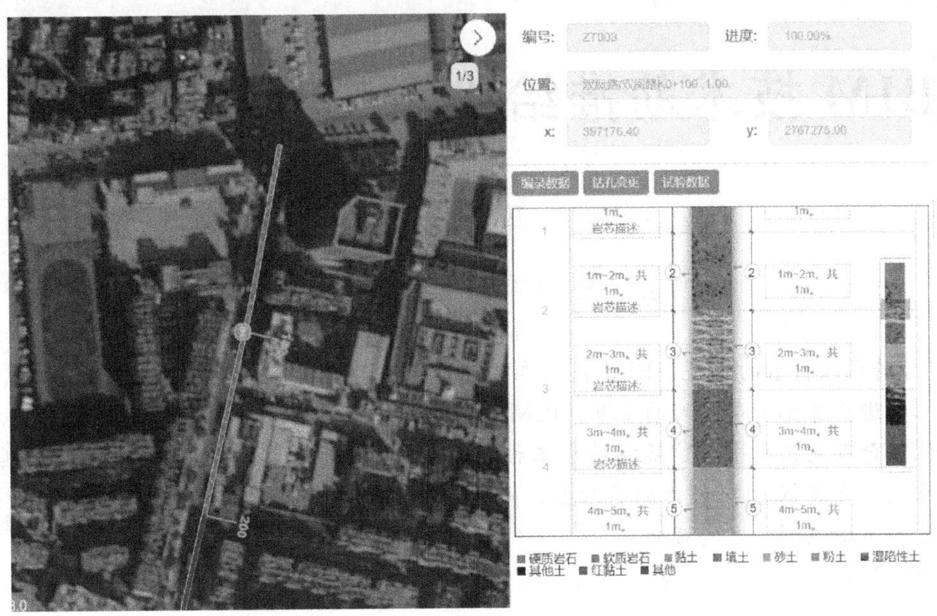

图 8　钻孔的柱状图编录

图 9　钻孔实验数据

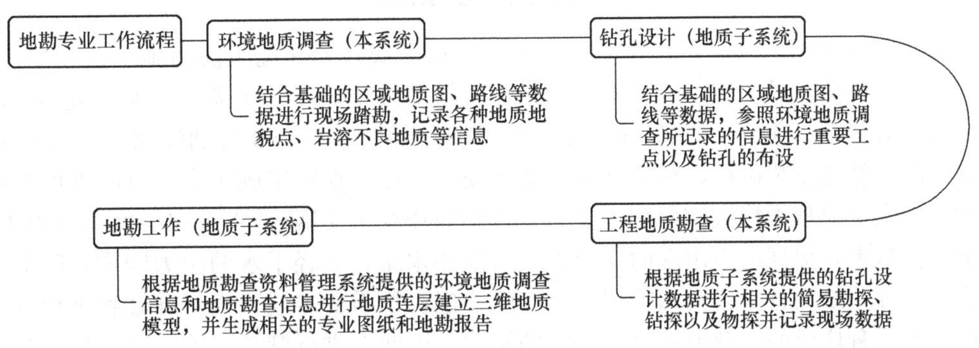

图 10　与地质子系统数据共享

4　结语

随着 BIM 技术越来越广泛的应用于交通基础建设领域，面向公路 BIM 正向设计的地质勘查资料管理系统，为公路 BIM 设计的基础源头数据提供强有力的保障，为公路设计行业最终全生命周期的 BIM 应用落地而助力。

参 考 文 献

[1]　韩厚正，李文，韩天柱，等. 面向公路 BIM 设计的外业调查资料管理系统的研发与实践[C]//中国图学学会 BIM 专业委员会. 第六届全国 BIM 学术会议论文集. 北京：中国建筑工业出版社，2020.

BIM 技术助推给排水工程施工管理

马琦越

（中国建筑一局（集团）有限公司，北京 100089）

【摘　要】随着科学技术的发展，BIM 技术在工程管理中得到广泛运用，对于建筑质量、施工成本、建筑安全以及工程进度等都有着较好的帮助。BIM 技术在给排水工程施工管理中担任着十分重要的作用，能有效提升整体设计及施工水平。建筑给排水工程施工过程中，主要问题在于未能构建完善的施工管理体系。为此文章主要在讲解 BIM 技术的基础上，同时分析了其在建筑给排水工程施工管理中的实际应用。望能为有关从业人员提供到一定的帮助。

【关键词】BIM 技术；建筑给排水；创新；施工管理

1　引言

近年来，中国经济发展迅速，工程建设不断增多。为了提高建设项目的质量，BIM 技术已经得到越来越广泛的应用，特别是在给排水工程的施工管理方面，发挥了重要的作用。此外，随着给排水工程建设规模的不断扩大和施工周期的缩短，许多工程所需的设计越来越复杂，造成了难度的增加。因此，在当今的发展背景下，必须充分理解和掌握 BIM 技术，并结合实际应用，通过在建筑工程中的灵活使用，提高施工效率，为今后提高给排水工程行业的施工管理效率打下坚实的基础，并继续推动给排水工程技术在中国的发展。

2　BIM 技术在给排水工程施工管理中的创新分析

在施工之前，BIM 模型可以显示管道和建筑物的复杂状况，并在施工前为施工人员提供具体指导，提前发现碰撞问题，避免在后续施工过程中进行拆改，提高施工效率，间接节约项目成本。市政给排水管道施工安装过程既复杂又烦琐，特别是在与其他管道和道路相交处需要特别注意。通过 BIM 技术可以预先创建模型，演示管道安装过程，科学有效地指导安装工作。在特定施工中，时间维度参数的引入限制了施工进度，使安装模型更接近实际施工要求。在建筑中引入 BIM 技术有利于确保管道施工的质量，减少将来管道的泄漏率，提高用户用水的安全性，增加用水量，减轻了水的压力问题，降低了管道系统运行的维护成本。在传统的日常运营和管理中，市政管理机构需要定期检查，维修和维护管理区域内的市政管网系统，但这种广泛的管理模式存在一定的缺陷，因此在进行管理之前无法发出警告。市政设备性能故障通过结合 BIM 和基于物联网的红外传感设备，可以预先收集并分析红外远程传输设备的运行参数，并及时定位和发现可能出现异常的管道，方便维修人员进行咨询和维修。网络由粗放型向精细化管理的转变，可以减少给排水事故发生的频率，提高给排水施工安全性。

就 BIM 技术而言，其创新主要在设计方面和管理方面。以往主要使用 CAD 软件实现对建筑图纸的设计，而 CAD 软件属于二维思维模式，需要先对施工项目进行分解，才可以正常开展工作。而 BIM 技术主要依据的是三维思维设计，可以通过 BIM 三维设计，直观展示未来工程的整体效果及各项参数信息，能够提前发现设计中存在缺陷的地方，并随时进行整改。虽然 BIM 技术在建筑工程施工前期无法产生巨大的经济效益，但随着施工的进行，其潜在的效益会不断增长。

【作者简介】马琦越（1992—），男，中建一局北京公司 BIM 中心副主任，工程师。主要研究方向为智慧建造。E-mail：2426938750@qq.com

作为一种创新的管理方法，BIM 技术可以执行快速的数据收集，从而确保工作任务的顺利完成。随着施工过程的进行，形成的信息也将被收集到信息数据库中，以确保及时更新数据库中的数据。BIM 技术将覆盖建设项目中的所有工作流程，从而使建设项目的各个环节可以相互连接，形成一个庞大的数据库。当这些数据实时共享，各部门之间工作协调也将更加高效，从而确保建筑物的顺利施工，既降低了项目的建设成本，又缩短了项目的建设周期（图 1）。

图 1　BIM 模型数据指导现场施工

3　BIM 技术在给排水工程施工管理中的各类应用

3.1　可视化设计

在传统的建筑给排水设计过程中，施工蓝图通常使用 CAD 软件进行设计。通过 CAD 剖面图、二维平面图向施工人员展示建筑给排水工程设计。但是这一过程需要选择具有极其丰富的建筑实践经验的专业技术人员来完成，这些技术具有很强的主观性且容易出错。与传统形式的 CAD 技术相比，BIM 技术可以完全避免设计方法过程中视觉感知的差异。另外，在建筑给排水工程施工中，常见的设计匹配方式是根据地板的实际情况进行划分的方法。BIM 技术的实施及其可视化设计匹配的应用可以根据建筑的整体情况，确保现场施工人员可以充分学习并掌握详细内容。根据设计图纸进行现场施工，避免施工单位因实际操作达不到最佳结果。施工图之间的差异很大，如果是由一些外部因素引起的，则由于影响而导致设计方法不正确，再次修改的过程非常简单。例如，在常规 CAD 状态下的设计，绘制墙体、柱等构件没有构件属性，只有由点、线、面构成的封闭图形。而在 BIM 技术下绘制的构件本身具有各自的属性，每一个构件在空间中都通过 X、Y、Z 坐标各自的独立属性。设计过程中设计师构想能够通过电脑屏幕上虚拟出来三维立体图形，达到三维可视化下的设计（图 2）。

图 2　给排水可视化设计

3.2　协同设计

传统设计模式不具备添加大量信息的功能，但有些工程需要将施工过程信息进行收集整理，尤其是拆改项目，如果信息不全，将会给建筑物和给排水系统的翻新工程带来极大的安全隐患。借助 BIM 技术可以有效地解决传统模式中的各种问题。BIM 技术可以汇总建设项目有关的各种信息，综合数据相关信息还可以根据实际数据结构或设计配置变化实时动态更新，从而保证了数据的综合及时性。新建筑物的给排水系统工程的设计、施工和管理是通过使用其自己的模型结构来进行的，这大大简化了工作过程。此外，BIM技术通常在同一相关模型中完成不同的任务。给排水工程的现场施工人员可以完成实际的运营项目，从而促进了该项目整体高效协同设计方法的实现。

3.3 参数化设计

通过建模过程，所有施工图都可以反映在相同的模型中，该模型包含了三维视图以及二维视图，而且工程施工图独特的设计参数也可以根据实际情况进行调整。在传统的给排水设计过程中，在建立参数系统和数据计算时，需要使用office软件完成上述工作，在设计过程中极易出现问题，导致设计内容无法符合建设标准。使用BIM技术进行设计时，会使设计过程体现出参数化过程，每个环节涉及的数据，都会在系统的数据库内进行参数化处理，保证设计使用的参数更加准确，并且贴近工程实际的建设要求。此外利用互联网的多样性特点，将数据库连接到互联网上，借助互联网的辅助功能，可以将相关的数据呈现出参数化特点，如在供水管线设计过程中，根据供水管线的物理特性调整参数，BIM系统会根据参数的变化自动调整，使供水管设计满足使用需求（图3）。

图3　参数化设计管理

3.4 综合管网设计

建筑综合管网设计场地的数据确定通常情况下都是非常重要的一个影响因素，它往往都在设计阶段进行并且需要投入十二分的精力，主要对建筑目标点周边的环境情况、投入应用之后周围的交通流量等等进行分析和预测。另外，在完成场地设计的基础之上，确认建筑物的准确位置并且协调其与周边环境的关系也是场地设计的一个重要要点。在BIM技术应用到建筑场地设计中之后，场地设计工作获得了新的契机和发展的可能性，立足于BIM联合的地理信息系统，能够以一种非常直观的方式获取预计场地的数据并且对预计建筑进行建模，再辅以虚拟成型技术的应用，就能够实现设计数据信息的即时传送和读取，大大地提升了整体的设计效率（图4）。

图4　综合管网设计

3.5 BIM+物联网建立城市地下管网系统

以市政工程为例，基于BIM在城市管网中的优势，为了满足可持续发展的经理理念，建立一套地下管网三维系统，可以帮助后期人员进行排查，从而更加有效地进行管理。该系统借助BIM、GIS以及物联网技术，BIM技术主要用来整合排水管网资产本身全生命周期信息，GIS则是与环境相关的外部信息，在运维阶段结合物联网技术，将管线上各传感器位置及测量信息实时反馈到三维官网模型中。用户可以通过三维模型查看官网的运行状态，系统还可以通过对各参数的分析计算，作出管网风险预报（图5）。

3.6 BIM+物联网水环境监测

城市水环境一直是各地政府及居民重点关注的问题。BIM+物联网的水环境监测是时代发展的必要产物。一方面，应用BIM模型可以将所得的数据整合建立三维管网模型，进行各项工程分析，展现出施工

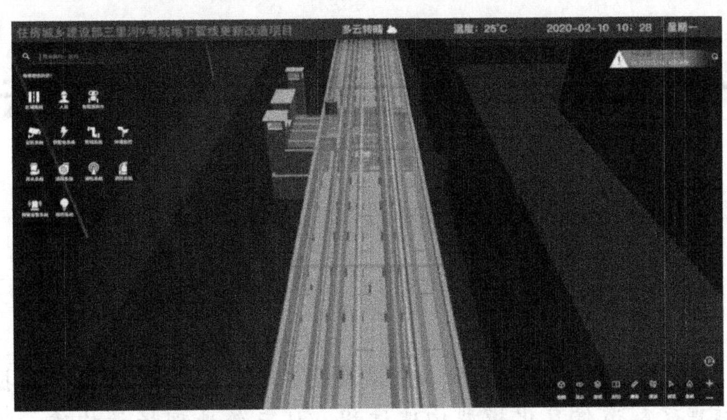

图 5　地下管网运行监测

时可能出现的问题，尽早做出解决方案或预防措施，减少成本，缩短工期。另一方面，BIM 技术可以将工程师的各种想法进行模拟，发现其中弊端及优势，选出最适宜的方式。通过 BIM 技术能够为市政给排水管线设计人员技工准备更加合理的运行数据，保证市政给排水管线得到合理布置。通过科学运用 BIM 技术，能够有效减少市政给排水线路出现交叉的现象，进一步提升给排水管线的运行速度，保证市政给排水管线更加稳定地运行。传统的水质监测过程烦琐、复杂、费时费力且不能及时获取实时水质情况，不能及时了解污染源。通过将物联网技术引进水环境监测系统，可以很好地解决这个问题，降低监测难度，并且确保监测信息及时准备，能够实时查看水质情况，保证了监测的时效性。因此水污染治理的持续发展需要靠两者结合，BIM＋物联网的水环境监测是两者协作融合的产物。

4　结语

由上可知，BIM 技术在给排水工程中有着重要的作用，从业人员应当增强对 BIM 技术的了解，并逐步将先进的设计和管理理念运用到施工过程当中，不仅能够提升工作效率，还能通过技术创新达到创效的目的，增加项目履约保证，打造项目品牌效益，从而提升企业在当地影响力，为后续持续开展当地项目奠定良好基础。

参考文献

[1]　王海燕. 市政给排水工程的施工管理与技术要点[J]. 智能城市，2020，6：104-105.

[2]　程家寿. 有关建筑工程给排水施工技术的应用研究[J]. 居舍，2020，1：44.

[3]　丁桂珍. 浅议建筑给排水施工中节水节能技术的应用[J]. 建材发展导向(上)，2020，18(4).

[4]　李琛. BIM 技术在建筑给排水工程施工管理中的应用分析[J]. 房地产导刊，2019(011)：118.

[5]　黎雪君，王丽 . BIM 技术在给水排水工程设计中的应用[J]. 房地产导刊，2019(017)：70.

[6]　刘国辉. 试论市政给排水工程设计中 BIM 技术的应用[J]. 电子乐园，2019(11)：0374.

基于BIM+GIS技术的隧道建模方法研究综述

李雷烈，王章琼，苏亮亮，白俊龙，张　明

（武汉工程大学土木与建筑工程学院，湖北 武汉 430073）

【摘　要】隧道工程信息化建设是隧道工程未来发展的主流方向，而模型构建技术是实现隧道工程信息化的关键所在。本文梳理了隧道信息化模型构建过程，从三维地理场景构建、隧道结构模型构建、多源模型融合三个方面，对现有隧道建模技术的发展及现状进行总结，提出了基于BIM+GIS技术的隧道建模框架和实现途径，展望了隧道工程信息化模型的应用方向，为隧道工程信息化建设发展提供参考与依据。

【关键词】隧道工程；BIM+GIS；建模方法；综述

在“新基建”的大背景下，我国隧道工程发展迅速，隧道数量约占全球总数的50%，是世界上隧道建设数量最多、施工地质环境最复杂、施工难度最大的国家[1-3]。随着信息技术的不断发展，智慧隧道成为未来隧道工程的发展方向。在隧道工程信息化发展过程中，多源数据的管理离不开承载多源数据的隧道信息模型，构建隧道信息化模型是实现智慧隧道的关键。

BIM技术以工程项目数据为基础，通过构建信息化模型，实现多源数据的管理与可视[4]。作为一种全新的工程理念和行业信息技术，BIM技术正引领着建设领域规划、设计、施工、运维等阶段的技术创新和管理变革[5]。将BIM技术应用到隧道工程建设中，利用其可视化、模拟性、优化性的特点可以提高隧道信息化和精细化管理水平，但隧道工程属于隐蔽工程，和地质地貌联系紧密，且呈线状分布，单一的BIM技术并不能完全反映出隧道的真实信息。GIS是基于对实际地理情况信息采集、存储、管理、分析、显示和描述所建立的系统，能够存储海量的地理空间信息，展示出隧道与外部环境的位置关系，但不能够表达出隧道内部的详细信息。

BIM与GIS技术在数据表达范围、数据管理组织等方面具有互补的优势，两者的集成为隧道信息化建设提供了技术支撑[6]。林晓东等学者[7-9]在隧道结构设计、信息化施工、智慧管养、全生命周期管理等方面应用BIM+GIS技术，取得了一定的成果，但在隧道模型构建方面，不能真实还原地表环境、地质构造等地理场景，并未真正挖掘出GIS的潜在价值。本文通过梳理BIM与GIS技术在隧道工程中集成应用的难点，从地理场景建模、隧道结构建模以及多源数据融合三个方面分析归纳了现有的研究成果和面临的挑战，总结了关键技术，提出了基本框架。

1　三维地理场景构建方法

传统二维地图难以准确地表达出隧道工程的复杂环境，利用多源数据融合建模可以实现二维地图到三维场景的转变，在一定范围内形成微观和宏观的地理数据的相互联系与集成，对隧道工程选址设计、施工运维具有重要意义。三维地理场景的研究主要集中在数据获取、模型构建、模型融合和三维地理场景构建四个方面[10]，从隧道工程的需求出发，根据模型的作用可分为三维地形模型构建和三维地质模型构建。

1.1　三维地形模型构建方法

三维地形模型是在计算机图形学和地理信息系统基础上，利用地理信息系统所采集的资料，通过地

【作者简介】李雷烈（1993—），男，研究生。主要研究方向为土木工程信息化。E-mail：1392800010@qq.com

形建模、纹理映射、投影模式选择等方法，构建具有高度真实感的三维地形模型，该技术已经广泛应用于军事模拟、3D游戏以及可视化仿真等领域[11]。三维地形模型的构建方法主要有利用离散数据拟合曲面表示地形、基于分形技术构建地形[12]、利用遥感数据构建数字地形模型三种。

1.1.1　利用离散数据构建三维地形

离散数据拟合曲面建模首先确定控制点和曲面类型，再通过插值和曲面拟合表达地形，该方法生成的地形表面光滑连续，形状规则，但是计算量大，曲面拼接复杂，适用范围局限。

1.1.2　基于分形技术构建三维地形

分形几何学是以非规则几何形态为研究对象的几何学，被称为描述大自然的几何学，分形地形建模方法有很多种，大致可分为泊松阶跃法、傅里叶滤波法、逐次随机增加法和带限噪声累积法等[13-14]，其主要思想是根据递归思想将复杂对象用简单规则来表示，利用分形技术表达出地形的细节。

1.1.3　利用遥感影像数据构建三维地形

随着遥感技术和地理信息技术的发展，高分辨率的地形影像和高程数据获取越来越方便，地形数据的表达由二维逐渐转化为三维，基于高精度和高分辨率的三维地形模型在细节表达上更加细腻与真实，成为构建三维地形模型的重要方法。

（1）卫星遥感数据

卫星遥感影像在三维地形建模中主要有两个作用：一是通过立体影像提取描述地形起伏的数字高程模型；二是将处理后的影像图片作为反映实际地表构建筑物的纹理映射图片。赵青兰[15-17]等学者利用将经过镶嵌校正的影像与DEM融合配准，实现了地形地貌的三维化，但遥感影像受天气和光线影响大，后期图像处理复杂，且获得的地形分辨率低，只适用于大范围的地形制作分析，难以满足实际工程项目的需求。

（2）无人机遥感数据

无人机技术的发展为低空遥感影像采集提供了技术支撑，利用倾斜摄影技术构建三维地形模型成为主流方法。无人机搭载影像传感器，从不同的角度进行影像采集，同步记录高度、航速、坐标系等参数，通过三维建模软件构建隧道实景地形模型，避免了地形复杂地区数据采集难、建模精度低等问题[18-19]。利用生成的密集匹配点云，经过点云滤波分类，还可以构造出反映真实地表的DEM，相较于离散数据拟合曲面表示地形和基于分形技术构建地形数据更为精确[20]，地形表达更为清晰[21]，尤其是在复杂山区的隧道工程，对地形要求较高，采用倾斜摄影技术构建三维地形模型是最为便捷和经济的方式[22]。虽然无人机遥感技术具有很大优势，但仍存在无人机续航能力差、飞行可靠度低、受环境影响大、传感器单一等问题。

1.2　三维地质模型构建方法

三维地质模型是以地质数据为基础，建立能够反映地质体构造形态、构造关系及内部属性变化规律的数字化模型[23]，最早由Houlding[24-25]提出，结合地质、空间、统计等学科建立了基本的理论体系，后来的研究大多以此为基础进行。Christian[26]针对地质钻孔数据和当前地层分布的特性，对实现地质三维可视化的一些基本方法和技术进行了详细的阐述。Mallet[27]针对地质体结构的复杂特性和传统插值方法的不足，提出了离散光滑插值法；同时，也有研究者提出了多角度的平滑样条曲线[28]，使相关节点的值尽可能地平滑和逼近采样数据。Ramos[29]、冉祥金[30]等学者结合深度学习技术进行三维地质建模，取得了较好的效果。

随着技术的发展，地质数据采集方法变的多样化，地质建模的方法也越来越多，根据地质数据的来源不同，地质模型构建方法可分为基于钻孔建模法、剖面建模法、多层DEM建模法、多源数据地质模型构建法等[31]。钻探法是获得地质空间信息最为直观、可靠的手段，因此，基于钻孔数据的三维模型构建法成为应用最为广泛的方法。

利用钻孔数据构建三维地质模型最常用的是离散光滑插值技术；朱合华[32]、朱良峰[33]等根据地层钻孔数据，结合Delaunay方法实现了地层和地质体的重构，但只能局限于构建沉积顺序清晰、呈水平层状的地层，难以对地质构造复杂、扭曲变形严重的地层进行建模。为了扩展钻孔数据建模的范围和表现力，又引入了专家知识、断层数据，取得了一定的效果[34]。但在实际过程中，这种建模方式对钻孔的数量要求较高，尽管可以采用差值法进行虚拟钻孔构建，但地质模型的精度会降低，因此有学者开始研究如何利用少量钻孔数据构建高精度地质模型。郭甲腾[35]、王博[36]等提出了一种基于机器学习的隐式三维地质建模方法，将地层三维建模问题转换为地下空间栅格单元的属性分类问题，分别基于支持向量、BP 神经网络等分类算法，实现钻孔数据的自动三维建模，在钻孔数据有限的情况下，提高模型的准确度。

三维地质建模技术可以将复杂的地质构造信息通过模型的形式表达出来，实现可视化、立体化、智能化，是构建地上地下一体化地理场景的重要技术。

2　隧道结构模型构建方法

三维隧道模型构建对隧道的模拟分析、施工管理、运维管理等具有重要意义。早期的隧道建模方法有两种：

（1）特征建模法[37]。特征建模法是通过预先指定一组定义特征，在系统中形成组织层次分明的分类特征库，在实际建模时，用户通过输入特征类型、定义尺寸约束，添加位置信息，完成特征约束模型的建立和求解。

（2）参数化结构建模[38]。参数化实体建模方法，其原理是建立约束几何参数和几何关系的方程，通过方程求解图素的形状、位置以及相互间的组合关系，实现图素和尺寸位置的变换。首先定义全局变量和局部变量，通过全局变量驱动局部变量，通过程序控制属性数据确定构造物的主要控制点以及形体参数，然后通过绘图函数绘制三维数字模型。

这两种方法为后期隧道三维建模奠定了基础。在图形化技术、信息化技术的助力和商业软件的推动下，隧道建模方法逐渐多样化，按建模原理可分为横断面平移法和单元模型自适应拼接法。

2.1　横断面平移法

横断面平移法是通过沿着平纵曲线平移由直线段和圆弧构成的隧道横断面生成扫描体，以此来表示隧道结构模型的方法。张建斌[39-41]等人基于此方法进行了隧道模型的构建与可视化展示。使用该方法构建隧道三维模型，虽然简易快速，但是模型精度差，适用范围窄，尤其在盾构隧道模型构建方面。为了解决盾构隧道建模难的问题，钟宇[42]将盾构隧道结构分解成管片，用 BIM 软件构建单个管片模型，然后通过定位拼接单个模型，实现了盾构模型的快速构建，提高了工程信息的利用率。

2.2　单元模型拼接法

单元模型拼接法是将隧道结构按轴线划分为基本单元，根据构件特点确定单元模型的长度并构建模型，然后根据轴线实现模型的拼接，形成完整的隧道模型的方法。李小军[43]基于此原理提出了多尺度参数化建模与自适应拼接建模的方法，实现了模型单元的自适应拼接与多尺度分级加载，提高了隧道工程结构三维模型的重复使用性与建模效率。单元模型拼接法的关键是构建单元模型和实现模型拼接，利用 BIM 软件构建隧道单元模型，运用参数驱拼接模型成为主流的方法。随着 BIM 商业软件的不断成熟，越来越多的三维建模软件被应用到隧道工程中，根据 BIM 建模软件的不同，可分为以下三个方面。

2.2.1　基于 Autodesk 系列软件

Autodesk 公司的主要建模软件是 Revit，该软件操作简单，界面友好，主要用于建筑领域，现阶段市场占有率最高，应用广泛。利用 Revit 可以构建隧道单个构件模型，但是难以实现整体隧道模型的构建。针对这个问题，张恺韬[44-47]等学者采用 Revit 与 Dynamo 相结合的方式，通过 Revit 构建隧道构件族，然后利用 Dynamo 驱动构件模型，沿隧道平纵曲线拼装形成隧道整体模型。该方法解决了隧道模型精度低，难以重复利用的问题。

2.2.2　基于 Bentely 系列软件

Bentley 公司的 MicriStation 系列软件是土木工程行业三维设计常用的工具，在市政交通、公路工程、水利水电、能源电力中占有较高的市场比例。刘宝[48-49]等学者利用 MicriStation 平台下的 PowerCivil 和

ProStructural 两款软件构建隧道模型，取得了一定的研究成果，但该软件本地化程度弱，技术支持少，软件售价高，因此应用范围较局限。

2.2.3 基于 Dassault 系列软件

Dassault 平台的常用 BIM 建模软件是 CATIA。CATIA 具有强大的三维形态表现能力，被广泛应用于航空航天、能源、机械等领域。秦海洋[50-52]等学者基于 CATIA 实现了隧道模型的构建，但存在模型几何结构精度低，基准点误差大等问题。CATIA 具有很强的参数构建能力，但绘制缓和曲线难、信息集成难的问题制约了其在隧道工程中的发展[53-54]。

BIM 技术在隧道三维建模方面尚属于起步阶段[55]，一方面由于隧道相关 BIM 建模标准还未正式颁布，另一方面由于隧道工程呈线性带状分布，使用传统建筑软件构建隧道模型约束性大，而针对隧道的建模软件还不成熟。综上所述，从建模原理的角度出发，单元模型拼接法适用范围广，更匹配现有的技术，从 BIM 建模软件出发，Revit+Dynamo 的方式更具有发展优势。

3 多源数据融合

多源模型数据融合一直是制约 BIM 和 GIS 集成的难点，两者因为数据表达规则不同，导致在数据融合方面存在很大困难。IFC（Industry Foundation Classes）和 CityGML（City Geography Markup Language）分别是 BIM 和 GIS 领域通用的数据模型标准[56-57]，IFC 本质上是建筑物和建筑工程数据的定义，其采用一种面向对象的、规范化的数据描述语言 Express 作为数据描述语言，定义所用到的数据。CityGML 是 OGC（Open GIS Consortium）提出的为实现三维城市模型信息共享和可视化的国际标准，它定义了城市控件对象的三维几何、语义信息、拓扑关系等。汤圣君[58-60]等学者针对 IFC 和 CityGML 的融合扩展进行了分析探讨，对两者在几何表达、语义表达、数据组织等方面的差异进行了对比，如表 1 所示，这些差异增加了 GIS 与 BIM 数据的融合难度。

IFC 与 CityGML 标准差异　　**表 1**

	IFC	CityGML
应用场景	建筑模型	城市模型
几何表达	边界描述（B-rep） 旋转或拉伸扫描体 构造几何（CSG）	边界描述
语义表达	通过实体定义表示	多层次的城市语义信息
关系表达	表达实体类型之间集成、相邻等关系	空间对象间的拓扑关系表达
数据组织方式	通过唯一标识符定义实体对象	采用键值对的方式，定义空间实体
建模语言	EXPRESS	XML
LOD 级别	LOD4	LOD1～LOD4

3.1 数据融合模式

Kang[61]等将 BIM 与 GIS 数据融合分为了基于模式（Schema-based）、基于服务（Service-based）、基于本体（Ontology-based）、基于过程（Process-based）等方式。基于模式的数据融合主要是通过提取 IFC 数据的有用信息，转换到 CityGML、Geodatabase 等数据模型中[62]，其转换难度较大；基于服务的数据融合是利用服务器将 GIS 数据与 BIM 数据进行集成。尹紫红[63]从数据融合算法及数据架构形式两方面进行了系统的研究，提出了适合 BIM 与 GIS 技术的数据融合及集成方法，实现了基础设施工程设计、建造、运营等阶段的大数据处理。曹祎楠[64]基于开源三维地图引擎 Cesium，在数字地球上集成了 BIM 及 GIS 领域的多源异构数据，实现了地形、道路信息模型的跨平台、跨终端三维展示与交互；张芙蓉[65]利用 FME 将 BIM 数据转换成 CityGML 中间体模型数据，通过坐标匹配和布尔运算等方法，融合形成 CityGML 模型，实现了微观场景与宏观场景的结合，但模型精度和细节渲染方面仍存在缺陷。基于服务的数据集成模型在构建三维地理场景、集成多元异构数据方面具有优势，其数据表达方式有叠加融合、位置融合表达、交互融合表达等几种；基于本体的融合模式是从应用目的出发，构建实体语义、数据存储等方面统一的本体系统，消除不同标准对同一实体模型的理解偏差；基于过程的数据融合主要是完善数据支撑平台，来实现不同平台之间的信息自动集成。

从已有的研究来看，基于模式的数据融合方式最为普遍，技术相对成熟。国内很多 GIS 平台已经开发了支持 IFC 格式的插件，如超图、MapGIS 等。

3.2 数据融合层次

Amirebrahimi[66]、Liu[67]等学者根据模型数据融合层次的不同，将数据融合方式分为数据级别（Data level)、过程级别（Process level)、应用级别（Application level）三级。数据级别的融合，主要包括对原有数据标准的扩展和构建新的数据模型；过程级别的数据融合主要是基于语义网络技术和 Web Server 实现；应用级别的数据融合主要是针对实际项目需求进行数据处理融合。

3.3 数据融合方法

武鹏飞[68]将已有的数据融合方式分为数据转换、数据标准扩展、本体论三种。数据格式转换是相对便捷的方式，通过数据转换插件，实现多层次几何信息的转换提取和语义的映射。数据扩展是在 IFC 和 CityGML 标准的基础上进行扩展研究，形成新的数据交换标准。本体论是以本体论为基础构建适合 CityGML 和 IFC 标准的本体系统，消除不同标准对同一实体的语义理解偏差，从而实现 BIM 与 GIS 的融合。

从现有的研究来看，本体论和数据扩展研究难度大，取得的应用成果较少。国内大多是采用数据格式转换的方式来实现 BIM 与 GIS 的集成应用，但转换方式不能完全实现自动化转换，大多需要人工干预，尤其是在属性信息匹配、纹理映射、坐标转换等方面，仍然是技术难点。

4 基本框架与关键技术

BIM+GIS 技术的发展，为地上地下一体化三维隧道模型提供了有力的理论和技术支撑。倾斜摄影、激光雷达等技术既降低了数据采集难度，又提高了数据采集精度；BIM 技术的发展使得隧道构件模型更加精细化，GIS 技术更好地管理了隧道地理空间信息数据。多种模型数据的融合可以构建地上地下一体化的隧道模型，为隧道信息化管理提供重要的技术支撑。通过梳理三维地理场景、隧道结构模型、模型数据融合的研究现状，总结了基于 BIM+GIS 技术的三维隧道建模基本框架，如图 1 所示。

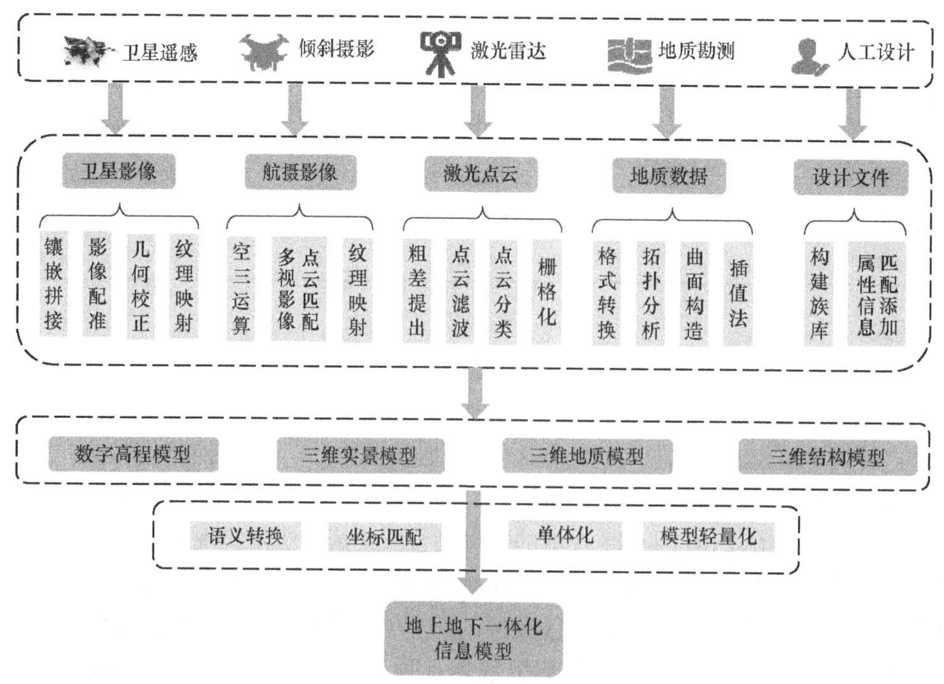

图 1　基于 BIM+GIS 的隧道建模基本框架

（1）高效率、高质量采集数据是构建高精度隧道模型的首要任务，传统的数据采集方式效率低、成本高、数据精度低，利用卫星遥感、无人机倾斜摄影、激光雷达等新技术可以有效地避免这类问题，现有的技术还不完善，仍需不断改进。

（2）构建真实的三维地理场景对隧道工程规划设计、施工建设、运维管理具有重要的意义。现有的研究存在场景真实度低、地理信息缺失严重、地上地下模型分离等问题。利用倾斜摄影技术构建三维实景模型，可以高度还原地表场景；利用激光雷达可以得到高精度的数字高程模型；利用详细的地质数据，采用三维地质建模技术，可以实现地质构造的三维可视化。通过数据叠加融合、坐标匹配等可以实现三维地理场景构建。

（3）基于BIM技术可以实现隧道结构模型的精细化构建，但相应的标准和体系还需完善。

（4）模型数据融合是实现地上地下一体化隧道模型的关键。现有的技术大多只是实现了模型位置上的融合，并未达到真正的融合。可以通过Web Server和语义网技术融合隧道模型数据，实现模型单体化和轻量化。

5 展望

隧道信息化、智能化发展是大势所趋，运用物联网、大数据、云计算等新技术建设智慧隧道是未来的发展方向[69]，信息化模型作为承载信息的媒介具有不可代替的作用，基于BIM+GIS的隧道模型建模技术，可以实现不同场景、不同建设阶段、不同功能下的隧道信息化模型的构建与应用，为数字化隧道建设和智慧隧道建设提供理论基础和技术支撑。随着BIM与GIS集成技术的不断成熟，如何基于隧道信息化模型实现隧道病害检测、隧道火灾在线数值模拟、隧道围岩应力实时模拟监测等功能会是未来信息化模型的应用方向。

参考文献

[1] 严金秀. 世界隧道工程技术发展主流趋势——安全、经济、绿色和艺术[J]. 隧道建设(中英文)，2021，41(05)：693-696.

[2] 郭陕云. 我国隧道和地下工程技术的发展与展望[J]. 现代隧道技术，2018，55(S2)：1-14.

[3] 田四明，王伟，巩江峰. 中国铁路隧道发展与展望(含截至2020年底中国铁路隧道统计数据)[J]. 隧道建设(中英文)，2021，41(02)：308-325.

[4] 岳海飞. 浅谈隧道施工BIM技术应用[J]. 施工技术，2018，47(S1)：1495-1497.

[5] 何清华，钱丽丽，段运峰，等. BIM在国内外应用的现状及障碍研究[J]. 工程管理学报，2012，26(01)：12-16.

[6] 戴林发宝. 隧道工程BIM应用现状与存在问题综述[J]. 铁道标准设计，2015，59(10)：99-102，113.

[7] 田琼，周基，芮勇勤，等. 基于BIM+GIS的槐树坪隧道信息化施工研究[J]. 中外公路，2019，39(06)：158-161.

[8] 王秋兰. 基于GIS+BIM的公路隧道智慧管养系统研究与设计[J]. 交通与运输(学术版)，2018，4(02)：50-53.

[9] 林晓东，李晓军，林浩. 集成GIS/BIM的盾构隧道全寿命管理系统研究[J]. 隧道建设(中英文)，2018，38(06)：963-970.

[10] GUONIAN L. Geographic scenario：a possible foundation for further development of virtual geographic environments[J]. International Journal of Digital Earth，2017，11(4)：356-368.

[11] 王林云. 多分辨率海陆一体化三维地形建模[D]. 济南：山东科技大学，2020.

[12] 何方容，戴光明. 三维分形地形生成技术综述[J]. 武汉化工学院学报，2002(03)：85-88.

[13] 朱永丽. 地形的网格模型简化研究及其可视化[D]. 郑州：河南理工大学，2012.

[14] 郭向坤. 大规模三维地形构建的关键技术研究[D]. 北京：中国科学院大学(中国科学院沈阳计算技术研究所)，2019.

[15] 赵青兰，周辉. 基于TM影像的三维飞行制作[J]. 陕西气象，2006(03)：39-40.

[16] 杨晏立，何政伟，陈晓杰，等. 基于ENVI的三维地形制作[J]. 测绘，2010，33(05)：229-231.

[17] 袁立伟，杨树文，杨维芳，等. 基于ENVI+IDL的遥感三维地形可视化技术研究与实现[J]. 兰州交通大学学报，2011，30(03)：116-119.

[18] 白俊龙，王章琼，张明，等. 基于MATLAB/GUI的无人机遥感图像分类系统设计[J]. 武汉工程大学学报，2021，

43(02)：217-222.

[19] 吴波涛，张煜，李凌霄，等．基于多旋翼单镜头无人机的三维建模技术[J]．长江科学院院报，2016，33(11)：99-103，115.

[20] 冯林，李斌兵．利用无人机倾斜影像与GCP构建高精度侵蚀沟地形模型[J]．农业工程学报，2018，34(03)：88-95.

[21] 杨林，张义，唐俊．基于倾斜摄影GIS+BIM技术在项目前期规划中的应用[J]．施工技术，2019，48(S1)：239-243.

[22] 王锦，杨晓军，赵元务．无人机倾斜摄影测量在城市部件调查中的应用[J]．测绘技术装备，2018，20(03)：87-91，83.

[23] 明镜．三维地质建模技术研究[J]．地理与地理信息科学，2011，27(04)：14-18，56.

[24] HOULDINGSW. Computer modelling limitation sand new directions ：Part I[J]．CIM Bulletin，1991，84：75.

[25] HOULDINGSW. 3D geoscience modeling：Computer techniques for geological characterization[M]．Berlin：[s. n.]，1994.

[26] CHRISTIANJT. 3D geoscience modeling：Computer techniques for geological characterization[J]．Earth Science Reviews，1996，40(3/4)：299.

[27] MALLET J L . Discrete smooth interpolation in geometric modelling[J]．Computer-Aided Design，1992，24(4)：178-191.

[28] ITOSHNIWA D，SPELEERS H，RENÉ R H，et al. Multi-degree smooth polar splines：A framework for geometric modeling and isogeometric analysis[J]．Computer Methods in Applied Mechanics & Engineering，2017，316：1005-1061.

[29] RAMOS S，GEHRIG S，PINGGERA P，et al. Detecting Unexpected Obstacles for Self-Driving Cars：Fusing Deep Learning and Geometric Modeling[J]．2016.

[30] 冉祥金．区域三维地质建模方法与建模系统研究[D]．长春：吉林大学，2020.

[31] 刘安强，王子童．煤矿三维地质建模相关技术综述[J]．能源与环保，2020，42(08)：136-141.

[32] 朱合华，郑国平，吴江斌，等．基于钻孔信息的地层数据模型研究[J]．同济大学学报(自然科学版)，2003(05)：535-539.

[33] 朱良峰，吴信才，刘修国，等．基于钻孔数据的三维地层模型的构建[J]．地理与地理信息科学，2004(03)：26-30.

[34] 王波，雷传扬，刘兆鑫，等．三维地质建模过程中综合地质剖面构建方法研究[J]．沉积与特提斯地质，2021，41(01)：112-120.

[35] 郭甲腾，刘寅贺，韩英夫，等．基于机器学习的钻孔数据隐式三维地质建模方法[J]．东北大学学报(自然科学版)，2019，40(09)：1337-1342.

[36] 王博，贺康，钟德云．基于钻孔数据的地质体隐式建模约束规则自动构造方法[J/OL]．[2021-07-11]．黄金科学技术：1-14.

[37] 钟登华，刘奎建，吴康新．公路隧道三维建模与可视化实现[J]．工程图学学报，2005，4(04)：81-86，167.

[38] 吕希奎，周小平，张学军，等．基于参数化技术的隧道三维建模方法[J]．工程图学学报，2011，32(02)：26-30.

[39] 张建斌，朱合华，朱岳明，等．厦门翔安海底隧道数字化建模技术[J]．岩石力学与工程学报，2007.

[40] 高华，蒋红斐，张嘉峻，等．基于OpenGL的隧道三维建模[J]．公路工程，2007，032(003)：137-139，160.

[41] 宋仪，郭年根，李俊波，等．数字化隧道三维建模分析[J]．隧道建设，2013，33(02)：98-102.

[42] 钟宇，陈健，陈国良，等．基于建筑信息模型技术的盾构隧道结构信息模型建模方法[J]．岩土力学，2018，39(05)：1867-1876.

[43] 李晓军，田吟雪，唐立，等．山岭隧道结构BIM多尺度建模与自适应拼接方法及工程应用[J]．中国公路学报，2019，32(02)：126-134.

[44] 张恺韬．基于BIM技术的隧道参数化建模与应用研究[D]．重庆：西南交通大学，2018.

[45] 李中元，程熙竣．Revit+Dynamo在螺旋隧道参数化建模中的研究与应用[J/OL]．[2021-07-09]．土木建筑工程信息技术：1-10.

[46] 朱永学，张向军，张家宝，等．基于Civil3D+Revit+Dynamo的公路隧道参数化建模方法研究[J]．隧道建设(中英文)，2020，40(S2)：109-115.

[47] 张艺超．Revit和Dynamo在隧道工程参数化建模中的应用[C]//中国图学学会BIM专业委员会．第六届全国BIM学术会议论文集．北京：中国建筑工业出版社，2020：4.

[48] 刘宝，路耀邦，吴礼报，等．BIM技术在高黎贡山隧道施工中的应用[J]．洛阳理工学院学报(自然科学版)，2019，

29(03)：19-24，34.

[49] 刘曹宇．基于 Autodesk 及 Bentley 平台的地铁区间 BIM 技术应用研究[J]．铁道工程学报，2019(6).

[50] 秦海洋，汤永净．基于 CATIA 的 BIM 技术在隧道设计中的应用[J/OL]．[2021-07-11]．重庆交通大学学报(自然科学版)：1-7.

[51] 康卫林，周朝晖，许建林．基于 CATIA 的高速铁路隧道洞口复杂结构模型建模[J]．隧道建设，2015，35(06)：542-546.

[52] 覃延春．基于 Catia 和 Micro Station 的隧道 BIM 设计比较[J]．西部交通科技，2019，4(01)：132-135.

[53] 田斌华．公路隧道 BIM 参数化建模方法与可视化研究[D]．济南：山东大学，2019.

[54] 刘贝．基于 BIM 技术的隧道参数化建模及模型应用研究[D]．青岛：青岛理工大学，2019.

[55] 刘星宏，林达明，俞缙，等．BIM 技术在国内隧道工程中的应用[J]．现代隧道技术，2020，57(06)：25-35.

[56] LIEBICH T，ADACHI Y，FORESTER J，et al. Industry foundation classes IFC2x edition3 technical corrigendum1 [Z]．2012.

[57] Consortium OG. OGC City Geography Markup Language CityGML encoding standard version2. 0. 0[Z]．2012.

[58] 汤圣君，朱庆，赵君峤．BIM 与 GIS 数据集成：IFC 与 CityGML 建筑几何语义信息互操作技术[J]．土木建筑工程信息技术，2014，6(04)：11-17.

[59] 薛梅，李锋．面向建设工程全生命周期应用的 CAD/GIS/BIM 在线集成框架[J]．地理与地理信息科学，2015，31(06)：30-34，129.

[60] 丁小辉．基于 BIM 数据源的三维 GIS 数据模型及其应用研究[D]．北京：中国科学院大学(中国科学院东北地理与农业生态研究所)，2019.

[61] KANG T W，HONG C H．The architecture development for the interoperability between BIM and GIS[J]．2013.

[62] ELMEKAWY M，ÖSTMAN A，SHAHZAD K．Towards interoperating CityGML and IFC building models：A Unified Model-Based Approach[M]．Springer Berlin Heidelberg，2011.

[63] 尹紫红，兰富安，蒋良潍，等．基于 BIM+GIS 多元数据集成与融合方法研究[J]．科学技术创新，2021(04)：70-72.

[64] 曹祎楠，王佳，顾大鹏．面向多源数据集成的高速公路数字化方法[J]．科学技术与工程，2019，19(19)：214-221.

[65] 张芙蓉，杨雅钧，齐明珠，等．结合 BIM 与 GIS 的城市工程项目智慧管理研究[J]．土木建筑工程信息技术，2019，11(06)：42-49.

[66] AMIREBRAHIMI S，RAJABIFARD A，MENDIS P，et al. A data model for integrating GIS and BIM for assessment and 3D visualisation of flood damage to building[J]. 2015.

[67] LIU X，WANG X，GRAEME W，et al. A state-of-the-art review on the integration of Building Information Modeling (BIM) and Geographic Information System (GIS)[J]．International Journal of Geo-Information，2017，6(2)：53.

[68] 武鹏飞，刘玉身，谭毅，等．GIS 与 BIM 融合的研究进展与发展趋势[J]．测绘与空间地理信息，2019，42(01)：1-6.

[69] 王同军．我国铁路隧道建造方法沿革及智能建造技术体系与展望[J]．中国铁路，2020，4(03)：1-11.

BIM 云监理项目管理系统研究

贾云博，高来先，张永炘，李佳祺

（广东创成建设监理咨询有限公司，广东 广州 510075）

【摘　要】 工程监理在工程建设过程中起到重要的监管作用，需要对工程项目的安全、质量、进度等多方面进行协调管控，然而在实际的监理作业中，低效的协调沟通、现场作业后大量的重复记录工作为监理人员带来了沉重的工作负担。本文结合行业现状分析了监理项目管理中普遍存在的问题。针对分析得出的问题，本文从安全、质量、进度、资料四个方面进行需求分析，融合 BIM 技术与云计算技术设计了 BIM 云监理项目管理系统。

【关键词】 BIM；云计算；监理项目管理系统

工程监理人员作为工程项目参建各方沟通者、协调者，负责从现场施工质量管理到项目整体进度推进的多方面工作，在工程项目的各管理场景中均起到重要作用。监理方作为公正、独立、自主的第三方，其管理特点有别于承建方、建设方，既要对单位工程进行细致的监督管理又要放眼项目全局，辅助建设方协调参建各方，保证项目各项工作的有序开展。然而，传统的完全凭借项目总监经验统管全局的粗放监理模式，随着工程行业技术水平、规范化水平的不断发展，已经无法满足现今工程项目精益化的管理需求。监理行业亟须通过科学化、信息化、规范化的工程管理技术革新以适应建筑工业化、智能建造等建筑行业新趋势发展。

当前我国正处于移动互联网、智能技术飞速发展的数据时代，互联网＋传统行业的新模式让许多传统行业通过技术革新迸发了新的活力。在此思潮的影响下，BIM 技术作为建筑与信息化完美结合的新型管理模式，得到了建筑行业的广泛应用。随着技术的不断发展，国内 BIM 技术的应用经历了数次升级，从期望值虚高的炒作阶段回落，正在向成熟阶段发展，进入了稳步上升期。对于建筑业中非资本密集的行业来说，正是通过应用基于 BIM 的互联网＋模式转型升级的大好时机。

1　研究背景

1.1　当前监理行业存在的问题

工程监理作为工程项目的第三方监督，对于监理人员的技术经验水平要求较高。也正因如此，行业面临两大问题，一是监理人员年龄结构偏向老龄化，二是难以招聘到足够的技术经验丰富的技术人才。年龄偏大的监理人员对于信息技术接收程度较低，往往不能适应信息化管理趋势。而补充进来的青年人员又缺乏足够的技术经验，工作规范性较差。

记录工作是监理工作中的重要环节，然而目前普遍的记录方式仍然是纸笔记录、图像记录后再回到办公室使用电脑进行编辑。这种传统的记录方式不仅时效性较差，在现场验收结束后还需要占用监理人员大量的工作时间，而且在重新整理过程中极容易出现信息遗漏。在工程进度紧张的阶段，现场工作过于繁忙，现场人员往往不能及时地完成记录工作。

对于工程现场发现的问题，监理方与施工方、建设方、设计方的沟通经常采用现场查看、语言描述、图纸对照等方式，对于大型项目或工程复杂节点而言，效率十分低下。而图片等媒体方式无法呈现详细的位置信息，对于出现问题的详细地点位置，还是需要进行多方对照确认，缺乏时效性。

目前，监理行业中监理企业级信息化管理系统应用普及程度不高，很多监理企业仍通过传统的纸质

【作者简介】 贾云博（1997—），男，助理工程师。主要研究方向为 BIM 三维可视化。E-mail：1910843766@qq.com

化管理对监理项目进行管理，对于自己的监理人员缺乏实时有效的管控手段。因此，常常要靠现场监理人员的自觉以及项目总监的监督管理。这样的管理模式过于依赖自觉性，对于项目较多的监理企业而言，难以实时掌握现场监理人员的到位情况以及工作开展情况，更难以对作业人员进行精细化的绩效考核管理。

1.2 监理方 BIM 技术应用现状

BIM 技术自 20 世纪 70 年代提出以来，已历经近半个世纪的发展[1]。从最初的建筑描述系统（Building Description System）发展到如今与互联网、物联网、人工智能等先进信息技术融合的建筑信息模型（Building Information Modeling）概念，由数字化浪潮引领的建筑行业信息化已掀起多次产业技术革命。我国自 2003 年引入 BIM 技术以来，无论是政府、学校，还是建设单位、设计单位、施工单位等，各方都给予了相当的重视与投入[2]。从标准规范到国产 BIM 软件，从人才培养到项目应用，国内的 BIM 行业生态已日趋成熟。虽然 BIM 技术的应用范围相较于整个建筑行业的范围来说仍然较小，并且很少有项目能够做全生命周期的应用。但随着国家政策的大力推广，以及 BIM 技术向轻量化、标准化、普适化发展，BIM 技术必将应用到越来越多种类型的工程建设项目中。

监理行业的 BIM 技术应用相较于施工、设计行业来说普及程度较差，但很多专家学者、大型的监理企业早已开始关注 BIM 技术在监理行业应用的问题。兰州交通大学土木工程学院的岳荷[3]以监理在项目管理中的职责为分析基础，总结出了传统的工程管理模式中存在的问题及其产生的原因，并给出了基于 BIM 协作平台的解决方案。中铁资源集团有限公司的马亮[4]提出了通过多维度 BIM 应用解决传统监理模式信息化程度较低、各专业信息协同共享困难、信息反馈纠偏缺乏时效性等问题，以提升监理方的信息化管理水平。同济大学的李永奎等[5]通过调查问卷方式统计分析了当前 BIM 在国内工程监理行业的应用现状，并给出了 BIM 技术在监理行业应用的个人、企业、行业层面的转型和发展建议。他们提出，监理行业转型的重点在于对 BIM 技术监理人才的培养，难点在于如何提升监理业务的内涵、转变业务模式以及企业研发创新能力。虽然监理企业的 BIM 技术应用需要进行大量人力、物力投入，以及要通过整体的管理思路、管理模式的变革实现应用的落地。但只有打破旧有的思维模式、落后的管理制度，才能推动监理服务向高质量、高品质的方向转型。监理企业应该利用好新技术、顺应新趋势，以适应建筑行业发展的新要求。

2　基于微服务架构的系统设计方法

微服务架构的核心特点是将紧密耦合的大应用拆分为多个模块化的小应用，将系统资源整体虚拟化为资源池，通过资源池提供基础硬件服务。当硬件资源实施池化后，系统才具备了支撑应用弹性伸缩的能力，才可以实现硬件按需分配的基本需求，充分提高资源利用率。拆分后的子模块部署于资源池，形成服务中台，即微服务化。Web、APP、小程序等移动端形成前台，专注于用户操作，各功能通过调用微服务接口实现数据交互（图 1）。

微服务架构中的前后端是分离的，这种架构模式相较于传统的前后端部分离模式，前后端可以采用不同的语言、代码库、开发团队，前后端之间通过预设的功能接口通信，能够实现多端一体化的目的，即用户管理一体化、业务应用一体化、数据资源一体化、技术支撑一体化以及运维监管一体化，有效解决多端建设标准不统一、信息资源不互通、服务应用复用困难、跨平台用户无法打通等问题。

3　监理项目管理系统需求分析

安全方面，监理方需要依据相关规范条例审核施工单位的企业、人员、设备等资质资料是否符合相关建设管理规定以及是否符合建设工程管理的要求。监理方对于施工组织设计、专项施工方案均会有书面的审查意见。监理方还需监督施工单位的安全保证体系是否能够正常运转，在施工过程中有无违反设计和规范的不安全行为、安全事故隐患等等。因此，整个项目管理过程中会留下大量的管理过程资料。而传统管理模式下，监理企业对于各项目的安全管理过程难以及时有效地了解管控，所以需要系统来实

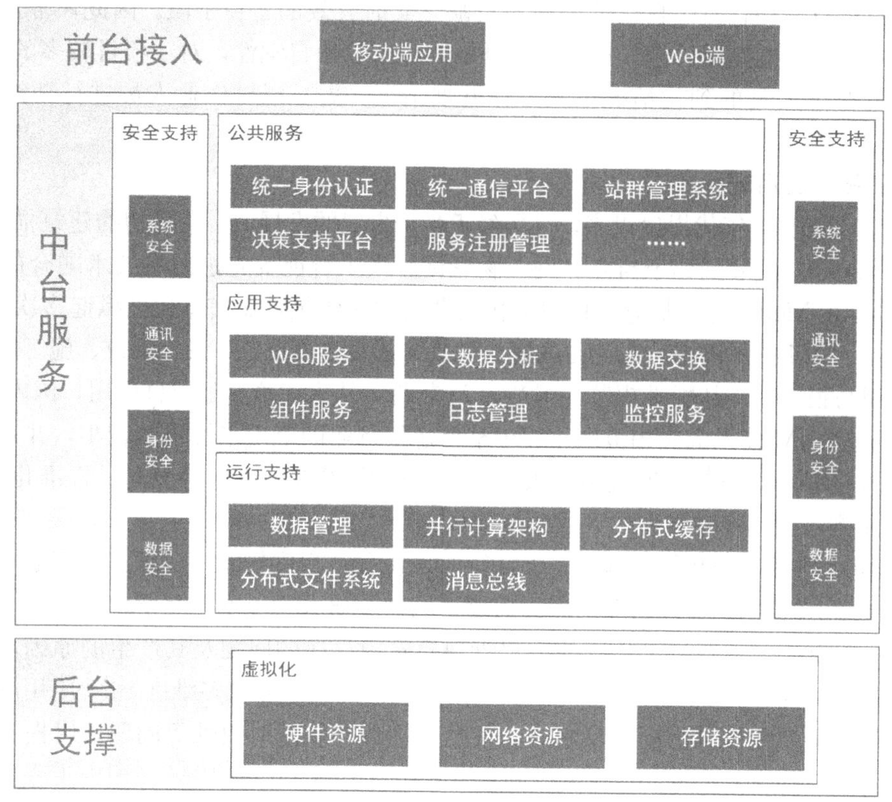

图 1　系统整体架构设计

现穿透性的安全管理。

质量方面，质量监管工作需要依据大量相关的标准、规范。这些规范、标准的收集、更新、查找都需要花费大量时间。监理企业需要建立一套基于其承接的常见项目类型的标准规范库。便捷查询、统一维护，以供现场监理工作人员随时查找调用。验收工作过程中大量的照片、视频资料也需要通过信息系统统一规范保存、归档。

进度方面，简单的百分比制的总体形象进度往往难以直观体现出项目的具体进展情况。监理企业需要一套全面的进度信息，包含总体形象进度、单位工程进度、工程现场照片等，以满足管理需要。在应用 BIM 技术的项目，使用通过与项目进度情况挂接的 BIM 模型更能直观地展现出项目的详细进展情况。

资料方面，项目监理工程师每天需要完成监理日志。传统的监理日志撰写工作往往存在记录滞后、不详尽等问题，其主要原因还是过分依赖手工记录，而且监理企业对于项目的监理日志情况还需要人工翻阅，十分不便于审核管理。类似的，项目的监理资料是否齐全、内容是否合理，重要资料的签字审核等，采用传统的纸质化工作方式不仅费时费力，而且难以对所有项目资料工作情况进行精细化管理。

4　BIM 云监理项目管理系统建模

BIM 云监理项目管理系统由系统基础模块、项目基础管理、人员管理、安全管理、质量管理、进度管理、数据可视化模块、监控中心八大部分组成，系统的组成详见图 2。

为有效解决前文提到的监理工作中存在问题，系统针对性地设计了流程化作业表单、问题闭环管控、BIM 可视化信息展示三大解决方案。

（1）流程化作业表单

对监理作业流程分门别类进行原子化梳理，将日常工作流程固化到系统中。将旁站、验收、审批、检查等工作中要用到的表格全部以表单的形式置于系统中，实现信息化、规范化、流程化监理作业。通过手机移动端实时逐项填写当前工作详情，方便监理企业实时掌握现场作业人员的工作开展情况，通过

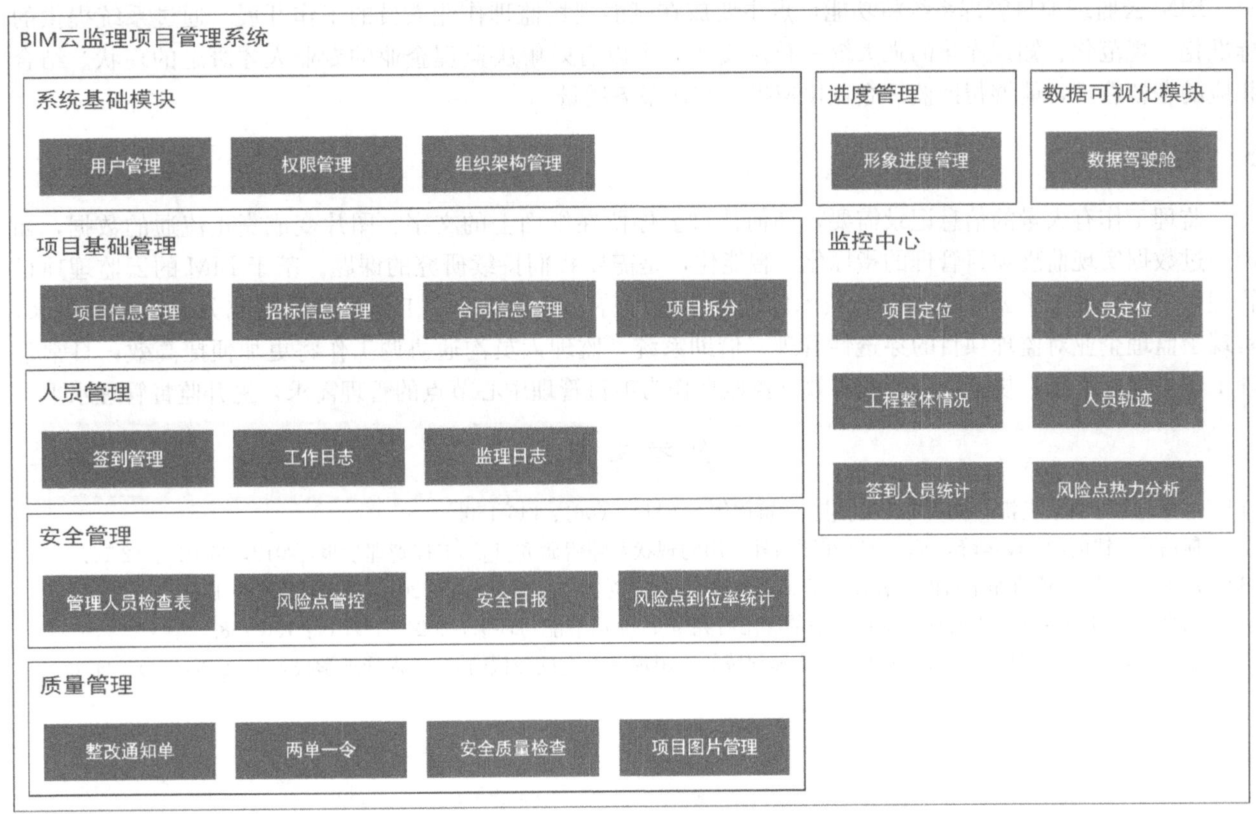

图 2　系统组成

数据实现精细化、指标化的绩效管理。

（2）问题闭环管控

对于项目管理工作部署，系统提供闭环管理记录功能，实时跟踪未落实、未解决的问题，并且与系统生成的监理日志、监理周报等管理记录文件数据联动。基于问题落实情况数据，形成对各项目的施工单位等相关单位的评价指标。根据对各合作单位的评价数据库，为监理企业的投标提供参考，监理企业也可参考评价数据为各项目提供针对性支持。

（3）BIM 可视化信息展示

系统在 BIM 模型可视化浏览的基础上，提供增强可视化功能。将质量问题、安全问题等叠加定位显示到 BIM 模型上，为监理人员提供可视化沟通表达工具，便于与参建各方沟通协调。借助三维可视化提高沟通效率，避免主观理解偏差，能够简明有效地让非专业人员直接理解沟通意图。

与传统的监理信息化管理系统相比，BIM 云监理项目管理系统具有三大优势：

（1）灵活可靠的云原生微服务架构

与传统的 C/S 架构或采用前后端不分离架构的系统相比，BIM 云监理项目管理系统采用的云原生微服务架构在可扩展性、易维护性、可升级性、高可靠性、可复用性等多方面的优势。能够轻松应对监理企业的新功能需求，快速实现版本迭代、功能更新。而且可以轻松调整以进行单独部署，以满足多种形式推广需要。

（2）数据价值化分析

工程项目数据是监理企业的重要虚拟资产，然而很多监理企业并未认识到其重要性，而且缺乏手段来利用其价值。BIM 云监理项目管理系统则通过对各监理管理领域的梳理，深入利用数据价值。以四控三管一协调的工作基础，从项目数据中提炼出管理决策参考指标，帮助监理企业实现精细化成本管控、科学化业务经营。

（3）单兵赋能

BIM 云监理项目管理系统将功能重点主要放在赋能现场监理作业人员的工作开展。通过系统提供的标准化、规范化、知识库化的强大统一技术支撑，可以有效解决监理企业的专业人才匮乏的现状。结合相应的考核管理，能够帮助监理企业快速提高整体服务质量。

5 结语

监理工作有大量的信息记录需要，如何让过去停留在纸面上的文字、图片变成真正流通的数据，如何通过数据实现监理项目管理的指标化、智能化，是需要我们持续研究的课题。基于 BIM 的云监理项目管理系统充分发挥了云计算、BIM 技术的信息集成优势，将监理的全工作流程数据充分记录挖掘出来，实现了监理企业对监理项目的穿透性管理。借助系统，监理人员沟通协调工作将更加便捷高效，日常管理工作更加标准化、规范化，能够有效支撑监理作为项目管理中心节点的管理需求，提升监督管理水平。

参考文献

[1] 杰里・莱瑟林，王新．BIM 的历史[J]．建筑创作，2011，4(06)：146-150.
[2] 何清华，钱丽丽，段运峰，等．BIM 在国内外应用的现状及障碍研究[J]．工程管理学报，2012，26(01)：12-16.
[3] 岳荷．基于 BIM 协作平台的工程监理信息管理研究[J]．兰州交通大学学报，2015，34(01)：180-184.
[4] 马亮．BIM 技术在工程监理进度控制中的应用研究[J]．交通节能与环保，2021，17(01)：156-158.
[5] 李永奎，史雨晨，潘曦宇．BIM 在建设监理领域的应用现状及发展建议[J]．工程管理学报，2020，34(04)：34-39.

基于 BIM 技术的 500kV 数字孪生变电站建设

李佳祺，高来先，张永炘，黄伟文，贾云博

（广东创成建设监理咨询有限公司，广东 广州 510075）

【摘　要】 当前电网企业正处于转型的关键时期，应用数字化手段实现变电站建设的智慧化，是电网企业的迫切需求。本文依托某 500kV 变电站，应用 BIM 技术建立主设备级别颗粒度的可交付运维的模型，完成 BIM 模型与现场智能设备传感器连接，开展基于 BIM 技术的 500kV 数字孪生变电站建设的研究，初步实现了变电站建设阶段的数字孪生。

【关键词】 变电站；BIM 技术；数字孪生

1　引言

目前的变电站建设管理模式需要投入大量的人力、物力、财力，项目的质量、安全、进度等方面的管理依然存在难点痛点，大量沉睡数据有待“唤醒”：在电网建设过程产生大量的历史数据，但数据基本处于沉睡状态，未能有效挖掘其价值；现场施工作业人员仍旧依靠携带的单一的数据资料、管理规范、作业指导书等离线且有限的数据资料开展作业，研判能力缺少专家系统支持；现有管理效率较低，工作质量依赖人员技能水平和装备能力，管理模式亟待优化。现场作业的安全防护仍较为被动，依靠人工落实安全管理措施，缺乏智能纠错、主动防御等技术手段[1]。传统培训模式效率有待提高，作业标准化程度低，丰富的工作经验缺乏有效的技术手段固化传承。

2　概述

本文研究的是基于 BIM 技术的 500kV 数字孪生变电站建设，以全生命周期 BIM 模型指导设计、施工、安装及交付运维使用的目标，建立 LOD400 级的变电站各专业 BIM 模型，真实反映变电站设施设备细节及特征。通过数字化平台与 BIM 模型的融合汇集工程建设过程数据、构建虚拟仿真场景，通过数字化平台与现场感知设备的连接实现虚拟表达与实际传感器相结合，虚拟化变电站现场，初步实现变电站建设阶段的数字孪生。

3　数字孪生的构建

3.1　变电站构件与物资品类关系模型的构建

变电站的 BIM 模型与一般民用建筑物 BIM 模型最大区别是在于电网构件的建模。这个 BIM 模型的深度并不仅仅限于物理尺寸，更多是从运维角度、监控角度、指导安装工序的角度去考量[2]。

BIM 模型的构件需考虑和安装工序中的最小不可拆件配合，考虑现场检测点位的建模，以便在数字化平台上对信息提取点的定义，更要赋予荷载参数，方便复核吊装设施及安全施工措施的到位。考虑到物料储藏的多策略库，需要运输尺寸及储藏环境的参数定义，方便策略推送时，一并考量实施的现场条件[2]。考虑到项目数字化交付运维的目标，项目建造过程中使用的安装调试设备需要一并建模，BIM 模型不仅用于模拟安装调试过程，还需要把这些器械数字化交付运维团队，建立台账，规定使用说明和维护说明，并且建立定期维护数据库[3]。在例行预防性维护时间提前告知运维人员。如果需要第三方检测器械以证明有效性的情况，更会提前告知第三方，进去排队送检计划。

【作者简介】 李佳祺（1990—），男，工程师。主要研究方向为热能与动力工程。E-mail：282369110@qq.com

3.2　变电站构件与工程进度关系模型的构建

变电站与工程进度关系模型的构建，实现工程进度的模拟、计划对比、实时进度展现。将传统的甘特图三级进度管理和 BIM 模型关联，转换为三维的建造模拟过程，可以施工前作出合理安排，优化施工进度，找出问题并提前协调。当录入实际进度开始和结束时间后，结合智慧工地应用实时收集进度，并与计划进度对比，自动找出滞后工序，在 BIM 模型上以不同的颜色进行可视化展示。

在项目实施前，BIM 就需要制定建模深度，通过 BIM 模型反映现实情况的深度。例如项目管理需要对棚架工程进行管理，要统计使用多少脚手架，则施工过程建模深度至少要到脚手架的 BIM 模型族。而后通过软件自带的映射功能，实现脚手架搭建子项工程与 Project 软件的甘特图对应，对项目进度的反映更加立体明了。在使用 Project 软件建立项目进度基线及 WBS 时，统一 BIM 建模规则深度要求，便于后期监控和执行。土建进行过程中，监控人员可以使用手持设备，如手机、iPad 等进行现场拍摄，与 BIM 模型比对。如果发现现场施工与 BIM 模型有不对应的地方，可以立即现场拍照，比对 BIM 模型截图，分享到项目数据库中。相关的工程师立即就能收到并给出解决方案，由现场施工人员整改或调整 BIM 模型，大大加快了施工监控及验收过程。

3.3　变电站构件与工程造价关系模型的构建

基于 BIM 模型，进行工程项目的挣值管理，对内明确施工进度，对外便于结算阶段性的工程款，且减少施工方垫资压力。BIM 模型构件均录入供应商提供的信息，如材料价格、运费和安装费用等。有此数据库作为基础，项目进度就是 BIM 模型构件反映的进度，再辅以构件费用，就能实现挣值管理。比对现场施工进度，就能为准确结算每阶段工程款提供项目各相关方都信服的基础。提前在平台内输入运输车辆车牌，通过车牌识别与地磅数据联通，智能统计进场物料数量。再通过视频识别施工进度，计算现场物料投入进度，折算损耗，得出施工物料进度。

3.4　数字化平台与现场感知设备的连通

根据现场条件，与施工方及监理方商榷现场感知设备的安装位置和使用环境。设备的供电、通信及安装条件会融入现场设计中，并区分施工阶段使用和运维阶段使用的数据库规则以及识别规则，进而引用不同阶段的策略进行推送（图 1）。

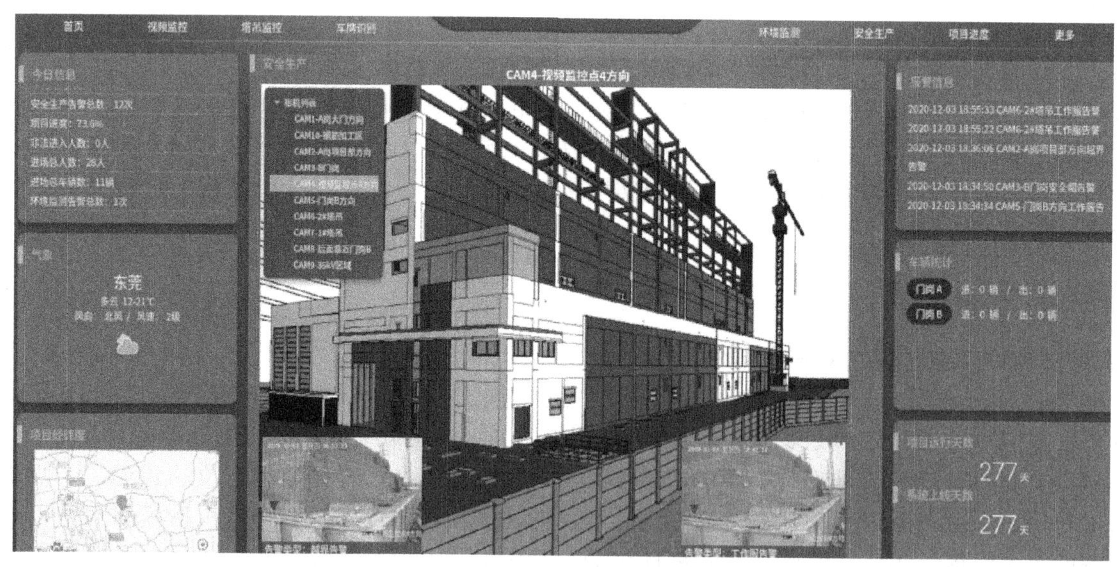

图 1　虚拟模型与现场感知设备的连通

3.5　BIM 模型数据文件格式轻量化

基于轻量化 BIM 引擎的数据工程高级应用，属于数据电网平台的深化应用，提供 BIM 轻量化数据组件；三维轻量化可视化引擎组件；基于 BIM 模型在数字基建领域构建设计、技术、进度、成本、质量、安全等一系列三维数字化业务组件，支撑上级管理平台应用[4]。

3.6 数据融合提供多元化的数据接口

纵向对接上级主管部门，上报进度数据、人工时数据等。横向为参与各方如设计方、施工方、监理方等提供数据和策略支持。

4 项目应用

4.1 可视化设计

在二维CAD设计阶段，利用BIM软件将建筑、结构、给水排水、暖通和电气专业设计方案，通过BIM模型形象地展示出来。在三维可视化的平台上，就建筑的性能、平面、立面和剖面的设计效果等，进一步调整设计方案，使BIM模型贯穿于设计阶段任何过程，以达到完善各专业设计方案的目标。

包括场地四邻原有及规划的道路、绿化带等以及原有的主要建筑物及构筑物（体量模型）等。道路广场、停车场及停车位、消防车道等。绿化、景观及休闲设施的布置，包括挡墙、排水沟、乔木及景观构筑物等。

对于地形高低复杂的情况，整体项目效果难以确定位置。通过BIM手段直观展现项目地形和建筑，让现场人员对项目各部分的分布有一个全方位的清晰概念，确定合适的组织架构和分析标准。

4.2 专业校审

使BIM模型贯穿于设计全过程，实现二维图纸到BIM模型的转化。对各专业设计方案的可视化设计和BIM模型的整合，实现专业间的冲突检测，三维管线综合设计，竖向净高控制等，形成图纸问题报告和碰撞报告：土建图纸错漏问题15处、机电图纸错漏问题10处、建筑与结构冲突问题15处、土建与机电冲突问题5处、软件导出硬碰撞问题20处（图2）。

图2　三维图纸会审

4.3 三维管线综合

在BIM技术下的管综深化设计，目的不在于颠覆以往基于二维管线综合的工作，而是更深层次地反映机电安装的情况。开展基于BIM的管线深化设计，除了能够满足以往二维深化设计图纸的要求外，在三维技术平台上，更直观形象地描述了机电设备安装过程中存在的各类碰撞问题，并在后期深化图纸上补充相应的局部三维剖面，形成三维管综深化设计图（图3）。对施工分包单位进行可视化技术交底，提高工作效率。

4.4 净高控制

在完成对各专业的可视化设计和专业BIM模型校审之后，依照最终的深化施工图纸所绘制的机电BIM模型，进行三维管综设计。充分考虑建筑、结构和精装修各专业的协调关系和业主单位对各区域净

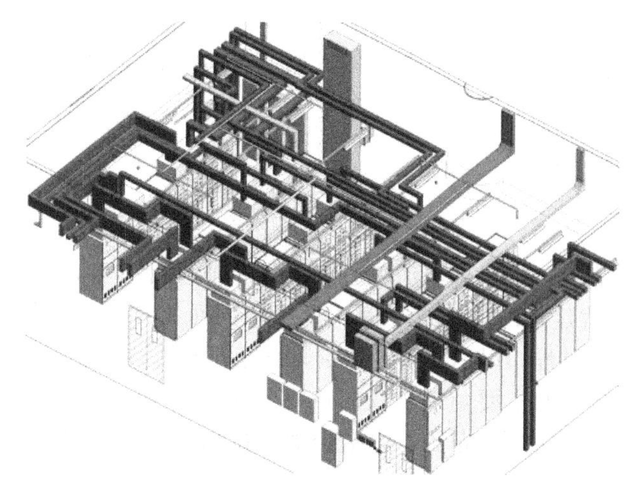

图3　三维管线综合

高的控制要求，优化机电管线排布方案，对建筑物最终的竖向设计空间进行检测分析，并给出最优的净空高度，最大限度上满足建筑使用净空要求。

4.5　施工模型深化

为了加强施工过程中BIM模型管理，确保BIM模型质量和后期各项施工BIM应用的落实实施，施工单位继承上一阶段的BIM模型需做进一步的深化。施工过程的BIM模型深化主要包含两个阶段。

一是施工深化阶段，即施工单位在施工图设计阶段BIM模型的基础上，补充完善施工阶段BIM模型，如机电末端等内容，并参照《BIM模型精度等级表》调整BIM模型至相应精度，交付BIM咨询单位审核，审核通过后的BIM模型由施工单位在该阶段BIM模型精度的基础上展开各项BIM应用。

二是施工阶段，即施工单位在施工深化阶段BIM模型的基础上，结合设计变更和现场的实际情况，调整变更BIM模型，并参照《BIM模型精度等级表》调整BIM模型至相应精度，并由BIM咨询单位审核变更BIM模型（图4）。

4.6　维护施工阶段模型

为了维护BIM模型，确保BIM模型的质量，需加强对设计变更BIM模型的管理。施工过程主要包括设计变更和现场协调维护引起的BIM模型调整。由设计变更引起的BIM模型调整，施工单位对BIM模型进行调整，并将调整后的BIM模型和变更依据交付业主单位指定单位审核或BIM顾问单位审核。由现场协调维护而引起的BIM模型调整，施工单位需将变更内容报设计单位审核，审核通过后的现场变更，施工单位可在BIM模型中调整变更BIM模型。

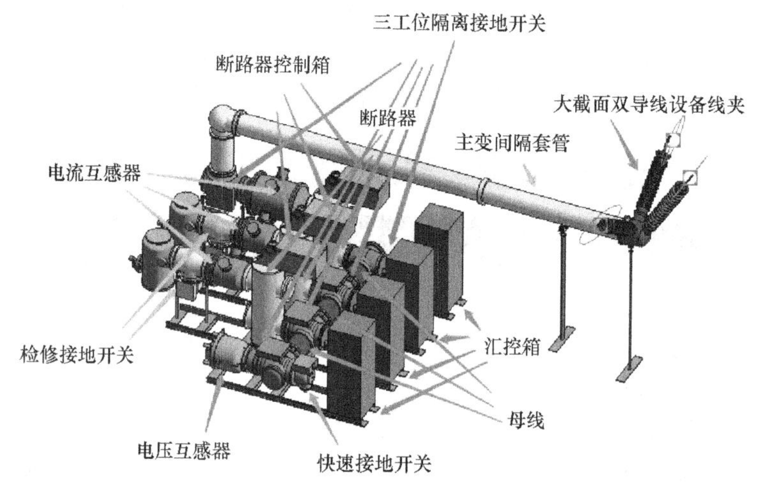

图4　35kV配电装置BIM模型

4.7　施工场地布置

通过BIM技术建模的方式，将建设项目的实际环境以数据信息的方式加入到BIM模型中，建立动态三维的施工现场平面（包括材料设备堆放、临时道路规划、临水临电的规划、临时设施的使用情况、施工机械的布置等），根据现场的场地布置平面图，制作成三维的场地布置BIM模型，直观检查场地布置方案的合理性，帮助施工单位解决场地内施工材料堆场、材料加工厂布置和施工塔式起重机等机械布置等问题（图5）。

4.8　二次管线综合

以施工图BIM模型为基础，在施工之前按照规范和建设单位的要求，协调并整合各专业或各子项的BIM模型，将各专业管线和设备进行综合排布和优化；根据精细化管线综合的需求，BIM模型中应考虑支吊架等施工措施，确保BIM模型的准确性和施工的可操作性，优化施工工序。

4.9　BIM模型输出工程量

根据现阶段的BIM模型，导出土建工程量供现场进行备料参考，辅助成本管控：变电站承台基础明细、变电站窗明细表、变电站垫层明细表、变电站-栏杆扶手明细表、变电站梁明细表、变电站楼板明细

图5　BIM施工场地布置

表、变电站楼梯材质明细表、变电站门明细表、变电站面层明细表、变电站墙明细表、变电站柱明细表、变电站桩工程量明细表。

4.10　施工节点技术工艺方案模拟

施工深化阶段，选取高支模施工、GIS安装、电容器组装、钢构吊装这几个风险点进行施工模拟。通过BIM模型，对施工重难点进行施工工艺的可视化表达，对技术方案进行动画预演，分析工艺技术方案编制的可行性，优化工艺技术方案，指导施工。与此同时，在对工艺预演过程，可同时考虑危险源，做到安全施工。

4.11　基于VR技术的施工安全培训

将变电站BIM模型与场地布置BIM模型导入VR设备中，可进行沉浸式体验，除了可以模拟仿真设计效果及施工现场布置，还可做危险场景模拟等，提供有效的施工安全教育措施。

4.12　数字孪生

以实际施工情况建立BIM模型，BIM模型控件可以直达现场传感器数据。关键信息汇总，一目了然掌握全局。与实际施工BIM模型同角度对比现场情况，便于辨别非计划内施工情况；通过塔式起重机BIM模型及独立设置的传感器，直观反映测量数据；与车辆进出第一人称视觉同步BIM模型视觉，记录进出车辆数据；与环境监控设备连接，确保施工环境与对外环境影响，联动围挡喷淋；匹配BIM模型角度与实际角度的视频识别功能，同时运行多种安全监测算法，记录问题及实时影像；通过智能摄像头捕捉现场实时情况，将BIM计划进度模型与每天定时抓拍进度比对，直观显示现场进度情况（图6）。

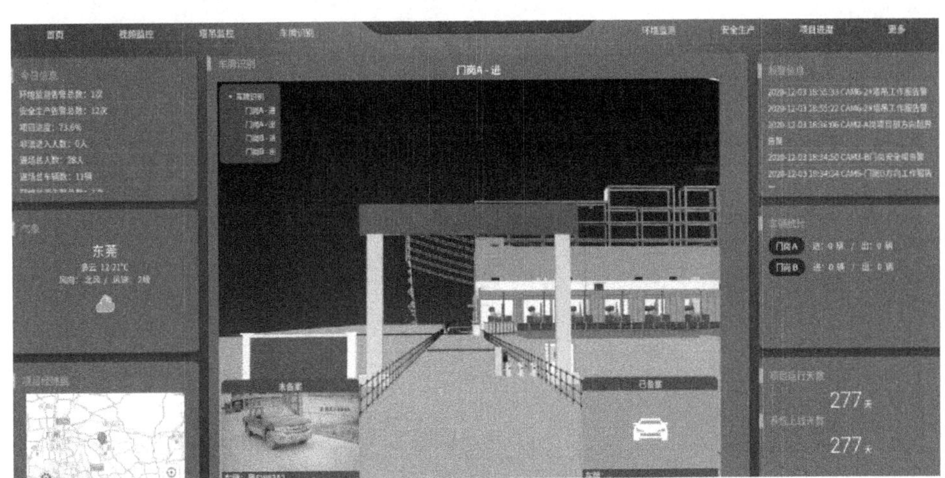

图6　数字化平台界面

5 结语

目前基于BIM技术的500kV数字孪生变电站建设已经完成落地应用，项目汇聚设计院、施工方、设备厂家等多源数据，多次迭代建筑物信息BIM模型及各主设备BIM模型，以数字化轻量BIM模型进行施工方、设计方和监理方的三维施工交底，解决空间碰撞及资源碰撞问题，基于数字化平台对关键施工工艺进行施工方、设计方和监理方的三维施工交底，解决空间碰撞及资源碰撞问题，加快现场安装调试过程，有效节省时间和投资。以数字化移交运维的长远目标，完成零部件级精细程度BIM模型与现场传感器、摄像头实时数据互传，打通虚拟模型与实际环境映射，初步实现变电站建设阶段的数字孪生。

试点变电站数字化建设以全生命周期BIM模型指导设计、施工、安装及交付运维使用的目标，出台BIM实施细则，实施细则涵盖站内建设各专业口，实现虚拟表达与实际传感器的结合，交付运维的BIM模型颗粒度达到主设备级别，融入设备供应商信息，日后可以成为数字化交付后三维数据字典使用。

参考文献

[1] 潘博，张弛，张华，等. 数字孪生变电站在电网企业数智化转型的探索与应用[J]. 电力与能源，2020，41(05)：558-560，590.

[2] 高来先，张帆，黄伟文，等. 基于BIM技术的变电站工程建设过程精细化管理[J]. 中国建设监理与咨询，2016(12).

[3] 张建平，余芳强，李丁. 面向建筑全生命期的集成BIM建模技术研究[J]. 土木建筑工程信息技术，2012(01)：10-18.

[4] 满庆鹏，孙成双. 基于IFC标准的建筑施工信息模型[J]. 土木工程学报，2011(S1)：239-243.

北京城市副中心三大建筑及共享配套设施项目全生命周期BIM管理应用实践

陈宏达，李　欣，巩玉静*，孙佳伟，陈　财，付国强，赵　欣，温宇飞

（北京城市副中心投资建设集团有限公司，北京 101100）

【摘　要】建设方主导编制建筑BIM全过程标准，设计、施工、专业分包、设备厂商、运维单位均在BIM导则指引下，在建设方开发统一平台上实现项目策划、设计与施工有效沟通、运行和维护的全生命周期的信息共享、方案优化，施工管理、数据交付，有效提高生产效率、节约成本，为数字化、智慧化管理提供保证。

【关键词】三大建筑；全生命周期；BIM；管理；实践

北京城市副中心剧院、图书馆、博物馆三大建筑及共享配套设施项目是北京城市副中心城市建设框架，是城市副中心"一带、一轴、两环、一心"规划格局的重要组成部分。由建设方北投集团主导的BIM工作将规划、设计、施工、运维有效串联到一个操作平台，打通项目参建方BIM各自为政的管理壁垒，探索了工程资料数据与BIM模型链接的数字交付方式，为智慧运维、智慧城市管理打下坚实基础。

1　项目概况及应用BIM的必要性

1.1　项目概况

城市副中心剧院是位于大运河畔的"艺术宫殿"，建筑面积约12.53万m^2，高度为49.5m，包括歌剧院、音乐厅和戏剧院，是满足各类世界级演出要求的"文化容器"。

图书馆是坐落于六环公园边的"书山智库"，建筑面积约7.5万m^2，建筑高度22.3m，设有古籍文献馆、非物质文化遗产馆、开架阅览区、智慧书库，日接待量约为5000～8000人次。

博物馆是镶嵌在城市森海中的"古韵风帆"，建筑面积约9.97万m^2，建筑高度48m，集收藏保管、开放式展陈、文保修复等功能于一体，日接待量约为6000人次。

三大建筑共享配套设施为游览三大建筑及城市绿心的游客提供高品质的配套服务，总建筑规模约30万m^2（含轨道交通预留工程），集商业配套、能源保障、共享停车于一体。

1.2　三大建筑及共享配套项目运用BIM的必要性

1.2.1　公共建筑集群一体化设计要求运用BIM

三大建筑创新性地打破了公共建筑集群各自独立建设的模式，实现了三大建筑、共享配套设施与轨道交通预留车站五个单体建筑一体化设计建设的新模式。集群一体化设计要求运用BIM设计，避免建筑之间高差、系统运行等种种矛盾。

1.2.2　工程技术难点要求必须采用BIM

声学设计是剧院建筑的重中之重，声学工程师和建筑师需用BIM共同对四个观演厅进行三维精细形体设计，精确控制观众厅内的声学反射和散射。图书馆项目外立面由276块无分格的超高玻璃幕墙围绕而成，其中最高玻璃幕墙高达16m，重达10.77t，且幕墙板块互为支撑体系，板块间锯齿形设计，无论外形还是受力体系都属国内首例，加工和安装都需要BIM先行模拟。多专业协同施工、管线错综复杂，

【作者简介】巩玉静（1970—），女，BIM工作负责人。主要研究方向为BIM全生命周期应用研究。E-mail：1670098774@qq.com

BIM先期设计、模拟势在必行。

1.2.3　使用方和运维方明确提出BIM需求

在国家从速度建设转变为质量建设的过程中，未来精细化管理将会全部落到三维空间。项目整体空间内设施设备履历的建置与维护贯穿整个生命周期，这个信息对建筑物冗长的营运维护应用非常重要，建筑物主体和其中MEP元组件的相关信息，随着建筑实体空间的动态情况不断地更新和改进，项目使用方、运维方明确提出BIM交付模型应满足运维对空间和设备设施数据的需求。

2　BIM在继往管理中存在主要问题的分析

在对众多项目的调研中我们发现，建设项目规划、设计、施工、运维各阶段BIM管理分离，仅从各自的工作目标出发，影响了相互间的信息交流，忽视了项目全寿命的整体利益。

2.1　设计、施工分开实施，各自为战，导致BIM设计指导不了施工

尽管国家和建设系统BIM工作开展的时间也不算短了，但由于参建各方都没有在一个统一的标准和平台下运行，使用的软件、数据的格式各不相同，设计与施工各自站在自己的角度，没有进行统筹考虑，设计院的BIM模型仅辅助设计出图，施工单位拿到设计图纸后再自己建模，结果是设计、施工重复建模，设计与施工的BIM模型无法契合，也指导不了施工，BIM竣工模型也就成了纸上谈兵，背离了BIM的本来意义。

2.2　深化设计与原设计沟通不畅导致设计与施工的重大偏离

众所周知，深化设计在施工阶段特别是在专业施工和机电管综阶段起着至关重要的作用，尤其是在这个阶段二维的CAD图纸往往不能反映众多的交叉与碰撞问题，如果施工单位的深化设计模型没有得到设计的确认，将会造成设计与施工的重大偏离，导致施工现场出现众多的洽商、变更，造成成本的极大增加。

2.3　无数字交付导致运维阶段无法运用BIM竣工模型

由于设计、施工、竣工、运维阶段BIM管理的分离，竣工模型没有一个完整的审核环节，就无法保证竣工模型的准确性。且目前竣工模型中大都不具备运维阶段所需要的完整数据信息，导致竣工模型无法在实际运维中发生效用，这也是BIM目前存在虎头蛇尾的主要表现。

3　BIM在本项目中创新性解决方案

3.1　建设单位主导担纲打通BIM各方壁垒

三大建筑项目充分分析、汲取继往工程BIM管理中的经验与不足，充分发挥建设单位沟通上下，联系八方的主导地位和功能，主导担纲BIM总协调、总管理工作，通过制定标准、建立平台、跟踪进度、持续改进、开创新思路等工作方式，打通建设各环节BIM工作壁垒，实现上下游统一建设、统一管理的崭新模式。

3.1.1　统一组织

在本项目BIM标准体系中，明确各参建单位BIM组织架构；定义各参建单位在项目中的角色；规定各参建单位在不同BIM阶段所承担的责任。统一的BIM组织形式为三大建项目带来统一的BIM工作流程，使得不同的参建单位在不同的子项目中具有统一的工作流程，为三大建项目BIM最终的整合提供了先决条件（图1、图2）。

3.1.2　统一标准

三大建筑在集团标准体系下，又特别编制适用本项目的《BIM实施导则》《BIM实施总体标准》《三大建模型精度标准》《三大建项目模型审核要点》《三大建项目工作统一模板》。统一了软件标准、编码标准、数据标准、流程标准、审核标准、交付标准等，规避设计模型和施工模型不一导致不同项目实施阶段重构模型的问题，为最终BIM成果的整合奠定了坚实基础。

3.1.3　统一平台

为避免BIM成果来源混乱的情况，搭建了项目协同管理平台，在标准架构下，设计、施工等参建各

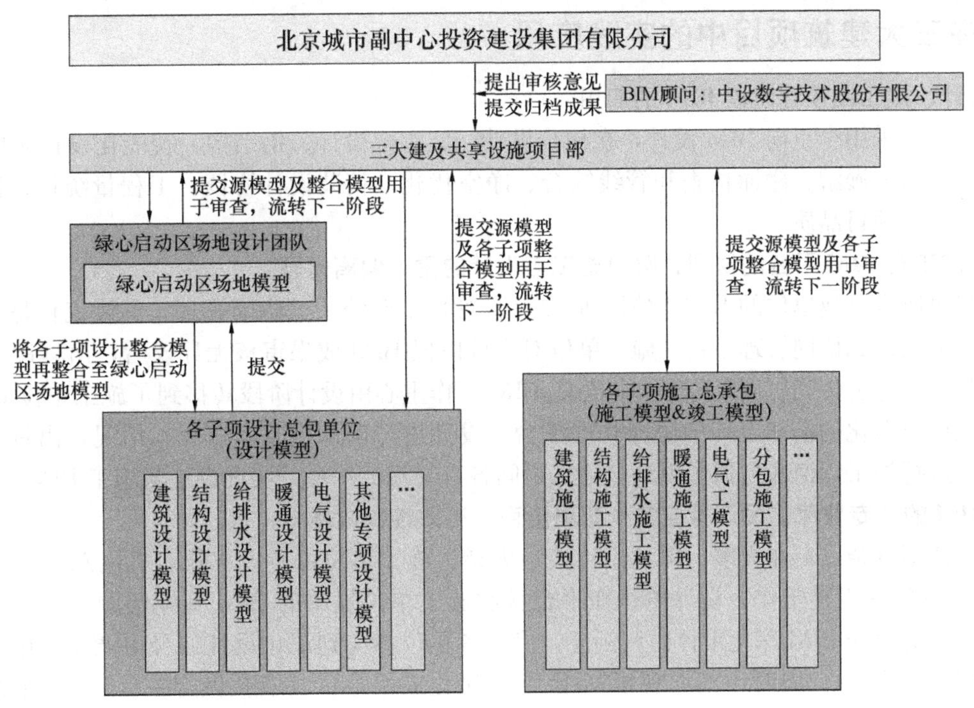

图 1　整体组织架构图

序号	BIM工作内容	代建人	BIM顾问	设计总包单位	专项设计单位	施工总包单位	专项分包单位	监理单位
一	**实施导则编制**							
	BIM实施单位提交BIM实施计划	R	P	M	M	M	M	/
	编制项目施工阶段BIM实施导则	R	M	/	/	P	P	P
	编制项目施工阶段BIM技术标准	R	M	/	/	P	P	P
	编制项目施工阶段BIM评审标准	R	M	/	/	P	P	P
二	**施工阶段**							
	设计模型审查	R	C	P	P	C	C	P
	建模	R	C	C	P	M	M/P	/
	模型更新	R	C	C	P	M	M/P	/
	BIM模型合模	R	C	/	/	M	P	/
	BIM深化设计	R	C	P	C	M	M	/
	BIM深化设计出图	R	C	C	C	A	A/P	C/P
	碰撞检查	R	C	P	P	A	A/P	/
	辅助施工进度管控	R	C	/	/	A	P	C
	施工工艺/工序模拟	R	C	C	P	A	P	C
	涉及施工洽商与变更的模型更改	R/A	C	C/P	C/P	M	M/P	/
	涉及设计洽商与变更的模型更改	R/A	C	M	M/P	M	M/P	/
	辅助安全管理	R	C	/	/	A	P	C
	辅助成本管理	R	C	/	/	A	P	C
	信息化设计管理及成果交付（使用北投集团建设项目协同管理系统）	R	C/A	P	P	A	A/P	/
三	**竣工验收阶段**							
	施工模型更新	R	C	C	P	M	M/P	C
	竣工模型整合	R	C	C	P	M	P	C
	建筑设备竣工信息的添加	R	C	/	/	A	A/P	/
	信息化设计管理及成果交付（使用北投集团建设项目协同管理系统）	R	C/A	A	P	A	A/P	P
注：M = 模型操作主控 MODELING　A = BIM应用主控 APPLY　C = 审核 CHECK　R = 审批 RATIFY　P = 参与辅助 PARTAKE								

图 2　参建单位角色定义

方将 BIM 成果提交至平台，各方也通过平台下载各自需要的 BIM 成果，以此实现模型信息的交互和协作，确保各方收到、发出的文件准确性。

3.2　实现工程资料信息与 BIM 模型无缝挂接，打通数字交付最后一公里

建设单位在充分调研集团、北京市及国内部分建筑 BIM 运维情况的基础上，创新性地提出工程资料与 BIM 模型挂接的新思路，实现数据随着建设过程逐步写入 BIM 模型，实现模型元素与文件的智能挂接，打通数字交付最后一公里，为实现智慧运营打下坚实基础。

4　BIM 在三大建筑项目中的实践应用

4.1　初步设计、施工图设计阶段 BIM 的应用

三大建筑项目采用全正向 BIM 设计，在初步设计、施工图设计、钢结构、智能化设计阶段采用 BIM 技术，进行虚拟仿真漫游、碰撞检查和管线综合、净空优化、精装设计协调、工程量统计、性能化仿真模拟分析等，提升项目品质。

4.2　设计与施工在 BIM 平台的协同，解决施工与设计的重大偏离问题

将三大建筑所有参建单位的 BIM 数据集成在综合管理平台统一、协同管理。具体流程是设计单位将设计完成的模型上传到协同管理平台，施工单位对设计阶段 BIM 成果审核无异议后，出具设计阶段 BIM 模型成果接收单，并上传到协同管理平台，至此 BIM 工作重心由设计阶段转移到了施工单位 BIM 深化设计阶段，施工单位深化的模型上传到协同管理平台，设计进行确认，并审核成本情况，出具确认单，再返回施工单位进行施工，彻底打通了设计与施工之间各自管理的壁垒，实现设计与施工 BIM 协同。

4.3　基于 BIM 的多专业深化设计管控减少变更洽商，有效控制成本

三大建筑造型复杂，专业极多，深化设计接口庞杂。施工单位由专业工长、机电总工、BIM 人员共同参与管综 BIM 深化设计工作，设计单位在平台接收施工单位提出的 BIM 管综问题后，出具成果确认单，建设单位每周召开 BIM 深化设计协调例会，确保各单位参与到深化设计综合协调工作中，及时解决跨专业设计问题（图 3）。同时，施工现场利用 BIM 深化成果，1：1 直接做管综示范段，组织建设、监理、设计、施工共同对示范段进行验收，结果与 BIM 模型完全契合，从真正意义上实现 BIM 指导施工，避免变更、洽商和返工。据不完全统计，通过 BIM 深化设计，节约成本约 1000 余万元，有效控制了成本。

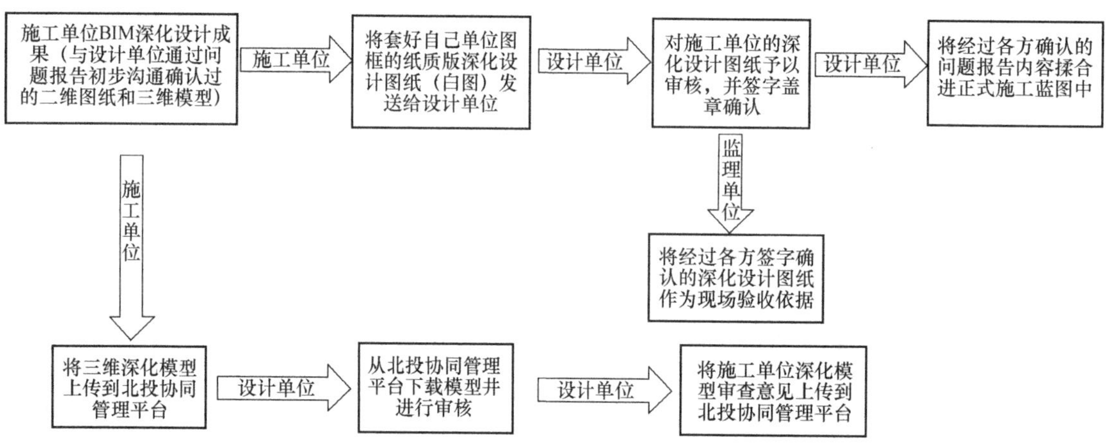

图 3　BIM 深化设计成果确认流程

4.4　全专业 BIM 数字化交付是智慧管理的载体和基础

建设方在施工中抓 BIM 模型的同时，提前调研使用单位、物业运维、智慧管理公司需求，对需要录入模型的设备系统、设备对象、设备编码等信息进行确认。在现有建筑工程资料管理规程的基础上，增加运维需要的数据，将竣工数据信息整理成标准化表单，形成《BIM 运维数据收集范围》下发施工单位，由施工单位、数据采集单位共同指导、协调各机电分包、设备供应商将建筑、机电、设备信息随着工程建设进程，逐一写入 BIM 模型，将不同格式的模型文件轻量化处理转化为 IFC2 * 3 格式，通过软件实现工程资料与 BIM 模型有效挂接，有效解决竣工模型数据信息缺失难题，真正实现基于 BIM 的数字交付（图 4）。

基于 BIM 的数字化交付成果将与楼宇智能、运维平台关联，作为后期项目能耗、物业、设备资产、空间管理的载体与基础。

给排水系统编码				
一级系统	二级系统	三级系统	英文全称	编码
给排水系统	给水系统	P-市政给水	Municipal Water Supply System	MWSS
		P-人防给水	Civil Air Defense Water Supply System	CDSS
		P-加压给水	Pressurized Water Supply	PEWS
		P-太阳能补水	Solar Water Replenishment System	SWRS
		P-直饮水给水	Drinking Water Supply System	DWSS
		P-直饮水回水	Drinking Water Return System	DWRS
		P-蒸汽	Steam System	STES
	热水系统	P-热水给水	Hot Water Supply System	HWSS
		P-热水回水	Hot Water Return System	HWRS
	排水系统	P-压力排水	Pressure Water Drainage System	PWDS
		P-废水	Waste Water Water Drainage System	WWDS
		P-污水	Sewage Water Drainage System	SWDS
		P-通气	Vent System	VETS
		P-压力污水	Pressure Sewage Water Drainage System	PSWS
		P-厨房污水	Kitchen Sewage Water Drainage System	KSWS
		P-蒸汽凝结水	Steam Condensate Water System	SCWS
	中水系统	P-市政中水	Municipal Reclaimed Water System	MRWS
		P-加压中水	Pressurized Reclaimed Water System	PRWS
	循环水系统	P-冷却循环给水	Recirculating Water-cooling Supply System	RWSS
		P-冷却循环回水	Recirculating Water-cooling Return System	RWRS
		P-游泳池循环给水	Recirculating Gutter Supply Systems	RGSS
		P-游泳池循环回水	Recirculating Gutter Return Systems	RGRS
		P-热媒供水	Heat Medium Water Supply System	HMSS
		P-热媒回水	Heat Medium Water Return System	HMRS
	消防系统	P-室内消火栓	Outdoor Fire System	OUFS
		P-室外消火栓	Indoor Fire System	INFS
		P-喷淋	Fire-suppression Sprinkler System	FSSS
		P-气体消防	Gas Fire Extinguishing System	GFES
		P-水喷雾	Water Spray Extinguishing System	WSES
		P-消防水炮	Fixed Fire Monitor Extinguishing System	FFES
		P-雨淋	Deluge Fire-suppression Sprinkler System	DFSS

给排水系统编码　电气系统编码　动力系统编码

给排水系统构建编码		
一类设备		
构件名称	英文全称	编码
水泵	Pump	PUMP
补水泵	Feedwater Pump	FEEP
加压泵	Booster Pump	BOOP
管道泵	Pipeline Pump	PIPP
排污泵	Sewage Pump	SEWP
消防泵	Fire Pump	FIRP
增压水泵	Packaged Booster Pumps	PABP
变速水泵	Variable Speed Water Pump	VSWP
溢流泵	Rain Water Flooding Pump	RWFP
潜水泵	Submersible Pump	SUBP
雨水提升泵站	Rainwater Lifting Pump Station	RLPS
污、废水提升器	Sewage Lifter	SEWL
隔油提升一体化设备	Oil Separation And Lifting Integrated Equipment	OSIE
气压罐	Air Pressure Tank	AIPT
软化水装置	Domestic Water Softener	DOWS
定压补水装置	Feedwater And Pressurization Device	FAPD
水箱	Water Supply Tank	WSTK
直饮水处理机组	Direct Drinking Water Treatment Unit	DDWU
饮水器	Water Dispenser	WAED
电热水器	Electric Water Heater	ELWH
太阳能集热器	Solar Heating Equipment	SOHE
壁挂式电热水器	Wall Electric Water Heater	WEWH
即时加热器	Instant Heater	INSH

图 4　BIM 机电系统、设备编码表

参 考 文 献

[1]　葛清，赵斌，何波. BIM 第一维度——项目不同阶段的 BIM 应用[M]. 北京：中国建筑工业出版社，2013：168-178.

[2]　王曦，张洪伟，于英汉，等. BIM 技术在大型商业综合体项目中的应用[J]. 土木建筑工程信息技术，2018，02：21-23.

[3]　郭曾. 4D-BIM 非模型化工作空间冲突分析模型及方法研究[D]. 武汉：武汉理工大学，2018.

[4]　张洋. 基于 BIM 的建筑工程信息集成与管理研究[D]. 北京：清华大学，2009.

[5]　BIM 深化设计，三阶段七大步[EB/OL]. (2018-02-07)[2021-06-08]. http：//www. qianjia. com.

[6]　BIM 技术在运维阶段的应用有哪些[EB/OL]. (2017-03-28)[2021-06-28]. http：//www. bimcn. org.

BIM伴随设计在珠海规划科创中心项目中的应用

罗　丹，逄淑萍，迟　航，罗　梦

（珠海市规划设计研究院，广东 珠海 519000）

【摘　要】以珠海规划科创中心项目为依托，在设计全阶段采用BIM技术与常规设计同步进行的"伴随设计"理念，在不同的阶段介入不同的BIM应用内容，对空间布设复杂的坡道、管综[1]、管道井、设备房等位置进行了有针对性的优化设计，定位清水混凝土中的预埋套管，有效减少错、漏、碰、缺等情况，提高了设计效率和质量，降低了设计变更的可能。利用BIM模型出管道综合图纸和预留套管图纸，用于指导施工，提高设计质量。

【关键词】BIM；伴随设计；管线优化；管综出图；清水混凝土；空间优化

1　引言

作为建筑数字化的关键技术，BIM技术在发达国家取得了较大的进步和成果，但在发展中国家还未被建筑行业相关者充分利用。目前，由于普遍被高度压缩的设计周期、配套软件应用不足[2]、审图机制等各种复杂的因素，BIM无法完全实现全生命周期正向设计，更多用于施工图"翻模"[3]，模型滞后于设计，既增加了自身的工作量，又未能收到较好的效益，完全违背了BIM技术的初衷[4]。本文以珠海规划科创中心为依托，提出"BIM伴随设计"的方法，尝试改善BIM设计"慢半拍"的现状。

2　工程概况

珠海规划科创中心项目位于广东省珠海市香洲区健民路东侧、香华路南侧，北林体育中心，南临潮联学校。周边最高建筑为60m。项目用地现状无原有建筑，地形平坦，作为临时公共停车场用地。该项目用地面积11245.96m^2，总建筑面积81390.84m^2，计容积率建筑面积67474.56m^2。其中，新型产业建筑面积47474.5m^2，社会停车库建筑面积22000m^2。地下建筑面积14309.36m^2。地下两层，地上共二十二层，底部五层为裙房。

为呼应城市特色，本项目建筑设计考虑滨海城市特色，具有轻盈灵动的感染力（图1）。充分考虑与周边区域，特别是基础设施、公共配套设施等方面的关系（图2），体现宜居城市环保、和谐、时尚的发展理念。此外，因本项目位于市中心，为体现旅游城市环境友好，体现绿色建筑和健康建筑理念，设计选用清水混凝土作为建筑的主要材料。

因采用清水混凝土，所有孔洞都需要提前设置预埋套管，不允许后期打洞和拆改。此外，纵横交错地下两层、地上五层的车库让设计师在设置坡道时十分困难。由于常规的二维制图难以反映三维空间关系，各专业仅在二维图纸上进行专业间的综合，容易造成空间不美观，净高不满足要求，不同专业间冲突，管线、预埋件无法精准定位等问题。

【基金项目】广东省住房和城乡建设厅科技计划项目（2020-K4-315671，2020-K4-534762），珠海市社会发展领域科技计划项（ZH22036205200004PWC，ZH22036205200004PWC），珠海市产学研合作项目（ZH22017001200149PWC）

【作者简介】罗丹（1991—），女，建筑设计师/工程师。主要研究方向为BIM正向设计。E-mail：736073908@qq.com

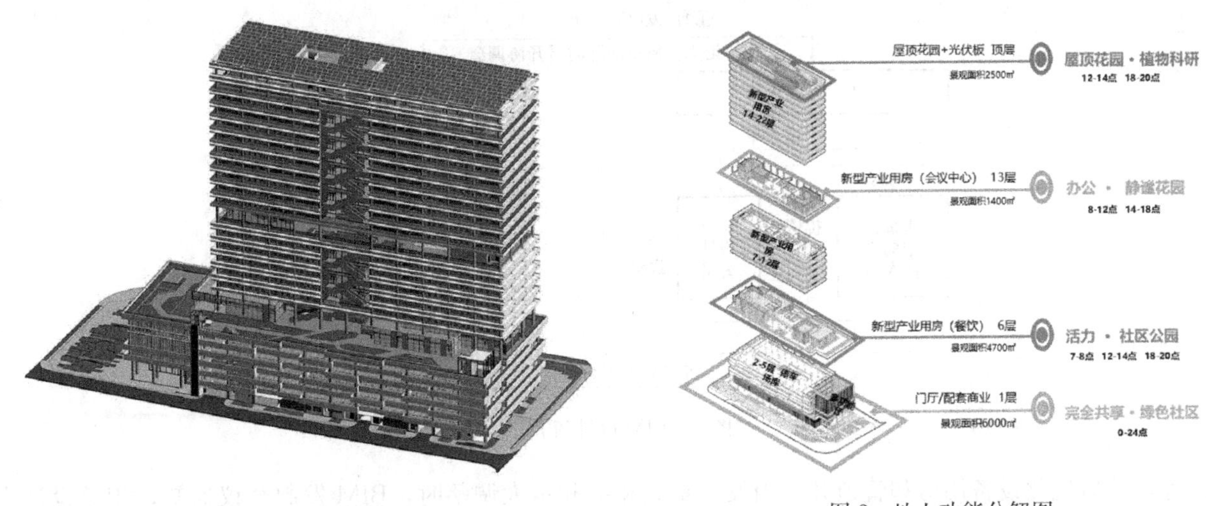

图 1　地上整体模型

图 2　地上功能分解图

BIM 技术通过三维虚拟建造，在模型中推敲设计，能有效解决该问题，但由于本项目设计周期和施工周期都十分紧张，若按照常规 BIM 流程，待施工图完成后，再通过 BIM 对设计进行优化，优化的内容无法及时反映到图纸。

3　BIM 设计方法

3.1　BIM 设计思路

在需要 BIM 介入设计的前提下，由于 BIM 正向设计受软件技术、建筑行业信息化、分配制度等因素的制约，难以真正实施，则退而求其次，采用半正向设计，也就是"伴随设计"。"伴随设计"的思路是让 BIM 设计和常规设计同时进行，设计人员一边做设计，BIM 人员快速通过三维建模检查设计的合理性，发现问题后及时反馈设计，落实解决办法并修改图纸，保证项目的质量。

但由于 BIM 模型基于图纸搭建，始终滞后于设计，因此对模型的时效性要求高。而 BIM 模型的搭建因其本身的复杂性，耗时较长，要解决这一问题，就需要一套合理的与设计人员配合的方法，将滞后的时间控制在合理范围内。

3.2　BIM 设计流程

项目开始前，构建如图 3 所示的组织框架，设置各自专业的负责人对项目质量进行第一次把关，各专业之上设置土建和管综负责人对项目质量进行二次把控，最后由项目负责人进行查漏补缺，保证 BIM 能最大程度解决设计的不足。此外，本项目单独设置视频制作员和文件管理员，让 BIM 工作能更加有序地开展。

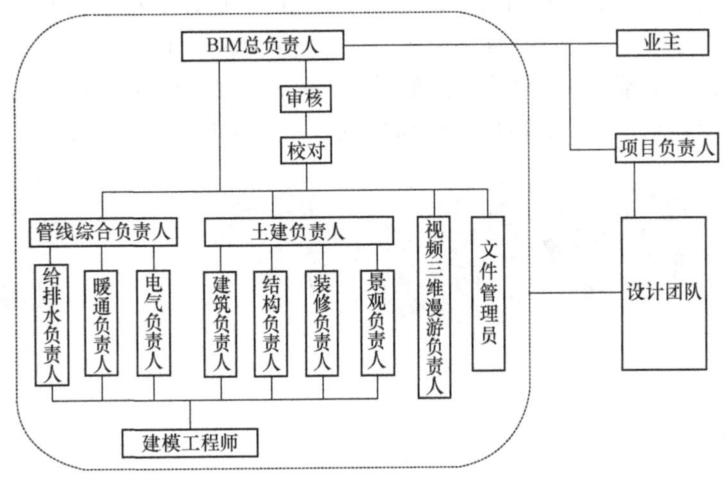

图 3　BIM 组织框架图

在建筑、结构专业提条件图给设备专业时，同步提资给 BIM 专业，如图 4 所示，土建各专业 BIM 人员以此为基础开始搭建土建模型，对其进行冲突检测并记录问题报告。模型搭建好之后，土建负责人对整体模型进行二次冲突检测，确保项目的设计质量。

在设备所有专业的图纸基本完成，各系统基本完善时，项目负责人将设备条件图与各空间净高要求提资给 BIM 专业（图 4），设备各专业按照图纸完成各专业模型后，以层为单位，进行管综优

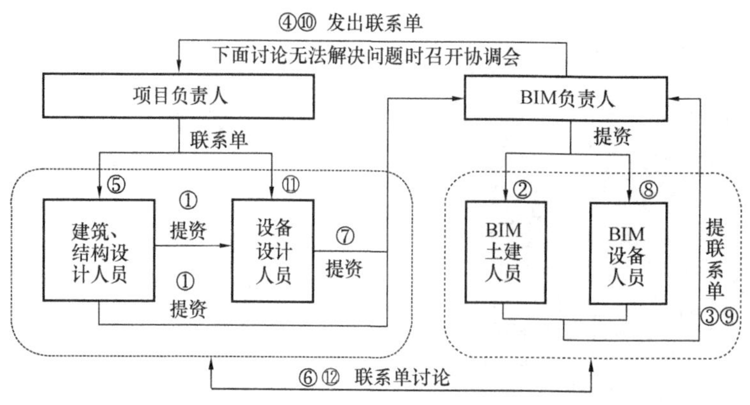

图 4　BIM 设计流程图

化设计，然后优化设备用房和管道井。当发生重大碰撞和重大调整时，BIM 发起会议通知，相关设计人员和负责人参会讨论，落实解决问题[5]。

由于项目对 BIM 模型的时效性要求非常高，所以在整个 BIM 设计前期，仅有针对性地对重点部位进行建模分析，待项目完成后，再完善模型细部，进行查漏补缺。此外，在设计过程中，若有重大修改，项目负责人将提资给 BIM 专业，避免反复建模，提高工作效率。

4　BIM 伴随设计实践

4.1　坡道空间优化

本项目存在大量的汽车坡道。常规设计流程，主要通过 SketchUp 建模对建筑造型进行推敲，以 CAD 和天正为主的平立剖图纸设计表达[3]，无法准确把控复杂坡道的空间关系。设计人员在布置好坡道位置后，BIM 人员根据图纸一天内即可构建坡道的三维空间模型，对净高进行分析和优化，将意见及时给到设计人员，预留足够调整方案的时间。

如转折坡道在坡道纵横交错处，转折坡道在二维分析时烦琐且无法结合超高分析。在 BIM 模型中设置坡道直线缓坡坡度为 7.5%。直线坡坡度 15%，转角处的弧线坡度为 12%，通过软件自带的最小净距检测功能，简单直观地找到 1F 二号坡道上方最不利处净高为 1.855m，无法满足设计 2.2m 的净高要求。在模型中通过调整起坡位置和上层空间的边界线，使得净高满足设计要求。

4.2　土建优化设计

当建筑结构专业提资给设备专业时，BIM 根据此条件图构建土建模型，检查使用空间的合理性、舒适性和美观性，对设计进行优化调整。为减少 BIM 滞后对设计周期的影响，此阶段土建模型仅建立主要的墙、梁、板、柱和门窗洞口，大约耗时一周，能在设备反提条件前完成 BIM 的土建第一次优化报告。如 1 号坡道一、二层新型产业用房处坡道梁位于半空如图 5 所示，建议结构增加转换梁、柱实现坡道梁的支撑；框架梁横跨坡道中间如图 6 所示。常规设计难以在平面图上发现此类由于结构带来的问题，后期的拆改影响工期和成本，通过 BIM 模型，可以很直观地检查出，提前进行调整。

图 5　坡道梁凸出大厅示意

图 6　梁下空间不合理示意

4.3　管综优化设计

常规设计管综二维叠图，无法定位具体的管线位置，需施工单位自行调整。不但可能净高不够，也可能排布不美观。BIM 介入于水、暖、电三个专业的所有系统基本完善时，通过对所有专业的系统分析和叠图，找出空间最复杂的关键位置。设备各专业人员花 3～5 天翻模，管综人员花 2～3 天对关键性位置进行分析和优化排布[6]。有针对性的优化，使得本项目几乎可以和设计人员无缝对接，避免了大量后期可能会出现的问题，共计发出管综联系单 27 条。

如地下 2 层电梯井处，通过三维空间排布发现，原设计需穿越两处人防墙体且柱帽下排布空间不足，现优化至电梯厅吊顶内敷设，节约套管一组；塔楼多专业管线进核心筒，充分考虑预留预埋，修改梁高，并结合清水混凝土装修设计。

4.4　管道井优化

在常规设计流程中，设计人员很少对井道的管线进行排布，因此 BIM 在排布前会对所有管道的二维图纸进行梳理，整理联系单与设计人员确认井内管线的设计要求。当井外管线基本优化完成时，在 BIM 的可视化指导下，根据管道系统的功能需求，合理控制水平管标高及立管间距，充分考虑管线进井道处的水平管道，减少预留预埋，最大程度考虑清水混凝土的美观性，某管道井排布情况如图 7 所示。

图 7　管道井模型

4.5　设备房优化

设备机房种类繁多，设备重量大，管线排布错综复杂，机房施工工期短，对施工质量和安装后的现场视觉效果有极高的要求，所以在机电安装工程中，设备机房的安装施工常常是工程施工的重难点之一。与管道井的优化类似，设备房的优化在外部管线优化完成后进行。

如在湿式报警阀间，原图纸管道走向为原图纸管道排布：⑧⑨⑩号管下翻，避让①②③④号管道，⑧⑨号管中心高度为 $H+2.700$m，⑧⑨管底净高 $H+2.600$m；⑮号管中心高度为 $H+2.300$m。通过 BIM 三维空间模型，可以直观看到其整体空间排布较乱。经过在 BIM 模型里推敲和排布，管综优化建议把⑧⑨⑩号管上翻，避让①②③④号管道，⑧⑨号管中心高度为 $H+3.220$m，①②③④号管底净高 $H+2.900$m；⑮号管中心高度为 $H+3.100$m。优化后的设备房整齐美观，如图 8 所示。

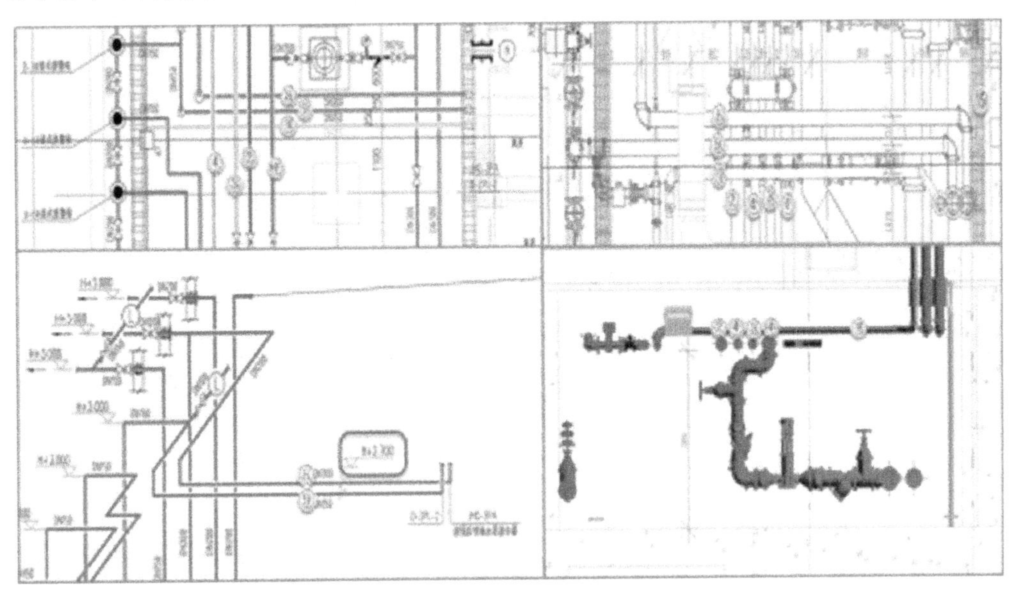

图 8　湿式报警阀间模型

5 结论

（1）在 BIM 正向设计推进困难的情况下[7]，通过 BIM 与常规设计同步进行的伴随设计方式，可辅助设计优化图纸，减少错、漏、碰、缺，减少施工阶段的设计变更，节约项目成本。

（2）对坡道空间复杂的项目，在设计人员确定好坡道位置时，BIM 即可介入对坡道进行建模和分析，与设计人员同时开展工作，可以让设计有足够的时间根据 BIM 的意见优化方案。

（3）通过将不同的 BIM 内容应用于不同的时间点[8]，有侧重性地解决问题，能最大程度发挥 BIM 的作用，切实解决设计的问题，同时解决 BIM“慢半拍”所带来的不良影响。

参考文献

[1] 张安程. BIM 在管线设备安装中的应用—以工业厂房为例[J]. 住宅与房地产，2020，01：244-245.

[2] 丁晨. 推进 BIM 应用正向设计的难点问题探讨[J]. 四川建材，2021，47(4)：46-47.

[3] 杨荣华，张冀. 中国式 BIM 悖论——谈谈"正向设计"[J]. 建筑技艺，2020，26(12)：88-93.

[4] 曾旭东，周鑫，张磊. BIM 技术在建筑设计阶段的正向设计应用探索[J]. 西部人居环境学刊，2019，34(6)：119-126.

[5] 焦柯，陈少伟，许志坚，等. BIM 正向设计实践中若干关键技术研究[J]. 土木建筑工程信息技术，2019，11(05)：19-27.

[6] 蔡财敬. 商业项目 BIM 管综优化设计分析[J]. 洁净与空调技术，2019(04)：71-75.

[7] 陶桂林，马文玉，唐克强，等. BIM 正向设计存在的问题和思考[J]. 图学学报，202，041(4)：614-623.

[8] 房金龙. BIM 技术在住宅地库项目设计施工中的应用[J]，中国市政工程，2020，10(5)：74-78.

BIM技术在投标工作中的应用

孔　巍，胡先训，周冀伟，马琦越

（中国建筑一局（集团）有限公司，北京 100089）

【摘　要】建筑行业飞速发展，已进入到了一个日新月异的信息化时代。住房和城乡建设部在“建质综函（2019）4号”文中提出重点工作之一是推进BIM技术集成应用。今年更是将BIM纳入《建设项目工程总承包合同》，意味着BIM技术将广泛应用于建筑工程中，施工企业将在建造关键环节中加大BIM技术应用，BIM将持续引领建筑信息化技术发展。进一步推进BIM技术在设计、施工和运营维护全过程的集成应用。BIM是工程建设转型升级的必由之路，也是工程建设发展的主要潮流。

【关键词】招投标；BIM技术；模型；进度模拟；平面布置

1　引言

目前许多大型建设项目普遍采用BIM技术，BIM应用在招标、投标和评标各个环节都有所体现，BIM技术的应用，提升了企业解决技术问题的能力。建筑业长期停留在2D的建造技术阶段，很多问题得不到及时发现，第一时间给予解决，造成工期损失和材料人工浪费，BIM技术有极强的能力提升问题发现能力和解决能力。

2　BIM在投标工作中的发展趋势

2020年《中国建筑业发展报告》中深度剖析了目前建筑行业的数字化发展现状，指出受访企业有50%在工程招投标阶段应用了数字化技术，36.29%在竣工备案阶段应用了数字化技术，24.19%在施工监管阶段应用了数字化技术，从数据不难看出，在招投标阶段数字化应用最为普遍，BIM作为新型建筑行业的数字化代表，将在今后的招投标工作中有着更深更广泛的应用，今年更是将BIM纳入《建设项目工程总承包合同》，进一步推动了BIM技术在施工行业的落地应用。

3　BIM在投标工作中的应用现状

目前BIM技术还处于发展阶段，尽管在投标工作中的应用逐渐广泛普及，但仍面临着诸多问题与挑战。

1）BIM投标体系未统一，工具性、系统化、平台化的信息技术越来越多，随着BIM技术的普及，需要以BIM技术数据替代大量的手工填表与核对，用BIM模型打通管理专业之间的隔阂，以BIM模型为工程信息集成的载体，但目前软件平台、标准尚未统一，评价体系难以形成规范化。

2）技术、专业与综合能力要求高，投标人员需了解BIM相关软件、标准、平台，并需要熟悉BIM应用范围和内容；熟悉各项工程管理基础知识；熟悉开发及服务的工作量和费用。需精通BIM招标的特点和合同履约难点，投标模型一般来自接收业主或设计单位已建立的工程BIM模型或投标单位自行建立BIM模型，投标工作在招标文件下达后，标书编制时间较紧，难以在较短时间内建立出高质量模型，并且还需在短时间内对所有图纸，工艺了解透彻，对投标方来说，在这么短的时间内充分响应招标要求是BIM技术在投标工作中的巨大挑战。

3）新技术、新工艺，可借鉴经验少，信息技术日新月异，是当今社会更新变化最快的技术之一，很

【作者简介】孔巍（1984—），男，高级工程师。主要研究方向为房屋建筑。E-mail：752591218@qq.com

多项目属于创新技术，没有经验可供参考，即使是可借鉴的案例，也有可能面临新技术迭代的问题。如二维的管理系统面临可视化技术的替代，如何处理投标方案制作时间短和BIM投标阶段的人才紧缺之间的矛盾，是BIM技术应用于投标工作中的又一大挑战。

4）应用深度不同，招标文件要求偏差巨大，基础性应用招标条件限于建模标准、软件、模型及常规要求：系统性应用还需明确服务范围、管理模式、综合平台、专业要求、验收标准、软件与数据权属等招标与合约要求。数字化应用除上述招标条件外，还需约定数字化处理技术、与项目管理和运维管理等系统的数据接口方案。

4　BIM在投标工作中的应用价值

4.1　预估工程量制定投标报价策略

由于投标时间比较紧张，难以根据招标文件及图纸高效、灵巧、精确地进行工程量计算。传统模式中步骤比较繁杂，逐一的人工计算容易出现各种问题，甚至有些数据审核不到位，会造成资料的遗漏等情况，而且越来越多的工程项目体量大、复杂结构多，工程量计算难度越来越大，快速、准确地形成工程量清单成为招投标阶段工作的难点和瓶颈。BIM技术的应用，可以准确得到工程量信息、材料信息、成本信息、进度信息等方面的信息，极大地降低了工程量计算的难度，根据BIM模型可以快速准确地预估工程量，与招标文件的工程量清单比较，可以制定更好的投标报价策略。

劳动力、机械设备、周转材料等施工资源的配置是涉及工程正常施工和成本控制的重要环节，通过BIM的工程量自动统计特性可以很方便和准确地统计出工程量，从而准确配置施工资源，或达到施工资源均衡组织的效果。因基于BIM模型的工程量统计有可靠的数据来源，可有效提高业主和评标专家的认可度。也可基于BIM模型，对投标阶段拟投入的人力、材料、机械进行反向计算和定量分析，验证资源满足施工需要。

4.2　优化投标方案

1）合理编排资源投入计划，基于BIM模型，对拟投入的人力、材料、机械进行反向计算和定量分析，以确保在满足施工需要的前提下合理配置资源，将BIM模型，结合进度计划形成各阶段的人、材、机的需求信息，合理配置劳务人员和机械材料，辅助编制科学合理的资源投入计划（图1、图2）。

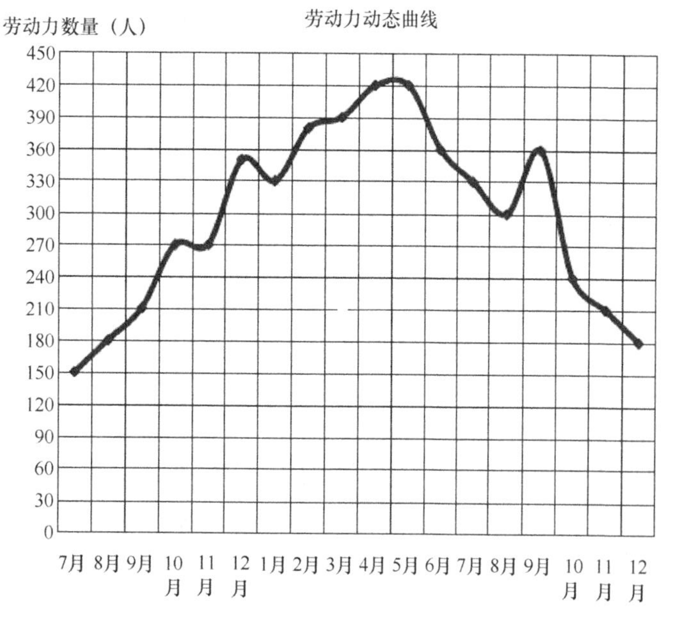

图1　优化后的劳动力曲线

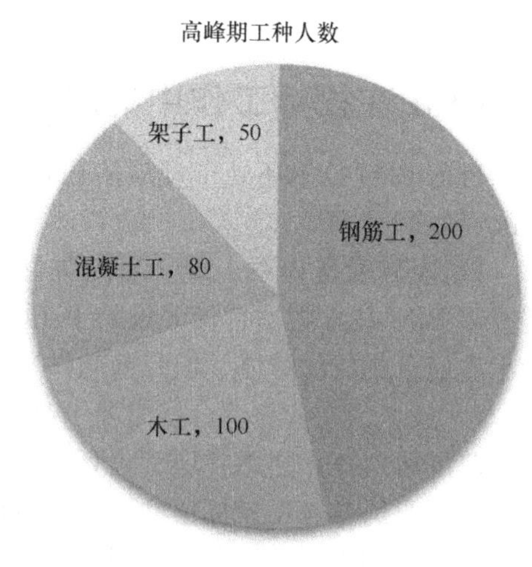

图2　高峰期工种人员比例

2）施工机械设备比选模拟，模拟施工现场，在工程模型中加入塔式起重机等大型施工设备，并基于模型的可优化性对设备布置方案进行比选。可从模型中直接提取塔式起重机等设备各项参数和性能指标，形成附表附在方案中，充分体现设备方案的可信度和说服力。

通过 BIM 和虚拟现实技术进行施工方案的优化，大大降低施工过程中错误和变更的可能。利用 BIM 模型及其包含的各种工程信息，以直观的表现、准确的数据和精细的方案，清晰充分地向业主表达施工策划。

图 3 BIM 施工场地部署

4.3 三维优化布置各阶段施工平面

在投标方案中，以 BIM 化的形式对各个施工阶段施工平面进行合理布置分析场地利用率，包括道路、材料堆场、生产、办公、生活等临时设施进行设计，使施工平面布置有条理，减少占用施工用地，同时做到场容整齐清洁，道路畅通，符合防火安全及文明施工的要求，并核算临建清单报价。在模型中虚拟布置绿化设施和降噪设施，定义环境监控设备的规格、安装位置、安装时间，错开材料堆放点和大型机械可能影响到的位置，在保证项目环保绿化达标的同时控制绿化成本，减少浪费（图 3、图 4）。

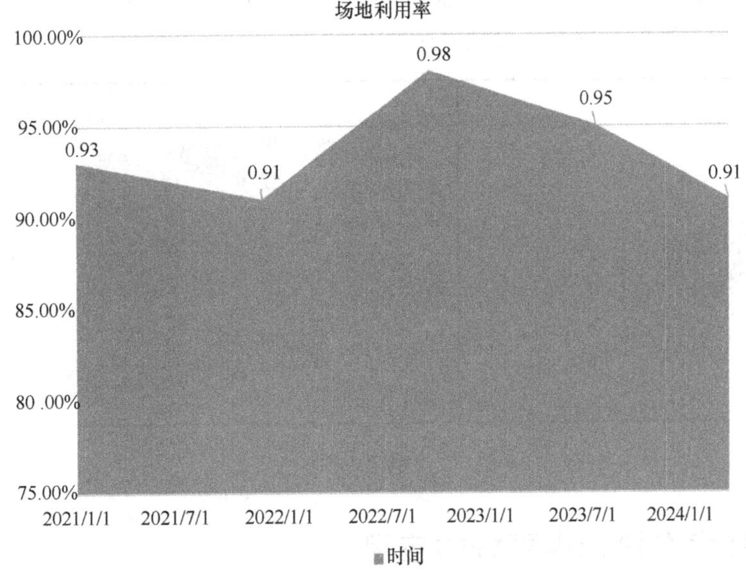

图 4 BIM 技术分析各阶段场地利用率

4.4 预知危险源保证投标方案可行性安全性

基于 BIM 模型，提前找出安全隐患，对于洞口、临边和基坑等进行安全防护模拟，利用 BIM 技术优化施工通道，进行参数化设计。对于临水临电优化排布，以三维模型直观展示，预知危险源，制定相关应对措施优化方案，使投标方案具有可行性（图 5）。

4.5 辅助编排进度计划

施工组织部署和进度计划为了清楚地介绍工程施工的步骤，各个分区的施工顺序，以及各个重要里程碑节点工程的形象进度和相关专业的进展程度，利用 BIM 模型的三维可视化特性，将重点工程施工阶段表现出来，用一系列的三维形象示意图（即施工工况，或者进度节点）展示各阶段工程形象进度。

为提高表现力，可将 BIM 模型导入相关软件进行施工进度模拟，三维可视化功能再加上时间维度，可以进行可视化的施工过程模拟，以分析不同阶段的施工作业分析，合理组织流水施工。对于某一复杂节点或施工工艺，可以进行工艺动画制作，模拟施工过程细节，优化投标方案，直观展示施工工艺过程。

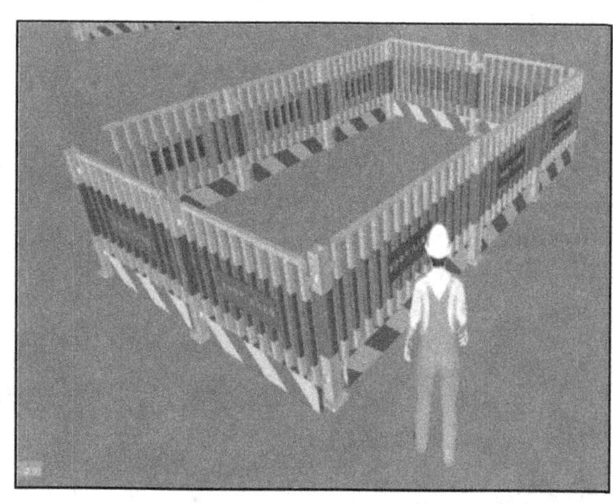
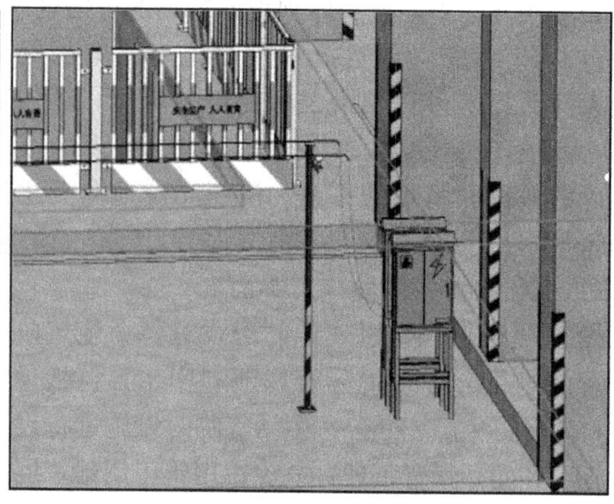

图 5　安全隐患分析

4.6　可视化虚拟样板展示工艺做法

根据投标图纸，制定专项施工方案，以三维模型直观展示相关工艺做法，形成质量虚拟样板，增强投标方案指导性与可行性，对复杂工序进行分析，将复杂部位简单化、透明化，提前模拟方案编制后的现场施工状态，对现场可能存在的危险源、安全隐患、消防隐患等提前排查，对专项方案的施工工序进行合理排布，有利于投标方案的专项性、合理（图 6）。

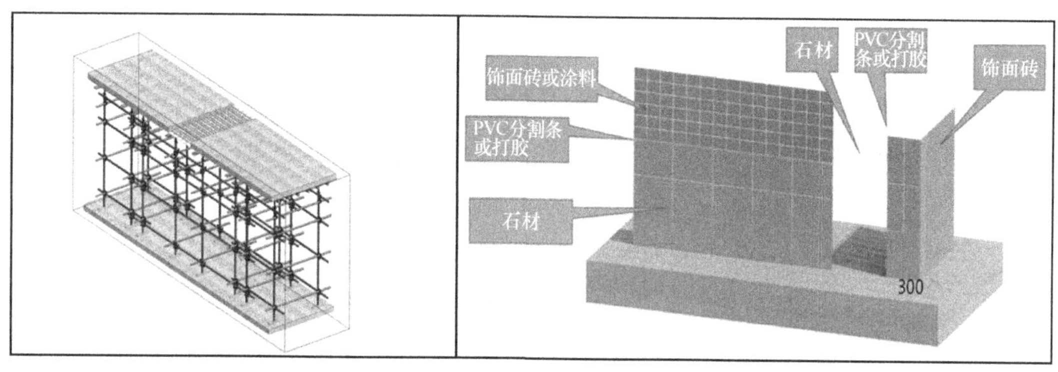

图 6　可视化虚拟样板

5　如何让 BIM 技术在投标中更好的应用

5.1　需要政策文件推动

近年来，国家出台了一系列政策推动 BIM 技术在建筑行业的全过程应用，充分体现了 BIM 在建筑施工中的重要性只有得到政策的支持、推广和普及，BIM 技术在建筑工程的全过程全寿命期中才能得到真正的应用，BIM 技术才能贯穿整个建设工程的招投标工作，基于 BIM 技术的招投标工作才能得到稳步发展。

5.2　建立统一标准体系

截至目前，住房和城乡建设部已相继发布《建筑信息模型应用统一标准》GB/T 51212—2016、《建筑信息模型施工应用标准》GB/T 51235—2017、《建筑信息模型设计交付标准》GB/T 51301—2018，各省住房和城乡建设厅也相继出台相关标准，可以看出国家及各级地方政府正在积极建立 BIM 技术标准体系。完善的 BIM 技术标准体系应包含 BIM 技术的收费标准、模型标准和应用标准，并配有相应的政策支持与考核。只有完善 BIM 技术标准体系，才能让 BIM 技术在投标中发挥更好的作用。

5.3　软件协调统一

BIM 技术的硬件、软件费用昂贵，使用成本较高也限制了 BIM 在招投标工作中的应用，同时由于

BIM 软件种类繁多，软件之间使用规范不统一也大大阻碍了 BIM 的实际应用，打破软件间互通的障碍，建立起统一的软件体系，同时降低软件价格，减轻 BIM 实施成本，并且统一软件之间的规范，也是将 BIM 技术更好地应用到招投标阶段的有效途径。

5.4 人才培养建设

推动 BIM 技术的应用、普及和发展，离不开人才培养，加强人才队伍建设是当务之急。笔者就 BIM 技术人才培养建设提出几点建议：①可以在高校以 BIM 能力培养为主构建相关课程体系；②可以将 BIM 纳入专业技术人员资格考试计划，像建造师、造价师一样，建立 BIM 工程师执业资格制度等。

6 总结

任何行业的发展都必然是一个充满变革与创新的过程。BIM 技术的应用势必对传统投标的思维惯性、运作模式以及规则体系带来巨大的冲击。未来 BIM 技术的全面应用，将大大提高建筑工程的集成化程度，提高各参建单位的工作效率和协作化程度，极大地促进建筑行业的科技进步和信息化。

参考文献

[1] 沈斌. BIM 技术在建设工程中招标的应用[J]. 建筑工程技术与设计，2018(13)：553.
[2] 娄中华. 当前建设工程领域招投标中存在的问题及对策[J]. 中外企业家，2014(13)：51-53.
[3] 刘智勇. 浅析我国当前建设工程招投标存在的问题及对策[J]. 山东工业技术，2017(04)：94-95.
[4] 陈松年. BIM 技术在建筑工程投标过程中的应用简述[J]. 装饰装修天地，2020(03)：85-86.

浅谈BIM在绿色建造中的应用

胡先训，周冀伟，孔　巍，马琦越

（中国建筑一局（集团）有限公司，北京 100089）

【摘　要】 在建筑工程朝着数字化、智慧化发展的背景下，绿色建造是具有节能环保等特征的新型工程建筑施工理念，BIM技术作为一种建筑信息的模型应用手段，与绿色建造在时间维度上存在一致性，在核心功能存在互补性，将BIM技术应用到绿色建造中，有助于提升绿色造过程中环保与资源的集约能力，推动绿色建筑设计整体的转型升级。

【关键词】 BIM技术；绿色建造；新技术；建筑信息模型；可持续发展

1　导语

绿色建造是指工程建设中，在保证质量、安全等基本要求的前提下，通过科学管理，最大限度地节约资源并减少对环境负面影响的施工活动，实现节能、节地、节水、节材和环境保护。绿色建造是可持续发展思想在工程施工中的应用体现，绿色施工技术并不是独立于传统施工技术的全新技术，而是用"可持续"的眼光对传统施工技术的重新审视，是符合可持续发展战略的施工技术。同时，绿色建造作为建筑全寿命周期中的一个重要阶段，是实现建筑领域资源节约和节能减排的关键环节。

2　绿色建造引入BIM技术的重要性

2.1　实施绿色施工带来的效益

实施绿色建造，有助于提高企业的管理水平，有助于企业技术创新，提高企业竞争力 。随着建筑业的发展和人们对于环境保护意识的日益增强，施工过程中的资源浪费现象和施工活动所造成的环境污染问题也越来越为人们所重视。不断加强施工环境管理，改进施工工艺、使用环保材料减少资源浪费和环境污染、实施绿色施工是施工企业所要追求的目标，也是施工企业的社会责任。采用绿色施工技术，可以减少在建筑施工中对社会、自然环境的污染破坏，遏制资源的不必要浪费，使得自然环境与社会环境可以得到合理的利用，促使在城市发展进程中节能环保，为城市居民奠定良好的生活环境与社会环境的基础。

2.2　绿色建造面临的问题与挑战

目前建筑行业竞争激烈，多数企业与项目将工期与创效作为核心考量，忽略了环境保护与资源的集约，在传统思维中，开展绿色施工即为增加投入，增加成本，导致绿色建造理念难以深入项目。

绿色施工策划不到位，绿色施工意识淡薄，现场管理人员及施工人员绿色施工认识不够深刻，加上一线施工作业人员受教育程度不高，没有专业、系统的培训，造成了施工过程中对于节约资源和环境保护意识的缺乏和绿色施工操作性的缺失。

物料浪费严重，难以形成精细化管控，目前施工现场上报材料用量（例如钢筋、混凝土、模板和钢管等）往往报多不报少，优先保证施工进度，导致材料剩余，增加了项目成本。

返工较多，依据传统二维图纸进行施工，特别多专业、多工种交叉作业，难以在施工之前发现结构管综等一系列碰撞问题，造成返工，增加了时间、人力和经济成本。

【作者简介】 胡先训（1993—），男，BIM经理。主要研究方向为建筑工程。E-mail：649063658@qq.com

2.3 绿色建造中引入BIM技术的优势

针对目前绿色建造面临的问题与挑战，将BIM技术应用到绿色建造中，以BIM技术在施工场地规划中的应用为例，根据施工不同阶段的资源需求和施工特点创建与规划场地布置BIM模型（地基与基础阶段模型、主体结构阶段模型、装饰装修阶段模型）。基于施工场地布置BIM模型，合理利用有限的空间，对施工场地布置中难以量化的潜在空间冲突进行分析排除，提高建设用地利用率，同时基于BIM模型进行现场施工精细化布局管理，通过虚拟场地漫游与施工模拟，合理安排工作面，充分利用共有的机具资源并排除潜在的空间冲突等。

绿色施工强调的目标之一就是“资源”，以BIM技术应用辅助为出发点，依据绿色施工方案，建立施工废水循环再利用BIM模型、防尘喷洒管线模型等各类绿色施工模型等，其绿色施工用BIM模型的精细程度应能指导现场施工。通过BIM模型进行自然采光和人工照明模拟，计算不同类型照明设备的用电量、采光系数、照度和亮度，精确量化项目绿色施工的资源节约数据。通过BIM模型进行能效分析，计算可再生能源（风能、光伏、太阳能采暖供热等）生产量、节能效益、减排量，指导项目绿色施工方案的选定。

3　基于BIM技术的绿色建造应用效果

3.1　节地

3.1.1　场地分析

场地分析是研究影响建筑物定位的主要因素，是确定建筑物的空间方位和外观、建立建筑物与周围景观联系的过程。对现场及拟建的建筑物空间数据进行建模分析，结合场地使用条件和特点，做出最理想的现场规划、交通流线组织关系。利用计算机可分析出不同坡度的分布及场地坡向建设地域发生自然灾害的可能性，区分可适宜建设与不适宜建设区域，对前期场地设计可起到至关重要的作用。

3.1.2　场地平面布置

通过三维场地布置，更加合理的规划和布置施工现场临设、施工道路等，便于更好地检验施工场地布置中道路、机械、车辆、消防等的合理性，促进项目节能、节地、节水、节材和环境保护。

建筑施工是一个高度动态的过程，随着建筑工程规模不断扩大，复杂程度不断提高，使得施工项目管理变得极为复杂。施工用地、材料加工区、堆场也随着工程进度的变换而调整，BIM的4D施工模拟技术可以在项目建造过程中合理制定施工计划、精确掌握施工进度，优化使用施工资源以及科学地进行场地布置。

3.1.3　土方开挖

利用场地合并模型，在三维中直观查看场地挖填方情况，对比原始地形图与规划地形图得出各区块原始平均高程、设计高程、平均开挖高程。然后计算出各区块挖、填方量（图1）。

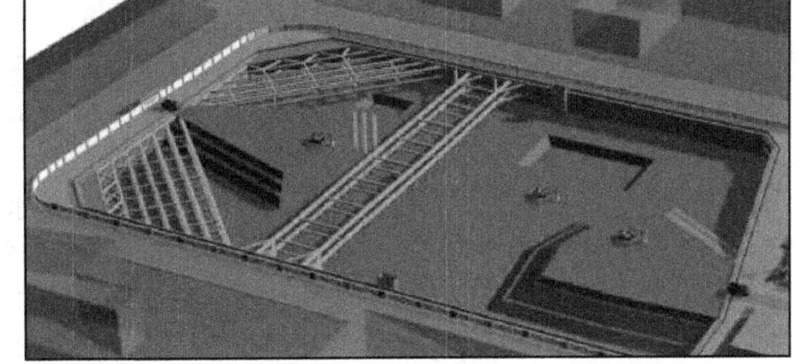

图1　土方开挖模型

3.2　节材

从绿色“材料”到BIM应用，当科技与现实更具创新性地、更实在地结合于一体之际，绿色建筑已经不是一个梦。具体从以下几个方面体现：

3.2.1　管综优化节约创效

利用创建的土建、机电BIM模型集成，进行碰撞检测，并对碰撞进行分析，同时结合规范及现场施工要求，进行管线综合优化设计调整，特别是管线比较密集的区域，提前做好规划，避免出现因不满足要求而出现拆除返工。

综合管线设计及管网综合排查，目前功能复杂、大体量的建筑、摩天大楼等机电管网错综复杂，在大量的设计面前很容易出现管网交错、相撞及施工不合理等问题，以往人工检查图纸比较单一不能同时检测平面和剖面的位置。

BIM软件中的管网检测功能为工程师解决这个问题。检测功能可生成管网三维模型，并基于建筑模型中。系统可自动检查出“碰撞”部位并标注，这样使得大量的检查工作变得简单。空间净高是与管线综合相关的一部分检测工作，基于BIM信息模型对建筑内不同功能区域的设计高度进行分析，查找不符合设计规划的缺失，将情况反馈给施工人员，以此提高工作效率，避免错、漏、碰、缺的出现（图2）。

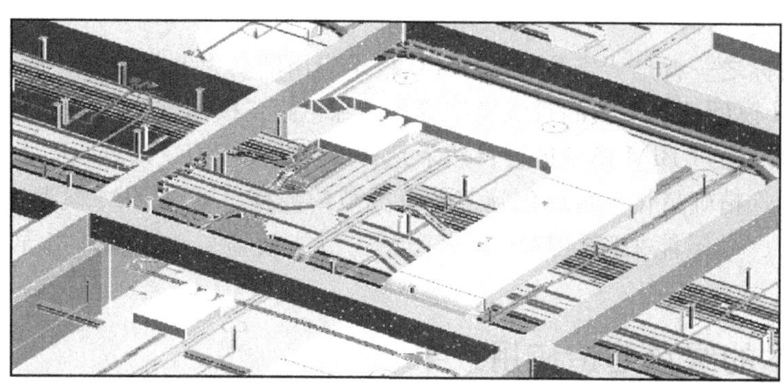

图2　管线综合优化

3.2.2　预加工预拼装提升建造效率

BIM技术最拿手的是复杂形体设计及建造应用，可针对复杂形体进行数据整合和验证，使得多维曲面的设计得以实现。应用信息技术系统及设备，现代建筑师可以充分直观地展示新时代的设计理念和建筑美学，可以尽情地表达大胆的创意和神奇的构思，塑造并优化创作成果，使其创作成果达到传统创作方式无法比拟的新境界。

而工程师可利用计算机对复杂的建筑形体如曲面幕墙及复杂钢结构，进行拆分后利用三维信息模型进行解析，在电脑中进行预拼装，分成网格块编号，进行模块设计，然后送至工厂按模块加工，再送到现场拼装即可同时数字模型也可提供大量建筑信息，包括曲面面积统计、经济形体设计及成本估算等。

同时通过模型指导加工，确保工厂加工每一个预制构件上的每一个点位位置准确，加工完成后对预制构件编号，现场装配式施工。节约了工期，避免了砌体开凿，同时体现了绿色施工、快速建造的施工理念。

3.2.3　物料跟踪实现零库存

随着建筑行业标准化、工厂化、数字化水平的提升，以及建筑使用设备复杂性的提高，越来越多的建筑及设备构件通过工厂加工并运送到施工现场进行高效的组装。根据BIM中得出的进度计划，提前计算出合理的物料进场数目。BIM结合施工计划和工程量造价，可以实现5D（三维模型＋成本）应用，做到“零库存”施工（图3）。

图3　物料跟踪工作流程

除上述之外，首先通过BIM软件建立BIM模型，选择需要工程量的构件，提取对应的工程量信息，然后将模型工程量和预算工程量进行对比校核，减少因人为原因造成的误差，最后制作材料计划，进行材料采购；利用BIM技术的可视化特点针对项目复杂节点进行设计优化，提高工程质量，加快施工进度，节省材料，节约成本；通过对排砖方案进行模拟设计，提高现场施工人员排砖方案的合理性与科学性，通过最大损耗量的计算结果来配置最优的方案以减少用料。BIM5D排砖功能可以准确地生成物料表，更精确地提供材料用量，在项目施工中，降低二次搬运的成本。

3.3 节能

以BIM技术推进绿色建筑，节约能源，降低资源消耗和浪费，减少污染是建筑发展的方向和目的，是绿色建筑发展的必由之路。节能在绿色环保方面具体有两种体现：

1）帮助建筑形成资源的循环使用，这包括水能循环、风能流动、自然光能的照射，科学地根据不同功能、朝向和位置选择最适合的构造形式。

2）实现建筑自身的减排，构建时，以信息化手段减少工程建设周期，运营时，在满足使用需求的同时，还能保证最低的资源消耗。

3.4 灾害应急模拟

灾害应急模拟利用BIM及相应灾害分析模拟软件，可以在灾害发生前，模拟灾害发生的过程，分析灾害发生的原因，制定避免灾害发生的措施，以及发生灾害后人员疏散、救援支持的应急预案。

当灾害发生后，BIM模型可以提供救援人员紧急状况点的完整信息，配合温感探头和监控系统发现温度异常区，获取建筑物及设备的状态信息，通过BIM和楼宇自动化系统的结合，使得BIM模型能清晰地呈现出建筑物内部紧急状况的位置，甚至到紧急状况点最合适的路线救援人员可以由此做出正确的现场处置，提高应急行动的成效。

随着建筑设计的日新月异，规范已经无法满足超高型、超大型或异型建筑空间的消防设计。BIM数字模拟人员疏散时间疏散距离、有毒气体扩散时间、建筑材料耐燃烧极限、消防作业面等，使实际应用前就研究好最安全的人员疏散方案，为发生意外时减少损失并赢得宝贵时间。

3.5 施工进度模拟

当前建筑工程项目管理中经常用于表示进度计划的甘特图，由于专业性强，可视化程度低，无法清晰描述施工进度以及各种复杂关系，难以准确表达工程施工的动态变化过程。通过将BIM与施工进度计划相链接，将空间信息与时间信息整合在一个可视的模型中，可以直观、精确地反映整个建筑的施工过程。对整个工程的施工进度资源和质量进行统一管理和控制，以缩短工期、降低成本、提高质量。

4 如何推动BIM技术在绿色建造中应用

虽然BIM技术已经逐步在建筑工程中应用普及，但可以说仍处于起步阶段，在应用模式、应用标准方面并未有重大突破。目前，BIM在建筑领域的推广应用还存在着政策法规和标准不完善、发展不平衡、本土应用软件不成熟、技术人才不足等问题。

1）研究制定符合我国建筑设计、施工、运行管理等各阶段工作流程数据标准，形成完善且统一的建筑全过程建设管理信息标准体系。

2）开发自主知识产权的面向建筑全生命期的核心软件产品，支撑全行业BIM等最新信息技术普及应用。

3）开展设计阶段BIM等最新信息技术在集成应用研究，实现各专业信息高度共享和设计流程的优化，支撑建筑可持续设计。

4）开展施工阶段BIM等最新信息技术集成应用研究，提高工程施工全过程的预见性和管理水平，促进传统的建造方式向精益建造发展。

5）开展BIM等最新信息技术在规划、设计、施工及运行维护阶段综合应用研究，推进建筑项目开发全过程的精细化管理，促进建筑业转变传统的生产方式，实现产业技术和管理水平提升。

5 总结

实施绿色建造，必须要科学管理，提高绿色施工的技术和管理创新，把绿色建造理念真正贯穿到施工全过程。通过BIM技术和绿色施工的结合，可以充分发挥BIM技术的优势，使得绿色施工理念能在更多施工现场得以推行，可以更经济、更高效地达成“四节一环保”的任务目标，研发绿色建造的新技术、新材料和新工艺，提高工效、降低物料消耗、减少环境污染，在科学运用和合理掌控施工材料的基础上，以全过程的绿色管理手段，实现绿色施工的目标。

参考文献

[1] 王占武．绿色建筑技术在建筑设计中的优化和结合[J]. 建材与装饰，2018，14(40)：92-93.

[2] 刘辉. 绿色建筑技术应用研究现状及存在问题[J]. 河南建材，2012，04：94-95.

[3] 曾少林. BIM技术在绿色施工中的应用[J]. 施工技术，2017，42：6-7.

[4] 汪泽民. BIM技术在绿色施工中的应用与探索[J]. 赤峰学院学报，2017，33：43-44.

BIM 技术在公共建筑室内设计中的应用探讨

逄淑萍，罗　丹，迟　航，罗　梦

（珠海市规划设计研究院，广东 珠海 519000）

【摘　要】本文总结了传统室内设计模式在公共建筑室内设计中存在的设计软件之间关联性弱、多专业协同率低、图纸准确性低、施工进程缓慢等问题。通过 BIM 技术在珠海规划科创中心室内设计中的实际应用，总结出 BIM 技术在公共建筑室内设计应用中的多专业协同设计、三维可视化、碰撞检查等多方面优势，有效解决了目前传统室内设计模式在室内设计应用中存在的问题。

【关键词】BIM 技术；传统室内设计模式；公共建筑室内设计

1　引言

近年来，随着新一代信息技术的高速发展，建筑信息模型（BIM）为主要代表的前沿性信息技术，能够和建筑室内设计高度融合，体现绿色和智慧建造的设计理念，是未来建筑室内设计行业发展的趋势。BIM（Building Information Modeling），即建筑信息模型，其源自 1975 年设计出的建筑描述系统(BDS)[1]。BIM 技术自 21 世纪初进入中国，逐渐在国内建筑行业实际项目中广泛应用。室内设计作为建筑设计中一个重要的部分，两者相辅相成，未来 BIM 技术在室内设计中有巨大的发展空间。国内多位学者围绕 BIM 技术在室内设计中的应用也进行了研究。刘文月[2]、黄连涵[3]、谢东[4]、刘宇青[5]研究了 BIM 技术在室内设计中的应用及优势；王跃伟[6]研究了高层建筑装修施工技术及 BIM 的应用；万平[7]研究了 BIM 技术在医院建筑室内设计中的应用及价值；刘学贤[8]研究了 BIM 技术在装配式装修工程中的应用。上述应用研究，为本文提供了重要的理论支持。

2　传统室内设计模式的局限性

2.1　项目概况

该项目为珠海某临时医院，属于多层公共建筑，总建筑面积 5311.40m²，基底面积 2776.61m²，地上 2 层。装修范围为一、二层口腔科室、眼视光科室、医疗美容中心、儿保科室的诊室、候诊区、卫生间等用房。

2.2　传统室内设计模式

传统的室内设计模式，主要分为前期方案设计、施工图深化设计及施工配合三个阶段。简化版设计流程如图 1 所示。

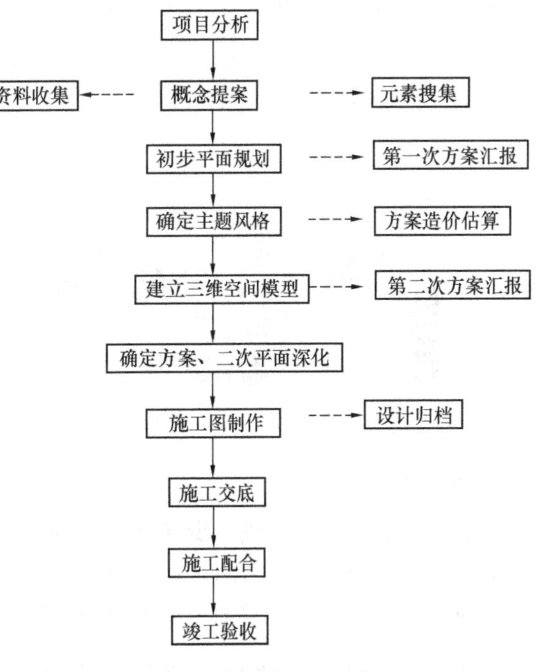

图 1　室内设计流程图

【基金项目】广东省住房和城乡建设厅科技计划项目（2020-K4-315671，2020-K4-534762），珠海市社会发展领域科技计划项（ZH22036205200004PWC，ZH22036204200009PWC），珠海市产学研合作项目（ZH22017001200149PWC）

【作者简介】逄淑萍（1993—），女，助理工程师。主要研究方向为建筑 BIM。E-mail：1796947298@qq.com

2.3 存在的问题

2.3.1 传统设计软件之间关联性弱

在该项目方案设计阶段，方案设计师使用二维设计软件 AutoCAD 进行平面方案设计，建模师导入 CAD 平面图，利用三维建模软件 SketchUp，结合设计规范、客户需求等建立三维空间模型，再通过渲染软件 Enscape 制作效果图。客户确定方案后，施工图设计师根据设计规范及效果图在 AutoCAD 中进行施工图绘制。在传统室内设计模式下，项目文件从二维到三维需要转换导入，软件之间独立操作，关联性较弱，若平面方案有改动，效果图也要随之修改。但效果图制作时间长，如果方案阶段多次修改设计，便会占用大量前期方案确定的时间，压缩后期施工图的出图时间。

2.3.2 多专业协同率低

该项目设计专业包括建筑、结构、室内、机电等多专业。在施工图设计深化阶段，需要各专业之间密切交流配合才能保证图纸的最大化准确性。但通常各专业之间的图纸通过线上项目交流群相互上传、下载，然后在个人电脑独立绘制，没有统一的协作平台和同一配合的时间段，存在某专业更新的图纸未及时上传给其他专业、专业间缺少沟通、信息不对等问题，导致施工图纸存在很多错漏碰的现象。

2.3.3 图纸准确性低

在方案设计阶段，只针对局部重要区域制作效果图，其侧重点是方案效果表现，未考虑机电管线的定位排布，仅为施工图设计师提供风格、材料等方面的参考，施工图设计师大多凭借工作经验或借鉴以往项目案例进行施工图绘制，图纸准确性低。此外，施工图深化设计阶段是基于二维平面进行设计，各专业设计师只能在脑中构想其他专业的空间形态、管线位置等，避免不了存在机电管线碰撞，吊顶空间预留不足等问题。这些问题很难在平面图纸中全部识别，若出图时间紧、任务重，就会出现在施工配合阶段发现问题再解决的情况，按照施工图建设的实际空间与效果图存在一定偏差。如图 2 所示，通过效果图与现场照片对比图可以看出，方案设计阶段的效果图在吊顶部分并未考虑空调风管、喷淋等机电管线的排布，实际现场呈现的室内效果大打折扣。

图 2　一层口腔科等候区效果图与现场照片对比图

2.3.4 施工进程缓慢

以上存在的三个问题进一步导致在现场施工和施工配合阶段，建设人员核对各专业整合的低准确率的施工图纸需要花费大量时间，室内吊顶与机电管线碰撞等问题，需要设计人员根据现场实际情况重新出大量的变更设计图纸，增加了人力劳动，造成装修材料的浪费，影响正常施工进度。

3 BIM 技术在公共建筑室内设计中的应用及优势

3.1 项目概况

该项目为珠海规划科创中心，属于高层公共建筑，总建筑面积 81390.84m^2，地上 22 层，地下 2 层。BIM 技术应用专业包括建筑、结构、室内、机电等。

室内空间延用建筑外立面的材料，墙面以木饰面和清水混凝土为主，公共办公空间未做过多装饰，裸露的清水混凝土墙面和吊顶对机电管线的排布、开关插座的精准定位要求较高。

3.2 BIM技术的应用

（1）方案、初步设计阶段

该项目在建筑方案设计阶段使用Revit软件根据方案设计图纸建立建筑、结构BIM模型。如表1所示，初步设计阶段建立室内吊顶BIM模型，成果用于吊顶与机电管线的碰撞检查及方案优化。

BIM技术在室内设计中应用内容　　表1

设计阶段	建模内容	工作成果
方案、初步设计	吊顶	初步设计阶段 室内重点空间BIM模型 模型审核优化、碰撞检查
施工图设计	墙面木饰面、墙面、吊顶、灯具、电梯门、室内门窗、防火卷帘、重要房间软装布置	施工图阶段 室内所有空间BIM模型 模型审核优化、碰撞检查 效果图、动画漫游、VR

（2）施工图设计阶段

在施工图设计阶段（建模内容如表1所示），BIM设计师根据施工图纸建立室内BIM模型（图3），真实还原设计师的原始设计意图。BIM设计师发现机电管线碰撞问题，立刻做问题记录并反馈设计人员，大大提高了各专业施工图纸的准确性。通过BIM模型渲染效果图（图4）、漫游动画及VR虚拟场景给人带来身临其境的真实体验。最终的BIM模型可以为现场施工及运维管理提供很大的参考价值。

图3　室内设计BIM模型轴测图

图4　入口大堂效果图

3.3 BIM技术在室内设计应用中的优势

3.3.1　多专业协同设计

该项目通过构建以BIM为核心的协同工作平台，在Revit软件中，建立各专业模型工作集，BIM设计师在不同的工作集下建立BIM模型。因该项目工作量大，为防止软件卡顿，分别建立土建、机电和地下室文件，再通过Revit模型链接的形式整合全专业BIM模型，使建筑、室内、机电等多专业的设计人员都能够在同一个设计平台、同一时间段开展BIM设计工作，随时更新保存，实现数据共享，有效提高了全专业配合质量和效率。

3.3.2　三维可视化

通过BIM技术，在Revit中根据施工图纸进行1∶1室内空间BIM建模，让竣工后的室内空间效果提前得到虚拟展示，室内设计师利用BIM技术在可视化的三维模型中进行方案深化设计，确定装修的材料、颜色、灯光布置、家具、陈设等，可以更直观、更准确地把控设计效果，也利于设计师与客户高效沟通，确定最终方案。

3.3.3　参数化关联

在Revit软件中，三维模型与二维图纸相互关联，如果在三维界面对模型进行修改，平、立、剖视图随之发生关联变化，可以有效减少图纸错误、提高图纸质量。如图5所示，在三维视图中取消22层室外亭子的模型，在同一位置的平面视图中亭子同时自动取消，不需要转换到二维视图中再次删除，减少了设计师重复修改图纸和模型的工作量。

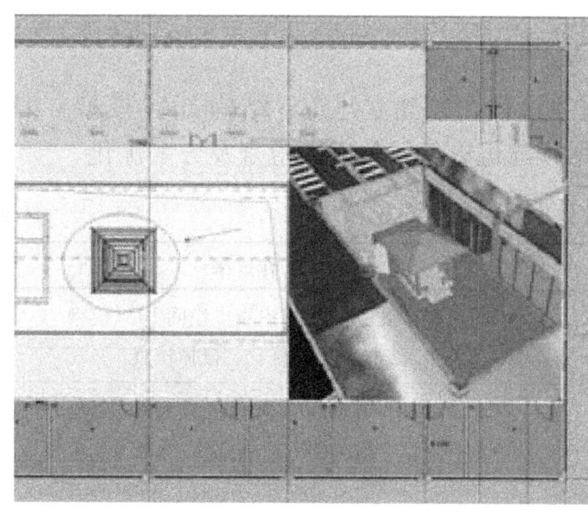
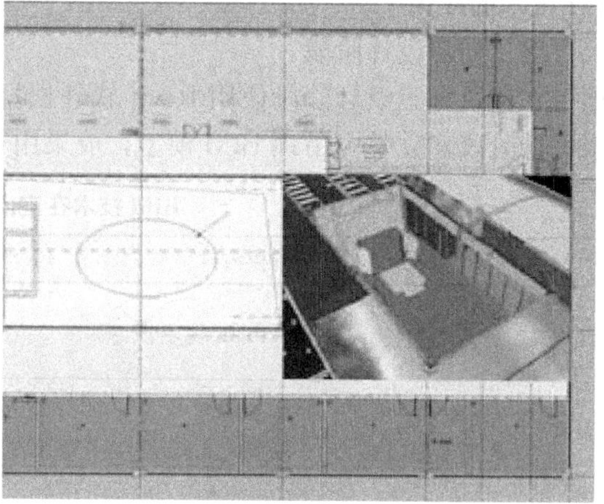

图 5　22 层亭子取消前后二维图纸与三维模型联动图

3.3.4　碰撞检查

BIM 设计师整合全专业 BIM 模型，导入模型轻量化软件 Navisworks 中进行碰撞检查，若发现室内天花、墙面、地面与机电管线存在碰撞问题时，及时做问题记录，同时反馈给施工图设计人员，协助各专业设计师进行施工图纸修改，机电管线的位置及尺寸可以在模型、图纸中合理排布和定位，提高设计图纸准确性，减少冗杂工作量。使许多管线碰撞问题在施工前得以解决，有效避免施工期间装修材料的浪费，也可保证按时甚至缩短施工阶段的工期。如图 6 所示，通过三维模型碰撞检查发现空调机管与吊顶碰撞问题，设计师可以及时做模型优化和图纸修改。

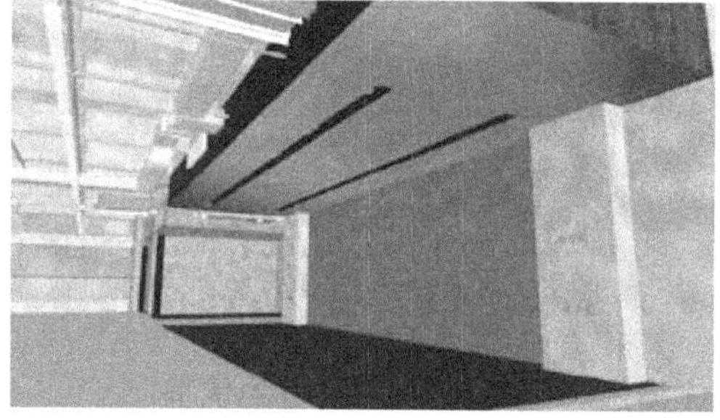

图 6　空调机管与吊顶碰撞检查

3.3.5　附加优势

（1）性能化分析

通常公共建筑室内设计对声光热环境有严格的要求。BIM 模型包含材料的各种物理数据，可输出到日照大师等分析软件中，进行声光热环境建筑物理分析，为设计成果增加确定性。在该项目中，利用 Radiance 软件对 22 层室内空间进行采光模拟计算，通过采光分析可知室内空间采光系数为 4.82%，自然采光良好，为方案设计提供依据，更具说服力。

（2）族库便于调用

BIM 模型中的族类似于 AutoCAD 软件中的模块、三维设计软件 SketchUp 的模型组。在项目中，通过积累室内通用构件族库和专项构件族库，如吊顶、家具、桌椅等，在类似项目三维建模时，可以随便调用，提高设计效率。

（3）工程量统计

通过 BIM 技术可生成门窗表、材料表等，提供材料数据，便于工程管理中的造价计算，有利于项目的成本、进度及质量控制，减少装修材料浪费和环境污染，体现公共建筑室内设计绿色、低碳的设计理念。

（4）虚拟场景再现

BIM 技术具备全面的虚拟显示功能。BIM 模型建成后，可通过渲染软件 Enscape 或 Lumion 制作效果图、漫游动画、VR 虚拟场景等，给设计师和客户带来更真实的代入感体验。

（5）便于信息储存与施工管理

BIM 模型及设计资料可以应用于项目的全生命周期，便于后期施工管理和项目的数字化信息存储。

4 结论

本文总结了传统室内设计模式在公共建筑室内设计应用中存在的软件之间关联性弱、多专业协同率低、图纸准确性低、施工进程缓慢等问题，反映出现阶段传统室内设计模式在室内设计应用中存在的普遍局限性。

通过 BIM 技术在珠海规划科创中心项目室内设计中的应用，总结了 BIM 技术在参数化关联、多专业协同设计、三维可视化、碰撞检查、性能化分析、工程量统计、信息储存与施工管理等多方面优势，有效地解决了目前传统室内设计模式存在的问题，BIM 技术将为室内设计行业带来新的发展机遇。

参考文献

[1] 许蓁，于洁. BIM 应用・设计[M]. 上海：同济大学出版社，2015.

[2] 刘文月. 室内装饰设计中 BIM 技术的应用[J]. 工业建筑，2021，51(03)：215.

[3] 黄连涵. BIM，室内设计的机遇和挑战[J]. 家具与室内装饰，2017，4(10)：98-99.

[4] 谢东. 建筑信息模型技术在室内设计中的运用刍议[J]. 建筑科学，2021，37(05)：165.

[5] 刘宇青. 建筑装饰工程中 BIM 技术应用关键点的分析[J]. 绿色环保建材，2021，4(06)：152-153.

[6] 王跃伟. 高层建筑室内装饰装修施工技术研究[J]. 中国建筑装饰装修，2021，4(06)：136-137.

[7] 万平. BIM 技术在医院建筑装饰装修工程中的应用[J]. 智能城市，2021，7(09)：35-36.

[8] 刘学贤，杨晓. BIM 技术在装配式装修工程中的应用研究[J]. 城市建筑，2019，16(12)：120-121.

基于BIM技术的桥梁实验教学平台建设

孙鹤鸣，李晓飞，陈锦辉，赵东彦

（大连海事大学，辽宁 大连 116026）

【摘　要】我国桥梁建设取得的成绩令人瞩目，但随着桥梁数量增加，桥梁性能不足、功能缺陷问题逐渐增多，使桥梁健康监测在桥梁工程中日益重要。本文以实验室桥梁模型为基础，结合BIM技术与桥梁健康监测信息系统，建立桥梁实验平台。通过桥梁实验平台，培养学生BIM技术应用能力和思维，强化学生对桥梁健康监测系统的学习，深化对桥梁全寿命周期的认知。

【关键词】BIM技术；桥梁实验平台；桥梁健康监测

1　引言

桥梁作为交通枢纽，是一个国家基础建设水平的重要标志。桥梁结构的使用寿命可长达几十年甚至上百年，在桥梁结构长期使用中，其结构是否保持安全状态成为人们担心的议题[1]。为进一步完善桥梁管理，延长桥梁使用寿命，对大中型桥梁进行实时健康监测十分必要。然而，当前监测体系理论知识的不完备，技术的不成熟，严重制约了桥梁健康监测的发展。现有的桥梁健康监测系统存在海量数据可读性差、突发事件下难以评估等问题。如何科学有效管理和利用这些监测数据，以防止这些监测数据失效，是桥梁检测面临的重要问题。可借助BIM（Building Information Modeling）技术，开发新型“BIM＋健康监测”模式下桥梁健康监测系统架构。BIM技术的重要功能是可视化，利用BIM技术结合传统桥梁健康监测手段，可以实现桥梁健康监测过程中信息的可视化和信息集成管理。

桥梁结构健康监测系统涉及诸多学科，仅依靠课堂教学难以让学生系统掌握其理论知识，更无法做到深入理解。因此有必要开发实验教学平台，通过实验教学让学生深入理解桥梁结构健康监测系统的内容和实现方法。搭建实验教学平台旨在使实验教学与专业理论科学研究接轨，让学生在感官上有对其有深刻认识，同时将最新的科研成果以实验课堂的形式传授给学生，使学生在实验过程中经历与科研工作相似的过程[2-3]。开发研究性、探索性教学实验，提高学生综合素质和创新能力。

2　桥梁健康监测

结构健康监测是指利用现场的无损传感技术，通过包括结构响应在内的结构系统特性分析，达到监测结构损伤或退化的目的[4-8]。结合BIM技术，实现健康监测系统信息集成管理和可视化。

2.1　桥梁健康监测系统及其组成

桥梁健康监测实验教学平台需要最大限度地再现实际工程中桥梁结构健康监测系统的各模块，让学生全面深入地了解桥梁结构健康监测的流程和方法。桥梁健康监测系统是一个高效的桥梁健康监测信息管理平台，涵盖了众多模块，包括健康监测软件分析模块、传感器模块和数据采集传输模块。

健康监测软件分析模块包括BIM技术系统内Revit系列软件和通用有限元分析软件ANSYS等，实现对实验平台内模型进行信息化建模。传感器模块是整个结构健康监测系统的源头，它能够获取结构状态及其外界信息，但是传感器涉及的类型很多，包含加速度传感器、应力应变传感器和索力传感器等等。布设传感器应解决两类问题：一是传感器的数量及其类型，二是传感器的布置位置[9]。监测系统方案中传

【作者简介】孙鹤鸣（1997—），男，硕士研究生。主要研究方向为BIM技术在桥梁方面的应用。E-mail：1326320543@qq.com

感器模块准备完毕后，即着手解决传感信号的可靠转换、自动采集和可靠传输等问题。数据采集传输模块由分布在桥梁现场的数据采集工作站和传输网络构成，实现多种信息源、不同物理信号的采集与预处理，采集的数据通过数据传输模块存储到所建数据库中。

2.2 桥梁健康监测作用

健康监测系统的主要目的为：(1) 实时监控实验室桥梁各项数据指标，及时发现结构存在的损伤和病害；(2) 综合评价桥梁模型运营状态；(3) 给出桥梁安全预警阈值，迅速准确作出桥梁预警。基于上述目的，结合实验室桥梁模型具体特点，建立健康监测系统。

利用统一的管理平台实现建筑信息模型与桥梁健康监测数据共享，不仅可以解决传统桥梁健康监测过程中监测信息的可视化水平不高的问题，同时还可以提高监测数据的直观性。可以采用BIM软件Revit为基础，利用软件提供二次开发API接口，以常用编程语言C#为开发语言，设计开发基于BIM技术的桥梁健康监测信息可视化插件。实现监测系统中监测信息与模型的交互、监测数据图形显示模块功能。BIM技术在建筑行业中日趋成熟的应用为桥梁状况监测系统和监测数据管理开辟了新思路。建筑信息模型技术旨在用数字方式代表建筑项目在其整个生命周期中的各种物理和功能特征。

BIM技术及其应用属于一个具有广阔发展空间的新学术领域，自提出以来，它以其强大的可视化性能，高协调性和便捷性在工程领域引起了很多关注。目前，BIM技术被广泛应用于房屋建筑领域，并且对诸如桥梁之类的基础设施的应用研究也在逐步发展。在设计和生产阶段使用BIM技术可带来专业协作设计优化，复杂节点设计，管道崩溃检查，更准确的设计审查，绿色建筑模拟和更精确的工厂等优势。在施工阶段，BIM技术还广泛用于施工过程模拟和施工进度管理，将3D模型转换为2D工程图，相关数据管理以及质量和安全管理。但是，除了资产管理应用程序外，在运行和营养保护阶段，BIM技术在土木结构的安全性，适用性和耐用性方面的应用相对较少[10]。检查人员在准备检查时可以使用BIM模型获取桥梁的各种基本信息和历史检查记录，并使用BIM强大的可视化功能模拟检查设备和桥梁的静态载荷测试载荷计划和测量点布局计划[11]。

3 桥梁实验平台

3.1 桥梁实验模型平台介绍

本文的桥梁实验平台中主要包含三个部分：大跨桥梁实验室模型（斜拉桥模型、悬索桥模型和拱桥模型）、实验室桥梁健康监测信息系统和桥梁有限元模型。桥梁实验模型平台是一个综合性实验教学平台，以桥梁实验为核心，BIM技术和桥梁健康监测信息系统为抓手，在实验过程中充分发挥教学性作用。

3.2 实验室桥梁模型

大跨桥梁实验室模型包含地锚式悬索桥、双塔斜拉桥和下承式拱桥。三个桥梁缩尺模型形成闭环式通道，在条件允许的情况可以进行不同荷载实验。所提到桥梁缩尺模型，并不是根据现有的实际桥梁通过缩尺关系建立的，而是通过查阅大量现有桥梁基本资料，确定三个桥梁模型最终结构尺寸。为满足BIM实验及教学要求，将各桥梁模型的所有模块设计成可拆卸与拼装的预制块。可通过桥梁构件拼装过程模拟桥梁的施工，Navisworks软件中的TimeLiner模块可用于施工模拟设置，可对每个图元添加计划开始时间和计划结束时间、任务类型等项目施工计划信息表，将图元动画与模型相结合，最终实现基于施工计划表的施工过程动画模拟。如斜拉桥可以模拟桥梁挂篮施工的等施工过程。在实验桥梁布置相应的传感器进行数据采集，监测施工过程的数据信息；后期可进行桥梁运营状态下结构应力应变、索力等桥梁健康监测。建立不同工况下桥梁有限元模型，将其与健康监测进行对照，验证监测结果有效性。

根据实验室场地面积进行布置三种桥梁模型，斜拉桥模型全长3.34m，采用漂浮体系结构，主跨1.972m，边跨0.684m，主要由索塔、桥面主梁、斜拉索和基础组成，采用双塔对称结构，共有64根拉索，形成两个扇形，索塔每侧布置8根拉索。斜拉桥拉索布置拉力传感器，斜拉桥主塔、主梁等位置处布置应力应变传感器。参照斜拉桥实验室模型进行ANSYS有限元模型和Revit模型建立，如图1所示。图2为拱桥实验平台。

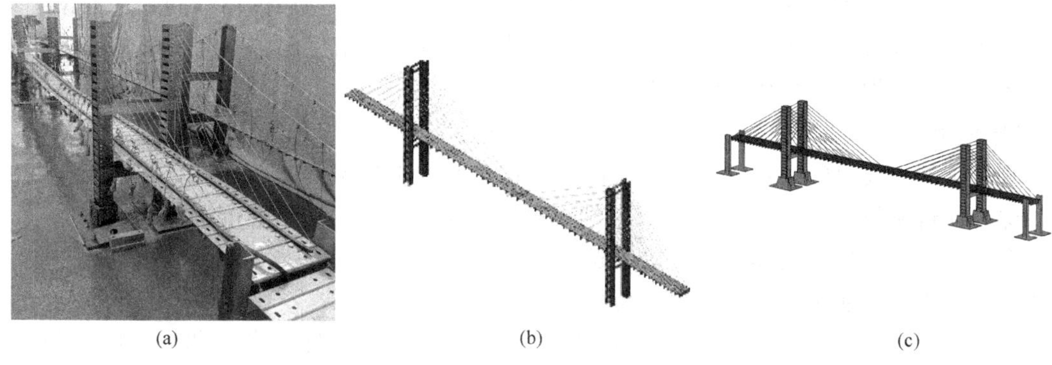
(a)　(b)　(c)

图1　斜拉桥实验平台

(a) 斜拉桥实体模型；(b) 斜拉桥有限元模型；(c) 斜拉桥 BIM 模型

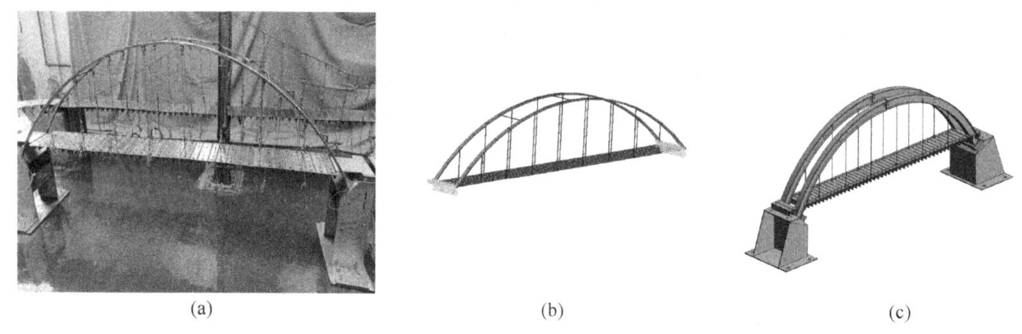
(a)　(b)　(c)

图2　拱桥实验平台

(a) 拱桥实验室模型；(b) 拱桥有限元模型；(c) 拱桥 BIM 模型

3.3　实验室桥梁健康监测信息系统

本实验室桥梁健康监测信息系统（图3）以BIM技术作为基础，结合传统桥梁健康监测系统建立，具有桥梁模型可视化、综合数据库、数据采集传输、数据分析处理、桥梁损伤识别预警等功能。

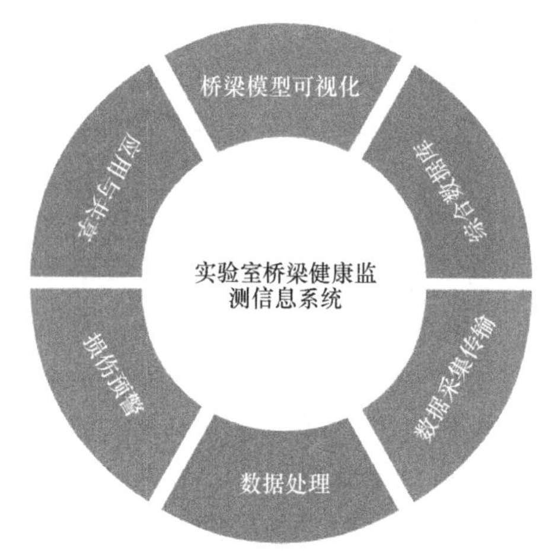

图3　实验室桥梁健康监测信息系统

依据实验室桥梁模型相关参数，建立各个模块Revit族库，而后建立一个项目文件，将建立好的实验室桥梁模型族库导入该项目文件，根据各桥梁桥模型设计图纸的空间位置关系，绘制标高轴网，最终搭建形成桥梁模型。将项目文件以IFC文件形式导入开发的实验室桥梁健康监测信息系统，实现了桥梁模型从Revit软件到信息系统的可视化转移。在系统中点击桥梁的构件可以查看构件的基本信息，包含构件的编号、名称、构件族文件名称、构件族类型等。

综合数据库不仅要存储桥梁健康监测采集索力、应力应变、加速度等的数据，还要求具有充足的存储空间。在长时间桥梁监测情况下，能够容纳海量的监测数据。除此之外能够存储导入系统的桥梁模型数据。在逻辑上将综合数据库划分为系统参数数据库、结构信息数据库、原始数据库、处理后数据库和健康状态数据库。在数据库功能当中，可以将各个传感器监测数据信息以时程曲线方式展现出来。

数据分析处理包含对海量数据管理，利用综合数据库中传感器采集的数据进行桥梁的结构损伤数据分析，包含利用Wegner-Ville (WVD) 分布交叉项对结构进行损伤识别，判断桥梁结构的状态等重要作用。桥梁损伤识别预警功能将处理后的监测数据进行判别，是否触发桥梁损伤预警。预警功能触发后，相关管理人员可从系统平台接收到预警信息，保证桥梁能够安全有序运行，避免发生重大事故。

4　实验室斜拉桥索力监测案例

实验室桥梁模型包含实体模型、有限元模型、Revit 模型。对于学生培养，不仅注重理论学习，更加要注重实践能力培养。学生需要按照实体模型建立尺寸和 Revit 模型建立方法进行斜拉桥桥梁模型建立。同时要求利用 ANSYS 进行桥梁有限元参数化建模，能够模拟不同荷载情况下桥梁拉索的各种状态。为更好地获取在荷载作用下桥梁受力情况数据，参照斜拉桥拉力传感器布置图进行传感器布置，如图 4 所示，在桥梁中一共布置 22 个拉力传感器。实际桥梁运营下，桥梁要经受不同荷载作用，还原桥梁实际工作状态，设置多种试验工况，进行桥梁的健康监测。

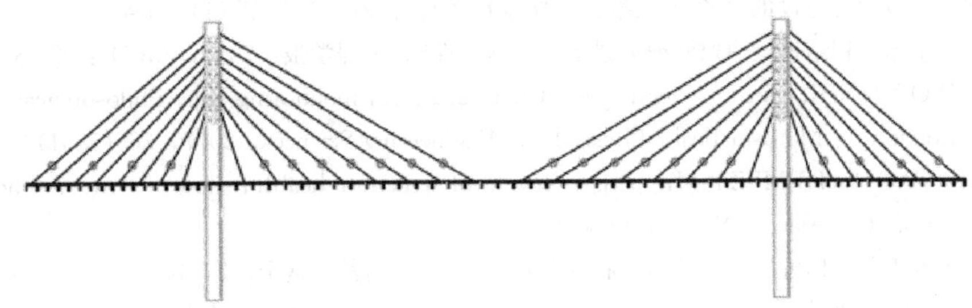

图 4　传感器布置图

本文基于 BIM 技术的桥梁实验平台，以斜拉桥索力监测为例，进行桥梁健康监测。索力监测步骤如下：

（1）拉力传感器安装：将拉索与拉力传感器安装在一起并与主塔、主梁相连；

（2）拉力采集仪数据采集：将传感器与采集仪相连，模拟在不同荷载工况下的桥梁状态并进行数据采集；

（3）将数据传输至实验室桥梁健康监测信息系统进行分析预处理；

（4）检验系统处理结果与有限元分析的一致性。

实验室桥梁健康监测信息系统需要将斜拉桥模型进行导入，并进行后续的数据处理。以 A1 点为例，查询不同工况下的曲线图，进行数据分析判断各荷载工况下对 A1 点的影响，撰写实验室斜拉桥索力监测实验报告（图 5）。

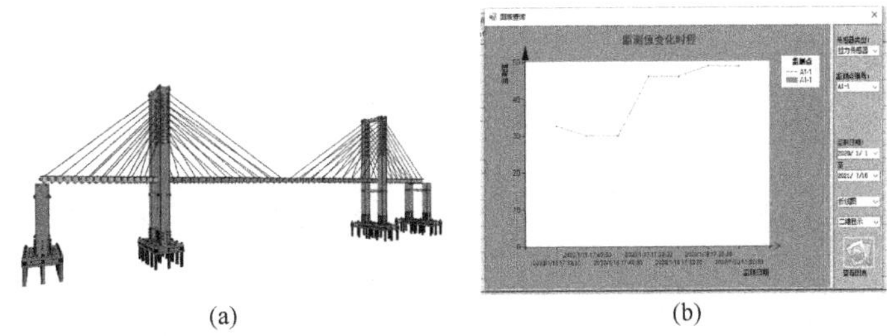

(a)　(b)

图 5　健康监测信息系统部分内容

（a）系统内斜拉桥模型；（b）不同荷载工况下 A1 点拉力变化

5　总结

本文基于 BIM 技术的桥梁实验平台，模拟了桥梁健康监测的部分过程，探索学习了桥梁健康监测重要作用。在研究过程中得出以下结论：

（1）基于 BIM 技术的桥梁健康监测是复杂的系统工程，以斜拉桥索力监测为案例，深化桥梁 BIM 模型与健康监测系统之间的关系。以桥梁健康监测为内核驱动，掌握传感器采集的使用，提高了学生参数化建模能力。

（2）人才培养对桥梁健康监测系统的发展有重要的影响，高校作为人才培养的基地，桥梁健康监测系统性教学仍处于发展阶段，需要进一步深化。

（3）探索了基于实验室桥梁平台搭建桥梁健康监测系统的可行性，利用实验室平台进行桥梁健康监测研究，可以让学生将理论学习与实践操作相结合，提高学生综合素质。

参考文献

[1] 冯唐政，任亮，宋钢兵. 桥梁结构健康监测实验教学平台设计[J]. 实验室研究与探索，2019，38(08)：169-172.

[2] 郑家茂. 对大学实验教学若干问题的厘析[J]. 实验室研究与探索，2007，26(10)：1-2.

[3] 张文桂. 实验教学示范中心建设的思考与实践[J]. 实验技术与管理，2008，25(1)：1-4.

[4] 孙鸿敏，李宏男. 土木工程结构健康监测研究进展[J]. 防灾减灾工程学报，2003，23(3)：92-98.

[5] FARRAR C R，WORDEN K. An introduction to structural health monitoring[J]. Philosophical Transactions of the Royal Society of London A：Mathematical，Physical and Engineering Sciences，2007，365(1851)：303-315.

[6] SOHN H，FARRAR C R，HEMEZ F M，et al. A review of structural health review of structural health monitoring literature 1996-2001[R]. Los Alamos National Laboratory，2002.

[7] 谢强，薛松涛. 土木工程结构健康监测的研究状况与进展[J]. 中国科学基金，2001，15：285-288.

[8] 刘玲，陆建辉，李玉辉. 海洋石油平台健康监测研究方法与进展[J]. 石油工程建设，2005，31(1)：2-7.

[9] 李冬生，赵雪峰，王言磊. "结构健康监测"教学实验平台搭建与实施[J]. 教育教学论坛，2012(10B)：195-197.

[10] 胡吉航. 基于BIM的桥梁健康监测及信息集成[J]. 四川水泥，2021，4(05)：268-270.

[11] 葛松培，孙红三. 建筑业信息技术应用新概念——BIM[C]//第十二届全国工程建设计算机应用学术会议，2004.

基于 BIM 技术的清官式建筑大木作构件参数化应用研究

李 猛

（北方药谷德生（沈阳）生物科技有限责任公司，辽宁 沈阳 110000）

【摘 要】中国古建筑在世界建筑中独树一帜，拥有自身独特的魅力，形成东方独有的建筑形式。我国现存古建筑数量巨大，古建筑的保护也面临很大的挑战。本文基于 Revit 软件参数化建模，以清工部《工程做法》卷三·七檩歇山建筑为例，展示了古建筑构件参数化建模的方法，实现建筑数字化信息动态存储，可以直观记录古建筑木构件状态信息。在仿古建筑施工中起到节约成本、指导加工等作用。

【关键词】古建筑；Revit；参数化；结构

1 引言

中国古建筑是我国古代劳动人民智慧的结晶，同时也是传播、保留传统文化的载体。因此古建筑的保护在近年来越来越受到重视。就目前来看，我国在古建筑保护方面缺乏有效的措施。在传统的古建筑测绘中应用 CAD 软件只能较为精确地记录古建筑的二维信息，并且不易对构件信息做有效的统计、整理、分析。将 BIM 技术运用到古建筑保护中，可以很好地解决上述问题。古建筑结构以木质材料为主，经过几百年上千年的风化腐蚀，难免产生虫蛀、腐朽、变形等现象。因此，古建筑构件包含了非常复杂的属性信息，如尺寸信息、材质信息、建设年代、变形信息、损坏情况等。在 BIM 软件中可以将信息与构件一一对应，利用 BIM 软件实现按照木材的特性周期性地维护及修复，并且可以通过模型直观地表达出来。另一方面，在仿古建筑设计施工中，BIM 模型的搭建，可以帮助确定设计方案、验算受力分析；施工过程中也可通过模型统计材料用量，为大批量木构件加工提供依据，节约成本。古建筑构件间的复杂榫卯连接也可通过 BIM 软件预先完成碰撞检查。数字化模拟实物的装配，确定施工工序、辅助完成施工方案。

2 中国古建筑特点及分类

2.1 中国古建筑分类

中国古建筑最主要的特点是以木构架为房屋的主要结构形式。类似于现代建筑的“框架结构”，房屋重量经梁、柱传导至地基，墙不承重。古代木构架主要形式有抬梁式、穿斗式和井干式等。按屋面形式分类又可分为庑殿顶、歇山顶、悬山顶、硬山顶、盝顶、攒尖顶等。

本文以清工部《工程做法》卷三·七檩歇山转角周围廊为例。

2.2 清代大木作构件的权衡

中国古建筑在发展总结过程中，各个构件尺度之间形成了固定的比例关系，这种关系构成了古建施工的法则。以清代官式建筑为例，建筑上的模数制成为其用材尺度的显著特征。即以某一建筑构件尺寸为模数，通过相对固定的比例，便可以确定其他构件的尺寸。清代建筑通常以“斗口”或“檐柱径”为基本模数。带斗栱的大式建筑通常按“斗口”为模数，无斗栱的小式建筑通常用“檐柱径”作为模数。清代官方大式建筑用材标准尺寸，划分为十一个等级，如图 1 所示。

《工程做法》卷三载“如斗口二寸五分”，得该建筑为八等材。按清营造尺每寸等于 32mm，得斗口为

【作者简介】李猛（1987—），男，BIM 高级工程师。主要研究方向为古建筑、净洁厂房 BIM 应用。E-mail：limeng0905@163.com

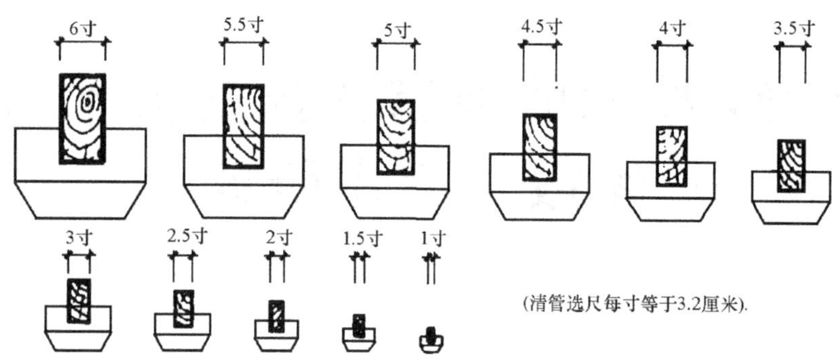

图 1　清官式建筑用材等级（图片来源马炳坚《中国古建筑木作营造技术（第二版）》）

32mm×2.5=80mm。后续木构件建模过程中尺寸皆以此为基数。在实际施工中，构建权衡比例仅作为一定范围的约束，设计师可根据实际情况灵活处理。

3　清代大木作构件的分类

清代大木作构件按类别主要分为柱类、梁类、枋类、桁檩、斗栱和其他杂项类。柱类有悬空柱和落地柱两种，与现代建筑柱作用类似。梁、枋、檩为古建筑横向构件，在结构中的作用类似于现代建筑的梁，起到承托屋面的作用。斗栱是中国传统建筑独有的也是最具特色的建筑构件，在檩柱之间，承上启下，起到传导负荷的作用。唐宋时期的斗栱相对于建筑梁架比例硕大，在大木体系中起到重要的结构作用。到了明清时期的斗栱比例明显变小，结构上的作用也变得微弱，主要用作装饰。

按《工程做法》给出的数据结合“清式大式建筑木构件权衡表”（详见马炳坚《中国古建筑木作营造技术（第二版）》第 9 页），可以查得大木构件的详细尺寸。

4　古建筑构件参数化建模技术

4.1　斗栱

本建筑斗栱采用的是斗口重昂，共有平身科、柱头科、转角科三种。

以其中一个构件——正心瓜栱建模过程为例，制作过程如下：

打开公制常规模型族样板文件，保存名称为正心瓜栱。在族类型对话框添加“斗口”长度参数，数值赋予 80mm；正心瓜栱长 6.2 斗口，厚 1.24 斗口，高 2 斗口，瓜栱卷杀为四等分。有了这些基本数据信息就可以开始建模了。

在前立面、参照标高添加参照平面，按照模型轮廓标注尺寸。在参照平面的基础上创建拉伸并与相应参照平面锁定。这样的目的是通过参数→参照平面、参照线→拉伸、旋转、放样命令实现数据动态控制模型尺寸。可使整个模型随斗口的数值改变而改变，大大提高模型的复用率（图 2、图 3）。

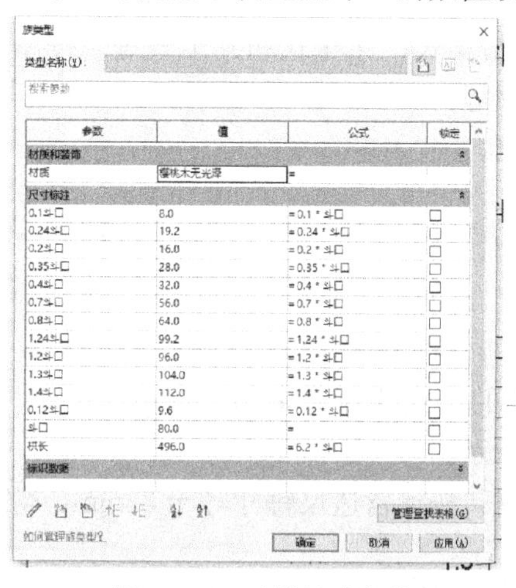

参数	值	公式	锁定
材质和装饰			
材质	樱桃木无光泽	=	
尺寸标注			
0.1斗口	8.0	=0.1 * 斗口	☐
0.24斗口	19.2	=0.24 * 斗口	☐
0.2斗口	16.0	=0.2 * 斗口	☐
0.35斗口	28.0	=0.35 * 斗口	☐
0.4斗口	32.0	=0.4 * 斗口	☐
0.7斗口	56.0	=0.7 * 斗口	☐
0.8斗口	64.0	=0.8 * 斗口	☐
1.24斗口	99.2	=1.24 * 斗口	☐
1.2斗口	96.0	=1.2 * 斗口	☐
1.3斗口	104.0	=1.3 * 斗口	☐
1.4斗口	112.0	=1.4 * 斗口	☐
0.12斗口	9.6	=0.12 * 斗口	☐
斗口	80.0	=	☐
栱长	496.0	=6.2 * 斗口	☐
标识数据			

图 2　正心瓜栱尺寸参数

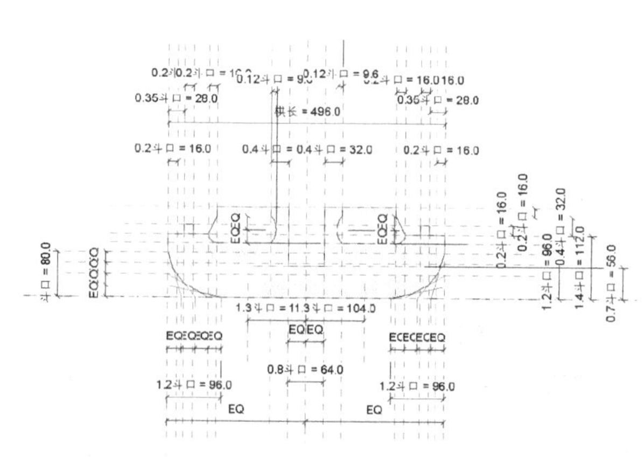

图 3　正心瓜栱立面尺寸约束

卷杀位置用参照线辅助约束，如图 4、图 5 所示。

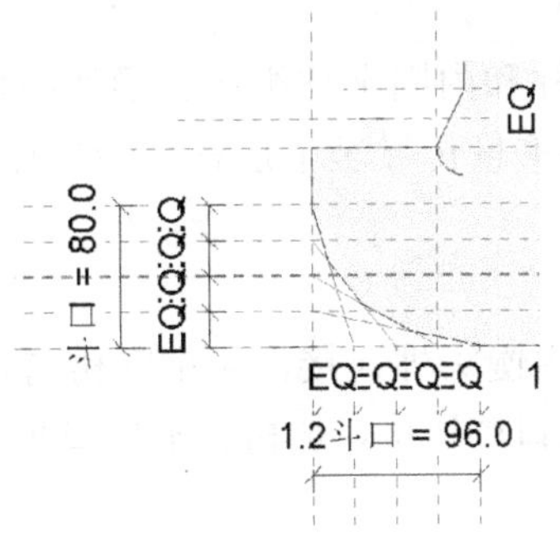

图 4　卷杀采用参照线约束

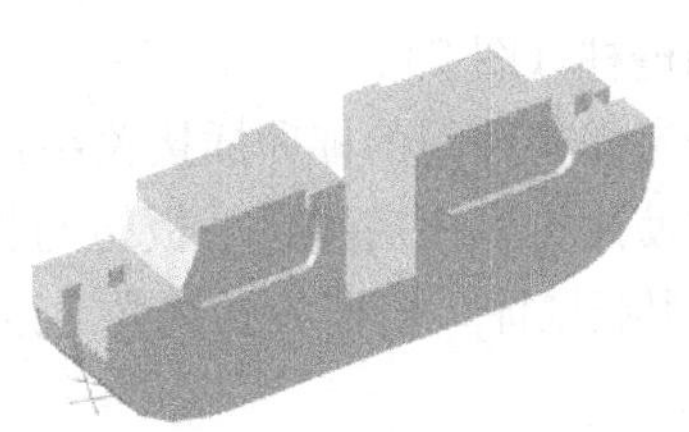

图 5　正心瓜栱透视图

同样的方法，可以制作出斗口重昂斗栱的其他构件（表 1）。

平身科斗口重昂斗栱模型示例　　**表 1**

头昂后带翘头	二昂后带菊花头	单材瓜栱
正心万栱	单材万栱	蚂蚱头后带六分头
撑头木后带麻叶头	桁椀	大斗（坐斗）
十八斗	槽升子	厢栱

整体装配图如图6所示。

4.2 梁架结构

本建筑为七檩歇山、周围廊建筑。结构柱由外圈檐柱和内圈金柱组成。梁架结构为抬梁式结构，即屋顶下方的桁传导至檩置于梁上，上层梁通过悬空柱将重量传导至下层柱，最后屋架重量通过七架梁、桃尖梁传导至金柱和檐柱（图7）。

建模过程中充分考虑构件间的榫卯插接关系：

平板枋与平板枋使用螳螂榫搭接，平板枋与檐柱使用馒头榫连接，大小额枋与檐柱采用燕尾榫连接（图8）。桁檩接头采用燕尾榫，桁檩和五架梁连接采用碗口榫压接，金枋、金枋垫板与五架梁、金柱采用直榫或燕尾榫（图9）。

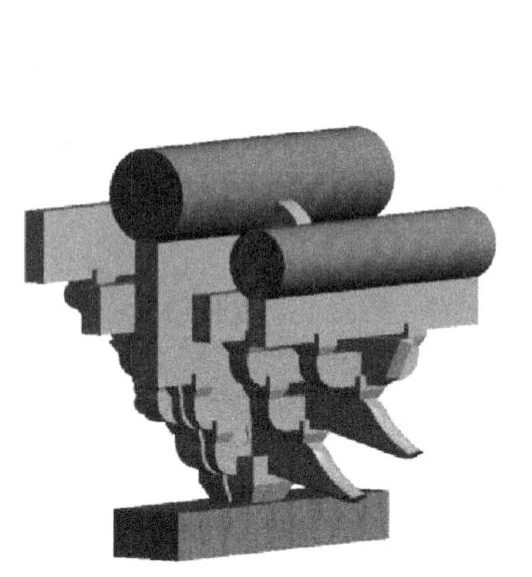

图6　平身科斗口重昂斗栱整体装配图

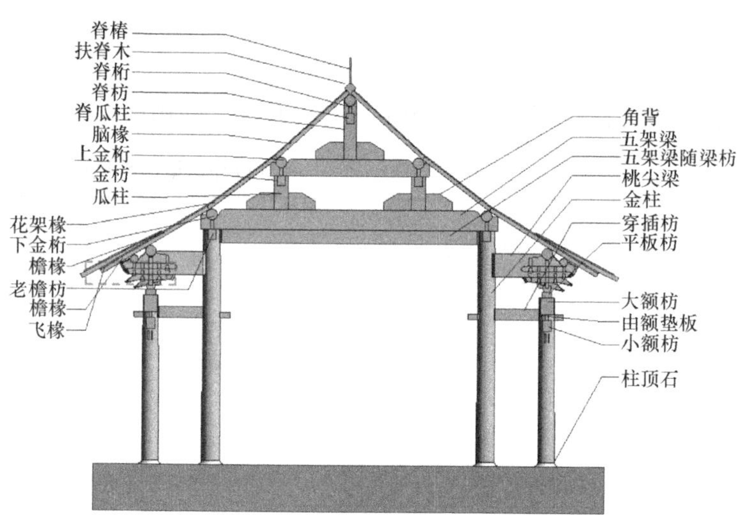

图7　梁架结构

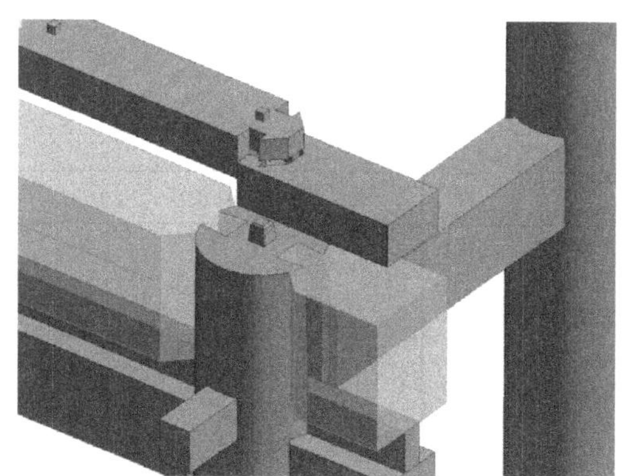

图8　额枋、平板枋与檐柱榫卯关系

图9　桁、枋、垫板与五架梁及金柱榫卯关系

给构件模型添加维护信息（图10）通过明细表统计斗栱、梁枋等构件数量（图11）。

整体装配图如图12所示。

5 古建筑BIM信息应用及总结

Revit中可通过明细表统计各项构件的数量、明细，辅助提报原材料。本项目绝大部分构件都是通过公制常规模型建立。在族编辑界面可添加文字类或数字类参数描述构件的特征信息，比如破损情况、危险等级。还可借助Dynamo驱动构件颜色随特征值变化，这样可以通过颜色的区分，对构件信息一目了然。

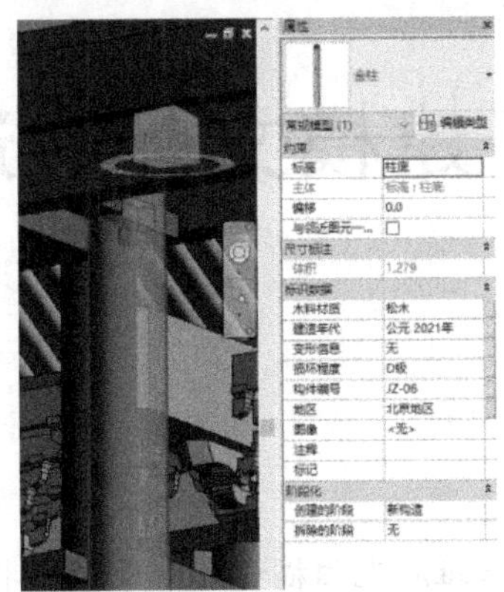

图 10　金柱添加维保信息

<斗栱构件统计>

A	B	C
类型	说明	合计
二昂后带菊花头	平身科	72
单材方栱	平身科	136
单材瓜栱	平身科	144
厢栱	平身科	144
头昂后带翘头	平身科	72
撑头木后带麻叶头	平身科	72
桁椀	平身科	71
正心方栱	平身科	72
正心瓜栱	平身科	72
蚂蚱头后带六分头	平身科	72

图 11　通过明细表统计平身科斗栱零件数量

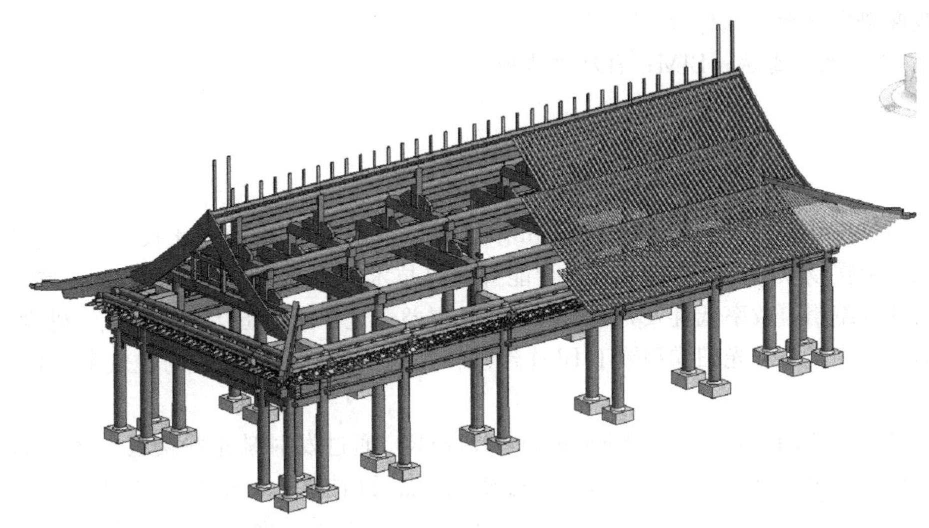

图 12　整体装配图

本次尝试旨在服务于古建筑保护及仿古建筑施工。BIM 的优势在于模型的可视化和数据的集中管理，Building Information Modeling——从定义上来讲，模型与数据处在同等重要的地位。BIM 技术参与到仿古建筑施工中，可以在一定程度上提高施工工作效率和工程水平。通过 BIM 技术对现有古建筑数字化、信息化，也方便专业人员对古建筑有针对性的维护与修缮。

参 考 文 献

[1]　(清)允礼等. 工部工程做法七十四卷[EB/OL]. (清雍正十二年刊)[2021-07-10]. http：//www. lib. berkeley. edu.

[2]　马炳坚. 中国古建筑木作营造技术[M]. 2 版. 北京：科学出版社，2003

[3]　刘敦桢. 中国古代建筑史[M]. 2 版. 北京：中国建筑工业出版社，2005.

[4]　梁思成. 梁思成全集第四卷·中国建筑史[M]. 北京：中国建筑工业出版社，2001.

[5]　梁思成. 清工部《工程做法则例》图解[M]. 北京：清华大学出版社，2006.

[6]　潘德华、潘叶祥. 斗栱(简体版)[M]. 南京：东南大学出版社，2017. 5.

[7]　田永复. 中国古建筑知识手册[M]. 2 版. 北京：中国建筑工业出版社，2019.

[8]　傅熹年. 傅熹年建筑史论文选[M]. 天津：百花文艺出版社，2009.

[9]　郭正可. 基于 BIM 的唐代建筑大木作参数化建模研究[D]. 太原：太原理工大学，2018.

[10]　张祥. 基于 BIM 的明清官式古建筑构件参数化及其装配研究[D]. 西安：西安建筑科技大学，2015.

[11]　王茹. 基于 BIM 的明清古建筑全生命周期信息模型的研究[D]. 西安：西安建筑科技大学，2016.

基于 LiDAR 点云的竣工 BIM 建模文献综述

吴怡洁，董志明，薛　帆*

（香港大学房地产与建设系，香港特别行政区）

【摘　要】 人工进行竣工 BIM 建模往往耗时费力。近年来，随着三维激光扫描和点云处理技术的快速发展，竣工 BIM 建模逐步自动化。本文围绕 LiDAR 点云的竣工 BIM 建模任务，总结了其中三个主要环节（扫描、配准和语义建模）的代表性工作，重点介绍了相关领域的新进展，为基于 LiDAR 的竣工 BIM 建模提供了实践和研究参考。

【关键词】 点云；激光雷达；BIM；自动化建模

1　引言

建筑信息模型（Building Information Modeling，BIM）是推动建筑工业化技术与信息技术协同发展的关键一环，也是衔接物联网、大数据和人工智能等新兴技术的主要信息载体。然而，竣工 BIM 建模仍依赖人工测绘与软件编辑，效率低且人力成本高昂[1]。得益于近年激光雷达和三维点云处理等技术的快速发展，国内外涌现了大量与激光扫描和竣工 BIM 建模相关的工作，其中不乏构建效率和自动化程度较高的研究。

三维激光扫描（Light Detection and Ranging，LiDAR）通过发射激光并接收物体表面的反射光线，计算相对于反射点的距离、方位及三维坐标。在完成三维点云扫描后，一般需进行点云配准和语义建模。点云配准用于确定点云之间或点云与其他空间数据的相对位置关系，使多份数据处于统一的空间坐标系下；语义建模则对点云数据中的语义类型进行识别，进行参数化几何三维重构，实现从点云到 BIM 模型的自动化构建，即 Scan to BIM[2]。本文对这三大关键步骤——①扫描、②配准和③语义建模[1]的基本情况进行梳理，介绍最新的发展趋势，并指出当前存在的一些局限。

2　点云扫描

在竣工 BIM 的实践中，常用的三维扫描方案可分为：静态的地面激光雷达（Terrestrial Laser Scanning，TLS）和动态的移动激光雷达（Mobile Laser Scanning，MLS）。BIM 建模的点云扫描设备厂商主要包括国外的 Trimble、Riegl、Leica、Faro 和 Navvis 以及国内的中海达等。设备选型应主要考虑扫描效率和数据质量两方面的指标。效率指标包括最远测距范围，水平和垂直视场角以及扫描方式等；质量指标包括点精度和表面点密度等。

表 1 列举了代表性 LiDAR 设备的相关指标。在扫描效率方面，TLS 和 MLS 设备的最远测距均可达近百米甚至几百米，水平视场角可 360°覆盖。垂直视场角方面，则介于 30 到 360°。操作垂直视场角较小的设备，如 Paracosm PX-80，一般需要合理调整倾斜角度以确保覆盖率。为扩大垂直视场角，表 1 所列的两个背包/穿戴式 MLS 方案采用双雷达模式，同时提高了垂直视场角和点密度。扫描方式也是影响扫描效率的关键因素，TLS 往往需要在考虑室内遮挡的情况下，规划多个扫描点以实现完整覆盖，一般耗时

【基金项目】 香港研究资助局杰出青年学者计划（项目号：27200520）

【作者简介】 薛帆（1982—），男，香港大学房地产与建设系助理教授。主要研究方向为点云处理、BIM、CIM、数字孪生、组合优化和区块链等。E-mail：xuef@hku.hk

较长。而手推车式、背包/穿戴式和手持式等移动扫描设备则更易于在遮挡较多的室内环境进行移动，可大幅度缩短扫描时间。其中，手持式和背包/穿戴式的扫描设备又要比手推车式更为灵活，在存在阶梯或其他需要调整高度的扫描环境中更为高效。

适用于 BIM 建模的激光雷达参数对比　**表 1**

设备名称	类型	点采集速度	精度	角度分辨率	最远测距	视场角
Trimble TX6	静态分点扫描 TLS	5×10^5/s	2mm	0.0046°	80m	360°（水平）317°（垂直）
Riegl VZ-400i	静态分点扫描 TLS	5×10^5/s	5mm	0.0005°～0.0007°	800m	360°（水平）100°（垂直）
Leica RTC360	静态分点扫描 TLS	2×10^6/s	1mm	0.005°	130m	360°（水平）300°（垂直）
中海达 HS650i	静态分点扫描 TLS	5×10^5/s	5mm	0.001°	650m	360°（水平）100°（垂直）
Navvis M6*	推车 MLS	3×10^5/s	5.7mm	0.25°（水平）2°（垂直）	100m	360°（水平）30°（垂直）
Faro Focus Swift	推车 MLS	1×10^6/s	2～10mm	/	350m	360°（水平）300°（垂直）
Navvis VLX	背包/穿戴 MLS	6×10^5/s	6mm	0.4°（水平）0.4°（垂直）	100m	360°（水平）360°（垂直）
GreenValley LiBackpack DG50	背包/穿戴 MLS	6×10^5/s	30mm	0.4°（水平）0.4°（垂直）	100m	360°（水平）180°（垂直）
Paracosm PX-80	手持 MLS	3×10^5/s	20～30mm	0.4°（水平）0.2°（垂直）	80m	360°（水平）30°（垂直）

*仅计入其主 LiDAR 参数。

在扫描质量方面，TLS 设备的精度大多在毫米级，而 MLS 设备因受到同步定位与地图构建（Simultaneous Localization and Mapping，SLAM）算法和移动扫描自由度的误差影响而精度较低。此外，较高的点密度一般需要更快的采集速度、更高的角分辨率和距目标表面更近的距离。表 1 所列的 TLS 角分辨率要显著优于 MLS，即 TLS 的扫描点密度一般高于 MLS，更能捕获几何表面细节。

通过上述分析可知，TLS 扫描质量高而效率较低，MLS 则与之相反。TLS 更适用于目标分布集中，遮挡较少或对精度要求非常高的任务，多用于管线等柱状或杆状的结构扫描以及古建筑的数字孪生等；MLS 则适用于对建筑内部等进行整体场地摸查，能较快完成范围大、遮挡多但对精度要求较低的扫描任务。

对于测绘级 LiDAR 点云而言，目前 TLS 和 MLS 价格不菲，点云采集成本较高；而消费级深度相机或 LiDAR 传感器，如英特尔的 RealSense 和苹果手机（10 代及以上）等，在视场角、测深密度和精度等方面无法媲美测绘级的 TLS 和 MLS。针对昂贵的 LiDAR 传感器，国外的 Ouster 和国内的 Livox 公司等正致力于研发低成本、高精度的新型设备。此外，随着移动机器人技术的快速发展，出现了全自动的扫描方案。例如，Faro 和 Trimble 等公司便尝试了将激光雷达安装在面市不久的波士顿动力 Spot 机器狗上，后续可结合规划算法，实现全自动点云扫描。

3　点云配准

完成竣工扫描后，通常需将各个扫描点捕获的点云数据配准到同一个空间坐标系下。这个过程实现了多个局部点云的拼接。部分 TLS 设备厂商提供了点云自动配准软件，例如 Trimble RealWorks 和 Leica

Cyclone REGISTER 等。配准的 LiDAR 点云也可用于进行竣工和设计 BIM 模型的对比[2]，研究建造过程中实际产生的设计变更。点云配准一般需要对点云进行特征提取，然后对提取到的特征点进行配对，并估计相应的三维变换。该流程可拆解成两个子问题：①点云特征提取以及②点配对与变换估计。

在点云特征提取的研究中，特征描述子一般可通过局部或全局几何特征获得，例如方向直方图特征[4]、快速点特征直方图[5]和全局对称性[6-7]等。此外，还可通过深度神经网络和点云配准数据集学习点云的特征表达，例如基于全卷积网络的几何特征[8]，相较于传统的人工特征描述子设计，该方法实现了更高效和更完整的特征点配对。

而在点配对和变换估计子问题上，迭代最近点法（Iterative Closet Point，ICP）[3]提供了一个基本的框架，但依赖于高质量初始解，否则易陷入局部最优。在 ICP 的基础上，CPD[9]等方法引入了点配对的概率框架；Go-ICP[10]通过分支定界策略，对三维变换进行全局搜索，但仍易受错误配对点的影响；TEASER[11]则通过截断最小二乘法显式降低了离群配对点的影响，在精度上比 Go-ICP 更进一步。

另外，应用深度学习框架和端到端思路，可同时解决两个配准子问题——将点云匹配的结果“反馈”到点云的特征学习中，以“习得”令配准效果更佳的特征[12-13]。此类方法进一步提高了点云重合率较低时的配准精度，而低重合率的点云配准问题，是当前点云配准的重要研究目标之一，可降低点云扫描对重合范围的要求，进而提高扫描效率。

4　点云语义建模

建筑物的语义建模是指对 LiDAR 点云中的目标对象进行识别与三维重构。传统的语义建模一般需要专业建模人员对点云进行识别，并手动重构三维模型，此流程非常耗时。此外，在某些对象类型的建模对比中发现，即便投入了培训成本和手动处理时间，人工建模的精度和质量稳定性相比半自动化流程也未见显著提高[1]。

一些新颖的自动化点云语义建模技术，则着眼于提升点云 BIM 自动化建模的效率和质量。相关研究一般根据建模对象语义类型、几何特征的多样性和复杂程度采用不同方法。对管道和梁柱等柱体或杆体结构建模时，由于其形状基元一般较为单一，可对其横截面进行模板匹配[14]或霍夫变换[2]，或通过 RANSAC 算法对点云进行给定模型拟合[14]。这些方法还可组合应用于柱体和杆体的复合结构建模中[15]。此类方法已较为成熟，可基于毫米级精度点云达到比较理想的识别率和三维重构精度，Faro As-Built 和 ClearEdge3D EdgeWise 等商业插件和软件也提供类似原理的半自动化建模辅助功能。

对墙体和楼板等建筑结构建模时，通常需对连续表面进行提取，可根据粗糙程度、曲率和法向量等局域特征，通过 Region grow 或 DBScan 等算法合并特征相似的邻域，分割语义表面，并进行参数化表面拟合[16]。然而，由于点云噪声、点密度不足和遮挡等问题，上述方法一般只能得到较粗糙的初始结果。后续的语义表面筛选、增补以及形状位置调整常被建模为优化问题，借助整数规划等求解[16]。近年来，基于深度学习的室内点云语义分割也发展迅速，开放了 ScanNet[17]等大规模室内点云数据集，涌现了 PointNet＋＋[18]、DGCNN[19]和 RandLA-Net[20]等一系列不断刷新三维分割精度、规模和效率的深度神经网络。部分网络对数据集中的墙体和楼板的分割交并比可达到 80％及以上。此外，方法[21]在表面建模和语义分割任务外，还对房间和墙体等对象进行体块化的实例建模，相较于上述的表面建模和语义分割，体块化建模更接近 IFC 标准中对实体要素的几何表达规范。

对设施或家具建模时，由于家具一般几何形状较为复杂，可利用三维家具模型库在点云中进行拟合[22]。或基于大规模点云数据集[23]，通过监督学习训练深度神经网络，进行三维对象检测[24-25]。然而模型拟合和深度学习方案都有一定局限，前者在大规模点云中搜索体积和数量均相对较小的家具时，效率较低；而后者在柜子、书架和书桌等受摆放物体和遮挡等因素影响的类型上仍精度较低。

综上，在语义建模的三个分支中，建筑结构和家具设施的建模问题仍有较大提升空间。在噪声和遮挡较多，复杂度和多样性较高的环境中，建筑结构的参数化体建模和某些常见家具设施的识别仍面临一定挑战。

5 展望与结语

由此，针对基于 LiDAR 点云的竣工 BIM 建模问题，围绕上文总结的三大环节，可展望未来的一些发展方向：

（1）在扫描方面，测绘级设备虽然价格不菲，但已有相关产品或研究致力于降低成本，而移动机器人的快速发展有望推动全自动化扫描方案成为 BIM 建模的新范式；

（2）在配准方面，虽然方法已相对成熟，但仍需进一步提高低重合率下的配准鲁棒性，以降低分点分段扫描中对重合范围的要求；

（3）在语义建模方面，需根据目标对象的语义类型和几何特征选择合适的自动化方法，遮挡、环境多样性以及点云质量不佳等问题依然未能被现有方法较好解决，而更便于实际应用的参数化实例体块建模研究尚未得到广泛关注，这些问题均为后续攻坚方向。

综上，本文分扫描、配准和语义建模三大环节，对基于 LiDAR 点云的竣工 BIM 建模问题进行梳理，介绍整理了近年来各个环节的代表性工作，总结了其存在的问题，并展望了未来的发展方向，可为后续的相关实践和研究提供参考。

参 考 文 献

[1] ESNAASHARY E M, RAUSCH C, SHARIF M M, et al. Quantitative investigation on the accuracy and precision of Scan-to-BIM under different modelling scenarios[J]. Automation in Construction, 2021, 126: 103686.

[2] FRÉDÉRIC B, AHMED M, TURKAN Y, et al. The value of integrating Scan-to-BIM and Scan-vs-BIM techniques for construction monitoring using laser scanning and BIM: The case of cylindrical MEP components [J]. Automation in Construction, 2015, 49: 201-213.

[3] BESL, PAUL J, MCKAY N D. Method for registration of 3-D shapes [J]. Sensor Fusion IV: Control Paradigms and Data Structures, 1992, 1611: 586-606.

[4] TOMBARI, FEDERICO, SALTI S, et al. Unique signatures of histograms for local surface description [C]//Proceedings of the 11th European Conference on Computer Vision (ECCV), Heraklion, Crete, Greece, 2010: 356-369.

[5] RUSU, BOGDAN R, BLODOW N, et al. Fast point feature histograms (FPFH) for 3D registration [C]//Proceedings of the 2009 IEEE International Conference on Robotics and Automation (ICRA), Kobe, Japan, 2009: 3212-3217

[6] XUE F, LU W S, WEBSTER C J, et al. A derivative-free optimization-based approach for detecting architectural symmetries from 3D point clouds [J]. ISPRS Journal of Photogrammetry and Remote Sensing, 2019, 148: 32-40.

[7] RegARD: Symmetry-Based Coarse Registration of Smartphone's Colorful Point Clouds with CAD Drawings for Low-Cost Digital Twin Buildings [J]. Remote Sensing, 2021, 13(10): 1882.

[8] CHRISTOPHER C, PARK J, KOLTUN V. Fully convolutional geometric features [C]//Proceedings of the 2019 IEEE/CVF International Conference on Computer Vision (ICCV), Seoul, Korea, 2019: 8958-8966.

[9] ANDRIY M, SONG X B. Point set registration: Coherent point drift [J]. IEEE Transactions on Pattern Analysis and Machine Intelligence, 2010, 32(12): 2262-2275.

[10] YANG J L, LI H D, CAMPBELL D, et al. Go-ICP: A globally optimal solution to 3D ICP point-set registration [J]. IEEE Transactions on Pattern Analysis and Machine Intelligence, 2015, 38(11): 2241-2254.

[11] YANG H, SHI J N, CARLONE L. Teaser: Fast and certifiable point cloud registration [J]. IEEE Transactions on Robotics, 2020, 37(2): 314-333.

[12] PointNetLK: Robust & efficient point cloud registration using PointNet [C]//Proceedings of the 2019 IEEE/CVF Conference on Computer Vision and Pattern Recognition (CVPR), Long Beach, CA, USA, 2019: 7156-7165.

[13] CHRISTOPHER C, DONG W, KOLTUN V. Deep global registration [C]//Proceedings of the 2020 IEEE/CVF Conference on Computer Vision and Pattern Recognition (CVPR), Seattle, WA, USA, 2020: 2511-2520.

[14] WANG B Y, CHAO Y, HAN L, et al. Fully automated generation of parametric BIM for MEP scenes based on terrestrial laser scanning data [J]. Automation in Construction, 2021, 125: 103615.

[15] YANG L, CHENG J C P, WANG Q. Semi-automated generation of parametric BIM for steel structures based on ter-

restrial laser scanning data[J]. Automation in Construction, 2020, 112: 103037.

[16] DONG Z, YANG B S, HU P B, et al. An efficient global energy optimization approach for robust 3D plane segmentation of point clouds [J]. ISPRS Journal of Photogrammetry and Remote Sensing, 2018, 137: 112-133.

[17] DAI A, CHANG A X, SAVVA M, et al. ScanNet: Richly-annotated 3D reconstructions of indoor scenes [C]//Proceedings of the 2017 IEEE Conference on Computer Vision and Pattern Recognition (CVPR), Honolulu, HI, USA, 2017: 2432-2443.

[18] QI C R, LI Y, HAO S, et al. PointNet++: Deep hierarchical feature learning on point sets in a metric space [C]// Proceedings of the Advances in Neural Information Processing Systems, 2017.

[19] WANG Y, SUN Y B, LIU Z W, et al. Dynamic graph cnn for learning on point clouds [J]. Acm Transactions On Graphics, 2019, 38(5): 1-12.

[20] HU Q r, YANG B, XIE L H, et al. RandLA-Net: Efficient semantic segmentation of large-scale point clouds [C]// Proceedings of the 2020 IEEE/CVF Conference on Computer Vision and Pattern Recognition (CVPR), Seattle, WA, USA, 2020: 11105-11114.

[21] SEBASTIAN O, VOCK R, KLEIN R. Automatic reconstruction of fully volumetric 3D building models from oriented point clouds [J]. ISPRS Journal of Photogrammetry and Remote Sensing, 2019, 151: 251-262.

[22] XUE F, LU W S, CHEN K, et al. BIM reconstruction from 3D point clouds: A semantic registration approach based on multimodal optimization and architectural design knowledge [J]. Advanced Engineering Informatics, 2019, 42: 100965.

[23] SONG S R, LICHTENBERG S P, XIAO J X. SUN RGB-D: A RGB-D scene understanding benchmark suite [C]// Proceedings of the 2015 IEEE Conference on Computer Vision and Pattern Recognition (CVPR), Boston, MA, USA, 2015: 567-576.

[24] QI C R, LIU W, WU C X, et al. Frustum PointNets for 3D object detection from RGB-D data [C]//Proceedings of the 2018 IEEE/CVF Conference on Computer Vision and Pattern Recognition (CVPR), Salt Lake City, UT, USA, 2018, 918-927.

[25] QI C R, LITANY O, HE K M, et al. Deep hough voting for 3D object detection in point clouds [C]//Proceedings of the 2019 IEEE/CVF International Conference on Computer Vision (ICCV), Seoul, Korea, 2019: 9276-9285.

关于 BIM 技术在施工模拟中文件交互性研究

王　蓬，李亚勇

（中建隧道建设有限公司，重庆 401122）

【摘　要】 随着国家建筑业信息规范的出台，BIM 在施工领域的研究也日益深入，BIM 应用也向施工管理方向延伸与发展，而施工模拟作为 BIM 技术应用中较为核心的应用点，往往涉及多专业多系统性软件交互作业，软件间的交互性问题显得尤为突出，适合的应用流程和方法能够极大提升项目 BIM 应用效率。

【关键词】 BIM 技术；应用流程；软件使用与交互

1　引言

目前国内 BIM 应用逐步进入施工实践领域深水区，应用从单软件简单应用逐步转向多软件协同应用，随着国家“十四五”规划的部署，建筑业信息化势在必行，BIM＋智慧工地等自主管理平台开始迎来蓬勃发展期，而作为 BIM 的项目实践层面，在施工模拟的应用中，涉及不同渲染模拟软件与建模软件的信息传递及格式交互问题，本论文研究 Revit 软件与市面主流建模软件的交互方法，梳理主要操作流程，系统性地探讨各种方法的应用场景。

2　BIM 技术中施工模拟应用现状

2.1　研究背景

现阶段 BIM 应用一般分为两类应用，一是基于 BIM 模型的应用，二是基于 BIM 管理平台的应用，而施工模拟是属于基于 BIM 的模型应用，目前行业内核心软件有 Autodesk 的 Revit 软件系列、Bentley 系列、Dassault 的 Catia 系列，此次选取最容易获取的 Revit 软件作为核心建模软件作为交互核心作为研究，探索基于 Revit 软件的施工模拟的工作任务流。

2.2　行业内施工模拟应用情况

通常基于 BIM 的模型应用常用应用点分为碰撞检查、工艺模拟、模型量清单导出等，大部分为模型几何尺寸信息的运用，使用交互软件众多，常规实现施工模拟演示有以下几个途径：一是基于 Revit 平台建模，模型导入 Navisworks 软件中进行动画制作及渲染；二是将模型通过 Revit 插件导入到对应的软件中，如 3ds Max、Fuzor、Lumion，Keyshot 等均可实现。

3　不同软件与 Revit 交互方式及流程

3.1　Navisworks 软件的工作流及应用流程

Navisworks 作为 Autodesk 公司 BIM 类软件的施工管理软件，具有界面简洁、操作简单、能够快速上手的特点，而 Revit 对于 Navisworks 软件支持也比较完善，在安装完 Navisworks 后 Revit 将自动出现相关导出插件（图 1），能够根据需求快速设置导出精度（图 2），操作较为快捷，导出后将生成 nwc 文件

【作者简介】 王蓬（1991—），男，项目 BIM 实施主管/工程师。主要研究方向为基础设施项目 BIM 管理与 BIM 技术应用。E-mail：1051433313@qq.com

（图 3），在 Navisworks 软件中完成相应材质、灯光、动画后进行相关渲染输出，其应用流程如图 4 所示，使用 Navisworks 优势在于对模型信息保留程度较高，能与 Revit 无缝对接，软件本身占用系统资源较少，能够根据模型较为方便地绑定相关工期进度信息进行管理，施工模拟动画制作功能限制较多，动画制作比较烦琐，动画效果较少，只有较为简单的移动、旋转、缩放功能（图 5），其渲染效果及渲染效率往往差强人意。制作时受限较大。

图 1　Navisworks 插件导出界面

图 2　导出设置

图 3　导出文件

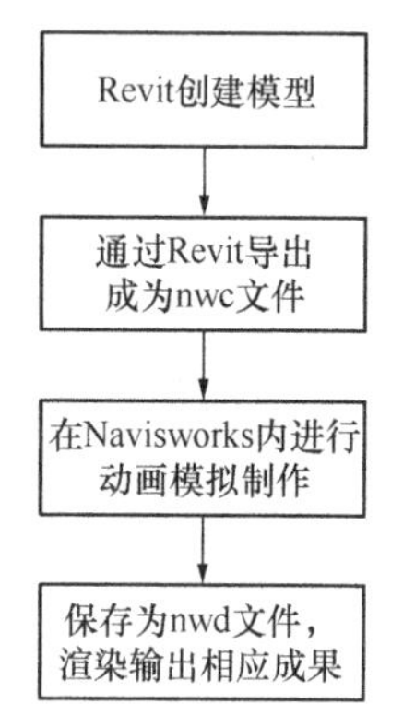

图 4　Navisworks 导出流程

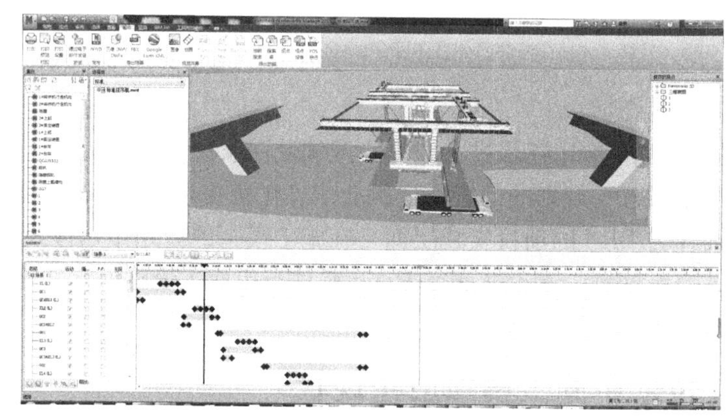

图 5　Navisworks 软件操作界面

3.2　3ds Max 软件的工作流及应用流程

3ds Max 作为老牌动画和模型创建软件，能够实现施工模拟中绝大部分施工动画，相关插件及资源众多，配合 Vary 渲染器（图 6），渲染效果能够达到模拟真实材质效果，由于 3ds Max 具有建模功能（图 7），在 3ds Max 制作动画时不需要考虑建模时的模型拆分，能够在 3ds Max 中完成相应模型拆分（图 8），同时具有专业的动画工具和参照系转换工具（图 9），能够较为方便地实现全部效果。

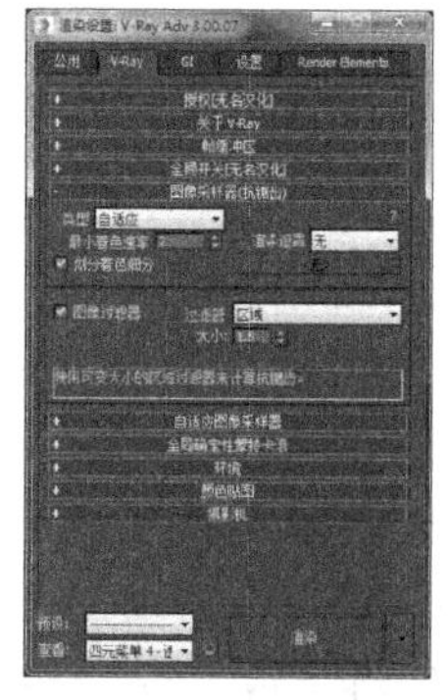

图 6　Vary 设置界面

图 7　3ds Max 软件操作界面

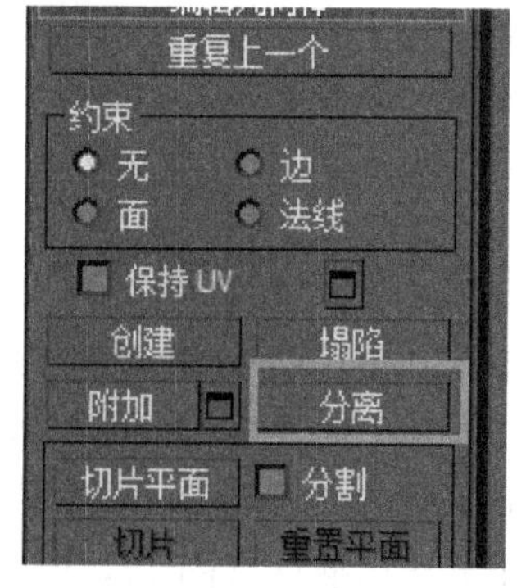

图 8　3ds Max 拆分模型

Revit 与 3ds Max 没有直接交互接口，因此需要在 Revit 软件内转换至 fbx 格式文件（图 10），在 3ds

Max 内将 fbx 文件打开，其中材质需要逐一更换为 Vary 材质，同时制作相应动画，工作应用流程为图 11 所示，3ds Max 中 Vary 能够提供专业的渲染调节，渲染效果在几种软件中是最好的，渲染通用性较强，可调参数灵活，适合大场景渲染，但操作界面较为复杂，熟练应用学习成本较高，其中材质、灯光、渲染调节较为烦琐，界面显示效果与最终渲染效果差异较大，需多次渲染查看效果后进行相关参数调整。

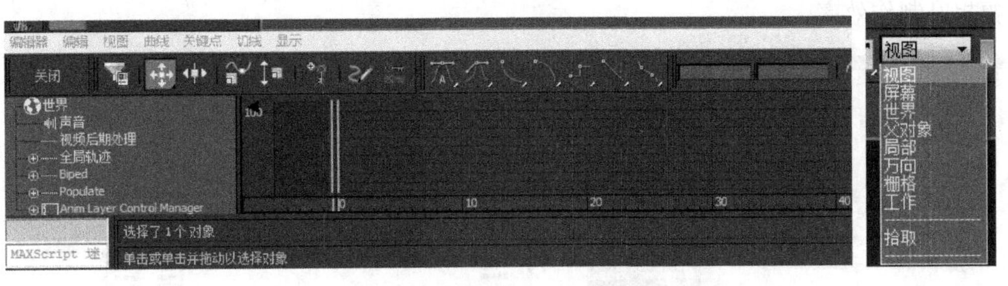

图 9　3ds Max 动画工具和参照系转换工具

图 10　fbx 文件格式

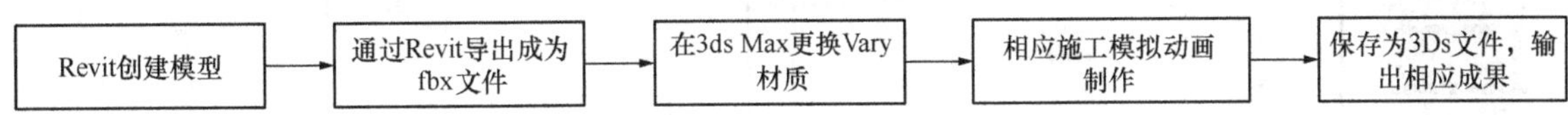

图 11　3ds Max 软件的工作流及应用流程

3.3　Lumion 及 Twinmotion 的工作流及应用流程

Lumion 与 Twinmotion 定位及功能比较类似，软件界面更为简洁清晰（图 12），对电脑显卡性能有较高的要求，上手学习更为容易，其材质编辑器中材质能够满足大部分项目材质需求，和 Revit 交互流程需要安装专业格式转换插件（图 13），Lumion 能够识别的 dae 文件（图 14），Twinmotion 能够识别通过官方插件转换的 fbx 文件。由于软件功能限制，Lumion 和 Twinmotion 一般作为制作漫游动画和图片渲染工具使用，渲染设置简单快捷，效果能满足项目需求，一般项目需要漫游场地或者对局部单帧渲染时使用，具体工作流如图 14 所示。由于只能实现施工模拟部分功能，详细施工工艺动画还需要其他软件配合完成。

图 12　Twinmotion 和 Lumion 界面

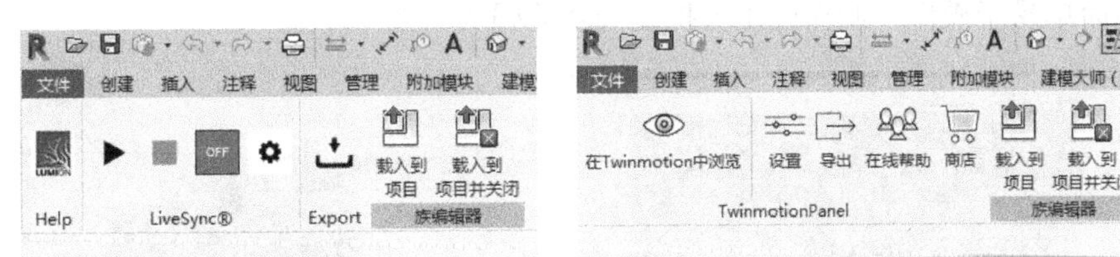

图 13　Lumion 及 Twinmotion 格式转换插件界面

图 14　Lumion 及 Twinmotion 软件交互工作流

3.4 Fuzor 的工作流及应用流程

Fuzor 功能较为强大，整合的功能较多（图 15），具有关联性、实时性、分析性、仿真性 4 大特点、Fuzor 能够一定程度上与 Revit 实现实时联动（图 16），能够实现在建模过程中的测量检查，其显示模式有多种模式可以选择，功能集合了施工模拟、模型渲染功能，其中内置通用施工机械模型，对施工动画进行了专门优化，大幅提升制作效率。

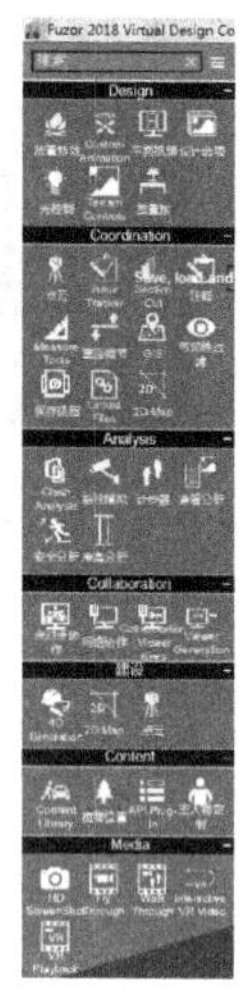

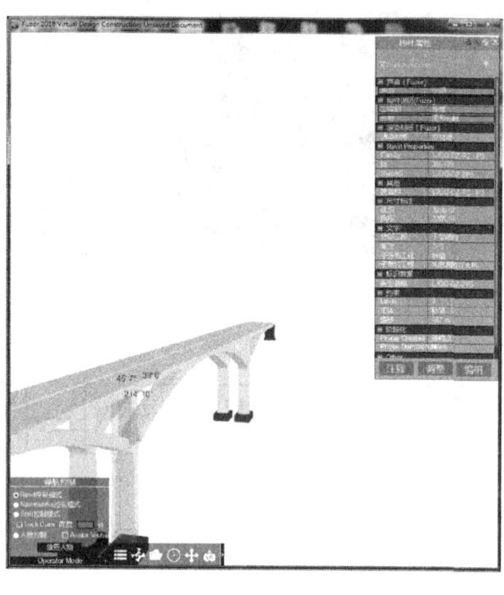

图 15　功能面板

图 16　Fuzor 与 Revit 联动功能

Fuzor 与 Revit 交互需要安装对应版本 Revit 插件（图 17），无须导出相应文件，当 Revit 模型进行更改后，Fuzor 中模型会自动进行更新，在制作相应施工模拟时，通过“Launch Fuzor Virtual Design Construction”功能将模型导入 Fuzor 软件中进行相关施工模拟制作，工作应用流程如图 18 所示。

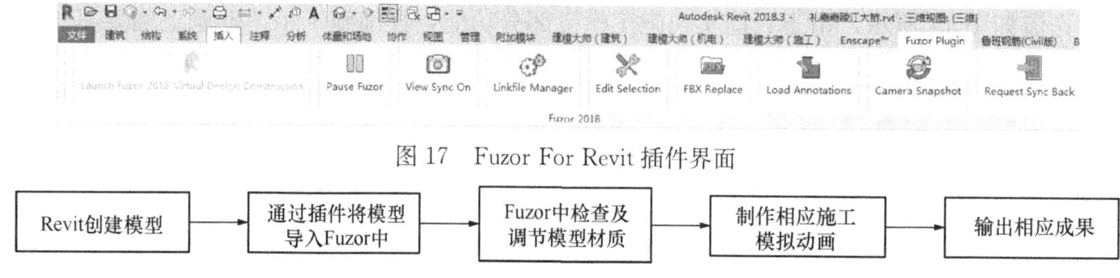

图 17　Fuzor For Revit 插件界面

Revit创建模型 → 通过插件将模型导入Fuzor中 → Fuzor中检查及调节模型材质 → 制作相应施工模拟动画 → 输出相应成果

图 18　Fuzor 软件交互工作流

3.5 Keyshot 的工作流及应用流程

Keyshot 作为一款实时显示渲染软件，其渲染效果能够实时显示，能够支持 fbx，obj 等多种主流模型格式，其渲染设置简单易于操作，制作施工模拟动画功能强大（图 19）。

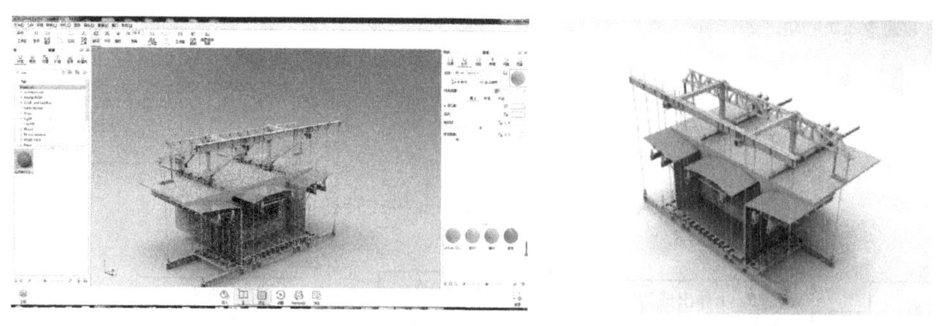

图 19　Keyshot 实时渲染界面

Keyshot 与 Revit 交互可由多种途径进行导出，可使用 Lumion 的 dae 文件，也可使用 Towimtion 插件导出，也支持 Revit 自带的 fbx 文件导出，但经过对比发现，由 Revit 导出的不同格式文件存在模型信息丢失问题，其中由 Lumion 插件导出的 dae 文件格式 Keyshot 无法读取（图 20），由 Revit 自带功能导出 fbx 模型存在模型材质丢失问题（图 21），还可通过 Revit 自带功能导出 SAT 格式文件，部件将已最小单位进行自动拆分，但所有单元的名称会重新自动命名，给后续操作造成一定困难（图 22）而经过测试发现导入由 Towimotion 插件导出的 fbx 文件材质没有丢失，模型能较好地进行拆分（图 23），工作应用流程如图 24 所示。

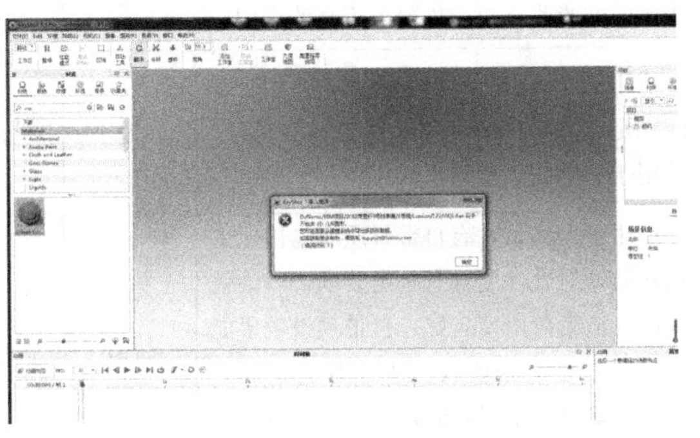

图 20　无法导入由 Lumion 插件生成的 dae 文件

图 21　导入 Revit 自带导出的 fbx 文件

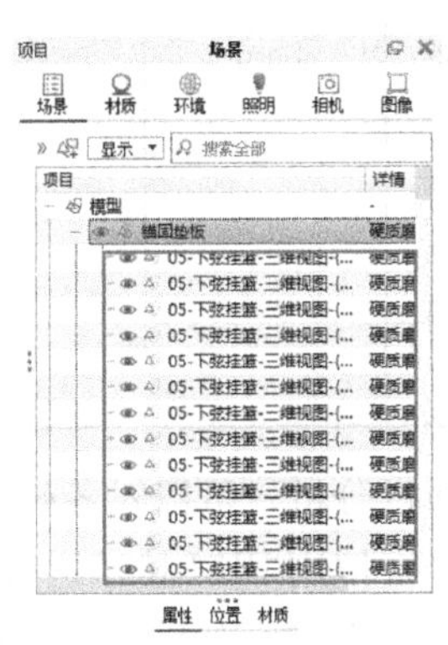

图 22　导入 SAT 文件格式

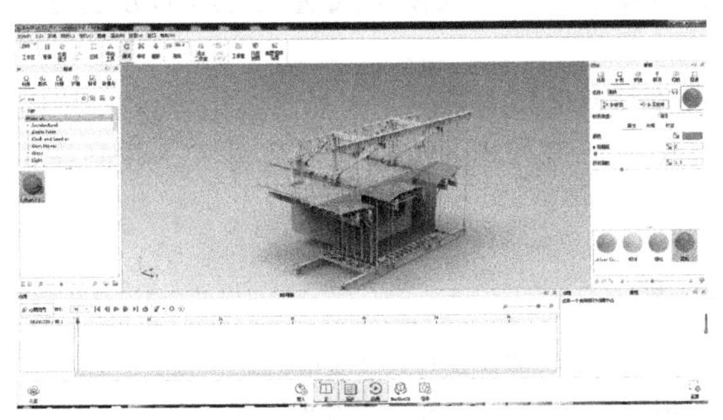

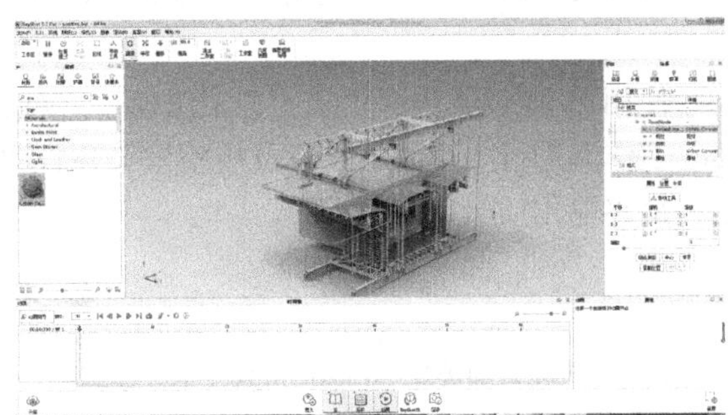

图 23　导入由 Towimotion 插件导出的 fbx 文件

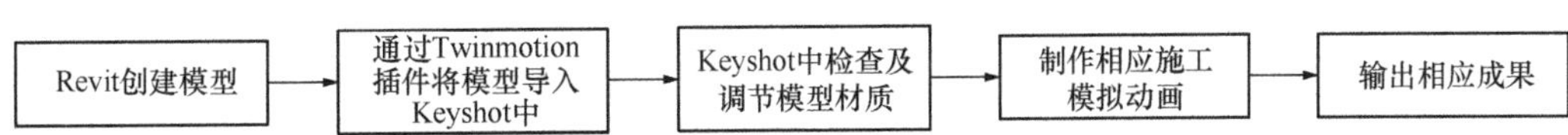

图 24　Keyshot 软件交互工作流

4 总结及建议

通过对施工模拟中常用软件与Revit交互方法的研究，从交互方式、适用场景、渲染速度及渲染效果几方面进行综合比较，各软件与Revit交互对比分析如表1所示。

软件交互方式对比分析表（交互对象：Revit）　　表1

方法	交互软件	交互格式	交互方法	适用场景	渲染速度	渲染效果
方法一	Navisworks	nwc/nwd	安装完毕Navisworks可直接转换	操作简单，通常用于内部管理使用，适用于时间紧张，对渲染要求不高的应用	快	差
方法二	3ds Max+Vary	fbx	通过插件转换为Fbx或dae格式再载入3ds Max，进行相关材质替换	适用于大场景，高精度应用，适用于时间充足，渲染自由度高，参数调节灵活，适用于渲染效果要求高的应用	慢	好
方法三	Lumion/Twinmotion	dae	通过官方插件导出fbx的格式文件，再载入软件中	适用于大场景，有自带材质库能快速更换材质，对硬件配置有一定要求，渲染效果高，渲染自由度较好，自带预设效果能适应大部分渲染场景。适合对渲染效果高，团队硬件配置较好，预留工作时间充足的应用	较慢	好
方法四	Fuzor	che	通过安装插件进行导出，也可通过插件实现与Revit的实时同步操作	适用于大场景，渲染时间短，有自带材质库能快速更换材质，渲染效果较好，适合对渲染效果有一定要求，工作周期紧张的应用	快	较好
方法五	Keyshot	dae/fbx/SAT	可直接导出SAT格式模型，或通过插件按需求导出fbx格式模型	不适合大场景渲染，但实时渲染能做到所见即所得，能准备把握渲染效果，适合细部构件渲染。适合渲染效果要求高的，工作周期较紧张的应用	较快	好

通过分析，可以对各软件与Revit的交互方式进行以下总结归类：

（1）使用BIM技术进行简单施工模拟，不追求施工模拟展示效果，建议使用Revit+Navisworks交互工作流方式，对材质支持较好，导入后对模型矫正较少。

（2）使用BIM技术进行大场景项目漫游展示时，对展示效果有一定需求，建议使用Revit+Twinmotion/Lumion或Revit+Fuzor交互工作流方式，导入后需要核对材质及模型或遗失材质部分进行更改和补充。

（3）使用BIM技术进行复杂工艺工法模拟，对展示效果有很高需求时，大场景渲染建议采用Revit+3ds Max工作流进行，小场景及节点模型渲染建议采用Revit+Keyshot交互工作流方式，在制作过程中能够把控最终输出质量。

参考文献

[1] 孙昱晨，陈庆元，周姜象．Fuzor仿真技术在建筑项目中的运用[J]．智能建筑与智慧城市，2016(011)：73-75.

[2] 覃丽琼．基于Lumion的虚拟现实景观仿真设计与实现[J]．现代电子技术，2019，535(08)：76-80.

[3] 陈华，王鹏凯，邓朗妮，等．基于BIM数据库的施工信息管理[J]．广西科技大学学报，2017，03(28)：50-54.

基于激光扫描和摄影测量的古建筑三维重建

王奕扬[1]，高子悦[1]，崔晟彬[1]，钱云飞[2]，张　澄[1,*]

（1. 西交利物浦大学土木工程系，江苏 苏州 215123；
2. 苏州二建建筑集团有限公司，江苏 苏州 215122）

【摘　要】古建筑的测绘是当下的热点课题，传统的测量手段因古建筑风化等问题易对其造成破坏。因此，以激光扫描和摄影测量为代表的新型无接触测绘方法成为主流。因两种方式取得数据的类型不同，对空间的展示效果及精度也存在差异，故其存在不同的优缺点。本文综合应用两种方法，以激光扫描获取地面点云信息，摄影测量获取古建筑顶部及部分石刻点云信息，并对点云进行处理、融合，成功对苏州双塔罗汉院进行三维重建，为古建筑保护提供思路。

【关键词】三维激光扫描；摄影测量；三维重建；古建筑

1　引言

随着我国经济文化的不断发展，人们对古建筑的测绘及保护日益重视。在传统测绘古建筑的过程中，因古建筑本身具有构件风化、地面沉降等问题[1]，容易造成古建筑的二次破坏。因此，新型测量技术在古建筑中的应用显得十分重要。其中运用广泛的是三维激光扫描和摄影测量技术。

三维激光扫描系统能够对复杂的现场环境进行高精度全景扫描，直接将各种标准或非标准实体结构的三维数据完整的采集到电脑中，并生成点云数据及三维模型[2]。但其在古建筑测绘中依旧存在许多问题，例如古建筑顶部难以得到稠密的点云数据或测量场景中障碍实景多导致的立面点云缺失[3]。

无人机的影像测量因其具有良好的灵活性、机动性，能够多角度获取图像信息[4]，得到古建筑高处点云，这有利于大场景的建立。另外，单反相机的摄影测量能提高场景中物体细节精度，并解决实景中因障碍遮挡造成的立面点云缺失问题。

因此，在古建筑测绘方面，三维激光扫描与摄影测量可以互相补充彼此缺陷，解决整体细节精度问题。本文综合运用三维激光扫描和摄影测量技术对苏州双塔院古建筑进行多角度的数据采集，生成高精度的点云数据和模型，为古建筑的测绘及保护提供全新的思路。

2　项目概况

本项目选取了苏州姑苏区凤凰街定慧寺巷的双塔罗汉院（现为苏州石刻艺术博物馆）作为案例分析，院内场景如图1所示。

苏州双塔又称罗汉院双塔，建于北宋太平兴国年间。两塔造型近乎相同，分为7层，东塔高33.3m，西塔高33.7m，旁有罗汉院正殿遗址以及众多石刻展品。双塔及正殿遗址共占地面积3100m²，建筑面积534m²。本项目通过地面激光扫描仪、无人机航测技术对于整个场景进行数据采集，并用专业相机记录下院内古代石刻、石柱细节。

【基金项目】江苏省自然科学基金面上项目（BK20201191）

【作者简介】张澄（1974—），女，副教授。主要研究方向为土木工程信息技术。E-mail：cheng.zhang@xjtlu.edu.cn

图1　苏州双塔罗汉院实景

3　数据获取

3.1　地面三维激光扫描测量

地面三维激光扫描设备为莱卡P40，扫描速率为10万点每秒。通过对院内部场景的观察，制定了架站方案[5]。为了使站点间的扫描数据拼成一个整体，本项目放置标靶当作空间特征点，并遵循单一站点标靶设置不少于四个，相邻站点间至少拥有三个均匀排布的公共标靶的原则[6]。考虑到场景内树木繁茂遮挡较多，为保证采集数据精度和点云密度，共在双塔内外及正殿遗址的范围内设立9个测站，架站位置俯视图如图2所示。

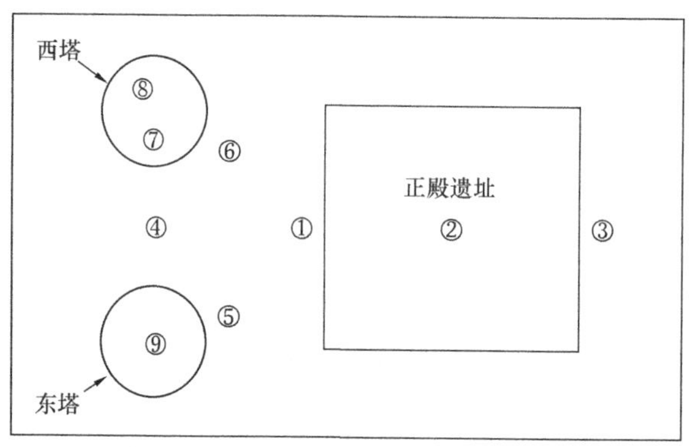

图2　地面三维激光扫描架站位置俯视图

其中，在塔外设置6个站点，塔外站点①用于拼接正殿遗址与双塔的大场景，站点④用于拼接塔内与塔外的场景，而站点②③侧重采集正殿遗址相关数据，⑤⑥侧重采集两塔外部低处数据，测绘场景如图3（a)所示。塔内设置3个站点，因西塔内因有木质楼梯与中心木柱的存在，影响三维激光扫描，故在西塔内设置两个站点，并重新排布标靶，测绘场景如图3（b）所示。

3.2　无人机航测技术测量

为获得塔部顶端数据以及大场景的三维模型，本项目采用无人机航测技术，无人机型号为大疆精灵4 RTK，相机焦距8.8mm。通过在无人机上搭载多台传感器，可从垂直、倾斜的不同角度获取地面影像，而其自带的RTK技术又可实现基于载波相位观测值的实时动态定位，进而实时地提供站点在特定坐标系中的三维定位结果，突破了传统拍摄的局限。在此项目中，航测以手动与自动相结合的方式进行，应用软件为GS PRO地面站。自动航测用于整个大场景的采集，航高设为固定的60m，航向重叠度为80%，旁向重叠度为70%，倾斜相机角度为30°，对双塔地区进行面积约3155.6km^{2}的数据采集，共采集照片246张。手动航测用于对双塔塔身以及顶端细节的详细采集，航高约为50m，通过人工校准将重叠度维持

(a)

(b)

图 3 (a) 塔外测量场景；(b) 西塔内测量场景

在 70%左右，对双塔进行环绕式拍摄（图 4），共收集照片 234 张。

3.3 相机摄影测量

为弥补因环境遮挡造成的实景立面缺失以及提高部分石雕、石柱模型的精度，本项目采用了单反相机摄影测量的方法，测量设备为索尼 A6400，有效像素为 2420 万。摄影测量图像的点云数据精度主要与两方面有关：第一是图像数量，图像数量越多，能捕获到更多的特征点，计算出来的三维坐标也会更精确。一般来说四张图像才能追踪到点云数据，对于较弱的几何结构则至少需要 6 张[7]。第二是图像的分辨率，随着分辨率的提高，对特征点获取的准确率会大幅增加，进而提高点云质量[8]。因此，测量时针对正殿遗址及周围石雕石刻进行环绕式拍摄来保证分辨率和生成点云的质量（图 5），每张照片重复率不小于 20%，对单个物体的拍摄数量不小于 6 张，共拍摄 945 张图像。

图 4　手动无人机航测

图 5　相机摄影测量

4　数据处理与融合

激光点云数据相较于通过无人机和相机采集的图像而推算出的点云拥有更好的精确度，然而激光点云存在着两个缺陷：首先，由于扫描高度以及地形等因素的限制，无法从上至下进行扫描导致建筑顶部的数据缺失，这使模型失去了完整性。其次，经由激光扫描所得到的点云携带的颜色信息质量较差，且如果放弃颜色信息，只接收位置信息，扫描的用时可以从单站点约 15 分钟缩短至约 3 分钟。因此，本项目采用无人机航测技术来收集双塔顶部信息，并使用相机采集纹理信息，最后将激光扫描仪，相机和无人机采集并处理后生成的点云数据整合成完整的双塔模型，进而达到提升三维重建质量及工作效率的目的。数据处理流程图 6 所示。

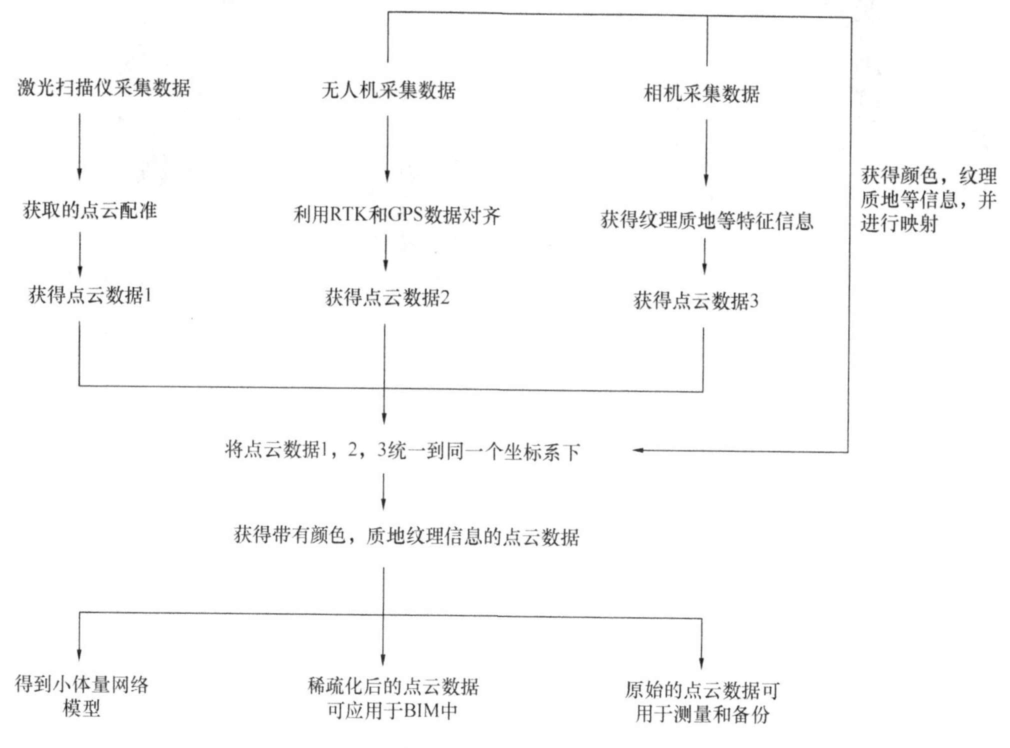

图 6　数据处理流程图

Cyclone 是一款可以分析利用点云信息构建模型等的三维重建软件，可以帮助精确地处理用激光扫描仪获得的数据。激光点云的原始数据先由 Cyclone 处理，将不同离散站点的扫描数据统一为一个坐标系下的点云，然后将其导出为通用的点云格式（pts），从而方便与后续的图像点云进行数据拼接。

无人机自带的 RTK 技术可实现基于差分载波相位测量（GNSS）的实时定位，从而获得更为精确的位置信息。RealityCapture 是一款可以把图像信息转换成点云数据信息进而构建模型的三维重建软件。建模前需先整理好相机参数信息、图像信息等数据。对于无人机和相机采集到的数据，应用此软件进行处理后大量的图片被转换为了点云。利用 RealityCapture 软件数据处理后的模型如图 7 所示。

图 7　利用 RealityCapture 软件数据处理后的模型

整合过程中首先将经 Cyclone 处理后的三维激光点云件导入 RealityCapture，分别手动选取三种点云中公共的标靶作为特征点进行匹配，随后生成稠密点云和网格模型（mesh）。然后将相机和无人机采集到的颜色、纹理等信息映射到主体上，待软件自动处理后得到完整建筑的点云数据。图 8（a）和图 8（b）展示了映射无人机、相机数据前后的图像对比，加入周围环境信息后，最终的双塔罗汉院大场景如图 9 所示。

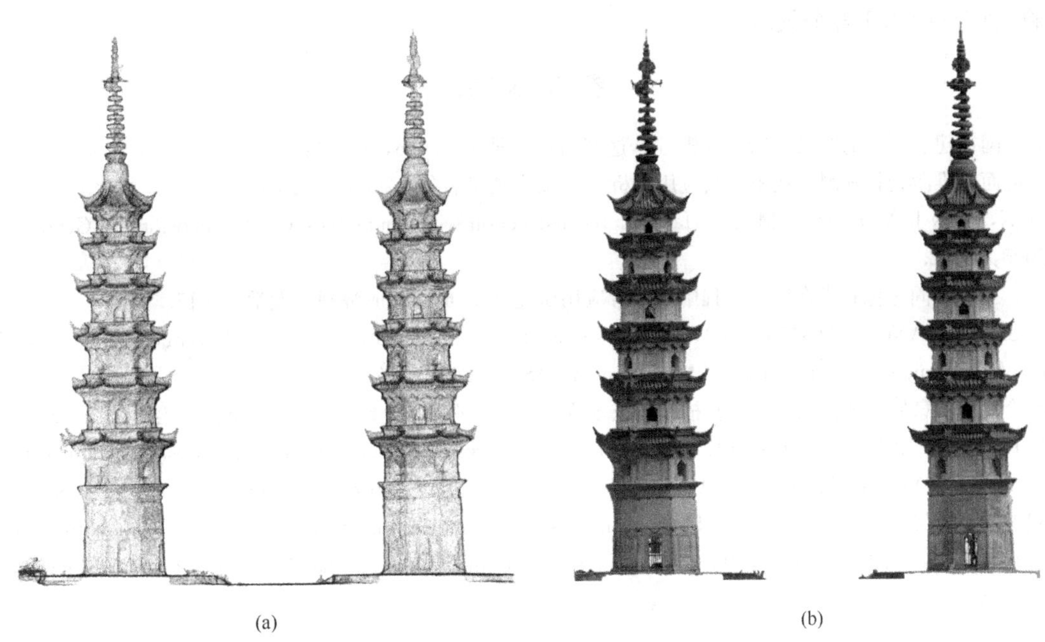

图 8（a）映射纹理信息前的双塔模型；（b）映射纹理信息之后的双塔模型

在完成了三维重建后，本项目可以在保持精细程度的前提下针对不同领域的应用导出为不同体量的模型，对于不同行业之间的文件共享，可以生成小体量网络模型以方便数据的传输。对于 BIM 行业而言，适当抽稀之后的点云数据可以加快后续的数据处理过程，例如竣工模型的创建。最后，本项目的原文件需要被保存至文物局，完成双塔的备份以及测量工作。

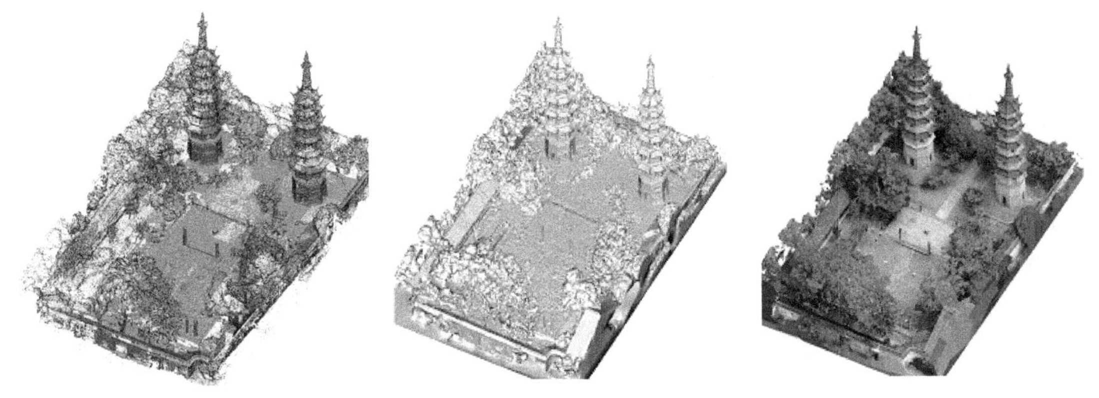

图 9　加入周围环境信息的双塔罗汉院的模型

5　结语

首先，本文综合运用了激光扫描和摄影测量两种手段对双塔古建筑进行数据采集，其中地面激光扫描技术获取了地面及塔身数据，无人机航拍技术获取了塔顶与大场景数据，单反照相获取了细节数据。其次，通过不同方式将激光、图像两种数据类型生成点云，并运用图像信息使之变为带有色彩、质地纹理的点云数据。最后，整理点云数据到同一坐标系下，使用软件展开数据融合，消除两种技术各自的点云缺陷，得到了大场景的点云模型，实现了对双塔古建筑的三维重建。

目前，激光扫描和摄影测量现已成为帮助古建筑重建的有效技术手段，并具有很强的现实意义和应用前景。比如，本文提到的三维模型的重建可以对正殿遗址周围的石雕进行修复模拟，从而帮助文物管理员进行文物保护，帮助历史研究人员深入探究正殿遗址等的历史。本文通篇以双塔以及其周围建筑为研究对象，可以作为参考应用于其他的古建筑保护。相信随着激光扫描和摄影测量技术的不断深入研究和发展，将会广泛应用于各个领域。

参考文献

[1] 夏岚．我国古建筑保护的意义及措施分析[J]．遗产与保护研究，2016，1(06)：78-80.

[2] 宋宏．地面三维激光扫描测量技术及其应用分析[J]．测绘技术装备，2008(02)：40-43.

[3] DEY T K，SUN J. An adaptive MLS surface for reconstruction with guarantees[C]//Symposium on Geometry processing，2005：43-52.

[4] 董秀军．三维空间影像技术在地质工程中的综合应用研究[D]．成都：成都理工大学，2015.

[5] HUANG H，ZHANG C，HAMMAD A. Effective scanning range estimation for using TLS in construction projects [J]. Journal of Construction Engineering and Management，ASCE，2021，147(9).

[6] 国家测绘地理信息局．地面三维激光扫描作业技术规程：CH/Z 3017—2015 [S]．北京：测绘出版社，2015：7.

[7] EL-HAKIM S F，BERALDIN J A，PICARD M，et al. Effective 3d modeling of heritage sites[C]//Fourth International Conference on 3-D Digital Imaging and Modeling，2003. 3DIM 2003. Proceedings. IEEE，2003：302-309.

[8] AMIRI P J，GRUEN A，COZZANI A. High accuracy space structures monitoring by a close-range photogrammetric network[J]. International Archives of the Photogrammetry，Remote Sensing and Spatial Information Sciences，2006，36(5)：236-241.

三维重建领域多源数据融合配准的研究

王一雯，丁北辰，张　澄*

（西交利物浦大学土木工程系，江苏 苏州 215123）

【摘　要】三维重建已成为获取建筑环境数字表示的常用方法，综合数据集对三维重建有着重要的意义。高质量的点云数据库能够有效地加快从点云数据中获取语义信息的过程。然而对于指定的建设项目，可用的数据集往往是有限的且目前缺乏能得到全面数据集的有效方法。本文为三维重建中点云数据集的获取提供了一种新方法，目的是对多源数据进行融合以获取优质的综合数据集。同时在室内环境中进行了一个案例研究来验证所提出方法的可行性。

【关键词】三维重建；多源数据融合；综合数据集

1　背景简介

三维重建是一种创建竣工模型（as-built model）的常用技术，该技术可以通过对所获取的点云数据进行配准、去噪、融合、网格生成等方法，实现对真实场景到计算机数字模型的转换。三维重建方法主要分为两种：基于激光扫描的三维重建和摄影测量的三维重建方法[1]。然而，通过三维重建技术所获取的点云数据仅仅只是目标场景的在三维空间上的记录。因此，在进一步利用点云数据之前，我们常常需要利用语义分割等技术为点云赋予物体构件或材料相关的标签。

数据集作为语义分割的原始输入，在一定程度上，数据集的质量（数据来源的丰富程度，数据标注的精度）决定了语义分割的最终成果。研究表明，为了使语义分割实现更好的效果，往往需要在准备数据集的过程中使用数据融合技术，该技术可以对多源数据集中的信息进行传输、过滤、合成，从而辅助人们对目标的认知和判断，同时有效提高语义分割的准确度[1-2]。因此，拥有多数据源的数据集往往在不同应用中比使用单一类型的数据源表现得更好。

然而，通常一种设备只擅长于一类数据的采集。例如地面激光扫描仪（Terrestrial Laser Scanning，TLS）可以快速地获取高精度点云数据，常用于大场景的数据采集，但由于其色彩信息的获取速度较慢且质量较差，通常无法满足需求[3]。热像仪（IR camera）虽能通过对物体进行红外辐射探测得到良好的温度信息，但其像素值通常低于普通相机，限制了更为精确的信息采集。普通相机作为常见的数据采集工具，可以提供准确的高分辨率的色彩信息，但是单张图片缺乏距离信息，且对于纹理缺失的大场景，通过图像生成的点云通常有着大片的残缺，所以无法通过相机来获取稳定可靠的点云数据[2]。因此，在这些限制下，我们往往需要对所获取的多源信息进行融合处理，取长补短，以获得一个信息量丰富的点云数据。

在能够进行多源数据一体式采集的设备普及之前，如何将这些常见的设备所获取的数据进行有效可靠的融合是一个亟待解决的问题。因此，本研究的主要目的是提供一个多源数据融合方法以充分利用不同数据采集设备所获取的信息。

【基金项目】江苏省自然科学基金面上项目（BK20201191）

【作者简介】张澄（1974—）女，副教授。主要研究方向为土木工程信息技术。E-mail：cheng.zhang@xjtlu.edu.cn

2 文献综述

2.1 点云数据

点云（point cloud）是目标的表面特征和目标的空间分布在同一空间坐标系下的集合，点云数据是基础的三维模型之一，该数据可以被如激光扫描仪等仪器直接测量并用以生成可视化的点云模型。该模型中的点对应着被测量目标的每一个测量点，这些点往往包含着大量的信息，如目标物体的空间坐标（x，y，z）关系、目标物体的表面特征、目标物体的回射信号和强度信息等等[3]，这些信息是构成综合数据集的主体。

2.2 红外成像仪

红外热成像可以通过测量不同物体发出的热辐射的差异，从而帮助区分不同材料类别。Huang 和Zhang[1,3]等人的大量研究也表明温度差异是验证材料类型的关键之一，如混凝土、钢、木材、砌体等建筑材料在同相同环境下的表面温度是不同的。需要注意的是，温差往往需要在一定的范围内才能作为识别材料的特征。Kylili[4]等人的研究表明5℃的温度变化范围足以对材料进行分类，这对于识别施工现场的普通材料来说是可行的。例如，钢脚手架在白天的温度最高，木地板和混凝土在白天的温度次之。这证明了温度信息作为额外维度的数据来源，是有必要被考虑在综合数据集内的。

2.3 点云数据和热图像数据的融合

点云数据和热图像信息的融合是多源信息融合的一种，往往在三维重建和建筑物的评估等过程中作为核心技术，这两种不同源数据的融合可以得到丰富的数据集。研究人员提出了一种将激光扫描点云数据和红外图片相结合的方法，该方法分为预处理、特征检测、姿态估计、信息融合四个步骤，可以对在大场景的室外环境下获取的点云数据和热图像数据进行有效的融合[5-6]。

虽然这套融合方法可以完成对点云数据和热图像数据的融合，但也存在着一些限制。如在特征检测阶段中，该方法使用的Harris角点检测器并不能有效地提取热红外图像中的全部特征点，而是必须在热图像的边界处假设特征点。另一方面，该方法中的算法是一种半自动的算法，这很大程度上限制了其处理大批量图像的效率，此外，该方法也没有提出一种可以将相邻热图像重叠率保持一致的方法。这些问题需要在研究如何得到优质数据集时被考虑[7]，并开发出一种可以快速处理大量图像并可以有效提取红外图像特征点的新方法。

3 研究方法

图1所示为本文所提出的方法的总体框架。流程从数据采集开始，包括使用红外相机和全景云台获得热全景图像，以及通过TLS获得三维点云数据。在得到全景图像之前，需要对红外相机和全景云台进行

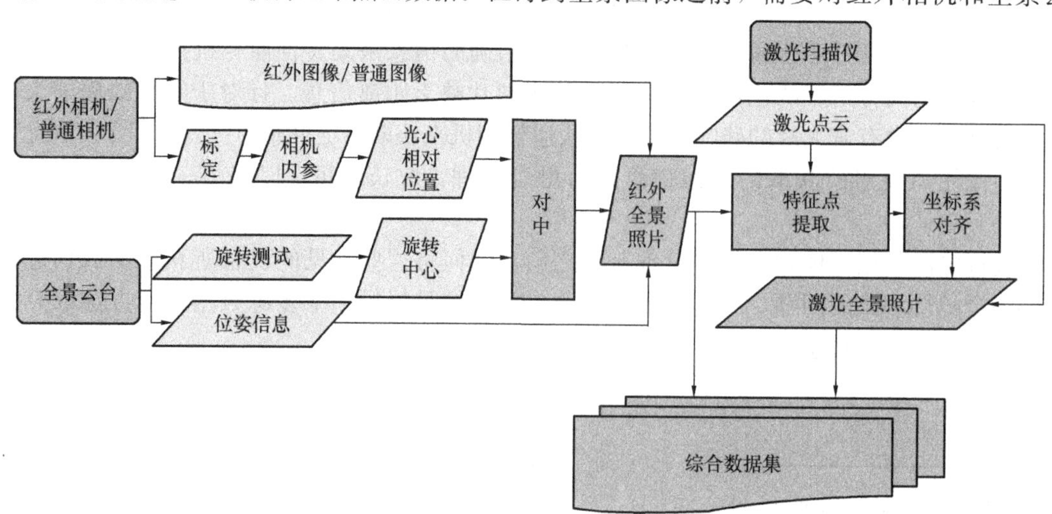

图1　数据融合流程示意图

对中，使相机光心与云台旋转中心重合，便于后续照片拼接。接下来，通过求解激光点云坐标系和红外相机坐标系之间的刚性变换矩阵，对这两个数据源进行配准。两者之间的共同特征点，比如标定板的角点，被识别并作为两个系统之间的关键联系。通过转换矩阵，实现点云数据集和红外图像数据集的对齐。最后，将点云数据转换成全景图像，并与红外全景图像连接起来，从而建立一个具有八个通道的综合数据集。这些通道分别为X，Y，Z，R，G，B，I，T，其中X，Y，Z代表三维坐标，R，G，B表示颜色信息，I为地面激光扫描仪所采集的物体表面反射强度，而T则是红外相机采集的数据所包含的温度信息。

4　案例分析

本文进行的案例研究在室内进行。应用到的设备有FLIR E85红外热成像仪（焦距为17mm，拍摄照片像素为384×288，视角场24°×18°），一个电动全景云台，和一个Leica ScanStation P40激光扫描仪（其测距精度和角精度分别为1.2mm+10ppm和8s，扫描速率能够达到每秒100万点，视角场水平360°垂直270°）。微单相机（焦距16mm，拍摄照片像素4000×6000，视角场84°×63°）。

在进行数据采集之前，我们需要对相机和云台进行对齐校准。如图2所示，云台在横向和纵向平面内各有一个旋转轴，通常来讲，两旋转轴在空间上的交点即为云台的旋转中心。若在数据采集过程中，相机光心位置未能和旋转中心位置重合，则会导致在最后所形成的全景图像内形成明显的错位与畸变。

相机与云台的标定过程具体如下：首先在每个旋转平面内，对位置固定的棋盘标定板拍摄三组照片，每组照片之间旋转半径之差为固定长度，以便验证旋转中心求解的准确性。通过求解每张照片的旋转矩阵和平移向量，可以求得相机光心在世界坐标系下空间的位置信息，然后通过对这些空间上离散的位置信息进行圆拟合，从而得到每个旋转平面的光心所在位置（图3）。图中三组照片获得的拟合圆心基本重合，由散点构成的三段弧线为相机光心的旋转轨迹，相邻两圆半径之差与预期相符。因此，所得光心位置稳定。最后通过移动相机位置，使相机光心与全景云台两轴线交点完全对中。

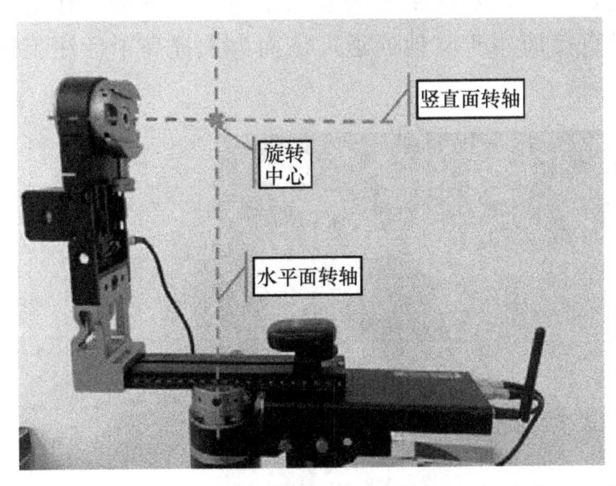

图2　云台转轴示意图

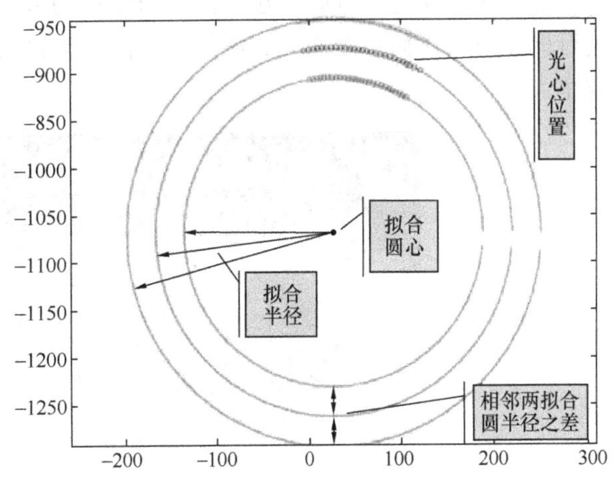

图3　光心位置和拟合圆心结果

后续将安装好的相机和全景云台移至选定的场景拍摄照片。通过既定的横纵向云台的转动间隔角度来确定单张照片的姿态，结合热成像仪的视角场和两个相邻热成像的重叠率，生成热全景图像。

在同一场景下，将TLS的角度分辨率设定为0.036°进行扫描。颜色信息由普通相机收集，并在扫描完成后被映射到相应的激光点上。标定板在场景下被用作可靠的公共特征，为红外相机、地面激光扫描仪以及普通相机提供了清晰的角点信息，具有高鲁棒性。

5　结果与讨论

相机与云台的对中为全景拼接提供了有力的辅助。如图4、图5所示为同一场景下的全景拼接结果。通过对比可以发现相同位置的失真图4（a）和图5（a）在图4（b）和图5（b）中有很好的改善。

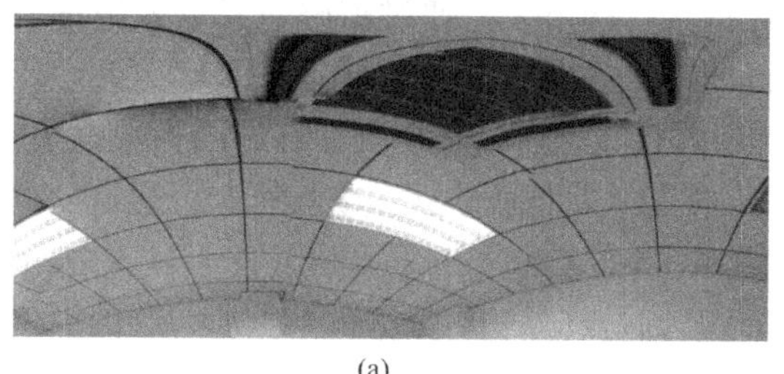
(a)

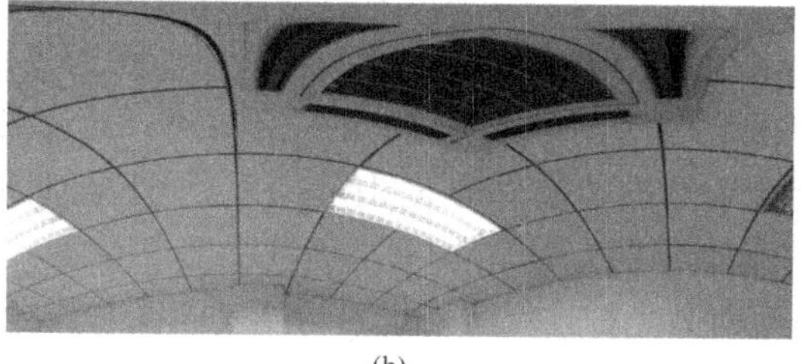
(b)

图4　普通相机与云台对中前后拍摄照片的拼接结果

(a) 对中前；(b) 对中后

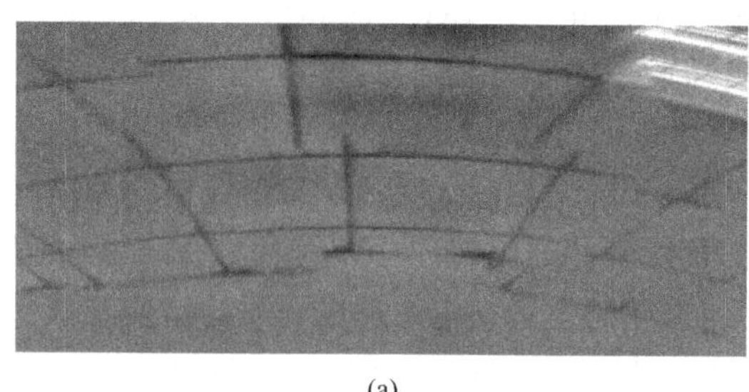
(a)

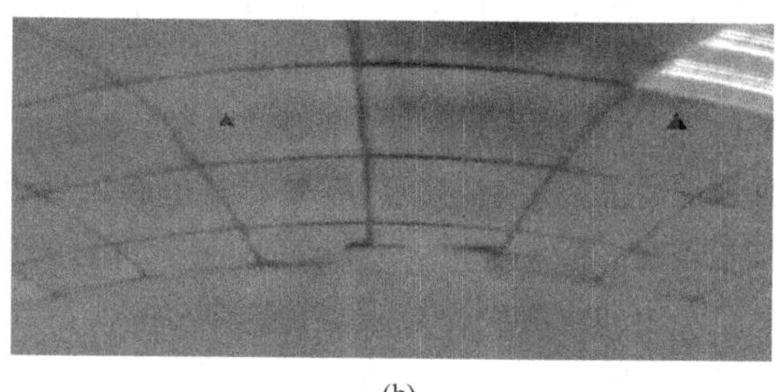
(b)

图5　红外相机与云台对中前后拍摄照片的拼接结果

(a) 对中前；(b) 对中后

图6展示了在同一室内场景下不同数据来源的全景照片，包含地面激光扫描仪生成的深度（结合XYZ信息生成）和反射强度全景图、由普通相机采集拼接而成的RGB全景图，以及用红外相机拍摄拼接的热全景图像。通过检查固定建筑元素与图像边界的交点，发现不同来源的数据是适当对齐的。在对数据进行标注时，任何一个通道的数据的标注结果都可以直接应用于其他通道，从而大大提高了标注工作的效率。

图6　同一场下不同数据来源的全景图像对比

6　结论

本文提出了一个有效的多源数据融合的工作流程。将红外照相机和普通照相机分别与云台对中后进行拍摄，获得红外、RGB全景图。接着，将这两个图像与地面激光扫描仪收集的点云数据进行匹配。通过把三维点云数据转换为二维全景图像的形式，潜在加快语义分割和识别任务的训练和推理过程。最后，我们进行了一个案例研究，以调查所提出方法的可行性。初步结果显示，不同数据源之间的对齐结果是高度稳健的，这为未来大型综合数据集的高效标注提供了坚实的基础。

参 考 文 献

[1] HUANG H, LO Y, ZHU J L, et al. Semantic enhanced as-built bIM updating based on vSLAM and image processing [C]//TANG P B, GRAU D, ASMAR M E. Construction Research Congress 2020 : Computer Applications . 2020. Reston, Virginia: American Society of Civil Engineers, 2020: 773-781.

[2] LIN D, JARZABEK-RYCHARD M, TONG X C, et al. Fusion of thermal imagery with point clouds for building facade thermal attribute mapping[J]. ISPRS Journal of Photogrammetry and Remote Sensing, 2019, 151: 162-175.

[3] HUANG H, ZHANG C, HAMMAD A. Effective scanning range estimation for using TLS in construction projects[J]. Journal of Construction Engineering and Management, 2021, 147(9).

[4] KYLILI A, FOKAIDES P A, CHRISTOU P, et al. Infrared thermography (IRT) applications for building diagnostics: A review[J]. Applied energy, 2014, 134: 531-549.

[5] PAZHOOHESH M, ZHANG. C. A satisfaction-range approach for achieving thermal comfort level in a shared office[J]. Building and Environment, 2018, 142: 312-326.

[6] ZHU J W, XU Y S, YE Z, et al. Fusion of urban 3D point clouds with thermal attributes using MLS data and TIR image sequences[J]. Infrared Physics & Technology, 2021, 113.

[7] WANG C, CHO Y K, GAI M M. As-is 3D thermal modeling for existing building envelopes using a hybrid LIDAR system[J]. Journal of Computing in Civil Engineering, 2013, 27(6): 645-656.

一种用于评估基于摄影测量的三维重建点云模型精度的新方法

叶泽浩[1]，黄　宏[2]，冯　雷[1]，张　澄[2*]

（1. 苏州二建建筑集团有限公司，江苏 苏州 215122；
2. 西交利物浦大学土木工程系，江苏 苏州 215123）

【摘　要】 评估基于摄影测量的重建点云实际精度是决定重建模型精度的重要条件。目前主要通过全站仪对地面控制点坐标进行采集，并比对重建点云坐标进行逐点评估。然而，地面控制点是特征清晰且表面平滑的人造物，仅验证特殊点精度无法代表整体重建点云的真实精度。因此，本文提出了一种创新方法，对点云进行全面比对来评估其精度，利用高精度近景摄影测量的重建点云作为参考来检验航空摄影测量获得的重建点云精度。相较之前，本文的方法在评价三维点云模型精度方面更为可靠。

【关键词】 三维重建；摄影测量；精度评估；点云模型

1　引言

基于摄影测量的三维重建已经成为地表几何尺寸信息的常用方法，利用无人机进行航拍可快速获取大量照片或视频，再借助 Structure from Motion（SfM）以及 Multi-View Stereo（MVS）算法可生成具有丰富空间信息的三维密集彩色点云。与激光扫描仪相比，它提供了低成本大规模的点云获取方法，非常有发展潜力。虽然航测生成的三维模型逼真、翔实，但是在考虑应用于测绘前，必须评估其精度[1]。尽管在理论精度方面已有广泛研究[2-3]，但如何正确认识实际重建点云的精度仍是一个挑战。

目前的主流方法是使用手持式 GPS 或者全站仪对地面控制点（Ground Control Point，GCP）的坐标进行采集，比对重建点云所计算出的坐标来评估其精度。首先手持式 GPS 本身就是厘米级精度，并不算高。其次采用全站仪时，转站会带来一定误差。而实际上，对比高精度近景摄影测量，全站仪的精度甚至低了一个数量级[4]。另一方面，地面激光扫描仪也被认为具有较高的测量精度，并且能进行高密度测绘。然而，由于其本身需固定位置扫描，为保证点云完整性需转站，站与站间的配准也会引入误差[5]。同时，其直接接受来自不同入射角和反射率的被测物体的反射激光束，单点误差比采用棱镜的全站仪还高。

利用上述方法，若想评估重建点云的整体精度，单纯比对 GCP 误差并不合适。首先，GCP 具有显著的可识别特征，相对于自然地貌，其表面平滑不粗糙，表面方向导数相对稳定。除此之外，GCP 的特殊造型有着可识别性极强的角点和中心，能够实现超像素的精度识别[6]。因此，利用 GCP 代表整体精度，会导致最终结果被一定程度的高估，为了实现对整体精度的评估，需要深入了解三维重建的误差来源以及精度评估方法。

2　相关工作

2.1　误差来源

基于摄影测量的三维重建，其理论误差来源可以分为算法和硬件两个方面。从算法角度看，误差来源于主要是用户确定的特征匹配阈值或软件的默认值，正确的阈值对于提高最终的重建点云整体精度至

【基金项目】 江苏省自然科学基金面上项目（BK20201191）

【作者简介】 张澄（1974—），女，副教授。主要研究方向为土木工程信息技术。E-mail：cheng. zhang@xjtlu. edu. cn

关重要[7]。从硬件角度来看，相机传感器相对较差的几何稳定性被认为是主要的误差源[8]，例如镜头畸变增加了特征失配可能性，防抖功能增加了传感器位置的不稳定性，以及对焦过程改变相机内参等。而相机的精确标定能消减校正镜头畸变引起的误差，其他的不稳定性也有相应解决办法。总而言之，正确的标定和调整，以及合适的特征检测与匹配阈值设置，使得基于摄影测量的三维重建理论精度有着很大潜力。

2.2 快速精度估计

地面采样距离（GSD）是遥感领域中常用的一个术语，用于评估给定数码相机可达到的最大测量精度。它表示在地面上测量的两个相邻像素的中心点之间的距离。简单来说，GSD 计算一个像素捕捉到的真实世界中物体的大小。GSD 可以在标准正交投影模型下进行计算。因此，它可以提供一个快速的理论估计，GSD 计算如下（单位为 mm）：

$$\text{GSD}_{\text{宽度(高度)方向}}=\text{像素宽度(高度)}\times(\text{相机深度}\div\text{焦距}) \tag{1}$$

相机深度是指从相机到目标的距离。在航测中，相机的深度也称为无人机的飞行高度。从公式中可以看出，通过提高图像分辨率、减小相机深度、缩小相机视场可以提高摄影精度。在实际应用中，虽然 GSD 的计算结果不够精确，但仍能反映三维重建的近似精度。同时，GSD 也很好地反映了三维重建的潜在误差区间，有助于指导本文所采用的方法。

为了更好地评估基于摄影测量的三维重建精度，本文提出了一种基于 GSD 约束，利用点云之间比较的创新方法，来检验航空摄影测量生成的重建点云的整体精度。将高分辨率近景摄影测量的重建点云作为参考面，开发了一个算法用于比较低于参考面一到两个数量级的低分辨率航空摄影测绘重建点云，由此评估其整体精度情况。

3 研究方法

3.1 整体流程

图 1 呈现了本文所提出的整体精度评估方法。其主要思想是以近景摄影生成的点云作为基准，对航空摄影生成的点云精度进行评估，并使用区域采样而非单独的 GCP 来验证点云精度，使得最终结果更加全面可靠。

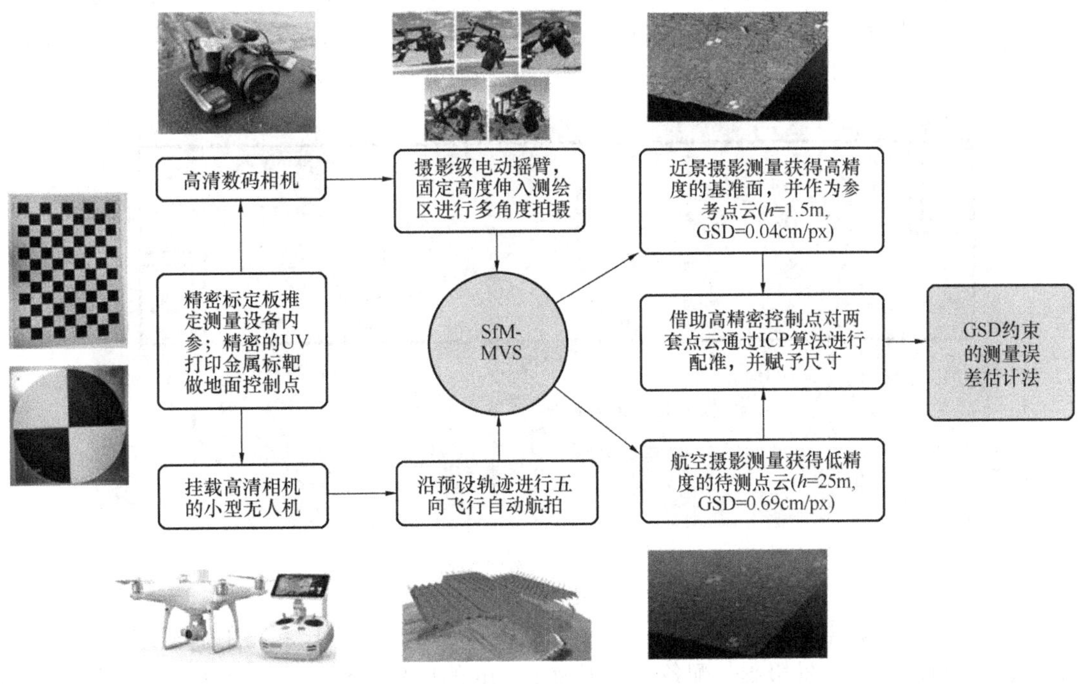

图 1　主要工作流程

具体来说，近景摄影采用高清数码相机，并通过摇臂固定在离地面 1.5m 处。相机不应有防抖和变焦，以保证光学中心位置的稳定性。现场测量前需先标定，拍摄时重叠率需足够高，保证超冗余，以确保参考点云数据具有较高的准确度和精确性。对于航空摄影，也需对镜头进行精确标定。如图 1 所示，本文的误差估计方法也需要 GCP 的参与，利用 GCP 对航空点云与参考点云进行对齐，而不是以 GCP 作为参考点来评价点云的精度。

3.2　GSD 约束的测量误差估计法

图 2 显示了 GSD 约束的测量误差估计的主要步骤。一般来说，这种方法是基于点到局部网格距离的方法，其中我们的主要贡献是定义最邻近点搜寻范围 r_{GSD}。r_{GSD}的值由航空摄影测量的 GSD 根据邻域范围系数修正后计算得出，GSD 由飞行高度、图像分辨率和相机焦距决定。在确定 r_{GSD}的值后，第一步是从待测点云的核心点 i 出发，利用距离来寻找参考点云中所有的邻域集合，如若领域内采样过少则对距离进行系数修正。第二步是分析包含在邻域内的点云分布，为局部网格模型的拟合提供所需的参数。由于参考点云具有较高的精度，因此将参考点云中的局部网格模型视为地面真值。最后，将局部网格模型的拟合为曲面，利用拉格朗日乘数法计算出核心点 i 到拟合曲面的距离，并以此来表示航空摄影测量的测量误差。

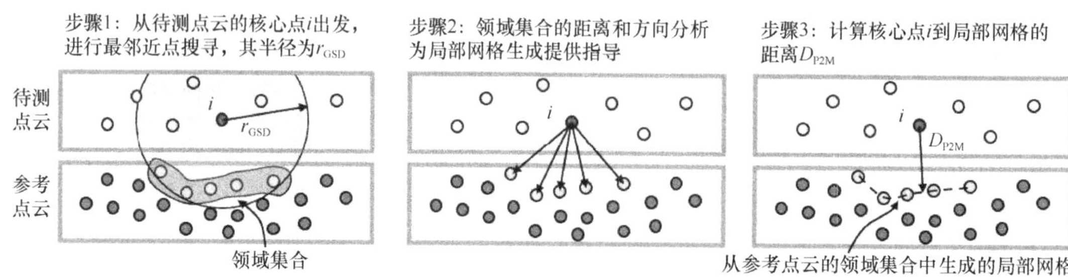

图 2　GSD 约束的测量误差估计主要步骤

4　案例分析

通过对某区域内的裸地进行实地测绘，验证所提方法的可行性。如图 3 所示，实验场地宽 15m，长 65m，高差 1.5m。在西北角与东南角分别设立两个分区（4m×6m）放置了更多 GCP。这两个区域是专门用于测试基于 GSD 约束的测量误差估计法。

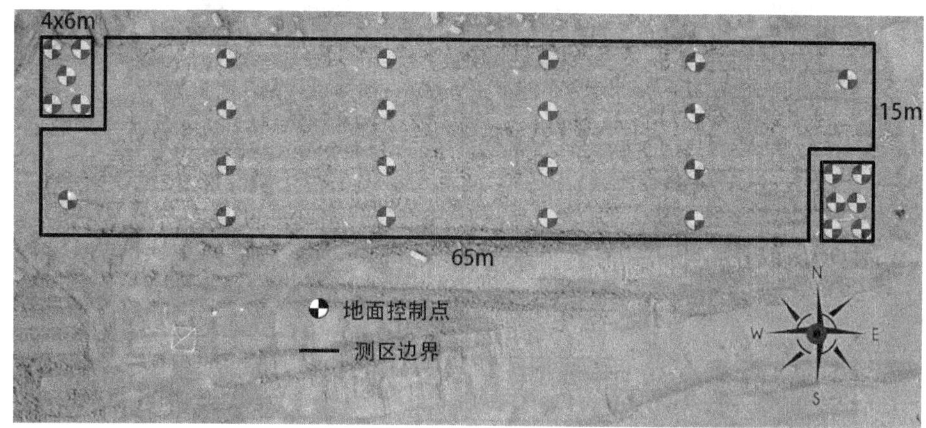

图 3　实验场地布置示意图

航空影像的三维重建数据是由测绘行业版无人机 DJI Phantom 4RTK 获得的。使用 APS-C 传感器的索尼 a6400 数码相机应用于近景摄影，配备了焦距为 16mm 的广角镜头。照片是从 1.5m 的固定高度拍摄的。无人机的飞行轨迹规划采用传统的“五向飞行”以实现图像采集的高冗余，每组图像将包括一组垂直摄影和四组来自四个不同方向具有相同倾斜角度的倾斜摄影。表 1 提供了实地测绘中使用的详细参数。如表 1 所示，共进行了 20 种不同的飞行组合，包含 4 组不同的飞行高度，每组包括 5 种不同的倾斜角。

飞行路径规划参数　　**表 1**

航线重叠率（%）	旁向重叠率（%）	作业高度（m）	倾斜角度（°）
90	90	25，35，45，60	10，20，30，40，45

5　结果与讨论

图 4 显示了测量误差随拍摄时高度及倾斜角度变化的分布情况。基准值由参考点云中 GCP 两两间的相对距离确定。如图 4 所示，GCP 的测量误差一般随航测高度的增加而增大，但对斜角不敏感。总体测量误差远低于理论值。例如，根据飞行高度为 60m 的航空摄影测量的 GSD，预期测量误差为 0.0164m，而由图 4 得到的实际测量误差大致集中在 0.0025m 左右。另外，通过参考 Luhmann 等人[9]提供的误差估计方程，预计误差约为 0.0232m，与实际结果相比仍有较大差异。因此，这一发现也支持了使用 GCP 来验证重建点云精度会使得结果被整体高估这一观点。

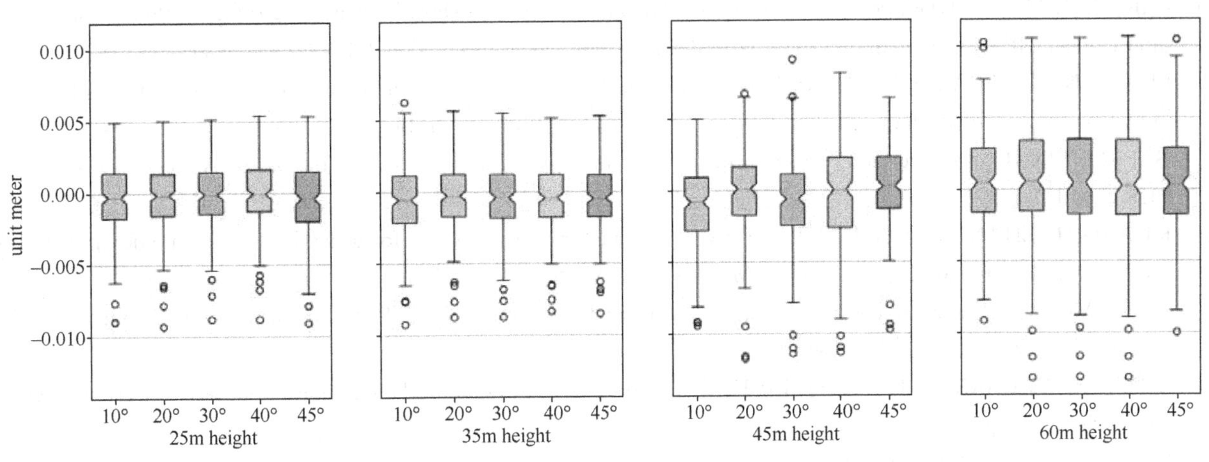

图 4　不同高度和倾斜角下的测量误差分布情况的箱型图

图 5 表示了在作业高度为 25m，倾斜角为 30°的航空摄影重建点云与参考点云比对的直观视觉效果。

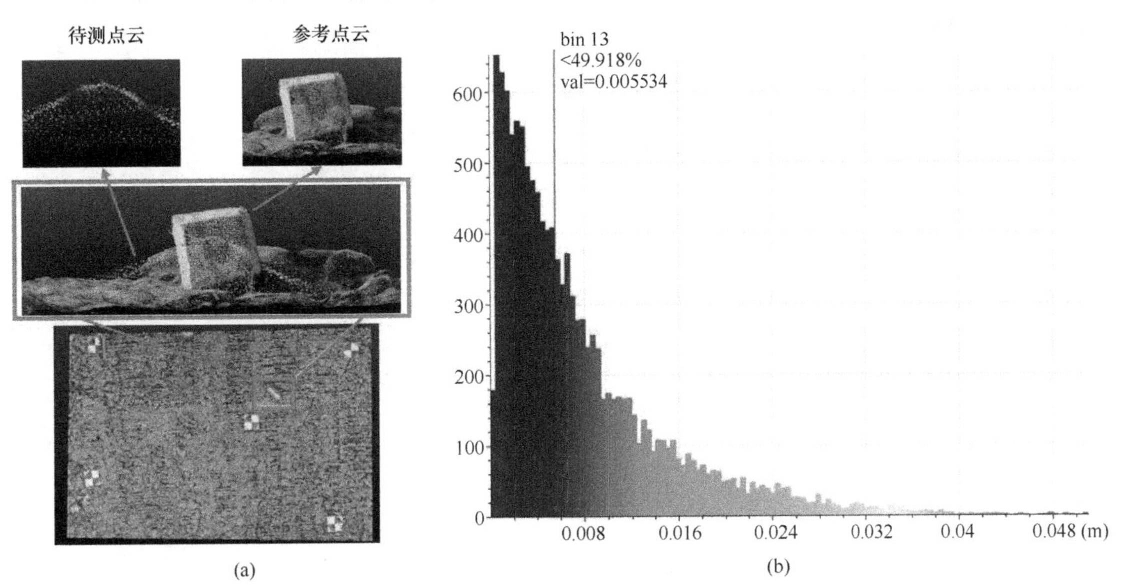

图 5　待测点云与参考点云的比较

如图 5（a）所示，总体误差在平坦区域较低，而显著误差主要出现在坡度变化大，即表面方向导数变化大的位置。例如，参考点云中的小木块边缘清晰，而待测点云中的小木块边缘模糊。此外，与 GCP 相比，待测点云的总体误差显然更大，最终待测点云的整体误差结果如图 5（b）所示。

6 结论

本文提出了一种基于 GSD 约束，利用点云之间比较的点云精度整体评估方法，能够避免仅检测 GCP 可能带来的精度高估。通过案例证明了该方法的可行性。分析 GCP 和自然物体的理论测量误差与实际测量误差的差异，发现 GCP 在不同飞行高度和角度下的测量误差相对较小。基于点云之间比较的结果更接近理论值，更符合实际情况。因此，在基于摄影测量的三维重建中，该方法更能客观、可靠地评价实际测量误差。

参考文献

[1] GREEN S, BEVAN A, SHAPLAND M. A comparative assessment of structure from motion methods for archaeological research [J]. Journal of Archaeological Science, 2014, 46: 173-181.

[2] BARAZZETTI L. Network design in close-range photogrammetry with short baseline images [C]// Proceedings of 26th International CIPA Symposium on Digital Workflows for Heritage Conservation 2017, Ottawa, Canada: 17-23.

[3] LUHMANN T, FRASER C, MAAS H G. Sensor modelling and camera calibration for close-range photogrammetry [J]. Isprs Journal of Photogrammetry and Remote Sensing, 2016, 115: 37-46.

[4] SAPIRSTEIN P. Accurate measurement with photogrammetry at large sites[J]. Journal of Archaeological Science, 2016, 66: 137-145.

[5] HUANG H, ZHANG C, HAMMAD A. Effective scanning range estimation for using TLS in construction projects [J]. Journal of Construction Engineering and Management, ASCE, 2021, 147(9).

[6] LUHMANN T. Close range photogrammetry for industrial applications[J]. ISPRS Journal of Photogrammetry and Remote Sensing, 2010, 65(6): 558-569.

[7] SMITH M W, CARRIVICK J L, QUINCEY D J. Structure from motion photogrammetry in physical geography[J]. Prog. Phys. Geogr, 2016, 40(2): 247-275.

[8] RIEKE-ZAPP D, TECKLENBURG W, PEIPE J, et al. Evaluation of the geometric stability and the accuracy potential of digital cameras-Comparing mechanical stabilisation versus parameterization [C]//ISPRS Journal of Photogrammetry and Remote Sensing, 2009, 64(3): 248-258.

[9] LUHMANN T, ROBSON S, KYLE S, et al. Close-range photogrammetry and 3-D imaging[M]. 2nd edition. Berlin: De Gruyter, 2014: 683.

高层建筑玻璃幕墙安全检测机器人研究

蔡诗瑶，马智亮

（清华大学土木工程系，北京 100084）

【摘　要】高层玻璃幕墙安全事故时有发生，目前只有人工检测方法，其成本高、效率低，难以实现全数检查，且检测人员需要在高空作业，具有一定的危险性。对此，本研究对现有的既有玻璃幕墙安全检测方法和行走方法进行了分析和总结，确定了高层建筑玻璃幕墙安全检测机器人的功能需求，在此基础上设计研发了玻璃幕墙安全检测机器人，并进行了样机试验。该机器人有潜力用于代替人工检测，减少高空作业，有利于保障检测人员安全、提高检测效率，为高层建筑玻璃幕墙的安全检测提供了新的可能性。

【关键词】高层建筑；玻璃幕墙；安全检测机器人；振动检测

1　引言

玻璃幕墙在高层建筑中有着广泛的应用，但是，在玻璃幕墙服役过程中，其各部分组成材料有可能随着时间的推移产生不同程度的缺陷，尤其是用于玻璃连接的硅酮结构密封胶，在使用多年后容易发生老化和松动，从而引发玻璃坠落等安全事故。

为了防范此类事故的发生，有必要对既有玻璃幕墙进行定期的安全检测。然而，现有的检测方法需要依靠人力配合绳索、吊篮等工具设备进行，成本高、效率低，且高空作业危险性较大。虽然我国目前在玻璃幕墙检测方面已有一些标准，但这些标准大多面向新建建筑，仅有个别地区针对既有玻璃幕墙发布了推荐性标准，如《建筑幕墙安全性能检测评估技术规程》DG/TJ 08-803—2013。但是，正如该规程中提到的，幕墙安全性能方面尚有不少未解决的技术难点，且受人力和成本所限，只能抽样检测；此外，目前的检测方法以观察和实验室样本检测为主，很少有关于现场无损检测的规定。

为了解决玻璃幕墙安全检测危险性高、效率低的问题，有研究尝试利用机器人进行检测，并采用视觉的方法，查看玻璃面板表面是否存在裂缝[1]。但是，许多玻璃幕墙事故发生前并无肉眼可见的破损，仅依靠视觉方法无法实现有效的安全防范。对此，有研究提出了振动检测的方法。相关研究例如：刘小根[2]提出了通过振动测试方法获得幕墙玻璃的固有频率来识别其支承结构松动损伤及结构胶的老化程度；张元植等[3]针对某横隐框竖明框的玻璃幕墙，通过有限元软件进行模态分析，并通过振动检测试验，确定了不同边界条件和尺寸对其一阶固有自振频率的影响；顾建祖等[4]对不同程度开胶损伤的玻璃幕墙试件进行振动试验，通过分析其固有模态函数振动传递率，来评估开胶损伤的程度。但这些研究成果仍未形成一个有效的解决方案。

为此，本研究将利用振动检测法，研发高层建筑玻璃幕墙安全检测机器人，力图找到一个既可保障安全又可提高效率的解决方案。

【基金项目】清华-广联达 BIM 联合研究中心项目

【作者简介】蔡诗瑶（1994—），女，博士。主要研究方向为建筑信息化。E-mail：csy3922@126.com

2 需求分析

2.1 振动检测的设备与操作方法

振动检测所需的设备包括激振设备、拾振设备和数据采集设备。通过相关产品比选，本研究采用的设备如下：INV9312型小型力锤，INV9821型通用压电加速度传感器，INV3062T0型云智慧分布式数据采集仪。机器人需携带上述设备，并模仿人的动作进行数据采集。机器人一臂夹持加速度传感器，将其贴紧在玻璃表面的检测点上，另一臂夹持力锤，轻击玻璃表面。加速度传感器检测到振动后会自动拾取振动波形，并通过数据线将数据传递至数据采集仪中进行存储；力锤内有力传感器，也可通过数据线将采集的力传递至数据采集仪。为减小误差，每块待测玻璃可根据实际尺寸检测若干个点，每个检测点可重复检测几次。完成一处检测后，机器人移动到下一检测位置并重复上述操作。全部检测完毕后，采集仪中的数据可导出到专门用于波形信号采集分析的计算机软件中进行统一分析。

2.2 机器人行走方法

玻璃幕墙安全检测机器人在进行检查的过程中，行走功能也是机器人的一项重要需求。由于机器人的工作面是玻璃幕墙表面，因此需要在竖直墙面上爬壁行走。目前，已有研究提出了多种不同的爬壁机制，表1对此进行了总结，并比较了不同机制的优缺点。

爬壁机制对比[5]　　表1

爬壁机构类型	优点	缺点
内置导轨式	爬行效率、安全性和鲁棒性高	灵活性较低
吸盘+腿/足式	灵活性较高	控制算法设计较复杂，行走速度较慢
吸盘/真空风扇+轮式	控制算法较简单，灵活性较高	难以跨越较大的障碍
吸盘/真空风扇+绳缆式	控制算法较简单，灵活性、安全性较高	难以跨越较大的障碍，通用性有限

2.3 功能需求小结

在上述分析的基础上，总结高层建筑玻璃幕墙安全检测机器人的基本功能需求如下：

(1) 高效的检测操作。机器人需要携带检测设备，并结合玻璃幕墙的特点设计合理的机械结构和控制程序，实现高效检测。采用振动检测的方法时，需要两个机械臂，分别完成激振和拾振的操作，并记录检测结果。检测工作结束后，检测结果应能导出到电脑中，用于后续分析。需要注意的是，在检测过程中，为了使机器人的自重不影响玻璃幕墙的振动，除了加速度传感器外，机器人的其他部分不应接触待测玻璃面板。

(2) 安全可靠的爬壁式行走机构。机器人应能安全地附着在竖直的玻璃板上，进行各方向行走，使其移动范围覆盖所有工作区域，并设计可靠的保护方法，防止坠落。

(3) 路径规划、环境感知和定位。在检测开始前，机器人应能根据幕墙整体结构尺寸、外表面的框架等信息，预先规划检测路径。在检测过程中，机器人应能通过视觉等方式感知周围环境情况，实时确认自身位置、识别周边障碍，并安全、快速地跨越或绕开障碍物。

由于时间、成本所限，本研究以实现玻璃幕墙检测为重点，主要考虑实现机器人核心功能，即高效的检测操作。对于后两项功能，目前已有许多相关研究，今后可进一步集成。

3 原型系统设计

3.1 机械结构设计

原型系统的机械结构如图1所示，主要包括行走平台、敲击装置和拾振机械臂三个部分，下面对各部分的设计逐一进行说明。

(1) 敲击装置。敲击装置需要夹持力锤，并模拟人手的动作，完成瞬时的敲击。因此，在敲击装置的设计中，采用了曲柄摇杆机构，如图2所示，直流电机带动曲柄做整周回转运动，曲柄通过连杆带动摇

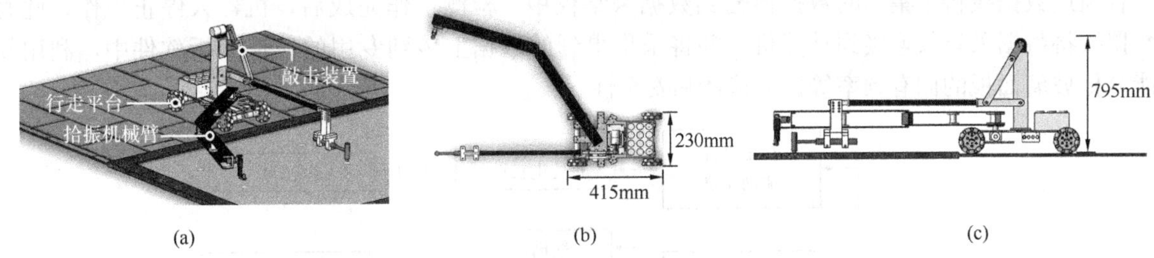

(a)　　(b)　　(c)

图1　原型系统机械结构设计示意图

(a) 三维视图；(b) 俯视图；(c) 侧视图

杆做一定角度的摆动。当曲柄与连杆连成一线时，力锤达到最低点，落到玻璃表面，实现敲击。

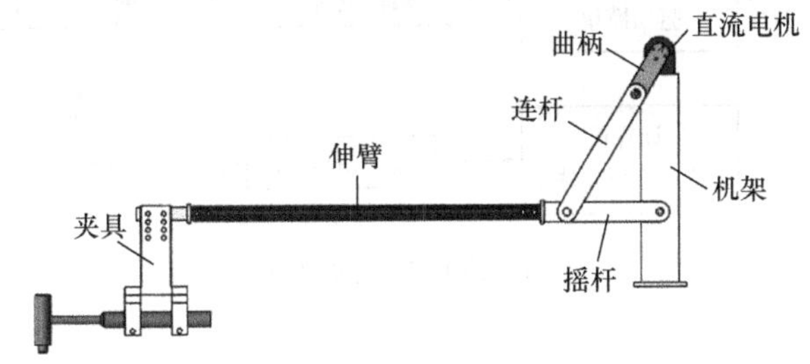

图2　敲击装置示意图

(2) 拾振机械臂。拾振机械臂需要夹持加速度传感器，将加速度传感器移动到检测点位置，并将其贴紧于玻璃表面。如图3所示，加速度传感器上方采用了微型推杆，能实现传感器上下移动，并在检测过程中稳定保持传感器的位置。此外，为方便将传感器移动到不同位置的待测点，拾振机械臂中设计了两个旋转关节，由舵机控制旋转角度。

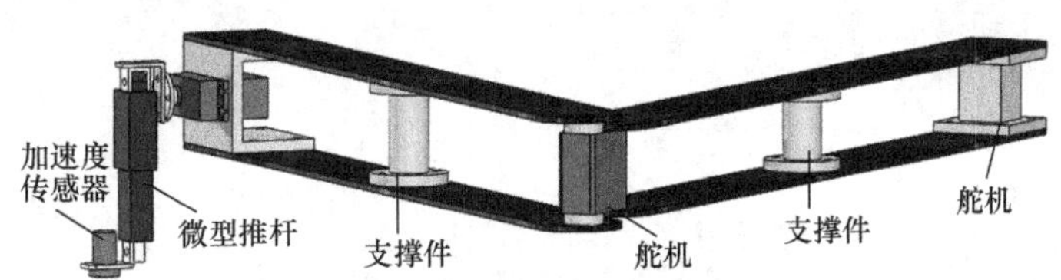

图3　拾振机械臂示意图

(3) 行走平台。如2.3节所述，本研究以实现玻璃幕墙检测为重点，主要考虑机器人在水平工作面上实现其核心功能，因此，在设计行走平台时暂不考虑其爬壁功能，只要求机器人具备在水平面上灵活行走的能力。如图4所示，行走平台由4个万向轮和一个平台板组成，每个万向轮各由一个直流电机驱动，可以实现前后左右的灵活运动。

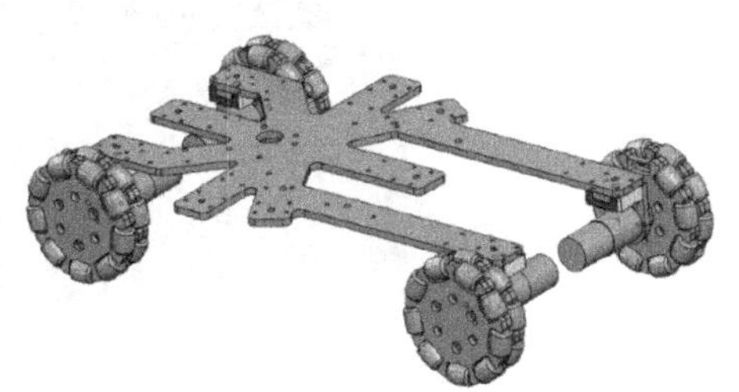

图4　行走平台示意图

3.2　控制系统设计

控制系统的结构如图5所示，其工作流程如下：操作人员通过红外遥控器发布控制指令，指令通过红外接收器传输到机器人的主控制器。主控制器在收到指令后，按照三个驱动模块的程序分别对行走平台、敲击装置和拾振机械臂进行控制。其中，通过驱动4个行走电机，带动4个车轮，实现机器人的整体移动；通过驱动拾振机械臂两个关节处的舵机，在敲击开始前，将末端夹持的加速度传感器移动到合适位置，并驱动微型推杆中的电机，将加速度传感器压在玻璃面板待测点的表面，等待敲击，加速度传感器在敲击开始的瞬间自动开始拾取表面的振动加速度，直到完成该点检测后，再次驱动微型推杆，抬起加速度传感器；通过驱动敲击电机，带动力锤上下运动，实现敲击动作。力锤内置的力传感器可采集敲击力的数据，加速度传感器可采集待测点在振动过程中的加速度数据，二者通过数据线将采集到的数据传输到数据采集仪中。检测工作完成后，机器人停止工作，此时可通过数据线将数据采集仪连接到计算机，并将采集得到的数据上传到专用的波形分析软件中，利用软件的功能分析玻璃面板的固有频率等振动特性和安全性。

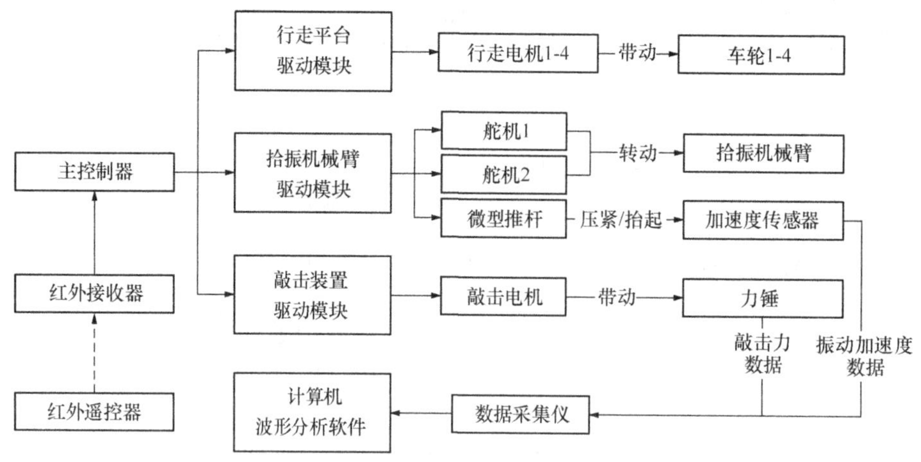

图5　控制系统结构图

4　样机试验

根据机械结构设计结果，委托加工厂制作各部件，用于制作机器人样机，如图6所示。用于敲击和拾振的两臂（黑色部分）采用碳纤维材料进行定制加工，敲击机构的支架、连杆、夹具，以及拾振机械臂的连接件（白色部分）均采用高分子材料3D打印。

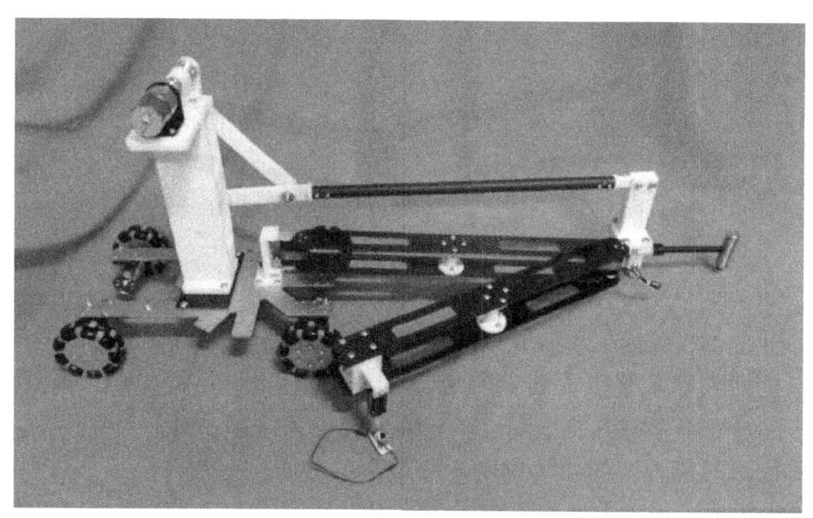

图6　原型系统（机械结构部分）外观

样机的电路连接情况如图7所示，舵机和红外接收头直接连接在主控制器上，行走电机、敲击电机和微型推杆则通过电机驱动板连接到主控制器。其中，选用Arduino UNO R3作为主控制器，一方面是由于本研究中仅针对机器人的检测功能进行开发，主控制器只需控制电机、舵机等设备，不涉及图像处理等操作，Arduino UNO R3可以满足运算需求；另一方面，Arduino系列开发板不仅包含了开发板硬件，还有配套的集成开发环境（Integrated Development Environment，IDE），以及大量的库，开发方便、易于上手，适合进行快速的原型迭代。在开发过程中，使用C++语言在计算机上的Arduino IDE中进行程序编写和编译，然后上传到Arduino开发板中，即可完成程序烧录。机器人连接电源后，主控制器将自动执行该程序，控制电机、舵机等运行，使机器人根据指令进行检测。

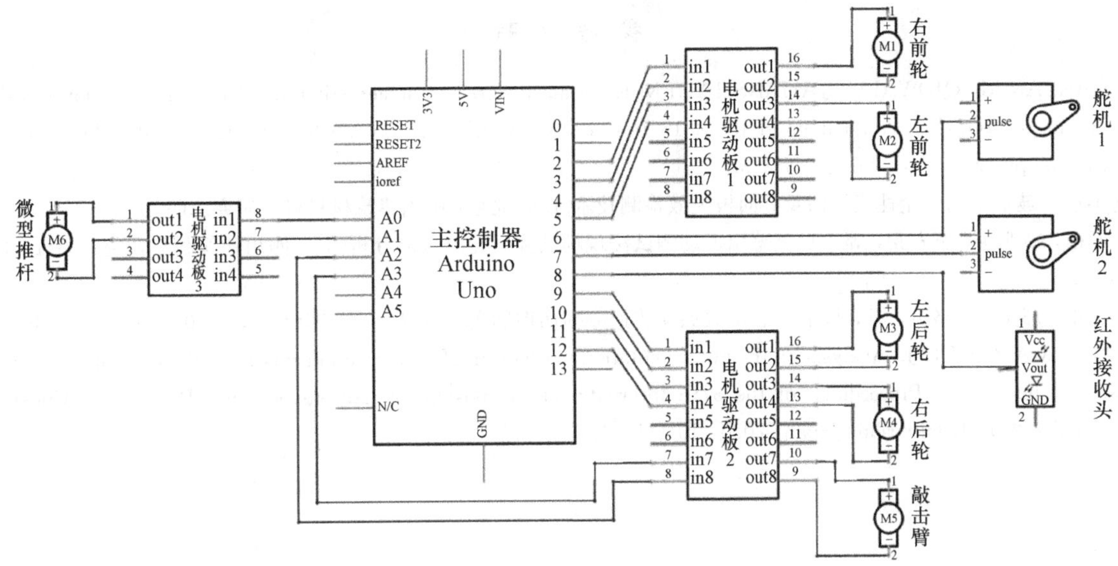

图 7　电路连接示意图

试验过程如图 8 所示，机器人样机在 1m×1.5m 的玻璃面板上进行检测。玻璃四周用带螺栓的木框固定，通过控制螺栓松紧模拟不同的紧固状态。机器人分别在紧固和松动的条件下进行试验。将采集到的数据导出到专门的信号分析软件中，通过分析后发现，当玻璃面板四边紧固时，其固有频率为 240Hz；当一边松动（短边）时，其固有频率减小到 235Hz。

图 8　机器人样机试验

5　结语

本研究对现有的既有玻璃幕墙安全检测方法和行走方法进行了分析和总结，确定了高层建筑玻璃幕墙安全检测机器人的功能需求；采用曲柄摇杆机构实现瞬时敲击；采用折臂＋微型推杆实现加速度传感器放置，使机器人在同一位置可检测多个测点，提高工作效率。该原型系统有潜力用于代替人工检测，减少高空作业，同时更加高效、精确。

与实用化的系统相比，该原型系统还存在一定的差距，今后还需对爬壁式行走机构、路径规划、环境感知和定位、力学分析与结构优化等问题作进一步研究。

参 考 文 献

[1] ALIAKBAR M, QIDWAI U, JAHANSHAHI M R, et al. Progressive image stitching algorithm for vision based automated inspection[C]//Proceedings of the 2016 International Conference on Machine Learning and Cybernetics. Jeju: IEEE Computer Society, 2016: 337-343.

[2] 刘小根. 玻璃幕墙安全性能评估及其面板失效检测技术[D]. 北京：中国建筑材料科学研究总院，2010.

[3] 张元植，魏明宇，黄友帮，等. 玻璃幕墙振动测试法现场试验研究与数值分析[J]. 四川建筑科学研究，2021，47(1)：16-23.

[4] 顾建祖，郝文峰，骆英，等. 固有模态函数振动传递率损伤识别实验研究[J]. 实验力学，2010，25(4)：386-392.

[5] CAI S, MA Z, GUO J. Analysis on the implementation mechanism of an inspection robot for glass curtain walls in high-rise buildings [C]//Proceedings of the 37th International Symposium on Automation and Robotics in Construction (ISARC 2020), Kitakyushu, Japan, 2020: 1556-1561.

BIM 行业生态链体系化架构战略研究

周峥华，钟　声，张　清

（重庆市建标工程技术有限公司，重庆 401120）

【摘　要】自 2005 年我国引入 BIM 技术至今，BIM 技术在我国获得大力发展、运用推广及大量工程实践。虽国家、地方政府及企业在 BIM 标准化、技术及产品研发、理论研究等多方面大量投入且取得众多成果，但 BIM 行业各领域发展及运用参差不齐、产业链发展不均衡、技术落地成效不佳，致使 BIM 行业不良发展。本文提出基于区块链技术和 BIM 技术的供应链金融现代建筑业产业链体系架构，以实现 BIM 行业构建完善生态链及现代建筑业发展思路，形成完善的行业生态发展循环机制，规避产业发展内卷及风险。

【关键词】BIM；战略架构；生态链；BIM 产业体系化

1　引言

经过十多年建筑数字化快速发展，BIM 技术领域日渐成为一个独立的细分行业，并逐步形成了以五大领域为核心的建筑业衍生生态体系。围绕建筑工程领域、教育领域、政府协会事业单位领域、互联网计算机领域、机械制造领域形成建筑发展新趋势、新专业，行业全产业链生态逐步形成并趋向成熟。

但建筑产业链条很长、细分专业、各类型机构众多，在满足 BIM 需求的过程中，基于现实条件与组织利益考虑，BIM 实施的组织形式各有不同，致使实际运行具有一定差异性，且受企业自身条件及各地 BIM 行业发展差异性等众多因素影响，BIM 行业产业链各节点发展参差不齐，地域化行业发展缺乏体系化战略布局及行业生态完善的架构设计，导致地域化行业生态各领域难以形成高效的产业协同及链接统一性，抑制了行业体系化协同统一发展及行业优化频率、数据链畅通性等问题，易造成行业发展期内卷及回流。

本文通过 BIM 自身产业链现状及发展趋势，研究构建 BIM 产业生态链体系化架构，通过生态链体系化架构及战略思维形成 BIM 全产业链闭环，并实现全产业链各信息网络的打通，加速 BIM 行业地域化产业链协同统一发展及行业配套建设，以此推动我国 BIM 技术本地化、体系化、特色化、协同化发展原则。

2　BIM 行业产业链现状及发展趋势

2.1　BIM 行业产业链现状特点、发展方向及发展战略

近年来，随着我国数字化建筑业、工业互联网、智能建造、新基建等政策发力，建筑领域国际发展趋势，智能建造目前已是现代建筑业未来发展的必然目标[1]。围绕数字化、智能化、可视化、机械自动化等多领域高新技术寻求企业升级改革或转型，以实现数字化建造为宗旨。

经过近几年国家对数字化建造的大力推广及支持，我国建筑业通过工程实践、理论研究、运用研发已形成以计算机技术贯穿全程的发展思路，从逐步成熟的三维 BIM 辅助设计、BIM 模型施工深化到施工全过程 BIM 模型协同指导辅助、施工模拟预测、数字化监管分析、三维模型数据化精确制造最终实现基于 BIM 三维模型的数字化运维管理的运用实施战略，并已形成如图 1 所示的 BIM 行业产业链现状。

【作者简介】周峥华（1992—），男，BIM 技术中心主任/工程师。主要研究方向为 BIM 战略发展规划、BIM 企业架构设计、BIM 技术方案设计、BIM 实施运用理论。E-mail：954362722@qq. com

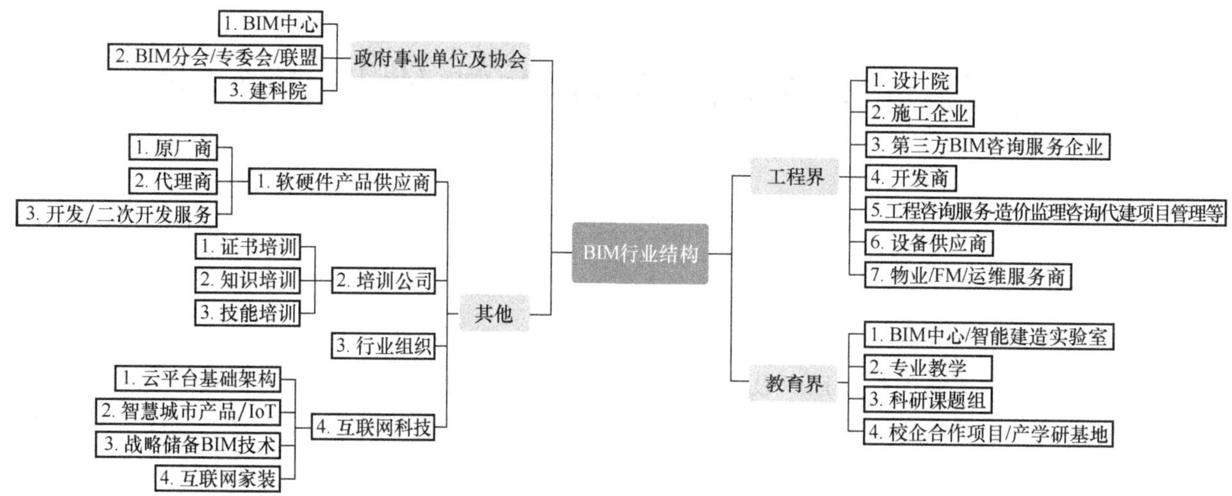

图1　BIM行业产业链现状

形成多领域发展格局，分别向建筑工程建造实施，以BIM技术为基础的咨询服务、供应商产品数字信息化、运维服务管理、高等基础教育、相关领域科学技术研发、社会行业组织建设、政府行业配套组织建设、社会培训、行业互联网产品及设备供应商等十多个方向的发展战略。从宏观的角度看，BIM自引进国内发展至今，所孵化形成的BIM独立细分行业体系基本已经实现对传统建筑领域内容的覆盖，从工程实施领域到相关人才教育、科研、社会组织、政府官方组织以及软件产品、配套科技服务等，涉及领域及内容非常全面且深入，从微观的角度看，虽已形成面向十多个领域的行业发展格局，但各发展领域相对独立，没有任何有效介质解决对各发展领域板块实现有效连接，产业链协同、数据流搭接等问题，致使现代建筑业发展依然无法解决数据孤岛、协同差等传统建筑业根本问题，并且因引进使用BIM技术先后不一、工作业态及工作类别不同各机构均在满足BIM自身需求的过程中，基于现实条件与组织利益考虑，建立了各不相同的BIM组织架构及BIM技术实施办法和标准。在实际运行中也产生了大量差异点，在一定程度上制约了BIM技术在建设项目全过程运用中的统一协调性及数字化建筑信息畅通性，虽各组织体系均具备信息传递及衔接能力，但因缺乏全产业链战略规划及行业生态体系架构指引及划分，致使各机构协同交付边际界定不清晰、不统一，信息化交付数据格式难以贯彻始终、质量标准参差不齐等，无法充分发挥数字化、信息化、三维化全过程建造优势及价值，战略目的未能实现。

2.2　BIM行业产业链发展趋势

随着建筑业内数字建造、智能建造运用发展的快速普及，以BIM技术为基础的产业链越发多元，行业领域大量出现围绕BIM技术的衍生产物，例如基于BIM模型的项目施工管理平台、运维平台、监管平台、BIM模型审查平台、数字孪生、软硬件设备等。

已经形成从建筑计算机辅助技术向建筑科技化、制造生产机械自动化、智能化、云端化发展的整体趋势，逐步降低建筑行业质量把控受制于人才、资金流动及使用透明度不足等不良风险，以实现标准化、体系化、流程化、数字可视化的发展目标。

3　基于区块链和BIM技术的供应链金融产业链体系架构战略

为解决目前行业发展的不良现状及潜在困难，本文提出一种基于区块链和BIM技术的供应链金融产业链体系架构战略，旨在从传统建筑行业的根源——资金端，由上至下地解决BIM细分行业及现代建筑业改革发展的根本问题，实现行业从上至下协同统一的全面技术覆盖、管理覆盖等战略目标。

3.1　架构战略设想的依据

在传统建筑业中，项目生产建设、采购、进度管控、质量及配套活动行为等均受到资金端的直接影响，雄厚的资金能够为项目提供全面保障并且在建筑业垫资、延期支付、拖欠等行为屡见不鲜，甚至是恶意拖欠等也时有发生，严重影响了各参与者实际利益及行业健康发展。而 BIM 行业虽已日渐发展成为一个独立的细分行业，但 BIM 行业体系依然是依附于传统建筑业体系的衍生行业个体，属于并行寄生的关系，依然摆脱不了传统行业的根源性问题。并且因为 BIM 行业属于新兴领域，其价值定义及行业定位模糊，深受使用方影响，在整个建筑业产业链中处于游离状态，无法真正体现其核心价值及理念。

为改变 BIM 行业现状，设计了如图 2 所示的体系架构。

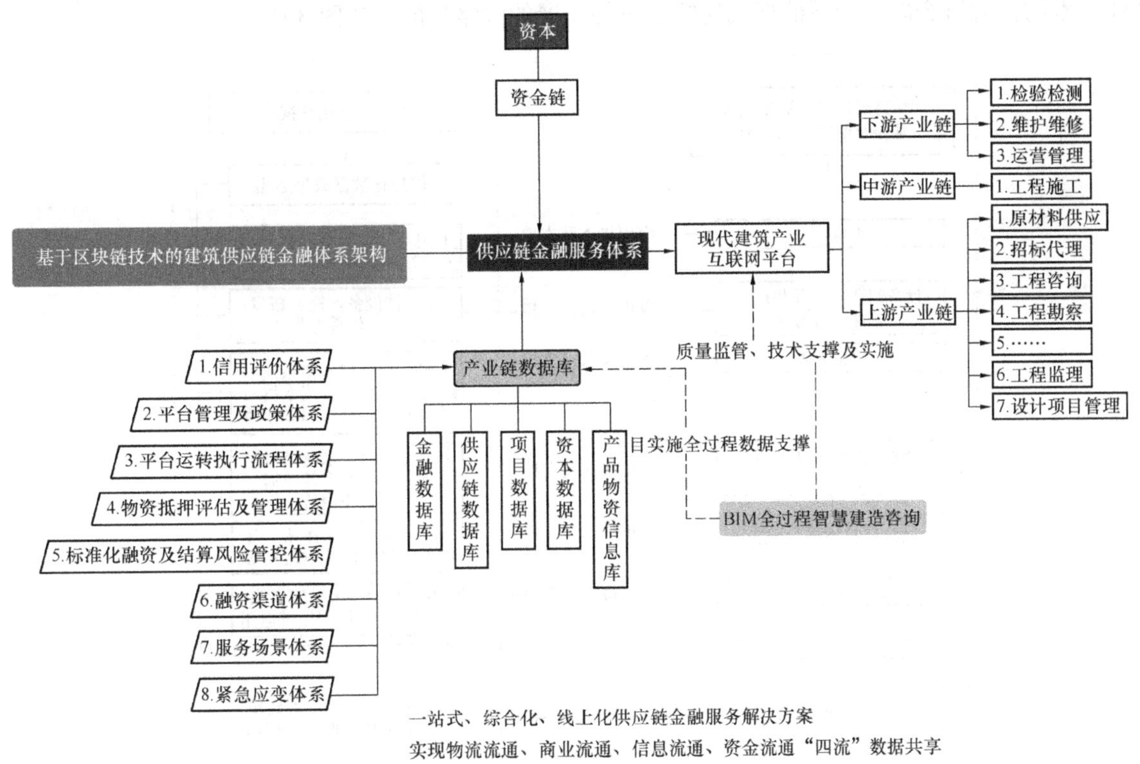

图 2　基于区块链和 BIM 技术的供应链金融产业链体系架构

3.2　架构简述

在资金端和传统建筑业中间建立基于区块链技术的现代建筑业供应链金融体系和现代建筑产业互联网平台体系将资金端与建筑业传统业态分离，通过供应链金融体系和现代产业互联网平台及各项高新技术建立新的建筑业载体与纽带，与传统建筑业实现连接。其中，现代建筑产业互联网平台实现各项高新技术与传统建筑产业链相结合，实现四流合一的业务闭环（四流指：物流、商业流、信息流、资金流[2]）；而现代建筑产业互联网平台与金融的深度融合，解决产融结合的问题，通过供应链资产金融化实现产业链升级及打通各类流程；并通过 BIM 技术的全产业链运用及覆盖，深度渗透传统建筑业，通过 BIM 技术自身信息化、数据化特点为金融体系提供全面的数据支撑，为传统产业链提供监管及技术支撑实现双链接，保障体系运转。

3.3　潜在架构战略价值

运用金融科技手段，整合物流、资金流、信息流等信息[2]，在真实交易背景下，构建供应链中占主导地位的核心企业与上下游企业一体化的金融供给体系和风险评估体系，提供系统性的金融支撑服务，以快速响应产业链资金等综合需求，降低企业成本，提升产业链各方价值。

通过现代建筑产业互联网平台对传统建筑业进行互联网化升级[3]，深化 BIM 技术全面应用环境，运用 BIM 技术在实现质量监管、技术运用、项目管理的同时通过自身特点为金融体系提供全方位数据支持，实现“三端合一”的新建筑业体系框架及战略，实现行业从上至下的全面技术覆盖、管理覆盖等战略目标，并可实现基于此架构体系实现向外产业衍生发展。

3.4　基于此架构实现向外部产业衍生的发展战略

以建筑常规业态为土壤，顶层生态为支撑实现建筑业信息化、数字化改革并紧密贴合技术共性孵化围绕新建筑产业体系下衍生产业生态，扩散建筑产业业态，深化建筑产业在经济市场与外部产业的市场黏性，实现建筑新经济体建设及价值渗透。

本架构在以基于区块链技术和 BIM 技术的供应链金融为支撑的条件下构建新建筑经济体系，并以 BIM 技术的核心价值——建筑产业信息化数据为纽带，通过高新技术手段实现衍生产业孵化，与外部产业实现有效对接并以建筑产业信息化数据的全面应用实现对外部产业赋能及延伸，实现基于区块链技术和 BIM 技术的供应链金融支持下的现代建筑业对外发展的战略目的，如图 3 所示。

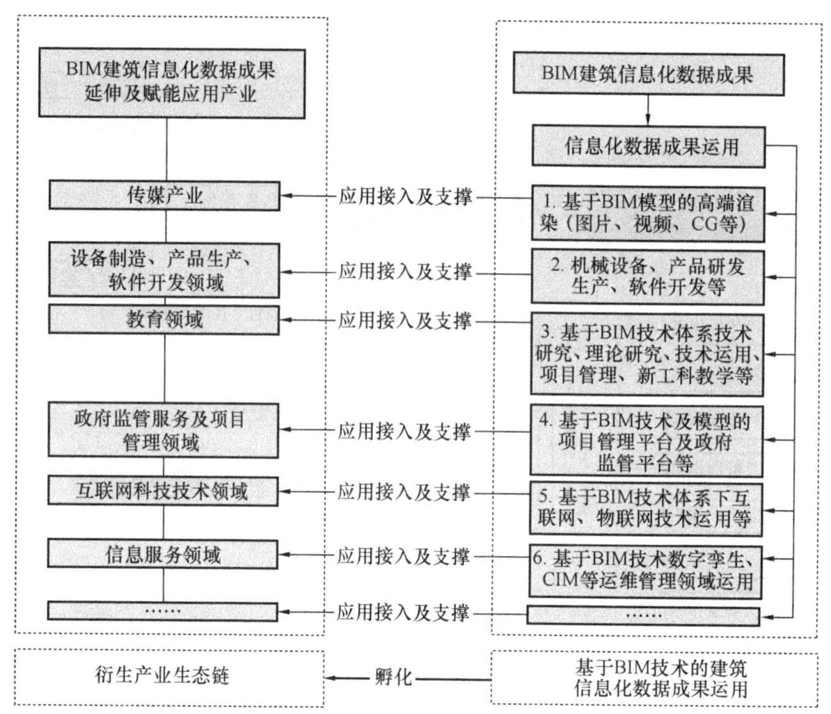

图 3　基于区块链技术和 BIM 技术的供应链金融支持下的现代建筑业对外发展图

4　总结

本文针对在传统建筑业基于 BIM 技术实现建筑信息化、数字化、可视化改革升级发展初步阶段，以通过体系化架构战略发展思路引导各相关企业改革发展，明白我国仅仅基于 BIM 技术体系以实现现代建筑业发展是不足够的，无法在资金端实质性解决产业根本问题，很难通过 BIM 技术体系实现“四流合一”，通过数据信息打通全产业链，达到通过技术手段的全方位渗透，实现现代建筑业运转全面管控。

现有 BIM 技术的发展是依附于传统建筑业之上通过技术覆盖而衍生成的细分行业领域，在根本上严重依赖于传统建筑业，未能体现 BIM 技术体系的核心价值及信息化数据的流转运用，也未能实现对于 BIM 技术体系在现代建筑业领域的准确定位和价值认可。

我们需要通过新的媒介实现由上至下的连接发展，并且新媒介具备建筑领域全面渗透深入的能力，实现现代建筑业发展和改革的真正目标，并依托物流、商业流、信息流、资金流的数据价值延展运用，实现企业及个人横向产业发展及“四流”赋能。逐步实现新建筑产业生态链构建及衍生产业链孵化，扩大建筑领域对外延伸及市场协同发展。

参考文献

[1]　马化腾，周云杰，张近东，等．工业通信业携手共进代表委员建言献策[J]．中国电信业，2020，6：10-11.

[2]　靳歆．怡亚通公司供应链创新研究[D]．广东：暨南大学，2016.

[3]　马军．中国建筑业管理信息化及其发展策略研究[D]．重庆：重庆大学，2003.

基于 IFC 的轨道交通工程 BIM 模型合规性检查探索与实践

赖华辉[1]，侯　铁[1]，黄际政[2]，马晓宾[1]，胡　睿[1]，周　琳[1]

（1. 深圳市市政设计研究院有限公司，广东 深圳 518029；
2. 深圳地铁建设集团有限公司，广东 深圳 518026）

【摘　要】 我国轨道交通正处于快速发展期，如何保证项目合规性，实现各阶段之间的有效交付，是轨道交通设施全生命期必须要解决的问题。BIM 模型可承载全生命期过程的海量结构化数据，本文采用 IFC 标准进行轨道交通工程 BIM 模型合规性检查的探索研究。首先梳理轨道交通项目专业技术规范和 BIM 标准，将条文划分为数值型、关系型和文本型等，并提出不同检查类型的 IFC 数据表达和检查算法。最后，采用深圳地铁实际项目的 BIM 模型进行了验证。

【关键词】 轨道交通；合规性检查；BIM；IFC

1　背景概况

根据《城市轨道交通 2020 年度统计和分析报告》显示，截至 2020 年底，共有 65 个城市的轨道交通线网规划获批，在实施的建设规划线路总长 7085.5km。轨道交通建设过程涉及建筑、结构、轨道、给水排水、通信、安防、动照、AFC 等 20 多种专业，全生命周期过程积累大量数据。只有准确、规范的数据，才能实现轨道交通的可持续发展。

传统检查手段主要采用人工方式核查图纸、规范、文档等资料，存在效率低、准确性差等问题，且传统检查手段高度依赖人员的经验和能力。随着 BIM（Building Information Modeling，建筑信息模型）技术被广泛应用，尤其是正向三维设计的推动，使得轨道交通设施在建设前被赋予大量的 BIM 数据，推动了基于 BIM 的合规性检查。

合规性检查方法可划分为：基于逻辑的方法[1-2]、基于本体的方法[3-4]、基于语言开发的方法[5]等。有学者采用商业软件平台进行合规性检查研究，如 Solibri Model Checker[6-7]、Revit 软件的二次开发[8]等。由于国内工程领域的设计规范与国外规范之间存在着明显的语义差异[8-9]，需要进行本土化规范的算法研究。本文介绍采用国际 BIM 数据标准 IFC（Industry Foundation Classes，工业基础类）进行轨道交通工程 BIM 模型的合规性检查探索与研究，并采用深圳市轨道交通工程实际项目 BIM 模型进行测试与验证。

2　技术路线

工程项目合规性检查一般针对设计方案或施工工艺工法是否满足既定的专业技术规范[10]。同时，国家、各省市纷纷出台相关 BIM 技术标准，规定 BIM 模型数据的建模、协同、交付等要求。本文的合规性检查主要针对专业技术规范和相关 BIM 标准两个方面。技术路线如图 1 所示，主要步骤说明如下：

（1）梳理与分析规范条文：梳理不同的规范条文，总结可识别、可检查的内容，分析条文的对象、条件和要求等。

【基金项目】 住房和城乡建设部研究开发项目（2020-K-136），中国博士后科学基金资助项目（2019M663115）

【作者简介】 赖华辉（1987—），男，博士、博士后。主要研究方向为 BIM 数据共享与交换、BIM 标准、BIM 管理平台等。E-mail：laihuahui81665@sina.com

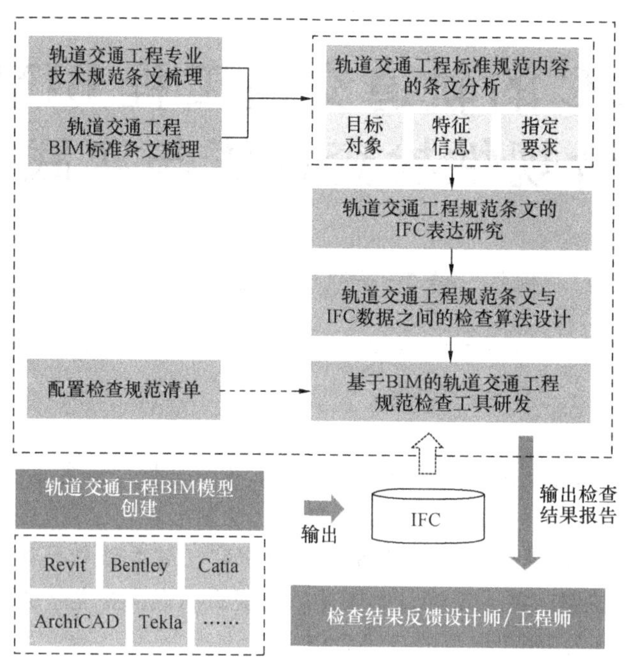

图 1　基于 IFC 的轨道交通工程 BIM 模型规范检查

（2）条文 IFC 表达研究：轨道交通工程 BIM 模型由不同软件创建，本文采用 IFC 标准进行检查算法研究，将自然语言描述的规范条文转译成结构化的 IFC 数据表达。

（3）模型要求与准备：为提高检查效率，需按照一定要求创建 BIM 模型，如统一的命名方式。

（4）检查算法研究：按照规范条文要求，判断 BIM 模型中所检查对象的某一属性或状态是否符合规范条文的要求。

（5）检查工具研发：开发轨道交通工程 BIM 模型的检查工具，配置规范条文检查库，并开发模型输入接口和解析模块、模型检查模块、检查报告输出接口等。

3　规范分析

3.1　规范概况

在住房和城乡建设部发布的《城市轨道交通工程施工图设计文件技术审查要点》中，轨道交通项目主要涉及的规范有 70 多项，包括《地铁设计规范》GB 50157、《城市轨道交通技术规范》GB 50490 等通用规范，也包括《建筑给水排水设计标准》GB 50015、《城市轨道交通照明》GB/T 16275 等专业性强的规范。

除专业技术规范外，北京、上海、天津、重庆、广东、浙江等省市建设主管部门及地铁公司纷纷发布轨道交通相关 BIM 标准或指南。深圳地铁根据其三铁合一的产业布局，组织建设、运营、设计、施工、咨询等单位编制 BIM 系列标准，涉及编码、建模、交付等全过程。本文采用深圳地铁项目进行验证，因此，采用深圳地铁 BIM 标准作为检查依据之一。

3.2　条文类型分析

专业技术规范和 BIM 标准涉及的条文类型多样，且包含的条文众多，有些条文可通过计算机自动识别，有些目前还需要人为的方式去判断检查。需要提出一种通用的归类方法，对规范条文进行统一的算法研究，保证算法的通用性和可扩展性。

分析专业技术规范和 BIM 标准的相关条文。例如，《地铁设计规范》GB 50157 第 28.2.2 条第 2 款对防火分区的规定如下："地下换乘车站当共用一个站厅时，站厅公共区面积不应大于 5000m^2。"而 BIM 标准一般针对模型的命名、属性、颜色等进行统一规定。因此，本文定义条文的结构为："目标对象"的"特征信息"满足"指定要求"。

"目标对象"主要指规范条文中规定的工程实体对象，或由工程实体对象包络形成的空间对象，是规范检查算法中检查的主体。"指定要求"主要指规范条文中要求达到的范围，是规范检查算法中判定目标对象是否符合要求的条件。根据"指定要求"的类型，将规范条文的检查分为数值型、关系型和文本型，并对应不同的"特征信息"，见表1。通过不同类型规范条文的划分，在新增检查条文时，可按照既有检查类型进行算法拓展，有利于提高检查算法的通用性。

轨道交通工程规范条文检查类型分析（部分）　　表1

检查类型	特征信息	说明
数值型	长/宽/高/厚	自身的几何特征
	技术参数	数值型的属性信息
	位置/距离	多个工程对象之间的间距，如垂直距离、水平距离、路径等
关系型	从属关系	多个工程对象实体之间的父类子类关系
	上下关系	多个工程对象实体的上下游接口关系
	互斥关系	表示多个工程对象实体不能同时存在
文本型	属性信息	非数值型的属性信息

3.3 条文等级划分

为保证基于BIM模型的轨道交通工程规范检查能够针对各专业人员的痛点问题，笔者所在团队组织并调研轨道交通工程建筑、结构、给水排水、暖通、弱电、动照等专业设计师和工程师，根据各自专业的规范和日常设计工作要求，梳理了200多条急需检查且期望计算机检查的规范条文。进一步，针对规范检查的重要性和紧要性，将规范条文检查等级划分为四个等级（4级至1级），其中1级为非常重要的、急需检查的条文。针对200多条规范条文，经过与专业人员进行讨论交流，确定1级条文93条，2级条文45条，3级条文11条，4级条文71条。

4 算法研究

4.1 规范条文的IFC表达

分析表1，目标对象的特征信息包括几何、空间/位置/距离、属性信息、关系等方面。表2总结相应参数的IFC实体遍历路径。由于每类参数具体的IFC表达方法不同，应按照具体的路径遍历至最底层的IFC实体。由于篇幅有限，本文以位置/距离参数为例，介绍IFC模型文件中相关参数的查询和计算过程。

工程对象各类信息的IFC表达　　表2

序号	参数类型	主要IFC实体遍历路径	参数值对应的IFC实体
1	几何尺寸	IfcProductDefinitionShape→IfcShapeRepresentation→具体IFC实体	具体IFC实体
2	位置/距离	IfcLocalPlacement→ IfcAxis2Placement3D & IfcCartesianPoint & IfcDirection	IfcCartesianPoint
3	属性信息	IfcRelDefinesByProperties→ IfcPropertySet→ IfcPropertySingleValue	IfcPropertySingleValue
4	关系	IfcRelationship的相关子类	具体IFC实体

IFC标准提供相对坐标系和绝对坐标系两种方法定义工程对象的三维空间坐标位置。考虑到相对坐标系的表达简捷、关系清晰，现阶段一般采用相对坐标系的方法。因此，在计算目标对象的空间位置或距离时，需要将目标对象不同的空间坐标系转换至同一坐标系。

IFC标准关于空间坐标的层级关系一般为IfcSite→IfcBuilding→IfcBuildingStorey→具体工程对象，后者IFC实体的空间坐标系统基于前者的进行表达。可将工程对象的空间坐标转换至相同的楼层坐标系（IfcBuildingStorey）。图2展示了IFC模型文件中墙和柱的空间坐标信息关系，以楼层坐标系为例（下同）。

在IFC标准中，工程对象在几何造型时一般定位在自身的局部坐标系。自身局部坐标系相对于上一

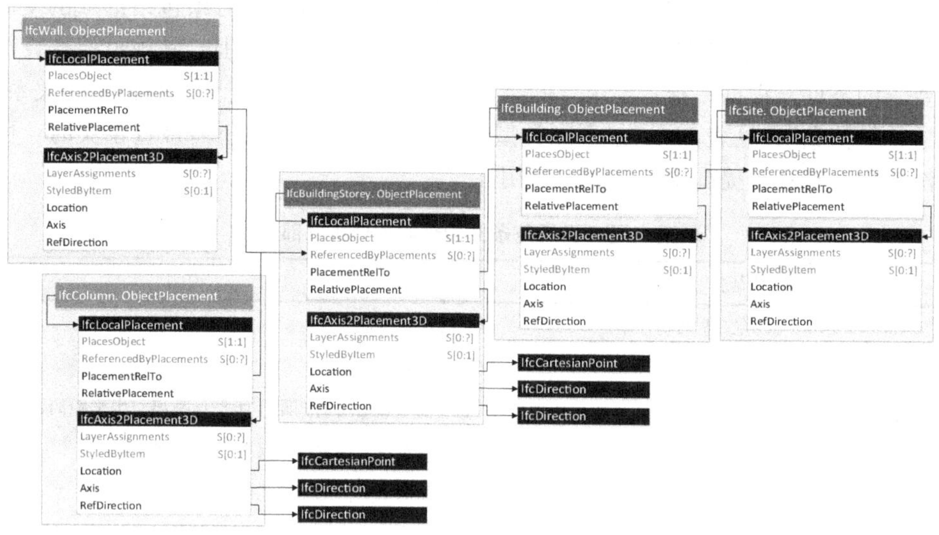

图 2　相对坐标系下 IFC 模型空间位置的关系表达

级坐标系，IFC 标准给出了坐标原点（IfcCartesianPoint）、z 轴和 x 轴的方向向量（IfcDirection），y 轴可通过右手螺旋定则计算。如图 3 所示，局部坐标系 p'-$x'y'z'$（以 IfcColumn 的局部坐标系为例）相对于楼层坐标系 p-xyz 而言，原点的坐标为 p'（x_0，y_0，z_0），各轴相对于楼层坐标系的单位坐标矢量为 $\vec{u}'_x$、$\vec{u}'_y$、$\vec{u}'_z$。通过公式（1）的坐标转换，可得到工程对象每个点 M' 在楼层坐标系 $p-xyz$ 上的坐标值 M（x，y，z）。进而可计算不同构件在楼层坐标系下的位置。

$$(x \quad y \quad z \quad l) = (x' \quad y' \quad z' \quad l') \cdot R^{-1} \cdot T^{-1} \tag{1}$$

其中，T 为平移矩阵，R 为旋转矩阵，

$$T = \begin{bmatrix} 1 & 0 & 0 & 0 \\ 0 & 1 & 0 & 0 \\ 0 & 0 & 1 & 0 \\ -x_0 & -y_0 & -z_0 & 1 \end{bmatrix} = R \begin{bmatrix} u'_{x1} & u'_{y1} & u'_{z1} & 0 \\ u'_{x2} & u'_{y2} & u'_{z2} & 0 \\ u'_{x3} & u'_{y3} & u'_{z3} & 0 \\ 0 & 0 & 0 & 1 \end{bmatrix}$$

4.2　属性信息模板的配置

BIM 标准规定各专业工程对象所需交付的属性信息，考虑到 BIM 技术的发展，工程对象属性信息可能不断完善。为保证属性信息检查的可持续性，配置属性信息检查模板，用户可自定义修改或扩展所需检查的属性信息条目，保证属性信息检查的通用性。图 4 展示了深圳地铁 BIM 标准关于属性信息的命名格式要求，即“属性信息分组-属性信息名称”。

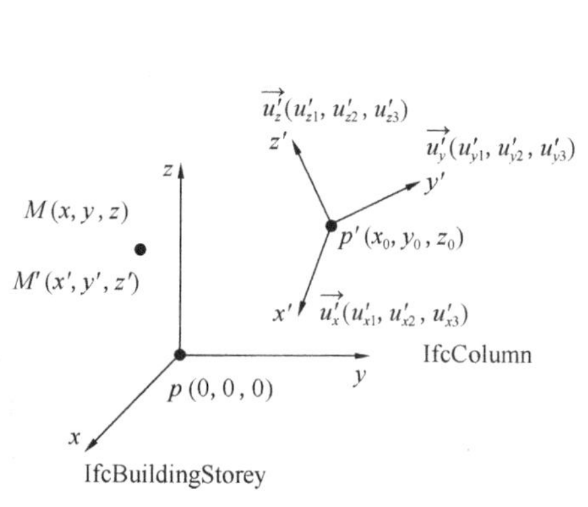

图 3　IFC 标准中空间坐标关系示意

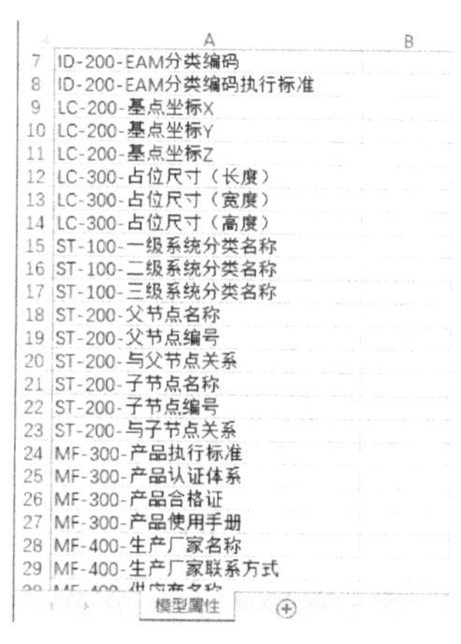

	A	B
7	ID-200-EAM分类编码	
8	ID-200-EAM分类编码执行标准	
9	LC-200-基点坐标X	
10	LC-200-基点坐标Y	
11	LC-200-基点坐标Z	
12	LC-300-占位尺寸（长度）	
13	LC-300-占位尺寸（宽度）	
14	LC-300-占位尺寸（高度）	
15	ST-100-一级系统分类名称	
16	ST-100-二级系统分类名称	
17	ST-100-三级系统分类名称	
18	ST-200-父节点名称	
19	ST-200-父节点编号	
20	ST-200-与父节点关系	
21	ST-200-子节点名称	
22	ST-200-子节点编号	
23	ST-200-与子节点关系	
24	MF-300-产品执行标准	
25	MF-300-产品认证体系	
26	MF-300-产品合格证	
27	MF-300-产品使用手册	
28	MF-400-生产厂家名称	
29	MF-400-生产厂家联系方式	

模型属性

图 4　BIM 模型的属性信息检查配置表

5 案例验证

本文采用深圳地铁海上世界站 BIM 模型进行测试，如图 5 所示。该模型采用 Revit 创建，导出 IFC 2×3 版本的 BIM 模型文件。应说明的是，该模型按照深圳地铁 BIM 标准创建，相关工程对象命名符合标准的规定要求。该模型在自主研发的 IFC 平台中进行数据解析和合规性检查，合规性检查工具内嵌在该平台中。在专业技术规范方面，根据《地铁设计规范》GB 50157 等规范条文要求，本研究的平台目前支持防火分区、照明配电室、自动扶梯等条文的检查；在 BIM 标准方面，支持检查各专业构件的属性信息规定。

图 6 展示了 BIM 模型的合规性检查结果，可导出具体的检查结果报告。为便于工程人员定位至有问题的具体对象，检查结果包括对象编号、名称，以及不符合标准规范的原因。其中，根据配置的轨道交通工程各专业 BIM 属性信息模板，可自动检查所有对象属性信息的完整性、准确性，以及属性值的有无。在图 6 的检查结果中，检查了该模型中的 1.6 万多个构件，极大地提高了模型属性信息的检查效率。根据检查结果，专业人员可按要求逐一修改完善项目模型，保证项目的合规性。

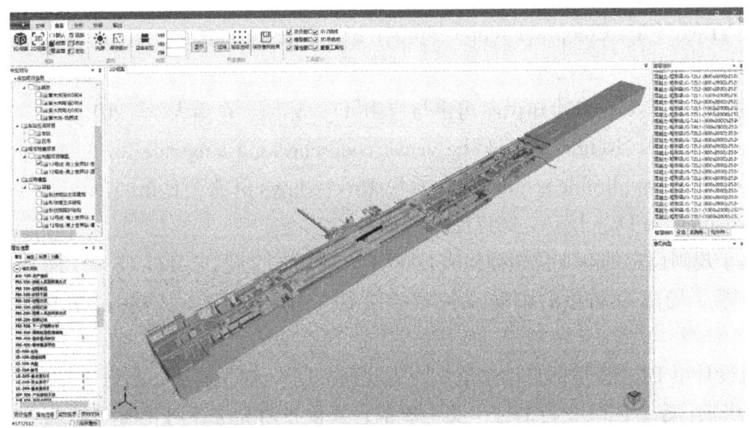

图 5　深圳地铁海上世界站 BIM 模型

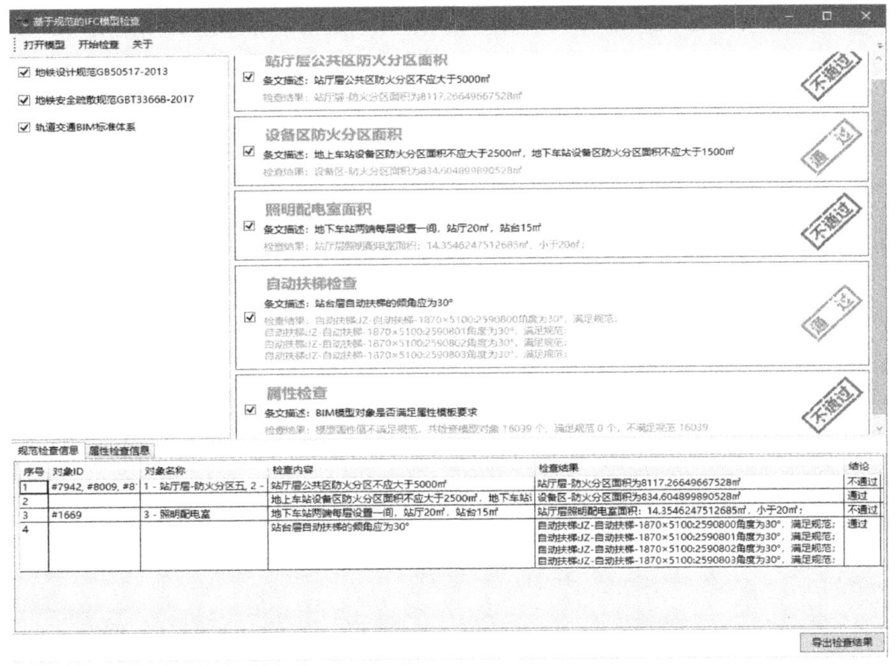

序号	对象ID	对象名称	检查内容	检查结果	结论
1	#7942, #8009, #8	1 - 站厅层-防火分区五, 2 -	站厅层公共区防火分区不应大于5000㎡	站厅层-防火分区面积为8117.26649667528㎡	不通过
2			地上车站设备区防火分区面积不应大于2500㎡，地下车站	设备区-防火分区面积为834.604899890528㎡	通过
3	#1669	3 - 照明配电室	地下车站两端每层设置一间，站厅20㎡，站台15㎡	站厅层照明配电室面积：14.3546247512685㎡，小于20㎡；	不通过
4			站台层自动扶梯的倾角应为30°	自动扶梯JZ-自动扶梯-1870×5100:2590800角度为30°，满足规范； 自动扶梯JZ-自动扶梯-1870×5100:2590801角度为30°，满足规范； 自动扶梯JZ-自动扶梯-1870×5100:2590802角度为30°，满足规范； 自动扶梯JZ-自动扶梯-1870×5100:2590803角度为30°，满足规范；	通过

图 6　基于规范的轨道交通工程 BIM 模型自动检查

6　总结与展望

本文采用IFC标准研究探索轨道交通工程BIM模型的合规性检查方法。首先梳理轨道交通工程现有专业技术规范和相关BIM标准的条文内容。经过规范条文分析，提出不同的规范条文检查类型，进一步研究并提出规范条文的IFC表达方法和检查算法。通过研发的IFC平台对轨道交通工程BIM模型进行合规性检查测试，验证了检查方法的有效性。本文现阶段实现了部分规范条文的检查，相对于数量庞大的规范条文，还远远不够，但本文探索并验证了采用IFC标准进行合规性检查的技术路线的可行性。下一步，将结合机器学习、图形学等方法进一步提高合规性检查的覆盖面和效率。

参考文献

[1] SALAMA D A, EI-GOHARY N M. Semantic text classification for supporting automated compliance checking in construction [J]. Journal of Computing in Civil Engineering, 2016, 30(1): 04014106.

[2] 陈远，张雨，康虹．基于知识管理的BIM模型建筑设计合规性自动检查系统研究[J]．图学学报，2020，41(03)：490-499.

[3] İLAL S M, GÜNAYDM H M. Computer representation of building codes for automated compliance checking [J]. Automation in Construction, 2017, 82: 43-58

[4] 焦海霞．基于本体的地铁施工安全风险知识库构建与应用[D]．南京：东南大学，2015.

[5] PREIDEL C, BORRMANN A. Refinement of the visual code checking language for an automated checking of building information models regarding applicable regulations [C]//Proceedings of ASCE International Workshop on Computing in Civil Engineering, Washington DC, USA, 2017: 157-165.

[6] 曾旭东，王诗旭．基于规则设定的全方位碰撞检查技术[J]．建筑与文化，2014，(8)：124-125.

[7] 余君，陈涛，王静，等．局部自动化的消防设计审查方法应用研究[J]．消防科学与技术，2017，36(04)：559-561，564.

[8] 孙澄宇，柯勋．建筑设计中BIM模型的自动规范检查方法研究[J]．建筑科学，2016，32(4)：140-145.

[9] 吴松飞，邓逸川，申琪玉，等．BIM支持的施工安全规范合规检查研究综述[J]．图学学报，2018，39(6)：1156-1164.

[10] 林佳瑞，郭建锋．基于BIM的合规性自动审查[J]．清华大学学报(自然科学版)，2020，60(10)：873-879.

面向智能审图的规范条文命名实体识别

周育丞，郑 哲，林佳瑞*，杨梓艺，陆新征

（清华大学土木工程系，北京 100084）

【摘 要】规范条文是建设工程各个阶段的知识依据，如何借助计算机自动构建规范的知识图谱，以及对规范进行自动规则检查，对工程建设智能化有重大意义。命名实体识别是指从一段文本中提取出具有特定意义的实体，是提取审图规范信息、构建知识图谱等的重要环节。本文针对建筑设计规范，定义了十种实体类别，并提出了基于深度学习的规范条文命名实体识别方法。实验结果表明该方法准确有效，且相较于传统基于统计的方法具备一定优势。

【关键词】命名实体识别；规范条文；深度学习；自然语言处理；智能审图

1 引言

命名实体，是指人为定义的一种标签，用于区分文本中的不同信息类别。命名实体识别是利用计算机技术从一段文本中识别出不同的实体信息，并打上相应的标签进行分类[1]。这个概念最早于 MUC-6 会议上提出，是"信息提取"的一项子任务，研究的主要目的是作为"关系抽取"的前置任务，提取出文本中的有效实体信息，并用实体标签来分类。对规范条文的这类研究属于特定领域的命名实体识别，旨在从规范文本信息中识别出具有特定意义的实体，从而为提取实体间的关系提供支撑，可以为土建行业规范知识库建设、智能规范审查、情报分析和数据挖掘等上层应用提供重要的支持[2]。

对于土建行业而言，知识图谱的构建非常依赖规范条文的内容，所以需要将规范条文中的数据结构化地提取出来，即进行知识抽取，而命名实体识别作为知识抽取的关键步骤之一，虽然可以采用人工为主、计算机算法为辅的方式完成，但是当需要处理的数据过多时，人工处理数据就会缺乏效率。特别是土建行业有着数量庞大、种类繁杂的规范条文，仅仅依靠人力完成更为困难。基于上述现状，本研究旨在采用计算机与人工智能技术，研究基于深度学习技术对规范条文进行命名实体识别的方法，以此作为知识图谱构建、规则检查、智能审图等上层应用的基础。

2 规范的命名实体类别定义

进行合理的实体类别定义，或者说标签定义，是命名实体识别任务最重要的步骤之一，通常需要从两个方面进行考虑，一个方面是专业术语覆盖面，即在土建行业的规范条文范围内，应该定义怎样的实体类别来尽量覆盖到文本中的所有信息；另一个方面就是识别结果语义丰富度，也就是命名实体识别应为上层应用的服务对象提供足够语义丰富度的识别结果。在实体类别定义的过程中，不仅要时刻考虑是否满足以上两个方面，也要结合具体的实例来进行，不断优化标签。

本文从体现实体间的内在关系出发，来进行命名实体的分类定义。对于土建行业的规范而言，每一条单一的规范条文一般可以理解为"对某一对象进行某种规则检查"，或者说描述了"某一对象应满足某种条件"，可以进行抽象化的描述为："某一对象（obj）"的"某项属性（attr）""等于（=）""某属性值

【基金项目】国家自然科学基金资助项目（51908323，72091512），清华大学-广联达 BIM 联合研究中心（RCBIM）

【作者简介】林佳瑞（1987—），男，助理研究员。主要研究方向为智能建造、BIM/CIM 与数字防灾技术。E-mail：lin611@tsinghua.edu.cn (attrV)”。这里的“等于（=）”仅仅是一种抽象化的表达，并不代表“等号”，可以将之理解为某种“行为（Behavior）”（或称约束行为），描述了某项属性和对应属性值之间的关系。另外，这里的“属性值描述（attrV）”也并不局限于数值，还可能是非数值类属性值。从这种角度出发进行命名实体的定义，能比较清晰地提取出规范条文的核心信息，将之转换为一种统一的规则检查公式，从而方便计算机进行自动的规则检查，也能提取出实体间的关系，服务于知识图谱的构建。

在上述基础可以将实体类别进行进一步细分。一般而言一条规范文本是围绕着某一主体进行规则检查，可以将该文本中描述的主体定义为“主要对象（mObj）”，得到第一个实体标签；而一条规范中可能会描述该主体的一个或多个“属性（Attr）”，可以定义为第二个标签；而对于“等于（=）”或者说“行为（Behavior）”来说，可以将其分为“比较行为（cBe）”和“非比较行为（oBe）”，从而得到第三和第四个标签；而“属性值描述（attrV）”正如前面所提到的，不仅仅代表数值，结合规范条文的具体案例，可以划分为四类标签，分别是“数值属性值（NAttrV）”“单位（UAttrV）”“非数值属性值（RAttrV）”和“动作补充（AAttrV）”，其结构如图1所示。

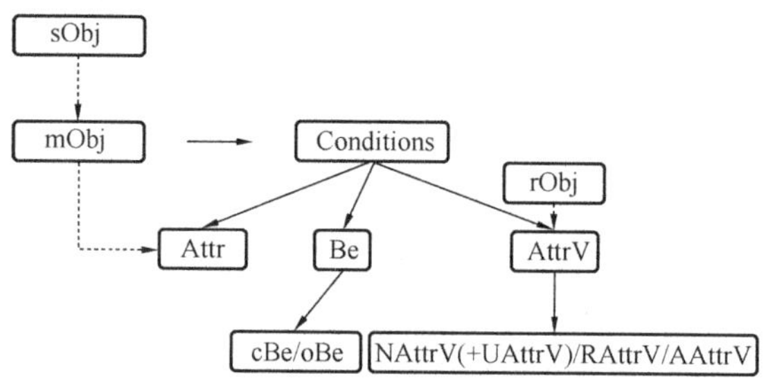

图1　实体关系结构图

下面通过一个示例进一步说明。如图2所示，该条规范文本描述了主体“丙类建筑（mObj）”，当其属性“高度（Attr）”满足“不大于（CBe）”“24（nAV）m（uAV）”时，其属性“结构类型（Attr）”应该“不宜采用（OBe）”非数值属性值“单层框架结构（rAV）”。注意到第二个属性“结构类型”其实被省略了，这是规范文本中经常出现的现象，如果将这条规范识别的结果按前文所述的规则检查公式进行格式化，就可以得到：“丙类建筑的高度大于24m”以及“丙类建筑的结构类型不宜采用单跨框架结构”。

除了前文基于“obj. attr=attrV”这一基本公式细分定义的8个标签，再额外定义一个描述文本中不同对象的实体类别：“引用对象（rObj）”，它是指在描述“主要对象（mObj）”的“属性（Attr）”满足什么条件时，可能会在“属性值（attrV）”部分出现引用的“其他对象”。最后，在前述9个标签的基础上，再额外定义一个“上级对象（sObj）”，它是指该条规范文本描述的“主要对象（mObj）”的“父类对象”，即该“主要对象（mObj）”在其他规范文本中可能是该“上级对象（sObj）”的“属性（Attr）”。

图2　规范条文标注示例

此外，在对某一规范条文进行规则检查时，有时不是直接判断某一属性满足什么条件，而是会出现“前置条件”，即在满足前一条件的情况下，再满足后置条件，即类似IF-THEN格式的条文说明。考虑到如果对标签区分是属于IF部分还是THEN部分会增加大量标签数量，本研究决定不在实体识别过程中区分前置条件（IF）与后置条件（THEN），而是考虑可以在实体识别的结果上通过关键词匹配或是其他算法，来区分出前置条件与后置条件，例如检查该条件是“当……时……”等句式或者是定语从句时，可以判断为前置条件。

3　规范条文命名实体识别数据集构建

在命名实体识别研究中，数据准备工作一般分为文本爬取和文本标注，从而得到作为神经网络模型输入的训练数据。考虑到土建行业的规范条文数量庞大，且内容繁杂，如何选择合适的规范条文，如何进行适当的数据处理，都是非常重要的前期工作。同时，在模型训练阶段，也可以根据训练结果针对性地对数据集进行一定的优化处理，从而提高识别效果。

实验前期的数据准备阶段，首先要考虑的是规范文本的选取。为保证能得到足够的数据集，本研究的训练数据均选自文本量较多的《建筑抗震设计规范》（2016年版）GB 50011—2010[3]，其中规范条文通过网络爬取等手段获取，并应用一些文本结构化等操作进行预处理[4-5]。考虑到规范条文中一般会带有大量的图片和表格内容，且其包含的信息一般为数学公式、结构图例等，不适合作为命名实体识别任务的研究对象，所以本研究的训练数据只包含人工处理后的纯文本数据。对《建筑抗震设计规范》进行文本提取后得到的TXT文件中，考虑选取的文本应该是有效文本，一条有效文本即一句包含完整信息的句子，以句号或分号作为分隔；而初步提取到的TXT文件中仍包含不少无效数据，需要删除其中的无效行，比如章节信息、符号注释等，同时，也需要对一些长难句进行人为划分，保证文本标注的合理性。

在得到规范条文的文本数据，并定义实体分类标签后，需要用这些标签对文本进行人工标注，本研究使用了文本标注工具Doccano[6]来完成标签标注。之后将标注后的文本导出为JSON格式文件作为数据集。

经过人工标注，最终得到了810条完成标注的规范条文。由于规范文本的语言特性，部分定义的标签在数据集中占比较小，如sObj和aAV，这些数据量较小的标签通常在模型中的训练效果较差，识别结果也显著低于其他数量较多的标签，所以需要采取一定方式来增加这些标签的数量。比如可以人为地多选取包含这些实体的规范文本，但是因为这类文本本身就在规范中占比较少，所以效率不高。考虑到规范条文其实体的可替性，可以采用文本替换的方式来进行数据集的增广。比如，某条规范文本内的sObj为“部分框支抗震墙结构”，可以在保持文本其他部分不变的条件下，将之替换为“部分框支剪力墙结构”等相似内容，从而得到一句新的带有sObj标签的文本。通过这种不改变文本结构，只替换部分内容的方式，可以快速地实现低频实体标签的扩充，从而达成数据集增广和标签平衡的目的，最后，用于实验的数据集总数为1000条规范文本。经数据增广前后标签数量的分布如图3所示。

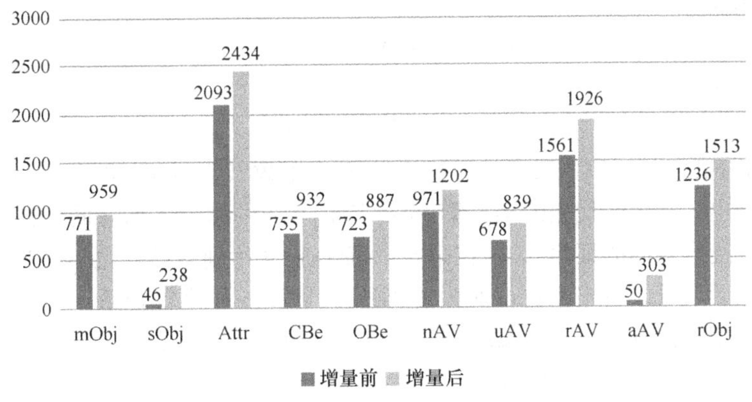

图3　数据集增广前后的标签数量分布

4　基于深度学习的命名实体识别

随着深度学习技术的发展，越来越多的深度学习模型被提出，如循环神经网络（RNN）、卷积神经网络（CNN）等，它们在不同应用场景（如自然语言处理）有各自的长处。其中，基于RNN的各种变体在命名实体识别任务中得到了广泛应用，如长短时记忆神经网络（LSTM），其通过设置四种门结构对信息进行筛选，选择部分遗忘或记忆，这使其相较RNN能记住一些更久远的信息。若将两个LSTM模型融合在一起，分别接受正序和逆序的输入，则可以合成一个双向LSTM（BiLSTM）模型，并往往可以提高性能。隐马尔可夫模型（HMM）[7]是一种概率图模型，它通常包含若干个随机变量，又被称为状态集，变量之间通过链式结构相连，所以又被称作隐马尔可夫链。条件随机场（CRF）[8]属于马尔可夫随机场的特例，是一种判别式概率模型；可以加在LSTM模型的输出层上，对结果进行进一步修正以提高性能。为了对比，本文实现了四种命名实体识别模型，分别为：基于HMM、基于CRF、基于BiLSTM、基于BiLSTM-CRF[9]。其中最后一个模型BiLSTM-CRF的架构如图4所示，主要分为输入层、字向量映射层、BiLSTM层、CRF层以及输出层五个部分。

根据构建的1000条文本组成的数据集，按6∶2∶2的比例划分为训练、验证和测试集。本实验的运

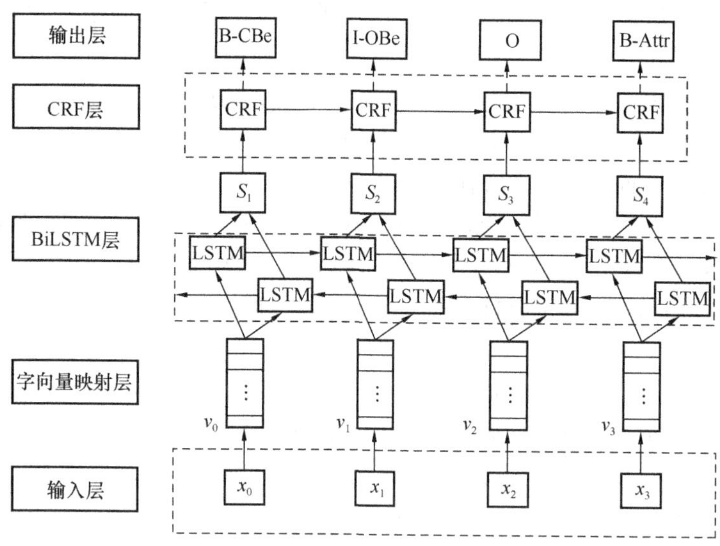

图 4　BiLSTM-CRF 模型架构

行环境如下：编程语言为 Python 3.8，深度学习框架为 Pytorch 1.7，GPU 并行运算平台为 CUDA 11.0，CPU 为 Intel i7-6700HQ。实验中性能评价指标采用精确率（Precision，P），召回率（Recall，R）以及 F_1 值，三项指标的计算公式如下。其中，N_c 为被正确识别的命名实体个数，N_r 为被识别出的命名实体个数，N_t 为数据集中命名实体的总数。

$$P = N_c / N_r \tag{1}$$

$$R = N_c / N_t \tag{2}$$

$$F_1 = 2PR/(P+R) \tag{3}$$

图 5 展示了实验中 BiLSTM-CRF 深度学习模型训练的轮数（Epoch）和损失函数（Loss）之间的变化关系。从图中可以看出，蓝色线代表的训练集 Loss 随 Epoch 的增加逐渐降低，其曲线在第 15 个 Epoch 后已趋于平缓，而橙色线代表的验证集 Loss 在第 6 个 Epoch 处达到最低，之后缓慢上升，说明模型已过拟合，在多次重复试验后，可以得出结论，对模型训练 8 个 Epoch 比较合适。同理，可以得到模型训练的各项参数指标的最佳值。经实验测试，最终 BiLSTM 模型训练取的最佳参数值为：Epoch＝8，Batch size＝8，Learning rate＝0.005，Hidden size＝240，Dropout rate＝0.35。

最终，各个模型的性能实验测试结果如图 6 所示。可以看出，BiLSTM－CRF 模型有最佳的性能，命名实体识别可以达到 86％精确度，86％召回率和 85％的 F_1 值。该结果符合预期，也证明了基于深度学习的命名实体识别相较于传统方法（如 HMM）具备一定优势。

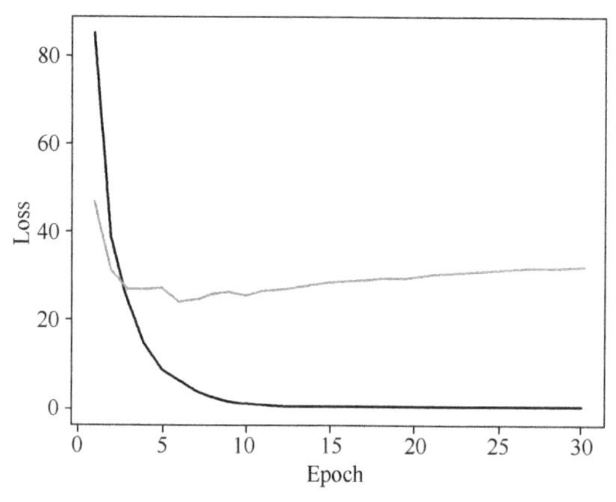

图 5　模型训练的 Epoch-Loss 变化曲线

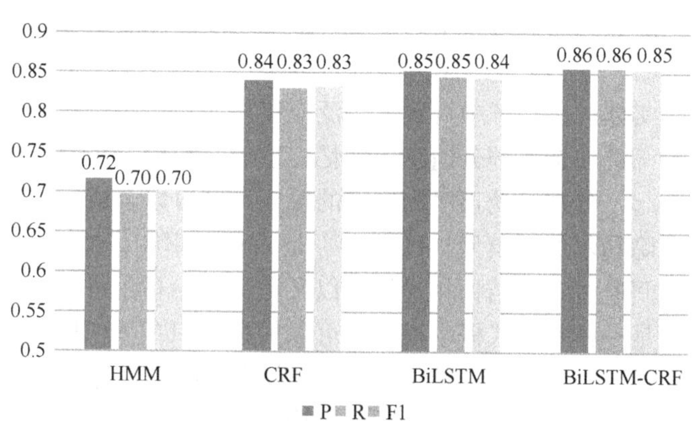

图 6　模型性能对比结果

5 结论

本文围绕土建行业的设计规范，研究了基于深度学习技术的命名实体识别方法。在调研文献的基础上，定义了十种命名实体类别，通过人工标注和数据集增广来构建数据集，并搭建了几种不同的模型来进行命名实体识别及性能优化和分析。实验结果表明，本文所定义的标签分类具备合理性，所构建的基于深度学习的命名实体识别方法准确有效，且相比传统方法具备优势。其中，基于 BiLSTM-CRF 的模型为四种模型中效果最好，在构建的测试数据集上达到了 85%的 F_1值。

本研究的工作尚有许多可改进之处值得在今后进行研究完善，如提高数据的标注质量或构建更大数据集来提升识别效果，改善实体分类标签以制定更细致的实体分类标准，以及引入无监督、弱监督等深度学习训练技术以进一步提升模型性能。

参 考 文 献

[1] 孙镇，王惠临．命名实体识别研究进展综述[J]．现代图书情报技术，2010，26(6)：42-47.

[2] MOON S, LEE G, CHI S, et al. Automated construction specification review with named entity recognition using natural language processing[J]. Journal of Construction Engineering and Management, 2021, 147(1).

[3] 中华人民共和国住房和城乡建设部．建筑抗震设计规范(2016 年版)：GB 50011—2010 [S]．北京：中国建筑工业出版社，2016.

[4] 林佳瑞，廖盘宇．面向法规智能的消防规范图谱构建及应用初探[C]//中国图学学会 BIM 专业委员会．第六届全国 BIM 学术会议论文集．北京：中国建筑工业出版社，2020.

[5] ZHOU Y, LIN J, SHE Z. Automatic Construction of Building Code Graph for Regulation Intelligence[C]//Proceedings of the International Conference on Construction and Real Estate Management 2021.

[6] NAKAYAMA H, KUBO T, KAMURA J, et al. Doccano: Text Annotation Tool for Human[EB/OL]. (2018). https://github.com/doccano/doccano.

[7] 祝继锋．基于 SVM 和 HMM 算法的中文机构名称识别[D]．长春：吉林大学，2017.

[8] 单赫源，张海粟，吴照林．小粒度策略下基于 CRFs 的军事命名实体识别方法[J]．装甲兵工程学院学报，2017，31(01)：84-89.

[9] 张子睿，刘云清．基于 BI-LSTM-CRF 模型的中文分词法[J]．长春理工大学学报(自然科学版)，2017，40(04)：87-92.

基于知识图谱的性能化消防设计审查方法

郑　哲，周育丞，林佳瑞*，黄凯君，陆新征

（清华大学土木工程系，北京 100084）

【摘　要】 性能化消防设计（Performance-based Fire Deign）是消防设计中常用的一种方法。性能化设计需要对建筑的性能进行评估，人工评估方法耗时且容易出错。然而，目前的自动化设计审查研究大多基于处方式设计规范，考虑性能化设计要求的研究仍较少。因此，本文提出了一种基于知识图谱的性能化消防设计与审查方法。首先构建了性能化消防设计本体作为知识图谱的逻辑框架。随后基于SWRL规则实现了性能化场景自动判别、生成与检查方法。最后，采用实际案例证明了所提出的方法的有效性。

【关键词】 性能化消防设计；性能化审查；知识图谱；本体；SWRL语言；智能审图

1　引言

当今，建筑的功能越来越多且越来越复杂。工程的防火设计变得尤其重要，提高建筑的防火性能可以有效减少建筑发生火灾时的损失。目前建筑的消防设计方法主要为“处方式”设计，即遵循系列建筑防火设计规范进行[1]。然而，每种建筑方案都有其独特性，“处方式”设计不能因建筑的特有功能、设计而调整，使得防火设计未必能发挥最大性能。针对此状况，性能化消防设计被提出，以充分考虑建筑物用途、结构、可燃物分布情况等参数，通过综合性能分析和评估达到设计目标要求。

然而，在火灾场景设计中，设计人员往往需花费大量时间来选择性能化设计场景与有关参数取值[2]；同时，性能化设计过程也需要针对建筑性能进行多次评估，导致人工的评估方法耗时且极易出错。因此，亟须提出面向性能化设计的自动设计审查方法，以提高性能化设计质量与效率。然而，目前的自动化设计审查研究大多基于处方式设计规范，考虑性能化设计要求的研究仍较少。

基于以上研究现状，本研究构建了性能化消防设计本体，作为知识图谱的逻辑框架，以实现该领域知识的持续累积，逐渐组成可供设计人员参考的可靠知识库。随后基于上述本体将性能化设计条文解译为SWRL规则，实现了性能化场景自动判别、生成与检查，以提高性能化设计与审查效率。最后，采用实际案例证明了所构建的本体与提出方法的有效性。

2　性能化消防设计本体构建

知识图谱在2012年由Google提出，初衷是为用户提供关联搜索，提高搜索的深度和广度[3]。在性能化消防设计领域，每个建筑方案的都有其独特性，若把方案的火灾场景等设计参数作积累，则能为设计人员带来可靠的参考依据，并为相关规范体系建立基础。

本节将采用七步法[4]构建性能化消防设计知识图谱的本体。相关文献表明利用性能化消防设计进行防火设计虽然可量化评估建筑的防火性能，但设计时间会变长，工作量和复杂度也会相应提高。因此，现阶段往往采用性能化设计和处方式设计相结合的方法进行审查，在超限设计或有特殊要求时采用性能化设计方法。由此可见，性能化设计与处方式设计有着较强的关联性。因此，本文将性能化消防设计本体

【基金项目】 国家自然科学基金资助项目（51908323，72091512），清华大学—广联达BIM联合研究中心（RCBIM）

【作者简介】 林佳瑞（1987—），男，助理研究员。主要研究方向为智能建造、BIM/CIM与数字防灾技术。E-mail：lin611@tsinghua.edu.cn

的领域分为两大部分：(1) 基于规范的建筑部分和 (2) 性能化消防设计方法部分。

确定本体的领域范围后，对现有本体进行了重用性分析。IFC Ontology[5]是一种对建筑进行描述的 OWL 语言框架，但该本体体量庞大，并不适合直接重用。因此，本文将 IFC Ontology 作为参考，随后对该两个领域进行术语总结，并进行本体构建。

2.1 性能化消防设计方法术语总结

首先对《建筑设计防火规范》(2018 年版) GB 50016—2014 (简称《建规》) 进行规范分析，建立用于描述建筑的术语。本文总结《建规》概念、关系与属性，并参考现有 IFC 标准[5]，提出建筑项目可通过定义以下六个概念进行描述，包括：建筑 (Building)、空间 (Space)、系统 (System)、建筑属性 (Building Properties)、建筑要素 (Building Element)、物体 (Object) 以及材料 (Material)。每个概念可被称为一个类，建筑类作为框架中范围最大的类，由空间类组成 (Composited by)，并由建筑属性类进行基于功能的描述 (Describe)。而空间类由建筑构件类组成，并包含 (Include) 系统类，以及与物体类有储存 (Store) 关系。系统类与空间类相似，同样由建筑构件类组成，而建筑构件类则由材料类组成。各类之间的关系如图 1 所示：

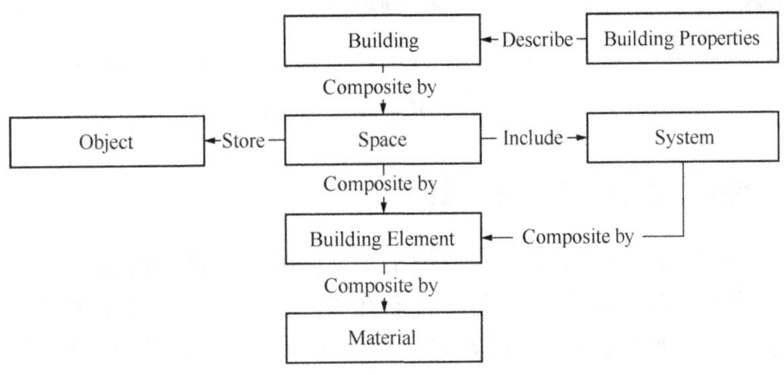

图 1 建筑概念定义与关系

基于对相关性能化消防设计目标及过程的研究[6-7]，本文将性能化消防设计概括为六个大类：规则 (Rules)、性能化场景 (Performance-based Scenario)、性能化方法 (Performance-based Method)、性能化特性 (Performance-based Characteristics)、性能化目标 (Performance-based Goals) 以及性能化设计原则 (Performance-based Criteria)。最左边一列中建筑类确定 (develop) 性能化目标，性能化目标确定 (develop) 性能化设计准则。建筑是否合规通过规则类进行验证 (Verified by)，规则类确定 (develop) 性能化场景，性能化场景由性能化特性组成 (Composite by)，性能化场景确定所采用 (Evaluated by) 的性能化方法。各类大致关系如图 2 所示。

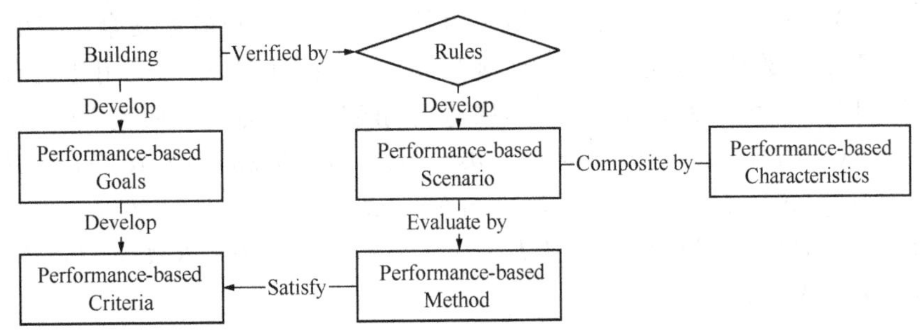

图 2 性能化消防设计概念定义与类关系

2.2 本体构建

本文使用 Protégé [8]作为本体开发工具。按照以上分析本体按内容分为两大部分：建筑类 (Building Class)、性能化消防设计类 (Performance-based Fire Design Class)。具体的类与实例的关系如图 3 所示，图 3 左图为右图中用到的图例解释。

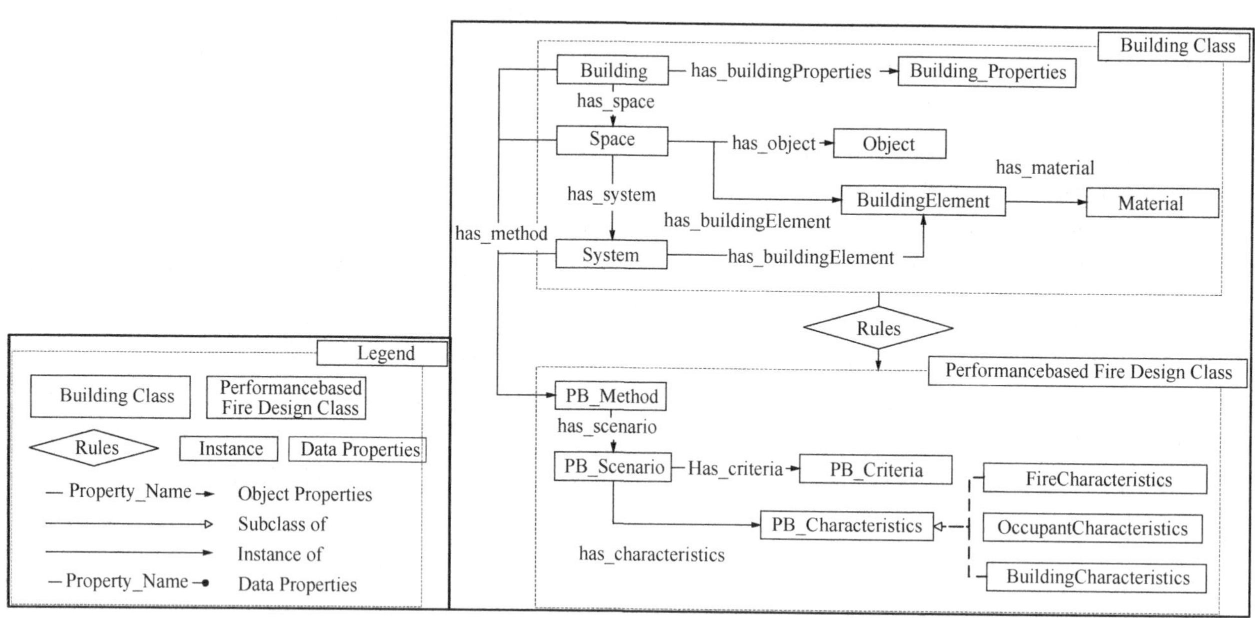

图 3　性能化消防设计本体

3　基于 SWRL 的性能化审查规则构建

SWRL（Semantic Web Rule Language）是一种基于本体的逻辑推断语言[9]。本文基于 SWRL 语言定义相关规则，以判断建筑是否需要性能化分析、确定具体性能化场景、建筑性能合规性的自动化评估。因此，本文将其将分为三类：判别规则、场景规则、审查规则，接下来将分别举例介绍三类规则的定义。(1) 判别规则。判别规则旨在识别建筑的潜在风险，并判断是否需要进行复杂的性能化分析（包括物理模型、疏散模型）。(2) 场景规则。当建筑被判别为具有火灾风险源时，需要进行性能化分析，而火灾场景是性能化分析的基础。因此本文提出了场景规则，可根据空间的人流密度、可燃物分布等条件，通过规则确定性能化火灾分析所需的代表性火灾场景。本文采用 NFPA 生命安全规范[10]所定义的性能化火灾场景。(3) 审查规则。在获取仿真模型的计算结果后。审查规则为验证性能化设计结果是否符合要求的规则。此类规则会基于安全疏散准则定义，该准则要求建筑的可用疏散时间 ASET（The Available Safe Egress Time）不少于必须疏散时间 RSET（The Required Safe Egress Time），即 ASET≥RSET。本研究目前一共建立了 6 条判别规则，8 条场景规则，3 条审查规则。由于篇幅限制，本文仅展示一条所建立的典型的 SWRL 判别规则：

判别规则 2（Rule2）：民用建筑中，直通疏散走道的房间疏散门到最近安全出口的距离应满足《建规》5.5.17 的规定，否则需要进行火灾分析。《建规》5.5.17 对不同类型的民用建筑有不同的疏散门直线距离要求，以下规则表示一级防火等级的单、多层建筑的疏散距离限制。所建立的 SWRL 规则：*Room*(? *RM*1) ^*Passageway*(? *CD*1) ^*Door*(? *DR*1) ^ *has* _ *buildingElement*(? *RM*1,? *DR*1) ^*open* _ *to*(? *DR*1,? *CD*1) ^*has* _ *door* _ *egressDistance*(? *DR*1,? *ed*) ^*swrlb*: *greaterThan*(? *ed*, 22) ^*EvacuationModel*(*Model* _ *RSET*) ^*PhysicsModel*(*Model* _ *ASET*) —> *has* _ *method*(? *RM*1, *Model* _ *RSET*) ^*has* _ *method*(? *RM*1, *Model* _ *ASET*)

4　案例分析

4.1　实例建立

本文采用一座三层商业建筑项目对所提出的基于知识图谱的性能化消防设计与审查方法进行了验证。该项目民用商业建筑，其中一、二层为零售商店，主要贩卖衣物、日用品、电子产品等，以及餐饮场所，三层为电影院，设有观影厅、售票厅与部分零售商店。该建筑的中心设有连通三层的中庭，而屋顶使用玻璃材料。建筑的 BIM 模型如图 4 左图所示。建筑项目与其组成部分将会基于 BIM 模型以实例的形式在本体建立，在实例之间添加对象属性，以及对实例添加数据属性。建筑平面图与所构建建筑实例如图 4 中间图所示。由于性能化设计的针对性和独特性，不同建筑项目的性能化参数都会有所不同，且单个建筑项目可能会进行多于一项的性能化分析。因此本研究建立了针对目标建筑的性能化实例，包括：性能化方法（PB _ Method）的实例，性能标准（PB _ Criteria）的实例，性能化场景（PB _ Scenario）的实例，如图 4 右边图所示。

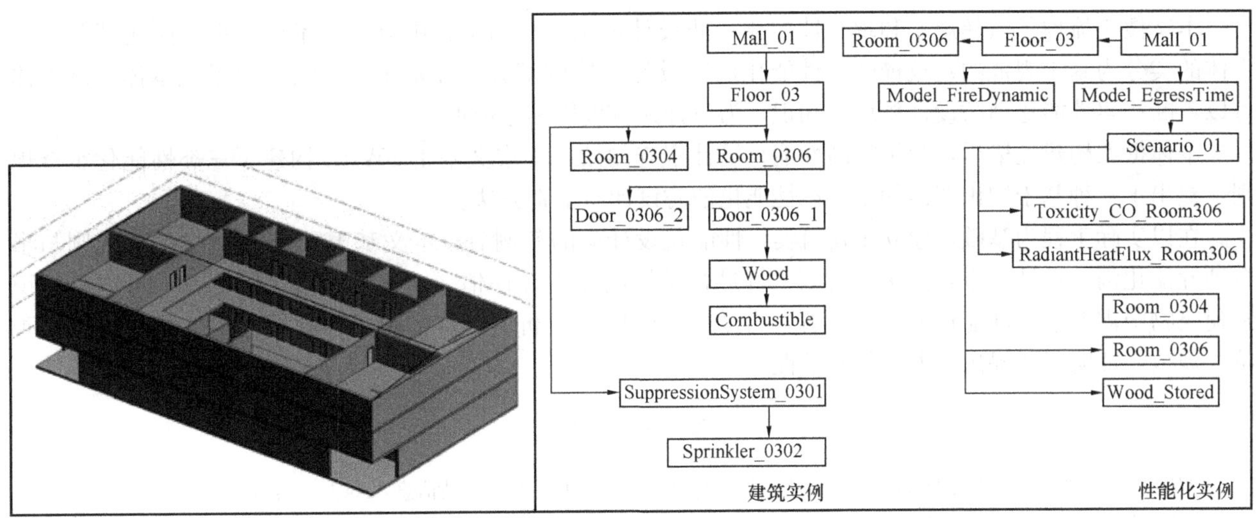

图 4　建筑实例及性能化实例

4.2　基于 SWRL 规则的性能化自动审查

由于篇幅限制，这里仅展示部分 SWRL 规则的审查结果。表 1 展示了判别规则 2 的推理结果。结果表示由于三层房间 0305 与 0306 疏散距离过长，因此，建筑项目需要进行性能化消防设计，以验证设计具有足够的防火性能。

审查规则的推理结果　　**表 1**

PB _ Method	method _ of	SWRL Rules
Model _ ASET & Model _ RSET	Room _ 0305 Room _ 0306	Rule2

由于建筑案例需要进行火灾物理模型和疏散分析性能化分析，基于定义的 SWRL 场景规则进行，建筑案例中需要考虑的火灾场景如表 2 所示。其中第一列为建筑需要进行的建模分析方法，第二列为需要考虑的火灾场景，第三列、第四列分别为火灾场景需要考虑的性能化特性关系和对应的特性。

火灾场景推理结果　　**表 2**

PB _ Method	has _ Scenario	has _ characteristics	PB _ Characteristics
Model _ ASET	Scenario _ 01	has _ fireLocation	Room _ 0305 Room _ 0306

火灾场景建立完毕后，建筑将进行性能化分析。分析会基于安全疏散原则进行，分析完成后根据分析结果建立性能化指标的实例。所建立的审查规则会自动进行第二次推理，从而判断建筑是否符合性能要求，结果如表 3 所示。分析结果表明，建筑案例在火场模型评估中，给定的火灾场景下能满足安全疏散原则要求（性能化设计要求），即 ASET≥RSET。

火灾模型分析结果　**表 3**

PB _ Scenario	PB _ Criteria	has _ criteria _ value	ASET	RSET
Scenario _ 01	SmokeHeight _ 0302	425	425	362
	SmokeHeight _ 0309	478		

5 结论

本文搜集梳理了《建规》和现有性能化消防设计理论，总结出其中重要的术语。将性能化消防设计本体的类分为基于规范的建筑描述、性能化消防设计描述两部分，并基于七步法构建了该本体。该本体可以不断积累性能化消防设计领域的知识，为设计人员提供参考依据。

本体框架构建完毕后，为了提高性能化设计审查的效率。本文基于 SWRL 构建了三类性能化审查规则，提出了一种基于知识图谱的半自动性能化消防设计与审查方法。

在以实际工程为基础，建立了建筑类、性能化设计类的实例后，本文基于所构建的 SWRL 规则与半自动性能化消防设计与审查方法，对该工程进行了性能化设计评估。结果表明所提出的方法可以自动识别建筑物中需要进行性能化分析的位置，自动确定性能化分析所依赖的场景，自动检查性能化参数是否符合规范。证明了所提出的方法的有效性。

参考文献

[1] 倪照鹏. 国外以性能为基础的建筑防火规范研究综述 [J]. 消防技术与产品信息，2001，10：3-6.

[2] MEACHAM B，THOMAS J. 20 years of performance-based fire protection design：challenges faced and a look ahead [J]. Journal of Fire Protection Engineering，2013，23.

[3] SINGHAL A. Introducing the knowledge graph [EB/OL]. [2021-05-01]. Official Blog of Google，2012，https：//blog. google/products/search/introducing-knowledge-graph-things-not/.

[4] NOY N F，MCGUINNESS D L. Ontology development 101：a guide to creating your first ontology [J]. Knowledge Systems Laboratory Technical Report，2001，KSL-01-05.

[5] PAUWELS P，TERKAJ W. ifcOWL ontology（IFC4 _ ADD2 _ TC1）[EB/OL]. [2021-05-01]. https：//standards. buildingsmart. org/IFC/DEV/IFC4/ADD2 _ TC1/OWL/index. html.

[6] Society Of Fire Protection Engineers. SFPE engineering guide to performance-based fire protection [M]. Society of Fire Protection Engineers（SFPE），2007.

[7] 张博思，张佳庆，孟燕华. 性能化防火设计中设定人员安全判据研究 [J]. 中国安全科学学报，2017，27(02)：41-46.

[8] MUSEN M A. The protégé project：a look back and a look forward[J]. AI Matters，2015，1(4)：4-12.

[9] HORROCKS I，PATEL-SCHNEIDER P F，BOLEY H，et al. SWRL：A semantic web rule language combining OWL and RuleML [EB/OL]. [2021-05-01]. https：//www. w3. org/Submission/SWRL/.

基于知识图谱的 BIM 机电模型构件拓扑关系自动检查方法

周俊羽，向星磊，马智亮*

（清华大学土木工程系，北京 100084）

【摘　要】 BIM 机电模型中构件拓扑关系错误严重阻碍了 BIM 技术在建筑运维阶段的应用。为解决人工检查低效率、高成本的问题，本文基于知识图谱技术，针对构件拓扑关系错误，建立了 BIM 机电模型构件自动检查方法。首先形成用于 BIM 机电模型拓扑关系检查的知识图谱大纲；然后，建立从 BIM 机电模型提取数据并生成知识图谱实例的方法；最后，构建了基于知识推理的 BIM 机电模型构件拓扑关系自动检查方法，并进行了编程实现和案例验证。该方法为 BIM 机电模型的应用奠定了重要的基础。

【关键词】 知识图谱；建筑信息模型（BIM）；错误检查

1　引言

BIM 模型能够用在项目设计、施工、运维的全生命周期过程中进行信息共享和传递，满足建筑全生命期的各种功能需求[1]。在建筑运维管理中应用 BIM 技术，能保证信息的准确性和一致性，提高运维管理的效率。但是目前 BIM 技术在机电运维中的应用尚存在突出的问题，即，设计单位和施工单位建立的 BIM 机电模型难以直接应用到运营阶段。其主要原因在于，交付至运营阶段的 BIM 机电模型中经常存在构件的拓扑关系错误。BIM 机电模型中的构件包括设备和管路，其中管路包括风管、水管和管路配件，构件的拓扑关系错误即为模型中的设备、管路之间的连接错位、缺漏等。

BIM 机电模型构件数目多且拓扑关系复杂，存在的错误分布广、数量多。现有的 BIM 机电模型检查方法主要有以下 3 种方法：①使用成熟商业软件如 Navisworks，Bentley navigator，Solibri Model Checker 等。上述商业软件主要针对构件的几何错误，如构件碰撞、尺寸明显错误、模型元素不完整等。②利用 Revit 二次开发平台开发 BIM 机电模型自动检查工具。许璟琳[2]等人针对机电系统构件的连接中断、错位连接、连接方向错误三类 BIM 机电模型错误进行了研究，通过提取机电构件几何信息如管路构件接口之间的夹角等来完成检查工作。③基于知识图谱实现自动检查。魏鑫磊[3]通过咨询领域专家建立了地下管路知识库和规则库，可以对地下管路的编码、绘图规范、位置和逻辑连接关系等属性的正确性进行检查。张荷花[4]等人开发的 BIMChecker 工具通过将检查规则转换为对知识图谱的若干 SPARQL 查询，根据查询结果的数量判断规则是否被满足。李鲲鹏[5]利用对知识图谱的 SPARQL 查询，根据查询结果来判断 BIM 模型中一个空间是否缺少属性。高歌[6]基于 Cypher 查询语言设计了语义检查算法，可以在知识图谱中直接查询构件的属性并进行合规性检查，而不需要针对检查规则构造复杂查询语句。

但是，对于机电模型中两类常见构件拓扑关系错误，即，不同机电子系统的管路错误连接和设备缺少必要管路连接，尚无相关研究，故无法进行高效检查。为此，本文基于知识图谱实现一种 BIM 机电模型构件拓扑关系自动检查的方法，用于解决这个问题。

本文首先建立暖通空调、给水排水、热水以及消防系统领域知识图谱大纲；然后，建立从 BIM 机电模型中提取数据并生成知识图谱实例的方法；最后，构建基于知识推理的 BIM 机电模型自动检查方法，

【基金项目】“十三五”国家重点研发计划资助项目（2017YFC0704200）

【作者简介】 马智亮（1963—），男，教授。主要研究方向为信息技术在土木工程领域的应用。E-mail：mazl@tsinghua. edu. cn

并进行编程实现和案例验证。

2 暖通空调、给水排水、热水及消防领域知识图谱构建

知识图谱是一种图数据结构，可以将知识结构化表达。知识图谱分为大纲层和实例层。大纲层定义概念、概念属性和概念之间的关系等。实例层定义实例、实例属性和实例之间的关系等。另外，一般地讲，暖通空调、给水排水、热水及消防相关的设备和管路都可以归结为两类系统，即，风系统和水系统。本章主要介绍用于拓扑关系错误检查的风系统和水系统领域知识图谱的大纲构建和实例生成方法。

2.1 风系统和水系统领域知识图谱大纲构建

本研究建立的知识图谱大纲存储的是结构化的机电领域知识，也是进行 BIM 机电模型构件拓扑关系错误自动检查的依据。为此，本文构建的知识图谱大纲需包含两类知识，即，不同子系统能否连接和设备必须连接什么系统类型的管路。

基于以下两方面考虑，本文使用人工方式完成知识图谱大纲构建。首先，目前尚无可复用的知识图谱且现有的数据模型难以直接转化为知识图谱的形式应用于本研究中。例如，工业基础类（Industry Foundation Classes，IFC）的标准数据模型及其在机电领域的子集所包含的概念和属性等虽然很齐全，但远超本研究的需要，影响知识推理的效率，不便直接使用。其次，知识图谱大纲中需要表达的两类知识尚无相关通用的标准规范，难以借助自然语言处理技术自动完成知识图谱大纲构建。

知识图谱大纲构建的主要流程为：首先定义概括性的上位概念，再分化和细化形成下位概念，最后添加概念实体和实体关系完成知识储存。具体步骤如下：

（1）获取相关资料作为知识来源。本研究中，我们通过调研机电领域专业资料[7]，明确风系统和水系统的组成以及各子系统的连接关系。

（2）知识抽取，即从各种资料中提取所需信息并总结为知识，包括概念抽取、关系及属性抽取，目的是统一概念和属性等，避免存在一词多义或一义多词的情况。在概念抽取方面，为保证完备性和准确性，参照《建筑信息模型设计交付标准》规范附录 C 常见工程对象模型交付深度表的对象模型分类和附录 A 模型单元系统分类表，也参考了 Revit 二次开发接口及 IFC 标准对管路功能枚举类的概念定义，最终确定了风系统和水系统领域知识图谱大纲三大类概念，如表 1 所示，包含：机电构件（MPElement）67 类，其中设备 62 类，管路 5 类；机电子系统（MPSystem）41 类；机电系统类型（MPSystemType）14 类。值得说明的是，机电子系统用于表达管路所属的子系统，可以用来检查不同子系统的管路错误连接，例如，可以检查 BIM 模型中是否有机电子系统分别为机械送风系统和机械排风系统的管路之间存在错误连接；机电系统类型用于描述管路的功能，可用于检查设备缺失必要管路连接，例如，可以检查模型中的新风热交换器所连接管路的机电系统类型是否包括了送风和排风。

知识图谱大纲概念举例　**表 1**

概念类别	概念名称	知识图谱中的概念名称
机电构件	新风热交换器	ACE_AirHeatExchanger
机电子系统	机械送风系统	V_AirSupplySystem
机电系统类型	生活热水	DomesticHotWater

为表达上述 2 类知识，本研究定义了两种关系和两种属性，即，①构件间的“连接”关系（isLinkedTo），用于描述两个构件在模型中连接在一起；②子系统间的“子系统可连接”关系（canLinkTo），用于描述两个机电子系统能否连接，例如，生活污水系统和生活给水系统不存在 canLinkTo 关系；③管路的“所属的子系统”属性（inSystem），用于描述管路所属的机电子系统，例如，生活给水管所属的子系统是“生活给水系统”；④构件的“系统类型”属性（hasSystemType），用于描述管路的系统类型和特定设备必须连接管路的系统类型，例如，新风风管的系统类型是“送风”，新风热交换器必须连接“送风”和“排风”的管路。其中，②和④用于直接表示两类知识，①和③用于反映构件（包括设备）的

信息。

(3) 知识表达和储存。以上概念实体和关系属性利用 RDF 三元组的格式进行标准化表达，并储存为. owl 格式的数据文件。RDF 三元组包含主语宾语和谓语，表示为（s，p，o），表示一条知识。RDF 可以描述类、属性和实例的关系，例如子类关系、父类关系等。OWL/RDFS 等本体语言提供了丰富的语法，可以扩展 RDF 词汇。

本文使用 Protégé 软件完成知识表达和储存。首先，在 Protégé 建立概念实体、关系及属性，可直接导出. owl 格式的知识图谱大纲文件。具体来说，对于知识抽取环节定义的三大类概念 MPElement，MPSystem 和 MPSystemType，在软件中自顶而下逐层细化形成层次结构，并创建概念实体，如图 1 所示。

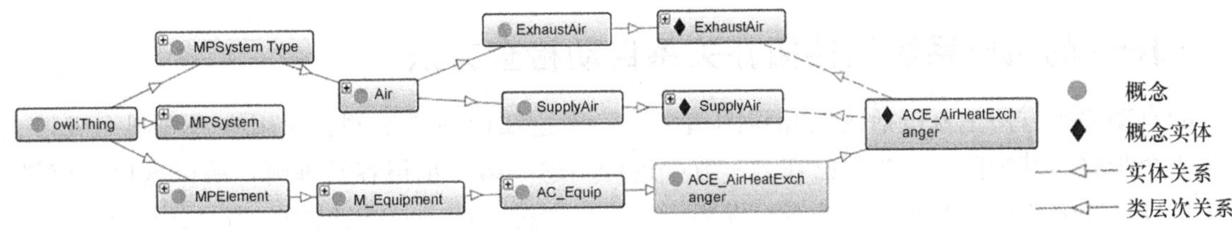

图 1　知识表达示意图

然后，在该软件中创建关系以表达两类知识。关于设备必须要连接的管路，使用 hasSystemType 关系连接设备和系统类型的概念实体以完成知识表达。作为示例，图 2 展示了新风热交换器必须连接排风和送风管路共两条知识，其中菱形标记的节点为概念实体，虚线为概念实体关系（此处为 hasSystemType 关系），两条虚线与概念实体连接，形成了两个三元组，对应于两条知识。对于这类知识，本研究共建立了 171 条三元组。关于各子系统间能否连接，通过在不同机电子系统概念实体之间创建 canLinkTo 关系连接来进行表达，对于这类知识，本研究共建立了 204 条三元组。

2.2　基于 Revit 二次开发和 Java 语言程序开发的知识图谱实例生成方法

知识图谱实例用来表达要检查的构件。虽然在 Protégé 中可以人工添加实例，但不能满足本研究自动检查中频繁增删实例的需要。所以，本文基于 Revit 二次开发和 Java 语言程序开发，提出了一种从使用 Revit 建立的 BIM 机电模型生成知识图谱实例的方法。该方法包含以下 3 个环节：

(1) 通过 Revit 二次开发，基于知识图谱大纲，从 BIM 机电模型中提取相关数据。这需要针对 BIM 机电模型中的构件，提取 BuiltInCategory、MechanicalSystemType、MEPSystem 及 Element ID 等属性。以风管为例，需提取机电构件的属性数据如表 2 所示。

实例表示所需提取的信息举例　　**表 2**

需提取 Revit 机电模型构件属性数据	属性数据含义
BuiltInCategory：OST _ DuctCurves	构件为风管
Category：AC-FAD-新风风管	所属子系统为机械送风系统
SystemClassification：SupplyAir	管路系统类型为送风
ElementID：3313435	该构件在模型中 ID 为 3313435
ConnectorManager：<ConnectorSet>	该构件连接的其他构件，如 ID 为 3313436 的构件

(2) 将机电构件对应到知识图谱中的相关概念实体，连同构件连接关系输出为一个实例表示文件。该文件由所有的构件对应的提取信息构成。以表 2 中的构件为例，其对应的提取信息表示为“MP _ Duct；V _ AirSupplySystem；Supply Air；3313435；3313436”。

(3) 通过使用 Jena 工具读取实例表示文件，在内存中动态创建知识图谱实例并添加实例间关系。图 2是对应的关键程序代码，在其中，使用 URI 读取创建好的知识图谱实例，并添加属性和关系。值得说明的是，Jena 是基于 Java 的免费开源语义网应用工具，它提供了 RDF、RDFS 和 OWL 的文件解析功能。

```
//基于 URI 在实例 MP_Duct01 和 MP_Duct02 间创建"isLinkTo"关系
Property isLinkTo = basicModel.getProperty (NS + "isLinkTo");
basicModel.getIndividual(NS + "MP_Duct01")
                .addProperty(isLinkTo, basicModel.getIndividual(NS + "MP_Duct02"));
//基于 URI 在为实例 MP_Duct01 添加 inSystem 属性，值为多联式空调系统（AC_MultiACSystem）
Property inSystem = basicModel.getProperty (NS + "inSystem");
basicModel.getIndividual(NS + "MP_Duct01")
                .addProperty(inSystem, basicModel.getIndividual(NS + "AC_MultiACSystem"));
```

图 2　为知识图谱实例添加属性和关系的程序代码（Java 语言）

3　基于 Jena 的机电系统构件拓扑关系自动检查方法

本文的自动检查方法主要包括读取知识图谱大纲、创建知识图谱实例、应用推理规则完成检查、结果输出等 4 个步骤。其中前两个步骤已在上一节中进行阐述，第 4 步很容易理解，所以这里仅就第 3 步，即，应用推理规则完成检查的实现方法进行说明。这一步通过使用 Jena 提供的 ontology 和 reasoner 工具包，借助 Jena 自定义推理机编程实现。

首先根据 2.1 节中定义的两种关系和两种属性，建立了 4 条推理规则，如图 3 所示。规则包含三部分：规则标识、前因和结果。前因和结果由若干三元组陈述组成，支持调用程序原语对陈述进行语义补充，例如 noValue（node，node，node）表示不存在特定三元组。

```
/*错误连接检查规则 1，若两个管路的所属机电子系统（c 和 d）之间不存在 canLinkTo 关系，则为
错误连接。例如，厨房排油烟系统和排烟系统的管路之间是错误连接。*/
String Rule1 = "[MisLink: (?a :isLinkTo ?b), (?a :inSystem ?c), (?b :inSystem ?d)," +
      "notEqual(?c, ?d), noValue(?c :canLinkTo ?d) -> (?a :misLinkTo ?b)]";
/*错误连接检查规则 2，若两个管路的系统类型（c 和 d）不相同，则为错误连接。例如，回风和送
风的管路之间是错误连接 */
String Rule2 = "[MisLink2: (?a :isLinkTo ?b), (?a :hasSystemType ?c)," +
      "(?b :hasSystemType ?d), notEqual(?c, ?d) -> (?a :misLinkTo ?b)]";
/*缺少必要管路检查预处理规则，若 a 是设备，和系统类型为 c 的管路 d 连接，则该设备也具有该系
统类型 */
String Rule3 = "[MissingLinkPre: (?a :isEquipment ?b), (?a :isLinkTo ?d)," +
      "(?d :hasSystemType ?c), noValue(?a :hasSystemType ?c)->(?a :hasSystemType ?c)]";
/*缺少必要管路检查规则，若设备不具有全部必须连接管路的系统类型，则设备缺少必要管路 */
String Rule4 = "[MissingLink:  (?a :isEquipment ?b), (?b :hasSystemType ?c)," +
      "noValue(?a :hasSystemType ?c) -> (?a :missingLink ?a)]";
```

图 3　自然语言描述及对应的 Jena 规则程序代码（Java 语言）

因为 Jena 自定义推理机能直接解析特定语言结构[8]表达的规则，有了对应的推理规则，只需借助 Jena 提供的方法，创建自定义规则推理机，便可产生用于存储推理结果的 InfModel，该对象很容易通过编程进行读取和输出，如图 4 所示。

```
//整合 4 条规则
String Rules = Rule1 + Rule2 + Rule3 + Rule4;
//基于整合好的规则，创建自定义推理机
Reasoner myReasoner = new GenericRuleReasoner(Rule.parseRules(Rules));
//产生推理模型
InfModel myInfModel = ModelFactory.createInfModel(myReasoner, infModel);
//读取谓语为错误连接(misLinkTo)的三元组陈述
StmtIterator iterator = myInfModel.listStatements(Null, misLinkTo, Null);
if (iterator.hasNext()) { //输出相关信息，如输出三元组的主语等 }
```

图 4　生成推理结果并查询的程序代码（Java 语言）

4　案例应用与结果分析

案例选取某大厦 1F～4F 的机电系统 BIM 模型进行自动检查，主要检查对象为除去电气系统的 12114 个构件。传统人工检查需逐个检查设备和管路的连接情况。需检查的设备共 136 个，管路共 11978 个。假设管路检查平均每个需要 20s，设备检查平均每个需 60s。共需 68.8h。

应用本文方法进行自动检查，得到存在子系统错误连接问题的管路 186 个，包括自喷管连接废水管、冷冻回水管连接冷却回水管、排风管连接排烟管等；得到缺失必要管路连接的设备 13 个，包括 12 个多联空调机室内机缺少 Hydronic Supply 类水管，1 个组合空调机缺少 Hydronic Return 类水管。结果均正确。

在检查时间方面。平均每个构件检查耗时 1.98 ms。程序整体运行效果良好，相比传统人工检查大大提高了检查效率，缩短了检查时间。

5　总结

本文基于两项检查问题，首先形成用于 BIM 机电模型拓扑关系检查的知识图谱大纲；然后，建立从 BIM 机电模型提取数据并生成知识图谱实例的方法；最后，构建了基于知识推理的 BIM 机电模型自动检查方法，并进行了编程实现和案例验证。结果表明，该方法可用于 BIM 机电模型构件拓扑关系的自动检查，极大地提高检查效率。该方法为 BIM 机电模型的应用奠定了重要的基础。

本方法还存在一定的局限，有待进一步深入研究：（1）人工输入知识效率的局限和知识来源和范围的局限。可以完善知识图谱建立方式，利用企业数据库提高知识抽取的效率。（2）推理应用方面的局限。本文仅基于两类机电构件拓扑关系错误形成检查规则，今后可进行扩展，用于规范的合规性检查等需要检查大量条文的情景。

参 考 文 献

[1] 胡振中，彭阳，田佩龙．基于 BIM 的运维管理研究与应用综述[J]．图学学报，2015，36(05)：802-810.

[2] 许璟琳，高尚，余芳强，等．建筑机电系统物理连接关系自动修复方法[J]．图学学报，2020，41(05)：833-838.

[3] 魏鑫磊．基于本体知识库的城市地下管线数据检查研究[D]．郑州：河南工业大学，2012.

[4] 张荷花，顾明．BIM 模型智能检查工具研究与应用[J]．土木建筑工程信息技术，2018，10(02)：1-6.

[5] 李鲲鹏．基于聚类分析的建筑信息模型异常元素检查研究[D]．北京：清华大学，2017.

[6] 高歌，张越美，刘寒，等．基于知识库的 IFC 模型检查方法研究[J]．图学学报，2019，40(06)：1099-1108.

[7] 刘占孟，聂发辉．建筑设备[M]．北京：清华大学出版社，2018.

[8] Reasoners and rule engines：Jena inference support. Apache Jena [EB/OL]．(2011) [2021-07-20]．https：//jena. apache. org.

智慧监理信息化使能技术调研与分类

林　超[1]，程　宇[3]，胡振中[1*]，周　晖[3]，林佳瑞[2]，王国荣[3]

（1. 清华大学深圳国际研究生院，广东 深圳 518055；2. 清华大学土木工程系，北京 100086；
3. 浙江公路水运工程监理有限公司，浙江 杭州 310000）

【摘　要】 为了提高监理行业的管理能力与效率，发展信息化的智慧监理刻不容缓，目前学者们研究了大量可用于监理工作的智能应用。本文通过对相关智能应用进行梳理，提取总结了各种智能应用所包含的信息化技术，并根据各信息化技术的服务对象和应用领域将其分别归纳进监理工作内容“三控制、三管理、一协调”中的一个或多个环节中。可指导各监理企业分别从监理工作的每个环节对自身所使用的信息化技术进行查漏补缺，以提高自身智慧化程度。

【关键词】 智慧监理；信息化技术；BIM；智慧程度评估；智慧化升级

1　引言

随着信息化、大数据时代的到来，信息技术的发展引发了社会各领域的系统性变革，智慧化建设逐渐成为社会治理和技术赋能的重要内容和载体。2017 年国家住房和城乡建设部对工程监理行业转型升级创新发展提出重要意见：“引导监理企业加大科技投入，采用先进检测工具和信息化手段，创新工程监理技术、管理、组织和流程，提升工程监理服务能力和水平。”工程监理行业应该紧跟新时代信息化技术的发展方向，全面推进由传统模式向智慧模式的转型，从而不断提高自身管理能力与效率。智慧监理是指监理机构运用多种新型信息技术手段辅助监理工作开展的新模式。

在我国，监理行业的具体工作内容可分为“三控制、三管理、一协调”七个环节，即质量控制、进度控制、造价控制，合同管理、信息管理、安全管理和施工组织协调。我国主要以监理公司或者监理企业的形式进行监理工作[2]，其他一些国家虽然采取不同的形式，但都对监理行业的工作内容有所涵盖。以美国为例，美国政府采取工程咨询公司或建设管理公司直接管理施工的模式进行监理工作[3]。目前国内外很多学者对如何将多种信息化技术应用于监理工作进行了研究思考，如 BIM（Building Information Modeling）与 GIS（Geographic Information System），智能监控与质量监测，物联网和人工智能、机器学习与深度学习，智能管理与决策等。

本文通过对用于监理工作的智能应用进行梳理，提取总结了各种智能应用所包含信息化技术，并根据各信息化技术的服务对象和应用领域将其分别归纳进监理工作内容“三控制、三管理、一协调”中的一个或多个环节中。可指导各监理企业分别从监理工作的每个环节对自身所使用的信息化技术进行查漏补缺，以提高自身智慧化程度。

2　研究方法

全文研究方法如图 1 所示，以“工程监理”“智能技术”“智慧化”和“建筑领域”为关键词进行文献

【基金项目】 浙江省交通运输厅科技计划项目（2020061），清华大学-广联达 BIM 联合研究中心（RCBIM）

【作者简介】 胡振中（1983—），男，清华大学深圳国际研究生院副教授。主要研究方向为土木与海洋工程信息技术、建筑信息模型（BIM）和数字防灾技术。E-mail：huzhenzhong@tsinghua.edu.cn

检索，共搜索到百余篇关于智慧监理的文献，从中筛选出包含技术应用的文献近百篇，它们从理论层面探索、实验模拟研究和工程实例分析等多方面入手描述解析了多种可用于监理工作的智能应用。本文提取统计了所筛选文献中各种智能应用所包含的所有信息化技术，并且对所有信息化技术进行归类总结，共 15 类。在归类总结时将相对独立的技术单独归为一类，如物联网、云计算和大数据等；将具有从属关系的技术归为一类，如人工智能、机器学习与深度学习等；将具有相似功能的技术归为一类，如 BIM 与 GIS、虚拟现实、增强现实与数字孪生等；将一般情况下配合使用的技术归为一类，如知识图谱与智能搜索引擎等。

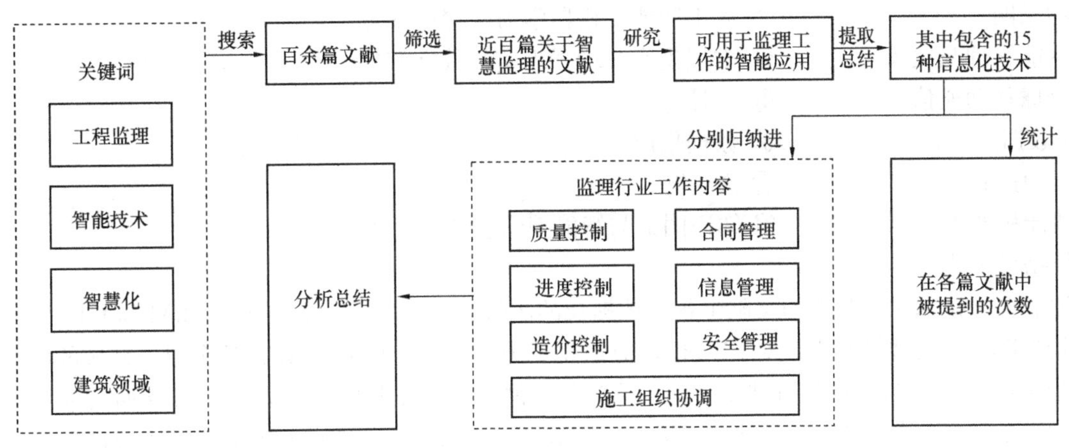

图 1　全文研究方法

在对所有信息化技术归类总结之后，根据所筛选文献中对各种智能应用的服务对象和应用领域的描述，将归类总结出的 15 类信息化技术分别归纳进监理工作内容“三控制、三管理、一协调”中的一个或多个环节中，并且制作成智慧监理信息化使能技术分类表。观察分类表中各种信息化技术的分布情况可以发现在监理工作内容某些环节中信息化技术的集中使用规律与未来智慧监理的发展方向。通过查阅与对照该分类表，各监理企业除了可以在整体层面上对自身的智慧化程度拥有大概了解以外，还可以分别从监理工作的每个环节审视自身的信息化技术使用情况，找到自身薄弱的一个或多个环节，然后通过补足分类表中自身还未使用的信息化技术以提高自身智慧化程度。

3　监理行业智慧化应用统计与分析

3.1　具体智能应用举例

BIM 因其关联性、智能性、协同性和预测性[5]已经被广泛应用于建筑监理行业，如信息集成、传感器和建筑设备管理[4]；加贴质量验收标签和关联监理文件[6]。BIM 还可以和其他信息化技术结合或者作为其他信息化技术得以实现的基础，如 BIM 结合互联网、三维扫描、数字化建筑模型、虚拟现实和增强现实的管理模型，用于对施工质量控制等重要信息进行管理[7]；基于 BIM 的自动监测技术[8]；基于 BIM 的信息化协同平台，可进行质量监理、安全监理、进度监理和投资监理[5]；基于 BIM 的项目管理与质量监督模型框架[9]，作者 Jun Gang 等还详细叙述了 BIM 技术在宜宾东站施工过程的成功应用，如使用 Revit 对设计图纸进行碰撞检查，有助于提前发现碰撞问题，减少不必要的返工。

智能监控与质量监测也是目前在监理行业非常流行的技术，如在非接触的情况下使用调频连续波雷达进行监测[10]；使用三维激光扫描技术评估构件尺寸和表面质量[11]；综合运用 GNSS（Global Navigation Satellite System）定位技术、传感器技术、云计算技术和自动控制技术的数字动态实时质量控制的总体架构[12]。

物联网目前在监理行业也有广泛应用，如利用智能手机传感器测量劳动强度，以保证建筑工人的安全[13]；利用实时定位传感器构建实时数据可视化平台的方法[14]。

人工智能、机器学习与深度学习在监理行业具有巨大的应用前景，目前很多学者对其作了展望，如利用深度学习中的 LSTM 模型根据质量监督检验报告等文本信息对工程风险进行预测[15]；采用深度学习框架和带有评价指标的视觉导航策略有效地检查和监督建筑工人在不同施工现场条件下的安全帽佩戴情况[16]。

3.2　信息化技术归类总结

如前文所述，本文将可用于监理行业的各种智能应用所包含的所有信息化技术归类总结为 15 类（其中⑤的管理与决策针对的是施工人员、财务、设备、材料、进度与工程信息等内容），分别是：

① BIM 与 GIS　　② 智能监控与质量监测
③ 物联网　　④ 人工智能、机器学习与深度学习
⑤ 智能管理与决策　　⑥ 虚拟现实、增强现实与数字孪生
⑦ 全球移动通信　　⑧ 云计算
⑨大数据　　⑩ 数据集成
⑪ 自动控制　　⑫ 区块链
⑬ 智能机器人　　⑭ 知识图谱与智能搜索引擎
⑮ 数据可视化

15 类信息化技术在所筛选的文献中各自被提及的次数如图 2 所示。如图可见 BIM 与 GIS 是被提及次数最多的技术，34 次被提及中针对 BIM 的研究占据了绝大部分。目前 BIM 在整个建筑领域的应用较为成熟，并且还在不断深化，特别是在监理行业，剩下 14 种信息化技术几乎都是基于 BIM 而实现的，BIM 是其他信息化技术的基础与媒介，各种“BIM+”技术将会是未来智慧监理发展的重要组成部分。

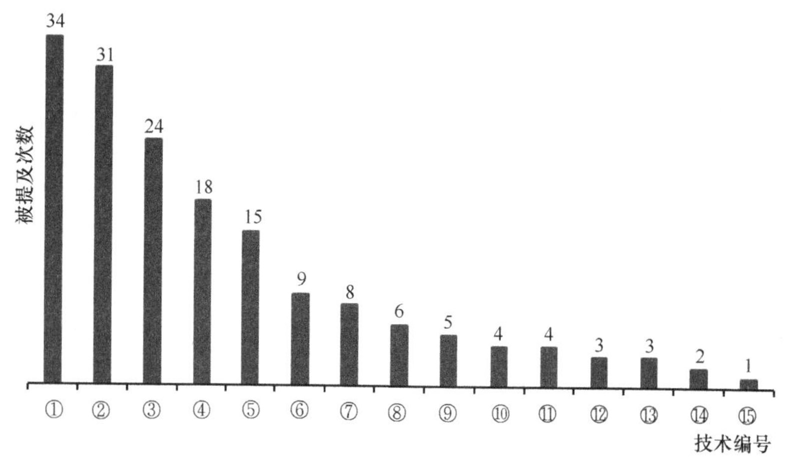

图 2　15 类信息化技术在所筛选的文献中被提及的次数

4　智慧监理信息化使能技术分类表

根据所筛选文献中对各种智能应用的服务对象和应用领域的描述，将归类总结出的 15 类信息化技术分别归纳进监理工作内容“三控制、三管理、一协调”中的一个或多个环节中，如表 1 所示。

智慧监理信息化使能技术分类表　　表 1

监理工作内容	可使用的信息化技术
质量控制	①②③④⑤⑥⑦⑧⑨⑩⑪⑫⑬⑭⑮
进度控制	①④⑤⑥⑧⑩⑪⑫⑭⑮
造价控制	①④⑤⑥⑫⑭
合同管理	④⑤⑫⑭
信息管理	①④⑤⑦⑧⑨⑩⑫⑭
安全管理	①②③④⑤⑥⑦⑨⑩⑫⑭⑮
施工组织协调	①③④⑤⑥⑦⑧⑫⑭⑮

从表中的分类结果可以发现在监理工作内容某些环节中信息化技术的集中使用规律与未来智慧监理的发展方向。

（1）④人工智能、机器学习与深度学习，⑤智能管理与决策，⑫区块链和⑭知识图谱与智能搜索引擎可以用于监理工作的所有环节之中。⑫与⑭的全面适用性说明信息的可回溯、安全与方便查询在监理工作的各个环节都是非常有必要的。④与⑤的全面适用性结合文献中的描述则传递了更加重要的信息：目前文献对④的描述以应用实例和技术升级为主，反映了大量监理企业已经开始逐步在监理工作的所有环节中使用智能管理与决策模式替代传统模式并取得不错成效，监理行业在不远的未来全面应用智能管理与决策模式工作是大势所趋；而目前文献对⑤的描述仅仅停留在理论分析和较为简单的应用探索层面，不过从学者们对⑤的展望来看，智能管理与决策模式并不是智慧监理的最终形态，人工智能技术很有可能将在未来全面接管监理工作的所有环节。

（2）质量控制环节可以使用所有信息化技术说明其是目前智慧监理进程中被研究最透彻的一个环节，结合文献可以发现质量控制环节包含非常多的子环节，工作难度大，不过这也为大量信息化技术提供了应用空间。目前比较成熟的应用是人工检测发现质量问题，然后利用 BIM 加贴质量验收标签进行申报处理。利用多种智能传感器和计算机视觉等监控技术进行质量信息采集，然后利用人工智能技术进行质量检测是正在研究探索的新模式。

（3）①BIM 与 GIS，⑥虚拟现实、增强现实与数字孪生，⑦全球移动通信，⑧云计算，⑩数据集成与⑮数据可视化 6 类技术目前可用于监理工作的 4～6 个环节之中，它们的应用广度虽然不像④ ⑤ ⑫ ⑭一样可用于全部 7 个环节之中，但它们都具有很深的应用深度。比如 BIM 是其他信息化技术的基础与媒介；虚拟现实、增强现实与数字孪生技术可以支持更智能的人力资源管理、机械和资源配置、材料监督、现场访问、质量控制和安全管理；5G 已经是可见的未来，各种信息化技术都将在 5G 时代拥有更高的灵活性。

5 总结

本文归纳整理了一个智慧监理信息化使能技术分类表，将总结出的 15 种信息化技术分别归纳进监理工作内容“三控制、三管理、一协调”中的一个或多个环节中，可指导各监理企业分别从监理工作的每个环节对自身所使用的信息化技术进行查漏补缺，以提高自身智慧化程度。在此基础上，各监理企业和研究学者还应该从 4 个方面继续提升监理行业的智慧化程度：

（1）不断升级各类信息化技术，提高它们的应用成熟度；

（2）探索在各工作环节使用的所有信息化技术之间的配合途径；

（3）尝试将已经在某些环节中应用的信息化技术扩展到剩下所有环节中；

（4）继续探究其他信息化技术在监理工作中应用的途径，并且将其归纳进智慧监理信息化使能技术分类表中，不断扩充表中内容与时俱进。

参考文献

[1] 王婷婷．浅谈监理行业发展现状及监理工作的理解[C]//建筑科技与管理学术交流会论文集，2019.

[2] 李守清．工程监理行业的发展与对策[J]．中国冶金教育，2020，201(06)：109-110，115.

[3] 盖晖晖．国内外工程监理特点对比及加强我国监理对策[J]．交通世界，2014(009)：108-109.

[4] 胡振中，彭阳，田佩龙．基于 BIM 的运维管理研究与应用综述[J]．图学学报，2015，036(005)：802-810.

[5] 沈翔．智慧监理——基于 BIM 技术的信息化监理方法探讨[J]．中国工程咨询，2016(7)：18-20.

[6] 唐强达．工程监理 BIM 技术应用方法和实践[J]．建设监理，2016(5)：14-16.

[7] YU Z，PENG H，ZENG X，et al. Smarter construction site management using the latest information technology[J]. Proceedings of the Institution of Civil Engineers-Civil Engineering 172(2)，2019：89-95.

[8] ZHAO W，WEI Y B，LIU B，et al. Design and application of automatic monitoring and BIM technology to the construction of shield-bored underneath building[J]. Information Technology In Geo-Engineering，2020：493-501.

[9] GANG J, FENG C, SHU W. A framework for BIM-based quality supervision model in project management[C]// Proceedings Of The Thirteenth International Conference On Management Science And Engineering Management, 2020, 2: 234-242.

[10] AMIES A C, PRETTY C G, RODGERS G W, et al. Experimental validation of a radar-based structural health monitoring system[J]. IEEE / ASME Transactions on Mechatronics, 2019, 24(5): 2064-2072.

[11] KIM M K, CHENG J, SOHN H, et al. A framework for dimensional and surface quality assessment of precast concrete elements using BIM and 3D laser scanning[J]. Automation in Construction, 2015, 49: 225-238.

[12] Research and application of real-time control system for construction quality of digital dynamic compaction[C]// IEEE Information Technology and Mechatronics Engineering Conference. 2018.

[13] YANG Z, YUAN Y, ZHANG M, et al. Assessment of construction workers' labor intensity based on wearable smartphone system[J]. Journal of Construction Engineering and Management, 2019, 145(7): 04019039. 1-04019039. 9.

[14] CHENG T, TEIZER J. Real-time resource location data collection and visualization technology for construction safety and activity monitoring applications[J]. Automation in Construction, 2013, 34(sep.): 3-15.

[15] SHE C Y, ZHANG K, FENG J C, et al. A framework on quality risk early warning for hydraulic engineering construction based on LSTM[J]. IOP Conference Series: Earth and Environmental Science, 2020, 568(1): 012025 (7pp).

[16] LEE M, CHIENT W. Intelligent robot for worker safety surveillance: deep learning perception and visual navigation [C]// 2020 International Conference on Advanced Robotics and Intelligent Systems (ARIS), 2020.

建筑机电设备知识图谱的构建和应用

吴浪韬[1]，冷　烁[1]，梁　雄[2]，罗　征[2]，胡振中[3*]

（1. 清华大学土木工程系，北京 100086；2. 广联达股份有限公司，北京 100000；
3. 清华大学深圳国际研究生院，广东 深圳 518055）

【摘　要】 建筑业是典型的信息和知识密集型行业。目前所公认的是，以 BIM 为代表的建筑技术成功收集了大量数据和知识源，然而目前对这些知识的获取、检索、应用等各个方面还很差。对此，本研究首先对建筑业中的知识工程和知识科学进行了系统综述，以强调知识工程在行业中的重要价值。接着，以 MEP 领域作为具体切入点，探索了通过领域文本构建知识图谱的技术流程，并进一步提出了基于知识图谱的知识检索应用框架，包括模型构件的逻辑关系分析以及合规性审查推荐等。

【关键词】 知识图谱；机电设备；信息抽取；信息检索

1　引言

建筑业是典型的信息和知识密集型行业，其在项目进行过程中高度依赖于国家规范、行业标准、集团内部规定、建设方案，以及专家的经验知识。目前行业中所公认的是，现代以 BIM 为代表的建造技术在收集和储存知识源等方面很成功，然而在知识获取、知识检索、知识共享等方面还很差，实际项目中业缺乏合适的工具平台帮助专家和工程师分享专业知识。具体上，目前行业中大量基于大数据的研究证明了数据驱动的工程知识发现是可行的。然而，对无序数据（包括大量以自然语言形式存储的非结构化数据）的挖掘技术要求很高，阻碍了原始数据的广泛应用。只有将这些数据组织称一个具有知识意味的形式化表示，数据才能被普通人所利用。

MEP（Mechanical，Electronical & Plumping，电气、暖通、给水排水）专业设计作为建筑行业的重要领域之一，同样面临以上问题。因此，本研究以 MEP 领域为研究切入点，针对 MEP 行业积累的大量自然语言文本数据（包括设计规范、设备指南、社区讨论等），研究基于文本和 NLP（Natural Language Process，自然语言处理）的建筑 MEP 领域知识图谱构建和应用技术，突破大规模文本收集、命名实体识别、关系抽取等技术难点，从原始的 MEP 无结构文本中构造知识图谱。在此基础上，针对机电设备逻辑链推理和合规性审查推荐等方面进行应用研究，提出结合本体和知识图谱的知识检索和应用架构，在实际案例中对提出的框架进行验证，以为 MEP 运维管理提供优化决策的支持，有着重要的理论和实践意义。

2　相关研究综述

2.1　建筑知识工程概况

抽象来说，知识是人类经验的总结，但是学界对知识并没有明确的定义。通常，人们习惯对数据、信息和知识进行特征区分[1]，在建筑工程视角下，也往往根据数据和知识的来源进行相关定义[2]，或通过

【基金项目】国家自然科学基金项目（51778336），清华大学-广联达 BIM 联合研究中心（RCBIM）资助项目

【作者简介】胡振中（1983—），男，清华大学深圳国际研究生院副教授。主要研究方向为土木与海洋工程信息技术、建筑信息模型（BIM）和数字防灾技术。E-mail：huzhenzhong@tsinghua. edu. cn

数据和信息的载体进行定义[3]。针对不同的需求场景和知识定义，行业中展开了大量知识工程研究，在知识集成共享和复杂语义搜索[4]，以及 ACC（Automated Compliance Checking，自动合规检查）[5]等跨学科方面提供了重要价值。具体上，这些知识工程研究有的基于传统的关系型数据库（生产式表示）等技术展开，也有的基于语义网、知识图谱、本体（非生产式表示）等技术展开，但从趋势上，非生产的语义和本体方法正越发流行[6]。

2.2 基于 BIM 的建筑知识工程

BIM 技术的发展给建筑行业带来了巨大的影响，包括大量的数据积累、资源共享和决策合作。基于这样的现状，目前行业已有较多通过 BIM 和本体以及语义网结合来开展知识工程的相关研究。本研究通过对基于 BIM 并结合 IFC、OWL、本体、语义网等技术[7]，并考虑机器学习和人工智能在领域中的应用情况[8]，对行业的知识工程研究进行了系统调研，从知识工程的全流程对已有研究进行了系统总结与分析，如表 1 所示。然而总体上，目前研究大多针对 BIM-IFC 等结构化数据进行，对文本等无结构数据研究较少。

基于 BIM 的建筑知识工程研究现状表　　**表 1**

研究方向	使用情形	相关技术优势	研究现状与挑战
知识描述	数据交互标准； ifcOWL 的转换和扩展； 语义网技术框架	基于网络知识的统一数据模型； 多专业跨平台的信息交互	数据标准不够完善； 本体构建仍需要大量的人力成本
知识挖掘	基于 IT 的知识提取； 基于 BIM 的知识提取； 空间几何关系判断	支持多信息源融合； 支持对多种源数据格式的处理	自然文本语义信息的处理；转换（实体发现、关系抽取等）
知识储存和管理	知识融合管理架构； 建筑能耗和设备知识融合； 地理环境和基建知识融合	分布式知识管理架构； 基于图数据库或三元组声明的知识融合	复杂概念库的建立
知识推理	建筑信息模型检索语言； 设计规范自动审查； 智能检索优化	基于 OWL 和检索语言的逻辑表达	实现本体和规则的定义链接； 需要人工介入的语义转换
知识应用	智能问答； 知识检索； 决策优化	支持基于领域知识的智能推理	缺乏高质量的领域本体/知识图谱实例

3 基于 IE 的 MEP 知识图谱构建

IE（Information Extraction，信息抽取）是一种文本处理技术，它旨在从无结构的自然语言文本中识别特定的实体、关系、事件等信息，形成结构化的输出[7]，是 NLP 的一个重要子任务，也是知识工程中的一个重要技术实现。本研究通过收集大量的 MEP 领域文本数据，并实现相应的 IE 算法来完成命名实体识别和关系抽取任务，最终构造一个 MEP 领域知识图谱。整体技术路线如图 1 所示。

在数据方面，本研究通过一种“滚雪球”策略，针对不同的专业网站和门户网站设计爬虫程序和过滤程序，以构造原始的文本数据库。“滚雪球”策略的具体流程如下：首先，预定义一些有价值的网站作为种子数据源，从这些数据源中收集 MEP 文本并通过 IE 算法获取其中的 MEP 关键词；然后，选择一些新的门户网站，将这些关键词作为索引，以搜索和获取这些门户网站中相关的检索结果。这一过程中，门户网站可以被视为新的种子数据源，因此只要不断提供门户网站，整个流程就可以不断被重复，并使得关键词字典不断扩增。最终，本研究一共获取 65MB（超过 27 万条句子）的中文文本语料被从网络中收集，包括设计规范（19MB）、学术论文（7MB）、网络百科全书（11MB）和论坛讨论（28MB）。接着，

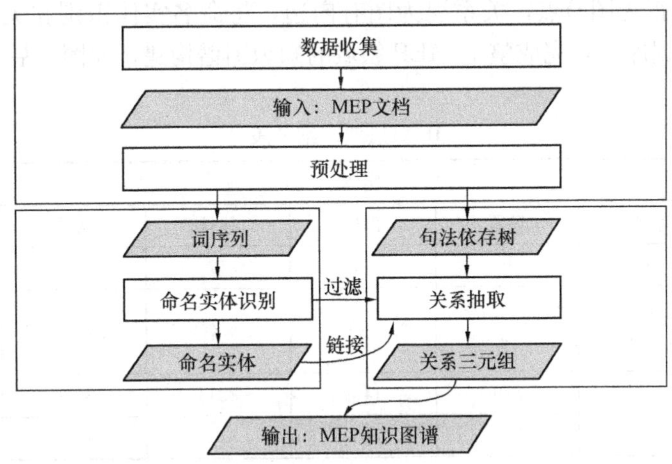

图 1 构建机电设备知识图谱技术路线图

本研究首先借助 LTP 完成了分词和句法分析等预处理工作，如图 2 所示。

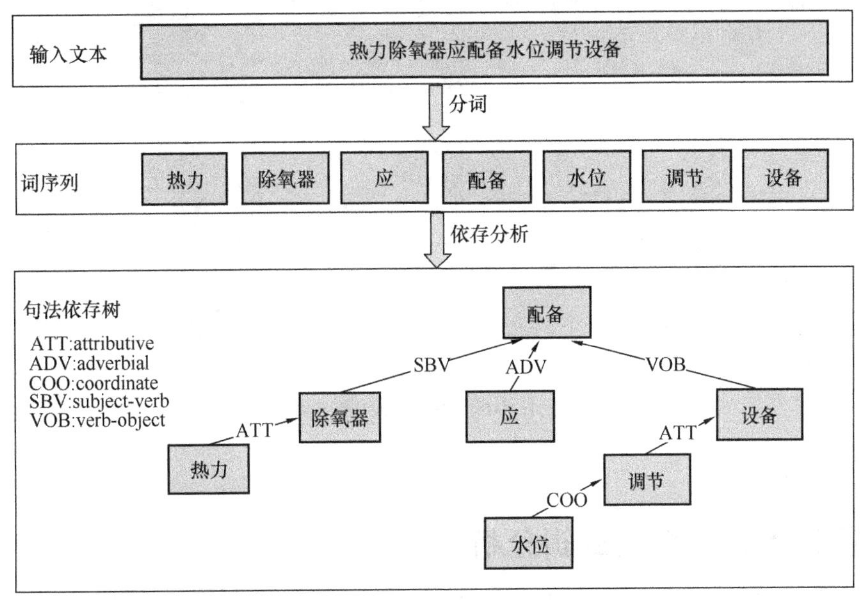

图 2 基于 LTP 的预处理路线和样例图

在命名实体识别方面，本研究通过后缀匹配实现相关关键词获取算法。首先，对每个句子进行常规的分词处理，在分词过程中，还同时记录每一个词出现的频数，以在所有句子处理结束后生成全局的后缀集合。为了降低算法的空间复杂度，本研究使用后缀树对后缀集合进行表示。进一步，根据后缀集合中的频数信息，计算其中所有后缀的边界熵。如果某个后缀的边界熵大于给定阈值，则该后缀可以被视为候选后缀暂存。最后，将人工对所有的候选后缀进行识别和分类，以生成最终的后缀匹配模板，并通过正则匹配识别词序列中的关键词。本研究共获取 15978 个关键词，更具体细节如表 2 所示。

在关系抽取方面，本研究提出基于依存路径匹配的关系抽取方案。首先，将 LTP 中定义的语法依存类型转换为模板字符串。然后通过分析每个句子之间的依赖关系建立依赖树，接着为依赖树中的每个节点对生成依赖路径，并将路径转换为字符串。接着，根据语法依存路径的模板字符串对路径进行规则匹配。对于匹配成功的路径，计算路径长度和实体比例。只有满足阈值要求的路径才被确认为两个实体之间的关系，这两个实体通过连接路径的起点和终点来定义。如果这两个实体有各自的实体类型，则根据它们的类型定义关系，否则根据语法依存类型定义关系。本研究共获取了 65110 条关系，更具体细节如表 2 所示。

最后，将这些关键词视为图节点，关系视为图有向边，将命名实体识别和关系抽取的结果转换为有向图并储存到neo4j图数据库中，完成整个MEP领域的知识图谱构建，如图3展示了neo4j中的MEP知识图谱局部。

IE算法实现细节表　　　　**表2**

	实体							关系
类型	设备	系统	场所	部位	属性	形式	行为	全部的
♯模板	23	6	9	11	17	5	20	15
示例	“. ＊机 | 器＄”	“. ＊系统＄”	“. ＊［^时之］间＄”	“. ＊处＄”	“. ＊率＄”	“^. ＊式＄”	“. ? 测［^器］? ＄”	“（ATT _）＋＄”
♯输出	4456	973	879	1409	3343	3216	1702	65110
正确率	82%	84%	72%	74%	84%	92%	72%	75%

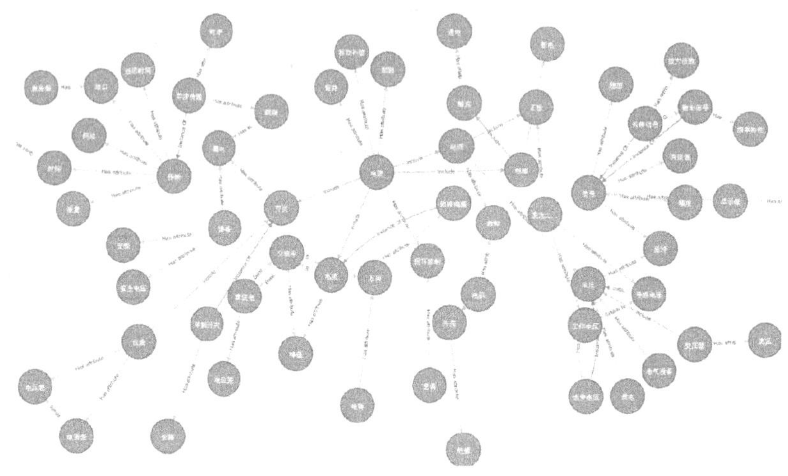

图3　neo4j中的MEP知识图谱局部图

4　基于知识图谱的设备模型逻辑分析

MEP系统主要包括暖通空调、电气、电子、管道等子系统。通常，由于MEP组件间拓扑连接的复杂性，对设备组件进行定位以及获取与FM（Facility Management，设施管理）相关的信息是烦琐且耗时的任务。因此，获取MEP组件的上下游连接关系并建立逻辑链对于减少MEP操作和运维过程中查找组件的难度，提高FM的效率有较大意义。本研究在本课题中得到的运维本体模型和知识图谱的基础上，集合IFC定义的空间信息，研究机电系统逻辑链的自动分析和补全方法。整体技术路线如图4所示。

本研究首先基于知识图谱定义了一系列的关系校验准则。在MEP系统中，大量的组件实体构成了一个相互交织的关系网络，不同实体间定义了在功能上相互关联的抽象关系，这些关系可以用于判断实体间逻辑关系的检索规则。常规的，建立这些规则的方法需要基于文档或专家经验实践。由于本课题已经对大量的MEP文本进行处理并构造了MEP领域本体和知识图谱，因此本研究可以较为方便地在知识图谱中指定搜索路径地起点和终点，并获取路径上设备实体间地关系，最终通过人工介入形成规范化的检索规则校验库。

本研究接着对MEP设备模型进行拓扑关系分析。由于目前项目交付模型中的机电构件大部分都缺乏逻辑信息，因此无法直接获得机电系统中给定构件的上游或下游信息辅助运维管理。本研究综合利用IFC中的机电构件对象中的参数化的属性信息和非参数的几何拓扑信息进行关联分析。具体的，针对参数化分析（包括起点、距离、方向和界面信息等），可以确认构件间的端点坐标，通过构件间端点坐标一致性

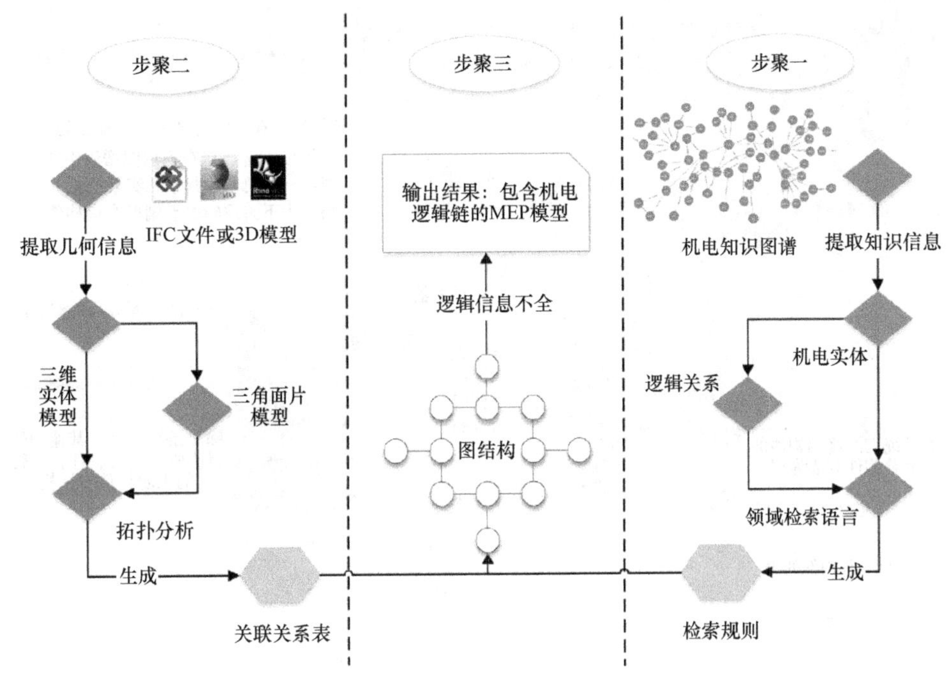

图 4　基于知识图谱的 MEP 关联逻辑分析技术路线图

判断是否存在关联。对于非参数分析（例如 B-rep 模型表达），通过构件间的包围盒求交来判断是否存在关联。最终将所有关联表示为有向图结构。

最后，将关联校验准则作用于设备拓扑有向图上，以完成 MEP 设备模型关联逻辑的补全。具体来说，本研究针对华润总部大厦的 Revit 模型进行案例测试，针对模型中风管系统下的新风、送风、排风 3 大类共计 15 个 HVAC 子系统，以及 10 个消防喷淋子系统，首先通过知识图谱定义若干校验准则，如表 3 所示，接着对模型中选定的子系统进行拓扑分析和校验准则匹配，最终将关联逻辑补全结果展示在 Revit中，如图 5 所示。可以发现，与传统的 2D 图纸相比，本研究提供了更直观、更易用的 MEP 系统展示方式，同时能有效描述其中构件的上下游关联信息。另外，在准确率上，本案例中共 15 个的关联关系判断和逻辑关系补全准确率均达到了 100%；有 10 个子系统出现了遗漏，遗漏个数为 1～5 个不等，但所有子系统的准确率均保持在 80%以上；有 4 个子系统出现逻辑关系判断错误，错误个数在 2 个以内，正确率在 90%以上。

送风子系统上下游逻辑校验准则表　**表 3**

No.	送风子系统检索准则		
1	(Component. Name，contains，“风机”)	UpstreamOf	(Valve. Name，contains，“FAD”)
2	(Component. Name，contains，“风机”)	UpstreamOf	(Duct. Name，contains，“风管”)
3	(Component. Name，contains，“风机”)	UpstreamOf	(Duct. Name，contains，“弯头”)
4	(Component. Name，contains，“风机”)	UpstreamOf	(Duct. Name，contains，“过滤件”)
5	(Duct. Name，contains，“过滤件”)	UpstreamOf	(Duct. Name，contains，“出风口”)

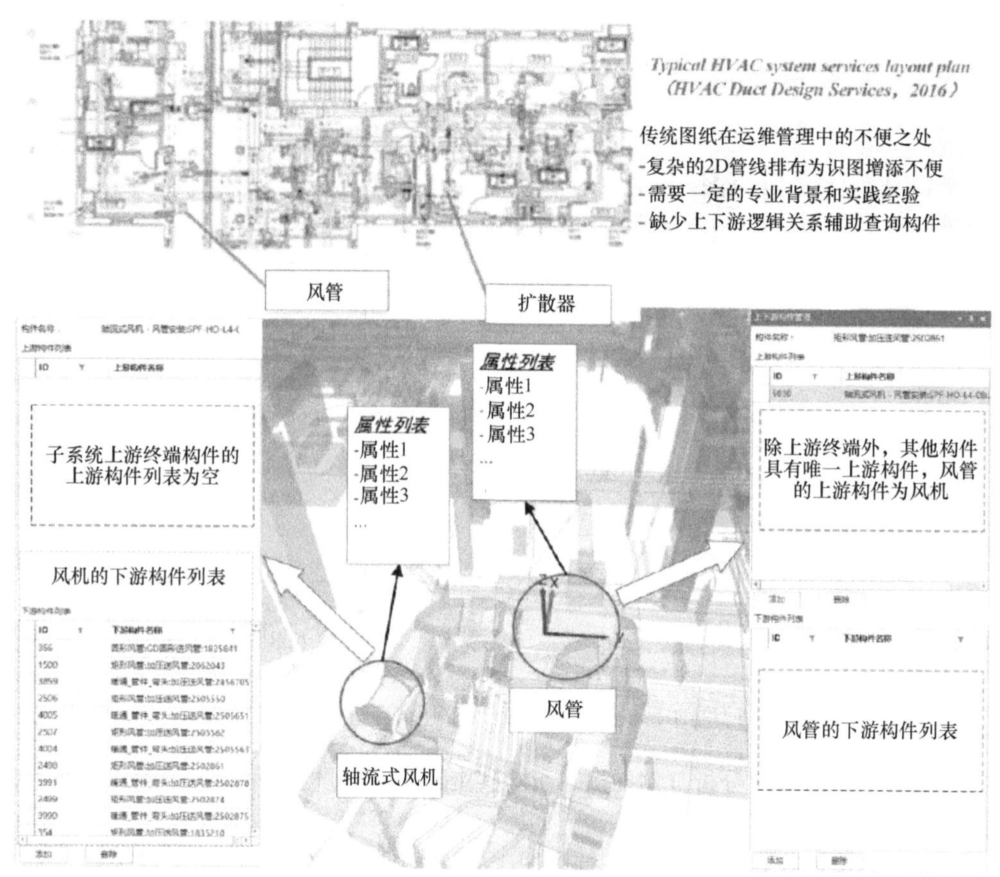

图 5　MEP 系统 2D 展示和本研究 3D 展示效果比较图

5　基于知识图谱的设计审查探究

ACC 是建筑行业中基于文本数据所展开的一个热点研究方向之一，包括四个步骤：规范转译、对象提取、检查匹配、生成报告[8]。普遍认为，规范转译是 ACC 最为重要的部分，也是目前 ACC 的主要瓶颈和障碍。为实现规范转译和 ACC，学界已有较多基于 IE 的规范处理工作。本研究实现的 IE 算法和知识图谱在一定程度上完成了部分的规范转译工作，因此，可以尝试基于知识图谱进行 BIM 审查应用的研究和探索。本研究所提出的 BIM 审查流程目前较为简单，但可为后续的研究提供相应启发。具体的，本研究首先将知识图谱节点视为关键词词典匹配到规范集合中，接着将知识图谱关系视为约束，最终可以返回用户指定的、满足特定约束的条款集合，集合中条款均包含满足该约束的二元组。

为平衡从文本库中查找关键词和二元组的时间复杂度和空间复杂度，本研究提出一种基于字典的关键词匹配的优化实现：二分 B 匹配。与常规基于滑动窗口和哈希表的匹配方式相比，二分 B 匹配通过有序列表和二分查找，尝试在每一次迭代中匹配目标字符串的剩余部分的最长前缀。本研究在原始数据的 8 万个句子和知识图谱中的节点关键词集合进行算法比较测试，结果如表 4 所示，可以看到，本研究提出的二分 B 匹配较好地平衡了算法内存和耗时。

关键词匹配算法性能比较表　　　　**表 4**

算法	哈希	二分	字典树-哈希	字典树-二分
运行时间（s）	21	11	8	33
占用内存（M）	70	90	270	230

基于知识图谱，可以得到合法的关系约束，进一步，通过在规范集合中查找该约束二元组，最后便可以得到相关的条款集合。这些条款大部分反映了对应约束二元组的语义信息，用户基于这些条款可以

快速了解到该约束的更多细节，如图 6 所示，基于知识图谱可以快速地得到变压器的高度、负荷、容量等属性，对于不了解变压器的用户来说，这提供了极大的便利，因为他们很难直接找到哪些约束条件需要关注，也就无法对这些关注点查阅规范。通过这些条款，用户变可以很快得到设计审查（例如审查 BIM 模型）时需要注意的关注点，并快速得到对应条款的具体细节，例如一般变压器之间的净距不应小于 1.0m，与围栏的净距不应小于 0.6m。基于此，便可以在 BIM 审查或其他审查方面提高工作效率。

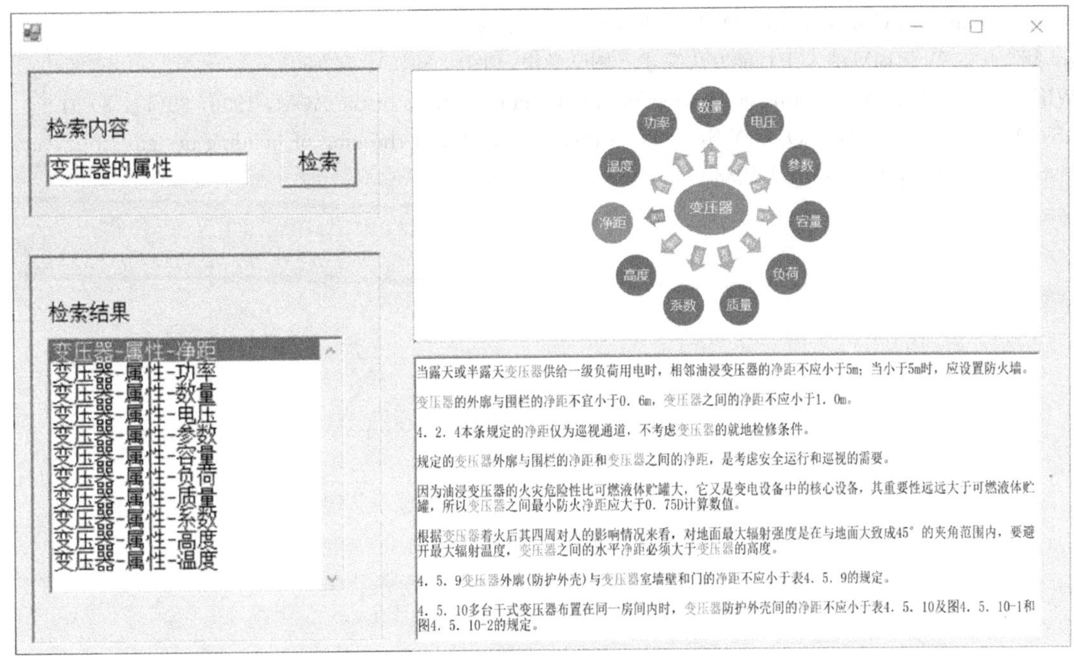

图 6　基于知识图谱的审查推荐效果图

总体上，本研究通过应用知识图谱来提供审查需要关注的约束点，并提出了一个优化的关键词匹配方法来从规范集合中快速查询表达了对应约束二元组的条款集合，在一些常规约束（例如“设备-属性”）上取得了比较理想的效果，证明了知识图谱在设计审查方面能够提供有效的辅助作用，同时也为后续相关研究提供了启发。

6　总结

MEP 作为建筑行业的重要领域，和建筑业一样面临着知识工程方面不足的问题。因此，本课题系统性地综述了建筑业中基于 BIM 的知识工程和知识科学研究，以强调知识工程在行业中重要价值和意义。接着，针对 MEP 行业积累了大量自然语言文本数据的现状（包括设计规范、设备指南、社区讨论等），研究基于文本和 NLP 的建筑 MEP 领域知识图谱构建和应用技术，突破大规模文本收集、命名实体识别、关系抽取等技术难点，从原始的 MEP 无结构文本中构造知识图谱。在此基础上，针对机电设备逻辑链推理、合规性审查推荐等方面进行应用研究，提出了相应的结合本体和知识图谱的知识检索和应用架构，并结合实际案例中对提出的框架进行了验证。研究表明，本研究提出的方法和技术框架提供了对 MEP 进行知识检索和推理的必要支持，有重要的理论意义和实际的应用前景。

参考文献

[1]　袁国铭，李洪奇，樊波．关于知识工程的发展综述[J]．计算技术与自动化，2011，30(01)：138-143.

[2]　FONG P S W，KWOK C W C．Organizational culture and knowledge management success at project and organizational levels in contracting firms[J]．Journal of Construction Engineering & Management，2009，135(12)：1348-1356.

[3]　NONAKA I，TAKEUCHI H．The knowledge creating company[J]．Harvard business review，1995，1：995.

[4]　PIETER P，ZHANG S J，JEE Y C．Semantic web technologies in AEC industry：a literature overview[J]．Automation

in Construction, 2017, 73.
[5] ZHOU P, EL-GOHARY N. Ontology-based information extraction from environmental regulations for supporting environmental compliance checking[C]// Asce International Workshop on Computing in Civil Engineering: 190-198.
[6] BHATTACHARYA D , GHOSH J K . Evaluation of knowledge representation schemes as a prerequisite toward development of a knowledge-based system[J]. Journal of Computing in Civil Engineering, 2008, 22(6): 348-359.
[7] HU Z Z, LEN S, LIN J R, et al. Knowledge extraction and discovery based on BIM: a critical review and future directions[J]. Archives of Computational Methods in Engineering, 2021.
[8] 冷烁，胡振中．基于 BIM 的人工智能方法综述．图学学报，2018，39(5)：797-805.
[9] COWIE J, LEHNERT W. Information extraction[J]. Communications of the ACM, 1996, 39(1): 80-91.
[10] EASTMAN C, LEE J M, JEONG Y S, et al. Automatic rule-based checking of building designs [J]. Automation in Construction, 2009, 18(8): 1011-1033.

基于加权优化的点特征检测与匹配方法

赵红蕊，秦进春，谭琪凡，郑卓凡，刘欣桐

（清华大学土木工程系，北京 100084）

【摘　要】 三维场布、施工部署、施工监测等施工管理场景对高精度实景三维模型的应用越来越广泛，而快速准确的特征检测与匹配是完成高精度三维重建的重要基础。鉴于特征匹配易受到拍摄视角、光照条件、对象尺度及噪声等因素的影响，研究选择区分性强、鲁棒性高的SIFT特征检测算子，分析优化传统匹配方案中存在的问题，利用尺度、距离比等对特征匹配算法进行改进，并通过实验验证了本方法的可行性，能够有效提升传统匹配算法的准确性与效率。

【关键词】 特征检测；尺度；距离比；特征匹配；加权优化

1　引言

近年来，实景三维模型的获取、处理和应用技术愈发成熟，已在城市规划、施工管理等众多领域大放异彩。但在实际应用中，三维重建的效率和准确性之间存在矛盾，尤其是施工管理等即时场景要求重建过程同时满足效率和精度的要求。特征点检测与匹配是三维重建的重要基础，对三维重建的效率和准确性都有比较显著的影响。

三维重建中最经典的特征点描述子是由Lowe提出[1]并改进[2]的SIFT（Scale Invariant Feature Transform）算子，在尺度、旋转、光照等条件变化时具备鲁棒性，同时可区分性良好。研究者们不断改进并提出新的特征描述子，例如PCA-SIFT[3]（Principal Components Analysis SIFT）、SURF[4]（Speeded Up Robust Features）、CSIFT[5]（Colored SIFT）、ASIFT[6]（Affine-SIFT）等，但多数改进仅为扬长避短而无核心突破。近年来，也有学者面向具体应用场景，将传统特征算子与新方法融合应用。浙江大学的Chen S等人基于传统SIFT方法和局部相关面上的旋转不变性描述策略，构造基于鲁棒中心对称局部三元模式的自相似性描述符[7]，对于明显的几何和照明差异具有鲁棒性，已成功地用于匹配各种多源卫星图像，但依然不适用于数据来源多样化的三维重建问题。

特征提取发现了图像中可区分性强的几何元素，特征匹配则基于这些元素的相似性，分析图像间的对应关系。基于特征检测器可以生成局部或全局特征的描述向量，通过比较向量间的欧几里得距离，就能够初步匹配特征。许多现行匹配算法都是在此原理基础上改进得到。清华大学赵红蕊课题组推导并验证了图像特征点的降采样尺度分布规律，基于此缩减图像匹配过程中的计算量并筛选有效待匹配点集，提升特征点基数、匹配特征点对数量与正确率[8]。贵州大学的王晓红等人针对无人机影像匹配效果不佳的问题，利用FLANN快速搜索结合KNN算法筛选特征点，之后基于单应性矩阵的RANSAC算法过滤错误匹配[9]，不仅获得更多准确的特征点，而且降低了错误匹配的概率。新信息的引入和新理论的提出，使得特征匹配算法处理海量、高维图像特征的能力不断优化，处理效率和匹配准确率持续提高，为本研究解决特征匹配问题提供有效参考。

【基金项目】 国家重点研发计划项目（2018YFD1100905）

【作者简介】 赵红蕊（1969—），女，教授，博士研究生导师。主要研究方向为自然地理学。E-mail：zhr@tsinghua.edu.cn

2　点特征检测与匹配优化

2.1　两视图点特征检测与匹配

SIFT 算子是点特征提取的经典算法，在空间域和频率域上的定位精度均较高，对于大范围仿射失真、视角变化、图像噪声等影响因素也具有良好的鲁棒性。同时，SIFT 特征的可区分性出色，能够在不同视图之间执行可靠的匹配。SIFT 特征点检测经过尺度空间极值检测、特征点定位、特征点方向分配、生成特征点描述符等四个步骤，能够生成大量对光照、尺度、亮度和视角变化具备鲁棒性的特征，在尺度和空间范围内密集地覆盖图像。

为了验证加权处理算法的合理性，本研究选择图 1 所示的两幅航空影像进行处理，影像大小为 6000 ×4000 像素。利用 SIFT 算子对影像进行特征点提取，可以得到 206565 个特征点（图 2 为 50 倍降采样后的特征点显示结果）。

SIFT 算子采用 128 维特征向量描述特征点及其邻域的信息，根据信息的相似性匹配同名特征点。因此，特征匹配问题本质上是高维向量空间的相似性搜索问题，相似性常用向量间的欧式距离度量：

图 1　两幅实验航空影像原图

（a）实验用航空影像一；（b）实验用航空影像二

图 2　SIFT 特征提取结果图

（a）原始图像；（b）特征提取结果（50 倍降采样）

$$d(\vec{X},\vec{Y}) = (\vec{X}-\vec{Y})^{\mathrm{T}} \cdot (\vec{X}-\vec{Y}) = \sqrt{\sum_{i=1}^{n}(X_i - Y_i)^2} \tag{1}$$

由于 SIFT 特征匹配更加注重梯度的方向分布，还可以选择余弦距离度量特征向量的相似性：

$$\cos(\theta) \frac{\vec{X} \cdot \vec{Y}}{\|\vec{X}\| \cdot \|\vec{Y}\|} \tag{2}$$

数学推导可以证明，归一化向量的欧式距离与余弦距离成正比：

$$d(\vec{X},\vec{Y}) = (\vec{X}-\vec{Y})^{\mathrm{T}} \cdot (\vec{X}-\vec{Y}) = \vec{X}^{\mathrm{T}}\vec{X} + \vec{Y}^{\mathrm{T}}\vec{Y} - 2\vec{X}^{\mathrm{T}}Y = 2 - 2\cos(\theta) \tag{3}$$

从计算效率出发，仅计算 SIFT 向量内积的余弦距离显著优于计算向量模的欧氏距离。因此本研究使用余弦距离度量特征向量的相似性。两视图匹配需要计算各个特征点的最似然匹配结果，最简单的匹配方案就是穷举搜索。穷举搜索是将某一特征点与所有待匹配的特征点逐个比较，保留最邻近的匹配点。不过，有时特征的可区分性较差，准确匹配的特征向量间可能相距甚远，反而不匹配的特征更加邻近，就会出现匹配错误。不仅如此，穷举搜索还存在计算效率低下的缺点，在处理大规模数据时尤为明显。

针对误匹配问题目前主要有两类改进方案。Lowe 提出计算最近邻特征与次近邻特征的距离之比，本质是估计特征空间中错误匹配的分布密度。仅当二者的距离比值小于经验阈值（Lowe 选取的阈值为 0.8）时，说明向量匹配不存在明显混淆，视为准确匹配。另一种方法先对第一视图的特征点穷举匹配，再对第二视图的特征点穷举匹配，只有双向匹配均为最优的特征点对视为准确匹配。

2.2　加权因子分析

分析两视图点匹配的过程可知，从高斯差分金字塔中提取的 SIFT 特征，在 x、y、σ 三个维度离散分布。使用向量的空间距离进行匹配，仅利用图像坐标 x、y 域内的方向信息，而没有利用尺度信息。合理引入尺度信息应当能够提高特征匹配的效率和准确性。

分析图 2 中提取的 206565 个特征点的尺度因子分布情况如图 3 所示，尺度因子的分布范围为［0.71，170.80］，但中位数仅为 1.26，说明大尺度特征点数量更少、分布更离散（图 3 为便于展示特征点数量较少的统计区间，纵轴采用对数坐标度量，但刻度值仍标记绝对数量）。从高斯金字塔的角度看，大尺度特征对应于金字塔顶层的降采样程度高的图像。顶层图像的尺寸更小，提取特征数量也更少，但是特征蕴含了宏观图像信息，不易出现小尺度特征点常见的相似干扰。此外，大尺度特征在图像全局分布更加均匀，可以避免局部高频采样导致的基础矩阵过拟合问题。

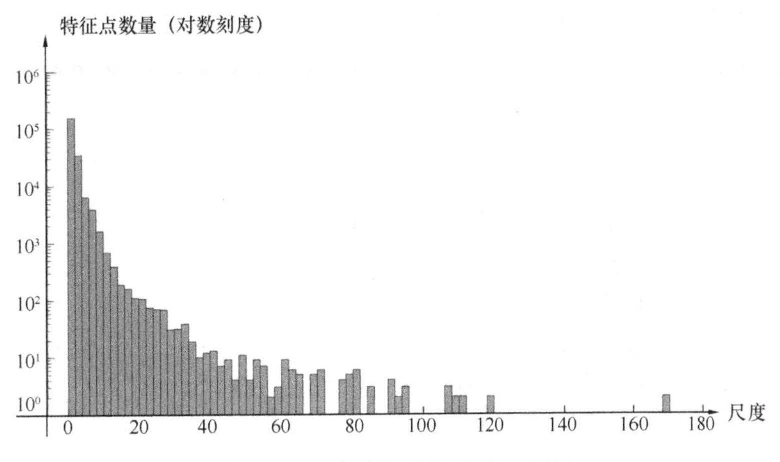

图 3　SIFT 特征尺度因子分布情况

因此，如果将 RANSAC 的采样范围缩小至大尺度特征点，或可提高样本集的内点比率，有效缩减循环采样次数，同时减小抽样随机性对结果的影响，计算准确稳定的基础矩阵。这种利用尺度因子优化匹配算法的本质是加权处理。传统特征匹配算法中各组匹配点是等权重计算的，因此必须通过无差别随机抽样寻找内点集。而本研究的尺度因子为大尺度特征点赋予更高的计算权重，优先循环抽样从而快速得到结果。

回顾 SIFT 特征提取和匹配的过程，还发现另一个潜在的加权处理标准，就是初始匹配时最近邻特征与次近邻特征的距离比值，为表述方便将比值记为 r（$r<1$）。SIFT 描述向量反映了特征点邻域像素梯度的方向分布情况，特征点距离邻近说明邻域的梯度分布近似，即 r 反映了最近邻特征与次近邻特征的近似程度差异。r 越小，说明最近邻特征与待匹配特征的近似性越突出，存在错误匹配的概率也越低。因此，同样可以根据 r 由小到大的顺序排序初始匹配特征点，选择 r 较小的特征点对快速计算基础矩阵 $\boldsymbol{F}$。

在循环抽样之前，可根据尺度因子和距离比值两个影响因素加权初始匹配特征点。在实际操作中，考虑到两个因素与特征匹配的相关性不同，为距离比值赋予更高的排序权重，并综合两个因素得到整体加权排序结果。实验结果证明，仅使用综合排序前 10%的特征点，就能够计算准确率满足要求的基础矩阵。

2.3 加权优化方法

根据加权因子的分析，加权优化方法的主要步骤可归纳为：

（1）初始特征匹配时，记录特征点的尺度因子 σ，以及最近邻特征与次近邻特征的距离比值 r。按照 σ 由大到小和 r 由小到大分别排序初始匹配的特征点对，并根据因素相关性确定综合排序，完成定权过程。

（2）选择权重排序前 10%的特征点对，最小二乘法计算基础矩阵 F。

（3）根据 F 求解全体特征点到对应极线的距离 $d_{\perp}$，设定内点判别经验阈值（建议 2～10 个像素），粗略估计外点率 p。

（4）由外点率 p 和显著性水平 ε 计算所需抽样次数，代入 RANSAC 循环抽样过程。抽样范围固定为权重排序前 10%的特征点对。在所有抽样结果中，计算内点数目最多的一组结果，视为最终内点集。

3 实验结果与分析

3.1 加权因子验证

为了验证加权优化算法的合理性，选择图 1 所示的两幅航空影像，初始匹配得到 3567 对特征点，按照尺度由大到小的顺序排列。在全体特征点集上根据传统 RANSAC 方法计算基础矩阵 F，其中外点率保守取值为 $p=0.5$，内点阈值保守取值为 4 像素。从最大尺度的特征点开始分组，每 100 对匹配点为一组，共分为 36 组。依次计算各组点到极线的平均垂直距离 $d_{\perp}$，绘制曲线如图 4（a）所示。由图可知，随着特征点尺度增大，各组平均距离波动增加。应用曼-肯德尔检验法[10]预测序列数据趋势，在 95%的置信水平上证明距离随尺度增加呈上升趋势，尺度因子加权方案是合理的。

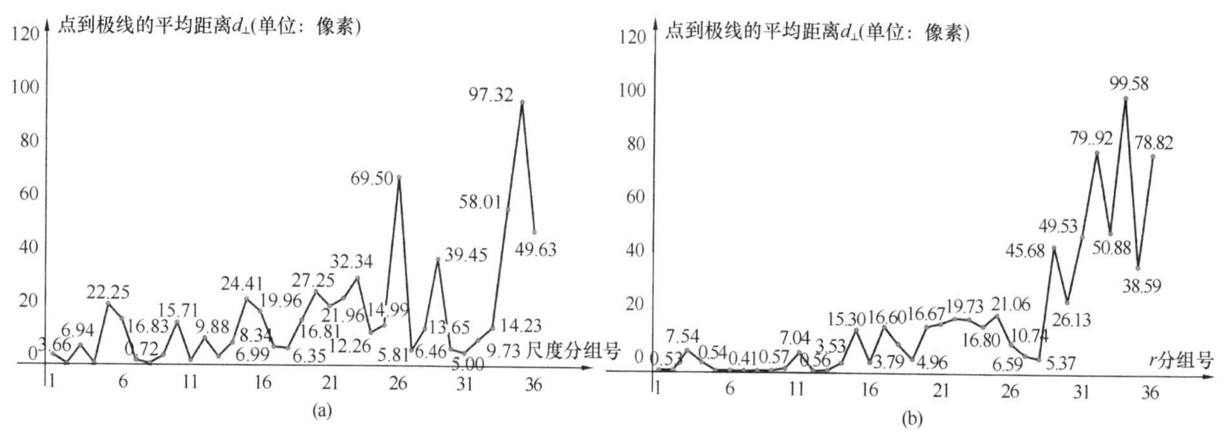

图 4　对极几何误差与加权因子的关系图

（a）特征点尺度因子；（b）距离比

仿照尺度因子开展距离比加权可行性实验。根据 r 的排序对全体特征点分组，计算各组匹配点到极线的平均距离 $d_{\perp}$，作图 4（b）所示的曲线，并经过曼-肯德尔检验法验证，证明距离比值与特征点匹配具备强相关性。随着距离比值 r 不断减小，特征点更不容易出现混淆，点到直线的平均垂直距离保持低位稳定，非常适合作为加权因素。

3.2 加权优化方法验证

依然使用图 1 中的两幅航空影像进行实验，经过初步特征匹配得到 3567 对特征点后，分别利用传统 RANSAC 方法和加权优化方法筛选正确匹配。其中两方法的显著性水平均取 $\varepsilon=0.01$，内点判别阈值均取为 4 像素，传统 RANSAC 方法的预设外点率取 $p=0.4$。结果对比如表 1 所示。

传统方法与加权优化方法结果对比　　**表 1**

计算方法	外点率（%）	循环次数（次）	计算时长（s）	匹配点数（对）	平均距离（像素）
传统 RANSAC 方法	40	272	3.93	1660	1.30
加权优化计算方法	2.86	3	0.70	1235	0.41

实验发现，取外点率 $p=0.4$ 和显著性水平 $\varepsilon=0.01$，传统 RANSAC 方法需循环 272 次，计算时长为 3.9308s。而选择权重排序靠前的点进行计算，初始估计 3567 对特征点中仅有 102 对外点，外点率 p 仅为 0.0286，只需要循环 3 次，因此计算时长大幅缩短。

从实验结果分析可知，通过加权优化可以有效缩小 RANSAC 抽样范围，一定程度上缓解了 RANSAC 随机性过强的问题，图 4 的实验结果也已经证明，选择排序靠前的点能够规避大量混淆特征，使循环抽样过程着重于择优而非勘误，保证了抽样结果的相对稳定。此外，循环抽样次数的有效设定有赖于精确预设的外点率 p。如果预设 p 值低于实际外点比率，可能因抽样次数不足无法得到最优结果；反之，如果预设 p 值过高，又将导致抽样次数大幅增加，增加无效的时间消耗。加权优化方法利用综合排序前 10%的特征点求解基础矩阵，计算全体点集到对应极线的垂直距离，同样可以预测相对准确的 p 值，能够有效解决传统 RANSAC 算法外点率 p 依靠经验预设的不足，而仅增加亚秒级的时间消耗。

4 结论

点特征依靠 SIFT 特征向量之间的空间距离度量相似性，通过穷举搜索或建立索引结构初步匹配。之后通过 RANSAC 循环抽样方法，计算两视图之间的基础矩阵，利用对极几何关系筛选精细匹配结果。针对传统 RANSAC 方法外点率未知、随机性过强等问题，研究提出利用特征尺度因子和初匹配距离比值，为各组匹配点赋权，优先选择权重高的匹配点子集代入 RANSAC 循环，既可以粗估初始外点率，也可以部分减少抽样随机性，提高匹配效能。从实验结果可知，加权优化方法的匹配点数量没有收到明显影响，但是特征点到极线的平均距离更短，说明优化后的基础矩阵能更好地拟合对极几何的结果。从效率和效果的平衡角度，基于加权优化的计算方案适合大多数特征点检测和匹配的应用场景。

参考文献

[1] LOWE D G. Object recognition from local scale-invariant features[C]// Proceedings of the seventh IEEE international conference on computer vision. IEEE, 1999, 2: 1150-1157.

[2] LOWE D G. Distinctive image features from scale-invariant keypoints[J]. International journal of computer vision, 2004, 60(2): 91-110.

[3] KE Y, SUKTHANKAR R. PCA-SIFT: A more distinctive representation for local image descriptors[C]//Proceedings of the 2004 IEEE Computer Society Conference on Computer Vision and Pattern Recognition, 2004. CVPR 2004. IEEE, 2004, 2: II-II.

[4] BAY H, TUYTELAARS T, VAN GOOL L. Surf: Speeded up robust features[C]// European conference on computer vision. Heidelberg : Springer, 2006: 404-417.

[5] ABDEL-HAKIM A E, FARAG AA. CSIFT: A SIFT descriptor with color invariant characteristics[C]//2006 IEEE computer society conference on computer vision and pattern recognition (CVPR'06). Ieee, 2006, 2: 1978-1983.

[6] MOREL J M, YU G. ASIFT: A new framework for fully affine invariant image comparison[J]. SIAM journal on imaging sciences, 2009, 2(2): 438-469.

[7] CHEN S, LI X, YANG H, et al. Robust local feature descriptor for multisource remote sensing image registration[J]. Journal of Applied Remote Sensing, 2018, 12(1): 015005.

[8] 赵红蕊，陆胜寒．基于特征尺度分布与对极几何约束的高清影像快速密集匹配方法[J]. 测绘学报，2018，47(06)：104-112.

[9] 王晓红，邓仕雄，何志伟，等．结合 SURF 算法和单应性矩阵的无人机影像匹配[J]. 测绘通报，2018，496(07)：42-46.

[10] MANN H B. Nonparametric tests against trend[J]. Econometrica: Journal of the Econometric Society, 1945: 245-259.

装配式混凝土建筑施工进度宏观仿真和精细化计划

李松阳，马智亮*

（清华大学土木工程系，北京 100084）

【摘　要】 为解决最大限度地缩短装配式混凝土建筑施工项目工期的问题，宏观上建立了装配式混凝土建筑施工管理系统动力学模型，从总体上对施工进度进行定量化仿真，支持基于项目工期的项目管理模式的决策；微观上建立了装配式混凝土建筑构件级施工进度计划优化方法，支持精细化的施工进度计划。案例研究表明，本研究所建立的模型和方法具有可行性和有效性，能够为缩短装配式混凝土建筑施工工期提供支持。

【关键词】 装配式混凝土建筑；施工；系统动力学；进度计划优化

1　引言

“十三五”期间，为应对人口红利消失，劳动力成本上升，资源与环境问题日益突出等挑战，国家和地方政府开始大力发展装配式建筑，从建筑工业化的角度推动建筑业的转型升级。装配式混凝土建筑是现阶段我国应用最量大面广的装配式建筑形式。理论上讲，装配式混凝土建筑相较于传统现浇混凝土建筑质量更好、施工效率更高、浪费更少、环境更友好[1-2]，然而在实践中装配式混凝土建筑施工进度延误的情况屡见不鲜[3]。Li 等的研究表明，装配式混凝土建筑住宅项目按 6 天一层的计划速度施工，每层会至少产生 300 分钟的进度延误[4]。因此，在实际工程中，装配式混凝土建筑的优势并未充分发挥，这一定程度上阻碍了装配式混凝土建筑的发展。

项目管理模式和进度计划是决定项目工期的两个决定性的方面，分别属于宏观和微观两个层面。在宏观层面，装配式混凝土建筑供应链上的各个环节都有可能对施工进度产生影响，例如由于设计阶段考虑不周造成施工阶段出现设计变更、生产阶段预制构件不能及时交付都会导致施工进度延误。若项目工期要求较高，在项目开始前，项目管理人员需要确定合理的项目管理模式，通过对全供应链各环节之间的关系进行调整，能够最大限度地缩短工期。然而，目前该决策多依赖于人的经验和定性判断，缺乏科学的、精细的、可定量的工具。在现有研究中，有学者使用系统动力学（System Dynamics，SD）方法从总体上仿真装配式混凝土建筑施工进度，但仅针对施工阶段建模，将生产阶段作为影响因素来考虑，不能充分反映生产和施工阶段的连续性和并行性[5]。在宏观层面确定了基于项目管理模式后，在微观层面，需要科学地编制具体的、可执行的施工进度计划。装配式混凝土建筑施工的最大特点之一是以构件为单位施工，但目前其施工进度计划仍和传统现浇混凝土建筑一样属于粗放式计划，而未达到构件层级的精细化计划。在现有研究中，有学者以施工复杂度最小为目标对预制构件的安装顺序进行了优化，但并未考虑资源、时间和成本进行进度计划优化[6]；还有学者对装配式轻钢结构进行了构件级施工进度计划优化，但不适用于装配式混凝土建筑[7]。

为此，本研究为解决最大限度地缩短装配式混凝土建筑施工项目工期的问题，在宏观层面，建立装配式混凝土建筑施工管理 SD 模型，从总体上对装配式混凝土建筑施工进度进行定量化仿真，以支持项目

【基金项目】 清华大学-广联达 BIM 联合研究中心课题

【作者简介】 马智亮（1963—），男，教授。主要研究方向为土木工程信息技术。E-mail：mazl@tsinghua. edu. cn

管理模式决策；在微观方面，考虑装配式混凝土建筑按构件施工，以及预制施工和现浇施工交叉作业的特点，建立构件级施工进度计划优化方法，以支持精细化的施工进度计划。

2　装配式混凝土建筑施工管理 SD 模型

装配式混凝土建筑的施工管理涉及多种要素，由于各种要素之间的相互关联性，它们对装配式混凝土建筑施工进度和成本产生影响的因果传递路径是非常复杂的。因此，可以将装配式混凝土建筑的施工管理，及各要素对进度和成本的影响看作是一个动态的系统，通过 SD 建模来定量化仿真施工进度和成本。

2.1　模型边界和假设

在装配式混凝土建筑建造的设计、生产、施工三个主要过程中，考虑到进度和成本主要发生在生产和施工过程，且生产和施工过程存在并行性和连续性，即生产和施工同时进行，且某一批次的预制构件要先在构件厂完成生产才能在施工现场施工；而设计过程发生在前期，相较于生产和施工过程，其周期较短、成本较低，对装配式混凝土建筑的总进度和成本影响有限。因此，本研究重点针对生产过程和施工过程进行系统动力学建模，而对设计过程，仅将其能够对进度和成本产生影响的要素作为辅助变量加入到模型中。

为了简化模型，在不失一般性的前提下，本研究做了以下两点合理假设：

（1）装配式混凝土建筑的建造任务以工作包为单位，各工作包所包含的工程量相同，且都需经过生产运输和施工两个建造过程。在装配式混凝土建筑应用最多的高层住宅，建造是以标准层或施工段为单位进行的，每个标准层或施工段的建造任务近似相同，故可将它们视作相同的工作。

（2）工作包的生产和运输合并为一个过程，且工作包被生产运输到施工现场后，在资源允许的情况下直接进行施工，不设置现场存放。

2.2　模型存量流量图

SD 模型通常以存量流量图的形式来表示，它由一系列常量、变量以及各量之间的连接箭头所组成，常量或变量代表所建模的系统中的要素，箭头则代表不同要素之间的因果逻辑关系；此外，需要为存量流量图中的每个量设定计算公式，通过公式来定量化表示量与量之间的因果逻辑关系。通过文献调研和实地调研，以及对装配式混凝土建筑施工管理及其所涉及的关键要素的深入分析，本研究所建立的装配式混凝土建筑施工管理 SD 模型的存量流量图如图 1 所示。

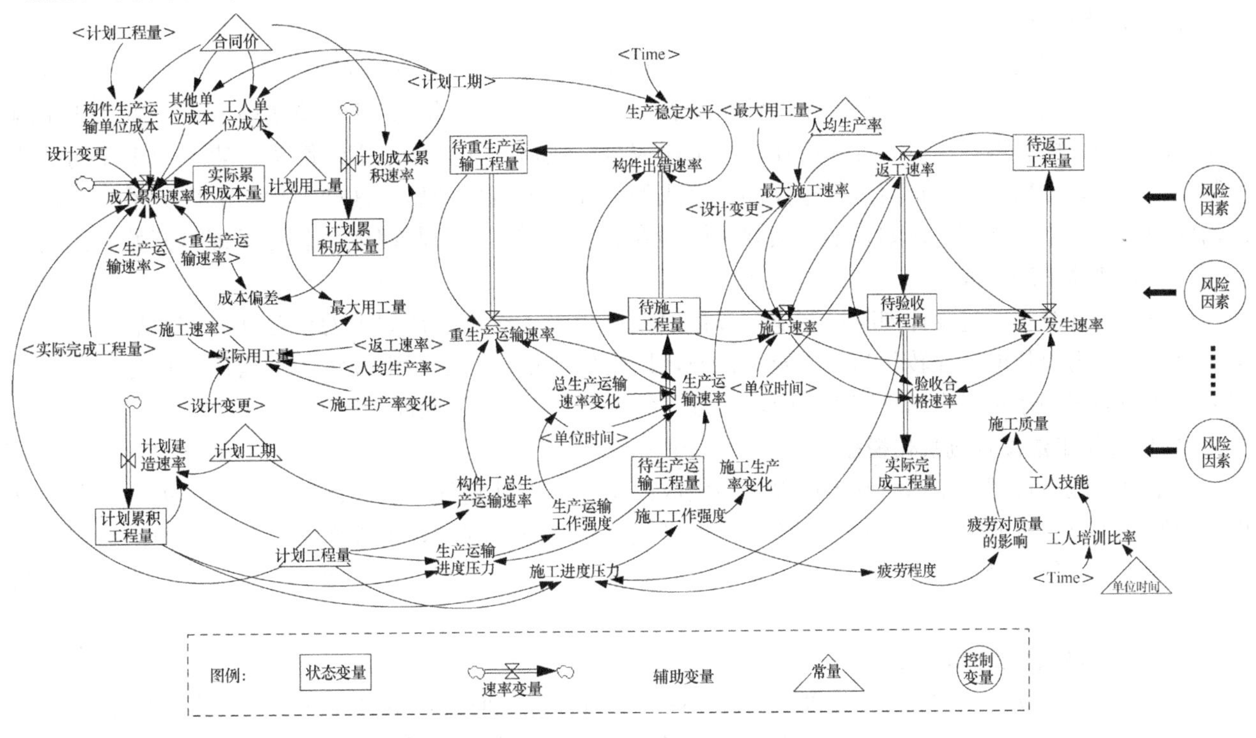

图 1　装配式混凝土建筑施工管理 SD 模型存量流量图

该 SD 模型依靠工作包在不同状态变量之间的流转来对装配式混凝土建筑施工管理进行仿真。每个工作包首先从状态变量“待生产运输工程量”出发，经过生产运输后（该过程由速率变量“生产运输速率”控制）到达状态变量“待施工工程量”，然后经过施工（该过程由速率变量“施工速率”控制）到达状态变量“待验收工程量”，最后经过验收（该过程由速率变量“验收合格速率”控制）到达状态变量“实际完成工程量”，表示该工作包已完成。另外，在工作包流转过程中，还可能存在预制构件生产出错需要重新生产运输，以及施工后验收不合格需要返工的情况，因此在模型中还加入了“待重生产运输工程量”和“待返工工程量”两个状态变量，以及与之相关的“构件出错速率”“重生产运输速率”“返工发生速率”以及“返工速率”4 个速率变量。在利用该 SD 模型进行仿真时，通过监控状态变量“实际完成工程量”来确定当前装配式混凝土建筑的进度情况；对于装配式混凝土建筑的成本情况，可以追踪状态变量“实际累积成本量”来掌握，实际累积成本由工作包的生产运输成本、施工过程的人工成本以及其他成本组成，控制“实际累积成本量”的速率变量“成本累积速率”则与生产和施工的进度相关。

2.3 模型应用方法

在应用该 SD 模型时，用包括“计划工程量”“计划工期”“计划用工量”“人均生产率”“合同价”在内的实际工程数据赋值到模型中的常数，运行模型就可以进行装配式混凝土建筑施工过程的动态仿真，得到模型中包括进度和成本在内的各变量随时间的变化情况。

该 SD 模型具有可扩展性，可用于定量化评价项目管理模式对装配式混凝土建筑进度和成本的影响。在扩展模型时，将要评价的项目管理模式的关键要素作为控制变量加入模型中，即将其与模型中已有的受其直接影响的要素相连，并建立它们之间的关系表达式；在定量化评价时，为模型中的常量和新增的控制变量赋值，并运行模型，即可得到在该项目管理模式下进度和成本随时间的变化情况。

3 装配式混凝土建筑构件级施工进度计划优化方法

装配式混凝土建筑的施工是以构件为单位进行的，构件的施工顺序，以及预制部分施工和现浇部分施工的交叉作业对施工进度具有重要影响。若不能合理安排施工顺序，协调交叉作业，将有可能造成施工中的窝工或冲突，进而对进度和成本产生影响。为此，可以将构件级施工进度计划编制建模为优化问题，并使用人工智能算法进行求解[8]。

3.1 施工过程模型

本研究以装配式混凝土剪力墙结构为例，建立了如图 2 所示的施工过程模型。该模型包含 9 个工序，其中 3 个工序为以施工段为单位的工序，另外 6 个工序为以构件为单位的工序。模型中的实线箭头表示两工序间的强制顺序关系，即后一工序需在前一工序完全完成后才能开始；虚线箭头则表示两工序间的非强制顺序关系，即后一工序在前一工序仅部分完成的情况下就可以开始，这种类型的顺序关系仅存在于以构件为单位的工序之间。例如，某一预制墙体的套筒灌浆需在该预制墙体吊装之后即可开始，无须等待所有预制墙体吊装完成。

在编制构件级施工进度计划时，该施工过程模型可用于生成进度计划中的任务和紧前紧后关系。其中，以施工段为单位的工序转化为一项施工任务，以构件为单位的工序则按每一个构件转化为多个施工任务；强制顺序关系和非强制顺序关系则转化为一个或多个任务间的紧前紧后关系。

3.2 构件级施工进度计划优化模型

基于以上施工过程模型和由施工过程模型生成的施工进度计划任务和紧前紧后关系，进一步考虑可更新资源的约束，本研究建立了构件级施工进度计划优化模型。其中，决策变量为各任务的执行顺序和可更新资源的可使用量；约束条件为可更新资源限制及任务紧前紧后关系限制；优化目标为施工工期和成本最小。

3.3 基于 SOS 的优化求解算法

为了求解所建立的构件级施工进度计划优化这一多目标优化问题，本研究基于共生生物搜索（Symbiotic Organisms Search，SOS）[9]这一用于求解单目标连续型优化问题的元启发式算法，建立了多目标离散型 SOS（Multi-objective Discrete SOS，MODSOS）算法，其流程如图 3 所示。

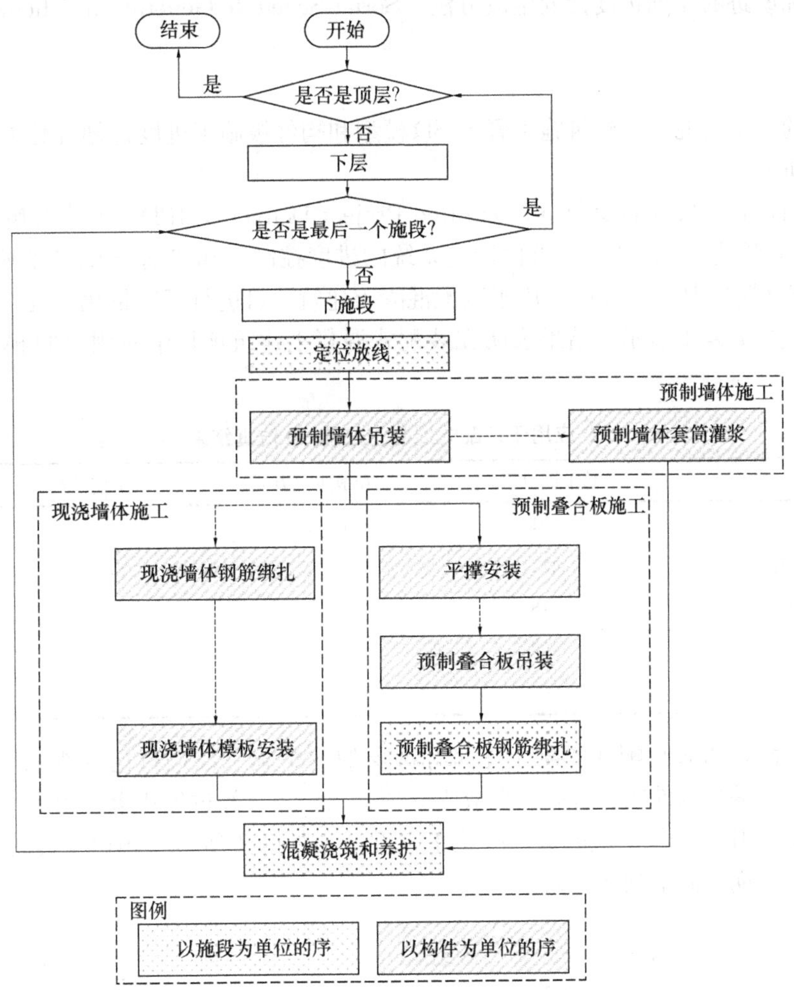

图 2　装配式混凝土剪力墙结构施工过程模型

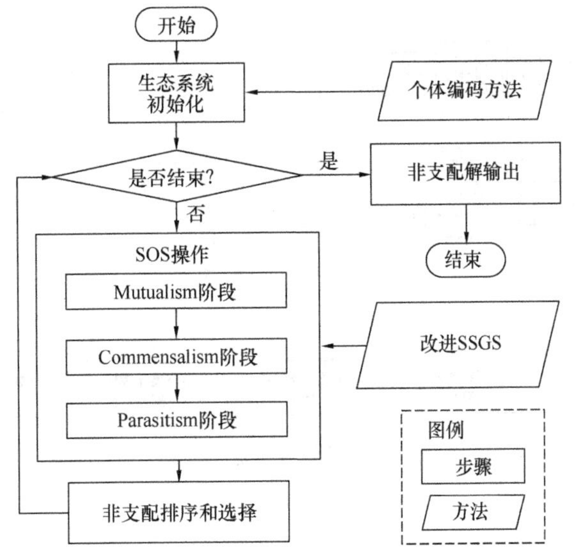

图 3　MODSOS 算法流程

在该 MODSOS 算法中，本研究重点针对构件级施工进度计划优化问题的特殊性，建立了基于替代变量的个体编码方法和改进的序列进度计划生成方法（Serial Schedule Generation Scheme，SSGS）。

4 案例研究

为验证所建立的装配式混凝土建筑施工管理 SD 模型和构件级施工进度计划优化方法，本研究结合实际工程进行了案例研究。

首先在宏观方面，将集成项目交付（Integrated Project Delivery，IPD）模式分解为"多参与方协同设计""多参与方协同深化设计""基于末位计划系统的进度控制"和"基于 BIM 的施工质量控制"4 项关键要素，加入到 SD 模型中，对 IPD 应用于装配混凝土建筑项目进行了定量化仿真，在不同 IPD 应用水平下的施工进度和成本如表 1 所示，结果表明在装配式混凝土建筑项目中应用 IPD 模式能够有效控制施工进度。

IPD 应用于装配式混凝土建筑 SD 仿真结果　　**表 1**

情景	总工期（天）	累积成本（万元）	工期节约	成本节约
未应用 IPD	491	6754.29	—	—
IPD 应用水平较低	452	6452.91	7.9%	4.5%
IPD 应用水平中等	418	6174.42	14.9%	8.6%
IPD 应用水平较高	388	5913.23	21.0%	12.5%
IPD 应用水平最高	362	5677.12	26.2%	15.9%

接下来在微观方面，选取装配式混凝土建筑标准层的一个施工段进行构件级的施工进度计划优化。所选施工段施工工序在进行构件级分解后，形成 109 个施工任务，经过优化求解得到一系列工期和成本不同的 Pareto 最优解，其中一个解对应的构件级施工进度计划如图 4 所示。相比于传统进度计划 3 天的工期，构件级优化后的工期仅需不到 2.5 天。

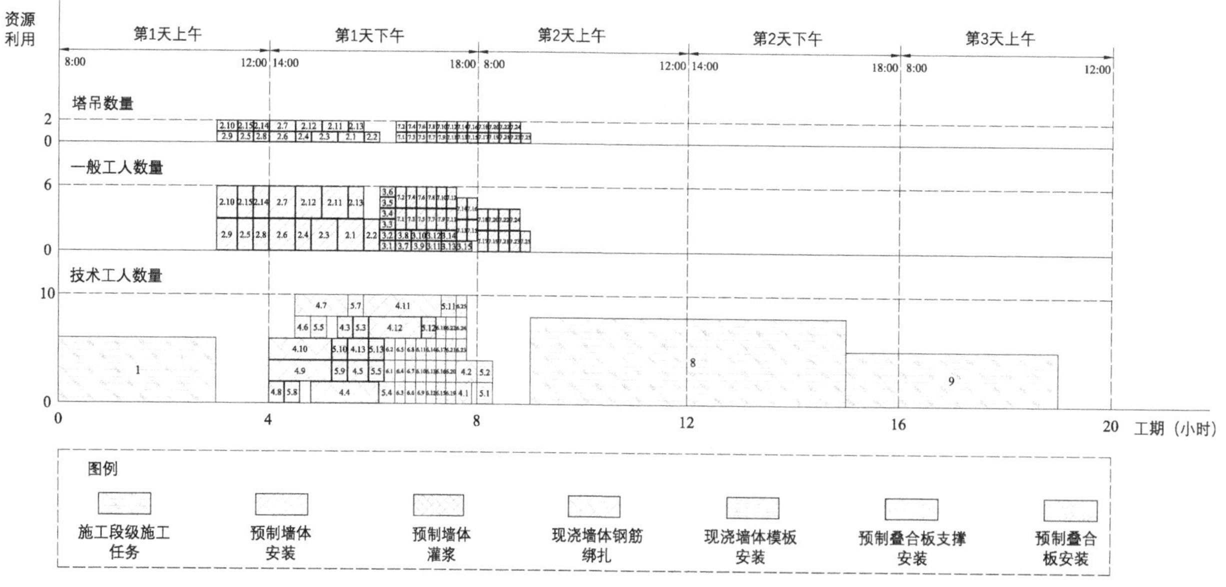

图 4　构件级施工进度计划

5 结语

本研究为解决最大限度地缩短装配式混凝土建筑施工项目工期的问题，宏观上建立了装配式混凝土建筑施工管理系统动力学模型，从总体上对施工进度进行定量化仿真，支持基于工期最短的项目管理模式的决策；微观上建立了装配式混凝土建筑构件级施工进度计划优化方法，支持精细化的施工进度计划。案例研究表明，本研究所建立的模型和方法具有可行性和有效性，能够为缩短装配式混凝土建筑施工工期提供支持。

对于未来研究，SD模型方面，可以对其进一步细化，使其更符合实际；构件级施工进度计划优化方面，可以基于人工智能预测构件级施工任务持时，增加进度计划的可靠性。

参考文献

[1] CAO X, LI X, ZHU Y, et al. A comparative study of environmental performance between prefabricated and residential buildings in China [J]. Journal of Cleaner Production, 2015, 109: 131-143.

[2] JAILLON L, POON C, CHIANG Y. Quantifying the waste reduction potential of using prefabrication in building construction in Hong Kong [J]. Waste Management, 2009, 29(1): 309-320.

[3] HATMOKO J, WIBOWO M, ASTUTY M, et al. Managing risks of precast concrete supply chain: A case study [J]. MATEC Web of Conferences, 2019, 270: 05004.

[4] LI C, XU X, SHEN G, et al. A model for simulating schedule risks in prefabrication housing production: A case study of six day cycle assembly activities in Hong Kong [J]. Journal of Cleaner Production, 2018, 185: 366-381.

[5] 姜仁晋. 基于精益建造理论的装配式建筑项目进度控制研究 [D]. 广州：广州大学，2020.

[6] WANG Y, YUAN Z, SUN C. Research on assembly sequence planning and optimization of precast concrete buildings [J]. Journal of Civil Engineering and Management, 2018, 24(2): 106-115.

[7] LIU H, AL-HUSSEIN M, LU M. BIM based integrated approach for detailed construction scheduling under resource constraints [J]. Automation in Construction, 2015, 53: 29-43.

[8] MA Z, LI S, WANG Y, et al. Component-level construction schedule optimization for hybrid concrete structures [J]. Automation in Construction, 2021, 125: 103607.

[9] CHENG M, PRAYOGO D. Symbiotic organisms search: a new metaheuristic optimization algorithm [J]. Computers & Structures, 2014, 139: 98-112.

面向计算机视觉的工人不安全行为结构化描述方法研究

张知田，郁　润，郭红领*

（清华大学建设管理系，北京 100084）

【摘　要】建筑工人不安全行为是导致施工安全事故发生的主要原因。近年来，计算机视觉技术的发展为现场不安全行为识别提供了有效支持。然而，当前相关研究主要聚焦于特定的行为和场景，难以对现场的不安全行为管控提供系统性的支持。为此，本研究从系统性的角度提出了面向计算机视觉技术的工人不安全行为结构化描述方法，主要包括场景解析与元素梳理、关键元素选取、元素组合与行为描述三个阶段，并对此进行了系统性分析。这可为基于计算机视觉技术的不安全行为识别提供基础支持，从而推动相关技术在施工安全领域的拓展应用。

【关键词】施工安全；不安全行为识别；计算机视觉；结构化描述

1　引言

建筑业施工环境复杂、多变，安全事故屡屡发生，事故率高居不下。研究指出，工人的不安全行为是导致施工安全事故发生的重要原因[1]。传统的施工方法管控力度有限，且不利于行为数据的整合和后续分析。借助计算机视觉技术，能够在不干扰工人作业的前提下，识别工人的不安全行为。然而，施工现场工人的不安全行为十分复杂，当前研究缺乏对不安全行为的系统化认知[2]。例如，仅关注工人的动作而不考虑作业的环境信息。可见，有必要从系统性的角度进行不安全行为的结构化描述，为不安全行为识别提供基础支持。

为全面梳理不安全行为的具体内容，现有研究从不同角度对不安全行为进行划分，如表 1 所示。而从行为识别的视角来看，将不安全行为按照“行为发生场景-行为具体表现”的方式进行划分更为合适。按照发生场景进行划分是因为同一场景内的实体对象具有相对固定性，可明确各场景内常见的不安全行为并分析其特征，使识别问题更为聚焦，也有助于后续的行为管控；按照行为具体表现进行划分是因为具有相似特点的行为在识别方法上也可能存在相似性，有助于增强对各类行为特点的深入理解，以分别对其进行结构化描述，从而更有针对性地构建行为识别方法。

工人不安全行为分类　　表 1

分类方式		具体分类
行为发生前	致因[3]	内因、外因
	认知[4-6]	无意识、有意识；无知、明知故犯
行为发生时	行为主体[4]	个体、群体、组织
	行为发生场景[7]	吊装作业场景、基坑支护作业场景等
	行为具体表现[8]	接近危险源、PPE 使用不当、违章操作等
行为发生后	引发事故的机理[9]	直接导致事故、间接导致事故

【基金项目】国家自然科学基金资助项目（51578318），国强研究院资助项目（2019GQC0004）

【作者简介】郭红领（1978—），男，副教授。主要研究方向为建筑信息模型、虚拟施工、智能建造、数字安全管理。E-mail：hlguo@tsinghua.edu.cn

为此，本研究将在行为分类的基础上，针对某一类不安全行为，研究如何根据其特征进行行为识别。而行为的结构化描述可以实现文字描述的不安全行为与影像承载的不安全行为之间的对应，即可通过识别影像中的具体元素或元素组合，为行为识别提供支持。

2　不安全行为结构化描述框架

本研究提出场景解析的方法，将不安全行为看作一个场景，使用场景中的元素系统性地对行为进行结构化描述，以作为行为识别的基础，共分为三个阶段，如图 1 所示。第一阶段为场景解析与元素梳理，即选取施工现场的图像，对其承载的场景进行解析，对场景中的各类元素（如工人、机械及其之间的关系等）进行分类梳理。第二阶段为关键元素选取，即从行为识别的角度，对各类元素识别所依托的技术方法进行分析，以对元素进一步归类，形成候选关键元素；分析各候选元素对不安全行为识别的必要程度，以及候选元素的组合对行为描述的覆盖程度，确定能够描述行为并支撑其识别的关键元素。第三阶段为元素组合与行为描述，即对各类不安全行为，分析其识别所需的关键元素，并使用关键元素或元素组合对其进行结构化描述。通过上述三个阶段，将不安全行为识别问题转化为元素识别问题。而不同元素识别所依赖的技术方法通常不同，使用相同元素组合进行描述的行为在识别上具有一定的技术相似性，可以从技术角度将其归类为同一类行为识别问题，也为实际应用提供便利。

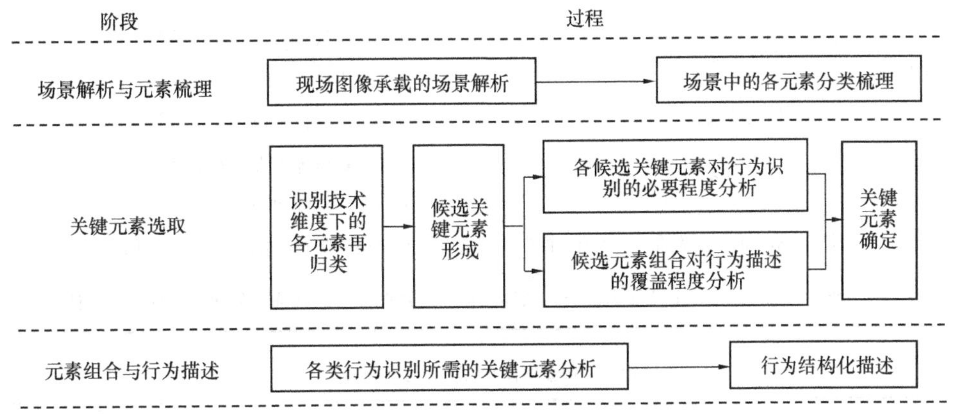

图 1　不安全行为结构化描述逻辑框架

3　不安全行为结构化描述方法

3.1　场景解析与元素梳理

工人的行为可看作是一个时空场景。从空间维度上看，以图 2 为例，可对其承载的场景进行解析：有

图 2　施工现场各类元素

建筑结构等静态实体元素，也有工人、机械、车辆等动态实体元素，以及实体之间的关系元素，包括物理上的共存关系、位置关系和语义上的交互关系。而聚焦工人本身，则有 PPE 这一附着于工人身上的实体元素，也有工人本身的姿势元素，以及隐含的工人基本属性元素（如工种、资质、身体状况、年龄等）。从时间维度上看，工人的一系列静态姿势的有序组合形成动作，而动作的组合又形成具有实际含义的活动（如绑扎钢筋、刷墙等）。活动中的某一环节可能存在不安全行为，一部分不安全行为仅凭状态（如工人与危险源、PPE 之间的空间关系，单腿站立、歪斜站立等静态姿势）便能判断，而其他行为则需要从时间维度，利用动作进行判断。这是因为即使构成动作的姿势类型相同，也可能因为姿势组合的时序不同而形成不同的动作，例如蹲下与起立是两个相反的动作，但构成姿势均为站立与蹲着。

通过对大量施工现场图像所承载的场景进行解析后，可形成表 2 和表 3 中的元素，即施工现场的各类实体以及实体间的相互关系。

施工现场实体元素分类　**表 2**

一级分类	二级分类	举例
按照动静程度分类	静态实体元素	梁、柱、板等构件； 临边、洞口等特定位置实体
	动态实体元素	工人、机械、车辆、器具、PPE 等
按照是否有危险隐患分类	存在一定危险隐患的实体元素	梁、柱、板、临边、洞口等静态实体； 工人、机械、车辆、器具等动态实体
	起防护作用的实体元素	安全帽、防护眼镜、安全带等 PPE
按照与工人的关系分类	工人本身的元素	工种、资质等工人基本信息； 工人的姿势或动作
	非工人本身但一般附着于工人身上的实体元素	安全帽、防护眼镜、安全带等 PPE
	非工人本身也不附着于工人身上的实体元素	其他工人、机械、车辆、器具、梁、柱、板、临边、洞口等

施工现场实体间关系元素分类　**表 3**

一级分类	二级分类	举例
实体间的关系元素	共存关系元素	电焊机与防护面罩共存
	位置关系元素	工人在挖土机西面 1m 处
	交互关系元素	多工人协作搬砖

3.2　关键元素选取

在场景解析与元素梳理的基础上，从行为识别的技术视角，对表 2 和表 3 中的元素进一步整理可得：1）无论从动静程度这一维度进行分类，还是从与工人的关系这一维度进行分类，施工现场实体主要为工人、机械、车辆、器具、PPE、建筑构件、临边、洞口等，实体元素识别所依托的技术方法主要是目标检测与对象识别方法；2）实体间的关系元素通常是在实体元素识别的基础上进一步获得的，例如位置关系是在实体识别基础上提取各实体的位置坐标以判别实体间的方位关系与距离；3）工人姿势识别也可以通过目标检测与对象识别的方法实现，但是动作识别需要依托动作识别方法实现，这与前述实体元素识别所依托的方法不同；4）工人基本信息通常为非显性信息，虽然工种信息有时可以通过安全帽的颜色进行区分，但大部分基本信息不能直接通过视觉的方式识别，还需要借助集成工人信息的可穿戴式设备等进行提取。综上，根据技术方法的差异性，上述元素又可进一步归类为工人的基本信息元素、工人的动作元素（包含姿势元素）、实体间的关系元素（包含实体元素本身）。

在此基础上，需要评估上述元素对于不安全行为识别的必要程度，以及上述元素的组合对于行为描述的覆盖程度。首先，对于不安全行为的识别，上述元素都有其必要性。例如，需要实体间的关系元素判别工人是否靠近危险源；需要工人基本信息元素判别工人是否操作了与资质不符的机械；需要工人动作元素判别工人是否有危险动作（如单手爬梯子）。其次，行为描述上，上述元素的组合也有较广覆盖面。一方面，通过场景解析的方式较为系统、完整地梳理了用于行为描述的元素，而从行为识别的技术维度对元素进行再归类时也较好地保留了前述元素的完整性；另一方面，上述各元素分别对应不安全行为文字描述中的语义，基于元素组合的结构化描述能较好、较完整地还原文字描述。例如，在“油漆工向上爬梯子”这一场景中，实体间的关系元素为工人在梯子上，工人的基本信息元素为油漆工，工人的动作元素为向上爬行，则可以将文字描述转化为“油漆工在梯子上向上爬行”的结构化描述形式。因此，本研究选取实体间的关系元素、工人的基本信息元素、工人的动作元素作为工人不安全行为识别的关键元素，如表 4 所示。同时，将不依赖于场景或者在任何场景下都需要穿戴的 PPE 记为第一类 PPE，如安全帽、安全服等，以及依赖于场景或者动作进行识别的 PPE 记为第二类 PPE，如防护眼镜等。

支持不安全行为识别的关键元素　　**表 4**

元素名称		说明
	工人的基本信息	工人年龄、工种、资质等
	工人的动作	工人的动作（含姿势）
实体间的关系	工人与危险源之间的关系	工人与危险源之间的共存关系与位置关系
	工人与第一类 PPE 之间的关系	工人与第一类 PPE 之间的共存关系与位置关系
	工人与第二类 PPE 之间的关系	场景特征实体、作业姿势下的工人、第二类 PPE 之间的共存关系与位置关系

3.3　元素组合与行为描述

在关键元素提取的基础上，关注不安全行为的描述与表示，即选取行为识别所需的关键元素对行为进行结构化描述。其中，有些不安全行为能够使用单一元素进行描述，即识别该元素便能识别该行为，而大部分行为依赖于元素组合。以“靠近危险源”为例，当工人处于危险源（如临边、洞口等静态危险源，机械、车辆等动态危险源）附近时被判定为不安全行为，这是一个环境层面可判别的不安全行为。图 3（a）为“工人处于临边”，图中有工人及临边这一静态危险源；图 3（b）为“工人在机械下方”，图中有工人及机械这一动态危险源，可通过对工人与危险源之间关系元素的识别以实现此类不安全行为的识别。

(a)

(b)

图 3　工人靠近危险源

（a）工人处于临边；（b）工人在机械下方

在实际情况中，不同的不安全行为所需的描述元素不同，如表 5 所示。元素越多，行为识别更为复杂。例如，“不穿戴安全帽”行为仅需要工人与安全帽之间的关系元素便可以识别；“单手爬梯子”行为需要工人与梯子之间的关系元素、工人的动作元素综合识别。

部分工人不安全行为描述　表5

所需元素数量	元素名称	不安全行为举例
1	工人的动作	单脚站立，身体伸向一旁
1	工人与危险源之间的关系	站在塔吊下方
1	工人与第一类PPE之间的关系	不穿戴安全帽
1	工人与第二类PPE之间的关系	焊接作业时未使用防护面罩
2	工人的动作+工人与第二类PPE之间的关系	高处作业时未使用安全带
2	工人的动作+工人与危险源之间的关系	单手爬梯子
3	工人的动作+工人与危险源之间的关系+工人与第二类PPE之间的关系	未使用安全带在梯子上进行钻孔作业

4 结论

本研究提出了工人不安全行为的结构化描述方法，实现了文字描述的行为与图像承载的行为之间的对应，将行为识别问题转化为元素识别问题。具体而言，选取了工人的基本信息元素、工人的动作元素、实体间的关系元素作为支持行为识别的关键元素，并以“靠近危险源”为例，分析不安全行为识别所需要的关键元素，在此基础上使用关键元素或其组合对行为进行了结构化描述。本研究提出的工人不安全行为结构化描述方法可为不安全行为识别，尤其是不同类型行为的针对性识别提供基础支持，从而有助于推动基于计算机视觉的不安全行为识别方法的落地实施。

参考文献

[1] SURAJI A, DUFF A R, PECKITT S J. Development of causal model of construction accident causation[J]. Journal of construction engineering and management, 2001, 127(4): 337-344.

[2] GUO B, ZOU Y, CHENL. A review of the applications of computer vision to construction health and safety [C]// The 18th International Conference on Construction Applications of Virtual Reality 2018, 2018.

[3] 居婕，杨高升，杨鹏．建筑工人不安全行为影响因子分析及控制措施研究[J]．中国安全生产科学技术，2013，9(11)：179-184.

[4] 邵辉，赵庆贤，葛秀坤，等．安全心理与行为管理[M]．北京：化学工业出版社，2011.

[5] 周刚，程卫民，诸葛福民，等．人因失误与人不安全行为相关原理的分析与探讨[J]．中国安全科学学报，2008，18(3)：10-14.

[6] 宋晓芳，李东阳．建筑工人不安全行为形成机制及原因分析[J]．工程经济，2016，26(07)：63-66.

[7] GUO S Y, DING L Y, LUO H B, et al. A Big-Data-based platform of workers' behavior: Observations from the field [J]. Accident Analysis & Prevention, 2016, 93: 299-309.

[8] 中华人民共和国国家技术监督局．企业职工伤亡事故分类标准：GB 6441—86[S]．北京：中国标准出版社，1986.

[9] 张孟春，方东平．建筑工人不安全行为产生的认知原因和管理措施[J]．土木工程学报，2012，45(S2)：297-305.

工程项目数字一体化建造探索与实践

王　勇

（广联达科技股份有限公司，北京 100193）

【摘　要】当前我国建筑业已经由高速增长阶段转向高质量发展阶段，以BIM、物联网、大数据、人工智能等为代表的新一代信息技术正在推动建筑业的数字化、智能化转型与升级。工程项目作为建筑业的业务原点，它的成功与否直接决定着行业的发展路径。本文以广联达西安大厦项目为例，探索在IPD模式下，基于数字项目集成管理平台进行了设计、施工一体化的精益建造实践，并已取得阶段性成果。

【关键词】BIM；IPD；精益建造

1　研究背景

1.1　劳动力短缺成为建筑业面临的新常态

随着全球进入老龄化社会，各个行业都出现了职工老龄化的现象，建筑业尤为明显。据统计，2017年，我国建筑工人平均年龄已经达到44.8岁。随着中国人口红利开始消退，加之建筑业就业环境恶劣，年轻劳动力供给将逐年减少，进一步加剧劳动力市场供需不平衡，劳动力短缺已成为建筑业面临的新常态。

1.2　生产力低下成为制约建筑企业发展的瓶颈

建筑业快速发展的同时，在产品品质、效率、成本等方面，与其他行业相比还存在着较大的差距。建筑业的全球劳动生产率年增长不到1%，远低于全球经济生产率年增长的2.8%。建筑业生产力水平低下已经成为长期制约产业发展的重要瓶颈，而由此导致的品质低、质量差、成本高、能耗多等方面的问题十分突出。

1.3　智能建造为建筑业转型升级指明方向

2020年7月，住房和城乡建设部、国家发展改革委、科学技术部工业和信息化部等13个部门联合印发了《关于推动智能建造与建筑工业化协同发展的指导意见》[1]，要求围绕建筑业高质量发展的总体目标，以建筑工业化为载体，以数字化、智能化升级为动力，创新突破相关核心技术，加大智能建造在工程建设各环节应用、形成涵盖科研、设计、生产加工、施工装配、运营等全产业链融合一体的智能建造产业体系，实现建筑业转型升级和持续健康发展[2]。

2　相关工作基础

2.1　项目精益化管理

美国的精益建造协会（LCI）将精益思想引入到了建筑行业，并推出了精益建造的理论体系（Lean Construction，LC）。精益建造以客户为中心，围绕项目精益求精的目标，通过减少浪费、降低成本、提高质量、优化流程、提高效率和改善资源配置等精细化手段，以达到项目收益最大化和浪费的最小化。如图1所示，实现精益建造应抓住以下几个关键环节，即，以客户为中心，严控3条管线。关注进度、成本、质量3个核心要素，用好计划、合约管理2个手段，追求7个“零极限”目标。遵循精益化过程的客

【作者简介】王勇（1979—），男，施工总体部副总经理/正高级工程师。主要研究方向为BIM、智能建造。E-mail：wangyong_tj@126.com

观规律，从企业层级和项目层级实现精益化管理。

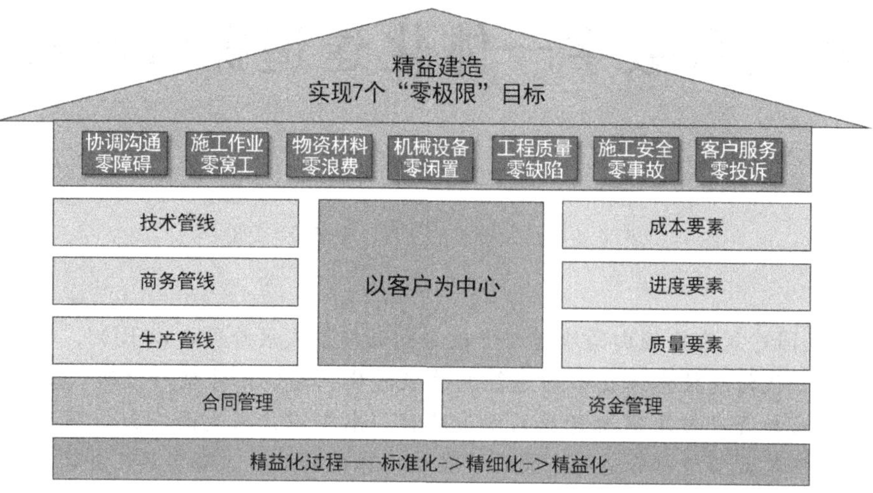

图 1　工程项目精益化管理整体框架

2.2　IPD 模式

项目集成交付（Integrated Project Delivery，IPD）是一种以提升项目整体价值为目标的工程项目交付模式[3]。IPD 模式实现的五个关键因素分别是：IPD 合同、管理思想、组织架构、工具技术、风险和利益。其中，合同与管理思想是实现项目团队有效集成的前提和基础，合适的组织架构是实施保障，BIM 等数字技术是应用支撑，风险和利益共享是大家共同的目标。IPD 模式有利于克服传统模式下，各阶段割裂、相关方利益博弈的工作模式，有利于建立风险共担、利益共享、高效协作的工作模式。如图 2 所示，IPD 模式的成功落地实施需要关注几个关键要点。

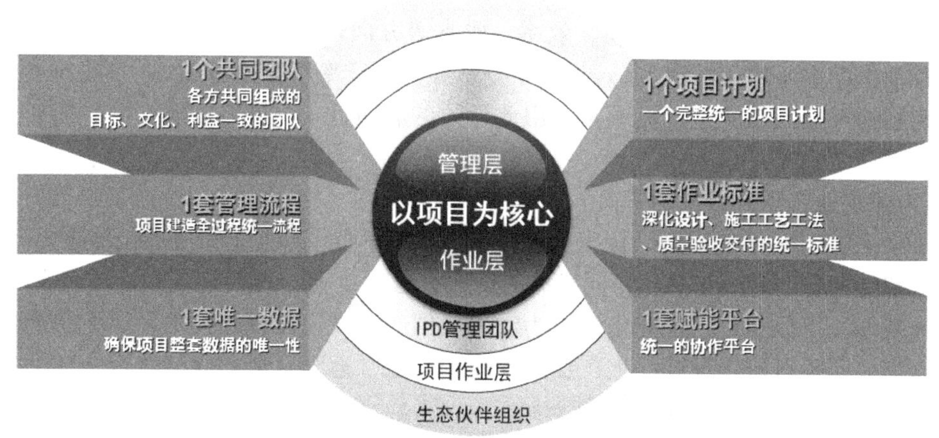

图 2　IPD 模式实施核心要点

围绕 1 个核心：以项目为核心整合各方资源，建立 IPD 团队；

打造 2 级组织：建立“管理层”与“作业层”2 级组织，实现管理层、作业层扁平化管理；

设计 3 层激励机制：设计“生态伙伴组织”“IPD 管理团队”“项目作业层”3 层激励机制，构建“成本+酬金激励”模型，理顺项目参与者利益关系；

建立 6 个统一管理机制：建立“6 个统一”管理机制，确保项目高效运作。

2.3　智能建造平台

智能建造是指在建筑工程设计、生产、施工等各阶段，充分利用云计算、大数据、物联网、移动互联网、人工智能等新一代信息技术，及建筑信息模型（BIM）、地理信息系统（GIS）、自动化和机器人等新兴应用技术，通过智能化系统提高建造过程的智能化水平。智能建造平台作为工程项目的数字基础设施，它将贯穿工程项目全过程，升级工程项目全要素，连接工程项目全参与方，提供虚实结合的数字化建造服务[4]。如图 3 所示，基于技术中台和数据中台，形成核心的业务平台-数字项目集成管理平台，在此基础上，围绕建筑全生命期，提供设计、采购、制造、建造、交付、运维等专业应用服务。

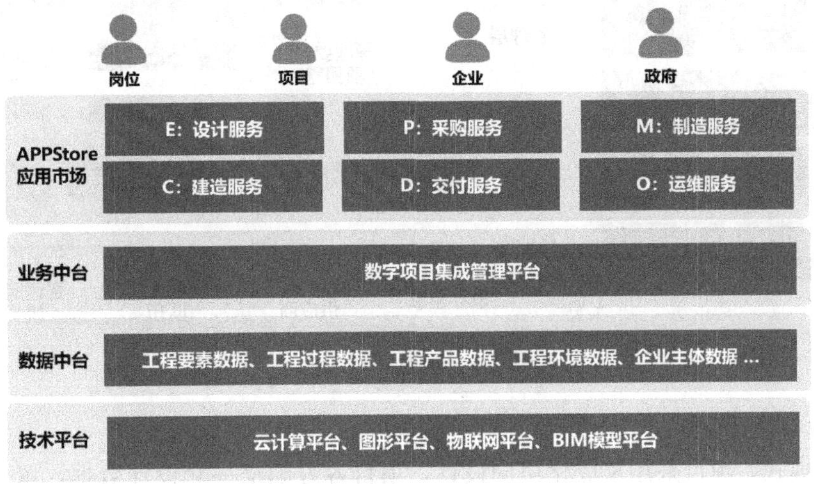

图 3　项目智能建造平台的应用架构

3　广联达西安大厦数字一体化建造实践

广联达西安大厦项目位于陕西省西安市未央区中北部，项目地下 3 层、地上 12 层，总建筑面积约 6.6 万 m^2。建成后将成为广联达数字建筑软件研发和测试中心、大数据平台、物联网系统集成中心和区域总部，同时还将引进一批建筑产业链上下游合作企业入驻。建筑立面效果如图 4 所示。

图 4　广联达西安大厦建筑效果图

3.1　IPD 管理模式设计

该项目以精益共赢理念为引领，组建了多方共同参与的项目 IPD 管理团队，设计了成本＋酬金的合约模式与激励体系，建立了一整套项目集成管理体系（即一个共同团队、一个项目计划、一套业务流程、一套作业标准、一套唯一数据、一套赋能平台的六个统一管理机制）（图 5）。当前，项目对 IPD 的项目管理模式进行了系统化实践，已取得阶段性成果，保障了项目的高效运转。

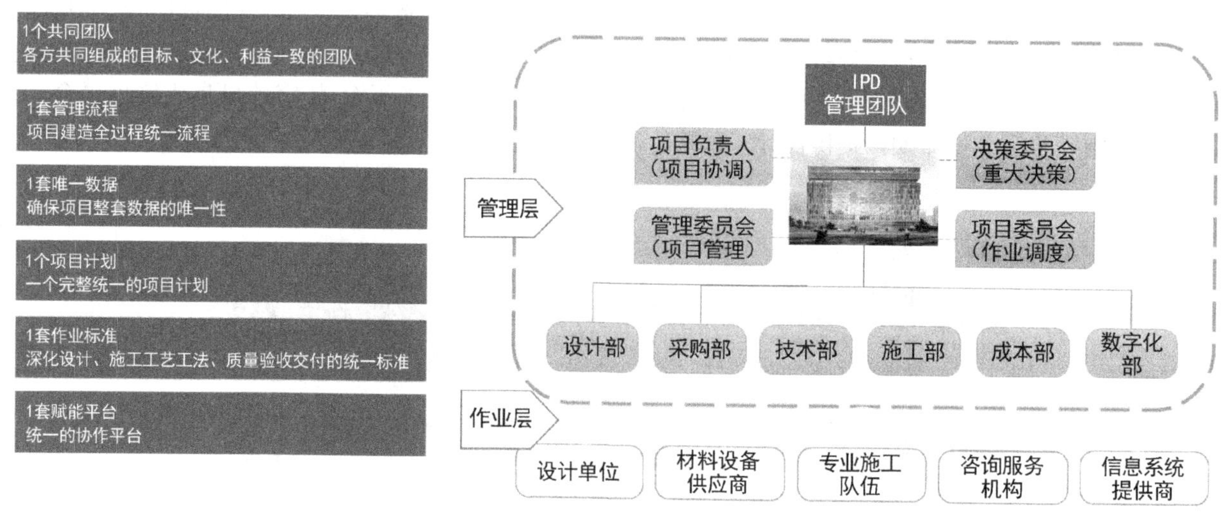

图 5　项目的 IPD 管理模式

3.2　全专业集成数字设计实践

借助 IPD 管理模式，项目采用集成化协同设计，项目各方围绕一套设计数据，置入、提取和更新信息，以支持和反映整个设计协同作业。从方案阶段的可视化模型到可支撑建造的数字化模型，做到先模拟后施工，如图 6 所示。项目将传统的阶段式设计，进行了以 BIM 拉动的集中前置，并提前采购确定末端，从而进行整体的设计优化。然后，将设计按照工序级需要进行深化，满足支撑工厂加工和工作面施工的要求。通过多方协同和全专业集成设计，实现了限额目标下的价值最大化，以及避免后期可能产生的设计变更。例如，通过集成化协同设计，将变电设备的采购提前，在设计中充分考虑其楼内运输、安装的影响，优化设计并预留吊装孔洞，避免了因后期变压器楼内运输而造成的结构变更、加固等成本。

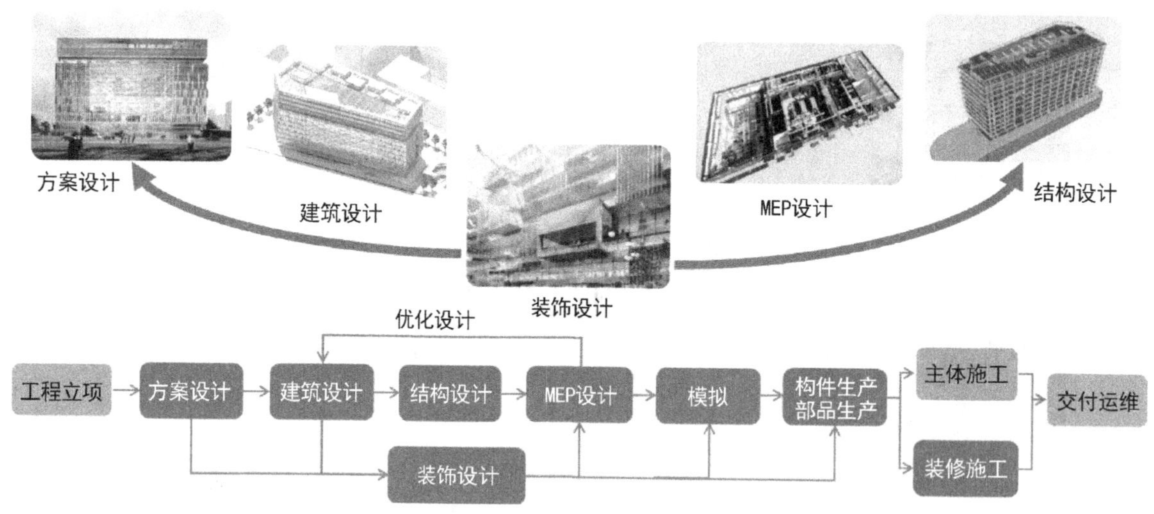

图 6　项目的全专业集成数字设计实践

3.3　数字化精益建造实践

通过广联达的数字项目集成管理平台，基于工序最小管理单位，对影响项目成功的进度、成本、质量、安全、环境五要素实现精益管理。在办公室进行工序级深化设计、进度排程、资源采购与供应等业务数字化，做到设计、排程、采购到位。利用平台实现办公室、工地、工作面的数字化和在线化，通过施工现场业务需求驱动相关资源配置，确保工地人材机供应到位、工作面作业到位。通过数据驱动的精益建造，达到进度动态优化、费用及时支付、质量零缺陷、安全零事故。目前，已实现 80%的工序任务有明确作业标准，建成后建筑将达到工业级品质（图 7）。

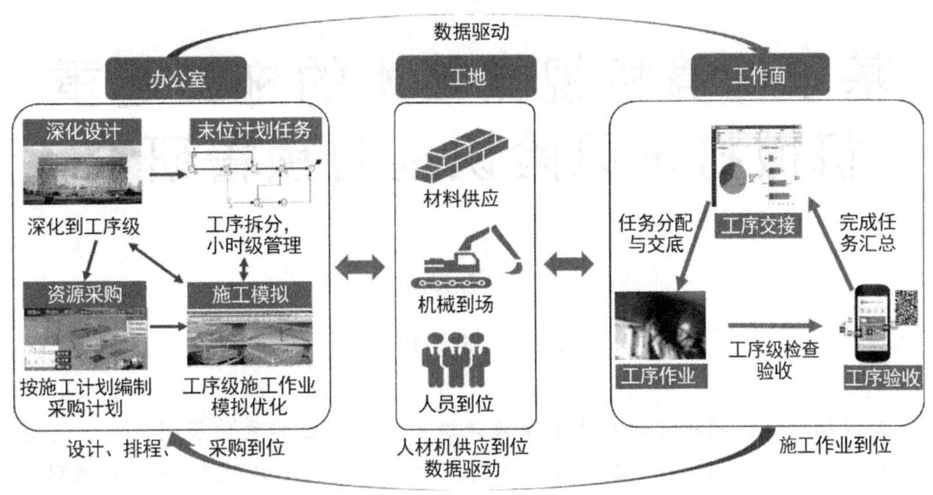

图 7　项目的数字化精益建造实践

4　结语

工程项目数字一体化建造是一种面向未来的工程建造的模式。在项目的建造过程中，通过引入 IPD 机制保障了项目参建各方风险和利益共享；通过数字化的平台，项目所有工作基于统一的生产计划进行管理，将项目生产要素、管理要素全部数字化，以精准的工序数据驱动项目现场作业，以现场生产数据驱动供应链的资源供给，推动工程项目管理向数字化、在线化、智能化演进。

参 考 文 献

[1]　住房和城乡建设部等部门关于推动智能建造与建筑工业化协同发展的指导意见[EB/OL]. http://www.mohurd.gov.cn/wjfb/202007/t20200728_246-537.

[2]　丁烈云. 智能建造推动建筑产业变革[N]. 中国建设报，2019-06-07(008).

[3]　马智亮，李松阳."互联网+"环境下项目管理新模式[J]. 同济大学学报(自然科学版)，2018，46(07)：991-995.

[4]　王勇，刘刚. 建筑产业互联网赋能建筑业数字化转型升级[J]. 住宅产业，2020(09)：27-30.

基于计算机视觉技术的施工起重机械打击风险识别与预警研究

古博韬，黄玥诚，方东平

（清华大学，北京 100084）

【摘　要】施工现场人机协同场景的打击类事故是造成工地伤亡的主要原因之一。目前人机协同安全风险的识别与预警主要依赖安全监督人员，因此受到人力的局限，难以实时全面地识别与预警风险。本研究基于计算机视觉技术，结合增强现实技术，提出施工现场起重机械打击事故风险识别与预警系统。该系统可以有效地协助安全监督人员判断危险区域，帮助作业人员直观识别危险从而主动规避，本研究提出的系统对现场安全管理具有重要意义。

【关键词】施工安全；打击事故；风险识别；计算机视觉

1　引言

随着建筑业生产规模的不断扩大和生产周期的持续压缩，施工机械在现场扮演着越来越重要的角色。特别是预制构件、模块化施工等工艺的推广和使用，施工现场越来越多的工作由机械取代人工完成。施工现场常见的机械包括塔式起重机、吊车、挖掘机、铲车、推土机、土方车和铺路机等。生产效率提高的同时，施工现场与机械相关的事故也在不断增加。这一现象在发达国家的建筑业表现得尤为明显。Hinze 和 Teizer 的研究表明[1]，目前施工现场约有四分之一的事故是与机械相关的。其中与起重机相关的事故死亡人数最多（17%），其次分别是挖掘机（15%），拖拉机（15%），铲车（9%）和铺路机（7%）。根据我国 2017 年建筑业死亡类型统计，25.7%事故与机械相关，其中 11.9%的工人死亡来自于打击类事故。因此本研究选择事故最为高发的工程机械起重机事故类别中打击事故作为研究对象，开发打击事故风险识别与预警系统。

近年来科学技术的发展为建筑业现场安全风险预警提供助力。传感器技术、定位技术、计算机视觉技术、BIM 等技术的发展为现场安全提供更多数字化工具，可以有效预警风险，降低事故的发生。

2　研究现状

目前，施工现场的安全风险预警总体上还是通过在人工检查的基础上进行监测和评估的方式开展的，高度依赖于安全相关人员的个人能力[2]。并且，这种做法无法随时监测现场安全情况，导致对于实时的、突发的打击类事故几乎无能为力。研究人员通过数字化技术，尝试提出各种方法来解决对实时突发事故的预警。Teizer 等[3]操作激光雷达扫描工程机械的盲区，计算工人与设备的安全距离，通过 RFID 技术测量距离进行预警。张等[4]通过超宽带（UWB）技术实时获得吊车的吊臂姿态从而降低工人与吊臂发生碰撞事故的可能。为了选择合适的技术，本研究从（1）实时性、（2）测距误差范围、（3）安装和维护的复杂程度、（4）对机械和工人工作的影响、（5）经济性、（6）能否提供直观画面共 6 个方面展开对 RFID 技术、GPS 技术、UWB 技术、WLAN 技术和计算机视觉等 5 项技术进行对比。

在所有技术方法中，WLAN 的实时性过低，因此首先被排除。UWB 与 RFID 在工作原理、技术性能

【作者简介】古博韬（1994—），男，博士生。主要研究方向为建设工程安全管理。E-mail：gbt17@mails.tsinghua.edu.cn

等方面都比较接近。UWB优势在于测距的误差范围更小，通常在50cm以下。但UWB整个系统的安装和维护比RFID要复杂很多，价格也更高，更多用于室内环境的高精度定位。因此，二者相比，RFID的优势更突出、劣势不明显，可以将UWB排除。而RFID与GPS的原理和技术性能相差很多，需要进一步比较。计算机视觉技术依赖于施工现场的摄像机，数据源与前面的技术完全不同，因此需要单独对比。在对所有技术方法进行初步筛选之后，RFID、GPS和计算机视觉技术三者需要进一步比较。

RFID、GPS和计算机视觉技术的性能比较　**表1**

	RFID	GPS	计算机视觉
实时性	高	低	高
测量误差	大	中	小
安装和维护的复杂程度	高	低	中
对机械和工人工作的影响	大	中	小
经济性	低	高	中
能否提供直观画面	否	否	高

如表1所示，在实时性方面，RFID一般情况下延迟在0.1s以下，而计算机视觉技术除了应用深度学习的算法外，实时性通常也可控制在0.1s以下，因此在实时性方面RFID技术与计算机视觉技术性能持平均为最高。在测量误差方面，使用双目摄像头的视觉系统性能最优，误差范围可以控制在50cm以下，而RFID和GPS的误差范围通常大于1m。得益于商业化的产品，GPS系统的安装维护复杂性最低。RFID则最为复杂，需要在现场布置大量的发射器，并为每个目标安装标签。虽然视觉系统需要根据需要安装摄像头和显示器，复杂性居中。但是，这一系统在实际工作对工人几乎没有影响，无须他们额外佩戴任何设备，不会干扰他们的工作。在经济性方面GPS已有大量民用产品，价格低廉，经济性最好。虽然RFID和视觉系统的价格相对高于GPS系统，但是对于一个施工项目来讲，其经济影响还很小。所以，在经济方面三者都处于可接受的范围之内。此外，视觉系统由于直接使用摄像头捕捉现场画面，因此其行为信息可以非常直观的通过显示器提供安全管控人员。RFID和GPS则不具备这种能力。因此本研究选择计算机视觉技术为基础，结合GPS技术开发吊车的打击事故预警系统。

3　起重机械打击风险的特点

起重机械作为现代化建筑业的八大类特种设备之目前被广泛地应用在起重、装卸、安装运输等作业[5]。起重机械的应用提高了施工效率但引入了打击的风险。物体打击事故是指在起重作业活动过程中，被起重物体在重力或其他外力的作用下产生运动打击人体，造成人体伤害事故。打击事故的发生的原因可以分为起重物坠落和危险区人员闯入两部分。起重物坠落是指在起吊过程中，由于重物捆绑不牢靠，吊物中心有偏载，吊绳角度不合适；吊机具、吊钩和防脱钩有缺陷；吊车变幅或起升钢丝绳与滑轮组有缺陷；起升限位装置、钢丝绳防脱槽装置性能缺陷等原因造成重物从高处坠落造成人身伤害事故。危险区人员闯入是指重物吊装过程中，下方区域存在人员行走或作业导致重物坠落时受到打击造成人体伤害事故。危险区域闯入工人除了工作人员安全意识淡薄等主观原因外，存在危险动态变化、区域边界不清晰或危险源遮挡等客观问题造成工作人员难以注意到危险区域，安全监督人员难以根据危险区域范围管理人员。由于重物重量较大，重物的坠落可能会造成连锁反应，例如从1楼吊往3楼的重物由于重物的坠落可能不仅仅打击在3楼作业的工人，同时会破坏楼板打击在2楼甚至1楼的工人。

目前安全监督人员通过自己的经验用直接观察的方法估计危险区域，对进入危险区域的工人提出警告。然而对于具体的一个安全监督人员，事故发生的频率并不高，很可能此人员并不具备准确估计危险区域的能力。同时在重物最近楼层下面的楼层作业的工人难以获得具体的危险区域信息，安全监督存在盲区。

4　起重机械打击风险识别与预警系统

本研究结合施工现场数据采集实际中的挑战，针对起重机的业务活动，基于计算机视觉技术，结合增强现实技术（Augmented Reality），配套双目摄像头和GPS模块，实现基于计算机视觉的起重机械打击事故风险识别与预警系统，协助安全监督人员判断起重作业危险区域边界，帮助作业人员发现起重作业危险区域范围从而主动规避。

系统主要包括3个模块，分别是数据采集模块、处理器模块和风险识别与预警模块。

4.1　数据采集模块

数据采集模块采集吊物姿态数据与吊物投影面积数据，具体模块如图1所示。

数据采集模块包括Realsense实感摄像头与GPS模块，Realsense实感摄像头包括双目摄像头与IMU传感器。整个数据采集模块和数据处理模块一并安装在起重机吊臂上，位于吊钩正上方。双目摄像头垂直向下捕捉吊物图像，通过双目视觉算法获得深度图像，计算吊物投影面积，具体算法如下：

图2中物体P是待测距物体，O_l和O_r是双目摄像头的两个摄像头，T是实际两个摄像头间的距离，f是摄像头焦距，所以T和f是已知参数，因此可得：

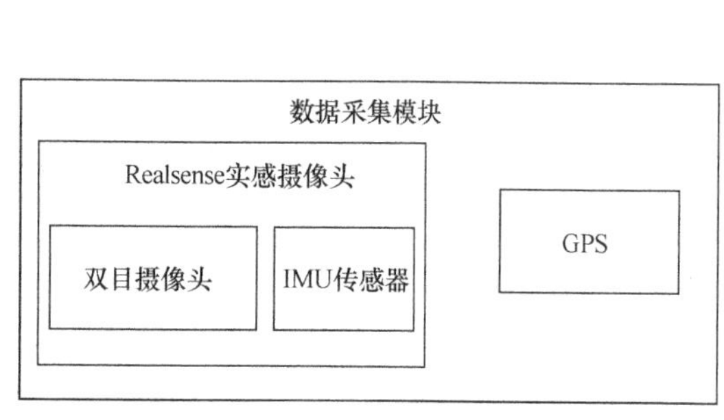

图1　数据采集模块

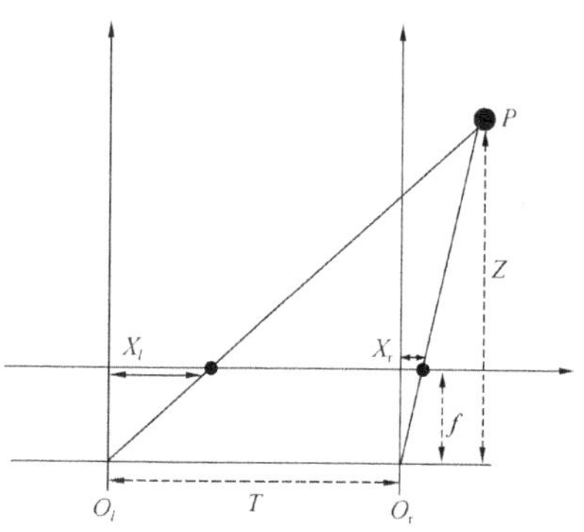

图2　双目视觉测距算法

$$\frac{T-(X_l-X_r)}{Z-f}=\frac{T}{Z}$$

$$Z=\frac{Tf}{X_l-X_r}$$

所以求物体距离问题变为了确定视差$D=X_l-X_r$的问题。

视差是同一个空间点在两个相机成像中对应的x坐标的差值，在成像中每一个像素点通过编码具有一个灰度值，离镜头越近的灰度越亮。通过灰度值我们可以在两张照片中找到对应的像素点从而计算灰度值获得视差D。由此通过双目测距算法得到的深度图像。

Realsense实感摄像头采集的深度图像包含307200个像素点（640×480），每个像素点对应一个深度值，参考k-means算法可以将像素点聚类得出每类点的平均值。具体算法步骤如下：

选择坐标（160，120），（480，120），（160，360），（480，360）这4个点为初始点，将其他的像素点分配到这4个点中。分配依据是深度距离的差，针对每个像素点，选择距离差最小的点分配。第二步重新计算每类中的点到该类中心点距离的平均值，再次分配每个数据到它最近的中心点。重复第二步，直到所有的观测值不再被分配或是达到最大的迭代次数（此处最大迭代次数为4）。

分配完后对4个点代表的点群求深度距离的平均值。如果某两个点群的平均值小于1m则将两个点群合并为一个点群再次计算平均值。将点群按平均值从小到大排列，去掉最大的点群。此时算法已经排除了误差点和地面点对估计吊物投影面积的影响。计算其余点阵坐标的中心点，距离（320，240）点最近的点群即为目标点群。

Realsense实感摄像头在采集深度图像时会产生错误的深度数值，造成计算吊物投影面积的误差，需要对目标点群进行过滤。具体算法如下，对目标点群内的每个像素点计算以此像素点为中心点，在深度图像中以1为距离，取5×5一共25个像素点。将每个像素点与目标点群平均值做差，统计超过1m的像素点占25个像素点的个数，如果超过20%则在目标点群中去掉该像素点，通过此算法对目标点群过滤。统计过滤后目标点群中每个像素点的坐标，将离（320，240）点最远的像素点作为计算吊物投影半径的依据，得到吊物投影半径。将吊物投影简化以（320，240）点为圆心，吊物投影边界点到（320，240）点最远距离为半径的圆，得到吊物投影。

吊物在坠落是危险区域不仅跟吊物垂直投影相关，还与吊物自身的高度相关。起吊前需要通过IMU模块测量吊物高度，在吊物投影半径的基础上加上吊物高度得到危险区域半径。最终危险区域为以（320，240）点（吊钩垂直坐标点）为圆心，危险区域半径为半径的圆形。

4.2 处理器模块

由于设备要安装在吊车吊臂上，处理器选择微型工控电脑主机，具体参数见表2。

微型工控电脑主机参数　　**表2**

处理器	操作系统	硬盘	内存	显示芯片	数据传输	电源输入	功耗	尺寸（mm）
i5-5200U	Linux	64G SSD	8G	Intel HD Graphics5500	5G	DC-12V 4A	15W	177×123×55

施工现场供电来源为移动式独立电源，电池容量8000mAh，支持12V输出，最大输出功率60W。本装置功耗为15W，所以可以用6h，满足一次吊装活动的需要。

4.3 风险识别与预警模块

风险识别与预警模块包括定位模块和增强现实模块，定位模块由GPS和IMU传感器构成。GPS模块安装在起重机回转支撑正上方。

IMU模块在Realsense实感摄像头中，安装在吊臂上，吊钩的正上方。GPS模块实时获得起重机的绝对空间坐标，IMU传感器的作用是测量起重机械打击事故风险识别与预警系统的姿态，在使用前会进行归零并校准，具体在使用前IMU传感模块先以施工现场起重机接触的地面为基准面对z轴坐标进行校准，调整为0。接着在GPS模块安装后，在GPS模块的正上方对x轴和y轴坐标进行校准，校准为0，最后安装在吊臂上方，吊钩中心与摄像头得到的图像的（320，240）像素点对齐。IMU传感模块通过3个加速度计和3个陀螺仪组C成的组合单元形成笛卡尔坐标系，具有x轴、y轴和z轴，传感器能够测量各轴方向的线性运动，以及围绕各轴的旋转运动。在本研究中主要测量起重机械打击事故风险识别与预警系统x、y、z方向相对GPS模块的相对坐标。IMU得出的相对坐标结合GPS实时显示的空间绝对坐标得出风险区域中心点空间绝对坐标（X，Y，0）。

风险识别与预警模块终端选择带有GPS的移动通信设备或者带有GPS的增强现实眼镜。在终端中打开风险识别应用程序，增强现实模块可以通过摄像头和传感器采集真实场景的视频或者图像，传入后台的处理单元对其进行分析和重构，并结合跟踪设备的数据来分析虚拟场景和真实场景的相对位置，实现坐标系的对齐并进行虚拟场景的融合计算；交互设备采集外部控制信号，实现对虚实结合场景的交互操作。系统融合后的信息会实时地显示在终端设备中，展现在人的视野中。本研究中通过GPS数据将虚拟场景和真实场景坐标系对齐，在风险区域中心点（X，Y，0）生成红色的圆柱体虚拟场景，圆柱体高度为20m（可调整），圆柱体半径为危险区域半径。其中地面上10m，地面下10m。

根据此模块，安全监督人员可以直观有效地判断因为起重作业吊物所造成的打击风险区域的位置和范围，判断工人是否误入了风险区域并采取措施进行警告。工人可以通过手机等终端在有遮挡的情况下实时看到因为起重作业吊物所造成的打击风险区域的位置和范围，主动采取措施进行规避（图3）。当工人已经处于打击风险区事，可通过安装于

图3　打击风险可视化效果图

安全帽的蜂鸣模块加以预警。

5 总结

本文针对施工起重机械的打击类事故，基于计算机视觉技术，结合增强现实技术，配套双目摄像头和 GPS 模块，实现基于计算机视觉的起重机械打击事故风险识别与预警系统。在本研究的基础上，可以在预警分析时引入现场 BIM 模型的数据，提高对风险区域预测的精确性。随着施工现场工程机械数量的不断提升，在施工中实时刻画人机协同的风险并预警将会在安全维度展现越来越大的价值，助力智慧工地的构建。

参考文献

[1] HINZE J W, TEIZER J. Visibility-related fatalities related to construction equipment[J]. Safety science, 2011, 49(5): 709-718.

[2] AHMAD K, GIBB A. Towards effective safety performance measurement: evaluation of existing techniques and proposals for the future[J]. Construction Safety Management Systems, 2004: 386.

[3] TEIZER J, ALLREAD B S, FULLERTON C E, et al. Autonomous pro-active real-time construction worker and equipment operator proximity safety alert system[J]. Automation in construction, 2010, 19(5): 630-640.

[4] ZHANG C, HAMMAD A, RODRIGUEZ S. Crane pose estimation using UWB real-time location system[J]. Journal of Computing in Civil Engineering, 2012, 26(5): 625-637.

[5] 杨巧萍，刘延雷．国内起重机事故统计分析与预防对策[J]. 机械管理开发，2011(02)：140-141.

基于数智化平台与项目管理融合构建信息化咨询服务的新业态
——以深圳小梅沙片区城市更新单元项目为例

曹　伟，温智鹏，刘　威，范　帅

（同炎数智科技（重庆）有限公司，重庆 400050）

【摘　要】小梅沙片区城市更新项目（以下简称小梅沙项目）由多个子项目构成，整体更新面积约 25 万 m^2，项目拟投资 150 亿元人民币。对于建设单位而言，项目的管理工作存在项目管理体系标准的制定难度大、工期进展控制难度大和管控技术复杂等一系列问题，而“BIM 总顾问＋第三方全过程咨询”数智全咨一体化的服务模式的主要任务即是帮助建设单位通过 BIM 协同管理平台的工具、BIM 技术、第三方全过程咨询的深度融合创新，推动数字项目和物理项目的同步建设。BIM 协同管理平台作为一个较新的信息技术，正逐步成为建设单位、监理单位、施工单位甚至是其他各参建方重要的项目管理手段。本文通过分析小梅沙项目“数智化全过程咨询服务”模式的实际应用，进一步为未来平台各板块提升及普及化提供参考。

【关键词】城市更新项目；BIM 协同管理平台；全过程咨询；融合创新

1　引言

随着信息化在各行各业渗透率的提升以及互联网技术的飞速发展，几乎处于最底端的建筑业近年来信息化市场也发展迅猛，信息化水平的提升和 BIM 技术应用的深化显著提高。但就总体而言，我国建筑业信息化程度还是较低，2021 年麦肯锡创新指数在审查行业中，建筑业排名为 22 个行业中的第 21 位，事实上信息化在各参建单位之间仍然相对闭塞也可侧面佐证排名倒数的事实。尽管市面上大量开发的 OA 办公系统、BIM5D 平台、协同管理平台对提升企业运营效率也起到了一定作用，但是还远未达到企业开启信息化建设前的预期。此外，2018 年中国建筑信息化占总产值的比例为 0.1%，而美国等发达国家投入却可达 1%[1]，也从另一个方面说明中国建筑的信息化仍有极大的发展空间。为了更全面地挖掘和展现 BIM 协同管理平台体现的价值，本文会先对协同管理平台开发现状进行阐述，再通过小梅沙项目的 BIM 协同管理平台应用情况，分析平台所展现的相关应用点，其分析结果可为挖掘 BIM 协同管理平台更大价值以及未来发展趋势提供参考。

2　BIM 协同管理平台的开发现状

现阶段市场上部分协同管理平台为无工程咨询背景的软件厂商开发的产品，导致了平台产品与工程管理的业务需求场景不匹配的问题。BIM 协同管理平台其重点就是打造以 BIM 模型作为协同管理平台的基本载体，再结合相应的工程业务需求实现业务需求的线上办公平台。BIM 平台类产品主要分为 3 类：（1）BIM 模型查看平台，此类平台更类似于模型展示工具，提供线上查看模型的功能，其弊端就是与其他业务结合不紧密；（2）BIM 平台类产品，将业务与 BIM 模型相结合，集成开发实现 BIM 应用系统；（3）BIM 引擎，此类 BIM 平台将 BIM 相关信息、操作、应用等集成后进行封装，以应用程序编程接口（即 API）开放给开发者，将业务系统完全剥离。目前由于 BIM 技术的应用没有深入到一个系统化的阶

【作者简介】曹伟（1993—），男，主管/工程师。主要研究方向为 BIM 技术应用方向。E-mail：caowei@tylin.com.cn

段，协同管理平台的应用其实并不深入，业务也与 BIM 模型的融合度不高，主要还是以可视化辅助应用为主[2]。

以产品思维的角度分析 BIM 项目协同平台就需要挖掘产品背后的服务对象及其需求。小梅沙项目参建单位众多，建设单位内部协作部门就达十个部门。项目业态之丰富，涉及高端酒店、高端滨海住宅、商务办公、体验式商业、会议会展等业态，建设管理强度极大，出现了项目管理资源与项目管理强度不匹配的难题。林同棪技术公司早在 2017 年开始提出“数智化全过程咨询服务”模式，通过数智化生产工具、BIM 应用的实施并结合全过程咨询的业务场景深度融合，为小梅沙项目数智赋能。

3　价值体现

深圳作为改革开放的试验田，在先行示范方面勇当使命，通过数智化全过程咨询服务的模式为建设单位定制化的业务场景需求提供了更多的可能性，可以实现更大的价值，总结以下五点：

（1）助力项目管理体系制度落地：通过建设单位与数智化全过程咨询服务单位制定相关的项目管理办法以及制度，平台的“文档管理”“质安管理”“巡检管理”等功能模块与业务场景的深度融合应用，强有力地将项目管理体系制度落实到项目实施的过程中。

（2）提高各参建单位协同作业效率：小梅沙项目划分成七个地块，另外还包括南北两个公园、交通集散中心（深圳地铁八号线二期工程也横穿小梅沙片区），建设单位管理强度大且复杂，以 BIM 协同管理平台为中心，标准的管理体系为指引，极大地提高了各参建单位之间的协同作业效率。

（3）实现看清楚、管清楚的应用目标：项目协同管理平台的最大优势在于平台数据的安全性、真实性和及时性。对于项目实施的各参建单位管理人员（尤其是业主方管理人员）来说可以随时随地了解项目信息，掌控项目情况，科学决策，也为整个项目的投资管控方面创造了较大的经济价值。

（4）社会效益：本项目是深圳市第一个旅游业态的城市更新项目，定位世界级滨海旅游度假区，市属重点项目，社会关注度高，通过项目协同管理平台的一方面可以赋能项目的数智建设，另一方面可以以此为窗口展示项目、宣传项目。

（5）一次建设，两个项目（数字项目＋物理项目）：通过全过程咨询的管理手段结合数智化平台应用可以最大限度地保障项目的建设过程数据从设计、施工阶段传递到竣工运维阶段，为后续的“智慧小梅沙”运维平台打下了夯实的数据基础。

小梅沙项目协同管理平台自 2020 年年底上线以来，总登录次数为 7160 次，随着 2021 年后平台使用情况的逐步上升，平台已成为项目各参建单位日常工作必不可少的数智化工具。

4　数智化全过程咨询实施组织架构

4.1　项目概况

小梅沙更新单元属于深圳市盐田区“商改商住”项目，发展定位为世界级都市型滨海旅游度假区，独具海洋文化特色的滨海旅游度假区，是深圳市首个旅游业态的片区更新项目，片区统筹规划面积 387ha，包括陆域面积 253ha 和海域面积 134ha。其中，本项目总规划计容建筑面积约 40 万 m^2，功能涵盖高端酒店、高端滨海住宅、商务办公、体验式商业、会议会展等，项目拟投资 150 亿元人民币。

4.2　数智化全过程咨询服务内容

在项目初期即组建了数智化全过程咨询实施团队，针对项目的重难点以及建设目标策划整体解决方案以及实施路径，包括编制以项目管理为核心的实施标准、搭建数智化 BIM 协同管理平台、BIM 应用点实施策划、各参建单位 BIM 应用成果审核、全过程咨询巡检管理等服务内容。

4.3　基于 BIM 协同平台的 BIM 应用范围

BIM 协同管理平台的主要应用包括各类型协同管理、智慧工地、数据统计收集及分析（图 1）。

各类型协同管理主要包括会务管理、文档管理、模型管理等。智慧工地管理主要包括现场全景、视频监控、晴雨表统计及劳务管理等。数据统计收集及分析主要体现在进度管理、质安管理对每周质量、

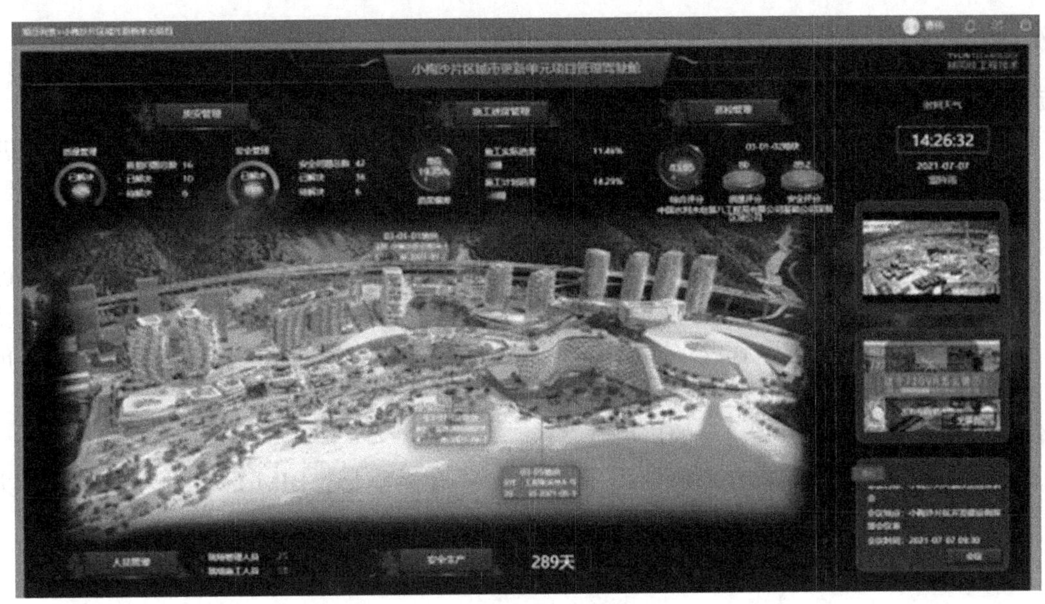

图 1　小梅沙项目驾驶舱

安全、进度数据进行收集和统计以及劳务管理中每日统计的各类工种以及管理人员数量，基于此形成可视化数据供管理人员针对性分析和科学决策。

4.4　BIM 协同平台质量体系文件

正所谓“无规则不成方圆”，编写体系文件及各类标准的制定也是 BIM 协同管理平台很重要的一环，是各级管理人员及全体员工都应遵守的规范，是达到所要求的产品质量和逾期管理目标和质量持续改进的保障。BIM 协同管理平台中也在“文档管理”里上传根据项目特点编制的管理类（如工程验收作业指引、质量通病防治手册等指引文件）、考核类（如安全管理检查综合评分表等各类考核文件）、制度类（如工作面移交制度、样板引路制度等制度类文件）和 BIM 类（如平台操作手册、BIM 管理细则等 BIM 类文件）的四类体系文件，供管理人员在线查看或下载，以推动项目合理有序的前进。

4.5　BIM 协同平台的平台业务架构

平台从平台集成化、项目可视化、智能分析化和成果数字化等方面入手，与现实物理项目同步建设数字项目，具体平台业务构架如图 2 所示。

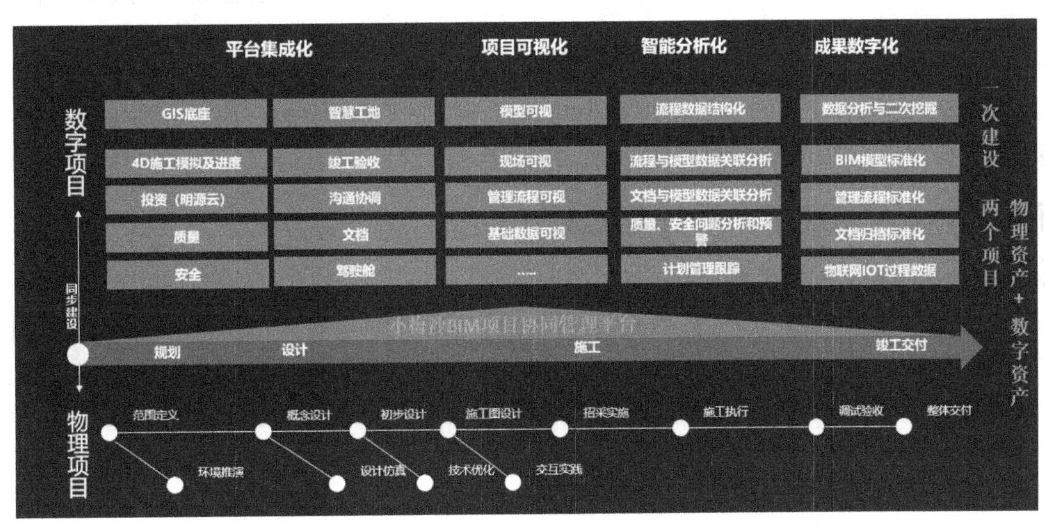

图 2　小梅沙项目 BIM 协同平台业务架构图

5　BIM 模型的创建与应用

5.1　多专业模型的创建与应用

在施工图设计阶段，设计 BIM 团队将负责施工图 BIM 模型的创建，在完成后移交施工单位进行 BIM 模型深化设计，最终完成施工深化 BIM 模型及竣工 BIM 模型。过程中涉及的设计变更，也需要 BIM 团队提交设计变更 BIM 模型。施工过程中每周也需要 BIM 团队提供施工进度 BIM 模型。

建设单位会定期通过会务管理功能举行 BIM 工作例会，基于已创建模型在施工图设计阶段进行模型审核、碰撞检查、机电管线综合检查、预留洞口检查、净高分析、复杂节点三维截图、工程量统计等。施工阶段，基于设计 BIM 模型进行分段分层 BIM 模型深化、管线综合排布优化、施工管线洞口预留预埋图审核、现场 BIM 成果落实情况、BIM 模型的施工模拟及施工可视化交底等。

5.2　BIM 模型基于 BIM 协同管理平台的应用

BIM 模型在 BIM 协同管理平台中的应用主要为 BIM 全景模型、BIM 形象进度（图 3）以及模型管理。

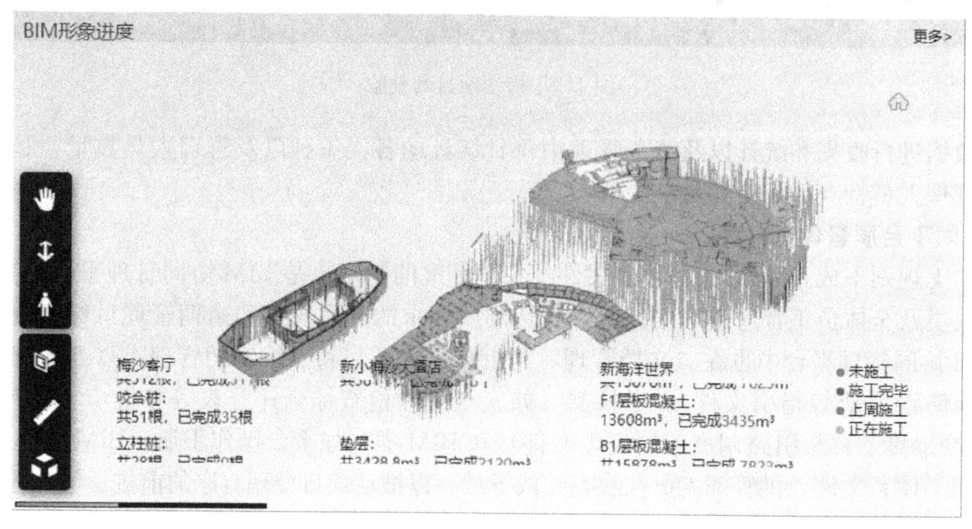

图 3　BIM 形象进度

BIM 全景模型主要是可视化辅助，配合工作部署及三维交底，BIM 形象进度每周更新，协助业主方统筹整体形象进度。

模型管理模块应用包括方案比选、实时讨论、模型分享等。上传相应文件后平台会自动对模型进行轻量化处理，在模型浏览时，还可对模型进行实时测量、漫游、楼层分解、剖切等功能。平台支持基于 BIM 模型的多人操作和在线讨论，实时问题沟通，提高沟通效率。

6　基于 BIM 协同管理平台的三管三控

6.1　BIM 协同管理平台的信息管理

BIM 协同管理平台中所有板块都有记录对应的信息，例如：进度管理模块会详细记录各项目的当前进度情况，建标库模块提供国家规范、行业标准、施工验收等文件下载途径。文档管理模块基于《深圳市建筑工程文件归档内容业务指引》建立归档目录，各单位按照指引的要求上传相应文件等。智慧工地主要应用包括现场全景、视频监控、晴雨表以及劳务管理等。

6.2　BIM 协同管理平台的计划管理

BIM 协同管理平台的计划管理模块（图 4）能够帮助业主方管理人员强化目标管控力度，增强目标意识，同时每项责任到人，及时完成目标节点。数据统计模块实现智能统计、结果管控的目标，实现管理者能够实时查看、清晰管理的功能。

计划审批功能中的状态以及计划执行功能中灯线图的联动查看能够更直观地为管理者提供各具体任务事件和月度整体任务进度的完成状态。

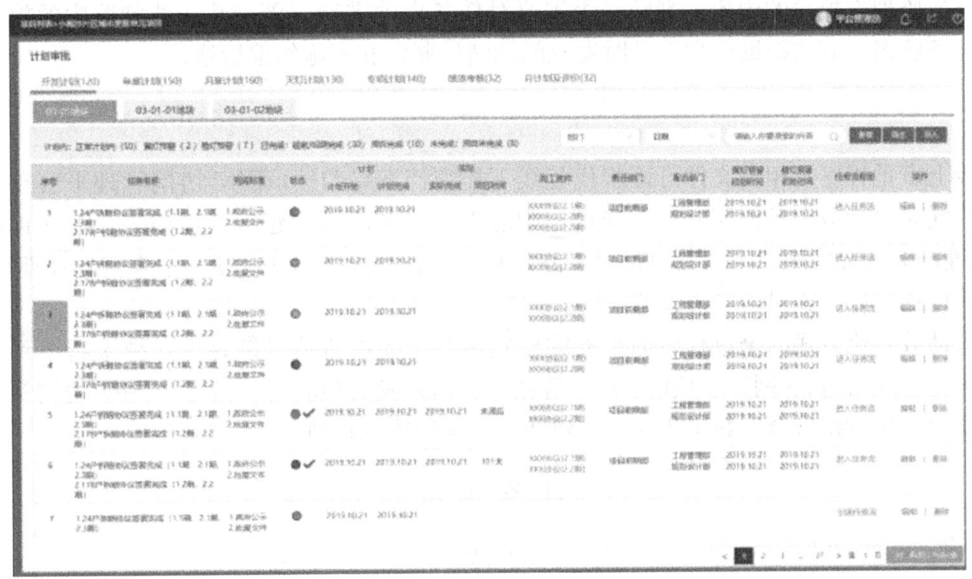

图4　计划管理模块界面

计划管理模块能够有效地提升计划运营部门的统筹、协调、跟踪、推进、督办的职能，加强项目开发全过程管控，保证各部门信息共享。在任务出现进度偏差时及时预警、及时纠偏、及时协调，提高团队整体执行力。

线上计划跟踪的优势在于，仅通过平台其中一个板块的功能可实现工作成果的检验，完成工程流程交接，避免因线下工作成果的交接、检验手续不完善或不及时导致工作沟通反复及后续任务的未能按时启动，通过系统对责任人、责任部门进行及时提醒。打造“可追溯，可联动，可考核”的工作管理数据中心，为业主方各部门成员提供强有力的辅助管理信息化工具。通过专项工具和功能来实现“看得清楚、管得清楚、高效协同”的目标。

6.3　BIM协同管理平台的安全管理和质量控制

质量控制和安全管理合并成“质安管理”，平台会自动收集整理问题数量及严重程度，实时更新给管理者，管理者也可以通过后台数据筛选相应信息，更有效、便捷、直观地提供给管理者相应的统计数据。

此外，驾驶舱中的巡检管理功能里会记录每月对施工单位、监理单位的巡检排名得分以及详细巡检报告，同时详细记录被评估人整改回复时间、各审批人审批时间，督促整个线上整改流程快速落实。此功能也为管理者对项目整体质安把控提供另一种信息渠道。

BIM协同管理平台相关功能（包括驾驶舱、质安管理以及巡查评估模块中的相应功能）、各参建方的检查制度（包括总包单位的自检、监理单位的日常巡检、建设单位专项检查、第三方巡检单位的月度巡检、质量安全监督站的例行检查等）以及各类奖惩制度都是推进项目朝着安全可靠的方向发展的重要保障，可有效地对项目进行安全管理和质量控制。

6.4　BIM协同管理平台的成本控制

BIM协同管理平台的成本控制体现在平台的投资管理模块，此模块直接融合业主方“明源云”系统，对项目的成本管理、合同管理、付款管理、资金计划、报表管理等做详细的统筹管理。特别是对实时的计划产值、实际产值、产值偏差能做及时的预警、纠偏和协调。

管理者先在资金计划中编制付款计划，包括收款单位、付款条件、计划付款日期等，然后此项任务会体现在成本管理中。成本管理里也会根据对合同类别及任务进行分类，每项的规划金额、已发生金额、规划余额等均有详细列表，方便管理者详细追溯每一分钱的来源和用处。

6.5 BIM 协同管理平台的进度控制

进度控制模块自定义程度较高，各施工单位及设计单位可按照平台提供的模板导入相应任务，平台会根据业主方或监理方填写的内容，判断是否需要对任务事件进行预警，并在驾驶舱中的施工进度管理功能中体现任务状态。有效帮助管理者及时发现问题然后制定和实施纠偏措施。

7 结语

若未来线上审批程序及相关文件可逐步代替线下提交档案局归档，BIM 协同管理平台在对管理造成便利与效率的同时也能减少各使用者的工作量，则能更高地调动各参建单位使用平台的积极性。这需要依靠 BIM 标准的完善和实施以及建设单位牵头制定相应实施标准和奖惩制度，未来可更加期待 BIM 协同管理平台的使用程度以及其对智慧建设的贡献。

此外，借助数智化方式的全过程咨询服务的模式因其产生的价值日渐显著，越来越得到了建设单位的认可，而且随着 5G、物联网、区块链、GIS 等技术的深入发展和应用，相信与 BIM 协同管理平台的深度结合会实现数字化虚拟融合、数字化加工与建造等更深层次的价值。

参 考 文 献

[1] 产业信息网．2019 年中国建筑信息化行业发展规模分析及行业发展趋势预测[EB/OL].（2019-10-25）[2021-7-9]. https：//www.chyxx.com/industry/201910/797146.html.

[2] 曹芳．BIM 协同管理平台应用现状与趋势研究[J]. 河南科技，2019，681(19)：107-109.

基于 HLA 联合仿真技术的关联基础设施系统模拟

马　光，汪　飞，李　楠*

（清华大学建设管理系，北京 100084）

【摘　要】准确地模拟基础设施系统（CIS）及其间的复杂关联关系对于评估和预测关联 CIS 的运行状态至关重要。现有的建模方法往往不能融合 CIS 的领域知识和体现 CIS 之间的系统异质性，从而限制了它们对关联 CIS 行为的模拟能力。本文介绍了一种基于高级体系结构（HLA）的关联 CIS 建模框架，用于协同模拟异构细粒度的 CIS 领域模型，从而高保真地再现复杂耦合系统。最后，以两个相互依赖的供电和供水系统为例，验证了该框架的有效性。

【关键词】基础设施系统（CIS）；HLA；联合仿真；关联性

1　引言

随着城市规模和复杂程度不断增大，基础设施系统（CIS）的复杂性及其之间的关联性日益增强。高效的基础设施系统管理是保障城市正常运行及功能发挥的重要基础。然而，由于 CIS 间关联性及外部环境的影响，基础设施系统的复杂动态运行过程很难被直接观测和重现，这给基础设施系统管理带来了巨大的挑战。基础设施系统模拟方法能够基于系统的运行机理模拟系统的运行状态及其变化过程，为基础设施系统管理提供重要支撑，对于提高城市关联基础设施系统的管理能力至关重要。

鉴于关联基础设施系统模拟的重要性，现有研究中已经提出了众多的建模方法。在这些方法中，基于主体的建模（ABM）、基于网络的建模（NB）和基于系统动力学的建模（SD）是关联 CIS 建模最常用的方法。尽管现有研究已基于 ABM、NB 和 SD 方法提出了一些高级模型，但仍然面临一些重大挑战。首先，由于各基础设施系统在拓扑结构、运行机理及灾害应对模式等方面存在显著差异，单一的建模原则和方法可能不适用于所有待研究的 CIS，因此，无法使用单个概念框架对多个复杂的异构系统展开合理建模。加之，如果使用单一的框架，CIS 的网络特征、物质和信息流、系统运行和灾害响应模式的异质性将无法得到适当的考虑，这将会显著降低模拟结果的准确性。其次，集中式模型可实现的规模、粒度和细节级别受到单个仿真引擎计算能力的限制。这一局限降低了整体模型的可重用性、适应性和可扩展性，从而限制了它们对大规模复杂关联 CIS 建模的适用性。

总之，由于上述的局限，现有的关联 CIS 建模方法在建模颗粒度及准确性方面存在巨大的挑战。随着 CIS 规模和复杂性的快速增长，现有的建模方法将无法准确模拟 CIS 以提供关联 CIS 异构行为的新发现，也无法准确评估系统的脆弱性和弹性。上述限制凸显了对改进建模方法的需求，该方法应具备集成多个异构 CIS 的领域模型的能力，同时能够确保模型的互操作性并考虑系统关联性及异质性。上述建模需求可以通过 High-level architecture（HLA）联合仿真技术的数据交换、管理和时间同步能力来得到满足。

因此，本文介绍一种基于 HLA 的关联基础设施系统模拟框架，该框架通过协同仿真多个细粒度的 CIS 领域模型，进而建立一个精细化的关联 CIS 模型。该模型将能够准确精细地模拟关联 CIS 在各种操作

【基金项目】北京市自然科学基金项目（8202027）

【作者简介】李楠（1987—），男，副教授。主要从事工程管理信息化及建成环境韧性管理研究。E-mail：nanli@tsinghua.edu.cn

条件下的状态及其变化过程，发现现有模型由于建模粒度过粗而无法识别的规律，并提高系统可靠性和韧性评估的准确性。

2　HLA 联合仿真技术

2.1　基于 HLA 建模

HLA 是用于联合仿真平台构建的一系列 IEEE 开放国际标准。HLA 最初由美国国防部（DOD）开发，旨在促进仿真平台的复用性和扩展性[1]。典型的 HLA 联邦体系结构由联邦成员（模拟器）、运行时的中间件（RTI）和联邦对象模型（FOM）组成[2]，如图 1 所示。RTI 在联邦执行期间提供数据交换管理、同步和协调服务。FOM 可以描述为联邦语言，它包含了联邦成员的对象和交互类、属性和数据类型等详细信息。由 IEEE 开发的 FEDEP（联邦开发和执行过程）提供了联邦开发的设计、实现和执行阶段的指南[3]。联邦开发流程分为以下七个开发步骤：目标制定、概念设计、联邦设计、联邦发展、集成和测试、联邦执行、数据分析和模拟结果评估。

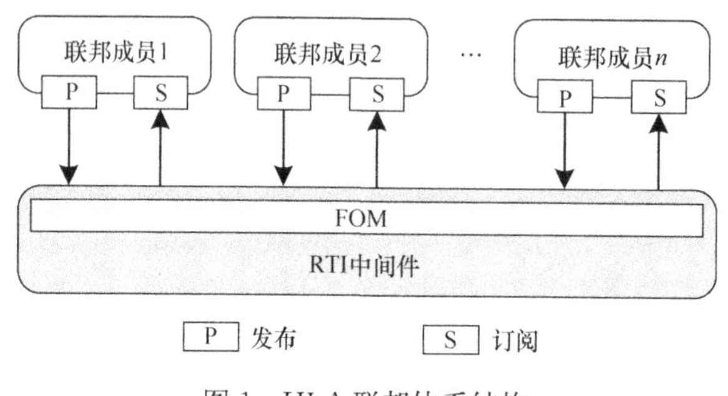

图 1　HLA 联邦体系结构

HLA 建模与其他现有建模方法相比具有显著优势。基于 HLA 的方法允许开发更大规模的模型，因为设计和计算负载可以分布在多个引擎和地理位置，从而提高计算能力、资源可用性和容错性。采用 HLA 联邦时，安全性也得到了提高，因为联邦参与者需要遵守某些联邦协议，参与者可以只发布他们愿意共享的数据，而不必将他们的模型和数据全部都提交到中央服务器。此外，基于 HLA 的建模支持现有模型的可重复利用，从而降低了开发复杂系统模型的成本，提高了需要对单独开发的模型进行协同仿真的建模效率。

2.2　HLA 技术应用情况

HLA 最初被用于促进军事仿真的开发、使用和扩展，联邦作为游戏环境来实现涉及多个军事单位、车辆和飞机的联合攻击策略模拟[4]。多年来，HLA 已经成为各领域通用的仿真标准。例如，HLA 标准用于供应链管理，将人工智能（AI）系统连接到供应链的不同模块，并协调它们的操作[5]。在设备系统管理领域，利用 HLA 构建联合仿真环境，进而模拟灾害事件、建筑构件的结构响应和建筑疏散[6]。大规模计算中也采用了 HLA 标准来开发基于仿真的子系统，以提高测试场景的真实性[7]。

关于 HLA 在基础设施系统建模中的应用，现有研究均采用 HLA 标准对涉及多个复杂事件和网络物理系统的 CIS 进行建模。例如，Jain 等[8]提出了一个模拟道路网络、交通、汽车和通勤者的交通系统模型，测试了采用 HLA 标准模拟复杂交通系统的可行性。Wei 和 Wang[9]建立了一个联邦供电系统模型，用于评估基础设施系统组件在各种威胁下的脆弱性。HLA 标准也被用于开发智能电网监控网络的联合仿真框架[10]。

与此同时，HLA 正慢慢地进入关联 CIS 研究领域。一些研究者已经采用 HLA 来模拟两个 CIS 之间的复杂交互[11-12]。虽然采用 HLA 对关联 CIS 进行建模在学术界引起了广泛的关注，但以往的研究主要采用 HLA 标准作为联合仿真环境的手段。以往研究中提出的模型在融合 CIS 领域知识来精确表征建模系统功能、融合 CIS 之间的系统异构性以及模拟异构模型之间复杂交互的能力上仍然存在很大的局限性。因此，本文介绍一个基于 HLA 的关联 CIS 模拟框架，以解决这些局限。

3　基于 HLA 的关联基础设施模拟框架

本文介绍的 HLA 模拟框架包括：（1）一个联邦架构，描述了联邦的所有组件如何连接和通信；（2）一个数据处理机制，描述了联邦成员如何交换和处理数据[13]。

3.1　框架的联邦架构

本文所介绍的 CISs 联邦结构由几个功能不同的模块组成，这些模块通过中间件 RTI 进行通信，如图 2 所示。一个模块是一个联邦成员或一组相关联的联邦成员，负责模拟构成关联 CIS 模型的特定系统、智能体或外部因素。下面详细解释联邦体系结构中的每个模块。

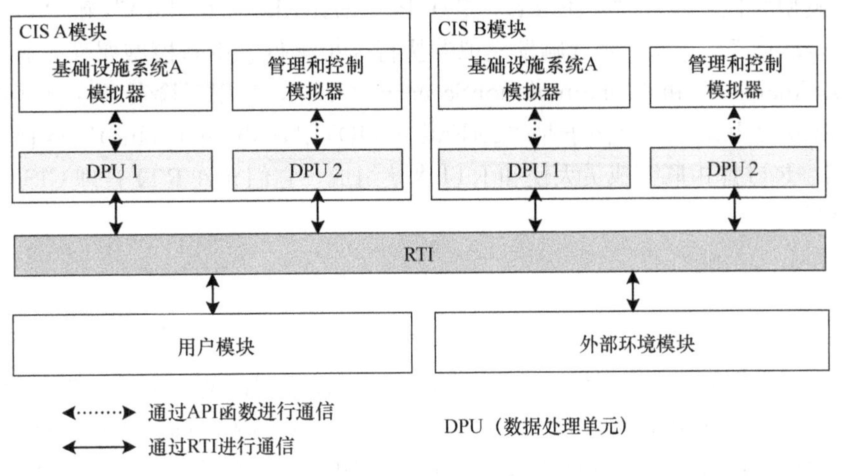

图 2　本文所介绍的关联 CISs 联邦结构

CIS 模块由负责模拟特定 CIS 的所有模型和模拟器组成。每个 CIS 模块包括三层，应用层、组织层和通信层。应用层由各 CIS 领域的模拟器组成，这些领域模拟器负责模拟 CIS 行为以及管理和控制功能，如 SCADA（监控和数据采集）、备份、决策和资源分配。组织层由定义订阅数据和模拟器输入之间关系的形式主义组成。通信层由应用程序编程接口（API）函数库和 RTI 库组成，它们是控制模拟器和与 RTI 通信所必需的。外部环境模块由模拟与关联 CIS 相互作用的各种外部因素的模型组成，例如自然灾害、人类系统、供应链等。用户模块由用户界面、可视化工具、数据监视器等组成，用于促进联邦和建模者之间的交互。

3.2　框架的数据处理机制

本框架介绍了一种改进的数据交换机制，允许在不改动 CIS 模拟器代码的情况下对更复杂的依赖关系进行建模。改进的数据交换机制（如图 3 所示）由 CIS 模块的组织层控制。该层由数据处理单元（DPUs）组成，这些数据处理单元通过依赖函数（f）管理订阅的数据，以生成应用层模拟器可以直接使

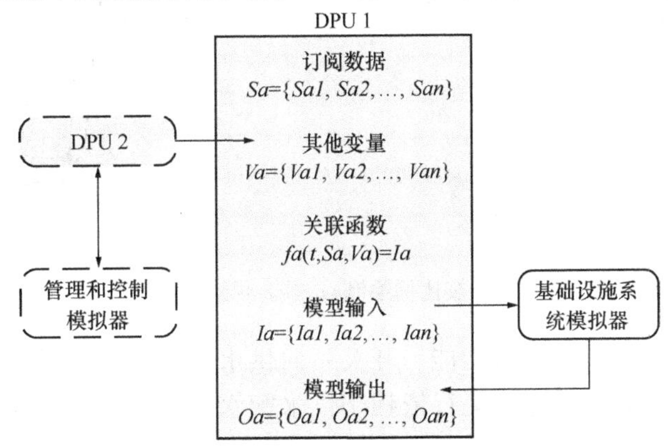

图 3　联邦结构的通信机制

用的输入数据。模拟器输入集（I）是时间（t）、订阅数据（S）和管理和控制模拟器提供的其他变量（V）的函数。一些CIS模型可能在其模拟器中嵌入了管理和控制功能，在这种情况下，不需要额外的管理和控制模拟器。模拟器的输入输出数据为DPU在（t）模拟时刻更新或检索的实体参数。实体是在仿真过程中起特定作用的模型组件。属性是表征实体的参数。DPU可用于建模功能，如组件的故障动态、数据转换等。除了管理订阅的数据外，DPU还用于检索要发布到联邦其余部分的模拟器输出（O），并为模型用户生成日志文件。

通信层的接口功能负责组织层与应用层之间的通信。接口函数和模拟器一一对应，旨在调用模型功能并提供对模型属性的访问。接口功能分为三类，包括编辑功能、更新功能和检索功能。编辑函数根据模拟器的输入编辑模型属性。例如“setEntity（ID）PowerAttribute（value）”和“addEntity（ID）CoordinateAttribute（value）”。update函数触发模拟器执行模拟事件，更新模型属性，并生成模拟器输出。例如“computeFlowAnalysis”和“runSimulationScenario（ID）”，是用于检索函数的模拟器输出，以供其他DPU发布、导出或使用。另一个例子是“getEntity（ID）Attribute（value）”。组织层使用通信层的RTI库与RTI通信。RTI库由联邦成员大使和RTI大使组成，它们允许RTI管理CIS模块和联邦其他部分之间的调用和回调。

4　案例研究

4.1　案例描述

为了验证本研究所介绍框架的有效性，本文对中国某高校校园内的水电关联系统进行了建模。该校园内的供电系统由2个110kV电源和18个10kV开关站组成，如图4（a）所示。电源是系统的供电设施，而开关站为电力调控设施，将电力通过10kV输电线路中继到特定电力服务区域的最终用户。供水系统由13个泵站和17个配水节点组成，水从深井中抽取并通过埋地管道输送到配水节点，如图4（b）所示。供水管径在$DN150$～$DN1400$之间。

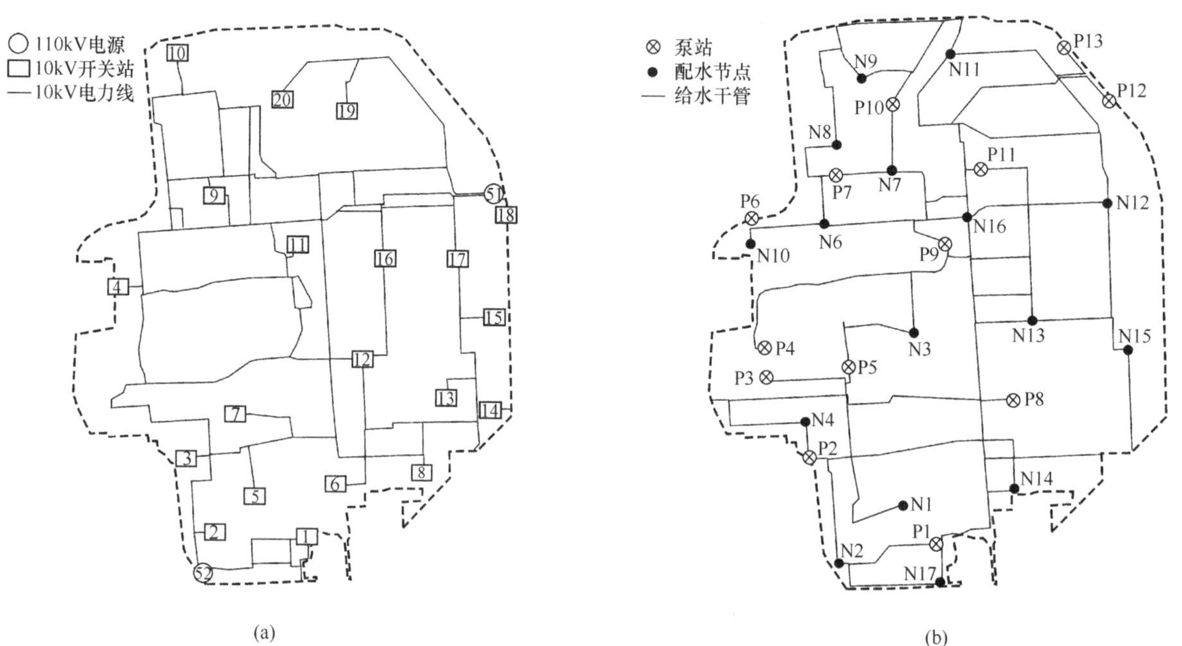

图4（a）供电系统拓扑图（非按比例绘制）；（b）供水系统拓扑图（非按比例绘制）

电力和供水系统相互依赖以实现各自功能。开关站向供水系统的泵站供电，因此泵站的功耗被模拟为开关站的负载。同时，供电系统的电源运行依赖于供水配水节点的水压，因此将电源模拟为供水网络上的需求节点。

供水系统采用EPANET v2.2软件建模，供电系统采用OpenDSS v9.0软件建模，两者均是各自领域广泛采用的建模和仿真工具。表1列出了两个CIS模型的模型实体和相应的属性。

模型实体和属性列表 **表1**

供水系统的实体	属性	供电系统的实体	属性
Pumps	Status	Generator	Power output
	Performance curve		Voltages
	Power consumption		Status
Junctions (distribution nodes)	Flow	Switching station	Power output
	Elevation		Status
	Water demand		Geometry
	Water pressure	Transmission lines	Length
Pipes	Roughness		Resistance
	Dimensions		
	Status		
	Flow		

4.2 模拟场景描述

在设计的仿真场景中，关联的CIS共运行了24小时（从午夜开始）。前12小时是在正常运行条件下对关联CIS进行模拟。水流由13个泵站从水井中抽取并输送到配水节点。每个配水节点的需水量遵循典型的城市日常用水模式：午夜至早上5点需水量最低，早上8点至晚上7点需水量最高。每个泵都具有自身的性能曲线，决定了它在运行期间的功耗。泵从它们所依赖的开关站获得电力供应。同时，输送到电源的水压决定了电源的出力。如果送水压力低于120m的阈值，电源的运行水平（OL）将下降。当OL下降时，电源的出力也会相应下降。

在模拟12小时后，电网中会触发局部部件故障，从而导致电源S2和开关站1，2，3，5发生故障，并导致相关泵站失效。系统在故障状态下也模拟12小时。最后，记录并讨论了两个CIS的运行状态。

5 模拟结果

图5（a）显示了模拟期间配水节点的水压，图5（b）显示了向泵站供电的开关站的负荷，图5（c）显示了模拟期间电源的OL。

据观察，在时间戳0：00和12：00之间，所有13个泵站都正常运行并将水抽入供水管网。在黎明前后（时间戳5：00到8：00之间），当配水节点的用水需求开始增加时，观察到整个网络的水压逐渐下降，如图5（a）所示。用水需求的增加导致泵站以更高的效率运行，从而增加了它们的电力消耗。因此，服务于泵站的每个开关站的电力负荷相应增加，导致电力系统总输出功率增加，如图（b）所示。

在时间戳12：00，电源2和开关站1、2、3、5发生故障，导致电源S2的OL和开关站1、2、3、5的功率输出降至零，如图5（b）和（c）所示。因此，分别依赖于开关站1、2、3、5的泵站P1、P2、P3、P5也出现故障。4个泵站故障导致供水管网水压逐渐下降，多个配水节点水压低于120m阈值，如图5（a）所示。配水节点的水压在时间戳18：00到19：00之间达到最低，然后逐渐稳定到新的稳定状态。由于电源依赖于供水网络提供的水压，配水节点N12处的水压下降导致发电机S1的OL下降，如图5（c）所示。

由于每个CIS模型都遵循特定于其领域的数学和逻辑规律，因此开发的关联CIS模型捕获了CIS的领域知识和系统异质性。例如，在案例研究中可以观察到，供水管网能够根据系统状态和流动机制自动调整泵站的效率以满足配水节点的用水需求。这些观察结果表明，与现有的关联CIS模型相比，模拟系统行为的细节水平有了显著提高。在现有模型中，只能计算系统组件的运行状态或协调流量指数。因此可以推断，在关联CIS模型中结合广泛的领域知识可以帮助模拟更真实和准确的系统行为。

仿真结果还揭示了故障传播路径和系统之间的反馈回路。故障从供电设施传播到水泵站，进而影响

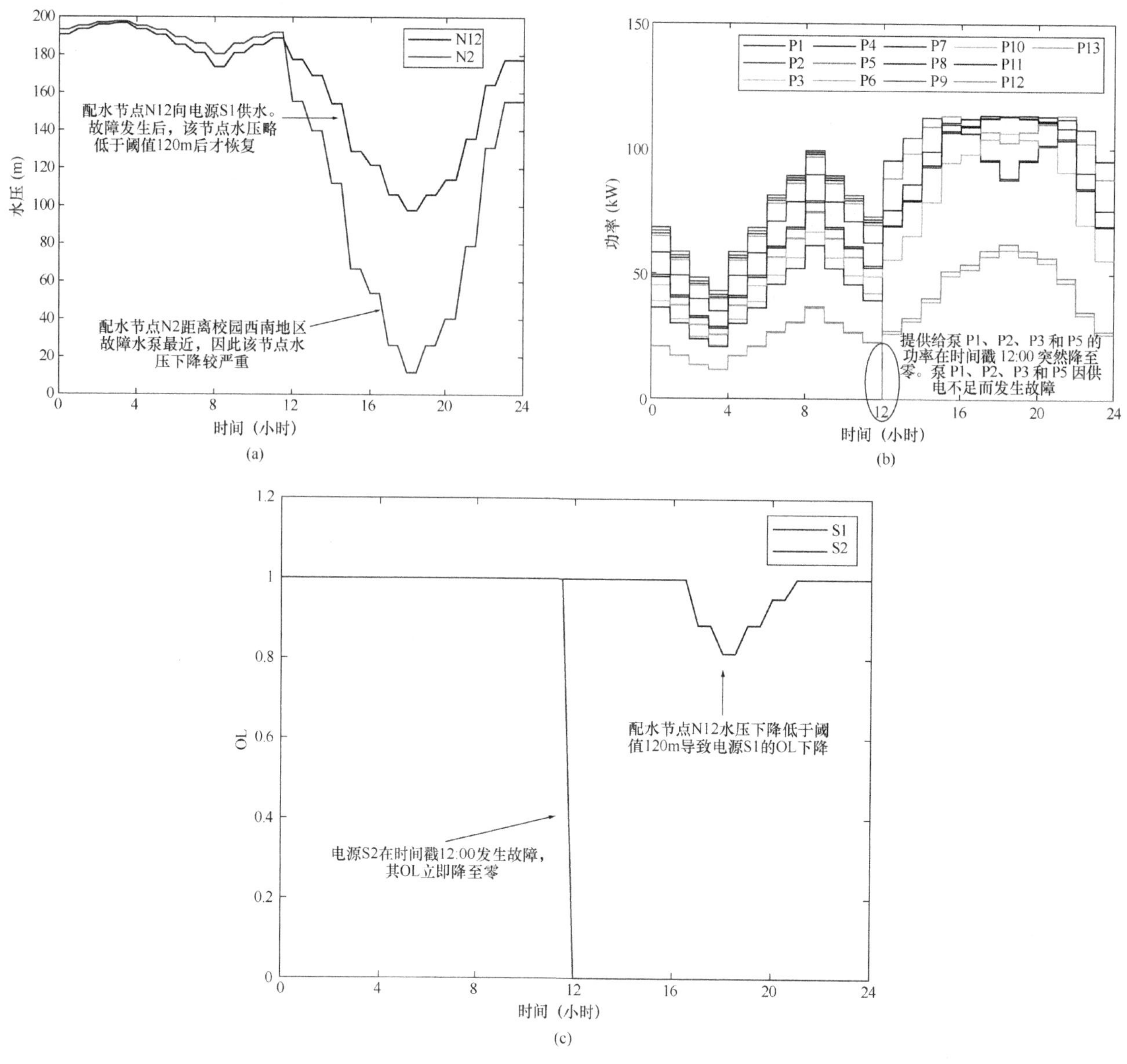

图 5（a）配水节点的水压；（b）开关站功率输出；（c）电源的 OL

配水节点的水压，最终导致电源运行水平下降。这种机制只有在以足够的粒度和细节对系统进行建模时才能捕获，其对于评估系统的脆弱性、可靠性和韧性具有很高的价值。上述结果还证明了所介绍的框架对关联 CIS 的级联故障建模问题的适用性。

6　结论

随着关联基础设施系统变得越来越复杂，它们之间存在的相互依存关系也越来越复杂。本文探讨了采用基于 HLA 标准的模拟框架对关联 CIS 的运行状态进行建模和仿真的可行性，以解决现有仿真方法的局限性。开发的模型能够利用关联 CIS 的领域知识，捕获 CIS 之间的各种异质性因素，并模拟系统之间的各种类型的依赖关系。本文介绍的框架将有助于开发具有高粒度和细节的关联 CIS 模型，更准确地评估 CIS 可靠性和韧性，并为研究者提供额外的建模安全性。

致谢

感谢清华大学（土水学院）—广联达科技股份有限公司建筑信息模型（BIM）联合研究中心对开展本研究给予的支持与资助。

参考文献

[1] DAHMANN J, FUJIMOTO R, WEATHERLY R. The department of defense high level architecture [C]//Proceedings of the 29th Conference on Winter Simulation. Atlanta, Georgia, USA, 2000: 142-149.

[2] IEEE. IEEE Standard for modeling and simulation: high level architecture (HLA)-framework and rules [M]. IEEE Std 1516-2010 (Revision of IEEE Std 1516-2000), 2010: 1-38.

[3] IEEE. IEEE Recommended practice for high level architecture (HLA) federation development and execution process (FEDEP) [M]. IEEE Std 1516.3-2003, 2003: 1-40.

[4] HONG S J, LEE W Y, JOE I W, et al. Time synchronization scheme of cyber-physical systems for military training systems [J]. Journal of Korean Institute of Communications and Information Sciences, 2016, 41(12): 1814-1823.

[5] PRICE D J, NAHAVANDI S, WALSH S, et al. Linking discrete event simulation models using HLA [C]//IEEE International Conference on Systems, Man and Cybernetics. Waikoloa, HI, USA, 2005: 696-701.

[6] HWANG S, et al. High Level Architecture (HLA) Compliant distributed simulation platform for disaster preparedness and response in facility management [C]//Proceedings of the 2016 Winter Simulation Conference. Arlington, Virginia, USA, 2016: 3365-3374.

[7] FICCO M, AVOLIO G, PALMIERI F, et al. An HLA-based framework for simulation of large-scale critical systems [J]. Concurrency and Computation-Practice & Experience, 2016, 28(2): 400-419.

[8] JAIN A, ROBINSON D, DILKINA B, et al. An approach to integrate inter-dependent simulations using HLA with applications to sustainable urban development [C]// Proceedings of the 2016 Winter Simulation Conference. Arlington, Virginia, USA, 2016: 1218-1229.

[9] WEI M, WANG W. Greenbench: A benchmark for observing power grid vulnerability under data-centric threats [C]// IEEE INFOCOM 2014 - IEEE Conference on Computer Communications. Toronto, ON, Canada, 2014: 2625-2633.

[10] BHOR D, ANGAPPAN K, SIVALINGAM K M. A co-simulation framework for Smart Grid wide-area monitoring networks [C]//Sixth International Conference on Communication Systems and Networks. Bangalore, India, 2014: 1-8.

[11] NAN C, EUSGELD I. Adopting HLA standard for interdependency study [J]. Reliability Engineering & System Safety, 2011, 96(1): 149-159.

[12] LIN S Y, EL-TAWIL S. Time-dependent resilience assessment of seismic damage and restoration of interdependent lifeline systems [J]. Journal of Infrastructure Systems, 2020, 26(1): 1-13.

[13] MAGOUA J J, WANG F, LI N. High level architecture-based framework for modeling interdependent critical infrastructure systems [J]. Reliability Engineering & System Safety, 2021: under revision.

建筑运维期能耗大数据管理模式与架构

张云翼，胡振中，林佳瑞，张建平

（清华大学土木工程系，北京 100084）

【摘　要】 通过分析建筑运维期能耗管理的内容，总结建筑运维期能耗管理数据及其特点，分析建筑运维期能耗数据的管理模式，基于统一管理型能耗数据管理模式，提出一种建筑运维期能耗数据管理与应用架构，基于标准化分布式的能耗管理数据平台，向不同地区、不同建筑的能耗管理者提供统一的数据应用，并分析了在此管理架构中所需要突破的关键技术。

【关键词】 建筑能耗；大数据；运维期；数据管理

1　引言

建筑运维期能耗管理是指在保证使用功能的前提下，加强建筑用能系统的运行管理，记录并优化建筑运维期能源消耗[1]。目前的建筑运维期能耗数据管理平台面临着数据来源复杂、格式标准各异且互不兼容、覆盖面不全、普遍存在质量缺陷、缺乏统一的接口和平台及自动化互通机制等问题[2]，数据内隐藏的信息得不到充分挖掘，常常沦为数据垃圾。本研究从技术方法角度出发，结合云技术、大数据、语义网等技术和理念，建立标准化分布式的建筑运维期能耗数据管理体系架构，以高效整合不同来源、爆炸式增长的异构数据，支持建筑运维期能耗的监、管、控各环节应用。

2　建筑运维期能耗管理内容

对照我国住房和城乡建设部提出的“绿色建筑”的概念[3]，建筑运维期能耗管理就是落实绿色建筑在节能方面的具体要求，建筑的能耗监测、节能诊断和节能改造等工作是建筑节能的重点[4]。根据调研，在运维阶段，建筑及建筑群层级的数据应用管理内容与区/县、省、市等地区层级的管理内容存在差异。

2.1　建筑及建筑群层级的能耗管理内容

（1）能源审计：能源审计是指“依据国家有关的节能法规和标准，对公共机构能源资源利用状况进行的检验、核查和分析评价”[5]。

（2）能耗预测：对于能源站管理人员，若能准确预测整个建筑或建筑群的耗热量、耗冷量、耗电量、耗水量等，就可以预先进行准备。此外，预测数据还可以与实际运行数据进行对比，出现偏差过大的情况时，则提示可能出现用能异常。

（3）异常监控：物业管理人员需要监控建筑设备的运行状态，一方面保证建筑内机房系统的正常运行，另一方面还需要保证室内环境处于适宜状态。

（4）节能优化：对于建筑物业主，通过建筑历史运行数据、横向对比数据等分析挖掘，可以判断建筑内现有用能状态是否存在可优化点，通过自控等手段，使得建筑内的机电系统可以以最小的能源消耗保证建筑的正常运行的数据应用。

【基金项目】 国家重点研发计划（2017YFC0704200），国家自然科学基金项目（51778336），清华大学（土水学院）-广联达 BIM 联合研究中心项目

【作者简介】 张云翼（1993—），男，助理研究员。主要研究方向为 BIM 与大数据、物联网等技术融合与应用。E-mail：yunyi2525@foxmail.com

2.2 地区层级的数据应用能耗管理内容

（1）能源调配：相关部门或单位通过对各个节点能耗数据的分析，可以判断不同建筑或建筑群所需的能源数量，进而通过相应的调节手段，调配合适的能源至相应的能耗节点，实现能源的合理调配，尽量避免在同一区/县内出现能源分配不合理的情况。

（2）能源网故障诊断：相关部门或单位通过对其积累的历史数据进行分析，判断能源网运行的合理状态，在监测到异常数据时，应对异常数据进行分析，判断能源网是否发生故障，以及造成故障的可能的原因。

（3）政策制定：能耗数据辅助能源政策的制定是能耗数据应用的一个重要内容。用数据来辅助政策的制定，可以保证政策具有更加良好的可操作性。

3 建筑运维期能耗管理数据及其特点

3.1 建筑运维期能耗管理数据

建筑运维期能耗管理数据来源主要有基于 BIM 的建筑及其机电系统静态标准化大数据和基于监测系统的建筑及其机电系统静态与动态标准化大数据，如图 1 所示。根据数据的来源和性质，可以将其分为相对静态数据和动态数据两大类。其中，相对静态数据是指基本保持稳定的数据，主要包括建筑基本信息、建筑几何与拓扑信息、机电系统与设备相对静态信息和传感器网络相对静态信息，主要来自 BIM 和监测系统。容量相对较小，结构也比较单一。动态数据是指随时间发展不断变化的数据，主要包括机电系统运行信息、能耗监测信息、室内外环境信息和人员使用信息等，主要来自监测系统所布置的传感器网络，其数据量随时间同步增长，时效性强，由于监测系统各有不同，因此其数据结构多样，应预先统一设计。

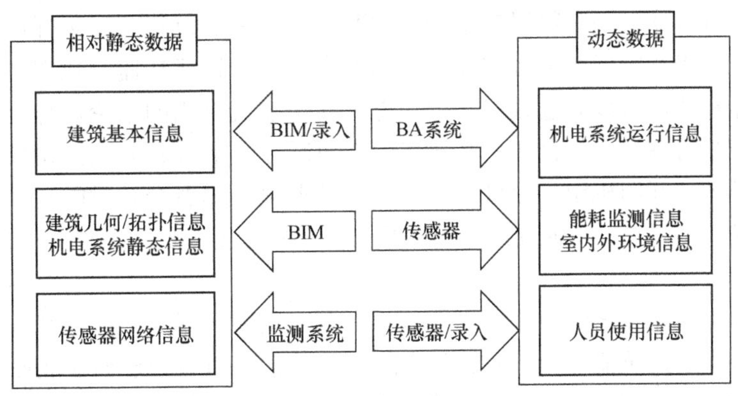

图 1　大数据驱动的建筑运维期能耗管理的数据需求

3.2 建筑运维期能耗管理数据的特点

建筑运维期能耗管理数据具有多源异构、爆炸式增长和价值密度低等特点，因此在建筑运维期能耗数据管理架构，必须能针对这些数据特点进行管理。

（1）多源异构

对于一栋建筑而言，至少包括建筑室内外环境、建筑几何拓扑、建筑系统与设备、建筑能耗四方面，每方面又都包括相对静态数据和动态数据，不同来源、不同类型的数据相互关联，才能构成建筑完整的能耗数据模型。但是，建筑运维期能耗管理数据来源复杂，现有的监测平台所采用的数据模型和存储模式各不相同，采集设备多种多样，用户可以选用不同厂商的产品，采用不同的数据格式或标准，数据来源互不兼容，而且缺乏统一的接口和平台，即使是同一种数据，也存在不同的表达方式和存储模式。

（2）爆炸式增长

在运维期能耗管理数据中，能耗监测数据属于动态数据，每时每刻都在变化，无论是存储还是分析处理，都不能再适用传统的模式与方法。只有采用支持横向扩展的分布式数据库，才能应对爆炸式增长的数据现状。以何种粒度传播数据取决于分析结果精确度与分析算法复杂度之间的权衡，但实时的分析与决策支持是十分必要的。

（3）价值密度低

运维期能耗管理大数据与传统数据相比，不仅在规模上差异很大，在分析方法上也存在着明显的差别。虽然运维期能耗管理数据呈现爆炸式增长的特点，但从数据到信息、知识和智慧的过渡仍需要大量工作，庞大的数据量中可能产生价值的只是其中非常小的一部分，而且需要高效的分析挖掘算法才能实现其价值的体现。在大数据背景下，要将来源众多的大规模建筑能耗管理数据进行分析，就必须针对性地开发大数据分析挖掘方法。

4　建筑运维期能耗数据管理模式

由于建筑能耗大数据应用还没有全面进行，参考其他行业的大数据管理发展历程，结合建筑运维期能耗管理的内容，建筑运维期能耗数据管理模式可分为分散管理型、职能复用型、统一管理型三个阶段，三个阶段是逐步发展的关系。

4.1　分散管理型

分散管理型即保持现有管理模式不变，业主只是对自身数据中心进行升级，仍然分散开展数据应用。在此种能耗数据管理模式下，各建筑均分别独立对自己所产生的能耗监测数据和 BIM 模型等相关文件进行管理，建筑与建筑之间无法互通，能耗监测数据的记录格式也各不相同，对一栋建筑分析的结果难以推广到其他建筑上，也难以与其他建筑的能耗水平进行对比。进行能耗数据分析管控时，常常需要人工识别能耗监测数据与对应 BIM 信息之间的关联关系，浪费大量精力，数据十分容易沦为数据垃圾。

4.2　职能复用型

职能复用型即赋予现有部门一些数据应用管理的职责，在一定范围内集中开展数据的局部应用。在此种能耗管理模式下，由于有区域级平台和商业公司的介入，建筑能耗监测数据可以小范围共享，也有一些约定的通用的数据模式，可以通过数据分析获得一些跨建筑对比的结论，与分散管理型模式相比有一定进步。但职能复用型管理模式仍存在一些缺点，不同区域级平台和商业公司仍然采用的是内部数据格式，在平台之间缺乏统一互用机制；BIM 数据未与能耗监测数据融合，对能耗监测数据本身的挖掘难以完整体现建筑真正的用能特点；不同建筑之间的数据所有权归属不明，数据共享事实上还存在困难。

4.3　统一管理型

统一管理型是单独建立管理组织，统一建立数据平台，集中开展数据应用全流程的管理。在这种管理模式下，单独建立统一的建筑能耗管理大数据平台，从各建筑和区域级/商业能耗监测平台接入 BIM 与能耗监测数据，以标准化格式存储来自不同建筑的建筑能耗管理数据，并在不同领域数据之间建立语义联系。这种方法对数据管控能力强，数据之间存在普遍的关联，可以充分利用海量数据提高数据应用创新能力，一种算法可以同时应用于不同的主体，减少重复工作。

5　建筑运维期能耗数据管理架构

根据对建筑运维期能耗数据管理内容、特点和模式的分析，统一管理型是实现建筑运维期能耗管理大数据全面应用的理想模式。符合这种模式的建筑运维期能耗数据管理架构如图 2 所示。该架构既面向建筑业主、各级能耗管理者，也面向各项建筑运维期能耗分析挖掘应用的开发者，可集成来自不同地区、各种类型不同建筑的 BIM 信息与能耗监测数据的分布式标准化存储、集成、管理与控制。

在大数据接入融合层，平台通过静态与动态数据接口接入来自 BIM 的建筑相对静态数据和来自各监测系统与平台的动态数据。不同系统平台的监测平台可能具有不同的数据格式，需要通过数据接口对数据格式进行转换。数据接入后，需要根据数据模型的定义，识别多源数据之间的关联关系，进行多源数据的融合，形成完整统一标准化的建筑运维期能耗管理数据模型。

在大数据存储管理层，采用基于云的分布式服务器集群和非关系型数据库，对多源异构数据进行统一管理，将数据模型落实为非关系型数据库的存储模式。在分布式数据库中，不同来源、不同类型的数据分别采用各自适宜的标准化存储模式进行存储，并通过相互引用等方式维护数据模型中的关联关系，实现数据融合，是数据模型的物理实现。

在大数据分析挖掘层，建筑运维期能耗大数据管理平台提供基础通用的数据清洗、能耗评价、对比、预测等服务，并通过网页端直接可视化地进行数据展示，对于建筑业主而言，可以直观地浏览建筑各功能区的用能情况，并支持与同类型其他建筑的横向对比。对于管理者而言，可以在平台中对整个城市或区域的建筑进行能耗指标的计算评价和对比排序，发现用能异常节点，总结节能经验并进行推广。同时平台开放标准化的数据接口向外提供数据推送服务，对于能耗管理应用的开发者，可以通过数据接口获取数据，支持其深度分析挖掘应用的开发，更进一步地支持城市区域级和精细化的建筑能耗管理。

这种建筑运维期能耗数据管理架构基于统一管理型大数据管理模式，可实现统一的数据管控，不同建筑之间的数据可以以标准形式共享，通过横向对比，增强数据应用创新能力，同一种大数据应用方案可在不同建筑之间进行复制，降低数据应用成本。在这一模式中，云技术在大数据存储环节为多源异构海量数据的分布式存储和统一管理提供技术支持，大数据计算分析技术为分析挖掘环节提供技术手段，大数据分析的结果可以可视化展示或数据接口提供给业主等管理人员，实现大规模精细化的建筑运维期能耗管理。

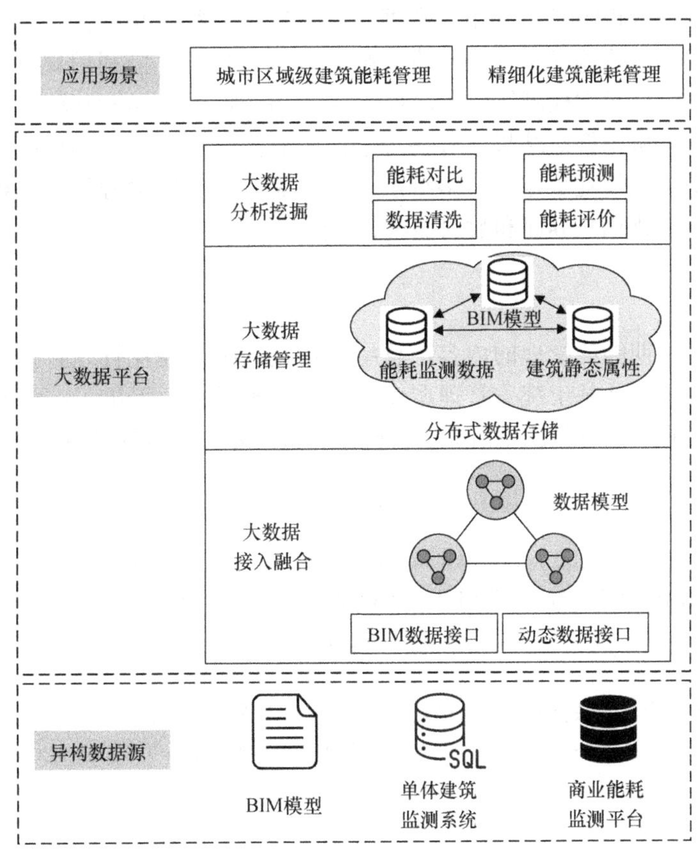

图2　建筑运维期能耗数据管理架构

6　建筑运维期能耗数据管理关键技术

在建筑运维期能耗数据管理架构中，建筑运维期能耗数据管理和应用的过程主要可以分为两大环节、六项流程。大数据管理的主要环节包括采集与获取、记录与存储、集成与融合，大数据分析的主要环节包括转换与清洗、分析与挖掘、展示与解释。相应的，大数据管理主要研究大数据的获取、存储、抽取、清洗等技术，大数据分析主要研究大数据的建模、分析、挖掘等技术。

6.1　建筑能耗大数据管理关键技术

（1）采集与获取：利用感知层获取所有管理阶段所需数据，目前的主要困难在于不同厂家的平台采集到的数据多源异构，而且缺乏建筑本体数据的采集。所需要解决的关键技术是多源数据的实时采集、传输等技术。

（2）集成与融合：识别并建立不同领域数据之间的联系，形成完整数据模型。目前的主要困难是多源数据存储于不同平台系统，数据之间缺乏联系。所需要解决的关键技术是多源数据融合、数据建模等技术，对应架构中的数据转换接口部分。

（3）记录与存储：将获取的数据以标准化的形式存储在分布式平台，目前主要困难在于普遍采用的单一存储模式无法应对数据的爆炸式增长，多源异构数据缺乏统一存储标准。所需要解决的关键技术是标准化分布式建筑能耗管理数据存储与数据库平台部署等技术。

6.2　建筑能耗大数据管理关键技术

（1）转换与清洗：提取分析所需的数据，对数据质量进行校核，并转换成统一的所需格式，目前的困难是缺乏自动化转换清洗方法，人工处理耗费大量精力。所需要解决的关键技术是数据抽取、推送、共享、预处理、清洗等技术，对应架构中的通用数据处理模块。

（2）分析与挖掘：根据管理需求，利用大数据算法对数据进行分析挖掘，发现隐藏的价值，目前的困难是现有数据覆盖面不全、普遍存在缺失异常、缺乏联系，难以直接利用现有模型进行训练。所需要解决的关键技术是数据预测、异常检测等技术，对应架构中的通用数据处理模块。

（3）展示与解释：将分析挖掘的结果以容易理解的形式进行展示，并据此指导管理工作，目前主要困难在于缺乏统一平台对建筑能耗数据进行多维展示。所需要解决的关键技术是数据平台、数据可视化等技术，对应架构中的可视化用户界面和数据推送服务接口。

7　结论

本文通过分析建筑运维期能耗管理的内容，总结了建筑运维期能耗管理数据及其特点，分析了建筑运维期能耗数据的管理模式，并基于统一管理型能耗数据管理模式，提出了一种建筑运维期能耗数据管理与应用架构，并分析了在此管理架构中所需要突破的关键技术，为各项关键技术的研究奠定理论基础。

参考文献

[1]　中国建筑节能协会能耗统计专业委员会．中国建筑能耗研究报告(2017)[R]．2017.

[2]　张仕杰．探析大型建筑的能源管理与节能策略[J]．工程建设与设计，2019(12)：5.

[3]　中华人民共和国住房和城乡建设部．绿色建筑评价标准：GB/T 50378—2019 [S]．北京：中国建筑工业出版社，2019.

[4]　许艺颖．建筑能耗监测平台异常数据的辨识与修复[D]．大连：大连理工大学，2019.

[5]　中国能源基础与管理标准化技术委员会．公共机构能源审计技术导则：GB/T 31342—2014 [S]．北京：中国标准出版社，2015.